KB245731

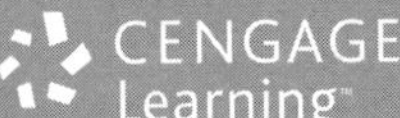

GAME PROGRAMMING
Gems 6

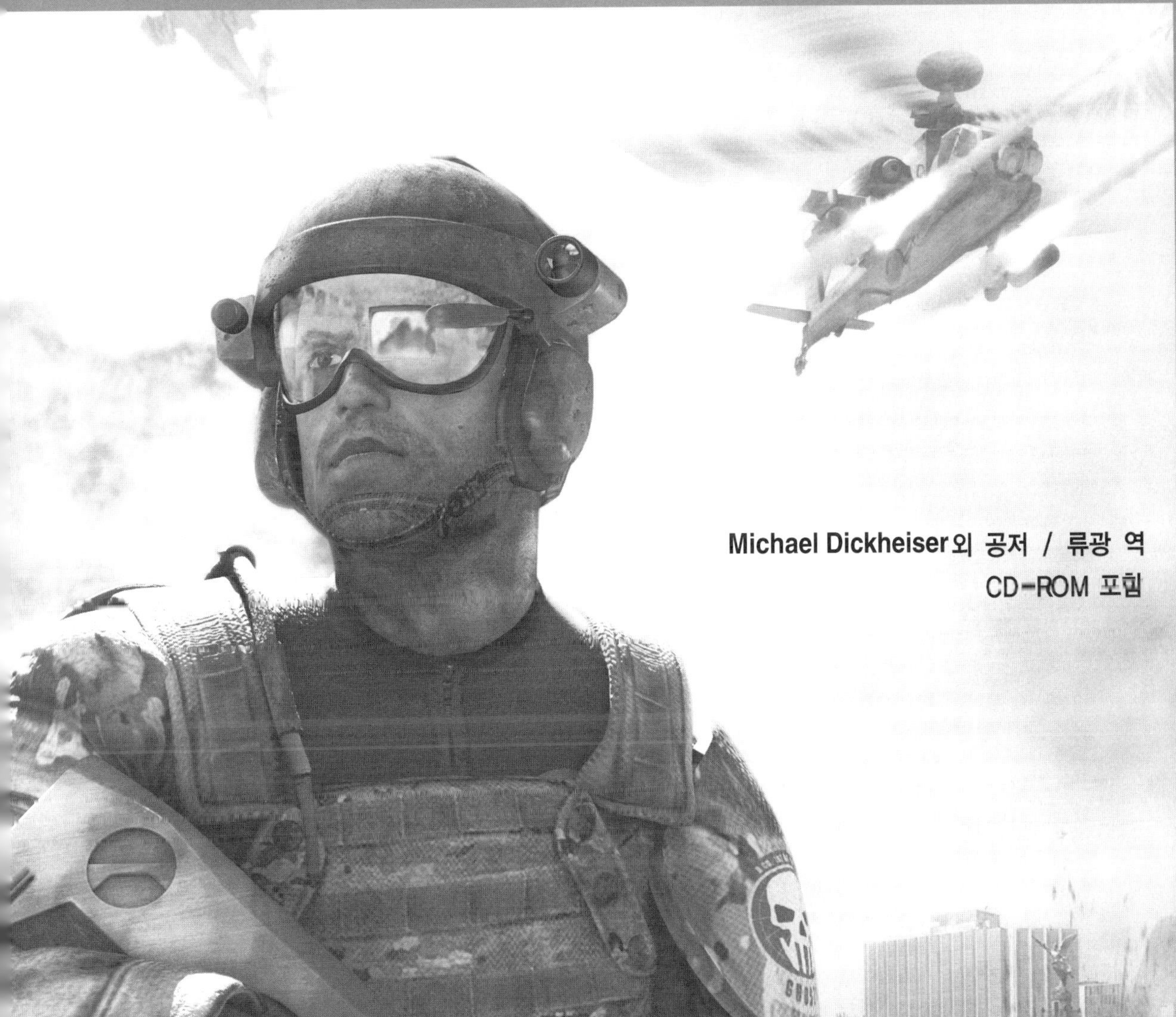

Michael Dickheiser외 공저 / 류광 역

CD-ROM 포함

CENGAGE Learning 와우북스

Australia · Brazil · Japan · Korea · Mexico · Singapore · Spain · United Kingdom · United States

CENGAGE
Learning

Game Programming Gems 6, 1st Edition
Edited by Mike Dickheiser

This edition first published in 2009 jointly by
Cengage Learning Korea Limited and Wowbooks Publishing Co..

Original edition © 2006 Course Technology, a part of Cengage Learning. Game Programming Gems 6, 1st Edition,
edited by Mike Dickheiser, ISBN: 978-1-58450-450-4.

For permission to use material from this text or product, email to asia.infokorea@cengage.com

Cengage Learning Korea Ltd.
Suite 1801 Seokyo Tower Building
353-1, 22 Seokyo-Dong, Mapo-Ku
Seoul 121-837, Korea
Tel: (82) 2 322 4926
Fax: (82) 2 322 4927

Cengage Learning is a leading provider of customized learning solutions with office locations around the globe,
including Singapore, the United Kingdom, Australia, Mexico, Brazil, and Japan. Locate your local office at:
www.cengage.com/global

Cengage Learning products are represented in Canada by Nelson Education, Ltd.

ISBN-13: 978-89-961038-5-1

For product information, visit www.cengageasia.com

Printed in Korea
1   2   3   4   12   11   10   9

GAME PROGRAMMING Gems 6

초 판 1쇄 발행 2009년 4월 14일
저 자 Michael Dickheiser외 공저
역 자 류광
발행, 출판 와우북스
본문디자인 박지실
표지디자인 인투디자인

등 록 제313-2008-000043호
주 소 마포구 연남동 223-102 유일빌딩 3층
전 화 02-334-3693   fax 02-334-3694
e-mail mumongin@wowbooks.kr
도메인 wowbooks.kr
ISBN 978-89-961038-5-1   13560

가 격 39,000원

총 판 신한전문서적 02-3487-0857   fax 02-3487-0858

3년여의 공백을 깨고, 시리즈의 여섯 번째 책 *Game Programming Gems 6*의 번역서가 드디어 나왔습니다! 아시는 분은 다 아시겠지만 여러가지 사정으로 GPG 6 번역서 출판이 오랫동안 성사되지 못하다가 이번에 뜻 있는 신생 출판사(와우북스)의 용단 덕분에 시리즈의 명맥을 있게 되었습니다. 물론 출판사가 그러한 용단을 내리는 데에는 번역서 출간을 꾸준히 요청해 주신 여러 독자분들의 힘이 컸을 것입니다. 이 자리를 빌어 모든 분께 감사의 뜻을 전합니다. 그리고, 이 시리즈(원서)가 언제까지 지속될지는 모르지만, GPG 원서가 나오면 GPG 번역서도 반드시 나온다는 전설을 만들고 싶습니다. 앞으로도 계속 성원해 주시길!

책 소개는 시리즈 책임자 Mark DeLoura의 '들어가며'와 대표 편집자 Mike Dickheiser의 '서문'에 잘 나와 있으니 생략하겠습니다. 두 글은 이번 책의, 좀 더 크게는 이 시리즈가 추구해야 할 성격을 잘 보여줍니다. 4년여의 공백이 있었고 또 국내와 게임 개발 선진국 사이의 기술 및 개발 환경 격차가 존재하신 하시만, 그 두 글에서 강조하고 있는 문세들은 여전히 유효할 것입니다. 이 책에서 당장 써먹을만한 기법을 수집하는데 그치지 말고, 게임 프로그래머로서 앞으로도 계속 고민하고 연구할 수제를 발견하는 데 관심을 쏟는다면 더욱 많은 것을 얻을 수 있을 것입니다.

GPG 5에 이어 이번에도 한국인 저자의 글이 포함되었습니다. 이번에는 두 명이고, 이는 GPG 5의 두 배입니다. 이 추세로 간다면 GPG 7에는 네 명의 한국인 저자가 참여하겠지만, 아쉽게도 실제로는 그렇지 않습니다. 어쩌면 GPG 6의 번역서가 늦게 나온 것이 이유일지도 모르겠습니다. 2010년 상반기 출간 예정인 GPG 8 원서에는 좀 더 많은 한국인 저자들이 참여했으면 좋겠습니다. 이 번역서가 출간된 직후에 이 글을 읽고 계신다면, 2009년 7월 10일까지 글의 개요를 제출하고 2009년 10월까지 글 전체를 완성해서 제출하면 되니 일정 상으로는 얼마든지 가능한 일입니다. (자세한 일정 및 연락처는

*http://www.courseptr.com/downloads/Gems8SubmissionInfo.pdf*를 참고하세요.)

이번 역자의 글에서도 몇 가지 사이트들을 소개하고자 합니다. 다른 분야와 마찬가지로, 게임 개발자들에게도 블로그가 대단히 중요한 정보 공유 및 소통 수단으로 자리잡고 있습니다. 그런 추세를 반영해서 게임 개발자 블로그들만을 대상으로 하는 메타블로그 사이트들이 등장했습니다. 대표적인 사이트로는 All Game Developers Network(*http://www.allgd.net/*)과 Game Developers Blog(*http://mypage.sarang.net/gdblog*)이 있습니다. 한편, 예전에 KGDA 사이트가 일정 정도 담당했던 친목과 '이완'을 위한 공간도 생겼습니다. "게임 프로그래머 분들의 외로움, 우울함, 지겨움, 짜증을 달래줄 만담의 공간이고자" 하는 게임코디(*http://www.gamecodi.com/*)가 바로 그 곳입니다. 세 곳 모두 번창하길 기원합니다.

GpgStudy(*http://www.gpgstudy.com/*) 역시 여전히 운영되고 있으나, 원래 의도와는 달리 종합적인 게임 프로그래밍 Q&A 사이트 역할을 하는 것 같습니다. 이번 GPG 6 번역서의 출간을 계기로, GpgStudy가 원래 의도했던 "*Game Programming Gems* 시리즈에 대한 토론을 기본 목적으로 하고, 그것에 기반해서 게임 프로그래밍의 좀 더 수준 높은 문제들을 함께 논의하고 해결하기 위한 곳"으로 방향을 바로잡게 되길 바랍니다.

이번에도 충분한 시간을 들여 원고를 번역하고 다듬지는 못했다는 아쉬움이 남습니다. 또한 몇 가지 번역어들이나 표기법, 어법이 시리즈 이전 권들과는 달라져서 혼란이 있을지도 모르겠는데, 일관성 부족이라기보다는 역자가 나름대로 발전하고 있다고 받아들여 주시길 바랍니다. 달라진 용어들은 책 뒤쪽 '찾아보기'를 통해서 최대한 짐작할 수 있게 했습니다. 항상 그렇듯이 오역, 오타를 발견하셨다면 GpgStudy(*http://www.gpgstudy.com/*)에 보고해 주세요.

올해도 멋진 게임 만드시길!

—류광

역자 약력

옮긴이 류광은 1996년부터 활동해온 프로그래밍 서적 전문 번역가로, 「Game Programming Gems」 시리즈를 포함해서 열댓권의 게임 프로그래밍 서적을 번역했다. 또한 Knuth 교수의 고전 「컴퓨터 프로그래밍의 예술(*The Art Of Computer Programming*)」 시리즈 전권(1, 2, 3)과 「UNIX 고급 프로그래밍 제2판(*Advanced Programming in the UNIX® Environment, Second Edition*)」 등 다양한 분야의 프로그래밍 서적들을 30여권 번역했다. 최근에는 C++의 창시자 Bjarne Stroustrup의 새 책 「*Programming—Principles and Practice Using C++*」의 번역에 매진하고 있다.

번역과 프로그래밍 외에 소프트웨어 문서화에도 많은 관심을 가지고 있으며, 수많은 오픈 소스 프로젝트들의 표준 문서 형식으로 쓰이는 DocBook의 국내 사용자 모임인 닥북 한국(*http://docbook.kr/*)의 일원이다.

차 례

들어가며 ··· xiii

서문 ·· xvii

표지 그림에 대해 ··· xxiii

저자 소개 ·· xxv

Section 1 프로그래밍 일반 ·· 1

소개 ··· 3
Adam Lake, Intel Software Solutions Group, 3D Graphics Research

1.1 무잠금 알고리즘들 ··· 5
Toby Jones, Microsoft

1.2 OpenMP를 이용한 다중 쿼어 프루세서 활용 ············ 21
Pete Isensee, Microsoft Corporation

1.3 OpenCV 라이브러리를 이용한 게임에서의 게임 컴퓨터 시각 활용 ············ 31
Arnau Ramisa, Institut d'Investigacio en Intelligència Artificial
Enric Vergara, Universitat Politècnica de Catalunya
Enric Martí, Universitat Autónoma de Barcelona

1.4 게임 객체의 지리 격자 등록 ································ 47
Roger Smith, Modelbenders, LLC

1.5 BSP 기법들 ·· 57
Octavian Marius Chincisan, Freelancer

1.6   최근접 문자열 부합 알고리즘 ·· 81
      James Boer, ArenaNet

1.7   CppUnit을 이용한 단위 검사 구현 ·· 93
      Blake Madden, Oleander Solutions

1.8   저작권 침해의 억제 및 검출을 위한 출시 전 빌드 지문 적용 ············· 115
      Steve Rabin, Nintendo of America Inc.

1.9   접근 기반 파일 재배치를 이용한 더 빠른 파일 적재 ·····················123
      David L. Koenig, Touchdown Entertainment, Incorporated

1.10 빠른 반복을 위한 실행시점 자산 즉석적재 ································131
      Noel Llopis, Charles Nicholson, High Moon Studios

Section 2 수학 및 물리 ··141

      소개 ···143
      Jim Van Verth, Red Storm Entertainment, Inc.

2.1   부동소수점 비법들 ·······································145
      Chris Lomont, Cybernet Systems Corporation

2.2   동차 좌표를 이용한 투영 공간 안에서의 GPU 계산 ·················165
      Vaclav Skala, University of West Bohemia, Czech Republic

2.3   외적으로 1차 연립방정식 풀기 ··································177
      Anders Hast, Creative Media Lab, University of Gävle

2.4   게임 개발을 위한 순차 색인 기법 ·······························189
      *Palem GopalaKrishna, Computer Science & Engineering Department,
      Indian Institute of Technology*

2.5   다면체의 정확한 부력 ····································205
      Erin Catto, Crystal Dynamics

2.6   강체와 상호작용하는 실시간 입자 기반 유체 시뮬레이션 ···········221
      Takashi Amada, Sony Computer Entertainment, Incorporated

Section 3 인공지능 241

소개 243
Brian Schwab, Sony Computer Entertainment of America 243

3.1 모형 기반 의사결정 방법을 게임에 적용: Locust AI 엔진을 Quake III에 적용하기 245
Armand Prieditis, Loookahead Decisions Inc.
Mukesh Dalal, Loookahead Decisions Inc.

3.2 자율 NPC들의 협동 구현 261
Diego Garcés, FX Interactive

3.3 게임을 위한 행동 기반 로봇 아키텍처 277
Hugo Pinto, Luis Otavio Álvares

3.4 퍼지 감지기, 유한상태 행동, 행동망으로 목표 지향적 Unreal Tournament 로봇 만들기 289
Hugo Pinto, Luis Otavio Álvares

3.5 목표 지향적 Unreal 봇: 확장 행동망으로 목표 지향적 행동과 간단한 개성을 가진 게임 에이전트 만들기 305
Hugo Pinto, Luis Otavio Álvares

3.6 지지 벡터 기계를 사용하는 단기 기억 모형 321
Julien Hamaide, Elsewhere Entertainment

3.7 교전 분석에 정량 판정 모형 적용하기 331
Michael Ramsey

3.8 플러그인 모듈식 다층 AI 엔진 설계 341
Sébastien Schertenleib, Swiss Federal Institute of Technology, Virtual Reality Lab

3.9 퍼지 제어를 이용한 장면 복잡도 관리 359
Gabriyel Wong, Jialiang Wang, Nanyang Technological University

Section 4 스크립팅 및 자료주도적 시스템 371

소 개 373
Graham Rhodes, Applied Research Associates, Incorporated

4.1　스크립팅 언어 개괄 ⋯⋯⋯⋯⋯⋯⋯⋯⋯⋯⋯⋯⋯⋯⋯⋯⋯⋯⋯⋯⋯⋯ 377
　　　Diego Garcés, FX Interactive

4.2　C/C++ 객체와 루아의 바인딩 ⋯⋯⋯⋯⋯⋯⋯⋯⋯⋯⋯⋯⋯⋯⋯⋯ 399
　　　Waldemar Celes, PUC-Rio
　　　Luiz Henrique de Figueiredo, IMPA
　　　Roberto Ierusalimschy, PUC-Rio

4.3　루아 코루틴을 이용한 고급 제어 메커니즘 구현 ⋯⋯⋯⋯⋯⋯ 417
　　　Luiz Henrique de Figueiredo, IMPA
　　　Waldemar Celes, PUC-Rio
　　　Roberto Ierusalimschy, PUC-Rio

4.4　다중 스레드 환경에서 고수준 스크립트 실행 관리하기 ⋯⋯⋯ 433
　　　Sébastien Schertenleib, Swiss Federal Institute of Technology, Virtual Reality Lab

4.5　비개입 대리자를 이용한 활동 객체 속성 노출 ⋯⋯⋯⋯⋯⋯ 447
　　　Matthew Campbell, Curtiss Murphy, BMH Associates, Incorporated

4.6　게임 객체 구성요소 시스템 ⋯⋯⋯⋯⋯⋯⋯⋯⋯⋯⋯⋯⋯⋯⋯⋯ 459
　　　Chris Stoy, Red Storm Entertainment

Section 5 그래픽 ⋯⋯⋯⋯⋯⋯⋯⋯⋯⋯⋯⋯⋯⋯⋯⋯⋯⋯⋯⋯⋯⋯⋯ 473

　　　소 개 ⋯⋯⋯⋯⋯⋯⋯⋯⋯⋯⋯⋯⋯⋯⋯⋯⋯⋯⋯⋯⋯⋯⋯⋯⋯⋯⋯ 475
　　　Paul Rowan, Rho, Incorporated

5.1　상호작용 캐릭터를 위한 사실적인 유휴 동작 합성 ⋯⋯⋯⋯ 477
　　　Arjan Egges, Thomas Di Giacomo,
　　　Nadia Magnenat-Thalmann
　　　MIRALab, University of Geneva

5.2　적응형 이진 트리를 이용한 공간 트리 ⋯⋯⋯⋯⋯⋯⋯⋯⋯⋯ 493
　　　Martin Fleisz

5.3　준 유향 경계상자를 이용한 개선된 객체 선별 ⋯⋯⋯⋯⋯⋯ 507
　　　Ben St. John, Siemens

5.4　최적의 렌더링을 위한 스킨 분할 ⋯⋯⋯⋯⋯⋯⋯⋯⋯⋯⋯⋯⋯ 521
　　　Dominic Filion

5.5   GPU 지형 렌더링 ·· 533
       Harald Vistnes

5.6   상호작용적인 유체의 동역학 및 GPU 렌더링 ····························· 547
       Frank Luna

5.7   빠른 픽셀 당 다중 광원 조명 ·· 565
       Frank Puig Placeres, University of Informatic Sciences, Cuba

5.8   도로 표지를 뚜렷하게 렌더링하기 ·· 579
       Jörn Loviscach, Hochschule Bremen, University of Applied Sciences

5.9   게임을 위한 실용적인 하늘 렌더링 ··· 597
       Aurelio Reis, Raven Software

5.10   OpenGL 프레임 버퍼 객체를 이용한 HDR 렌더링 ···················· 611
       Allen Sherrod, Ultimate Game Programming

Section 6 오디오 ·· 621

       소 개 ·· 623
       Alexander Brandon, Midway Home Entertainment

6.1   변형 가능 메시에서 실시간으로 소리 내기 ······························ 627
       Marq Singer, Red Storm Entertainment

6.2   실시간 효과음을 위한 가벼운 음 합성기 ································· 635
       Frank Luchs, Visiomedia, Ltd.

6.3   실시간 버스 믹싱 ··· 643
       James Boer, ArenaNet

6.4   잠재 가청 집합 ··· 651
       Dominic Filion

6.5   저렴한 도플러 효과 ·· 663
       Julien Hamaide, Elsewhere Entertainment

6.6   실시간 DSP 효과 흉내내기 ··· 673
       Robert Sparks, Radical Entertainment

Section 7 네트워크 및 다중 플레이어 ································· 679

    소 개 ··· 681
    Scott Jacobs, Virtual Heroes

7.1   **3D 캐릭터 애니메이션 자료 스트림의 동적 적응** ··········· 683
    김형석, Thomas Di Giacomo,
    Stephane Garchery,
    Nadia Magnenat-Thalmann,
    MIRALab, C.U.I.; University of Geneva
    Chris Joslin, School of Information Technology, Carleton University, Ottawa

7.2   **대규모 다중플레이어 게임을 위한 복잡계 기반 고수준 아키텍처** ·········· 699
    Viknashvaran Narayanasamy,
    Kok-Wai Wong, Chun Che Fung,
    Murdoch University

7.3   **게임 객체를 위한 전역 고유 식별자 생성** ················· 717
    김용하, 넥슨

7.4   **MMOG의 프로토타이핑: 세컨드라이프를 이용한 게임 개념 프로토타입 작성** ····· 725
    Peter Smith, University of Central Florida

7.5   **NAT 구멍 뚫기와 신뢰성 있는 동급간 게이밍 TCP 연결** ·········· 739
    Larry Shi

부록 CD에 대해 ··· 751

찾아보기 ·· 753

들어가며

Mark DeLoura
madsax@satori.org

*Game Programming Gems 6*의 세계에 오신 것을 환영합니다! *Game Programming Gems* 시리즈의 이 여섯 번째 책은 게임 프로그래머가 현재 당면해 있는 과제들을 염두에 두고 만들어졌다. 시리즈가 계속됨에 따라 게임 프로그래머에 대해 요구되는 것들도 많아졌다. 팀은 계속 커지고 있으며, 팀원들에게는 좀 더 전문화된 능력을 갖추어야 한다는 압력이 가해지고 있다. 이러한 현실에서 개발자는 자신의 전문 분야에 대해 언제라도 참고할 수 있는 자료를 갖추어야 하며, 또한 자신의 전문 분야 바깥의 일에 대해서도 뭔가를 배우고 참고할 수 있도록 자료들을 마련해 두어야 한다. 그런 경우에 독자가 가장 먼저 찾는 것이 바로 *Game Programming Gems* 시리즈이길 바란디.

새로 여섯 번째 책이 나온 만큼, 이 기회에 시리즈의 이전 책들을 역사적인 관점에서 살펴보는 것도 재미있을 것이다. *GPG 1*을 준비하던 2000년 당시의 주요 게임 개발 관심사들은 이제는 별로 큰 문제가 되지 않는다. 이즘은 고급 셰이딩 효과의 구현, 실시간 물리를 게임 설계에 통합하기, 다중 플레이어 네트워크 게임의 동기화, 아티스트나 디자이너에 친화적인 스크립팅 언어 등이 당면한 과제들로 대두되고 있다.

그러나 우리 게임 개발자들이 맞부딪히고 있는 가장 큰 문제는 바로 비용이다. PlayStation 3®, Xbox 360®, Nintendo Wii®, 다중 코어 PC 등과 같은 새로운 플랫폼들이 등장하면서 새로운 가능성들과 함께 과제 또한 늘어났다. 플레이어들은 고품질 모형과 애니메이션, 더 멋진 물리 및 그래픽 효과, 좀 너 지능적인 AI를 기대한다. 이러한 기대를 만족하려면 팀을 키우고, 일정을 늘리고, 궁극적으로는 더 많은 돈을 소비해야 한다. 그렇다고 게임의 가격을 높일 수는 없는 노릇이다. 시장을 더 키울 수 있다면야 더할 나위 없겠지만 그것도 마음대로 되는 일이 아닌 만큼, 주어진 시간과 예산 안에서 게이머들에게 강렬한 체험을 제공하는 게임을 만들기 위해서는 개발자들이 더 많은 일을 하는 수밖에 없다.

도구의 중요성

게임 프로그래머로서 우리가 해야 할 가장 중요한 일은 우리가 개발하는 기술에 다른 팀원들이 좀 더 쉽게 접근할 수 있도록 만드는 것이다. 밤 새워 짠 멋진 셰이더라도, 아티스트가 사용법을 파악하지 못한다면 아무 의미가 없다. 개발팀이 빠르게 커진다고는 하나, 추가되는 인원의 대다수는 프로그래머가 아니라 아티스트들이다. 사용하기 쉬운 도구로 그들의 작업을 편하게 해준다면 게임이 더 멋진 모습을 갖추게 될 뿐만 아니라 아티스트들의 생산성도 높아져서 결국에는 비용이 절감된다. 따라서 좋은 도구의 제작은 모두에게 도움이 되는 일이다.

플랫폼들이 바뀌고 있는 시기에는 도구가 엔진 기술보다 재사용하기가 훨씬 더 쉽다. 도구의 내부나 출력은 새 대상에 맞게 변하는 반면, 도구의 프런트엔드 인터페이스는 상대적으로 그렇질 못하기 때문이다. 이 덕분에, 오랜 시간 동안 도구의 상당 부분을 여러 게임들이나 여러 팀들에서 재사용하는 것이 가능하다.

개발 공정 초기에 사전 제작이나 초기 제작 작업을 위한 도구들을 갖춰두면 개발에 아주 큰 도움이 된다. 사실, 현실적으로도 개발 일정의 시간을 절약하기 위해서는 그러한 도구를 갖추는 것이 필수적으로 요구된다. 그러나 안타깝게도 요즘의 미들웨어 시장에서는 도구들의 수가 점점 줄고 있다. 쓸만한 도구들이 갖추어져 있지 않다면 어떻게 해야 할까? 요즘은 개발 스튜디오들이 연합해서(또는 발행사가 스튜디오들을 매입해서) 좀 더 큰 개발 그룹을 형성하는 경우가 많다. 그런 경우라면 중앙 기술 그룹을 꾸리는 것도 합리적인 선택일 수 있다.

협동

여러 스튜디오들이 공통의 기술을 공유하고 서로에 의존하게 한다는 착안을 모든 사람이 반기는 것은 아닐 것이다. 그러나 개발비용이 치솟고 있는 현실을 감안한다면 특정한 기술의 개발비용을 여러 플랫폼들과 타이틀들로 분산시키는 것이 현명한 결정일 수 있다. 실제로, 최근 몇몇 대형 프로젝트들의 경우에는 비용이 너무 커지는 바람에 한 타이틀을 여러 플랫폼들로 출시해서 개발비용을 분산시키는 것으로도 모자라 향후의 여러 후속작들로까지 그 비용을 나눠지게 해야 했다. 높은 개발비용 탓에, 그런 방법을 동원하지 않고서는 손익분기점을 넘기기가 힘들었을 것이다. 그렇게 엄청난 개발비용을 감당하려면 강력한 브랜드를 확립하고 한 프랜차이즈의 여러 게임들에서 도구들과 기술을 재사용하는 것 말고는 별도의 방안을 찾기가 힘들다. 무리한 이야기처럼 들리겠지만, 위험이 크면 그만큼 큰 보상을 얻을 가능성도 높다.

점점 유용해지고 있는 또 다른 종류의 협동 방법은 개발을 전역화하는 것이다. 유럽이나 북미, 일본의 발행사들과 개발사들은 스튜디오를 예전에는 고려하지 않았던 지역들(동유럽, 중국, 인도 등)로 이전함으로써 새로운 비용 절감 방법을 찾아내었다. 제작사들은 한 게임을 위한 자원들을 전 세계 여러 곳에서 끌어오는 방식을 채용하고 있는데, 그런 방식에서는 믿을만한 도구들을 갖추는 일이 대단히 중요하다.

병렬화

차세대 콘솔들로 이전하는 콘솔 개발자들은 게임 엔진의 병렬화라는 새로운 과제에 직면해 있다. PC 개발자들에게는 아직까지 조금의 여유가 남아있지만, 조만간 같은 문제에 직면하게 될 것으로 예상된다. 최근의 다중 코어 시스템들을 제대로 활용하려면 공부도 많이 해야 할 뿐만 아니라 새롭고 독창적인 기법들도 고안해야 한다. 병렬성 문제는 게임 개발자들 역시 어느 정도는 경험해본 것이지만(CPU와 GPU의 병렬성 등), 새로운 플랫폼들에는 새로운 사고방식이 필요하다. 엔진을 병렬화하기 쉬운 여러 조각들로 분할하려면 어떻게 해야 할 것인가? 병렬 아키텍처의 성능을 최대화하는 과제를 해결하려 할 때, 컴파일러나 다중 코어 프로그래밍을 돕는 다른 도구들의 힘을 빌릴 수 있을까? 아니면 우리가 새로운 요령과 기법들을 직접 만들어내야 하는 것일까? 전문적인 프로그래머들인 우리에게는 아직도 연구하고 해결해야 할 것들이 많이 남아 있다.

이처럼 하드웨어에 관련된 복잡도가 증가하면서, 대규모 개발사들에서는 프로그래밍 임무의 양분이라는 흥미로운 현상도 나타나고 있다. 요즘에는 플랫폼 전담 프로그래머를 두어서 게임 엔진과 대상 하드웨어의 연동을 전담하게 하고 나머지 프로그래머들은 대부분 플랫폼 독립적인 코드를 작성하게 하는 팀들이 많다. 사실 이런 방식이 생각만큼 깔끔하게 돌아가는 것은 아니며, 그래서 다양한 플랫폼들의 특징과 차이점들을 잘 알고 있는 경험 있는 저수순 코더들의 확보가 중요해진다. 그렇긴 하지만, 궁극적으로 이는 비용 절감의 기회일 수도 있다. 왜냐하면 어려운 저수준 부분이 제거된 일부 고수준 프로그래밍 임무들을 덜 숙련된, 따라서 덜 비싼 프로그래머들에게 맡길 수 있기 때문이다.

■ 감사의 글

Game Programming Gems 시리즈는 게임 업계가 이룬 최근의 기술 발전을 일별할 수 있는 흥미로운 기회를 제공한다. 기술적인 문제들을 다루는 자료로는 *Game Developer*지(誌)나 *gamasutra.com*, *Journal of Game Development* 등도 있지만, 분량이나 심도에 있어서 이 시리즈에 비견할 수 있는 것들은 별로 없다. 많은 시간과 노력을 이 시리즈에 기여한 저자들 및 편집자들 모두에게 고맙다는 인사 올린다. 독자의 고유한 관점을 이 시리즈에 기여한 적이 없다면, 언젠가는 독자의 경험을 글로 적어서 함께 공유해 주길 바란다.

마지막으로, 프로다운 자세와 확고부동한 일관성으로 *Game Programming Gems 6*을 만들어낸 Michael Dickheiser에게 큰 감사의 뜻을 전한다. Michael의 독특한 관점이 아주 가치 있는 책을 만들어냈음을 독자도 알게 될 것이다. 이 책이 독자의 책장에 자리 잡길 바라면서 글을 맺는다.

서문

Mike Dickheiser, Applied Research Associates, Inc.
mdickheiser@ara.com

이 시리즈는 더 이상 게임 개발자들을 위한 것이 아니다. 좀 더 정확하게는, 더 이상 게임 개발자들만을 위한 것이 아니다. 지난 몇 년간 게임 기반 학습 및 교육 또는 여러 "진지한 게임(serious game)이라는 관련 산업들이 등장했지만, 사실 이미 예전부터 인구에 회자되어 왔던 만큼, 그런 산업을 완전히 새로운 것으로 볼 순 없다. 그러나 최근 몇 년 사이에는 게임 산업에 대한 **침공**이라고 불러야 마땅할 정도로 그 활동이 강화되어 왔다.

신대륙 발견

대부분의 게임 개발자들이 커피로 얼룩진 키보드에 사로잡혀 있는 사이에 컴퓨터 게임 엔진들과 도구들에 대한 외부의 관심은 계속 커져왔다. 최근 이 업계를 떠나 **다른 세상**으로 진입한 나는 이 게임 업계의 성과에 군침을 흘리는 수많은 눈들을 직접 확인할 수 있었다. 게임 기술을 상업용 및 군사용 훈련 환경 및 시뮬레이션으로 사용하고사 하는 새로운 회사들도 우후죽순처럼 생겨나고 있다. 그들은 마치 신대륙 영토 확보 경쟁을 벌이듯이 떼를 지어 달려들고 있다.

회사들만 움지이고 있는 것은 아니다. 학계 역시 게임 산업의 성과에 크게 주목하고 있다. 컴퓨터 게임 대학이나 학원 이야기가 아니다(물론 게임 교육 분야도 따로 논의할 만큼 흥미로운 부분이긴 하지만). 지금 이야기하려는 것은 고도로 세련된 최첨단 연구 분야에서 게임 기술을 라이선싱하는 동향이다. 여러 주요 대학교들의 활동상을 조금만 조사해 보면 인간-컴퓨터 상호작용, 인지 모형, 지능형 에이전트, 대화식 서사, 청각 병리학, 운동 요법, 인간 정보 처리 등 다양한 분야에서 게임 업계의 최고의 엔진들을 그대로 가져다가 도구로 사용하고 있음을 알 수 있을 것이다.

드디어 인정을 받다

한 가지는 분명하다. 이제는 컴퓨터 게임 기술이 진정한 기술로 인식되고 있다는 점이다. 이를 가장 잘 보여주는 증거는, 게임 기술이 더 이상 최종사용자용 서비스에만 한정되지 않는다는 것이다. 이제는 전 세계 **R&D** 회사나 연구소들이 패키지화된 게임 기술들을 커스텀 개발의 출발점으로 삼고 있다.

여기서 중요한 것은, 바깥 세계에서 게임 업계로의 **피드백**이 시작되고 있다는 것이다. 물론 게임 업계가 외부 세계의 성과(연구 문헌이나 **GPL** 소프트웨어 등)를 받아들인 것이 어제 오늘의 일은 아니나, 그러한 활동은 우리의 관점에서, 우리의 필요에 따라 이루어진 것이었다. 그러나 이제는 우리의 기술이 **문외한들**의 손에서 변하는 사건이 눈앞에 펼쳐질 날도 멀지 않았다. 실제로 *Game Programming Gems 6*의 필진과 편집진에는 게임 업계 외부에서 활동하는, 그러나 여전히 게임 업계의 미래에 큰 영향을 미치며 기여하는 사람들도 많이 포함되어 있다.

창발하는 패러다임

외부로부터의 관심의 증가가, 게임 업계 내부에서 고수준 엔진 접근과 내용 생산을 지원하는 더 나은 도구들이 강조되는 경향과 동시에 진행되는 것도 우연한 일은 아니다. 사실, 언급한 **R&D** 회사들과 대학 연구소들이 가장 관심을 보이는 분야는 바로 여러 게임들의 제작에 사용된 정교한 저작 도구들이다.

개인적으로 나는 이것이, 우리가 일을 제대로 해내고 있다는 증거라고 생각한다. 하드코딩된 닫힌 시스템의 시대는 이제 저물고 있다. **숫자 하나 바꾸고 다시 컴파일하고 검사하기**를 반복하는 방식은 **사라져야 하며**, 실제로도 사라지고 있다(좀 느린 것 같긴 하지만). 현재 업계 전반은 최고의 몇몇 게임에서나 볼 수 있던 고수준의, 구성요소 기반 컨텐트 및 게임 플레이 생성이 대세를 이룰 르네상스를 맞이하고 있다고 해도 과언이 아니다.

Game Programming Gems 시리즈가 이러한 흐름을 무시해서는 안 될 것이다. 그런 차원에서 이번 권에는 "스크립팅 및 자료주도 시스템"을 전문적으로 다루는 새로운 섹션이 도입되었다. 최근 들어 자료를 일일이 다루는 루프의 작성에서 프로그래머들을 벗어나게 하는 경향이 강해지고 있는데, 이 새 섹션은 바로 그러한 경향에 초점을 둔 것이다. 이러한 경향의 바탕에는 창조적인 착안들을 좀 더 빨리 시험해 볼 수 있게 하며 프로그래머와 디자이너, 아티스트들이 개발 도중 같은 언어로 의사소통할 수 있게 한다는 작업흐름 원리가 깔려 있다. 그러한 원리에 의해 게임 개발의 모든 것이 바뀌게 되는 일은 피할 수

없는 현상이기도 하다.

서론은 이 정도로 하고, 이제 이 책을 좀 더 구체적으로 소개해 보겠다.

Game Programming Gems 6

시리즈의 여섯 번째 책인 이번 책은 배경과 출신 국가가 다양한 게임 업계 및 관련 업계의 전문가들이 편집 인력과의 밀접한 협력 하에서 작성한 50개 이상의 글들로 채워져 있다. 이 책에는 독자의 다음 프로젝트에 바로 사용할 수 있을만한 아주 다양한 글들이 수록되어 있다. 대단히 혁신적인 글들이 있는가 하면 친숙한 주제에 대해 새로운 시각을 제공하는 글들도 있다. 이 글들은 이 업계 최고 수준의 아주 똑똑한 인재들이 공을 들여서 만들어낸 결실들의 수준을 가늠할 수 있게 한다. 이 책을 읽고 공부하면서 얼마나 많은 것을 얻을 수 있을지는 전적으로 독자에게 달렸다. 그럼 이 책의 전반적인 구성을 살펴보자.

프로그래밍 일반

Adam Lake, Intel Corporation

이 시리즈의 프로그래밍 일반 섹션은 다양한 종류의 통찰과 현명한 프로그래밍 수단들을 제공하는 동물원과도 같은 곳이었는데, 그 점은 이번 책에서도 마찬가지로 해당된다. 이번 책의 프로그래밍 일반 섹션에는 다중 프로세서 기법, 단위 검사, 보안 지문 적용에서부터 진정한 컴퓨터 시각 기술의 대단히 멋진 응용에 이르기까지 다양한 글들이 수록되었다. 다양한 주제들을 제한된 지면으로 다루다보니, 완전한 튜토리얼이라기 보다는 더 공부하고 탐구할 것들을 제시하는 개괄 논문 성격의 글들이 많다.

수학 및 물리

Jim Van Verth, Red Storm Entertainment, Inc.

흔히 죽음과 세금은 피할 수 없다고들 하는데, 프로그래머에게는 여기에 한 가지가 더 추가된다. 바로 FPU, CPU, GPU의 사이클을 하나라도 더 줄이고자 하는 욕구이다. 그리고 그러한 욕구를 만족하려 할 때 넘어야 할 산 하나가 바로 수학과 물리이다. 다행히 이 섹션의 글들은 단지 약간의 성능 향상을 위해 수많은 코드를 작성해야 하는 일과 관련된 것들이 아니다. 이 섹션에서는 전통적인 주제들을 새로운 시각으로 다룬 글들과 다음 프로젝트들에서 즉시 사용할 수 있을만한 현명한 응용 기법들을 다룬 글들이 잘 섞여 있다.

인공지능

Brian Schwab, Sony Computer Entertainment of America

인공지능 섹션은 가장 인기 있는 섹션들 중 하나였는데, 이번 책을 위한 준비도 충실하게 이루어졌다. 게임 AI는 인지 과학과 기계 지능의 최신 연구 성과에 특히나 영향을 받으며, 그런 만큼 학계와의 연관성이 강하다. 이번 책의 인공지능 섹션에서는 행동 모형화 분야의 성과를 독자의 다음 게임에 충분히 사용할 수 있을 만큼 상세히 다룬 글들이 수록되었다. 또한 AI 기법을 엔진의 다른 하위 시스템에 적용하는 방법을 다룬 글도 있다. 이제는 그래픽에도 AI를 적용하는 세상이 온 것이다.

스크립팅 및 자료주도적 시스템

Graham Rhodes, Applied Research Associates, Inc.

이 섹션의 소개 부분을 보고 나는 눈시울이 뜨거워졌다. 스크립팅과 자료주도적 시스템에 대한 별도의 섹션을 마련하는 일은 이 시리즈에 반드시 필요한 부분이다. 이 섹션은 몇 가지 유명 스크립팅 언어들 및 새로이 뜨고 있는 스크립팅 언어들을 개괄한 글을 비롯해, 엔진의 유연성을 크게 높여주는 기법들을 담은 여러 글들을 제시한다. 이 섹션에서 논의하는 기법들을 한 번도 고려하지 않은 독자라면 조금은 반성을 해야 할 것이다.

그래픽

Paul Rowan, Rho, Inc.

이번 그래픽 섹션에는 독자도 익숙할만한 전통적인 주제들을 다루는 글들과 전에는 시도할 생각도 못했던 새롭고 멋진 기법들을 다루는 글들이 잘 혼합되어 있다. 엔진의 성능 향상을 위해 공간 분할을 더 개선하고 싶은 독자라면 이 섹션에서 해법을 발견할 수 있을 것이다. 또한, 더 많은 광원들을 장면에 적용하는 방법을 찾던 독자 역시 답을 발견할 수 있을 것이다. 그 외에도, 도로 표지판과 게시판을 또렷하게 렌더링하는 흥미로운 기법 등 창조적인 내용 생산을 고민하는 독자라면 반길만한 글들이 많이 있다.

오디오

Alexander Brandon, Midway Home Entertainment

이번 오디오 섹션에는 변형 가능 메시에서 직접 소리를 생성한다거나 공간 분석을 이용해서 잠재 가청 집합을 구축하는 등 전에는 시도하지 않았던 새로운 기법들을 다룬 글들이 많다. 좀 더 진보된 오디오 시스템 활용의 성과에서 비롯된 정말로 멋진 착안들을 발견할 수 있을 것이다. 이제 귀를 닦고, 스피커도 좀 더 좋은 것으로 교체할 때가 되었다.

네트워크 및 다중 플레이어

Scott Jacobs, Virtual Heroes

게임 네트워크 프로그래머들이 마주하고 있는 요즘의 과제들은 옆에서 보기에 정말로 무서울 정도이다. 전 세계에 흩어져 있는 수많은 플레이어들이 한데 모여 동시에 놀 수 있게 한다는 것 자체가 아찔한 일이다. 게다가 네트워크를 통해 전달할 상세하고 정교한 내용을 끊임없이 추가하는 과제 역시 능숙하게 처리해야 한다. 그런 대단한 일을 하고 있는 이 분야 전문가들이 시간을 내서 글까지 썼다니, 그저 고개 숙여 경의를 표할 뿐이다. 이번 책의 네트워크 및 다중 플레이어 세션에는 앞에서 언급한 문제점들을 다루는 글들이 수록되어 있다. 이 섹션 덕분에 독자는 야근을 하는 대신 밤새 네트워크 게임을 즐길 수 있을 것이다.

결론

이 서문 도입부에서의 선언은 사실 틀린 것이다. *Game Programming Gems* 시리즈는, 그리고 이 업계는 여전히 우리 게임 개발자들을 위한 것이며, 앞으로도 그럴 것이다. 게임이라는 **마법**을 만들어내기 위해 우리만큼 열심히 일하는 사람들도 없으며, 그런 만큼 게임은 언제나 우리의 것이다. 다른 업계가 우리의 기술을 발견하고, 흥정하고, 팔아먹는다고 해도, 언제까지나 게임은 우리 게임 개발자들의 영역에 속한다. 그리고 나도 여전히 '우리'에 속한다고 생각한다. 내 마음은 항상 게임에 남아 있다. 나는 나 자신을 게임 업계를 떠난 사람이 아닌, 단지 임무를 받아 해외로 떠나온 특사로 여길 뿐이다.

독자가 이 흥미로운 여정에 막 들어선 신참 게임 프로그래머이든, 산전수전 다 겪은 업계의 베테랑이든, 아니면 외부 세계로부터의 고마운 방문자이든, 이 책에서 영감과 통찰을 얻을 수 있길 희망한다. 또는, 적어도 글 한 두 개는 독자가 만드는 게임 세계에서 보석으로 남게 되었으면 좋겠다.

감사의 글

우선, 코드를 짜는 것만으로도 바쁜데 코드에 관한 글을 위해서까지 시간을 내준 필자들에게 감사한다. 그들이 없었다면 이 책이 나오지 못했을 뿐만 아니라, 게임 업계의 목소리가 약해져서 외부 세계가 우리의 문을 두드리는 일도 없었을 것이다. 필자들에게: 여러분의 노력은 이제 게임 산업 역사의 연대표에 선명히 새겨졌습니다. 이제 편히 쉬면서, 여러분이 관대하게 제공한 것들을 어딘가의 누군가가 받아들여서, 그 모든 아이디어를 검증하고 기리는, 그리고 이 업계를 더욱 발전시키는 또 다른 대작들을 만들어내는 일만 기다리면 됩니다.

다음으로 이 시리즈의, 적어도 이번 책의 대표 편집을 나에게 맡겨준 Jenifer Niles에게 감사한다. 나에게 있어 이 임무는 커다란 영광이며, 그런 만큼 *Game Programming Gems* 시리즈가 앞으로도 계속해서 수천의 게임 개발자들에게 유용한 정보를 제공하게 되길 바란다. 나 때문에 고생이 심했을 Jenifer에게 미안할 뿐이다.

또한 Mark DeLoura에게도 특별한 감사의 뜻을 전한다. 그의 확고한 지도와 지원도 고맙지만, 다른 일들 때문에 엄청나게 바쁜 와중에서도 이 시리즈에 헌신한 점은 너무나도 고마운 일이 아닐 수 없다. 이 시리즈의 독자 한 사람으로서, 그리고 이 시리즈에서 발견한 코드와 통찰 덕분에 수많은 고비를 넘겼던 프로그래머로서 Mark에게 감사한다. Mark, 여섯 권이나 나왔어요! 믿기지 않는 일입니다! 이제 여섯 권 더 내 봅시다...

섹션 편집자들도 빼 놓을 수 없다. 예전에는 편집자들에 대한 감사 인사를 그냥 진부한 관례로만 생각했는데, 실제로 발을 들여 놓고 보니 아무리 감사해도 모자란다는 점을 알게 되었다. 슈퍼볼 결승전을 연장까지 가서 겨우 이긴 미식축구팀의 체력이 소진된 쿼터백이 팀원들에게 그저 고개를 잠깐 끄덕이는 것과 비슷하달까. 다시 한 번 말하지만, 섹션 편집자분들 모두 고맙습니다. 언제 한 잔 합시다. 또한, 가족들에게도 감사의 인사를 전해 주시길... (이 책 때문에 가족과 있는 시간을 많이 빼앗겼을 것이다.)

마지막으로, 그리고 가장 중요하게는, 끝없는 인내와 지원은 물론 가끔씩 엄한 질책으로 나를 격려한 아내 Sukie에게 감사한다.

이 이미지는 *Tom Clancy's Ghost Recon Advanced Warfighter*™에서 미래의 병사 Scott Michell™ 대위가 시가전 전장을 탐색하는 모습이다. 이 이미지는 프랑스 몽펠리에의 Ubisoft Tiwak 스튜디오에서 Adobe® Photoshop®과 Autodesk® 3ds Max로 만들었다.

Mitchell 대위의 IWS(Integraged Warfighter System) 장비는 U.S. Army Natick Soldier Center가 개발하고 있는 실제 Future Force Warrior 프로그램에 기초한 것이다. 이 장비는 Crye Precision의 방어구 및 유니폼 요소들(MULTICAM™ 유니폼 옷감과 Armored Chassis, BlackHawk HellStorm Fury 장갑, 그리고 Artisent Inc.의 헬멧 등)로 이루어져 있다. MR-C(Modular Rifle-Caseless) 설계는 Crye Associates의 것이다.

U.S. Army가 *Tom Clancy's Ghost Recon Advanced Warfighter*™를 후원하거나 승인한 것은 아니다.

<h1>저자 소개</h1>

약력을 제출하지 않은 일부 저자들은 제외되었음을 밝힌다.

김형석 HyungSeok Kim

kim@miralab.unige.ch

김형석은 컴퓨터 그래픽과 가상 현실 분야의 연구 논문 다수를 국제 학술지와 컨퍼런스들에 게재한 바 있다. 출판된 주요 논문들은 다해상도 모형화, 3D 컨텐트 적응, 실시간 상호작용적 모형에 초점을 둔 것들이다. 김형석은 *Visual Computer* 저널의 보조 편집자이기도 하다.

김용하 Yongha Kim

ysoyax@gmail.com

김용하는 스프라이트 애니메이션을 위한 빠른 VQ 인코딩 알고리즘에 대한 연구로 포항공과대학교에서 석사 학위를 받았다. 이 알고리즘은 판타그램의 RTS 게임 **킹덤언더파이어**에서 자원들을 전통적인 방법에서보다 20배 빠르게 생성하는 용도로 쓰였다. 이후 그는 판타그램과 넥슨의 MMORPG들의 개발에 참여했다. 현재는 넥슨의 새 MMORPG의 프로젝트 관리자이다. 그의 관리 하에 개발 중인 게임은 세계의 평화와 사랑을 좀 더 강조한 것이라고 한다.

Luis Otavio Álvares

Universidade Federal do Rio Grande do Sul (UFRGS, Porto Alegre, Brazil)의 Department of Applied Computing에서 교수로 재직하고 있는 Luis Otavio Álvares는 1988년에는 Université Joseph Fourier (Grenoble, France)에서 정보과학 Ph.D. 학위를, 1982년에는 URFGS에서 전산학 M.Sc. 학위를 받았다. 연구 분야로는 컴퓨터 게임용 인공지능, 다중에이전트 시스템, 자료 마이닝 등이 있다. 여러 컨퍼런스 및 저널의 조직위원회나 기술위원회 일원으로, 리뷰어로 활동한 바 있다.

Takashi Amada

taka.am@gmail.com

Takashi Amada는 Sony Computer Entertainment, Inc.의 소프트웨어 공학자이다. 2003년 Tokyo Institute of Technology에서 생물과학 학사 학위를 받았고, 2005년에는 Nara Institute of Science and Technology에서 정보과학 석사 학위를 받았다. 주된 연구 분야는 가상현실, 실시간 렌더링, 물리 기반 애니메이션이다.

James Boer

author@boarslair.com

James Boer는 1997년에 놀랄 만큼 큰 성공을 거둔 게임인 Deer Hunter의 AI 개발을 통해서 게임 개발 업계에 발을 들여놓았다. 이후 학교로 돌아와 교육을 마친 그는 *Rocky Mountain Trophy Hunter*, *Deer Hunter II*, *Pro Bass Fishing*, *Microsoft Baseball 2000*, Tex Atomic의 *Big Bot Battles*, *Digimon Rumble Arena 2*, *Lord of the Rings: Tactics* 등 여러 게임들에 참여해왔다. 그리고 *Game Programming Gem* 시리즈와 *Game Developer Magazine*에 여러 편의 글을 기고했으며, *DirectX Complete*를 공동 저술하고 자신의 책 *Game Audio Programming*을 쓰기도 했다. 현재는 ArenaNet에서 새 게임 *Guild Wars*를 위한 네트워크 및 서버 프로그래머로 일하고 있다.

Alexander Brandon

abrandon@midway.com

1994년에 게임 오디오 분야에 발을 들여 놓은 Alexander Brandon은 작곡가, 사운드 디자이너, 성우, 보이스 디렉터, 보이스 캐스터, 기술 설계 전문가, 오디오 디렉터 등으로 일하면서 Unreal®이나 Deus Ex를 포함한 십여 개의 성공작들에서 오디오 작업에 기여하거나 감독한 바 있다. 또한 5년간 GDC 및 여러 대학들, 그리고 게임 및 음악 산업 행사들에서 강연을 하기도 했다. Game Developer 지의 "Aural Fixation" 칼럼의 기고자인 그는 *Audio For Games: Planning, Process and Production*이라는 책을 쓰기도 했다. 현재는 Midway Home Entertainment(San Diego, California)에서 오디오 매니저로 일하고 있다.

Matthew Campbell

campbell@bmh.com

Matthew W. Campbell은 지난 6년간 상용 소프트웨어와 학술용 소프트웨어를 개발해왔다. 2년 전에 겨우 학부를 졸업한 그는 학창 시절이 대부분을, 디스플레이 월(display wall)과 CAVE Automatic Virtual Environment™ 기술로 대규모 가상 환경 시뮬레이션을 좀 더 저렴하게 구동하는 해법을 찾기 위해 클러스터 기반 병렬 렌더링 관련 프로젝트들에 매진하면서 보냈다. 또한 같은 시기에 The Institute for Scientific Research (ISR)에서 병렬 렌더링 기술을 기존의 디스플레이 월 기술에 통합하는 작업으로 몇 개월을 보낸 적도 있다. 최근에는 오픈소스 게임 엔진인 Delta3d(*www.delta3d.org*)에 기초한 여러 프로젝트들을 통해서 게이밍 기술의 위력을 군사 시뮬레이션 및 훈련에 활용하는 방법을 찾고 있다. Matthew는 Virginia Polytechnic University (Virginia Tech)에서 전산학 학사 학위를 받았다. 그리고 최근에 BMH Associates, Incorporated (Norfolk, VA)에 입사했다.

Erin Catto

erincatto@gphysics.com

Erin Catto는 지난 10년간 물리 엔진들을 개발해왔다. 현재는 Crystal Dynamics에서 물리 프로그래머로 일하면서 *Tomb Raider Legend*를 만들고 있다. 이전에는 동적인 단백질 시뮬레이션과 CAD용 기계 시뮬레이션 소프트웨어, 그리고 유연한 로봇 팔의 모형화 및 제어를 위한 일을 하기도 했고, 더 옛날에는 HP48 계산기에서 *Ant*나 *Joust* 같은 게임을 프로그래밍하기도 했다. 그는 Cornell University에서 이론 및 응용 기계역학 Ph.D. 학위를 받았다.

Waldemar Celes

celes@inf.puc-rio.br

Waldemar Celes는 PUC Rio(Brazil)의 전산학과 조교수이자, PUC-Rio의 컴퓨터 그래픽 기술 그룹인 Tecgraf의 연구원 겸 선임 프로젝트 관리자이다. 그 전에 Cornell University의 컴퓨터 그래픽 프로그램에 대한 박사후 과정도 수료했다. 현재의 컴퓨터 그래픽 관련 연구 분야로는 실시간 렌더링, 과학 시각화, 물리 시뮬레이션, 분산 그래픽 응용프로그램 등이 있다. 그는 Lua 프로그래밍 언어의 작성자들 중 한 사람이기도 하다.

Octavian Marius Chincisan

mariuss@rogers.com

Octavian은 1987년에 Technical University of Cluj Romania에서 전기공학 이학 석사 학위를 받았다. 1년 후에는 Post University Diploma의 응용 전기공학과를 졸업했으며, Sinclair Spectrum과 호환되는 Z80 기반 개인용 개발 프로젝트를 완료했다. 1988년에서 1994년까지는 한 금융 기관에서 C++ 프로그래머로 재직하다가 1994년에 캐나다로 이주한 이후로 여러 회사들에서 경력직 C++ 소프트웨어 프로그래머로 일했다. Octavian이 게임 프로그래밍이라는 새로운 도전에 뛰어든 것은 2000년의 일이다. 그는 이 분야를 완전히 독학으로 익혔다. 그의 지식, 열정, 노력의 결과는 아직 개발 중인 Getic 3D Editor와 Getic SDK이다. 현재 Octavian은 General Electric의 소프트웨어 컨설턴트로 일하고 있으며, Zalsoft, Incorporated의 소프트웨어 아키텍트도 겸임하고 있다.

Mike Dickheiser

mdickheiser@ara.com

근 10년 간 게임 업계에서 컴퓨터 제어 캐릭터들과 차량들이 서로를 뒤쫓는 게임들을 만들던 Mike는 최근 들어 자신의 행로를 바꾸어, **진짜** 전장에서 움직이는 모든 것을 시뮬레이션하는 데 정부의 돈을 탕진하고 있다. 비행 시뮬레이션과 좀 더 최근의 *Ghost Recon* 제품군(Red Storm Entertainment)의 차량 AI 작업에서 쌓은 경험을 기초로, Applied Research Associates에서 자신의 게임 기술에 대한 열정을 진지한 시뮬레이션의 세계에 주입하는 방법을 찾고 있는 그가 일이나 가족, 그리고 책 편집을 위한 시간 이외에 조금이라도 여가가 생길 때 하는 일은, 세계 최초의 진정한 지능적 컴퓨터를 만든다는 꿈을 위해 North Carolina State University의 전산학 석사 학위에 터무니없는 시간을 쏟아 붓는 것이다 — 카페인과 인도 음식, 그리고 언젠가는 이 모든 것이 결실을 거두리라는 확고부동한 믿음에 힘입어서.

Thomas Di Giacomo

thomas@miralab.unige.ch

Thomas Di Giacomo는 컴퓨터 그래픽과 네트워크에 대한 여러 논문들을 국제적인 학술지들과 컨퍼런스, 워크숍들에 게재했으며, *Graphics Programming Methods*와 *Game Programming Gems 4*에도 글들을 기고했다. 그의 주된 관심사는 애니메이션 LOD와 물리 기반 애니메이션이다.

Arjan Egges

egges@miralab.unige.ch

Arjan Egges는 컴퓨터 그래픽에 대한 여러 논문들을 국제적인 학술지들과 컨퍼런스, 워크숍들에 게재했다. 또한 *Computer Animation and Virtual Worlds* 학회지의 편집 보조이기도 하다.

Luiz Henrique de Figueiredo

lhf@visgraf.impa.br

Luiz Henrique de Figueiredo는 Institute for Pure and Applied Mathematics (IMPA, Rio de Janeiro, Brazil)의 부연구원이자, PUC-Rio의 컴퓨터 그래픽 기술 그룹인 Tecgraf의

자문위원이기도 하다. 현재의 연구 관심사로는 계산 기하학, 기하 모형화, 그리고 컴퓨터 그래픽에서의 간격법(interval method) 등이 있다. 프로그래밍 언어에도 관심이 많은 그는 Lua 언어의 설계자들 중 한 사람이기도 하다.

Dominic Filion

dfilion@hotmail.com

Dominic는 현재 Orange County, California의 한 주요 게임 개발 스튜디오에서 그래픽 엔지니어로 일하고 있다. 그 전에는 DC Studios의 기술 감독을 맡아서 개발사 내부의 크로스 플랫폼 3차원 엔진 작성을 이끌기도 했다. 또한 네 개의 상용 3D 엔진 개발에 참여해서 그 중 두 번을 주 아키텍트로 일했으며, Artificial Mind & Movement, Microids, Fun Key Studios에서도 일했다. 그의 글들에 대한 의견을 환영하며, 그냥 잡담도 환영한다.

Martin Fleisz

Martin은 University of Derby, England에서 전산학 학사 학위를 받았다. 3년간 전문 C++ 프로그래머로 일해 온 그는 여가 시간을 주로 게임 및 그래픽 관련 프로그래밍 기법들을 배우면서 보낸다. 또한 비디오 게임과 드럼도 즐긴다.

Chun Che Fung

lanceccfung@ieee.org

현재 Murdoch University의 School of Information Technology의 부교수로 재직 중인 Dr. Lance C. C. Fung은 University of Western Australia에서 Ph.D. 학위를, 그리고 University of Wales, Institute of Science and Technology, U.K.에서 학사 학위를 우등 취득(first class honors)했다. 시뮬레이션과 게임에 대한 관심은 학부 시절 연구에서부터 시작되었다. 그의 프로젝트는 여러 해상 조건에서 자동 파일럿 제어 하에 놓인 배의 행동을 시뮬레이션하는 것이었다. 그는 오랫동안 인공지능을 강의해 왔으며 여러 학술지와 컨퍼런스에 논문을 발표하기도 했다. 그의 주된 연구 과제 및 전문 분야는 인공지능 기법 및 시스템을 현실 세계의 문제들에 응용하는 것이다.

Diego Garcés

diegogarces@gmail.com

Diego Garcés는 현재 스페인의 신생 개발사인 *FX Interactive*의 여러 게임들에서 AI 프로그래머로 일하고 있다. PC를 처음 접했을 때부터 게임을 만들고 싶었던 그는 학교에서 작은 게임들도 만들고(프로그래밍 및 그래픽) 게임 세계 외부에서 직장 생활도 잠깐 하다가 다시 그의 열정의 대상인 게임 업계로 돌아와서, 현재는 일하는 틈틈이 Ph.D. 연구도 진행하고 있다. 다행히 아직까지는 Ph.D. 과정의 2년을 잘리지 않고 잘 넘겼다.

Stephane Garchery

stephane@miralab.unige.ch

Stephane은 여러 컴퓨터 그래픽 기사들과 *Handbook of Virtual Humans*의 몇몇 장들, 그리고 실시간 응용프로그램을 위한 3D 안면 애니메이션 분야의 Ph.D. 학위 논문을 저술했다.

Julien Hamaide

julien.hamaide@gmail.com

Julien은 어렸을 때 Commodore64에서 텍스트 게임으로 프로그래밍을 시작해서 바로 그해에 자신의 첫 번째 어셈블리 프로그램을 작성했다. 몇 해가 지나도 열정은 식지 않았다. 그는 부모가 사준 책들을 모두 읽으면서 항상 독학으로 게임 프로그래밍을 배워왔다. 2003년에 21세의 나이로 Belgium의 Faculté Polytechnique de Mons에서 멀티미디어 전기 공학 과정을 졸업한 그는 TCTS/Multitel (*http://tcts.fpms.ac.be; http://www.multitel.be*)에서 음성 및 영상 처리 직업을 2년간 수행해오다 현재는 벨기에 기반 비디오 게임 회사인 Elsewhere Entertainment (*http://www.elsewhere-entertainment.com*)에서 차세대 콘솔용 게임을 만들고 있다.

Anders Hast

aht@hig.se

Anders Hast는 1996년부터 University of Gävle의 전산학 강사로, 그리고 2004년부터는 부교수로 일하고 있다. 2004년에 Uppsala University에서 Ph.D. 학위를 받은 그는 컴퓨터 그래픽 분야에서 20여 개의 연구 간행물과 책 장(chapter)들을 통해 저술 활동을 해왔다.

Roberto Ierusalimschy

roberto@inf.puc-rio.br

Rio de Janeiro의 Catholic University(PUC-Rio)의 부교수인 Roberto Ierusalimschy는 Lua 프로그래밍 언어의 선임 아키텍트이다. 현재 연구 분야는 프로그래밍 언어이다.

Pete Isensee

pkisensee@msn.com

Pete Isensee는 Xbox Advanced Technology Group의 개발 관리자이다. GDC에서도 여러 차례 강연하고 *Game Programming Gems* 시리즈에도 자주 기고한 그는 C++ 성능 문제를 논의하길 즐긴다(특히 보르도 포도주를 마시면서).

Scott Jacobs

scott@escherichia.net

Scott Jacobs는 Virtual Heroes(Cary, North Carolina)에서 게임 기술을 이용해 시뮬레이션과 훈련 소프트웨어를 개발하고 있다. 현재 자신의 관심사를 물으면 검사 프레임워크, 지속적 통합, 다중 스레드 게임 엔진 설계라고 말하지만, 듣는 이가 재미없어 하면 산악 자전거, 인도 음식 만들고 먹기, 공포 영화 보기로 화제를 돌린다.

Toby Jones

thjones@microsoft.com

Toby Jones는 Microsoft Media Technology Group의 소프트웨어 설계 엔지이너이다. 현재 그는 Windows Vista용 차세대 멀티미디어 파이프라인을 작업하고 있다. Toby는 자신의 직함에 "선임"이라는 말이 붙는 걸 싫어하는데, 아직 65세가 되지 않았다는 것이 그가 들고 있는 이유이다. Xbox 360에서 손을 뗄 수 있다면 전산학 석사 학위를 끝내길 바라고 있다. 전에는 *Sound Forge, Vegas Video*, Xbox용 *Dead Man's Hand, Prey*를 위한 멋진 시스템 코드를 작성하기도 했다. 그리고 마침내 결혼을 했다. 물론 Jessica와.

Chris Joslin

cjoslin@connect.carleton.ca

Chris Joslin은 Carleton University(Canada)의 조교수로, 대화식 멀티미디어, 문맥을 통한 동적 매체 적응, 실시간 협동적 가상 환경을 연구한다.

David L. Koenig

david@touchdownentertainment.com

David Koenig는 현재 Touchdown Entertainment(구 LithTech)의 선임 소프트웨이 엔지니어로, 주로 하는 일은 PC 및 Xbox용 Jupiter 3D 엔진 기술이 지원, 유지보수, 개선이다. 그는 *Tron 2.0*(PC), *Tron 2.0: Killer App*(Xbox), *Gun Griffon*(Xbox), *Chicago Enforcer*(Xbox) 등 다양한 게임들에 참여해 왔으며, University of Houston에서 컴퓨터 공학 학사 학위를 받았다. 개인 홈페이지는 *http://www.rancidmeat.com/*이다.

Adam Lake

adam.t.lake@intel.com

Adam Lake는 Software Solutions Group의 선임 소프트웨어 엔지니어로, Intel의 The Modern Game Technologies Project를 이끌고 있다. Adam은 7년 간 Intel에서 비실사

렌더링 연구와 Shockwave3D 엔진 제작을 비롯해 여러 일들을 해왔다. 그는 스트림 프로그래밍 아키텍처 하나를 설계하면서 관련된 시뮬레이터, 어셈블러, 컴파일러, 프로그래밍 모형도 설계하고 구현했다. Intel에서 일하기 전에는 UNC Chapel Hill에서 컴퓨터 그래픽 석사 학위를 땄으며, Los Alamos National Laboratory의 계산 과학 방법 그룹에서도 일했다. Adam에 대한 좀 더 자세한 정보는 *http://www.cs.unc.edu/~lake/vitae.html*에 나와 있다. 그는 컴퓨터 그래픽에 대한 여러 출판물을 저술했는데, 그 중에는 SIGGRAPH, IEEE의 검토를 거쳐서 게재된 논문들도 있다. 그리고 컴퓨터 그래픽에 관한 책들도 여러 권 공동 저술했다. 여가 시간에는 산악과 도로에서 자전거를 타거나 하이킹과 캠핑을 즐기며 독서, 스노우보딩, 주말 드라이빙도 즐긴다.

Noel Llopis

llopis@convexhull.com

Noel Llopis는 High Moon Studios에서 차세대 기술의 연구 개발에 매진하고 있다. 그는 애자일 개발, 자동화된 테스팅, 테스트 주도 개발에 대한 확고한 지지자이다. 또한 *C++ for Game Programmer*의 저자이기도 하며, *Game Programming Gems* 시리즈와 *Game Developer* 지에도 글을 기고했다. 만든 게임으로는 *Darkwatch*와 *MechAssault* 등이 있다. 여가 시간에는 그의 웹 사이트 Games from Within (*http://gamesfromwithin.com*)에서 다양하고 독특한 아이디어를 탐구하길 즐긴다. 그는 University of Massachusetts Amherst에서는 컴퓨터 공학 학사 학위를, University of North Carolina, Chapel Hill에서는 전산학 석사 학위를 받았다.

Chris Lomont

chris@lomont.org

Chris Lomont은 영업사원, 연구 과학자, 비디오 게임 프로그래머, 대학원 조교 등 다양한 직업을 거친 전문적인 땜장이로, Discovery Channel에서 파괴 장치에 대한 프로를 진행하는 꿈도 가지고 있다. Purdue에서 수학, 물리, 전산학을 공부했으며, 대수 기하학 Ph.D. 학위도 땄다. 컴퓨터 그래픽과 알고리즘에 대한 관심 외에, 현재는 Ann Arbor의 한 회사에서 양자 컴퓨팅을 연구하고 있다. 그의 여러 취미, 프로젝트, 관심사를 *www.lomont.org*에서 볼 수 있다. (그의 최근 프로젝트는 예술적 시각화를 위한 LED 상자이다. 또한 슈퍼볼 비디오도 살펴보시길.) 수학이나 알고리즘에 대한 질문이 있다면 언제라도 이메일을 보내시길—그는 도전을 즐긴다.

Jörn Loviscach

jlovisca@informatik.hs-bremen.de

Jörn Loviscach는 독일 Hochschule Bremen (University of Applied Sciences)의 컴퓨터 그래픽, 애니메이션, 시뮬레이션 분야 교수이다. 관심 분야는 실시간 렌더링, 표준 DCC 소프트웨어를 위한 플러그인 개발, 오디오 저리, 사용자 인터페이스이다. Hochschule에 합류하기 전에는 *c't*를 비롯한 여러 독일 컴퓨터 잡지들에서 일했다. *c't*에서는 3년간 수석편집자 대리를 역임했다. 십대에 손수 음악 신디사이저와 리듬 컴퓨터를 설계하고 구축하기도 했던 그는 전자공학을 접고 물리를 전공해서 박사 학위를 받았다. 그는 자신이 가지고 있는 갖가지 악기들을 연주할 시간이 너무 부족한 것을 아쉬워한다.

Frank Luchs

gameprogramminggems@visiomedia.com

1983년, Frank Luchs는 Atari 컴퓨터를 위한 자신의 첫 번째 음악 프로그램을 작성했는데, 그것으로부터 그의 음악/프로그래밍 경력이 시작되었다. 영화와 TV를 위한 음악의 프로듀싱 및 작곡에서부터 커스텀 응용 프로그램 및 멀티미디어 소프트웨어를 위한 사운드 디자인 및 프로그래밍에 이르기까지 다양한 프로젝트들을 수행한 그는 수백 개의 노래, 광고 음악, 영화 음악 작품들(독일에서 가장 유명한 범죄물인 *Tatort* 등)을 제작, 작곡해왔다. Frank는 *Game Programming Gems 3, 4, 6*에 여러 글들을 기고했으며, 가상 악기들을 전문으로 하는 Visiomedia Software Corporation의 창립자이기도 하다. Vision-Media에서는 소프트웨어 신디사이저 *Saccara*를 설계했고, *Game Programming Gems 6*을 위해서는 *Saccara*에 쓰인 음 조직 기반 합성법을 오픈소스로 개정하기도 했다. 현재는 독일 뮌헨에서 영화 산업에 종사하고 있다. 프로그래밍을 하지 않을 때에는 신디사이저를 주무르면서 전자 교향곡을 작곡한다.

Blake Madden

blake.madden@oleandersolutions.com

Blake Madden은 Oleander Solutions의 소프트웨어 엔지니어로, 주로 텍스트와 2D 그래픽 소프트웨어에 집중하고 있다. 또한 wxWidgets용 그래픽 확장 라이브러리와 3D 기반 Euchre 게임도 만들고 있다. 여가 시간에는 디지털 사진, 하이킹, 롤러코스터를 즐긴다.

Nadia Magnenat-Thalmann

thalmann@miralab.unige.ch

Nadia Magnenat-Thalmann은 20년 넘게 가상 인간에 대한 연구 분야를 개척해왔다. 그녀는 모든 주요 학회들에서 여러 컴퓨터 그래픽 주제들에 대한 200편 이상의 논문을 발표했으며, 학술지 *Visual Computer*와 *Computer Animation and Virtual Worlds*(구 *Journal of Visualization and Computer Animation*)의 수석 편집자이기도 하다.

Enric Martí

enric@cvc.uab.es

Enric Martí는 1986년에 Universitat Autònoma de Barcelona (UAB)에 들어가서 1991년에 손으로 그린 그림을 3D 물체로 분석하는 주제에 대한 논문으로 Ph.D. 학위를 받았다. 그는 Computer Vision Center(CVC)의 연구자로 일하고 있으며, 주된 연구 분야는 문서 분석(좀 더 구체적으로는 웹 문서 분석), 그래픽 인식, 컴퓨터 그래픽, 혼합 현실 환경, 인간-컴퓨터 상호작용이다. 현재, 저해상도 웹 이미지(GIF, JPEG 등)의 텍스트 부분에서 파형소(wavlet)를 이용해 텍스트 정보를 추출하는 문제를 연구하고 있다. 또한 3D 인터페이스(데이터 글러브와 광학 렌즈)를 갖춘 혼합 현실 환경의 개발도 진행하고 있으며, 학회지 *Computer & Graphics*와 *Electronic Letters on Computer Vision and Image Analysis*의 리뷰어로도 활동한다.

Curtiss Murphy

murphy@bmh.com

Curtiss Murphy는 13년간 소프트웨어 프로젝트들을 관리, 개발했다. 프로젝트 엔지니어로서 그는 다양한 정부 기관 및 군대 조직들을 위한 여러 '진지한' 게임들의 설계와 개발을 이끌고 있다. 그의 목표는 정부가 저렴한 게임 기반 기술들을 이용해서 군사 훈련을 개선하는 일을 돕는 것이다. 최근의 성과로는 오픈소스 게임 엔진 Delta3D(*www.delta3d.org*)에 기초한 대여섯 개의 프로젝트들 및 Office of Naval Research를 위한 *America's Army*™ 기반 공무(public affair) 게임 등이 있다. Curtiss는 Virginia Polytechnic University에서 전산학 학사 학위를 받았다. 현재는 BMH Associates(Norfolk, Virginia)에서 일하고 있다.

Viknashvaran Narayanasamy

viknash@hobbiz.com

Viknash는 2004년 Nanyang Technological University(Singapore)에서 컴퓨터 공학 우등(Hons.) 학사 학위를 취득했다. 현재는 Murdoch University의 School of Information Technology(Australia)에서 게임 기술에 대한 Ph.D.를 준비하고 있다. 그는 여러 해 동안 독립 캐주얼 게임들을 개발해 왔는데, 그 과정에서 여러 게임 데모들을 만들기도 했다. 이전에 Massachusetts Institute of Technology에서 교육용 시뮬레이션 게임 *StarLogo TNG*의 제작에 참여하기도 했으며, 현재는 Murdoch University에서 교육용 레이싱 시뮬레이션 게임인 *Murdoch Grand Challenge*를 제작하고 있다. 그의 연구 관심 분야로는 범용 및 게임 그래픽용 GPU 알고리즘들과 게임을 위한 복잡계 모형화가 있다. 연구 활동의 일환으로, MMP 게임을 위한 복잡계 설계와 모형화, 엔지니어링에 대한 작업노 신행 중이다. 홈페이지는 *www.viknash.com*이다.

Charles Nicholson

charles.nicholson@gmail.com

Charles Nicholson은 High Moon Studios의 연구개발 팀에서 선임 프로그래머로 일하고 있다. 그 전에는 뉴욕시의 재무 분과에서 네트워크 서버 프로그래밍을 맡아 일하기도 했는데, Disney VR Studios의 수습사원 시절에 게임 프로그래밍의 맛을 본 이후로는 다른 일은 생각하지도 않는다. 그는 *Darkwatch, Disney's ToonTown Online, Polaris SnoCross* 등 자신이 참여했던 게임들에 대한 이야기를 듣길 좋아한다. 최적 조직화와 게임 자산 구조화에 몰두하지 않을 때에는 아름다운 여자친구와 남부 캘리포니아 스타일의 생활을 즐긴다.

Hugo Pinto

hugo@hugopinto.net

Hugo Pinto는 2005년 Universidade Federal do Rio Grande do Sul(Brazil)에서 인공지능 분야 학사 학위를 받았다. 그는 확장 행동망(로봇 아키텍처의 하나)을 단순한 개성을 지닌 *Unreal Tournament*용 에이전트의 설계에 응용하는 문제를 연구했다. 그는 2000년부터 국제적 팀들에서 소속되어 상용 AI 응용프로그램을 개발했으며, 2002년부터는 IGDA의 AIISC의 일원으로 활동하고 있다. 컴퓨터 게임, 인공지능, 인간-컴퓨터 상호작용, 인간 언어에 관심을 가지고 있다.

그는 컴퓨터 게임, 다중 에이전트 시스템, 자연어 처리, 인지 구조, 기계 학습 등 다양한 분야를 연구, 개발해 왔는데, 최근에는 Vetta Labs에서 대부분의 시간을 하드코어 AI 응용프로그램의 개발에 쏟고 있다. 시간이 나면 게임 AI에 대한 강의 및 자문을 수행하기도 하고, 독일어, 히브리어, 아랍어를 배우기도 하며, 무술을 수련하기도 한다. 회사 일과는 독립적으로 RTS 게임을 연구하는데, 특히 다중 에이전트 협동과 학습 기법들을 이용해서 전략적 AI를 개선하는 데 초점을 두고 있다. 웹 사이트는 *www.hugopinto.net*이다.

Frank Puig Placeres

fpuig@fpuig.cjb.net

Frank Puig는 University of Informatic Sciences(Cuba)의 가상현실 팀을 이끌고 있다. 그는 두 상용 게임에 쓰인 바 있는 CAOSS Engine과 CAOSS Studios를 설계하고 구현했으며, *Game Programming Gems 5*에 글을 기고하기도 했다. 또한 모션 캡쳐 자료 처리, 고급 텍스처 매핑, 애니메이션 혼합 등을 개선, 단순화하는 여러 게임개발용 도구들도 설계, 제작했다.

Armand Prieditis

prieditis@lookaheaddecisions.com

Dr. Prieditis는 실시간 의사결정을 전문으로 하는 회사인 LDI와 게임 AI 및 애니메이션 소프트웨어 개발사인 Locust Games의 CEO이자 창립자이다. LDI에서는 NIST (National Institute of Standards and Technology)의 Advanced Technology Program(2백만 달러 규모)에 선정되기도 했다. LDI를 설립하기 전에는 University of California-Davis의 전산학과 교수였다. 그는 Twelfth International Conference on Machine Learning의 공동 의장을 역임했으며, 기계 학습에 대한 국제 학회들과 National and International Joint Conferences on Artificial Intelligence의 프로그램, 조직위, 평의회에서 일했다.

Steve Rabin

steve_rabin@hotmail.com

15년간 게임 업계에 몸담아 온 Steve Rabin은 현재 Nintendo of America의 선임 소프트 웨어 엔지니어로 일하고 있다. 그는 출시된 세 게임들의 AI를 작성했으며 *Game Programming Gems* 시리즈의 주요 기고자이기도 하다. 또한 *Introduction to Game Development*와 *AI Game Programming Wisdom*의 창시자이자 대표 편집자로도 활동했다. Game Developers Conference에서는 강연을 맡기도 했으며, DigiPen Institute of Technology와 University of Washington의 Game Development Certificate Program의 강사로도 활동한다. University of Washington에서 컴퓨터 공학 학사 학위와 석사 학위를 땄다.

Arnau Ramisa

aramisa@iiia.csic.es

Arnau Ramisa는 Universitat Autònoma de Barcelona에서 전산학 학위를 따고 현재는 같은 대학교의 Institut d'Investigació en Intelligència Artificial에서 컴퓨터 시각과 인공지능에 대한 Ph.D. 학위를 준비하고 있다. 연구 주제는 시각적 불변성과 물체 인식이다. 그의 관심 분야는 컴퓨터 시각, 증강 현실, 인간-기계 인터페이스이며, 물론 비디오 게임 역시 그에 포함된다.

Michael Ramsey

Mike Ramsey는 Blue Fang의 수석 프로그래머로, 그곳에서 Xbox 360과 PlayStain 3용 기술을 개발하고 있다. Mike는 *Game Programming Gems* 시리즈와 *AI Wisdom* 시리즈 모두에 글을 실었고. 전산학 학사 학위는 MSCD에서 받았다. 그가 쓴 글들을 *http://www.masterempire.com*에서 볼 수 있다. 여가 시간에는 딸 Gwynn과 약식 야구를 즐긴다.

Aurelio Reis

AurelioReis@gmail.com

예나 지금이나 Aurelio에게 비디오 게임은 새롭고 흥미로운 세계로 이끄는 관문이다. 게임이 창조적인 탈출구임을 깨달은 그는 아예 게임 개발을 직업으로 삼기로 결정하고, 이후 플레이어를 끌어들이는 장대한 그래픽과 흥미로운 게임플레이, 진한 감동으로 탄성을 자아내는 게임 제작에 인생을 바치게 되었다. 현재는 Raven Software의 선임 프로그래머로서 게임플레이 시스템과 그래픽 기술을 전문으로 다루고 있는데, 요즘에 하고 있는 일은 Raven의 차기 게임들 중 하나를 위해 다중 플랫폼에 관한 차세대 기술을 개발하는 것이다. 흔치 않은 여가 시간에는 작곡이나 스포츠, 그래픽 데모 개발을 즐기며, 아마추어 독립 게임도 설계한다. 그의 작품 일부를 개인 웹사이트 *www.CodeFortress.com*에서 볼 수 있다.

Graham Rhodes

grhodes@gsrhodes.com

오락실 게임과 고등학교 전산실 Apple II 컴퓨터에 매료된(많이들 그랬을 것이다) Graham Rhodes는 십대 때 벌써 아케이드 스타일 게임들을 만들기 시작했다. 초기 프로젝트로는 Commodore VIC 20 용 *Robotron*™ 아류작과 Atari 8비트 홈컴퓨터용 창작 게임 *Lunar Craft*가 있다. 1990년대에는 PC CD ROM판 *World Book Multimedia Encyclopedia*를 위한 일련의 미니 게임 개발을 이끌었다(1997-2000). 고등학생에게 기초 물리를 가르치는 것이 목적이었던 그 미니 게임들에는 학생이 제어하는 실시간 물리 시뮬레이션이 포함되어 있었다.

최근에 산업안전 훈련을 위한, 최신 3D 게임 엔진 기반 액션 게임의 개발을 이끌었던 Graham이 요즘 들어 하는 일은 시뮬레이션 및 훈련을 위한 새로운 3D 그래픽 기술의 개발이다. 그는 *Game Programming Gems* 시리즈는 물론 Charles River Media의 다른 세 권의 책에도 여러 글들을 기고해왔으며, 최근의 *Introduction to Game Development*의 한 챕터를 저술하기도 했다. 또한 *gamedev.net*의 수학 및 물리 섹션 운영자이기도 하고 연례 Game Developers Conference에 기여하기도 했으며 ACM/SIGGRAPH와 IGDA 회원이기도 하다. Graham은 North Carolina State University에서 항공우주공학 학사 학위를 받았다.

Paul Rowan

paul@rowandell.com

Paul은 1990년대 초반부터 게임 개발 일을 해왔다. 그의 첫 그래픽 엔진은 메인 메모리의 프레임버퍼에 대한 CPU 접근 성능을 최대한 짜내는 데 초점을 둔 것이었다. 당시에는 30Hz의 속도로 화면에 색을 칠할 수 있는 것만으로도 축하할 일이었다. 최근에는 아티스트들과 디자이너들이 요구하는 것을 그들의 손에 쥐어주는 데 초점을 두고 있다. 추운 겨울밤에는 여전히 기기묘묘한 내부 루프 최적화를 수행하곤 한다.

Sébastien Schertenleib

Sebastien.Schertenleib@epfl.ch

Sébastien Schertenleib는 Swiss Federal Institute of Technology VRLab의 연구 조교이자 Ph.D. 준비생이다. 전산학 석사 학위는 EPFL에서 받았다. 주로는 군중 시뮬레이션 분야와 3D 실시간 응용프로그램을 위한 플랫폼 아키텍처를 연구한다. 현재 가상 상속 시뮬레이션 작업을 진행하고 있다. 글에 대한 의견이나 교환하고픈 아이디어가 있다면 언제라도 위에 적힌 이메일 주소로 연락하시길.

Brian Schwab

brian_schwab@yahoo.com

Brian Schwab은 10여년 이상 게임 업계에서 일해 온 베테랑으로, Genesis에서 Play-Station 3에 이르기까지 다뤄보지 않은 플랫폼이 없을 정도이다. 그는 그동안 포기를 모르는 자세로 게임플레이와 게임 AI에 주력해왔으며, *AI Game Engine Programming*의 저자이기도 하다.

Allen Sherrod

ProgrammingAce@UltimateGameProgramming.com

Allen Sherrod는 DeVry University에서 컴퓨터 정보 시스템 분야의 학사 학위를 받았다. *Game Developer* 지에 여러 글들을 기고하기도 했으며, 2006년 발간된 *Ultimate Game Programming with Directx®*의 저자이기도 하다. 여가 시간에는 웹사이트 *www.UltimateGameProgramming.com*을 관리한다.

Larry Shi

ai_shaying@hotmail.com

Larry Shi는 엔터테인먼트 컴퓨팅, 실리콘 기반 디지털 저작권 관리, 보안, 암호 프로세스에 대한 15편의 논문을 공동저술했다. 엔터테인먼트 컴퓨팅에 대한 주된 연구 관심 분야로는 온라인 게임을 위한 자료 분산, 플레이어 생성 자료의 마이닝, 시뮬레이션 게임의 자동화된 검사, 게임플레이 보상 공학 등이 있다. Larry는 Nvidia에서 일하면서 nForce 플랫폼의 네트워크 유닛 설계에 참여하기도 했으며, 범용 컴퓨팅을 위한 최신 GeForce® GPU 활용도 연구했다.

2004년 여름에는 EA Maxis에서 콘솔 게임 *URBZ*의 개발에 참여했다. 최근에는 그래픽 응용프로그램을 위한 디지털 저작권 솔루션 설계, 새로운 이동전화 서비스 및 차세대 온라인 핸드셋 게임을 위한 기반구조 설계에 주력하고 있다. Larry Shi는 전산학 학사 학위와 심리학 학사 학위를 가지고 있다. 2006 초에 전산학 Ph.D. 학위를 받을 예정이다.

Marq Singer

marq.singer@redstorm.com

Marq의 경력은 길고도 다양하다. 1980년대 후반과 1990년대 초반에는 TV 광고 제작진으로 시작해서 마이너 컬트 고전 Killer(1989)를 비롯한 공포영화의 특수효과에 이르기까지 영화 산업에 관련된 다양한 프로젝트와 직책을 경험하기도 했다. 그는 *Java Applets and Channels...Without Programming*의 공동 저자이며, 여러 대학교들에서 게임 및 기술 관련 초청 강연을 하기도 한다. 1998년부터는 물리, 애니메이션, UI, AI 등 게임 제작의 다양한 분야에 일해 오다가 현재는 Ubisoft의 Red Storm Entertainment에서 물리 프로그래머로서 Havok 엔진 및 커스텀 연체 동역학 작업을 진행하고 있다. 최근 참여작으로는 PS2 및 PC용 *Rainbow Six: Lockdown*이 있다.

Vaclav Skala

skala@kiv.zcu.cz

Vaclav Skala(Ph.D.)는 Czech Technical University의 교수로, 현재 UWB의 Center of Computer Graphics and Visualization (CCGV - *http://herakles.zcu.cz*)을 책임지고 있으며 Czech Academy of Sciences, Microsoft Research (U.K.), Skoda-Auto (Volkswagen Group) 등과의 공동 연구 및 응용 프로젝트도 이끌고 있다. CCGV는 Socrates/Erasmus 프로젝트 하에서 유럽 연합의 여러 대학교들과 30개 이상의 교육 연계를 맺고 있어서, 컴퓨터 그래픽 석사 학생들이 교환학생으로 와서 박기를 보낸다. 그의 연구 관심 분야는 컴퓨터 그래픽 및 시각화 알고리즘, 알고리즘 일반, 자료구조 등이다. 그는 Eurographics와 Eurographics Executive Committee, ACM-SIGGRAPH, Computer Graphics Society, Computers & Graphics (Pergamon Press), The Visual Computer (Springer Verlag) Editorial Boards를 비롯한 여러 주요 과학 학회 및 워크숍의 회원이다. 또한 여러 연구 논문들을 저술 또는 공동저술했으며, WSCG 컨퍼런스(*http://wscg.zcu.cz*)의 조직자이기도 하다.

Peter Smith

peter@smithpa.com

Peter는 현재 NETC Experimentation 연구소(NavAir, Florida)에서 계약직으로 일하고 있다. 주로 하는 일은 새롭고 창발적인 기술들을 해양 훈련에 적용하는 것이다. 연구소의 주된 초점은 게임 기술들을 훈련에 적용하는 것으로, 여기에는 오픈소스 게임 엔진인 Delta3D를 훈련 응용프로그램에 사용하는 것과 그 외의 게임 기반 훈련 시스템 제작 등이 포함된다. Peter는 University of Central Florida (UCF)에서 Ph.D. 학위 과정을 밟으면서 모형화 및 시뮬레이션을 연구하고 있기도 하다. 그는 UCF에서 모형화 및 시뮬레이션 석사 학위를, Rose Hulman Institute of Technology에서는 컴퓨터 공학 학사 학위를 받았다.

Roger Smith

gpg@modelbenders.com

Sparta, Inc.의 수석 엔지니어이자 Modelbenders, LLC의 사장인 Roger는 군사용 시뮬레이션 시스템 개발과 시뮬레이션 및 가상 세계 기술에 대한 유료 강좌를 진행하고 있으며, 여러 권의 책과 전문 사전, 학술지, 컨퍼런스에 기술 논문들을 계속해서 기고하고 있기도 하다. Game Developers Conference에서는 여러 번에 걸쳐 전일 튜토리얼 발표를 맡아 한 바 있으며, 여러 대학교들에서 시뮬레이션 및 게이밍 과정을 가르치고 있기도 하다.

Robert Sparks

sparks.robert@gmail.com

Robert Sparks는 2001년부터 Radical Entertainment(Vancouver, Canada)에서 일해 왔으며, 현재는 *Scarface: The World is Yours*의 사운드 프로그래밍 일을 하고 있다. 참여한 게임들로는 *The Simpsons: Hit & Run, The Simpsons: Road Rage, The Hulk* 등이 있다. Robert는 Doppelmayr Seilbahnen GmbH.(Wolfurt, Austria)에서 스키 리프트 안전제어 시스템 일을 하면서 처음으로 임베디드 시스템 프로그래밍을 접했다.

Ben St. John

Ben St. John은 1997년에 Electronic Arts에서 PlayStaion용 *NHL Hockey* 시리즈 개발에 참여하면서 게임 업계로 진입하게 되었다. 독일인과 사랑에 빠진 그는 뮌헨으로 집을 옮겨서는 Siemens에 입사해 그래픽, 영상 처리, 모바일 전화 게임 관련 R&D 일을 하게 되었다. Siemens의 중앙 R&D 부서로 옮긴 후에는 게임 쪽과 다소 멀어졌지만, 그래도 여전히 가상 세계에 발을 걸치고 있으려고 노력한다.

Chris Stoy

cstoy@nc.rr.com

Chris Stoy는 1997년부터 게임 업계에서 일해 왔다. Sinister Games의 공동 창업자인 그는 자신들의 첫 게임인 *Shadow Company: Left for Dead*의 개발을 돕다가 이후에는 신기술 개발을 이끌었다. 최근에는 Red Storm Entertainment에서 PS2용 *Rainbow Six: Lockdown* 개발에 참여하기도 했다. 직업 이외의 활동을 보면, 그는 Raleigh IGDA 자문위원회의 일원이며, 무술에도 적극적이다.

Jim Van Verth

jimvv@redstorm.com

Jim Van Verth는 Red Storm Entertainment의 선임 프로그래머로, 3D 그래픽과 시뮬레이션에 주력하고 있다. 그는 *Essential Mathematics for Games and Interactive Applications*의 공동 저자이며 *Game Programming Gems* 시리즈에도 기고한 바 있다. 또한 그는 Game Developers Conference의 수학 및 물리 주제들에 대한 연례 튜토리얼 세션의 조직자이기도 하다. Eldritch 평원 기슭자리의 바람 많고 횡량한 곳에 있는 흉가에서 그의 아내와 딸, 그리고 배고픈 개 500 마리와 함께 살고 있는 그는 또한 종종 허풍을 떨기로도 유명하다—사실 아주 배고픈 개는 한 마리뿐이다.

Enric Vergara

evergara@lsi.upc.edu

Enric Vergara는 Universitat Autònoma de Barcelona의 컴퓨터 공학자로, 최근에 Pompeu Fabra University에서 비디오 게임 제작 분야의 석사 학위를 받았다. 현재는 Universitat Politècnica de Catalunya의 MoViBio Research Group에서 Ph.D. 학위를 준비 중이다. 전공은 생의학 자료의 모형화 및 시각화이다.

Gabriyel Wong

gabriyel@gmail.com

Gabriyel Wong은 Nanyang Technological University(Singapore)의 게임 기술 관련 연구 개발 시설인 gameLAB의 기술 감독이다. 그 전에는 게임, 시뮬레이션, 가상현실 소프트웨어를 만드는 회사들에서 기술 선임 및 소프트웨어 개발자로 일했다. 여가 시간에는 아들을 돌보거나, 실시간 응용프로그램의 최신 렌더링 및 상호작용 기법들을 코딩, 연구하길 즐긴다.

Kok-Wai Wong

k.wong@ieee.org

Kok-Wai Wong은 Murdoch University의 School of Information Technology에서 강사로 일하고 있다. Curtin University of Technology에서 1994년에 컴퓨터 시스템 공학 우등(Hons.) 학사 학위를, 2000년에는 Ph.D. 학위를 받은 그는 10여 년 간 AI 분야에서 일했다. 또한 그는 Murdoch University, School of Information Technology의 Game and Simulation Research Group 창립 멤버이며, CyberGames 2006 컨퍼런스 공동 의장을 역임했다. 현재의 연구 관심 분야로는 게임 AI, MMP 게임을 위한 복잡계 모형화, 게임플레이 개인화, MMP 게임을 위한 협동적 에이전트 이론 등이 있다.

SECTION

01

프로그래밍 일반

Adam Lake, Intel Software Solutions Group, 3D Graphics Research
adam.t.lake@intel.com

소 개

게임 개발 공정의 모든 측면이 현저히 변하고 있는 것이 작금의 현실이다. 이전 세대 하드웨어에서 하드웨어의 성능을 최대한 이끌어내기 위해 프로그래머들이 주력했던 사항들로는 어셈블리 명령들의 실행 일정 조정, 작은 벡터 명령들(이를테면 SSE 등)의 활용, 자료 처리 도중 자료가 레지스터들이나 캐시에 남아 있게 만드는 것 등을 꼽을 수 있었다. 지금도 그런 일들은 여전히 중요하지만, 차세대 콘솔 및 PC의 다중 스레드 하드웨어를 최대한 활용하는 것에 비하면 2차적인 문제가 되었다. 이러한 추세에 발맞춰서, 게임 프로그래머가 새로운 하드웨어를 최대한 활용하는 데 도움이 될 만한 글 두 개를 이 섹션에 수록했다. 바로 Pete Isensee의 "OpenMP를 이용한 다중 코어 프로세서 활용"(1.2)과 Toby Jones의 "무잠금 알고리즘들" (1.1)이다.

공간 분할에 대한 글도 두 개 수록했다. 하나는 Roger Smith의 "게임 객체의 기하 격자 등록"(1.4)이고, 또 하나는 유명한 이진 공간 분할(BSP) 접근방식의 상세한 구현을 다룬 Octavian Marius Chincisan의 "BSP 기법들"(1.5)이다. 하나의 게임에서 맥락에 따라 서로 다른 공간 분할 방식들을 사용하는 경우도 있다. 예를 들어 가시성 판정은 BSP로 수행하되 객체들의 관리에는 4분트리나 8분트리를 이용하는 방식이 그에 해당한다. 공간 분할에 대한 두 글에서 독자는 스스로 BSP나 8분트리를 구현하는 데 필요한 정보를 얻을 수 있을 것이다.

또한 이번 섹션은 필자들이 예전에 수행했던 프로젝트들에서 코드의 품질과 유지보수성을 높이기 위해 사용했던 기법들에 대한 글들도 포함하고 있다. Blake Madden의 "CppUnit을 이용한 단위 검사 구현"(1.7)은 검례들로 구성된 단위 검사 설비의 구현을 상세히 설명한다. 그리고 Noel Llopis의 "자산 즉석적재"(1.10)는 개발 도중 수정된 자산을 게임 재시작 없이 그대로 적재함으로써 게임의 자산 생산 시간을 줄여주는 메커니즘의 구현 방법을 제시한다. 또한, 최근접 문자열 부합을 판정하는 알고리즘을 설명한 James Boer의 "최근접 문자열 부합 알고리즘"(1.6) 역시 개발 시간 절감에 도움이 될 것이다. 이러한 문자열 부합 기법을 적용하면, 개발 도중 아티스트나 프로그래머가 파일 이름이나 자원 식별자를 잘못 입력해서 생기는 문제를 좀 더 빠르게 바로잡을 수 있다.

새로운 사용자 인터페이스 기법에 관심을 가지고 있는 독자라면 Arnau Ramisa 외의 "OpenCV 라이브러리를 이용한 게임에서의 게임 컴퓨터 시각 활용"(1.3)이 무척 반가울 것이다. 이 글에서 필자들은 오픈소스 컴퓨터 시각 라이브러리인 OpenCV를 이용해서 플레이어의 머리 움직임을 감지하고 그것을 이용해서 캐릭터가 몸을 기울이는 행동을 제어하는 방법을 설명한다.

성능 최적화는 항상 흥미로운 주제이다. 이 분야의 글로는 자산 재배치를 통한 적재 속도 개선을 다룬 David L. Koenig의 "접근 기반 파일 재배치를 이용한 더 빠른 파일 적재"(1.9)가 있다. 이 글은 요즘의 게임 엔진들에서 적재 시간이 계속 증가한다는 점에서 중요하다고 할 수 있다.

이상의 글들에는 필자 고유의 관점과 개성, 그리고 방대한 기술적 경험이 녹아 있다. 이 글들에서 많은 것들을 얻길 바라며, 이 글들을 통해 자극을 받음으로써 독자 역시 자신만의 기법과 경험을 공유하게 되었으면 좋겠다. 재미있게 읽으시길!

1.1 무잠금 알고리즘들

Toby Jones, Microsoft
thjones@microsoft.com

게임 프로그래머들은 항상 CPU의 성능을 최대한 이끌어내는 데 주력해 왔는데, 요즘에는 병렬성(parallelism)을 통한 성능 향상이 중요한 과제로 떠오르고 있다. 최근 게임들에서는 PC나 콘솔(Xbox 360 등)의 대칭적 다중 프로세싱(Symmetric Multiprocessing, SMP)과 칩 다중 프로세싱(Chip Multiprocessing, CMP)의 장점을 활용하는 것이 당연한 일로 여겨지고 있다.

CPU 효율을 최대로 이끌어내기 위해서는 CPU들 모두가 쉬지 않고 자료를 처리하게 만들어야 한다. 그런데 CPU들의 자료를 공유한다면 문제가 좀 복잡해진다. 될 수 있으면 그러한 자료 공유를 최소화해야 하겠지만, 자료 공유를 피할 수 없는 경우도 있다. 전통적으로는 뮤텍스나 세마포, 임계 영역 같은 수단들을 이용해서 자료와 자원에 대한 다중 접근을 안전하게 직렬화하는 기법들이 쓰였다.

뮤텍스나 기타 자물쇠(lock) 기반 구조들은 양날의 검이라 할 수 있다. 그런 수단들을 통해서 여러 개의 스레드들이 자료에 안전하게 접근하도록 만들 순 있지만, 대신 규모가변성(scalability) 문제가 생길 수 있다. 자물쇠 획득에 실패한 스레드는 자물쇠를 잠글 수 있을 때까지 기다리면서 귀중한 CPU 사이클들을 쓸데없이 낭비하게 되며, 최악의 경우에는 값비싼 문맥 전환을 야기하기도 한다.

좀 더 현대적인 기법 하나는 무잠금(lock-free) 알고리즘들을 사용하는 것이다. 무잠금 알고리즘들을 이용하면 자물쇠 없이도 공유 자료에 대한 접근이 가능해진다. 단, 공유 자료에 대한 일부 연산들은 금지될 수 있다. 무잠금 알고리즘들이 반드시 대기 없는 (wait-free) 알고리즘인 것은 아니다. 대기 없는 알고리즘은 모든 스레드가 항상 작업을 진행할 수 있게 하는 것인 반면, 무잠금 알고리즘은 적어도 하나의 스레드가 작업을 진행할 수 있도록 하는 것일 뿐이다. 또한, 이 알고리즘들은 공평하지 않을 수 있다. 즉, 스레드들이 항상 순서대로 공평하게 자료에 접근할 수 있게 되는 것은 아니다.

잠금 없는 알고리즘의 중요한 장점 하나는, 만약 그것이 적재적소에 사용된다면 전반적인 처리 속도를 크게 높일 수 있다는 것이다. 또한 무잠금 알고리즘들은 교착(deadlock)에 대해 안전하며, 연산 도중 스레드가 종료되어도 다른 스레드의 안정성을 훼손하는 일이 없다. 그 외에도 여러 가지 장점들이 있지만, 일반적으로 게임 프로그래머들이라면 속도 상의 장점이야말로 무잠금 알고리즘을 사용하게 되는 이유가 될 것이다.

비교 및 교환을 비롯한 여러 범용 기본수단들

뮤텍스나 임계 영역을 제대로 구현하려면 판정 및 설정 같은 특정한 원자적 기본수단들을 사용할 필요가 있다. 예를 들어 스레드는 특정 공유 자원에 대한 접근 가능 여부를 뜻하는 한 메모리 비트의 값을 판정해서, 만약 설정되어 있지 않다면 그것을 설정한다. 이러한 판정 및 설정(test & set)은 하나의 원자적인 연산이다. 스레드는 판정이(따라서 설정이) 성공할 때까지 판정 및 설정을 반복한다. 일단 비트를 설정하고 나면, 그것이 다시 해제되기 전까지는 스레드가 해당 공유 자원을 독점적으로 사용할 수 있다. 그러나 이러한 판정 및 설정은 무잠금 프로그래밍에 사용하기에는 충분히 강력한 수단이 못 된다.

Herlihy는 그의 독창적인 논문 [Herlihy91]에서, 무잠금 알고리즘을 위한 기본수단이라는 관점에서 볼 때 모든 원자적 기본수단이 평등하지는 않음을 보였다. 특히 판정 및 설정, 교환(swap), 조회 및 가산(fetch & add)은 계산의 측면에서 부적합하다. 이 글에서는 무잠금 알고리즘에 적합한 기본수단들을 **범용 기본수단**(universal primitive)들이라고 부르기로 한다. 다음이 그러한 범용 기본수단들로, 대략 능력이 증가하는 순서대로 나열한 것이다.

- 비교 및 교환(Compare and Swap, CAS) : 한 메모리 워드의 값을 알려진 값과 비교하고, 비교가 참이면(즉, 두 값이 같으면) 그 메모리 워드를 다른 새 값으로 교환하는[1] 연산을 원자적으로 수행한다.
- 연결된 적재/조건부 저장(Load Linked/Store Conditional, LL/SC) : LL은 메모리 워드 하나를 적재하고, SC는 만약 LL로 적재된 워드의 위치에 아무 것도 기록되지 않았다면 다른 어떤 워드 하나를 그 위치에 저장한다.
- 비교 및 교환 2(Compare and Swap 2, CAS2) : CAS와 비슷하되, 워드 하나가 아니라 연속된 워드 두 개에 대해 작동한다.

---

1) 역주 : 목록 1.1.1에서 짐작할 수 있겠지만, 여기서 말하는 '교환'은 `std::swap()`처럼 두 값을 맞바꾸는 것이 아니라 그냥 '설정'에 해당한다.

◉ 이중 비교 및 교환(Double Compare and Swap, DCAS) : CAS2와 비슷하되, 연속적이지 않은 메모리 워드 두 개에 대해 비교를 수행한다.

◉ 비교 및 교환 N(Compare and Swap N, CASN) : CAS2를 일반화한 것으로, 임의의 개수의 연속적인 메모리 워드들에 대해 작동한다.

◉ 다중 워드 비교 및 교환(Multiword Compare and Swap, MCAS) : DCAS의 최종적인 일반화로, 임의의 개수의 비연속적 메모리 워드들에 대해 작동한다.

CAS의 구현은 비교적 간단하다. 목록 1.1.1이 CAS의 구현을 의사 C 코드로 나타낸 것이다.

목록 1.1.1 --

```c
// 이 함수는 원자적임
bool CAS(uint32_t * ptr, uint32_t oldVal, uint32_t newVal) {
    if(*ptr == oldVal) {
        *ptr = newVal;
        return true;
    }
    return false;
}
```

범용 기본수단의 실제 응용

모든 하드웨어에 이러한 범용 기본수단들이 전부 갖추어져 있다면야 더할 나위 없겠지만, 대부분의 하드웨어는 이 연산들의 일부만을 겨우 지원한다. LL/SC나 CAS만 제공하는 경우가 일반적이고, CAS2까지 지원하는 것은 몇 개 안 되는 실정이다. DCAS 같은 좀 더 고차원적인 기본수단들이 필요한 무잠금 알고리즘들도 많다는 점에서, 이는 다소 안타까운 일이 아닐 수 없다.

PowerPC에는 LL/SC 처리에 적합한 명령 두 개가 구현되어 있다. lwarx(Load Word and Reserve Indexed)와 stwcx(Store Word Conditional Index)가 바로 그것이다. lwarx는 메모리에서 워드 하나를 적재하고 그 워드의 주소를 '보관소(reservation)'라고 부르는 숨겨진 레지스터에 저장해 둔다. 이후 모든 메모리 저장 연산에서, 저장 대상 주소를 보관소의 주소와 비교하고, 주소가 일치하면 보관소를 비운다. stwcx는 주어진 주소에 자료를 저장하려 하되, 그 주소가 보관소의 주소와 일치할 때에만 실제로 자료를 저장한다. 자료를 저장했다면 보관소를 비운다.

x86[2])은 CAS와 CAS2를 위한 명령들을 지원한다. 바로 cmpxchg(Compare and Exchange) 와 cmpxchg8b(Compare and Exchange 8 Bytes)이다. 이 명령들은 하나의 메모리 값을 하나의 레지스터 또는 여러 개의 레지스터들(cmpxchg8b의 경우)과 비교하고, 값이 같으면 그 메모리를 두 번째 레지스터와 교환한다.

최근 C++ 컴파일러들에서 볼 수 있는 한 가지 멋진 기능은, 어셈블리 코드 대신 사용할 수 있는 고유한 내장 명령(intrinsic)들을 제공한다는 것이다. 그런 내장 명령들을 이용하면 컴파일러가 코드를 최적화할 기회를 포기하지 않고도 이식성을 개선할 수 있다. Microsoft Visual C++®에서는 CAS를 _InterlockedCompareExchange()로 직접 대체할 수 있다.[3]) 그 외의 컴파일러들의 경우에는 어셈블리를 사용해야 하는데, 어셈블리를 이용한 CAS와 CAS2의 몇 가지 구현들이 CD-ROM에 들어 있다.

다중 스레드 코드에서는 컴파일러의 과도한 최적화 때문에 문제가 생기기도 한다. 무잠금 알고리즘들은 루프를 돌리기 마련인데, 최적화 문제를 피하려면 공유 변수를 volatile로 선언해 둘 필요가 있다. 가능한 경우에는 읽기 및 쓰기 경계선을 직접 설정하는 게 더 나을 수도 있다.

몇 가지 범용 기본수단들이 갖추어져 있다는 가정 하에서, 무잠금 알고리즘 하나를 실제로 구현해 보자.

무잠금 스택 템플릿

여기서 구현할 스택은 일반화된 연결 목록 기반 스택이다. 우선 노드 자체를 보자. 목록의 각 노드는 하나의 값과 다음 노드로의 포인터 하나를 담는다(목록 1.1.2).

---

2) 이 글에서 제시하는 알고리즘들은 32비트 프로세서를 염두에 두고 고안된 것임을 밝혀 두겠다. 64비트 프로세서에서 무잠금 알고리즘을 구현하는 데 어떤 장애가 있는 것은 아니나(적절한 범용 기본수단들이 제공된다고 할 때), 이 글의 코드는 포인터가 32비트라는 구현 세부사항에 의존한다. x64의 경우 128비트 cmpxchg에 해당하는 기본수단이 없기 때문에 CAS2를 위한 대안적인 기법들을 사용해야 한다. 한 가지 방법은 기준 주소로부터의 32 비트 오프셋을 하나의 **근거리 포인터**(near pointer)로서 사용하는 것이다.

3) 또는, 이러한 기능성이 플랫폼 자체에 마련되어 있을 수 있다. 예를 들어 Windows의 경우에는 InterlockedCompareExchange()라는 시스템 함수가 있다. 그러나 될 수 있으면 내장 명령을 사용하는 것이 낫다.

목록 1.1.2 --

```cpp
template<typename T> struct node {
    T value;
    node<T> * volatile pNext;

    node() : value(), pNext(NULL) {}
    node(T v) : value(v), pNext(NULL) {}
};
```

이제 이러한 노드들을 담으며 기본 연산 Push()와 Pop()을 제공하는 컨테이너를 보자(목록 1.1.3).

목록 1.1.3 --

```cpp
template<typename T> class LockFreeStack {
    // 주의: 이 멤버들의 순서는 CAS2를 염두에 둔 것이다.
    node<T> * volatile _pHead;
    volatile uint32_t _cPops;

public:
    void Push(node<T> * pNode);
    node<T> * Pop();

    LockFreeStack() : _pHead(NULL), _cPops(0) {}
};
```

새 노드를 스택에 밀어 넣을 때에는 새 노드가 스택의 머리(앞단)에 있는 노드를 가리키게 하고, 그런 다음 _pHead가 새 노드를 가리키게 한다. 여기서 핵심은, 포인터들을 갱신하는 도중에 다른 스레드가 다른 어떤 노드를 스택에 넣거나 스택에서 뽑는다고 해도 스택의 무결성이 깨지지 않도록 하는 것이다(목록 1.1.4).

목록 1.1.4 --

```cpp
template<typename T> void LockFreeStack<T>::Push(node<T> * pNode)
{
    while(true)
    {
        pNode->pNext = _pHead;
        if(CAS(&_pHead, pNode->pNext, pNode))
        {
            break;
```

```
            }
        }
    }
```

우선 새 노드가 스택의 머리를 가리키게 한다. 다음으로, 머리가 변경되었는지 점검하고, 변경되지 않았다면 _pHead가 새 노드를 가리키게 하는 작업을 원자적으로 수행한다. 만일 변경되었다면 작업을 처음부터 다시 시작한다.

스택에서 노드를 뽑는 일은 스택에 노드를 넣는 일과 정확히 반대이다. 스택 최상단 노드로부터 두 번째 노드를 가리키는 포인터를 얻고, 그것을 이용해서 _pHead가 두 번째 노드를 가리키게 한다. 그런 다음 첫 노드를 반환하면 된다. 목록 1.1.5에 구현이 나와 있는데, 간단해 보이지만 주의해야 할 부분이 있다.

목록 1.1.5 --

```
    template<typename T> node<T> * LockFreeStack<T>::Pop()
    {
        while(true)
        {
            node<T> * pHead = _pHead;
            uint32_t cPops = _cPops;
            if(NULL == pHead)
            {
                return NULL;
            }

            node<T> * pNext = pHead->pNext;
            if(CAS2(&_pHead, pHead, cPops, pNext, cPops + 1))
            {
                return pHead;
            }
        }
    }
```

_cPops만 없다면 그냥 Push() 메서드의 구현을 뒤집은 형태일 뿐이다. _cPops를 추가로 점검하는 것은 ABA 문제 때문이다.

ABA 문제

CAS 기반 알고리즘들에는 어긋난 참조에 관련된 문제점이 존재한다. 그림 1.1.1에 그러한 상황이 나와 있다. 스레드 1이 A를 뽑으려 한다. 이를 위해 B를 가리키는 포인터를 얻어서 B를 새로운 머리로 만들려 한다. 그런데 CAS 직전에 선점이 일어나서 스레드 1의 실행이 정지되고, 스레드 2가 A와 B를 뽑고 A를 다시 넣는다. 다시 스레드 1의 실행이 재개되어서 CAS가 실행된다. 이 때 스택의 머리가 여전히 A를 가리키고 있으므로 CAS가 성공하며, 따라서 B가 새로운 머리가 된다. 그러나 B는 이미 스택에서 제거된 상태이므로 스택이 더 이상 유효하지 않게 된다.

해결책은 스택 머리에 버전 번호를 부여하는 것이다. 스택에서 노드가 뽑힐 때마다 뽑힌 횟수(이 경우 _cPops)를 갱신한다. 노드를 뽑을 때에는, 뽑힌 횟수가 기대한 값과 일치하지 않으면 머리가 변경된 것으로 판단해 처음부터 다시 시작함으로써 ABA 문제를 피할 수 있다.

ABA 문제를 다른 방식으로 풀 수도 있다. LL/SC를 사용하면 ABA 문제가 아예 발생하지 않는다. 다른 스레드가 머리 포인터를 변경했다면 연결된 보관소가 무효화되기 때문이다.

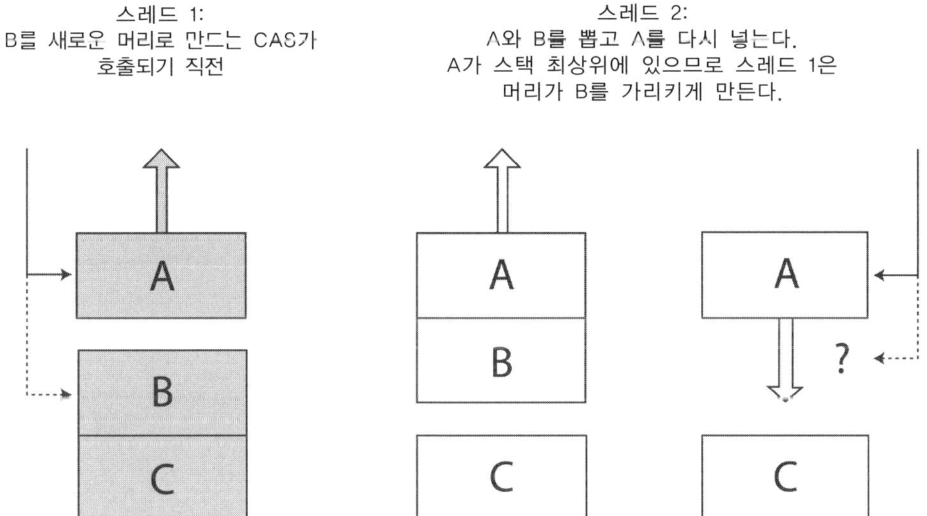

그림 1.1.1 CAS는 머리가 이전과 동일하므로 스택이 변하지 않았다고 오판한다.
이것이 ABA 문제이다.

무잠금 기법의 기초

이 예를 통해서 무잠금 알고리즘의 일반적인 방식이 어떤 것인지 확실히 알 수 있었을 것이다. 일반적인 방식은 이런 것이다: 우선, 필요한 작업을 클래스 외부의 한 객체에서 오프라인으로 수행한다. 그것이 끝나면 공유 자료에 대한 포인터를 CAS로 갱신한다. CAS가 실패하면 처음부터 다시 시작한다. 개념적으로는 간단하지만, 이러한 방식을 실제로 구현하려면 몇 가지 까다로운 문제들을 만나게 된다.

위의 스택 예제의 경우 스택 자체에는 여러 스레드들이 접근할 수 있지만, 각 노드의 내용에는 한 번에 하나의 스레드만 접근한다고 가정한다. 내용 자체에 여러 스레드들이 동시에 접근할 수 있으려면 각 노드마다 추가적인 무잠금 구조를 두어야 하며, 메모리 관리 문제도 처리해 주어야 한다. 무잠금 구조에서는 해제된 객체의 메모리를 재확보하는 것이 특히나 어렵다. 이 문제의 한 가지 해결책은 해저드 포인터(hazard pointer)를 이용하는 것이다 [Michael04b]. 이러한 난제들 중 일부가 CD-ROM의 예제 코드에 언급되어 있다.

무잠금 자료 접근에는 몇 가지 제약이 따른다. 잠금 기반 알고리즘에서 가능한 연산들 중 일부는 무잠금 알고리즘들에서 가능하지 않을 수 있다. 예를 들어 반복(iteration)[4]을 위해서는 DCAS 같은 좀 더 강력한 범용 기본수단을 동원해야 하는데, 현재 DCAS를 지원하는 하드웨어는 흔하지 않다. 프로세서들이 좀 더 강력한 범용 기본수단들을 포함하게 되면 그에 따라 더 많은 연산들이 가능해질 것이다.

노파심에서 밝혀두자면, 무잠금 알고리즘들을 자물쇠를 이용해서 구축할 수는 없다. 필요한 기본수단이 제공되지 않는 경우 시도해 보고 싶은 마음이 들긴 하겠지만.

무잠금 대기열 템플릿

다중 스레드 프로그래밍에서 아주 중요한 자료구조들 중 하나가 바로 대기열(queue)이다. 대기열은 거의 모든 상황에서 쓰인다. 그럼 이전에 작성한 스택에 비해 그리 복잡하지 않은, 단일 연결식 무잠금 대기열을 만들어 보자. 목록 1.1.6은 기본 컨테이너이다.

목록 1.1.6

```
template<typename T> class LockFreeQueue {
    // 주의: 이 멤버들의 순서는 CAS2를 고려한 것이다.
```

---

4) 역주 : 단순한 되풀이가 아닌, 컨테이너의 원소들을 훑으면서 차례로 접근하는 것을 말한다.

```cpp
    node<T> * volatile _pHead;
    volatile uint32_t _cPops;
    node<T> * volatile _pTail;
    volatile uint32_t _cPushes;
public:
    void Add(node<T> * pNode);
    node<T> * Remove();

    LockFreeQueue(node<T> * pDummy) : _cPops(0), _cPushes(0)
    {
        _pHead = _pTail = pDummy;
    }
};
```

이것은 간단한 대기열 컨테이너의 전형적인 정의라 할 수 있다. 이 컨테이너는 대기열의 머리 및 꼬리에 대한 포인터들과 머리, 꼬리에 대한 버전 번호들(ABA 문제를 피하기 위한 것임)로 구성된다. 대기열이 스택과 다른 점은 새 노드를 목록의 머리가 아니라 꼬리에 추가한다는 것이다. 또한 생성자에서 대기열의 초기 노드 하나를 설정해 두는데, 이는 [Michael96]의 제안을 따른 것이다.

대기열에 노드를 추가하는 일은 스택에 노드를 추가할 때보다 훨씬 복잡하다. 두 가지 연산을 함께 수행해야 하기 때문이다. 즉, pTail이 새 노드를 가리키게 함과 동시에 이전의 꼬리 노드가 새 노드를 가리키게 해야 한다. 이 예를 통해서, 무잠금 알고리즘의 구현에서 발생하는 복잡성을 실감하게 될 것이다.

DCAS를 사용할 수 있다면 대기열의 노드 추가를 스택과 비슷한 방식으로 구현할 수 있다. 그러나 현대적인 하드웨어들 중 DCAS를 지원하는 것이 없는 만큼, 다른 방식을 찾아야 한다. 여기서 제시하는 구현에서는 pTail이 부정확해지는 것을 허용하되, 새 노드를 추가하기 전에 pTail이 정확해질 때까지 스레드들이 협동적으로 pTail을 갱신하는(물론 무잠금 방식으로) 접근방식을 사용한다. 이렇게 하면 실제 꼬리 노드를 원자적으로 갱신하는 문제에만 신경 쓸 수 있다.

목록 1.1.7   ---

```cpp
template<typename T> void LockFreeQueue<T>::Add(node<T> * pNode) {
    pNode->pNext = NULL;

    uint32_t cPushes;
    node<T> * pTail;
```

```cpp
    while(true)
    {
        cPushes = _cPushes;
        pTail = _pTail;

        // 꼬리가 가리키는 노드가 마지막 노드이면
        // 마지막 노드가 새 노드를 가리키도록 갱신한다.
        if(CAS(&_pTail->pNext, reinterpret_cast<node<T> *>(NULL),
            pNode))
        {
            break;
        }
        else
        {
            // 꼬리가 마지막 노드를 가리키지 않고 있으므로,
            // 실제로 마지막 노드를 가리키게 될 때까지 꼬리를 갱신해야 한다.
            CAS2(&_pTail, pTail, cPushes, _pTail->pNext,
                cPushes + 1);
        }
    }

    // 꼬리가 마지막 노드(라고 생각했던 것)를
    // 가리키고 있다면 새 노드를 가리키게 만든다.
    CAS2(&_pTail, pTail, cPushes, pNode, cPushes + 1);
}
```

이러한 접근방식을 사용할 때, Remove()에서는 대기열이 거의 비어 있는 상황에서 꼬리 포인터를 갱신하는 데 주의를 기울여야 한다. 그러나 Remove()에서 그냥 꼬리 포인터 자체를 갱신하면 되므로 큰 문제는 아니다.

목록 1.1.8에 Remove()의 구현이 나와 있다. 이 구현은 여러 가지 경우들을 고려한다. 우선, 지역 변수들이 모두 원자적으로 조회되게 만든다. 만일 대기열이 비어 있는 것처럼 보이면, 단지 pTail이 아직 따라오지 못한 것일 뿐인지 점검하고, 그런 것이라면 다시 시도한다. 이러한 점검들을 모두 통과했다면 노드의 값을 복사하고 pHead의 갱신을 시도한다.

목록 1.1.8 --

```cpp
template<typename T> node<T> * LockFreeQueue<T>::Remove() {
    T value = T();
```

```cpp
node<T> * pHead;

while(true)
{
    uint32_t cPops = _cPops;
    uint32_t cPushes = _cPushes;
    pHead = _pHead;
    node<T> * pNext = pHead->pNext;

    // 다른 스레드가 대기열을 갱신하는 도중에
    // 포인터들을 얻은 것은 아닌지 점검한다.
    if(cPops != _cPops)
    {
        continue;
    }
    // 대기열이 비어 있는지 점검한다.
    if(pHead == _pTail)
    {
        if(NULL == pNext)
        {
            pHead = NULL; // 대기열이 비었다.
            break;
        }
        // 특별한 경우: 대기열에 노드들이 존재하나 꼬리가 뒤쳐져
        // 있다면, 꼬리를 머리에서 떼어낸다.
        CAS2(&_pTail, pHead, cPushes, pNext, cPushes + 1);
    }
    else if(NULL != pNext)
    {
        value = pNext->value;
        // 머리 포인터를 이동한다. 결과적으로 노드가 제거된다.
        if(CAS2(&_pHead, pHead, cPops, pNext, cPops + 1))
        {
            break;
        }
    }
}
if(NULL != pHead)
{
    pHead->value = value;
```

```
    }
    return pHead;
}
```

스레드가 죽지 않는다는 특성을 포기하는 대신 노드의 복사를 피하는 최적화도 가능하다 [Fober05]. 게임 객체들은 복사 비용이 비싼 경우가 많으므로, 이러한 최적화가 중요할 수 있다.

이상의 예들에서 보듯이, 특정한 무잠금 알고리즘들의 복잡성과 가용성은 플랫폼이 지원하는 범용 기본수단들의 종류에 크게 의존한다.

무잠금 자유목록 템플릿

이렇게 해서 자료 공유를 위한 기본적인 알고리즘 두 가지를 살펴보았다. 정확한 무잠금 알고리즘은 만들기가 아주 까다로우므로, 검증된 간단한 무잠금 알고리즘들을 조합해서 좀 더 복잡한 알고리즘을 구축하는 방식이 보다 생산적이다.

그럼 앞에서 만든 수단들을 가지고 무잠금 자유목록을 만들어 보자. 자유목록(freelist)은 메모리 관리자가 게임이 사용할 수 있는 메모리 블록들을 관리하는 데 사용하는 자료구조이다. 여기에서는 메모리 단편화가 적다는 등의 매력적인 장점을 가진 고정 크기 자유목록을 만들어 보겠다[Glinker04].

목록 1.1.9는 객체들을 잠금 없는 방식으로 생성, 파괴할 수 있는 자유목록의 구현이다. 이 무잠금 자유목록을 구현하는 데 쓰인 기법은 [Glinker04]에 나온 것과 다르다. 이 구현에서는 자유 메모리에 대한 포인터들의 목록을 저장하는 대신, 실제 객체들을 담은 노드들을 앞에서 만든 무잠금 스택을 이용해서 관리한다. 덕분에 객체를 할당하거나 해제할 때 그냥 노드를 스택에 넣거나 스택에서 뽑으면 된다!

목록 1.1.9 --

```
template<typename T> class LockFreeFreeList {
    LockFreeStack<T> _Freelist;
    node<T> * _pObjects;
    const uint32_t _cObjects;

public:
```

```cpp
LockFreeFreeList(uint32_t cObjects) : _cObjects(cObjects)
{
    _pObjects = new node<T>[cObjects];
    FreeAll();
}
~LockFreeFreeList()
{
    delete[] _pObjects;
}
void FreeAll()
{
    for(uint32_t ix = 0; ix < _cObjects; ++ix)
    {
        _Freelist.Push(&_pObjects[ix]);
    }
}
T * NewInstance()
{
    node<T> * pInstance = _Freelist.Pop();
    return new(&pInstance->value) T;
}
void FreeInstance(T * pInstance)
{
    pInstance->~T();
    _Freelist.Push(reinterpret_cast<node<T> *>(pInstance));
}
};
```

새 객체를 할당할 때에는 스택에서 노드 하나를 뽑는다. 그런 다음 위치 지정식 new (placement new) 연산자를 이용해서 v테이블을 설정하고 객체의 생성자를 호출한다. FreeInstance()는 그냥 소멸자를 호출하고 해당 노드를 다시 스택에 넣는다.

바이트 정렬이 문제가 된다면 노드 포인터를 객체 자체에 겹쳐 둘 수도 있다. 그렇게 해도 알고리즘이 크게 변하지는 않는다. 그러나 형식 안전성은 조금 훼손될 수 있다.

기타 기법들

상황에 따라서는 무잠금 자유목록을 하나의 STL 할당자(allocator)로도 유용하게 사용할 수 있을 것이다. 할당자가 스레드에 안전하다고 해서 STL 컨테이너까지 반드시 스레드에 안전해지는 것은 아니지만, 할당자를 다른 게임 하위시스템과 공유함으로써 약간의 이득을 얻을 수도 있다.

이 자유목록은 고정 크기 객체들의 할당에 적합하다. 범용적인 메모리 관리를 잠금 없는 방식으로 수행할 수 있는가는 또 다른 문제이다. 객체의 수명을 [Michael04a]에 나온 기법들로 관리할 수도 있을 것이다. [Michael04a]에는 대단히 복잡하나 잠금을 요구하지 않는 메모리 할당자 하나가 나와 있다.

결론

무잠금 알고리즘의 기초를 이해하기란 쉬운 일이나, 실제로 구현하기는 대단히 어렵다. 무잠금 알고리즘은 강력한 반면 복잡성이 증가하며 일부 연산들은 지원하지 못한다는 단점을 가지고 있다. 이러한 무잠금 알고리즘들을 적절히만 사용한다면 최근 하드웨어의 성능을 최대한 끌어내는 것이 가능하다.

무잠금 알고리즘을 만들 때에는 스택이나 대기열 같은 간단한 무잠금 자료구조들을 만들고 그것들을 적절히 조합해서 좀 더 복잡한 알고리즘을 구축하는 접근방식이 효과적이다. 저수준 무잠금 기법들을 사용할 때에는 대부분의 연산들을 객체 바깥에서 구현하고 객체 안에서 그 연산들에 CAS를 적용하라. CAS는 무잠금 자료구조의 구축에 필요한 범용 기본수단들의 기초이다. 그 기본수단들의 구체적인 구현 방식은 프로세서 아키텍처에 따라 달라진다.

무잠금 알고리즘들은 새롭고 빠르게 변화하는 분야라 할 수 있다. 기존의 기법과 개념을 개선, 변경하는 새로운 논문들이 거의 매달 발표되고 있다.

미래는 매우 밝다. 트랜잭션 메모리와 좀 더 강력한 범용 기본수단들을 프로세서에 추가하기 위한 연구들이 수행되고 있으며, 그런 프로세서들이 상용화된다면 좀 더 유연한 알고리즘들을 구현하는 것이 가능해진다. C++ 표준 위원회 역시 다중 스레드 확장에 대한 제안들을 검토하고 있다([Alexandrescu04]). 그 제안들에 무잠금 의미론이 포함될 것은 확실하다.[5]

---

5) 역주 : 실제로, 차기 C++ 표준(C++0x)에 CAS 등의 무잠금 의미론들을 지원하는 원자적 형식(atomic type)들이 포함되었다.

참조문헌

[Alexandrescu04] Alexandrescu, Andrei, Hans Boehm, Kevlin Henney, Doug Lea, Bill Pugh, "Memory Model for Multithreaded C++." C++ Standard Committee, WG21/N1680=J16/04-0120, 2004년 9월.

[Fober05] Fober, Dominique, Yann Orlarey, Stéphane Letz, "Optimized Lock-Free FIFO Queue continued." Laboratoire de Recherche en Informatique Musicale, Technical Report TR-050523, 2005.

[Glinker04] Glinker, Paul, "Fight Memory Fragmentation with Templated Freelists." Game Programming Gems 4, Charles River Media, 2004. 번역서는 "자유목록 템플릿을 이용한 메모리 단편화 해결", *Game Programming Gems 4*, 정보문화사, 2005.

[Herlihy91] Herlihy, Maurice, "Wait-Free Synchronization." *ACM Transactions on Programming Languages and Systems*, 13(1): pp. 124–149, 1991년 1월.

[Michael96] Michael, Maged and Michael Scott, "Simple, Fast, and Practical Non-Blocking and Blocking Concurrent Queue Algorithms." 15th ACM Symp. on Principles of Distributed Computing, 1996년 5월.

[Michael04a] Michael, Maged, "Scalable Lock-Free Dynamic Memory Allocation." The 2004 ACM SIGPLAN Conference on Programming Language Design (2004년 6월): pp. 25–46.

[Michael04b] Michael, Maged, "Hazard Pointers: Safe Memory Reclaimation for Lock-Free Objects." *IEEE Transactions on Parallel and Distributed Systems*, 15(6): pp. 491–504, 2004년 6월.

자료

[Grove04] Groves, Lindsay, Simon Doherty, Mark Moir, and Victor Luchangco. "A Practical Lock-Free Queue Implementation and its Verification." *FM in NZ*, 2004.

[Pugh90] Pugh, William. "Skip Lists: A Probabilistic Alternative to Balanced Trees." *Communications of the ACM*, 33(6):668–676, 1990년 6월.

[Sutter05] Sutter, Herb. "The Free Lunch Is Over: A Fundamental Turn Toward Concurrency in Software." *Dr. Dobbs Journal*. 2005년 3월.

1.2 OpenMP를 이용한 다중 코어 프로세서 활용

Pete Isensee, Microsoft Corporation
pkisensee@msn.com

지난 10년간 CPU 클록 속도의 증가는 이전에 우리가 익숙했던 비율에 못 미치는 수준이었다. 이유는 복잡한데, 그에 대한 설명이라면 여기보단 전기공학자들에게서 보다 상세히 들을 수 있을 것이다. 우리가 처한 현실은 게임 플레이어들이 다중 프로세서 컴퓨터를 갖추게 될 것이라는 점이다. 이런 새로운 프로세서 아키텍쳐들을 활용하기 위해서는 소프트웨어 개발에 다중 스레드 접근방식을 적용할 필요가 있다. 게임 개발자들에게 자신의 게임 엔진을 다중 스레드 버전으로 개편하는 복잡한 과제가 주어진 것이다.

고성능 컴퓨팅 업계는 얼마 전부터 이러한 문제를 다루어 왔다. 고성능 컴퓨팅에서는 수십, 심지어는 수백 개의 개별 프로세서들이 동일한 메모리를 공유해야 하는 일이 생긴다. 그들의 해법 중 하나가 바로 OpenMP [OpenMP05]라는 것이다. OpenMP는 병렬 프로그래밍을 지원하는 이식성 있는 업계 표준 API이자 C/C++ 프로그래밍 프로토콜이다. 게임 개발자들이 사용하는 여러 컴파일러들에도 OpenMP 기술이 통합되어 있다. 이번 글에서는 OpenMP를 간략히 개괄하고 OpenMP를 이용해서 게임 프로그램의 성능을 개선하는 몇 가지 방법을 살펴본다.

OpenMP의 예: 입자 시스템

게임의 입자 시스템이 모든 입자의 위치를 매 프레임마다 다시 계산한다고 하자.

```
for( int i = 0; i < numParticles; ++i )
    UpdateParticles( particle[i] );
```

다중 프로세서 시스템에서는 전체 계산이 여러 개의 개별 하드웨어 스레드에서 수행될 수 있도록 루프를 분할하는 것이 바람직하다. 예를 들어 스레드를 두 개 사용한다면 루프를 다음과 같이 분할해야 할 것이다.

```
// 루프의 절반을 스레드 0에서 수행:
for( int i = 0; i < numParticles/2; ++i )
    UpdateParticles( particle[i] );
// 나머지 절반을 스레드 1에서 수행:
for( int i = numParticles/2; i < numParticles; ++i )
    UpdateParticles ( particle[i] );
```

OpenMP를 이용하면 다음처럼 간단한 컴파일러 #pragma 지시자만으로도 이러한 분할을 지시할 수 있다.

```
#pragma omp parallel for
for( int i = 0; i < numParticles; ++i )
    UpdateParticles ( particle[i] );
```

OpenMP 대응 컴파일러는 이 for 루프를 자동으로 여러 개의 병렬적인 독립 실행 구역들로 분할해 준다. 병렬 구역들의 개수는 하드웨어, OpenMP 런타임 모듈, 그리고 프로그래머가 설정한 구성 옵션들에 따라 달라진다.

장점

이 예에서 몇 가지 주목할 만한 장점들을 발견할 수 있을 것이다. 첫째로, 이러한 기법은 플랫폼에 완전히 독립적이다. OpenMP를 지원하지 않는 컴파일러는 해당 #pragma 지시문을 그냥 무시한다. OpenMP를 지원하는 컴파일러는 자동으로 대상 아키텍처에 맞는 병렬 구조를 적절히 삽입한다. 대상 플랫폼이 다중 프로세서나 하드웨어 스레드를 지원하지 않는 경우에도, 일반적으로 OpenMP에 의한 추가 코드의 부담은 아주 작다.

둘째로, 전통적인 다중 스레드 코드와 달리 이 코드는 가독성이 좋다. 코드를 우연히 들여다 본 사람이라고 해도 해당 지시문과 루프가 하고자 하는 일을 쉽게 짐작할 수 있다. 마지막으로, 루프를 다중 스레드화하는 데 필요한 코드가 딱 한 줄 뿐이다. 다른 방법들에서는 최선의 경우라고 해도 특정 플랫폼에 국한된 수십 줄의 코드가 필요했을 것이다.

이상에서 보듯이, OpenMP의 장점은 명백하다. 기존 코드에 지시문 몇 개만 추가하면 그만이므로, 게임 출시 직전 최후의 최적화 용도로 사용하는 것도 가능하다.

■ 성능

그럼 OpenMP로 얻을 수 있는 성능 개선은 어느 정도일까? 물론 구체적인 답은 플랫폼에 따라, 그리고 병렬화할 코드에 따라 다를 텐데, 여기서 소개되는 두 가지 사례를 통해 전반적인 이득을 짐작해보는 것도 좋을 것이다. 한 예로, 앞의 루프에서 numParticles가 100,000이고 GetNewParticlePos가 약간의 시간을 소비한다고 가정하자(CD-ROM의 예제 코드 참고).

표 1.2.1은 서로 다른 두 시스템에서 Visual Studio® 2005 컴파일러로 빌드한 프로그램의 성능을 측정한 결과이나. 첫 시스템은 두 하이퍼스레드들을 가진 이중 코어 Xeon® 프로세서 두 개가 상착된 데스크톱 PC이고, 둘째 시스템은 각각 두 개의 하드웨어 스레드를 가진 CPU 세 개가 장착된 Xbox 360이다.

표 1.2.1 OpenMP를 이용한 입자 시스템 성능 향상

하드웨어	OpenMP 스레드 수	OpenMP 성능 이득	Windows 스레드 성능 이득
이중 코어 2.3GHz 펜티엄	4	2.9배	2.9배
삼중 코어 3.2GHz Xbox 360	6	4.6배	4.5배

둘째 열은 OpenMP 스레드 팀이 사용하는 하드웨어 스레드 개수이고 셋째 열은 앞의 루프를 OpenMP로 병렬화해서 얻은 성능 이득이다. 이득이 상당히 크다. 대상 플랫폼에 따라 성능이 약 세 배에서 다섯 배로 증가했다. 코드 만 줄 추가한 것치고는 나쁘지 않은 결과이다! 마지막 열은 표준적인 다중 스레드 기법을 사용했을 때의 성능 이득이다. 이 예의 경우, Windows 스레드 함수 및 동기화 기본 수단을 사용해서 루프를 병렬화하는 데는 무려 60 줄 이상의 코드가 필요했다(CD-ROM의 예제 코드 참고). 디버깅 및 조율에도 시간을 들여야 했음은 물론이다.

그런 수고를 들였음에도 OpenMP를 사용했을 때보다 이득이 더 크지는 않았다. 사실 Xbox 360의 경우에는 Windows 동기화 기본수단들에 의한 추가부담이 OpenMP를 사용했을 때보다 더 컸다. 이는 OpenMP 런타임이 커널 시스템 호출들을 직접 사용하도록 잘 조율되어 있기 때문이다. 이 간단한 실험은 OpenMP를 사용할 경우 아주 작은 투자로도 상당한 이득을 얻는 것이 가능함을 잘 보여준다.

사례 : 충돌 검출

그럼 좀 더 복잡한 예로, 전형적인 충돌 검출 루프에 대해 OpenMP를 활용하는 상황을 살펴보자. 충돌 검출 루프의 각 반복에 걸리는 시간은 객체들이 실제로 교차하는지에 따라 달라질 것이므로, 루프 반복들을 스레드들에 균등하게 분할하는 대신 실행시점에서 스레드 팀의 일정을 수립하게 만들 필요가 있다. **#pragma** 지시문에 추가된 **schedule (dynamic)**이 바로 그러한 의미이다.

```
bool anyCollisions = false;

#pragma omp parallel for schedule( dynamic )
for( int i = 0; i < numObjects; ++i )
{
    for( int j = 0; j < i; ++j )
    {
        if( SpheresIntersect( obj[i], obj[j] ) &&
            ObjectsIntersect( obj[i], obj[j] ) )
        {
            anyCollisions = true;
        }
    }
}
```

이러한 충돌 검출 루프의 성능에는 각 반복에서 교차하는 객체들의 개수 등 여러 가지 요인들이 영향을 미치기 때문에 성능을 정확히 측정하기가 쉽지 않다. 이 예에 한해서, **numObjects**는 1,000이고, **SpheresIntersect**가 고정된 작은 시간을 소비하며, **Objects Intersect**는 **SpheresIntersect**의 100배를 소비한다고 가정하겠다. 그리고 경계구 교차 비율은 10%이며 객체 교차 비율은 1%라고 가정하자. 표 1.2.2는 그러한 가정 하에서 성능을 측정한 결과이다.

표 1.2.2 OpenMP를 이용한 충돌 검출 성능 향상

하드웨어	OpenMP 스레드 수	OpenMP 성능 이득
이중 코어 2.3GHz 펜티엄	4	3.4배
삼중 코어 3.2GHz Xbox 360	6	5.4배

일반적으로 OpenMP에 의한 실행시점 추가부담(크기나 속도)은 아주 작다. Visual Studio 의 OpenMP DLL은 단 60KB이다. 이 예에서는 성능 향상이 이론적인 최대치에 근접했다. 예를 들어 하드웨어 스레드가 6개인 Xbox 360에서 병렬화된 버전이 직렬 버전보다 5.4배 빠름을 주목할 것.

스레드 팀

OpenMP는 스레드 팀(thread team)이라는 아주 간단한 개념에 기초한다. 스레드 팀은 프로그램이 병렬 구역(parallel section)에 진입할 때마다 작업을 시작한다. 스레드들이 자신의 작업을 마치면 팀은 다음 번 병렬 구역에 도달할 때까지 휴식을 취한다. 스레드의 생성에는 어느 정도의 비용이 요구되므로, 대부분의 OpenMP 구현들(Visual Studio의 것도 포함)은 스레드 팀이 처음 쓰일 때 스레드들을 생성하고 이후 프로그램 실행 전반에서 그 팀을 재사용한다.

OpenMP는 내포된 병렬 구역들도 지원한다. 하나의 스레드가 여러 개의 스레드 팀에 속하는 것도 가능하다. 팀 당 스레드 수 역시 프로그램에서 설정할 수 있다. 앞의 성능 측정 표들에서 "OpenMP 스레드 수" 열에 나온 수치는 해당 플랫폼의 팀당 스레드 최대 개수에 해당한다. 이 개수는 프로그램 안에서 OpenMP API 함수 omp_get_max_threads()로 얻을 수 있다.

함수 병렬성

일반적으로 OpenMP는 자료 병렬성에 쓰인다. 즉, 이전 예들처럼 루프를 병렬화하는 데 주로 쓰이는 것이다. 그러나 OpenMP를 함수 수준의 병렬성에 사용하는 것도 가능하다. 다음의 빠른정렬(Quicksort) 구현을 생각해 보자.

```cpp
template< typename T >
void qsort( T* arr, int lo, int hi )
{
    if( hi <= lo )
        return;
    int n = partition( arr, lo, hi );
    qsort( arr, lo, n-1 );
```

```
        qsort( arr, n+1, hi );
    }
```

두 **qsort** 재귀 호출은 배열의 서로 다른 부분들에 대해 작동하므로 완전히 독립적이다. 이는 이 재귀 호출들이 아주 좋은 병렬화 대상임을 뜻한다. 이를 병렬화하는 한 가지 방법은, 재귀 호출들을 각자 개별적인 OpenMP 병렬 구역으로 두는 것이다.

```
#pragma omp parallel sections
{
    #pragma omp section
    qsort( arr, lo, n-1 );
    #pragma omp section
    qsort( arr, n+1, hi );
}
```

각 **qsort** 재귀 호출을 개별 OpenMP 구역에 두고, 두 호출이 병렬적으로 수행되어야 함을 알리기 위해서 두 호출을 하나의 중괄호 블록으로 감쌌다. 그러나 대부분의 플랫폼에서는 재귀적 병렬 구역들의 추가부담이 성능 이득을 상회한다. 더 나은 방법은 배열을 미리 몇 개의 부분들로 분할해 두고 그 분할들에 대해 고수준 병렬화를 적용하는 것이다. 적당한 분할 함수를 사용한다면 각 분할은 대략 같은 크기일 것이며, 그러면 공을 들인 만큼의 성능 이득을 얻는 것이 가능하다.

```
template< typename T >
void qsortParallel( T* arr, int lo, int hi )
{
    if( hi <= lo )
        return;
    int n = partition( arr, lo, hi );  // 1차 분할
    int m = partition( arr, lo, n-1 ); // 2차 분할
    int q = partition( arr, n+1, hi );

    #pragma omp parallel sections
    {

        #pragma omp section
        qsort( arr, lo, m-1 ); // 직렬 qsort

        #pragma omp section
        qsort( arr, m+1, n-1 );
```

```
        #pragma omp section
        qsort( arr, n+1, q-1 );

        #pragma omp section
        qsort( arr, q+1, hi );
    }
}
```

표 1.2.3은 1,000,000개의 무작위 정수들을 담은 배열에 대한 이 함수의 성능을 측정한 것이다.

표 1.2.3 OpenMP를 이용한 qsort 성능 향상

하드웨어	OpenMP 스레드 수	OpenMP 성능 이득
이중 코어 2.3GHz 펜티엄	4	1.5배
삼중 코어 3.2GHz Xbox 360	6	1.4배

주의점

다른 기술들과 마찬가지로, OpenMP에도 단점이 존재한다. 첫째로, OpenMP가 모든 다중 스레드 문제에 대한 만병통치약은 아니다. 복잡한 다중 스레드 시나리오나 동기화는 고유의 스레드 기법들을 사용해서 해결하는 것이 낫다. 새 엔진을 작성하는 경우에는 OpenMP가 정답은 아닐 가능성이 크다.

둘째로, OpenMP를 지원하는 컴파일러들이 코드가 제대로 병렬화되었는지까지 점검해주지는 않는다. 예를 들어 **qsort** 예제를 이런 식으로 분할해서는 안 된다.

```
// 잘못된 OpenMP 코드. 이렇게 하면 안 됨.
int n, m, q;

#pragma omp parallel sections
{
    #pragma omp section
    n = partition( arr, lo, hi );

    #pragma omp section
```

```
        m = partition( arr, lo, n-1 ); // 주의! n이 정의되지 않을 수 있음

        #pragma omp section
        q = partition( arr, n+1, hi ); // 주의! n이 정의되지 않을 수 있음
    }
```

둘째, 셋째 병렬 구역이 제대로 작동하려면 먼저 첫 구역에서 n에 유효한 값이 설정되어야 하지만, OpenMP는 병렬 구역들의 수행 순서에 대해 그 어떤 것도 보장하지 않는다. 따라서 이 코드의 결과는 정의되지 않으며, 응용프로그램이 폭주할 가능성이 있다. 대부분의 컴파일러는 이런 코드에 대해 오류를 보고하지 않는다. OpenMP가 순서에 의존적이지 않은 코드에 대해서만 적용되게 하는 것은 전적으로 프로그래머의 책임이다. 이는 병렬 구역들은 물론 순서 의존성을 가진 루프들에도 적용된다. 코드가 병렬 환경에서 실행되었을 때의 결과가 단일 스레드 환경에서 실행되었을 때의 결과와 일치하는지 확인할 필요가 있다.

디버깅에서도 주의할 점이 있다. OpenMP 블록을 만나면 컴파일러는 OpenMP 런타임을 호출하는 커스텀 코드를 삽입한다. 그런데 OpenMP의 내부는 블랙박스이다. 이 때문에 디버깅이 엄청나게 어려워질 수 있다(독자가 사용하는 컴파일러와 디버거에 따라).

마지막으로, OpenMP를 사용한다고 해서 다중 프로세서 시스템에서 성능이 반드시 향상된다는 보장은 없다. 잘못 사용하면 OpenMP의 실행시점 추가부담 때문에 성능이 오히려 더 떨어질 수도 있다. 예를 들어 첫 예제에서 numParticles가 백 단위의 값이라면 성능 향상은 미미한 수준일 것이다. 최적화 기법들이 다 그렇듯이, 성능 향상 정도를 구체적으로 측정해 볼 필요가 있다.

결론

OpenMP는 다중 코어 및 하이퍼스레드 프로세서의 위력을 손쉽게 이끌어낼 수 있는 유용한 기술이다. 개발 막바지의 최적화에 사용할 수 있을 정도로 쉬우면서도 크로스플랫폼 코드에 사용할 수 있을 정도로 유연하기까지 하다. 물론 단점도 있지만, 적절히만 사용한다면 OpenMP는 독자의 다중 스레딩 능력치에 커다란 보탬이 되는 도구가 될 수 있다.

게임에서 OpenMP를 적용할만한 부분으로는 입자 시스템, 스키닝, 충돌 검출, 시뮬레이션, 길찾기, 정점 변환, 신호 처리, 절차적 합성, 프랙털 등을 꼽을 수 있다.

나온 지 꽤 되었지만, 대부분의 게임 프로그래머들에게는 OpenMP가 아직도 신기술이라 할 수 있다. OpenMP에 대한 최고의 자료는 *http://www.openmp.org*에서 구할 수 있는 OpenMP 명세서인데, 간결하며 놀랄 만큼 읽기 쉽다. 그 다음으로 좋은 자료라면 컴파일러의 문서화를 들 수 있다.

참조문헌

[OpenMP05] OpenMP C/C++ specification. 웹 *http://www.OpenMP.org*.

자료

[Chandra00] Chandra, Rohit, *Parallel Programming in OpenMP*, Morgan Kaufmann, 2000.

[Gaitlin05] Gaitlin, Kang Su, Pete Isensee, "Writing Multithreaded Applications with OpenMP in Visual Studio 2005," *MSDN Magazine* (2005년 10월): pp. 78-91.

[Isensee05] Isensee, Pete, "Effective Use of OpenMP in Games," Game Developer Conference 2005, 웹 *http://www.c,pevents.com/Sessions/GD/EffectiveUse.ppt*.

[Sutter04] Sutter, Herb, "The Free Lunch Is Over: A Fundamental Turn Toward Concurrency in Software," Dr. Dobb's Journal, 2005년 3월: pp. 16-22, 웹 *http://www.gotw.ca/publications/concurrency-ddj.htm*.

1.3 OpenCV 라이브러리를 이용한 게임에서의 게임 컴퓨터 시각 활용

Arnau Ramisa, Institut d'Investigacio en Intelligència Artificial, CSIC(스페인 과학연구위원회)

aramisa@iiia.csic.es

Enric Vergara, Departament d'Informàtica Gràfica, Universitat Polite cnica de Catalunya

evergara@lsi.upc.edu

Enric Martl, Centre de Visió per Computador, Computador–Departmcnt dc Ciències de la Computació, Universitat Autónoma de Barcelona

enric@cvc.uab.es

소 개

지난 몇 년 간 가격이 계속 떨어지면서 디지털 카메라는 이제 여러 가정에서 흔히 볼 수 있는 컴퓨터 주변장치가 되었다. 하지만 컴퓨터의 그러한 눈은 단지 화상채팅 도구로나 쓰이고 있을 뿐이다. 우리 게임 개발자들도 디지털 카메라를 게임 입력 장치로 적극 활용하지는 못했다고 할 수 있는데, 다행히 Sony® EyeToy™(*http://www.eyetoy.com*)나 Camgoo (*http://www.camgoo.com*) 같은 시도들 덕분에 상황이 변하고 있다.

게임에서의 컴퓨터 시각

최근 발생한 컴퓨터 시각(computer-vision) 게임 시장을 살펴보면, 모든 관심이 웹캠 (webcam)만으로 플레이하는 게임들에 모아지면서 전통적인 입력 장치들이 무시되는 양상을 보이고 있다. 웹캠 기반 인터페이스가 플레이어의 신체 전체에 관여한다는(또는 신체 전체를 처리할 수 있다는) 점에서, 기존의 입력 장치가 주목받지 못하는 현상도 어찌보면 당연한 일일 수 있다. 그러나 키보드, 마우스, 게임패드로 플레이되는 게임들 역시 디지털 카메라가 제공하는 풍부한 정보의 이점을 취할 수 있다. 빠르게 발전하는 컴퓨터 시각 분야들 중 게임에 적용해 볼만한 것들로는 얼굴 인식, 추적, 동작 인식 등이 있다.

이러한 기술들이 요즘 빠르게 개선되고 있는 디지털 카메라의 위력과 결합된다면, 일반적으로는 사람과 컴퓨터 사이의 상호작용 방식에서, 구체적으로는 플레이어와 컴퓨터 게임 사이의 상호작용 방식에서 엄청난 가능성이 생겨날 수 있다.

이 글에서는 OpenCV 라이브러리를 소개한 후 간단한 예제 하나를 통해서 컴퓨터 시각을 전통적인 게임들에 적용하는 방법을 설명한다.

OpenCV 라이브러리

Intel의 OpenCV(Open Computer Vision) 라이브러리는 C/C++로 작성된 강력하고 빠르며 사용하기 쉬운 알고리즘 및 자료 형식 모음으로, 실시간 컴퓨터 시각 응용프로그램의 개발을 돕기 위해 만들어진 것이다 [OpenCV04].

이 라이브러리가 제공하는 주요 기능들로는 영상 통계, 수학적 형태 변환, 외곽선 추출 및 처리, 히스토그램, 광흐름(optical flow), 동작 인식 등이 있다. OpenCV 프로젝트의 소스코드 전체와 문서화, 예제들을 SourceForge에서 제공한다(*http://www.sourceforge.net/ projects/opencvlibrary*). 또한 Yahoo Groups의 아주 활동적인 웹 그룹(*http://tech.groups. yahoo.com/group/OpenCV/*)에서도 라이브러리에 대한 정보나 버그, 경험, 질문과 답변을 공유할 수 있다.

게임에서 컴퓨터 시각을 활용하려 할 때 가장 큰 걸림돌로 작용하는 것은 계산 비용이다. OpenCV 라이브러리는 Intel의 IPP(Integrated Performance Primitives) [IntelIPP]를 사용하도록 설계된 것으로, Intel® Pentium® 프로세서군에 최적화되어 있다. 따라서 간단한 컴퓨터 시각 기법을 견실하게 적용한다면 게임의 프레임률이 크게 떨어지는 일은 생기지 않을 것이다.

게임에서의 간단한 컴퓨터 시각 응용

플레이어 캐릭터가 벽 모서리에 붙어서 몸을 기울여 적을 훔쳐보는 기능을 제공하는 게임들이 많이 있다. 그러나 그런 종류의 게임들은 수많은 키들을 사용하기 마련이라서 플레이어가 그러한 기능을 제대로 활용하기가 어려울 수 있다. 만일 플레이어의 머리 움직임을 인식해서 캐릭터가 몸을 기울이게 한다면 플레이어의 몰입도를 더욱 높일 수 있을 텐데, 사실 게임에 정말로 몰입한 플레이어는 무의식적으로 머리나 몸을 움직이게 된다.

그럼 플레이어의 머리 움직임을 이용해서 그러한 기울임 기능을 활성화하는 간단한 컴퓨터 시각 알고리즘을 살펴보자.

여기서 제시하는 알고리즘은 웹캠에 찍힌 영상에서 피부색에 해당하는 픽셀들을 검출해 플레이어의 머리에 해당하는 구역을 찾고, 그 구역의 위치에 대한 값을 돌려준다. 이 알고리즘은 OpenCV 예제들 중 하나인 `camshiftdemo.c` 프로그램을 우리의 목적에 맞게 단순화한 것이다.

알고리즘을 개괄하자면 이렇다. 우선 측정용 프레임(calibration frame)을 갈무리해서 히스토그램(histogram)을 구하고, 그것을 이용해서 플레이어의 피부에 해당하는 색상 값들을 파악한다. 이 때, 충실도 개선을 위해 세 가지 서로 다른 영역을 고려한다. 이후 프레임들에서는 픽셀마다 픽셀 색상에 해당하는 통(bin)의 히스토그램 값을 구한다. 그 값을 해당 픽셀이 플레이어의 피부에 속할 확률로 간주해서, 피부에 해당하지 않을 가능성이 큰 픽셀들을 폐기한다. 마지막으로, 영상의 세 영역들에서 확률 판정을 통과한 픽셀들의 개수를 세고, 그 중 가장 큰 값을 선택한다.

이 알고리즘은 게임에서 계속 사용하게 되므로, 관련 코드와 변수들을 모두 하나의 클래스로 감싸는 것이 이식성이나 재사용성에 도움이 된다. 또한, 게임에서 웹캠을 사용하려는 객체는 단 하나뿐이며 프로젝트의 어디에서도 그 객체에 접근할 수 있어야 한다는 측면을 생각하면, 그 클래스는 단일체(singleton) 클래스가 되어야 힐 것이다. 이 글에서 제시하는 예제 코드는 하나의 독립적인 프로그램 형태이지만, CD-ROM에는 객체지향적 구현이 들어 있다.

프로그램을 작성하기 선에 우선 OpenCV 라이브러리를 설치한 마음, 새 프로젝트를 민들고 필요한 라이브러리들과 헤더들을 모두 설정해야 한다. CD-ROM에는 Visual C++ 7용 워크스페이스 파일이 수록되어 있다.

예제의 목적으로는 간단한 콘솔 프로그램 프로젝트로 충분할 것이다. 프로젝트 구성은 다음과 같다. 필요한 OpenCV 헤더는 `cv.h`, `cxcore.h`, `highgui.h`이다. 이 헤더들이 있는 디렉터리를 프로젝트의 헤더 디렉터리 설정에 추가해야 한다. 또한 라이브러리 파일 `cv.lib`, `cxcore.lib`, `highgui.lib`를 프로젝트에 추가하고 해당 디렉터리 역시 라이브러리 디렉터리 설정에 추가해야 한다. 마지막으로, `cv.dll`, `cxcore.dll`, `highgui.dll` 파일들을 프로젝트 디렉터리에 복사해야 한다.

그럼 프로그램의 소스 코드를 보자. 시작 부분에서는 필요한 헤더 파일들을 포함하고 전역 변수들과 함수 원형들을 선언한다. 그런 다음 `main` 함수를 시작한다.

```cpp
#include "cv.h"
#include "cxcore.h"
#include "highgui.h"
#include <iostream>

#define ESC_KEY 27

CvCapture* capture = NULL;
IplImage* image, *frame, *mask, *HSVimage, *h_plane, *s_plane,
    *v_plane, *backProj;
CvHistogram* hist = NULL;
int userPos;
bool flag=true;
void paintEllipse();
void calcHistogram();
bool detectionLoop();
void showImage();

int main()
{
```

main 함수에서는 웹캠을 설정하고 프레임들을 갈무리해야 한다. OpenCV의 HighGUI 라이브러리에는 웹캠 관련 작업을 편하게 해주는 몇 가지 함수들이 있어서, 예를 들어 다음에서 보듯이 웹캠의 영상을 아주 쉽게 갈무리할 수 있다.

```cpp
int numCam=-1;
if( !(capture = cvCaptureFromCAM( numCam )) )
{
    std::cout<<"ERROR: Camera can't be initialized."<<std::endl;
    return -1; //오류
}
```

여기서 numCam 변수는 사용하고자 하는 웹캠의 식별 번호이다. 전형적인 식별 번호는 0 이나, 웹캠이 단 하나인 경우 또는 어떤 웹캠을 갈무리하는지가 중요하지 않은 경우라면 그냥 -1을 사용해도 된다. 다시 main 함수로 돌아와서, 웹캠을 초기화하고 루프를 돌리면서 프레임들을 갈무리한다.

```cpp
//선언 블록
cvNamedWindow("WEBCAM",1);
```

```cpp
//첫 갈무리 블록(변수 초기화)
frame = cvQueryFrame( capture );
if( !frame ) return false;
image = cvCreateImage( cvGetSize(frame), IPL_DEPTH_8U, 3 );
//cvCreateImage( 이미지 크기, 픽셀 깊이, 채널 )
image->origin = frame->origin;

//메인 루프 블록
for(;;)
{

    frame = cvQueryFrame( capture );
    if( !frame ) return false;

    cvCopy( frame, image, 0 );

    paintEllipse();

    cvShowImage( "WEBCAM", image );

    char c;
    c = cvWaitKey(10); //10ms간 키 입력을 기다린다
    if( c == ESC_KEY )
        break;
}

calcHistogram();

detectionLoop();

//마무리 블록
cvReleaseCapture(&capture);
cvDestroyWindow("WEBCAM");
cvReleaseImage(&image);
cvReleaseHist(&hist);
cvReleaseImage(&HSVimage);
cvReleaseImage(&h_plane);
cvReleaseImage(&v_plane);
cvReleaseImage(&s_plane);
cvReleaseImage(&backProj);

return 0; //오류 없었음
}
```

메인 루프의 각 반복마다 카메라에서 프레임 하나를 갈무리하고 그것을 "WEBCAM"이라는 이름의 창에 표시한다. 사용자가 Esc 키를 누르면 루프에서 벗어난다. cvQueryFrame 함수는 카메라의 마지막 프레임에 대한 포인터를 돌려준다. 반환된 frame 자체는 수정하거나 삭제할 수 없기 때문에, frame이 지칭하는 이미지를 image 변수에 복사한다.

이제 할 일은 플레이어의 피부색 표본을 얻어서 히스토그램(이후의 프레임들의 픽셀들을 판정하는 데 사용할)을 만드는 것이다. 예제를 간단하게 하고 마우스 이벤트나 콜백 함수를 사용하는 등의 번거로움을 피할 수 있도록, 여기서는 웹캠 화면에 타원을 하나 그리고 사용자가 그 타원 안에 자신의 얼굴을 집어넣게 하는 다소 원시적인 방법을 사용하기로 한다. 좀 더 정교한 방법이 OpenCV의 "camshiftdemo.c" 예제에 나와 있다.

다음이 타원을 표시하는 함수이다.

```
void paintEllipse()
{
    cvEllipse(image,cvPoint(image->width/2,image->height/2),
        cvSize(image->width/6,image->height/3),0,0,
        360,CV_RGB(255,0,0),2);
    cvFlip(image,NULL,1); //시각화하기 편하도록 이미지의 좌우를 뒤집는다
}
```

이 함수는 웹캠 영상 중앙에 빨간 타원을 그린다. 플레이어는 반드시 자신의 얼굴을 타원 안에 넣어야 한다. 배경의 픽셀이 타원 안에 들어가서는 안 된다. 머리카락은 타원 바깥

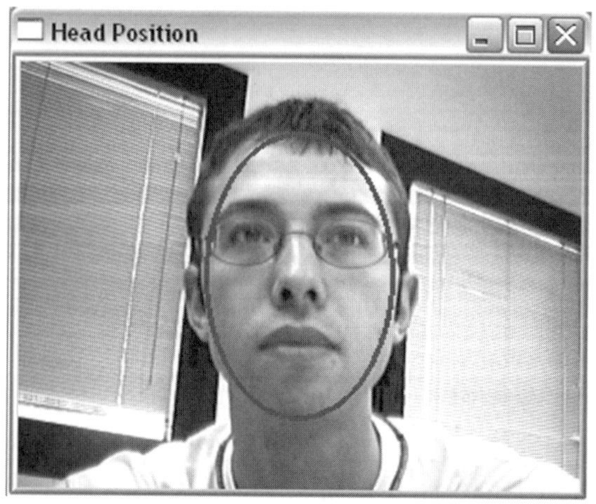

그림 1.3.1 플레이어 피부 표본을 이용해서 히스토그램을 생성

에 두는 것이 좋다. 얼굴을 집어넣은 후에는 Esc 키를 눌러야 한다. 그림 1.3.1과 원색 화보 1(상)에 이 과정의 예가 나와 있다.

이렇게 해서 표본 영상을 얻었으면 **calcHistogram** 함수를 호출해서 히스토그램을 만든다. 다음이 **calcHistogram** 함수의 정의이다.

```
void calcHistogram()
{
    //히스토그램 계산 블록

    cvFlip(image,NULL,1); //이미지를 다시 원래대로 되돌린다
    mask=cvCreateImage(cvGetSize(image),IPL_DEPTH_8U,1);
    cvZero(mask);
    mask->origin = image->origin;
    cvEllipse(mask,cvPoint(image->width/2,image->height/2),
        cvSize((image->width/6)-5,(image->height/3)-5),0,0,
            360,cvScalar(255),CV_FILLED);

    HSVimage=cvCreateImage(cvGetSize(image),IPL_DEPTH_8U,3);
    HSVimage->origin=image->origin;

    cvCvtColor( image, HSVimage, CV_RGB2HSV );

    h_plane=cvCreateImage(cvGetSize(image),IPL_DEPTH_8U,1);
    s_plane=cvCreateImage(cvGetSize(image),IPL_DEPTH_8U,1);
    v_plane=cvCreateImage(cvGetSize(image),IPL_DEPTH_8U,1);
    h_plane->origin = image->origin;
    s_plane->origin = image->origin;
    v_plane->origin = image->origin;

    cvCvtPixToPlane( HSVimage, h_plane, s_plane, v_plane, 0 );
    IplImage* planes[] = { h_plane };

    int h_bins = 32;
    int hist_size[] = {h_bins};
    float h_ranges[] = {0, 180};
    float* ranges[] = {h_ranges};

    hist=cvCreateHist(1,hist_size,CV_HIST_ARRAY,
        ranges,1);
    cvCalcHist( planes, hist, 0, mask );
}
```

초반부에서 생성한 **mask** 이미지는 고려하지 않을 픽셀들, 즉 타원 바깥의 픽셀들을 걸러 내는 데 쓰인다.

타원 안쪽의 픽셀들만 남긴 후에는 픽셀 표현 형식을 RGB에서 HSV로 변환한다. HSV 색공간은 하나의 원기둥 형태이다 [HSVspace]. HSV 색공간의 각 색은 색조(hue), 채도 (saturation), 명도(value 또는 brightness)라는 세 가지 성분으로 정의된다. 색조는 색의 지배적인 파장으로, 색의 종류(이를테면 빨강, 녹색, 노랑 등)에 해당한다고 생각하면 된 다. HSV 색공간에서 이 성분은 원기둥에서 색이 있는 곳의 각도이다. OpenCV에서는 8 비트에 맞도록 0°에서 360° 사이의 각도를 2로 나눈 값을 사용한다. 채도는 색의 순도(純 度)로, 다른 말로 하면 색에 존재하는 회색의 양을 뜻한다. 색공간에서 이 성분은 원기둥 중심선으로부터의 수직 거리에 해당한다. 마지막으로, **명도**는 색의 밝기로, 원기둥 중심 선을 따른 높이에 해당한다.

RGB를 HSV로 변환하는 이유는, RGB에서는 조명의 변화가 R(빨강), G(녹색), B(파랑) 세 성분에도 영향을 미치기 때문에 참조 히스토그램과의 비교가 불가능하다는 데서 비롯된 다. 반면 HSV 색공간에서는 색조가 조명의 변화와 독립적이다([Sandeep02], [Sedlacek04]).

그런 다음에는 HSV 이미지를 성분 별로 단일 평면 이미지 세 개로 분리하고 히스토그램 을 생성한다. **h_bins**는 통(bin)들의 개수로, 이는 히스토그램의 한 차원에서의 가능한 값 들에 대응된다. 여기에서는 32개의 통들을 사용한다. 따라서 픽셀의 색조 값들은 네 개 단위로 묶여서 통에 들어가게 된다. 픽셀 값들을 이런 식으로 표본화하면 값들을 개별적 으로 고려하는 대신 값들의 범위를 고려함으로써 색조의 작은 변이들을 처리할 수 있게 되며, 그럼으로써 좀 더 안정적인 표현이 가능해진다. **h_ranges**는 이미지 안에서 하나의 픽셀이 취할 수 있는 값들의 범위에 해당한다. 이 예에서 범위는 [0,180]이다(색조 값은 원래 0°에서 360°까지의 각도이나, OpenCV에서는 8비트에 맞게 그것을 2로 나누기 때 문). 마지막으로는 히스토그램을 할당하고, H 평면의 값들을 마스크로 걸러서 그 히스토 그램에 채운다.

이렇게 해서 참조용 히스토그램을 만들었다. 이제 검출 부분을 보자.

```cpp
bool detectionLoop()
{
    //검출 루프 블록
    backProj=cvCreateImage( cvGetSize(image), IPL_DEPTH_8U, 1 );
    backProj->origin = frame->origin;
    char c;
```

```cpp
for(;;)
{

    frame = cvQueryFrame( capture );
    if( !frame ) return false;

    cvCopy( frame, image, 0 );
    cvCvtColor( image, HSVimage, CV_RGB2HSV );
    cvCvtPixToPlane( HSVimage, h_plane, s_plane, v_plane, 0 );
    IplImage* planes[]={h_plane };

    cvZero(backProj);
    cvCalcBackProject( planes , backProj, hist );

    CvScalar mean=cvAvg( backProj);
    cvThreshold( backProj,backProj,floor(mean.val[0]),
        255, CV_THRESH_BINARY );

    int vol[3]={0,0,0};
    cvSetImageROI( backProj,cvRect(0,image->height/4,
        image->width/3,image->height*3/4) );
    vol[0]=cvCountNonZero( backProj );

    cvSetImageROI( backProj,cvRect(image->width/3,
        image->height/4,image->width/3,image->height*3/4) );
    vol[1]=cvCountNonZero( backProj );

    cvSetImageROI( backProj,cvRect(image->width*2/3,
        image->height/4,image->width/3,image->height*3/4) );
    vol[2]=cvCountNonZero( backProj );
    cvResetImageROI( backProj );


    if(vol[0]>vol[1] && vol[0]>vol[2]) userPos=-1;
    else if(vol[1]>vol[0] && vol[1]>vol[2]) userPos=0;
    else userPos=1;

    //시각화 블록
    showImage();
    c = cvWaitKey(10);
    if( c == ESC_KEY ) break;
```

```
    if( c == 'b' ) flag=flag?0:1;
  }
}
```

이전과 마찬가지로, **cvQueryFrame**으로 프레임을 갈무리해서 **image**에 복사한다. 다음으로는 그 이미지를 HSV 색공간으로 변환하고 성분별 평면들로 분리한다. **cvCalcBackProject** 함수는 **h_plane** 이미지의 픽셀에 대응하는 통의 히스토그램 값을 그 픽셀에 해당하는 **backProj**의 픽셀에 배정해서 역투영(back projection) 이미지를 생성한다. 간단히 말하면, 갈무리된 프레임의 픽셀의 색조값이 참조용 이미지에 더 자주 나타날수록 **backProj** 이미지의 해당 픽셀에 더 높은 값이 배정된다. 잡음과 이상치(outlier)를 줄이기 위해 역투영 이미지에 문턱값(threshold)을 적용한다. 구체적으로는, **backProj**의 평균값 미만의 픽셀들을 모두 폐기한다. 그런 다음에는 미리 정의된 세 구역(왼쪽, 가운데, 오른쪽)의 유효한 픽셀들을 계산한다. 도해 1.3.2와 1.3.3에 갈무리된 HSV 이미지와 그것에 대한 역투영 이미지의 예가 나와 있다.

이미지 하단 구역의 픽셀들은 고려하지 않는데, 이는 플레이어의 어깨까지 계산할 필요는 없기 때문이다. 다음으로, 계산된 값들을 정렬하고, 가장 큰 값이 있는 구역에 플레이어의 머리가 놓여 있다고 간주한다.

마지막으로, 알고리즘의 결과를 눈으로 확인하기 위해 다음과 같은 함수를 호출한다. 이 함수는 그림 1.3.4(그리고 원색 화보 1 아래 그림)에 나온 것과 비슷한 결과를 표시한다.

그림 1.3.2 저자 얼굴의 HSV 색공간 이미지

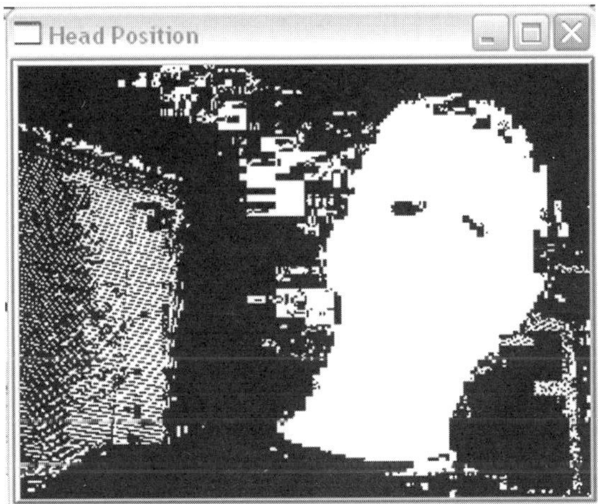

그림 1.3.3 저자 얼굴의 역투영 이미지

그림 1.3.4 플레이어의 얼굴 위치를 검출한 결과

```
void showImage()
{
    cvRectangle( image, cvPoint(0,image->height/4),
        cvPoint(image->width/3,image->height), CV_RGB(0,0,255) );
    cvRectangle( image,cvPoint(image->width/3,image->height/4),
        cvPoint(image->width*2/3,image->height), CV_RGB(0,255,0) );
    cvRectangle( image, cvPoint(image-> width*2/3,image>height/4),
```

```c
        cvPoint(image->width,image->height), CV_RGB(255,0,0) );

    switch(userPos)
    {
    case -1:
        cvCircle( image, cvPoint(50,190),40,
            CV_RGB(0,0,255),CV_FILLED );
    break;
    case 0:
        cvCircle( image, cvPoint(159,190),40,
            CV_RGB(0,255,0),CV_FILLED );
    break;
    case 1:
        cvCircle( image, cvPoint(270,190),40,
            CV_RGB(255,0,0),CV_FILLED );
    break;
    }
    if(flag)
    {
        cvFlip(image,NULL,1); //시각화하기 편하도록
                              //이미지의 좌우를 뒤집는다
        cvShowImage("WEBCAM", image);
    }
    else
    {
        cvFlip(backProj,NULL,1); //이미지의 좌우를 뒤집는다
        cvShowImage("WEBCAM", backProj);
    }
}
```

'b' 키를 누르면 웹캠 이미지와 역투영 이미지 사이를 전환할 수 있다. 플레이어의 피부
색이 제대로 구분되었는지 확인해보고자 할 때 편할 것이다.

알고리즘의 성격 때문에, 플레이어의 피부와 비슷한 색의 배경 물체가 잘못 분류되어서
최종 결과에 영향을 미칠 수 있다. 따라서 배경에서 그런 물체들을 치우는 것이 좋다. 또
한 조명을 급격하게 바꾸는 일도 피해야 한다.

구식 또는 저해상도 카메라를 사용하거나 조명 조건이 부적절한 경우에는 H 평면과 S 평
면 모두를 이용해서 히스토그램을 구축했을 때 더 안정적인 결과가 나온다고 알려져 있
다. 부록 CD-ROM에 그런 식으로 변형한 알고리즘의 구현도 들어 있다.

그림 1.3.5 플레이어가 왼쪽으로 몸을 기댄 모습

그림 1.3.6 플레이어가 중앙으로 돌아온 모습

그림 1.3.5와 그림 1.3.6(원색 화보 2, 3)은 이 알고리즘을 게임 안에 사용한 예로, 플레이어 캐릭터가 플레이어의 실제 움직임에 반응해서 자세를 바꾼 모습들을 보여준다.

이 알고리즘의 객체지향 버전을 3인칭 액션 슈팅 컴퓨터 게임에 사용해 보았는데, 괜찮은 결과를 얻을 수 있었다. 해당 게임은 비디오 게임 제작 학위용 기말 프로젝트로, *http://www.iua.upf.edu/~evergara*에서 볼 수 있다.

향후 과제

이 글은 통제된 환경에서의 알고리즘 실행 결과를 제시했는데, 광흐름 활용, 연결된 구성 요소 검출, 배경 제거, 피부색 검출 방법 정교화 [Vezhnevets03] 등 컴퓨터 시각 문헌들에 나와 있는 다양한 기법들을 적용한다면 불특정한 실제 환경에서도 알고리즘이 안정적으로 작동하게 만들 수 있을 것이다. 여기서 한 걸음 더 나아가, 컴퓨터 시각 분야에 대한 연구를 통해서 개념들을 컴퓨터 게임으로 확장하는 방법을 탐구해보길 적극 권한다.

Spanish Ministerio de Ciencia y Tecnología가 TIC2003-09291 하에서 이 작업을 부분적으로 지원했다. 또한, 도움을 제공한 Pompeu Fabra University(*http://www.iua.upf.edu*)의 Audiovisual Institute에 감사한다.

참조문헌

[HSVspace] HSV 색공간에 대한 Wikipedia 기사. 웹 *http://www.en.wikipedia.org/wiki/HSB_color_space*

[IntelIPP] Intel Integrated Performance Primitives에 대한 좀 더 자세한 자료가 *http://www.intel.com/cd/software/products/asmo-na/eng/perflib/ipp/index.htm*과 *http://www.support.intel.com/support/performancetools/libraries/ipp/sb/cs-010656.htm*에 있다.

[OpenCV04] Intel의 Open Computer Vision Library 베타 4 (2004년 8월 14일). 웹 *http://www.sourceforge.net/projects/opencvlibrary*.

[Sandeep02] Sandeep, K., A. N. Rajagopalan, "Human Face Detection in Cluttered Color Images Using Skin Color and Edge Information." 2002. 웹 *http://www.ee.iitb.ac.in/~icvgip/PAPERS/166.pdf*.

[Sedlacek04] Marián Sedláček, "Evaluation of RGB and HSV models in Human Faces Detection." 2004. 웹　*http://www.cg.tuwien.ac.at/studentwork/CESCG/CESCG-2004 /web/Sedlacek-Marian*

[Vezhnevets03] Vezhnevets, V., V. Sazonov, A. Andreeva, "A survey on pixel-based skin color detection techniques." Graphicon-2003, Moscow, 2003.

1.4

게임 객체의 지리 격자 등록

Roger Smith, Modelbenders, LLC

gpg@modelbenders.com

소 개

대부분의 게임 객체들에게 중요한 두 가지 질문은, "누가 그것을 볼 수 있는가"와 "누가 그것을 쏠 수 있는가"이다. 이런 질문들은 주로 게임이 제어하는 객체(AI 또는 NPC)가 던진다. 이런 질문들에 답하기 위해서는 주어진 범위 안에 어떤 객체들이 존재하는지를 파악해야 하며, 또 그러려면 게임 안의 모든 객체를 훑으면서 시선(line-of-sight, LOS) 판정 또는 근접 판정을 수행해야 한다. 하지만 이는 대단히 비효율적이며 전적으로 불필요한 일이다.

게임의 가상 세계에서 객체들 사이의 상호작용에 대한 기본적인 조직화 특성은 바로 지리적 위치이다. 대체로 객체는 자신의 근처에 있는 다른 객체와 상호작용한다. 여기서 말하는 상호작용에는 감지나 인식, 교전, 의사소통, 물품 교환 등이 포함된다.

동적인(즉, 살아 숨쉬고 움직이는) 객체들의 지리적 관계를 계속 파악하기 위해서는 그런 객체들의 목록을 관리해야 한다. 그런데 객체들의 관리에 흔히 쓰이는 연결 목록(linked list)이나 트리 자료구조 자체는 지리적 관계를 파악하는 데 적당하지 않다. 일반적으로 연결 목록은 객체들 모두를 관리하는 데 쓰이는데, 목록이 다소 범용적이기 때문에 목록 안의 객체들이 순서에서 어떤 유용한 정보를 얻기는 힘들다. 이 글에서는 관리용 객체 목록에 지리적 격자(geographic grid)를 적용함으로써 근접 및 시선 판정에 필요한 계산을 크게 줄이는 한 가지 방법을 설명한다. 객체들을 지리적으로 관리하면, 커다란 전장에서의 시선 판정 및 기타 관련 지리 점검 횟수를 일백만여 회에서 단 수십 회로 줄일 수 있다.

게임 세계 자체가 격자 방식 객체 관리에 적합한 경우도 있다. 예를 들어 게임의 배경이 지하 감옥(dungeon)이나 건물, 우주정거장 내부인 경우 게임 세계는 자연스럽게 여러 개의 방들로 나뉜다. **포털 엔진**은 이러한 특성을 이용해서 객체가 있는 방 안의 근접 객체들을 손쉽게 식별한다. 한 객체가 볼 수 있는 또는 상호작용할 수 있는 객체들은 그 객체가 있는 방 또는 그 방에서 포털을 통해 접근할 수 있는 인접한 방의 것들뿐이다. 게임 자체에 수백 개의 객체들이 있다고 해도, 객체가 위치한 방에 있는 것들은 두, 세 개뿐일 것이다. 그런 객체들만 식별, 판정한다면 계산량을 크게 줄일 수 있다.

그러나 모든 게임이 그처럼 잘 분할되어 있지는 않다. 크고 개방된 전장이나 우주 공간에 수백, 수천의 객체들이 존재하는 게임들도 있다. 공간을 나누어 주는 벽이나 산, 숲이 없다면 모든 객체가 하나의 방에 있는 것과 마찬가지인 것이다. 그러면 AI 에이전트(또는 기타 게임 시스템)가 가장 가까운 또는 가장 적합한 상호작용 대상을 선택하는 데 필요한 계산의 비용이 크게 치솟는다. 이러한 문제는 Svarovsky가 *Game Programming Gems 1*의 한 글에서 간략히 다룬 바 있다([Svarovsky00]). 이번 글에서는 이 문제를 좀 더 자세히 살펴보고, 여러 시뮬레이션들에서 구현된 바 있는 비교적 간단한 해법 하나를 제시한다. Prichard 역시 *Game Programming Gems 2*에서 타일 기반 LOS를 이야기했다([Pritchard01]). 그러나 그의 논의는 인간 플레이어 관점에서의 객체 인식만 다루었을 뿐, 실제 검출 결과는 그래픽 렌더링 엔진과 사람의 눈에 맡겨졌다. 이 글에서는 전적으로 게임 엔진 안에서의 근접 및 LOS 계산에 의존하는 AI 에이전트를 위한 완전한 검출 판정 방법을 설명하며, 그것을 비슷한 종류의 판정이 필요한 다른 여러 게임 하위시스템에서 활용하는 방법도 언급한다.

4분트리와 8분트리

그래픽 프로그래머라면 4분트리(四分-, quadtree)에 익숙할 것이다. 4분트리 구조는 2차원 공간을 네 개의 더 작은 **자식** 공간들로 분할한다. 분할된 각 자식 공간 역시 더 작은 네 개의 자식 공간들로 분할되며, 2차원 공간 전체가 지형 자료를 담은 작은 정사각형들로 분할될 때까지 그러한 분할이 재귀적으로 진행된다(그림 1.4.1). 렌더링 시에는 시야 절두체에 포함되는 정사각형들에 속한 지형 자료들만 그래픽 하드웨어에 제출한다. 이러면 지형 데이터베이스 전체가 아니라 실제로 눈에 보이는 부분만 렌더링되므로 렌더링 속도가 증가한다([Ferraris01]).

8분트리(octree)는 4분트리를 3차원 공간으로 확장한 것으로([Kelleghan97]), 게임 세계를 2차원 표면으로 단순화할 수 없는 경우에 쓰인다. 8분트리는 3차원 세계를 인접한 여덟 개의 부분 공간들로 재귀 분할한다. 따라서 한 공간마다 네 개가 아니라 여덟 개의 자식 공간들이 생긴다(그림 1.4.2).

지형, 건물, 강, 숲은 고정된 지리적 위치에 놓이므로 지리적 격자로 관리하는 것이 당연하다. 4분트리와 8분트리를 이용하면 특정 장면에서 그려야 하는 지형지물들을 빠르게 식별할 수 있다.

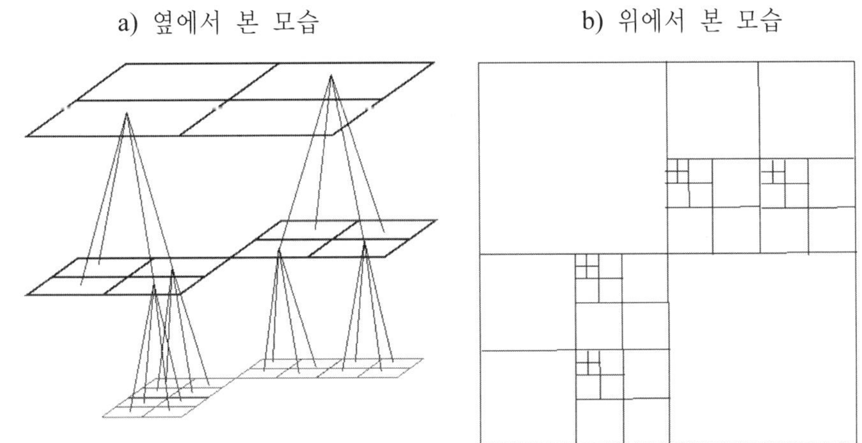

그림 1.4.1 4분트리는 2차원 공간을 점점 더 작은 부분들로 분할한다.

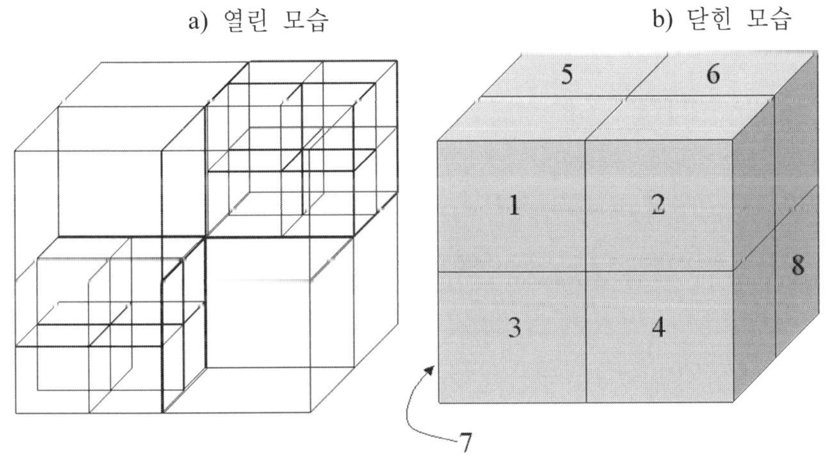

그림 1.4.2 8분트리는 3차원 영역을 더 작은 부피들로 분할한다.

우주선, 트롤, 병사들 등 게임 세계 안을 돌아다니는 객체들을 위한 객체 대 객체 검출의 최적화에도 이러한 공간 분할 접근방식을 적용할 수 있다.

객체 조직화

이 글에서 말하는 객체 격자 등록(object grid registration)은 지형 자료에 쓰이는 것과 비슷한 종류의 격자 안에서 동적으로 돌아다니는 객체들을 관리하기 위한 것이다. 경우에 따라서는 그런 객체들이 실제로도 지형 자료와 동일한 격자 시스템을 사용하기도 한다.

동적 객체들의 위치는 끊임없이 변하며, 위치 이외의 상태 변수들도 계속 변한다. 예를 들어 각 병사 또는 분대는 계속해서 한 지점에서 다른 지점으로 이동한다(적에게 다가가거나 후퇴하는 등). 따라서 볼 수 있거나 교전할 수 있는 객체들의 목록도 계속해서 변하게 된다. 이 문제를 주먹구구식으로 풀려는 경우에는 게임 엔진이 게임 안의 모든 객체 쌍에 대해 끊임없이 LOS나 범위를 재계산해야 할 것이다. 객체들이 비교적 적다면 그런 접근방식도 나쁘지 않을 것이다. 예를 들어 게임 세계에 서로 싸우는 객체들이 단 10개에

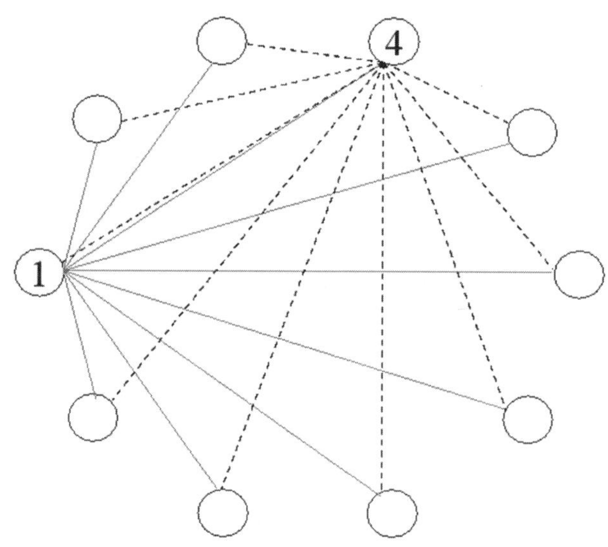

주먹구구식＝객체 10개 × 판정 9회＝계산 90회

짝짓기＝9＋8＋7＋6＋5＋4＋3＋2＋1＋0＝계산 45회

그림 1.4.3 주먹구구식 객체 대 객체 검출은 n제곱 비례 문제이다.

불과하다면 LOS 계산 횟수가 90회밖에 되지 않는다(10개의 객체 각각 다른 9개의 객체와 LOS를 판정. 그림 1.4.3). 그러나 객체의 수가 증가할수록 계산 횟수는 제곱으로 증가한다. 이를 흔히 n제곱 비례 문제(order n-squared problem)라고 부른다. 궁극적으로는 성능 및 규모가변성(scalability)의 관점에 따라 평가해야겠지만, 이처럼 모든 가능한 쌍을 점검하는 방식은 최악의 접근방식이라 할 수 있다. 객체의 수가 100으로 증가하면 근접 점검 횟수는 10,000회로 증가한다. 객체가 1,000개이면 계산 횟수는 약 1백만 회로 뛰어오른다.

한 가지 간단한 개선 방법은 한 쌍의 객체들에 대해 한 번만 점검을 수행하는 것이다. 예를 들이 객체 1을 객체 4와 비교했다면 이후 객체 4를 다시 객체 1과 비교할 필요는 없다. 간단히 말해서 항상 자신보다 번호가 높은 객체들과의 비교만 수행하면 되는 것이다. 이런 개선안을 적용하면 근접 점검 횟수가 절반으로 준다(그림 1.4.3).

뭔가 다른 메커니즘이 없다면 이러한 계산을 매 시간 단계마다 수행해야 할 것이다. 과도한 계산량을 줄이기 위해 추가적인 선별 메커니즘을 적용하기도 한다. 이를테면 객체의 위치가 마지막으로 변경된 시간을 기억해 두고 위치가 변하지 않은 객체들에 대해서는 점검을 생략하는 형태 등을 들 수 있다. 그러나 이런 방법을 적용하려면 특정 객체 쌍에 대한 이전 점검 결과를 유지해야 하며, 그러다 보면 전반적인 복잡성을 크게 줄이지는 못하는 결과로 이어질 수 있다.

LOS 판정은 기본적으로 지리적인 문제이다. 정적인 지형 정보에 대해 4분트리를 적용하는 것과 마찬가지로, 이런 문제에 대한 효율적인 해법을 얻으려면 지리적으로 접근해야 할 필요가 있다.

격자 등록

이 글에서 설명하는 방법에서는 움직이는 객체의 위치가 변하면 반드시 지리 격자(geographic grid)상의 객체 등록 상황을 갱신해야 한다. 이는 객체가 일반적인 용도의 위치 이외에 지리 격자상의 위치도 가진다는 의미이다. 객체가 격자의 한 칸에서 다른 칸으로 이동하면(마치 체스 말이 다른 칸으로 이동하듯이), 객체를 새 칸에 등록하고 이전 칸에서는 제거해야 한다. 그림 1.4.4에 그러한 모습이 나와 있다. 각 격자 칸마다 하나의 객체 목록이 존재한다. 그림 1.4.4의 경우, 시간 1234에서는 격자 칸(1,5)의 목록과 칸(1,8)의 목록 모두 두 개의 객체를 담고 있다. 그러나 시간 1235에서는 객체 1(O1)이 새 위치로 이동했으며, 그래서 객체 등록 절차에 의해 O1이 칸(3,6)에 등록되고 기존의 칸(1,5)에서는 제거되었다. 이러한 격자 위치 관리에 연관된 계산 추가부담은 앞에서 설명한 주

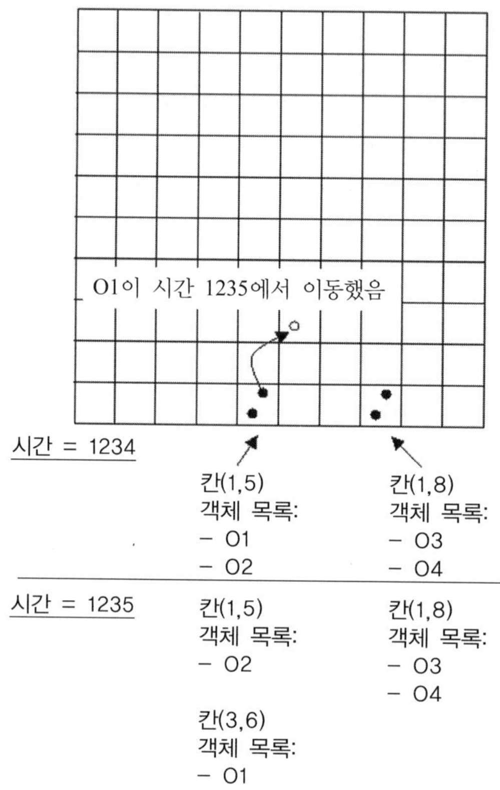

그림 1.4.4 객체의 위치가 변할 때마다 객체를 새로운 격자 칸에 등록한다.

먹구구식 근접 점검을 수행하는 데 필요한 비용보다 훨씬 작다. 격자 위치의 계산이 범위나 LOS를 계산할 때보다 훨씬 간단하다는 것도 이러한 비용 절감의 한 가지 이유이긴 하지만, 좀 더 중요한 이유로는 계산에 필요한 연산 횟수가 크게 줄어든다는 점을 들 수 있다.

객체 격자 등록은 n에 비례하는 문제, 즉 $O(n)$ 문제이다. 반면 LOS는 $O(n^2)$ 문제이다. 예를 들어 게임 객체가 100개일 경우 각 시간 단계에서 격자 등록 횟수는 100을 넘지 않으나, 격자나 기타 선별 메커니즘이 없는 주먹구구식 근접 점검에서는 각 시간 단계마다 거의 10,000회의 점검 계산이 필요하다. 따라서 격자 등록은 약 10,000회의 근접 점검을 100개의 더 간단한 등록 연산으로 대체하는 것이라고 할 수 있다.

무기 또는 탐지기의 범위 겹침

격자 등록이 범위 계산이나 LOS 계산을 완전히 제거하는 것은 아니다. 단지 고려할 객체들의 수를 크게 줄여줄 뿐이다. 그림 1.4.5의 좌측 상단은 적을 수색하는 객체의 탐지 범위를 나타낸 것이다. 이런 탐지 범위에 속하는 격자 칸들을 식별하는 방법은 여러 가지인데, 4분트리와 지형 데이터베이스 관리에 대한 글들에서 그런 방법들을 찾아볼 수 있다([Frisken03]). 그런 격자 칸들을 식별했다면 그 칸들에 등록된 객체들만 판정 대상으로 삼으면 된다. 그런데 객체가 그런 칸에 등록되어 있다고 해서 반드시 그 객체가 탐지 범위에 속한다고 예단해서는 안 된다. 그림 1.4.5에서 보듯이, 탐지 범위가 주어진 격자 칸 전체를 덮지는 않는 경우도 많기 때문이다. 따라서 부분적으로 덮인 격자 칸에 등록된 객체가 실제로 탐지 범위에 속하는지를 추가로 점검해서, 탐지 범위에 실제로 속하지 않는다면 검출 또는 교전 가능 객체가 아닌 것으로 선별해야 한다. 즉, 격자 등록 시스템을 사용한다고 해도 개별적인 범위 점검이나 LOS 판정은 여전히 필요하다. 단지 고려할 객체들의 수가 크게 줄어드는 것일 뿐이다.

격자 칸이 탐지기의 탐지 범위에 완전히 포함되는지 아니면 부분적으로 포함되는지를 명확하게 구분하는 탐지기 범위 계산 알고리즘을 구현하는 문제는 독자의 숙제로 남기겠다.

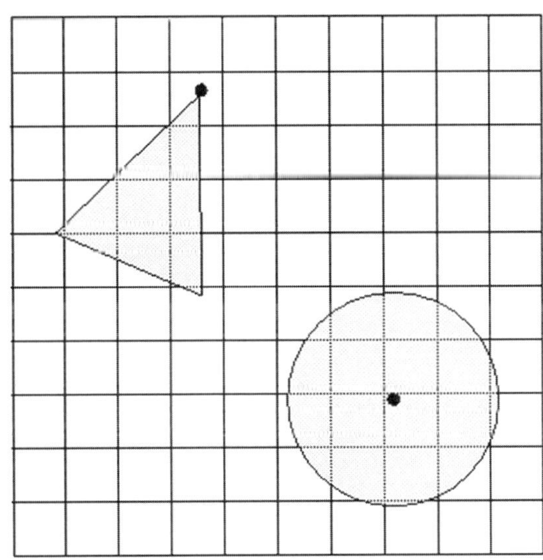

그림 1.4.5 탐지기의 탐지 범위를 격자에 겹치고 그 범위에 속할
가능성이 있는 격자 칸들을 식별한다.

게임에 따라서는, 탐지 범위에 완전히 포함되는 격자 칸에 속한 객체들에 대해서는 추가적인 범위 점검이나 LOS 계산이 필요하지 않을 수도 있다([Pritchard01]). 그러나 3차원 지형이 AI나 NPC의 가시성 판정의 필수적인 요소인 게임에서는 해당 격자 칸에 속한 각 객체에 대해 추가적인 LOS 계산이 반드시 필요할 수 있다. 격자 시스템이 탐지기의 범위 안에 어떤 객체들이 포함되는지 알려준다고 해도, 그를 통해 탐지기에서 해당 객체로의 직접적인(즉, 지형이나 장애물에 가로막히지 않은) 시선 벡터가 존재하는지까지 알 수 있는 것은 아니다.

탐지 범위의 확대

우리의 목표는 상호작용 가능 여부를 판정해야 하는 객체들의 개수를 최소화하는 것이다. 이 때 중요한 것은 탐지기 범위 가장자리에 있는 객체들을 잘못 배제해서는 안 된다는 점이다. 대부분의 게임에서 객체는 주어진 한 시간 단계 동안 지점 A에서 지점 B로 직선 벡터를 따라 일정하게 이동한다. 한 객체가 탐지기 가장자리를 가로지르는 경우, 이동 도중에는 탐지기 범위 안에 들어가지만 이동의 시작과 이동의 끝에서는(즉, 이산적인 두 시간 단계에서) 탐지기 범위 안에 속하지 않는 상황도 벌어질 수 있다(그림 1.4.6a).[1] 그런 객체를 고려 대상에서 배제해서는 안 된다.

이런 경우들을 인식하는 한 가지 방법은 탐지 범위를 약간 더 키우는 것이다(그림 1.4.6b) 그러면 범위에 인접한 격자 칸들에 속한 객체들(특히 탐지 범위 가장자리를 가로지르는 것들)도 판정 대상에 포함된다. 확대의 정도는 격자 칸의 크기, 객체의 최대 빠르기, 시간 단계의 크기 등에 기초해서 발견법적으로 결정해야 할 것이다. 객체가 하나의 시간 단계 동안 격자의 가장자리에 도달할 수 있는 모든 칸을 포괄하도록 탐지 범위를 확대해야 한다. 이동 이후 검출이 수행되는 방식의 게임이라면 확대된 범위는 객체의 종착(이동 후) 위치를 검출할 것이므로, 역 추측항법(reverse dead-reckoning)을 이용해서 객체가 그 종착 위치에 도달하게 된 경로를 계산하고 그 경로가 탐지기의 탐지 범위를 가로질렀는지를 판정해야 한다.

앞서 이야기한 객체 이동을 고려하는 탐지 범위의 확대 외에, 격자의 칸들은 정사각형인 반면 탐지 범위(또는 근접 판정 범위)는 원형이나 쐐기꼴이라는 점을 고려한 범위 확대도 필요하다. 원을 사각화하는 절차 때문에, 격자의 한 칸에서 실제로는 탐지 범위에 속하지 않는 부분이 생기게 된다. 사각화된 원이 반드시 격자 가장자리와 일치하는 것은 아니므로, 해당 칸들 역시 고려 대상이 되도록 하기 위한 추가적인 확대가 필요하다(그림 1.4.6b).

---

1) 역주 : 흔히 이산적인 교차 판정에 기초한 충돌 검출에서 '총알이 벽을 뚫는 문제'와 비슷한 문제이다.

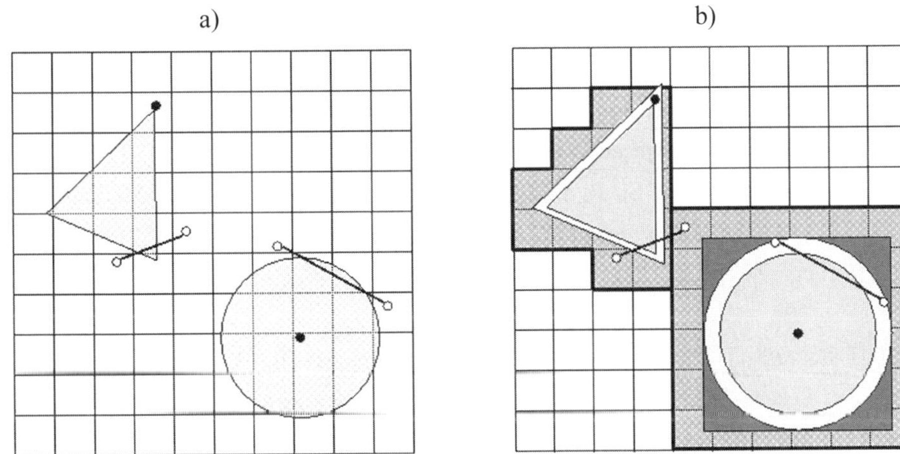

그림 1.4.6 한 시간 단계에서 탐지 범위 가장자리를 가로지르는
객체들을 검출하기 위한 탐지 범위의 확대

결론

이 글에서 설명한 방법은 그리 복잡한 것이 아니므로, 설명을 차근차근 따라간다면 그것이 좀 더 규모가변적인 검출 알고리즘을 위한 명백한 접근방식임을 알 수 있을 것이다. 그러나 이런 종류의 문제에 대한 접근방식은 프로젝트마다 다시 고안, 구현되는 경우가 많은 것 같다. 필사는 프로그래머들이 이미 해결한 문제를 매번 다시 해결하느라 시간을 허비하는 일이 없길 바라는 마음에서 이 글을 쓰게 되었다.

이 글에서 소개한 방법의 목표는 동적인 객체의 위치를 정적인 지형지물들에 쓰이는 것과 비슷한 방법으로 관리한다는 데 있다. 그런 객체들은 동적으로 생성, 소멸되고, 빈번하게 위치를 변경하며, 경우에 따라서는 객체가 둘 이상의 격자 칸들에 걸쳐 놓이기도 한다. 이러한 행동들 때문에 객체의 지리적 격자 관리가 어려워지긴 하지만, 그래도 게임에서 가장 반복적인 계산일 수 있는 **LOS** 및 접근 계산의 비용을 크게 절감할 수 있다는 점에서, 전체적으로는 지리적 격자 등록이 큰 이득이 된다.

참조문헌

[Ferraris01] Ferraris, Jonathan, "Quadtrees." GameDev.net. 2001년 1월. 웹 *http://www.gamedev.net/reference/articles/article1303.asp.*

[Frisken03] Frisken, S., R. Perry, "Simple and Efficient Traversal Methods for Quadtrees and Octrees." *Journal of Graphics Tools*, Vol. 7, Issue 3. 2003년 5월.

[Kelleghan97] Kelleghan, M., "Octree Partitioning Techniques." *Game Developer*, 1997년 7월.

[Pritchard01] Pritchard, M., "A High-Performance Tile-Based Line-of-Sight and Search System." *Game Programming Gems 2*, Charles River Media, 2001. 번역서는 "고성능 타일 기반 시선 및 검색 시스템 ", *Game Programming Gems 2*, 정보문화사, 2002.

[Svarovsky00] Svarovsky, Jan, "Multi-Resolution Maps for Interaction Detection." *Game Programming Gems*, Charles River Media, 2000. 번역서는 "다해상도 맵을 이용한 충돌 판정", *Game Programming Gems*, 정보문화사, 2001.

1.5 BSP 기법들

Octavian Marius Chincisan, Freelancer
mariuss@rogers.com

이글은 완전한 기능을 갖춘 BSP(binary space partition, 이진공간분할) 컴파일러 하나를 소개한다. 그 컴파일러는 현재 Getic 3D®(3차원 장면 편집기 및 BSP 컴파일러)[1]가 자동 포털 생성 및 가시성 집합 계산에 사용하는 새로운 알고리즘을 구현한 것이다. 부록 CD-ROM에는 그 BSP 컴파일러의 구현 코드 전체가 수록되어 있다.

BSP 소개 및 BSP의 필요성

BSP 기법은 3차원 공간을 계통적인 볼록 부분공간들로 분할한다. 각 분할마다 주어진 평면을 기준으로 해서 한 공간을 크기가 대략 같은 두 부분공간으로 분할한다. 그러한 부분공간들 역시 주어진 평면을 기준으로 더 작은 두 부분공간들로 분할되며, 이러한 분할 공정은 미리 정해진 조건이 만족될 때까지 재귀적으로 반복된다.

BSP 구조는 분할 수행 방식이나 BSP에 저장된 기하구조의 성격에 따라 여러 종류로 나뉜다. 이 글에서 살펴보는 알고리즘은 K-D 트리, AABB 트리, 빔(beam) 트리 등 다양한 종류의 BSP 구조들에 적용할 수 있다. BSP의 필요성은 크게 두 가지이다. 첫째로, 원래 BSP는 뒤에서 앞으로 렌더링되는 다각형들을 정렬할 때 쓰인 기법인데, 오늘날의 그래픽 하드웨어에서도 뒤에서 앞으로 순서의 렌더링은 여전히 중요하다. 게임 상면에 반투닝 표면 및 알파 혼합 객체들이 있는 경우, 프레임 버퍼에서 혼합 연산들이 제대로 수행되려면 게임 엔진이 다각형들을 뒤에서 앞으로의 순서로 정렬해야 한다. 둘째로, 장면 전체 보다는 BSP에 대해 충돌 검출을 수행하는 것이 훨씬 빠르다. 부록 CD-ROM에는 동적 조명,

---

1) 역주 : *http://www.getic.net/*

동적 그림자, 안개, 코로나 효과, 네트워크 소통량 가시성 대역 등 객체 대 장면 교차에
필요한 여러 요소들을 포함한 BSP 기반 충돌 검출 구현 데모가 수록되어 있다.

이 글의 후반부에서는 고형 말단 BSP(solid leafy BSP)에 기초한 잠재 가시 집합
(potentially visible set, PSV) 계산을 다룬다. 잠재 가시 집합을 이용하면 보이지 않는 기
하구조를 간단한 부울 플래그 판정만으로도 제거할 수 있기 때문에 성능 및 프레임률을
높일 수 있다. 그럼 먼저 몇 가지 종류의 BSP들을 살펴보자.

노드 기반 BSP

BSP는 하나의 이진 트리로, 각 노드는 같은 종류의 두 자식들에 대한 링크를 담는다. 각
노드는 또한 같은 장면에 속한 다각형들도 저장한다. 이처럼 노드들로 구성되기 때문에
노드 기반 BSP라고 부르는 것이다. 다음은 하나의 노드를 나타내는 구조체를 의사코드로
표현한 것이다. 각 노드 인스턴스는 전방 노드 포인터와 후방 노드 포인터를 저장하며,
장면을 구성하는 다각형들과 분할 평면에 대한 정보도 담는다.

```
NODE{ NODE front, back, parent
    List polygons;
    Plane plane;
};
```

후방 노드와 전방 노드가 바로 자식 노드들이다. 노드들이 이러한 노드 포인터들로 연결
되어서 분할된 공간 기하구조 전체를 나타내게 된다. 다음은 노드 기반 BSP 알고리즘을
의사코드로 나타낸 것으로, 실제 구현 코드는 CD-ROM에 있다.

```
Node BuildBSP(List polygons, Node& node)
{
    if(polygons.IsEmpty())
        return null;
    List front_list,back_list;
    Polygon polygon = Pick_Splitter_AndRemove(polygons);
    node.plane = polygon.GetPlane();
    node.polygons.Add(polygon);
    for_each (polygon in polygons)
    {
        if(polygon이 node.plane의 전방에 있으면)
```

```
        front_list.Add(polygon);
    else if(polygon이 node.plane의 후방에 있으면)
        back_list.Add(polygon);

    // 분할 평면으로 polygon을 분할하고,
    // 분할된 조각들을 적절히 추가한다
    else if (polygon이 node.plane과 같은 평면에 있지 않으면)
    {
        Polygon front_polygon, back_polygon;
        SplitPolygon(polygon, &front_polygon,
            &back_polygon);
        back_list.Add(back_polygon);
        front_list.Add(front_polygon);
    }

    // 동일평면 다각형들을 모두 이 노드에 추가한다
    else
        node.polygons.Add(polygon);
    }
    BuildBSP(front_list, node.front);
    BuildBSP(back_list, node.back);
}
```

이해를 돕기 위해, 그림 1.5.1에 나온 장면에 대한 BSP 알고리즘의 작동 과정을 몇 가지 단계들로 나누어서 살펴보도록 하겠다.

A에서 H까지의 다각형들로 방 두 개와 복도 하나로 이루어진 예제 장면을 정의한다. 공정을 시작하기 전에, 우선 하나의 함수로 분할 평면을 선택해야 한다. 분할 평면을 아무렇게나 선택해서는 안 된다. 분할 평면은 트리의 균형을 유지할 수 있는 것이어야 하며, 분할 이후의 다각형 개수가 초기 장면의 다각형 개수(이 경우는 여덟 개)와 최대한 비슷해야 한다. 함수는 여러 평면들을 고려하면서 미리 정해 둔 전방/후방 다각형 수 대 분할된 다각형 수의 비율(이하 균형 비율)에 가까운 것을 선택해서 돌려준다. 전형적인 BSP 컴파일러에서 쓰이는 균형 비율 계산 공식은 다음과 같다.

```
abs(front_count-back_count)+(both*balance_vs_cuts);
```

지금 예에서 처음으로 선택되는 분할 평면은 다각형 A가 있는 평면이다. 이 평면으로 다각형들을 분할하면 그림 1.5.2와 같은 BSP 트리가 만들어진다. 한 노드의 왼쪽 자식의 다각형들은 분할 평면과 반대 방향인 후방 다각형들(의사코드의 back_list)이고 오른쪽

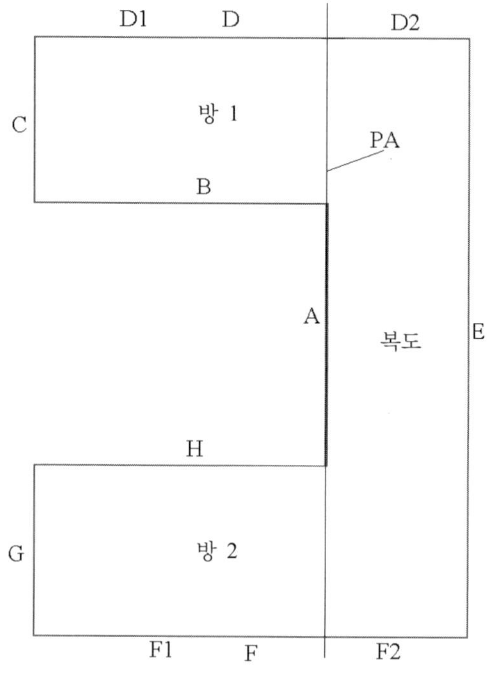

그림 1.5.1 처리할 예제 장면

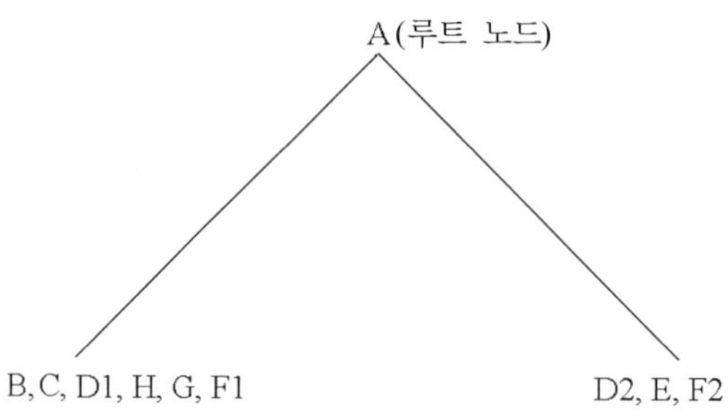

그림 1.5.2 BSP 공정의 단계 1

은 전방 다각형들(front_list)이다. 현재 후방 다각형은 B, C, D1, H, G, F1인데, B의 평면이 이들에 대한 분할 평면이 된다. 전방 다각형은 D2, E, F2이고 E의 평면이 분할 평면이 된다.

B의 평면과 E의 평면으로 전방, 후방 다각형들을 다시 분할하면 그림 1.5.3과 같은 BSP

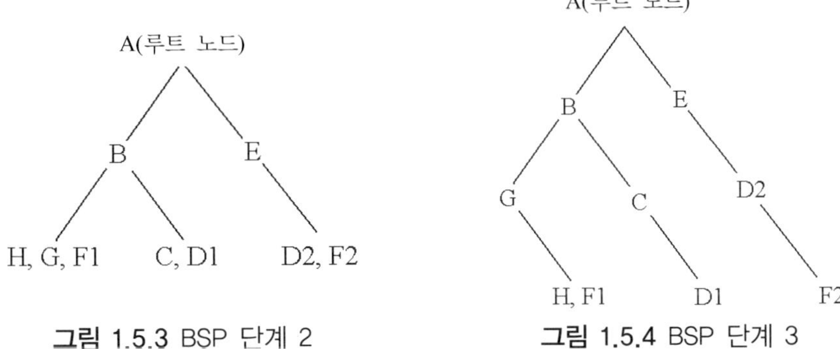

그림 1.5.3 BSP 단계 2   그림 1.5.4 BSP 단계 3

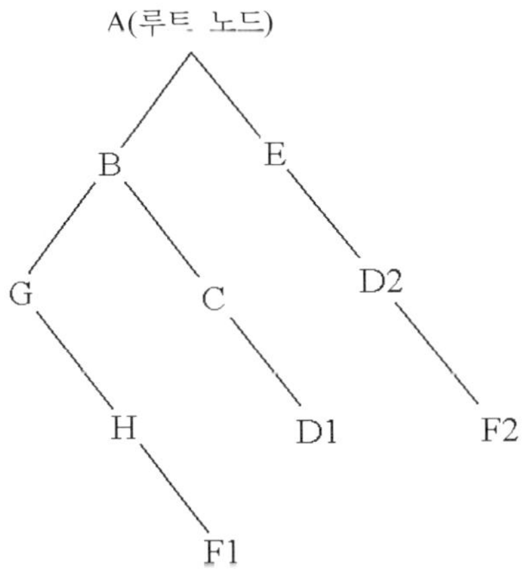

그림 1.5.5 최종적인 BSP

가 만들어진다. 이런 방식의 분할 과정을 분할된 부분공간 모두에 더 이상 다각형이 남지 않을 때까지 반복하다 보면 그림 1.5.4를 거쳐서 그림 1.5.5와 같은 최종적인 BSP가 만들어진다.

■ 노드 기반 BSP의 렌더링

분할을 마쳤다면 렌더링은 쉽다. 루트 노드에서 시작해 각 노드를 훑으면서 카메라(시점)와 현재 노드의 분할 평면을 비교해서, 카메라가 있는 쪽 반대편(전방에 있으면 후방, 후

방에 있으면 전방)의 노드를 렌더링하고, 현재 노드를 렌더링하고, 카메라가 있는 쪽의
노드를 렌더링하면 된다. 다음이 그러한 과정에 대한 의사코드이다.

```
void Render(Point camera_position,
    NODE& node=ROOT_NODE)
{
    //카메라가 노드 분할 평면의 전방에 있으면
    if(Distance(camera_ position, node.plane)<0)
    {
        Render(camera_position, node.front) //전방 노드를 렌더링
        Render(node.polys);                  //현재 노드를 렌더링
        Render(camera_position, node.back)   //후방 노드를 렌더링
    }
    //카메라가 노드 분할 평면의 후방에 있으면
    else
    {
        Render(camera_position, node.back)   //후방 노드를 렌더링
        Render(node.polys);                  //현재 노드를 렌더링
        Render(camera_position, node.front) //전방 노드를 렌더링
    }
}
```

다각형을 자르지 않는 노드 기반 BSP

노드 기반 BSP에서 분할 도중 다각형을 자르는 대신 목록에 중복해서 추가하는 방법이
있다. 앞의 예제 장면의 경우, 다각형 D와 F를 자르는 대신 그 다각형들을 전방, 후방 목
록 모두에 추가한다. 그림 1.5.6이 그러한 절차에 의해 만들어진 트리이다.

그림 1.5.6의 BSP 구조에서 다각형 D와 F가 여러 노드에 속해 있음을 주목하기 바란다.
이들을 중복해서 그리지 않는 한 가지 방법은 렌더링 함수에서 다각형을 그릴 때마다 다
각형의 렌더링 여부 플래그를 설정하고 플래그가 이미 설정되어 있는 다각형은 무시하는
것이다.

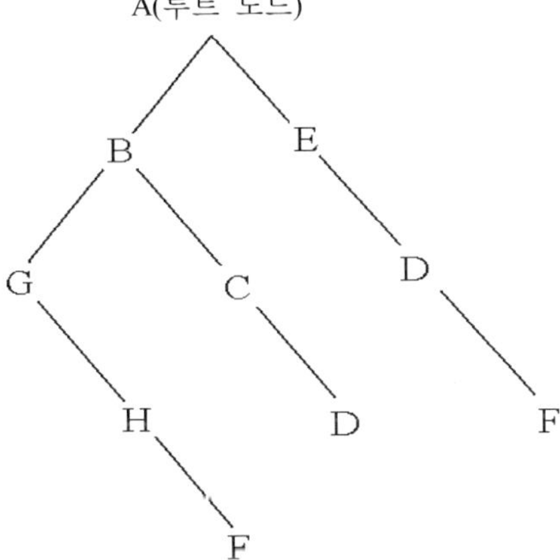

그림 1.5.6 다각형을 자르지 않은 BSP

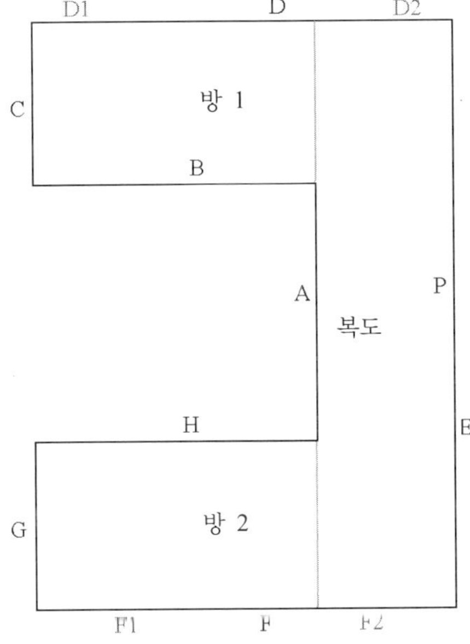

그림 1.5.7 장면의 이동 가능 영역

■ 볼록 말단형 BSP

이름에서 짐작할 수 있듯이, 말단형 BSP(leafy BSP)에서는 다각형들이 말단 노드(leaf node, 잎 노드)에 저장되며, 한 말단 노드의 다각형들은 하나의 볼록 영역을 정의한다. 여기서 볼록 영역이란 두 다각형으로 형성된 변이 영역 안쪽을 향해 굽어진 경우가 없는 영역을 말한다. 이러한 특성 때문에, BSP는 말단들이 포털(portal)로 연결된 그래프 형태가 된다. 이후에 살펴보겠지만, PVS 계산을 위해서는 이러한 그래프 형태의 BSP가 필요하다. 그럼 말단형 BSP 구축 알고리즘을 보자. 다음은 그 알고리즘을 의사 코드로 나타낸 것이다.

```
Node BuildSolidleafBSP(List polygons, Node& node)
{
    List front_list, back_list;

    // 다각형들 중에서 분할 평면을 선택한다.
    // 이미 분할 평면으로 쓰인 다각형은 피한다.
    Polygon polygon = Pick_Splitter(polygons);

    // 선택된 다각형을 분할 평면으로 표시해 둔다.
    FlagAsSplitter(polygon);
    front_list.Add(polygon);        // 그 다각형을 전방 목록에 추가하고
    node.plane = polygon.GetPlane(); // 노드에 저장한다.

    for_each (polygons의 각 polygon에 대해)
    {
        // 다각형을 분할 평면을 기준으로 분류한다.
        if(polygon이 node.plane의 전방이면)
            front_list.Add(polygon);
        else if(polygon이 node.plane의 후방이면)
            back_list.Add(polygon);

        //필요하다면 분할 평면으로 다각형을 자른다.
        else if(polygon이 node.plane과 동일 평면이 아니면)
        {
            Polygon front_polygon, back_polygon;
             SplitPolygon(polygon, &front_polygon,
                 &back_polygon);
            back_list.Add(back_polygon);
            front_list.Add(front_polygon);
```

```
        }
        else if(polygon이 node.plane과 동일 평면이면)
        {
            if(polygon이 node.plane과 같은 방향이면)
                front_list.Add(front_polygon);
            else
                back_list.Add(back_polygon);
        }
    }
    if(IsConvex(front_list) or
        AllPolygonsAreSPlitters(front list))
    {
        // 전방 노드는 모든 다각형을 담는 말단 노드이다.
        // 말단 다각형들은 하나의 볼록 공간을 형성한다.
        node.front.polygons = front_list;
    }
    else
        // 분할 공정을 재귀적으로 진행한다.
        BuildSolidleafBSP(front_list, node.front);

    If(IsEmpty(back_list))
    {
        // 후방 말단은 없다. 이는 이 노드가 고형(solid) 공간임을 뜻한다.
        node.back = 0;
    }
    else
    {
        // 분할 공정을 재귀적으로 진행한다.
        BuildSolidleafBSP(back_list, node.back);
    }
}
```

그림 1.5.10은 그림 1.5.1의 예제 장면에 이 알고리즘을 적용한 결과로, 분할 평면들도 이전과 동일하다. 그런 이 결과에 두달하기까지의 과정을 간단히 살펴보자. 첫 단계에서 다각형 A가 있는 PA를 분할 평면으로 선택하고, 다각형 A의 분할 평면 플래그를 설정한다. 다각형들을 그 평면을 기준으로 분류한다. 또한 다각형 D와 F를 각각 D1, D2와 F1, F2로 잘라내고, 그 부분들을 분할 평면과의 상대 위치에 따라 적절한 목록에 추가한다. 이에 의해 D2와 F2가 전방 목록에 추가되고 D1과 F1이 후방 목록에 추가된다.

그림 1.5.8은 말단형 BSP 구축 첫 단계의 BSP 트리이다. 이후 전방 목록의 다각형들에 다음과 같이 볼록성 판정을 수행한다. 전방 목록의 모든 다각형을 각각 서로 비교해서 서로를 향하고 있는 것들을 찾는다. 그런 다각형들은 하나의 볼록 영역을 형성한다. 지금의 전방 목록에서는 D2, E, A, F2가 그런 다각형들이다. 면들이 모두 영역 안쪽을 향해 있음을 주목할 것. 이 경우 현재 노드를 말단으로 표시해 두고 그 노드에 다각형들을 모두 추가한다(그림 1.5.11). 후방 목록은 다각형 D1, C, B, H, G, F1이다. B의 평면 PB를 분할 평면으로 선택하고, 그 평면을 기준으로 모든 다각형을 분할한다. 그 결과가 그림 1.5.9이다.

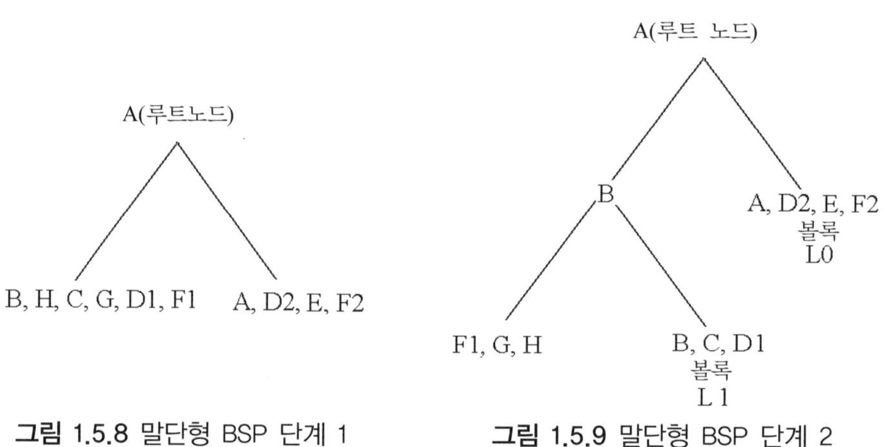

그림 1.5.8 말단형 BSP 단계 1   **그림 1.5.9 말단형 BSP 단계 2**

이제 전방 목록 다각형들에 대해 볼록성 판정을 수행하고, 후방 목록에 대해 BSP 분할 공정을 계속 진행한다. 전방 목록에서 B, C, D1이 서로의 앞에 있다. 이에 대한 말단 노드를 만들고 그 노드에 그 다각형들을 모두 추가한다. 여기까지 마친 결과가 그림 1.5.9이다. 이제 후방 목록에서 다각형 G의 평면을 분할 평면으로 선택하고 같은 과정을 반복한다. 최종 결과는 그림 1.5.10이다.

장면의 모든 다각형이 BSP 전방 말단 노드들에 볼록 영역으로 추가되었다. 그런 노드들을 빈 말단 노드 또는 볼록 말단 노드라고 부른다. 후방 노드들에는 고형(solid) 공간만 남았다. 장면의 이동 가능 영역(그림 1.5.7)은 항상 BSP 말단 노드 다각형들의 전방 영역이다. 즉, 말단 L2의 다각형 F, G, H와 말단 L1의 다각형 B, C, D, 말단 L0의 다각형 A, D2, E, F2의 앞쪽이 이동 가능 영역인 것이다.

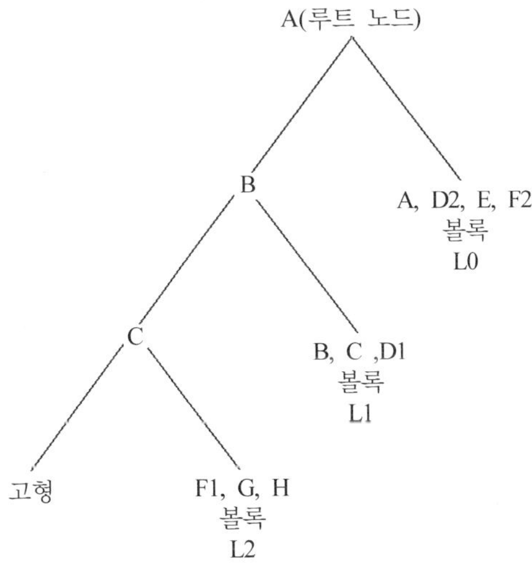

그림 1.5.10 말단형 BSP의 최종 결과

볼록 말단형 BSP을 이용한 포털 생성

자동 PVS 계산이나 포털 기반 엔진을 위한 포털 정보를 위해서는 먼저 포털들을 식별,
생성해야 한다. 포털은 인접한 빈 말단 노드들 사이의 가상의 다각형이다. 포털이라는 것
을 두 볼록 영역 사이의 통로라고 생각해도 된다. 자동 포털 생성 알고리즘은 간단한 두
단계로 이루어진다. (3D 편집기 [Getic] 개발 참고). 여기서 제시하는 알고리즘은 이미 알
려진 다른 어떤 자동 포털 생성 알고리즘보다 훨씬 간단하고 빠르다. 다음은 그 알고리즘
을 의사 코드로 나타낸 것이다.

```
//인접한(서로 맞닿은) 말단 노드 쌍들을 모두 찾는다.
void FindPairTouchingLeaves()
{
    for_each(leaf1 in leaves)
    {
        for_each(leaf2 in leaves)
        {
            if(leaf1==leaf2) continue;
            if(leaf1.box.Touches(leaf2.box))
```

```
        {
            // 두 말단의 공통 조상을 찾고 그것들로
            // 하나의 커다란 다각형을 만든다. 이 다각형이
            // 초기 포털이다.
            Node node = FindCommonParent((Node)leaf1, (Node)leaf2);
            Portal portal = CalculateInitialPortal(node);

            // 두 말단의 변들로 초기 포털을 잘라낸다
            ClipWithLeavesides(leaf1, portal);
            ClipWithleavesides(leaf2, portal);

            // 잘라낸 나머지 다각형이 유효한 포털이다.
            listBSP_tree.Portals.Add(portal);
        }
      }
    }
  }
```

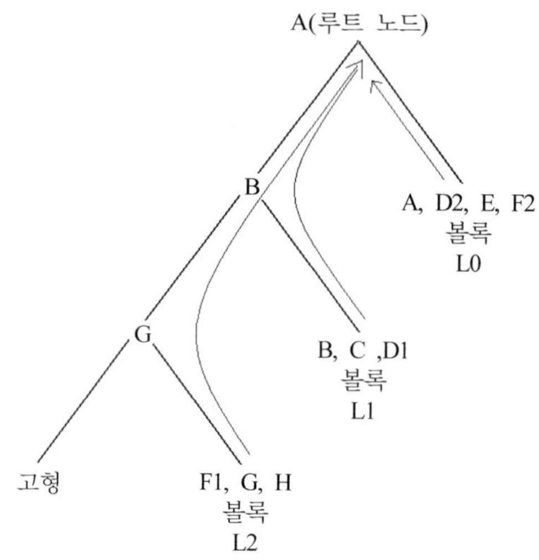

이러한 포털 생성 알고리즘의 실제 구현 코드가 부록 CD-ROM에 수록되어 있다.
ON THE CD

그림 1.5.11 공통의 노드

구축된 BSP 트리를 이용해서 인접한 말단 쌍들을 찾는다. 그림 1.5.7의 장면에 대한 BSP 트리에서 인접한 말단 쌍들은 말단 L0과 말단 L1, 말단 L0과 말단 L2이다. 두 말단 쌍 모두, 공통의 조상은 루트 노드이며(그림 1.5.11), 따라서 초기 포털은 루트 노드의 평면에 있는 PrA이다(그림 1.5.12).

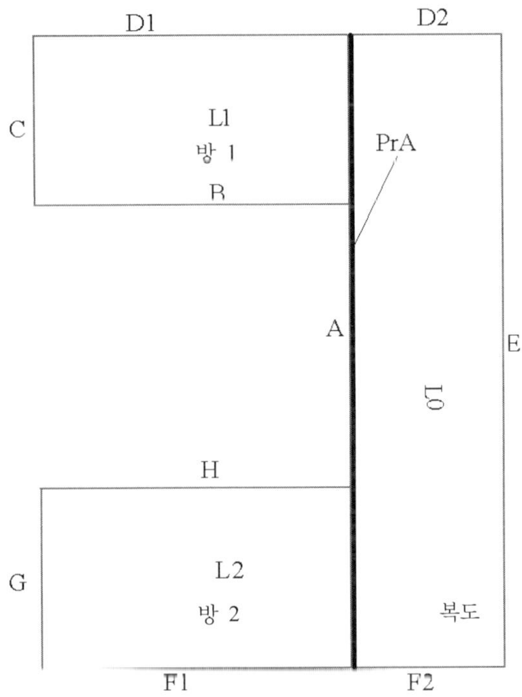

그림 1.5.12 공동 노드에 기초한 초기 포털

초기 평면 PrA를 말단 L0과 L1의 다각형들에 맞게 잘라내고 남은 것이 바로 말단 L0과 L1 사이의 포털 P1이다. 마찬가지로, 초기 평면 PrA를 말단 L0과 L2의 다각형들로 잘라내면 두 말단 사이의 포털 P2가 만들어진다(그림 1.5.13). 이렇게 해서 포털 생성이 끝났다. 포털 P1은 말단 L1(방 1)과 말단 L0(복도)을 연결하고, 포털 P2는 말단 L2(방 2)와 말단 L0(복도)을 연결한다.

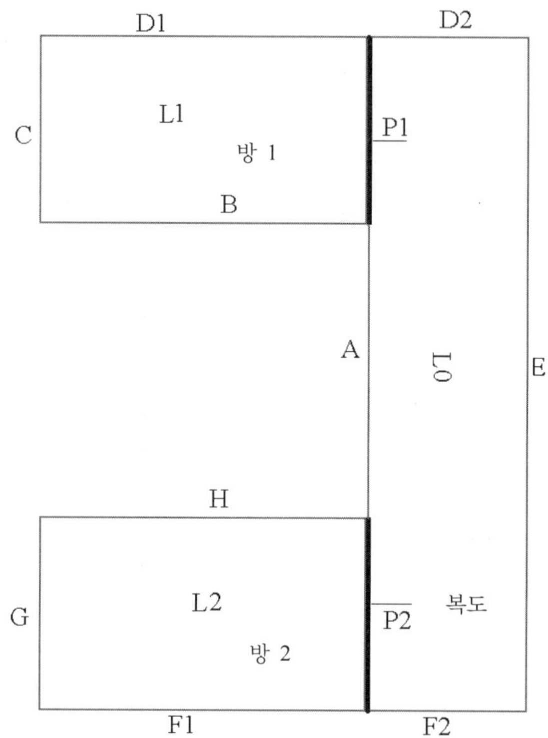

그림 1.5.13 완성된 유효한 포털들

볼록 말단형 BSP를 이용한 PVS 생성

이제 볼록 말단형 BSP의 PVS를 생성하는 알고리즘을 보자. 좀 더 현실적인 PVS 생성 예를 보여줄 수 있도록, 이전 것에 방 두 개를 추가한 새로운 장면을 예로 들겠다(그림 1.5.14). 추가된 두 방 때문에 말단이 두 개 더 생기고(말단 L3과 L4), 그에 따라 포털도 두 개 더 생긴다(P3과 P4). PVS 계산의 첫 단계는 BSP에 있는 모든 포털을 복제하는 것이다. 각 포털마다 그 포털의 다각형과 위치 및 크기는 같고 방향은 반대인 다각형으로 된 포털을 생성한다. 그림 1.5.14에서 아포스트로피(')가 붙은 포털들이 바로 그렇게 복제된 포털들이다.

둘째 단계는 각 말단 노드마다 그 노드에서 나가는 쪽의 포털들을 배정한다. 노드에 포털

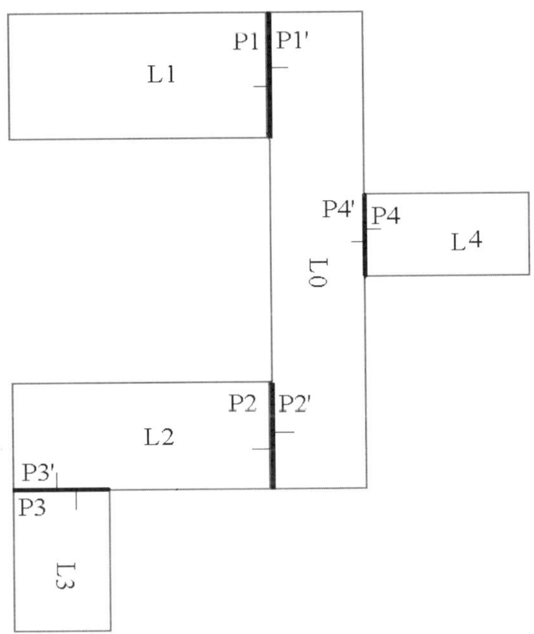

그림 1.5.14 PVS 예를 위한 새로운 장면

이 배정된 것을 가리켜서 노드가 포털을 '소유한다'라고 칭하기로 하자. 지금 장면에서 말단 L0은 포털 P1, P4, P2를, 말단 L1은 P1'을, 말단 L2는 포털 P2', P3을, 말단 L3은 포털 P3'을, 말단 L4는 포털 P4'을 소유한다. 이제 PVS 계산에 필요한 준비가 끝났다.

노드가 소유한 포털은 그 노드에서 '나가는 쪽'의 포털인데, 이는 곧 노드 바깥으로 무엇이 보이는지를 알려주는 포털인 셈이다. 한 말단이 자신이 소유한 포털을 통해서 진 방향으로 빛을 내뿜는다고 상상해보자. 빛이 다른 어떤 포털에 닿는다면, 그 말단은 빛이 닿은 포털을 소유한 다른 말단을 볼 수 있는 것이다. 그림 1.5.15는 말단 L4에서 포털 P4를 통해 빛을 내뿜은 예이다. 이 경우 말단 L4는 말단 L2와 L1을 볼 수 있다. 반면 말단 L4의 빛이 P3에는 도달하지 않으므로, P3을 소유한 말단 L3은 볼 수 없다.

여기에서는 정확도가 80%~95%인 PVS 자료를 생성하는 간단한 알고리즘을 사용한다. 이 알고리즘은 포털과 포털의 상대적인 위치 및 방향(그림 1.5.16)에 기초한 가시성 판정과 실제 시선(line-of-sight)에 기초한 가시성 판정을 결합한 형태이다. 그림 1.5.16에서 포털 P1은 결코 P2를 볼 수 없다. P2가 P1보다 완전히 앞서 있으며 둘이 서로를 향하지 않기 때문이다. 그 역도 참이다. P1이 P2보다 완전히 뒤에 있고 둘이 서로를 향하지 않으므로 P2는 결코 P1을 볼 수 없다. P3과 P1 역시 마찬가지이다. 또한, P3과 P4는 같은 평면에 있으므로 방향이 어떻든 서로 볼 수 없다. 그러나 P4는 P1을 볼 수 있다. 둘 다 상대의 전방에 있으며 서로를 향해 있기 때문이다.

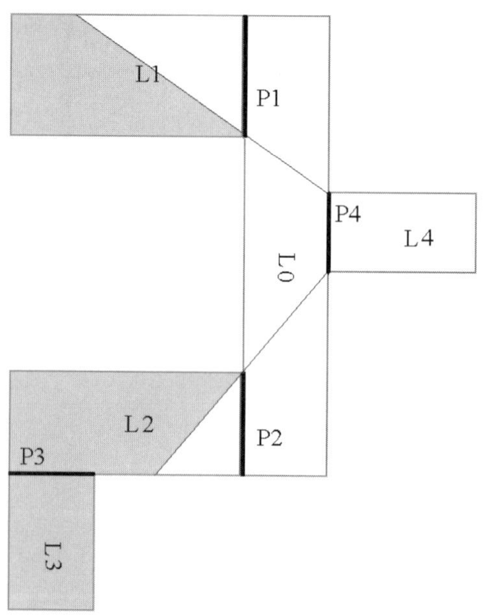

그림 1.5.15 말단 4(L4)의 전체 시야

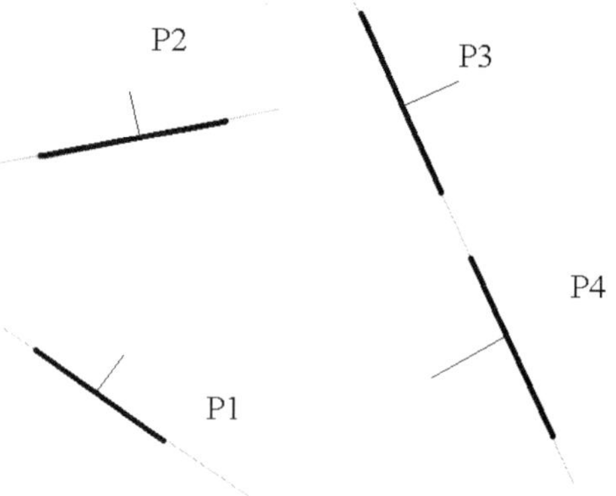

그림 1.5.16 포털 대 포털 방향

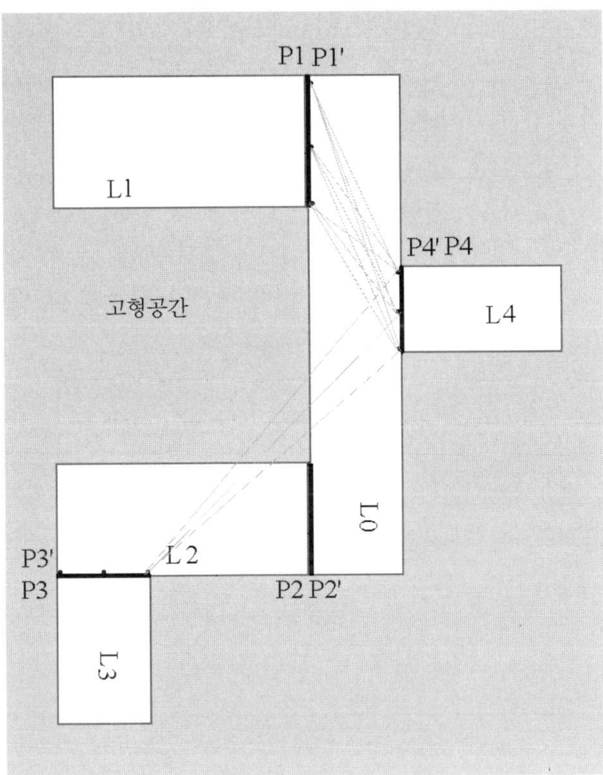

그림 1.5.17 포털 대 포털 가시성 교차 판정

이런 식으로 절대로 불가능한 경우들을 제외한 후에는 나머지 포털들에 대해 좀 더 구체적인 시선 가시성 점검을 수행한다. 시선 가시성 점검에서는 한 포털의 임의의 점에서 다른 포털의 임의의 점을 잇는 선분들 중 BSP 고형 공간과 충돌하지 않는 것을 찾아본다. 그런 선분이 하나라도 있다면 두 포털은 서로 볼 수 있는 것이며, 그러면 그 포털들을 소유한 말단들도 서로 볼 수 있다. 그러나 한 포털에서 다른 한 포털로의 모든 가능한 선분을 점검하기란 계산 비용 측면에서 현실적으로 불가능한 일이므로, 포털 변에 균등하게 분포된 몇 개의 선택된 선분들을 사용하게 된다(그림 1.5.17).

그림 1.5.17은 포털 P1'와 P4' 사이의, 그리고 포털 P3'와 P4' 사이의 가시성 판정을 나타낸 것이다. 이러한 포털 대 포털 가시성 교차 판정에 의해 다음과 같은 결과가 나온다: 포털 P1'과 포털 P4' 사이에 BSP와 충돌하지 않는 선분이 적어도 하나 존재하므로 P1'은 P4'을(또한 P4'은 P1'을) 볼 수 있다. 포털 P3'와 포털 P4' 사이에는 BSP와 충돌하지 않는

선분이 존재하지 않으므로 P3'은 P4'을(또한 P4'은 P3'을) 볼 수 없다.

이렇게 해서 얻은 PSV 자료를 다음과 같이 배정한다. 각 말단 노드마다 다섯 개[2]의 가시성 플래그를 둔다. 이 플래그들은 해당 말단 노드 이외의 각 말단 노드에 대응된다. 만일 말단 L1이 L2를 볼 수 있다면, L1의 L2에 대한 가시성 플래그를 1로 설정한다. 지금의 장면에서 말단 L4는 말단 L1, L2, L0을 볼 수 있다(말단 L4의 포털 P4'을 통해 말단 L1의 포털, 말단 L2의 포털 P2', 말단 L0의 포털 P4를 볼 수 있으므로). 따라서 해당 플래그들이 모두 1이 된다. 표 1.5.1은 이런 식으로 결정된 각 말단의 플래그들을 정리한 것이다.

표 1.5.1 말단 대 말단의 잠재 가시성 플래그들

말단	L0 가시성	L1 가시성	L2 가시성	L3 가시성	L4 가시성
0	1	1	1	1	1
1	1	1	0	0	1
2	1	0	1	1	1
3	1	0	1	1	0
4	1	1	1	0	1

최종적인 PVS 자료구조는 모든 자료를 하나의 메모리 블록에 넣고 말단들을 해당 PVS 항목에 연결시킨 형태이다. 다음은 그러한 PVS 자료구조를 렌더링하는 의사 코드이다.

```
void Render(Point camera_pos)
{
    leaf current_leaf = Get_Camera_Curent_leaf(camera_pos,
        ROOT_NODE);
    for_each(leaf in leaves)
    {
        BYTE* pPvs = leaf.pPVS;
        If(pPvs[current_leaf.leaf_index]
            Render_leaf(leaf);
    }
}
```

---

2) 역주 : 이 수치는 장면에 따라 달라진다. 지금 예에서 장면의 말단 노드가 총 5개이기 때문에 플래그도 다섯 개가 필요하다.

`Get_Camera_Curent_leaf()` 함수는 BSP에서 현재 카메라가 있는 말단 노드(이하 현재 노드)를 찾아서 돌려준다. 그런 다음에는 모든 말단 노드를 훑으면서 현재 노드의 해당 가시성 플래그가 1인 말단 노드, 즉 현재 노드에서 보이는 말단 노드를 렌더링한다. PVS 렌더링 알고리즘을 좀 더 자세히 살펴보면, 노드 BSP 기법과 마찬가지로 뒤에서 앞으로 순의 렌더링이 완전히 무시됨을 알 수 있다. 고형 말단 BSP 렌더링 루틴들로 전통적인 뒤에서 앞으로 순의 렌더링을 수행하는 것이 가능하긴 하지만, 그러한 접근방식이 항상 바람직한 것은 아니다. BSP 트리를 주어진 한 말단에서부터 훑으면서 보이는 노드들을 모두 파악하는 것이 가능하다. 이 기법은 PVS를 한 말단 수준에서 말단들의 덩어리 수준으로 확장한다. 그럼으로써, BSP의 특정 가지들 전체를 PVS에 기초해서 제외시킬 수 있다.

카메라가 한 말단에서 다른 말단으로 이동할 때마다 다음과 같은 절차를 수행한다. 가시성 카운터를 증가시키고, 현재 말단에서 보이는 모든 말단 노드에 가시성 카운터의 현재 값을 배정한다. PVS의 각 말단에서 BSP 트리를 따라 루트 노드 쪽으로 한 단계 올라간다. 올라갈 때, 현재의 가시성 카운터와 같은 값을 가진 모든 노드를 표시해 둔다. 그런 식으로 올라가다가, 현재의 가시성 카운터와 같은 값을 가진 PVS 말단 노드를 만나면 올라가기를 멈춘다. 이렇게 하면 PVS를 말단 수준에서 BSP 가지들 전체 수준으로 확장할 수 있다. 카메라가 이동해도 같은 말단 노드를 벗어나지 않는다면 보이는 말단들을 모두 다시 점검하거나 부모 노드들을 다시 점검할 필요가 없다. 이 덕분에 BSP 렌더링 속도가 상낭히 증가한다.

PVS 압축

다음은 *Quake*® 엔신에 쓰인 유넁한 비트 난위 PVS 꽁식이나 [Abrash97].:

```
// PVS 버퍼에 정렬된 unsigned char 형식의 경우
Pvs[i>>3] & (1<<(i_&7)) // 즉 Pvs[i/8] & (1<<(i&7))

// PVS 버퍼에 성렬뇐 unsigned long 헝식의 겅우
Pvs[i>>5] & (1<<(i_&31)) // 즉 Pvs[i/32] & (1<<(i&31))
```

위의 표현식들은 i번 말단에 대한 간단한 PVS 비트 판정으로, 바이트 대 바이트 버전의 `Pvs[i]`에 해당하는 것이다. 이 `Pvs`는 이미 8분의 1로 압축된 형태이다. 이러면 말단 노드가 5개인 장면에 필요한 PVS 바이트 수는 25가 아니라 25/8을 가장 가까운 정수로 반올림한 값이다. 일반화하자면, **sz**가 장면의 말단 노드 개수라고 할 때 한 노드의 PVS 자

료의 크기는 다음과 같다.

```
PvsSz = ( (sz + 7) / 8 );
```

말단 노드가 5개라면 말단 노드 당 1바이트가 필요한 셈이다. 이렇게 얻은 크기를 이용해서 PVS 자료 전체를 담을 연속적인 버퍼를 할당하고, 각 말단 노드마다 그 버퍼 안에서 해당 노드 PVS 자료가 있는 곳의 색인을 기억해 둔다.

다음으로, PVS 버퍼에서 주어진 색인에 해당하는 비트를 추출하는 방법을 보자. 위의 비트 단위 PVS 공식에서 &의 좌변은 색인 i에 해당하는 비트가 있는 바이트를 선택하는 것이다. 예를 들어 i가 0에서 8까지의 값이면 좌변은 Pvs[0]이 되며, i가 8에서 16까지의 값이면 Pvs[2]가 되는 등등이다.

우변의 (1<<i&7)을 보자. i&7은 i를 7로 나눈 나머지(0에서 7까지의 값)이다. 이 값만큼 1을 오른쪽으로 이동하면 색인 i에 해당하는 비트만 1인 비트마스크가 된다. 이제 이 마스크를 해당 바이트와 비트단위 AND로 결합하면 해당 비트의 값이 나온다. 이러한 방법을 이용하면 PVS 자료의 크기를 8분의 1로 줄일 수 있다.

마지막으로, 다음은 뒤에서 앞으로의 렌더링, PVS 판정, 절두체 선별(frustum culling)을 모두 갖춘 렌더링 루틴이다.

```
// PVS 및 절두체 기반의 뒤에서 앞으로 렌더링
void RenderBack2Front(Vertex camera_pos, NODE node)
{
    leaf current_leaf = Get_Curent_leaf(camera_pos,
        ROOT_NODE);
    If(current_leaf != _cached_cam_leaf)
    {
        frame_counter++;
        _cached_cam_leaf = cam_leaf;
        BYTE* pPvs = current_leaf.pPVS;
        for_each(leaf in leaves)
        {
            index = leaf.index;
            If(pPvs[index >> 3] &
                (index<<( index & 7)))
            {
                leaf.frame = frame_counter;
                while(node = leaf.parent)
```

```
                {
                    if(node.frm_counter ==
                        frame_counter)
                    break;
                }
                node.frm_counter = frame_counter;
            }
        }
    }
    Recurse_B2F_Render(camera_pos, node, current_leaf);
}


void Recurse_B2F_Render(Point camera_pos, NODE node)
{
    // 보이지 않는 PVS 가지들을 배제한다
    if(node.frm_counter != frame_counter)
        return;
    if(Out_Of_Frustrum(camera_pos,::BoundingBox(node)))
        return;
    if(::Isleaf(node))
        {
        Render_leaf(node);
        return;
        }
    side = node.plane.GetSide(camera_pos) >=0;
    Recurse_B2F_Render (camera_pos, side ?
        node-> node->pNodeFront:
        node-> node->pNodeBack);
    Recurse_B2F_Render (camera_pos, side ?
        node-> node->pNodeBack):
        node-> node->pNodeFront);
}
```

지형 BSP

지형 환경에 대한 BSP 생성에 대한 논의로 이 글을 마무리하겠다. 흔히 쓰이지는 않지
만, 지형에 BSP를 적용하고 보이지 않는 지형을 절두체 판정을 통해 배제함으로써 지형
렌더링 속도를 높일 수 있다. 그림 1.5.19는 Getic BSP 편집기에서 지형 BSP의 말단들에

대해 절두체 판정을 수행하는 모습이다. 지형의 경우 Getic의 BSP 컴파일러는 매 단계마다 지형의 가장 큰 영역을 나누는 평면을 가상 분할 평면으로 선택한다. 가상 분할 평면은 항상 X축과 Z축에 번갈아 정렬된다.

분할 공정은 노드 기반 BSP에서 말한 것과 동일하다. 그러한 분할 공정을 말단 노드 당 다각형 개수가 미리 정해둔 상한에 도달할 때까지 후방 목록과 전방 목록에 대해 재귀적으로 반복한다. 바깥 한계에 도달한 경우에는 분할 평면 자체가 그 평면 앞에 있는 나머지 기하 자료로 선택된다. 이는 말단 노드를 감싸는 경계상자의 면들 중 말단의 중심을 향한 것 하나에 분할 평면을 구축함으로써 일어난다. 다각형들은 모두 하나의 말단 노드에 저장된다. 그림 1.5.18은 시야 절두체 안에 포함되는, 즉 카메라에서 보이는 말단들을 표시한 것이다. 그림 1.5.19는 지형 메시의 한 가지에 대한 분할 공정이다. 부록 CD-ROM에는 이 글에서 다룬 BSP의 모든 측면을 포괄하는 BSP 컴파일러가 수록되어 있다.

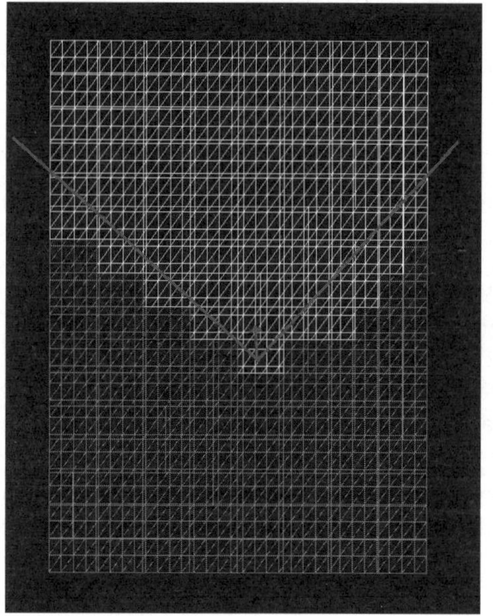

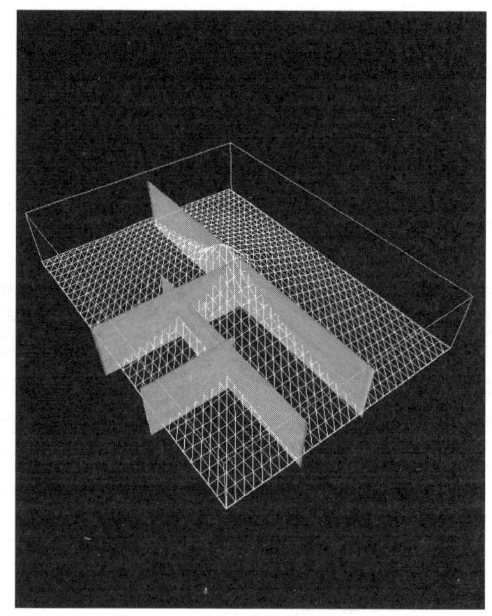

그림 1.5.18 절두체를 이용한 말단 선별   그림 1.5.19 지형에 분할 공정을
                                                        적용하는 모습

■ 결 론

오늘날 비디오 카드들이 절단 기술을 구현하고 있긴 하지만, 그래도 BSP는 여러 게임 엔진들에 쓰이는 주된 분할 알고리즘이다. 이 글과 CD-ROM의 완전한 BSP 컴파일러가 BSP를 좀 더 확실하게 이해하는 데 도움이 되길 바란다.

■ 참조문헌

[Abrash97] Abrash, Michael, *Graphics Programming Black Book*. Coriolis Group Books 1997.

1.6 최근접 문자열 부합 알고리즘

James Boer, ArenaNet
author@boarslair.com

이글은 임의의 두 문자열이 얼마나 잘 부합하는지를 파악하는 데 사용할 수 있는 알고리즘 하나를 설명한다. 이 글의 좀 더 중요한 목적은, 그런 알고리즘을 구현한 함수를 편리한 오류 보고 메커니즘의 심장부에서 활용하는 방법을 보여주는 것이다. 그 메커니즘은 자료를 문자열 기반 ID들로 색인화, 정렬한다. 주어진 문자열과 정확히 일치하는 문자열 ID가 없는 경우 그 메커니즘은 주어진 문자열에 가장 가까운 기존 문자열 ID를 추측해서 알려준다. 이러한 기술의 가장 좋은 활용 사례는 바로 $Google^{TM}$ 검색 엔진이다. 이 글에서는 그러한 기술의 상당히 단순화된 버전을 게임 데이터베이스에 적용하는 방법을 살펴본다.

문자열 기반 ID 조회의 문제

게임 개발자들이 자료 주노석 방법톤들을 받아들임에 따라, 코드와 자료 사이의 인터페이스를 유지하기가 점점 더 어려워지고 있다. 사람이 읽기 편한 자료 요소들을 만들 때, 자기 서술적인 문자열을 식별자(ID)로 사용해서 모든 종류의 자료 요소를 식별하는 방법이 흔히 쓰인다. 그런데 개발 공정 도중에 스크립트나 자료 테이블에서 그런 문자열 ID를 잘못 입력하는 실수가 빚어지기 쉽다. 일반적으로 그런 종류의 자료 조회의 효율성을 높이기 위해서 정확한 문자열 부합(문자들이 일대일로 일치하는)을 적용하게 되는데, 그러면 오타 하나만 있어도 문자열 조회가 완전히 실패하고 만다. 그런 일이 생기면 개발자는 테이블이나 스크립트를 뒤져서 잘못된 문자열을 찾아 고쳐야 한다.

안타깝게도 이런 종류의 미묘한 실수는 아주 다양한 형태로 발생한다. 몇 개 안 되는 문자열들이라면 그 중에서 `SallyExample`이 `SillyExample`의 오타임을 알아채는 것도 어렵지 않은 일이겠지만, 문자열들이 수없이 많다면, 그리고 각 문자열의 길이가 비교적 길면 오타들을 일일이 찾아내기가 아주 어려워진다. 예를 들어 수많은 문자열들 속에서 `LightRedMagicFlash`를 `BrightRedMagicFlash`로 잘못 입력한 경우를 찾아내려면 상당한 시간이 필요할 수 있다. 문자열들을 알파벳순으로 정렬해 두는 것도 별 도움이 되지 못한다(첫 글자에서 오타가 날 수도 있으므로).

■ 문제의 정의

이런 ID 조회 문제에 대한 간단한 해법이 존재한다. 주어진 문자열을 찾을 수 없다면, 최근접 문자열 부합(closest-string matching) 알고리즘을 모든 문자열에 적용해서 주어진 문자열과 가장 가까운 것을 찾으면 된다. 문제는 최근접 문자열 부합 알고리즘을 효율적으로 구현하기가 그리 쉬운 일은 아니라는 데 있다. 그런 이유로, 이 문제를 효율적인 방식으로 해결하는 데 대해 상당한 연구가 이루어졌다.

대부분의 해법들은 핵심 알고리즘을 위해 추가적인 메모리 공간을 할당하거나 검색 공간을 특별한 방식으로 조직화하는 것에 의존한다. 반면, 이 글에서 제시하는 알고리즘은 최적의 실행시점 효율성을 보장하지는 않는 대신, 자원 할당 및 코드 크기 측면에서 상당히 최적화되어 있다.

이 글에서는 그러한 알고리즘을 간단한 함수 하나의 형태로 구현하기로 한다. 이 함수는 C 스타일 문자열(널 종료 문자열) 두 개를 받고 그 두 문자열이 어느 정도나 부합하는지를 뜻하는 0에서 1 사이의 부동소수점 값 하나를 돌려준다. 이상적이라면 이 함수는 실행시점에서 효율적이어야 하며, 변수 몇 개를 위한 약간의 스택 공간 이외에는 추가 저장 공간이나 실행시점 메모리 할당을 필요로 하지 않아야 할 것이다. 이는 알고리즘이 커다란 자료 집합에 대해 전통적인 방식의 검색보다 많은 횟수의 작은 검색들을 수행할 것이고, 그러면 할당에 의한 비용이 검색 알고리즘 자체의 비용을 상회할 것이기 때문이다.

■ 기존 해법 몇 가지

우리가 하고자 하는 일은 레벤슈타인 거리 공식(Levenshtein distance formula, [Wikipedia05])을 실용적으로 구현하는 것이다. 러시아 과학자 Vladimir Levenshtein이 1965년에 고안한 이 공식은 한 문자열을 다른 한 문자열로 변환하는 데 필요한 편집 횟수를 알려준다.

편집 횟수가 적을수록 두 문자열이 더 잘 부합하는 것이다.

우리에게 필요한 것은 편집 횟수가 아니라 근접 비율(두 문자열이 특정 수준 이상으로 부합하는지를 판정하기 위한)이나, 두 문자열 중 더 긴 문자열의 길이를 상한으로 두어서 편집 횟수를 비율로 변환하는 것은 어렵지 않은 일이므로 별 문제가 되지 않는다.

최근접 문자열 부합 문제를 해결하는 데 사용할 수 있는 또 다른 알고리즘으로 비탭 알고리즘(bitap algorithm)이 있다. 비탭 알고리즘을 *shift-or* 알고리즘이나 *Baeza-Yates-Gonnet* 알고리즘이라고 부르기도 한다. 비탭 알고리즘은 한 문자열 안에 주어진 패턴과 거의 비슷한 부분문자열이 있는지를 알려주는데('거의 비슷한' 부분에서 레벤슈타인 거리가 쓰인다), 이를 위해 패턴의 각 문자마다 하나의 비트로 된 비트 마스크를 사용한다. 비트 단위 연산을 사용하는 덕분에 속도가 매우 빠르지만, 대신 비트 배열을 추가로 할당해야 한다. 이 글에서는 실행시점 효율성이 조금 떨어지더라도 추가 할당이 없는 쪽을 더 선호하므로 비탭 알고리즘은 사용하지 않기로 한다. 또한, 대·소문자 불일치가 보통의 문자쌍 불일치보다 더 근접하다고 판정할 수 있어야 한다는 것도 비탭 알고리즘을 제외하는 한 이유이다.

최근접 문자열 부합 해법

가장 근접하게 부합하는 문자열을 찾으려면 두 문자열이 어느 정도 가깝게 부합하는지를 결정할 수 있어야 한다. 그럼 부합 정도를 계산하는 방법을 보자. `BrightRedMagicFlash` 와 `lightRedMagicFlash`를 예로 들겠다.

부합 규칙

우선 두 문자열 중 더 긴 것을 택하고, 그것을 길이 계산의 기준으로 사용한다. 이 경우 더 긴 문자열의 길이는 19이다. 두 문자열의 문자가 일치하면 1.0을 그 길이로 나눈 값을 최종 점수(근접률)에 더한다. 이 경우 일치하는 한 문자쌍의 점수는 약 0.0526이고, 전체적인 점수는 0.947이다. 완전히 일치하는 두 문자열의 최종 점수가 1이므로, 두 문자열은 대단히 근접한 것이다. 추가로, 대소문자 구성만 다른 경우를 완전한 불일치로 보는 것은 불합리하므로, 그런 경우에는 보통의 일치 문자 점수의 90%를 최종 점수에 더하기로 한다.

이 방식에서, 자리가 틀린 문자들은 절반의 점수를 얻게 된다. 마지막으로 발견된 일치 쌍의 점수가 이전의 부분 일치에 의해 폐기되기 때문이다. 이는 자리가 틀린 문자들을 어느 정도는 허용한다는 점에서 합당한 평가 방식이라 할 수 있다.

마지막으로, 한 문자열에 문자가 빠져 있거나 더 있으면 최종 점수가 기준 문자열 크기에 비례해서 감소한다. 예를 들어 기준 문자열이 10자이고 대상 문자열이 9자이면 0.1이 감소한다.

이러한 규칙들이 레벤슈타인 거리 공식과 매우 비슷함을 알 수 있을 것이다. 원래의 의도에 충실하기만 하다면 기존 규칙을 반드시 일일이 따를 필요는 없다.

알고리즘 구현

그럼 이상의 알고리즘을 구현한 stringMatch() 함수의 코드를 보자.

목록 1.6.1   stringMatch 함수 ---

```c
const float CAP_MISMATCH_VAL = 0.9f;

// 이것이 최근접 문자열 부합 알고리즘을 구현한 함수이다.
// 이 함수는 주어진 두 문자열이 어느 정도 부합하는지를
// 뜻하는 0에서 1사이의 근접률을 돌려준다.
float stringMatch(char const *left, char const *right)
{
    // 왼쪽, 오른쪽 문자열들의 길이를 구하고 더 긴 문자열의 크기를
    // 택한다(더 긴 문자열 크기는 근접률 계산의 기준으로 쓰인다).
    size_t leftSize = strlen(left);
    size_t rightSize = strlen(right);
    size_t largerSize = (leftSize > rightSize) ?
        leftSize : rightSize;
    char const *leftPtr = left;
    char const *rightPtr = right;
    float matchVal = 0.0f;
    // 문자열들을 마지막 문자까지 훑는다.
    while(leftPtr != (left + leftSize) &&
        rightPtr != (right + rightSize))
    {
        // 우선 왼쪽 문자와 오른쪽 문자가 일치하는지 점검한다.
        if(*leftPtr == *rightPtr)
        {
            // 일치한다면 긴 문자열 길이에 비례하는
            // 점수를 최종 점수(근접률)에 더한다.
```

```cpp
    matchVal += 1.0f / largerSize;
    // 이제 다음 문자들로 넘어간다.
    if(leftPtr != (left + leftSize))
        ++leftPtr;
    if(rightPtr != (right + rightSize))
        ++rightPtr;
}
// 두 문자가 일치하지 않으면,
// 대소문자 구성만 다른 것인지 점검한다.
else if(::tolower(*leftPtr) == ::tolower(*rightPtr))
{
    // 보통의 문자 일치 점수의 90%를
    // 최종 점수에 더한다.
    matchVal += CAP_MISMATCH_VAL / largerSize;
    if(leftPtr != (left + leftSize))
        ++leftPtr;
    if(rightPtr != (right + rightSize))
        ++rightPtr;
}
else
{
    char const *lpbest = left + leftSize;
    char const *rpbest = right + rightSize;
    int totalCount = 0;
    int bestCount = INT_MAX;
    int leftCount = 0;
    int rightCount = 0;
    // 다음의 외곽 for 루프는 왼쪽 문자열을 훑는다.
    // 단, 현재의 최저 개수를 넘지는 않두록 한다.
    for(char const *lp = leftPtr; (lp != (left + leftSize)
        && ((leftCount + rightCount) < bestCount)); ++lp)
    {
        // 내부 루프
        for(char const *rp = rightPtr; (rp != (right +
            rightSize) && ((leftCount + rightCount) <
            bestCount)); ++rp)
        {
            // 여기서는 대소문자를 구분하지 않는다.
            if(::tolower(*lp) == ::tolower(*rp))
            {
```

```cpp
                        // 이것이 적합도 계산이다.
                        totalCount = leftCount + rightCount;
                        if(totalCount < bestCount)
                        {
                            bestCount = totalCount;
                            lpbest = lp;
                            rpbest = rp;
                        }
                    }
                    ++rightCount;
                }
                ++leftCount;
                rightCount = 0;
            }
            leftPtr = lpbest;
            rightPtr = rpbest;
        }
    }
    // 부동소수점 산술 오차를 감안해서, 결과 값을 유효 범위 안으로 한정한다.
    if(matchVal > 0.99f)
        matchVal = 1.0f;
    else if(matchVal < 0.01f)
        matchVal = 0.0f;
    return matchVal;
}
```

한 번에 보기에는 좀 긴 함수이므로, 부분별로 잘라서 설명하기로 하자. 전체 코드는
CD-ROM에도 수록되어 있다.

우선 함수는 두 문자열 중 더 긴 것을 택한다. 그 문자열의 길이가 각 일치 문자에 대한
점수의 기준이 된다. 각 일치 문자쌍의 점수는 1 나누기 긴 문자열 길이이다.

```cpp
float stringMatch(char const *left, char const *right)
{
    // 왼쪽, 오른쪽 문자열들의 길이를 구하고 더 긴 문자열의 크기를
    // 택한다(더 긴 문자열 크기는 근접률 계산의 기준으로 쓰인다).
    size_t leftSize = strlen(left);
    size_t rightSize = strlen(right);
    size_t largerSize = (leftSize > rightSize) ?
        leftSize : rightSize;
```

```
        char const *leftPtr = left;
        char const *rightPtr = right;
        float matchVal = 0.0f;
```

변수들을 초기화한 후에는 메인 루프로 들어간다. 이 while 루프는 왼쪽 또는 오른쪽 반복 포인터가 해당 문자열의 끝에 도달할 때까지 반복된다.

```
    // 문자열들을 마지막 문자까지 훑는다.
    while(leftPtr != (left + leftSize) &&
        rightPtr != (right + rightSize))
    {
        …
    }
```

루프 안을 보자. 우선 가장 간단한 경우인 완전한 일치 여부를 판정한다. 현재의 왼쪽, 오른쪽 포인터가 가리키는 두 문자가 서로 일치하면 최종 점수에 일치 문자 점수를 더한다. 그런 다음 왼쪽, 오른쪽 포인터들을 전진시킨다. 사실 여기서 포인터들이 배열 경계를 넘는지를 점검할 필요는 없다(루프 최상단에서 점검할 것이므로).

```
        // 우선 왼쪽 문자와 오른쪽 문자가 일치하는지 점검한다.
        if(*leftPtr == *rightPtr)
        {
            // 일치한다면 긴 문자열 길이에 비례하는
            // 점수를 최종 점수(근접률)에 더한다.
            matchVal += 1.0f / largerSize;
            // 이제 다음 문자들로 넘어간다.
            if(leftPtr != (left + leftSize))
                ++leftPtr;
            if(rightPtr != (right + rightSize))
                ++rightPtr;
        }
```

두 문자가 일치하지 않으면 대소문자 구성만 다른 것인지 점검한다. 두 문자를 소문자로 변환한 것들이 일치한다면 보통의 문자 일치 점수의 90%를 최종 점수에 더하고, 왼쪽, 오른쪽 포인터를 전진시킨다.

```
        // 두 문자가 일치하지 않으면,
        // 대소문자 구성만 다른 것인지 점검한다.
        else if(::tolower(*leftPtr) == ::tolower(*rightPtr))
        {
```

```cpp
            // 보통의 문자 일치 점수의 90%를
            // 최종 점수에 더한다.
            matchVal += CAP_MISMATCH_VAL / largerSize;
            if(leftPtr != (left + leftSize))
                ++leftPtr;
            if(rightPtr != (right + rightSize))
                ++rightPtr;
    }
```

여기까지는 간단했다. 이제 이 알고리즘의 핵심부로 들어간다. 다음의 코드는 두 문자 포인터들을 가장 최적의 다음 일치 쌍까지 전진시킨다. (알고리즘이 복잡해지지 않도록, 이 부분에서는 대소문자를 구분하지 않기로 한다.)

이 부분에서는 이중 루프를 이용해서 시험용 왼쪽, 오른쪽 포인터들을 전진시키면서 모든 새로운 일치 쌍들을 훑는다. 내부 루프에서 일치하는 문자쌍을 찾았다면, 그 문자에 도달할 때까지 지나쳐 온 왼쪽, 오른쪽 문자열 문자 개수의 합을 현재 적합도로 간주한다. 현재 적합도가 지금까지의 최적의 적합도보다 크다면 최적의 적합도를 현재 적합도로 갱신한다. 이렇게 하면 한 문자열의 추가적인 문자 하나가 다른 문자열의 끝 부분에서 한 문자와 부합해서 생긴 잠재적으로 덜 좋은 부합을 최적의 부합으로 오판하는 일이 방지된다. 그런 부합보다는 두 문자열의 앞쪽에 있는 좀 더 의미 있는 부합이 더 나은 부합이다.

```cpp
        char const *lpbest = left + leftSize;
        char const *rpbest = right + rightSize;
        int totalCount = 0;
        int bestCount = INT_MAX;
        int leftCount = 0;
        int rightCount = 0;
        // 다음의 외곽 for 루프는 왼쪽 문자열을 훑는다.
        // 단, 현재의 최적 개수를 넘지는 않도록 한다.
        for(char const *lp = leftPtr; (lp != (left + leftSize)
            && ((leftCount + rightCount) < bestCount)); ++lp)
        {
            // 내부 루프
            for(char const *rp = rightPtr; (rp != (right +
                rightSize) && ((leftCount + rightCount) <
                bestCount)); ++rp)
            {
                // 여기서는 대소문자를 구분하지 않는다.
                if(::tolower(*lp) == ::tolower(*rp))
```

```
        {
            // 이것이 적합도 계산이다.
            totalCount = leftCount + rightCount;
            if(totalCount < bestCount)
            {
                bestCount = totalCount;
                lpbest = lp;
                rpbest = rp;
            }
        }
        ++rightCount;
    }
```

최적 적합도(개수)는 문자열을 필요 이상으로 더 훑지는 않도록 하는 용도로도 쓰인다. 이렇게 한다고 해서 이 알고리즘의 최악의 경우(부합하는 것이 전혀 없는 경우)가 개선되는 것은 아니지만, 전형적인 경우에서 검색 깊이가 제한되므로 평균적인 부합 공정 속도를 높이는 데에는 도움이 된다.

```
for(char const *lp = leftPtr; (lp != (left + leftSize)
    && ((leftCount + rightCount) < bestCount)); ++lp)
{
    for(char const *rp - rightPtr; (rp != (right +
        rightSize) && ((leftCount + rightCount) <
        bestCount)); ++rp)
    {
```

적합도가 최적인 일치 쌍을 찾았다면 시험용 포인터들을 원래의 포인터들에 복사하고 루프를 반복한다.

```
leftPtr = lpbest;
rightPtr = rpbest;
```

마지막으로, 부동소수점 산술 오차가 있을 수도 있으므로 최종 점수(근접률)를 유효 범위 0.0과 1.0 사이로 한정한다.

```
if(matchVal > 0.99f)
    matchVal = 1.0f;
else if(matchVal < 0.01f)
    matchVal = 0.0f;
return matchVal;
```

최적화 방안들

이것이 최적의 알고리즘인 것은 당연히 아니다. 몇 가지 기본적인 최적화를 적용하긴 했지만, 해답에 좀 더 효율적인 방식으로 도달할 수 있도록 개선할 여지는 여전히 남아 있다. 그러나 전통적인 문자열 부합 최적화 기법들을 적용하는 데에는 기본적으로 두 가지 장애물이 있다.

첫째로, 필자는 추가적인 저장 공간이나 동적 할당이 필요하지 않는 알고리즘을 활용하고 싶었다. 둘째로, 색인 값들의 해시 생성 같은 고급 기법들을 사용할 수 없는 경우도 고려해야 했다. 이 때문에 선택의 폭이 상당이 줄어들었다(알고리즘적 상태들의 수가 코드 안의 변수들의 고정된 개수를 넘을 수는 없으므로).

솔직히 말하면, 알고리즘의 최적의 성능이 목표는 아니었다. 어차피 최근접 문자열 부합은 예외적인 상황에서만 실행되어야 하며, 게임이 정상적으로 돌아가는 도중에는 실행되지 않아야 한다. 물론 추가적인 최적화가 필요할 수도 있겠지만, 그런 최적화는 독자의 숙제로 남겨두겠다.

해법의 적용

지금까지 살펴본 알고리즘은 단지 주어진 두 문자열의 근접률을 알려주는 것일 뿐이다. 그럼 이 해법의 실제 적용 사례를 보자. 목록 1.6.2는 **std::string**을 키로 사용하는 임의의 STL **map** 컨테이너에 대해 작동하는 템플릿 함수로, 주어진 문자열에 가장 근접한 키를 가진 항목을 돌려준다.

목록 1.6.2   closestMatch 함수

```cpp
template<class _InIt> inline
_InIt closestMatch(_InIt _First, _InIt _Last, char const *val,
    float limit)
{
    float maxVal = limit;
    InIt _max = _Last;
    for (; _First != _Last; ++_First)
    {
        float newVal = stringMatch(_First->first.c_str(), val);
        if (newVal > maxVal)
        {
```

```
            maxVal = newVal;
            _max = _First;
        }
    }
    return (_max);
}
```

이 함수는 `map`의 키들을 차례로 훑으면서 근접률이 `limit`보다 큰 최근접 키를 가진 항목을 가리키는 반복자를 돌려준다. 이 함수를 이용하면 다음과 같이 좀 더 의미 있는 오류 메시지를 만들 수 있다.

객체 *ID 'Key Word'*를 찾지 못했습니다. 혹시 *'keyword'*를 찾으려 하셨나요?

근접률이 `limit`보다 큰 항목을 찾지 못한 경우에는 좀 더 일반적인 오류 메시지를 제공해야 할 것이다.

결론

이 글에서 제시한 비교적 단순한 메커니즘만으로도 엔진에서 문자열 기반 ID 조회를 사용하는 하위 시스템에 대해 좀 더 나은 디버깅 피드백을 제공할 수 있다. 주어진 ID에 약간의 오타가 있다고 해도 그와 최대한 비슷한 ID를 찾아서 제공할 수 있으며, 그러면 개발자는 자료 테이블이나 스크립트에서 오타를 좀 더 빨리 찾을 수 있다. 이러한 문제를 위한 다른 해법들도 존재하지만, 필자의 프로젝트의 요구사항에 딱 들어맞는 것은 별로 없었다.

이러한 기본적인 오류 처리 메커니즘을 독자의 시스템에 도입, 개선한다면, 문자열 ID 조회 시 단순한 오타를 좀 더 빨리 수정할 수 있는 개발 환경을 구축하는 것도 크게 어려운 일이 아닐 것이다.

참소문헌

[Wikipedia05] "Levenshtein distance." Wikipedia 2005년 9월 20일자, 웹 *http://en.wikipedia.org/wiki/Levenshtein_distance*.

1.7 CppUnit을 이용한 단위 검사 구현

Blake Madden, Oleander Solutions
blake.madden@oleandersolutions.com

품질 보증(QA) 분야에서 검사(testing)는 크게 두 부류로 나뉜다. 하나는 블랙박스 검사이고 또 하나는 화이트박스 검사이다. 블랙박스 검사는 QA 팀이 완전히 통합된 시스템을 검사하는 것에 해당한다. 여기에는 스크립트 기반 기능 검사나 수동 검사(체계적이지 않은 것이든 검사 계획을 따르는 것이든) 같은 기법들이 포함된다. 반면 화이트박스 검사는 QA 팀의 검사 이전에 개발 팀이 수행하는 품질 검증 절차를 뜻한다. 전통적으로 화이트박스 검사에는 동료간 검토, 단위 검사 등이 포함되는데, 이 글에서 이야기하고자 하는 것은 단위 검사(unit testing)이다. 본질적으로 단위 검사란 한 소프트웨어 시스템의 작은 구성요소들의 결과 및 행동을 개발자의 수준에서 자동화된 검사 수단들을 이용해 검증하는 것을 말하는데, 그 구성요소가 보통의 경우에 어떻게 쓰이는 지와는 무관하게, 전체 환경과 격리되어 진행된다는 특징이 있다.

단위 검사가 자동화된 기능 검사(functional testing)와 비슷하게 느껴질 수도 있겠지만, 그 둘은 비록 서로 보완적이긴 해도 엄연히 다른 것이다. 기능 검사는 엄밀하게 고수준에서 전체 시스템을 검사하는 것인 반면 단위 검사는 특정 클래스나 함수를 좀 더 격리된 환경에서 모듈식으로 검사하는 저수준 검사 방법이다. 즉, 대상 클래스나 함수가 시스템 안에서 어떻게 쓰이는지, 다른 클래스나 함수들과 어떻게 상호작용하는지 등과는 무관하게, 클래스나 함수 자체만을 검사하는 것이라고 할 수 있다.

단위 검사의 개요

고수준 자동화 검사들과 비슷하게, 단위 검사 역시 실제 게임 코드 기반과는 분리된 작은 응용프로그램을 통해서 수행하는 것이 바람직하다. 그러한 응용프로그램을 검사 설비(test harness)라고 부르기도 한다. 이러한 검사 설비는 검례(test case)들을 모두 포함해야 하며, 그 검례들을 실행하고 결과를 표시하는 수단도 갖추어야 한다. 이를 통해서, 코드 기반 중 꼭 필요한 파일들만 포함하는 작고 국소화된 검사 프로그램을 얻을 수 있다. 또한 단위 검사 코드가 실제 게임(특히 출시용 제품)의 코드와 뒤섞이지 않는다는 것도 중요한 장점이다.

단위 검사는 주어진 함수에 대한 모든 가능한 시나리오를 검사하는 작은 함수들의 모음이다. 그러한 작은 검사 함수들은 검사 대상 함수가 정상적인 상황에서 예측한대로 행동하는지를 점검할 뿐만 아니라, 심각한 결과를 낼 수 있는 오류 조건들을 안정적으로 처리

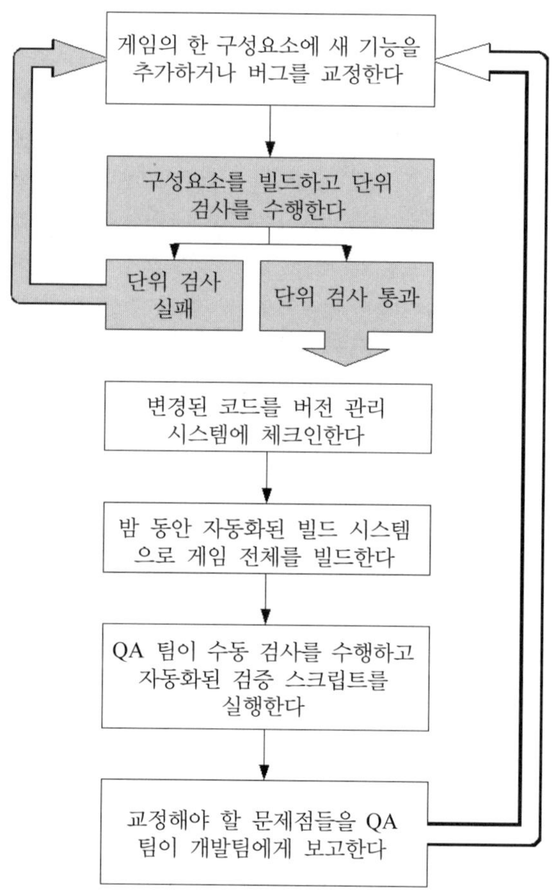

그림 1.7.1 검사 공정 안에서 단위 검사가 차지하는 위치

하는지도 점검할 수 있어야 한다. 단위 검사는 실제 시스템과 분리되어 있기 때문에, 게임 자체에 실제 자료를 적용해 게임을 단계별로 실행해 보는 대신 함수에 임의의 자료를 적용해서 함수의 행동을 점검할 수 있는데, 이것이 단위 검사의 주된 장점이다. 또 다른 장점은 검사 설비가 검례들을 실행할 뿐만 아니라 검례 실행 결과를 점검해서 예측했던 결과와 다른 경우나 예기치 않은 오류들을 깔끔하게 보고해 준다는 점이다. 이런 측면에서 볼 때, 단위 검사는 디버깅의 상당 부분을 사람 대신 수행해 주는 지능적인 디버거라고 할 수 있다(그림 1.7.1 참고).

기존 함수에 대해 단위 검사들을 작성하기도 하고, 코드를 작성하기 전에 먼저 단위 검사를 작성하기도 한다. 후자를 흔히 검사 주도적 개발(test-driven development)이라고 부르는데, 단위 검사들을 작성하는 과정에서 시스템 자체를 설계, 구현해 나가는 방식이다. 설명이 복잡해지지 않도록, 이 글에서는 전자의 상황, 즉 기존 코드 기반에 대해 단위 검사들을 추가하는 상황을 가정한다.

CppUnit의 개요

CppUnit은 C++을 위한 단위 검사 라이브러리들 중 하나로, 웹에서 자유로이 내려 받아 사용할 수 있다 [CppUnit05]. 이 라이브러리는 함수에 대한 단위 검사를 작성, 조직화, 실행하기 위한 하나의 프레임워크를 제공하며, 또한 검사 결과를 좀 더 쉽게 살펴볼 수 있는 다양한 출력 보고 방법들도 제공한다. CppUnit에는 모든 오류 기록 및 보고를 처리해주는 사용하기 쉬운 조건 점검 매크로 등 다양한 기능들이 갖춰져 있는데, 이들을 활용해서 검례들을 만들면 검례들을 직접 작성할 때보다 생산성이 훨씬 좋아진다.

CppUnit 사용 준비[1]

검사 프로그램에서 CppUnit을 사용하려면 우선 CppUnit 라이브러리를 빌드하고 검사 프로그램 프로젝트의 라이브러리 설정에 **cppunitd.lib**(디버그용)나 **cppunit.lib**(릴리스용)를 추가해야 한다. 그리고 소스 코드에서는 다음과 같이 주요 헤더 파일들을 포함해야 한다.

```
#include <cppunit/TestCase.h>
```

---

1) 역주 : 이 부분은 Visual Studio를 기준으로 한 것이나, 다른 컴파일러 또는 IDE에 맞게 적용하는 것도 어렵지는 않을 것이다.

```
#include <cppunit/extensions/HelperMacros.h>
#include <cppunit/ui/text/TestRunner.h>
#include <cppunit/XmlOutputter.h>
#include <cppunit/TestResultCollector.h>
#include <cppunit/CompilerOutputter.h>
```

마지막으로, Windows의 경우에는 런타임 라이브러리 설정을 "다중 스레드 DLL(/MD)"로 설정해야 한다.

검례 작성

CppUnit로 검례들을 작성할 때 처음으로 할 일은 CppUnit::TestFixture를 상속하는 검사 픽스처(test fixture) 클래스를 만드는 것이다. 검사 픽스처는 특정 함수나 클래스에 대한 모든 검례를 조직화하기 위한 하나의 컨테이너 클래스이다. 예를 들어 다음은 어떤 수학 클래스(math라고 하자)를 검사하기 위한 픽스처 클래스의 뼈대이다.

```
class MathTest : public CppUnit::TestFixture
{
public:
    CPPUNIT_TEST_SUITE(MathTest);
    CPPUNIT_TEST_SUITE_END();
};
```

CPPUNIT_TEST_SUITE 매크로와 CPPUNIT_TEST_SUITE_END 매크로 사이에 이 픽스처로 실행할 모든 검례의 선언을 추가해야 한다. 예를 들어 수학 클래스의 **add** 메서드를 검사한다고 하자. 그러면 우선 그 멤버 함수를 시험하는 검례 메서드를 픽스처 클래스에 추가한다.

```
void TestAddFunction()
{
    math my_math;
    CPPUNIT_ASSERT(my_math.add(2,2) == 4);
}
```

이 검례는 math 클래스의 **add** 함수를 (2,2)로 호출한 결과가 4인지를 CPPUNIT_ ASSERT 매크로를 이용해서 확인한다. 만일 호출 결과가 4가 아니면 CppUnit은 그 오류를 기록하며, 보고 출력 설정에 따라서는 직접 화면에 출력하기까지 한다. 검례 메서드를 작성한 후에는, **CPPUNIT_TEST** 매크로를 이용해서 검례 메서드를 검사 픽스처의 **CPPUNIT_TEST_**

SUITE 매크로 섹션 안에 등록해야 한다. 다음이 등록까지 마친 픽스처 클래스 코드이다.

```cpp
class MathTest : public CppUnit::TestFixture
{
public:
    CPPUNIT_TEST_SUITE(MathTest);
        CPPUNIT_TEST(TestAddFunction);
    CPPUNIT_TEST_SUITE_END();

    void TestAddFunction()
    {
        math my_math;
        CPPUNIT_ASSERT(my_math.add(2,2) == 4);
    }
};
```

■ 검사 픽스처의 실행

검례들을 작성하고 픽스처로 조직화했다면, 다음으로 할 일은 그 검례들을 실행하고 결과를 표시해 주는 검사 설비를 만드는 것이다. CppUnit에서 검사 설비는 검사 실행기에 해당하는 CppUnit::TextTestRunner 객체를 생성하고, 검사 결과의 출력 방법을 설정하고, 검사 실행기를 실행하는 작은 프로그램이다.

이 예에서는 검사 결과를 XML 파일에 기록하기로 한다. 이후 XML 파일에 적당한 스타일 시트를 적용하면 검사 결과를 깔끔하게 표시할 수 있다. 우선 검사 실행기 CppUnit::TextTestRunner 객체를 다음과 같이 생성한다.

```cpp
CppUnit::TextTestRunner runner;
```

다음으로, 결과를 저장할 XML 파일에 대한 출력 스트림을 생성한다. 그냥 std::ofstream을 사용하면 된다.

```cpp
std::ofstream ofs("tests.xml");
```

다음으로, XML 파일 출력을 처리할 CppUnit::XmlOutputter 객체를 생성하고, 스타일 시트를 설정하고, 검사 실행기의 출력을 그 XML 파일 처리 객체에 연결시킨다.

```
CppUnit::XmlOutputter* xml =
    new CppUnit::XmlOutputter(&runner.result(), ofs);
xml->setStyleSheet("report.xsl");
runner.setOutputter(xml);
```

마지막으로, 실행할 모든 검사 픽스처를 검사 실행기 객체에 추가한 후 검사를 실행한다.

```
runner.addTest( LoadModelTest::suite() );
runner.run();
```

이 검사 설비 프로그램을 실행하면 "tests.xml"이라는 검사 보고 파일이 만들어진다. 그 파일을 웹 브라우저로 열면 검례들의 통과, 실패 여부 및 통계, 실패한 검례에 대한 상세한 정보를 볼 수 있다. 부록 CD-ROM에 예제 보고서와 스타일 시트가 수록되어 있다.

게임의 소스 코드를 변경했다면 먼저 검사 설비 프로그램을 실행해서 문제가 없을 때에만 소스 코드를 버전 관리 시스템에 등록하는 것이 바람직하다. 편의를 위해, 간단한 셸 스크립트나 일괄 파일(.bat)을 이용해서 검사 프로그램을 빌드 공정에 포함시키는 것도 가능하다. 이를 위해 CruiseControl(*http://cruisecontrol.sourceforge.net*) 같은 좀 더 본격적인 빌드 환경을 사용할 수도 있다.

CppUnit을 이용한 모형 클래스 검사

그럼 좀 더 사실적인 예로, 3D 모형을 적재하는 클래스에 단위 검사를 수행해 보자. 독자의 게임 엔진이 어떤 커스텀 모형 파일 형식을 사용하는데, 그러한 형식의 모형 파일을 적재하고 렌더링하는 클래스를 작성한다고 하자. 다음은 그러한 클래스의 뼈대이다.

```
class model
{
public:
    void load_file(const char* file_path);
    void render();
    void animate(float speed, bool loop = true);
    //모형 파일을 적재하는 데 쓰이는 편의용 함수들
    void parse_header_section(char* file_text);
    void parse_triangle_section(char* file_text);
    void parse_mesh_section(char* file_text);
    void parse_material_section(char* file_text);
```

```cpp
        void parse_animation_section(char* file_text);
        void prepare_joints();
        //파일에서 텍스처를 불러온다(BMP 형식 지원)
        void load_texture(const char* file_path);
        //파일 정보 함수들
        double get_version() const
            { return m_version; }
        model_type get_type() const
            { return m_model_type; }
        const char* get_name() const
            { return m_name; }
        const char* get_author() const
            { return m_author; }
        //자료 정보 함수들
        size_t get_number_of_vertices() const
            { return m_number_of_vertices; }
        size_t get_number_of_triangles() const
            { return m_number_of_triangles; }
        size_t get_number_of_meshes() const
            { return m_number_of_materials; }
        size_t get_number_of_materials() const
            { return m_number_of_materials; }
        size_t get_number_of_joints() const
            { return m_number_of_joints; }
    private:
        //전용 자료
        double m_version;
        model_type m_model_type;
        char* m_name;
        char* m_author;
        unsigned short m_number_of_vertices;
        unsigned short m_number_of_triangles;
        unsigned short m_number_of_meshes;
        unsigned short m_number_of_materials;
        unsigned short m_number_of_joints;
        vertex_t* m_vertices;
        triangle_t* m_triangles;
        mesh_t* m_meshes;
        material_t* m_materials;
        joint_t* m_joints;
};
```

이 클래스의 멤버 함수들 중 자동화된 기능 검사의 대상이 될 만한 것은 **load_file**, **render**, **animate** 정도일 것이다. 그 외의 편의용 함수들은 QA 팀이나 모드(mod)를 작성하는 플레이어들에게 별로 중요하지 않다. 그러나 개발 팀에게는 그러한 편의용 함수들이 제대로 작동하는지가 중요하다. 그런 편의용 함수들을 개발하는 과정에서 개발자는 코드를 계속 바꾸고 버그를 교정하기 마련인데, 단위 검사를 사용하지 않는다면 다음 두 가지 방법 중 하나로 변경 사항들을 점검하게 될 것이다.

- 변경 사항들을 게임의 지역 빌드에 통합하고, 여러 가지 모형 파일들로 클래스를 시험해 본 후 버전 관리 시스템에 변경 사항을 등록한다.
- 그냥 버전 관리 시스템에 등록해 버리고, 다음 날 QA 팀이 변경 사항을 검사하게 한다 (수동적인 게임 플레이를 통해 또는 스크립트화된 자동 검사를 통해).

첫 방식의 경우에는 시스템의 적어도 한 부분(이를테면 DLL 파일이나 SO 파일)을 다시 빌드해야 할 수 있으며, 또한 매번 게임을 시동해서 모형 클래스가 실제로 작동하는 부분에 도달할 때까지 디버거를 단계별로 실행해야 하므로 시간도 많이 걸린다. 둘째 방식에서는 검사가 제대로 이루어지지 않을 위험이 있다. QA 팀이 변경 사항을 인식하지 못할 수도 있으며, 레벨이나 캐릭터 모형의 적재 같은 핵심 기능의 버그에 의해 게임 전체가 즉시 죽어버려서 문제점을 정확히 파악하지 못할 수도 있기 때문이다. 또한, 그러한 문제점을 보고받은 개발자가 디버깅을 수행해서 제대로 된 빌드를 다시 제공할 때까지 QA팀은 아무 일도 못하게 되므로 시간 낭비가 크다.

이런 상황에서 단위 검사가 빛을 발한다. 단위 검사를 이용하면 작은 핵심 변경 사항의 행동을 전체 시스템에 대한 디버깅 없이 점검할 수 있다. 변경 사항을 체크인하기 전에 변경 사항의 유효성을 비교적 상세하게 점검할 수 있으므로, 변경 때문에 게임의 다른 부분이 잘못될지도 모른다는 걱정을 크게 덜 수 있다.

그럼 **parse_header_section**이라는 편의용 함수를 단위 검사를 통해서 점검하는 예를 보자. 우선 할 일은 그 함수의 정상적인 행동을 머릿속으로 짚어 보고 잘못된 인수 전달 등 함수가 잘못 될 수 있는 모든 상황을 헤아려 보는 것이다. 우선 모형 파일의 헤더 부분에 대한 처리를 점검하는 문제로 시작하자. 모형 파일의 헤더는 다음과 같은 모습이다.

```
<HEADER>
    <VERSION>1.1</VERSION>
    <TYPE>WorldLevel</TYPE>
    <NAME>Character Select Gallery</NAME>
    <AUTHOR>Blake Madden</AUTHOR>
</HEADER>
```

parse_header_section 함수는 파일 형식 버전(VERSION), 모형의 종류(TYPE), 이름 (NAME), 작성자(AUTHOR) 등의 정보를 읽어야 한다. 파일 형식 버전과 모형 종류는 필수 정보이며, 만일 파일의 헤더에 그러한 정보가 누락되어 있다면 함수는 model_invalid_ version 예외나 model_invalid_type 예외를 던져야 한다. 모형 이름과 작성자는 생략 가능한 정보이며, 따라서 파일 헤더에 그런 정보가 없어도 함수는 예외를 던지는 일없이 파일 형식 버전과 모형 종류를 읽어 들여야 한다. 마지막으로, 헤더 부분의 구조가 잘못 되어 있으면 함수는 좀 더 일반적인 예외인 model_invalid_header를 던져야 한다. 이러 한 요구사항들에 근거해서 이 함수에 대한 검례들을 만들어 보자.

첫 번째 검례는 함수에 잘못된 인수, 구체적으로는 널 포인터가 전달되었을 때의 행동을 점검하는 것이다. 인수가 널 포인터면 함수는 model_invalid_header를 던져야 한다. 따 라서 검례에서는 널 포인터를 인수로 해서 parse_header_section 함수를 호출하고, 그 함수가 model_invalid_header 예외를 던지는지 점검해야 한다. CppUnit에서 예외는 CPPUNIT_ ASSERT_THROW 매크로로 검사할 수 있다. 다음이 그러한 검례이다

```cpp
void TestInvalidHeaderNullValue()
{
    model my_model;
    CPPUNIT_ASSERT_THROW(my_model.parse_header_section(NULL),
        model_invalid_header);
}
```

이 검례 함수는 모형 객체를 하나 생성하고, NULL을 인수로 해서 parse_header_section 을 호출하고, 그것이 model_invalid_header를 던지는지 점검한다. 예외에 대한 검사에 쓰이는 이 CPPUNIT_ASSERT_THROW 매크로의 첫 인수는 예외를 던질 함수 호출문이고 둘 째 인수는 그 호출이 던지리라 예상하는 예외 형식이다. 함수가 둘째 인수에 해당하는 예 외를 던지지 않는다면 CppUnit은 검례가 실패했음을 개발자가 알 수 있도록 적절한 오류 를 기록한다.

이번에는 구조가 잘못된 헤더에 대해 함수가 실제로 model_invalid_header 예외를 던지 는지 점검하는 검례를 보자.

```cpp
void TestInvalidHeaderIllFormatted()
{
    model my_model;
    CPPUNIT_ASSERT_THROW(my_model.parse_header_section(
        "<HEADER"
```

```
            "<VERSION>1.1</VERSION>"
            "<TYPE>WorldLevel</TYPE>"
            "<NAME>Character Select Gallery</NAME>"
            "<AUTHOR>Blake Madden</AUTHOR>"),
            model_invalid_header);
    }
```

검사용 헤더의 첫 HEADER 태그에 "≥"이 빠져 있으며, 또한 헤더 섹션을 닫는 </HEADER>
도 빠져 있다.

다음으로, 헤더 섹션에서 버전 정보나 모형 종류 정보가 잘못되어 있을 때 함수가 **model_
invalid_version**이나 **model_invalid_type**을 던지는지 점검해 보자. 다음 검례는 버전
섹션에 버전 번호가 빠져 있는 경우, 버전 섹션 자체가 없는 경우, 그리고 버전 섹션의
구조가 잘못된 경우들을 검사한다.

```
    void TestInvalidHeaderInvalidVersionSection()
    {
        model my_model;
        //버전 섹션에 버전 번호가 없는 경우
        CPPUNIT_ASSERT_THROW(my_model.parse_header_section(
            "<HEADER>"
            "<VERSION></VERSION>"
            "<TYPE>WorldLevel</TYPE>"
            "<NAME>Character Select Gallery</NAME>"
            "<AUTHOR>Blake Madden</AUTHOR>"
            "</HEADER>"),
            model_invalid_version);
        //버전 섹션 자체가 없는 경우
        CPPUNIT_ASSERT_THROW(my_model.parse_header_section(
            "<HEADER>"
            "<TYPE>WorldLevel</TYPE>"
            "<NAME>Character Select Gallery</NAME>"
            "<AUTHOR>Blake Madden</AUTHOR>"
            "</HEADER>"),
            model_invalid_version);
        //버전 섹션의 구조가 잘못된 경우
        CPPUNIT_ASSERT_THROW(my_model.parse_header_section(
            "<HEADER>"
            "<VERSION>1.2"
            "<TYPE>WorldLevel</TYPE>"
```

```
            "<NAME>Character Select Gallery</NAME>"
            "<AUTHOR>Blake Madden</AUTHOR>"
            "</HEADER>"),
            model_invalid_version);
    }
```

모형 종류가 잘못되어 있을 때 **model_invalid_type** 예외를 던지는지에 대해서도 이와 비슷한 검례를 만들 수 있을 것이다. 지면 관계상 구체적인 코드는 생략하겠다.

제대로 된 자료에 대해 함수가 실제로 작동하는지, 그리고 그 결과가 정확한지를 보는 것도 함수가 실패하는 조건들을 검사하는 것만큼이나 중요하다. CppUnit에서 어떤 하나의 조건을 검사할 때에 기본적으로 쓰이는 것은 **CPPUNIT_ASSERT** 매크로인데, 이 매크로는 표준 **ASSERT** 매크로와 거의 동일하다. 그럼 **parse_header_section** 함수가 유효한 헤더 텍스트에서 버전 정보와 종류 정보를 제대로 추출하는지 검사해 보자. 다음이 그러한 검례 함수이다.

```
    void TestInvalidValidHeader()
    {
        model my_model;
        //완벽하게 유효한 헤더
        my_model.parse_header_section(
            "<HEADER>"
            "<VERSION>1.2</VERSION>"
            "<TYPE>WorldLevel</TYPE>"
            "<NAME>Character Select Gallery</NAME>"
            "<AUTHOR>Blake Madden</AUTHOR>"
            "</HEADER>");
        CPPUNIT_ASSERT(my_model.get_version() == 1.2);
        CPPUNIT_ASSERT(my_model.get_type() == world_level);
        CPPUNIT_ASSERT(strcmp(my_model.get_name(),
            "Character Select Gallery") == 0);
        CPPUNIT_ASSERT(strcmp(my_model.get_author(),
            "Blake Madden") == 0);
        //모형 이름과 작성자가 없는 헤더
        my_model.parse_header_section(
            "<HEADER>"
            "<VERSION>1.2</VERSION>"
            "<TYPE>WorldLevel</TYPE>"
            "</HEADER>");
```

```
    CPPUNIT_ASSERT(my_model.get_version() == 1.2);
    CPPUNIT_ASSERT(my_model.get_type() == world_level);
    CPPUNIT_ASSERT(strcmp(my_model.get_name(), "") == 0);
    CPPUNIT_ASSERT(strcmp(my_model.get_author(), "") == 0);
}
```

첫 검사에서는 모든 정보를 갖춘 유효한 헤더로 함수를 호출하고, 파일 형식 버전과 모형 종류, 모형 이름, 작성자가 제대로 적재되었는지 점검한다. 이들 중 하나라도 실패하면 CppUnit이 오류를 기록한다.

앞에서 말했듯이, 헤더 중 모형 이름과 작성자는 생략 가능한 항목이다. 따라서 그런 항목들이 생략되어 있는 헤더에 대해 함수가 제대로 작동하는지 점검해야 한다. 특히, 모형 이름과 저자에 빈 문자열을 배정하는지 점검할 필요가 있다. 한 객체로 여러 개의 모형 파일들을 적재할 수도 있는데, 만일 헤더에 모형 이름이나 작성자 항목이 없을 때 해당 속성을 빈 문자열로 설정하지 않으면 이전에 적재한 모형의 이름이나 작성자가 그대로 남아서 문제가 발생할 수 있기 때문이다. 이러한 사항을 점검할 수 있도록, 앞의 **TestInvalidValidHeader** 함수에 다음과 같은 코드를 추가하자.

```
//모형 이름과 작성자가 없는 헤더
my_model.parse_header_section(
    "<HEADER>"
    "<VERSION>1.2</VERSION>"
    "<TYPE>WorldLevel</TYPE>"
    "</HEADER>");
CPPUNIT_ASSERT(my_model.get_version() == 1.2);
CPPUNIT_ASSERT(my_model.get_type () == world_level);
CPPUNIT_ASSERT(strcmp(my_model.get_name(), "") == 0);
CPPUNIT_ASSERT(strcmp(my_model.get_author(), "") == 0);
```

이런 식으로 모형 클래스의 다른 멤버 함수들에 대해서도 검례들을 추가해 나간다. 예를 들어 애니메이션 정보 해석 함수가 정확한 개수의 애니메이션들을 적재하는지, 각 애니메이션마다 프레임 수와 속도가 정확한지, 잘못된 삼각형들을 안정적으로 처리하는지 등을 점검하는 검례들을 추가해 나가야 할 것이다.

모형 적재 검례들을 작성했다면 그것들을 모두 하나의 검사 픽스처로 조직화한다. CppUnit에서 검사 픽스처는 **CppUnit::TestFixture**를 상속하는 클래스이다. 다음은 그러한 검사 픽스처의 뼈대이다.

```cpp
//모형 파일 적재에 대한 단위 검사
class LoadModelTest : public CppUnit::TestFixture
{
public:
    CPPUNIT_TEST_SUITE(LoadModelTest);
    CPPUNIT_TEST_SUITE_END();
private:
    Model m_model;
};
```

이러한 뼈대를 만든 다음에는 **CPPUNIT_TEST_SUITE** 섹션에 각 검례를 다음과 같이 등록한다.

```cpp
CPPUNIT_TEST_SUITE(LoadModelTest);
    CPPUNIT_TEST(TestInvalidHeaderNullValue);
    CPPUNIT_TEST(TestInvalidHeaderIllFormatted);
    CPPUNIT_TEST(TestInvalidHeaderInvalidVersionSection);
    CPPUNIT_TEST(TestInvalidValidHeader);
CPPUNIT_TEST_SUITE_END();
```

다음으로는 검례 함수들을 픽스처 클래스의 멤버 함수들로 만든다. 다음이 완성된 픽스처 클래스이다(간결함을 위해 검례 함수의 본문은 생략했음).

```cpp
//모형 파일 적재에 대한 단위 검사
class LoadModelTest : public CppUnit::TestFixture
{
public:
    CPPUNIT_TEST_SUITE(LoadModelTest);
        CPPUNIT_TEST(TestInvalidHeaderNullValue);
        CPPUNIT_TEST(TestInvalidHeaderIllFormatted);
        CPPUNIT_TEST(TestInvalidHeaderInvalidVersionSection);
        CPPUNIT_TEST(TestInvalidValidHeader);
    CPPUNIT_TEST_SUITE_END();

    void TestInvalidHeaderNullValue();
    void TestInvalidHeaderIllFormatted();
    void TestInvalidHeaderInvalidVersionSection();
    void TestInvalidValidHeader();
};
```

■ 전용 함수의 단위 검사

앞의 예에서 **model** 클래스는 캡슐화가 별로 좋지 않다. 클래스 내부에서만 쓰이는 편의
용 함수(parse_header_section 등)들이 모두 외부로 노출되어 있기 때문이다. 그러나
그 함수들을 전용(private)이나 보호(protected) 멤버로 만들면 검사 픽스처가 접근할
수 없다. 그래서 모두 공용(public)으로 해 둔 것이다. 이는 단위 검사에서 흔히 볼 수
있는 문제점이다. 대부분의 객체지향 언어들에서, 클래스 외부의 코드에서는 클래스의 전
용 함수들에 접근할 수 없으며, 그래서 전용 함수들을 단위 검사하려면 캡슐화를 깨야 한
다. 다행히 C++에는 클래스의 캡슐화를 깨지 않고도 특정 함수나 클래스가 클래스의 전
용 멤버들에 접근할 수 있게 하는 수단이 존재한다. 바로 **friend** 키워드이다. 검사 픽스
처 클래스를 검사 대상 클래스에 앞서 선언해 두고, 검사 대상 클래스에서 **friend** 키워
드를 이용해 검사 픽스처 클래스를 그 클래스의 '친구'로 지정하면 된다. 다음과 같다.

```cpp
class LoadModelTest; //선행 선언

class model
{
public:
    friend LoadModelTest; //검사 픽스처를 친구로 지정한다
    void load_file(const char* file_path);
    void render();
    void animate(float speed, bool loop = true);
private:
    //모형 파일을 적재하는 데 쓰이는 편의용 함수들
    void parse_header_section(char* file_text);
    void parse_triangle_section(char* file_text);
    void parse_mesh_section(char* file_text);
    void parse_material_section(char* file_text);
    void parse_animation_section(char* file_text);
    void prepare_joints();
    //파일에서 텍스처를 불러온다(BMP 형식 지원)
    void load_texture(const char* file_path);
    ...
};
```

이제 **LoadModelTest** 픽스처 클래스는 **model** 클래스의 모든 멤버에 접근할 수 있다.

CppUnit을 이용한 저수준 기능성 검사

단위 검사의 주된 장점은 코드 기반을 상당히 깊게 파고 들어가 검사를 수행할 수 있다는 것이다. 게임 시스템의 일부에 쓰이는 커스텀 메모리 할당자를 생각해 보자. QA 팀으로서는 수동으로든 자동화된 방식으로든 그러한 할당자를 직접 점검하기가 곤란하다. 물론 QA 팀이 게임을 플레이하다가 메모리 관리에서 뭔가 의심스러운 점을 발견할 수는 있겠지만, 메모리 관리자에 잠재적인 문제점(언젠가는 게임 시스템 전반에 나타날)은 없는지를 미리 점검하기란 불가능하다. 메모리 관리자를 제대로 검사하지 않는다면 언젠가는 시스템이 메모리를 제대로 해제하지 않거나, 특정 상황에서 메모리를 할당하지 못하거나, 메모리가 겹쳐서 할당되는 등의 문제점이 발생하게 된다. 메모리 관리자 같이 게임 시스템 깊숙이 존재하는 작은 핵심부에 문제가 있는지를 실제로 문제가 드러나기 전에 파악하는 데 유용한 수단이 바로 단위 검사이다.

앞에서 말했듯이, 단위 검사의 첫 단계는 대상 구성요소의 예상 행동과 구성요소가 잘못 작동할 수 있는 모든 상황을 파악하는 것이다. 지금 예로 드는 메모리 관리자는 하나의 전역 힙에서 메모리 블록들을 할당한다. 단, 힙의 단편화가 심하면 관리자는 운영체제의 자유 저장소에서 메모리를 할당한다(new나 malloc를 이용해서). 메모리 블록의 해제 요청이 들어오면 자신의 힙 또는 운영체제의 자유 저장소에서 블록을 적절히 해제한다. 또한 메모리 관리자는 해제할 포인터가 가리키는 블록이 자신이 할당한 것이 아니었다면 해제를 거부한다. 이를 위해서는 자신이 할당한 포인터들의 목록을 유지하고, 해제 시 그 목록을 검색해야 한다.

이상이 메모리 관리자의 예상 행동이다. 다음으로는 메모리 관리자의 작동에 문제가 생길 수 있는 상황들을 몇 가지 들어보자.

- 힙이 단편화가 심한 상태에서 너무 큰 메모리 블록의 할당 요청이 들어오면 자신의 힙 또는 운영체제의 자유 저장소에서 메모리를 제대로 얻지 못할 수 있다. 이런 경우 메모리 관리자가 아예 죽어버려서는 안 되며, 대신 NULL을 돌려주어야 할 것이다.
- OS에서 할당했던 메모리가 제대로 해제되지 않을 수 있다.
- 할당된 포인터들이 가리키는 블록들이 서로 겹치는 상황이 벌어질 수 있다.
- 크기가 0인 블록을 할당할 때 관리자가 죽거나 예기치 않은 행동이 발생할 수 있다. 크기가 0인 블록의 할당 요청이 들어 왔다면 할당을 수행하는 대신 std::bad_alloc 예외를 던져야 할 것이다.
- 메모리 관리자가 이전에 할당한 적이 없는 블록을 가리키는 포인터에 대한 해제 요청

이 들어온 경우 잘못된 블록을 해제하게 될 수 있다.

그럼 이러한 사항들을 염두에 두고, 메모리 관리자가 정상적인 상황들과 예외적인 상황들에서 제대로 작동하는지 점검하는 간단한 단위 검사를 작성해 보자. 검례들을 만들기 전에, 검례들에 쓰일 몇 가지 상수들과 메모리 관리자 객체를 담은 검사 픽스처를 만들어야한다. 다음이 그러한 픽스처의 뼈대이다.

```cpp
//메모리 할당 관리자 단위 검사
class HeapAllocatorTest : public CppUnit::TestFixture
{
public:
    CPPUNIT_TEST_SUITE(HeapAllocatorTest);
    CPPUNIT_TEST_SUITE_END();
private:
    /* 모든 검례에 쓰이는 메모리 관리자 객체
    (최대 힙 크기는 1000바이트)*/
    heap_allocator<char, 1000> m_memory_manager;
    //할당 크기들
    static const size_t FIRST_ALLOCATION_SIZE = 500;
    static const size_t SECOND_ALLOCATION_SIZE = 400;
    static const size_t THIRD_ALLOCATION_SIZE = 300;
    static const size_t TOO_BIG_ALLOCATION_SIZE = 1100;
};
```

CppUnit에서 하나의 멤버 객체를 여러 검례들에서 사용하는 경우, 각 검례를 호출하기전과 후에 일반적인 초기화 및 마무리 루틴을 호출해야 할 수도 있다. CppUnit은 그러한용도로 setupUp과 tearDown이라는 가상 함수들을 제공한다. 이들은 각 검례의 호출 전,후에 호출된다. 지금 예에서는 각 검례의 호출 후에 메모리 관리자의 힙을 비울 필요가 있는데, 그런 일을 수행하는 메모리 관리자의 메서드는 **clear** 함수이다. 다음처럼 **tearDown**가상 함수를 중복적재하면 된다.

```cpp
void tearDown()
{
    m_memory_manager.clear();
}
```

이제 할당 함수와 해제 함수를 위한 검례들을 작성해보자. 이전의 모형 클래스 단위 검사에서는 각 검사마다 개별 검례 함수를 만들었지만, 하나의 검례 함수에서 여러 개의 검사를 수행하는 것도 가능하다. CppUnit에는 **CPPUNIT_ASSERT** 매크로 외에 **CPPUNIT_ASSERT_**

MESSAGE라는 매크로도 있는데, 이 매크로에는 점검할 조건뿐만 아니라 조건 실패 시 기록될 진단 메시지도 지정할 수 있다. 따라서 이 매크로를 이용하면 여러 개의 검례들을 포괄하면서도 개별 검례에 대한 상세한 오류 메시지를 제공하는 좀 더 일반적인 검사 함수를 만들 수 있다. 이 방법의 유일한 단점은, 한 검례 함수의 여러 단언문들 중 하나라도 실패할 경우 CppUnit가 그 이후의 단언문들을 점검하지 않은 채 픽스처의 다음 검례 함수로 넘어간다는 것이다. 즉, CppUnit은 한 검례의 여러 단언문들 중 하나라도 실패하면 그 검례 전체가 실패한 것으로 간주한다. 이는 한 단언문을 실패하게 만든 요인 때문에 다른 단언문들이 사실은 참이 아닌데도 참으로 오판될 위험을 피하기 위한 것이다. 이러한 특성은 이번 예에 도움이 된다(따라서 단점이라고 할 수 없다). 어떤 할당이 NULL을 반환했거나 할당에 의해 자료가 깨졌다면 이후의 검사들에서 정의되지 않은 행동이 생길 수 있기 때문이다.

이러한 사항들을 염두에 두고 할당에 관련된 검례를 만들어 보자. 이 검례 함수에서는 크기 0을 비롯한 여러 크기들로 메모리를 할당해서 메모리 관리자의 힙을 단편화하고, 그런 다음 관리자가 감당할 수 없을 정도로 큰 메모리 블록을 할당해 본다. 모든 것이 제대로 되었는지를 점검하기 위해, 메모리 관리자가 돌려준 포인터들이 NULL은 아닌지 점검하고, 할당된 블록들이 서로 겹치지는 않는지도 점검한다. 다음이 그러한 검례 함수이다.

```cpp
void TestAllocation()
{
    //할당된 블록에 복사할 자료를 준비한다.
    char data1[FIRST_ALLOCATION_SIZE];
    std::memset(data1, 'a', FIRST_ALLOCATION_SIZE);
    char data2[SECOND_ALLOCATION_SIZE];
    std::memset(data2, 'b', SECOND_ALLOCATION_SIZE);
    char data3[THIRD_ALLOCATION_SIZE];
    std::memset(data3, 'c', THIRD_ALLOCATION_SIZE);

    //배열들을 할당하고 자료를 채운다.
    char* array1 =
        m_memory_manager.allocate(FIRST_ALLOCATION_SIZE);
    std::memcpy(array1, data1, FIRST_ALLOCATION_SIZE);
    char* array2 =
        m_memory_manager.allocate(SECOND_ALLOCATION_SIZE);
    std::memcpy(array2, data2, SECOND_ALLOCATION_SIZE);
    //할당자의 단편화된 힙이 감당할 수 없을 정도로 큰 할당 요청
    char* array3 =
```

```
        m_memory_manager.allocate(THIRD_ALLOCATION_SIZE);
    std::memcpy(array3, data3, THIRD_ALLOCATION_SIZE);

    /*크기가 0인 배열을 할당하려 할 때 bad_alloc exception
      예외를 던지는지 검사한다. */
    CPPUNIT_ASSERT_THROW(m_memory_manager.allocate(0),
        std::bad_alloc);

    /*일관성 검사: 할당된 메모리들이 서로 겹치지는
      않는지 검사한다.*/
    CPPUNIT_ASSERT_MESSAGE(
        "First allocation's data is corrupt."
        "Allocations may overlap.",
        std::memcmp(array1, data1, FIRST_ALLOCATION_SIZE) == 0);
    CPPUNIT_ASSERT_MESSAGE(

        "Second allocation's data is corrupt."
        "Allocations may overlap.",
        std::memcmp(array2, data2, SECOND_ALLOCATION_SIZE) == 0);
    CPPUNIT_ASSERT_MESSAGE(
        "Third allocation's data is corrupt."
        "Allocations may overlap.",
        std::memcmp(array3, data3, THIRD_ALLOCATION_SIZE) == 0);

    //블록들을 모두 해제한다.
    CPPUNIT_ASSERT(m_memory_manager.deallocate(array1,
        FIRST_ALLOCATION_SIZE));
    CPPUNIT_ASSERT(m_memory_manager.deallocate(array2,
        SECOND_ALLOCATION_SIZE));
    CPPUNIT_ASSERT(m_memory_manager.deallocate(array3,
        THIRD_ALLOCATION_SIZE));
}
```

이번에는 해제에 대한 검례들을 만들어 보자. 해제 시에는 자료 깨짐을 걱정할 필요가 없으므로, 각 해제 상황을 개별적인 검례 함수들로 만들기로 한다. 첫 검례는 간단한 할당에 대한 해제를 검사한다. 또한 메모리 관리자가 NULL 포인터를 해제하려 들지는 않는지도 점검한다.

```
    void TestDellocationSimple()
    {
```

```
        char* array1 =
            m_memory_manager.allocate(FIRST_ALLOCATION_SIZE);

        //해제
        CPPUNIT_ASSERT(m_memory_manager.deallocate(array1,
            FIRST_ALLOCATION_SIZE));
        CPPUNIT_ASSERT_MESSAGE(
            "Allocation deallocated a NULL pointer.",
            m_memory_manager.deallocate(NULL, 1) == false);
    }
```

다음으로, 메모리 관리자 자신이 할당한 직이 없는 메모리를 해제히려 히는 상황을 제대로 처리하는지를 검사하는 섬예 함수이나.

```
    void TestDellocationFromFreeStorage()
    {
        //메모리 관리자를 사용하지 않고 배열을 할당한다.
        char* array1 = new char[FIRST_ALLOCATION_SIZE];

        /*할당한 적이 없는 메모리이므로 해제하지
           말아야 한다.*/
        CPPUNIT_ASSERT_MESSAGE(
            "Allocator deallocated a pointer that it did nol"
            "originally allocate.",
            m_memory_manager.deallocate(array1, FIRST_ALLOCATION_SIZE)
                == false);
        delete [] array1;
    }
```

마지막으로, 관리자의 내부 힙보다 큰 메모리 블록도 제대로 해제되는지 검사해 보사.

```
    void TestDellocationFromUnmanagedPointer()
    {
        //할당자의 내부 힙보다 큰 블록을 할당한다.
        char* array1 =
            m_memory_manager.allocate(TOO_BIG_ALLOCATION_SIZE);

        /*할당자의 힙에서 할당한 블록이 아니더라도
           제대로 해제할 수 있어야 한다. */
        CPPUNIT_ASSERT_MESSAGE(
            "Allocation larger than managed heap wasn't deallocated.",
```

```
        m_memory_manager.deallocate(array1,
        TOO_BIG_ALLOCATION_SIZE));
    }
```

이제 검례들을 검사 픽스처 클래스에 다음과 같이 등록한다.

```
CPPUNIT_TEST_SUITE(HeapAllocatorTest);
    CPPUNIT_TEST(TestAllocation);
    CPPUNIT_TEST(TestDellocationSimple);
    CPPUNIT_TEST(TestDellocationFromFreeStorage);
    CPPUNIT_TEST(TestDellocationFromUnmanagedPointer);
CPPUNIT_TEST_SUITE_END();
```

다음은 검사 픽스처 클래스의 최종적인 모습이다(간결함을 위해 함수 본문들은 생략했음).

```
//메모리 할당 관리자 단위 검사
class HeapAllocatorTest : public CppUnit::TestFixture
{
public:
    CPPUNIT_TEST_SUITE(HeapAllocatorTest);
        CPPUNIT_TEST(TestAllocation);
        CPPUNIT_TEST(TestDellocationSimple);
        CPPUNIT_TEST(TestDellocationFromFreeStorage);
        CPPUNIT_TEST(TestDellocationFromUnmanagedPointer);
    CPPUNIT_TEST_SUITE_END();
public:
    void tearDown();
    void TestAllocation();
    void TestDellocationSimple();
    void TestDellocationFromFreeStorage();
    void TestDellocationFromUnmanagedPointer();
private:
    //할당 크기들
    static const size_t FIRST_ALLOCATION_SIZE = 500;
    static const size_t SECOND_ALLOCATION_SIZE = 400;
    static const size_t THIRD_ALLOCATION_SIZE = 300;
    static const size_t TOO_BIG_ALLOCATION_SIZE = 1100;
};
```

마지막으로, 이 검사 픽스처를 테스트 실행기(앞에서 이야기했다)에 등록하고 검사 설비 프로그램을 실행해 볼 것. 생성된 XML 보고서를 열어 보면 메모리 관리자에서 발생한 모든 실패가 기록되어 있을 것이다.

결 론

이 글에서 보았듯이, 단위 검사는 시스템의 작은 구성요소를 시스템에 통합하기 전에 검사해 볼 수 있는 예방적인 검사 기법이다. 단위 검사를 이용하면 프로그램의 일부를 격리해서 자동화된 방식으로 검사할 수 있으며, 그럼으로써 개발자는 저수준 코드 변경에 대한 추가적인 확신을 얻을 수 있다. 또한 작은 함수들을 검사하기 위해 매번 게임 전체를 실행해서 디버깅할 필요가 없으므로 디버깅에 걸리는 시간도 크게 줄어든다.

CppUnit은 검례들의 설정 및 실행을 크게 단순화해주는 사용하기 쉬운 프레임워크를 제공하며, 덕분에 단위 검사를 수행하는 것이 훨씬 간편해진다. 또한 CppUnit은 검사결과를 빠르고 손쉽게 살펴볼 수 있게 하는 강력한 결과 보고서 조직화 및 출력 기능도 제공한다.

참조문헌

[CppUnit05] CppUnit. 웹 *http://cppunit.sourceforge.net/cgi-bin/moin.cgi*

1.8 저작권 침해의 억제 및 검출을 위한 출시 전 빌드 지문 적용

Steve Rabin, Nintendo of America Inc.
steve_rabin@hotmail.com

자신의 게임이 불법 복제, 유통되는 일을 원하는 사람은 없을 것이다. 특히 게임이 출시되기도 전에 그런 일이 벌어진다면 정말로 가슴 아픈 일일 것이다. 게임을 백만 장 이상 팔아 치운 이후라면 조금 낫겠지만, 내부자가 출시 전 빌드(pre-release build)를 유출하는 일이 생기면 개발자의 생계가 위험해진다. 이러한 해적 행위에 개발자는 어떻게 대처해야 할까?

해결책은 두 가지이다. 첫째로, 출시 전 빌드에 접근할 수 있는 모든 사람에 대해, 애초부터 빌드를 유출할 생각을 단념시켜야 한다. 둘째로, 빌드 유출 시 유출자를 검출할 수 있는 수단을 마련해 두어야 한다. 물론 실제로 빌드가 유출된다면 이미 소 잃고 외양간 고치는 격이 되겠지만, 유출자를 검출할 수 있는 수단을 갖추고 있다는 사실 자체가 빌드 유출 시도의 커다란 억제(단념) 요인으로 작용하게 된다.

이 글은 몇 가지 억제 방법들을 간략히 논의하고, 내장된 디지털 지문을 이용해서 유출자를 검출하는 방법을 좀 더 자세히 살펴본다.

억제

억제의 핵심은, 빌드가 유출된다면 결국은 자신에게 손해라는 점을 보는 이에게 주시시키는 것이다. 프로젝트의 주 개발자들에게 이는 당연한 일이다. 그런 개발자들은 게임의 성공이 곧 자신의 성공임을 잘 알고 있기 때문이다. 그러나 테스터나 게임 리뷰어 등 주변 관계자들에게는 게임의 성공이 커다란 동기가 되지 않을 수 있다.

주변 관계자들에게 효과적인 유일한 억제 방법은, 그들에게 주어진 빌드에 그들 자신의 지문(指紋, fingerprint)이 찍혀 있으며, 따라서 빌드가 유출된다면 유출자가 금방 드러날 것임을 확실하게 깨닫게 하는 것이다. 물론 그러한 위협이 사실이 아닐 수도 있다. 중요한 것은 모두가 그것이 사실임을 믿게 하는 것이다. 정리하자면, 억제에서 중요한 것은 자신이 받은 빌드가 유출된다면 그에 대한 책임을 지게 될 것임을 각 개인에게 강력하게 경고하는 것이다.

이러한 경고는 '이 건물에는 보안 경보 장치가 설치되어 있음'이라는 표지판을 현관에 붙이는 것과 비슷하다. 실제로 보안 경보 장치를 설치하지는 않더라도 그런 표지판만으로도 웬만한 좀도둑들은 물리칠 수 있는 것처럼, 지문에 대한 언급만으로도 대부분의 사람들을 단념시킬 수 있을 것이다. 물론 실제 지문이나 기타 검출 수단을 갖추지 않은 상태에서 경고만 하는 경우라면 그러한 사실 자체를 철저한 보안에 붙여야 할 것이다.

개별 빌드에 각자의 지문이 숨겨져 있다는 것을 명확히 알려주는 것 외에, 실제로 그러한 지문이 게임의 화면에 나타나게 하는 것(이를테면 게임 도입 장면에 해당 빌드 소유자의 이름을 표시하는 등)도 경고의 효과를 높이는 좋은 방법이다. 이는 관계자들에게 유출 검출 수단의 존재를 끊임없이 일깨워준다. 그러나 그런 표시는 쉽게 제거될 수 있으므로, 그것이 빌드에 내장된 유일한 지문이어서는 안 된다. 진짜 지문은 검출하거나 지우는 것이 거의 불가능할 정도로 게임 깊숙한 어딘가에 숨겨져 있어야 한다.

다음은 게임 도입 화면에 표시해 볼만한 메시지의 예이다.

> 서명 하에서 *Steve Rabin*에게 인도된 출시 전 빌드.
> 이 빌드를 공유하거나 배포하지 마세요. 유출된 빌드의 추적을 위해, *Steve Rabin*의 디지털 서명이 빌드의 자산 파일들과 실행파일에 직접 내장되어 있습니다.

이런 간단한 경고도 빌드를 배포해 볼까 생각하는 사람들에게 충분한 위협이 될 수 있다. 빌드 자체에 아무 것도 집어넣지 않는다고 해도, 이런 경고만으로도 필요한 보안 수준의 99%에 달하는 효과를 얻을 수 있을 것이다.

워터마크와 지문을 이용한 유출자 검출

지폐에는 필요하다면 누구나 인식할 수 있지만 위조하거나 재현하기는 대단히 힘든 이미지가 숨겨져 있다. 그런 것을 워터마크(watermark) 또는 은화(隱畵)라고 부른다. 예를 들어 미합중국 5달러 지폐를 전등에 비춰 보면 앞면 오른쪽 부분에 링컨의 얼굴이 나타나는 것을 확인할 수 있는데, 이러한 워터마크는 그 지폐가 진짜임을 보장해준다.

음악이나 이미지, 영화에도 보이는 또는 보이지 않는 워터마크를 내장할 수 있다. 예를 들어 미술관은 소장품의 복제품이나 디지털 이미지에 보이지 않는 워터마크를 넣어 두어서 그것이 자신의 소유임을 증명할 수 있다. 음반업계 역시 소유권 증명을 위해 음악 파일에 디지털 워터마크를 찍어 두는 방법을 사용해왔다.

디지털 지문 역시 워터마크와 동일한 기술을 사용하지만, 원 소유자의 정보가 아니라 최종 사용자의 정보를 찍어 둔다는 점에서 차이를 보인다. 출시 전 빌드에 대한 지문의 경우 유념해야 할 사항은, 다른 사람들은 지문을 검출할 수 없게 만들되 개발자는 그 빌드가 누구에게 주어진 것이었는지를 명확히 식별할 수 있어야 한다는 것이다. 따라서 이미지에 대한 전통적인 워터마크와 달리, 디지털 지문은 비트들의 재배치 또는 추가일 뿐이다. 물론 게임이 정상 작동을 유지하면서도 파일에서 그러한 비트들을 제거하는 것이 불가능하거나 대단히 어려워야 한다.

소프트웨어 지문은 텍스처에 넣을 수도 있고 3차원 모형이나 애니메이션, 음악, 효과음에 넣을 수도 있으며, 실행 코드에 넣을 수도 있다. 핵심은, 지문의 식별, 검출, 변경이 불가능하도록 원본 파일을 수정하되, 게임 플레이나 게임의 체험에는 영향을 주지 않아야 한다는 것이다.

지문 추가 공정

현실적으로, 프로그래머나 아티스트가 배포할 빌드마다 일일이 지문을 추가하는 것은 시간 낭비일 것이다. 따라서 간단하고 빠른 지문 추가 자동화 공정이 필요하다.

최상의 해법은 CD로 구울 게임 이미지를 제작하기 직전이 완성된 빌드에 지문을 적용하는 것이다. 그런 방법이 불가능한 경우라면 빌드를 컴파일, 패키징하기 전에 지문을 적용해야 할 수도 있다. 어떤 경우이든, 프로그래머가 아닌 사람이라도 간단한 공정을 통해서 지문을 적용할 수 있어야 한다.

지문 추가 공정의 보안

이상적으로는 지문 추가 공정이 커르크호프스의 법칙(Kerckhoffs' law)을 따라야 한다. 그 법칙은, 시스템의 모든 것(키를 제외한)이 공개적으로 알려진다고 해도 시스템의 보안이 깨져서는 안 된다는 것이다. 그러나 유출 검출을 위한 디지털 지문에 대해 그런 수준의 보안을 보장할 수 있는 방법은 알려져 있지 않다. 유출 검출의 경우 공격자의 목표는 디지털 지문을 해독하는 것이 아니라 다른 사람도 읽을 수 없게 만드는 것일 뿐이기 때문이다. 지문이 어디 있는지만 안다면 얼마든지 읽을 수 없게 변조할 수 있다.

따라서 이 경우에는 **비공개를 통한 보안**이 최선이다. 즉, 지문 추가 공정 자체를 비밀로 붙여야 한다. 이를 위해서는 빌드에 지문을 추가하는 구체적인 방식이나 절차를 많아야 두 사람만 알고 있게 하는 것이 좋다.

한 가지 요령은 최종 빌드에 지문을 추가하는 프로그램 자체를 패스워드로 보호하고, 그 패스워드를 극히 소수의 사람들만 알게 하는 것이다. 추가적인 보안을 위해, 지문을 추가한 사람의 이름도 암호화해서 지문에 포함시킬 필요가 있다.

물론 빌드에 지문을 추가하는 방법을 아는 사람이나 지문 추가 프로그램에 접근할 수 있는 사람이면 누구나 지문을 조작할 수 있다. 그러나 여기서부터는 기술이 아니라 사람 사이의 신뢰의 문제이다. 이 때문에, 수석 프로그래머나 PD 등 극도로 신뢰할 수 있는 사람들만 이 공정에 관여하게 해야 한다. 예를 들어 신입 사원이 빌드에 지문을 추가하게 해서는 안 된다!

지문 적용 전략들

그럼 빌드에 지문을 적용하는 몇 가지 전략들을 살펴보자. 각 방법에서 중요하게 살펴볼 부분은 구현의 어려움 대 지문 검출의 어려움이다. 공격자가 지문의 구체적인 위치를 파악하기만 하면 얼마든지 지문을 뭉개거나 없앨 수 있으므로, 애초부터 지문이 이론적으로 검출될 수 없게 하는 것을 중요한 목표로 삼아야 한다.

도입 화면에 이름 표시

이 전략은 기본적으로 가시성 및 억제를 위한 것이므로 검출하고 제거하기가 대단히 쉽다. 그러나 구현 역시 아주 쉽다(텍스트나 이미지만 변경하면 된다고 할 때).

가짜 파일 추가

게임이 실제로 사용하지는 않는 가짜 파일들을 빌드에 추가하는 전략으로, 그러한 파일들의 존재 자체가 지문이다. 이 기법은 구현하기가 매우 쉬우면서도 검출하기는 대단히 어렵다는 점에서 매력적이다. 요즘 게임들은 대부분 수백, 수천 개의 파일들로 구성되므로,

그런 파일들 중에서 지문 파일을 찾기란 마치 짚더미에서 바늘을 찾는 것과 같다.

Adobe Photoshop CS Digimarc

Photoshop의 Digimarc 필터를 이용해서 게임용 텍스처에 지문을 추가한다. 이 필터를 이용하면 1에서 16,777,215까지의 한 숫자를 이미지에 추가할 수 있다. 이 때 네 가지 내구성(durability) 수준 중 하나를 선택할 수 있는데, 내구성이 높을수록 간단한 필터 적용으로 이미지에서 지문을 파괴하기가 어려워진다. 내구성과는 무관하게, 어떤 텍스처에 지문이 있는지만 안다면 누구나 Photoshop으로 그 지문을 읽을 수 있으므로 유출시 쉽게 유출자를 파악할 수 있다. 누구나 지문을 읽거나 추가할 수 있다는 것은 물론 약점이 되기도 한다. 그러나 게임에 쓰이는 수백, 수천 장의 텍스처들 중 단 두, 세 개에만 지문을 적용한다면 공격자의 지문 검출을 충분히 어렵게 만들 수 있다.

커스텀 알고리즘으로 이미지에 지문 추가

Photoshop의 Digimarc 필터처럼 널리 쓰이는 도구 대신 독자적인 알고리즘을 이용해서 이미지에 지문을 추가할 수도 있다. 이를 앞에서 말한 '짚더미에서 바늘 찾기' 전략과 결합한다면 지문을 검출하는 것이 거의 불가능해진다.

3D 모형이나 애니메이션, 효과음에 커스텀 알고리즘으로 지문 추가

자료를 미묘하게 변조함으로써 모형이나 애니메이션, 효과음에 지문을 적용하는 것도 가능하다. 물론 자료를 수정하면 모형의 모습이 변하거나 효과음에 잡음이 섞이겠지만, 제 내로만 한다면 원래의 모습이나 소리를 크게 훼손하지 않고도 지문을 집어넣을 수 있다. 이러한 지문은 검출이 거의 불가능하다. 단, 문제는 구현하기가 어렵다는 데 있다.

실행파일에 지문 추가

지금까지의 방법들은 게임의 자산(asset) 파일들을 변조하는 것이었다. 그런데 실행파일 역시 지문을 넣기에 아주 좋은 장소이다. 실행파일 중 실제 자료나 코드로 쓰이지 않는 부분에 지문 바이트들을 집어넣는 것은 얼마든지 가능하다. 문제는 지문 적용 공정이다. 각 개인에 대한 지문을 추가하기 위해 소스 코드 자체를 수정해서 빌드를 다시 컴파일해야 한다면 불편할 것이다. 이상적으로는 이미 컴파일된 실행 파일에 지문을 추가할 수 있어야 한다.

이런 방법이 있다. 코드에서 고유한 키와 약간의 여분 공간을 담은 정적 배열을 만들어 둔다. 이를테면 24바이트의 키 다음에 32바이트의 공간을 둔다고 하자. 지문 적용 시에는 컴파일된 실행파일에서 24바이트 키를 찾고 그 다음의 32바이트에 암호화된 지문을 기록한다. 그러한 일을 수행하는 간단한 도구를 만들어서 지문 적용 공정에 사용할 수 있을 것이다. 지문 검출 시에는, 마찬가지로 실행파일에서 24바이트 키를 찾고 그 다음의 32바이트를 읽어서 해독하면 된다. 검출을 어렵게 만들려면 지문 바이트들이 실행파일의 정적 자료 구역에 있는 다른 바이트들과 최대한 비슷한 모습이 되도록 해야 한다.

좀 더 사악한 방법도 있다. 핵심 명령들을 적절히 재배치하는 것이다. 코드에는 명령들의 수행 순서가 중요하지 않는 부분들이 있게 마련이다(실제로 프로세서들은 이런 명령들에 대해 비순차적 실행[out-of-order execution]을 적용해서 실행 속도를 높인다). 그런 명령들 다섯 개가 연달아 있는 부분을 찾았다면, 명령들의 순서를 바꿔서 총 120가지의 순열들을 얻을 수 있다. 이를 이용해서 실행파일에 1에서 119까지의 수를 보이지 않게 숨겨 둘 수 있는 것이다(0은 원래의 순서에 해당하므로 지문으로 사용할 수 없다). 이런 지문은 구현하기가 좀 더 어렵긴 하지만, 구현만 한다면 검출이 거의 불가능하다.

여러 전략의 결합

이러한 전략들은 각각 그 자체로도 상당히 효과적이지만, 여러 개를 함께 적용한다면 더욱 강력해진다. 공격자가 지문들 몇 개를 검출해서 지워 버린다고 해도 적어도 하나가 남아 있다면 유출자를 식별할 수 있으므로 유출자 식별 확률이 크게 높아진다. 따라서 구현하기 어려운 한 가지 전략을 사용하는 것보다는 구현하기 쉬운 전략들 몇 가지를 함께 적용하는 것이 더 나은 선택이 된다. 표 1.8.1은 각 전략의 구현 난이도와 검출 난이도를 정리한 것이다.

표 1.8.1 지문 적용 전략들

전략	구현 난이도	검출난이도
도입 화면에 이름 표시	극도로 쉬움	그리 어렵지 않음
가짜 파일 추가	극도로 쉬움	아주 어려움
Adobe Photoshop CS Digimarc	대단히 쉬움	다소 어려움
이미지 파일에 지문 추가	아주 쉬움	극도로 어려움
3D 모형, 애니메이션, 효과음에 지문 추가	그리 쉽지 않음	극도로 어려움
실행파일에 지문 추가	다소 어려움	극도로 어려움
여러 전략 결합	가변적	극도로 어려움

지문 깨기

공격자가 지문의 구현 방식에 대한 내부 정보 없이 지문을 찾아서 제거하거나 변조하는 것은 대단히 어려운 일이다. 그러나 서로 다른 지문이 적용된 빌드들을 가진 두 공격자가 결탁한다면, 파일들을 비교해서 지문을 집어내는 것이 얼마든지 가능하다([Wu04]). 같은 파일에서 서로 다른 부분(또는 같은 디렉터리에서 서로 다른 파일)이 바로 지문이다. 그런 부분을 찾았다면 두 부분의 평균을 각각에 덮어씌움으로써 유출자의 신원을 덮어 버릴 수 있다.

이러한 결탁 공격에 대항하는 확실한 방법은 아직 알려져 있지 않으나, 다행이 연구가 활발하게 진행되고 있다. 이 부분에 관심이 있는 독자라면 [Wu04]를 보기 바란다.

마지막으로, 한 사람에게 항상 같은 지문이 적용된 빌드를 제공해야 한다는 점을 명심하기 바란다. 그렇게 하지 않으면 개발 과정에서 받은 두 빌드를 비교해서 지문을 찾아낼 수 있다.

결론

출시 전 빌드를 보호한다는 것이 기우처럼 느껴질 수도 있겠지만, 혹시라도 그런 일이 생겼을 때의 피해를 생각한다면 비용을 들여서라도 대책을 마련해 두는 것이 현명한 태도일 것이다. 실제로 여러 대형 발행사들에서는 어떤 형태이든 지문 적용 공정을 갖추고 있다. 작은 개발사들 역시 그런 사례를 따르는 것이 좋다. 본문에서 이야기했듯이, 빌드에 지문을 적용하는 방법은 구현 난이도에 따라 여러 가지가 있다.

빌드 보호 전략에서의 핵심은 사전 억제임을 명심할 것. 관계자들 모두가 유출된 빌드에 대해 개인적인 책임을 진다는 점을 주지시킬 필요가 있다. 그러나 그것만으로는 안심할 수 없다면 철저히 비밀로 붙여진 절차를 통해서 빌드에 적절히 지문을 추가하는 것도 필요한 일이다.

이상적인 형태의 지문 추가 절차라면, 게임의 최종 이미지에 지문을 내장하는(그리고 내장된 지문을 읽을 수 있는) 단일한 프로그램을 만들어서 사용하되, 오직 한 명이나 두 명의 핵심 인물만이 그 프로그램을 실행할 수 있게 만드는 것이다. 자신이 받은 빌드에 자신의 신원을 알려주는 지문이 존재함을 모든 이에게 주지시킨다면, 누구도 게임이 출시되기 전에 빌드를 누출하려고 들지 않을 것임을 확신할 수 있을 것이다.

참조문헌

[Wu04] Wu, Min, Wade Trappe, Z. Jane Wang, K. J. Ray Liu, "Collusion-Resistant Fingerprinting for Multimedia," *IEEE Signal Processing Magazine*, March 2004. 웹 *http://www.ece.umd.edu/~minwu/public_paper/Jnl/0403FPcollusion_IEEEfinal_SPM.pdf*.

1.9

접근 기반 파일 재배치를 이용한 더 빠른 파일 적재

David L. Koenig, Touchdown Entertainment, Incorporated
david@touchdownentertainment.com

대부분의 게임들은 저장 매체에서 자원들을 불러온다. 운영체제에서 많은 수의 파일들에 대한 파일 핸들을 얻어 사용하다 보면 I/O가 상당히 느려질 수 있다. 최적화의 한 방편으로, 대부분의 게임들은 자원 파일들을 한데 모은 자원 묶음 파일(packed resource file)에서 자원을 적재(loading)한다. 묶음 파일은 하나의 디렉터리 계통구조 전체를 하나의 파일 또는 소수의 연관된 파일들에 저장한 것이다. 이러한 자원 묶음 파일은 파일 핸들 부담 문제를 효과적으로 해결한다. 그러나 다른 문제가 있다. 일반적으로, 묶음 파일 안의 실제 자원 파일들의 순서는 디스크 상의 디렉터리 구조를 반영한다. 그런데 게임이 자원들을 디렉터리 안의 순서 그대로 사용하는 일은 거의 없다. 그래서 묶음 파일 안에서 파일 포인터(또는 디스크 헤드)를 여기저기로 이동해야 하는데, 이는 파일 I/O의 주된 병목으로 작용한다. 최근 게임들은 대부분 대량의 자원들을 사용하기 때문에 묶음 파일 배치의 이러한 약점에 노출되기 쉽다. 모든 게임은 나름대로의 자원 사용 패턴을 가진다. 그런 만큼, 자원 적재 시간 최적화의 다음 단계는, 게임이 자원을 어떻게 사용하는지에 대한 자료를 수집하고, 그 사용 패턴을 이용해서 묶음 파일 안에서의 파일 순서를 최적화하는 것이다. 이 글은 그런 공통적인 문제에 대한 한 가지 잠재적인 해법을 제시한다.

문제

사슬의 강도는 가장 약한 고리에 의해 결정된다. 자원 적재 속도에서 현재 가장 약한 고리는 하드 드라이브나 CD-ROM 드라이브, DVD-ROM 드라이브 같은 대용량 저장장치이다. 대용량 저장장치는 PC나 콘솔 하드웨어에서 가장 느린 부품들 중 하나이며, 성능 향상이 가장 느린 부품이기도 하다. 오늘날의 하드 드라이브는 4년 전과 비교할 때 속도가 거의 향상되지 않았다. 반면 비디오 카드는 성능이 몇 배나 향상되었다. 그러나 비디오 카드가 그릴 내용을 충분히 빠르게 적재하지 못한다면 향상된 비디오 카드를 활용할 수가 없다. 하드 디스크 저장소의 연대별 발전상에 대해서는 [History03]을 보기 바란다.

해법

최상의 해법은 물론 프로젝트의 요구사항에 따라 결정된다. 프로젝트마다 자원 사용 요구
사항이 다르기 마련이다. 개발자들은 개발 주기의 초반에서 자원 사용 요구사항들을 파악
해야 한다. 다음은 적재 시간을 향상시키기 위한 몇 가지 잠재적인 최적화 방법들이다.
물론 여기 나열된 것들 이외의 방법들도 있을 수 있다.

해법 1: 커스텀 파일 형식

각 자원 파일마다 그것이 의존하는 다른 모든 파일을 모두 저장하는 파일 형식을 만들어
서 사용한다. 이를테면 한 모형의 메시와 그 모형에 쓰이는 모든 텍스처, 애니메이션 정
보를 하나의 파일에 저장할 수도 있고, 심지어는 장면 그래프 전체를 하나의 파일에 저장
할 수도 있다. 이렇게 하면 자원들을 제 순서대로 적재하는 것이 가능하다. 문제는 자료
의 중복이 생길 수 있다는 점인데, 예를 들어 한 텍스처가 여러 모형들에 쓰이는 경우 모
형마다 그 텍스처를 중복해서 저장해야 하므로 최종 게임 이미지의 크기가 필요한 것보
다 더 커지게 된다.

해법 2: 레벨 당 자원 파일 하나

각 레벨마다 레벨의 모든 자원 파일들을 하나의 묶음 파일로 저장한다. 이러면 파일들의
순서가 맞지 않아서 디스크 헤드를 옮겨야 하는 거리가 줄어들며, 따라서 I/O 시간도 조
금 줄어든다. 이 해법의 주된 장점은 프로젝트 개발 막바지에 구현하는 것도 그리 어렵지
않다는 것이다. 단점이라면 프로젝트에 따라서는 속도 이득이 그리 크지 않을 수 있다는
것이다.

해법 3: 파일 적재 목록의 순서 정렬

자원들이 적재되는 순서대로 자원 파일들을 묶음 파일 안에 배치한다. 이 해법은 주어진
시점에서 일단의 파일들이 어떤 순서로 적재되는지를 아는 경우에 가장 효과적이다. 예를
들면 플레이어가 게임 세계로 진입하기 전에 표준적인 무기 모형들을 적재할 때 등인데,
이런 상황은 1인칭 슈팅 게임에서 흔히 볼 수 있다. 일반적으로 FPS 게임에는 약 10에서
20개의 표준적인 무기 모형들과 관련 텍스처, 재질들이 쓰인다. 구현도 어렵지 않다. 그

러한 집합에 속하는 각 자원 파일의 포인터들을 얻고, 묶음 파일 안에서 해당 자원 파일들이 배치된 순서에 따라 각 자원을 차례로 적재하면 된다. 이론적으로는 이에 의해서 자원들이 더 빠르게 적재될 것이다. 물론 실제 효과는 프로젝트마다 다를 수 있다.

해법 4: 묶음 파일 안의 파일 순서 재배치

최적의 적재 성능을 위해서는 자원들을 최대한 순차적으로 적재해야 한다. 이상적인 상황이라면 이에 의해 단편화된 파일 적재가 완전히 사라지겠지만, 그것이 항상 가능하지는 않다. 그러나 통상적으로 함께 적재되는 일단의 파일들을 좀 더 최적의 순서로 배치하는 것은 얼마든지 가능하고, 그런 식으로 파일들을 배치하면 이상적인 것에 가까운 상황이 벌어질 가능성이 높아진다. 게임이 새로운 상태로 전환할 때(이를테면 최종사용자용 인터페이스를 적재하는 등)마다 그런 파일 그룹의 시작으로 파일 포인터를 크게 한 번 옮긴 후부터는 파일들을 순차적으로 읽을 수 있다. 파일 포인터의 커다란 변화가 가끔씩만 일어나므로, 개별 파일을 적재할 때마다 파일 포인터를 크게 옮겨야 하는 경우보다 성능이 크게 향상된다.

접근 기반 파일 재배치의 작동 방식

단계 1: 게임을 실행하고 자료를 수집한다

표준적인 자원 묶음 파일을 이용해서 게임을 실행하면서 파일 접근과 적재 시간을 텍스트 파일에 기록한다. 그러면 게임이 접근한 파일들의 목록을 얻게 된다. 게임이 다른 상태로 전환할 때마다 개별적인 기록을 얻도록 하는 것이 바람직하다. 물론 게임이 프로젝트를 어떤 식으로 사용하느냐에 따라 좀 더 구체적인 기록 방식을 고안해야 할 것이다. 이러한 자료는 이후 어떤 파일들을 어떤 식으로 무리지을지 결정하는 데 사용된다. 또한 적재 시간도 반드시 기록해야 한다. 그러한 시간 정보는 이후 표준적인 자원 묶음 파일을 사용할 때보다 실제로 성능이 향상되었는지를 판단하는 기초가 된다.

단계 2: 자료를 해석해서 순서를 최적화한다

자원 파일 순서 최적화 알고리즘을 정하고, 그 알고리즘을 구현한 순서 최적화 프로그램을 작성한다. 그리고 단계 1에서 얻은 파일 접근 기록에 대해 그 프로그램을 실행한다. 이 단계는 프로젝트에 크게 의존적이다. 부록 **CD-ROM**에는 레벨 중심적인 접근방식을 사용하는 예제 최적화기가 수록되어 있다.

일반적으로 한 레벨에 고유한 자원들과 함께 공통의 자료도 적재하기 마련이다. 묶음 순서는 특정 레벨에 대해 최적화된다. 좀 더 견고한 접근방식은 파일들의 그룹들이 순서대로 적재되게 조직하는 것이다. 이를 위해서는 게임의 어떤 시스템이 언제 어떤 파일에 접근하는지를 기록해야 한다. 이러한 최적화는 모든 레벨에 공통인 부분에서부터 적용하는 것이 좋다. 이를테면 게임 내 UI, 표준 무기 집합, 공통의 셰이더 라이브러리 등이 그에 해당한다.

단계 3: 자원 묶음 파일을 다시 묶는다

단계 2에서 결정한 순서대로 자원 파일들을 묶어 묶음 파일을 만든다. 이를 위해서는 자원 묶음 도구가 입력 파일에 지정된 순서대로 자원 파일들을 묶을 수 있어야 한다.

단계 4: 게임을 다시 실행해서 자료를 수집한다

최적화된 묶음 파일이 적재 시간을 실제로 줄여주는지 검증해야 한다. 새로 묶은 파일로 게임을 실행해서 적재 시간을 기록하고, 그것을 원래의 적재 시간과 비교한다. 적재가 더 빨라지지 않았다면 원인을 파악해야 하는데, 결과에 영향을 미칠 수 있는 몇 가지 요인들을 잠시 후에 제시하겠다.

결과

표 1.9.1은 CD-ROM의 예제 자료에서 얻은 결과이다.

표 1.9.1 예제 자료 적재 시간

파일 시스템	적재 시간(밀리초 단위)
Windows 파일 시스템(NTFS)	6077.858499
표준적인 묶음 파일	1443.543244
최적화된 묶음 파일	795.332088

표에서 보듯이, 최적화된 묶음 파일의 적재 시간이 표준 묶음 파일의 절반 정도밖에 되지 않는다. 예제 자료 자체가 작아서 이득이 그리 크지는 않다. 그러나 1GB 이상의 더 큰 파일들로 시험해 보았더니 디렉터리 구조를 그대로 반영한 묶음 파일에 비해 최적화된 묶음 파일의 속도가 20에서 50배까지 증가했다. 시간으로 치면 200밀리초에서 10초 정도

더 빨라졌는데, 이는 대단한 향상이다. 파일들에 단편화된 접근이 일어나던(즉, 디스크 헤드가 크게 이동해야 했던) 부분에서 향상이 가장 컸다.

결과에 영향을 미칠 수 있는 요인들

결과는 단지 수치일 뿐이고, 수치만으로는 모든 것을 파악하지 못할 수도 있다. 다음은 결과의 유효성에 영향을 미칠 수 있는 요인들이다.

하드 드라이브 캐싱

이것이 유효하지 않은 결과의 결정적인 요인이자 극복하기도 어려운 요인이다. 예제 코드를 연달아 두 번 실행해 보면 하드 드라이브 캐싱의 효과를 볼 수 있다. 첫 실행에서 섹터들이 캐싱되어서 둘째 실행에서는 첫 실행과 상당히 다른 결과가 나온다. 이 문제에 대한 해결책은 저장장치마다 다를 수 있다. 한 가지 보편적인 방법은 컴퓨터를 다시 부팅하는 것이다. 다른 매체에서 자원들을 적재해 보는 것도 한 가지 방법이 된다.

파일 단편화

최적화된 묶음 파일이 디스크 상에서 하나의 연속된 블록에 저장되어 있는 것이 아니라 여러 조각들로 단편화되어 있을 수도 있다. 그러면 표준적인 묶음 파일보다 오히려 성능이 떨어질 수 있다. 이 글을 쓰면서 실제로 그런 일을 겪었는데, 하드 디스크 파티션에 조각 제거 프로그램을 실행하고 나니 문제가 사라졌다. 최종 사용자 역시 이런 일을 겪을 수 있다. 파일들의 물리적 배치를 완전히 제어할 수 있는 CD-ROM이나 DVD ROM 매체에서는 일반적으로 이런 일이 발생하지 않는다.

잠재적인 문제점들

묶음 순서는 개발 주기 도중에는 생각해 보지 않은 부분들에 영향을 미칠 수 있다. 예를 들어 이러한 최적화가 모드(mod) 제작 공동체에는 오히려 해가 되기도 한다. 개발자가 자원 파일들을 게임의 스토리라인에 맞는 순서로 묶어서 게임의 자원 적재 성능을 최대로 끌어 올린 경우, 사용자가 게임의 자원들을 이용해서 만든 새로운 레벨은 파일 순서 최적화를 하지 않았을 때보다 더 느리게 적재될 수도 있다. 현재는 주로 PC 게임에서 이런 문제가 발생하지만, 궁극적으로는 콘솔 쪽에서도 신경을 써야 할 부분이다.

일반적인 적재 최적화 방법들

다음은 자원 적재 속도를 높이는 데 도움이 되는 몇 가지 일반적인 최적화 방법들로, 새롭다기보다는 기존의 관행들을 개괄한 것이라 할 수 있다.

순차 접근

파일 자료를 점진적으로 읽어 들인다. 이것이 파일 적재 성능에서 가장 중요한 요인이다. 파일에 순차적으로 접근하면 대용량 저장장치의 하드웨어 캐싱 기능의 이점을 취할 수 있다. 일반적으로 대용량 저장장치는 현재 요청된 섹션 이후의 약간의 내용을 미리 읽어서 보존해 둔 후 응용프로그램이 실제로 그 부분을 요청하면 보존된 내용을 즉시 돌려주는데, 응용프로그램이 이러한 기능의 이점을 최대로 취할 수 있으려면 자료를 순차적으로 읽어야 한다.

자료의 전처리

자료를 추가적인 변환 없이 메모리에 직접 적재할 수 있다면 전반적인 자료 적재 공정이 좀 더 빨라진다. 하나의 자료 형 변환에는 시간이 별로 걸리지 않는다고 해도, 자료의 용량이 커지면 전체적인 변환 비용이 무시할 수 없을 정도로 증가할 수 있다. 예를 들어 시스템 메모리나 비디오 메모리가 그리 넉넉하지 않은 컴퓨터를 사용하는 최종 사용자도 있을 수 있는데, 그런 경우에는 적재 시점에서 텍스처나 효과음의 해상도를 낮추는 것보다 미리 해상도를 낮춘 자원 파일들을 따로 제공하는 것이 더 효과적이다. 이에 대해서는 [Olsen00]을 보기 바란다.

파일의 메모리 캐싱

파일을 여러 번 적재하는 일이 없도록 한다. 게임 세계가 여러 개의 다각형들에 대해 동일한 텍스처를 사용하는 경우, 세계 파일에서 그 텍스처를 참조할 때마다 자원 관리 시스템이 해당 텍스처 파일을 적재하는 일이 생겨서는 안 된다. 그와 같은 불필요한 파일 적재는 파일들을 공통의 자원 풀에 넣어 두고 빠르게 조회하는 방식으로 피할 수 있다.

자료 압축

자료 적재에 걸리는 시간이 적을수록 게임은 좀 더 흥미로운 일에 많은 시간을 쓸 수 있다. 텍스트 파일 등과 같은 압축하기 쉬운 형태의 대형 파일들에 대해서는 압축을 적용하는 것이 좋다. zlib라는 훌륭한, 그리고 자유로이 사용할 수 있는 압축 라이브러리를 웹에서 구할 수 있다([Zlib05] 참고).

하드웨어 특성 파악

일반적으로 대용량 저장장치에는 적재에 최적인 블록 크기라는 것이 존재한다. 예를 들어 Xbox DVD 플레이어에서 적재에 최적인 블록 크기는 2048바이트이다. 이 블록 크기는 시스템마다 다를 수 있다. 고정된 플랫폼을 위한 게임을 만들 때에는 해당 플랫폼의 명세서를 참고해서 플랫폼의 최적 블록 크기에 맞게 자료를 적재해야 할 것이다. PC용 게임의 경우에는 안타깝게도 이런 기법을 적용하기가 힘들다. PC에는 표준적인 하드웨어 구성이라는 것이 없기 때문이다. 굳이 이야기하자면, 성능에 최악이 되는 방식은 한 번에 한 바이트씩 읽는 것이니, 그것만은 피해야 한다.

결론

최적화는 주어진 구체적인 프로젝트에 크게 의존한다. 적재 속도 최적화의 효과를 극대화하기 위해서는 프로젝트가 자원들을 어떻게 사용하는지를 파악해야 한다. 다른 최적화들과 마찬가지로, 프로젝트의 막바지까지 최적화를 미루어서는 안 된다. 적재 속도 최적화는 게임 제작을 시작하기 전, 개발 시간에 여유가 가장 많은 시점에서 계획해야 한다. 접근 기반 파일 재배치를 통해서 어떤 이득을 얻을 수 있는지 고려해 보라. 적재 시간을 절반으로, 어쩌면 그보다 더 줄일 수도 있다. 게임이 최적의 성능으로 실행되게 하는 데 필요한 깃들을 파악하기 위해서는 반드시 게임 자체를 조사하고 분석해야 한다. 이 글의 기법에 대한 간단한 예제 프로그램과 소스 코드가 부록 CD-ROM에 있으니 참고하기 바란다.

참조문헌

[History03] "The History of Computer Data Storage: The timeline :)," 2003. 웹 *http://www.usbyte.com/common/history_of_storage.htm.*

[Mansur05] Mansur, Mark, "DVD Layout and Load-Time Tips and Tricks," 웹 *https://xds.xbox.com*, 2005년 3월 18일자.

[Olsen00] Olsen, John, "Fast Data Load Trick." *Game Programming Gems 3*, Charles River Media, 2002. 번역서는 "빠른 데이터 로드 기법", *Game Programming Gems*

3, 정보문화사, 2003.

[Zlib05] zlib, 2005. 웹 *http://www.zlib.net*.

1.10 빠른 반복을 위한 실행시점 자산 즉석적재

Noel Llopis, Charles Nicholson, High Moon Studios
llopis@convexhull.com, charles.nicholson@gmail.com

잘 다듬어진 게임을 만드는 데 있어서 중요한 것은 실천이다. 그런 만큼, 게임의 최종 품질은 내용 작성자의 숙련도가 크게 좌우한다. 그런데 불편한 작업 공정 흐름이 게임의 완성도를 높이고자 하는 내용 작성자의 노고에 큰 방해가 되는 경우가 많다. AI 스크립트 한 줄을 고치고 그 결과를 확인하기 위해 게임을 종료하고, 수백 메가바이트 자원 파일을 다시 빌드하고, 게임을 다시 실행해야 한다고 생각해보라. 아티스트나 디자이너가 그런 작업을 빠르고 손쉽게 반복할 수 있다면 다양한 실험을 통해서 더 나은 내용을 만들 수 있을 것이며, 결과적으로 더 나은 게임을 만들 수 있다.

이 글에서 살펴볼 자산 즉석적재(asset hotloading)는 게임을 실행하는 도중에 레벨을 중단하거나 재시작하는 일 없이 자산을 자동으로 재적재하는 공정이다. 즉석적재는 텍스처, 모형, 레벨 기하 자료, 스크립트, 게임 객체 자료, 효과음, 애니메이션 등 다양한 종류의 자산들에 적용할 수 있다. 이글 통해서 반복 시간을 단 몇 초로 줄일 수 있으며, 심지어 게임 콘솔에도 사용히는 것이 가능하다. 자산 즉석적재 기능은 결과적으로 게임의 품질을 크게 높이는 데 기여할 수 있으며, 내용 생산팀이 프로그래머들을 입이 마르게 칭찬하는 계기가 되기도 한다.

즉석석새의 작업 흐름

그럼 자산 즉석적재를 작업 공정에 통합했을 때의 전형적인 시나리오를 보자. 이를 통해서 즉석적재가 시스템의 다른 여러 부분들과 어떻게 연동되는지 파악할 수 있을 것이다. 그림 1.10.1은 전반적인 공정을 나타낸 것이다.

1. 아티스트가 Photoshop에서 텍스처를 수정한다.

2. 아티스트가 커스텀 Export 버튼을 클릭한다. 그러면 원본 텍스처가 TGA 파일로 저장되고, 그 파일에 대해 자산 변환기가 실행된다. 자산 변환기는 그 파일을 최적화된 커스텀 이진 파일 형식으로 변환한다. 이 때 변환기가 비트 깊이나 압축 형식 변경, 적절한 필터링을 적용한 밉맵 생성 등 좀 더 복잡한 작업을 수행할 수도 있다.

3. 배경에서는 파일 변경을 감지하는 파일 감시기가 계속해서 실행된다. 자산 변환기가 자산 파일을 저장하면 감시기가 그 사실을 감지하고는 해당 파일을 다시 적재해야 한다는 메시지를 네트워크를 통해서 게임에 전송한다.

4. 그 메시지를 받은 게임 실행 모듈은 메시지에서 자산 파일의 경로와 이름을 추출하고 실질적인 재적재를 시작한다.

5. 텍스처가 메모리에 적재된다. 변환기가 이미 적절한 이진 형식으로 변환해 두었으므로, 추가적인 변환은 수행되지 않는다.

6. 기존의 텍스처를 비디오 메모리에서 제거하고 새 텍스처를 올린다.

7. 다음 프레임부터는 렌더링에 새 텍스처가 적용된다.

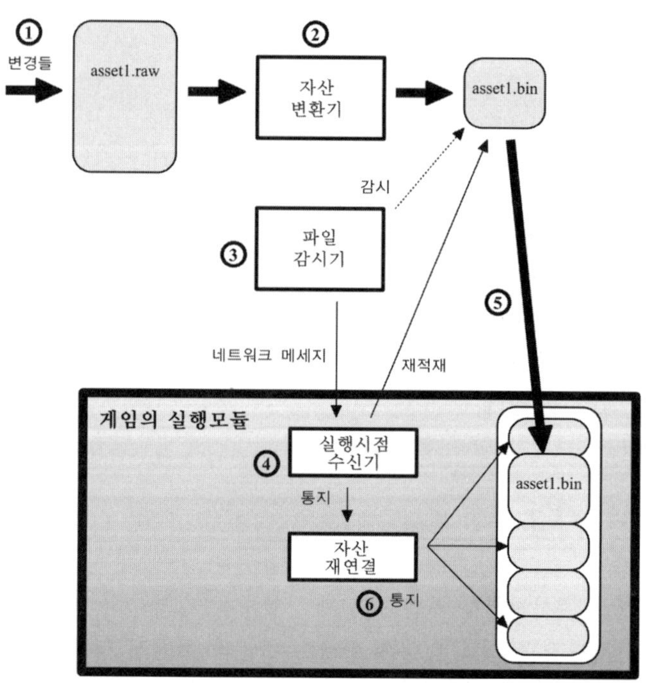

그림 1.10.1 즉석적재를 작업 공정에 통합한 모습

아티스트가 Export 버튼을 누른 시점부터 새 텍스처가 게임에 실제로 나타나기까지의 시간(변환 시간＋네트워크 통신 시간＋적재 시간)은 상황에 따라 다르겠지만 1초 이하의 아주 짧은 시간일 수도 있다. 커다란 자산이나 복잡한 변환의 경우에는 더 길 수 있다. 그러나 몇 초 이상 걸리는 경우는 드물 것이다.

자산 즉석적재의 해부

자산 즉석적재 공정은 크게 네 가지 요소로 구성된다. 바로 자산 변환기, 파일 감시기, 실행시점 수신기, 자산 재연결이다.

자산 변환기

자산 변환기는 원시 형태 또는 중간 형태의 자산을 실행 모듈이 즉시 적재할 수 있는 플랫폼 고유의 이진 형식으로 변환한다. 이 단계가 꼭 필요한 것은 아니나(실행 모듈이 직접 변환을 수행할 수도 있다), 그를 통해 다음과 같은 몇몇 이점들을 얻을 수 있다.

- 공정 이전 단계에서 만들어진 자료의 오류나 불일치성을 검출해서 내용 작성자에게 즉시 알려줄 수 있다. 자산 변환 단계를 거친 후라면 자료가 정확하다고 간주할 수 있다.
- 실행 모듈에 복잡한 자산 적재 코드를 추가할 필요가 없다. 실행 모듈에서 그냥 파일 내용을 통째로 하나의 메모리 블록에 읽어 들이기만 하면 자산을 즉시 사용할 수 있게 된다. 이런 문제는 원본 자산의 형식이 다양할 때(이를테면 원본 텍스처들이 TGA, TIFF, PNG 등 다양한 형식으로 존재하는 경우) 더욱 중요해진다. 변환기를 거치는 경우, 실행 모듈은 한 종류의 파일만 읽어 들이면 된다. 실행 모듈이 자산 파일을 별다른 변환이나 메모리 할당 없이 그대로 적재할 수 있으면 자산 적재 시간이 매우 빨라진다.

이런 종류의 자산 변환기를 이미 갖추고 있는 경우도 많을 것이므로, 즉석적재를 위해 자산 변환기를 새로 만들 필요는 없다. 유일한 차이라면 대량의 자산들을 일괄적으로 변환하기 위해 사용하는 대신 아티스트나 디자이너가 하나의 자산을 수정할 때마다 실행하게 된다는 것뿐이다.

그런데 자산 변환기가 단순히 한 파일을 다른 형식으로 변환하는 것 이상의 일을 해야 할 수도 있다. 다른 자원들에 의존하는 복합적인 자원도 있을 것이므로, 자산 변환기는 의존성 점검을 수행해서 필요에 따라 여러 파일들을 갱신해야 할 수 있다.

파일 감시기

파일 감시기의 임무는 자산 디렉터리를 감시하면서 파일에 변화가 있을 때마다 그 사실을 실행시점 수신기에 알려주는 것이다. 자산 변환기는 원본 자산을 최종적인 플랫폼 고유 이진 형식으로 변환해서 파일 감시기가 감시하고 있는 디렉터리의 파일에 저장한다. 그 디렉터리를 주시하고 있던 파일 감시기는 파일 쓰기 연산이 수행되었음을 감지하고는 그 파일에 대한 정보를 네트워크를 통해서 실행시점 수신기에 전달한다.

OS가 제공하는 파일 사건 훅(event hook)을 이용하면 이러한 파일 감시기를 깔끔하고 효율적으로 구현할 수 있다. 사건 훅을 이용하면 감시기가 직접 디렉터리를 점검할 필요가 없다. 파일 감시기를 사건 수신자로 OS에 등록해 두면 디렉터리에 변화가 생겼을 때마다 OS가 그 사실을 감시기에게 알려준다.

Win32 환경이라면 ReadDirectoryChangesW 함수를 이용할 수 있다. 다른 플랫폼들에도 그와 비슷한 파일 사건 통지 기능이 있는데, 이를테면 Linux의 **dnotify/inotify** 등을 예로 들 수 있다.

ReadDirectoryChangesW의 문서화에는 다소 복잡한 설명이 나열되어 있지만, 결국은 파일 연산이 일어났을 때 그 사실을 통지받고자 하는 디렉터리에 하나의 사건을 연관시키기 위한 것일 뿐이다. 감시기는 200ms마다 GetOverlappedResult 함수를 이용해서 디렉터리 변경 사건의 완료 여부를 점검한다. 그 함수가 **true**를 돌려주었다면 해당 디렉터리의 파일(들)에 변화가 생긴 것이다. 함수는 변경된 파일들의 집합을 커다란 char 버퍼 형태로 돌려준다(출력 인수를 통해서). 이를 FILE_NOTIFY_INFORMATION 구조체들의 배열로 간주해서(적절한 강제형변환이 필요하다), 각 FILE_NOTIFY_INFORMATION 구조체를 훑으면서 Action 멤버가 FILE_ACTION_MODIFIED(파일이 수정되었음을 뜻한다)인 것을 찾아 처리하면 된다.

짧은 시간 기간 동안 여러 개의 파일들이 수정되는 일도 흔하므로, 아직 처리하지 않은 변경된 파일이름들을 1초 동안 유보해 두었다가 네트워크로 전송해야 한다. 이러면 즉석적 재가 필요 이상으로 자주 실행되지 않게 하는 효과뿐만 아니라 ReadDirectoryChangesW의 다소 기이한 행동으로 인한 문제를 피하는 효과도 얻을 수 있다. 이상하게도 Read DirectoryChangesW는 가끔씩 같은 파일에 대해 변경 통지를 여러 번 보내곤 하는데, 파일 당 통지 횟수는 변경된 파일 전체 개수에 의존하는 듯하다.

변경된 파일들을 모두 네트워크를 통해 통지했다면 다시 ReadDirectoryChangesW를 호출해서 감시 절차를 재시작해야 한다. 한편, **Event** 객체는 재사용할 수 있으므로 감시기가 실행되는 동안 한 번만 생성하면 된다.

Xbox용 게임 개발 프로젝트 등 대상 플랫폼이 개발용 플랫폼과는 다른 파일 시스템을 사용하는 경우에는 변경 사실을 게임의 실행 모듈에 통지하기 전에 파일 감시기가 변경된 파일들을 직접 대상 플랫폼에 복사하거나 또는 그런 복사 작업을 수행하는 다른 프로그램을 실행할 필요가 있다.

실행시점 수신기

실행시점 수신기는 특정 네트워크 포트를 주시하면서 파일 감시기의 통지를 기다리다가 통지 메시지가 오면 해당 자산의 재적재를 시작한다.

이를 위해서는 재적재할 자산의 파일이름과 게임에서 그것이 대체할 자산을 수신기가 알 수 있어야 한다. 게임의 자산 관리자가 파일이름 자체를 자산의 식별자로 사용하거나 파일이름을 자산 식별자로 매핑하는 정보를 내장하고 있다면 별 문제가 없겠지만, 그렇지 않다면 수신기에서 파일이름과 함께 자산 식별자도 자산 관리자에게 알려주어야 할 것이다. 한 가지 방법은 파일 감시기에 자산 식별자 정보(자산 생성 또는 변환 과정에서 만들어 둔)를 포함시켜 두고, 실행시점 수신기에 보내는 통지 메시지에 식별자를 포함시키는 것이다.

자산 즉석적재 시스템을 구성하는 요소들 중에서 게임 실행 모듈 자체에 추가해야 하는 것은 실행시점 수신기 밖에 없다. 이는 바람직한 특징이다. 자산 즉석적재는 개발 도중에만 필요한 것이므로, 될 수 있다면 게임의 실행시점 코드는 변경하지 않는 것이 좋다. 즉석적재 시스템을 만들 때에는 게임의 실행 코드에 추가해야 할 즉석적재용 코드의 양을 최대한 줄여야 하며, 출시용 빌드를 만들 때 간단한 #ifdef들로도 그 코드를 제거할 수 있게 해야 한다.

자산 재연결

게임은 다양한 종류의 자산들을 사용한다. 전형적인 게임이라면 텍스처, 모형, 애니메이션, 효과음, 음악, 객체 정의 및 인스턴스, 제이와 AI를 위한 스크립트, 가시적이고 물리적인 정적 기하구조 등을 사용할 것이며, 그 외에도 게임의 특성에 따라 수많은 종류의 자산들을 사용할 것이다. 그런 자산들 중에는 즉석적재에 딱 맞는 것들도 있고 즉석적재 적용을 좀 더 신중하게 고려해봐야 할 것들도 있다.

실행시점 수신기가 파일의 변경을 통지받으면 게임은 새 자산의 적재를 시작한다. 이 적재 공정은 동기적으로 수행할 수도 있고 비동기적으로 수행할 수도 있다. 비동기적 방법은 적재 도중 프레임률이 크게 변하지 않는다는 장점이 있는 반면, 새 자산이 몇 프레임 정도 지난 후에야 나타난다는 단점도 가지고 있다. 반면 동기적 적재에는 게임이 잠시 멈추는 단점이 있으나 구현하기 쉬우며, 더욱 중요하게는 추가적인 메모리가 필요하지 않다는(메모리 안에서 기존 자원과 새 자원이 공존하는 기간이 없으므로) 장점이 있다. 자산 즉석적재는 개발 도중에만 쓰이는 것이므로, 아주 안정적인 자산 적재 시스템을 이미 갖추고 있는 경우가 아니라면 그냥 동기적인 방법을 사용해도 무방하다.

그런데 기존 자산을 대체할 새 자산이 기존 자산과 같은 양의 메모리를 사용하리라는 보장은 없으므로, 새 자산이 기존의 것과는 다른 메모리 주소에 배치될 가능성도 있다. 게임이 기존 자산 대신 새 자산을 사용하게 하려면 어떤 형태로든 간접 수단(핸들이나 약한 참조 등)을 사용하거나, 코드에서 기존 자산을 참조하는 요소를 찾아 그 요소가 새 자산을 가리키게 해야 한다.

변경된 새 자산을 대상 플랫폼의 메모리에 적재했다면, 다음으로 할 일은 자산 관리 시스템이 기존 자산 대신 새 자산을 참조하게 하는 것이다. 이 공정을 자산 재연결(rebinding)이라고 부른다. 이 자산 재연결이 재시작 없는 자산 즉석적재 공정의 끝이다. 즉, 여기까지 마치면 갱신된 자산이 비로소 게임 안에서 작용하게 된다.

그런데 문제는 폐기될 기존 자산에 대한 참조를 유지하는 객체들을 식별하기가 항상 쉬운 일은 아니라는 데 있다. C++의 경우 언어 자체의 기본 포인터만으로는 부족하다. 그런 포인터로는 포인터가 가리키는 대상이 파괴되었는지를 판정할 수 없기 때문이다. 이 부분을 제대로 처리하지 못하면 유랑 포인터(dangling pointer) 등에 의한 끔찍한 결과가 나올 수 있다.

한 가지 해결책은 자원을 직접적으로 가리키는 포인터 대신 자원 핸들을 사용하는 것이다. 이런 방식이다. 게임에 적재된 모든 자원과 그에 대한 핸들들의 정보를 자원 핸들 테이블에 담아 둔다(주로는 게임의 자원 관리자 객체가 그 테이블을 관리하게 한다). 게임의 한 객체가 어떤 자원을 사용할 때에는 자원 관리자에게 원하는 자원의 ID를 알려준다. 그러면 자원 관리자는 그 ID에 해당하는 핸들을 돌려준다. 객체는 그 핸들(일종의 포인터)을 통해서 자원에 접근하되, 그 핸들을 기억해 두지는 않는다. 나중에 같은 자원을 사용하고자 할 때에도 반드시 동일한 핸들 획득 절차를 거쳐야 한다. 즉석적재에 의해 자원이 새 것으로 대체되면 자원 관리자는 테이블의 해당 항목만 갱신한다. 자원을 사용하고자 객체는 그냥 이전과 동일한 ID로 자원을 요청한다. 그러면 자동적으로 새 자원이 쓰이게 된다. 핸들 메커니즘을 C++ 고유의 포인터와 거의 동일한 방식으로 작동하는 똑똑한 포인터 형태로 구현한다면 일이 더욱 편해질 것이다.

이러한 재연결이 가장 쉬운 자산으로는 외부 의존성이 없고 갱신할 상태도 없는 텍스처를 들 수 있을 것이다. 일반적으로 텍스처의 재연결은 그냥 새 버전을 메모리에 복사하고 참조들만 갱신하는 것으로 끝난다. 모형 기하구조와 입자 자료 등도 텍스처만큼이나 간단하다. 애니메이션 역시 주로는 기본 트랙 자료들로 구성될 것이므로 쉬운 편에 속한다.

그러나 게임 플레이에 좀 더 직접적으로 연결된 자산들이라면 좀 더 복잡한, 그리고 파괴적인 재연결 과정이 필요할 수 있다. 예를 들어 레벨 정의 자료에는 NPC들의 종류나 시작 위치, 상태들이 포함될 것이며, 따라서 재연결이 훨씬 복잡해진다. 현실적으로, 레벨을 재적재하려면 레벨 자체를 파괴하고 재시작하는 수밖에 없다. 또 다른 문제는, 메모리 부족 때문에 덩치 큰 정적 레벨 기하구조나 텍스처의 재적재가 아예 불가능해질 수 있다는 것이다. 레벨 기하구조가 충분히 크다면 즉석적재에 걸리는 시간이 그냥 게임을 다시 시작하는 것에 육박해서 즉석적재를 구현하는 데 투자한 노력이 무의미해질 수도 있다.

자산 즉석적재가 반복 시간을 줄이는 데 아주 효과적인 기법이긴 하나, 모든 자원에 대해 즉석적재를 적용할 필요는 없다. 기술이나 시간상의 제약이 있다면 그냥 가장 흔히 쓰이는 자산들에만 적용하는 것이 적은 노력으로 최대의 이득을 얻는 방법일 것이다.

■ 현실적인 고려사항들

네드워크 연결

개발용 컴퓨터외 대상 플랫폼이 항상 네트워크로 연결되어 있으면 일하기가 무척 편하다. 그러한 네트워크 연결은 자산 즉석적재 뿐만 아니라 원격 디버깅 용도로도 유용하다. 대상 플랫폼에서 실행 중인 게임의 상태들을 원격 컴퓨터에서 켜고 끄거나, 명령을 수행하거나, 변수들을 조회, 표시할 수 있다. 서로 다른 여러 플랫폼들에 대해 통합된 디버깅 환경을 만들거나, 재택근무자가 집에서 디버깅을 할 수 있도록 만드는 것도 가능하다.

메모리 단편화

개별 자산을 계속해서 파괴, 재적재하다 보면 메모리가 조각날 수 있으며, 그러다보면 충분한 크기의 연속적인 메모리 블록이 없어서 새 자산을 적재하지 못하게 될 수 있다. 새 자산의 크기가 기존의 것과 같거나 작다면 기존 자산이 차지하고 있던 메모리를 재사용함으로써 단편화를 줄일 수도 있다. 그러나 그런 일이 항상 가능하지는 않을 것이므로 메모리 단편화에 대한 나름의 대비책을 만들어 둘 필요가 있다.

한 가지 접근방식은 그냥 메모리 단편화를 허용하는 것이다. 자산 즉석적재는 개발 도중에만 쓰이며 개발용 컴퓨터는 일반적으로 대상 플랫폼보다 더 많은 메모리를 갖추고 있을 것이므로 메모리 단편화에 의한 문제가 그리 자주 일어나지 않을 가능성이 크다. 메모리가 부족해지면 그냥 게임을 다시 시작하면 된다. 즉석적재에 의한 메모리 부족이 7-8시간마다 일어나는 정도라면 그냥 하루에 한 번 정도 게임을 재시작하는 것이므로 별로 문제가 되지 않을 것이다.

좀 더 적극적인 해결책 한 가지는, 메모리 부족 시 자원들을 모두 다시 정리(메모리 재할당, 재배치 등)하는 것이다. 이 역시 개발 도중에만 있는 일이므로, 몇 시간마다 한 번 일어나는 정도라면 자원 정리에 시간이 좀 걸린다고 해도 문제가 되지는 않는다. 이미 자원 관리자에 자산들을 재배치하는 기능이 이미 구현되어 있을 것이므로 이 전략을 그리 어렵지 않게 적용할 수 있을 것이다.

자원 묶음 파일

특정 레벨을 위한 자산들 모두를 하나의 커다란 묶음 파일에 저장해서 사용하는 경우도 많을 것이다. 그런 게임에서 자산 즉석적재를 사용하려면 자산 관리자가 개별 자산 파일을 직접 적재하는 기능도 가지고 있어야 한다. 자산 즉석적재는 개발 도중에만 쓰이는 것이므로, 자산 변환기가 수정된 자산 파일로 묶음 파일을 갱신해서는 안 된다. 그냥 개별 파일들로 남겨두고, 묶음 파일 갱신은 다른 절차를 통해서 수행하도록 해야 한다.

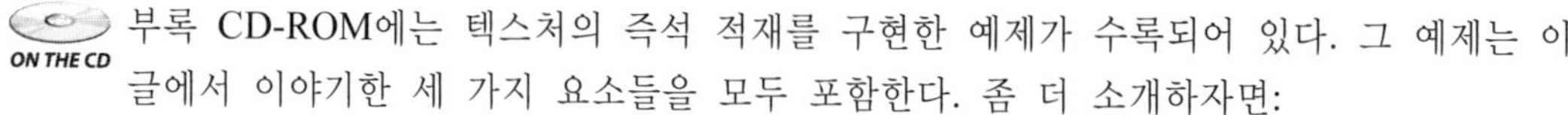

예제 프로그램

부록 CD-ROM에는 텍스처의 즉석 적재를 구현한 예제가 수록되어 있다. 그 예제는 이 글에서 이야기한 세 가지 요소들을 모두 포함한다. 좀 더 소개하자면:

- **자산 변환기** : TGA 파일을 간단한 헤더와 OpenGL로 바로 적재할 수 있는 이진 자료로 된 커스텀 형식으로 변환한다.
- **파일 감시기** : 특정 디렉터리의 파일 변화를 감시, 통지한다.
- **표시용 프로그램(실행 모듈)** : 텍스처가 세 개 적용된 주전자를 표시하는 간단한 GLUT 응용프로그램이다. 이 프로그램은 파일 감시기의 통지를 받아서 텍스처를 재적재한다.

자산 즉석적재를 시험하는 방법은 이렇다. 표시용 프로그램을 실행하고, 감시할 디렉터리와 표시용 프로그램의 네트워크 주소를 지정해서 파일 감시기를 실행한다. "textureX.tga" 파일들 중 하나를 수정, 저장하고(또는 다른 TGA 파일을 같은 이름으로 덮어 써도 된다) Make를 실행해서 자산 변환기를 실행한다. 그러면 파일 감시기가 파일 변화를 표시용 프로그램에 통지하며, 그러면 변경된 텍스처가 화면에 적용된다.

■ 결론

자산 즉석적재는 구현하기가 별로 어렵지 않으면서도 효과는 아주 큰 기법이다. 이 글에서는 대부분의 작업을 오프라인 도구들에 맡기고 게임의 실행 모듈 자체는 최소한으로만 변경하는 한 가지 구현 방법을 제시했다. 이 방법을 가장 자주 변경되는 자산들부터 점진적으로 적용할 수도 있고, 모든 게임 자산에 대해 일괄적으로 적용할 수도 있을 것이다. 어떤 형태로든 자산 즉석적재 기능을 구현해 둔다면 게임의 내용 작성자들이 게임을 매번 재시작하지 않고서도 작업의 결과를 확인할 수 있으므로 좀 더 나은 자산들을 생산할 수 있게 된다.

■ 더 읽을거리

Bloom, Charles, "The making of *Oddworld: Stranger's Wrath*." GameTech 2005. 웹 *http://www.cbloom.com/3d/game_tech_04.zip*.

Hawkins, Brian, "Handle-Based Smart Pointers." *Game Programming Gems 3*, Charles River Media, 2002. 번역서는 "핸들 기반의 똑똑한 포인터", *Game Programming Gems 3*, 정보문화사, 2003.

Johnstone, Mark S., "The Memory Fragmentation Problem: Solved?" ISMM98.

Llopis, Noel, "The Beauty of Weak Reference and Null Objects." *Game Programming Gems 4*, Charles River Media, 2003. 번역서는 "약한 참조와 널 객체의 미더", *Game Programming Gems 4*, 정보문화사, 2005.

SECTION

02

수학 및 물리

소 개

Jim Van Verth, Red Storm Entertainment, Inc.

jimvv@redstorm.com

적어도 뉴턴 시절부터 수학과 물리학은 동맹을 맺어왔다. 수학과 물리학의 동반 관계가 항상 좋았던 것은 아니다. 예를 들어 파인먼은 수학의 팬이 아니었다. 그러나 수학이 없었다면 물리학도 없었을 것이다. 그리고 물리학이 제공한 영감이 없었다면 수학의 발전도 크게 늦어졌을 것이다. 뉴턴 자신이 큰 기여를 한 미적분학이 없었다면 만유인력의 이론을 서술하기 힘들었을 것이다.

이러한 상호의존성은 게임 개발에서도 그대로 이어진다. 수학으로 서술된 물리 이론들은 그 자체로도 유효하다. 그러나 수학이 없다면 그 이론을 실현하는 프로그램을 만들기가 현실적으로 불가능하다. 컴퓨터에서 물리 시뮬레이션 문제를 푸는 데 쓰이는 알고리즘들 대부분은 수학의 한 분야인 수치해석에서 비롯된 것이다. 물리 시뮬레이션은 결국 수학 공식들과 그것을 구현한 코드로 이루어진다. 그런 차원에서, GPG 6에서는 수학과 물리가 하나의 섹션으로 통합되었다.

이번 섹션은 기초적인 주제로 시작한다. 수학자들의 이상적인 세계에서 실수(實數)는 무한한 정밀도를 가시며, 0으로 나누기는 더욱 탐구해야 할 흥미로운 분야를 제공할 뿐이다. 그러나 까다롭고 냉혹한 디지털 컴퓨터의 세계에서는 그런 사치를 누릴 수 없다. 다행히, Chris Lomont의 글은 그런 냉혹한 세계에서도 약간의 현명함이 있다면 부동소수점 표현의 한계를 받아들이고 그것을 이용해서 좀 더 효율적인 코드를 만들 수 있음을 보여준다. 부동소수점 수의 비트들을 정수로 취급함으로써 다양한 부동소수점 연산들을 좀 더 빠르게, 또는 적어도 정수 파이프라인과 병렬적으로 처리하는 것이 가능하다.

동차 좌표, 연립방정식, 외적을 하나로 연결해서 생각해 본 독자는 별로 없을 것이다(셋 다 컴퓨터 그래픽의 일부라는 점을 제외하고는). 이번 섹션에는 동일한 기법을 서로 다른 관점에서 다룬 두 글이 수록되었다. 첫 글은 Vaclav Skala가 쓴 것으로, 동차 좌표와 연립방정식의 관계에 초점을 두면서 외적을 교묘하게 사용해서 선과 평면의 교점을 찾는 방법과 절단(clipping) 코드의 효율성을 개선하는 방법을 설명한다. Anders Hast가 쓴 둘째 글은 외적을 이용한 연립방정식 해법이라는 주제를 좀 더 확장한 것으로, 특히 동일한 기법을 삼각형 특성들의 보간 속도를 높이는 문제와 작은 행렬의 역행렬을 구하는 문제에 적용하는 방법을 이야기한다.

게임을 구성하는 객체들(플레이어 자료, 애니메이션 자료, 기술 그래프 등)의 컬렉션을 관리하는 문제가 주어졌을 때, 대부분의 개발자들은 수학적인 관점보다는 자료 관리의 관점에서 고민하게 된다. Palem GopalaKrishna의 글은 그런 문제를 또 다른 관점에서 바라보고 순차 색인 기법을 활용하는 방법을 설명한다. 순차 색인 기법은 기호들의 집합 및 부분 집합의 나열과 정렬에 대한 해법으로, 게임 자료의 조회, 압축, 행동 생성, 수치적 측정에 활용할 수 있다.

강체들의 기본적인 충돌 판정 및 처리는 이미 많은 독자에게 익숙한 문제일 것이다. 게임 세계가 건물과 도로로만 이루어져 있다면 강체 충돌만으로도 충분하다. 그러나 실제 세계의 70%는 물로 덮여 있으며, 게임도 그러한 사실을 반영할 필요가 있다. 그런 만큼 강체와 유체의 상호작용을 실시간으로 처리하는 기법들이 더욱 중요해진다. 이 섹션에서는 그 문제에 대한 글 두 개를 수록했다. 첫 글에서 Erin Catto는 격자 형태로 표현된 유체에 잠긴 다면체 강체의 부력을 계산하는 간단한 기하학적 기법을 소개하며, 항력을 위한 근사 모형도 논의한다. 둘째 글이자 이번 섹션의 마지막 글인 Takashi Amada의 글은 첫 글과는 다른 접근방식을 취한다. 이 글은 유체의 움직임과 유체와 강체의 상호작용을 입자 기반(표준적인 격자 기반이 아니라)으로 시뮬레이션하는 평준화된 입자 유체동역학이라는 기법을 논의한다.

2.1 부동소수점 비법들

Chris Lomont, Cybernet Systems Corporation

chris@lomont.org

옛날에는 비디오 게임에서 부동소수점 코드가 별로 쓰이지 않았다. 정수 기반 코드에 비해 부동소수점 기반 코드가 너무 느린 탓에, 사람들은 소프트웨어 래스터화를 수행할 때 고정 소수점 기법에 의존할 수밖에 없었다. 그러나 이제는 부동소수점 연산이 아주 빨라졌다. 게다가 정수 파이프라인과는 별도로 부동소수점 파이프라인을 두는 프로세서들도 많다. 그런 프로세서에서는 정수 기반 코드와 부동소수점 기반 코드를 잘 섞으면 성능이 크게 향상된다. 요즘 게임들은 부동소수점 코드에 크게 의존한다. GPU, 물리 엔진, 음성 처리, 충돌 루틴의 교차 판정 등 수많은 곳에서 부동소수점 연산이 쓰인다. 여기서 예언 하나: 미래의 게임에서는 실시간 광선추적 엔진이 쓰이게 될 것이며, 그러면 부동소수점 기법들의 쓸모도 더욱 커질 것이다. 그러나 안타깝게도 수치 해석, 오차 전파 등 부동소수점 프로그래밍의 까다로운 특성을 제대로 알고 있는 프로그래머는 많지 않다. 사실, 부동소수점 값들을 "=="로 비교하는 초보적인 실수를 저지르는 프로그래머들이 더 많은 실정이다. 이 글은 부동소수점에 대한 기본적인 지식을 약간 설명한 후 부동소수점 코드의 속도를 높일 수 있는 몇 가지 비법들을 소개한다.

대부분의 프로그래머들, 심지어는 아주 훌륭한 프로그래머들도 자신이 작업하고 있는 프로젝트의 대상 플랫폼에서 부동소수점 값이 저장되는 방식을 정확하게 설명하지 못한다. 동료들에게 정수가 이떻게 저장되고 정수 산술이 어떤 식으로 일어나는지 물어본 후, 부동소수점 값에 대해서도 같은 질문을 던져보라. 아마도, 게임 프로그래밍에서 써먹을 일이 없는 이진 부호 십진수(BCD)는 훤히 꿰뚫고 있으면서 정작 중요한 부동소수점에 대해서는 말문이 막히는 프로그래머들이 많을 것이다.

정수 코드의 경우와 마찬가지로, 부동소수점 코드에 정통하려면 우선 부동소수점 값들이 비트 차원에서 어떤 형태로 저장되는지를 이해해야 한다. 이 글에서는 주요 시스템들의 부동소수점 저장 형식을 상세히 설명한다. 이 글에서 말하는 것과는 다른 형식으로 부동소수점 값들을 저장하는 시스템들도 드물게나마 있긴 하지만, 그래도 그 차이가 아주 큰 것은 아니다. 따라서 이 글의 내용을 잘 숙지한다면 그런 시스템에서도 보다 나은 부동소수점 코드를 작성할 수 있을 것이다.

시작하기 전에 마지막으로 한 마디 덧붙이자면, 이 글과 비슷한 글이 *Game Programming Gems 2*에 수록된 바 있다 [King01]. 이 글은 그 글을 여러 분야에서 확장하고 새로운 비법들도 여럿 제시하며, 그 글의 비법들 중 적어도 하나에 대한 개선안도 제시한다. 그럼 부동소수점의 비트 표현 방식을 살펴보자.

부동소수점 형식

게임 프로그래머가 마주칠 플랫폼들은 거의 모두 IEEE 754 표준을 준수하는 방식으로 부동소수점 값을 저장한다. IEEE 754는 부동소수점 값의 저장 방식, 기본 산술의 오차 전파, 위넘침(overflow)과 아래넘침(underflow)의 처리, NaN(Not-a-Number), 무한대 처리 방식을 엄밀하게 정의하는 부동소수점 형식 표준이다. IEEE 754 표준이 여러 플랫폼들에 받아들여지기 전에는 부동소수점 코드의 이식성이 매우 낮아서, 같은 코드가 플랫폼에 따라 다른 결과를 내곤 했다. 이에 대한 자세한 이야기는 부동소수점의 아버지인 William Kahan의 인터뷰 기사([Kahan98])를 보기 바란다.

독자가 만나게 될 플랫폼들에서 부동소수점 형식은 IEEE 754를 정확히 따르는 것이거나 IEEE 754와 조금만 다른 것일 가능성이 크다. 예를 들어 PC의 부동소수점 형식은 IEEE 754를 준수하며, 최근(그리고 바라건대 미래의) 게임 콘솔들 역시 그렇다. 3DNow!™와 SSE/SSE2/SSE3은 IEEE 754의 저장 형식을 따르나, 반올림 모드 등 몇 가지 세부사항에서는 표준과 조금 다른 측면이 있다. NVIDIA®와 ATI®의 GPU들, 그리고 Playstation 2 게임 콘솔 역시 표준과 비트 단위에서 호환되는 부동소수점 형식을 사용한다. 따라서 표준 부동소수점 비트 표현 방식을 알아두면 여러 모로 쓸모가 있다.

IEEE 754 형식의 기초

IEEE 754는 여러 가지 크기의 부동소수점 형식들을 정의하는데, 그 중 하나가 여러 C/C++ 구현들에서 표준 `float` 형식에 해당하는 32비트 부동소수점 형식이다. 이 32비트 부동소수점 형식의 비트 구성이 표 2.1.1에 나와 있다.

표 2.1.1 32비트 부동소수점 형식

부호 비트 S	치우친 지수 E	압축된 가수 M
1비트(31번 비트)	8비트(30번에서 23번 비트까지)	23비트(22번에서 0번 비트까지)

이러한 형식이 나타내는 값은 $(-1)^S \cdot 2^{E-127} \cdot (1+M/2^{23})$이다. 여기서 M은 23비트의 부호 없는 정수이다. 그럼 이 값을 좀 더 분해해 보자.

32비트 부동소수점 값의 최상위 비트는 부호(sign)를 뜻하는 비트 S이다. 부동소수점 값이 음수가 아니면 S가 0이고, 음수이면 S가 1이다. 그 다음 여덟 비트들, 즉 30번 비트에서부터 23번 비트까지는 치우친 지수(biased exponent)로, 앞의 수식에서 E에 해당한다. '치우친(biased)'이란 표현이 붙은 이유는, 이 값 자체를 2의 지수로 사용하는 것이 아니라 127(치우침 값)에서 이 값을 뺀 것을 지수로 사용하기 때문이다. 이러면 음의 지수가 가능해지며, 따라서 절댓값이 아주 큰 값뿐만 아니라 아주 작은 값도 나타낼 수 있다.

마지막으로(그리고 사람들이 가장 오해하는 부분으로), 그 다음의 23비트(22번 비트에서 0번 비트까지)는 압축된 가수(packed mantissa)이다. 이 값은 23비트 부호 없는 정수로, 앞의 수식에서 M에 해당한다. 이 비트들은 [0,1) 범위의 소수점 이하 값을 나타낸다(즉, $M/2^{23}$).

여기서 **압축된**이라는 말은 가수 앞의 1이 생략되었다는 뜻이다. 즉, 원래는 $1+M/2^{23}$이다. 이를 간단히 1.M으로 표기한다. 이러한 압축된 형식으로 저장된 수를 **정규화된 수**(normalized number)라고도 하는데, 이는 그 값의 선행 1비트가 암묵적으로 해당 위치로 이동되며, 저장 형식 자체에는 포함되지 않기 때문이다. 지수 역시 비슷한 크기를 유지하기 위해 저절히 감소된다. 이 덕분에 정규화되지 않은 형식에 비해 비트 하나를 더 저장할 수 있다. 이후의 내용에서, 부동소수점 형식의 이러한 부호 없는 비트 값들을 각각 M과 E로 표기하겠다.

예를 보자. 표 2.1.2는 어떤 `float` 값의 비트 패턴이다.

표 2.1.2 부동소수점 값의 해부

S	E	M
1	1000 0010	101 0000 0000 0000 0000 0000

이 값이 과연 무엇일까? 부호 비트 S가 1이므로 이 값은 음수이다. E(지수 비트들)는 십진

수로 130이므로, 최종적인 지수는 $130-127=3$이다. 가수 비트들인 M은 $2^{22}+2^{20}$이며, 따라서 $1.M$은 $1+(2^{22}+2^{20})/2^{23}=1.625$이다. 따라서 이 **float** 값은 $(-1)^1 \cdot 2^3 \cdot 1.625 = -13$이다.

PC나 기타 대부분의 플랫폼들에서 다른 크기의 부동소수점 값들 역시 이와 비슷한 패턴을 따른다. 표 2.1.3에 크기에 따른 여러 형식들이 정리되어 있다.

표 2.1.3 부동소수점 크기들

형식	float	double	long double	반 float[1]	SPARC long double
비트수	32	64	80	16	128
부호 비트수	1	1	1	1	1
지수 비트수	8	11	15	5	15
지수 치우침값	127	1023	16383	15	16383
가수 비트수	23	52	64	10	112
압축 여부	예	예	아니요	예	예
유효자릿수	7	16	19	3	34

80비트 표현이 압축된 가수를 사용하지 않음을 주목할 것. 다른 형식들에서는 암묵적으로 숨겨지는 1비트가, 80비트 형식에서는 가수의 최상위 비트로 명시된다. 또한, x86 프로세서들이 내부적으로 80비트 표현을 부동소수점 연산들에 사용한다는 점도 중요하다. 즉, 대부분의 부동소수점 형식들은 내부적으로 80비트로 풀려서 계산된 후 다시 압축, 저장된다. 안타깝게도 현재의 Microsoft C/C++ 컴파일러들에서 이 80비트 부동소수점 값들을 명시적으로 사용할 수는 없다. 그 컴파일러들은 **long double**과 **double** 둘 다 64비트 형식으로 취급하기 때문이다. 80비트 정밀도가 필요하다면 어셈블리 언어를 동원해야 한다.

IEEE 754의 예외 사항들

여기까지는 별로 어렵지 않았다. 그러나 조금만 더 깊이 들어가면 여러 가지 어려운 문제들을 만나게 된다. 예를 들어 0 같은 중요한 값을 앞에 나온 규칙에 따라 비트들로 표현해 보라. IEEE 754 형식에서는 압축된 가수에 암묵적으로 1이 붙으므로 0은 표현할 수 없다. 0을 표현하기 위해서는 E의 극한값들에 관련된 예외 규정들을 동원해야 한다. 0

---

1) DirectX 9.0과 OpenGL 1.2, 그리고 ATI 및 nVIDIA 칩셋들을 포함한 여러 곳에서 쓰인다.

외에도 IEEE 754 표준은 다음과 같은 몇 가지 예외적인 값들을 정의한다.

$1 \leq E \leq 254$이라고 가정할 때,

- (부호 있는) 0들(즉 ± 0) : 만일 $E=0$이고 $M=0$이면 그 값은 0이다. 그러나 부호 비트가 0일 수도 있고 1일 수도 있으므로 0은 두 가지 표현을 가진다. 두 값 모두 부동소수점 값 0으로 간주된다.
- 역정규화된 수(denormalized number. 비정상 수[subnormal number]라고도 함) : 만일 $E=0$이고 $M \neq 0$이면 압축된 가수의 암묵적 1이 무시된다. 이런 값들은 아주 작은 값들(0에 가까운)을 나타내며, 우아한 아래넘침을 가능하게 한다. 대신 이런 패턴들에서는 유효자리수가 더 적다.
- 무한대 : 만일 $E=255$이고 $M=0$이면 그 값은 $\pm \infty$이다. 양의 무한대인지 음의 무한대인지는 부호 비트에 의해 결정된다.
- NaN : 만일 $E=255$이고 $M \neq 0$이면 그 값은 NaN, 즉 수가 아닌 수이다. M의 첫 비트가 0인 경우를 신호하는 NaN(signaling NaN, SNaN)이라고 부르고, 1인 경우를 조용한 NaN(quiet NaN, QNaN)이라고 부른다. Intel 프로세서들은 한 종류의 NaN만 구현하며, 그 NaN을 QNaN이라고 부른다. SNaN는 코드에서 예외를 일으켜야 하는 반면 QNaN는 그렇지 않다(그래서 '조용한'이라고 부르는 것이다).

이상의 규칙들이 IEEE 754 32비트 부동소수점 수의 모든 가능한 비트 패턴을 포괄한다. 이들은 수학적으로 편리한 습성을 보인다. 예를 들어 $\infty + \infty = \infty$, $\infty - \infty = NaN$이다. 단 $1/0 = \infty$인데, 이것이 엄밀하게 정확한 것은 아니다. 한 가지 이상한 점은 $\sqrt{-0} = -0$이라는 것이다. 다른 크기의 부동소수점 형식들에도 예외적 비트 패턴들이 이와 비슷한 방식으로 정의되는데, 좀 더 자세한 사항은 [754Ref05a]와 [754Ref05b]를 보기 바란다.

이렇게 해서 부동소수점 값의 저장 방식에 관련된 규칙들을 모두 살펴보았다. 여러 패턴들을 실수 직선에 사상시켜 보면 이후의 논의를 이해하는 데 도움이 된다. 표 2.1.4는 가장 작은 음의 값에서 가장 큰 양의 값까지의 주요 부동소수점 값들과 그 비트 패턴을 나열한 것이다. 이 표를 만들어내는 데 사용한 `MakeNumberLine` 함수의 코드가 부록 CD-ROM에 수록되어 있다.

음이 아닌 부동소수점 값을 증가하면 그 비트 패턴에 해당하는 부호 있는 정수 값 역시 증가한다는 점에 주목하자. 또한, 음의 부동소수점 값에 해당하는 부호 있는 정수 값은 양의 부동소수점 값에 해당하는 부호 있는 정수 값보다 작다. 그러나 음의 부동소수점 값을 증가하면 해당 부호 있는 정수는 오히려 감소한다.

표 2.1.4 주요 부동소수점 값들

값	16진 표현	부호 있는 32비트 정수 표현	이름
-1.#QNAN	FFFFFFFF	-1	음의 NaN들
-1.#QNAN	FFFFFFFE	-2	
...	...	...	
-1.#QNAN	FF800002	-8388606	
-1.#QNAN	FF800001	-8388607	
-1.#INF	FF800000	-8388608	$-\infty$
-3.40282e+038	FF7FFFFF	-8388609	정규화된 음수들
-3.40282e+038	FF7FFFFE	-8388610	
...	...	...	
-1.17549e-038	80800001	-2139095039	
-1.17549e-038	80800000	-2139095040	
-1.17549e-038	807FFFFF	-2139095041	역정규화된 음수들
-1.17549e-038	807FFFFE	-2139095042	
...	...	...	
-2.8026e-045	80000002	-2147483646	
-1.4013e-045	80000001	-2147483647	
0	80000000	-2147483648	-0
0	00000000	0	$+0$
1.4013e-045	00000001	1	역정규화된 양수들
2.8026e-045	00000002	2	
...	...	...	
1.17549e-038	007FFFFE	8388606	
1.17549e-038	007FFFFF	8388607	
1.17549e-038	00800000	8388608	정규화된 양수들
1.17549e-038	00800001	8388609	
...	...	...	
3.40282e+038	7F7FFFFE	2139095038	
3.40282e+038	7F7FFFFF	2139095039	
	7F800000	2139095040	$+\infty$
1.#QNAN	7F800001	2139095041	양의 NaN들
1.#QNAN	7F800002	2139095042	
...	...	...	
1.#QNAN	7FFFFFFE	2147483646	
1.#QNAN	7FFFFFFF	2147483647	

Intel 프로세서들이 역정규 값들과 무한대 값들, NaN 값들을 AMD 프로세서들보다 훨씬 느리게(무려 900배나) 처리한다는 점도 짚고 넘어가야 할 부분이다. 따라서 예외적인 값들이나 아주 작은 값들을 다루는 부동소수점 코드를 설계할 때에는 다양한 플랫폼들에서 코드를 프로파일링할 필요가 있다.

이제 부동소수점 값의 비교에 관한 사항 몇 가지로 부동소수점의 기초에 대한 논의를 마무리하겠다. 앞에서 말했듯이, 부동소수점 형식에서 0의 표현은 $+0$과 -0 두 종류이다. 이들을 float으로 취급할 때에는 동일한 것으로 판정되지만, 비트 패턴이 다르기 때문에 int로 취급할 때에는 주의를 기울여야 한다. 부동소수점 값들을 서로 비교할 때에도 문제가 생길 수 있다. 예를 들어 C/C++에서 float 형식의 임의의 값 v에 대해 v == v가 항상 참일까? 또는, 두 float 변수 v1과 v2에 대해 v1 > v2, v1 == v2, v1 < v2 중 적어도 하나가 참임이 보장될까? 이 글 끝에서 놀라운 답을 볼 수 있을 것이다.

■ 루틴 설계

지면 관계상 부동소수점 루틴의 수치 해석을 완전하게 다루기는 힘들다. 대신 부동소수점 값의 비트 표현을 이용해서 값을 조작하는 몇 가지 비법들을 소개하기로 한다. 이 비법들이 CPU의 부동소수점 처리 단위를 사용하는 것만큼이나 안정적이고 정확한 것은 아니지만, 그래도 훨씬 빠른 코드를 만드는 데에는 도움이 된다. 더 나은 알고리즘을 찾을 수도 없고 코드 파이프라이닝도 할 만큼 했지만 여전히 핵심 루틴의 속도를 40%정도 더 끌어올려야 하는 상황이라면, 이 글의 비법들이 독자의 수명과 독자가 사랑하는 이들(또는 프로젝트)의 수명을 늘려줄 것이니. 단, 다른 최적화 기법들과 마찬가지로, 이 비법들을 적용한 후에는 코드의 성능을 구체적으로 측정해 보아야 하며, 대상 플랫폼에서 충분히 정확한 결과가 나오는지도 섬섬해야 함을 명심하기 바란다.

부동소수점 값도 결국은 비트들일 뿐이므로, float을 int로 취급하면 부동소수점 값의 비트들에 접근할 수 있다. 즉, C++의 부울 연산자들과 자리이동 연산자들로 부동소수점 값의 비트들을 임의로 조작할 수 있는 것이다. 많은 경우, 부동소수점 값의 비트들을 직접 조작함으로써 더 빠른 결과를 얻을 수 있다. 대신 정밀도를 조금 잃거나 역성규, 예외 값을 제대로 처리하지 못할 수 있지만, 상황에 따라서는 float을 int로 취급함으로써 연산을 더 정확하게 수행할 수 있는 경우도 있다.

다음의 비법들이 통하지 않는 플랫폼이나 아키텍처들도 있는데, 그런 부분들에 대해서는 그때그때 지적해 두겠다. 마지막으로, 이 비법들은 꼭 필요한 경우에만 사용할 것. 이런 비법들을 사용하는 코드는 이식성이 떨어지고 유지보수하기 어려울 수 있기 때문이다. 그렇긴 하지만 이 비법들이 다른 방법으로는 불가능한 성능 향상을 제공하기도 한다는 점 역시 잊어서는 안 될 것이다.

전제조건 및 사전 준비 사항

부동소수점 값의 비트들에 접근하기 위해서는 **float**과 **int**가 동일한 크기이어야 한다. 이후의 내용에서는 **float**과 **int**가 모두 32비트라고 가정한다. 그렇지 않은 플랫폼이나 컴파일러에서는 **int** 대신 다른 정수 형식을 사용해야 할 것이다. Visual Studio.NET에서 **double**의 비트들을 조작하고 싶다면 **__int64** 형식을 사용하면 된다. 둘 다 64비트이다. 이하의 예제 코드에서 **ival**은 **float fval**의 비트들을 정수로 표현하는 변수의 이름이다.

우선, 대상 플랫폼에서 형식 크기들이 가정에 맞는지를 점검하는 루틴이 필요하다. 부록 CD-ROM의 **TestArchitecture** 함수는 대상 아키텍처가 우리가 원하는 특성들을 지원하는지 점검한다. 구체적으로, 이 함수는 **float** 형식과 **int** 형식이 같은 크기이고 부호 없는 자리이동이 우리가 원하는 방식으로 작동하며 강제형변환(casting)이 제대로 작동한다면 **true**를 돌려준다. 이 함수가 **false**를 돌려준다면, 이후에 나오는 여러 #define 매크로들을 대상 아키텍처의 특성에 맞게 적절히 조정해 주어야 한다.

그럼 C/C++에서 **float**의 비트들에 직접 접근하는 몇 가지 방법들을 살펴보자. 가장 흔한 방법은 다음처럼 직접적인 강제형변환을 사용하는 것이다.

```
int ival = (*(int*)&fval);
```

최적화를 과도하게 수행하지 않는 C++ 컴파일러에서는 다음이 더 빠를 수 있다.

```
int& ival = (*(int*)&fval);
```

그러나 Falk Hüffner가 [Anderson05]에서 지적했듯이, 새로운 C99 ISO 표준은 이러한 코드를 정의되지 않은 행동으로 명시한다. 표준을 만족하는 방법은 다음과 같다.

```
memcpy( &ival, &fval, sizeof(int));
```

셋째 방법은 다음처럼 **float**과 **int**로 된 **union**을 사용하는 것이다 [King01].

```
typedef union { float f; int i; } IntOrFloat;
```

넷째 방법은 인라인 어셈블리를 이용해서 **float**의 값을 32비트 레지스터로 적재하고 그 레지스터를 조작하는 것이다.

ON THE CD 부록 CD-ROM의 코드는 주로 처음 두 방법을 사용하나(#define 매크로들을 통해), 경우에 따라서는 union을 사용하기도 한다.

이 글에서는 첫 방법을 기본으로 사용한다. 이하의 코드에서 _fval_to_ival() 매크로와 _ival_to_fval() 매크로가 바로 그러한 방법으로 두 형식을 변환하는 역할을 한다. 그러나 독자의 상황에서 어떤 방법이 최선인지는 대상 플랫폼의 특성에 따라 결정해야 한다. 예를 들어 union에 대해 의외로 메모리 복사가 수행되는 경우도 있고, 반대로 작은 값에 대한 memcpy 호출에 대해 컴파일러가 실제 함수 호출 없이 float의 메모리 위치에 직접 접근하는 코드를 만들어낼 수도 있다. 이러한 특성들을 짐작만으로 파악할 순 없으므로, 반드시 여러 방법들을 시도하고 결과로 생성된 어셈블리 코드를 점검해봐야 할 것이다.

흔히 쓰이는 여러 비교 연산들에는 float의 부호에 따라 0들로만 된 또는 1늘로만 된 비트마스크가 쓰인다. [King01]에 나온 방법은 본질적으로 int mask = (ival>>31)를 사용하나, C/C++ 표준에서 signed int의 오른쪽 자리이동시 부호 보전 여부는 구현의 정의를 따르기 때문에 이식성에 문제가 생길 수 있다(좀 더 자세한 사항은 [Lomont05]를 볼 것). Intel 아키텍처와 Microsoft 컴파일러에서는 문제가 없다. TestArchitecture 함수는 signed int의 오른쪽 자리이동의 부호 보전 여부도 점검한다. 부동소수점 부호 판정을 위한 매크로는 다음과 같다.

```
#ifdef _SIGNED_SHIFT
#define SIGNMASK(i) ((i)>>31)
#else
#define SIGNMASK(i) (~((((unsigned int)(i))>>31)-1))
#endif
```

다음으로, unsigned int 형식으로 주어진 부호, 지수, 가수에 해당하는 float 값을 만들거나 그 반대로 float 값을 unsigned int 형식의 부호, 지수, 가수로 분해하는 함수들이 있다. 각각 MakeFloat와 SplitFloat이다. 또한, DumpFloat 함수는 주어진 float을 다양한 서식으로 ostream에 출력한다.

마지막으로, 이 루틴들이 무한대와 NaN들은 제대로 처리하지 못하며, 역정규화된 값들을 특별하게 처리해 주어야 하는 경우들이 종종 있다는 점을 주의하기 바란다. 그러나 대부분의 게임 코드는 그러한 경우들을 다루지 않으므로(역정규를 제외할 때) 크게 문제가 되지는 않을 것이다.

부호 비트 다루기

그럼 부호 비트를 이용한 몇 가지 요령들을 살펴보자. 다음은 빠른 절댓값 함수이다.

```
float FastAbs(float fval)
{
    int ival;
    _fval_to_ival(fval,ival);
    ival &= 0x7FFFFFFF;    // 부호 비트를 해제
    _ival_to_fval(ival,fval);
    return fval;
}   // FastAbs
```

다음으로, 부동소수점 값의 정수 표현을 0x800000000과 XOR함으로써 값의 부호를 뒤집을(양수를 음수로, 음수를 양수로) 수 있다. 또한 값의 음, 0, 양 여부 역시 비슷한 방식으로 빠르게 판정할 수 있다. 다음이 그러한 매크로들이다.

```
#define FI(f) (*((int *) &(f)))    // float을 int로

// float을 unsigned int로
#define FU(f) (*((unsigned int *) &(f)))

#define LessThanZero(f)
    (FU(f) > 0x80000000U)
#define LessThanOrEqualsZero(f)
    (FI(f) <= 0)
#define IsZero(f)
    ((FI(f)<<1)==0)
#define GreaterThanOrEqualsZero(f)
    (FU(f) <= 0x80000000U)
#define GreaterThanZero(f)
    (FI(f) > 0)
```

이들을 함수로 구현한 버전들도 있지만, 호출 부담이 속도 이득보다 크다. 강제형변환의 특성 상, 이 매크로들은 변수에 대해서만 호출할 수 있음을 주의할 것. 예를 들어 IsZero(0.0f)는 컴파일되지 않는다. 전역 이름공간을 더럽히기 싫거나, 대상 아키텍처가 형식 중의(type punning)를 보장하지 않는다면 함수 버전을 사용해야 할 것이다.[2]

---

2) *http://msdn.microsoft.com/library/default.asp?url=/library/en-us/dndeepc/ html/deep06012000.asp*를 보거나, *http://www.google.com*에서 *type punning*을 검색해 볼 것. 형식 중의는 하나의 메모리 장소에

```
bool LessThanZero(float fval);
bool IsZero(float fval);
bool LessThanZero(float fval);
bool LessThanOrEqualsZero(float fval);
bool GreaterThanZero(float fval);
bool GreaterThanOrEqualsZero(float fval);
```

범위 한정

다음으로, 부동소수점 값을 특정 범위로 한정(clamping)하는 요령들을 보자. 다음과 같은
함수들이 있다.

```
// float을 [0,1]로 한성
float Clamp01(float fval);
// float을 [A,B]로 한정(반드시 A<B이어야 함)
float ClampAB(float fval, float A, float B);
// float을 [0,무한대)로 한정
float ClampNonnegative(float fval);
```

비트 조작을 이용한 범위 한정을 좀 더 자세히 살펴보자. 예를 들어 한 부동소수점 값을
[0,1] 범위로 한정할 때에는 일반적으로 다음과 같은 방법이 쓰인다.

```
if (fval < 0.0f) fval = 0.0f;
if (fval > 1.0f) fval = 1.0f;
```

그런데 파이프라인 방식의 아키텍처에서는 분기와 비교가 성능에 해가 된다. 비트 조작을
이용하면 분기를 없앨 수 있으니, 따라서 성능이 향상될 가능성이 생긴다. 이 비법의 핵
심은, 부호 비트를 이용해서 주어진 값을 0으로 만들거나(음수인 경우) 원래 값을 그대로
유지하는(양수인 경우) 비트마스크를 생성하는 것이다. 다음은 값을 0으로 한정(0보다 작
으면 0으로 만들고 그렇지 않으면 원래 값을 유지)하는 예이다.

```
int s;
IntOrFloat val;
val.f = fval;          // 부동소수점 값을 설정
s = SIGNMASK(val.i);// 부호 비트가 1이면 모든 비트가 1인 비트마스크가 된다
val.i &= ~s;           // 음수였다면 0이 된다.
```

담긴 비트들을 필요에 따라 여러 의미들로 사용하는 것을 말한다.

다음은 값을 1로 한정하는 예이다. [King01]에도 비슷한 루틴이 나와 있으나, 그 루틴은 부호를 잘못 뒤집는다.

```
// 1로 한정
val.f = 1.0f - val.f;   // val > 1이면 음수가 된다
s = SIGNMASK(val.i);    // 부호 비트가 1이면 모든 비트가 1인 비트마스크가 된다
val.i &= ~s;            // 음수였다면 0이 된다
val.f = 1.0f - val.f;   // 다시 변환
return val.f;
```

이러한 계산의 속도에는 너무나 많은 요인들이 영향을 미치기 때문에, 이 방법과 비교를 이용한 방법 중 어떤 것이 더 빠르다고 확실하게 이야기하기는 어렵다. 그러나 x86의 경우 다른 부동소수점 계산이 수행됨과 함께 이 계산이 정수 파이프라인을 탈 수 있다는 점도 생각해야 할 것이다. 다른 **Clamp*** 함수들도 비슷한 특성을 가지며, 정수 기반의 분기 없는 한정을 수행하기 전에 부동소수점 자리이동 및 크기 비례를 수행한다.

변환

비트 조작을 통해서 **int_float** 변환 또는 **float_int** 변환을 좀 더 빠르게 수행할 수 있다. 이러한 기법의 작동방식이 [King01]에 자세히 나와 있으니 참고하기 바란다. 대충 이야기하자면, 정수부가 가수가 되도록 충분히 큰 값을 더하고, 쓰레기 값이 된 지수와 부호를 제거하고, 음의 값을 처리하기 위해 특정 상수를 빼는 방식이다. [King01]에는 $|fval| < 2^{22} = 4194304$인 정수 값들에 대해 작동하는 다음 두 함수가 제시되어 있다.

```
float IntToFloat(int ival)
{
    IntOrFloat val,bias;
    val.i = ival;
    bias.i = ((23+127)<<23)+(1<<22);
    val.i += bias.i;
    val.f -= bias.f;
    return val.f;
} // IntToFloat

int FloatToInt(float fval)
{
    int ival;
    fval += (1<<23) + (1<<22); // 가수를 밀어 올린다
    _fval_to_ival(fval,ival);  // 변환
```

```
        ival &= (1<<23)-1;        // 쓰레기 값들을 제거
        ival -= (1<<22);          // 음의 값을 처리
        return ival;
    } // FloatToInt
```

다음은 더 넓은 범위인 $|fval| < 2^{31} = 2147483648$에 대해 작동하는 버전이다. 방식은 위의 버전과 동일하지만, 32비트 **float** 대신 64비트 **double**을 변환에 사용한다[3].

```
    // float을 long으로 변환한다.
    // |fval| <= 2^31-1에 대해 유효하다
    long FloatToLong(float fval)
    {
        // 충분히 큰 값을 더해서 가수를 밀어낸다
        // 더하는 값은 0x59C00000 = 2^51+2^52이다.
        double temp = fval +
            (((65536.0*65536.0*16.0)+32768.0)*65536.0);
        return (*(long *) &temp) - 0x80000000;
    } // FloatToLong
```

수학 루틴들

다음으로, 부동소수점의 비트 표현에서 가수 값의 선형 부분과 지수 비트들의 대수(로그), 지수 부분에 쉽게 접근할 수 있다는 점을 활용하는 몇 가지 기법들을 살펴보자. 예를 들어 **float**의 특정 비트들을 색인으로 이용해서, 미리 만들어진 표에서 **sin**이나 **cos** 값을 조회하는 것이 가능하다. 이 부분은 [King01]에 잘 나와 있으므로 다시 반복하지 않겠다.

또 다른 가능성은, 지수 비트들을 이용해서 기수 2 로그 값을 빠르게 구하는 것이다[Anderson05].

```
    int IntLog2(float fval)
    {
        // 지수를 뽑고, 부호를 제거하고, 치우침을 제거한다.
        assert(fval > 0);
        unsigned int ival;
        _fval_to_ival(fval,ival);
        return (ival>>23) - 127;
    } // IntLog2
```

---

3) 참고로, 대부분의 경우 **double**은 **float**에 비해 별반 느리지 않다(단, **double**을 소프트웨어에서 처리하는 PS2는 예외이다). 믿기 어렵다면 직접 측정해 볼 것.

이 방법으로 정확한 결과를 얻기 위해서는 지수 $E=0$과 가수를 검색해야 하므로, 역정규화된 수에 대해서는 이 방법이 통하지 않는다. 부록 CD-ROM에는 더 느리긴 하지만 $E=0$인 경우에도 정확한 결과를 돌려주는 **IntLog2Exact** 함수가 들어 있다.

웹에서 가장 많이 볼 수 있는 부동소수점 비법은 빠른 제곱근 계산 알고리즘일 것이다(그 다음으로는 아마도 **float-int** 변환). 부동소수점 요령의 단골 메뉴인만큼 이 글에서도 다루기로 하겠다. 다음이 흔히 볼 수 있는 비트 조작 기반 제곱근 계산 함수이다.

```
float FastSqrt2(float fval)
{
    assert(fval >= 0);
    float retval;
    int ival;
    _fval_to_ival(fval,ival);
    ival -= 0x3f800000;  // 치우친 지수에서 127을 뺀다.
    ival >>= 1;          // 비트 자리이동시 부호가 보존되어야 함
    ival += 0x3f800000;  // 새 지수를 다시 치우치게 한다.
    _ival_to_fval(ival,retval);
    return retval;
} // FastSqrt2
```

웹을 보면 알 수 있지만, 많은 사람들이 이 함수를 추천한다. 그런데 이 함수에는 누구도 지적한 적이 없는 아주 심각한 버그가 하나 숨어 있다. 무엇일까? 이 함수에 적용했을 때 완전히 잘못된 결과가 나오는 부동소수점 값을 하나 찾아보라(이 글 끝에 답이 나온다).

이 함수의 작동 방식은 이렇다. 핵심은 오른쪽 자리이동인데, 이에 의해 지수가 1/2가 되고, 따라서 제곱근이 취해진다. 압축된 가수 역시 자리이동한다($\sqrt{1.M} \approx 1.(M/2)$이므로). 부동소수점 형식이 치우친 지수를 사용하므로, 지수를 반으로 나누기 전과 후에 0x3f800000을 더하고 빼야 한다는 점도 주의할 것. 이 함수는 $\sqrt{0}$에 대해 8.13152e-020이라는 값을 돌려준다. 아주 작은 값이긴 하지만 딱 0은 아니다. 이 함수를 제대로 평가하려면 최대 상대 오차를 확인해야 한다. 이 함수의 반환값과 이론적인 제곱근의 상대 오차의 상한은 $(3/2\sqrt{2})-1 \approx 0.06$으로, 간단히 말해서 최대 약 6%의 오차가 존재한다. 반면 뉴턴-랩슨 반복법을 사용하는 다음의 **InvSqrt** 함수는 속도가 조금 느리지만, 더 정확하다.

부록 CD-ROM에는 또 다른 제곱근 함수(**FastSqrt1**)가 수록되어 있다. 그 함수는 $1/\sqrt{x}$, 즉 제곱근 역수를 구하는 다음과 같은 함수를 이용한다.

```
float InvSqrt(float x)
{
    assert(x > 0);
    // 이 함수의 작동 방식에 대해서는 [Lomont03]을 볼 것
    float xhalf = 0.5f*x;
    int i;
    _fval_to_ival(x,i);        // 부동소수점 값의 비트 표현을 얻는다
    i = 0x5f375a86 - (i>>1);   // 마법의 수로 초기 추정치 y0을 구한다
    _ival_to_fval(i,x);        // 비트들을 다시 부동소수점으로 변환
    x = x*(1.5f-xhalf*x*x);    // 뉴턴 반복법으로 정확도를 높인다
    return x;
} // InvSqrt
```

지면 관계상 이 함수의 작동 방식을 자세히 이야기하기는 힘들다. 대략 설명하자면, 우선 자리이동과 뺄셈, 마법의 수를 이용해서 지수의 -1/2를 취하고 가수와 결합해서 최선의 초기 추정치를 구한다. 0x5f375a86이라는 마법의 수를 비롯한 이 함수의 세부사항이 [Lomont03]에 자세히 나와 있다.

부록 CD-ROM의 FastSqrt1은 이 InvSqrt 함수와 $x > 0$에 대해 $\sqrt{x} = x \cdot 1/\sqrt{x}$이라는 사실을 이용해서 제곱근을 계산한다. 이것이 앞의 제곱근 계산 함수보다 더 빠르며 훨씬 더 정확하다. 또한 이전 버전의 (교정 가능한) 단점도 없다. 게다가 $\sqrt{0}$이 실제로 0이 된다. 이는 InvSqrt 함수가 0에 대해 아주 크지만 유한한 값(수학적으로는 무한대이어야 한다)을 돌려주며, 거기에 $x = 0$이 곱해지기 때문이다.

비교

비트 조작 기법의 또 나른 용도는 부동소수점 비교이다. 초보 프로그래머들이 부동소수점 코드에서 흔히 저지르는 실수가 있다. 두 부동소수점 값을 다음과 같이 비교하는 것이다.

```
if (fval1 == fval2) // ...
```

반올림 오차나 내부 표현의 차이, 기타 여러 문제섬들 때문에 이러한 비교가 프로그래머의 의도대로 작동하는 일은 거의 없나. 초보 티를 빗은 후에는 다음과 같은 방법을 사용하기도 한다(여기서 tolerance는 허용 오차에 해당하는 어떠한 작은 값).

```
if (fabs(fval1 - fval2) < tolerance) // ...
```

이 역시 찾기 힘든 버그들을 수없이 만들어내는 잘못된 방식이다. 문제의 핵심은, 허용

오차가 비교할 두 값의 규모에 맞게 비례하지 않는다는 것이다. (이에 대해서는 [Knuth97v2]를 볼 것. 아주 중요한 문제이다.) 제대로 하려면 다음과 같이 해야 한다.

```
if (fabs(fval1 - fval2) < max(fval1, fval2)*tolerance) // ...
```

이러면 규모가변성이 좀 더 좋아진다. 그러나 이 버전은 원래의 버전보다 최대 5배까지 느릴 수 있다(참고). 다음은 전에 광선 추적기를 만들다가 이 문제로 몇 시간을 고민한 후 얻은 해결책인데, 본질적으로는 [Dawson05]에 나온 것과 동일하다.

```
bool DawsonCompare(float af, float bf, int maxDiff)
{
    int ai,bi;
    _fval_to_ival(af,ai);        // 비트 표현을 얻는다
    _fval_to_ival(bf,bi);
    if (ai < 0)
        ai = 0x80000000 - ai; // 순서를 바로잡는다
    if (bi < 0)
        bi = 0x80000000 - bi; // 다시 바로잡는다
    int diff = ai - bi;          // 차이를 구한다
    if (abs(diff) < maxDiff)  // 충분히 가까운가?
        return true;
        return false;
}
```

다음과 같이 사용하면 된다.

```
if (true == DawsonCompare(fval, aval, 1000)) // ...
```

여기서 **1000**은 이전의 **tolerance**에 해당하는 것으로, 부동소수점 전체 범위에 대해 아주 잘 비례된다. 이것은 두 부동소수점 값의 비트 표현들을 **int** 값들로 간주하고 그 차이가 **1000**보다 작은지를 비교하는 방식인데, 수들의 범위 전체에 대해 규모가변성이 아주 좋다. 게다가 이전 방법들 모두보다 빠르다. 그러나 더 빠르게 만드는 것도 가능한데, 잠시 후에 이야기하겠다.4)

이 함수의 핵심은 비교할 두 값의 순서를 조정하는 부분인데, 이를 제대로 이해하려면 수직선 상에서의 부동소수점 값들의 순서 관계를 이해해야 한다. 간단히 말하자면, 두 값

---

4) 1,000이라는 값은 대략적인 추정치일 뿐이며, 독자의 코드에서 주로 비교되는 값들에 따라 다른 값을 선택해야 할 수도 있다. 어느 정도 시행착오를 거쳐서 가장 좋은 허용치를 찾아야 할 것이다.

모두 양수일 때에는 그냥 해당 정수 값들이 얼마나 가까운지만 보면 되고, 둘 중 하나나 둘 다 음수이면 비트들을 조절해서 순서 관계를 조정해야 한다. 좀 더 자세한 내용은 [Dawson05]를 보기 바란다.

이제 이 함수를 좀 더 빠르게 만들어 보자. 다음은 분기를 제거하고 몇 가지 교묘한 비트 조작 기법을 적용한 버전이다.

```
bool LomontCompare(float af, float bf, int maxDiff)
{
    // 빠르고 상수의 수행 시간을 제공함.
    // 또한 여러 컴파일러들에 대해 이식성도 있음.
    int ai;
    int bi;
    _fval_to_ival(af,ai);
    _fval_to_ival(bf,bi);
    int test = SIGNMASK(ai^bi);
    assert((0 == test) || (0xFFFFFFFF == test));
    int diff =
        (((0x80000000 - ai)&(test)) | (ai & (~test))) - bi;
    int v1 = maxDiff + diff;
    int v2 = maxDiff - diff;
    return (v1|v2) >= 0;
} // LomontCompare
```

이 함수의(그리고 이전의 여러 변형들의) 세부적인 작동 방식이 [Lomont05]에 나와 있다. 이 함수는 DawsonCompare와 본질적으로 동일하나, 시험해 본 모든 컴퓨터에서 DawsonCompare보다 더 빠른 성능을 보였다. 또한 KnuthCompare보다 훨씬 빠르며 큰 수 범위에 걸쳐서 안정적이다. 현재 이 함수는 개발 중인 CSG(Constructive Solid Geometry, 구축적 고형 기하) 광선 추적기에 쓰인다.[5]

향후 방향

이상의 함수들 외에도 부동소수점 비트 표현 조작의 활용 가능성은 무궁무진하다. 다음은 몇 가지 가능한 용도들로, 구체적인 구현은 독자의 숙제로 남겨두겠다.

▶ **빠른 즉석 교환**: float를 int로 간주할 수 있다는 것은 두 정수에 대해 XOR를 적용

---

[5] 여러 최신 및 예전 AMD, Intel PC들에서 시험해 보았으나 콘솔에서는 시험해 보지 않았다. 측정 자료가 있다면 이메일로 알려주시길!

해서 임시 변수 없이 두 정수 변수를 교환하는 기법, 즉 ai ^= bi; bi ^= ai; ai ^= bi;를 부동소수점 값들에도 적용할 수 있다는 뜻이다.

- ▶ 비트 표현을 색인으로 사용하는 빠른 표 조회 함수: sin이나 cos 등 여러 함수들에 적용할 수 있다. [King01]에 이미 잘 나와 있다.
- ▶ 교묘한 지수 조작 및 빠른 가수 근사를 통한 **빠른 세제곱근 및 기타 제곱근 계산.**
- ▶ 지수 조작을 통한 빠른 2의 제곱수 곱하기, 나누기: 정수는 비트 자리이동을 통해서 2를 곱하거나 나눌 수 있다. float의 경우에는 지수를 증가하거나 감소하면 2를 곱하거나 나눈 결과가 된다. 제곱근 계산에서 이러한 기법을 사용했다.
- ▶ 빠른 기수 정렬: 비트들로 통(bin)을 선택한다. 이를 통해서 선형 시간 정렬 알고리즘을 구현할 수 있다. 단, 음의 float들은 순서가 반대이므로 LomontCompare 함수에 쓰인 것 같은 순서 뒤집기 기법이 필요하다.
- ▶ 부동소수점 레지스터들을 이용한 빠른 memcpy: 한 번에 64비트 이상을 이동할 수 있다.

이 외에도 다양한 비법들을 고안할 수 있을 것이다.

결론

이 글에서는 부동소수점 값의 저장 방식을 이야기하고 부동소수점 값의 비트 패턴을 이용해서 여러 가지 연산들을 좀 더 빠르게(정확도는 조금 떨어지더라도) 수행하는 방법을 살펴보았다. 여기서 다음 단계로 나아가려면 그런 방법들을 분석해서 그 유효성을 수학적으로 검증하고, 최악의 경우 및 평균 경우의 오차를 분석하고, 대상 플랫폼에서 성능을 세밀하게 측정하는 등의 작업이 필요할 것이다. 그러한 작업은 어렵고도 지루하다. InvSqrt 함수의 상세한 오차 분석의 예를 [Lomont03]에서 볼 수 있다.

마지막으로, 여기까지 읽은 독자에게 작은 선물을 드리고자 한다. 다음은 본문 중간 중간에 나온 질문들에 대한 답이다.

float 값 v에 대해 v==v가 항상 참(true)일까? 아니다. NaN 값들에 대해서는 이 비교가 실패한다. 일반적으로 함수의 부동소수점 연산 도중 NaN 값이 발생해서는 안 되나, 그런 일이 생길 가능성은 항상 존재하므로 v==v가 항상 참일 것이라는 가정에 의존하지는 말아야 한다.

두 float 값 v1과 v2에 대해 v1 > v2, v1 == v2, v1 < v2 중 적어도 하나가 참임이 보장될까? 역시 아니다. 모든 종류의 비교 연산은 한 피연산자라도 NaN이면 실패한다.

FastSqrt2의 이상한 버그는 -0을 인수로 해서 호출해 보면 드러난다. FastSqrt2 함수는 **2.76701e+019**라는 아주 큰 값을 돌려준다. 이유는 이 글에서 설명한 부동소수점 값의 형식을 생각해보면 알 수 있을 것이다. 해결책은 **_fval_to_ival** 변환 후 자리이동을 수행하기 전에 **ival &= 0x7FFFFFFF**를 추가해서 부호 비트를 해제하는 것이다.

그 외에도 [Hecker96]이나 [Hsieh04], 그리고 훌륭한 책인 [Warren02]에서 부동소수점에 대해 많은 것을 배울 수 있다.

ON THE CD 마지막으로, 부록 CD-ROM에는 이 글에서 언급한 것을 비롯한 여러 기법들의 구현 코드가 수록되어 있다. 이 글에 대한 웹 사이트에서도 예제 코드를 내려 받을 수 있으며, 추후 갱신된 버전이나 추가 예제들도 올라올 것이다. 녹자늘이 보내 순 여러 함수들의 시산 측정 결과도 게시하겠다.[6]

■ 참고자료

[754Ref05a] Vickery, Christopher, "IEEE-754 References." 웹 *http://babbage.cs.qc.edu/courses/cs341/IEEE-754references.html*.

[754Ref05b] "IEEE Arithmetic." 웹 *http://cch.loria.fr/documentation/IEEE754/numerical_comp_guide/ncg_math.doc.html*.

[Anderson05] Anderson, Sean, "Bit Twiddling Hacks." 웹 *http://graphics.stanford.edu/~seander/bithacks.html*.

[Dawson05] Dawson, Bruce, "Comparing Floating-Point Numbers." 웹 *http://www.cygnussoftware.com/papers/comparingfloats/comparingfloats.htm*.

[Dawson05b] Dawson, Bruce, "x86 Processors and Infinity." 웹 *http://www.cygnussoftware.com/papers/x86andinfinity.html*.

[Hecker96] Hecker, Chris, "Let's Get to the (Floating) Point." Game Developer Magazine, 1996년 2/3월호. 웹 *http://www.d6.com/users/checker/pdfs/gdmfp.pdf*.

[Hsieh04] Hsieh, Paul, "Programming Optimization." 웹 *http://www.azillionmonkeys.com/qed/optimize.html*.

[Kahan98] Kahan, William, "An Interview with the Old Man of Floating-Point," 1998. 웹 *http://www.cs.berkeley.edu/~wkahan/ieee754status/754story.html*.

---

6) 현재 *http://www.lomont.org/Software*이다. 또는 *http://www.google.com*에서 "Chris Lomont"를 검색해 찾아올 수도 있다.

[King01] King, Yossarian, "Improving Performance with IEEE Floating-Point." *Game Programming Gems 2*, Charles River Media, 2001. 번역서는 "부동소수점 비법들:IEEE 부동소수점을 통한 성능 향상", *Game Programming Gems 2*, 정보문화사, 2002.

[Knuth97v2] Knuth, Donald, *The Art of Computer Programming: Volume 2, Seminumerical Algorithms*, 3rd Ed. Reading, Massachusetts, Addison-Wesley, 1997.

[Lomont03] Lomont, Chris, "Fast Inverse Square Root," 2003. 웹 *http://www.lomont.org/Math/Papers/2003/InvSqrt.pdf.*

[Lomont05] Lomont, Chris, "Taming the Floating-Point Beast," 2005. 웹 *http://www.lomont.org/Math/Papers/2005/CompareFloat.pdf.*

[Rosten05] Rosten, Edward, "Floating point arithmetic in C++ templates," 2005. 웹 *http://mi.eng.cam.ac.uk/~er258/code/fp_template.html.*

[Warren02] Warren, Henry S., Jr., *Hacker's Delight*. Addison-Wesley, 2002년 7월.

2.2 동차 좌표를 이용한 투영 공간 안에서의 GPU 계산

Vaclav Skala, University of West Bohemia, Czech Republic
skala@kiv.zcu.cz

컴퓨터 그래픽 프로그래밍에서는 이를테면 두 점을 지나는 직선을 구한다거나, 두 선의 교점을 찾거나, 선의 일부를 잘라내는 등의 주어진 문제를 선형 대수를 이용해 풀이야 하는 경우가 많다. 그런데 알려진 수학 공식을 직접 적용하는 것이 어려운 상황도 생길 수 있다. 특히 $a==b$ 같은 판정은 계산 안정성의 관점에서 볼 때 대단히 의심스럽다. 이 때문에 두 선이 같은 직선상에 놓여있는지를 판정하는 등의 언뜻 보기에는 아주 간단한 문제라도 제한된 계산 정밀도 때문에 잘못된 답을 얻을 가능성이 아주 크다.

또 다른 요인도 있다. 컴퓨터 그래픽 응용프로그램들은 대부분 점을 동차 좌표(同次座標, homogeneous coordinates)로 표현한다. 다시 말해서 점들을 진짜 투영 공간 안에서 표현하는 것이다([Ferguson01], [Hill01], [Shirley02]). 그러나 사용자와 프로그래머들은 대부분 점들을 동차 좌표에서 유클리드 좌표1)로 변환해 사용한다. 그러한 변환에는 나누기가 쓰이는데, 부동소수점 계산에서 나눗셈은 다른 연산들에 비해 느릴 뿐만 아니라 심각한 수치적 불안정성을 야기하기도 한다. 또한 치명적인 0으로 나누기 예외를 발생할 수도 있다.

이 글에서는 흔히 쓰이는 교차 판정을 동차 좌표들을 직접 사용해서 수행하는 방법을 설명한다. 동차 좌표를 직접 사용하면 수치적 안정성이 높아지며, 경우에 따라서는 계산 속도도 크게 올라간다. 이 글에서 제시하는 접근방식은 벡터와 행렬 연산을 직접적으로 지원하는 CPU나 GPU에서 계산을 수행할 때 특히나 편리하다.

---

1) 역주 : 아마도 직교 좌표 또는 데카르트 좌표(Cartesian coordinates)가 더 익숙한 용어일 것이다. 좀 더 정확하게는, 데카르트 좌표계는 유클리드 공간(Euclidean space)의 한 점의 위치를, 그 점에 해당하는 각 직교 좌표축상의 스칼라 값들의 벡터로 표현한다.

■ 수학적 배경

우선 이 글의 나머지 부분을 이해하는 데 꼭 필요한 몇 가지 수학적 사실들을 짚고 넘어가자.

동차 좌표

E^2 공간(즉, 2차원 공간)의 한 점의 위치를 $\mathbf{X} = (X, Y)$라는 유클리드 좌표로 표현한다고 하자. 그 점의 위치에 해당하는 3차원 동차 좌표는 $\mathbf{x} = [x, y, w]^T$이다. 여기서

$$x = wX \quad y = wY, \quad w \neq 0 \tag{2.2.1}$$

이다. w의 값으로 흔히 쓰이는 값은 1인데, 이 경우 점 $\mathbf{X}$를 $\mathbf{x} = [X, Y, 1]^T$으로 표현할 수 있다. 그러나 w는 무한히 많은 값을 가질 수 있으므로, 2차원 점 $\mathbf{X}$는 3차원 동차 좌표계에서 무한히 많은 점에 대응된다. 또한, $w = 0$인 동차 좌표는 점이 아니라 벡터(방향량)를 나타낸다. 이 벡터를 무한대에 있는 점이라고 생각해도 된다.

동차 공간의 한 점 $\mathbf{x} = [wX, wY, w]^T$에 해당하는 유클리드 좌표 (X, Y)는 다음과 같이 계산한다.

$$X = x/w \quad Y = y/w, \quad w \neq 0. \tag{2.2.2}$$

E^3 공간(즉, 3차원 공간)의 점에 대한 동차 좌표의 경우도 이와 마찬가지 방식이다(차원이 하나 늘 뿐이다).

행렬식 연산

행렬 $\mathbf{A}$의 행렬식(行列式, determinant)은 다음과 같이 재귀적으로 정의된다.

$$\det(\mathbf{A}) = |\mathbf{A}| = \sum_{j=1}^{n} a_{ij} (-1)^{(i+j)} \det(\widetilde{\mathbf{A}_{ij}}). \tag{2.2.3}$$

여기서 $\widetilde{\mathbf{A}_{ij}}$은 $\mathbf{A}$에서 i번째 행과 j번째 열을 제거한 부분행렬이다. 3×3 행렬의 행렬식은 다음과 같이 계산할 수 있다.

$$\begin{vmatrix} a & b & c \\ d & e & f \\ g & h & i \end{vmatrix} = a(ei - fh) - b(di - fg) + c(db - eg). \tag{2.2.4}$$

이후의 내용에서는 행렬식의 두 가지 특성을 활용한다. 하나는, 행렬의 한 행을 계수 q로 비례하면(즉, 행의 각 성분에 q를 곱하면) 행렬식 자체도 q배가 된다는 것이다. 단, $q \neq 0$ 이어야 한다. 이를 수식으로 나타내면 다음과 같다.

$$\begin{vmatrix} a_{11} & & \cdots & & a_{1n} \\ \vdots & & & & \vdots \\ qa_{k1} & qa_{k2} & \cdots & & qa_{kn} \\ \vdots & & & & \vdots \\ a_{n1} & & \cdots & & a_{nn} \end{vmatrix} = q \cdot \begin{vmatrix} a_{11} & & \cdots & & a_{1n} \\ \vdots & & & & \vdots \\ a_{k1} & a_{k2} & \cdots & & a_{kn} \\ \vdots & & & & \vdots \\ a_{n1} & & \cdots & & a_{nn} \end{vmatrix}. \tag{2.2.5}$$

또 하나는, 어떤 행렬의 행렬식이 0이면 그 행렬의 행들이나 열들이 1차 독립이라는 점이다. 이는 그런 행렬의 다른 나머지 행들이나 열들을 곱하거나 더해서 행이나 열을 만들어 낼 수 있다는 뜻이다. 행렬식이 0인 행렬은 역행렬이 없다. 이 때문에, 어떤 연립방정식을 나타내는 행렬의 행렬식이 0이면 그 연립방정식에는 해가 존재하지 않는다.

벡터 연산

두 벡터 $\mathbf{a} = [a_1, a_2, a_3]^T$과 $\mathbf{b} = [b_1, b_2, b_3]^T$의 내적(內積, inner product. 점곱[dot product]이라고도 한다)은 다음과 같이 정의된다.

$$\mathbf{a}^T \mathbf{b} = \mathbf{b}^T \mathbf{a} = \mathbf{a} \cdot \mathbf{b} = \| \mathbf{a} \| \, \| \mathbf{b} \| \cos\phi. \tag{2.2.6}$$

여기서 ϕ은 벡터 $\mathbf{a}$와 $\mathbf{b}$ 사이의 각도이다.

두 벡터 $\mathbf{a} = [a_1, a_2, a_3]^T$과 $\mathbf{b} = [b_1, b_2, b_3]^T$의 외적(外積, outer product. 가위곱[cross product]이라고도 한다)은 다음과 같이 정의된다.

$$\mathbf{a} \times \mathbf{b} = \begin{vmatrix} \mathbf{i} & \mathbf{j} & \mathbf{k} \\ u_1 & u_2 & u_3 \\ b_1 & b_2 & b_3 \end{vmatrix}, \tag{2.2.7}$$

여기서 $\mathbf{i} = [1,0,0]^T$, $\mathbf{j} = [0,1,0]^T$, $\mathbf{k} = [0,0,1]^T$.

이것을 식 2.2.4를 이용해 풀어 쓰면 다음과 같다.

$$\mathbf{a} \times \mathbf{b} = (a_2 b_3 - a_3 b_2)\mathbf{i} - (a_1 b_3 - a_3 b_1)\mathbf{j} + (a_1 b_2 - a_2 b_1)\mathbf{k}. \tag{2.2.8}$$

이는 벡터 $\mathbf{a}$와 $\mathbf{b}$ 모두에 수직인 한 벡터이다. 이것은 3차원 공간의 벡터들에만 해당하는 것이며, 또한 $\mathbf{a} \times \mathbf{b} = -\mathbf{b} \times \mathbf{a}$ 임을 기억하기 바란다.

4차원 공간의 두 벡터의 외적 역시 비슷한 방식으로 정의된다:

$$\mathbf{a}\times\mathbf{b}\times\mathbf{c}=\begin{vmatrix} \mathbf{i} & \mathbf{j} & \mathbf{k} & \mathbf{l} \\ a_1 & a_2 & a_3 & a_4 \\ b_1 & b_2 & b_3 & b_4 \\ c_1 & c_2 & c_3 & c_4 \end{vmatrix}, \tag{2.2.9}$$

여기서 $\mathbf{i}=[1,0,0,0]^T$, $\mathbf{j}=[0,1,0,0]^T$, $\mathbf{k}=[0,0,1,0]^T$, $\mathbf{l}=[0,0,0,1]^T$.

3차원 공간의 경우와 마찬가지로, 이 외적은 벡터 $\mathbf{a},\mathbf{b},\mathbf{c}$ 모두에 수직인 벡터를 정의한다. 이후 내용에서 이 정의가 쓰이므로 기억해 두기 바란다.

쌍대 원리

쌍대 원리(雙對原理, principle of duality)라는 것은, 임의의 정리에서 대응되는 두 단어(쌍대 단어)를 맞바꿔도 정리가 여전히 참이라는 것이다. 예를 들어 E^2에서 "점"과 "선", "지난다(pass through)"와 "위에 놓인다(lie on)", "교차한다(intersect)"와 "만난다(join)"가 쌍대이다. 비슷하게, E^3에서는 "점"과 "평면"이 쌍대이다.

컴퓨터 그래픽에서는 쌍대 원리가 어떻게 쓰일까? E^2 공간에서 하나의 선 p는 다음과 같이 정의된다.

$$aX+bY+c=0. \tag{2.2.10}$$

이 식에 기초할 때, E^3 공간의 벡터 $\mathbf{a}=[a,b,c]^T$이 선 p를 정의한다고 말할 수 있다. 더 나아가서, 식 2.2.10에 0이 아닌 임의의 w를 곱해도 여전히 동일한 선이 된다. 따라서 선 p는 실제로 동차 점과 쌍대이며, 선과 동차 점 모두 쌍대 공간에서 하나의 벡터 $\mathbf{a}$로 나타낼 수 있다. 이후 몇몇 공식의 유도에 이러한 쌍대 원리가 쓰이므로, 이를 잘 이해해 둘 필요가 있다.

동차 좌표 안에서의 계산

그럼 간단한 연립방정식을 동차 좌표를 이용해서 푸는 방법을 보자. 우선 E^2의 경우를 살펴보고, 이후 E^3으로 확장하겠다.

E^2의 경우

E^2의 두 선 p_1과 p_2가

$$p_1 : a_1 X + b_1 Y + c_1 = 0, \quad p_2 : a_2 X + b_2 Y + c_2 = 0 \tag{2.2.11}$$

이라고 하자. 이 두 선의 교점은 다음과 같은 비동차 연립방정식의 해이다.

$$\begin{bmatrix} a_1 & b_1 \\ a_2 & b_2 \end{bmatrix} \begin{bmatrix} X \\ Y \end{bmatrix} = \begin{bmatrix} -c_1 \\ -c_2 \end{bmatrix} \tag{2.2.12}$$

이 연립방정식의 해는 다음과 같다.

$$X = \frac{D_x}{D} \quad Y = \frac{D_y}{D}, \tag{2.2.13}$$

여기서
$$D_x = \begin{vmatrix} -c_1 & b_1 \\ -c_2 & b_2 \end{vmatrix} \quad D_y = -\begin{vmatrix} a_1 & -c_1 \\ a_2 & -c_2 \end{vmatrix} \quad D = \begin{vmatrix} -a_1 & b_1 \\ -a_2 & b_2 \end{vmatrix}$$

그런데 식 2.2.13에는 D로 나누기가 쓰이기 때문에, $D \to 0$에 따라 답이 수치적으로 불안 정해진다. 대신, 식 2.2.12를 다음과 같이 동차 좌표를 이용해서 표현해보자.

$$\begin{bmatrix} a_1 & b_1 & c_1 \\ a_2 & b_2 & c_2 \end{bmatrix} \begin{bmatrix} X \\ Y \\ 1 \end{bmatrix} = \begin{bmatrix} 0 \\ 0 \end{bmatrix} \tag{2.2.14}$$

이제 식 2.2.11의 해를 다음과 같이 동차 좌표를 이용해서 표현할 수 있다.

$$\mathbf{x} = [x, y, w]^T = [D_x, D_y, D]^T \tag{2.2.15}$$

이리면 식 2.2.2를 이용해서 X와 Y를 다음과 같이 구할 수 있다.

$$X = \frac{x}{w} = \frac{D_x}{D} \quad Y = \frac{y}{w} = \frac{D_y}{D} \quad D \neq 0 \tag{2.2.16}$$

이는 식 2.2.13과 일치한다. $D = 0$이면 주어진 선들은 평행하거나 동일한 것이다(즉, 해가 없거나 무한히 많다).

D_x, D_y, D에 대한 공식들을 잘 살펴보면 동차 교점 $\mathbf{x}$를 다음과 같이 두 벡터 $\mathbf{a}_1$과 $\mathbf{a}_2$의 외적으로 표현할 수 있음을 알 수 있다.

$$\mathbf{x} = \mathbf{a}_1 \times \mathbf{a}_2 = \begin{vmatrix} \mathbf{i} & \mathbf{j} & \mathbf{k} \\ a_1 & b_1 & c_1 \\ a_2 & b_2 & c_2 \end{vmatrix}, \tag{2.2.17}$$

여기서 $\qquad\qquad \mathbf{i} = [1,0,0]^T, \ \mathbf{j} = [0,1,0]^T, \ \mathbf{k} = [0,0,1]^T.$

이제 교점 구하기의 쌍대 문제를 살펴보자. 앞에서 언급했듯이, E^2에서 쌍대 원리에 의해 선과 점이 서로 쌍대이다. 따라서 교점을 구하는 문제의 쌍대 문제는 주어진 두 점을 지나는 하나의 선을 결정하는 것이다. 이 문제는 다음과 같은 연립방정식으로 풀 수 있다.

$$\begin{bmatrix} X_1 & Y_1 & 1 \\ X_2 & Y_2 & 1 \end{bmatrix} \begin{bmatrix} a \\ b \\ c \end{bmatrix} = \begin{bmatrix} 0 \\ 0 \end{bmatrix} \tag{2.2.18}$$

그러면 두 점 $\mathbf{x}_i = [X_i, Y_i, 1]^T$을 지나는 선 p를 결정하는 벡터 $\mathbf{a} = [a,b,c]^T$를 얻을 수 있다. 또는 다음을 사용해도 된다.

$$\mathbf{a} = \mathbf{x}_1 \times \mathbf{x}_2 = \begin{vmatrix} \mathbf{i} & \mathbf{j} & \mathbf{k} \\ X_1 & Y_1 & 1 \\ X_2 & Y_2 & 1 \end{vmatrix} \tag{2.2.19}$$

두 선의 교점을 구할 때와 마찬가지로, 단지 외적만으로도 두 점을 지나는 선을 구할 수 있는 것이다.

그런데 점들의 동차 좌표들에서 w가 1이 아니면, 즉 $\mathbf{x}_i = [x_i, y_i, w_i]^T$이면 어떻게 될까? 그런 경우에는 동차 좌표를 유클리드 좌표로 변환할 때 나눗셈이 필요하며, 따라서 식 2.2.19 대신 식 2.2.18을 사용해야 한다. 다행히 다른 방법이 있다. 일반 동차 좌표[2])에서 $w \neq 0$일 때 $x = wX$, $y = wY$라는 점과 식 2.2.5를 이용하면 식 2.2.19를 다음과 같이 변형할 수 있다.

$$\mathbf{x}_1 \times \mathbf{x}_2 = \begin{vmatrix} \mathbf{i} & \mathbf{j} & \mathbf{k} \\ x_1 & y_1 & w_1 \\ x_2 & y_2 & w_2 \end{vmatrix} = \begin{vmatrix} \mathbf{i} & \mathbf{j} & \mathbf{k} \\ w_1 X_1 & w_1 Y_1 & w_1 \\ w_2 X_2 & w_2 Y_2 & w_2 \end{vmatrix} = w_1 w_2 \begin{vmatrix} \mathbf{i} & \mathbf{j} & \mathbf{k} \\ X_1 & Y_1 & 1 \\ X_2 & Y_2 & 1 \end{vmatrix} = w_1 w_2 \mathbf{a} \tag{2.2.20}$$

이것은 원래의 벡터 $\mathbf{a}$의 $w_1 w_2$배이다. 그런데 앞에서 말했듯이 만일 $w_1 w_2 \neq 0$이면 $w_1 w_2 \mathbf{a}$로 정의되는 선은 $\mathbf{a}$로 정의되는 선과 기하학적으로 동일한 선이다. 따라서 식 2.2.20을 이용하면 주어진 점들의 동차 좌표들을 직접 이용해서 나눗셈 없이 선을 구할 수 있다.

---

2) 역주 : w가 1이 아닌 경우를 말한다.

E^3의 경우

이상의 방법들을 E^3으로 확장하는 것도 아주 쉽다. E^3의 경우에는 점과 평면이 쌍대이다. 따라서:

- 같은 평면에 있지 않은 세 평면들의 교점 $\mathbf{x}$를 다음과 같이 구할 수 있다.

$$\mathbf{x} = \mathbf{a}_1 \times \mathbf{a}_2 \times \mathbf{a}_3 = \begin{vmatrix} \mathbf{i} & \mathbf{j} & \mathbf{k} & \mathbf{l} \\ a_1 & b_1 & c_1 & d_1 \\ a_2 & b_2 & c_2 & d_2 \\ a_3 & b_3 & c_3 & d_3 \end{vmatrix} \tag{2.2.21}$$

여기서 $\mathbf{a}_i = [a_i, b_i, c_i, d_i]^T$은 평면 $\rho_i = a_i X + b_i Y + c_i Y + c_i Z + d_i$, $i = 1,...,3$을 나타내며 $\mathbf{x} = [x, y, z, w]^T$은 교점의 동차 좌표이다. 그리고 교점의 $X = x/w$, $Y = y/w$, $Z = z/w$은 유클리드 좌표이다.

- E^2의 경우와 마찬가지로, 동차 나누기 전에 벡터 $\mathbf{x}$의 동차 좌표 성분 w를 평가하고 특이(singular)인 경우 또는 특이에 가까운 경우들(이는 평면들이 동일평면상이거나 동일평면에 가까운 경우, 달리 말하면 해가 없거나 무한히 많은 경우에 해당한다)을 분석할 수 있다.

- 서로 소인(각각 서로 다른) 세 점으로 정의되는 평면을 다음과 같이 결정할 수 있다.

$$\mathbf{a} = \mathbf{x}_1 \times \mathbf{x}_2 \times \mathbf{x}_3 = \begin{vmatrix} \mathbf{i} & \mathbf{j} & \mathbf{k} & \mathbf{l} \\ x_1 & y_1 & z_1 & w_1 \\ x_2 & y_2 & z_2 & w_2 \\ x_3 & y_3 & z_3 & w_3 \end{vmatrix} \tag{2.2.22}$$

여기서 $\mathbf{x}_i = [x_i, y_i, z_i, w_i]^T$은 주어진 세 점(여기서 $i = 1,...3$)을 뜻하며 $\mathbf{a} = [a, b, c, d]^T$은 그 세 점으로 결정되는 평면 ρ를 나타낸다. 즉, $\rho = aX + bY + cZ + d$이다.

- 벡터 $\mathbf{a}$의 동차 좌표 w를 평가하고, $\mathbf{a} = [0,0,0,0]^T$이면 특이나 특이에 가까운 경우를 점검한다. 만일 특이 경우라면 세 점이 서로 소가 아닌 것이다.

정리하지면, 동차 좌표를 이용해서 다음 네 가지 문제들을 아주 안정적이고도 간단하게 풀 수 있다.

- E^2 공간의 동차 좌표들로 주어진 두 점을 지나는 하나의 선 구하기
- E^2 공간의 두 선의 교점 구하기
- E^3 공간의 동차 좌표들로 주어진 세 점으로 결정되는 평면 구하기
- E^3 공간의 세 평면의 교점 구하기

앞에 제시된 접근방식은 벡터/행렬 연산을 직접 지원하는 CPU 또는 GPU에서 특히나 효율적으로 구현할 수 있다. 부록 A에 고수준 셰이더 언어로 구현된 4D 외적 계산 코드가 나온다.

선 교차 판정

한 선이나 반직선(ray)이 어떤 객체와 교차하는지를 판정하는 알고리즘들은 많이 있다. 응용에 따라서는 선이 매개변수화된 형태일 수도 있으며, 객체가 암묵적으로 서술된 기본 도형(이를테면 선이나 평면)일 수도 있다. E^2의 다각형 또는 E^3의 볼록 다면체를 선으로 자르는 Cyrus-Beck 알고리즘(CB 알고리즘, [Cyrus78])이 전형적인 예인데, E^2의 경우는 간단하지만 E^3의 경우는 다소 까다롭다. E^3의 선을 플뤼커 좌표(Plücker coordinates, [Blinn77]을 볼 것)로 표현해서 푸는 방법도 있지만, 다음 접근방식이 더 간단하다.

선–평면 교차

그럼 좀 더 복잡한 E^3의 경우를 자세히 살펴보자. 아래에 나오는 수식들을 E^2의 경우에 맞게 바꾸는 것은 독자의 숙제로 남겨두겠다(어렵지 않다).

우선 E^3의 한 선 p를 매개변수화된 형태인 $\mathbf{X}(t) = \mathbf{X}_A + (\mathbf{X}_B - \mathbf{X}_A)t$, $\mathbf{X}_A = [X_A, Y_A, Z_A]^T$, $\mathbf{X}_B = [X_B, Y_B, Z_B]^T$으로 정의한다. 여기서 $aX + bY + cZ + d = 0$, $\mathbf{a} = [a,b,c,d]^T$은 유클리드 좌표들로 주어진 두 점이다. 이전과 마찬가지로, 평면 ρ은 $aX + bY + cZ + d = 0$을 만족하는 벡터 $\mathbf{a} = [a,b,c,d]^T$으로 정의할 수 있다. 그런데 여기에서는 약간 다른 형태인 $\alpha^T \mathbf{X} + d = 0$으로 나타내기로 한다. 여기서 $\alpha = [a,b,c]^T$은 주어진 평면의 법선(法線, normal) 벡터이다.

이러한 선과 평면이 만나는 교점에 대한 매개변수 t를 다음과 같이 구할 수 있음은 잘 알려진 사실이다.

$$t = -\frac{\alpha^T \mathbf{X}_A + d}{\alpha^T (\mathbf{X}_B - \mathbf{X}_A)} \tag{2.2.23}$$

점과 마찬가지로, t를 동차 좌표 $[\tau, \tau_w]$로 나타낼 수 있다. 여기서

$$\tau = -(\alpha^T \mathbf{X}_A + d), \tag{2.2.24}$$

$$\tau_w = \alpha^T (\mathbf{X}_B - \mathbf{X}_A).$$

이렇게 하면 지금 당장은 어떠한 나눗셈도 필요하지 않다. 이후 필요한 시점에서 수행해도 되고, 상황에 따라서는 나눗셈을 완전히 피할 수도 있다.

그런데 선을 정의하는 두 점이 일반 동차 좌표로 주어진다면 어떨까? 보통의 경우라면 그냥 나눗셈을 이용해서 동차 좌표를 유클리드 좌표로 변환하게 될 것이다. 그러나 아직 그럴 필요는 없다. 동차 형식을 유지해서 식 2.2.23을 다음과 같이 다시 쓸 수 있다.

$$t = -\frac{\alpha^T \mathbf{X}_A + d}{\alpha^T(\mathbf{X}_B - \mathbf{X}_A)} = \frac{\alpha^T \dfrac{\xi_A}{w_A} + d}{\alpha^T\left(\dfrac{\xi_B}{w_B} - \dfrac{\xi_A}{w_A}\right)}. \tag{2.2.25}$$

여기서 $\mathbf{X}_A$, $\mathbf{X}_B$, α_T, d는 이전과 같다. 그리고 동차 좌표로 주어진 점들이 $\mathbf{x}_A = [x_A, y_A, z_A, w_A]^T$, $\mathbf{x}_B = [x_B, y_B, z_B, w_B]^T$이라 할 때 $\xi_A = [x_A, y_A, z_A, w_A]^T$이고 $\xi_B = [x_B, y_B, z_B, w_B]^T$이다.

식 2.2.25의 양변에 $w_A \neq 0$와 $w_B \neq 0$를 곱하면 다음이 나온다.

$$t = -\frac{w_B\left(\alpha^T \xi_A + w_A d\right)}{\alpha^T(w_A \xi_B - w_B \xi_A)}. \tag{2.2.26}$$

따라서, 선의 점들이 동차 좌표늘이라 할 때 식 2.2.24를 다음과 같이 쓸 수 있다.

$$\tau = -w_B\left(\alpha^T \xi_A + w_A d\right) = -w_B \mathbf{a}^T \mathbf{x}_A, \tag{2.2.27}$$

$$\tau_w = \alpha^T(w_A \xi_B - w_B \xi_A).$$

이런 식으로 동차 좌표로 표현된 점들을 사용하고, 비교 연신을 포함한 기본 산술 연산들을 적절히 최적화한다면, 좀 더 안정적인 알고리즘을 얻을 수 있다. 또한, 나눗셈 연산이 필요하지 않으므로 CPU 계산 속도도 빨라지게 된다.

이 글에 제시된 접근방식을 CB 알고리즘에 적용하는 연구 결과가 최근에 나온 바 있다. E^2의 경우, 주어진 볼록 다각형의 변 개수가 N이라 할 때, 수정된 CB 알고리즘은 $N \geq 0$일 때 더 빠른 결과를 보였다. $N \geq 500$의 경우에는 원래의 CB 알고리즘을 최적화한 버전보다 약 20% 빨랐다. 점들과 면들이 더 많은 다면체를 다루어야 하는 E^3에서는 성능 이득이 더 클 것이라고 예상할 수 있다.

결론

이 글은 자주 쓰이는 여러 계산들에서 동차 좌표를 활용하는 새로운 접근방식을 제시했다. 이 접근방식은 GPU로 구현하기 좋은 알고리즘들에 직접적인 영향을 미친다. 이 글의 주된 동기는 알고리즘의 안정성을 높이고, 나누기 연산을 최후의 순간으로 미루고, 가능하다면 동차 좌표들로 직접 계산을 수행할 수 있게 하는 것이다. 이 글에서 제시된 접근방식을 이미 선 및 선분 절단 알고리즘들에 적용해 보았는데, 안정성이 더 높으면서도 보다 간단하고 빠른 해법을 얻을 수 있었다([Skala04], [Skala05]).

이 글의 접근방식이 제공하는 주된 이점들은 다음과 같다.

- 그래픽 기본 도형들을 동차 좌표들로 표현하는 것이 더 자연스럽다는 사실과 잘 맞는다.
- 결과로 나온 동차 좌표들을 그대로 사용할 수 있다면 나눗셈 연산을 피할 수 있다.
- 하드웨어가 벡터/행렬 연산들을 직접 지원한다면 속도를 크게 높일 수 있다.
- 알고리즘을 짧고 간결한 코드로 구현할 수 있다.
- 요즘 GPU들에서 구현하기 쉽다(부록 A, B 참고).

이 글에서 제시한 접근방식을 통해 독자 역시 새로운 알고리즘과 계산 모형을 설계할 수 있길 바란다.

부록 A

4차원 벡터들의 외적은 다음과 같이 정의된다.

$$\mathbf{x}_1 \times \mathbf{x}_2 \times \mathbf{x}_3 = \begin{vmatrix} \mathbf{i} & \mathbf{j} & \mathbf{k} & \mathbf{l} \\ x_1 & y_1 & z_1 & w_1 \\ x_2 & y_2 & z_2 & w_2 \\ x_3 & y_3 & z_3 & w_3 \end{vmatrix} \tag{2.2.A1}$$

다음은 이 공식을 GPU를 위한 Cg/HLSL로 구현한 것이다.

```
float4 cross_4D(float4 x1, float4 x2, float4 x3)
{
    float4 a;

    a.x=dot(x1.yzw, cross(x2.yzw, x3.yzw));
```

```
    a.y=-dot(x1.xzw, cross(x2.xzw, x3.xzw));
    // 또는 a.y=dot(x1.xzw, cross(x3.xzw, x2.xzw));
    a.z=dot(x1.xyw, cross(x2.xyw, x3.xyw));
    a.w=-dot(x1.xyz, cross(x2.xyz, x3.xyz));
    // 또는 a.w=dot(x1.xyz, cross(x3.xyz, x2.xyz));

    return a;
}
```

다음은 이를 좀 더 간결하게 만든 버전이다.

```
float4 cross_4D(float4 x1, float4 x2, float4 x3)
{
    return ( dot(x1.yzw, cross(x2.yzw, x3.yzw)),
        -dot(x1.xzw, cross(x2.xzw, x3.xzw)),
        dot(x1.xyw, cross(x2.xyw, x3.xyw)),
        -dot(x1.xyz, cross(x2.xyz, x3.xyz)) );
}
```

이 코드는 간단하며, 요즘 GPU들이 제공하는 벡터 연산들을 사용한다. Cg/HLSL은 E^3의 외적 연산을 직접 지원한다.

■ 부록 B

선-평면 교점의 매개변수는 다음과 같이 정의된다.

$$t = -\frac{w_B(\boldsymbol{\alpha}^T\boldsymbol{\xi}_A + w_A d)}{\boldsymbol{\alpha}^T(w_A\boldsymbol{\xi}_B - w_B\boldsymbol{\xi}_A)}. \tag{2.2.B1}$$

이를 동차 형태로 표현한다면 다음과 같다.

$$\tau = -w_D(\boldsymbol{\alpha}^T\boldsymbol{\xi}_A + w_A d) = -w_B \mathbf{a}^T\mathbf{x}_A \quad \tau_w = \boldsymbol{\alpha}^T(w_A\boldsymbol{\xi}_B - w_B\boldsymbol{\xi}_A). \tag{2.2.B2}$$

다음은 식 2.2.B2를 GPU를 위한 Cg/HLSL로 구현한 것이다.

```
float4 intersection_3D(float4 a, float4 xa, float4 xb)
{
    float4 t;
    t.x=-xb.w*(dot(a.xyz,xa.xyz)+xa.w*a.w);
```

```
        t.w=dot(a.xyz,xa.w*xb.xyz-xb.w*xa.xyz);
        return t;
}
```

이러한 예에서 보듯이, 본문에서 제시한 접근방식은 벡터/벡터 연산을 지원하는 하드웨어에서 특히나 유용하다.

감사의 글

본 필자는 격려와 건설적 비평, 제안으로 이 작업을 마치는 데 도움을 준 University of West Bohemia의 학생들과 동료들에게 감사한다. 특히 하드웨어의 미래에 대한 힌트를 제공한 Ivo Hanak과 Cyrus-Beck 알고리즘 구현을 실험적으로 검증해 준 Martin Janda, 그리고 날카로운 비평을 제공한 Libor Vasa, Petr Lobaz에게 감사한다.

이 작업은 Ministry of Education of the Czech Republic의 프로젝트 MSM 235200005 와 Microsoft Research, Ltd. (U.K.)의 Project No. 2004-360, 그리고 ATI Technologies Inc.의 후원을 받아 수행한 것이다.

참고자료

[Blinn77] Blinn, J. F., "Homogeneous Formulation for Lines in 3 Space." *Computer Graphics*, Vol. 11, No. 2, SIGGRAPH 77: pp. 237–241.

[Cyrus78] Cyrus, M. and J. Beck, "Generalized Two and Three-Dimensional Clipping." *Computers & Graphics*, Vol. 2, No. 1, pp. 23–28, 1978.

[Ferguson01] Ferguson, Stuart R., *Practical Algorithms for 3D Computer Graphics*. A. K. Peters, 2001.

[Hill01] Hill, Francis S., *Computer Graphics using OpenGL*. Prentice Hall, 2001.

[Shirley02] Shirley, Petr, *Fundamentals of Computer Graphics*. A. K. Peters, 2002.

[Skala04] Skala, Vaclav, "A New Line Clipping Algorithm with Hardware Acceleration." *cgi*, Computer Graphics International 2004: pp. 270–273.

[Skala05] Skala, Vaclav, "A new approach to line and line segment clipping in homogeneous coordinates." *The Visual Computer*, Vol.21, No. 11, pp.906-914, Springer Verlag, 2005.

2.3

외적으로 1차 연립방정식 풀기

Anders Hast, Creative Media Lab, University of Gävle

aht@hig.se

컴퓨터 그래픽에서 외적([Nicholson95])은 주로 다각형의 법선 계산([Hearn04])에 쓰이는데, 때에 따라서는 다각형의 면적 계산에 쓰이는 경우도 있긴 하다([O'Rourke98]). 이 글에서는 절단(clipping) 분야에 그리 정통하지 않은 프로그래머라면 아마 놀랄만한, 외적의 그리 잘 알려지지 않은 용도 한 가지를 설명한다. 좀 더 구체적으로 말하자면, 이 글은 외적을 이용해서 선형 방정식계, 즉 1차 연립방정식의 해를 구하는 방법을 소개한다. 이러한 기법은 두 음함수 선들의 교점을 계산하거나 주어진 두 점을 지나는 음함수 선의 계수들을 효율적으로 구하는 데 유용하다([Springall90]). 또한 다각형에 대한 겹선형 보간을 외적을 이용해서 효율적으로 계산하는 방안도 소개한다. 마지막으로, 이 글은 3×3 행렬의 역행렬을 계산하는 데에도 외적을 사용할 수 있음을 보여준다. 외적을 CPU나 GPU에서 하드웨어적으로 구현할 수 있으므로, 이 글의 기법들을 잘 사용한다면 좀 더 효율적인 코드를 만들 수 있다.

소개

그럼 외적으로 1차 연립방정식을 푸는 방법에 대해 살펴보자. [Nicholson95]에 나와 있듯이, 외적은 다음과 같이 정의된다.

$$\mathbf{v}_1 \times \mathbf{v}_2 = \det \begin{bmatrix} \mathbf{i} & \mathbf{j} & \mathbf{k} \\ x_1 & y_1 & z_1 \\ x_2 & y_2 & z_2 \end{bmatrix}$$

$$= \begin{vmatrix} y_1 & z_1 \\ y_2 & z_2 \end{vmatrix} \mathbf{i} + \begin{vmatrix} z_1 & x_1 \\ z_2 & x_2 \end{vmatrix} \mathbf{j} + \begin{vmatrix} x_1 & y_1 \\ x_2 & y_2 \end{vmatrix} \mathbf{k}$$

$$= C_x \mathbf{i} + C_y \mathbf{j} + C_z \mathbf{k}. \tag{2.3.1}$$

이 정의에서 보듯이, 외적은 일련의 행렬식들로 표현된다. 이러한 사실을 이용하면 1차 방정식 두 개와 미지수 두 개로 된 연립방정식(즉, 2원1차 연립방정식)을 풀 수 있다. 그러한 연립방정식의 일반적인 형태는 다음과 같다.

$$\begin{aligned} x_1 a + y_1 b &= z_1. \\ x_2 a + y_2 b &= z_2 \end{aligned} \tag{2.3.2}$$

이를 다음과 같은 행렬 형태로 표현하는 것이 가능하다.

$$\mathbf{M v} = \mathbf{k}. \tag{2.3.3}$$

여기서 계수 행렬은

$$\mathbf{M} = \begin{bmatrix} x_1 & y_1 \\ x_2 & y_2 \end{bmatrix} \tag{2.3.4}$$

이고 상수들의 열벡터는

$$\mathbf{k} = \begin{bmatrix} z_1 \\ z_2 \end{bmatrix} \tag{2.3.5}$$

이다. 이로부터 변수(미지수)들을 담은 다음과 같은 벡터를 얻는 것이 목표이다.

$$\mathbf{v} = \begin{bmatrix} a \\ b \end{bmatrix}. \tag{2.3.6}$$

이러한 연립방정식의 해를 푸는 방법으로는 적어도 두 가지가 있는데, 하나는 다음과 같은 공식을 이용하는 것이다.

$$\mathbf{v} = \mathbf{M}^{-1} \mathbf{k}. \tag{2.3.7}$$

이 방법에서는 반드시 행렬 $\mathbf{M}$의 역행렬을 구해야 한다. 또 다른 방법은 크레이머 법칙(Cramer's rule, [Nicholson95])을 이용해서 각 미지수를 구하는 것이다:

$$a = \frac{\begin{vmatrix} z_1 & y_1 \\ z_2 & y_2 \end{vmatrix}}{\begin{vmatrix} x_1 & y_1 \\ x_2 & y_2 \end{vmatrix}}, \tag{2.3.8}$$

$$b = \frac{\begin{vmatrix} x_1 & z_1 \\ x_2 & z_2 \end{vmatrix}}{\begin{vmatrix} x_1 & y_1 \\ x_2 & y_2 \end{vmatrix}} \tag{2.3.9}$$

계수 행렬의 행렬식을 분모로 두고 계수 행렬의 첫째 열을 상수들로 대체한 행렬의 행렬식을 분자로 둔 것이 바로 a이다. 둘째 열을 대체한 것을 분자로 두면 b가 나온다.

식 2.3.8의 분자의 열들의 순서를 바꾸면 부호가 바뀐다. 즉

$$a = -\frac{\begin{vmatrix} y_1 & z_1 \\ y_2 & z_2 \end{vmatrix}}{\begin{vmatrix} x_1 & y_1 \\ x_2 & y_2 \end{vmatrix}} \tag{2.3.10}$$

이다. 식 2.3.9에 대해서도 마찬가지이다:

$$b = -\frac{\begin{vmatrix} z_1 & x_1 \\ z_2 & x_2 \end{vmatrix}}{\begin{vmatrix} x_1 & y_1 \\ x_2 & y_2 \end{vmatrix}}. \tag{2.3.11}$$

순서를 바꾼 데에는 다 이유가 있다. 위의 두 식을 식 2.3.1과 비교해 보면 다음과 같은 관계가 성립함을 알 수 있다. 이것이 바로 외적을 이용한 1차 연립방정식의 해법이다.

$$a = -\frac{C_x}{C_z}, \tag{2.3.12}$$

$$b = -\frac{C_y}{C_z}. \tag{2.3.13}$$

기존 방법에서는 곱셈 여섯 번, 뺄셈 세 번, 나누기 한 번, 다시 곱셈 두 번이 필요하나, 이 방법에서는 외적 한 번과 나눗셈 한번, 곱셈 두 번만으로 충분하다. 외적 계산을 하드웨어가 지원한다면 시간이 더욱 절약된다.

경우에 따라서는 연립방정식을 다음과 같이 암묵적인 형태로 표현하기도 한다.

$$\begin{aligned} x_1 a + y_1 b + Z_1 &= 0 \\ x_2 a + y_2 b + Z_2 &= 0 \end{aligned} \tag{2.3.14}$$

$Z_i = -z_i$이므로 행렬식들의 결과의 부호가 이미 반대로 되어 있는 것이다. 따라서 이 경우에는 a와 b의 부호를 뒤집을 필요가 없다. 그냥 외적을 계산하고, Z_i 값들을 z_i 값들로 대체하고, 해당 z 성분으로 나누면 된다.

■ 음함수 형태의 선

이 외적 기법을 이용해서 주어진 두 점을 지나는 음함수 선(implicit line, 암묵적 선)을 구하거나 두 음함수 선의 교점을 구하는 방법은 알려져 있다([Skala04], [Skala05]). 우선 두 점을 지나는 선(그림 2.3.1)의 음함수 선 방정식을 구하는 방법을 먼저 살펴보자.

R^2 공간의 한 음함수 선은 다음과 같이 정의된다.

$$ax + by + cw = 0. \tag{2.3.15}$$

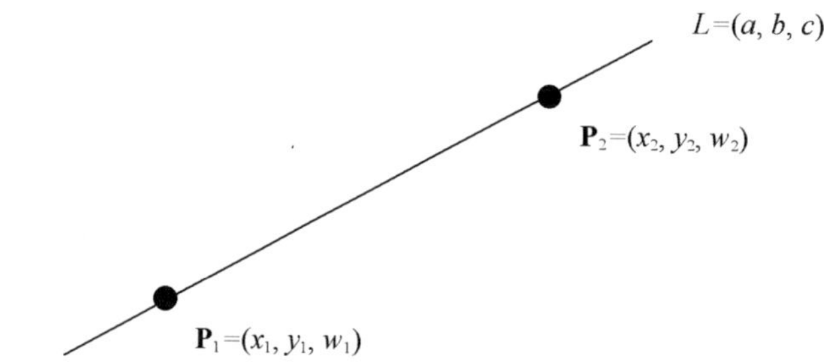

그림 2.3.1 선을 정의하는 두 점의 외적으로 음함수 선 방정식을 구한다.

이 방정식은 선의 법선 벡터 $\mathbf{n}$과 선 위의 한 점 $\mathbf{p}$의 내적이 0임을 뜻한다. 즉,

$$\mathbf{n} \cdot \mathbf{p} = 0. \tag{2.3.16}$$

여기서
$$\mathbf{n} = (a, b, c)$$
$$\mathbf{p} = (x, y, z). \tag{2.3.17}$$

R^2, 즉 2차원 실수 공간의 한 점의 좌표 성분이 세 개라는 점에 놀라는 독자도 있을지 모르겠는데, 이것은 동차 좌표이다([Foley97]). 또한, 하나의 음함수 선을 정의하는 방정식이 무한히 많다는 점도 주의하기 바란다. 한 방정식의 계수들을 0이 아닌 임의의 스칼라로 곱한 방정식은 원래의 방정식과 동일한 선을 정의한다. 즉, 임의의 $s \neq 0$에 대해

$$s(ax + by + cw) = 0 \tag{2.3.18}$$

은 식 2.3.15와 동일한 선을 정의한다.

공간의 두 점이 다음과 같다고 하자.

$$\mathbf{P}_1 = (x_1, y_1, w_1)$$
$$\mathbf{P}_2 = (x_2, y_2, w_2). \tag{2.3.19}$$

일반적인 경우에 비추어, w_1과 w_2가 모두 1이라고 가정하자. 그림 2.3.1의 선이 이 두 점을 지난다고 하면 다음과 같은 두 방정식이 성립해야 한다.

$$ax_1 + by_1 + c = 0$$
$$ax_2 + by_2 + c = 0. \tag{2.3.20}$$

한 선 방정식의 임의의 스칼라 배는 여전히 동일한 선을 나타내므로, 적절한 값을 곱해서 $c = 1$이 되게 할 수 있다. 그러면 방정식들이

$$ax_1 + by_1 + 1 = 0$$
$$ax_2 + by_2 + 1 = 0 \tag{2.3.21}$$

으로 단순화된다. 이제 미지수가 두 개, 방정식이 두 개인 2원1차 연립방정식이 생겼다. 이것을 앞에서 말한 외적 기법으로 풀면 그림 2.3.1의 선에 대한 계수들을 얻을 수 있다. 즉,

$$L = \mathbf{P}_1 \times \mathbf{P}_2 \tag{2.3.22}$$

를 계산하고 이깃을 z 값으로 나누면 된다.

사실 나눗셈은 필요하지 않다. 앞에서 방정식들을 단순화할 때와 마찬가지로, 방정식 계수들에 임의의 스칼라를 곱해도 선의 기하학적인 특성은 변하지 않으므로, 그냥 외적의 결과를 직접 사용해도 된다.

결론적으로, 두 점의 외적의 x, y, z가 바로 두 점을 지나는 선의 방정식의 계수 a, b, c이다. 그런데 외적의 z 성분이 0인 경우(나눗셈이 정의되지 않는다)를 주의해야 한다. 이는 두 점이 일치하는 경우로, 따라서 고유한 해를 구할 수 없다.

다음으로, 두 음함수 선 $L_1 = (a_1, b_1, c_1)$과 $L_2 = (a_2, b_2, c_2)$의 교점(그림 2.3.2)을 보자. 이 역시 외적으로 구할 수 있다. 교점은 두 선 모두에 존재하는 한 점이다. 따라서, 교점 $\mathbf{P}$의 위치가 (x, y, w)라고 할 때 다음 두 방정식이 성립해야 한다.

$$a_1 x + b_1 y + c_1 w = 0$$
$$a_2 x + b_2 y + c_2 w = 0. \tag{2.3.23}$$

이것을 연립방정식으로 보고 외적으로 해를 구하면:

$$\mathbf{P} = (a_1, b_1, c_1) \times (a_2, b_2, c_2). \tag{2.3.24}$$

이것은 동차 좌표로 된 해이다. 이제 $\mathbf{P}$를 셋째 성분으로 나누면 $P_E = (x, y, 1)$ 형태의 점을 얻게 된다. 이 경우에도 셋째 성분이 0이면 해가 없는 것이다.

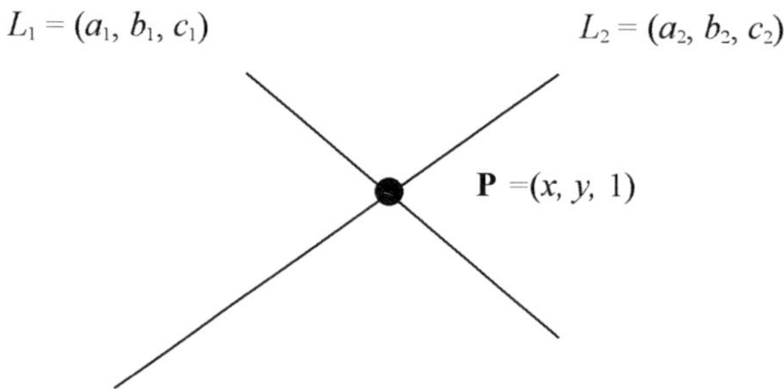

그림 2.3.3 두 음함수 선의 외적으로 교점을 구한다.

효율적인 스캔 변환 설정

다각형을 CPU에서 소프트웨어적으로 렌더링할 때에는 다각형 표면을 따른 점진적인 계산들을 최대한 빨리 처리할 수 있어야 한다. 이 계산들의 대부분은 각 정점에 설정된 특성들의 보간에 관련된 것이다. 그런 특성들로는 구로 셰이딩(Gouraud shading, [Gouraud71])을 위한 조명 세기, z 버퍼링을 위한 z 값, 텍스처 매핑을 위한 텍스처 좌표([Hecker95]) 등이 있는데, 여기에서는 구로 셰이딩을 예로 들겠다. 이 경우 표면의 한 위치에서의 조명 세기(intensity)를 정의하는 방정식의 계수들을 계산해야 한다. 그 세기는 하나의 평면을 형성하는데, 이에 대해서는 잠시 후에 설명하겠다. 이 계산은 세기의 적, 청, 녹 성분에 대해 모두 동일하므로, 단순함을 위해 여기에서는 일반화된 회색조(grayscale) 세기를 사용하기로 한다.

세기는 다음과 같이 정의된다.

$$\Phi(x,y) = ax + by + d. \tag{2.3.25}$$

한 삼각형이 주어졌을 때, 식 2.3.25의 계수들은 다음과 같은 연립방정식의 해이다([Hast02], [Hast03], [Hast04]).

$$x_0 a + y_0 b + d = \phi_0$$

$$x_1 a + y_1 b + d = \phi_1$$
$$x_2 a + y_2 b + d = \phi_2. \tag{2.3.26}$$

여기서 ϕ_0은 (x_0, y_0)에서의 세기이고 (x_1, y_1)은 ϕ_1에서의 세기, ϕ_2는 (x_2, y_2)에서의 세기이다. 해는 다음과 같다([Kugler96], [Narayanaswami95]).

$$a = \frac{(y_2 - y_0)(\phi_1 - \phi_0) - (y_1 - y_0)(\phi_2 - \phi_0)}{(x_1 - x_0)(y_2 - y_0) - (x_2 - x_0)(y_1 - y_0)} \tag{2.3.27}$$

$$b = \frac{(x_1 - x_0)(\phi_2 - \phi_0) - (x_2 - x_0)(\phi_1 - \phi_0)}{(x_1 - x_0)(y_2 - y_0) - (x_2 - x_0)(y_1 - y_0)} \tag{2.3.28}$$

$$d = \phi_0. \tag{2.3.29}$$

이 공식들을 그대로 사용한다면 상당히 많은 곱셈과 뺄셈이 일어나게 된다. 다행히 외적 기법을 이용하면 벡터 뺄셈 두 번과 외적 한 번으로 모든 계수를 구할 수 있다. 단, 나눗셈 두 번은 생략할 수 없다.

식 2.3.26을 외적 기법으로 푸는 데 있어 핵심은 삼각형 꼭짓점 좌표들과 세기들을 상대적인 값들로 표현하는 것이다. 이는 세기 계산을 세기가 ϕ_0인 (x_0, y_0)에서 시작해야 하며, 따라서 $d = \phi_0$이라는 점에 근거한 것이다. 상대적인 좌표들과 세기들은 다음과 같다.

$$X_1 = x_1 - x_0$$
$$X_2 = x_2 - x_0$$
$$Y_1 = y_1 - y_0$$
$$Y_2 = y_2 - y_0$$
$$\Phi_1 = \phi_1 - \phi_0$$
$$\Phi_2 = \phi_2 - \phi_0. \tag{2.3.30}$$

이제 두 번의 벡터 뺄셈으로 필요한 계산을 수행할 수 있다. 벡터들의 성분들이 다음과 같다고 하자.

$$\mathbf{v}_0 = \begin{bmatrix} x_0 \\ y_0 \\ \phi_0 \end{bmatrix}, \quad \mathbf{v}_1 = \begin{bmatrix} x_1 \\ y_1 \\ \phi_1 \end{bmatrix}, \quad \mathbf{v}_2 = \begin{bmatrix} x_2 \\ y_2 \\ \phi_2 \end{bmatrix}. \tag{2.3.31}$$

그리고 $\mathbf{V}_1 = (X_1, Y_1, \Phi_1)$이고 $\mathbf{V}_2 = (X_2, Y_2, \Phi_2)$라고 정의하자. 그러면

$$\mathbf{V}_1 = \mathbf{v}_1 - \mathbf{v}_0$$
$$\mathbf{V}_2 = \mathbf{v}_2 - \mathbf{v}_0 \tag{2.3.32}$$

이다. 이제 문제는 다음과 같은 연립방정식을 푸는 것으로 변했다.

$$X_1 a + Y_1 b = \Phi_1$$
$$X_2 a + Y_2 b = \Phi_2.$$

$$(2.3.33)$$

앞에서 말한 외적 기법을 적용해서 다음과 같이 외적을 구한다.

$$\mathbf{N} = \mathbf{V}_1 \times \mathbf{V}_2.$$

$$(2.3.34)$$

결론적으로, 식 2.3.25의 방정식의 계수들은 다음과 같다.

$$a = -\mathbf{N}_x / \mathbf{N}_z$$
$$b = -\mathbf{N}_y / \mathbf{N}_z$$
$$d = \phi_0.$$

$$(2.3.35)$$

여기서 $\mathbf{N}_x$, $\mathbf{N}_y$, $\mathbf{N}_z$는 $\mathbf{N}$의 첫째, 둘째, 셋째 성분이다.

지금까지 해온 일들을 좀 더 살펴보자. 평행하지 않은 두 벡터의 외적은 두 벡터 모두에 수직인 한 벡터이다(그림 2.3.3). 이것이 지금 문제에서 가지는 의미는 무엇일까? 상대 좌표들을 계산함으로서 두 벡터 $\mathbf{V}_1$과 $\mathbf{V}_2$가 나오며, 이들은 (x, y, Φ) 공간에 존재한다. 다각형 자체는 2차원 화면 공간에 존재하므로, 그 꼭짓점 좌표들에는 z 성분이 없다. 대신, 조명 세기가 **셋째 성분**을 차지한다. 따라서 이 세기 평면은 (x, y, Φ) 공간에 존재하며, 식 2.3.26은 통상의 (x, y, z) 평면에서와 마찬가지로 세기 평면의 법선을 계산하는 공식이라고 간주할 수 있다.

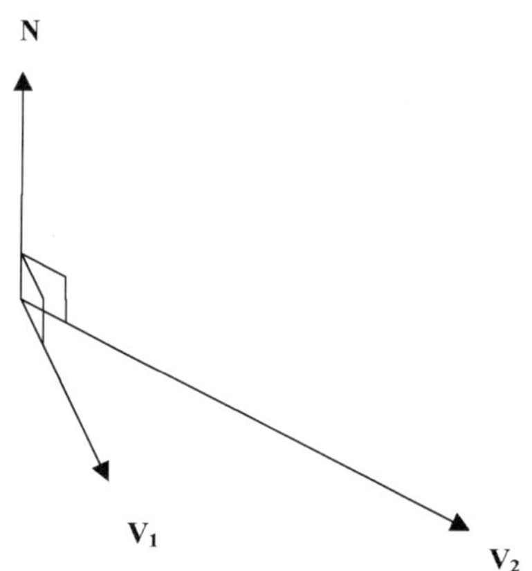

그림 2.3.3 (x, y, Φ) 평면의 두 벡터와 모두 수직인 법선.

이제 $\mathbf{n}=(a,b,-1)$이 식 2.3.25로 정의되는 평면에 대해서도 법선임을 증명해보자. 이는 직관적으로 증명할 수 있다. 식 2.3.35에 나와 있듯이, a와 b는 N을 그 셋째 성분의 부정인 $-\mathbf{N}_z$으로 나누어서 구한 것이며, $-\mathbf{N}_z$의 세 성분 모두를 $-\mathbf{N}_z$으로 비례하면 셋째 성분은 -1이 되기 때문이다. 이를 좀 더 공식적인 방법으로 증명하는 것도 가능하다. 평면에 대한 다음과 같은 잘 알려진 벡터 방정식([Nicholson95])을 이용해서 식 2.3.25를 이끌어낼 수 있다.

$$\mathbf{n}\cdot(\mathbf{P}-\mathbf{P}_0)=0 \tag{2.3.36}$$

여기서 $\mathbf{P}$와 $\mathbf{P}_0$은 위치 벡터들이다. 이제 법선, 시작 점, 그리고 평면상의 임의의 점을 다음과 같이 정의한다.

$$\begin{aligned}
\mathbf{n} &= (a,b,-1) \\
\mathbf{P}_0 &= (0,0,d) \\
\mathbf{P} &= (x,y,\Phi)
\end{aligned} \tag{2.3.37}$$

이들을 식 2.3.36에 대입하면

$$(a,b,-1)\cdot((x,y,\Phi)-(0,0,d))=0 \tag{2.3.38}$$

이 나오며, 내적을 전개하고 정리하면 다음 공식이 나온다.

$$ax+by-\Phi+d=0 \tag{2.3.39}$$

이것이 식 2.3.25의 음함수 형태임은 자명하다. 또한 이 공식은 하나의 평면을 정의하는 방정식이 계수들에 대해 우리가 이미 알고 있는 것들과도 일치한다. 변수들의 계수들은 방정식이 정의하는 평면의 법선 벡터의 성분들에 해당한다. 물론, 상수 d는 모든 변수가 0일 때의 값이다.

■ 미지수가 세 개인 연립방정식 풀기

마지막으로, 미지수가 세 개인 1차 연립방정식을 외적을 이용해서 푸는 방법을 살펴보자. 크레이머 법칙을 이용한다면 총 네 개의 행렬식들로 분자 세 개(미지수가 세 개이므로)와 분모 하나를 구할 수 있다. 3×3 행렬의 행렬식은 다음과 같이 계산한다.

$$\det(\mathbf{M})=\mathbf{v}_1\cdot(\mathbf{v}_2\times\mathbf{v}_3), \tag{2.3.40}$$

여기서

$$\mathbf{M} = \begin{bmatrix} \mathbf{v}_1^T \\ \mathbf{v}_2^T \\ \mathbf{v}_3^T \end{bmatrix} = \begin{bmatrix} x_1 & y_1 & z_1 \\ x_2 & y_2 & z_2 \\ x_3 & y_3 & z_3 \end{bmatrix}. \tag{2.3.41}$$

이러한 방법의 총 계산 비용은 내적 네 번, 외적 네 번, 나눗셈 한 번, 스칼라 곱셈 세 번이다. 또한 행렬식을 계산할 때마다 행렬의 성분들을 이리저리 옮겨야 한다.

또 다른 방법을 보자. 크레이머 법칙의 한 변형인 수반 공식(adjoint formula, [Nicholson 95])으로 식 2.3.7의 역행렬을 구한다.

$$\mathbf{M}^{-1} = \frac{1}{\det(\mathbf{M})} \mathrm{adj}\,(\mathbf{M}). \tag{2.3.42}$$

한 행렬의 수반 행렬은 그 행렬의 여인수(cofactor)들로 구성된 행렬의 전치 행렬이다. 구체적으로, 식 2.3.41에 나온 3×3 행렬 M의 수반 행렬은 다음과 같이 정의된다.

$$\mathrm{adj}\,(\mathbf{M}) = \begin{bmatrix} y_2 z_3 - y_3 z_2 & y_3 z_1 - y_1 z_3 & y_1 z_2 - y_2 z_1 \\ x_3 z_2 - x_2 z_3 & x_1 z_3 - x_3 z_1 & x_2 z_1 - x_1 z_2 \\ x_2 y_3 - x_3 y_2 & x_3 y_1 - x_1 y_3 & x_1 y_2 - x_2 y_1 \end{bmatrix}. \tag{2.3.43}$$

이 수반 행렬의 열들을 잘 들여다보면 열들이 다름 아닌 외적임을 알 수 있다. 정리하자면:

$$\mathrm{adj}\,(\mathbf{M}) = \begin{bmatrix} \mathbf{v}_2 \times \mathbf{v}_3 & \mathbf{v}_3 \times \mathbf{v}_1 & \mathbf{v}_1 \times \mathbf{v}_2 \end{bmatrix}. \tag{2.3.44}$$

이러한 관계를 이용하면 행렬의 역행렬을 외적 네 번, 내적 한 번, 나눗셈 한번, 스칼라·행렬 곱셈 한 번으로 구할 수 있다.

그런데 연립방정식을 푸는 것이 최종 목표라면 이러한 방법으로 아무런 이득도 얻을 수 없음을 주목할 것. 최종적인 해를 위해서는 벡터·행렬 곱셈 한번이 더 필요하며, 스칼라·행렬 곱셈을 스칼라·벡터 곱셈으로 변환할 수 있다는 점을 생각하면, 결과적으로는 크레이머 법칙을 사용할 때와 동일한 수의 연산들이 필요하다. 두 방법 모두 하드웨어가 지원하는 있는 연산들을 이용해서 효율적으로 구현할 수 있으므로 어느 쪽이 더 낫다고 이야기하기는 힘들다. 단, 역행렬만 구하는 경우에는 벡터 연산 몇 번으로 끝나는 후자의 방법이 유용하다.

■ 결론

적분을 공부해 본 적이 없는 독자라면, 음함수 방정식으로 정의되는 두 선의 교점을 구하는 문제나 주어진 두 점을 지나는 선의 음함수 방정식을 구하는 문제를 외적으로 풀 수 있다는 사실을 아마 몰랐을 것이다. 사실 외적은 1차 연립방정식의 해법에서 중요한 역할을 한다. 이 글에서는 미지수가 두 개인 1차 연립방정식을 외적으로 풀 수 있음을 크레이머 규칙을 이용해서 증명해 보았다. 이 글은 또한 다각형에 대한 겹선형 보간 계산에 외적을 사용하는 방법을 제시했으며, 3×3 행렬의 역행렬을 외적을 이용해 효율적으로 계산하는 방법도 이야기했다. 요즘 CPU들과 GPU들이 제공하는 하드웨어적인 외적 계산 명령을 활용한다면 이 글에 나온 기법들을 더욱 잘 활용할 수 있을 것이다.

■ 감사의 글

외적을 음함수 선들의 교점 계산에 사용할 수 있음을 보여주고, 그럼으로써 외적 연구에 대한 동기를 제공한 University of West Bohemia(Plzeň, Czech Republic)의 Václav Skala 교수에게 감사한다.

■ 참고자료

[Foley97] Foley, J. D., A. van Dam, S. K. Feiner, J. F Hughes, *Computer Graphics: Principles and Practice*, 2nd Ed. Addison-Wesley, 1997.

[Gouraud71] Gouraud, H., "Continuous Shading of Curved Surfaces." 1971년 6월. *IEEE Transactions on Computers*, Vol., C-20, No. 6.

[Hast02] Hast, A., T. Barrera, E. Bengtsson, "Improved Bump Mapping by using Quadratic Vector Interpolation." Eurographics'02 short/poster, 2002.

[Hast03] Hast, A., T. Barrera, E. Bengtsson, "Fast Setup for Bilinear and Biquadratic Interpolation over Triangles." *Graphics Programming Methods*, Jeff Lander 엮음, Charles River Media, 2003: pp. 299–314.

[Hast04] Hast, A., "Improved Algorithms for Fast Shading and Lighting." Ph.D. Thesis, 2004.

[Hearn04] Hearn, D., M. P. Baker, *Computer Graphics with OpenGL.* Pearson Education

Incorporated, 2004.

[Hecker95] Hecker, C., "Perspective Texture Mapping, Foundations." *Game Developer Magazine*, 1995년 4/5월호: pp. 16-25.

[Kugler96] Kugler, A., "The Setup for Triangle Rasterization." 1996년 8월. *Eleventh Eurographics Hardware Workshop '96*, Poitiers, France.

[Narayanaswami95] Narayanaswami, C., "Efficient Parallel Gouraud Shading and Linear Interpolation over Triangles." 1995. *Computer Graphics Forum*, Vol. 14, No. 1: pp. 17-24.

[Nicholson95] Nicholson, W. K., *Linear Algebra With Applications*, 3rd Ed. PWS Publishing Company, 1995.

[O'Rourke98] O'Rourke, J., *Computational Geometry in C*, 2nd Ed. Cambridge University Press, 1998.

[Skala04] Skala, V., "A New Line Clipping Algorithm with Hardware Acceleration." *Computer Graphics International 2004*: pp. 270-273.

[Skala05] Skala, V., "A new approach to line and line segment clipping in homogeneous coordinates." *The Visual Computer*, Vol.21, No.11, pp.906-914, Springer Verlag 2005.

[Springall90] Springall, T. L., G. Tollet, "A shading approach to non-convex clipping." 1990년 7월. *APL 90: For the Future conference proceedings*, Vol. 20, Issue 4: pp. 369-372.

2.4 게임 개발을 위한 순차 색인 기법

Palem GopalaKrishna, Computer Science & Engineering Department,
Indian Institute of Technology
krishnapg@yahoo.com

순차 색인(sequence indexing)은 객체들의 모음 중 특정한 객체 또는 객체들의 그룹을 생성, 접근, 식별하기 위한 방법이다. 대부분의 게임들이 수많은 객체들을 포함하는 여러 모음들로 구성된다는 점에서, 원하는 객체들에 효율적으로 손쉽게 접근하는 방법을 갖추는 일은 게임 개발에서 중요한 사안이라 할 수 있다.

이 글은 객체들의 모음을 수학적인 **수열**(sequence)로 취급하고, 잘 알려진 몇몇 수열들에 대한 색인화, 역색인화를 위한 수학 공식들 몇 가지를 제시한다. 이 글에서 다루는 수열들은 다음과 같다.

- 범위 수열
- 치환 수열(순열)
- 조합 수열

또한 이 글은 결정론적 무작위성 흉내내기와 게임 객체 직렬화 등 게임 개발에서 해결해야 할 다양한 과제에 순차 색인 기법을 적용하는 몇 가지 요령들도 제공한다.

용어

수열을 논의하기 전에, 오해의 소지가 없도록 몇 가지 표기법과 정의들을 싣고 넘어가자.

이 글에서 "#"이라는 기호는 집합의 **크기**, 즉 집합의 원소 개수를 나타낸다. 예를 들어 #{a,b,c}=3, #{0}=1, #{}=0이다.

이와 관련된 연산자로 "⊥"이 있다. 이것은 집합(배열)의 한 원소의 위치(즉, 색인)를 나타낸다. 예를 들어 $(b \perp \{a,b,c\}) = 1$이고 $(a \perp \{a\}) = 0$이다.[1] 이는 연산자 좌변의 원소가 연산자 우변의 집합에 실제로 존재한다는 가정을 깔고 있다. 즉, $x \perp V$은 항상 $0 \leq (x \perp V) < \#V$를 만족한다. 또한, 그 원소가 집합에서 하나만 존재한다고 가정한다.

"$n!$"은 n의 계승(階乘, factorial)으로, 수식으로 표현하면 $n! = n \cdot (n-1) \cdot (n-2) \cdot \cdots \cdot 3 \cdot 2 \cdot 1$이다. 예를 들어 $4! = 4 \cdot 3 \cdot 2 \cdot 1$, 즉 24이다. 계승은 **선택 연산자** C_n^r의 값을 계산하는 데 상당히 유용하다. 선택 연산자는 n개의 객체들에서 r를 선택하는 방법의 수, 즉 $\binom{n}{r}$이다. 구체적으로, 그러한 방법의 수는 $C_n^r = \left(\dfrac{n!}{r!(n-r)!} \right)$이다. 이것과 계승의 구체적인 용법은 잠시 후에 이야기하겠다.

■ 수열

수열은 일련의 항들의 집합으로, 각 항은 해당 수열이 가진 어떤 속성을 만족하는 기호들의 순서 있는 그룹을 나타낸다. 이 글에서는 수열을 순서 집합 S로 취급하며, 집합의 i번째 항을 $S[i]$로, 그 항의 j번째 기호를 $S[i][j]$로 나타낸다. 예를 들어

$$S = \begin{Bmatrix} 1234 \\ 3467 \\ 4789 \\ 5789 \\ \vdots \end{Bmatrix}$$

이 하나의 수열을 나타낸다고 할 때, 항들은 $S[0] = 1234$, $S[1] = 3467$, $S[2] = 4789$, $S[3] = 5789$, $\cdots$ 등이고 항의 기호들은 $S[0][0] = 1$, $S[0][1] = 2$, $\cdots$ $S[3][2] = 8$, $S[3][3] = 9$ 등이다. 항의 기호들은 단지 기호일 뿐, 특정 수치를 의미하는것은 아니다. 예를 들어 $S[0] = 1234$가 1천2백3십4를 뜻하지는 않는다. 수열의 항들의 개수를 수열의 **길이**라고 부르며, $|S|$로 표기한다. 즉, 수열 S의 항들이 $S[0]$, $S[1]$, $\cdots$, $S[m-1]$이라면 $\|S\| = m$이다.

앞의 예제 수열 S는 모든 $S[i][j] < S[i][j+1]$에 대해 $0 \leq j \leq 3$, $i \leq 0$를 만족한다는 성질을 가진다. 한 수열의 모든 항이 만족하는 속성을 수식 또는 논리식으로 표현한 것을 가리켜 수열의 **특성 표현식**(characteristic expression, 줄여서 특성식)이라고 부른다. 특성 표현식을 변형함으로써 얼마든지 많은 수열을 만들어낼 수 있다. 여기서, 특성식은 수열을 정의할 뿐 개별 기호를 정의하는 것은 아님을 주의해야 한다. 예를 들어

---

1) 역주 : C나 C++에서처럼 첫 원소의 색인이 0임을(1이 아니라) 주의할 것.

$$S_1 = \begin{Bmatrix} 1234 \\ 3467 \\ 4789 \\ 5789 \end{Bmatrix} \text{와 } S_2 = \begin{Bmatrix} abcd \\ cdfg \\ dghi \\ eghi \end{Bmatrix}$$

의 경우, 기호들은 다르지만 특성식이 같으므로 동일한 수열이라 할 수 있다. 이처럼 개별 기호에 구애되지 않고 논리적인 관계에 기초해서 수열들을 일반화하는 것은 패턴 인식, 자료 압축, 정보 이론, AI 등 수많은 계산 분야에 깔려 있는 필수적인 개념이다.

특성식이 하나의 수열을 고유하고도 완전하게 정의하긴 하지만, 현실에서 주어진 구체적인 수열의 항들에서 적절한 논리적, 수학적 공식을 찾아내는 것이 항상 가능한 일은 아니다(DNA 염기열이 좋은 예이다). 그런 경우에는 그냥 수열의 항들을 일일이 명시적으로 나열하는 것 외에는 수열을 엄밀하게 정의할 방법이 없다. 다른 말로 하면, 특성 표현식으로 정의되는 수열은 구체적인 항들로 정의된 수열의 압축된 버전이라고 할 수 있다. 예를 들어 모든 프로그램은 프로그램 명령들의 수열[2]의 특성 표현식이라고 할 수 있다. 알려진 특성식이 없는 수열을 **압축할 수 없는** 수열(줄여서 압축불가 수열)이라고 부른다. 압축불가 수열은 무작위성을 대표하며, 별로 쓸모가 없다.

마지막으로, 개별 기호 $S[0][0]$이나 $S[0][1]$이 반드시 정수나 글자일 필요는 없다. 문자열이나 마우스 좌표, 사건 정의, 클래스 객체 등 임의의 복합 자료형식일 수도 있는 것이다. 그렇다면 그런 복합 기호들을 생성할 수 있는 수열들로는 어떤 것이 있을까? 좀 더 중요하게는, 그런 수열들을 게임에서 어떻게 활용할 수 있을까? 다음 절에서는 이러한 질문들을 살펴본다.

■ 범위 수열

---

2) 프로그램은 어떠한 기능성을 달성하기 위해 컴퓨터가 수행할 일련의 상세한 명령들을 나타낸다. 임의의 전형적인 프로그램에서, 컴퓨터가 프로그램을 위해 수행하는 명령들의 개수는 프로그램 자체의 크기보다 훨씬 크다. 예를 들어 for (i = 0; i < 10,000; ++i) 같은 간단한 프로그램 문장에 대해, CPU는 실행 시점에서 적어도 10,000개의 명령들(컴파일러가 생성한 CPU 명령들의 개수가 아님을 주의할 것 ― 옮긴이)을 수행한다. 이런 관점에서, 하나의 프로그램은 하드웨어가 실행시점에서 실제로 수행하는 명령들의 압축된 버전이라고 할 수 있다. 키워드에 많은 의미를 담고 있는 언어로 소스 코드를 만드는 경우, 프로그래머의 의사를 더 적은 문장들로 표현할 수 있다. 앞의 C 언어 for 루프를 한 문장으로 볼 때, 압축률, 즉 실행 명령 대 문장 비율은 무려 10,000:1이다. 그러나 평범한 열 살짜리 꼬마가 일상적으로 사용하는 "이리 와"라던가 "이것 봐" 같은 문장의 압축률에 비한다면 이는 여전히 작은 수준이라 할 수 있다. 이런 종류의 문맥 의존적 명령의 복잡성을 줄이는 것이 AI 프로그래머들이 해결해야 할 주된 과제들 중 하나이다. 안타깝게도, 게임 환경의 상호작용성은 바로 이러한 특성에 직접적으로 연관되어 있다.

각 기호의 값이 고정된 범위에 따라 변하는(다른 기호들과는 독립적으로) 수열을 가리켜 범위 수열(range sequence)이라고 부른다. 예를 들어 다음 수열을 보자.

$$S_R = \begin{Bmatrix} a20 \\ a25 \\ a26 \\ b20 \\ b25 \\ b26 \end{Bmatrix}$$

이것은 각 항이 세 개의 기호로 구성되고 각 기호는 각각 집합 $\{a,b\}$, $\{2\}$, $\{0,5,6\}$의 값들을 차례로 취하는 범위 수열이다. 이러한 범위들을 각각 $R[0] = \#\{a,b\} = 2$, $R[1] = \#\{2\} = 1$, $R[2] = \#\{0,5,6\} = 3$으로 표기한다.

일반화하자면, 각 항이 n개의 기호들로 구성되며 각 기호가 집합 $V[0]$, $\cdots$, $V[n-1]$(여기서 각 범위는 $R[0] = \#V[0]$, $\cdots$, $R[n-1] = \#V[n-1]$)의 값들을 취하는 범위 수열을 수학적으로 다음과 같이 표기할 수 있다.

$$\|S_R\| = R[0] \cdot \ldots \cdot R[n-1] = \prod_{i=0}^{n-1} R[i].$$

따라서 S_R의 길이는 범위들의 곱으로 계산할 수 있다. 앞의 예라면 $\|S_R\| = R[0] \cdot R[1] \cdot R[2] = 2 \cdot 1 \cdot 3 = 6$이다. 즉, 이 수열은 항이 여섯 개이고, 범위 속성을 만족하면서도 기존의 여섯 항들 중 하나와 중복되지 않는 또 다른 항은 없다.

이제 특정 항의 특정 기호에 접근하는 방법을 보자. S_R의 i번째 항(단, $0 \le i \le \|S_R\|$)의 j번째 기호(단, $0 \le j < n$)는 다음과 같이 주어진다.

$$S_R[i][j] = V[j]\left\lfloor \frac{i \% \prod_{k=j}^{n-1} R[k]}{\prod_{k=j+1}^{n-1} R[k]} \right\rfloor.$$

여기서 $\prod_{k=n}^{n-1} R[k] = 1$임을 주목할 것.

반대로, 한 항의 기호들 $t[0]\, t[1] \cdots t[n-2]\, t[n-1]$이 주어졌을 때, 그 항의 색인 i는 다음과 같이 구할 수 있다.

$$i = \sum_{j=o}^{n-1}\left((t[j] \perp \mathbf{V}[j]) \cdot \prod_{k=j+1}^{n-1} \mathbf{R}[k]\right).$$

이러한 공식들을 코딩할 때, j번째 원소에 $\prod_{k=j}^{n-1}\mathbf{R}[k]$의 값을 담은 참조 배열을 만들어 둔다면 불필요한 곱셈 반복을 피할 수 있다. 참조 배열을 생성하는 과정을 의사코드로 표현한다면 다음과 같다.

```
void PreComputeProducts(int Product[], int Range[])
{
    Product[NoOfSymbols] = 1;
    for(int k=NoOfSymbols-1; k>=0; --k)
        Product[k] = Product[k+1]*Range[k];
}
```

다음은 이 배열을 이용해서 주어진 색인에 해당하는 항을 찾아 돌려주는 함수이다.

```
TermType GetTerm(SymbolType Values[][], int TermIndex)
{
    TermType Term;
    for(int j=0; j < NoOfSymbols; ++j)
    {
        int i = (TermIndex % Product[j])/Product[j+1];
        Term[j] = Values[j][i];
    }
    return Term;
}
```

이러한 변환 함수들의 구현 코드가 부록 CD-ROM에 수록되어 있으니 참고하기 바란다.

범위 수열은 모든 프로그래밍 목적에서 상당히 유용하다. 이는 거의 모든 집합을 기존의 (또는 새로운) 범위 수열의 일부가 되도록 묶어서 지칭할 수 있다는, 범위 수열의 타고난 **보편성** 때문이다. 물론 그런 성질을 가진 다른 종류의 수열들도 존재하나, 범위 수열에는 기호 값들이 서로 독립적이라는 중요한 장점이 존재한다. 이러한 독립성 때문에 다른 종류의 수열들에서는 보기 힘든 수준의 높은 유연성과 일반성이 생겨난다. 예를 들어 다음과 같은 가상의 클래스를 생각해 보자.

```
class WildWestPerson
{
```

```
        enum Sex { Female, Male };
        enum Nature { Good, Bad, Ugly };
        enum Living { Dead, Alive };

        Sex m_SexVal;
        Nature m_NatureVal;
        Living m_LivingVal;
        BYTE m_RatingVal; // 유효한 값의 범위는 [1,5]
    };
```

이 클래스에는 네 개의 멤버 함수들이 있으며, 각 멤버는 각각 2개, 3개, 2개, 5개의 값들을 취할 수 있다. 이 클래스로 생성할 수 있는 구별 가능한 객체들 모두는 각 항이 기호 네 개로 구성되며 각 기호의 범위가 $R[0] = \#Sex = 2$, $R[1] = \#Nature = 3$, $R[2] = \#Living = 2$, $R[3] = \#\{1 \cdots 5\} = 5$인 범위 수열로 나타낼 수 있다.

이런 종류의 범위 수열의 속성들을 분석해보면 게임 설계에 대해 다른 방식으로는 얻을 수 없는 통찰을 얻기도 한다. 예를 들어 위의 예제에서 수열의 최대 길이는 $\Pi R = 2 \cdot 3 \cdot 2 \cdot 5 = 60$이며, 따라서 이 클래스로 총 60개의 서로 구별되는 객체들(서부 인물들)을 만들어낼 수 있음을 알 수 있다. 이러한 정보를 게임의 다른 요소들과 함께 분석, 파악함으로써 게임의 현실성이나 반복성, 상호작용성 같은 특성들을 적절한 수치로 표현하는 것이 가능할 것이다. 예를 들어 앞의 **WildWestPerson** 클래스가 게임에서 주인공 캐릭터의 능력을 제어하는 데 쓰인다면, 플레이어는 총 60종류의 게임 스타일을 체험할 수 있을 것이다.[3]

일반적으로, 범위 수열은 잘 알려진 범위(클래스 객체들이나 그래프 통계 등)를 가진 일단의 변수들을 색인화할 때 상당히 유용하다. 주어진 클래스의 멤버 변수들을 조사하고 위에서 언급한 기법들을 적용한다면 클래스의 인스턴스들 중 특정한 하나의 인스턴스를 식별하는 고유한 색인을 부여하는 방법을 찾을 수 있을 것이다. 그런 식으로 클래스의 인스턴스에 색인을 부여할 수 있게 되면 다양한 일들이 가능해진다. 이를테면:

• 색인을 해시로 사용해서 특정 객체를 찾거나, 중복된 객체를 제거하고 고유한 객체들만 남길 수 있다.

---

3) 이 예는 다소 작위적이다. 그러나 실제 게임들은 수백 가지 범위 수열들을 다루며, 따라서 수천에서 수백만의 변형들을 제공할 수 있다. 대부분의 경우 그러한 변형들은 게임 자체보다 게임 내 사건에 대한 플레이어의 작용, 반작용에서 비롯된다. 플레이어 작용/반작용 사슬들을 수열로 나타내고 그 속성들을 연구함으로써 플레이어의 행동을 좀 더 쉽게 분석할 수 있을 것이며, 그러한 분석을 통해서 얻은 표준적인 행동 수치들은 게임의 설계와 플레이 스타일을 개선하는 데 도움이 될 수 있을 것이다.

- 객체의 색인을 통신 토큰으로 사용하면 추가적인 비트 패킹 루틴들 없이도 객체의 상태를 네트워크를 통해 전달할 수 있다.
- 비슷하게, 색인을 객체의 직렬화에 사용할 수 있다(이를테면 게임 상태를 빠르게 저장하기 위한 경우 등등).
- 객체의 복잡한 연산을 개별 멤버 변수들을 거치지 않고 객체에 직접 수행할 수 있다. 예를 들어 `WildWestPerson`의 두 인스턴스를 비교해야 한다면 보통은 각 멤버 변수를 일일이 비교하는 비교 연산자를 작성하게 될 텐데, 그러는 대신 객체들의 수열에 대한 특성식을 유도하고 그 수열에 대한 비교 연산자들을 만들 수 있다. 예를 들어 수열에서 더 앞에 있는 객체가 뒤에 있는 객체보다 "작다"고 간주하는 등. 더 나아가서, 비교 결과들을 미리 계산해서 테이블에 담아 두고 그것을 실행시점에서 석색, 변형하는 등의 활용도 가능하다. 그러면 게임 자료(정책적 결정들)를 게임 개념과 분리할 수 있나. 그러한 분리는 잘 만들어진 게임이라면 반드시 갖추어야 할 속성이다.

순열

수학에서 **순열**(順列, permutation)은 한 수열의 객체들의 순서를 바꾸어서 새로운 수열을 만들어내는 것 또는 그렇게 해서 만들어낸 수열을 말한다. 예를 들어 다음은 순서 집합 {a,b,c}로 만들 수 있는 모든 순열의 집합이다.

$$S_P = \begin{Bmatrix} abc \\ acb \\ bac \\ bca \\ cab \\ cba \end{Bmatrix}$$

범위 수열과 순열의 주된 차이는, 범위 수열에서는 항의 각 기호의 값이 다른 기호들의 값과 독립적인 반면 순열에서는 한 기호의 위치가 다른 기호들에 크게 의존한다는 것이다. 사실 한 기호의 위치는 전적으로 다른 기호들에 의해 결정된다.

기호들의 집합 **A**로부터 만들어낼 수 있는 순열들의 개수는 $(\#\mathbf{A})!$이다. 실제로 S_P의 길이는 $\|S_P\| = (\#\{a,b,c\})! = 3! = 6$이다. S_P의 여섯 항들은 각각 **A**의 기호들을 고유하게 배치한 순열이다. 이 외의 배치들을 만들어봤자 이 여섯 순열들 중 하나와 중복될 뿐이다.

범위 수열과 마찬가지로, 순열 집합의 한 항(순열)의 색인이 주어지면 그 항의 개별 기호에 접근할 수 있다. S_P의 i번째 항(단, $0 \le j < n$)의 j번째 기호(단, $0 \le i < \|S_P\|$)는 다

음과 같이 주어진다.

$$\mathbf{S}_P[i][j] = A_j\left[\frac{i\%(n-j)!}{(n-j-1)!}\right], \ \text{여기서} \ \ A_j = \mathbf{A} - \bigcup_{k=0}^{j-1}\{\mathbf{S}_P[i][k]\}.$$

A_j는 한 항의 기호들을 훑으면서 원하는 기호에 접근한다는 사실을 반영한 것이다. 즉, 이것은 각 항마다 달라진다. 예를 들어 $i=2:A_0=[a,b,c]$에 대해 $A_1=[a,c]$, $A_2=[c]$이다. 구현 시에는 이를 일련의 교환(swap) 연산들로 처리한다(부록 CD-ROM의 코드를 참고할 것).

반대로, 한 항의 기호들 $t[0]\,t[1]\cdots t[n-2]\,t[n-1]$이 주어졌을 때, 그 항의 색인 i는 다음과 같이 계산한다.

$$i = \sum_{j=o}^{n-1}\left[(t[j] \perp A_j) \cdot (n-j-1)!\right], \ \text{여기서} \ \ A_j = \mathbf{A} - \bigcup_{k=0}^{j-1}\{t[k]\}.$$

순열은 주어진 기호 집합의 모든 가능한 기호 순서 배치가 필요할 때 유용하다. 예를 들면 일단의 객체들이 어떤 작용(전투 또는 애니메이션 시퀀스 등)을 되풀이해서 수행하는 경우 등이 그에 해당한다. 항구에 정박한 일단의 배들에 대한 애니메이션 시퀀스를 생각해보자. 배들이 정박해 있다고 해도, 사실감을 위해서는 가끔씩 돛이나 선체를 움직여줄 필요가 있다. 한 가지 간단한 방법은 몇 초마다 무작위로 배 한 척을 택해서 돛을 움직여 주는 것이다. 그러나 그런 방식에서는 특정 배가 한 번도 선택되지 않을(따라서 전혀 움직이지 않을) 가능성이 있다. 그렇다고 배들을 고정된 순서대로 선택한다면 마치 파도타기 하듯이 배들이 차례로 움직이는 과정이 반복될 것이며, 그러면 오히려 사실감이 떨어지게 된다. 두 방법의 단점을 동시에 극복하려면 결정론적이지만 예측 불가능한 방법이 필요한데, 구현하기 쉬운 방법 중 하나가 바로 순열이다.

예를 들어 네 척의 배를 a,b,c,d라고 하고, 이들을 몇 초마다 움직인다고 하자. 처음에는 a를 택해서 애니메이션한다. 몇 초 후에 b를 애니메이션하고, 그 다음에 c를, 마지막으로 d를 움직인다. 이러면 한 회순이 끝난다. 다음 회에서는 a를 움직이고 b를 움직이되 c보다 d를 먼저 움직인다. 즉, c와 d를 교환한 순열 $abdc$를 사용하는 것이다. 그 다음 회에서는 $acbd$를 사용한다. 이런 식으로 매 회마다 기호의 위치를 바꿔가면서 $acdb$, $adcb$ 등으로 나아간다. 이렇게 하면 각 회순마다 네 척의 배를 언뜻 보기에는 무작위한, 그러나 완벽하게 결정론적인 순서로 움직일 수 있다.

더 나아가서, 순열의 속성들을 분석함으로써 결정론적 혼돈(chaos)의 본성을 좀 더 잘 이해할 수 있으며, 그럼으로써 게임의 사실감을 크게 향상할 수 있다. 예를 들어 사수 또는 궁수 유닛 a, b, c가 플레이어에게 다음과 같은 순서로 사격을 한다고 하자.

표 2.4.1 사수의 사격 순열들

$a,b,c,$	$a,c,b,$	$b,a,c,$	$b,c,a,$	$c,b,a,$	$c,a,b,$	$a,b,c,$	$b,a,c,$	$b,c...$	$...$

게임이 너무 어려워지지 않도록, 세 사수가 동시에 총을 쏘는 일은 없고, 한 명씩 총을 쏘고 기둥 뒤로 숨는다고 하자. 위의 순서(이들이 순열임은 쉽게 알 수 있을 것이다)에서는 우선 a가 사격을 하고, 그 다음에 b가, 그 다음에 c가, 그 다음에 다시 a가 총을 쏘는 등으로 사격이 진행된다. 이들을 세심하게 살펴보면 흥미로운 현상을 발견할 수 있을 것이다. 그림 2.4.1을 보자. 이것은 개별 사수의 사격 간격들을 나타낸 것이다.

...,b,**a**,c,b,c,**a**,c,b,**a**,c,**a**,b...**a**,**b**,c,**a**,c,**b**,b... ...,**a**,**c**,b,b,**a**,**c**,b,**c**,**a**,**c**,...

그림 2.4.1 순열의 간격들에서 결정론적 혼돈을 발견할 수 있다.

그림을 보면, 개별 사수에서 두 사격 사이의 간격이 일정하지 않다. 예를 들어 a를 보면, 처음 두 사격의 간격이 그 다음 두 사격의 간격보다 크다. 사수들마다도 간격들이 다르다. 예를 들어 다른 사수들과 달리 b는 두 발을 연달아 쏘는 경우가 있다. 이처럼 차이가 나긴 하지만, 그래도 규칙성은 존재한다. 특히, 남들보다 덜 쏘거나 더 쏘는 사수가 없다.

이러한 행동은 플레이어에게 자연스럽게 비춰지게 된다. 순서의 규칙성은 적 사수들이 잘 훈련되어있으며 결의에 차있다는 느낌을 주는 한편, 간격들의 가변성은 기계적인 제어의 부족을 암시하며, 따라서 저들이 로봇이 아닌 인간이라는 느낌을 준다. 적 유닛을 의인화하는 경향이 있는 플레이어들은 후자를 다양한 방식으로 해석할 것이다. 예를 들어 한 사수의 사격 간격이 길면, 결정적인 순간에 총알을 재장전해야 하는 등 전투에서 흔히 볼 수 있는 불운이 그 사수에게 닥친 것이라고 상상할 지도 모른다. 또는, 적들이 잘 짜인 계획을 수행하려 했으나 플레이어 자신의 탁월한 움직임 때문에 그 계획이 깨진 것이라고 생각할 수도 있다.

사격 간격 동안 흥미로운 시각적인 행동을 보여줌으로써 플레이어의 그러한 '착각'을 더욱 강화할 수도 있을 것이다. 예를 들어 다음 사격까지의 간격이 몇 초 이상인 사수에게 적용할 수 있는 행동들을 몇 가지 들자면:

- 총알을 재장전한다.
- 자신이 총을 맞아서 피를 흘리고 있는 것은 아닌지 확인한다.
- 수류탄을 던지려 하나 수류탄이 없다는 것을 알고는 욕을 하고 다시 원래의 무기를 잡는다.
- 방의 다른 구석으로 이동하려다가, 그러면 상황이 더 나빠질 수 있음을 깨닫고는 다시 원래 자리로 돌아온다.
- 후퇴하려 하나 동료들이 여전히 교전중임을 깨닫고는 다시 돌아와서 총알을 퍼붓는다. 이는 앞의 b처럼 간격 이후 사격이 연달아 있는 경우에 적합할 것이다.

이 외에도 다양한 행동을 생각해낼 수 있을 텐데, 구체적인 선택은 사격 간격의 길이에 따라 결정되어야 한다. 순열 항들을 미리 만들어서 사격 간격들을 계산해 두고 사격 후 그 값을 조회해서 행동을 결정하면 될 것이다.

이러한 착안을 더욱 확장해서 좀 더 복잡한 행동들을 만들 수도 있다. 한 예로, 개별 객체 그룹마다 순열 집합을 두는 대신 여러 그룹들에 대해 하나의 순열 집합을 두고 각 그룹마다 동일한 순열 항을 사용함으로써, 그룹들은 다소 무작위해 보이나 각 그룹의 일원들은 일관된 행동을 보이게 할 수도 있다. 예를 들어 그룹이 둘이라면, 한 그룹은 표 2.4.1의 짙은 바탕 순열들을, 또 한 그룹은 옅은 바탕 순열들을 사용하게 하면 된다.

이러한 속성들을 게임 개발자와 디자이너가 신중하게 고려한다면 플레이어에게 보다 더 나은 게임 체험을 제공할 수 있을 것이다.

조합 수열

조합 수열(組合數列, combinational sequence)은 여러 개의 기호들 중 몇 개를 선택한 결과이다. n개의 기호들로 된 집합에서 r개의 기호들을 선택한 조합들(여기서 $r \leq n$)이 바로 조합 수열이다. 조합 수열의 각 항(조합)은 기호들의 고유한 선택을 나타낸다. 예를 들어 네 기호들의 순서집합 $\{a,b,c,d\}$에서 두 개의 기호들을 선택하면 다음과 같은 조합 수열이 나온다.

$$\mathbf{S}_C = \begin{Bmatrix} ab \\ ac \\ ad \\ bc \\ bd \\ cd \end{Bmatrix}$$

일반화하자면, n개의 기호들로 된 집합 $\mathbf{A}$에서 r개의 기호들을 택해서 만들 수 있는 조합 수열의 길이는 다음과 같이 주어진다.

$$\| \mathbf{S}_C \| = \binom{n}{r} = \left(\frac{n!}{r!(n-r)!} \right).$$

앞의 예의 경우 조합 수열의 길이는 $|\mathbf{S}_C| = \binom{4}{2} = 6$이다. 이 수열의 각 항은 각각 고유한 선택을 나타낸다. 그 외의 선택들은 이 여섯 선택들 중 하나의 중복일 뿐이다.

이전과 마찬가지로, 한 항의 색인이 주어지면 그 항의 특정 기호에 접근할 수 있다. $\mathbf{S}_C$의 i번째 힝(단, $0 \le i < |\mathbf{S}_C|$)의 j번째 기호(단, $0 \le j < r$)는 다음과 같이 주어진다.

$$\mathbf{S}_C[i][j] = A_j[q_j],$$

여기서
$$q_j = \min\left\{ d \mid \text{index}_j < \sum_{k=0}^{d} \binom{n_j-k-1}{r_j-1} \quad 0 \le d \le n_j - r_j \right\},$$

$$\text{index}_j = i - \sum_{l=0}^{j-1} \sum_{k=0}^{q_l-1} \binom{n_j-k-1}{r_j-1},$$

$$A_j = \mathbf{A} - \bigcup_{k=0}^{j-1} \{ A_k[m] \mid 0 \le m \le q_k \},$$

$$n_j = \# A_j, \; r_j = r - j.$$

반대로, 한 항의 기호들 $t[0]\,t[1]\cdots t[n-2]\,t[n-1]$이 주어졌을 때, 그 항의 색인 index는 다음과 같이 구할 수 있다.

$$\text{index} = \sum_{j=0}^{r-1} \sum_{k=0}^{n_j-1} \binom{n_j-k-1}{r_j-1},$$

여기서 $P_j = (t[j] \perp A_j)$이고, A_j, n_j, r_j은 이전과 마찬가지이다.

이러한 연산들이 다소 복잡해 보이긴 하지만(특히 범위 수열이나 치환 수열과 비교해보면), 그래도 그 일반적인 개념은 순열과 동일하다. 항의 기호들을 훑으면서, 가능한 기준 기호들을 r의 크기와 항의 색인에 따라 제거하면 된다. 두 수열 모두, 중첩된 루프를 이용해서 상당히 쉽게 구현할 수 있다. 자세한 사항은 부록 CD-ROM의 코드를 참고하기 바란다.

조합과 순열의 중요한 차이는, 순열에서는 기호의 위치가 중요하지만 조합에서는 그렇지 않다는 것이다. 예를 들어 abc와 bac는 동일한 조합이다. 바꾸어 말하자면, 한 순열 수열의 항(순열)들은 모두 동일한 기호들로 구성되고 순서만 다른 반면, 한 조합 수열의 각 항(조합)은 적어도 기호 하나가 나머지 조합들과 다르다.

선택이 필요한 곳이라면 어디에서든 조합 수열이 상당히 유용하게 쓰일 수 있다. 예를 들어 RTS 게임에서 여덟 문명들 중 다섯 개를 플레이어의 적수들로 선택해야 한다고 하자. 이를 단순한 난수로 구현하는 것은 바람직하지 않다. 동일한 문명 구성이 반복해서 나타나지 않는다는 보장이 없기 때문이다. 이는 컴퓨터 게임에서 사용하는 난수 발생기가 의사난수 발생기라는 데에서 비롯된 것이다. 의사난수 발생기를 사용하는 경우에는, 매번 이전 게임 세션들과 중복되지 않는 구성을 효율적으로 제공할 수 있는 방법이 알려져 있지 않다.

그러나 조합 수열을 이용하면 매번 고유한 구성을 제공할 수 있다(물론 가능한 개수의 조합들 안에서). 이는 동일한 기호들로 구성된 조합이 둘 이상 존재하지 않는다는 조합 수열의 고유한 특성에서 기인한다. 즉, 조합 수열의 길이만큼의 고유한 항들이 보장되는 것이다. 게임의 경우, 게임플레이 도중의 사용자의 행동들과 선택들 전부의 조합을 하나의 색인으로 사용함으로써 해당 게임 세션을 고유하게 식별할 수 있다.

또 다른 응용 방법은 그래프의 경로 복잡성을 측정하는 것이다. 그래프는 이를테면 게임 플레이어가 게임 안에서 연구해야 하는 기술들을 추상화한 구조(소위 테크트리)에 쓰이기도 하고, 플레이어가 탐험할 지형을 추상화하는 데 쓰이기도 한다. 플레이어가 그러한 그래프를 운행하면서 선택한 것들을 조합 수열로 부호화할 수 있을 것이며, 그러한 자료는 AI 의사결정이나 게임 플레이 조정에 유용하게 쓰일 수 있다.

한 예로, 그림 2.4.2에 나온 가상의 기술 그래프를 생각해보자. 각 노드마다 플레이어는 다음으로 진행할 노드를 선택한다. 각 선택에 의해 서로 다른 경로가 만들어지며, 따라서 서로 다른 결과가 생긴다. 이 그래프의 모든 가능한 경로를 나열한다면, 같은 선택들로 구성된 경로가 여러 개 존재하는 일이 결코 없다는 성질을 가진 수열이 생기게 된다. 그러한 성질은 조합 수열의 속성과 일치한다. 그림 2.4.2의 오른쪽에 나온 $\{ab,\ aeh,\ bfh,\ cg\}$가 그러한 수열이다. 이 수열에서 일부 항은 기호가 세 개인 반면 일부는 두 개임에 주목하자. 따라서 엄밀히 말해 이것은 조합 수열이 아니다. 그러나 "상관없음"을 뜻하는 가짜 노드들을 적절히 추가한다면 기호 개수를 통일하는 것이 가능하다.

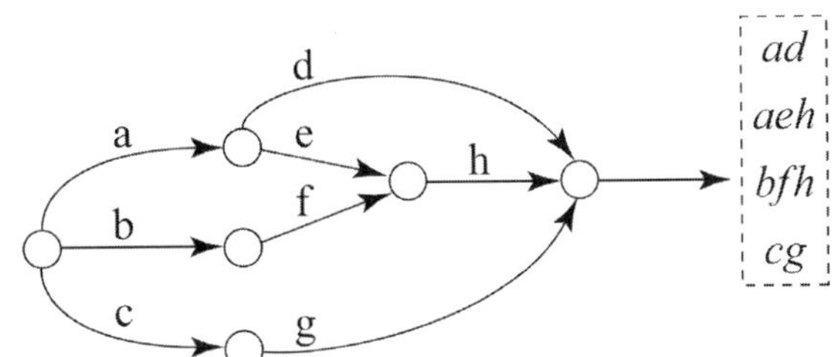

그림 2.4.2 그래프의 경로들을 조합 수열로 부호화할 수 있다.

또한, 이 수열에 조합 수열의 모든 가능한 항이 포함되어 있지는 않다. 예를 들어 abc라는 항은 찾아볼 수 없는데, 이유는 그러한 경로가 이 그래프에서는 불가능하기 때문이다. 이처럼, 최종 수열에 나타날 수 있는 항들은 그래프의 구조에 따른 신택 제약에 따라 제한된다. 그러한 제약을 줄일수록 수열의 유효한 항들의 개수가 커지며, 따라서 게임이 좀 더 비선형적이 된다. 이러한 나열을 통해서 디자이너는 게임이 플레이어에게 제공하는 비선형성의 정도를 측정할 수 있다.

이러한 선택 개념은 범위 수열과 조합 수열의 주된 차이에 해당한다. 범위 수열은 프로그래머가 정의한 개체들(클래스 등)에 따라 게임을 부호화하는 반면, 조합 수열은 사용자의 선택과 행동에 따른 게임의 양상을 나타낸다. 예를 들어 조합 수열은 플레이어에게 주어진 모든 가능한 임무(퀘스트)들 중 플레이어가 실제로 완료한 임무들의 집합을 나타내거나 숨겨진 모든 보물 중 실제로 획득한 보물들의 집합을 나타낼 때 유용하다. 이러한 선택, 행동, 사건들은 프로그래머의 입장에서 본 프로그래밍 논리보다 플레이어의 입장에서 본 게임 개념에 좀 더 밀접하게 연관된 것이다.

비슷하게, 조합 수열의 범위를 게임의 세션 수준에서 생각할 수도 있다. 예를 들어 여러 플레이어들이 수백의 게임 세션들을 플레이하는 게임 투너먼트에서 각 게임 세션은 커다란 조합 수열의 한 항(주어진 한 플레이어의 선택들과 사건들로 이루어진)에 해당한다. 플레이어는 게임 세션마다 서로 다른 선택을 취할 것이고, 따라서 그에 대한 조합 항도 달라진다. 그런데 게임의 한 세션은 수백만의 게임 프레임들로 이루어지며, 각 프레임에서의 게임 상태는 한 범위 수열의 한 항(프로그래머가 정의한 클래스 객체들로 구성된)으로 나타낼 수 있다. 따라서, 세션 수준에서의 조합 수열의 각 항마다 프레임 수준에서의 범위 수열의 수백만의 항들이 존재한다. 다른 말로 하면, 조합 수열은 선택(거시적 수준의)을 부호화하는 데 좋은 반면 범위 수열은 규칙성(미시적 수준의)을 부호화하는 데 좋다고 할 수 있다.

이러한 고찰로부터, 조합 수열의 다음과 같은 응용 방법을 이끌어낼 수 있다: 플레이어의 **선택들의 경로들**을 조합 수열의 항들로 부호화하고 그 항들을 분석함으로써 플레이어의 전략을 더 잘 이해할 수 있으며, 그럼으로써 플레이어의 능력에 따라 게임 플레이를 조율할 수 있다.

예를 들어 플레이어가 세션마다 항상 특정한 하나의 선택 경로를 따른다는 점을 발견했다면, 그 선택들에 대한 보상이나 이득을 조율해서 플레이어가 다른 전략을 채용하게 유도할 수 있다. 이는 대전 상대 결정(match-making) 같은 기능을 가진 다중 플레이어 게임이나 앞에서 말한 테크트리를 가진 전략 게임을 조율할 때 상당히 유용할 수 있다. 플레이어의 행동이나 선택들을 조합 수열의 항들로 부호화한 후, 각 항마다 그 항의 경로들을 따른 플레이어들의 승률이나 점수에 따른 등급을 부여하는 것도 가능하다. 아마도 다른 경로보다 승률이 더 높은 경로들이 존재할 것이다. 이는 플레이어의 전략 전술을 반영한 것일 수도 있으나, 어쩌면 게임 플레이의 균형에 맹점이 있는 탓일 가능성도 크다. 그런 문제점들을 해결한다면 플레이어에게 더 나은 체험을 제공할 수 있을 것이다.

결론

이 글은 순차 색인 기법을 체계적 나열과 속성에 따른 객체들의 순서 및 색인 결정이라는 개념에 기초해서 설명했다. 특히 게임 개발자에게 상당히 유용한 세 가지 주요 수열들의 수학적 속성을 살펴보았는데, 범위 수열은 클래스 객체들이나 그래프 통계치 등 잘 알려진 범위들을 가진 변수들을 색인화하는 데 유용하고, 순열은 애니메이션 시퀀스나 전투 시퀀스 등 모든 가능한 배치들을 색인화할 때 적합하며, 조합 수열은 비선형적 게임에서 플레이어의 임무 선택 등 여러 가능성들 중 일부를 선택하는 상황에 유용하다.

이 글에서 제시한 예들 외에도 여러 가지 응용 방법을 찾을 수 있을 것이다. 예를 들어 범위 수열을 비트맵 부호화에 응용한다던지, 순열을 디버깅 시 스크립트 코드의 모든 분기들을 나열하거나 자동 임무 생성을 위한 철자 바꾸기(anagram) 생성에 활용하는 것이 가능하다. 또한 조합 수열을 **선택적 무시**(selective ignorance)에 관련된 임무들, 이를테면 인공지능 에이전트의 **개념 학습**(일단의 관찰 결과들 중 일부를 선택적으로 무시함으로써 하나의 가정을 결정하는 식의)을 구현한다거나 무작위 선택 시뮬레이션을 구현하는 데 사용할 수 있을 것이다.

무작위 선택 시뮬레이션에 대해 첨언하자면, 흔히 쓰이는 종자(seed) 기반 의사난수 발생기는 일반적인 순차 색인 메커니즘의 한 변종일 뿐임을 주목할 필요가 있다. 종자가 난수열의 색인인 셈이다. 이 글에서 이야기한 일반화된 수열과 달리, 그런 난수열에서는 역색인화가 불가능할 수 있다. 즉, 주어진 종자로 난수열을 생성하는 것은 쉬운 반면 주어진 난수열에서 종자를 계산해 내는 것은 쉽지 않다는 것이다. 이러한 측면에서, 종자 기반 난수열은 단방향 **부분 색인화**가 적용되는 수열이라고 할 수 있다.

순차 색인 기법에 관심이 있는 독자를 위해, 구현에 관련된 사항 몇 가지를 지적하겠다. 이 글에 나온 수학 공식들은 별로 어렵지도 않고 구현하기도 쉽지만, 공식들을 그대로 사용한다면 계산이 효율적이지 않을 수 있다. 글에 제시된 $S[i][j]$에 대한 수학 공식들은 다른 $S[x][y]$ 값들을 참조하지 않으나, 코드에서 $S[i][j]$을 계산할 때에는 이전 계산의 결과 (이를테면 $S[i][j-1]$의 값)를 활용함으로써 성능을 크게 높일 수 있다. 그 외에도 여러 가지로 최적화할 여지가 있을 것이다. 부록 CD-ROM에 수록된 예제 코드는 중간 수준의 구현으로, 초보 독자나 숙련된 독자나 여러 가지로 실험하고 최적화해 볼 수 있을 것이다.

그리고 **계승 함수**의 계산도 중요한 문제이다. 계승 값을 구할 때에는 크기에 신경을 써야 한다. 예를 들어 4바이트 정수로 감당할 수 있는 계승은 11!이나 12!까지이다. 그 이상의 계승이 필요하다면 산술 연산에서 정밀도 제한을 제거하는 메커니즘인 **다중 정밀도 산술**을 사용해야 한다. 이를 위해 부록 CD-ROM의 예제 코드는 GMP(GNU Multiple Precision) 라이브러리를 사용한다. GMP는 부호 있는 정수, 유리수, 부동소수점수에 대한 다중 정밀도 산술을 가능하게 하는 오픈소스 라이브러리이다. 구현에 대한 좀 더 자세한 사항을 알고 싶다면 소스 코드를 참고하기 바란다.

마지막으로, 이 글에서 설명한 수열은 세 종류뿐이지만, 수열 색인 분야는 이 글에서 다룬 것보다 훨씬 더 넓고 깊으며, 연구하고 활용할만한 변형들도 수없이 많다. 순차 색인은 정보 과학의 거의 모든 부분을 포괄하며(이를테면 부호화, 압축, 계열 분석 등), **정보원**(*information source*)으로서의 **프로그램**이라는 개념([Kolmogorov65], [Li07])의 주된 기초이기도 하다. 더 나아가서, 순차 색인은 **결정론적 혼돈**이라는 개념과 밀접히 관련되어 있다. 결정론적 혼돈은 모든 동적계와 모형화 방법론의 본성적인 성질이다. 이런 분야들에 대해서는 [Atmanspacher91]과 [Atmanspacher02]에서 좀 더 많은 것을 배울 수 있을 것이다. 이런 분야들을 연구해 보면 게임 개발에 유용한 완선히 새로운 도구들과 관점들을 얻을 수 있을 것이며, 그럼으로써 플레이어는 물론 개발자에도도 더욱 즐거운 체험을 만들어낼 수 있을 것이다.

■ 참고자료

[Atmanspacher02] Atmanspacher, A., R. Bishop, Eds., *Between Chance and Choice.* Academic, 2002.

[Atmanspacher91] Atmanspacher, H., H. Scheingraber, H., Eds., *Information Dynamics.* NATO ASI Series, Plenum Press, 1991.

[Kolmogorov65] Kolmogorov, A. N., "Three Approaches to the Quantitative Definition of Information." *Problems of Information Transmission*, 1965, No. 1: pp. 1–7.

[Li07] Li, M., P. Vitanyi, *An Introduction to Kolmogorov Complexity and its Applications.* Springer, 1997.

2.5

다면체의 정확한 부력

Erin Catto, Crystal Dynamics
erincatto@gphysics.com

강체(剛體, rigid body) 시뮬레이션은 수많은 새로운 능력과 도전을 불러온다. 예를 들어 어떤 수체(水體, body of water)[1] 근처의 건물이 붕괴된다고 하자. 물에 떨어진 건물 잔해들이 눈에 들어오면 플레이어는 그것들이 그럴듯한 방식으로 떠다닐 것이라고 기대할 것이다. 이를 위해서는 게임이 부력(浮力, buoyancy)을 사실적으로 시뮬레이션해야 한다. 동적 시뮬레이션의 사실감을 높이면 체감 창발성도 증가할 것이 명백하다. 따라서, 게임 레벨에 물이 존재하는 게임을 위한 잘 다듬어진 강체 시뮬레이션에서 부력은 중요한 요소가 된다.

이 글은 강체에 대한 부력 및 항력(抗力, drag force)을 계산하는 효율적인 방법 한 가지를 설명한다. 이 글의 알고리즘은 수체 안의 다면체에 가해지는 정확한 부력을 계산한다. SIMD 최적화가 편할 수 있도록, 핵심 공식들은 벡터 형태로 제시된다.

실시간 부력에 대한 기존 글로는 [Fagerlund]와 [Gomez00]이 있다. Fagerlund는 모형에 내장된 구(sphere)를 이용해서 물에 잠긴 부분의 부력을 근사하는 방법을 제시했다. 그러나 그의 방법은 모형 제작 과정에서 추가적인 단계를 거쳐야 하며 모형에 따라서는 구들이 많이 필요할 수 있다는 문제를 안고 있다. Gomez의 방법은 물체의 표면에 점들을 분산시키고, 각 점마다 표면의 일부 영역을 배정하고, 그 영역마다 가상의 수직 물기둥을 계산해서 부력을 근사하는 것이다. 이 방법 역시 모형 제작 과정에서 추가적인 단계를 필요로 하며, 표면에 많은 점들을 배정해야 할 수 있다(이를테면 입방체 하나 당 20에서 30개).

---

1) 역주 : 어느 정도 많은 양의 물이 존재하는 영역 또는 그러한 물 자체를 뜻한다. 간단히 말하면 바다, 호수, 강, 웅덩이 등을 통칭한 용어이다.

이 글에서 제시하는 알고리즘은 모형 제작 과정의 추가적인 단계가 필요하지 않다. 기하 자료의 측면에서 필요한 것은 다면체의 정점들과 삼각형들뿐이다. 단, 이 알고리즘은 잔잔한 수면에만 적용할 수 있다.

이 알고리즘은 유체정역학 관점에서 정확한데, 이는 이 알고리즘이 물의 관성을 무시하기 때문이다. 이로 인해 다소 비현실적인 부침(bobbing) 행동이 나타날 수 있으나, 완전한 동적 물 시뮬레이션에 비해서는 훨씬 단순하다는 장점을 가지고 있다.

부력

아르키메데스의 원리(Archimedes' principle)에 따르면, 물에 잠긴 물체에 가해지는 부력은 그 물체에 의해 변위된(위치가 바뀐) 물의 무게와 같다. 즉

$$\mathbf{F}_b = \rho V g \mathbf{n} \tag{2.5.1}$$

인데, 여기서 ρ은 물의 밀도이고 V는 물체 중 물에 잠긴 부분의 부피, g는 중력 가속도, $\mathbf{n}$은 상방 벡터이다.

그림 2.5.1에 나와 있듯이, 부력은 중력과 반작용한다. 물체에 가해지는 중력은 다음과 같이 주어진다.

$$\mathbf{F}_g = -mg\mathbf{n}. \tag{2.5.2}$$

여기서 m은 물체의 질량이다. 그림 2.5.1에서 $\mathbf{x}$는 물체의 질량 중심이고 $\mathbf{c}$는 부력의 중

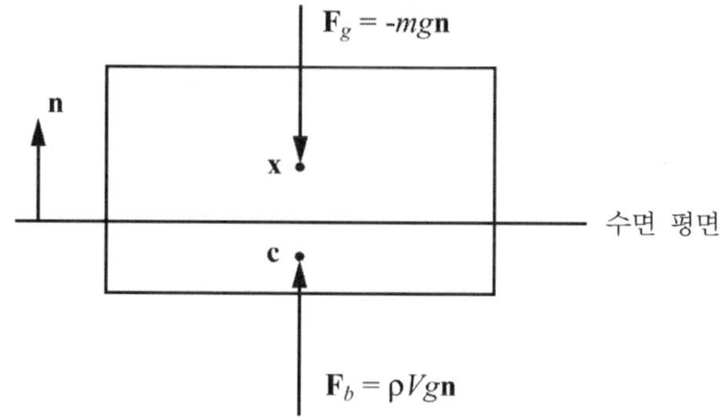

그림 2.5.1 한 물체에 가해지는 부력과 중력

심이다. 물체의 평균 밀도가 물의 밀도보다 크면 그 물체는 가라앉는다. 반대로, 물체의 평균 밀도가 물의 밀도보다 작으면 물체는 물에 뜬다.

부력은 진동 또는 부침(浮沈) 운동을 유발한다. 물체가 물로 떨어지면 그 관성이 $\mathbf{F}_g$에 더해지며, 이에 의해 물체의 무게를 넘는 양의 물을 밀어낼 수 있다. 물체가 최대한 깊이 가라앉은 후에는 다시 수면 위로 가속 운동을 하며, 수면 위로 나온 후에는 다시 물로 들어간다. 이러한 과정이 운동 에너지가 소멸될 때까지 반복된다.

그림 2.5.2에 나와 있듯이, 부력에 의해 질량 중심에 대한 토크(torque)가 발생할 수 있다. 부력이 가해지는 부력 중심은 변위된 부피의 중심인데, 그 지점이 물체의 질량 중심과 일치하지 않으면 물체에 토크가 가해진다. 질량 중심에 대한 부력 토크는 다음과 같이 주어진다.

$$\mathbf{T}_b = \mathbf{r}_b \times \rho V g \mathbf{n}. \tag{2.5.3}$$

여기서 $\times$는 외적이고 $\mathbf{r}_b$는 $\mathbf{x}$에서 $\mathbf{c}$까지의 반지름 벡터이다. 즉,

$$\mathbf{r}_b = \mathbf{c} - \mathbf{x} \tag{2.5.4}$$

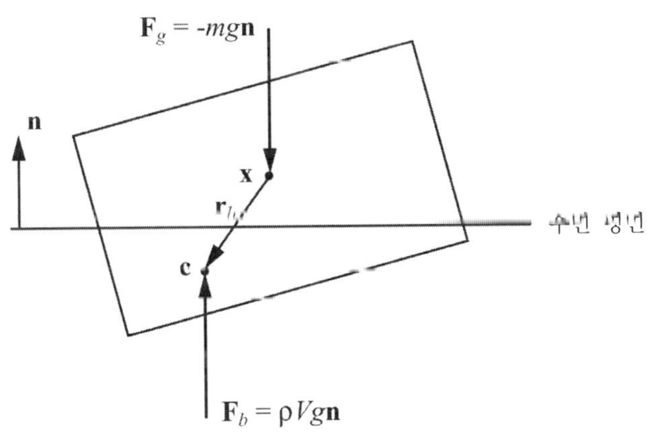

그림 2.5.2 부력 토크.

이러한 부력 토크 때문에 물체가 어떤 방향이냐에 따라 안정적으로 떠있기도 하고 그렇지 않기도 한 현상이 생긴다. 변위된 물의 무게가 물체의 무게와 같은 상황에서 물체의 위치들 모두와 방향들 모두로 구성된 집합을 생각해 보자. 안정적인 평형 구성은 이 집합의 원소들 중 질량 중심이 (국소)최저점에 있는 한 원소에 해당한다. 얇은 나무판자를 수

직으로 세웠을 때보다 수평으로 눕혔을 때 물에 더 잘 떠 있는 것을 생각한다면 이해할 수 있을 것이다.

다각형의 면적

다면체의 부력을 계산하기 위해서는 다각형의 면적을 계산할 수 있어야 한다. 다각형 면적 계산에는 부호 있는 면적(signed area)이라는 개념이 깔려 있다. 그럼 다각형의 면적을 계산하는 방법을 살펴보자.

그림 2.5.3에 나온 삼각형을 생각해 보자. 삼각형의 '부호 있는' 면적에서, 면적의 크기 자체는 보통의 삼각형 면적과 동일하다. 단, 정점(꼭짓점)들의 순서에 따라 양 또는 음의 부호가 결정된다는 것이 보통의 면적과 다른 점이다. 정점들이 반시계 방향이면 양의 면적이 되고, 시계 방향이면 음의 면적이 된다. 삼각형의 두 변에 해당하는 벡터들을 각각 $a = v_2 - v_1$, $b = v_3 - v_1$이라고 하자. 외적 $a \times b$의 크기는 두 벡터가 형성하는 평행사변형의 면적임을 알고 있을 것이다. 따라서 두 벡터가 형성하는 삼각형의 보통의 면적은 그 외적의 절반이다. 삼각형이 놓인 평면의 단위 법선을 k라고 할 때, 삼각형의 부호 있는 면적은 다음과 같이 주어진다.

$$A = \frac{1}{2}(a \times b) \cdot k. \tag{2.5.5}$$

k 때문에, 삼각형 꼭짓점들이 반시계 방향이면 A는 양이 되고 시계 방향이면 음이 된다.

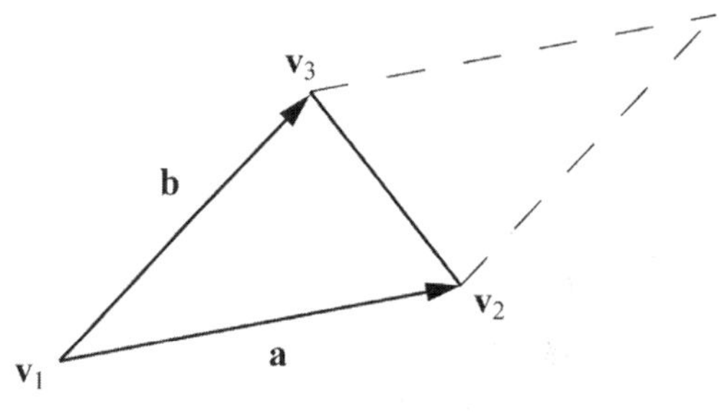

그림 2.5.3 삼각형

[O'Rourke98]에 나와 있듯이, 한 다각형의 면적은 임의의 점 p와 다각형의 각 변으로 만들 수 있는 모든 삼각형의 부호 있는 면적들의 합이다. 예를 들어 그림 2.5.4에 나온 사각

형의 면적은 다음과 같다.

$$A = A_1 + A_2 + A_3 + A_4$$
$$= A(\mathbf{v}_4,\ \mathbf{v}_1,\ \mathbf{p}) + A(\mathbf{v}_3,\ \mathbf{v}_4,\ \mathbf{p}) + A(\mathbf{v}_1,\ \mathbf{v}_2,\ \mathbf{p}) + A(\mathbf{v}_2,\ \mathbf{v}_3,\ \mathbf{p}) \tag{2.5.6}$$

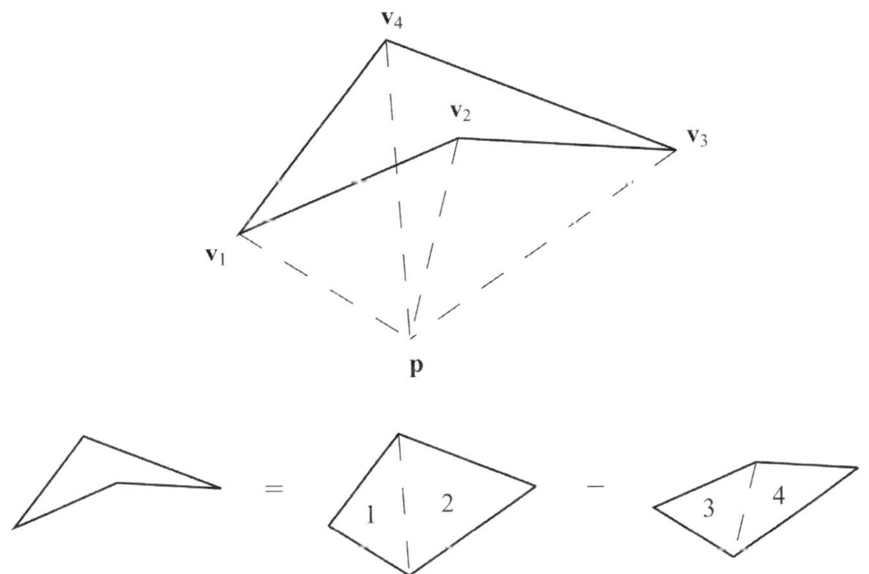

그림 2.5.4 한 다각형의 면적은 부호 있는 삼각형 면적들의 합이다. 이 그림에서 사각형의 면적은 삼각형 1, 2의 부호 없는 면적들에서 삼각형 3, 4의 부호 없는 면적들을 뺀 것과 같다.

이 예에서, 처음 두 삼각형의 면적은 부호가 양(반시계 방향)인 반면 나머지 두 삼각형은 음의 면적이며(시계 방향), 전체적인 합은 양임을 주목하자. 또한, 각 삼각형은 $\mathbf{p}$를 마지막 꼭짓점으로 해서 각 변과 반시계 방향으로 연결한 것임을 주목하기 바란다.

한 삼각형의 무게중심(centroid)은 정점들의 평균이다. 예를 들어 그림 2.5.3에 나온 삼각형의 무게중심은

$$\mathbf{c}_1 = \frac{1}{3}(\mathbf{v}_1 + \mathbf{v}_2 + \mathbf{p}) \tag{2.5.7}$$

이다. 다각형의 무게중심은 그 다각형을 구성하는 삼각형들의 무게중심들에 각 삼각형 면적 비율을 가중치로 적용해서 합한 것이다. 즉, 그림 2.5.4의 다각형의 무게중심은 다음과

같다.

$$c = \frac{1}{A}(A_1 c_1 + A_2 c_2 + A_3 c_3 + A_4 c_4) \tag{2.5.8}$$

부호 있는 면적을 사용한 것이므로, 일부 삼각형 무게중심들에는 음의 가중치가 적용된다.

다면체의 부피

일단 다면체가 물에 완전히 잠긴다고 가정하자. 부분적으로만 잠기는 경우는 잠시 후에 이야기하겠다. 다면체의 부피를 계산하는 방법은 다각형 면적을 계산하는 방법과 비슷하다. 부호 있는 삼각형 면적들의 합으로 다각형의 면을 구하는 것과 비슷하게, 다면체의 부피는 부호 있는 사면체(4-) 부피들을 합해서 구한다. 이 때 각 사면체는 다면체의 각 삼각형 표면과 임의의 점 p를 이어서 만들어낸다. 이러한 사면체 부피의 부호는, p가 그 표면의 뒤에 있으면 양이고 앞에 있으면 음이다(그림 2.5.5).

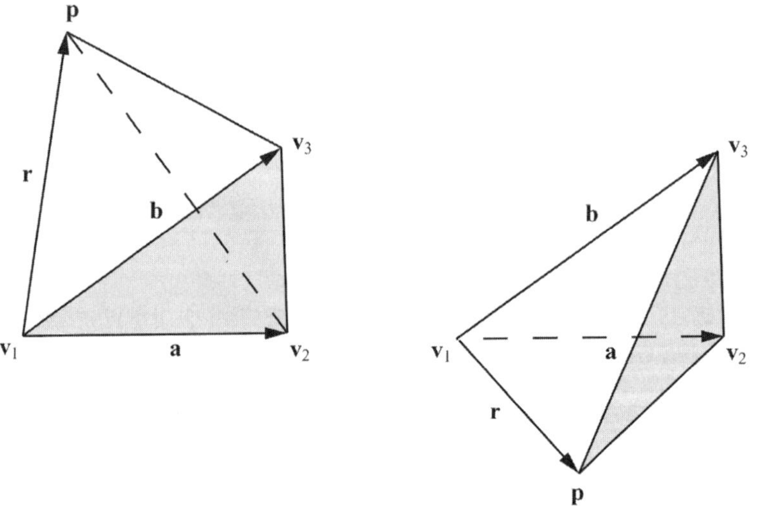

그림 2.5.5 두 사면체. 왼쪽 사면체는 부피의 부호가 양이고(p가 표면 뒤에 있음) 오른쪽 것은 부피의 부호가 음이다(p가 표면 앞에 있음).

[Weisstein]에 나온 공식에 기초해서, 사면체의 부호 있는 부피를 다음과 같이 구한다.

$$V = \frac{1}{6}(\mathbf{b} \times \mathbf{a}) \cdot \mathbf{r}. \tag{2.5.9}$$

여기서 $\mathbf{a} = \mathbf{v}_2 - \mathbf{v}_1$, $\mathbf{b} = \mathbf{v}_3 - \mathbf{v}_1$, $\mathbf{r} = \mathbf{p} - \mathbf{v}_1$이다. 삼각형과 마찬가지로, 사면체의 무게중심은 정점들의 평균이다.

$$c = \frac{1}{4}(\mathbf{v}_1 + \mathbf{v}_2 + \mathbf{v}_3 + \mathbf{p}). \tag{2.5.10}$$

좀 더 자세한 사항은 [Weisstein]을 보기 바란다.

2차원의 경우와 비슷하게, 다면체의 부피는 부호 있는 사면체 부피들의 합이고 다면체의 무게중심은 사면체 무게중심들의 가중 평균이다.

$$V = \frac{1}{6}\sum_{i=1}^{n}(\mathbf{b}_i \times \mathbf{a}_i) \cdot \mathbf{r}_i \tag{2.5.11}$$

$$c = \frac{1}{V}\sum_{i=1}^{n} V_i\, \mathbf{c}_i \tag{2.5.12}$$

이 공식들은 벡터 형태이므로 SIMD 하드웨어에서 쉽게 최적화할 수 있다.

목록 2.5.1　사면체의 부피와 무게중심을 구하는 함수 ------------------------------------

```cpp
float TetrahedronVolume(Vec3& c, Vec3 p, Vec3 v1, Vec3 v2, Vec3 v3)
{
    Vec3 a = v2 - v1;
    Vec3 b = v3 - v1;
    Vec3 r = p - v1;

    floal volume = (1.0f/6.0f)*dot(cross(b, a), r);
    c += 0.25f*volume*(v1 + v2 + v3 + p);
    return volume;
}
```

부분 잠김

개요

이제 물체의 일부분만 잠긴 상황으로 넘어가자. 이해를 돕기 위해, 먼저 2차원의 경우를 살펴보기로 하겠다. 그림 2.5.6에서 다각형의 정점 v_1, v_2, v_3은 물에 잠긴 반면 v_4는 물 위에 있다. 잠긴 부분의 면적을 구하려면 다각형을 수면 선으로 잘라야 한다. 그림 2.5.7 이 물 위의 부분을 잘라내서 얻은 새 다각형이다.

그림 2.5.7에 나온 다각형의 면적이 바로 원래의 다각형에서 물에 잠긴 부분의 면적이다. 다각형의 면적을 구하는 방법은 앞에서 이야기했다. 여기서 한 가지 요령은, 다각형 변들과 연결해서 삼각형들을 형성할 점 p를 수면 선 위의 한 점으로 선택하는 것이다. 그러면 삼각형 (v_4, v_5, p)의 면적이 0이 되어서 면적 합산의 항 하나가 사라지며, 따라서 알고리즘이 좀 더 효율적이 된다.

게다가, 수면 선 상의 삼각형 변이 잠긴 면적에 전혀 기여하지 않는다는 점을 이용하면 다각형 절단 알고리즘을 더 간단하게 만들 수 있다. 다각형의 각 변은 수면 위에 있거나, 수면 아래에 있거나, 수면을 가로지르거나 세 가지 경우 중 하나이다. 수면 위에 있는 변은 잠긴 면적과 무관하다. 수면 아래의 변은 잠긴 면적에 직접 기여한다. 수면을 가로지는 변은 수면 아래에 있는 부분만 잠긴 면적에 기여한다.

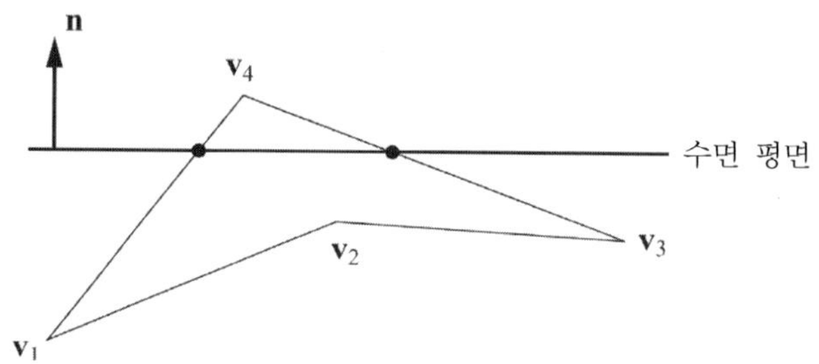

그림 2.5.6 일부가 잠긴 다각형.

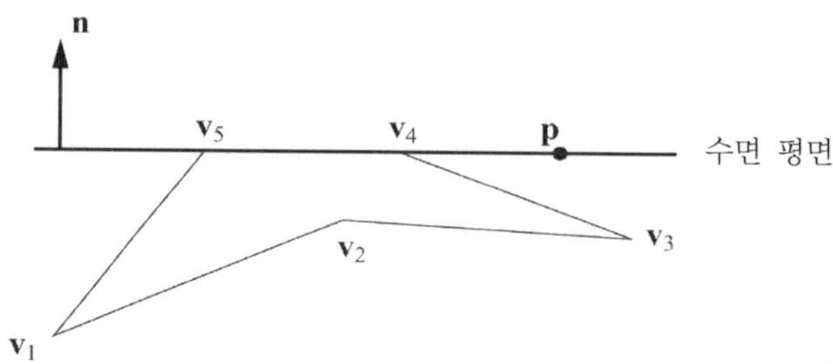

그림 2.5.7 수면 선에 따라 다각형을 잘라낸다.

3차원의 경우라면 다면체의 각 삼각형 면을 수면 평면으로 잘라야 한다. 그러면 수면 평면에 복잡한 모양이 만들어진다. 여러 개의 다각형들이 생길 수도 있고 구멍이 난 다각형들이 생길 수도 있는데, 이들을 일일이 처리하려면 계산이 복잡해진다. 다행히, 2차원의 경우와 비슷하게 점 p를 수면 평면에 놓으면 수면 평면의 면들은 고려할 필요가 없으므로 3차원 다면체 절단 알고리즘이 아주 간단해진다.

절단

각 삼각형은 다음 세 가지 범주 중 하나에 해당한다.

1. 수면 평면 위의 삼각형
2. 수면 평면 아래의 삼각형
3. 수면 평면과 교차하는 삼각형

범주 1의 삼각형은 잠긴 부피에 전혀 기여하지 않는다. 범주 2의 삼각형은 잠긴 부피에 직접적으로 기여한다. 범주 3의 삼각형은 수면 평면으로 잘라내야 한다. 그러면 범주 2의 삼각형 하나 또는 두 개가 생긴다.

평면으로 삼각형을 자르는 알고리즘 하나가 [Eberly01]에 나와 있는데, 그래픽 렌더링을 위한 시야 절두체 절단용 알고리즘이지만 부력 계산에도 적합하다. 여기에서는 그 알고리즘을 부력 계산에 맞게 최적화한 버전을 사용한다.

수면 평면과 교차하는 삼각형은 그림 2.5.8에 나온 두 가지 중 하나에 해당한다.

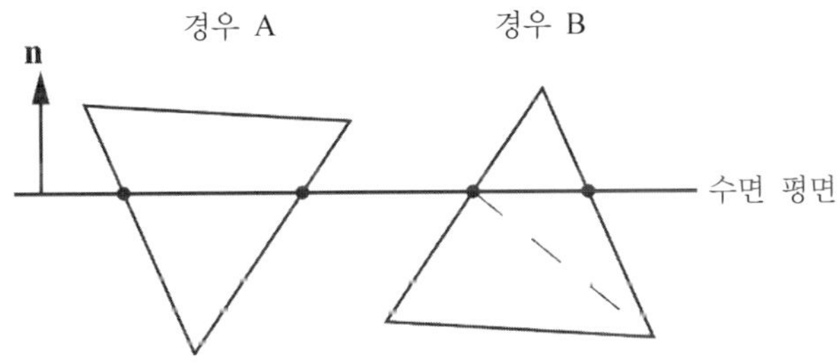

그림 2.5.8 수면으로 잘리는 삼각형의 두 가지 경우

A. 수면 평면 아래의 정점이 하나인 경우로, 범주 2 삼각형이 하나만 만들어진다.
B. 수면 평면 아래의 정점이 두 개인 경우로, 범주 2 삼각형 두 개로 된 하나의 사각형이 만들어진다.

경우 A에서는 절단점 두 개와 수면 아래 정점으로 이루어진 삼각형을 구하고 그것을 범주 2 삼각형으로 처리하면 된다. 경우 B에서는 절단점 두 개와 수면 아래 정점 두 개로 이루어진 사각형을 구하고 그것을 범주 2 삼각형 두 개로 처리하면 된다.

렌더링의 맥락에서는 삼각형들을 시야 절두체로 잘라낸 결과들을 렌더링 대상 목록에 추가한 후에 그 목록으로 렌더링을 수행하나, 부력 알고리즘에서는 삼각형들을 수면 평면으로 잘라낸 결과를 즉시 부피 계산에 사용한다. 즉, 이 알고리즘에서는 삼각형들의 목록을 갱신하지 않는다. 덕분에 코드가 간단해지고 메모리도 덜 사용한다.

이제 다면체의 잠긴 부피 계산에 필요한 도구들이 갖추어졌다. 잠긴 부피를 계산하는 전체적인 과정은 이렇다: 다면체의 각 삼각형의 정점 깊이(수면 평면과의 거리)들을 계산하고 그것들로 삼각형의 범주를 결정한다. 범주 1이면 폐기하고 범주 2이면 사면체 부피를 구해서 전체 부피에 더한다. 범주 3에 해당하는 삼각형이면 목록 2.5.2에 나온 코드를 이용해서 절단 및 사면체 부피 계산을 수행한다. 목록 2.5.2의 함수는 주어진 삼각형이 경우 A인지 B인지를 결정하고, 선형 보간을 적절히 적용해서 삼각형(들)을 만들고, 그 결과로 사면체 부피를 계산해서 돌려준다.

목록 2.5.2 삼각형 절단 코드 --

```
float ClipTriangle(Vec3& c, Vec3 p,
    Vec3 v1, Vec3 v2, Vec3 v3,
    float d1, float d2, float d3)
{
    Vec3 vc1 = v1 + (d1/(d1 - d2))*(v2 - v1);
    float volume = 0;

    if (d1 < 0)
    {
        if (d3 < 0)
        {
            Vec3 vc2 = v2 + (d2/(d2 - d3))*(v3 - v2);
            volume += TetrahedronVolume(c, p, vc1, vc2, v1);
            volume += TetrahedronVolume(c, p, vc2, v3, v1);
        }
        else
        {
            Vec3 vc2 = v1 + (d1/(d1 - d3))*(v3 - v1);
            volume += TetrahedronVolume(c, p, vc1, vc2, v1);
        }
```

```
        }
        else
        {
            if (d3 < 0)
            {
                Vec3 vc2 = v1 + (d1/(d1 - d3))*(v3 - v1);
                volume += TetrahedronVolume(c, p, vc1, v2, v3);
                volume += TetrahedronVolume(c, p, vc1, v3, vc2);
            }
            else
            {
                Vec3 vc2 = v2 + (d2/(d2 - d3))*(v3 - v2);
                volume += TetrahedronVolume(c, p, vc1, v2, vc2);
            }
        }
        return volume;
    }
```

■ 수치적 안정성

다면체가 아주 조금만 잠겨 있다고 하자. 그러면 잘려진 삼각형은 아주 얇고 뾰족한 쐐기 꼴이 될 것이다. 이런 삼각형이 있는 경우 반올림 오차 때문에 사면체 부피들의 합이 0보다 작아질 수 있으며, 무게중심이 다면체의 잠긴 부분 바깥에 놓이는 현상도 생길 수 있다. 이런 오차가 그리 큰 문제가 되지 않을 수도 있지만, 혹시 생길지 모를 잘못된 결과를 피하기 위해서는 미리 이런 오차를 제거하는 것이 좋다.

사면체 부피의 정확도는 사면체의 '품질'에 의존한다. 사면체 내각들이 균등하면 고품질 사면체이고, 내각들의 차이가 크면 저품질 사면체이다.

그림 2.5.9의 2차원 경우를 생각해 보자. 이 삼각형은 내각들이 큰 차이를 보이므로 품질이 낮다고 할 수 있다. 이 삼각형의 면적은 다음과 같다.

$$
\begin{aligned}
A &= \frac{1}{2}(\mathbf{a}\times\mathbf{b}) \cdot \mathbf{k} \\
&= \frac{1}{2}(a_x b_y - a_y b_x) \\
&= \frac{1}{2}\left[(L^2 + L\epsilon) - (L^2 - L\epsilon)\right].
\end{aligned}
\tag{2.5.13}
$$

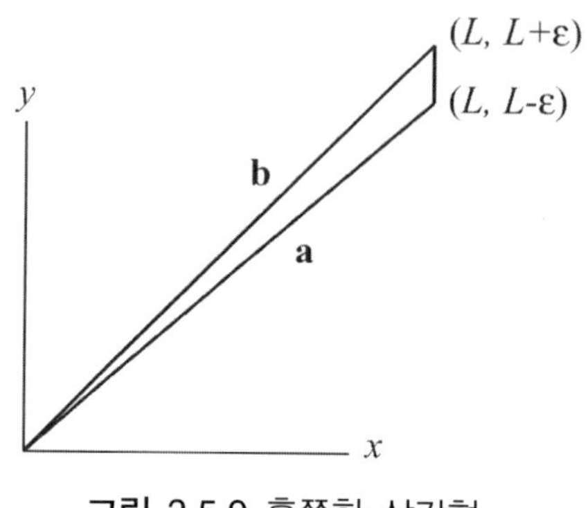

그림 2.5.9 홀쭉한 삼각형.

이 삼각형의 정확한 면적은 $L\epsilon$이다. 그런데 L이 크고 ϵ이 작다고 하자. 그러면 식 2.5.13 은 커다란 두 값의 차이에 해당하며, 따라서 상대적으로 작은 값이 나온다. L^2이 지배적 인 항들이므로 반올림 오차가 생길 가능성이 크다.

사면체의 품질이 p를 어디에 두느냐에 따라 달라진다는 점은 명백하다. 앞에서 p를 수면 평면에 놓기로는 했지만 그 위치가 구체적으로 어디인지는 이야기되지 않았다. p를 다면 체의 잠긴 부분 바로 위쪽에 놓는다면 사면체들의 품질이 향상될 것이다. 이를 위해서는 잠긴 정점들을 수면 평면에 투영해야 한다. 더 정교한 방법도 있겠지만, 이 글에서는 수 면 평면에 투영된 정점들 중 하나를 임의로 선택해서 p로 사용하기로 한다.

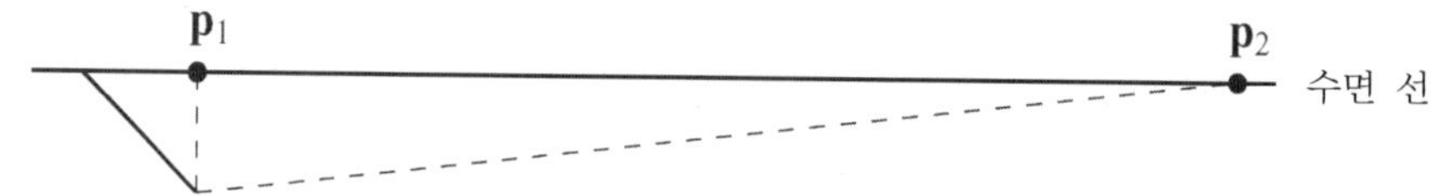

그림 2.5.10 2차원에서 p의 선택은 삼각형의 품질에 영향을 미친다. p_1을 선택하면 내각들이 균등한 고품질 삼각형이 만들어지나, p_2를 선택하면 내각들의 차이가 큰 저품질 삼각형이 만들어진다. 마찬가지로, 3차원에서도 p의 선택이 사면체 품질에 영향 을 미친다.

p를 최적의 위치에 놓는다고 해도 사면체 부피 공식이 부정확해질 가능성은 여전히 남아 있다. 따라서 잘못된 결과를 피하기 위해서는 다면체의 잠긴 부분이 작거나 계산된 전체 부피가 음이면 p를 다시 선택하거나 부력 계산을 단념하는 등의 조치를 취해야 할 것이다.

■ 항력

앞에서, 부력과 중력의 상호작용에 의해 물체가 진동하게 된다는 점을 언급한 바 있는데, 자연에서 그러한 진동은 항력(抗力, drag force)에 의해 감쇠한다. 물체가 물의 흐름에 따라 움직이는 것도 항력 때문이다.

강체에 적용되는 물의 항력은 계산하기가 상당히 복잡하다. 강체에 대한 물의 항력은 물의 특성 및 강체의 형태에 의존한다. 항력을 정확하게 모형화하려면 완전한 동적 물 시뮬레이션이 필요하다. 현실적으로 게임에서 정확한 항력을 구현하는 데 필요한 계산 비용에 비해 시각적 사실감의 개선이 아주 크다고는 할 수 없다. 따라서 이 글에서는 부력 계산의 결과들을 재사용해서 좀 더 낮은 계산 비용으로 항력 모형을 근사하는 방법을 사용한다.

구체적으로, 이 글에서 사용하는 항력 공식은 다음과 같다.

$$\mathbf{F}_d = \beta_l m \frac{V}{V_T}(\mathbf{v}_w - \mathbf{v}_c).$$

(2.5.14)

여기서 β_l은 선항력계수(線-, linear-. 단위는 1/초)이고 m은 다면체의 질량, V는 다면체의 잠긴 부분의 부피, V_T는 다면체의 전체 부피, $\mathbf{v}_w$는 물 흐름의 속도, $\mathbf{v}_c$는 부력 중심의 속도이다. 단순함을 위해, $\mathbf{F}_d$가 부력의 중심에 작용한다고 가정한다.

항력 $\mathbf{F}_d$는 물 흐름에 상대적인 부력 중심의 운동의 반대 방향으로 작용한다. 식 2.5.14는 항력에 대한 여러 공식들 중 하나이나, 실제 응용에서 잘 작동한다.

항력 $\mathbf{F}_d$만으로는 감쇠를 근사하기에 충분치 않다. 부력의 중심이 질량 중심 바로 아래에 있을 때 특히 그렇다. 따라서 다음과 같이 정의되는 항력 토크를 추가할 필요가 있다.

$$\mathbf{T}_d = -\beta_a m \frac{V}{V_T} L^2 \boldsymbol{\omega}.$$

(2.5.15)

여기서 β_a은 각항력계수(角-, angular-. 단위는 1/초)이고 L은 다면체 너비의 평균이다. 이 매개변수들에 의해 난위 회전력들이 만들어진다.

항력계수 β_l과 β_a는 수치적 실험을 통해서 선택하면 된다. 처음에는 둘 다 0으로 해서 상자 같은 전형적인 형태의 다면체로 부력 시뮬레이션을 수행해 본다. 그러면 상자가 안정적인 방식으로 진동(부침)해야 하는데, 그렇지 않다면 진동이 안정될 때까지 수치 적분기의 시간 단계를 줄여나간다. 상자의 진동이 안정되었다면, β_l을 증가시키면서 몇 주기 만에 상자의 진동이 감쇠하는 값을 찾는다. 다음으로는 일정한 각속도를 준 상자를 수면 위에서 수직으로 떨어뜨려 본다. 상자가 부침을 멈춘 후에도 계속 회전할 것이다. 그러면 β_a을 증가시키면서 상자가 몇 번 회전한 후에 멈추는 값을 찾는다.

소스 코드

ON THE CD

부록 CD-ROM에 소스 코드 및 예제 프로그램이 수록되어 있다. 코드는 효율성보다 명확함을 강조해서 짠 것이므로 최적화의 여지가 많이 남아 있다. 그림 2.5.11(그리고 원색 화보 4, 5)은 예제 프로그램의 스크린샷이다.

그림 2.5.11 오목 다면체의 부력 시뮬레이션.

결론

이 글에서는 수면이 평면인 수체에 잠긴 다면체의 정확한 유체정역학적 부력을 계산하는 방법을 설명했다. 또한 에너지 소멸 및 물 흐름 결합을 흉내내기 위한 항력 및 항력 토크의 근사 모형들도 제시했다. 이 글에서 제시한 알고리즘은 효율적이며, 추가적인 내용 작성 단계가 없으며, 구현하기 쉬우며, 기존 물리 엔진과 잘 통합된다.

감사의 글

이 작업을 지원해 준 Crystal Dynamics 팀에 감사한다.

참고자료

[Eberly01] Eberly, David H., *3D Game Engine Design*. Morgan Kaufmann, 2001.

[Fagerlund] Fagerlund, Mattias, "Buoyancy Particles or Bobbies." 웹 *http://www.cambrianlabs.com/Mattias/DelphiODE/BuoyancyParticles.asp*.

[Gomez00] Gomez, Miguel, "Interactive Simulation of Water Surfaces." *Game Programming Gems*, Charles River Media, 2000. 번역서는 "상호 작용적인 수면 시뮬레이션", *Game Programming Gems*, 정보문화사, 2001.

[O'Rourke98] O'Rourke, Joseph, *Computational Geometry in C*, 2nd Ed. Cambridge University Press, 1998.

[Weisstein] Weisstein, Eric W., "Tetrahedron." 웹 *http://mathworld.wolfram.com/Tetrahedron.html*.

2.6

강체와 상호작용하는 실시간 입자 기반 유체 시뮬레이션

Takashi Amada, Sony Computer Entertainment, Incorporated

taka.am@gmail.com

컴퓨터 게임 같은 상호작용 응용프로그램에서 유체 운동을 실감나게 실시간으로 렌더링할 수 있다면 사용자의 몰입도가 높아지게 된다. 이 때 강체와 유체의 상호작용이 중요한데, 이는 실제 세계에서도 유체와 강체의 운동이 서로에게 영향을 미치기 때문이다. 계산유체동역학(computational fluid dynamics, CFD)에 기초한 유체 시뮬레이션은 시각적으로 그럴듯한 유체의 행동을 그려내기에 유용하나, 그 기법들은 빠른 시뮬레이션이 필요한 실시간 유체 렌더링에 사용하기엔 계산 비용이 너무 큰 경우가 많다. 또한 여러 전통적인 기법들은 강체와 상호작용하는 유체를 간단하게 시뮬레이션하기에 적합하지 않다.

이 글은 평준화 입자 유체동역학(smoothed particle hydrodynamics) 기법을 이용해서 강체와 유체의 상호작용을 시뮬레이션하는 한 가지 방법을 설명한다. 또한 빠른 구현 방법도 제시한다. 이 글에서 제시하는 방법을 이용하면 강체와 상호작용하는 물을 실시간으로 시뮬레이션될 수 있다.

유체 시뮬레이션과 평준화된 입자 유체동역학

유체 시뮬레이션의 기본 접근방식

일반화된 유체 흐름 운동을 서술하는 나비에-스토크스 방정식(Naviér-Stokes equation)에 대해서 들어본 적이 있을 것이다. 식 2.6.1은 나비에-스토크스 방정식의 한 변형으로, 물처럼 압축할 수 없는 유체에 유효하다. 이 편미분 방정식은 압축할 수 없는 유체의 운동량 보존을 서술한 것으로, 뉴턴의 운동법칙 제2법칙과 동치이다.

$$\rho\frac{D\mathbf{v}}{Dt} = -\nabla p + \mu\nabla^2\mathbf{v} + \rho\mathbf{f}. \tag{2.6.1}$$

여기서 ρ는 유체 밀도(스칼라)이고 v는 유체 속도(벡터), p는 유체 압력(스칼라), μ는 점성(黏性, viscosity) 계수(스칼라, 여기서는 상수로 간주), f는 입자에 가해지는 단위 질량당 외부 힘(이를테면 중력 등)이다. ▽은 식 2.6.2로 정의되는 벡터 기울기(gradient) 연산자이고 ∇^2은 식 2.6.3으로 정의되는 라플라스 연산자(Laplacian operator)이다.

$$\nabla = \mathrm{i}\frac{\partial}{\partial x} + \mathrm{j}\frac{\partial}{\partial y} + \mathrm{k}\frac{\partial}{\partial z} \tag{2.6.2}$$

$$\nabla^2 = \frac{\partial^2}{\partial x^2} + \frac{\partial^2}{\partial y^2} + \frac{\partial^2}{\partial z^2}. \tag{2.6.3}$$

유체를 시뮬레이션하려면 식 2.6.1(또는 그것을 단순화한 공식)의 방정식과 연속성(질량 보존), 에너지 보존 등의 지배적인 속성들에 대한 방정식들을 시뮬레이션해야 한다. 강체의 운동은 6의 자유도(즉, 세 축 각각에 대한 이동과 회전)만으로 표현할 수 있지만, 유체는 자유도가 무한하므로 운동을 강체처럼 간단하게 표현할 수가 없다. 유체 운동의 지배 방정식들을 정확하게 시뮬레이션하려면 유체의 성질을 세심하게 고려해야 한다.

물 같은 유체는 대단히 많은 수의 분자들로 구성된다. 작은 양의 유체라도 분자가 너무 많아서 유체를 개별 분자들의 집합체로 모형화하는 것이 대부분의 경우 비현실적일 정도이다. 거시적으로는 물이나 기타 유체를 물리적 속성들이 유체 전반에서 끊임없이 변하는 하나의 연속체(continuum)로 볼 수 있다. 실제로 나비에-스토크스 방정식은 바로 그러한 관점, 즉 유체가 연속적이라는 관점에 기초해서 유도된 것이다. 이러한 관점을 이용하면 요즘 컴퓨터에서 합당한 수준의 시간으로 사실적인 시뮬레이션을 수행하는 것이 가능하다.

유체 시뮬레이션은 크게 오일러(Euler) 방식과 라그랑주(Lagrange) 방식으로 나뉜다. 오일러식 시뮬레이션은 한 기준계에 고정된 점들에서 유체의 물리적 속성을 표현한다. 그 점들의 위치는 기준계가 이동하거나 변형함에 따라 변할 수는 있어도 유체의 움직임에 따라 변하지는 않는다. 주어진 한 점의 속성들은 유체가 그 점을 지나침에 따라 변하게 된다. 오일러식 유체 시뮬레이션을 구현할 때에는 그림 2.6.1에 나온 것 같은 메시가 흔히 쓰인다(단, 메시가 반드시 그림에 나온 것처럼 균일하거나 행, 열로 이루어진 격자 형태일 필요는 없다). 유체의 속성들은 메시의 각 정점에 저장된다. 지배 방정식들을 유한차분법이나 유한부피법 같은 다양한 기법들을 이용해서 메시상에 이산시키고, 그러한 이산 방정식들을 이용해서 매 프레임마다 메시 각 정점의 유체 속성들을 갱신한다.

게임 개발자들이 게임 안에서 유체를 모형화하는 데 주로 사용해 온 것이 바로 이러한 오일러식 시뮬레이션이다. 예를 들어 Jos Stam의 유명한 Stable Fluids 기법은 안정성을

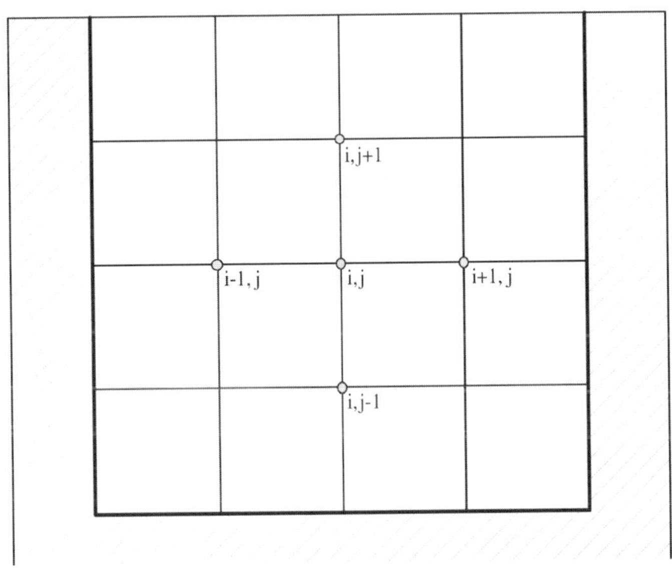

그림 2.6.1 수조에 담긴 물에 대한 2차원 오일러식 유체 시뮬레이션에 쓰이는 간단한 격자형 메시.

위해 입자 추적을 사용하긴 했지만 기본적으로 오일러식 시뮬레이션의 하나이다([Stam99]). GPU상에서 오일러식 시뮬레이션을 구현한 예도 있다([Noe04]).

오일러식 방법은 구현하기가 쉽고 매끄러운 결과를 내는 등의 몇 가지 장점들을 지니고 있다. 그러나 오일러식 시뮬레이션으로는 충분치 못한 경우도 있다. 기본적인 시뮬레이션이라면 쉽게 구현할 수 있지만, 완벽한 시뮬레이션은 현실적으로 얻기가 어렵다. 특히 시장자리가 임의석이어야 하거나 임의의 힘을 유체에 적용해야 하는 경우에는 어려움을 겪게 된다. 흐름 안에서 소용돌이나 난류 같은 세밀한 모습을 나타내야 하는 경우에는 메모리나 계산 비용이 아주 커진다. 그리고 수조 안에서 유체가 첨벙대거나 모이는 모습, 다른 종류의 유체들이 섞이는 모습, 그리고 유체가 임의의 강체와 상호작용하는 모습을 시뮬레이션하는 데에도 그리 적합하지 않다.

라그랑주식 시뮬레이션에서는 유체의 특정 부분에서 물리적 속성들을 표현하되, 시간에 따라 그 부분의 움직임을 추적한다. 오일러식 시뮬레이션처럼 메시를 이용해서 라그랑주식 시뮬레이션을 구현하는 것도 가능하다. 단, 라그랑주식에서는 메시 칸(2차원의 경우 삼각형이나 사각형, 3차원의 경우 사면체 등)들이 유체와 함께 실제로 이동하며, 시뮬레이션 도중 각 칸의 질량은 변하지 않는다. 격자 기반 라그랑주 시뮬레이션 역시 격자 기반 오일러식 시뮬레이션과 비슷한 단점들을 가진다. 예를 들어, 한 칸 안의 질량을 보존함과 동시에 나비에-스토크스 방정식과 에너지 보존 법칙을 만족하는 방식으로 메시 칸들을 변형하는 것이 어려울 수 있으며, 그러면 유체 전체가 사실적으로 행동하지 못하는 결과가 나올 수 있다.

유체를 입자들로 표현해서 라그랑주식 시뮬레이션을 구현하는 것도 가능하다. 개념적으로 볼 때, 입자 기반 라그랑주식 시뮬레이션은 개별 분자들의 입자 시뮬레이션과 비슷하다. 각 라그랑주 입자는 특정한 분자 집합을 나타낸다. 그림 2.6.2는 유체의 특정 부분들을 분자 집합으로 나타낸 것이다.

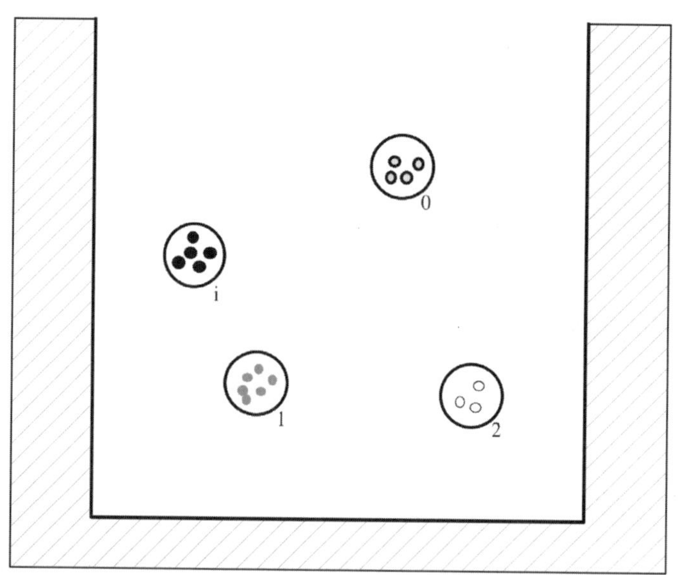

그림 2.6.2 라그랑주식 시뮬레이션에서 유체를 입자들로 표현한 예

이러한 접근방식에서 각 입자는 그 입자에 포함된 분자들의 운동을 반영하는 방식으로 움직이다. 분자들은 시간의 흐름에 따라 이동하지만, 자신이 속한 입자에서 멀리 떨어지지는 않는다(그림 2.6.3). 이러한 입자 기반 라그랑주 방법에서 각 입자에 정확히 몇 개의 분자가 존재하는지를 직접적으로 결정할 수는 없다. 이 방법에서는 연속성이 자연스럽게 만족되므로, 이 지배 방정식은 무시해도 안전하다. 또한 서로 다른 유체의 혼합을 나타내는 것도 간단하다.

지배 방정식들이 연속성의 가정 하에서 유도되긴 하지만, 입자 기반 라그랑주식 시뮬레이션이 유체를 하나의 연속체로서 완전하게 취급하는 것은 아니다. 입자들을 전통적인 강체 입자 충돌 반응을 이용해서 처리할 수도 있다. 그러나 유체의 경우 연속 압력과 점성력이 존재하므로 강체와는 다르게 행동하며, 따라서 전통적인 강체 입자 충돌 반응을 적용하면 그리 사실적이지 않은 모습이 나온다. 사실감을 위해서는 유체를 연속체로 표현하는 접근 방식을 통해서 라그랑주 입자들의 상호작용을 처리할 필요가 있다. 이 경우 연속체 표현을 통해서 식 2.6.1에 나온 속성들의 도함수(미분)들을 얻고, 도함수들로 시뮬레이션을 앞으로 진행시키게 된다. 평준화된 입자 유체동역학 방법을 이용하면 시뮬레이션에 필요한 유체 속성들과 해당 도함수들을 격자를 사용하지 않고도 간단하게 계산하는 것이 가능하다.

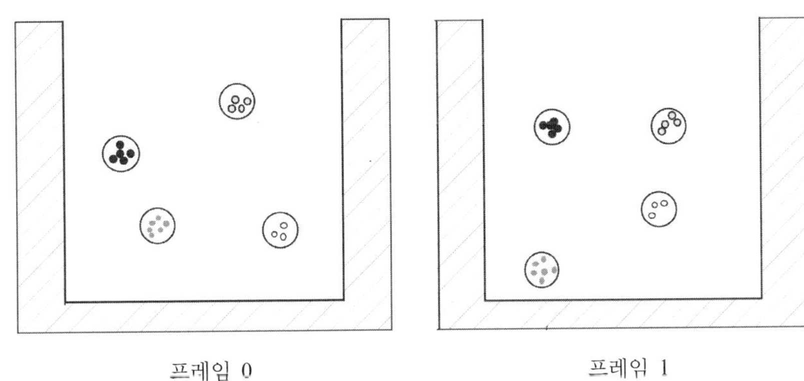

그림 2.6.3 라그랑주식 방식에서 본, 시간에 따른 유체의 진화.

평준화된 입자 유체동역학을 이용한 유체 시뮬레이션

앞에서 언급했듯이, 입자 기반 라그랑주 접근방식에서 입자들의 질량은 시뮬레이션 전반에서 상수로 고정되므로 연속성 방정식은 무시해도 무방하나(자동으로 만족된다). 더 나아가서, 여기에서 가정하는 유체는 점성이 상수인 압축 불가능 유체이므로 에너지 방정식 역시 무시할 수 있다. 즉, 이 경우 에너지 보존은 순수한 유체 운동과는 무관하다.

따라서 시뮬레이션해야 할 방정식은 나비에 스토크스 방정식(식 2.6.1) 뿐이다. 라그랑주 방식의 관점에서, 그 방정식의 좌변에 있는 Dv/Dt 항은 주어진 유체 입자 속도의 시간 당 변화량이다. 간단히 말해서 유체 입자의 가속도인 것이다. 주어진 입자의 밀도와 방정식 우변의 항들을 계산할 수 있다면 입자 가속도 Dv/Dt를 계산할 수 있으며, 그러면 입자에 가해지는 전체 힘을 계산할 수 있다. 힘을 구했다면 전통적인 입자 동역학 기법들을 이용해서 입자의 위치를 갱신하면 된다. 이상이 평준화된(平準化-) 입자 유체동역학

(smoothed particle hydrodynamics, 이하 SPH)의 기본적인 작동 방식이다.

SPH는 간단한 CFD 기법의 하나로, 유체 입자의 물리적 값들을 이웃 입자들의 물리적 값들의 핵 가중 합(kernel-weighted sum)을 보간해 얻는다. 이는 광자 매핑(photon-mapping)과 비슷한 방식이다.

SPH 접근방식은 위치 **r**에서의 임의의 보간 값 $A(\mathbf{r})$을 식 2.6.4를 이용해서 나타낸다. 식에서 적분 구간은 유체의 부피 전체이다.

$$A(\mathbf{r}) = \int A(\mathbf{r}')\, W(\mathbf{r}-\mathbf{r}',h)\,dr'. \tag{2.6.4}$$

속성 $A(\mathbf{r})$은 밀도나 압력 등 임의의 연속적 유체 속성을 뜻한다. 함수 $W(\mathbf{r},h)$는 다음 두 조건을 만족하는 핵(核, kernel) 함수이다.

$$\int W(\mathbf{r}-\mathbf{r}',h)\,dr' = 1$$
$$\lim_{h\to 0} W(\mathbf{r}-\mathbf{r}',h) = \delta(\mathbf{r}-\mathbf{r}'). \tag{2.6.5}$$

여기서 h는 핵 함수의 유효 반지름이고 δ는 델타 함수이다. 이 델타 함수는 $(\mathbf{r}-\mathbf{r}')$이 0이면 1로 평가되고 그 외의 경우에는 0으로 평가된다. 실제 시뮬레이션에서는 식 2.6.4로 보간할 유체 속성의 특성에 따라 다른 핵 함수를 사용한다. 단순함을 위해서는, 식 2.6.4의 연속적인 적분을 이산적인 개수의 입자들에 대한 간단한 합산으로 대체할 수도 있다.

Müller 외의 [Müller03]에 안정적이고 빠른 유체 시뮬레이션을 위한 SPH가 잘 설명되어 있는데, 이 글에서 권장하는 핵 함수들과 이산 합들은 그 글에 나온 그대로이다. 다음 절은 [Müller03]에 나온 SPH를 강체와의 상호작용을 지원하도록 확장한다.

이 글에서는 나비에-스토크스 방정식의 압축 불가 버전을 사용하지만, 시뮬레이션 도중 입자들의 밀도가 바뀌게 된다는 점을 주의해야 한다. 이러한 밀도 변화는 보간의 후과이며, 엄밀히 말하면 지배 방정식들과는 모순된다. 그러나 이를 완전히 피할 수는 없다. 모든 수치적 해법에는 수치 오차가 존재한다. 이는 SPH 방법의 한 단점이다. 한편으로, 때로는 밀도 변화가 압축 불가 유체의 시뮬레이션에서 오히려 사실감을 증가시키는 경우도 있다. 예를 들어 서로 다른 두 압축 불가 유체를 섞을 때에는 전체적인 유체 밀도가 변하게 되며, 따라서 시뮬레이션 도중의 밀도 변화와 잘 맞는다. 다음 절에서 보겠지만, 이러한 입자 시뮬레이션은 강체와 유체의 상호작용 시뮬레이션에 상당히 유용하다.

■ 강체와의 상호작용 지원을 위한 SPH 확장

[Müller03]에는 기본적인 유체 시뮬레이션이 설명되어 있으나, SPH로 시뮬레이션되는 유체와 운동하는 강체의 사실적인 상호작용을 시뮬레이션하는 방법에 대한 힌트는 없다. 이 글의 나머지 부분에서는 유체와 강체의 상호작용을 비교적 손쉽게 시뮬레이션할 수 있도록 SPH 기법을 확장하는 방법을 설명한다.

게임 세계 안에서 유체와 상호작용할 필요가 있는 고형 물체들은 크게 두 종류이다. 하나는 게임 세계의 레벨 기하구조처럼 움직이지 않는 물체들, 즉 정적 객체들이고, 또 하나는 상자, 캐릭터, 차량 등 움직일 수 있는 물체들, 즉 동직 객체들이다. 정적 객체와 동적 객체는 각자 다른 방식으로 처리해야 한다. 그럼 성석 객체부터 보자.

정적 세계 기하구조와의 상호작용

SPH 유체 입자가 정적인 고형 객체를 지나칠 때의 상호작용을 생각해보자. 한 가지 간단하면서도 사실적인 접근방식은 입자를 게임 세계의 유체 영역 쪽으로 밀어내는 반대 방향 힘을 계산해서 입자에 적용하는 것이다. 이를 **벌점 힘 방법**(penalty force method)이라고 부르는데, 정적 기하구조와 유체의 상호작용에 상당히 잘 맞는다. 벌점 힘은 몇 시뮬레이션 프레임동안 유체 입자를 정적 객체의 바깥쪽으로 밀어내는 역할을 한다. 정적 객체는 움직이지 않으므로, 입자가 물체에 가하는 힘은 계산할 필요가 없다.

이 방법에서는 정적 객체에 침투한 유체의 질점에 대해 벌점 힘을 적용한다(그리고 식 2.6.1의 f 항에 그것을 더한다). Moore, Wilhelms의 [Moore88]에 이러한 벌점 힘 방법이 상세히 설명되어 있다. 정적 객체에 침입한 유체 입자에 적용할 벌점 힘은 다음과 같이 계산할 수 있다.

$$\mathbf{F}^{\text{col}} = k^s d\mathbf{n} + k^d(\mathbf{v} \cdot \mathbf{n})\mathbf{n}. \tag{2.6.6}$$

여기서 d는 정적 객체에 입자가 침입한 거리이며, k^s은 용수철 상수, k^d은 감쇠 상수, $\mathbf{n}$은 교점에서의 법선 벡터, $\mathbf{v}$는 상내 속노이나. $\mathbf{F}^{\text{col}}$이 바로 유체 입지의 법선 벡터 방향을 따라 적용할 충돌 응답 벌점 힘이다. 이 충돌 힘을 입자의 질량으로 나누어서 단위 질량당 힘을 얻고, 그것을 주어진 입자에 대한 나비에-스토크스 방정식의 f항에 더한다. 용수철 상수와 감쇠 상수는 실험을 통해서 얻는다. 두 상수 모두, 작은 값으로 시작해서 원하는 결과가 나올 때까지 차츰 증가해 나가면 된다.

동적 강체와의 상호작용 – 개요

이번에는 게임 안에서 움직이는 동적인 강체(이하 간단히 '강체'라고 하겠다)와 유체의
상호작용을 살펴보자.

여기서 설명하는 SPH 확장 방법에서는 그러한 강체를 유체의 일부로 취급한다. 이 확장
이 제대로 작동하려면 강체의 초기 밀도가 유체의 초기 질량 밀도보다 커야 한다. 이 확
장에서는 강체를 유체 입자들과 동일한 방식으로 갱신되는 일단의 입자들로 표현한다. 특
별한 처리가 필요한 곳은 유체 입자들과 강체 입자들 사이의 압력 기여를 계산하는 부분
뿐이다. 강체 입자는 유체 입자들에 압력을 가해서 유체 입자를 강체에서 먼 쪽으로 밀어
낸다. 유체 입자 역시 강체 입자들에 압력을 가하며, 이에 의해 강체가 이동하거나 회전
하는 결과가 나온다.

식 2.6.7은 한 강체 입자에 가해지는 압력이고 식 2.6.8은 유체 입자에 가해지는 압력이다.

$$p = \begin{cases} k^{\text{rigid}}\big(\rho - \rho_0^{\text{rigid}}\big) & \rho \geq \rho_0^{\text{rigid}} \\ 0 & \text{그 외의 경우} \end{cases} \tag{2.6.7}$$

$$p = \begin{cases} k^{\text{fluid}}\big(\rho - \rho_0^{\text{fluid}}\big) & \rho \geq \rho_0^{\text{fluid}} \\ 0 & \text{그 외의 경우} \end{cases} \tag{2.6.8}$$

여기서 ρ_0^{rigid}는 강체의 초기 밀도(또는 정지 밀도)이다. 개별 유체 입자의 밀도와 마찬가
지로, 개별 강체 입자의 밀도가 보간과 혼합에 의해 변화하게 됨을 주의하기 바란다.
ρ_0^{fluid}는 유체의 초기 밀도(또는 정지 밀도)이다. 식 2.6.8에서 보듯이, 유체 입자에 대한
압력은 항상 0보다 크며, 따라서 유체 입자는 항상 강체 입자에서 멀어지는 쪽으로 밀려
난다. 이 덕분에 유체 입자가 강체에 침투하는 일이 생기지 않는다.

정의에 의해, 강체 운동은 병진 이동 및 질량중심에 대한 회전으로만 이루어진다. 강체는
변형되지 않으므로, 한 시간 단계의 끝에서 강체 입자들은 반드시 강체의 형태에 맞게 고
정되어 연결된 단순 질점들의 조합처럼 행동해야 한다. 전통적인 강체 시뮬레이션에서,
알짜 힘(net force)과 알짜 토크가 적용되었을 때 강체는 하나의 전체로서 운동한다. 지금
의 경우에는 각 강체 입자에 압력이 개별적으로 적용되므로 강체 입자들이 각각 개별적
으로 움직인다. 강체 입자의 이러한 독립적이고 제약 없는 갱신 때문에, 갱신 이후 강체
입자들이 강체의 고정된 모양과 일치하지 않을 수 있다. 따라서, 한 시간 단계의 끝에서
강체 입자들의 강성(rigidity)를 강제하는 보정 단계를 적용해서 강체 입자들이 강체의 형
태를 엄밀히 따르게 해야 한다. 그림 2.6.4의 상단은 강체 입자들을 개별적으로 갱신하는
단계이고, 하단은 강체 입자들을 강체의 원래 형태에 맞게 보정하는 단계이다.

강성을 강제하는 보정 단계에서는 입자 갱신 이후의 입자 위치들과 운동을 이용해서 강체 자체의 새 위치와 방향을 계산한다. 또한 강체 동역학의 주요 속성들도 적절히 갱신한다. 그런 다음에는 강체 입자들을 강체의 새 위치와 방향에 맞는 정확한 위치로 이동한다. 강체의 새 위치와 방향을 계산할 때에는 강체 운동을 완전한 강체 시뮬레이션보다는 단순화된 근사적인 방법으로 처리한다. 또한 유체 입자들과의 안정적인 상호작용도 고려한다.

강체의 전체 질량 M은 다음과 같이 주어진다.

$$M = \sum_j m_j. \tag{2.6.9}$$

여기서 m_j는 개별 강체 입자 j의 질량이다. 합의 구간은 강체의 모는 입자이다. 모는 상체 입자의 질량이 동일하다고 가정할 때, 강체의 질량중심의 속도는 다음과 같이 수어진다.

$$\mathbf{v}_g = \frac{1}{N}\sum_j \mathbf{v}_j. \tag{2.6.10}$$

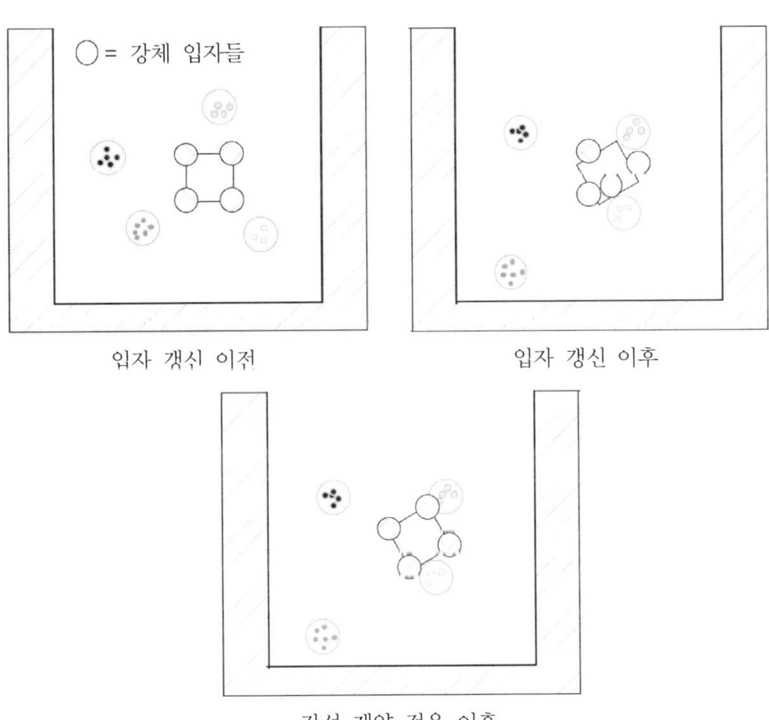

그림 2.6.4 초기 갱신 이후와 강성 강제 이후의 강체 입자들의 위치와 방향

여기서 N은 입자 개수이고 $\mathbf{v}_j$는 개별 입자 j의 속도이다. 강체의 각속도 ω는 다음과 같이 근사한다.

$$\omega = \frac{1}{I}\sum_j \mathbf{q}_j \times \mathbf{v}_j. \tag{2.6.11}$$

여기서 $\mathbf{q}_j$는 개별 강체 입자 j의 위치로, 해당 강체의 질량중심 $\mathbf{r}_g$에 상대적인 위치이다. 질량중심과 입자 위치의 구체적인 공식이 식 2.6.12와 2.6.13에 나와 있다. 강체 입자 위치 벡터 $\mathbf{q}_j$는 강체의 지역 좌표계를 기준으로 한 것으로, 시뮬레이션 시작 시점에서 한 번만 계산해 두면 된다(강체가 변형되지 않는 한 다시 계산할 필요가 없다). 이들은 강체의 형태를 유지하기 위한 입자들의 상대 위치를 나타낸다.

$$\mathbf{r}_g = \frac{1}{N}\sum_j \mathbf{r}_j \tag{2.6.12}$$

$$\mathbf{q}_j = \mathbf{r}_j - \mathbf{r}_g. \tag{2.6.13}$$

I는 강체의 관성 모멘트를 강체의 질량으로 나눈 스칼라 값으로, 식 2.6.14와 같이 정의된다.

$$I = \sum_j |\mathbf{q}_j|^2. \tag{2.6.14}$$

식 2.6.9에서 식 2.6.14까지의 공식들로 강체의 속성들을 계산했다면, 그것들로 강체(하나의 전체로서의)의 위치와 방향을 갱신할 수 있다. 예를 들어 시뮬레이션에서는 강체의 위치를 강체의 질량중심으로 정의하는 경우가 많은데, 그런 경우에는 식 2.6.12를 직접 적용해서 갱신된 위치를 구하면 된다. 그럼 강체의 위치와 방향을 갱신하는 방법을 살펴보자.

주어진 시간 t에서의 강체의 회전 행렬이 $\mathbf{R}(t)$이고 질량중심이 $\mathbf{r}_g(t)$라고 하자. 시뮬레이션의 각 프레임마다 이들을 다음과 같이 갱신한다.

$$\mathbf{r}_g(t+\Delta t) = \mathbf{r}_g(t) + \Delta t\,\mathbf{v}_g\!\left(t+\frac{1}{2}\Delta t\right)$$

$$\mathbf{R}(t+\Delta t) = \mathbf{R}(t) + \Delta t\,\mathbf{Q}\!\left(t+\frac{1}{2}\Delta t\right). \tag{2.6.15}$$

여기서 $\mathbf{Q}(t)$는 시간 t에서의 회전 행렬의 변화율로, 구체적인 정의는 식 2.6.16과 같다. 시간 $t+1/2\Delta t$에서의 $\mathbf{Q}$를 계산할 때, ω의 값은 $t+1/2\Delta t$에서의 입자 속도들을 이용해서 계산하되 $\mathbf{R}$은 그냥 $\mathbf{R}(t)$을 사용한다($R(t+1/2\Delta t)$는 아직 계산되지 않았으므로).

$$Q(t) = \begin{bmatrix} 0 & -\omega_z & \omega_y \\ \omega_z & 0 & -\omega_x \\ -\omega_y & \omega_x \end{bmatrix} R(t). \tag{2.6.16}$$

강체의 각속도와 질량중심 속도를 구한 후에는, 강체 운동에 구속되는 각 강체 입자의 운동 속도를 다음과 같이 계산해서 각 입자에 적용하면 된다.

$$\mathbf{v}_i = \mathbf{v}_g + \boldsymbol{\omega} \times \mathbf{q}_j. \tag{2.6.17}$$

동적 강체와의 상호작용–시뮬레이션 갱신

유체 입자의 위치와 속도 갱신

유체 입자의 가속도 $\mathbf{a}_j$는 바로 나비에-스토크스 방정식의 Dv/Dt 항에 해당하며, 따라서 이를 계산하려면 [Müller03]에 나온 SPH 공식들을 계산해야 한다. 또한, 필요에 따라서는 중력에 의한 단위 질량 당 힘이나 정적 지형 객체와의 충돌에 의한 벌점 힘을 $\mathbf{f}$항에 더해야 할 수도 있다. 가속도를 구한 후에는 전통적인 입자 시뮬레이션 기법들을 이용해서 주요 동역학 속성들인 위치와 속도를 갱신한다. 유체 입자의 위치와 속도를 갱신하는 한 가지 방법은 식 2.6.18에 나온 '등 짚고 넘기' 베를레 수치 적분(Verlet numerical integration)[1] 방법을 사용하는 것이다.

$$\mathbf{r}_j(t+\Delta t) = \mathbf{r}_j(t) + \Delta t \mathbf{v}_j\left(t + \frac{1}{2}\Delta t\right)$$

$$\mathbf{v}_j\left(t + \frac{1}{2}\Delta t\right) = \mathbf{v}_j\left(t - \frac{1}{2}\Delta t\right) + \Delta t \mathbf{a}_j(t). \tag{2.6.18}$$

'등 짚고 넘기(leap-frog)'라는 이름은 입자 속노 $\mathbf{v}_j$를 위치 $\mathbf{r}_j$ 및 사속도 $\mathbf{a}_j$의 갱신 시간과는 $1/2\Delta t$만큼 차이가 나는 시점에서 저장한다는 데에서 비롯된 것이다. 처음 시작 시의 처리도 어렵지 않다. 입자의 값들을 조기화할 때, 속노를 설반만큼 어긋난 산격으로 저징한다는 사실을 그냥 무시힌다. 예를 들어 시간$-0.5\Delta t$에서의 속도에 입자의 초기 속도를 배정하고, 저기서부터 갱신을 진행하면 된다.

등 짚고 넘기 베를레 방법은 속도를 절반의 시간 간격에서 계산하지만, SPH 갱신을 위해 나비에 방정식의 항들을 계산할 때에는 t에서의 속도가 필요하다. 이 속도는 식 2.6.19로

---

1) 역주 : GPG 4 번역서에서는 Verlet을 '벌레뜨'라고 잘못 표기했었다.

구할 수 있다. 이 값은 저장해 둘 필요가 없다. SPH 갱신 도중에 재빨리 갱신하고는 잊어버리면 된다.

$$\mathbf{v}_j(t) = \frac{1}{2}\left\{\mathbf{v}_j\left(t - \frac{1}{2}\Delta t\right) + \mathbf{v}_j\left(t + \frac{1}{2}\Delta t\right)\right\}. \tag{2.6.19}$$

이러한 등 짚고 넘기 기법을 입자 위치와 속도 갱신에만 사용할 수 있는 것은 아니다. 속도가 없는 베를레 방법 등의 다른 방법에 적용하는 것도 얼마든지 가능하다.

강체 입자의 위치 및 속도 갱신

이 글의 접근방식에서는 강체 입자들을 유체 입자들과 정확히 동일한 방식으로 갱신한다. 덕분에 구현이 아주 깔끔해진다.

강체 입자들을 갱신한 후에는 강체 입자들에 대해 강성을 강제해야 한다. 이를 위해, 식 2.6.15의 공식을 이용해서 강체의 위치와 방향을 갱신한다. 강체의 새 위치와 방향을 구한 후에는 개별 입자의 위치를 강체에 맞게 갱신한다. 다음 시간 간격 $t + \Delta t$에서의 강체 입자의 위치는 식 2.6.20으로 주어진다. 이에 의해 강체들의 강성이 강제된다.

$$\mathbf{r}_j(t + \Delta t) = \mathbf{R}(t + \Delta t)(\mathbf{r}_j(t) - \mathbf{r}_g(t)) + \mathbf{r}_g(t + \Delta t). \tag{2.6.20}$$

구현 세부사항

이웃 입자 찾기

SPH 기법으로 입자들을 갱신할 때에는 유체의 점 $\mathbf{r}$에서의 유체 속성들을 평준화 길이 h의 범위 안에서 핵과 입자의 물리적 값의 곱을 합한 것으로 보간한다. 이를 위해서는 주어진 입자에 국소적인 영향을 미치는 이웃 입자들을 찾아야 한다. 빠른 시뮬레이션 속도를 보장하려면 이러한 이웃 입자 검색을 최대한 빨리 수행할 필요가 있다.

아주 빠른 공간 검색을 가능하게 하는 공간 분할 방법들로는 여러 가지가 있다. 한 가지 간단한 방법은 공간을 크기가 h인 균일한 칸들로 나누고 각 입자를 그 입자의 중심이 있는 칸에 배정하는 것이다. 이러면 그 입자가 있는 칸과 그 칸의 이웃 칸들에 속한 입자들만을 점검해서 한 입자 부근의 이웃 입자들을 찾을 수 있다. 3차원의 경우 칸은 입방체 형태의 복셀(voxel)이 되므로, 이웃 입자들을 찾을 때에는 해당 복셀을 중심으로 한 3×3×3 복셀 공간의 입자들을 점검하면 된다. 2차원의 경우에는 3×3 격자 공간을 검색한다(그림 2.6.5). 목록 2.6.1은 입자들을 복셀에 배정하고 주어진 입자 i의 이웃 입자들을 찾는 과정을 나타낸 의사코드이다.

목록 2.6.1 입자들의 분할 및 이웃 입자 찾기 --

```
// 우선 모든 강체 입자를 복셀들에 배정한다
for (각 강체 입자 i에 대해) {
    allocate_to_voxel(i)
}

// 유체 입자 i의 이웃 입자들을 찾는다.
// 또한 유체 입자 i를 복셀 공간에 추가한다
for (각 유체 입자 i에 대해) {
    for (각 인섭 복셀 g에 내해) {
        for (g의 각 입자 j에 대해) {
            if h > distance(i, j)
                add_pair_to_list(i, j)
                // 입자 i의 이웃 입자들을 모은다
        }
    }
    allocate_to_voxel(i)
}
```

한 이웃 찾기 단계에서 계산한 거리들을 다음 단계에 재사용함으로써 시뮬레이션 계산 시간을 줄이는 것도 가능하다. 또한, 장면의 상황에 따라서는 이웃 입자 그룹들이 아주 조금만 다른 경우 이웃 찾기를 건너뜀으로써 계산 시간을 더욱 줄일 수도 있다.

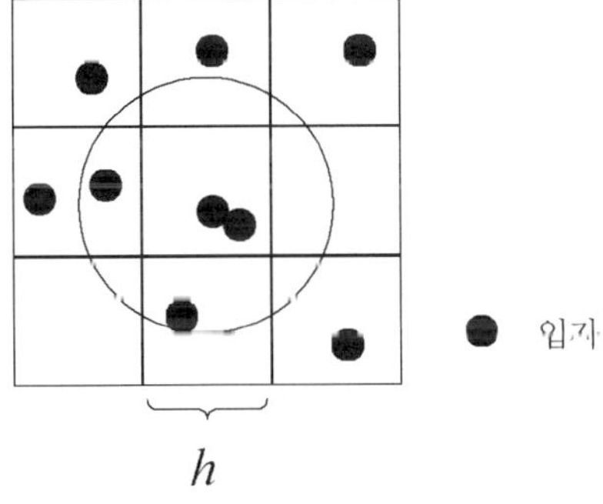

그림 2.6.5 2차원의 이웃 입자들

시뮬레이션 실행

다음은 시뮬레이션 실행 과정을 의사코드로 나타낸 것이다. 목록 2.6.2는 시뮬레이션의 진입점과 주 루프이다. 목록 2.6.3은 이웃 입자들을 찾는 함수로, 목록 2.6.1을 좀 더 구체화한 것이다. 목록 2.6.4는 입자 밀도를 갱신하는 함수이고, 목록 2.6.5는 입자에 가해지는 힘을 계산하는 함수들이다. 목록 2.6.6은 전체적인 강체 운동 속성들을 갱신하는 의사코드이다. 마지막으로, 목록 2.6.7은 유체 입자를 갱신하는 함수이다.

목록 2.6.2   시뮬레이션의 진입점과 주 루프 --

```
procedure simulation_main {
    initialize

    while (시뮬레이션 실행 중) {
        find_neighbors_of_fluid_particles

        compute_particle_densities
        compute_pressures // 여기에 강체/유체 상호작용이 포함됨

        compute_all_forces // 정적 충돌 및 중력이 포함됨

        // 각 유체 입자의 위치와 속도를
        // 등 짚고 뛰기 방법을 이용해서 갱신한다
        for (각 유체 입자 i에 대해) {
            update_position_and_velocity(i)
        }

        for (각 강체 r에 대해) {
        // 초기 강체 입자 갱신을 수행하고
        // 강체 자체의 새 위치와 방향을 계산한다.
        compute_rigid_body_motion(r)
        // 이제 강성을 강제해서 각 강체 입자의 위치를
        // 보정한다.
        for (r의 각 강체 입자 i에 대해) {
            // 식 2.6.20을 이용해서 강체 입자의
            // 위치와 속도를 강체 형태에 맞게 보정한다.
            update_rigid_position_and_velocity(i)
        }
    }
}
```

목록 2.6.3　유체 입자의 이웃 입자 찾기 --

```
procedure find_neighbors_of_fluid_particles {
    clear(grids)
    for (각 유체 입자 i에 대해) {
        // 입자 i에 해당하는 복셀의 색인을 계산한다
        g = compute_index(i)

        for (voxels[g]의 이웃 복셀들의 각 입자 j에 대해) {
            dist = compute_distance(i, j)
            if (dist < h) {
                // 이웃 입자와 그 거리를 저장한다.
                add(neighbor_list[i], j, dist)
            }
        }
        // 유체 입자 i를 해당 복셀에 배정한다.
        add(voxels[g], i)
    }
}
```

목록 2.6.4　SPH 방법을 이용해서 입자 밀도를 갱신한다 ------------------------------

```
procedure compute_particle_densities {
    for (각 입지 i에 대해) {
        for (각 입자 j와 neighbor_list[i]의 dist에 대해) {
            d = compute_density(dist, pos[i], pos[j])

            // 기여량 d를 두 입자 밀도 모두에
            // 더한다. (기여의 대칭성 때문)
            density[i] ⊨ d
            density[j] += d
        }
    }
}
```

목록 2.6.5　입자에 가해시는 힘을 계산한다 ------------------------

```
procedure compute_all_forces {
    for (각 입자 i에 대해) {
        for (각 입자 j와 neighbor_list[i]의 dist에 대해) {
            // 기여량 f를 두 입자 모두에
            // 더한다. (기여의 대칭성 때문)
            f = compute_force(dist, i, j)
```

```
            force[i] += f
            force[j] -= f
        }
    }

function compute_force(float r, int i, int j) {
    // grad_spiky_coef와 lap_vis_coef는
    // 미리 계산된 SPH 방정식 계수들이다
    // grad_spiky_coef = -45.0f/(PI*h^6)
    // lap_vis_coef = 45.0f/(PI*h^6)

    if (is_rigid[i] or is_rigid[j])
    {
        force = mass[j]*(h - r)/density[i]/density[j]
                * (-0.5*(max(pressure[i], 0)
                + max(pressure[j], 0))*grad_spiky_coef
                * (h - r)/r + (vel[j] - vel[i])*mu*lap_vis_coef)
    }
    else
    {
        force = mass[j]*(h - r)/density[i]/density[j]
                *(-0.5*(pressure[i] + pressure[j])*grad_spiky_coef
                *(h - r)/r + (vel[j] - vel[i])*mu*lap_vis_coef)
    }

    return force
}
```

목록 2.6.6 전반적인 강체 운동 속성들을 계산한다. -----------------------------------

```
procedure compute_rigid_body_motion(r) {
    for (rigid[r]의 각 입자 i에 대해) {
        // 입자에 가해지는 힘에 근거해서
        // 입자의 속도를 갱신한다.
        update_velocity(i)
    }

    // 식 2.6.10과 2.6.11로 무게중심과 q[i]를
    // 계산한다.
    // 식 2.6.12로 I를 계산한다.
    r_g = compute_gravity_center(r)
```

```
for each particle i in rigid[r] {
    q[i] = pos[i] - r_g[i]
    I += length(q[i])^2
    omega = cross(q[i], vel[i])
}
omega /= I

// 갱신된 회전 행렬을 식 2.6.18과
// 2.6.19를 이용해서 계산한다.
compute_rotation_matrix
}
```

목록 2.6.7 유체 입자의 갱신 --

```
procedure update_position_and_velocity(int i) {
    // 유체 입자의 위치, 속도, 절반 시간 간격 속도,
    // 가속도를 갱신, 저장한다.
    for (각 유체 입자 i에 대해) {
        // v(t + 1/2dt)를 계산
        vel_half_next = vel_half[i] + t*acc[i]

        // r(t + dt)를 계산
        pos[i] = pos[i] + t*v_half_next;
        // v(t)를 계산
        vel[i] = 0.5*(vel_half_next + vel_half[i])
        vel_half[i] = vel_half_next
    }
}
```

최적화

나비에 스토크스 방정식이 우변은 세 핵 함수를 통해서 계산된다. 핵의 유효 반지름 h가 상수이므로, 이 핵 함수들의 계수들을 미리 계산해 두어서 계산 속도를 높일 수 있다.

가장 직접적인 구현에서는 매번 모든 입자를 훑으면서 입자 상호작용에 대한 공식들을 계산할 것이다. 그러나 두 입자가 서로에게 주는 영향은 대칭적이라는 사실에 주목해야 한다. 따라서 기여들을 먼저 계산한 후에 보간된 물리적 값들을 계산하는 것이 더 효율적인 방법이다.

결론

물 등의 유체를 표현해야 하는 게임들은 대단히 많다. 이 글에서는 유체 시뮬레이션을 위한 평준화된 입자 유체동역학(SPH) 기법을 유체와 강체의 상호작용까지도 수행하도록 확장한 방법 하나를 소개했다. 마지막으로, 유체의 렌더링 방법을 언급하면서 이 글을 마무리하겠다. 유체를 입자들로 렌더링한다면 마치 유체처럼 행동하는 모습을 나타낼 수 있다. 이 경우 입자들의 개수가 많을수록 사실감이 증가하나, 대신 시뮬레이션 비용이 늘어난다. 이를 극복하는 한 가지 방법은 하나의 연속적인 유체 표면을 만들고 그 표면을 여러 물 렌더링 기법들로 렌더링하는 것이다. 좀 더 구체적으로는:

1. 입자들의 분포에 기초해서 가상의 표면을 생성한다.
2. 가상의 표면을 마칭 큐브(marching cube, [Bloomenthal94] 참고) 같은 방법을 이용해서 삼각형들로 분할한다.
3. 그 삼각형들을 적절한 렌더링 기법으로 렌더링한다.

하드웨어 셰이더로 반사와 굴절을 흉내낸다면 대단히 사실적인 유체를 렌더링할 수 있다. 이 글에서 이야기한 방법들을 구현한 예제 코드가 부록 CD-ROM에 수록되어 있으니 참고하기 바란다.

참고자료

[Bloomenthal94] Bloomenthal, Jules, "An implicit surface polygonizer." *Graphics Gems IV*, Academic Press, pp. 324–349, 1994.

[Moore88] Moore, Matthew, Jane Wilhelms, "Collision Detection and Response for Computer Animation." *Proceedings of the 15th Annual Conference on Computer Graphics and Interactive Techniques*, ACM Press: pp. 289–298, 1988.

[Müller03] Müller, Matthias, David Charypar, Markus Gross, "Particle-based Fluid Simulation for Interactive Applications." *Proceedings of the 2003 ACM SIGGRAPH/Eurographics Symposium on Computer Animation*. Eurographics Association: pp. 154–159, 2003. 웹 *http://graphics.ethz.ch/Downloads/Publications/Papers/2003/mue03b/p_Mue03b.pdf*.

[Noe04] Noe, Karsten, "Implementing Rapid, Stable Fluid Dynamics on the GPU." 2004. 웹 *http://projects.n-o-e.dk/GPU_water_simulation/gpu-water.pdf*.

[Stam99] Stam, Jos, "Stable Fluids." *Proceedings of the 26th Annual Conference on Computer Graphics and Interactive Techniques*, ACM Press: pp. 121-128, 1999.

SECTION

03

인공지능

소 개

Brian Schwab, Sony Computer Entertainment of America
brian_schwab@yahoo.com

인공지능이란 무엇일까? 컴퓨터가 사람처럼 생각하게 만드는 것이라고 말하는 사람도 있고, 그냥 게임 내 캐릭터들이 스크립트에 나열된 행동들을 수행하는 것이라고 생각하는 사람도 있다. 이처럼 인공지능에 대한 의견들은 대단히 다양하며, 그래서인지 인공지능 분야는 대단히 방대할 뿐만 아니라 상당히 혼란스럽고 중구난방이다.

현재 수많은 연구자들과 현업 엔지니어들, 그리고 호사가들이 인공지능(AI) 분야 안에서 활동하고 있다. 그러나 이들은 서로 다른 방향에서 AI에 접근할 뿐만 아니라 사용하는 도구나 사고방식, 전반적인 목표에서도 차이를 보인다. 고급 게임 AI라는 이름으로 만들어진 자료는 엄청나게 많다. 그 때문에 자칫 질릴 수도 있지만, 한편으로는 게임 산업 종사자로서 탐험해 볼 미지의 세계를 발견한 듯한 흥분에 싸일 수도 있다. 과거에는 AI 프로그래머가 발견할 수 있는 문서라면 길찾기 최적화나 일반적인 상태기계 아키텍처의 확상 방법을 다룬 글 몇 개 정도기 전부였다. 그러나 이제는 간단한 검색으로도 웹에서 수배 건의 참고문헌들(전문적으로 설계된 코드도 포함되어 있는)과 수십 건의 고급 AI 기법(선투 및 지형 분석, 계획수립 알고리즘, AI 학습 등등)들을 찾을 수 있다.

이러한 방대한 자료 속에서도 우리가 잊지 말아야 할 것은, 게임에서 우리가 사용하는 AI 도구들은 말 그대로 도구일 뿐이라는 점이다. 현재 주어진 상황에 잘 들어맞는 도구를 찾는 것이 목표가 되어야지, 모든 문제를 해결해주는 만병통치약을 찾으려 해서는 안 된다. 적합한 도구를 찾기 위해서는 현재 만들고 있는 게임을 잘 파악해야 할 뿐만 아니라 개발 일정이라던가 AI 에이전트에 필요한 지능의 수준, 구체적인 행동들도 평가해 봐야 한다. 자주 듣는 말이겠지만, AI는 쉬운 과제가 아니며, 그 자체로 존재하는 과제도 아니다.

Game Programming Gems 시리즈의 이번 권에서는 실제로 다양한 도구들을 소개한다. Armand Prieditis의 글은 AI 계획 수립을 위한 모형 기반 시스템 하나를 상세히 설명한

다. Diego Garcés는 여러 유닛들의 협동에 대한 또 다른 조언과 요령들을 제시한다. Hugo Pinto와 Luis Otavio Álvares의 일련의 글들은 전통적인 로봇 AI 시스템을 게임에 사용하는 문제에 대해 상세히 파헤친다. Julien Hamaide의 글은 지지 벡터 기계를 이용한 단기 기억 모형을 이야기한다. Michael Ramsey는 전투 결과 예측을 위한 정량 판정 모형을 설명한다. Sébastien Schertenleib는 유연한 AI 엔진 제작 방법을 설명하는데, 이 부분은 섹션 4: 스크립팅 및 자료 주도적 시스템에서 다루는 주제들과도 연결된다. 이 글들 중, 독자가 현재 다루고 있는 구체적인 AI 문제들에 대한 해법 또는 돌파구를 제시하는 글들을 한 두 개 정도 발견할 수 있다면 기쁘겠다.

게임 개발팀의 한 AI 프로그래머(또는 AI 프로그래머'들'—이제는 개발사들이 좀 더 진보된 AI 시스템의 필요성을 인식하고 더 많은 AI 엔지니어를 고용하기 시작했다는 점에서)로서 고려해야 할 또 다른 사항은, 게임 개발의 여러 측면들 중 AI 기반 도구들을 활용할 수 있는 부분을 찾고 그런 부분에 자신의 능력을 적용해 볼 필요가 있다는 점이다. AI가 게임 개발에서 게임플레이와 관련되지 않은 분야에서도 쓰이기 시작한 것은 최근의 일인데, 그러한 AI 활용의 유용성이 차츰 증명되면 그에 따라 AI 프로그래머의 취업 기회도 더욱 늘어나게 될 것이다. 개발사들은 자동화된 제품 검사, 빌드 공정의 능률 개선, 게임 내 시스템에서 사용할 복잡한 물리 매개변수들의 오프라인 조율 등 다양한 분야에서 AI를 사용하고 있다. 실제로 이번 섹션에 수록된 Gabriyel Wong의 글이 바로 그러한 분야와 연관된 것이다. Wong의 글은 퍼지 논리를 이용해서 게임의 그래픽 시스템의 LOD 선택을 처리하는 방법을 다룬다.

정리하자면, AI 프로그래머의 업무는 양날의 검이라 할 수 있다. 사용할 수 있는 도구들의 양과 질이 점점 증가한다는 점은 우리에게 다행한 일이나, 다른 한편으로는 그러한 도구들을 우리가 만드는 모든 게임의 여러 분야에서 혁신적인 방식으로 사용할 수 있어야 한다는 압박도 증가하는 것이다. 계속 발전하고 있는 게임 지능 분야와 창발적 행동 분야도 항상 주시하고 있어야 할 것이다.

우리는 전반적인 게임 개발의 방향 안에서 AI 기술들의 혁신적인 용법을 추구하고 실험해 나가야 한다. 그러나 재미있는 게임 체험을 만든다는 우리의 기본 목표를 잊어서도 안 된다. 플레이어에게 기계가 아니라 어떤 형태이든 지능적인 존재에 맞서서 게임을 플레이하고 있다는 느낌을 심어줌으로써 우리는 게이머들이 그토록 원하는 재미라는 요소를 제공할 수 있으며, 또한 우리 자신을 창조자의 위치로도 끌어올릴 수 있을 것이다.

3.1 **모형 기반 의사결정 방법을 게임에 적용: Locust AI 엔진을 Quake III에 적용하기**

Armand Prieditis, Loookahead Decisions Inc.
preditis@lookaheaddecisions.com

Mukesh Dalal, Loookahead Decisions Inc.
preditis@lookaheaddecisions.com

좋은 게임 인공지능(artificial intelligence, AI)을 만들기란 결코 쉽지 않은 일이다. 게임 AI 개발에는 규칙 기반 접근방식이 흔히 쓰인다. 그러나 규칙은 깨지기 쉽고 실행 비용이 클 뿐만 아니라 개발하고 수정하고 디버깅하는 데에도 많은 시간이 소비된다. 게다가 종종 지능적이지 못한 행동이 나오기도 한다. 이 글에서는 게임 세계의 모형들(행동, 행동의 결과, 관찰 등)에 기초한 새로운 접근방식을 설명한다. 모형 기반 접근방식은 좀 더 안정적일 뿐만 아니라 개발비용과 시간이 적게 소요되며 수정이 쉽다. 또한, 좀 더 지능적인 행동이 나온다. 특히 이 글은 Locust AI 엔진에 내장된 모형 기반 접근방식을 *Quake III*에 적용해 본 결과를 제시한다. 이 글은 특징과 장점의 측면에서 게임 AI 개발자에게 미치는 영향에 초점을 두며, 게임 AI 개발의 미래에 대한 전망도 제시한다.

소개

그림 3.1.1에 나온 것처럼, 현대적인 컴퓨터 게임들은 그래픽, 물리, AI 기법들을 결합해서 사실적인 게임 플레이를 만들어 낸다.[1] 사실적인 게임 플레이라는 개념을 엄밀하게 정의하는 것은 사실 쉽지 않은 일이나, 포괄적으로 말한다면 게임 세계로의 몰입감과 NPC의 지능적 행동을 중요한 요인으로 꼽을 수 있을 것이다. 사실적인 게임 플레이에서는 물체들이 마치 실제 세계에서와 비슷한 모습과 행동을 보이며, NPC들도 지능적 또는 이성적으로 행동한다. 게임 AI의 목표는 플레이어가 이길 수 없는 적수들 만들어내는 것이 아니라, 좀 더 지능적인 NPC 행동을 창출함으로써 보다 몰입할 수 있는 흥미로운 게임 플레이를 만들어내는 것이다.

---

1) 역주 : 그림에는 사운드(음악과 효과음)가 빠져 있는데, 이는 아직도 많은 게임 프로그래머들이 사운드를 다소 부차적인 요소로 취급한다는 점을 잘 보여주는 예라고 할 수 있다.

예를 들어 이길 수 없는 적수는 AI 없이도 만들어낼 수 있다. 소위 '치팅'을 사용하면 된다. 이를테면 개발자가 게임에 집어넣은 치팅 능력을 이용해서 플레이어가 숨어 있는 방을 NPC가 바로 찾을 수 있게 만드는 것 등을 들 수 있다.[2] 그러나 지능적인 NPC라면 모든 방을 체계적이고 합리적으로 수색해서 플레이어를 찾아내는 행동을 보여야 할 것이다. 그런 방식이 더 신뢰감을 불러일으킬 수 있으며, 따라서 플레이어의 흥미와 몰입감을 높일 수 있다. 이처럼, 진정으로 지능적인 NPC 개발의 목표는 무적의 상대를 만드는 것이 아니라 인간 플레이어의 흥미와 몰입감을 최대화하는 데 있다.

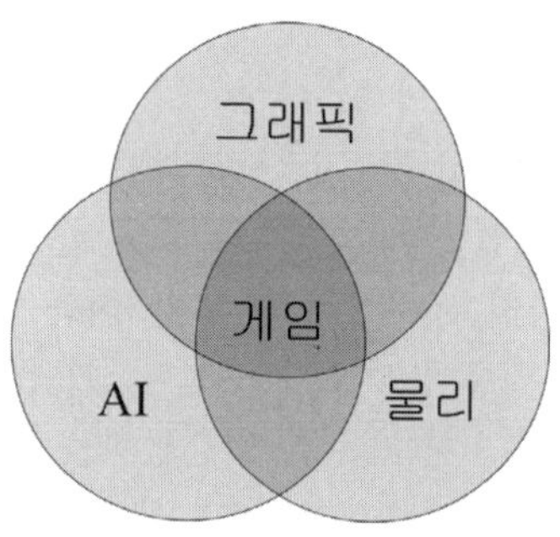

그림 3.1.1 컴퓨터 게임은 기술들의 조합이다.

지난 몇 년 간 게임 엔진의 그래픽과 물리가 크게 발전했다. Maya®나 3ds Max® 같은 저작 도구로 만들어낸 놀라운 그래픽이 이제는 예외적인 것이라기보다는 당연한 것으로 받아들여지고 있다. 또한 Havoc 같은 물리 패키지를 이용해서 물리적으로 사실적인 세계를 만들어내는 것이 가능해졌다. 그러나 좋은 그래픽과 물리만으로는 게임 제품의 차별성을 보장하기에 충분치 않다. 게임 AI는 그래픽과 물리만큼 발전하지 못했는데, 이는 차별화와 혁신의 여지가 더 많이 남아 있다는 뜻이기도 하다. 게다가, 고성능 그래픽 카드가 CPU의 부담을 더 많이 떠맡게 되면서 AI 계산에 사용할 수 있는 CPU 시간의 비율도 꾸준히 증가했다. 이 글은 이러한 계산상의 기회들을 적극 활용할 수 있는 새로운 게임 AI 접근방식 하나를 설명한다.

---

2) 역주 : 이 예에서 짐작하듯이, 여기서 말하는 '치팅'은 흔히 말하는 치트 키를 뜻하는 것이 아니라 NPC에게 더 많은 정보와 유리한 능력을 제공하는 등의 '불공정 행위'를 말한다.

■ 현재의 게임 AI: 규칙 기반 접근방식

현재의 게임 AI는 기본적으로 규칙 기반이다. 여기서 말하는 규칙은 '상황→행동'의 형태이다. 즉, 특정한 상황이 벌어지면 그에 대한 행동이 수행된다. 행동(action)은 하나의 움직임일 수도 있고, 스크립트로 정의된 여러 움직임들의 집합일 수도 있으며, 완전한 애니메이션 시퀀스 하나일 수도 있다.

예를 들어 NPC가 적과 마주쳤는데 그 NPC의 생명치가 낮다면, 또는 적의 무기가 더 낮다면(상황) NPC가 후퇴해야 한다(행동)는 규칙이 있을 수 있다. 이러한 후퇴 행동은 몇 초 동안 또는 갱신된 상황에 기초해서 선택된 다음 규칙이 발동할 때까지 재생되는 애니메이션 시퀀스가 될 것이다. 하나의 규칙이 지정하는 상황이 여러 개의 부울(Boolean) 조건들의 결합일 수도 있다. 앞의 예에서 부울 연산은 하나의 OR이다.

또 다른 예로, 길찾기와 관련해서 NPC는 반드시 지정된 목표로의 최단 경로를 택해야 한다는 규칙도 흔히 쓰인다. 이 규칙은 동적인 장애물이나 다른 에이전트들이 없을 때 상당히 잘 작동한다.

규칙의 판정 방식은 다양하다. 예를 들어 그림 3.1.2와 같은 의사결정 트리(decision tree)를 사용할 수도 있다. 이 의사결정 트리는 일단의 행동들을 위한 상황의 공통부분들을 결합한 것이다. 트리의 가지 노드는 현재 상황에 대한 하나의 판정 조건에 해당하고, 말단 노

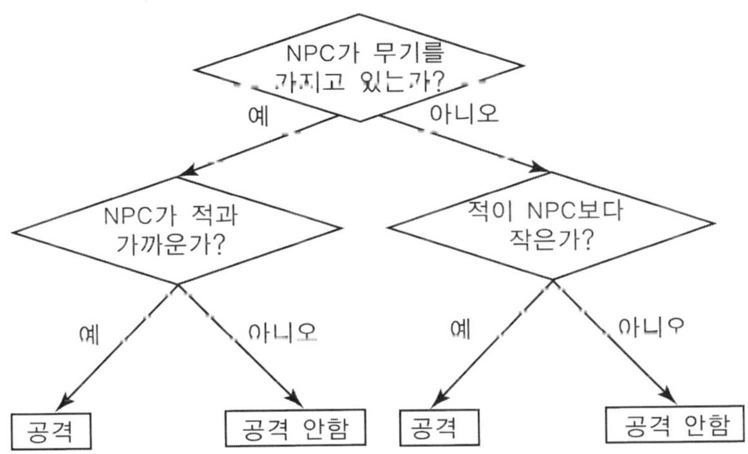

그림 3.1.2 간단한 의사결정 트리의 예.

드는 실제 행동에 해당한다. 예를 들어 그림 3.1.2에서 첫 노드는 NPC가 무기를 가지고 있는지를 판정한다. 만약 무기를 가지고 있다면, 다음으로는 NPC가 적과 가까이 있는지 판정한다. 그것도 참이라면 '공격' 행동이 선택된다. 물론 다른 경로를 통해서도 공격 행동에 도달할 수 있다. 이 트리에서, NPC는 무기를 가지고 있지 않고 적이 NPC보다 작으면 공격 행동을 수행한다.

정리하자면, 이러한 트리에서 말단 노드로의 한 경로는 하나의 상황 → 행동 규칙에 해당하며, 상황은 경로를 구성하는 가지 노드들의 조합이고 행동은 경로 끝의 말단 노드이다. 의사결정 트리를 이용하면 규칙들을 좀 더 간결하게 저장할 수 있으며 규칙들의 집합을 관리하기도 다소 쉬워진다. 그러나 의사결정 능력의 측면에서는 표준적인 규칙 기반 기법들과 다를 바가 없다.

규칙들의 집합을 유한상태기계(finite state machine, FSM) 형태로 표현할 수도 있다. FSM은 개발자가 정의한 일단의 상태들의 집합으로 구성되는데, 각 상태는 일종의 행동에 해당하며, 상태와 상태를 잇는 호(arc) 또는 간선(edge)은 상황에 대한 판정을 나타낸다([Rabin02]). 그림 3.1.3에 나온 FSM을 보자. 초기 상태는 '유휴(IDLE)'로, 이는 적이 나타날 때까지 NPC가 아무 일도 하지 않는 것에 해당한다. 적이 발견되면 NPC는 '공격' 상태(이를테면 사격 애니메이션 등)로 전이한다. 공격 상태는 상황에 따라 다른 여러 상태들로 전이하게 되는데, 예를 들어 적이 시야에서 사라지면 '수색' 상태로 넘어가서 적절한 애니메이션 시퀀스를 재생하게 된다.

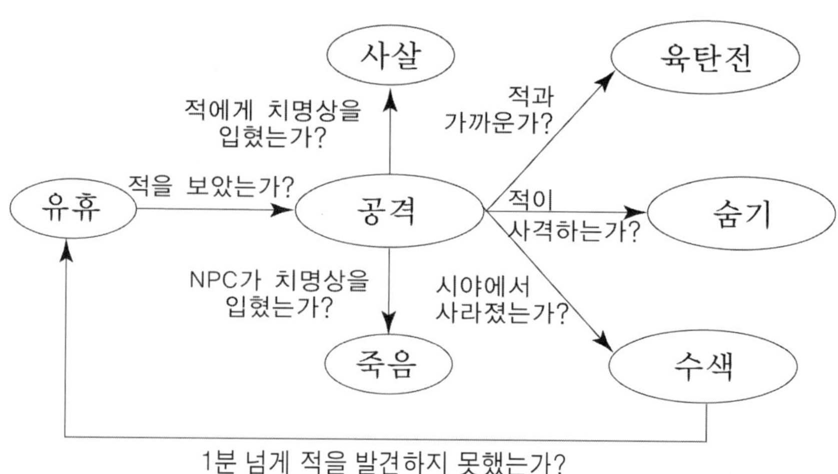

그림 3.1.3 전형적인 유한상태기계

FSM은 일단의 규칙들을 상태 및 상태와 상태 사이의 전이들로 부호화한다. 상태에는 그에 해당하는 행동이 배정되며, 전이에는 행동을 일으키는 데 필요한 상황에 대한 조건들이 배정된다. 의사결정 트리와 마찬가지로, 판정 능력 측면에서는 FSM 역시 기존 규칙 기반 기법보다 나을 것이 없지만, 조건들과 관련 상태들을 개발자가 직접 조작할 필요가 없다는 점에서 관리가 다소 편하다는 이점을 제공한다. 이 때문에 *Age of Empires, Enemy Nations, Half-Life, Doom, Quake* 등 수많은 상용 게임들이 FSM을 사용한다.

그 외에도 여러 규칙 표현 방법들이 있다. 예를 들어 퍼지 논리(fuzzy logic)는 확률론적인 규칙 부합 능력을 제공하며, 신경망(neural net)은 좀 더 복잡한 규칙 부합 능력을 제공한다. 이런 방법들 역시 규칙들을 표현하는 다양한 방법들 중 하나일 뿐이기 하나, 경우에 따라서는 조건들을 좀 더 쉽게 표현할 수 있다는 장점이 있다. 또한 사례로부터 규칙들을 학습하게 만들 여지도 존재한다. 전문가 시스템(expert system)은 일단의 규칙들을 내부 규칙 해석기와 결합한 것으로, 내부 규칙 해석기는 자신만의 내부 기호(즉, 상황에 직접적으로 나타나지는 않는 기호)를 추가함으로써 좀 더 복잡한 규칙 부합을 가능하게 한다. 그러나 이런 규칙 부합 방법들은 다른 방법들에 비해 계산 속도가 상당히 느리기 때문에 게임에는 거의 쓰이지 않는다. 전문가 시스템이 규칙들의 집합과 동등한 것임을 주목하기 바란다. 해석기를 이용해서, 전문가 시스템이 수행하는 규칙 집합을 풀어내는(unwind) 것이 가능하기 때문이다: 규칙들을 적용할 때의 가장 약한 전제조건이 상황에 해당하며, 그에 의한 결과가 바로 행동에 해당한다.

정리하자면, 규칙들을 표현하는 방법은 다양하며 여러 방법들이 수정이나 유지보수, 이해의 편리함에서 차이를 보이긴 하나, 결국은 모두 상황→행동의 변형들일 뿐이다.

규칙 기반의 문제점

규칙 기반 접근방식은 게임 AI 구현에 흔히 쓰일만한 장점들과 함께 몇몇 단점들도 가지고 있다. 다음이 규칙 기반 접근방식의 단점이다.

- 지능적이지 못한 행동이 나올 수 있다: 규칙만으로는 한 행동의 장기적 결과를 예측하기가 힘들다. 특히 여러 NPC들이 일단의 행동들을 차례로 수행한 후에 보니 초기의 행동 선택이 잘못되었다는 점을 알게 될 수도 있는데, 예를 들어 목표점으로의 최단 경로를 따라 가라는 규칙에 의해 모든 NPC가 한 목표점으로의 동일한 최단 경로를 따르는 경우, 좁은 골목이 NPC들로 붐비는 현상이 벌어지기도 한다.

▶ **규칙은 개발비용이 비싸고 시간도 많이 소비된다** : 적절한 규칙을 개발하려면 게임 개발자가 게임을 상세히 파악해야 하기 때문이다.

▶ **규칙 기반 행동은 게임 AI 개발자의 영리함에 제한된다** : 규칙 기반 접근방식에서는 게임 AI 개발자가 일일이 프로그래밍한 것 이상의 지능적인 행동은 나타날 수 없다. 빡빡한 개발비용 및 일정 속에서 AI 개발자가 각 NPC에게 훌륭한 지능을 부여할 만큼의 전문성과 시간을 확보하기란 힘든 일이 아닐 수 없다. 더 나아가서, 좋은 프로그래머가 항상 최고의 게임 플레이어인 것은 아니다.

▶ **규칙 기반 행동이 불신을 야기해서 몰입감을 해칠 수 있다** : 플레이어의 불신감을 제거하는 일은 게임의 성공을 위한 아주 중요한 요인이다. NPC들의 지능적이지 않은 행동은 게임 플레이어에게 불신을 유발할 수 있다. 치팅을 사용하는 NPC는 더욱 그렇다. 너무 똑똑한 행동은 자칫 너무 멍청한 행동으로 보일 수 있으며, 개발자의 전지전능한 개입이 게임의 모든 곳에서 드러나는 것 역시 몰입감을 해치게 된다.

▶ **규칙은 깨지기 쉽다** : 원래 의도한 상황에서 조금만 벗어나도 규칙이 깨질 수 있다. 예를 들어 NPC들이 최단 경로를 따라 목표점으로 이동해야 하는데 그 경로가 일시적으로 막혀 있다면 최단 경로 규칙이 깨지게 된다. 이러한 허약함은 규칙들이 부정확한 행동이나 부분적인 행동, 시간에 관련된 행동, 위치의 불확실함, 관측의 누락이나 잡음 등의 요인을 제대로 다루지 못한다는 점에서도 비롯된다.

▶ **규칙은 수정 및 디버깅이 힘들다** : 이 때문에 비효율적인 만들고 기우기(generate-and-patch) 개발 공정이 빚어질 수 있다. 깨지기 쉬운 규칙을 고칠 때 흔히 쓰는 방법은 예외 규정을 추가는 것이다. 그러나 새로운 상황들이 나타나면 개발자는 계속해서 예외들을 추가해야 한다. 예를 들어 "NPC의 생명치가 50% 이하이면 치료 아이템을 찾으러 간다"라는 규칙이 있다고 하자. 그러나 NPC가 적에게 공격을 가해서 이제 총 한 방이면 적을 쓰러뜨릴 수 있는 상황인데도 생명치가 50% 이하로 떨어졌다고 치료 아이템을 찾으러 간다면 플레이어는 이를 대단히 멍청한 행동으로 받아들일 수밖에 없을 것이다. 그래서 규칙에 적의 생명치에 대한 예외 규정을 추가해 "NPC의 생명치가 50% 이하이되 생명치가 5% 이하인 적을 공격하는 중이 아니라면 치료 아이템을 찾으러 간다"로 바꾸어 문제를 해결한다고 하자. 그러나 이 규칙에도 여전히 허약함이 남아 있다. 예를 들어 적의 생명치가 5% 이하라도 NPC의 총알이 다 떨어졌다면 치료 아이템보다는 탄약을 찾으러 가는 것이 더 지능적인 행동이 된다. 이를 위해 또 다른 예외 규정을 추가해서, "NPC의 생명치가 50% 이하이되 생명치가 5% 이하인 적을 공격하는 중이 아니라면, 그리고 NPC의 탄약량이 5% 이하가 아니라면 치료 아이템을 찾으러 간다"라는 규칙을 만들 수도 있다. 그러나 또 다른 문제가 발생하지 않으리라는 보장은 없다. 이러한 '만들고 기우기' 방법은 비효율적일 뿐만 아니라 유지보수하

기 어려운 스파게티 코드를 남긴다. 그런 코드는 게임에 새 기능이 추가되면 쉽게 깨질 수 있다. 버그를 추적하는 QA 공정 역시 힘들어진다. 문맥과 상태들이 복잡해서, 버그의 원인으로부터 여러 프레임이 지난 후에야 버그가 실제로 나타나는 현상이 생길 것이기 때문이다.

▶ **규칙들은 결코 완성되지 않는다**: 만들고 기우기 공정, 즉 규칙을 추가하고 여러 상황에서 시험해보다가 문제를 발견하면 해당 상황에 대한 예외 규정을 추가하는 공정은 사실 이 업계에 널리 퍼져 있는 관행이며, AI 제품의 완성도를 떨어뜨리는 주범이기도 하다. 이러한 만들고 기우기 공정은 제작 마감일까지도 끝나지 않는 것이 보통인데, 그러면 개발자는 아직 기우지 않은 부분이 제품 출시 후 플레이어에게 발견되지 않기를 바랄 수밖에 없다. 사실 개발자가 미처 인식하지 못한 문제들이 많이 남아 있는 경우도 많다. 규칙이 깨지는 부분을 찾는 데 재미를 느끼고 그런 것들을 블로그나 웹 게시판에 올리면서 자랑스러워하는 게임 플레이어들이 존재함을 기억해야 한다. 그런 글들은 게임의 성공을 위해 마케팅에 소비한 비용을 무위로 돌릴 수 있다.

▶ **규칙들은 예측하기 힘들고 불안정하다**: 예외 규정들을 추가하다보면 규칙들의 유지보수뿐만 아니라 규칙의 결과를 예측하기도 힘들어진다. 미처 예상하지 못한 상황 때문에 시스템 전체가 다운되거나, NPC들이 같은 행동을 반복해서 마치 곤충처럼 보일 수도 있다.

▶ **NPC들이 많아질수록 규칙들이 더욱 불안해진다**: 규칙들로 한 NPC의 행동을 제어하는 것만도 상당히 힘든 일인데 NPC의 수까지 늘어나게 되면 규칙의 허약함과 복잡도가 지수적으로 증가하고 만다. 특히 NPC들이 서로 연동해서(협동적이든, 적대적이든) 움직일 때 더욱 그렇다.

게임 AI에 주로 쓰이는 기법에 이토록 많은 난점들이 존재한다는 사실로부터, 게임 그래픽이나 물리에 비해 게임 AI가 그다지 발전하지 않은 이유를 충분히 짐작할 수 있다. 게임 AI 개발에 있어 규칙 기반 접근방식의 한계는 이미 오래 전에 드러났다고 할 수 있다.

게임 AI에 대한 모형 기반 접근방식

의사결정 이론의 합리적 모형에 따르면, 미래의 의사결정 과정에 근거한 기대성과(expected outcome)를 최대화하는 선택이 바로 최적의 결정이다. 그림 3.1.4는 초기에 두 가지 선택이 가능한 결정 과정을 트리로 나타낸 예이다. 초기 선택의 두 결정마다 또 다른 하위 결정 두 가지가 따라오고, 각 하위 결정은 각각 두 가지 성과로 이어져서 결과적으로 총 네 가지의 성과가 존재하게 된다. 이 트리의 중간 노드들은 상태 또는 상황에 해당하며, 간선은 새 상태로의 전이 조건에 해당한다. 루트 노드에서 비롯된 간선들은 주어진 실제 선택들을 나타내며, 그 선택들은 그 아래의 또 다른 선택들로 이어진다. 이 예에서 최선의 선택은 오른쪽 것이다. 그것이 8이라는 최대의 성과로 이어지기 때문이다.

이러한 게임 AI 접근방식을 **모형 기반(model-based)**이라고 부르는데, 이는 이러한 방식이 게임 시스템의 고수준 작동방식, 즉 유효한 행동들과 그 결과들의 집합에 근거한 것이기 때문이다. 이러한 모형 기반 의사결정 과정은 크게 다음 세 단계로 이루어진다.

1. 각 결정 이후의 효과들을 **시뮬레이션**해서 예측 트리(look-ahead tree)를 구축한다.
2. 그 트리의 각 결정 경로마다 기대성과를 **평가**한다.
3. 기대성과가 가장 큰 결정을 **선택**한다.

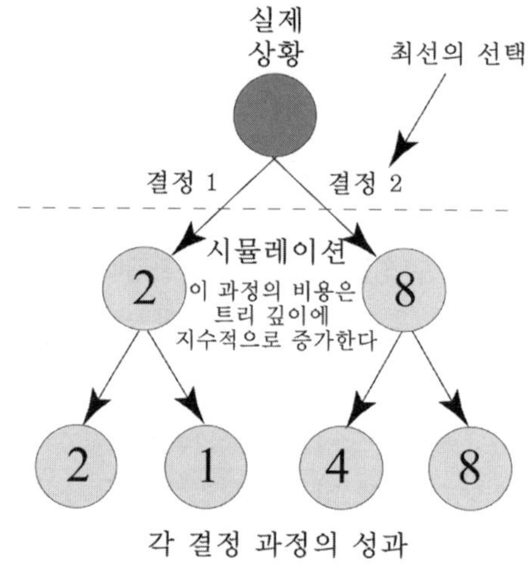

그림 3.1.4 두 가지 선택이 가능한 의사결정 과정.

전통적인 보드 게임인 체스에서 모형은 각각의 유효한 수(move), 게임의 종료 조건, 승패 판정을 서술한 것이다. 비디오 게임의 경우 모형은 허용되는 행동들과 그 효과, 그리고 게임 세계에서 발생할 수 있는 사건들을 서술한다. 모형 기반 접근방식에서 말하는 '규칙'이 규칙 기반 접근방식의 규칙과 같은 것은 아님을 주의하기 바란다. 규칙 기반 접근방식의 규칙은 특정 상황에서 수행해야 할 행동을 나타내는 일종의 '명령'에 해당하나, 모형 기반의 규칙은 모형의 특성에 대한 '서술'에 해당한다. 모형 기반 접근방식을 NPC 행동의 고수준 역학이라고 생각할 수도 있을 것이다.

게임과의 연동

모형 기반 의사결정 시스템과 게임의 구체적인 연동 방식은 게임마다 다를 수 있으나, 기본적인 절차는 동일하다. 예를 들어 Locust AI 엔진에서 연동은 관찰, 갱신, 결정, 행동이라는 네 단계로 이루어진다(그림 3.1.5). 관찰(Observation)은 감각 정보를 얻는 공정이며, 갱신은 관찰을 이용해서 현재 상황에 대한 NPC의 믿음을 변경하는 것을 말한다. 결정 단계에서 NPC는 현재의 믿음들에 기초해서 상황을 어느 정도 바람직한 쪽으로 개선할만한 행동들을 선택한다. 행동 단계에서는 NPC가 선택한 행동들을 실제로 수행해서 주변 환경에 영향을 미친다. 이러한 연동 방식을 위해서는 의사결정 엔진이 게임 세계의 현재 상태에 접근할 수 있어야 한다. 예를 들어 의사결정 엔진은 모든 NPC의 현재 위치를 알고 있어야 하며, 갱신 공정은 그러한 현재 상태에 대한 변화들을 고려해서 갱신을 수행한다.

그림 3.1.5에 나와 있듯이, 관찰 → 갱신 → 결정 → 행동 주기는 무한히 반복된다. 그림에서 점선은 Locust 엔진과 게임 세계의 경계면, 즉 인터페이스이다. 행동 수행 및 관찰은 이 경계에서만 일어난다. 즉, Locust의 내부 믿음 구조들과 의사결정 공정들은 게임 세계와 분리되어 있다. Locust 엔진의 내부 믿음 구조들은 게임 세계를 반영, 추상화한 것이며, 게임 세계 표현의 복잡성에 의존한다.

실시간 의사결정은 이 모형에서 중요한 측면을 이룬다. 어느 정도 복잡한 게임 세계에서는 계획된 행동 전체가 끝까지 수행되는 경우가 별로 없다. 게임 세계 자체가 예측 불가능하기 때문이다. 예를 들어 한 NPC가 목표점에 도달하는 데 사용할 경로를 A*로 생성한다고 해도, 다른 NPC들이 길을 막거나 어떤 장애물이 갑자기 생겨나는 등의 사건들

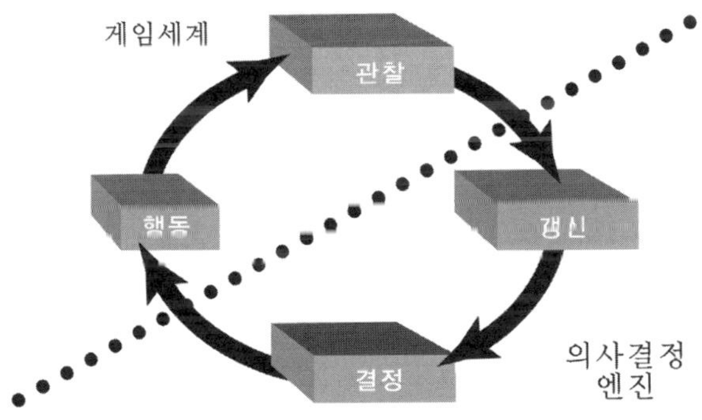

그림 3.1.5 게임 세계와 연동 방식.

때문에 실제로 NPC가 그 경로를 끝까지 따라가는 경우는 많지 않다.

Locust는 이러한 현실에도 잘 대처한다. 의사결정과 그 결정에 영향을 미치는 관찰들이 계속해서 번갈아 수행되기 때문이다. 이 덕분에 행동 계획의 실시간 수정이 가능해진다. 물론 이 모형으로 상세한 계획 수립도 가능하지만, 게임 세계의 예측불가능성 때문에 그러한 계획을 완전히 수행할 수 있는 경우는 별로 없다. 각 의사결정 모듈은 세계에 대한 믿음들을 특정한 매개변수들로 표현한 내부 모형을 포함하며, 그 모형은 세계의 관찰 결과에 따라 갱신된다.

게임 AI 개발자의 입장에서 본 모형 기반 접근방식의 장점

모형 기반 접근방식(적어도 Locust 엔진에 구현된 형태의)은 표준적인 규칙 기반 접근방식에 비해 다음과 같은 여러 장점들을 게임 AI 개발자에게 제공한다.

- **좀 더 지능적인 행동이 나온다** : 이는 이 접근방식이 각 결정의 향후 영향까지 고려하기 때문이다. Locust로 제어하는 NPC에는 자신이 하고자 하는 일을 정의하는 논리적이고도 일관된 목표들이 있으며, NPC의 순간순간의 행동들은 모두 그 목표들을 만족하기 위한 과정이다. Locust는 단기간의 전술적 결정들을 장기간의 전략적 계획과 매끄럽게 통합하며, 환경 또는 상태의 변화에 반응해서 목표들의 우선순위를 유연하게 조정한다. 그리고 그 결과로 NPC는 좀 더 지능적인 행동을 보이게 된다.

- **개발 시간과 비용이 줄어든다** : 게임을 제한된 예산 안에서 제 때에 출시하는 것만큼 중요한 일은 없다. 게임 개발자들은 AI 프로그래밍 때문에 일정을 망칠 수 있다는 점을 잘 알고 있다. NPC 행동이 완성되기도 전에 예정된 기간이 다 지나가서, 게임 AI가 아주 멍청하지는 않는 수준으로 만족하고 게임을 출시하는 경우도 있다. Locust를 이용하면 대단한 인공지능 전문가가 아니더라도 모형을 비교적 낮은 비용으로 빠르게 구축할 수 있다. 필요한 것은 게임에서 허용되는 행동들과 그 효과들, 그리고 관찰과 바탕 상태들과의 연관 방식을 서술하는 것뿐이다.

- **지능적이면서 창발적인 행동이 나온다** : 즉, NPC가 게임 개발자에 의해 명시적으로 프로그래밍되지 않은 지능적 행동을 보이는 현상이 나타난다. 이를 잘 보여주는 사례가 체스 세계 챔피언인 Gary Kasparov를 물리친 Deep Blue 체스 프로그램이다. 그 프로그램을 개발한 개발자 본인들은 세계 정상급 체스 플레이어들이 아니었음에도 이 글에서 말하는 것과 비슷한 모형 기반 접근방식을 사용해서 자신들의 체스 실력보다도 뛰어난 창발적 행동을 보이는 인공지능을 만들어낼 수 있었다. 이러한 창발적 행동은

NPC의 지능이 게임 개발자의 지능에 제한되지 않음을 뜻한다. 덕분에 게임 개발자들은 기계적인 규칙들을 개발하는 데 시간을 허비하는 대신 NPC의 창조적인 측면들(개성, 무기, 감지기, 목표 등)에 집중할 수 있다.

▶ **좀 더 안정적이다** : 예측 트리는 범용적이면서도 항상 상황 변화에 대처할 수 있다는 점에서 규칙 집합보다 안정적이다. 이 덕분에 규칙 기반 접근방식에서 나타나는 규칙들의 허약함 문제를 피할 수 있다. Locust는 뭔가를 결정할 때 그에 필요한 요인들(NPC의 생명치, 적의 생명치, 근처의 치료 아이템, 탄약량 등)을 모두 고려한다. 관련된 입력들이 주어지면 Locust는 주어진 시간 한계 안에서 최적의 선택을 돌려준다. 주어진 시간이 많을수록 트리를 더 깊이 탐색함으로써 보다 나은 선택을 얻게 된다. 또한, Locust AI 엔진은 계통적 웨이포인트들을 자동으로 생성하는 기능을 갖추고 있기 때문에 복잡한 지형에서도 잘 작동한다.

▶ **NPC 수의 증가에 잘 대처한다** : Locust AI 엔진의 내부 예측 기술은 분산 의사결정에 기초한 것이며, 덕분에 전통적인 기법들에서 NPC 수의 증가에 따라 분기의 수가 지수적으로 증가하는 문제가 완화된다. 의사결정 과정을 네트워크로 연결된 여러 대의 컴퓨터들에 분산하는 것도 가능하다.

▶ **수정과 디버깅이 쉽다** : NPC의 행동에 영향을 미치는 또 다른 요인을 모형에 추가하기가 비교적 간단하다. 예를 들어 게임 설계가 바뀌어서 개별 NPC마다 다른 개성을 부여해야 한다면, NPC의 성격에 맞게 특정 목표 비용을 조정하면 된다. 예를 들어 소심한 NPC에 대해서는 치료 아이템을 찾으러 가는 행동이 좀 더 일찍 나타나도록 관련 수치를 조정하고 대담한 NPC에 대해서는 그 반대로 조정할 수 있다. 게으른 NPC에 대해서는 모든 행동의 문턱값을 높이면 된다. 그러면 웬만한 일에 대해서는 움직이지 않는 행동이 나타난다. Locust의 이러한 접근방식은 기존 접근방식에 비해 더 간단할 뿐만 아니라 문맥과의 결합도도 훨씬 낮다. 덕분에 유지보수가 쉽고 버그를 좀 더 일찍 찾을 수 있다. 행동을 추가하거나 변경하려면 그냥 NPC의 시뮬레이션과 목표를 수정하면 된다. Locust의 시뮬레이션 기반 예측 능력 덕분에 규칙 기반 시스템에서 생기곤 하는 스파게티 코드를 피할 수 있다. 간단히 말해서, 행동을 바꾸고 싶다면 그 행동의 기반이 되는 모형을 바꾸기만 하면 되는 것이다. 그 외의 추가적인 노력은 필요하지 않다.

▶ **이식성 있는 캐릭터들을 만들 수 있다** : 게이머들이 선호하는 캐릭터들의 개성은 게임마다 크게 다르지 않다. 한 게임에서 어떤 NPC에 대한 쓸 만한 모형을 만들었다면, 그것을 추출해서 전혀 다른 게임에 적용할 수 있다. Locust AI 엔진을 이용하면 물리적 표현이 아닌 행동에 기초한 캐릭터들의 라이브러리를 만드는 것이 가능하다.

▶ **제품 차별화에 유리하다** : 앞에서 언급한 대로, 게임 AI는 제품 차별화의 마지막 전선

이다. 그러나 누구나 사용하는 규칙 기반 접근방식으로는 두드러진 NPC들을 만들어 내기가 힘들다. 모형 기반 접근방식, 특히 Locust는 긴 시간 동안 고수준 행동을 수행하는 소수의 완전히 자율적인 캐릭터들이나 비교적 짧은 시간동안 저수준 관절 제어가 필요한 다수의 간단한 캐릭터들을 제어하려는 애니메이터들에게 여러모로 유용하다. Locust로 모형 기반의 저수준 이동(locomotion)을 제어하는 것도 가능하다. 플로킹(flocking)과 군중 행동 역시 Locust로 아주 쉽게 구현할 수 있다. 특히, 그런 행동들을 정교한 제어 규칙들이 아니라 전적으로 목표 서술을 통해서 달성할 수 있다는 점에 주목해야 할 것이다. 즉, 미리 프로그래밍된 규칙들로 군중 행동을 실현하는 대신, 모형에 의해 군중 행동이 저절로 '창발'하는 것이다.

규칙 기반 접근방식에 비한 모형 기반 접근방식의 단점으로는 다음 두 가지를 들 수 있다. 첫째로, 모형을 만들어야 한다. 그러나 모형 만들기가 규칙 집합 개발보다 쉽다. 또한, 반복적인 공정을 통해서 모형을 구축하는 것도 가능하다. 둘째로, 예측 트리의 생성이 규칙 처리보다 느릴 수 있다. 그러나 대부분의 복잡한 응용프로그램들에서는 시간을 좀 더 소비한다고 해도 더 나은 의사결정을 내릴 수 있게 하는 것이 전체적으로는 더 이득이 된다. Locust의 경우 여러 NPC들에 대해 단 몇 십 밀리 초 만에 의사결정을 내릴 수 있다. 이 정도면 게임 변화에 대해 실시간으로 반응하면서도 지능적인 행동을 보이기에 충분한 수준이다.

■ Quake III Arena에 Locust AI 엔진을 적용

이번 절에서는 id Software가 만든 다중 플레이어 1인칭 슈팅 게임인 *Quake III Arena(Q3A)*를 소개한다. 차차 이야기하겠지만, 이 게임의 실시간 의사결정은 다소 복잡하다. 플레이어는 끊임없이 자신을 죽이려 하는 위험한 NPC들에 맞서 1분의 몇 초 이내로 반응하고, 치료 아이템이나 무기를 주우러 가고, 특정 NPC들을 피하고, 특성이 다른 다양한 무기들 중 하나를 상황에 맞게 선택해야 한다.

플레이어는 **투기장(arena)**이라고 부르는 맵을 돌아다니면서 적 플레이어들을 사살하고 게임 모드에 따른 점수를 획득해야 한다. 플레이어의 생명치가 0이 되면 플레이어 캐릭터가 죽는다. 죽은 플레이어는 잠시 후에 맵의 특정 장소들에서 **재생성(respawning)**되는데, 이 때 이전에 모아 두었던 아이템들은 모두 잃게 된다. 플레이어나 팀이 특정 점수에 도달하거나 특정 시간이 만료되면 게임이 끝난다.

무기 시스템은 각 상황마다 그에 적합한 무기가 존재하도록 설계되어 있다. 따라서 주된 의사결정 과제 중 하나는 적절한 무기를 선택하는 것이다. 무기 자체도 일정 주기에 따라 특정 장소들에서 재생성된다. 플레이어 캐릭터가 무기 위로 지나가면 자동으로 무기가 획득된다. 모든 무기에는 일정한 탄약이 미리 장착되어 있다. 탄약 상자들 역시 게임 세계 전반에 배치되어 있다(일부는 숨겨져 있다).

생명치가 낮은 경우에는 치료 아이템을 먹어서 생명치를 회복해야 한다. 치료 아이템은 네 종류인데, 노란 약은 생명치를 25만큼, 주황색은 50만큼, 녹색은 5만큼, 청색은 100만큼 올려준다. 녹색과 청색은 생명치를 100을 초과해 올려준다는 특징이 있다. 생명치의 최대치는 200이다.

*QA3*의 캐릭터 움직임은 비교적 단순하다. 캐릭터는 달리거나, 걷거나, 웅크리거나, 뛰어오를 수 있다. 기본적으로는 달리기가 활성화되어 있으나, 항상 달리는 것은 현명하지 않은 일이다. 걸어 다닐 때에는 소리가 나지 않기 때문에 적에게 살며시 다가가려면 걷기를 사용해야 한다. 웅크리기 역시 이동 소음을 줄여준다. 대신 이동 속도가 느려진다. 몸을 웅크리면 피격 면적이 줄어든다는 장점도 있다. 낮은 구조물에 몸을 숨기거나, 몸을 크게 노출하지 않고 적을 훔쳐 볼 때 유용하다.

*QA3*에 적용된 Locust AI 엔진은 모든 NPC를 제어한다. 규칙 기반으로 제어되는 NPC는 없다. NPC 행동은 다음과 같은 방식으로 수행된다. NPC는 특정한 각도로 일정 거리를 전진하고, 특정 각도로 일정 거리를 후퇴하고, 이전 행동을 계속하고, 현재 무기를 발사하고, 잠시 아무 일도 하지 않는다. 우리는 다양한 예측 깊이들을 시험해 보았는데, 3에서 8 수준까지의 예측이 제일 성과가 좋았다. 다섯 수준을 넘어가면서부터 성능 향상이 사라진다. Locust는 초 당 20~30회의 화면 전체 갱신들을 샘플링한다(대부분의 게임은 초 당 프레임률(또는 갱신률)이 20회 이상이다). 각 갱신마다 Locust는 두세 NPC들에 대해 최대 깊이 예측을 수행한다. Locust의 의사결정 속도는 꽤 빠르다. NPC 당 대략 13 밀리초 정도이다.

*QA3*의 원래 버전에 쓰인 규칙들은 5만 줄 이상의 코드로 이루어지고 개발하는 데에도 6개월이 걸렸다고 한다. 규칙들을 모두 제거하고 Locust를 적용한 버전은 코드가 단 2천 줄 밖에 되지 않으며, 개발 시간도 2주 정도였다. 이 정도면 시간과 비용 면에서 엄청난 절감인 셈이다. 품질 면에서도, NPC들이 좀 더 합리적인 결정을 내리게 되었을 뿐만 아니라 플레이어의 의욕을 돋우는 좀 더 교활한 적수가 되었다. 그 결과, NPC들의 지능이 개선되고 게이머의 체험도 향상되었다.

관련 작업들

이 작업의 성격과 가장 밀접하게 관련된 작업은 Soar([Laird00], [LairdDuchi00])이다. Soar는 기본적으로 규칙 기반 의사결정을 사용하나, 후방 연쇄(backward chaining, 또는 후방 추론)와 하위목표 기법을 이용해서 전방 추론의 단점을 극복하고 서로 모순되는 규칙들을 해소한다는 특징을 가지고 있다. 예를 들어 Soar는 715의 규칙들과 100개의 연산자(내부 상태를 변경하는)들, 20개의 하위 상태들을 사용해서 사람 플레이어의 캐릭터를 제어한다. Soar는 일종의 인지 아키텍처인 탓에, 제한된 양의 단기 기억, 기호 처리, 의미 덩이(chunking) 등 인간의 기억에 대한 모형도 포함한다. 반면 이 글의 접근방식은 인간 인지의 모형화보다는 행동 수행에 좀 더 초점을 둔 것이다.

결론 및 향후 작업

게임 AI의 당면 목표는 현재의 그래픽만큼이나 좋은 게임 AI를 만드는 것이라 할 수 있다. 이 글에서 보았듯이, 현재 널리 쓰이고 있는 규칙 기반 접근방식으로는 그러한 수준의 게임 AI에 도달하기 힘들다. 체스 프로그램 개발자들은 벌써 1980년대에 이를 깨닫고는 규칙 기반 접근방식을 완전히 폐기하고 모형 기반 접근방식을 채용했다. 그 결과, 1990년대에 체스 세계 챔피언인 Gary Kasparov를 꺾는 체스 프로그램을 만들어낼 수 있었다. 이제는 게임 AI 개발자도 규칙 기반 접근방식의 한계를 깨닫기 시작했다. 이 글에서는 Locust AI 엔진에 내장된, 모형 기반 의사결정 접근방식을 설명했다. 글에서 보았듯이, Locust 엔진은 표준적인 규칙 집합 접근방식에 비해 여러 중요한 장점들을 제공하며, 의사결정 성능도 더 뛰어나다.

참고자료

[Laird00] Laird, J., "It Knows What You're Going to Do: Adding Anticipation to a Quakebot." AAAI 2000 Spring Symposium Series: Artificial Intelligence and Interactive Entertainment. AAAI Technical Report SS-00-02.

[LairdDuchi00] Laird, J., J. Duchi, "Creating Human-like Synthetic Characters with Multiple Skill Levels: A Case Study using the Soar Quakebot." AAAI 2000 Fall Symposium Series: Simulating Human Agents.

[Rabin02] Rabin, Steve, "Implementing a State Machine Language." *AI Programming Wisdom*, Charles River Media, 2002: pp. 314–320. 번역서는 "상태 기계 언어의 구현," *AI Game Programming Wisdom*, 정보문화사, 2003.

자율 NPC들의 협동 구현

Diego Garcés, FX Interactive
diegogarces@gmail.com

요즘의 액션 게임들에서 플레이어는 AI에 의해 제어되는 적수들 여러 명과 마주해야 한다. 게임이 제공하는 도전들에 대한 게이머의 기대가 높아짐에 따라 좀 더 복잡한 NPC 행동들에 대한 요구도 커지기 시작했다. 또한, 개별 NPC가 복합적인 행동을 보이는 것만으로는 부족해서, 개별 행동들을 적시적소에 사용하는 것이 더 중요한 경우가 많다. NPC들은 플레이어에 도전하면서 재미있는 게임 플레이 경험을 만들어낸다는 공통의 목표를 가지고 있는데, 그런 NPC들의 협동을 제대로 구현하지 않으면 NPC가 다른 NPC들을 고려하지 않는, 따라서 결과적으로 목표 달성에 도움이 되지 않는 행동을 보이게 된다.

게임 에이전트가 특정 행동을 언제 어디서 어떻게 수행할 것인지를 결정할 때에는 자신의 내부 상태에 관련된 여러 가지 요인들을 고려해야 한다. 고려해야 할 주요 요인들로는 이를테면 개성, 생명치, 방어구, 탄약, 현재 무기 등이 있다.

그런데 다른 NPC들의 현재 행동이 더 중요한 의사결정 요인이 되는 경우노 많이 있나. 그런 요인을 고려한다면 NPC'늘이 보누 공통의 목표를 위해 협동하는 듯한(시로에게 방해가 되는 것이 아니라) 모습이 나타나게 된다. NPC들이 다른 NPC의 사선을 가로막거나, 같은 장소에서 공격하려 하거나, 같은 경로를 이동하면서 서로를 밀치는 등의 행동이 보인다면, 개별 행동 자체가 아무리 완벽하다고 해도 플레이어는 전반적으로 AI가 멍청하다고 느낄 것이고, 그러면 게임익 재미도 망쳐진다.

이 글은 자율적인 NPC들이 좀 더 협동적인 행동을 보이게 하는 몇 가지 메커니즘들을 제시한다. 각 NPC가 개별적으로 자신의 행동을 결정한다고 해도, 몇 가지 추가 정보와 간단한 통신 기능을 더하는 것으로도 실감나는 협동 행동이 나타나게 할 수 있다.

■ 가능한 해법들

다른 대부분의 AI 문제들처럼, 협동(coordination) 문제의 해법은 여러 가지이다. 한 가지 해법은 협동을 그냥 무시하는 것이다. 적들이 원래부터 개별적으로 혼란스럽게 움직이는 게임이라면 굳이 협동을 추가해서 게임을 복잡하게 만들 필요가 없다. 그러나 그런 것이 가능한 게임들은 별로 많지 않다. 협동 문제에 대한 접근방식은 크게 두 부류로 나뉜다. 하나는 특정한 게임 개체 하나가 중앙집중적으로 협동을 해결하는 것이고, 또 하나는 각 게임 개체의 자율성을 최대한 유지하면서 협동을 해결하는 것이다.

중앙집중적 접근방식

지금의 게임들에서는 주로 중앙집중적 접근방식이 쓰였다. 중앙집중적 해법에서는 특정 에이전트 하나(이것이 반드시 게임에 실제로 나타나는 게임 개체일 필요는 없다)가 플레이어와 NPC들 모두의 상황을 분석한 후 적절한 협동 전략을 수립한다. 그런 다음에는 개별 AI 에이전트들에게 특정한 명령을 전달함으로써 협동 전략을 수행한다. 모든 것이 계획대로 수행된다면 NPC들이 완벽하게 협동해서 행동하게 된다(NPC들은 단지 지시를 맹목적으로 따르는 것일 뿐이지만).

게임에 따라서는 NPC의 행동을 설계자가 구체적이고 직접적으로 제어해야 할 수도 있다. 그런 경우에는 이처럼 고정된, 그리고 덜 자율적인 조직화가 최적의 해법일 수 있다. 유연하고 자율적인 조직화를 사용할 때에는 NPC의 행동을 설계자가 원하는 수준으로 제어하기가 어려울 수 있기 때문이다.

자율적인 에이전트들을 사용하는 것이 이득이 되는 게임이라고 해도, 그런 에이전트들의 협동만큼은 중앙집중적으로 처리한다면 시스템 제어가 훨씬 쉬워질 수 있다. 특정한 상황에서 구체적인 협동 행동이 필요한 경우, 그냥 중앙집중적 에이전트를 조금 조정하면 된다. 이 편이 특정 상황에서 특정한 협동 행동이 나올 때까지 수많은 자율 메커니즘들을 조정하는 것보다 훨씬 간단하다. 또한, 여러 NPC들이 각자 어떤 행동을 펼치는지를 추적하고 디버깅할 때에도 중앙집중적 접근방식이 더 편하다.

중앙집중적 접근방식의 주된 단점은 규모가변성이다. 이런 종류의 해법은 시스템의 크기가 증가함에 따라 급격히 커지고 복잡해지는 경향이 있다. 시나리오가 커지면 그에 따라 에이전트 행동도 더욱 복잡해지고 관리해야 할 NPC들의 수도 많아져서 게임 시스템의 크기도 증가하게 된다. 그러나 시나리오의 대형화는 게임 발전 과정에서 피할 수 없는 일이다. 또한 중앙집중적 접근방식은 일체화된 구조로 구현되기 때문에 전략 계산과 그 수행 사이에서 발생하는 변화에 제대로 대처하지 못한다.

요약하자면, 중앙집중적 접근방식은 규모가변성이 나쁘며 환경 변화에 잘 적응하지 못한다. 또한 CPU 자원을 많이 소비하는 경향이 있어서 NPC의 반응성이 떨어진다. 설계 시점에서 예측하지 못한 상황을 다루는 데 어려움을 겪을 수 있다는 것 역시 중요한 단점이 된다. 성능 면으로 보면, 차세대 콘솔들과 최신 PC들이 다중 코어 프로세서를 채용한다는 점도 중앙집중적 접근방식에 나쁜 점수를 주는 요인이다. 하나의 프로세스가 여러 개의 프로세서들을 완전히 활용하도록 프로세스를 분할하기란 쉽지 않은 일이기 때문이다. 가용 프로세서의 수가 가변적인 때는 더욱 어렵다.

자율적 접근방식

잘 확립된 분산 컴퓨팅 방법론에서 또 다른 해법([Orkin03])을 이끌어낼 수 있다. 위에서 살펴본 중앙집중적 접근방식의 여러 문제점은 분산 시스템으로 해결할 수 있다. 이를 협동 문제에 적용한다면, 협동 책임을 AI 에이전트들 모두에게 분산하는 것이 바로 답이 된다. 이러한 조직화는 규모가변적이고 유연한 구조로 이어지며, 그러면 각 에이전트에게 개별적인 실행 줄기(thread)를 배정할 수 있다. 이러한 NPC들은 자신이 할 일을 스스로 결정한다는 점에서 자율적(自律的, autonomous)이다. 이 경우 에이전트는 단지 지시 사항을 수행하는 기계가 아닌, 의사결정 과정 자체에 주동적으로 참여하는 개체가 된다.

이러한 접근방식에서 협동은 명시적으로 프로그래밍된 행동의 결과가 아니라, 여러 자율 에이전트들의 의사소통과 정보 교류에 의해 창발적으로 드러나는 현상이다. 이 접근방식에서는 어떤 전역적인 전략을 수립할 필요가 없다. 이 덕분에, 게임의 상황이 크게 바뀔 때에도 새로운 전역 전략을 완전히 다시 계산하는 대신 그냥 몇 개의 행동들만 조정하면 된다.

각 NPC는 완전히 독립적이므로, 이 접근방식은 NPC 수의 증가에 잘 대처한다. 시스템에 새 NPC를 추가해서 기존의 협동 메커니즘을 사용하게 하는 것이 새 NPC에 맞게 중앙집중 개체를 수정하는 것보다 쉬운 일임은 자명하다. 분산 해법은 또한 다중 코어 하드웨어 활용 문제도 해결한다. 각 NPC에 서로 다른 실행 줄기를 배정하면 그만이다. 물론 다중 스레드 프로그래밍에 관련된 문제들을 해결해야 한다는 점에는 변함이 없지만, 이러한 분산 구조에서는 과제 분해가 이미 이루어져 있다는 이점을 누릴 수 있다.

주어진 AI 개체의 반응성은 문제가 되지 않는다. 각 개체는 자신이 할 일을 직접 결정하는데, 중앙집중적 접근방식의 전역 전략에 비하면 의사결정 과정에 소요되는 시간이 그리 길지 않기 때문이다.

이 방식에도 단점이 전혀 없는 것은 아니다. 일단의 자율 개체들이 그럴듯한 협동 행동을 보이도록 만드는 일이 그리 쉽지만은 않기 때문이다. 더 나아가서, 창발성에 의존하지 않고 집단행동을 세밀하게 제어하려는 경우에는 그에 맞는 구체적인 메커니즘을 도입해야 한다.

NPC 구조

완전히 자율적인 NPC를 위해서는 자율적인 행동을 수행하는 데 필요한 능력을 시스템이 NPC에게 부여해야 한다. 그럼 그러한 점을 염두에 두고 선택한, 하나의 게임 에이전트를 표현하는 유연한 아키텍처 하나를 보자. 이 아키텍처는 여러 개의 제어기(controller)들로 구성되는데, 제어기들은 게임 안에서 에이전트가 수행해야 할 여러 과제들을 담당한다.

전형적인 NPC라면 애니메이션 재생, 게임 세계 안에서의 이동, 주변 세계 감지, 세계에 대한 행동이라는 과제들을 수행해야 한다. 이를 위해, 애니메이션, 이동, 감지, 행동을 처리하는 제어기들을 정의한다(그림 3.2.1).

이 글에서 구체적으로 살펴볼 대상은 **행동** 제어기이다. 행동 제어기는 게임 안에서 각 시간 단계 동안 에이전트가 하는 행동을 제어한다. 에이전트 행동의 종류는 에이전트에 따라 다양하다. 그냥 뛰고 피하는 등의 단순한 행동일 수도 있고, 레벨 보스의 공격 루틴처럼 복잡한 행동일 수도 있다. 또한, 단순한 행동들을 계통적인 구조(트리 등)로 결합해서 좀 더 복잡한 행동을 만드는 것도 가능하다. 행동 제어기는 매 프레임마다 실제로 수행할 **활성**(active) 행동들의 집합과 이후 특정 조건이 만족되면 수행할 **대기**(waiting) 행동들을 관리한다.

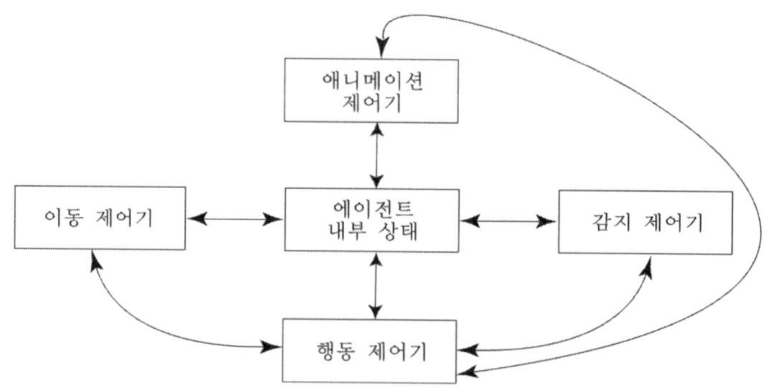

그림 3.2.1 여러 제어기들로 구성된 NPC 구조.

이런 식의 조직화는 매우 유용하며, 시스템의 유연성에도 크게 도움이 된다. 한 시점에서 여러 개의 행동들이 활성화될 수 있으므로, 예를 들어 총을 쏘면서 엄폐 지점으로 이동하는 등의 복합 행동이 가능하다. 대기 행동들은 시작하는 데 다소간 시간이 소요되는(즉, 반드시 결정론적이지는 않은) 행동을 나타내기에 적합하다. 기존 행동들이 여전히 활성화된 상태에서 새 행동에 필요한 모든 자료를 받을 수 있기 때문이다. 예를 들어 경로 계산에는 시간이 좀 걸릴 수 있는데, 그런 경우 계산이 끝날 때까지 에이전트가 마냥 기다리게 하는 대신 기존의 행동을 계속 유지하게 만들 수 있다.

특정 지역을 순찰하다가 플레이어를 발견한 NPC는 특정한 공격 행동을 보여야 한다고 하자. 이런 경우 순찰 행동을 활성 행동으로 두고 플레이어 발견 시 공격 행동을 대기 행동으로 설정해 두면 NPC가 자율적으로 순찰과 상황에 따른 공격을 수행하게 된다.

이러한 특징들을 활용하면 협동 시스템의 몇 가지 필수 요구사항들이 저절로 사라진다. 특히, 캐릭터가 멍청히 서 있는 문제를 고민할 필요가 없으므로 더 나은 협동을 위한 행동들의 조정에 보다 많은 시간을 투여할 수 있다.

협동 메커니즘

앞에서 설명한 것처럼, 각 NPC가 주어진 기본 활성 행동을 수행하되 상황 변화에 따라 다른 대기 행동(플레이어 공격이나 후퇴 등)으로 넘어가는 능력을 갖추었다고 해도, 그것만으로는 충분히 지능적인 모습을 보이지 못한다. NPC들이 모든 것을 각자 스스로 결정하는 경우, 전체적인 모습은 완전히 혼란스러울 수 있기 때문이다. NPC들 전부가 지능적이고 협동적으로 보이는, 그래서 플레이어의 의욕을 돋울만한 일관된 행동을 수행하게 하려면 어떻게 해야 할까?

각 NPC는 스스로 결정을 내리므로, 최선의 방법은 서로 정보를 교환하는 메커니즘을 제공하는 것이다. 즉, NPC가 이후 행동과 그 수행 시점을 결정할 때 다른 NPC들의 상황들도 고려하노록 만드는 것이나.

이 글에서는 NPC들이 정보를 주고받는 데 사용하는 메커니즘으로 다음과 같은 것들을 제시한다.

- 공격 슬롯
- 배제 지역

- 트리거 시스템
- NPC 메시지
- 플레이어 뮤텍스
- 허용 지역
- 칠판 시스템

각각을 따로 떼어 놓고 본다면, 위에 나열한 메커니즘들은 초지능적인 에이전트를 만들 수 있는 궁극의 해법이라기보다는 간단한 의사소통 수단에 불과할 뿐이다. 그러나 이들을 잘 조합해서 사용하면 여러 지능적 에이전트들이 협동하는 듯한 효과를 얻을 수 있다.

공격 슬롯

플레이어가 여러 명의 적들과 마주쳤을 때, 적들이 한 번에 한 명씩만 플레이어를 공격하도록 하는 게임들이 많다. 만일 적 유닛들이 각자 자신만을 생각하고 결정을 내린다면, 아마 모두가 플레이어에 가까이 가서 플레이어를 공격하겠다는 결정을 내리게 될 것이다. 그러면 모든 적이 플레이어를 감싸서 서로에게 방해가 되는 상황이 벌어질 수 있다. 이것이 바람직한 모습이 아님은 명백하다. 근본적으로, 이러한 상황은 각 NPC가 의사결정 과정에서 다른 NPC의 정보를 고려하지 않기 때문에 생기는 것이다.

게임 플레이의 일반적인 원칙에 따르면, 모든 적 유닛이 빽빽하게 플레이어를 둘러싸는 것보다는 주변의 가용 공간 전반에 고루 위치하는 편이 더 나은데, 이를 위한 최선의 방법은 NPC가 레벨 위상구조와 다른 NPC들의 위치, 게임 난이도 등을 고려해서 상황을 분석하는 능력을 갖추도록 하는 것이다. 그런 능력이 있다면 NPC가 최적의 공격 위치(들)을 선택할 수 있다. 그러나 복잡성 제한이나 CPU 계산 비용 등의 문제 때문에, 그런 능력 있는 에이전트를 만드는 게 항상 가능한 일은 아니다.

공격 슬롯(attack slot)은 공격 위치 분산 문제를 좀 더 손쉽게 해결한다. 각 공격 슬롯은 공격 시 NPC가 플레이어에게 다가갈 수 있는 최소 거리를 결정한다. NPC는 슬롯을 배정받아야만 플레이어를 공격할 수 있으며, 해당 슬롯에 지정된 거리보다 가깝게 플레이어에게 다가가는 것은 불가능하다(그림 3.2.2).

이 공격 슬롯들의 거리를 잘 조정하면 NPC들이 자연스럽게 분산된다. 또한, 특정 레벨이나 NPC 그룹에 맞게 슬롯들의 거리를 조율할 수도 있다.

NPC가 공격 위치를 결정할 때에는 사용 가능한 최적의(거리가 가장 가까운) 공격 슬롯을 조회해서, 슬롯이 주어지면 그 슬롯의 요구조건을 만족하는 적절한 공격 지점을 계산

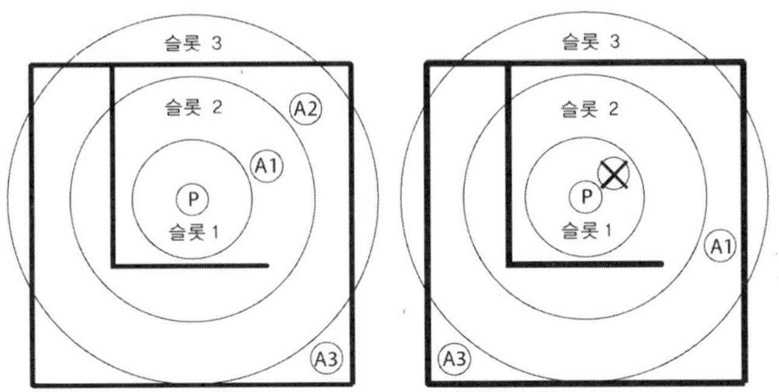

그림 3.2.2 (왼쪽) 세 에이전트 A1, A2, A3이 각자의 슬롯에서 플레이어를 공격한다. (오른쪽) 에이전트가 이동한 모습이나. A1은 사신의 슬롯에 맞는 위지로 이동했으나 A2는 슬롯이 허용하는 선을 넘었다. A3은 슬롯의 제약을 위반하지는 않았지만, 공격하기에 적합하지는 않은 위치로 이동했다.

한다. 공격이 끝나면 NPC는 현재의 공격 슬롯보다 덜 최적인(즉, 지금 것보다는 플레이어에서 먼) 슬롯을 가져와서 공격 위치를 선택한다. 새로 선택한 공격 위치가 기존 위치보다 플레이어로부터 더 멀다면 현재 슬롯을 반환한다. 이러면 다른 NPC가 더 가까운 위치에서 플레이어를 공격할 수 있게 된다.

배제 지역

NPC들이 플레이어를 둘러싸는 문제를 공격 슬롯으로 완전히 해결할 수 있는 것은 아니다. 공격 슬롯은 단지 최소 거리만을 강제하므로, 최소 거리 바깥에서 슬롯들이 겹치는 부분이 존재한다. 이 문제 및 NPC는 다른 NPC의 위치를 고려하지 않는다는 문제 때문에, 두 NPC가 각자의 슬롯을 만족하면서도 동일한 공격 지점을 선택하는 경우가 생길 수 있다.

또 다른 문제는 한 NPC가 다른 NPC의 사선(射線, line-of-fire)을 가로막는 것이다. 한 NPC가 총을 겨눈 상태에서 다른 NPC가 사선을 가리는 위치로 이동해 오면 첫 NPC는 사격을 중지해야 한다. 심지어는 아군을 쏘는 경우도 생길 수 있는데, 이런 행동들은 분명 그리 지능적으로 보이지 않는다.

이런 문제점들을 해결하는 한 가지 방법이 배제 지역(exclusion zone)이다. 배제 지역은 게임 레벨 안에서 NPC가 이동 또는 점유할 수 있는 지역 또는 지점에 대한 또 다른 제약을 강제하는 역할을 한다. 구체적으로, 배제 지역이란 다른 NPC가 이미 점유하고 있거나 곧 점유할 지역을 나타내는데, 공격 지점 선택 과정에서 이 배제 지역을 고려하게 한

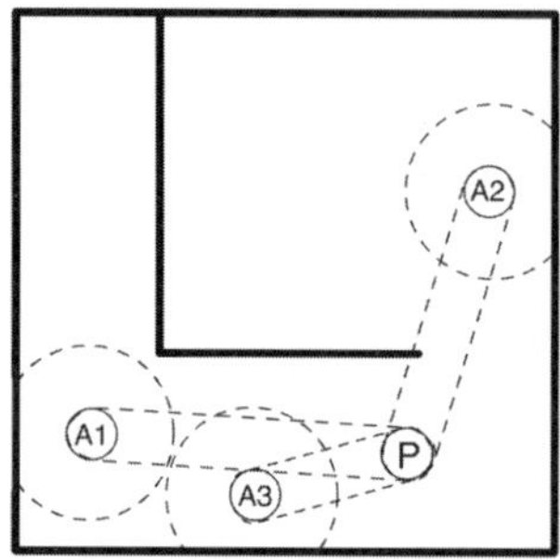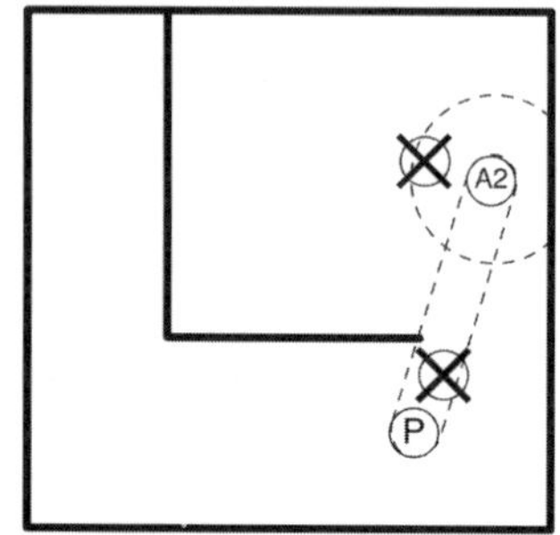

그림 3.2.3 에이전트 1과 3(그림의 A3과 A1)은 X로 표시된 위치들로 이동할 수 없다. 그 위치들은 A2가 등록한 지역과 사선에 해당하기 때문이다.

다면 앞서의 문제점들을 해결할 수 있다.

각 NPC는 현재 자신이 점유한 지역 또는 곧 점유할 지역과 플레이어로의 사선을 등록한다. 그 지역은 공격 지점을 중심으로 한 원일 수도 있고 NPC가 혼자 방어하고 있는 영역일 수도 있다.

이 지역들은 모든 NPC가 접근할 수 있는 저장 구조에 등록된다. NPC가 새 공격 지점을 찾을 때(이를테면 좋은 엄폐 지점을 검색하는 등)에는 이 배제 지역들이 검색 대상에서 제외된다.

이러한 메커니즘을 적용하면 두 NPC가 같은 위치에서 공격을 하는 일이 없어진다. 또한, 배제지역의 위상구조나 크기, 형태를 적 유닛의 종류나 행동, 레벨에 맞게 커스텀화하는 것도 가능하다.

트리거 시스템

트리거 시스템(trigger system)은 게임 AI에 널리 쓰여 왔다. 트리거 시스템의 용도는 다양한데, 그 중 하나가 의사소통(통신)이다. 트리거 시스템을 만들고 게임 엔진에 통합하는 방법은 [Orkin02]에 자세히 나와 있다.

의사소통은 위치를 기반으로 이루어지기도 하는데, 그런 경우 게임 개체들 사이의 통신에 트리거 시스템이 대단히 유용하게 쓰인다. 특히, NPC가 말이나 소리로 정보를 주고받는 경우에 아주 편리하다. 예를 들어 한 NPC가 플레이어를 발견하고는 큰 소리로 '꼼짝 마'라고 외치면 그 소리를 주변 NPC들이 듣고 도우러 와야 한다고 하자. 이런 경고 행동을 구현하는 한 가지 방법은 소리를 외친 지점에 트리거를 배치하는 것이다. NPC들 사이의

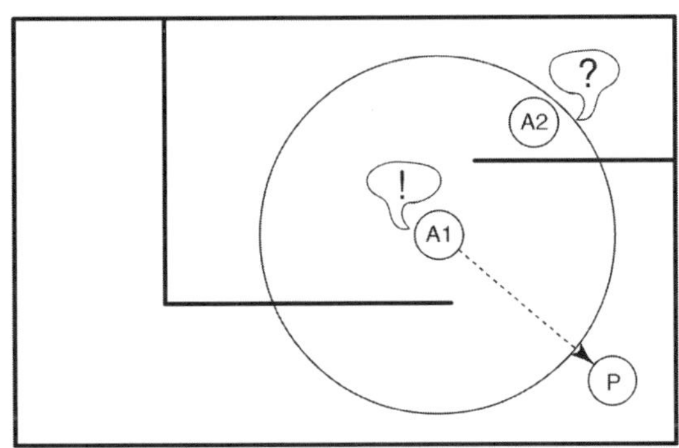

그림 3.2.4 플레이어를 발견한 에이전트 1(A1)이 외친 트리거를 설정한다.
에이전트 2(A2)는 그 트리거를 인식하고는 경계 모드로 들어간다.

이러한 의사소통(이 경우 경고 외침)과 그에 따른 반응(이 경우 다른 NPC들이 도우러 오는 것)은 플레이어에게 NPC들이 지능적이라는 느낌을 주는 데 큰 도움이 된다. 소리와 그에 따른 반응은 미리 스크립트화된(그래서 플레이어의 움직임과 아주 잘 맞아떨어지지는 않는) 행동에 비해 훨씬 사실적이다.

트리거는 주로 효과음(폭발, 사격, 문 열기, NPC 대화 등)에 유용하다. 그러나 명시적인 의사소통 이외의 용도로 트리거를 사용할 수도 있다. 예를 들어 NPC가 죽었을 때 그 위치에 트리거를 배치한다면 동료의 시체를 발견한 NPC들이 위협을 느끼고 수색을 펼치는 행동을 표현할 수 있다. 이런 종류의 암묵적인 의사소통을 처리할 때에는 NPC가 주변의 모든 NPC의 상태를 일일이 점검하는 방식보다 트리거를 사용하는 방식이 훨씬 쉽다.

NPC 메시지 전달

위의 메커니즘들은 NPC들 사이의 암묵적 의사소통 통로를 제공한다. NPC들은 서로 직접 통신하는 것이 아니라 공격 슬롯을 등록하거나 트리거를 설정함으로써 불특정한 다수의 대상들에게 정보를 제공하며, 그러한 정보를 획득한 NPC들은 그에 따라 자신의 행동을 조정한다.

그런데 이보다는 좀 더 직접적인 의사소통이 필요한 경우도 있다. 예를 늘어 한 NPC가 다른 NPC의 사선을 가로막았다면, 가로막힌 NPC는 가로막은 NPC에게 비키라는 메시지를 직접 전달해야 한다.

이런 목적으로 전형적인 메시지 전달 아키텍처를 사용할 수 있다. 그런 아키텍처에서는 메시지를 특정한 하나의 NPC에 전달할 수도 있고, 한 그룹의 NPC들 전체에 보낼 수도 있고, 모든 NPC에게 방송할 수도 있다. 메시지 처리는 매 프레임마다 동기적으로 이루어지나, 필요에 따라서는 다른 방식으로 처리할 수도 있다. 메시지를 받은 NPC는 그 메시지의 승인 여부를 판단하고(이 메시지에 대해 내가 할 수 있는 일이 있는가? 현재 행동보다 더 급한 메시지인가? 등등) 그에 따라 행동을 조정한다. 이러한 메시지 전달 아키텍처의 자세한 사항이 [Rabin02]에 나와 있다.

이런 메시지들을 트리거와 결합하는 것도 가능하다. 일부 장르에서는 NPC들이 동적으로 대형을 이루어야 하는 경우가 있다. 예를 들어 NPC 1이 주변 NPC들과 분대 규모의 그룹을 이루어서 적을 공격하기로 했다고 하자. 그래서 그 NPC가 분대 형성을 지시하는 트리거를 설치하면, 트리거를 인식한 주변 NPC들은 분대에 참여하겠다는 뜻을 직접적인 메시지를 통해서 NPC 1에게 알려준다. 그러면 NPC 1은 그 NPC들 중 가장 적합한 인원들을 선택해서 분대를 형성하고 다른 전술로 전환한다. 그 사이에 상황이 변했거나 적합한 인원이 없으면 분대 형성을 취소할 수도 있다.

플레이어 뮤텍스

공격 슬롯은 플레이어에 가까이 갈 수 있는 NPC들의 수를 제한함으로써 NPC들을 여러 거리들로 분산시킨다. 그런데 동시 공격에서 문제가 되는 것은 거리만이 아니다. 동시에 공격하는 NPC들의 수 역시 제한할 필요가 있다. 흔한 예가 근접 공격은 한 번에 한 NPC만 시도하고 다른 NPC들은 자기 차례를 기다리거나 원거리 공격을 수행하는 것인데, 일반화하자면 플레이어에 대한 NPC들의 접근을 직렬화하는 것이라고 말할 수 있다. 즉, 플레이어는 NPC들이 공유하는 자원이 되는 것이며 그에 대한 접근은 한 번에 하나의 NPC만이 가능한 것이다. 이를 위해, 다중 스레딩 환경에서 이와 같은 용도로 쓰이는 뮤텍스(mutex)라는 개념을 NPC 협동에 적용할 수 있다.

뮤텍스는 공유 자원에 접근하기 위해 반드시 획득해야 하는 일종의 토큰이다. 지금 예에서 공유 자원은 플레이어이다. 근접 공격을 수행하고자 하는 NPC는 우선 뮤텍스 획득을 시도한다. 다른 어떤 NPC도 그 뮤텍스를 소유하고 있지 않으면 그 NPC가 뮤텍스를 획득하게 되며, 그러면 플레이어에 대해 근접 공격을 가할 수 있다. 다른 NPC들은 그 NPC가 공격을 마치고 뮤텍스를 양보할 때까지 기다려야 한다.

이러한 메커니즘에서 뮤텍스의 양보 시점을 적절히 제어함으로써 순차 공격의 형태를 조정할 수 있다. 이를테면 한 공격이 끝난 후 플레이어가 체력을 회복할 여유를 주는 것이 가능하다. 더 나아가서, 뮤텍스 획득 예약 기능 또는 우선순위 대기열을 이용해서 NPC들이 특정한 순서로 플레이어를 공격하게 만드는 것도 가능하다. 이러한 사례 이외에도 병렬 프로그래밍에서 독점 접근을 관리하는 데 쓰이는 전통적인 메커니즘들 전부를 응용할 수 있다.

허용 지역

특정 레벨이나 임무에 따라서는 여러 NPC들을 서로 다른 영역들로 분산시키는 것이 중요할 수 있다. 예를 들어 그림 3.2.5처럼 몇 개의 방들로 이루어진 레벨에서 NPC가 각자 다른 방에서 공격을 수행하게 하고 싶다고 하자. 만일 추가적인 제약을 가하지 않는다면 NPC는 자신이 있는 방을 둘러본 후 플레이어가 없다면 다른 방으로 이동할 것이다. 그러면 각자 각각의 방을 유지한다는 목표가 깨진다.

이러한 목표를 달성하는 한 가지 방법은 NPC가 이동이나 공격(또는 기타 행동)을 수행할 수 있는 영역, 즉 허용 지역(allowed zone)들을 정의하는 것이다. NPC는 비허용 지역을 지나쳐서 자신의 허용 영역에 진입할 수는 있으나, 허용 지역에서 비허용 지역으로 나오지는 못한다.

허용 지역들은 게임 디자이너가 원하는 구체적인 상황이 벌어지게 할 때 유용하다. 허용 지역들을 이용하면 설계 시점에서의 지식을 NPC들의 협동에 직접 추가할 수 있다. 또한 NPC들이 실행 시점에서 허용 지역들을 설정하게 할 수도 있다. 예를 들어 분대장이 최적의 분산 및 엄폐를 위해 각 분대원에게 적절히 허용 지역을 배정하는 등.

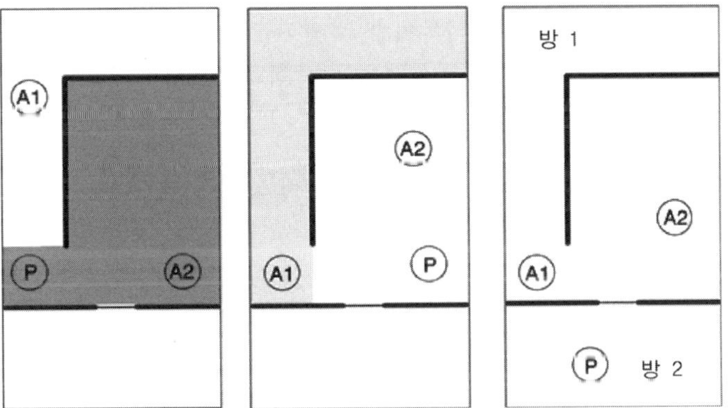

그림 3.2.5 허용 지역들. (왼쪽) 에이전트 2(A2)는 자신의 지역과 문을 방어하며, 플레이어가 에이전트 1(A1)의 방으로 들어가도 따라 가지 않는다. (중앙) A1은 A2의 방에 들어가지 못하며, 그 위치에서 플레이어를 공격한다. (오른쪽) 플레이어가 방 2로 도망간다. NPC들은 따라 오지 않는다.

칠판

칠판 시스템(blackboard system, [Isla02])은 NPC들이 정보를 주고받는 데 사용하는 중요한 도구로, 협동을 위해 사용하는 것 역시 물론 가능하다. 칠판은 중앙집중적인 정보 공유 설비이다. 각 NPC는 칠판에 자신이 가진 정보를 적어서 모두가 볼 수 있게 한다. 칠판에 적을 수 있는 정보에는 특별한 제한이 없다. 이를테면 NPC 자신의 의도나 관찰한 사실들, 그리고 다른 NPC들에 대한 행동 제안 등 어떤 것이라도 칠판을 통해 공유할 수 있다.

하나의 칠판으로 서로 다른 종류의 정보들을 공유하므로, 칠판을 구현할 때에는 구조의 유연성에 신경을 써야 한다. 그렇지 않으면 시스템에 새로운 종류의 정보가 추가될 때마다 칠판의 정의를 뜯어 고쳐야 하기 때문이다. 게임에서 칠판 시스템은 단순하면서도 강력한 의사소통 도구로 널리 쓰이고 있다. 그런 만큼, 시간을 들여서라도 다른 분야에서 재사용할 수 있으며 칠판의 내부 작동 방식을 고치지 않고도 에이전트들을 확장할 수 있는 유연한 구조를 만들 필요가 있다.

한 가지 좋은 해법은 범용 속성 시스템이다. 속성은 이름 또는 ID와 임의의 형식의 자료를 연관시킨 것이므로, ID나 이름만 알면 그에 해당하는 자료에 빠르게 접근할 수 있다. 이런 종류의 시스템이 있으면 칠판에 새 정보를 추가하거나 게임 상태를 직렬화해서 디스크에 저장하는 일이 아주 쉬워진다. 그러한 직렬화는 이를테면 게임 저장 기능이나 게임 레벨들 사이의 상태 유지 등에 활용할 수 있다.

전통적인 칠판 시스템을 게임에 맞게 개선하는 것도 생각해 볼 일이다. 예를 들어 칠판이 철 지난 정보로 가득 차서 메모리만 낭비하는 일을 방지하기 위해 일정 시간이 지나면 칠판에 적힌 정보가 자동으로 삭제되도록 하는 것 등이 가능할 수 있다.

■ 사례: 협동적인 플레이어 수색

이번 절에서는 여러 적 NPC들이 게임 레벨 안에서 플레이어를 수색하는 전형적인 문제에 앞서의 몇 가지 메커니즘들을 적용하는 방법을 살펴보겠다.

사실 게임은 플레이어의 정확한 위치를 이미 알고 있다. 그러나 그 정보를 NPC가 직접 사용하게 하는 것, 즉 '치팅'은 바람직하지 않다. 대표적인 예로, 플레이어가 최대한 적과 마주치지 않고 돌아 다녀야 하는 잠입 게임에서 NPC들에게 플레이어의 위치를 직접 알려주는 치팅을 사용한다면 게임의 재미가 사라져 버린다. 반대로, 수색을 제대로 구현하지 못해서 NPC들이 플레이어를 거의 찾지 못하는 경우에도 게임의 재미가 사라진다.

협동적인 수색을 위한 한 가지 접근방식은 NPC들이 최소의 시간으로 최대한 많은 지역을 수색하도록 NPC들을 분산시키는 것이다. 이 경우 배제 지역과 허용 지역이 유용하다. 게임 레벨을 디자이너가(또는 간단한 네비게이션 메시 기법을 이용해서 자동으로) 단순한 형태의 지역들로 분할하고, 각 NPC에게 배제 지역과 허용 지역을 적절히 배정해서 수색 영역을 정해주면 된다.

수색이 시작되면 NPC들은 우선 자신의 수색 영역과 가장 가까운 지점으로 이동한 후 거기에서부터 수색을 진행한다. 이 때 NPC가 수색한 지점들과 기타 레벨에 특화된 정보를 칠판에 등록한다(이 때, 앞에서 말한 것처럼 일정한 만료 시간을 적용할 수도 있다). 그러한 자료는 그 NPC가 같은 곳을 여러 번 수색하는 일을 방지하는 용도로 사용할 수 있다. 또, 지역들이 약간씩 겹치거나 각 NPC가 자신의 지역을 다 수색한 후 다른 곳으로 이동하는 경우 여러 NPC들이 같은 지역을 공유할 수도 있으므로, 다른 NPC들도 그러한 자료를 활용할 수 있다(그림 3.2.6).

숨어 있는 플레이어를 발견한 NPC는 자신의 위치에 트리거를 설정해서 경고를 보낸다. 그러면 근처의 NPC들이 도우러 온다. 또한, 플레이어와 대적하기 위해 특정한 전술이 필요하다면(분대 대형 등) 메시지를 통해서 특정 NPC들과 직접적으로 의사소통을 수행한다.

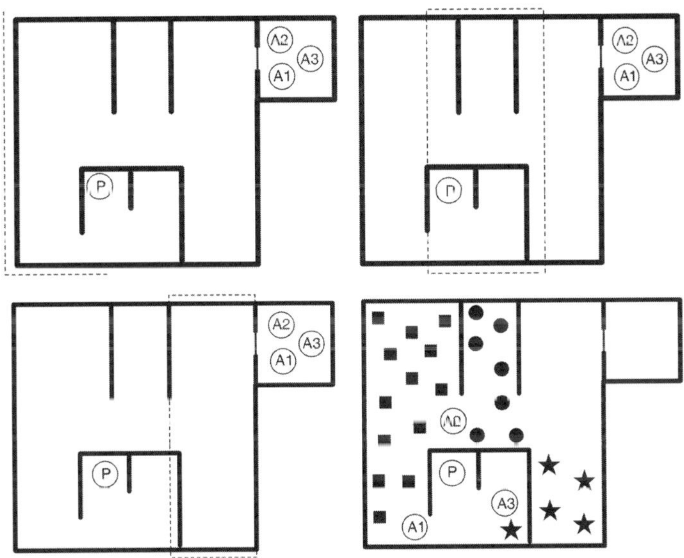

그림 3.2.6 상단 왼쪽, 오른쪽과 하단 왼쪽: 수색 영역들,
하단 오른쪽: 이미 수색한 지점들.

결론

이 글에서는 자율적인 에이전트로 행동하는 NPC들이 서로 협동해서 공통의 목표를 달성하게 만드는 몇 가지 방법을 제시했다. 이 글에서 제시한 방법의 특징은 어떤 중앙집중적인 개체가 개별 NPC에게 일일이 지시를 하지는 않는다는 점이다. NPC들은 자신이 알고 있는 정보에 기초해서 스스로 행동을 결정한다. 그러한 정보는 주변 환경을 감지해서 얻은 것일 수도 있고, 다른 NPC들이 알려준 것일 수도 있다. 후자를 위해서는 NPC들이 서로 의사소통할 수 있어야 한다. 한 NPC가 자신의 행동을 결정할 때 다른 NPC들의 자세한 상황까지 고려함으로써 다른 NPC를 방해하지 않는 좀 더 똑똑한 행동을 선택하는 것이 가능해진다.

차세대 게임들에서는 다중 코어의 활용이 중요한 문제로 대두된다. 그런 만큼 게임이 자율적인 에이전트를 갖추는 것 역시 보다 중요해지고 있다. 길찾기나 엄폐 지점 찾기 등 CPU를 많이 사용하는 계산들은 개별 프로세서에 배정될 수 있는 개별 스레드에서 수행하고 비결정론적인 대기 시간들은 행동 제어기가 처리하게 함으로써 다중 코어 프로세서들을 활용할 수 있다.

자율 에이전트들은 서로 독립적이므로, 에이전트들을 가용 프로세서들에 분산시키는 것도 가능하다. 이를 위해 에이전트 자체를 변경할 필요는 없다. 적절한 의사소통 메커니즘을 추가해서 프로세서들 사이에서 정보 교환이 일어나게 하면 된다.

참고자료

[Isla02] Isla, Damian, Bruce Blumberg, "Blackboard Architectures." *AI Game Programming Wisdom*, Charles River Media, 2002. 번역서는 "칠판 아키텍처," *AI Game Programming Wisdom*, 정보문화사, 2003.

[Orkin02] Orkin, Jeff, "A General-Purpose Trigger System." *AI Game Programming Wisdom*, Charles River Media, 2002. 번역서는 "다용도 트리거 시스템," *AI Game Programming Wisdom*, 정보문화사, 2003.

[Orkin03] Orkin, Jeff, "Simple Techniques for Coordinated Behavior." *AI Game Programming Wisdom 2*, Charles River Media, 2003. 번역서는 "협력 행동을 위한 간단한 기법들," *AI Game Programming Wisdom 2*, 정보문화사, 2004

[Rabin02] Rabin, Steve, "Enhancing a State Machine Language Through Messaging." *AI Game Programming Wisdom*, Charles River Media, 2002. 번역서는 "메시지를 통한 상태 기계 언어의 향상," *AI Game Programming Wisdom*, 정보문화사, 2003.

3.3

게임을 위한 행동 기반 로봇 아키텍처

Hugo Pinto, Luis Otavio Álvares

hugo@hugopinto.net

이동형 로봇 분야와 3D 액션 게임 분야의 유사성 때문에, 최근 게임 개발 공동체에서 로봇 아키텍처에 대한 관심이 높아지고 있다.

로봇은 각 단계마다 전적으로 환경 지각과 자신의 내부 지식만을 기초로 해서 다음 행동을 결정한다. 로봇은 그러한 의사결정을 빠르게 내려야 하며, 외부의 감독 없이도 몇 시간 동안 작동할 수 있어야 하며, 여러 목표들이 충돌하는 상황도 처리해야 한다. 게다가 그러한 지각 및 의사 결정 전부를 제한된 처리 능력 안에서 수행해야 한다. 실제 세계에서 작동하는 로봇은 다양한 물체들이 널려 있는, 빠르게 변화하는 환경을 감내해야 한다.

요즘의 액션 게임들도 위와 비슷한 요구사항들을 만족해야 한다. 게임 에이전트는 근사된 연속적 속성들을 가진 3D 세계 안에서 움직인다. 에이전트는 실시간으로 다른 여러 개체들과 상호작용하면서 수많은 행동들 중 적절한 것을 선택해야 한다. 게임 에이전트 역시 제한된 처리 능력 안에서 움직여야 하며, 적을 공격함과 동시에 자신의 생명을 유지해야 하는 등의 모순된 목표들을 가진다. 로봇과의 주된 차이라면 주변 환경을 지각하는 감지기에 잡음이 없으며(의도적으로 잡음을 집어넣지 않는 한) 감지 비용이 싸다는 것이다.

요즘은 플레이어의 불신을 줄이기 위해 에이전트 구현에서 치팅을 사용하지 않는 추세이다. 치팅을 사용하지 않는다는 것은 에이전트가 플레이어와 동일한 정보를 가진다는 뜻이나. 즉, 에이전트는 실제로 자신의 시선 안에 들어온 것들만 보고, 청취 범위 안의 소리만 듣고, 묻거나, 알아채거나, 누군가에게 들어서 혹은 유추한 사실들만 안다. 이러한 특성은 에이전트 행동의 사실감을 높여주어서, 결과적으로는 플레이어의 몰입감이 증가하게 된다. 치팅 없는 게임 에이전트를 만드는 것은 로봇을 제작하는 것, 즉 로봇에 감지기(sensor)와 구동기(actuator)를 달고 의사결정 메커니즘을 프로그래밍하는 것과 다를 바 없다. 한 가지 다행스러운 점은, 로봇공학이 성숙한 덕분에 잘 검증된 해법들이 이미 수 없이 갖추어져 있으며 3D 게임 분야에 직접적으로 적용하고 검증할 수 있을만한 기법들도 많이 있다는 것이다.

로봇 아키텍처를 게임에 적용하는 문제를 여러 전문 개발자들과 학자들이 연구해서 고무적인 결과를 얻은 바 있다. [Yiskis03]과 [Champandard03]은 포섭 아키텍처([Brooks86])를 연구해서 이후 *Quake II*을 위한 인공지능 봇(bot)을 만들었다. 그리고 [Pinto05-a]는 확장 행동망([Dorer04])을 이용해서 *Unreal Tournament*용 에이전트를 설계했다. 이 글에서는 그러한 아키텍처들과 그 응용들을 개괄하고, 그 외의 유망한 기법들을 소개하고, 언급한 시스템들의 몇 가지 개선안들을 지적한다.

포섭 아키텍처

포섭 아키텍처(包攝-, subsumption architecture. [Brooks86] 참고)는 목표가 여럿일 수 있고 다양한 감지 능력을 가지며 잡음이나 사소한 시스템 고장을 안정적으로 극복해야 하는 자율 로봇을 제어하는 메커니즘으로 제안된 것이다. 포섭 아키텍처는 실제 사무실을 돌아다니면서 빈 음료수 캔을 모으는 로봇 등 여러 로봇들의 제작에 적용되었으며, 게임에서는 *Quake II*용 봇 제작에 쓰였다([Champandard03]).

포섭 아키텍처가 가진 한 가지 멋진 특성은, 에이전트를 정보의 흐름에 따른 여러 계층들로 분할하는 것이 아니라 에이전트가 수행할 행동들의 바람직한 정도, 즉 **적합성**(competence)에 따라 분해한다는 점이다.

적을 공격하는 간단한 에이전트를 만든다고 하자. 그림 3.3.1은 프로그램의 흐름에 따른 분해 방식을 나타낸 것이다. 이 구조에서 감지기는 주변 상황을 지각(감지)하고 그것을 계획 수립에 맞는 형태로 변환해서 계획 수립기에 넘겨준다. 계획 수립기는 지각 정보와

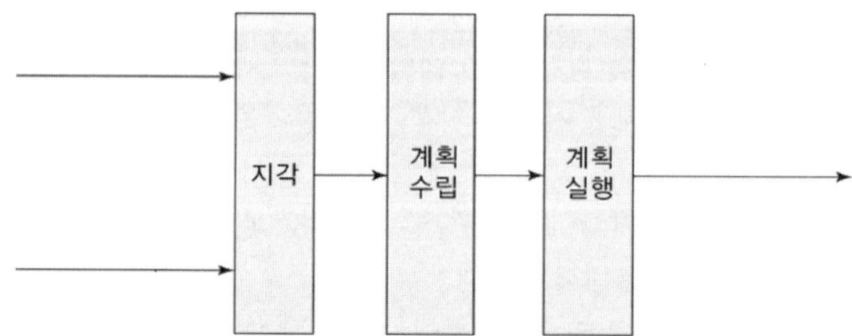

그림 3.3.1 프로그램 흐름에 따른 슈팅 게임 에이전트의 분해

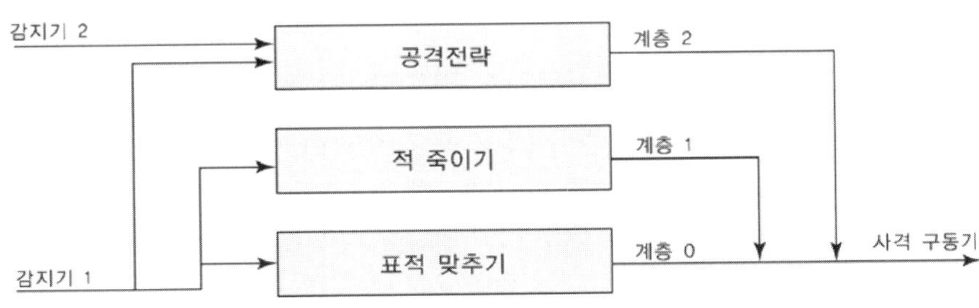

그림 3.3.2 적합성에 따른 슈팅 게임 에이전트의 분해

내부 논리에 기초해서 계획을 수립한다. 그 계획을 계획 실행기(구동기)가 실제로 수행한다. 이러한 접근방식이 노출하는 문제는 새로운 감지 능력과 행동 능력이 추가됨에 따라 계획 수립 부분에서 가능한 조합의 수가 지수적으로 증가한다는 데 있다. 또한, 주변 상황이 계속 변하기 때문에 한 계획을 끝까지 수행하지 못하는 경우가 많으며, 그런 경우 복잡한 발견법적 방법을 이용해서 계획을 다시 수립해야 한다는 것도 중요한 단점으로 작용한다.

그림 3.3.2는 적합성에 기초한 분해를 나타낸 것이다. 이 경우에는 감지기 추가에 따른 조합 폭발 문제가 없다. 각 계층이 단 몇 개의 감지기들만 사용하며, 하나의 출력에 직접 연결되어 있기 때문이다. 시스템이 빠르고 모든 계층이 병렬적으로 수행되므로 계획 재수립 역시 문제가 되지 않는다.

이러한 구조에서는 상위 계층일수록 더 구체적인 부류의 행동을 정의하고 하위 계층일수록 좀 더 일반적인 행동을 정의한다. 상위 계층은 하위 계층을 포섭(그냥 '포함'이라고 이해해도 무방하다)하는데, 이 때문에 포섭 아키텍처라는 이름이 붙게 되었다. 그림의 경우 '적 죽이기' 적합성(계층 1)은 '표적 맞추기' 적합성(계층 0)을 포함하며, '공격 전략' 적합성은 '적 숙이기' 적합성을 포함한다.

한 계층이 여러 개의 행동 모듈들로 이루어질 수도 있다. 구동기까지의 행동들이 모여서 하나의 적합성이 형성된다. 그림 3.3.3에서 '표적 맞추기' 적합성은 '개체 탐지', '표적 선택', '사격'이라는 세 개의 행동 모듈로 이루어진다.

상위 계층의 모듈들이 하위 계층 행동 모듈들의 입력을 대체하거나 그 출력을 막을 수도 있다. 상위 계층은 하위 계층의 임의의 모듈로부터 입력을 받을 수 있다. 그림 3.3.3에 '적 죽이기' 계층과 그 아래의 '표적 맞추기' 계층의 연결 관계, 그리고 '공격 전략' 계층과 그 아래 두 계층의 연결 관계가 화살표로 표시되어 있다. 그림에서 감지기는 세 개(s1, s2, s3)이고 구동기는 하나('사격')이다. '적 죽이기'의 '적 선택' 모듈이 하위 계층의 '개

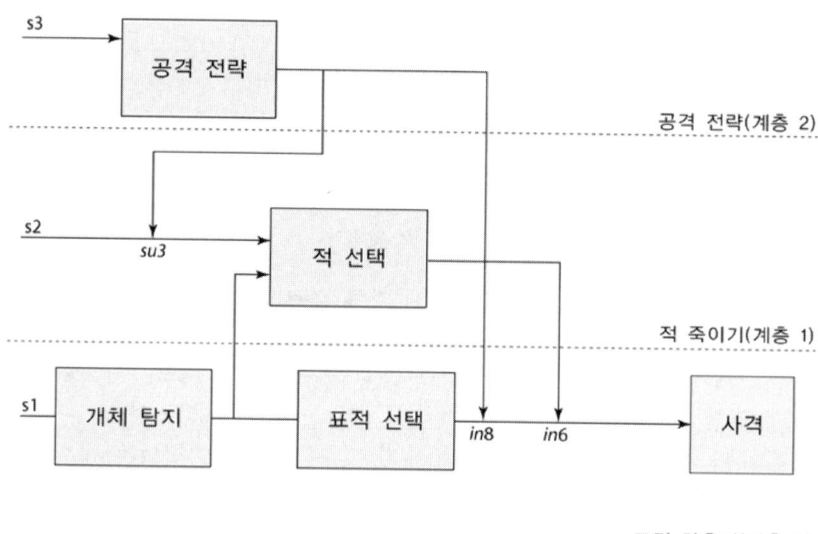

그림 3.3.3 슈팅 게임 에이전트의 상세한 포섭 아키텍처.

체 탐지' 모듈의 결과를 입력받으며 자신의 결과(적의 위치)로 하위 계층의 '표적 선택' 출력을 억제한다는 점에 주목하자. 한편 '공격 전략' 계층은 전략적 입력(s3)을 직접 받는다. 이 계층은 자신의 결과를 '적 선택'에 입력할 수 있으며, '적 선택'의 결과를 억제하고 대신 자신의 결과를 하위 계층에 제공할 수 있다. 이러한 아키텍처의 전반적인 행동은 다음과 같이 요약될 수 있다: '표적 맞추기' 계층은 사격 표적을 무작위로 선택한다. '적 죽이기' 계층은 적이 보이면, 그리고 기타 관련 정보가 들어오면(s2로부터) 그 적을 하나의 표적으로 선택한다. '공격 전략' 계층은 '적 선택'으로의 입력들 중 하나를 대체함으로서 적 선택 방식에 영향을 미칠 수 있다. 또한 하위 계층의 출력을 직접 억제하는 능력도 가지고 있다.

이러한 아키텍처의 설계에서 짚고 넘어가야 할 사항은 다음 세 가지 이다. 첫째로, 전체적인 포섭 아키텍처가 변한다고 해도 이미 구현된 행동 모듈들 자체는 변경할 필요가 없다. 행동 모듈 자체는 주어진 입력으로부터 출력을 만들어낼 뿐이다. 둘째로, 상위 계층이 하위 계층의 모듈에 의존할 수 있으므로, 포섭 아키텍처를 설계할 때에는 상향식 접근방식이 쓰이는 경우가 많다. 셋째로, 각 행동은 비동기적으로 작동하며 따라서 병렬 처리를 활용하기에 적합하다.

이 메커니즘의 안정성은 이와 같은 계층적 조직화에서 비롯된다. 상위 계층이 작동을 멈춰도 하위 계층은 여전히 자신의 일을 수행한다. 예를 들어 에이전트가 어떠한 이유 때문에 공격 전략을 수립하지 못한다고 해도, 보이는 적에게 총을 쏘는 행동은 여전히 수행된다.

이렇게 해서 포섭 아키텍처가 무엇이고 어떻게 작동하는지, 어떻게 설계하면 되는지 간단히 살펴보았다. 이 포섭 아키텍처를 게임에 적용하는 문제에 대한 구체적인 지침들이 몇 가지 제안되었다. 예를 들어 [Yiskis03]은 단기적 목표들을 수행하는 하위 계층들을 만들고 장기적 목표들을 위한 상위 계층을 추가하는 접근방식을 권장한다. 또한 상위 계층이 하위 계층을 건너뛰는 일은 없도록 해야 한다는 조언도 덧붙인다. 즉, 상위 계층은 반드시 하위 계층에 명령을 보내서 자신의 목표를 수행해야 한다. 한편 [Champandard03]에서 제시하는 지침은, 하위 계층들은 기본적으로 적용될 행동들을 담당하고 상위 계층들은 그러한 기본 행동에 대한 예외들에 해당하도록 하라는 것이다.

[Yiskis03]에는 애니메이션 제어에 포섭 아키텍처를 적용하는 예기 나외 있다. 그 예에서 포섭 아키텍처는 이동(Movement), 작용(Action), 행동(Behavior), 전략(Strategy)이라는 네 가지 계층으로 구성된다. 하위 계층인 이동은 애니메이션의 실제 재생을 담당하며, 필요한 물리적 제약들도 처리한다. 예를 들어 에이전트가 달리다 장애물에 부딪히면 "정지" 애니메이션과 "물러서기" 애니메이션이 차례로 재생된다. 작용 계층은 모든 작용을 위한 구축 요소를 가지고 있으며, 각 작용은 정해진 시간 동안만 수행된다. 이 계층의 모든 작용은 이동 계층에 명령들을 보냄으로써 수행된다. 이 부분에서 앞서의 지침이 적용된다. 즉, 모든 애니메이션은 하위 계층을 통해서만 수행되며, 작용 계층이 애니메이션 시스템과 직접 연동되는 일은 없다. 행동 세층은 기간이 정해지지 않은 행동들을 담는데, 그런 행동들은 주로 작용 계층의 일부 작용들을 반복 수행하는 것이다. 전략 계층은 고수준 계획을 수립한다.

이러한 조직화의 핀 기시 비람직한 득징은 애니메이션 시스템과의 연동이 첫 계츄에 격리되어 있다는 것이다. 새 계층을 추가한다고 해도 애니메이션 시스템과의 연동 방식을 바꿀 필요가 없는 것이다.

[Champandard03]은 *Quake II*용 로봇 제작에 적용된 포섭 아키텍처를 설명한다. 그 아키텍처는 탐험, 조사, 수집, 공격, 사냥, 회피, 후퇴라는 일곱 계층들로 이루어진다. 탐험이 최하위 계층이다. 해당 아키텍처는 "검쟁이" 로봇을 정의하는 것인데, 코느 빛 좀 너 사세한 설명에 대해서는 [Champandard03]을 보기 바란다.

포섭 아키텍처가 지닌 안정성, 속도, 모듈성은 실시간 액션 게임 분야에 잘 맞는다. 다른 행동 기반 아키텍처에 비한 단점으로는 모듈들 사이의 연결을 모두 명시적으로 지정해야 하며 적합성 계층들 사이의 계통구조가 고정되어 있다는 점을 들 수 있다. 그럼 이러한 단점들을 극복하는 또 다른 아키텍처를 살펴보자.

■ 확장 행동망

확장 행동망(extended behavior network, EBN. [Dorer04] 참고)은 RoboCup용 로봇의 행동 선택 메커니즘으로 고안된 것이다. 이 아키텍처를 처음으로 적용한 팀은 해당 리그에서 준우승을 차지했으며([Dorer00]), 그 다음 해에는 우승을 거머쥐었다. 확장 행동망은 로봇 축구뿐만 아니라 *Unreal Tournament*용 봇 제작에서도 좋은 결과를 보였다([Pinto05-b]).

확장 행동망은 행동망 분야([Maes89])의 최근 발전성과에 해당한다. [Rhodes96], [Goetz97], [Nebel03]에서 볼 수 있듯이, 행동망은 계속해서 발전하고 있는 또 다른 행동 기반 아키텍처이다.

확장 행동망은 일단의 모듈들과 목표들이 연결된 그래프라고 할 수 있다. 각 단계마다 목표들에서 모듈들로 '활성화 에너지'가 전파되며, 에너지와 수행가능성(executability)이 높은 모듈들(단, 같은 자원들을 사용하지 않는)이 선택, 수행된다.

확장 행동망의 구조는 일단의 행동 모듈들과 일단의 목표들, 그것들을 연결하는 링크들, 일단의 자원들, 그리고 일단의 제어 매개변수들로 이루어진다. 그림 3.3.4에 *Unreal Tournament*용 봇을 위한 행동망의 예가 나와 있다.

목표는 반드시 만족해야 할 명제, 목표의 강도(strength), 그리고 그 목표에 대한 문맥을 제공하는 명제들의 선언으로 정의되는데, 그러한 선언을 **적절성 조건**(relevance condition)이라고 부른다. 강도는 목표의 정적이고 문맥 독립적인 중요도에 해당하며, 적절성 조건은 동적이고 문맥 의존적인 중요도에 해당한다. 이처럼 목표에 대해 두 종류의 조건을 사용하는 덕분에 에이전트가 상황에 따라 목표의 중요도를 좀 더 유연하게 표현할 수 있다. 그림 3.3.4에서 HaveHighHealth(생명치 높이기)라는 목표의 강도는 0.8이고 적절성 조건은 *NotHaveHighHealth*(생명치가 높지 않음)이다. 따라서 로봇의 생명치가 낮을수록 Have HighHealth 목표의 중요도가 커진다. 주어진 한 시점에서 목표의 최종 강도는 동적 중요도와 정적 중요도의 곱이다. 행동망의 모든 명제는 실수(實數) 값으로 평가된다. 따라서 퍼지 개념을 사용할 수 있다.

각 행동 모듈은 조건 목록, 작용, 효과 목록, 자원 목록으로 이루어진다. 조건 목록은 모듈 수행에 필요한 조건들을 나타내는 실수값 명제들을 결합한 것이다. 효과 목록은 모듈의 행동을 수행한 후에 기대할 수 있는 명제 값들(각각 부호가 바뀔 수 있다)의 결합이다. 자원 목록은 에이전트가 행동을 수행하는 데 사용할 자원과 그 양의 쌍들로 이루어진다.

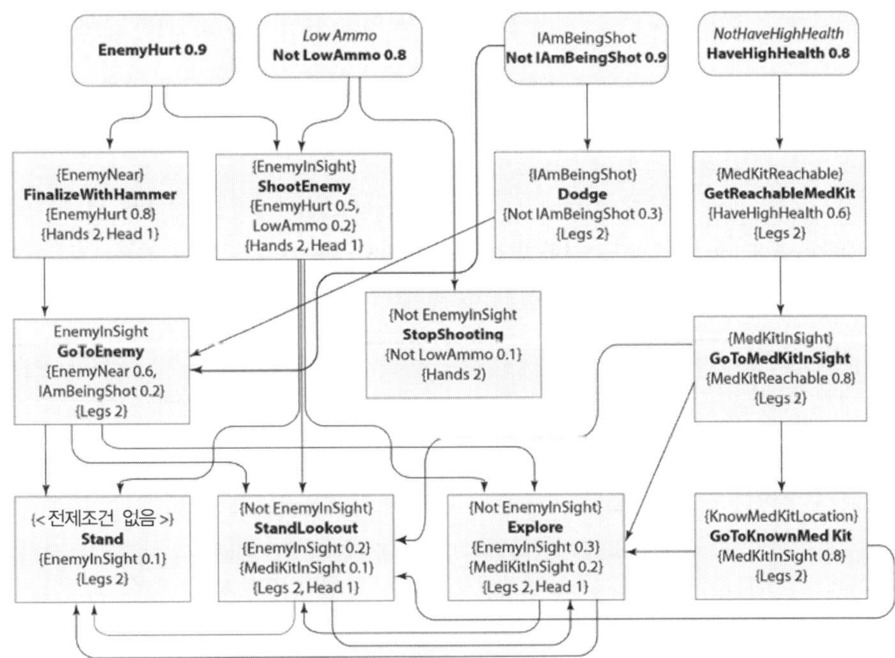

그림 3.3.4 간단한 UT 봇 확장 행동망

모듈과 그 효과, 모듈 조건들, 목표들 사이는 여러 종류의 관계로 연결된다. 선행 관계는 한 모듈 또는 목표에서 시작해서 그 목표의 조건 목록에 있는 각 명제가 자신의 효과 목록에 있는 다른 모듈(들)로 이어지는데, 이 때 연결 양쪽의 부호(즉, 참이면 +, 거짓이면)가 동일해야 한다. 그림 3.3.4의 *EnemyHurt* 목표에서 *ShootEnemy* 모듈로의 연결이 선행 관계의 예이다. 충돌 관계는 한 모듈 또는 목표에서 그 목표의 조건 목록에 있는 가 명제가 자신의 효과 목록에 있는 다른 모듈(들)로 이어지는데, 이 경우에는 연결 양쪽의 부호가 반대이어야 한다. 그림 3.3.4에서는 *Not LowAmmo*에서 *ShootEnemy*로의 연결이 충돌 관계이다. 충돌 관계는 대상에서 에너지를 뺏고, 선행 관계는 대상에 에너지를 투입한다. 결과적으로, 주어진 모듈이나 목표의 효과를 감소하거나 무신시키는 다른 행동 모듈들은 에너지가 감소해서(억제) 선택 가능성이 줄어들며, 반대로 효과를 증대하는 행동 모듈들은 에너지가 증가해서(자극) 선택 가능성이 커진다.

행동망 도표에서 목표는 둥근 모서리 사각형으로 나타내며 행동 모듈은 직사각형으로, 자원은 8각형으로 나타낸다(자원의 예는 글 3.5에 나온다).실선 화살표는 선행 관계를, 쇄선 화살표는 충돌 관계를 나타낸다. 선행 관계와 충돌 관계에서 화살표의 방향은 활성화 에너지가 흐르는 방향이다. 점선 화살표는 자원에 대한 모듈의 의존 관계를 나타낸다.

에이전트의 행동은 에너지 전파를 통한 네트워크 노드들 사이의 상호 자극 또는 억제에 기초해서 선택된다. 각 시간 단계마다, 수행 가치가 높고 필요한 자원들을 모두 사용할 수 있는 일단의 모듈들이 선택된다. 한 모듈의 수행 가치는 활성화 에너지와 수행가능성의 곱(즉, 해당 조건들의 퍼지 논리 AND 연산)이다. 확장 행동망의 행동 선택 알고리즘은 이 책의 글 "3.5 목표 지향적 Unreal 봇"(3.5)에 자세히 나와 있으므로, 여기에서는 확장 행동망의 특성과 설계 고려사항들에 집중하기로 하겠다.

포섭 아키텍처처럼, 확장 행동망은 빠르고, 모듈성이 좋고, 점진적 설계가 용이하고, 안정적이다. 또한 행동 선택이 동시적·비동기적으로 일어나므로 빠른 병렬 구현이 가능하다. 물론 포섭 아키텍처에 비한 장점들과 단점들도 존재한다.

각 모듈마다 전제조건과 사후조건이 있고 아키텍처의 구성요소들이 그러한 조건들에 기초해서만 연결되기 때문에, 포섭 아키텍처와 달리 네트워크 연결들을 일일이 손으로 짤 필요가 없다. 그냥 개별 목표와 행동을 설계, 구현하기만 하면 된다. 요소들 사이의 상호작용은 네트워크 연결과 행동 선택 알고리즘에 의해 자동으로 처리된다.

확장 행동망은 포섭 아키텍처보다 안정적이다. 포섭 아키텍처의 안정성은 상위 계층이 실패해도 하위 계층은 여전히 작동한다는 점에서 비롯된다. 그러나 하위 계층의 각 행동이 실패하면 그 여파가 그 위의 모든 계층에 미칠 수 있다. 따라서 설계자는 하위 계층의 실패를 방지하는 데 필요한 모든 상호작용을 예측하고 코딩해야 한다. 반면 확장 행동망에서는 한 모듈이 실패한다고 해도 해당 목표를 만족하는 다른 모듈을 아키텍처가 자동으로 찾아서 사용한다.

문맥 의존적 목표, 실수값 명제, 목표 연동 처리방식 등도 확장 행동망이 지닌 장점들이다. 문맥 의존적 목표 덕분에 상황 공간의 분할이 좀 더 편해지므로, 결과적으로 더 자연스러운 에이전트를 설계할 수 있다. 문맥 의존적 목표를 이용하면 어떤 한 목표가 중요해지는 경우는 특정 조건들이 만족될 때뿐이라는 점을 표현할 수 있다. 예를 들어 그림 3.3.4에서 보듯이, 에이전트의 생명치가 높을 때에는 생명치를 높이는 목표(HaveHighHealth)가 중요하지 않다. 탄약 역시 마찬가지이다(NotLowAmmo 목표). 총알이 충분하다면 탄약을 찾을 필요가 없다.

또한, 확장 행동망에서는 목표와 행동의 관계가 고정된 계통구조가 아니며, 덕분에 적응성이 좋아진다. 어떤 모듈이 수행되는가는 누적된 활성화 에너지와 실행가능성에 의해 결정된다. 활성화 에너지는 에이전트의 목표들, 다른 모듈들의 존재, 에이전트가 처한 최근 상황에 의해 결정된다. 모듈의 계통구조는 에이전트의 현재 활동에 적응해서 변한다. 조건 명제들이 참/거짓이 아니라 실수값이라는 점도 큰 장점으로 작용한다. 이 덕분에 가까움, 강함, 건강함 같은 연속적인 속성을 가진 개념들을 자연스럽게 나타낼 수 있다.

에이전트를 위한 행동망을 구축할 때에는 우선 목표들을 정의하는 것으로 시작한다. 그런 다음에는 그 목표들을 달성하는 모듈들을 만든다. 마지막으로는 전반적으로 바람직한 행동이 나올 때까지 활성화 에너지 전파 매개변수들을 조율한다. 행동망의 정의와 조합에 대해서는 "3.4 퍼지 감지기, 유한상태 행동, 행동망으로 목표 지향적 Unreal Tournament 봇 만들기"를, 매개변수 조율에 대해서는 "3.5 목표 지향적 Unreal 봇"을 보기 바란다.

확장 행동망의 한 가지 흥미로운 특징은, 몇 가지 활성화 에너지 전파를 제어하는 전역 매개변수들(주로는 한 모듈이 이전 단계의 활성화 에너지를 얼마나 유지하는가, 그리고 실행에 필요한 최소 수행 가치가 얼마인가를 결정한다)만 조정해도 에이전트의 전반적인 행동 방식을 크게 바꿀 수 있다는 것이다. 이 덕분에 설계자는 차별화된 여러 캐릭터들을 쉽게 만들어낼 수 있다. 이 부분은 "3.5 목표 지향적 Unreal 봇"과 [Pinto05-b]에 자세히 나와 있다.

확장 행동망을 *Unreal Tournament*에 적용하면서 행동 선택 품질과 에이전트 성능을 측정해 보았다([Pinto05-a] 참고). 에이전트 성능 측정에서는 확장 행동망을 이용한 에이전트와 순수한 계통구조 기반의 반응석 에이선트를 비교했는네, 확장 행동망 에이전트의 싱능이 훨씬 뛰어났다. 이는 행동 선택 알고리즘이 더 낫기 때문이다. 확장 행동망의 행동 선택은 안정성, 반응성, 행동 연쇄, 동시 행동들의 적절한 조합 등의 좋은 특성을 보였다. 이 부분은 "3.5 목표 지향적 Unreal 봇"에 나와 있다.

▓ 논의 ▓

지금까지 포섭 아키텍처와 행동망의 장점들 및 구체적인 한계들을 이야기했다. 이번 절에서는 행동 기반 시스템들에서 공통으로 나타나는 단점인 '변수의 부재'를 살펴보겠다.

가변적인 변수들이 없다는 단점은 모듈의 일반성 부족으로 이어진다. 예를 들어 새 무기 종류마다 완전히 새로운 모듈을 만들어야 한다. 그러나 자원 사용량이 낮고 속도가 빠르다는 행동 기반 시스템의 장점은 이러한 일반성 부족 덕분이다. 일반적 추론과 변수 사용 능력에는 더 많은 처리량이 요구되며, 따라서 속도를 희생해야 한다.

다행히, 행동 기반 시스템의 바람직한 속성들을 유지하면서도 변수 사용 능력을 추가하는 시도가 있었다. [Horswill99]가 제안하는 아키텍처는 제한적이나마 변수들을 사용할 수 있는데, 그 아키텍처가 게임에 적용된 사례는 아직 알려지지 않았지만 *Unreal Tournament*에 적용할 예정이라는 언급은 있었다. [Rhodes96] 역시 제한된 방식으로 변수들을 사용할 수 있는 행동망 모형을 하나 제시한다. 이 모형을 이 글에서 이야기한 확장 행동망과 결합한다면 더욱 유연한 모형을 만들 수 있을 것이다.

결론

이 글에서는 로봇 분야에서 좋은 성과를 낸 포섭 아키텍처와 확장 행동망이 액션 게임 분야에서도 유용함을 이야기했다. 두 아키텍처 모두 안정성, 반응성, 속도, 모듈성 같은 좋은 속성들을 가지고 있으며, 덕분에 점진적 설계, 모듈식 개발, 병렬 구현이 가능하다.

포섭 아키텍처에서는 모듈들과 계층들 사이의 모든 연결을 개발자가 일일이 지정해야 하지만, 확장 행동망에서는 아키텍처 자체가 행동 상호작용을 처리한다.

포섭 아키텍처에서는 행동 아키텍처가 고정되어 있지만, 확장 행동망의 구조는 적응성이 있다. 그러나 그러한 적응성 때문에 행동 선택에 더 많은 시간이 소요되므로, 확장 행동망이 빠르다고는 해도 특히 계획 수립 시스템에 비한다면 요구되는 시간이 더 길다.

확장 행동망의 주된 특징은 상수들을 조금 조정하는 것만으로도 에이전트에게 독특한 개성을 부여할 수 있다는 것이다. 그리고 적은 자원 사용량은 실시간 전략 게임이나 액션 게임에 적합한 특징이다.

참고자료

[Brooks86] Brooks, R., "A Robust Layered Control System for a Mobile Robot." *IEEE Journal of Robotics and Automation*. Vol. RA-2, No. 1., 1986.

[Champandard03] Champandard, A., *AI Game Development*. New Riders Publishing, 2003.

[Dorer99] Dorer, K., "Extended Behavior Networks for the Magma Freiburg Team." RoboCup-99 Team Descriptions for the Simulation League. Linkoping University Press: pp. 79-83, 1999.

[Dorer00] Dorer, K., "Concurrent Behavior Selection in Extended Behavior Networks." Team Description for RoboCup2000, Melbourne, 2000.

[Dorer04] Dorer, K., "Extended Behavior Networks for Behavior Selection in Dynamic and Continuous Domains." *Proceedings of the ECAI Workshop on Agents in Dynamic and Real-time Environments*, 22/23, 2004년 8월, Valencia, Spain.

[Goetz97] Goetz, P., "Attractors in Recurrent Behavior Networks." Ph.D. Thesis, University of New York, Buffalo, 1997.

[Horswill99] Horswill, I. D., R. Zubek, "Robot architectures for believable game agents." AAAI Spring Symposium on Artificial Intelligence and Computer Games, AAAI Technical Report SS-99-02, 1999.

[Maes89] Maes, P., "How to do The Right Thing." *Connection Science Journal*, Vol. 1, No. 3., 1989.

[Nebel03] Nebel, B., Y. Babovich, "Goal-Converging Behavior Networks and Self-Solving Planning Domains, or: How to Become a Successful Soccer Player." s.l. *IJCAI03*, 2003.

[Pinto05-a] Pinto, Hugo, "Designing Autonomous Agents for Computer Games with Extended Behavior Networks: An Investigation of Agent Performance, Character Modeling and Action Selection in Unreal Tournament." 이학 석사 학위 논문, Universidade Federal do Rio Grande do Sul, Brazil, 2005.

[Pinto05-b] Pinto, H., L. O. Alvares, "Extended Behavior Networks and Agent Personality: Investigating the Design of Character Stereotypes in the Game Unreal Tournament." *Proceedings of the Fifth International Working Conference on Intelligent Virtual Agents*, Kos-, Greece, 2005.

[Rhodes96] Rhodes, Bradley, "PHISH Nets: Planning Heuristically in Situated Hybrid Networks." 이학 석사 학위 논문, Massachusetts Institute of Technology, Boston, 1996.

[Yiskis03] Yiskis, E., "A Subsumption Architecture For Character-Based Games." *AI Game Programming Wisdom II*, Charles River Media, 2003. 번역서는 "캐릭터 기반 게임을 위한 포섭 아키텍처," *AI Game Programming Wisdom 2*, 정보문화사, 2004

Hugo Pinto, Luis Otavio Álvares

hugo@hugopinto.net

3.4 퍼지 감지기, 유한상태기계, 행동망으로 목표 지향적 Unreal Tournament 로봇 만들기

게임용 에이전트를 설계할 때에는 적어도 세 가지 과제들을 해결해야 한다. 하나는 에이전트가 각 시간 단계마다 수행할 일을 결정하는 방법을 설계하는 것이고, 또 하나는 에이전트가 주변 환경을 지각하는 방법을 설계하는 것이며, 마지막 하나는 에이전트의 기본적인 행동들을 설계하는 것이다.

이 세 요인들은 서로를 제한하며 서로에게 영향을 준다. 에이전트는 주변 환경에 대한 지식과 지각에 기초해서 행동을 결정하게 되며, 에이전트들의 적절한 협동을 위해서는 각 에이전트가 의사결정 메커니즘에 순응해서 행동해야 한다. 또한, 에이전트의 지각(知覺)은 어떤 행동을 수행할 것인가는 물론 그 행동을 어떻게 수행할 것인가에도 영향을 미친다. 예를 들어 "가장 약한 적을 공격한다"라는 행동은 주변의 적들 중 누가 제일 약한지에 대한 지각에 영향을 받는다.

확장 행동망(extended behavior networks, [Dorer04])은 행동 선택 아키텍처의 하나로, 동적이며 복합적인 환경 안에서 다양한 목표들을 가진 에이전트에 적합한 일난의 행동들을 선택하는 문제에 대한 해법이다. 확장 행동망은 실수값 조건들과 모듈 기반 행동들을 사용하기 때문에 퍼지 감지기와 통합하기가 좋다. 확장 행동망은 RoboCup에서 좋은 성과를 거두었을 뿐만 아니라([Dorer99]), *Unreal Tournament*용 봇 연구에서도 성공적으로 쓰였다([Pinto05]).

퍼지 감지기(fuzzy sensor)는 연속적인 속성들과 임의적인 범주들이 존재하는 여러 분야들에 적용되어서 좋은 결과를 낸 바 있다. 게임의 경우에는 "적이 가깝다"라던가 "적이 강하다" 같은 개념을 다룰 때 퍼지 감지기가 특히나 적합하다. '가깝다'나 '강하나'라는 개념은 참/거짓으로 명확히 가르는 것보다 연속적인 값으로 표현하는 것이 더 낫기 때문이다.

유한상태기계(finite state machine, FSM)는 학계와 게임 개발 공동체 모두에서 잘 알려지고 기반도 잡힌 기법으로, 이미 많은 게임들에 쓰였다. 유한상태기계는 기본적인 **적합성**(competence)과 **행동**(이를테면 "집으로 간다"나 "적을 사격한다" 등)을 모형화하는 데 좋은 기법이다.

필자는 퍼지 감지기, 유한상태기계 행동, 확장 행동망을 통합해서 *Unreal Tournament*용 봇을 만든 바 있다. 그럼 그 세 요소를 차례로 살펴보자.

확장 행동망의 설계

확장 행동망은 전통적인 계획 수립기의 특성(즉, 전제조건과 효과들에 기초한 작용들의 연쇄)과 연결주의적 시스템의 특성(즉, 활성도 전파)을 결합한 것이다. 확장 행동망은 정적인 구조와 행동 선택 알고리즘에 잘 맞는다.

확장 행동망은 여러 개의 미리 정의된 집합들로 이루어진다. 구체적으로는, 행동 모듈들의 집합, 목표들의 집합, 모듈들과 목표들을 연결하는 링크들의 집합, 자원들의 집합, 그리고 제어 매개변수들의 집합이다. 하나의 행동 모듈은 행동 수행에 필요한 조건들의 목록과 행동 수행 후의 기대 효과들의 목록으로 구성된다는 점에서 **STRIPS** 연산자([Nilsson71])와 비슷하다. 링크들은 모듈의 효과들, 그리고 모듈과 목표의 조건들에 기초해서 연결된다.

에이전트의 행동은 에너지 전파를 통한 네트워크 노드들 사이의 상호 자극 또는 억제에 기초해서 선택된다. 각 시간 단계마다 수행 가치가 높고 필요한 자원들을 모두 사용할 수 있는 일단의 모듈들이 선택된다. 한 모듈의 수행 가치는 활성화 에너지와 수행가능성의 곱(즉, 해당 조건들의 퍼지 논리 **AND** 연산)이다. 확장 행동망의 행동 선택 알고리즘은 이 책의 글 "3.5 목표 지향적 Unreal 봇"(3.5)에 자세히 나와 있다.

확장 행동망은 상황에 따른 에이전트의 제어 메커니즘으로 고안된 것이다. 공학적 관점에서 본다면, 이는 에이전트의 **인지**(認知) 시스템에 쓰이는 추상들(명제들, 개체 표현들 등)이 에이전트가 수행하는 과제들, 에이전트가 처한 환경, 그리고 에이전트의 목표에 상대적이라는 뜻이다.

에이전트의 환경에는 게임 구성물이나 게임 규칙뿐만 아니라 에이전트가 게임과 상호작용하는 데 쓰이는 원초적 감지-구동 메시지(sensory-motor message)들도 포함된다. 그런

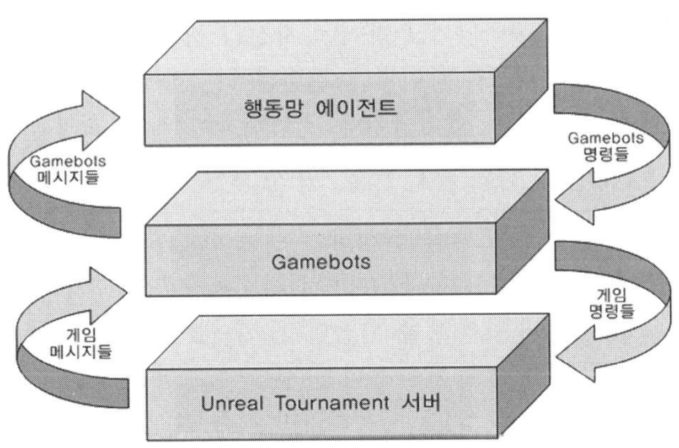

그림 3.4.1 행동망 에이전트외 GameBots 패키지, Unreal Tournament 서버의 통합

이유로, 필자의 감지기, 목표, 행동 모듈 설계에서는 GameBots 패키지([Kaminka02])의 메시지들과 명령들도 고려되었다.

그림 3.4.1은 에이전트와 GameBots, *Unreal Tournament* 서버 사이의 통신 흐름을 나타 낸 것이다.

Unreal Tournament 서버가 GameBots에게 게임 메시지들을 보내면 GameBots는 자신의 메시지들을 에이전트에게 보낸다. 에이전트의 감지기들은 그 메시지들을 받아서 행동망 의 조건 값들과 에이전트의 내부 상태를 적절히 갱신한다. 갱신된 행동망에 의해 에이 전트의 다음 행동이 선택되고, 그 행동을 수행하기 위한 명령이 GameBots에 전달된다. 그러면 GameBots는 그에 해당하는 저수준 게임 명령들을 *Unreal Tournament* 서버로 보 낸다

구체적인 예로, DM-Stalwart 맵에서 데스매치 경기를 플레이하는 *Unreal Tournament*용 봇의 간단한 행동망을 살펴보자. 행동망을 처음부터 단계적으로 만들어 나가면서 각 단계 의 선택에 깔린 이유를 설명하겠다.

데스매치 게임의 핵심은 자신은 죽지 않으면서 다른 적들을 최대한 많이 죽이는 것이다. 이를 위해서는 봇(에이전트)이 적들을 감지하고, 추적하고, 사격해야 하며, 적의 사격을 피하고 생명치를 보충하는 행동도 게을리 하지 말아야 한다.

우선 에이전트의 목표들을 정의해야 한다. 게임 규칙에 근거할 때 에이전트의 궁극적인 목표는 적들을 죽이고 자신은 살아남는 것이다. 적을 죽이기 위해서는 적이 죽을 때까지

피해를 입혀야 하며, 살아남기 위해서는 자신의 생명치를 유지하면서 생명치가 부족할 때마다 보충도 해야 한다. 적 죽이기에 관련해서는 적에게 피해를 입히기 위한 *EnemyHurt* 목표를 봇에게 부여한다. 살아남기에 관련해서는 사격 회피를 위한 *Not IAmBeingShot* 목표와 생명치 유지 및 보충을 위한 *HaveHighHealth* 목표를 부여한다.

다음으로 할 일은 이 목표들을 달성하는 행동들을 설계하는 것이다. 적에게 피해를 입히려면 무기로 적을 공격해야 한다. 이를 위해 *EnemyInSight*가 전제조건이고 *EnemyHurt*가 효과인 *AttackEnemy*라는 행동을 만들어 볼 수 있다. 그러나 이러한 행동은 너무 막연하다. 예를 들어 적을 총으로 공격한다면 탄약 감소라는 추가적인 효과를 지정해야 한다. 근접 무기(해머나 전기톱 등)를 사용하려면 적을 볼 수 있어야 할 뿐만 아니라 적에게 가까이 다가가야 한다. 또한 근접 무기에서는 탄약량 감소라는 효과가 없다. 이처럼 무기 특성에 따라 공격 행동이 달라져야 하는데, 여기에서는 무기를 크게 근접 무기와 사격 무기로 나누어서 *FinalizeWithHammer*와 *ShootEnemy*라는 두 가지 공격 행동을 만들기로 한다. 그림 3.4.2는 이 행동들이 *EnemyHurt* 목표와 연결된 모습을 나타낸 것이다. 두 행동 모두 정확히 동일한 자원들을 사용함을 주목할 것. 따라서 둘은 상호배타적이다(이 행동망을 팔이 넷이고 머리가 둘인 봇에 적용하지 않는 한).

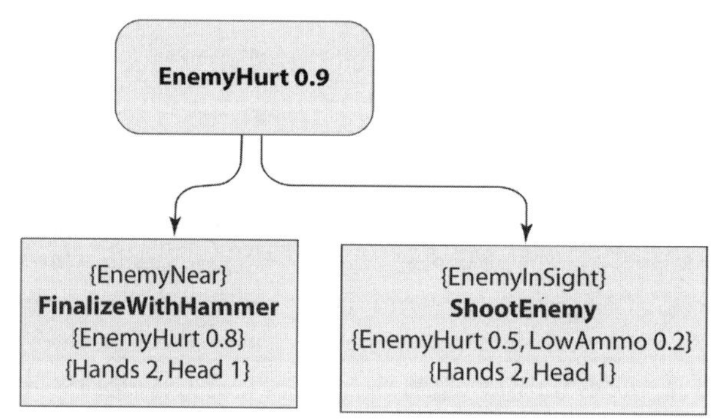

그림 3.4.2 EnemyHurt 목표와 그것을 만족하는 두 행동 모듈.

이제 *EnemyNear* 조건(적이 가까운지의 여부)과 *EnemyInSight* 조건(적이 보이는지의 여부)이 참이 되게 하는 모듈들이 필요하다. 에이전트의 감각은 시각뿐이므로, 적이 가까운지를 알려면 적이 보이는지부터 판정해야 한다. 봇의 *EnemyInSight* 조건이 참이 되는 상황 또는 행동은 크게 세 가지이다. 하나는 가만히 서서 한 곳을 바라보는 봇의 시야에 어떤 적이 들어오는 것이고, 또 하나는 봇이 한 자리에서 시선을 돌리면서 적을 찾는 것, 또 하나는 이동하면서 적극적으로 적을 찾는 것이다. 이들을 각각 *Stand, StandLookout,*

*Explore*라는 행동으로 만들기로 한다. *Stand* 행동에는 전제조건이 필요 없다. 그러나 둘러보거나 탐색하는 행동은 적이 보이지 않을 때에만 수행하는 것이 자연스러우므로, *StandLookout* 행동과 *Explore* 행동에는 그에 해당하는 전제조건을 추가한다. 그리고 탐색 도중 사격을 받는 경우 탐색 행동을 멈출 수 있도록 *Explore*에 *Not IAmBeingShot*이라는 전제조건을 추가한다. 효과 목록에 *EnemyNear*가 있는 모듈을 위해서는 목표로 다가가는 행동이 필요한데, 이를 위한 한 가지 간단한 방법은 전제조건이 *EnemyInSight*이고 효과가 *EnemyNear*와 *IAmBeingShot*인 *GoToEnemy*라는 행동 모듈을 추가하는 것이다. *IAmBeingShot*을 효과로 두는 이유는, 적에게 다가갈 때에는 피격당할 위험이 커지기 때문이다. 그림 3.4.3은 지금까지 만든 행동망에서 *EnemyHurt* 목표를 위한 모듈들을 나타낸 것이다.

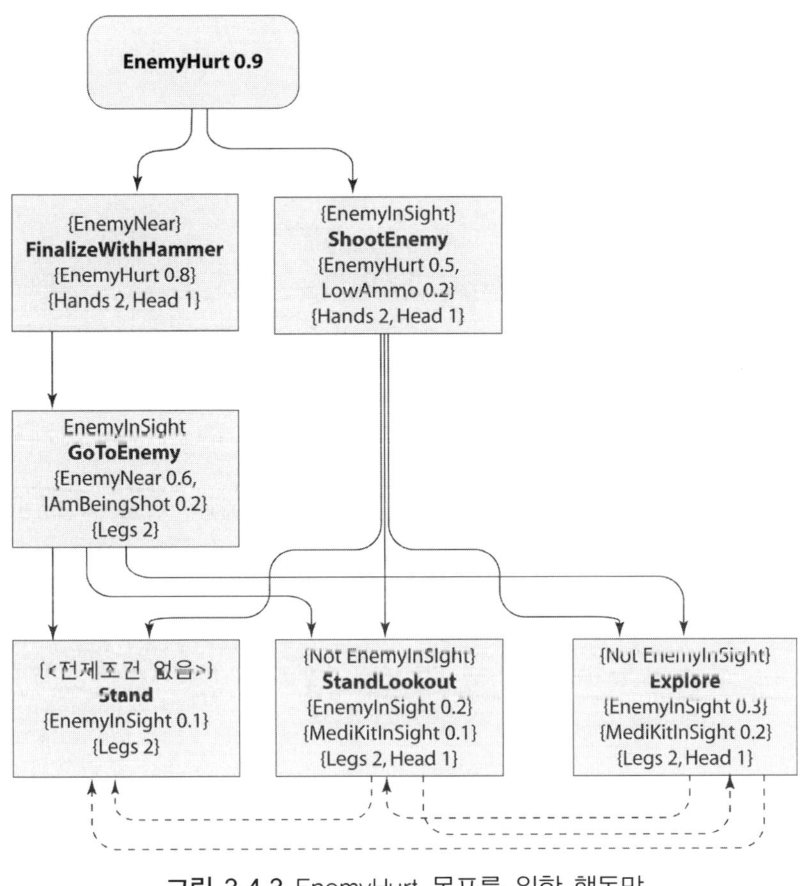

그림 3.4.3 EnemyHurt 목표를 위한 행동망

다음으로, *HaveHighHealth* 목표를 달성하는 방법을 살펴보자. *Unreal Tournament*에서 생명치 약병과 구급상자들은 고정된 장소들에 놓인다. 필자가 시험에 사용한 게임 설정에서는 봇이 먹으면 그런 아이템들이 즉시 사라졌다가 일정 시간이 지난 후 같은 장소에 다시 나타난다. 즉, 치료 아이템들은 한 레벨에서 항상 같은 장소에 존재하며, 따라서 봇이 돌아다니다가 구급상자를 발견하면 그 위치들을 기억해뒀다가 나중에 필요할 때 다시 찾아가게 할 수 있다. 이를 위해 "구급상자 위치를 알고 있음"이라는 전제조건과 *HaveHighHealth*라는 효과를 가진 "알려진 구급상자 획득" 행동 모듈을 추가할 수도 있지만, 이 역시 너무 막연하다. 예를 들어 멀리 떨어진 구급상자보다는 근처에 있는 약병을 먼저 취득하도록 하는 것이 필요하며, 또한 구급상자로 가는 경로가 존재하는지를 판정해서 여러 구급상자들 중 어떤 것을 선택할 것인지 결정하는 능력도 필요하다. 이런 능력들까지 갖추려면 모듈이 상당히 복잡해질 수 있는데, 환경이나 감지기 정보를 활용한다

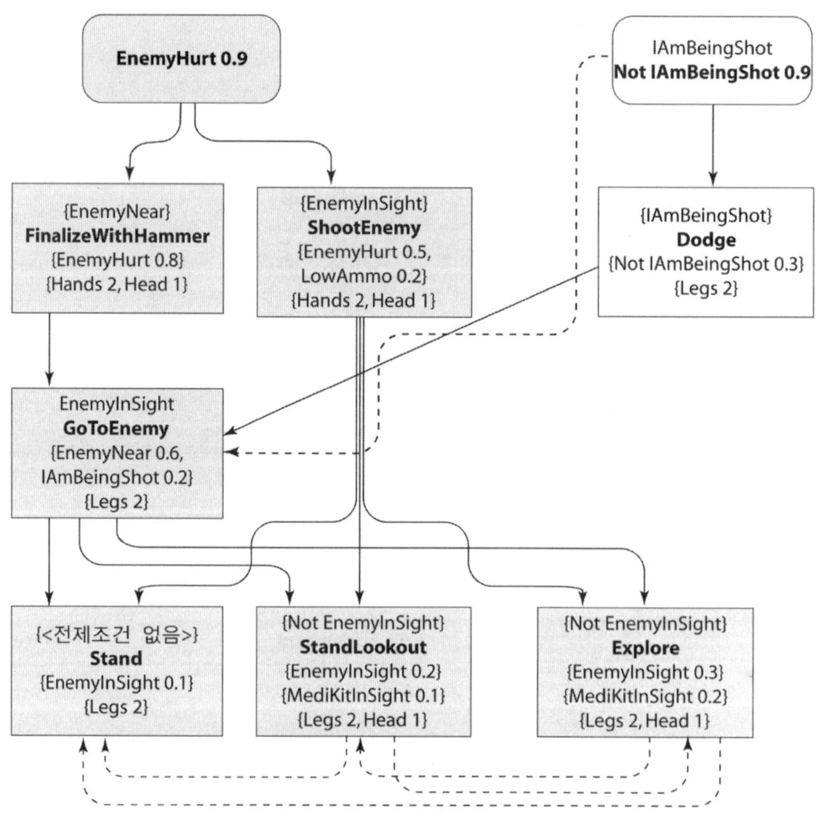

그림 3.4.4 EnemyHurt 목표와 Not IAmBeingShot 목표를 위한 행동망.

면 모듈을 좀 더 단순화할 수 있을지 모른다.

GameBots 메시지들과 프로토콜을 조사해 보면 봇이 시야에 있는 아이템에 대한 원초적인 정보를 받는다는 사실을 알 수 있다. 구체적으로, 봇은 시야에 있는 아이템의 위치와 그곳으로의 도달 가능성(즉, 아이템으로의 직선 경로가 존재하는지)에 대한 정보를 받는다. 이 정보를 활용한다면 *GetReachableMedKit*, *GoToMedKitInSight*, *GoToKnownMedKit*라는 세 가지 모듈들을 만들 수 있다. 첫 모듈의 전제조건은 도달 가능한 구급상자가 존재한다는 것이고, 효과는 *HaveHighHealth*이다. 둘째 모듈은 시야에 보이는 도달 가능한 구급상자로 이동한다. 셋째 모듈은 장소를 아는 구급상자로 이동하며, 이에 의해 *MedKitInSight* 조건이 참이 된다. *GoToKnownMedKit*의 전제조건은 *StandLookout* 행동이나 *Explore* 행동에 의해 참이 될 수 있다. 봇이 적을 둘러보거나 적을 찾으러 돌아다니는 과정에서 구급키트를 발견할 수도 있기 때문이다. 이상의 모듈들이 그림 3.4.5에 나와 있다.

이렇게 해서 적 죽이기와 살아남기를 위한 행동망을 만들어냈다. 그러나 이것으로 끝난

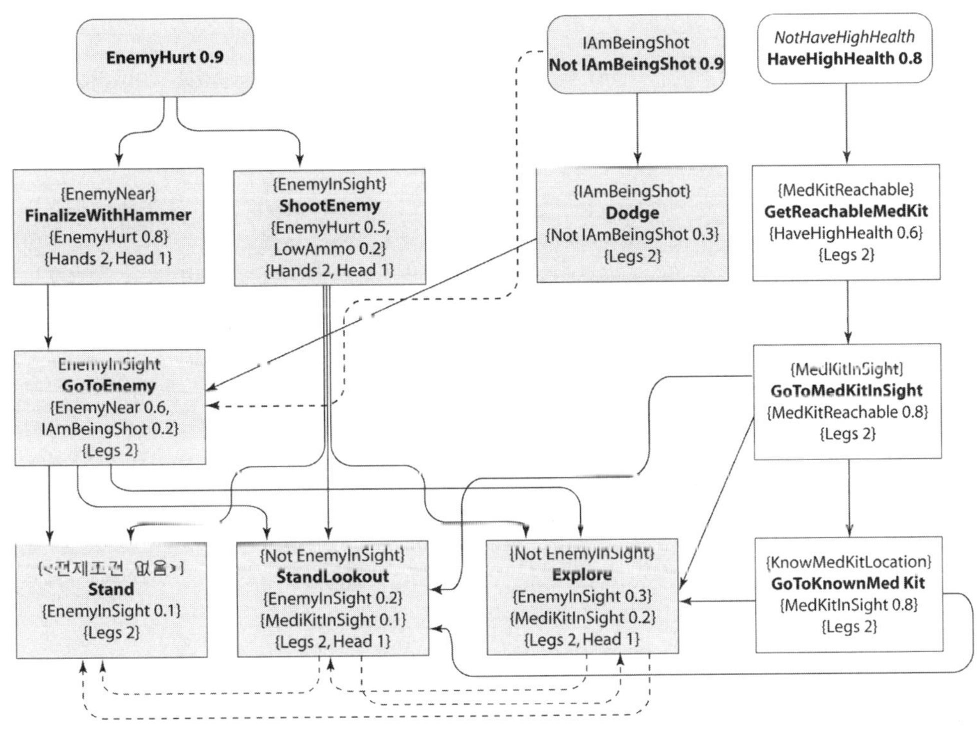

그림 3.4.5 생명치 관련 모듈들(흰 바탕)이 추가된 행동망.

것은 아니다. *Unreal Tournament*의 특별한 과제들을 위한 추가적인 모듈들이 필요하기 때문이다. 게임에게 특정 에이전트나 위치를 사격하라고 알려주면(SHOOT 명령) 게임은 탄약을 고려하지 않고 무작정 사격을 계속 수행한다. 사격을 멈추려면 명시적으로 사격 중지 명령(STOPSHOOT 명령)을 내려야 한다. 이런 사격 중지 명령을 기존 모듈 안에서 처리할 수도 있다. 그러나 사격 중지의 근본적인 의도가 탄약을 낭비하지 않으려는 것이므로, 더 나은 방법은 *Not LowAmmo*라는 목표를 만드는 것이다. 또한 사격 중지라는 행동은 독립적이고 자기완결적인 적합성 모듈이 될 수 있으므로, *StopShoot*이라는 모듈을 추가하기로 한다. 이 모듈의 전제조건으로는 *Not EnemyInSight*를, 효과로는 *Not LowAmmo*를 사용한다. 그림 3.4.6에 지금까지 만든 완성된 행동망이 나와 있다. *Not LowAmmo* 목표의 문맥 조건에 *LowAmmo*가 추가되었는데, 이는 에이전트가 탄약을 소비함에 따라 낮은 탄약량을 "걱정하게" 만들기 위한 것이다.

이 행동망이 실제로 작동하게 하려면 다음 세 가지 질문의 답을 구해야 한다. 행동 명제(조건)들을 어떻게 검증할 것인가? 각 행동을 어떻게 수행할 것인가? 그 모든 것을 어떻

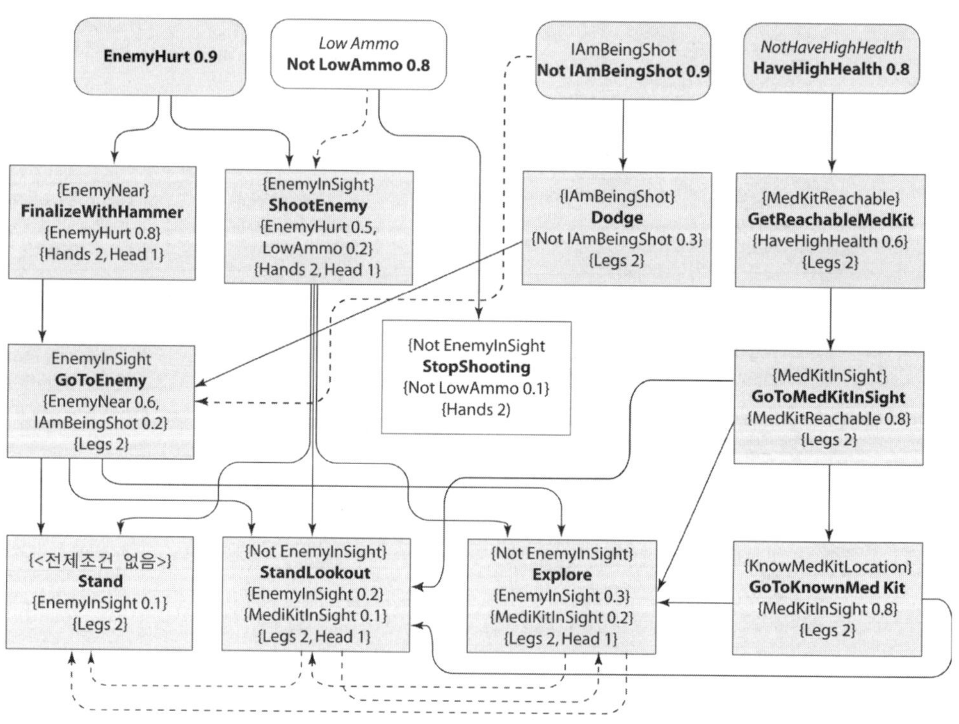

그림 3.4.6 완성된 행동망.

게 통합할 것인가? 다음 절에서는 첫 질문의 해법을 살펴보고 에이전트의 감지 메커니즘을 개괄한다.

■ 계통적 퍼지 감지기

행동망의 감지기들을 자세히 살펴보기 전에, 여기서 말하는 감지기(sensor)가 어떤 것인지부터 짚고 넘어가도록 하자. 이 글 도입부에서 지적한 대로, 에이전트의 지각은 에이전트의 내부 상태와 믿음들, 현재 활동에 영향을 받는다. 이 구조에서 봇이 받는 원초적 감각 정보는 GameBots 패기지가 보내는 메시지들이다. 이러한 정보로는 봇의 위치, 속도, 방향, 탄약량, 생명치, 보이는 적들과 아이템들 등이 있다. 행동망은 여러 명제들로 구성되며, 그 명제들의 값이 모여서 고수준 지각을 형성한다. 이번 절에서 말하고자 하는 감지기는 바로 그러한 고수준 지각에 대한 것이다. 이 감지기들은 GameBots 메시지들에서 비롯된 정보뿐만 아니라 에이전트의 지식에도 기초해서 행동 선택과 수행에 필요한 정보를 생성한다.

행동망의 각 조건에는 감지기가 연관된다. 각 감지기에는 조건이 어느 정도나 참인지를

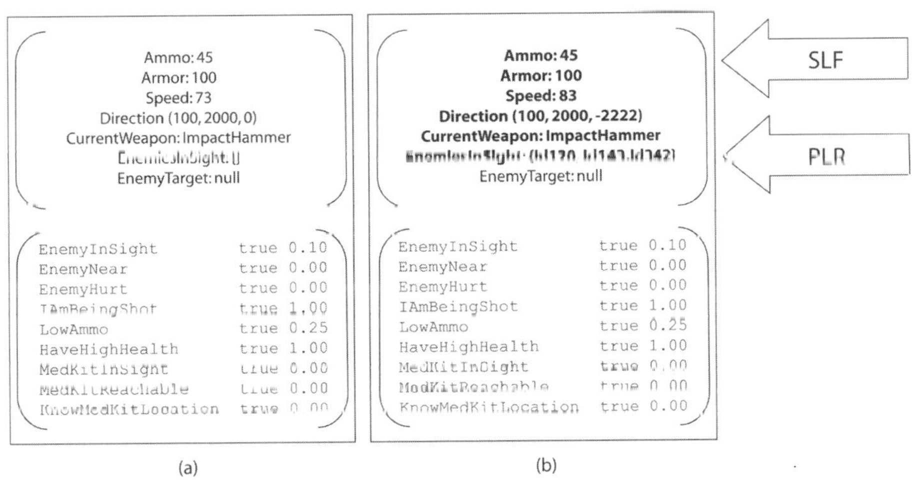

그림 3.4.7 (a) GameBots 메시지들을 받기 직전의 에이전트 내부 상태와 명제들. (b) GameBots 메시지 SFL과 PLR을 받은 후의 내부 상태와 명제들. 굵은 글씨가 메시지에 의해 변한 것들이다.

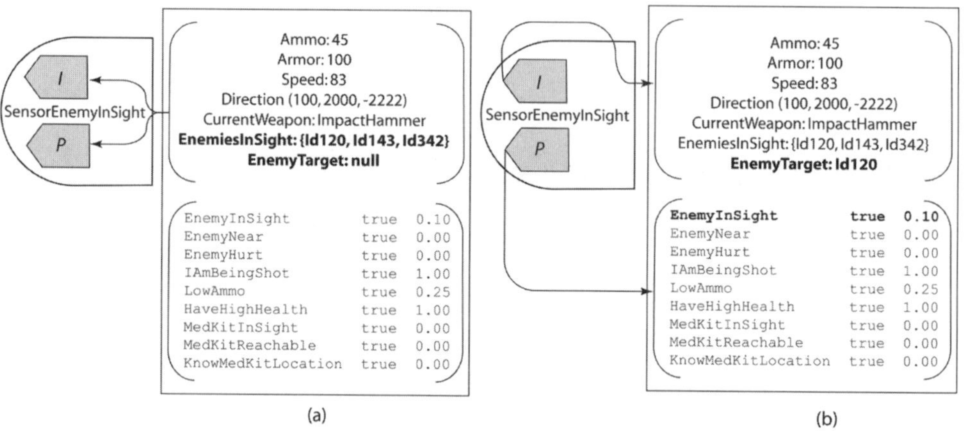

그림 3.4.8 (a) SensorEnemyInSight 감지기가 에이전트의 내부 상태를 읽는다. 함수 I와 P 모두 동일한 입력을 받는다. 굵은 글씨는 이 감지기가 실제로 사용한 자료들이다. (b) SensorEnemyInSight 감지기가 에이전트 내부 상태와 행동망 명제들을 갱신한다. 함수 I는 감지 대상을 Id20으로 설정하며, P는 EnemyInSight 명제의 값을 설정한다. 굵은 글씨가 감지기에 의해 변경된 부분이다.

판정해서 설정하는 *P*라는 함수와 내부 상태를 갱신하는 *I*라는 함수가 있다. 함수 *P*는 에이전트가 현재 지각하고 있는 상태를 입력으로 받아서 하나의 퍼지 명제(fuzzy proposition) 값을 돌려준다. 이 퍼지 명제의 값은 해당 조건이 얼마나 옳은지를 뜻하는 [0, 1] 범위의 실수이다(퍼지 논리의 용어로는 이를 소속도(membership)라고 한다). 함수 *I*는 에이전트의 내부 상태를 갱신한다. 감지기들이 다른 모듈들을 활성화하는 순서는 이 함수들에 의해 암묵적으로 결정된다(각 활성화에 의해 에이전트의 내부 상태가 변할 수 있으므로). 그림 3.4.7과 3.4.8은 고수준 감지기 *SensorEnemyInSight*의 작동 방식을 나타낸 것이다.

참인 명제들만 유지하는 이유가 궁금한 독자도 있을 것이다. 이유는 두 가지, 단순함과 저장 공간 절약에 있다. 명제 *p*의 부정(negation)은 $N(p) = 1 - p$이다. 즉, 한 명제의 값을 알면 언제라도 그것의 부정을 구할 수 있으므로 부정 명제를 따로 저장해 둘 필요가 없다.

이해를 돕기 위해, *SensorEnemyNear* 감지기의 작동 과정을 따라가 보겠다. 이 감지기는 감지기 작동 순서의 중요성을 잘 보여주는 예이다. 그림 3.4.9에 나와 있듯이, *SensorEnemyNear*는 *SensorEnemyInSight*가 설정한 감지 대상, 봇 자신의 위치, 대상의 위치를 입력받아서 *EnemyNear* 명제의 값(소속도)을 설정한다. 이 감지기는 명제들을 변경하나 내부 상태는 변경하지 않는다. 적이 가까운지를 감지하려면 보이는 적들 중 하나

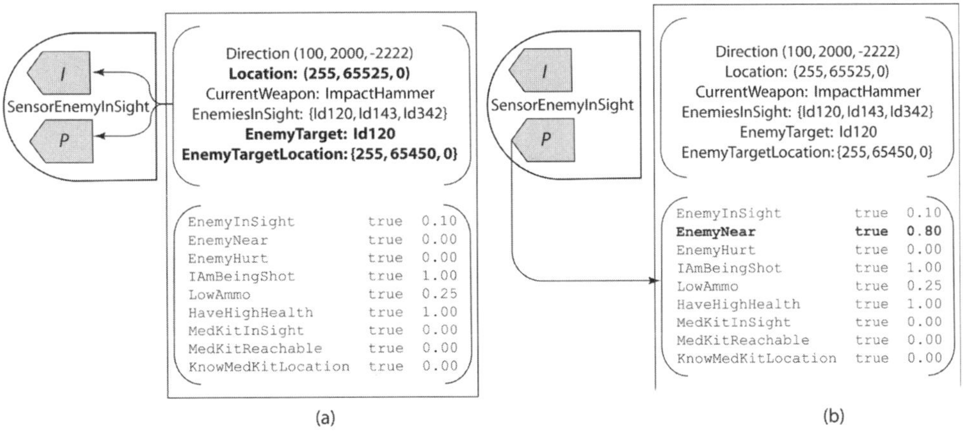

그림 3.4.9 (a) *SensorEnemyNear* 감지기가 내부 상태 자료를 읽는다.
(b) *SensorEnemyNear* 감지기가 *EnemyNear* 명제의 값을 갱신한다.

를 선택하는 것이 우선이므로, 이 감지기보다 *SensorEnemyInSight* 감지기가 먼저 작동해야 함을 주목할 것. 그림 3.4.10은 *P* 함수가 *EnemyNear* 조건의 값을 설정하는 방식을 나타낸 것이다.

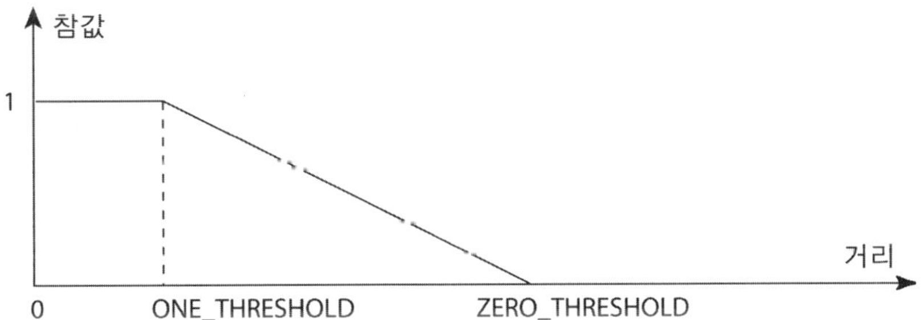

그림 3.4.10 SensorEnemyNear의 참값 공식. 대상의 거리가 ONE_THRESHOLD 미만이면 완전한 참(1)이고 ZERO_TRESHOLD를 넘으면 완전한 거짓(0)이다.

이렇게 해서 에이전트의 지각과 그에 따른 행동망 명제들의 변화 방식을 살펴보았다. 이제 행동 모듈로 넘어가자.

유한상태기계 행동 모듈

여기서 말하는 행동 모듈은 개선된 유한상태기계(FSM)를 기초로 만들어진 것이다. 수행하기로 선택된 행동은 특정 시간동안만 수행된다. 행동 모듈은 자신의 행동 수행을 감시하며, 필요에 따라 각 상태를 시작하거나, 재개하거나, 가로챈다.

행동은 하나 이상의 원초적 명령들을 통해서 수행된다. 모든 행동은 에이전트의 내부 상태에 접근할 수 있다. 그림 3.4.11은 *GoToEnemy* 행동의 순서도이다.

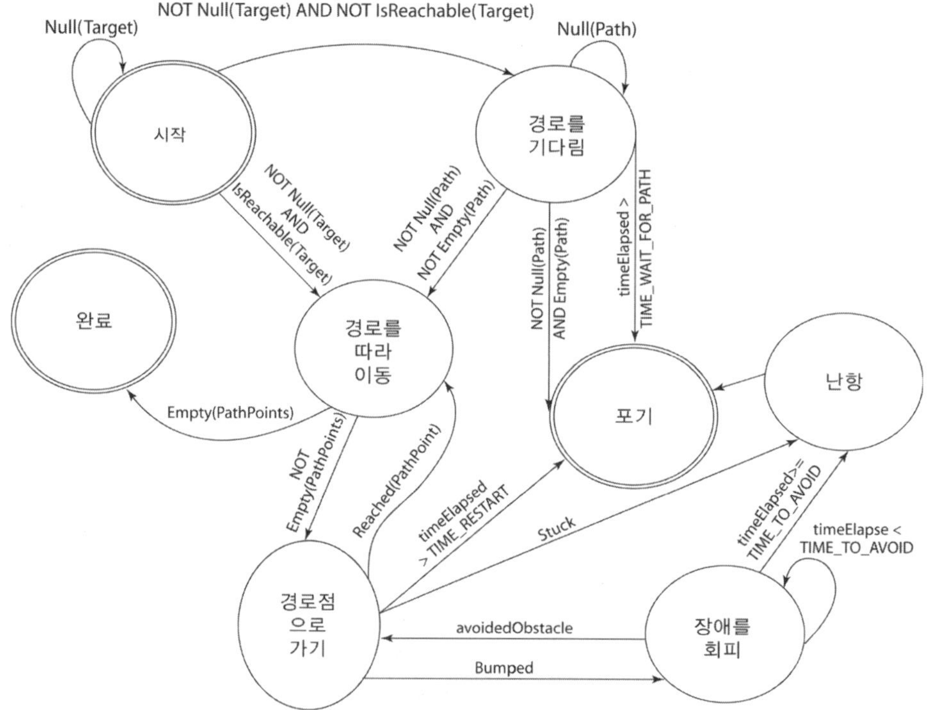

그림 3.4.11 GoToEnemey 행동의 순서도. Null(X), IsReachable(X), Reached(X), Empty(X)는 술어(predicate)이다. Stuck과 Bumped는 부울 플래그이고 Target, TimeElapsed, PathPoints, PathPoint는 변수이다. TIME_TO_AVOID, TIME_WAIT_FOR_PATH, TIME_RESTART는 행동 자기 감시에 쓰이는 상수들이다. 상태들 중 '시작', '완료', '포기'는 말단 상태이다. '완료'는 대상에 성공적으로 도달한 상태이고 '포기'는 행동 수행 실패에 해당한다.

도표가 꽤 복잡하긴 하지만, 이것이 나타내는 고수준 행동은 사실 간단하다. 에이전트는 적에게 다가가는 경로를 찾아야 하며, 그 경로를 따라 가는 도중 나타난 장애물에도 적절히 대처해야 한다. 적에게 도달할 수 없다는 결론이 나면 행동을 포기한다.

그럼 도표의 전이 경로 몇 개를 택해서 행동과 에이전트의 지각 및 내부 상태의 연동 방식, 행동과 GameBots 패키지의 원초적 명령들의 연동 방식을 자세히 살펴보자.

'시작' 상태에서 시작하자. Target이라는 변수는 앞에서 설명한 *SensorEnemyInSight* 감지기가 설정하는 변수들 중 하나이다. 대상이 설정되어 있지 않으면, 즉 Null(Target)이 참이면 에이전트는 아무 일도 하지 않는다. 대상에 직접 도달할 수 없는 상황이면 행동 모듈은 경로를 요청하고 '경로를 기다림' 상태로 진입한다. 대상으로의 경로가 제공되면 에이전트가 '경로를 따라 이동' 상태로 진입하며, 이에 의해 에이전트의 이동이 시작된다.

'경로를 기다림' 상태에서 모듈은 게임에 GetPath 명령을 보내고 경로를 담은 메시지(PTH)를 기다린다. 대기 시간(timeElapsed)이 최대 만료 시간(TIME_WAIT_FOR_PATH)을 넘기면 에이전트는 대상으로의 이동 행동을 포기한다('포기' 상태로 진입).

여기서 이동 경로에 대해 잠깐 짚고 넘어가자. *Unreal Tournament*의 레벨에는 레벨의 영역 대부분을 포괄하는 그래프가 연관되어 있다. 이 그래프의 각 노드는 이동 가능한 목표점에 해당하는데, 이를 이동점(navigation point, NavPoint)이라고 부른다. 이동점들은 아이템이나 무기가 놓이는 장소로도 쓰인다. 에이전트 이동시 구체적인 3D 좌표를 사용할 수도 있으나, 그냥 이동점 ID를 사용하는 것이 더 편리하다. GetPath 명령의 응답에는 대상으로의 이동 경로를 구성하는 NavPoint들의 목록(경로가 없는 경우에는 *Null*)이 담겨 있다.

다시 순시도의 '경로를 따라 이동' 상태로 돌아가자. 에이전트기 경로의 마지막 이동점에 도달했다면 '완료' 상태로 진입한다. 이러면 행동을 성공적으로 수행한 것이다. 이동할 이동점이 남아 있다면 에이전트는 '경로점으로 가기' 상태로 진입한다. 해당 NavPoint로 가는 도중 장애물을 만났다면 '장애물 회피' 상태로 진입하며, 일정 시간동안 장애물을 피해서 전진하지 못했다면 '난항' 상태로 진입한다. 이 상태에서 에이전트는 운 좋게 장애물을 피하길 바라면서 일정 시간 동안 무작위로 움직인다. 물론 이는 그리 지능적이지 못한 원시적인 발견법일 뿐이므로, 레벨의 내부 맵을 만들어서 장애의 원인을 파악하고 그에 따라 적절한 방법(상자 때문이라면 상자를 파괴하거나, 구멍이나 낮은 장애물이면 뛰어 넘는 등)을 추론하는 등의 구현이 더 바람직할 것이다. 이러한 시도로도 장애물을 극복하지 못했다면 '포기' 상태로 진입해서 이동 행동을 포기한다. 이처럼 포기를 허용하는 이유는, 여기까지 왔다면 이미 너무 많은 시간이 지난 것이고 그렇다면 차라리 '시작'에서 다시 시작하는 게 더 나을 것이기 때문이다.

그런데 이러한 행동 상태 전이들은 어떤 식으로 이루어지는 것일까? 한 상태의 진행 도중에 행동이 중단될 수도 있을까?

이번 절 도입부에서도 이야기했지만, 각 행동 모듈은 자신의 행동 수행 상태를 감시하며 상태 전이나 가로채기 등을 직접 처리한다. 모든 행동 모듈에는 에이전트가 호출할 수 있는 *perform*이라는 메서드가 있는데, 이 메서드는 에이전트의 내부 상태를 매개변수로 받는다. 행동 모듈은 그 내부 상태에 담긴 현재 명제들을 조사해서 다음 할 일을 결정한다. 즉, 에이전트 자체가 행동을 중단하는 경우는 없다. 오직 모듈만이 행동을 가로챌 수 있다.

가로채기는 주로 에이전트가 비말단 상태에 있으며 행동 시작 이후 시간이 너무 많이 흘렀을 때 일어난다. 그런 경우 행동 모듈은 상태를 '시작'으로 되돌린다. *perform* 메서드가 호출될 때마다 적어도 한 번의 상태 전이가 일어난다. 이러한 방식 덕분에 행동 수행 및 일정 관리의 유연성이 크게 증가한다.

결론

이 글에서는 퍼지 감지기, 행동망, 유한상태기계를 통합해서 *Unreal Tournament*용 에이전트를 구축하는 방법을 설명했다. 행동망을 이용하면 에이전트의 동기화 행동을 자기완결적인 모듈들로 분할할 수 있으며, 이 덕분에 간단하고 유연하며 안정적인 구조를 얻을 수 있다. 목표와 행동의 연관 관계를 행동망이 처리해주므로, 개발자는 각 목표를 한 번에 하나씩 공략할 수 있다. 퍼지 감지기는 행동망의 명제들을 계산하기에 적합하다. 유한상태기계는 행동망의 행동 모듈의 실제 행동 수행에 적합한 해결책 중 하나이다.

행동망은 다음 시간 단계에서 수행될 행동 모듈을 선택한다. 일단 모듈이 선택되면, 해당 행동의 감시와 제어는 그 모듈이 책임진다. 이는 고수준 의사결정과 저수준 행동 수행을 합리적으로 분리한 것에 해당한다.

이 글에서 행동망의 전역 매개변수들과 목표 강도 값의 영향은 언급되지 않았는데, 그에 대한 사항들은 "3.5 목표 지향적 Unreal 봇"에서 자세히 설명한다.

■ 참고자료

[Dorer99] Dorer, K., "Extended Behavior Networks for the Magma Freiburg Team." *RoboCup-99 Team Descriptions for the Simulation League*, Linkoping University Press, 1999: pp. 79–83.

[Dorer04] Dorer, K., "Extended Behavior Networks for Behavior Selection in Dynamic and Continuous Domains." *Proceedings of the ECAI workshop Agents in dynamic domains*, U. Visser, et al. (Hrsg.) Valencia, Spain, 2004.

[Kaminka02] Kaminka, G., et al., "GameBots: a flexible test bed for multiagent team research." *Communications of the ACM*, Vol. 45, Issue 1: pp. 43–45, 2002.

[Nilsson71] Nilsson, N. J., "STRIPS: A New Approach to the Application of Theorem Proving to Problem Solving." *Artificial Intelligence*, 1971: pp. 189–208.

[Pinto05] Pinto, H., L. O. Alvares, "An Extended Behavior Network for a Game Agent: Investigating Action Selection Quality and Agent Performance in Unreal Tournament." MICAI-2005, *Advances in Artificial Intelligence*, 2005. Alexander Gelbukh 엮음, Springer-Verlag: pp. 287-296.

목표 지향적 Unreal 봇: 확장 행동망으로 목표 지향적 행동과 간단한 개성을 가진 게임 에이전트 만들기

Hugo Pinto, Luis Otavio Álvares

hugo@hugopinto.net

게임 플레이 로봇(간단히 **봇**)을 설계할 때 중요한 과제 하나는 봇이 목표 지향적 행동을 보이도록 행동을 선택하게 만드는 것이다. 로봇이 여러 개의 서로 모순되는 목표들을 가지고 있다면 이 과제를 해결하는 것이 어려워진다. 게다가 로봇이 빠르게 변하는 환경 안에서 작동하며 매 순간마다 수많은 요인들을 고려해야 한다면 더욱 그렇다. 검색 공간이 방대한 탓에 검색 기반 접근방식을 사용하는 것은 비현실적일 수밖에 없으며, 전통적인 계획 수립 기법들 역시 에이전트가 계획을 다 완수하기도 전에 환경이 변할 수 있으므로 그리 적합하지 않다.

행동망(行動網, behavior network)은 복잡하고 동적인 환경에서도 충분히 좋은 행동들을 선택할 수 있는 행동 선택 메커니즘으로 고안된 것이다. [Maes89]에서 처음 제안된 행동망은 이후 계속해서 발전했다([Tyrrell93], [Rhodes96], [Goetz97], [Dorer99], [Nebel03]). 행동망은 동물 애니메이션([Tyrrell93]), 매파시 스토리텔링([Rhodes96]), RoboCup([Müller01]), *Unreal Tournament*([Pinto05-a])에 적용된 바 있다.

확장 행동망(extended behavior network, [Dorer04])은 행동망 모형의 가장 최근의 성과이다. 확장 행동망은 효과들과 조건들에 대해 실수값 명제들을 사용하며, 상황에 의존적인 목표들을 명시할 수 있고, 행동들을 병렬적으로 선택한다.

컴퓨터 게임에서는 에이전트가 적절한 행동을 선택하는 것은 물론 그러한 선택들이 에이전트의 성격에 어떠한 영향을 미치는지도 고려해야 한다. 따라서 에이전트의 목표 지향적 행동을 위해 만든 행동 선택 메커니즘을 에이전트의 성격 차별화에까지 사용할 수 있는지를 두고 궁리해볼 수 있는데, 바로 행동망을 이용할 때 그러한 일이 가능해진다. [Rhodes96]은 행동망 모형의 하나인 PHISH-NET을 캐릭터 성격의 설계에 적용했으며, 필자들은 확장 행동망을 전형적 성격(stereotype)의 설계에 적용한 바 있다([Pinto05-b]).

컴퓨터 게임 장르들 중 확장 행동망을 적용해 볼만한 것이 바로 *Unreal Tournament* 같은 1인칭 슈팅 게임이다. 그런 게임의 경우 에이전트는 3차원의 연속적인 가상 환경 안에서 게임의 다른 개체들과 실시간으로, 또한 다양한 방식으로 상호작용한다. 에이전트에게는 다양하고 복잡한 시나리오 또는 게임 레벨이 주어지게 되며, 그에 대해 에이전트는 다양한 성질의 무기들과 아이템들을 적절히 사용해야 한다. 에이전트는 서로 다른 지형들 사이에서 이동하면서 다른 여러 에이전트들과 상호작용한다. 에이전트가 수행할 수 있는 행동 또는 작용의 종류는 여러 가지로 다양하며(달리기, 걷기, 돌기, 기어가기, 사격, 무기 변경, 뛰어 오르기, 횡이동, 아이템 줍기, 아이템 사용 등등), 여러 행동들이 동시에 수행되는 경우도 있다(뛰어 오르면서 사격하기 등). 또한 적을 죽임과 동시에 자신의 안전을 기해야 하는 등 서로 모순되는 목표들이 동시에 주어지기도 한다.

이런 장르에서는 주로 피상적인 캐릭터들이 등장하게 되므로, 단순하고 전형적인 성격으로도 충분할 수 있다. 이 글에서는 확장 행동망 모형을 소개하고 그것의 행동 선택 품질을 측정한 실험 결과를 제시한다. 또한 서로 다른 캐릭터 성격을 창출하기 위해 행동망을 조율, 수정하는 방법도 살펴본다.

확장 행동망

확장 행동망은 일단의 모듈들과 목표들이 연결된 그래프라고 할 수 있다. 각 단계마다 목표들에서 모듈들로 '활성화 에너지'가 전파되며, 에너지와 수행가능성(executability)이 높은 모듈들(단, 같은 자원들을 사용하지 않는)이 선택, 수행된다. 그럼 이러한 행동망의 구조와 행동 선택 알고리즘을 자세히 살펴보자.

구조

확장 행동망은 여러 개의 미리 정의된 집합들로 이루어진다. 구체적으로는, 행동 모듈들의 집합, 목표들의 집합, 모듈들과 목표들을 연결하는 링크들의 집합, 자원들의 집합, 그리고 제어 매개변수들의 집합이다. 그림 3.5.1은 이 실험에 사용한 행동망 명세의 일부이다. 그림 3.5.2는 이 명세로부터 구축한 망으로, 둥근 모서리 사각형은 **목표**이고 직사각형은 **행동**, 8각형은 **자원**이다. 실선 화살표는 **선행**(predecessor) 관계를 나타내며 쇄선 화살표는 **충돌**(conflict) 관계를, 점선 화살표는 자원 의존 관계를 나타낸다.

하나의 목표 g_i는 목표 달성을 위해 반드시 만족해야 하는 명제(조건)와 목표의 강도, 그리고 그 목표의 문맥을 제공하는 명제들의 선언으로 정의되는데, 그러한 선언을 **적절성**

조건(relevance condition)이라고 부른다. 강도는 목표의 정적이고 문맥 독립적인 중요도에 해당하며, 적절성 조건은 동적, 문맥 의존적 중요도에 해당한다.

이처럼 목표에 대해 두 종류의 조건을 사용하는 덕분에 에이전트가 상황에 따라 목표의 중요도를 좀 더 유연하게 표현할 수 있다. 문맥 독립적 목표는 적절성 조건과는 무관하다. 그림 3.5.1의 *EnemyHurt* 목표가 좋은 예이다. 적절성 조건과 무관한 목표는 항상 적절한 목표로 간주된다. 즉, 그런 목표의 적절성은 항상 최대이다.

```
Module                              Goal
name ShootEncmy                     name EnemyHurt
precondtion EnemyInSight            Context <none>
action ShootEnemy                   condition EnemyHurt
effects EnemyHurt 0.6               strength 1.0
        LowAmmo 0.1                 endGoal
using Hands 2 Head 1
endModule                           Goal
                                    name Not LowAmmo
Resource                            context LowAmmo
name Legs                           condition Not LowAmmo
amount 2 endResourse                strength 0.7
                                    endGoal

Resource
name Head                           Parameters
amount 1 endResource                name ActivationInfluence value 1.0
                                    name InhibitionInfluence value 0.9
Resource                            name Inertia value 0.5
name Hands                          name GlobalThreshold value 0.6
amount 2 endResource                name ThresholdDecay value 0.1
                                    endParameters
```

그림 3.5.1 간단한 행동망 명세

각 행동 모듈은 조건 목록, 작용, 효과 목록, 자원 목록으로 이루어진다. 조건 목록은 모듈 수행에 필요한 조건들을 나타내는 실수값 명제들을 결합한 것이다. 효과 목록은 모듈의 행동을 수행한 후에 기대할 수 있는 명제 값들(각각 부호가 바뀔 수 있다)의 결합이다. 자원 목록은 에이전트가 행동을 수행하는 데 사용할 자원과 그 양의 쌍들로 이루어진다.

목표와 모듈은 두 종류의 관계로 연결(링크)된다. 선행 관계에서는 한 모듈 또는 목표에서 시작해서 그 목표의 조건 목록에 있는 각 명제가 자신의 효과 목록에 있는 다른 모듈(들)로 이어지는데, 이 때 연결 양쪽의 부호(참이면 +, 거짓이면 -)가 동일해야 한다.

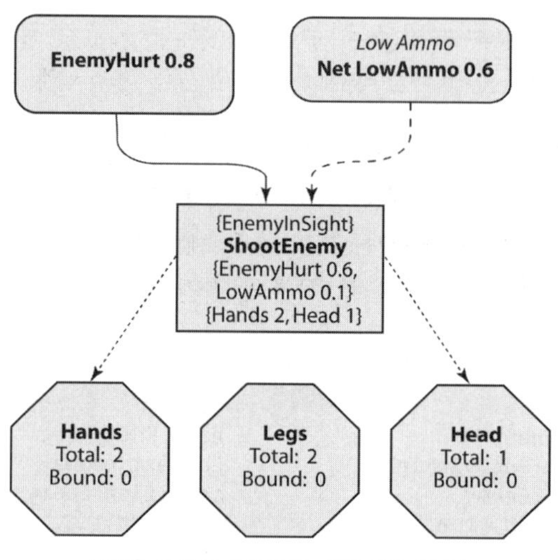

그림 3.5.2 간단한 행동망 도표

그림 3.5.2의 *EnemyHurt* 목표에서 *ShootEnemy* 모듈로의 연결이 선행 관계의 예이다. 충돌 관계에서는 한 모듈 또는 목표에서 그 목표의 조건 목록에 있는 각 명제가 자신의 효과 목록에 있는 다른 모듈(들)로 이어지는데, 이 경우에는 연결 양쪽의 부호가 반대이어야 한다. 그림 3.5.2에서는 *Not LowAmmo*에서 *ShootEnemy*로의 연결이 충돌 관계이다. 충돌 관계는 대상에서 에너지를 뺏으며, 선행 관계는 대상에 에너지를 투입한다. 결과적으로, 주어진 모듈이나 목표의 효과를 감소하거나 무산시키는 다른 행동 모듈들은 에너지가 감소해서(억제) 선택 가능성이 줄어들며, 반대로 효과를 증대하는 행동 모듈들은 에너지가 증가해서(자극) 선택 가능성이 커진다.

각 자원 노드에는 주어진 상황 s에서 그 자원의 기대 사용량을 돌려주는 함수 $f(s)$가 정의되어 있다. 또한 자원 노드에는 제한된 자원의 양을 담는 *bound*라는 변수와 자원 활성화 문턱값 $\theta_{\mathrm{Res}} \in (0..\theta]$도 정의되어 있는데, 여기서 θ는 전역 활성화 문턱값이다. 그림 3.5.2의 경우에는 각 자원의 기대 사용량이 모든 상황에서 동일하다. 이는 이 모형에서 자원들이 에이전트의 신체 부분들이고, 해당 게임이 팔, 다리 절단 등의 잔혹한 사건들은 다루지 않기 때문이다.

모듈과 자원의 연결은 자원에 대한 모듈의 의존성을 나타낸다. 한 모듈의 자원 목록의 각 자원 종류마다, 그 모듈에서 해당 자원 노드로의 연결이 존재한다.

제어 매개변수들은 행동망의 세밀한 조율에 쓰이는 것으로, 값의 범위는 [0,1]이다. 활성 영향 매개변수인 γ는 선행 관계 링크를 통한 활성화 증가(양의 활성도 전달) 정도를 제어한다. 억제 영향 매개변수 δ는 충돌 링크를 통한 활성화 감소(음의 활성도 전달) 정도를 제어한다. 관성 β와 전역 문턱값 θ, 문턱값 감소치 $\Delta\theta$도 있는데, 이들의 기능에 대한 보다 자세한 내용은 다음 절에서 살펴보겠다.

행동 선택 알고리즘

각 갱신 주기마다 다음과 같은 과정을 통해서 행동 모듈이 선택된다.

1. 각 모듈의 활성도 a를 계산한다.
2. 가 모듈의 수행가능성 e를, 조건 목록에 대해 일정한 산가 노름(triangular norm) 연산을 적용해서 계산한다.
3. 각 모듈의 수행 가치 $h(a,e)$를 계산한다. 이 값은 a와 e를 곱한 것으로, 그 행동의 적합성(활성화)과 행동 수행 성공률(수행가능성)을 결합한 것이라 할 수 있다. 이런 방식 덕분에, 목표들을 아주 잘 만족하지는 않더라도 활성화가 높으면 모듈이 선택될 수 있다.
4. 각 모듈마다, 모듈에 필요한 자원들 중 사용할 수 없는 자원들을 제외한 나머지 자원들 각각에 대해 해당 자원의 문턱값이 초과되었는지, 그리고 수행에 필요한 양이 있는지 점검한다. 있다면 모듈과 자원을 연관시킨다.
5. 필요한 모든 자원과 연관된 모듈이 있다면 그것을 수행하고, 자원 문턱값들을 전역 문턱값으로 재설정한다.
6. 각 모듈마다, 모듈과 모듈이 사용한 자원들의 연관을 해제한다.

자원 문턱값들은 시간이 지남에 따라 선형적으로 감소한다. 이는 한 행동 모듈이 언젠가는 필요한 모든 자원과 연관됨을 보장하며, 가장 활발한 활동에 높은 우선순위가 주어지는 효과를 낸다.

식 3.5.1은 시간 t에서 선행 관계를 따라 목표 g_i에서 모듈 k로 가는 활성도이다. 여기서 함수 f는 목표의 강도와 동적 적절성을 결합하는 삼각 노름 연산자이다. ex_j항은 전파 대상(모듈 k)의 효과 명제의 값이다.

$$a_{kg_i}^{t}{}' = \gamma \cdot f\left(l_{g_i}, r_{g_i}^{t}\right) \cdot ex_j \tag{3.5.1}$$

식 3.5.2는 시간 t에서 충돌 관계를 따라 목표 i에서 모듈 k로 가는 활성도이다.

$$a_{kg_i}^{t}{}'' = -\delta \cdot f\left(l_{g_i}, r_{g_i}^{t}\right) \cdot ex_j \tag{3.5.2}$$

식 3.5.3은 시간 t에서 선행 관계를 따라 선행 모듈 $succ$에서 후행 모듈 k로 전파되는 활성도이다.

$$a_{kg_i}^{t}{}''' = \gamma \cdot \sigma\left(a_{succ\,g_i}^{t-1}\right) \cdot ex_j \cdot \left(1 - \tau(p_{succ}, s)\right) \tag{3.5.3}$$

여기서 p_{succ}는 후행 모듈의 명제이고 a_{succ}는 후행 모듈의 활성도이다. $\tau(p_{succ}, s)$는 상황 s에서의 p_{succ}의 값이다. 이 식에서 보듯이, 활성도는 선행 관계의 시작 쪽의 명제가 덜 만족스러울수록 더 많이 전파된다. 이는 아직 만족되지 않은 목표를 위한 하위목표들에 해당하는 모듈들이 선택될 가능성을 높이는 효과를 낸다.

식 3.5.3의 σ는 식 3.5.4와 같이 정의된다. 이 항은 행동 모듈을 확률이 더 높은, 좀 더 강한 끌개(attractor)로 만든다([Goetz97]). 이 항 덕분에 감지기의 작은 변화 때문에 진행 중인 행동이 방해될 가능성이 감소하며, 결과적으로 불필요한 행동 전환이 감소한다.

$$\sigma(x) = \left(1 + e^{k(\mu - x)}\right)^{-1} \tag{3.5.4}$$

식 3.5.5는 한 모듈에서 충돌 관계 링크를 통해 나가는 활성도를 나타낸 것이다. a_{conf} 항과 p_{conf} 항은 충돌 관계의 시작 쪽 모듈의 활성도와 명제 값이다.

$$a_{kg_i}^{t}{}'''' = -\delta \cdot \sigma\left(a_{conf\,g_i}^{t-1}\right) \cdot ex_j \cdot \tau(p_{conf}, s) \tag{3.5.5}$$

식 3.5.6은 모듈 k의 시간 t에서의 활성도이다. 식에서 보듯이, 모듈의 활성도는 이전 시간 단계 $t-1$에서의 활성도에 관성 상수 β를 곱한 것과 각 목표 i가 유지하는 활성도들의 합을 더한 것이다.

$$a_k^{t}{}' = \beta a_k^{t-1} + \sum_i a_{kg_i}^{t} \tag{3.5.6}$$

각 목표가 유지하는 활성도는 식 3.5.7과 같이 주어진다. 식에서 보듯이, 이 활성도는 앞에서 언급된 여러 활성도들 중 가장 큰 것의 절댓값이다. 이는 한 모듈에서 각 목표로의 경로들 중 가장 강한 경로가 유지되는 것에 해당한다.

$$a_{kg_i}^{t} = \mathrm{abs}\left(\max\left(a_{kg_i}^{t}{}', a_{kg_i}^{t}{}'', a_{kg_i}^{t}{}''', a_{kg_i}^{t}{}''''\right)\right) \tag{3.5.7}$$

■ 행동 선택 품질

필자들은 그림 3.5.3의 행동망을 이용한 행동 선택의 품질을 여러 가지 실험들을 통해서 평가해 보았다. 이번 절에서는 에이전트의 고수준 행동 방식과 실험에서 에이전트가 실제로 수행한 행동들, 그리고 실험에 쓰인 행동망 제어 변수들을 설명하겠다. 행동망의 기존 구성은 다음과 같았다 : γ(활성 영향 계수)＝1.0, δ(억제 영향 계수)＝0.9, β(관성)＝0.5, θ(전역 문턱값)＝0.6. 이 매개변수들은 대부분의 경우에 잘 작동했다. 일부 실험들에서는 몇몇 매개변수들에 극단적인 값을 부여해 보았다(특히, β와 억제 영향 계수 δ). 이하의 설명은 에이전트 행동을 직접 관찰한 결과와 기록된 로그를 분석한 결과에 기초한 것이다.

전반적인 행동 방식

에이전트의 전반적인 행동 방식은 다음과 같다: 레벨의 출발점에서 이동을 시작해서, 적을 발견할 때까지 레벨을 떠돌아다닌다(*Explore*). 적을 발견하면 사격을 시작하고(*Shoot Enemy*) 적에게 다가간다(*GoToEnemy*). 그런 다음에는 좀 더 효과적인 무기인 'Impact Hammer'로 바꾸어서 적을 해치우려 한다(*FinalizeWithHammer*). 적이 죽으면 사격을 멈추고(*StopShoot*) 다시 적을 찾아 돌아다닌다(*Explore*). 적을 발견했을 때에는 일정 시간

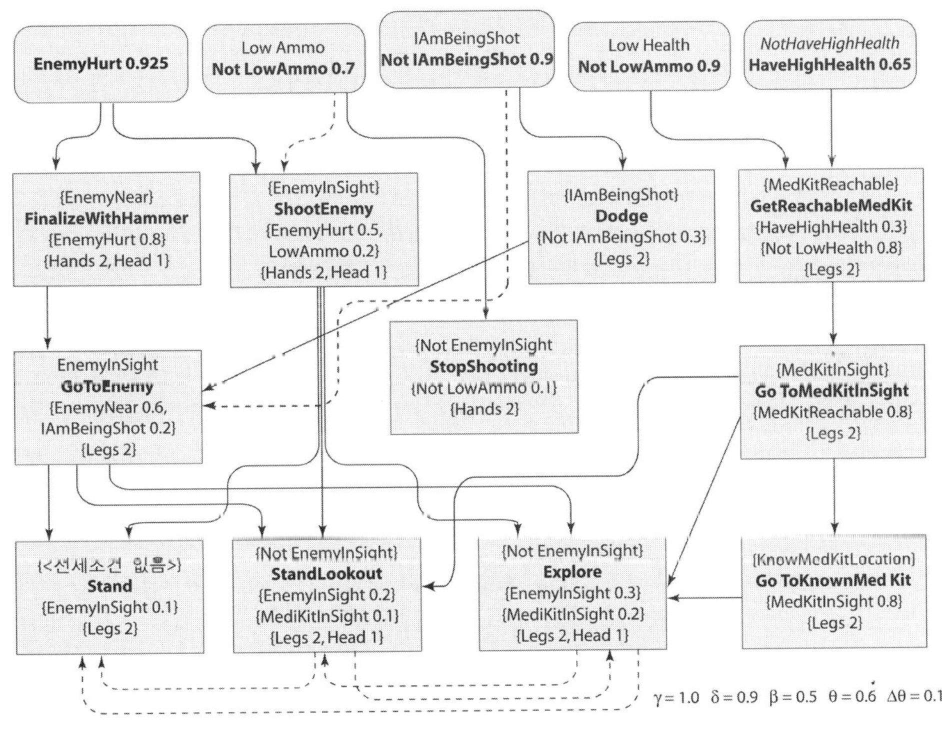

그림 3.5.3 행동 선택 품질 평가에 쓰인 행동망

동안 사격을 반복한 후 사격을 멈추고 적에게 다가간다. 교전 도중 부상을 입은 경우, 구급상자의 위치를 알고 있다면(*GoToKnownMedKit*의 참값이 크면) 그 지점으로 이동해서 생명치를 회복한다. 적에게 다가가는 도중 생명치가 아주 낮아지면, 그리고 도달 가능한 구급상자를 알고 있으면(*MedKitReachable*) 적에게 다가가기를 중단하고 총을 쏘면서 구급상자 쪽으로 이동한다. 단, 그 구급상자가 적과 가까이 있는 경우에는 적을 해머로 죽이려 한다(*FinalizeWithHammer*).

행동 연쇄

실험에서 세 종류의 행동 순차열을 관찰할 수 있었다. 공격 시에는 {*StopShooting, Explore, GoToEnemy, ShootEnemy, FinalizeWithHammer*}라는 순차열이 흔히 나타났으며, 주변에 적이 없고 생명치가 낮을 때에는 {*GoToKnownMedKit, GoToMedKitInSight, GetReachableMedKit*} 순차열이 발생했다. 그 둘이 결합된 {*Explore, GoToEnemy, ShootEnemy, FinalizeWithHammer, StopShooting, GoToKnownMedKit, GoToMedKitInSight, GetReachableMedKit*}이라는 긴 순차열도 발견되었는데, 이것이 에이전트의 가장 흔한 전반적 행동 방식이었다. 관찰 결과, 명시적인 계획 수립 없이도 에이전트가 비교적 길고 일관된 연쇄 행동을 수행할 수 있음을 알 수 있었다.

반응성과 일관성

{*Explore, GoToEnemy, FinalizeWithHammer*} 순차열은 *EnemyHurt*라는 목표를 달성하기 위한 계획이라고 할 수 있다. 적에게 다가가는 도중 총을 맞은 에이전트는 *GoToEnemy* 행동을 중단하고 *BehaviorDodge* 행동을 수행한다. 만약 사격을 피했다면 다시 *GoToEnemy*로 돌아간다. 이런 모습은 에이전트가 환경의 사건에 반응할 뿐만 아니라 기존의 "계획"을 기억하는 듯한 인상을 주게 된다. 즉, 반응성과 일관성이 잘 조합된 것이다. β(관성)의 값을 크게 했더니 에이전트가 사격 감지 후 회피로 전이하기까지 어느 정도 시간이 걸려서, 사격을 여러 번 받아야 비로소 피하는 행동을 보이게 되었다.

충돌 해소

그림 3.5.3의 행동망을 다시 보자. *EnemyHurt* 목표는 *ShootEnemy* 행동을 촉발하지만 *Not LowAmmo* 목표는 *ShootEnemy* 행동을 억제한다. *Not LowAmmo*는 에이전트의 탄약이 부족해지기 전까지는 그 영향력이 크지 않다. 탄약이 부족해지면 *Not LowAmmo*의 충돌 영향이 커지게 되고, 이에 의해 에이전트는 무기를 해머로 바꾼다(*FinalizeWithHammer*). 이는 해머가 탄약 자원을 요구하지 않기 때문이다. 이러한 다소 기이한 탄약 절약 행동은 서

로 모순되는 목표들에서 자생적으로 창발된 것이다(설계자의 애초의 의도는 *StopShooting* 행동을 통해서 탄약을 절약하는 것이었다).

GoToEnemy 행동에서도 충돌 해소 상황이 나타난다. *EnemyHurt*를 좀 더 잘 만족하기 위해서는 에이전트가 적에게 가까이 다가가야 하나, *Not IAmBeingShot*을 만족하려면 어느 정도는 거리를 두어야 한다. 행동망은 이러한 모순도 잘 처리했다. 에이전트는 적절히 총알을 회피하고 회피 후에 다시 적에게 다가가는 식의 지능적인 행동을 보였다.

여러 목표들에 기여하는 행동의 선호

수행가능성이 동일한 경우, 행동망은 항상 *Stand* 대신 *StandLookout*과 *Explore*를 선호했다. *Stand*의 *EnemyInSight* 효과의 기대 값을 더 크게 주었는데에도 그러한 선호도가 나타난 것이 다소 이상하게 여겨질 수도 있겠지만, 이유는 간단하다. *StandLookout*과 *Explore*는 *EnemyHurt*와 *HaveHighHealth*에 기여하는 반면, *Stand*는 *EnemyHurt*에만 (*ShootEnemy*를 거쳐서) 기여한다. 더 많은 목표들에 기여하는 모듈이 활성도를 더 많이 축적하며, 따라서 더 자주 선택되는 것이다.

동시 행동들의 적절한 조합

실험한 바에 따르면 에이전트의 자원 활용은 훌륭했으며, 행동들의 조합도 자연스러웠다. 적의 총알을 피하면서 적에게 사격을 가하거나 적에게 뛰어가면서 사격을 가하는 행동, 적이 보이지 않으면 수색을 하거나 구급상자를 찾을 때에는 사격을 멈추는 행동, 구급상자로 향하는 도중에 적에게 사격을 계속 가하는 행동 등등 관찰된 행동 조합들은 모두 합리적이었으며, 실제로 이전의 분석에서 예상했던 좋은 행동 조합들 전부를 관찰할 수 있었다.

이러한 관찰 결과는 확장 행동망이 목표 지향적 게임 에이전트를 위한 행동 선택 해법으로서 경쟁력을 갖춘 메커니즘임을 보여준다. 다음 절에서는 행동망의 조율 및 수정을 통해서 에이전트의 성격을 차별화하는 방법에 대해 이야기하겠다.

성격의 설계

행동망으로 제어하는 에이전트의 성격을 만드는 방법은 크게 세 가지, 즉 전역 매개변수 변경, 목표 강도 변경, 행동망 구조 자체의 변경으로 나뉜다.

전역 매개변수 변경

전역 매개변수들을 변경하면 신중함과 일관성이라는 두 가지 성격 요인을 제어할 수 있다. 신중함은 활성화 문턱값 θ, 일관성은 관성 β에 영향을 받는다.

활성화 문턱값 θ가 크면 활성도와 수행가능성이 높은 행동들만 선택된다(행동 모듈의 수행가능성 곱하기 활성도가 행동에 필요한 자원의 문턱값보다 커야 그 행동 모듈이 선택됨을 기억할 것). 따라서 에이전트는 더 나은 행동을 선택하게 된다. 또, 다음 행동을 선택하는 데 평균적으로 더 많은 활성도 전파 주기가 요구되기 때문에 반응성이 조금 떨어진다. 결과적으로, 외부의 관찰자에게는 에이전트가 상황을 좀 더 오래 숙고한 후에 가장 효과적인 행동을 선택하는 것처럼 보일 수 있다.

관성 β가 높으면 행동의 일관성이 커진다. 즉, 에이전트는 감각 정보가 크게 또는 오래 변할 때에만 행동을 바꾼다. *Unreal Tournament*에서 고참병과 신병이라는 두 종류의 캐릭터를 만든다고 하자: 고참병은 침착하고 이성적이며, 장기적으로 자신의 모든 목표를 최대한 만족하려고 한다. 고참병은 자제력이 뛰어나고 일관적이며, 최대한 많은 적을 죽이려 하되 자신의 목숨을 소중히 여긴다. 반면 신병은 고참병을 동경하면서 고참병의 것과 동일한 가치들을 추구하나, 참을성이 없고 적절한 행동에 필요한 규율이 부족하다. 신병은 충동적이며, 상황에 맞는 최적의 행동을 취하지 않는 경우가 많다.

고참병의 성격은 일련의 게임들에서 자신의 점수를 최대화하려는 에이전트에 대한 요구사항들과 일치한다. 그림 3.5.3에 나온 행동망이 바로 그러한 에이전트를 고려한 것이다. 이전 절의 전반적인 행동 설명을 다시 살펴보면 그 에이전트가 전형적인 전투 베테랑의 성격을 반영한 것임을 알 수 있을 것이다. 즉, 에이전트는 공격 시 일관성을 보이며, 안전한 상황에서는 자신의 치료에 주력하고, 공격을 받는 상황에서도 "패닉"에 빠지는 일없이 전투를 지속하는 내구력을 가지고 있다.

이러한 고참병용 행동망을 신병에 맞게 수정하려면 어떻게 해야 할까? 에이전트를 좀 더 충동적으로 만들기 위해선 관성을 낮추어야 한다. 그러면 에이전트가 주변 환경에 좀 더 민감하게 반응한다. 예를 들어 사격을 당한 에이전트는 즉시 회피로 전환한다. 또한 적에게 다가가다 생명치가 아주 낮아진 상황에서 구급키트를 보게 되면 즉시 그 쪽으로 가버리게 되는데, 만일 적도 에이전트만큼 부상을 입은 경우라면 그런 행동은 그리 바람직하지 않다. 그냥 해머로 적을 해치우는 쪽이 더 낫기 때문이다. 추적 상황에서도 마찬가지이다. 사격을 좀 받는다고 해도, 생명치가 아주 낮지 않다면 즉시 회피하는 것보다는 계속 사격을 하는 것이 유리하다(회피한다고 해서 부상을 입지 않으리라는 보장이 없으므로).

전역 문턱값을 낮추는 것도 신병의 성격을 만드는 데 도움이 된다. 전역 문턱값이 낮으면 한 시점에서 좀 더 많은 모듈들이 자원 요구 문턱값들을 넘기게 될 텐데, 그런 모듈들 사이에는 특정한 우선순위가 없다. 따라서 최적의 행동이 선택되지 않을 가능성이 커진다. 실제로 전역 문턱값을 낮추었더니 아주 가까이에 적이 있고 해머로 최후의 일격을 가할 수 있는 상황에서도 그냥 총으로 사격을 가하는 행동을 보였다. 또한, 전역 문턱값을 아주 낮은 값인 0.1로 설정했더니 에이전트가 레벨을 돌아다니는 (*Explore*) 대신 그냥 서 있는 행동(*Stand*)을 선택하는 경우가 많았다.

실험 결과, 신병의 성격을 가장 잘 나타내는 매개변수 값들은 $\gamma=1.0$, $\delta=0.9$, $\beta=0.1$, $\theta=0.25$, $\triangle\theta=0.1$이었다.

목표 강도 변경

고참병 캐릭터의 매개변수 몇 개만 바꾸어도 새로운 성격을 만들어낼 수 있음을 알아챈 게임 디자이너가 캐릭터를 두 종류 더 만들어 달라고 했다고 하자. 구체적으로는 사무라이와 버서커(광전사)라고 하겠다.

디자이너가 요구한 사무라이는 냉혹하고 일관적이며 공격적이다. 사무라이는 싸우다 죽는 것을 최대의 영예로 여기며, 그런 만큼 강적과 맞서길 좋아한다. 사무라이는 자신의 목숨을 지키는 것보다 적의 사살을 더 큰 목표로 삼는다. 고통이나 위험에도 싸움을 멈추지 않으며, 한 적과 싸우다 말고 다른 적을 공격하는 경우도 거의 없다.

버서커 역시 공격적인 반면, 일관성이나 규율은 보이지 않는다. 전투장에 투입된 버서커는 적들을 무차별적으로 맹렬하게 공격한다. 고통에 둔감하며, 치료를 위해 또는 사격을 피하기 위해 공격을 멈추는 일도 거의 없다.

사무라이의 일관성과 신중함이라는 속성은 고참병과 동일하며, 따라서 전역 매개변수들만으로는 사무라이를 차별화할 수 없다. 고참병을 사무라이로 바꾸기 위해서는 목표 강도들을 변경해야 한다. 필자들은 *EnemyHurt*를 0.1로, *NotIAmBeingShot*을 0.6으로, *NotLowHealth*를 0.5로, *HaveHighHealth*를 0.4로 바꾸어 보았다. 이런 수치라면 사격을 피하기보다는 계속해서 적에게 다가가는 행동을 보일 것이며, 교전 도중 구급상자로 기는 일도 없을 것이다. 실제로 사무라이 에이전트는 적을 발견하면 사격을 가하면서 접근하다가 적이 죽지 않으면 해머로 끝내는(*FinalizeWithHammer*) 행동을 보였다. 또, 적이 보이지 않으면 구급상자를 찾아서 생명치를 회복했다. 외관상으로 이 사무라이 에이전트는 디자이너가 요구한 사무라이의 성격처럼 고통(낮은 생명치)이나 위험(사격 받음)에도 공격을 멈추지 않으며, 좋은 공격 전략을 사용했다(사격 후 근거리에서 해머 공격).

광전사는 사무라이와 목표가 비슷하므로, 사무라이 행동망을 수정해서 만들기로 했다. *LowHealth* 목표의 강도를 낮추어서 고통에 더욱 둔감하게 만들고, 전장에서 날뛰는 모습을 얻을 수 있도록 관성과 전역 문턱값도 낮추었다. 관성 β를 낮추면 에이전트가 상황 변화에 더욱 민감해지며, θ를 낮추면 에이전트가 충동적인 선택을 하게 된다. 그러면 예를 들어 적과 가까운 위치에서도 해머 대신 총을 사용하는 모습을 볼 수 있다.

버서커의 전반적인 행동은 의도한 대로였다: 전투 도중 멈추거나 피하지 않았으며, 이동 중 마주치는 모든 것에 사격과 망치질을 퍼부었다.

새 행동 모듈 추가

전투 시나리오에서 꼭 필요한 캐릭터가 빠져 있는데, 바로 '겁쟁이' 캐릭터이다. 겁쟁이 병사의 주된 목표는 다치지 않고 전투에서 살아남는 것이다. 따라서 될 수 있으면 교전을 피하고, 생명치의 유지와 회복에 주력한다.

겁쟁이 성격을 얻기 위해 필자들이 한 일은 고참병 행동망의 *EnemyHurt*를 낮추고 *HaveHighHealth*를 높이는 것이었다. 전역 매개변수들은 그대로 두었는데, 이는 겁쟁이가 사무라이만큼이나 신중하고 고참병만큼이나 일관성을 지닐 것으로 생각했기 때문이다.

겁쟁이의 전반적인 행동은 다음과 같다: 레벨을 돌아다니다 적을 발견하면 사격을 시작한다. 적이 반격을 하면 공격을 멈추고 적의 사격을 피한다. 부상을 당하면 즉시 도달 가능한 구급상자를 찾는다. 그런 구급상자가 없으면, 생명치가 아주 낮아질 때까지 공격과 회피를 반복한다. 생명치가 아주 낮아지면 알고 있는 구급상자가 아주 멀리 있다고 해도 그 곳으로 이동한다.

이상의 서술에는 겁쟁이가 자신의 생명치 유지에 중점을 둔다는 점이 충분히 드러나 있다. 그러나 한 가지 중요한 특징이 빠져 있는데, 그것은 바로 적극적인 교전 회피 특성이다. 이를 보완할 수 있도록 행동망에 *GoAwayFromEnemy*라는 새 행동 모듈이 추가되었다. 이 모듈이 추가된 후, 겁쟁이 병사는 사격을 하면서 적에서 멀어지는 행동을 보였다 (*GoAwayFromEnemy*와 *ShootEnemy*를 동시에 수행). 그림 3.5.4가 겁쟁이 캐릭터의 행동망이다. 행동망에 새 모듈을 추가하는 것만으로도 새로운 행동을 추가할 수 있었음을 주목할 것. 특별한 조정은 필요하지 않으며, 모듈들 사이의 관계는 행동망이 자동으로 처리했다.

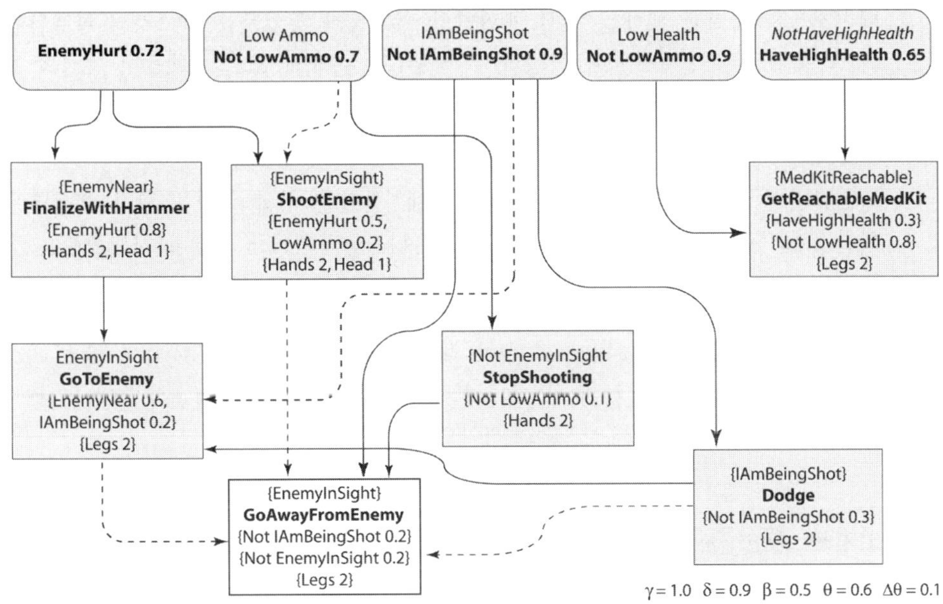

그림 3.5.4 겁쟁이 행동망.

결론

이 글에서 보았듯이, 확장 행동망은 요즘의 액션 게임들처럼 동적이고 연속적인 환경에서 복잡한 목표들과 행동들을 보이는 복잡한 게임 에이전트에 적합한 행동 선택 메커니즘이다.

특히, 이번 장에서는 확장 행동망이 3D 액션 게임 장르를 위한 행동 선택 메커니즘의 바람직한 속성들, 즉 일관성, 기회 활용, 다수의 목표를 만족하는 행동에 대한 선호, 충돌의 적절한 해소, 일련의 행동들을 통한 목표 달성, 동시적 행동들의 합리적인 조합 능력을 가지고 있음을 구체적인 사례를 통해 확인했다.

에이전트 설계의 관점에서 확장 행동망의 주된 장점은 구조가 모듈적이고 새 목표 및 행동의 통합이 쉽다는 것이다. 디자이너는 모듈을 하나씩 개발, 시험해 볼 수 있으며, 기본 행동들의 라이브러리를 구축하고 행동들을 재사용할 수 있다. 특정 에이전트의 설계에서도 디자이너가 모듈들을 조합하기만 하면 모듈들 사이의 상호작용은 아키텍처가 처리한다. 덕분에 디자이너는 모든 가능한 상호작용을 미리 예측해야 하는 부담을 덜 수 있으며, 따라서 더 재미있고 몰입적인 게임 플레이를 만드는 데 집중할 수 있다.

에이전트를 구축할 때에는 우선 캐릭터의 가치들과 동기들을 반영하는 목표들을 설정한다. 다음으로는 그 목표들을 달성할 수 있는(즉, 목표의 조건 명제들이 자신의 효과 목록에 포함되어 있는) 모듈들을 조합한다. 마지막으로는 에이전트가 원했던 행동과 성격을 보일 때까지 목표 강도들과 전역 변수들을 조정한다.

전형적인 성격들에 대한 실험 결과로 볼 때, 간단한 성격의 경우 확장 행동망은 유망한 해법이 될 수 있다. 단지 상수 값들을 조정하는 것만으로도 성격을 차별화하는 것이 가능하다.

로봇 분야에서 확고히 자리 잡은 확장 행동망 아키텍처는 목표 지향적 행동 계획 아키텍처의 요구사항들을 만족할 뿐만 아니라 상황에 의존적인 목표들을 서술하는 능력도 가지고 있으며, 목표들의 충돌도 잘 처리한다.

■■ 참고자료

[Dorer99] Dorer, K., "Extended Behavior Networks for the Magma Freiburg Team." *RoboCup-99 Team Descriptions for the Simulation League*, Linkoping University Press, 1999: pp. 79–83.

[Dorer04] Dorer, K., "Extended Behavior Networks for Behavior Selection in Dynamic and Continuous Domains." *Proceedings of the ECAI workshop, Agents in dynamic domains*, U. Visser, et al. (Hrsg.) Valencia, Spain, 2004.

[Goetz97] Goetz, P., "Attractors in Recurrent Behavior Networks." 박사 학위 논문, University of New York, Buffalo, 1997.

[Maes89] Maes, P., "How to do The Right Thing." *Connection Science Journal*, Vol. 1, No. 3., 1989.

[Müller01] Müller, K., "Roboterfußball: Multiagentensystem." 2001년 2월. CS Freiburg, Diplomarbeit. University Freiburg, Germany.

[Nebel03] Nebel, B., Y. Babovich, "Goal-Converging Behavior Networks and Self-Solving Planning Domains, or: How to Become a Successful Soccer Player." s.l. *IJCAI03*, 2003.

[Pinto05-a] Pinto, H., L. O. Alvares, "An Extended Behavior Network for a Game Agent." Anais do Quinto Encontro Nacional de Inteligência Artificial, Brazil, 2005-a.

[Pinto05-b] Pinto, H., L. O. Alvares, "Extended Behavior Networks and Agent Personality:

Investigating the Design of Character Stereotypes in the Game Unreal Tournament." *Proceedings of the Fifth International Working Conference on Intelligent Virtual Agents*, Kos, Greece, 2005-b.

[Rhodes96] Rhodes, Bradley, "PHISH-Nets: Planning Heuristically in Situated Hybrid Networks." 이학 석사 학위 논문, Massachusetts Institute of Technology, 1996.

[Tyrrell93] Tyrrell, Toby, "Computational Mechanisms for Action Selection." 박사 학위 논문, University of Edinburgh, U.K., 1993.

3.6 지지 벡터 기계를 사용하는 단기 기억 모형

Julien Hamaide, Elsewhere Entertainment

julien.hamaide@gmail.com

게임 프로그래머가 풀어야 하는 문제들 중 도전적인 게임 인공지능을 프로그래밍하는 것만큼 흥미로운 것도 별로 없다. 그러한 AI의 한 가지 핵심 요소는 학습 공정이다. 학습 시스템은 플레이어의 전략이 계속해서 변하면 힘을 발휘하지 못한다. 전통적인 학습 시스템들에서는 기존 규칙을 잊고 새 규칙을 배우기까지 많은 시간이 걸린다. 이에 대한 한 가지 해결책으로, 이 글은 학습 분류자에 시간 개념을 도입해서 시스템이 과거의 사건들을 좀 더 쉽게 잊을 수 있도록 만드는 기법을 제시한다. 이 기법은 이 글에서 말하는 지지 벡터 기계(support vector machine, SVM) 이외의 분류자들에도 적용할 수 있다.

지지 벡터 기계의 개요

SVM은 신경망 같은 학습 분류사(learning classifier)의 일종이나, 신경망 등과는 조금 다른 개념을 사용한다. SVM은 선형 분류자(linear classifier)들을 일반화한 것으로, 구축과 훈련 알고리즘에서 신경망들보다 더 뛰어난 특성을 보인다.

이 글에서는 SVM의 핵심 개념들만을 소개한다. 좀 더 자세한 내용은 [Cristianini01]에서 볼 수 있다. 우선 선형 분류자를 소개하고, 그것을 비선형 문제들에 일반화하는 방법을 제시하겠다. 그런 다음에는 핵함수 개념과 훈련 알고리즘을 설명한다.

선형 분류자

선형(직선) 분류자는 주어진 입력 공간을 초평면(hyperplane)을 이용해서 두 부류(A와 B)로 분리한다. 초평면 위쪽에 있는 점들은 부류 A에 속하고, 초평면 아래쪽의 점들은 부류

B에 속한다. 그림 3.6.1에 분류된 자료 집합이 나와 있다. 분류자의 유일한 매개변수인 초평면 D는 식 3.6.1로 정의된다. 핵심은, 부류 A와 부류 B의 점들이 식 3.6.2와 식 3.6.3을 만족할 때까지 분류자를 훈련시킨다는 것이다. 수식들에서 $\langle x,y \rangle$는 표준 내적 $\langle x,y \rangle = x_1 \cdot y_1 + x_2 \cdot y_2 + \cdots$을 의미한다.

$$D \equiv \langle w,x \rangle + d = 0 \tag{3.6.1}$$

$$x_i \in A \Leftrightarrow \langle w,x_i \rangle + d > 0 \tag{3.6.2}$$

$$x_i \in B \Leftrightarrow \langle w,x_i \rangle + d < 0 \tag{3.6.3}$$

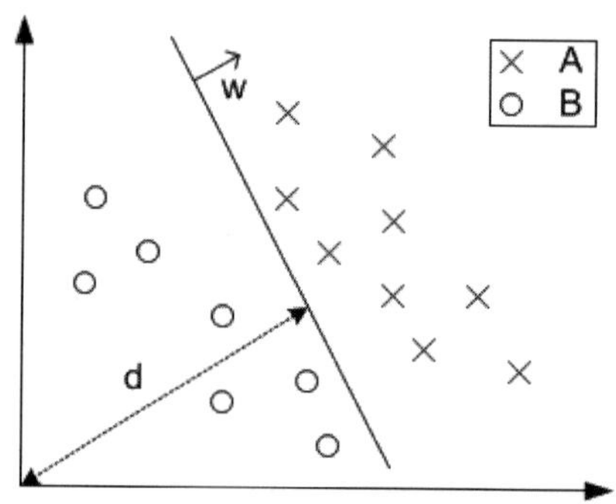

그림 3.6.1 선형 분리 가능한 자료 집합

그러나 두 가지 분류 조건을 가진 시스템을 훈련시키기란 쉽지 않은 일이다. 앞의 식들에 식 3.6.4와 3.6.5를 적용하면 분류 조건들이 식 3.6.6 하나로 통합된다.

$$y_i = 1 \Leftrightarrow x_i \in A \tag{3.6.4}$$

$$y_i = -1 \Leftrightarrow x_i \in B \tag{3.6.5}$$

$$y_i \cdot (\langle w,x_i \rangle + d) > 0 \tag{3.6.6}$$

이러면 훈련은 각 점에 대해 식 3.6.6을 만족하는 w와 d를 찾는 문제가 된다. 그런데 그러한 분할 평면은 무한히 많다. 그 중 분류자를 가장 잘 일반화하는 평면을 선택해야 하는데, 그런 평면은 훈련 집합에 포함되어 있지 **않은** 자료에 대해 가장 좋은 결과를 내는 평면이다. 이를 위해, 식 3.6.6 대신 식 3.6.7을 사용하기로 한다. 이제는 분할 평면이 두 개이다(그림 3.6.3). 각 평면은 y_i의 값 1 또는 −1에 각각 대응된다. 이 두 평면의 거리를

여백(margin)[1]이라고 부른다. 이 여백이 $1/|w|$에 비례함을 증명할 수 있다([Moore01]). 가장 일반화된 분류자를 위해서는 이 여백을 최대화해야 한다. 즉, $|w|$를 최소화해야 한다. 이 점이 훈련 알고리즘에 쓰인다.

$$y_i \cdot (\langle w, x_i \rangle + d) \geq 1 \tag{3.6.7}$$

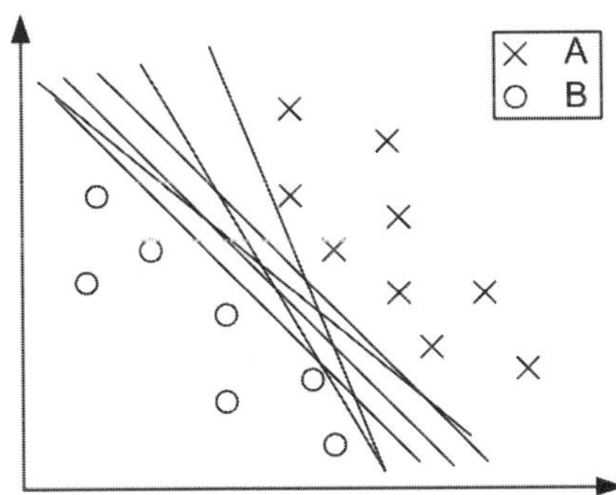

그림 3.6.2 자료 집합을 분할하는 여러 평면들.

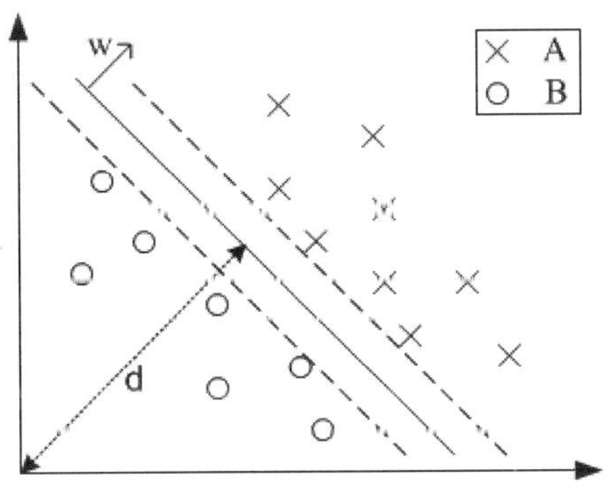

그림 3.6.3 최적이 분할 평면들.

---

1) 역주 : margin of error을 흔히 오차 범위나 오차 한계라고 옮긴다는 점을 생각하면 margin을 '범위'나 '한계'라고 하는 게 맞겠지만, 이 글에 한해서는 좀 더 직관적인(그래프들과 함께 생각할 때) '여백'을 사용하기로 한다.

식 3.6.8을 만족하는 점 x_i들을 **지지 벡터**(support vector, 또는 서포트 벡터)라고 부른다. 지지 벡터라는 이름이 붙은 이유는, 그 점들이 해(解)를 '지지(뒷받침)'하기 때문이다. 지지 벡터의 점들은 제한 평면에, 그리고 해당 부류의 경계에 놓인다.

$$y_i \cdot (\langle w, x_i \rangle + d) = 1 \tag{3.6.8}$$

벡터 w가 지지 벡터들의 1차 결합임을 증명하는 것이 가능하다([Burges98]). 식 3.6.8과 3.6.9를 합쳐서 식 3.6.10과 같은 수식을 만들 수 있다. 이러면 분류 조건이 훈련 자료와 독립적이 된다.

$$w = \sum \alpha_j y_j x_j, \ \text{단} \ \alpha_j \geq 0 \tag{3.6.9}$$

$$\sum \alpha_i y_i \langle x_i, x \rangle + d \geq 1 \tag{3.6.10}$$

이제 훈련은 적절한 α_i와 d를 찾는 문제가 된다. 식 3.6.8을 만족하지 않는 점들은 계수 α_i들이 0이므로 해로부터 멀어진다. 그것이 훈련으로 달성하고자 하는 한 목표이다. 지지 벡터들과 해당 계수들은 분류자의 매개변수들로 쓰인다.

그림 3.6.4는 해 평면이 지지 벡터들 상에 놓임을 보여준다. 한 가지 조건이 있는데, 지지 벡터들은 법선 w를 공유하므로 평면들이 반드시 평행해야 한다. 지지 벡터가 아닌 벡터를 제거해도 해가 변하지 않음을 증명하는 것이 가능한데, 이는 그런 벡터들의 α_i가 0이므로 그런 벡터들이 빠져도 분류자 매개변수들은 변하지 않는다는 점을 생각하면 이해할 수 있다.

이러한 특성 덕분에, 기존 자료 집합의 지지 벡터만 있으면 새 자료 집합으로 시스템을 훈련할 때 기존 자료 집합 전체를 유지할 필요가 없다.

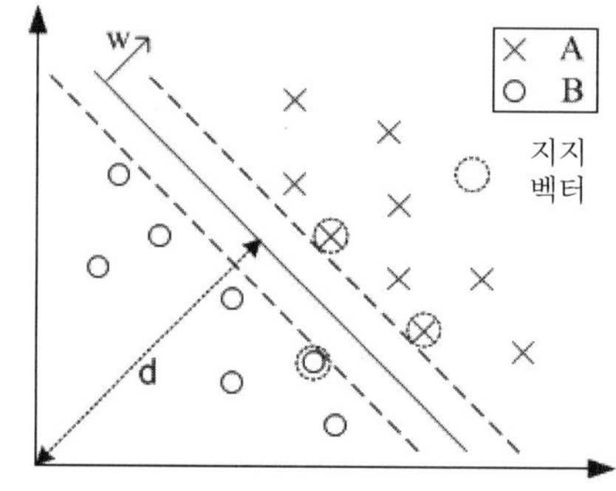

그림 3.6.4 평면들은 지지 벡터들에 놓인다.

비선형 분리 가능 자료 집합으로의 확장

선형적으로 분리할 수 없는 자료 집합이라도 입력 공간을 차원이 더 큰 공간으로 변환하면 직선으로 분리할 수 있게 되는 경우가 있다. 그림 3.6.5에 그러한 공간 변환의 개념이 나와 있다.

그림 3.6.6(a)에 나온 예를 보자. 선형 분류자로 아무리 시도해도 O들과 X들을 분리하는 평면은 절대로 나오지 않는다. 그러나 이 1차원 공간을 식 3.6.11을 이용해 2차원 공간으로 변환하면 자료 집합을 선형으로 분리할 수 있게 된다. 그림 3.6.6(b)가 변환된 공간과 자료 집합을 성공적으로 분리하는 평면이다. 단순한 사례였지만, 그러한 고차 공간 변환의 위력을 실감할 수 있었을 것이다.

$$\Phi(x) = (x, x^2) \tag{3.6.11}$$

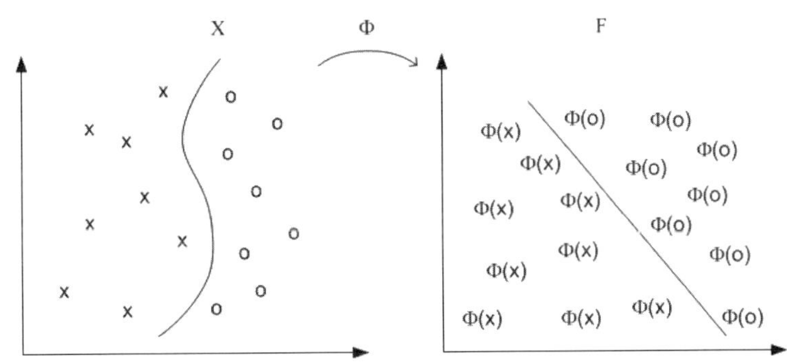

그림 3.6.5 입력 공간 변환.

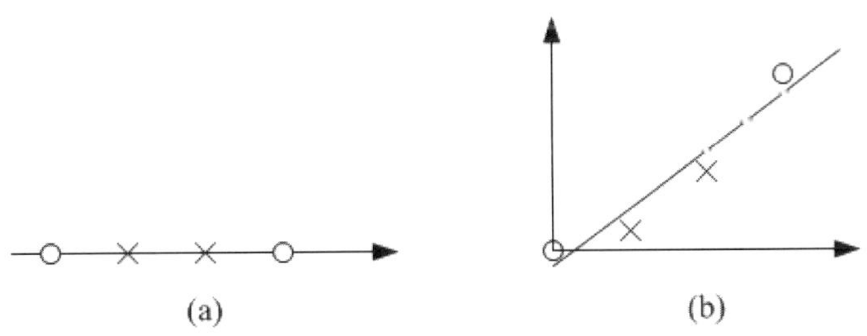

그림 3.6.6 고차 공간으로의 변환으로 문제를 해결한 예.

핵함수

각 벡터 x_i와 법선 w에 그러한 변환을 적용하면 식 3.6.10은 식 3.6.12가 된다.

$\langle \Phi(x_i), \Phi(x) \rangle$는 변환된 벡터들의 내적이다. 변환된 공간의 차원이 더 높긴 하지만, 내적의 결과는 항상 스칼라이다. 즉, $\langle \Phi(x_i), \Phi(x) \rangle$는 하나의 스칼라 값을 돌려주는 함수라고 생각할 수 있다. 이러한 함수를 핵함수(kernel function)라고 부르며, 주로 K로 표기한다. 식 3.6.13은 $K(x,y)$의 정의이다. 이제는 $\Phi(x)$를 알 필요가 없다. $\Phi(x)$ 역시 자료를 무한 차원 공간으로 변환할 수 있다(지수 핵함수가 그러한 변환의 한 예이다). 한 가지 예로, 식 3.6.11에 나온 변환과 동치인 핵함수를 식 3.6.14와 같이 계산할 수 있다. 식 3.6.15는 식 3.6.12의 분류 조건을 핵함수를 이용해 표기한 것이다.

$$\sum \alpha_i y_i \langle \Phi(x_i), \Phi(x) \rangle + d \geq 0 \tag{3.6.12}$$

$$K(x,y) = \langle \Phi(x), \Phi(y) \rangle \tag{3.6.13}$$

$$K(x,y) = \langle \Phi(x_i), \Phi(y) \rangle = \left\langle \begin{pmatrix} x \\ x^2 \end{pmatrix}, \begin{pmatrix} y \\ y^2 \end{pmatrix} \right\rangle = x \cdot y + x^2 \cdot y^2 \tag{3.6.14}$$

$$\sum \alpha_i y_i K(x_1, x) + d \geq 0 \tag{3.6.15}$$

핵함수는 [Burges98]에 나와 있는 몇 가지 조건들을 만족해야 한다. 지금 경우 일부 $\Phi(x)$가 이 핵함수의 요건에 부합한다. 식 3.6.16은 핵함수의 몇 가지 흥미로운 성질들을 나열한 것이다.

$$K(x,y) = K(y,x)$$

$$K(x,y) = K_1(x,y) + K_2(x,y)$$

$$K(x,y) = \alpha K_1(x,y), \; \text{여기서} \; \alpha > 0 \tag{3.6.16}$$

$$K(x,y) = K_1(x,y) \cdot K_2(x,y)$$

$$K(x,y) = f(x) \cdot f(y)$$

$$K(x,y) = K_3(\Phi(x), \Phi(y))$$

다음은 고전적인 핵함수 몇 가지이다. 이들은 식 3.6.16에 나온 성질들과 결합될 수 있다.

$$K(x,y) = \exp(- \| x - y \|^2 / 2\sigma^2)$$

$$K(x,y) = \langle x,y \rangle^n \tag{3.6.17}$$

$$K(x,y) = (\langle x,y \rangle + 1)^n$$

훈련

앞에서 언급했듯이, 훈련은 식 3.6.7을 만족하는 w와 b를 구하는 과정이지만, 식 3.6.9를 적용하면 식 3.6.15를 만족하는 α_i와 b를 구하는 과정이 된다. 궁극적인 목표는 가장 일반적인 분할 평면을 찾는 것이다. 가장 일반적인 분할 평면은 여백이 가장 큰, 즉 $|w|$이 가장 작은 평면이다. 이를 식 3.6.18로 표현할 수 있다. 이것은 제약이 있는 최적화 문제이다.

라그랑주Lagrange 최적화 이론을 적용하면 식 3.6.18은 식 3.6.19가 된다 ([Cristianini01]). 식 3.6.19는 2차(제곱) 최적화 문제이다. 2차 최적화 이론에 의하면 이 문제는 볼록꼴(convex)이며, 따라서 국소 최솟값은 존재하지 않는다. 이 최적화 문제에는 반드시 최적의 해가 존재한다. 주어진 자료 집합과 선택된 핵함수에 대해 항상 최적의 해를 찾을 수 있다는 것이 바로 SVM의 핵심 장점이다. 이러한 특성 때문에, 시스템에 대한 여러 차례의 훈련에서 항상 동일한 결과를 얻게 된다. 2차 최적화 알고리즘들은 여러 가지가 있지만, 이 글에서 그것들을 일일이 소개하는 것은 무리이다. 자세한 내용은 [Gould]를 보기 바란다.

$$\min_w \frac{1}{2} \| w \|^2, \ 단 \ \sum \alpha_i y_i K(x_i, x) + d \geq 0 \tag{3.6.18}$$

$$\max_\alpha \sum_i \alpha_i - \frac{1}{2} \sum_{i,j} \alpha_i \alpha_j y_i y_j K(x_i, x_j) \tag{3.6.19}$$

█ 단기 기억 모형

분류자 시스템은 수집된 자료를 통해서 훈련된다. 신경망에서는 과거에 배운 상황들을 신경망이 언제 잊게 되는지를 알아낼 수 있다. SVM의 분류는 지지 벡터들과 그 계수 α_i들로 특징지어진다(식 3.6.9 참고). 지지 벡터들은 수집된 자료 집합의 일부이며, 따라서 필요에 따라 벡터를 추가하거나 제거할 수 있다. 특히, 각 벡터에 만료 시간을 부여한 후 일정한 시간이 지나면 한 벡터를 해 집합에서 제거해서 그 벡터의 효과를 제거할 수 있다. 수집된 자료 집합 전체는 시간이 흐름에 따라 가장 늙은 벡터가 제거되고 완전히 새로운 벡터가 추가되면서 진화한다. 그림 3.6.7은 수명이 다 된 지지 벡터를 제거해서 해를 진화시킨 예이고, 그림 3.6.8은 새 지지 벡터를 추가해서 해를 진화시킨 예이다.

한편, SVM에서 훈련은 지지 벡터들이 변하지 않는 한(또는 새 벡터를 추가하거나 기존 벡터를 추가하지 않는 한) 항상 동일한 결과를 내므로, 그런 경우 해는 변하지 않으며, 따라서 훈련이 아주 빠르게 완료된다. 반면 지지 벡터를 추가하거나 제거한 경우에는 훈련에 시간이 좀 더 걸린다. 그래도 훈련은 여전히 빠르게 진행되는데, 이는 비지지 벡터의 자료 가중치 (α_i)가 여전히 0이기 때문이다.

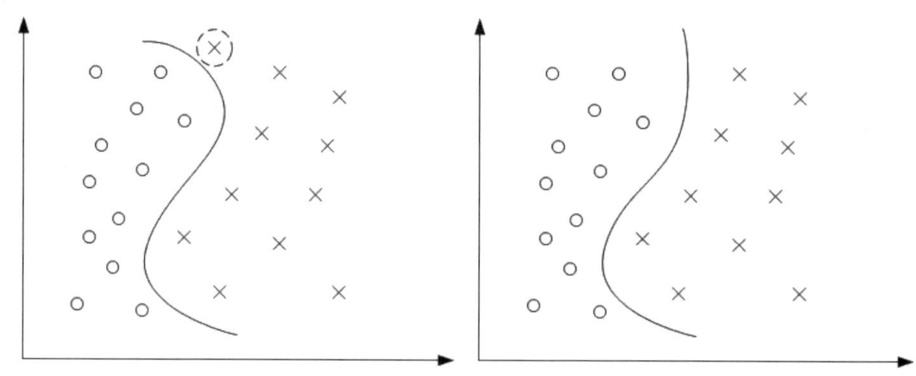

그림 3.6.7 수명이 다 된 벡터의 제거.

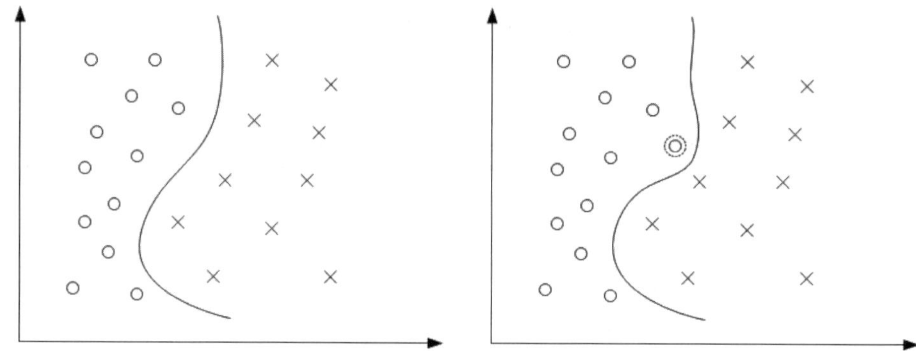

그림 3.6.8 새 지지 벡터 추가.

시스템 유도가 문제가 될 수도 있으나, 지지 벡터와 그 계수 α_i를 제외하면 핵함수만 잘 선택하는 것으로 해결할 수 있다. 그러나 이는 장점이기도 하고 단점이기도 하다. 적절한 핵함수의 선택이 쉽지만은 않을 수도 있기 때문이다.

이상에서 이야기한 시스템은 변화가 아주 심한 환경에 적합하다. 그런 환경에서는 과거에 얻은 지식의 영향이 영원히 이어지지 않기 때문이다. 신경망에서는 환경이 변하면 일부 결정들이 더 이상 유효하지 않게 되며, 그러한 문제를 바로잡기 위해서는 신경망이 여러 번의 오류를 겪어야 한다. 반면 지지 벡터에 만료 시간이 부여된 SVM에서는 한 번의 오류를 겪거나, 또는 일정한 시간(오래된 벡터가 만료될 때까지의)이 지나면 그만이다.

이 글에서는 시간 만료 기법을 SVM에 적용한 사례를 이야기했으나, 매개변수들이 훈련 자료 집합의 자료들로 표현되는 다른 분류자들에도 그러한 기법을 적용하는 것이 가능하다. 이를테면 K근접 이웃망(K-nearest neighbors, KNN) 등이 그러한 분류자에 속하는데, SVM의 일종인 KNN은 강화 학습(reinforcement learning)에 신경망 대신 사용할 수 있다.

▋ CPU 소비량 제한

점 x를 분류하려면 식 3.6.20을 계산해야 한다. 이를 위해서는 각 지지 벡터마다 $K(x,y)$를 평가하고 두 번의 곱셈을 수행해야 한다. 실시간 게임에서는 분류자의 CPU 소비량을 제한하는 문제가 중요하다. 수식을 더 단순화하지는 못하므로, 계산량을 제한하는 방법으로는 지지 벡터들의 개수에 상한을 두는 것과 그 개수가 변하지 않게 하는 것 밖에 없다. 시간 만료가 적용되는 시스템에서는 지지 벡터들이 너무 많은 경우 가장 오래된 지지 벡터를 평가에서 제외하는 방법을 사용할 수 있다. 그러나 제외된 벡터를 실제로 훈련 자료 집합에서 제거해서는 안 된다. 지지 벡터를 제거하면 다른 벡터가 새로 추가될 것이기 때문이다. 물론 지지 벡터를 평가에서 제외시키면 분류자의 전반적인 효과가 떨어진다. 그러나 게임에서는 지지 벡터들의 개수에 제한을 두는 것이 더 중요한 문제가 된다. 의사 결정에 약간의 잡음이 도입되긴 하지만, 분류자의 효과가 좀 떨어지는 것이 항상 단점으로 작용하는 것은 아니다.

$$\sum \alpha_i y_i K(x_i,x) \geq 0 \qquad\qquad (3.6.20)$$

결론

이 글에서는 SVM 및 시간 만료가 주어진 자료 집합이라는 개념이 소개되었다. 이러한 개념을 적용할 수 있는 분류 시스템들은 SVM 외에도 많지만, SVM은 분류자의 매개변수들을 훈련 자료 집합으로 표현할 수 있다는 추가적인 이점을 제공한다. SVM의 또 다른 장점은 지지 벡터의 개수를 제한함으로써 CPU 소비량을 제한할 수 있다는 것이다.

참고자료

[Burges98] Burges, Christopher, "A Tutorial on Support Vector Machines for Pattern Recognition." 1998. *Knowledge Discovery and Data Mining*, Vol. 2, No. 2: pp. 955–974.

[Cristianini01] Cristianini, Nello, "Tutorial on Support Vector Machines and Kernel Methods." ICML-2001 Tutorials. 웹 *http://www.support-vector.net/icml-tutorial.pdf*.

[Gould] Gould, Nick, Philippe Toint, "A Quadratic Programming Page." 웹 *http://www.numerical.rl.ac.uk/qp/qp.html*.

[Moore01] Moore, Andrew W., "Support Vector Machines." 웹 *http://www.autonlab.org/tutorials/svm.html*.

Michael Ramsey

3.7 교전 분석에 정량 판정 모형 적용하기

정량 판정 모형(定量-, quantified judgement model, QJM)은 전투에 대한 모형이자 이론이다. 원래는 역사적인 전투의 모의 실행을 위해 고안된 것이나, 이후 좀 더 다듬어져서 현대전의 예측에도 쓰이게 되었다. QJM은 게임의 잠재적 승자를 예측하는 데 이상적인 시스템이다. 이 글에서는 기본적인 QJM 공식을 설명한다. 소모도 계산, 유닛의 공간적 효력, 부상자 효과 등의 모형들을 추가해서 기본 공식을 더욱 확장하는 것도 가능하다.

역사상 전쟁은 언제나 있어왔고, 전쟁에 대한 이론도 다양하게 제안되어 있다. 전쟁 이론의 다채로운 역사에 크게 기여한 인물로는 조미니Henri Jomini([Jomini92])와 클라우제비츠 Carl Von Clausewitz([Howard83])를 들 수 있다. 조미니는 복잡한 기하학적 패턴들에 연계해서 전투 이론을 개발한 반면, 클라우제비는 좀 더 철학적이고 정성적(定性-)인 각도에서 전투에 접근했다. 클라우제비츠의 법칙들 중 하나는 "수의 법칙(Law of Numbers)"이다. 원래 수의 법칙은 파악하기 힘든 교전을 반영하는, 무작위 변수를 가진 두 수량의 간단한 관계를 다루기 위해 고안된 것이다. QJM에 영감을 주고 그에 깔린 이론의 근본 토대가 된 것이 바로 이 수의 법칙이다.

QJM은 충돌하는 두 무력을 일련의 변수들의 평가 및 계산을 통해서 비교할 수 있는 비교적 간단한 틀을 제공한다. QJM은 T. N. Dupuy가 고안했으며([Dupuy84]), 미군에서 역사적 전투를 평가하는 데 쓰였다. 군사 교전에서 가장 수량학하기 쉬운 측면은 전투원, 지형, 구조물에 대한 부기의 효과이다. 특정한 하나의 부기가 지니는 특성들은 대부분 잘 정의되어 있는 편이며, (일반적으로) 특정 표준을 준수한다. 그러나 실제 교전 도중에는 무기가 명세서상에 적힌 대로 작동하지 않는 경우도 많다. QJM은 무기의 사용량을 수량화함으로써 그러한 "가변적인" 인자들을 고려한다. 또한, QJM 공정은 다른 이론들이 무시하는, 예를 들면 '행동' 등의 몇 가지 요인들도 포함한다. 이 글에서는 QJM의 기본 공식을 상세히 설명하고, 그것을 이용해서 전투 결과를 빠르고 일관되게, 그리고 효율적으로 예측하는 방법을 소개한다.

■ 기본 공식

기본 QJM 공식은 몇 가지 합성 변수들을 결합한 비교적 간단한 형태이다. 따라서 글 끝에서 공식을 소개하기보다는 지금 바로 제시한 후 공식의 항들을 차례로 해설하는 접근 방식이 더 효과적일 것이다. 그런 다음에는 실제 적용 방법을 사례를 통해서 살펴보겠다.

기본 QJM 공식은 다음과 같다.

$$CP = FS \times VF \times CEV \tag{3.7.1}$$

여기서 CP는 전투 능력(combat power)을 뜻하고, FS는 화력 세기(force strength), VF는 가변적인 요인, 즉 변수들, CEV는 전투 효력(combat effectiveness)을 뜻한다. 상당히 간단한 공식으로 보이는데, 실제로도 간단하다. 그러나 대부분의 수학 공식들처럼 세부로 파고 들어가 보면 흥미로운 점들을 발견할 수 있다. 이제부터 이 공식의 각 항을 좀 더 세부적으로 설명하고, 그와 함께 이 공식을 하나의 간결한 모형으로 진화시켜 나가도록 하겠다. 특별한 언급이 없는 한, 모든 변수는 0에서 1까지의 값을 가진다.

■ 화력 세기의 계산

QJM의 성분들 중 하나는 화력 세기 FS이다. 이것은 적에게 가할 수 있는 화력의 총량이다. 화력 세기는 날씨, 지형, 병참, 지휘력 등 다양한 변수들에 의존한다. 화력 세기를 계산하는 기본적인 공식은 다음과 같다.

$$S = (W_N \times V_N) + (W_G \times V_G) + (W_I \times V_I) + (W_Y \times V_Y) + (W_G \times V_L) + (W_O \times V_O) \tag{3.7.2}$$

여기서,

S : 계산된 화력 세기.

W : 특정 범주의 무기들의 누적된 작전 치명도 지수(operational lethality index, OLI).

V : 가변적인 무기 효과 인자들.

W(누적된 OLI)와 V(무기 효과)의 아래 첨자에 쓰이는 기호들의 의미는 다음과 같다.

N : 보병 무기.

G : 곡사 화기.

I : 기갑(탱크 등) 무기.

Y : 항공 지원 무기.

L : 대기갑 무기.

O : 대공 무기.

원래의 QJM에서는 현대전에 쓰이는 무기 범주들을 반영한 항들을 이용해서 FS를 계산하지만, SF 설정이나 판타지 설정에 맞게 범주들을 적절히 추가, 변경하는 것도 가능하다. 심지어는 위성 무기에 대한 범주를 추가할 수도 있다. 그러기 위한 유일한 조건은 이 공식을 교전 도중 일관되게 사용하는 것이다.

■ 잠재 능력의 계산

QJM 공정의 다음 단계는 P로 표기하는 잠재 능력(power potential)을 계산하는 것이다. 잠재 능력은 여러 작전 식별자들에 배정된 값들을 사용한다. 작전 식별자들은 개별 유닛의 수치가 아니라 작전 이득의 관점에서 관찰한 평균값이다. 이러한 방법은 특정 종류의 유닛에 의한 과도한 영향을 줄이는 데 도움이 된다. 예를 들어 한 기갑 부대가 대단히 빠른 수색용 탱크 한 대와 다수의 느리고 무거운 탱크들로 구성되어 있다고 하자. 이런 경우, 아주 빠른 탱크 한 대 때문에 부대 전체가 빠르다는 잘못된 판정이 내려져서는 안 될 것이다. 기본 QJM 공식은 또한 부대의 사기나 훈련 정도 등의 작전 식별자들도 사용한다. 잠재 능력 계산에서 한 가지 흥미로운 측면은, 이러한 기본 식별자들을 반드시 모두 포함할 필요는 없다는 것이다. 필요 없는 식별자는 사용하지 않으면 된다. 이 덕분에 필요에 따라 부품을 교체할 수 있는 모듈 접근방식으로 QJM 시스템을 구축, 재사용할 수 있다.

잠재 능력의 공식은 다음과 같다.

$$P = S \times M \times L \times T \times U \times B \times US \times RU \times HU \times ZU \times V \tag{3.7.3}$$

여기서,

P : 계산된 잠재 능력.

S : 화력 세기(식 3.7.1).

M : 작전 기동성.

L : 작전 지휘력.

T : 작전 훈련치.

O : 작전 사기.

B : 작전 병참 식별자. 보급, 통신 같은 개념들을 포괄한 것이다.

US : 작전 태세.

RU : 작전 지형 가변 요인.

HU : 작전 날씨 가변 요인.

ZU : 작전 계절 요인.

V : 전반적인 작전 취약성.

무기 효력 모형

무기의 효력은 무기의 작전 치명도 지수(OLI)가 결정한다. 원래 OLI는 역사적인 관점에서 무기의 상대적 치명도를 나타내기 위해 고안된 것이다. OLI를 이용하면 예를 들어 과거의 화승총과 현대의 M-16을 비교할 수 있으며, 심지어는 가상의 미래 무기와 비교할 수도 있다. 무기들의 파괴력은 대단히 다양하므로 정확한 OLI 모형을 만들기란 사실상 불가능하다. 그렇긴 하지만 OLI는 다양한 무기 부류들에 대해 일관된 틀을 제공한다. 이 틀의 가장 기본적인 측면을 구성하는 변수들로는 발사 속도, 신뢰성, 정확도, 사거리, 표적 당 타격 수 등이 있다. 이 다섯 변수는 이론적 치명도 지수(theoretical lethality index, TLI)를 정의하는 일관된 틀의 일부이다. TLI의 값은 시간 당 사상자 수이다. TLI를 미리 정의된 분산 계수를 이용해서 변환한 것이 OLI이다.

TLI를 계산하는 공식은 다음과 같다.

$$TLI = RF \times R \times A \times C \times RN \tag{3.7.4}$$

여기서,

RF : 발사 속도.

R : 신뢰성.

A : 정확도.

C : 표적 당 타격 수.

RN : 범위(사거리).

이 성분들의 계산 방식을 살펴보자. 무기 **발사 속도**(rate of fire) RF는 단위 시간 당 유효

격발 수로, 주로 1시간을 단위로 계산한다. **신뢰성(reliability)** R은 무기의 작동 실패 횟수이다. 여기서 말하는 작동 실패에는 유지보수에서 일반적인 무기 고장까지 모든 것이 포함된다. 손에 쥐고 사용하는 무기는 100% 신뢰할 수 있는 것으로 간주한다. 무기의 **정확도(accuracy)** A는 인간의 사격 실력과는 무관하게 결정된다. 즉, 고정된 표적을 정확히 겨냥해서 무기를 고정시키고 일정 시간 동안 일정 횟수로 사격을 가했을 때의 명중률이다. 표적 당 타격 수 C는 미리 정해진 밀도의 표적들을 이용해서 한 무기가 타격할 수 있는 잠재적인 표적들의 수를 계측한 것이다. 예를 들어 검의 C는 일반적으로 단 1이고 폭탄은 수백, 수천이다.

분산 계수(dispersion factor) DF는 좀 더 넓은 영역에 더 많은 피해를 입힐 수 있는 일부 무기 종류들의 고유한 능력을 정의한다. 표 3.7.1에 몇 가지 분산 계수들이 나와 있다.

표 3.7.1 여러 군사적 시대의 분산 계수들

시대	분산 계수(DF)
고대(돌 무기, 몽둥이)	1
중세(활, 창)	2
나폴레옹 시기(화약의 시대)	10
미국 독립전쟁 시기(소총, 대포)	20
제1차 세계대전	100
제2차 세계대전	5,000
21세기 초(핵무기)	10,000

TLI를 개별 작전 단계에 직접 사용할 순 없다. 반드시 OLI로 변환해야 하는데, OLI를 구하는 공식은 다음과 같다.

$$OLI = \frac{TLI}{DF} \tag{3.7.5}$$

OLI 값들은 무기 범주에 따라 차별화해야 한다. 표준적인 범주로는 보병 무기, 곡사 무기, 기갑 무기, 항공 지원 무기, 대공 방어 무기, 대기갑 무기가 있다. 물론 다른 종류의 무기들을 추가하는 것도 얼마든지 가능하나, 새 무기를 추가할 때에는 그것이 속할만한 기존 범주가 존재하는지부터 점검할 필요가 있다. OLI 값들은 한 번만 계산해서 여러 교전들에 재사용할 수 있다.

이론적 결과 구하기

그럼 두 전투 능력 등급들의 단순 비율을 평가해서 교전의 이론적 결과를 구하는 방법을 살펴보자.

잠재 능력 비율(power potential ratio) PPR은 다음과 같이 정의된다.

$$PPR = \frac{(Power\,Potential\,Force\,1)}{(Power\,Potential\,Force\,2)} \tag{3.7.6}$$

PPR이 1.0 이상이면 $Force\,1$이 이론적인 승자이고 PPR이 1.0 미만이면 $Force\,2$가 이론적인 승자이다.

CEV에 대해

앞에서 이야기했듯이, QJM에서는 성분들을 임의로 추가하거나 제거할 수 있다. 그런데 CEV 같은 성분도 생략할 수 있을까? 생략 할 수 있다. CEV가 기본 공식의 한 성분이긴 하지만, 이것은 역사적 사례에 근거해서 가상의 교전을 평가할 때에나 필요한 것이다. 예를 들어 사실적인 제2차 세계대전 게임을 위해 인공지능을 프로그래밍한다면 실제의 역사적 전투의 결과를 시뮬레이션 결과와 비교해 볼 수 있다. 이 부분에 대해서는 [Dupuy85]에 좀 더 자세한 사항이 나와 있다.

QJM 시스템의 예

그럼 QJM 시스템의 적용 방법을 좀 더 구체적인 사례를 통해서 살펴보자. 이 예는 개활지에서 고대의 두 군대가 펼치는 교전을 묘사한 것으로, 한 군대는 몸과 마음이 지쳐 있다. 고대가 배경이므로 분산 계수는 1이다.

두 군대가 서로를 마주보고 있다. 군대 1은 단검으로 무장한 보병 5000명, 창으로 무장한 보명 5000면, 궁수 5000명으로 이루어져 있다. 군대 2는 단검 보병 10000명과 궁수 5000명이다. 첫 단계는 언급된 세 무기에 대한 TLI 값들을 계산하는 것이다.

단검 보병의 TLI : $60 \times 1 \times 1 \times 1 \times 1 = 60$.

창 보병의 TLI : $30{\times}0.5{\times}1{\times}1{\times}3=45$.

궁수의 TLI : $20{\times}0.2{\times}1{\times}1{\times}20=80$.

둘째 단계는 이 TLI들을 OLI로 변환하는 것이다. 이에 의해 이론적인 치명도가 작전 수준 치명도로 바뀐다. 고대 배경의 분산 계수는 1이며 OLI는 TLI를 분산 계수로 나눈 것이므로, 단검, 창, 활의 OLI는 각각 60, 45, 80이다.

다음으로 할 일은 화력 세기 *FS*를 계산하는 것이다. 화력 세기에는 여러 가지 변수들이 관여하므로, 그것들을 먼저 정의해야 한다. 변수들로는 지형, 태세, 계절, 날씨 등이 있다. 이 예에서는 지형만 사용하기로 한다. 표 3.7.2에 지형 종류에 따른 변수 값들이 나와 있다.

표 3.7.2 보병에 대한 지형 변수들. 보병이 이동, 전투하기 힘든 지형일수록 값이 0에 가깝다.

지형 종류	변수(0.0에서 1.0)
평지/장애물 없음	1.0
숲	0.5
산	0.1

군대 1의 화력 세기는 다음과 같다.

$$((60{\times}5){\times}1)+((45{\times}5){\times}1)+((80{\times}5){\times}1)=300+225+400=925$$

군대 2의 화력 세기는 다음과 같다.

$$((80{\times}5){\times}1)+((45{\times}5){\times}1)+((80{\times}5){\times}1)=600+225+400=1225$$

이제 각 군대의 잠재 능력을 계산한다. 이 예에서는 군대의 지휘력 등급, 사기, 그리고 작전 날씨 변수로 잠재 능력을 계산하기로 하겠다. 군대 1의 지휘력 등급이 1.0, 사기가 1.0, 작전 날씨 변수가 1.0이라고 하자. 그리고 군대 2는 지휘력 등급이 0.2(지난 몇 전투에서 패배했다), 사기가 0.5, 작전 날씨 변수가 1.0이라고 하자.

군대 1의 잠재 능력 :

$$925{\times}1.0{\times}1.0{\times}1.0=925$$

군대 2의 잠재 능력 :

$$1225 \times 0.5 \times 0.5 \times 1.0 = 306$$

이들로 잠재 능력 비율을 구하면 이론적인 교전 결과가 나온다.

$$\frac{925}{306} = 3.02$$

앞에서 말했듯이, PPR이 1.0보다 크면 분자 쪽이 이론적인 승자이다. 이 경우 실제로 1.0 보다 크므로 군대 1이 승자가 된다.

한계와 개선

QJM 이론으로 정확한 교전 예측이 가능하긴 하지만, 몇 가지 개선할 점도 있다. QJM는 여러 요인들에 기초해서 두 세력의 상대적 비율만을 알려줄 뿐, 어떤 특정한 시점에서의 잠재적 피해 정도(사상자 수 등)를 예측하지는 못한다. 반면 좀 더 단순화고 통합된 모형 인 랜체스터 모형(Lanchester model)을 이용하면 특정 시점에서의 자료 평가가 가능하다. 랜체스터 모형과 그 한계에 대해서는 *Game Programming Gems 5*의 [Bolton05]에서 다 룬 바 있다.

결론

이 글은 QJM이라는 독특한 전투 예측 공식을 소개했다. QJM는 주로 역사적 전투를 재 현하는 데 쓰였으나, 가상의 교전의 결과를 예측하는 데에도 사용할 수 있다. QJM은 또 한 필요에 따라 부품을 교체할 수 있는 모듈 접근방식을 지원하므로, 소모도 계산이나 공 간 효율 같은 개념들과 통합할 수 있다. 그리고 다른 게임 시스템에 맞게 QJM을 수정, 확장하는 것도 가능하다.

참고자료

[Dupuy84] Dupuy, Trevor N., *The Evolution of Weapons and Warfare*. Da Capo, 1984.
[Dupuy85] Dupuy, Trevor N., *Numbers, Predictions and War*. Hero Books, 1985.

[Howard83] Howard, Michael, *On War*. Princeton, 1983.

[Jomini92] Jomini, Baron Antoine Henri, *The Art of War*. Greenhill Books, 1992.

[Bolton05] Bolton, John, "Using Lanchester Attrition Models to Predict the Results of Combat." *Game Programming Gems 5*, Charles River Media, 2005. 번역서는 "랜체스터 소모 모형을 이용한 전투 결과 예측", *Game Programming Gems 5*, 정보문화사, 2006.

3.8 플러그인 모듈식 다층 AI 엔진 설계

Sébastien Schertenleib, Swiss Federal Institute of Technology, Virtual Reality Lab

sscherten@freesurf.ch

이 글은 주변 환경과 사용자 입력에 실시간으로 반응하는 수많은 자율 캐릭터들을 제어하는 능력을 가진 자료 주도적 AI 엔진을 위한 아키텍처 하나를 제시한다. 필자가 만든 실제 엔진은 군중 시뮬레이션 시스템에 쓰인 바 있다. 이 글은 완전히 구현된 자료 주도적 AI 시스템을 개괄하고, 전통적인 코드 기반 AI 구현들에 비한 장, 단점을 이야기한다.

어떠한 게임 AI 시스템이든, AI는 결국 다음 두 부분으로 나뉜다.

- **논리층("엔진" 레벨이라고도 함)**: 이 계층은 게임 세계에서 활동하는 AI 캐릭터를 제어하는 바탕 시스템에 해당한다. 이를테면 애니메이션 선택, 길찾기, 장애물 회피 등을 이 계층이 담당한다.
- **자료층**: 이 계층은 AI 캐릭터가 게임세계 안에서 활동하는 데 필요한 실제 AI 행동들과 의사결정 구조를 서술한다. 이를테면 AI 캐릭터가 수행할 구체적인 행동, 탐험할 장소, 선택할 무기 등을 이 계층에서 서술한다.

오늘날의 여러 게임 AI 시스템들은 여전히 코드 기반 구현에 전적으로 의존한다. 즉, "전일적인 아키텍처"를 사용하고 있는 것이다. 이러한 접근방식에서는 논리층과 자료층 모두 코드로 작성되며, 따라서 자료 수준에서 뭔가를 변경해노 시스템 사체를 나시 컴파일해야 한다. 이렇게 뭔가를 바꿀 때마다 프로그래미기 시스템을 다시 빌드하고 점검해야 하므로 개빌 공징에서 프로그래밍 부분의 병목이 된다. 또한 시스템이 커짐에 따라 복잡도 역시 크게 증가하는데, 이로 인해 이러한 전일적 시스템은 점점 더 관리하기 어렵고 비효율적인 것이 되고 만다.

이를 방지하기 위해서는 AI의 논리층과 자료층을 명확히 분리해야 한다. 그러면 각 계층을 구현하기도 쉽고 각자 개별적으로 개선하기도 편하다. 또, 둘의 조합에 의한 상승작용도 커진다. 더 나아가서, 분리된 자료층을 설정 파일이나 스크립트로 정의한다면 인기 있는 자료주도적 아키텍처([Grimshaw89], [Bilas02])가 갖추어진다. 자료주도적 아키텍처는 좀 더 능률적이고 효과적인 결과를 낸다고 알려져 있다([Shumaker04]). 그런데 자료주도적 시스템에서는 자료 안에서 제어 흐름을 처리하는 문제가 걸림돌이 되기도 한다. 이 글은 기초 수준의 기능성을 최소화하고 구체적인 사례들은 플러그인 방식의 전용 확장 모듈로 처리한다는 특징을 가지는 다층 시스템을 제시한다.

관련 성과

얼마 전부터 프로그래밍 가능한 GPU가 상용화되면서 실시간 그래픽 응용프로그램을 위한 프로그래밍 가능 셰이더가 도입되었다([Lindholm01]). 덕분에 평균적인 게임에서도 비교적 적은 노력으로 그래픽 품질을 크게 개선할 수 있게 되었다. 더 나아가서, 그러한 셰이더들을 생성하는 고수준 프로그래밍 언어들(이를테면 [Cg04], [GLSL04], [HLSL05])이 등장하면서, 개발자들도 좀 더 생산적으로 셰이더를 개발할 수 있게 되었다([Fernando03]). AI 분야에서도 좀 더 높은 수준의 추상화를 제공하는 고수준 AI 정의 언어를 이용한다면 인공지능의 품질과 복잡도를 더욱 향상할 수 있을 것이다. AI 가속을 위한 전용 하드웨어가 쓰이게 되리라고 믿는 연구자들도 많이 있다([Funge99]). 한편으로, 다중 코어 프로세서가 대중화됨에 따라 AI 엔진이 코어 하나를 독차지하는 일도 얼마든지 예상할 수 있다.

이런 종류의 하드웨어가 발전하게 되면 보다 나은 행동을 보이는 대규모 군중 시뮬레이션을 만들고 시각화하는 것도 가능해질 것이다. 지난 몇 년간 상용 시스템들의 초점은 주로 오프라인 기법들에 맞추어져 있었다([Koeppel02], [Moltenbrey04]). 그러나 이제는 연구자들과 미들웨어 제작사들에 의해 오프라인 기법들을 실시간 대화식 응용프로그램에 통합하려는 시도가 이루어지고 있다. [Chapandard03]은 XML 설정 파일들로 AI 행동들을 정의할 수 있는 프레임워크를 개발했다([Fear02]). [Kruszewski05]는 자신의 미들웨어 [AI Implant00]과 그것을 차세대 게임 플랫폼에 통합하는 방법을 설명한다. 그와 비슷한 자료주도적 아키텍처([Bilas02] 등)가 상용 제품들에 활용된 바도 있다.

■ AI 엔진 아키텍처

근본 방침

시스템은 모든 에이전트를 저수준 기능(애니메이션, 물리, 이동 등)과 고수준 기능(전술적 감각, 지각, 기억 등) 모두와 연결시키는 여러 개의 추상층들로 이루어지며, 그러한 연결은 일관된 플러그인 API 인터페이스를 거치게 된다. 핵심 AI 엔진을 플러그인 모듈들로부터 분리하면 핵심 엔진을 다른 프로젝트에 재사용할 수 있는 가능성이 증대된다. 실제로 모든 플러그인 모듈은 자신만의 제약과 명세를 가지는데, 일부는 속도에 중점을 두고 일부는 메모리 사용량이나 고화질 렌더링 등에 중점을 두기도 한다. 이러한 유연성은 현재 프로젝트의 요구사항(라이선스 비용, 규모가변성, 플랫폼 등)에 기초해서 적절한 모듈을 선택하는 데 보다 많은 자유를 부여한다. 따라서 동일한 핵심 AI 엔진을 사용해서 서로 다른 종류의 실시간 응용프로그램들을 개발하는 것이 가능해진다.

시스템 개요

수백 개의 고도로 설정 가능한 분산 개체들로 이루어진 군중 시뮬레이션으로 그럴듯한 결과를 내려면 행동 규칙들을 반복해서 수정, 조율해야 한다([Sung04]). 모든 에이전트는 여러 가지 과제들(걸어 다니거나, 환경의 객체들과 상호작용하는 등)을 수행할 수 있어야 한다. 에이전트의 행동을 좀 더 직관적으로 정의하려면 세부사항은 저수준 시스템에 위임함으로써([Fairclough01]) 개발자가 고수준 추상에만 전념할 수 있어야 한다. 이 글의 시스템에서는 스크립트 언어의 장점을 이용해서 행동 규칙들의 관리를 우선순위화된 과제(proiritized task)와 계통적 퍼지 상태기계(FuSM)를 통해 관리함으로써 그러한 요구를 만족한다. 우선순위화된 과제와 FuSM은 잠시 후에 좀 더 설명하겠다.

행동 기반 엔진

이 시스템 아키텍처는 C++ 템플릿에 의존하며, 특히 [Abrahams04]에 나온 것 같은 메타프로그래밍 기법들을 사용한다. 시스템의 각 개체는 공통의 핵심 템플릿 클래스들로부터 파생된다. 이 개체들은 속성 설계 패턴([Gamma95])에 기초한 상속과 위임을 통해서 결합된다. 대부분의 개체들은 공통의 속성들을 공유하며, 하나의 동적 속성(이를테면 조타 행동 등)과 물리적 속성(이를테면 질량, 중력 등)으로부터 파생된다. 엔진은 플러그인 기능성을 위한 공통의 인터페이스를 통해서 개체의 개별 속성들을 조작한다. 목록 3.8.1은 그러한 인터페이스의 한 예인 **IAnimation** 클래스의 일부 코드이다.

목록 3.8.1A   애니메이션 플러그인 인터페이스의 예 ------------------------------------

```
Class IAnimation : public IPlugIn
{
    void defaultPosture() = 0;
    //key_frame
    kfActivate(const std::string& keyframeName)=0;
    kfSetTimeScale(vhtReal rTimeScale) =0;
    // ...
    // 걷기 애니메이션
    void walkSetDesiredFrontalSpeed(const vhtReal& rSpeed) =0;
    void walkSetPositionReachedTolerance(const vhtReal& rValue) =0;
    void walkSetDesiredPosition( vhdVector3 vecPos) =0;
    // ...
    // 보기
    void lookSetTargetLocation(const vhdVetor3 & vecPos) =0;
    void lookSetEyeBlinkParameters(vhtReal rCloseEyeAngle,
        vhtReal rPeriod,
        vhtReal rVariance)=0;
    // ...
    // 기타 행동들
    // ...
};
```

새로운 행동 목표를 시작할 때에는 시스템의 최상위에서부터 그 요청이 시작된다. 예를 들어 애니메이션 모듈이 한 팔을 특정 위치로 움직이려고 한다고 하자. 이 경우에서 "애니메이션 모듈"은 고수준의 공통 인터페이스 계층이다. 팔을 실제로 움직이는 작업은 애니메이션 시스템에 깔린 플러그인 구현이 처리한다. 그러한 구현을 "구체적 구현"이라고 부르기로 하자. 이러한 분리 덕분에 AI 엔진이 특정한 애니메이션 전용 패키지나 물리 패키지에 의존하지 않을 수 있다. 각 패키지는 공통 인터페이스 요청들을 자신에게 적합한 방식으로 자유로이 구현할 수 있다. 예를 들어 걷기 애니메이션을 키프레임 애니메이션으로 구현하느냐 뼈대 기반 또는 IK 기반으로 구현하느냐는 AI 엔진과 무관하다. 그림 3.8.1이 이 아키텍처의 구조인데, 플러그인 구현과 AI 엔진의 분리가 명확히 나타나 있다. 각 개체는 자신만의 행동 규칙들을 담고 있으며, 또한 기본 행동들에도 접근할 수 있다. 이들을 인스턴스화된 세계 객체들이 직접 제어하지는 않음을 주목하기 바란다.

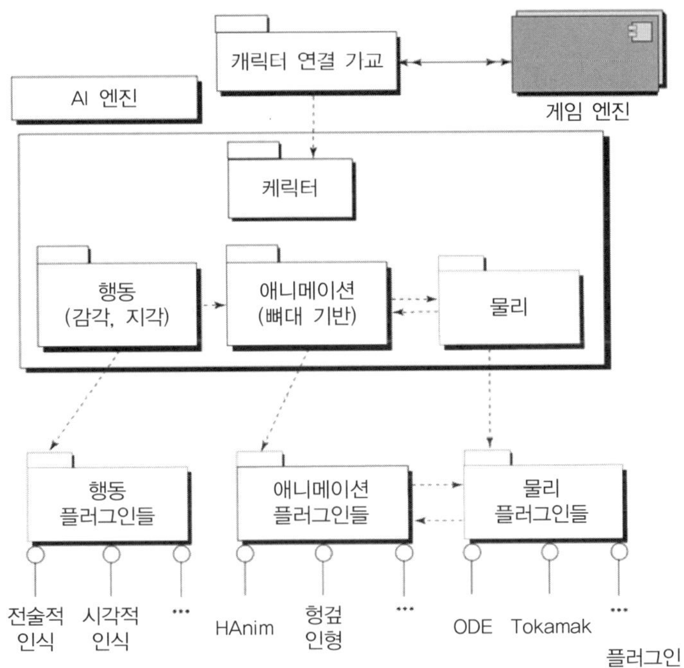

그림 3.8.1 속성의 계통구조와 구체적 개체 인스턴스들

자료 주도적 클래스와 속성

이 엔진 설계에서, 각 에이전트의 상태 갱신에 필요한 정보와 게임 내부 자료가 분리된다. 이러한 분리를 위해 다음과 같은 여러 추상 계층들이 쓰인다(그림 3.8.2).

- 행동 규칙과 FuSM 상태들은 루아 테이블([Ierusalimschy96])로 정의한다.
- 사건 전파와 세계 상호작용은 파이썬(Python) 마이크로스레드([Hoffert98], [Python91])로 관리한다.
- 초기 세계 서술은 XML 설정 파일들로 정의한다.

각 추상층마다 해당 언어의 고유한 특성을 활용한다. 논리층은 C++로 작성되며, 자료 조작은 스크립트 언어들을 이용해서 수행한다. 두 종류의 스크립트 언어들을 사용하기로 한 이유는 스크립트마다 속도와 표현력, 사용성에서 차이를 보인다는 데 있다. 일반적으로 파이썬보다 루아(Lua)가 더 빠르다([Bagley05]). 그래서 개별 개체의 여러 상태기계들을

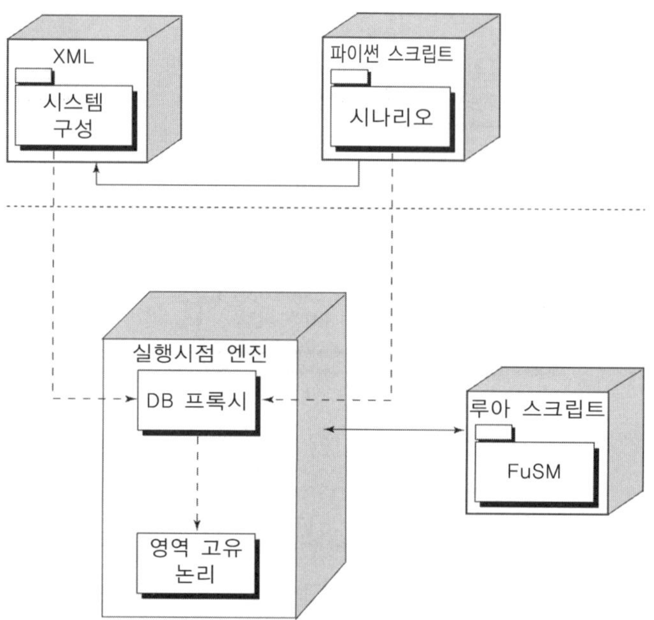

그림 3.8.2 다층 아키텍처 시스템의 전반적인 구조

조작, 갱신하는 데에는 루아를 사용하기로 했다. 이 덕분에 자료주도적 접근방식을 유지하면서도 어느 정도의 효율성을 얻을 수 있다. 한편, 파이썬은 바로 사용할 수 있는 서드파티 구성요소들(특히 데이터베이스 관리나 네트워크 관리)을 대단히 많이 갖추고 있다.

각 스크립트 언어가 서로에 간섭하지 않도록 시스템을 작성한다고 해도, 필요하다면 [Niemeyer03]에 나온 양방향 가교(bridge) 해법을 이용해서 파이썬과 루아를 직접 연동하는 것이 가능하다.

계통적 퍼지 상태기계

퍼지 상태기계(fuzzy state machine, FuSM)는 유한상태기계(finite-state machine, FSM)의 일종이되, 의사결정시 부울 논리 대신 퍼지 논리 규칙들을 사용한다는 특징을 가진다([Kantrowitz97]). 하나의 퍼지 상태는 활성/비활성 중 하나로만 제한되지 않으며, 연속적인 중간 값을 가질 수 있다. 한 퍼지 상태기계에서 활성화될 수 있는 상태는 단 하나에 그치지 않는다. 이는 임의의 개수의 상태들을 각각 어느 정도씩은 활성화할 수 있다는 뜻이다. 이러한 특성 때문에 FuSM을 구축하는 것이 보통의 FSM에 비해 약간 더 어렵지만, 대신 행동의 예측가능성은 크게 줄어든다는 장점을 얻을 수 있다. 또한 유한상태기계의 고질적인 복잡도 증가 문제 역시 줄어든다. FuSM으로는 좀 더 다양한 행동들을 더 적은 상태들로 부호화할 수 있기 때문이다.

이 엔진에서 FuSM의 상태들과 하위 상태들은 루아 테이블로 정의된다. 루아의 테이블은 대단히 다양한 용도를 가진 연관 자료구조로, 특히 테이블의 요소들에 일반적인 자료뿐만 아니라 함수도 저장할 수 있기 때문에 속성들과 메서드들로 구성된 '객체'처럼 사용할 수 있다. 이 엔진에서는 상태의 구체적인 규칙들을 루아 테이블의 '메서드'로 정의한다. 이를 통해서 레벨 또는 시나리오 기반 규칙들(이를테면 서로 다른 환경, 개체 개수 등)을 정의할 수 있다. 함수 안에서 C++ 캐릭터 개체 자료구조를 참조, 갱신하는 것도 가능하다.

목록 3.8.2에 나와 있듯이, 각 상태 테이블은 다음과 같은 네 개의 멤버(테이블 키)들로 구성된다.

Name : 상태의 이름.

Enter : 개체가 이 상태로 진입할 때 호출되는 함수.

Execute : 상태 갱신시 호출되는 함수.

Exit : 개체가 이 상태에서 벗어날 때 호출되는 함수

> **목록 3.8.2**　　루아 테이블로 정의한 하나의 FuSM 상태 --------------------------------

```lua
-- State_PathBehaviorActivateGoal 상태의 정의
State_PathBehaviorActivateGoal = {}
State_PathBehaviorActivateGoal["Name"] = "PathBehaviorActivateGoal"
State_PathBehaviorActivateGoal["Enter"] = function(character)
    -- nop
end
State_PathBehaviorActivateGoal["Execute"] = function(character)
    character:walkTo(character:getDesiredPosition(), true)
    character:activateWalk()
    character:getPath():setNextWaypoint()
    if character:getPath():finished() then
        --done
        character:getFSM():changeState(State_PathBehaviorDone)
    else
        character:getFSM():
            changeState(State_PathBehaviorSelectGoal)
    end
end
State_PathBehaviorActivateGoal["Exit"] = function(character)
```

```
      -- nop
   end
```

C++와 루아 테이블 연동

핵심 C++ 엔진은 루아 인터프리터를 내장하고 있으며, 자신의 기능성을 LuaBind 라이브러리([Luabind03])를 통해서 노출한다. LuaBind 라이브러리는 루아와 C++의 연동(상호 간의 함수, 변수, 객체 접근 등)에 필요한 소위 "접착제" 코드를 자동으로 생성해준다. LuaBind는 Boost 라이브러리([Boost98])처럼 메타 프로그래밍 기법을 이용하기 때문에, toLua++([Manzur03]) 같은 기존 바인딩 도구들과는 달리 개별적인 전처리 단계를 거칠 필요가 없다. LuaBind가 제공하는 일단의 연산자들과 함수들을 이용해서 접착제 코드의 명세를 C++로 직접 서술하면 보통의 C++ 컴파일 공정에서 접착제 코드가 자동으로 생성된다. 단, 메타 프로그래밍 때문에 컴파일 속도가 상당히 느릴 수 있는데, 이 문제를 극복하는 한 가지 방법은 바인딩 코드를 게임 엔진과는 개별적인 목적 파일들로 분리하는 것이다. 목록 3.8.3은 LuaBind 라이브러리를 이용해서 C++ 클래스를 루아에 노출하는 예이다.

목록 3.8.3　LuaBind를 이용한 바인딩 예 --

```cpp
void iCharacter::registerWithLua(lua_State* pLua)
{
    //C++ 클래스를 vhdEl이라는 루아 모듈에 등록한다.
    luabind::module("vhdEl", pLua)
    [
        //연결할 클래스가 기반 클래스
        //상속함을 명시한다.
        .def(luabind::class_<iCharacter,
            luabind::bases<vhdEl::iBaseEntity> > ("iCharacter")
        .def(luabind::constructor<const std::string&>),
        .def("setWalkStyle" , &vhdEl::iCharacter::setWalkStyle),
        .def("setWalkSpeed" , &vhdEl::iCharacter::setWalkSpeed),
        .def("lookAt" , &vhdEl::iCharacter::lookAt),
        //...
        .def("performSensing" , &vhdEl::iCharacter::performSensing)
    ];
}
```

목록 3.8.3에서 보듯이, 엔진의 여러 측면들을 스크립트 언어에 노출시킬 수 있다. 이 시스템에서는 애니메이션과 개체의 반응을 관장하는 행동 규칙들과 FuSM들을 루아 스크립트로 정의한다. 모든 개체의 상태기계는 내부적으로 luabind::object 객체를 관리하는데, 이것은 루아 객체와 그에 해당하는 C++ 구조물의 연결 통로로 쓰인다. 개발자는 이러한 연결 변수들을 이용해서 엔진 코드와 루아 스택을 직관적으로 연결시킬 수 있다. 각 상태마다 자신의 연결 수단을 가지기 때문에, FuSM의 크기나 복잡도가 커져도 시스템의 상태 접근 시간에는 영향이 미치지 않는다. 엔진은 에이전트 상태의 구현 세부사항을 알지 못해도 상태를 수행, 갱신할 수 있다. 목록 3.8.4는 엔진 내부의 상태 갱신 및 제어 코드의 예이다.

목록 3.8.4　　활성 상태기계를 갱신하는 C++ 메서드　-------------------------------------

```cpp
void FSM::update()
{
    //현재의 루아 테이블을 가리키는 luabind 객체.
    if (_luaCurrentState.is_valid())
    {
        //_pOwner: 개체를 가리키는 포인터.
        _luaCurrentState.at("Execute")(_pOwner)
    }
}

void FSM::change(const luabind::object& newState)
{
    //활성 상태의 종료 메서드를 호출한다.
    _luaCurrentSate.at("Exit")(_pOwner);

    //상태를 변경한다.
    _luaPreviousState - _luaCurrentState;
    _luaCurrentState = newSlate;

    //새 상태의 진입 메서드를 호출한다.
  _luaCurrentState.at("Enter")(_pOwner);
}
```

우선순위화된 과제 관리자

상태기계에 스크립트를 사용하면 유연성이 커지나 속도는 느려진다. 이를 완화하는 방법은 여러 가지인데, 한 가지는 FuSM 시스템의 상태들을 여러 범주들로 나누고 범주별로 과제를 부여해서 상태 관리자가 현재 과제와 무관한 범주의 상태들은 갱신하지 않도록 하는 것이다. 그러나 지금 시스템에서는 엔진과 자료가 직접 연결되지 않으므로, 상태들에 관련 범주 정보를 디자이너가 일일이 부여해야 한다.

우선순위화된 과제를 이용한 AI 아키텍처

높은 실시간 성능을 유지하려면 AI 시스템이 주어진 시간 구간 안에서 작동해야 한다. 이를 위해서는 행동들의 수나 복잡도를 주어진 CPU 시간에 맞게 제한할 필요가 있다 ([Funkhouser93]). AI 시스템의 요구사항은 비교적 안정적이어야 한다. 일시적으로라도 AI의 CPU 소비량이 치솟아서 프레임률이 요동치는(그래서 게임 플레이에 영향이 미치는) 일이 일어나서는 안 된다([Schertenleib02]). 디자이너가 시스템 안에서 서로 다른 과제들을 조직화할 수 있게 하는 고수준 접근방식을 사용하면, 각 과제의 분류를 엔진과 분리할 수 있다.

프레임당 부하를 어느 정도는 일정하게 유지하려면, 특정한 프레임에서 활성화될 수 있는 과제들의 수행을 최대한 분산시켜야 한다. 이를 위해 과제들을 세 가지 범주로 분류하기로 한다. 하나는 매 프레임마다 갱신해야 하는 과제이고, 또 하나는 일정 간격마다 주기적으로 갱신할 과제, 마지막 하나는 처리 시간에 여유가 있을 때에만 수행하는 과제이다.

주기적으로 갱신할 과제라는 말이 좀 생소할 수도 있겠는데, 예를 들어 한 키프레임 애니메이션 시퀀스의 완료 여부는 매 프레임마다 갱신할 필요가 없다는 점을 떠올린다면 충분히 이해할 수 있을 것이다. 다른 예로, 과제가 일정 시간이 지난 후에 전파되어야 하는 상황이라고 하자. 그러한 지연은 개체가 모든 자극에 즉각 반응하지는 않도록 함으로써 좀 더 인간적인 느낌을 주는 데 유용하다([Laird01]). 성능을 위해서는 매 프레임마다 갱신해야 하는 과제들의 수를 최소화해야 한다. 그러한 과제들을 줄일수록 AI 수행에 소비되는 시간이 줄어서 AI에 주어진 시간 예산을 좀 더 여유 있게 사용할 수 있다.

이처럼 과제들을 범주별로 나누었다면, 각 범주마다 설정 가능한 과제 선택 규칙을 두어서 항상 더 중요한 과제가 먼저 수행되도록 할 수 있다. 물론 우선순위가 낮은 과제는 영원히 선택되지 않는 일도 적절히 방지해야 할 것이다. 그림 3.8.3은 이러한 과제 수행 일정 관리자의 전반적인 구조를 나타낸 것이다.

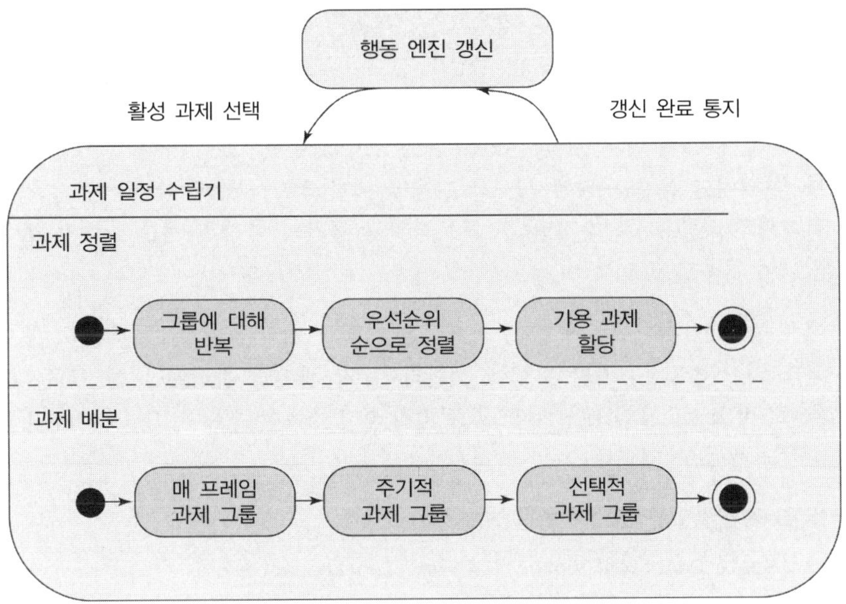

그림 3.8.3 과제 수행 일정의 관리.

■ 성능상의 문제점과 기법들

이 글에서 소개한 시스템도 여러 가지 성능상의 문제점들을 노출할 수 있다. 그러나 주의를 기울인다면 그러한 문제점들을 적실히 처리할 수 있으며, 심지어는 완전히 피하는 것도 가능하다. 그럼 그러한 문제점들과 처리 방법들을 살펴보자.

프로파일링

자료주도적 시스템이 보이는 성능 문제의 근본 원인은 스크립팅 언어가 C/C++ 같은 네이티브 호스트 코드에 비해 느리다는 것이다. 따라서, 앞서이 우선순위 기반 스케줄링을 통한 불필요한 상태 갱신 방지 외에, 스크립트 수준에서 수행되는 작업을 제한하는 것이 성능 문제에 대한 근본적인 해결책이라 할 수 있다. 과도한 부동소수점 산술이나 대규모 검색 등은 호스트 코드에서 수행하고, 스크립트는 필요한 시점에서 매개변수들을 설정하는 정도로만 제한할 필요가 있다. 스크립트 사용을 이런 식으로 제한하면 성능 상의 부담을 걱정하지 않고도 시스템을 자료주도적으로 운영할 수 있을 것이다.

이 글에서 설명한 시스템의 경우 C++ 객체들에 저장된 정보는 필요한 경우에만 스크립트 인터페이스와 묶이므로 큰 부담이 없다. 다만, 과제들의 범주 분류 부분이 다소 성가실 수 있다. 엔진이 과제의 복잡도나 지속 기간을 직접 제어하지 않기 때문에, 디자이너가 목록 3.8.5에 나온 것 같은 스크립트 코드를 통해서 엔진에게 힌트를 주어야 할 수 있다. 본격적인 분류를 위해서는 각 과제에 대한 정보(시간에 따른 사용량 등)를 커스텀 프로파일러(profiler)로 수집한 후 프로파일링 결과에 따라 과제를 적절한 범주에 배정하는 방법이 유용할 것이다.

예를 들어 성능의 변이가 작은 과제들은 고정 프레임률(가장 큰 시간 기반 범주에 필요한 최대 기간에 맞춘) 기반 수행에 적합하다. 각 과제의 관리에 대해 서로 다른 세부 수준(level of detail, LOD)을 두고, 발견법적 함수들에 기초해서 각 LOD의 비용을 추정하는 방식도 유용할 것이다.

목록 3.8.5　LOD에 따른 과제 분류 차별화 --

```
State_DoAction["Enter"] = function(character)
    -- 과제 분류를 위한 힌트들
    character.lod[0] = MaxTimeTask(0.01)
    character.lod[1] = MaxTimeTask(0.002)
    -- 상수 시간
    character.lod[2] = ConstantTimeTask(0.0001)
end
```

과제 순서 결정

서로 다른 모든 과제를 관리하고 순서를 결정하는 데에는 비용이 든다. 이 시스템의 일정 관리는 시간에 기초한 우선순위 연결 목록의 형태로 이루어진다. 복잡성을 줄이기 위해, 각 과제를 작은 조각들로 분할한다. 한 과제의 조각들은 일정 순서에 따라 수행되며, 다음 조각을 찾는 연산의 복잡도는 상수 시간이다. 조각들의 순서 변경은 $O(m)$ 연산으로, 여기서 m은 과제의 조각 수이다. 조각들을 잘 정의한다면 순서 변경이 그리 자주는 일어나지 않을 것이다.

세부 수준

주어진 CPU와 GPU의 능력 하에 수많은 객체들을 렌더링해야 하는 그래픽 엔진에서 렌더링 부하를 줄일 목적으로 사용하는 기법들 중 하나가 세부 수준(LOD)이다. AI에서도 개체의 제어에 LOD 개념을 적용할 수 있다. 즉, 개체가 플레이어에 가까우면 아주 똑똑하고 풍부한 행동을 보이게 하되 멀리 있는 개체들은 보다 단순한 행동을 취하게 함으로써 AI 계산량을 줄일 수 있다([Robbins03]).

주어진 과제의 LOD를 결정하는 데에는 여러 가지 요인들이 관여한다. 이를테면 전반적인 자원 사용량도 하나의 요인이 된다. 그래픽 LOD 시스템에서는 카메라와의 거리가 중요한 요인이다. 사운드와 AI 행동 LOD에서는 좀 더 특화된 발견법이 필요할 수 있다. 예를 들어 과제 수행의 계산 복잡도가 LOD 결정의 요인이 될 수도 있다. 이 글에서 말하는 시스템의 경우 애니메이션 계층은 뼈대 애니메이션 기법을 사용할 수도 있고 미리 계산된 키프레임들을 사용할 수도 있다. 전자의 경우 계산량은 애니메이션 시퀀스의 뼈대 개수에 따라 달라지겠지만, 후자일 때에는 어느 정도 일정하다. 이러한 점들을 목록 3.8.5와 같은 스크립트를 통해서 AI 엔진에게 알려 줌으로써, 엔진이 현재의 LOD에 따라 좀 더 적절한 과제들을 배정할 수 있게 된다.

과제 우선순위를 위해서는 과제들을 여러 범주들로 나누어야 한다. 앞에서 언급했듯이, 과제들은 크게 매 프레임마다 갱신할 과제들, 주기적으로 갱신할 과제들, 처리 시간에 여유가 있을 때에만 수행할 선택적 과제들로 나뉜다. 이 마지막 범주의 전형적인 예는 세계를 채우는, 그러나 플레이어와 직접 상호작용하지는 않는 캐릭터들의 제어이다. 그런 캐릭터들은 주로 유휴(idle) 행동을 반복하게 되며, 따라서 처리 시간이 모자라서 상태 변경이 몇 프레임 지연된다고 해도 플레이어는 보통 그런 상황을 알아차리지 못한다. 한편, 엔진이 수집한 통계 정보에 기초해서 일부 선택적 과제들을 실행시점에서 좀 더 적합한 범주(주로는 주기적 과제 범주)에 재배정하는 것도 유용할 수 있다.

도구

오늘날의 게임들이 보이는 복잡도를 감안한다면, 라이브러리만이 아니라 라이브러리의 잠재력을 발휘할 도구들을 만드는 데에도 충분한 노력을 기울일 필요가 있다. 수천 개의 상태들을 일일이 코딩하기란 결코 쉬운 일이 아니다. 따라서, 만일 그래픽 환경에서 FuSM을 작성할 수 있다면 생산성이 크게 증가될 수 있다.

오프라인 파이프라인

그림 3.8.4는 FuSM 상태전이도 작성을 위한 커스텀 도구이다. [Darovsky05]나 [Jacobs05] 같은 오픈소스 프로젝트들이 좋은 출발점이 될 수 있을 것이다.

그림 3.8.4에 나온 FuSM 편집기는 작성된 상태 전이도 정보를 XML 설정 파일에 저장한다. 그 XML 파일을 개별적인 FuSM 컴파일러를 통해 루아 테이블 정의 코드로 변환한다. 루아 스크립트로 직접 변환하지 않고 XML 파일을 거치는 이유는 저작 도구와 엔진 자료 구조의 분리를 유지하려는 데 있다. 그림 3.8.5는 전반적인 FuSM 변환 및 사용 파이프라인을 나타낸 것이다. 그림에서 보듯이, XML 설정 파일에서 변환된 루아 스크립트를 실행시점 엔진이 루아 바이트 코드로 변환하고, 그것을 AI 엔진이 사용한다.

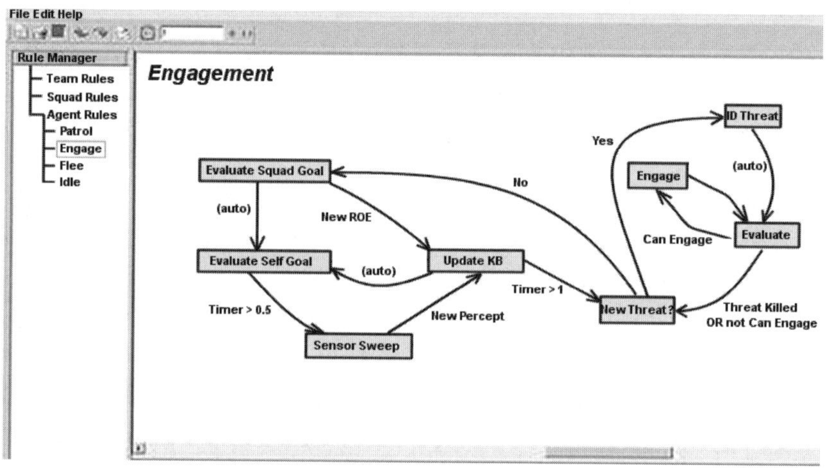

그림 3.8.4 FuSM 작성을 위한 디자이너용 도구

그림 3.8.5 GUI 편집기의 FuSM이 실행시점 엔진에 쓰이기까지의 파이프라인

실행시점 정보

군중 시뮬레이션처럼 수백 개 이상의 동적 개체들로 이루어진 3D 실시간 응용프로그램을 개발하는 일은 결코 쉽지 않다. 믿을만한 세계를 구축하기 위해서는 디자이너가 가상 환경과 직접 상호작용할 수 있어야 한다. 캐릭터의 전반적인 행동을 화면으로 볼 수 있는 것만으로는 부족하다. 실행 도중 개체 수준의 시뮬레이션 매개변수들을 직접 수정할 수도 있어야 한다. 그러한 도구를 제작할 때의 핵심은 디자이너가 현재 어떤 자료에 초점을 두고 있는가에 기초해서 동적으로 GUI를 생성할 수 있어야 한다는 것이다. 그림 3.8.6은 그러한 GUI의 한 예로, 경로 계획 요청에 쓰이는 현재 네비게이션 그래프에 대한 디버깅 정보를 시각적으로 보여줄 뿐만 아니라, 시뮬레이션 제어에 대한 피드백 정보를 담은 여러 컨트롤(위젯)들도 제공한다(물론 상황에 따라서는 다른 정보를 담은 컨트롤들도 제공한다). 사용자는 시스템과 직접 상호작용하면서 특정 사건들을 촉발하거나 시스템 매개변수들을 실시간으로 변경할 수 있다.

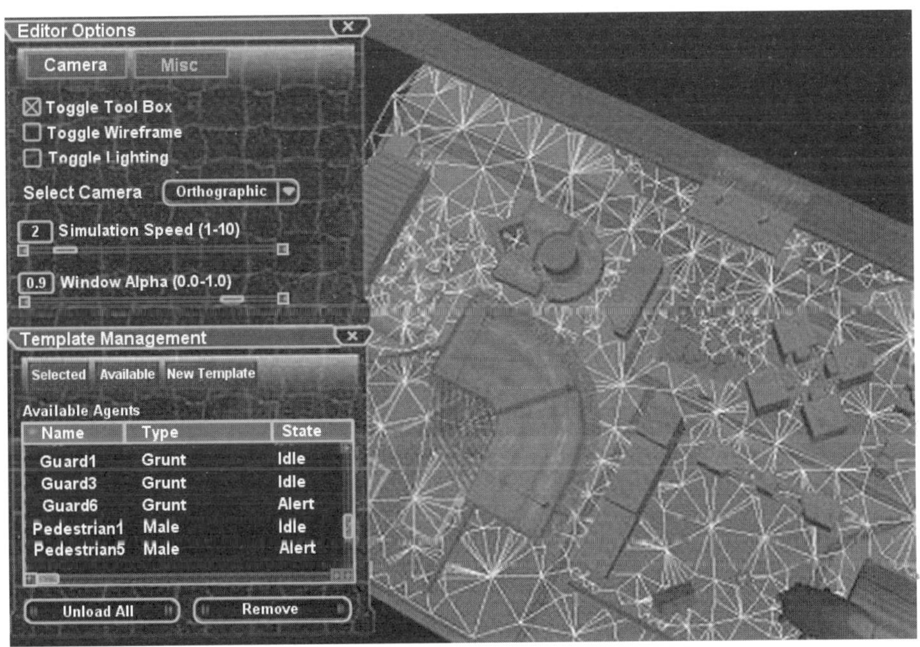

그림 3.8.6 개체의 상태 변화를 실시간으로 제어할 수 있는 GUI.

결론

이 글에서는 자료주도적 AI 엔진을 위한 설계 아키텍처 하나를 제시했다. 이 글에서 말한 시스템은 자료 스크립트만으로 AI의 상당 부분을 제어할 수 있으며, 또한 대규모 군중 시뮬레이션을 돌리기에 충분한 성능을 제공한다.

그러나 이 시스템에는 몇 가지 한계가 있다. 첫째로, 과제들을 서로 다른 범주(우선순위 그룹)로 분류하기 위해서는 디자이너의 개입이 필요하다. 둘째로, 여러 종류의 언어들을 사용하므로 개발 공정이 더 복잡해진다. 특히, 서로 다른 프로그래밍 언어와 스크립팅 언어들 사이의 디버깅에 어려움이 있을 수 있다. 그렇긴 하지만, 플러그인 인터페이스 덕분에 시스템이 훨씬 더 유연해지며, 성능 상의 큰 부담 없이도 디자이너가 핵심 엔진을 재사용할 수 있다. 그래픽 프로그래밍의 최근 발전에 의해 개발자들은 더 나은 도구와 고수준 언어들을 사용할 수 있게 되었다. 이는 자료주도적 시스템의 장점을 잘 보여주는 예라고 할 수 있다. AI 분야에서 디자이너들이 시스템의 구현보다는 행동 측면에 집중할 수 있을 정도의 표준화는 아직 이루어지지 않았다. 이 글은 그러한 목표로의 한 시도라고 할 수 있다. 이 글에서 말한 시스템과 자료 생성 파이프라인을 좀 더 효율적인 도구를 통해 확장할 수 있는 여지가 많이 남아 있으니, 독자도 한번 도전해 보기 바란다.

참고자료

[Abrahams04] Abrahams, D., *C++ Template Metaprogramming: Concepts, Tools, and Techniques from Boost and Beyond*. A. Gurtovoy, 2004.

[AI Implant00] A.I.IMPLANT, "Middleware from BioGraphic Technologies for real-time crowd simulation." BioGraphic Technologies, 2000.

[Bagley05] Bagley, D., "The Great Computer Language Shootout Benchmarks." 2005. 웹 *http://shootout.alioth.debian.org*.

[Bilas02] Bilas, S., "A Data-Driven Game Object System." *Gas Powered Games*, 2002.

[Boost98] Boost, "Boost C++ Libraries." 1998.

[Cg04] Cg, "The Cg Shader Programming Language." NVIDIA, 2004.

[Champandard03] Chapandard, A., *AI Game Development, Synthetic Creatures with Learning and Reactive Behaviors*. New Rider, 2003.

[Darovsky05] Darovsky, A., FSME, 2005.

[Fairclough01] Fairclough, C., "Research Directions for AI in Computer Games." Technical Report TCD-CS-2001-29, Trinity College, Dublin, 2001.

[Fear02] Alex Champandard, "Fear Flexible Embodied Animat Architecture." 2002.

[Fernando03] Fernando, Randima, Mark J. Kilgard, *The Cg Tutorial*. Addison-Wesley, 2003.

[Funge99] Funge, J. D., *AI for Games and Animation: a Cognitive Modeling Approach*. A K Peters, 1999.

[Funkhouser93] Funkhouser, T. A., "Adaptive Display Algorithm for Interactive Frame Rates During Visualization of Complex Virtual Environment." C. H. Séquin, University of California at Berkeley, 1993.

[Gamma95] Gamma, E., et. al., *Design Patterns: Elements of Reusable Object-Oriented Software*. Addison-Wesley Professional, 1995.

[GLSL04] *GLSL, The Shader Programming Language for OpenGL*, 2004.

[Grimshaw89] Grimshaw, A. S., "Real-Time Mentat: A Data-Driven Object-Oriented System." Proc. IEEE Globecom: pp. 232–241, 1989.

[HLSL05] *HLSL, The Microsoft DirectX High-Level Shader Programming Language*. Microsoft, 2005.

[Hoffert98] Hoffert, J., K. Goldman, "Microthread: An Object for Behavioral Pattern for Managing Object Execution." Washington University, Distributed Programming Environments Group, 1998.

[Ierusalimschy96] Ierusalimschy, R., "Lua-an Extensible Extension Language." *Software: Practice & Experience*, Vol. 26, John Wiley & Sons, 1996.

[Jacobs05] Jacobs, S., "Visual Design of State Machine." *Game Programming Gems 5*: pp. 169–176, Charles River Media, 2005. 번역서는 "상태기계의 시각적인 설계", *Game Programming Gems 5*, 정보문화사, 2006.

[Kantrowitz97] Kantrowitz, M., "Fuzzy Logic and Fuzzy Expert Systems." 1997. 웹 *http://www.faqs.org/faqs/fuzzy-logic/part1/*.

[Koeppel02] Koeppel, F., "Massive Attack." Popular Science, 2002. 웹 *http://www.popsci.com/popsci/science/d726359b9fa84010vgnvcm1000004eecb ccdrcrd/5.html*.

[Kruszewski05] Kruszewski, P. A., "A practical system for real-time crowd simulation on current and next-generation gaming platforms." 2005.

[Laird01] Laird, J., "Toward human-level AI for computer games." 초청 강연,

AAAI-2000. 웹 *http://ai.eecs.umich.edu /people/laird/talks/Soar-games/index.htm*.

[Lindholm01] Lindholm, E., M. J. Kilgard, "A User Programmable Vertex Engine." *Proceedings of SIGGRAPH 2001*, ACM Press/ACM SIGGPRAH: pp. 149–158, 2001.

[Luabind03] Lua 언어를 위한 Luabind 라이브러리, 웹 *http://www.rasterbar.com/products/luabind.html*. 2003.

[Manzur03] Manzur, A., toLua++. 웹 *http://www.codenix.com/~tolua/*. 2003.

[Moltenbrey04] Moltenbrey, K., "Digital artists re-create ancient Rome for the epic miniseries Spartacus." *Computer Graphics World*, 2004.

[Niemeyer03] Niemeyer, G. Lunatic Python. 웹 *http://labix.org/lunatic-python*, 2003.

[Python91] *Python Programming Language*. 1991.

[Robbins03] Robbins, J., "Simulation Level of Detail Or Doing As Little Work As Possible." *Physically Based Modeling, Simulation, and Animation*, 2003.

[Schertenleib02] Schertenleib, "Complex 3D Environments System Rendering and Consistent Frame Rate." 2002.

[Shumaker04] Shumaker, S., "Techniques and Strategies for Data-Driven Design in Game Development." *Computer and Information Science*, 2004.

[Sung04] Sung, M. and M. Gleicher, "Scalable behaviors for crowd simulation." *Eurographics* 23, 2004.

<table><tr><td>3.9</td><td>

퍼지 제어를 이용한 장면 복잡도 관리

</td></tr></table>

Gabriyel Wong,
Nanyang Technological University
gabriyel@gmail.com

Jialiang Wang,
Nanyang Technological University

잘 알려진 대로, 게임을 만들 때에는 게임의 렌더링 부하가 어느 정도인지 예상하고 그 범위 안에서 게임을 설계하게 된다. 3D 아티스트들은 종종 실제 게임 엔진과 직접 연동하는 레벨 편집기를 사용해서 자신의 작업 결과를 미리 확인한다. 그러면 작업 결과가 상호작용적인 프레임률로 표시되는지를 그때그때 점검할 수 있으므로 생산성이 높아진다. 이러한 작업 방식이 가능한 것은 아마도 단일 사용자용 게임이 어느 정도 예측 가능한 형태로 플레이되기 때문일 것이다. 그러나 다중 플레이어 게임처럼 좀 더 역동적인 환경에서는 이와 같은 작업 방식이 그리 효과적이지 않을 수 있다. 이 글에서는 장면 복잡도 관리에 퍼지 제어 기법을 적용함으로써 동적인 게임 플레이 환경에서도 성능과 이미지 품질 모두를 유지하는 데 도움을 주는 방법을 소개한다.

핵심 착안

실시간 컴퓨터 그래픽은 고정된 히드웨어 지원 안에서 상호작용적 프레임률을 유지하면서도(성능) 시각적 예리함을 최대화하는 것(품질)을 목표로 한다. 세부수준(level-of-detail, LOD) 제어, 가시성 알고리즘, 이미지 기반 기법들 등 기존 메커니즘들이 개별 메시나 모형 수준의 기하 구조 복잡성을 줄이는 데 두움이 된다는 점은 명백하다 그러나 전체적인 렌더링 부하는 장면의 전체적인 복잡도에 의존하므로 그런 개별 기법들만으로는 문제를 해결하기 힘들다.

이 글은 기하 자료를 줄이기 위한 새로운 알고리즘이나 발견법을 제시하는 것이 아니다. 대신 이 글은 LOD 선택에 퍼지 논리 원칙들을 적용해서 장면의 기하 자료 부하를 관리하는 혁신적인 접근방식 하나를 설명한다. 핵심은 렌더링 공정을 하나의 "공장 설비(plant)"

로 취급해서 렌더링을 위해 설비에 투입되는 부하(load)를 퍼지 논리에 기초한 제어기로 조절한다는 것이다. 적절한 되먹임을 가진 제어기는 미리 만들어진 규칙들을 이용해서 기하 자료 투입량을 조정할 수 있다. 장면 객체들의 LOD를 효과적으로 선택하는 문제에 대한 개발자의 지식을 이용해서 적절한 규칙들을 만들어낸다면 프로젝트의 구체적인 성능-품질 요구사항에 따라 부하를 적절히 제어할 수 있게 된다.

퍼지 제어의 장점

렌더링 공정의 제어에 퍼지 논리(Fuzzy logic)를 적용할 때의 장점은 여러 가지이다 ([FIDE1]). 첫째로, 퍼지 논리를 이용하는 시스템의 설계 공정이 전통적인 시스템 제어 접근방식들의 것보다 빠르고 편하다. 렌더링 공정은 복잡하기로 유명하며, 따라서 렌더링 공정 전체를 온전하게 반영하는 모형을 만드는 것은 쉬운 일이 아니다. 퍼지 접근방식에서는 난해한 수학적 모형들을 유도하느라 고생하는 대신, 해당 분야 전문가가 이미 가지고 있는 지식에 기초해서 입력-출력 규칙들을 만들고 사용할 수 있다. 구현 역시 간단하다. 근본적으로는 입-출력 관계들을 IF-THEN 문들로 표현한 것일 뿐이기 때문이다. 또한 퍼지 논리의 규칙들을 수학 공식이 아니라 자연 언어의 서술로부터 이끌어낼 수 있으므로, 개발자와 사용자가 시스템을 설계하고 커스텀화하기도 간단하다. 더 나아가서, 퍼지 논리는 시스템에 대한 개발자의 직관적 이해를 통해서 시스템의 비선형성을 서술할 수 있는 대안적인 해법을 제공한다. 이러한 장점들 덕분에 퍼지 논리는 실시간 렌더링 같은 복잡한 공정의 제어를 위한 기반으로 사용하기에 아주 적합하다.

도구

퍼지 추론 시스템(fuzzy inference system, FIS)의 구축에 사용할 수 있는 도구들은 여러 가지가 있다. 이를테면 MathWork의 Fuzzy Logic Toolbox, INFORM의 *fuzzy*Tech®, Aptronix의 FIDE™ (Fuzzy Inference Development Environment)가 그러한 도구들이다. 이렇듯 다양한 도구들이 존재하지만, 퍼지 추론 시스템을 구축하는 공정은 비슷하다. FIS 구축의 주된 과제는 기본적으로 입력 변수들과 출력 변수들을 식별하고 규칙 집합을 만드는 것이다. FIS가 제대로 작동하려면 언어적 서술("애매한(fuzzy)" 집합들)을 간단한 수치 범위로 사상해서(이를테면 '아주 낮음'은 0, '아주 높음'은 5 등) 제어기의 입, 출력을 "퍼지화(fuzzification)"해야 한다. 앞서 언급한 도구들은 입-출력 값들을 언어적 서술

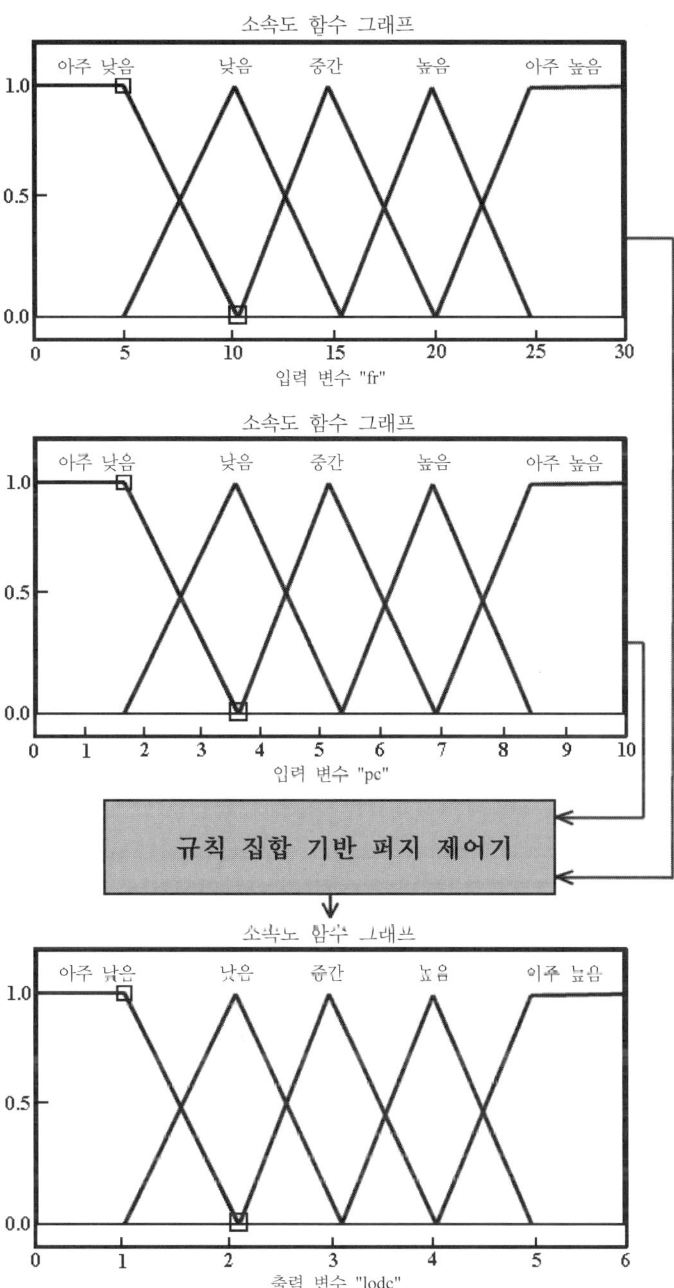

그림 3.9.1 FIS 시스템의 입력, 출력 소속도 함수들.

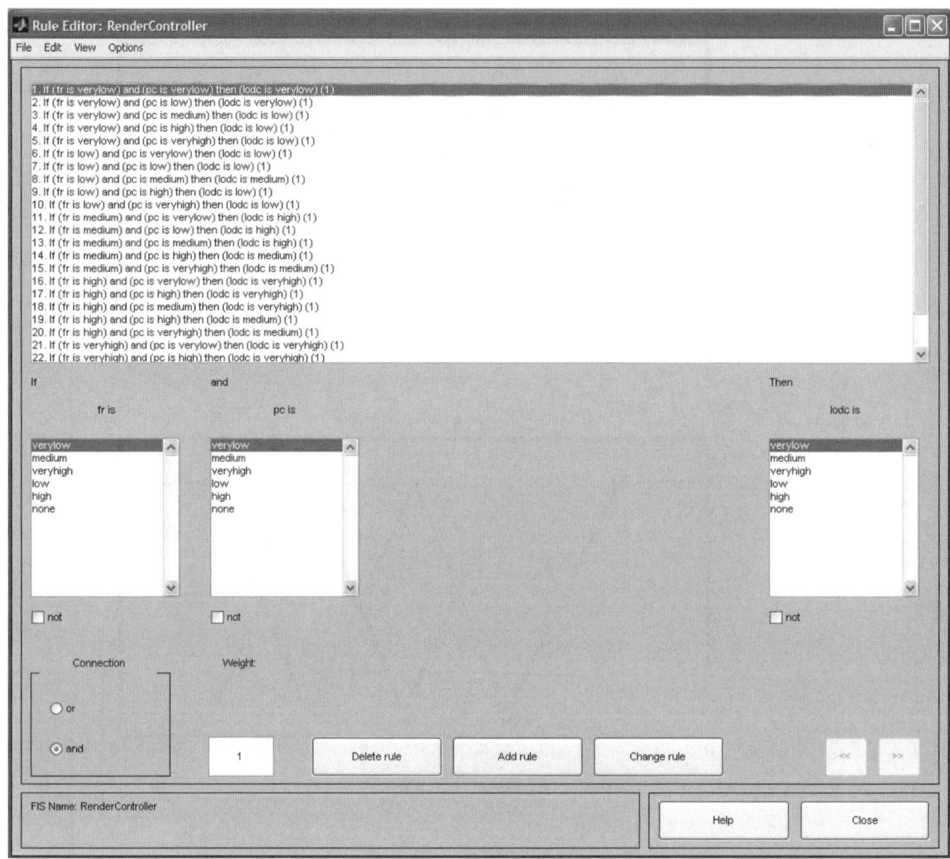

그림 3.9.2 FIS의 입출력 관계를 관장하는 규칙 집합의 예.

에 연관시키는 작업을 돕는 다양한 종류의 소속도(membership) 함수들을 제공한다. 그림 3.9.1은 지금 설명하는 입, 출력 소속도 함수 개념을 나타낸 것이다.

규칙 집합은 기본적으로 개발자의 지식에 기초해서 FIS의 전제조건(IF 조건)들과 그 결과(THEN 출력)들 사이의 관계를 서술한 것이다. 좋은 FIS 설계 도구는 이러한 규칙 집합을 손쉽게 만들고 수정할 수 있는 수단을 제공해야 한다. 그림 3.9.2에 그러한 예가 나와 있다. 입, 출력 매개변수들과 규칙 집합을 정의한다고 FIS 개발이 끝나는 것은 아니다. 만들어진 FIS를 게임 응용프로그램 안에서 충분히 시험하면서 유효성과 유용함을 점검하는 과정이 반드시 필요하다.

시스템 설계

그림 3.9.3은 퍼지 논리 제어기(fuzzy logic controller, FLC)를 사용하는 시스템의 전체 구조이다. 이 시스템의 핵심은 설비(렌더링 공정)에서 FLC로의 되먹임(피드백)이다. 이 경우 되먹임 정보는 프레임률과 장면의 다각형 개수이다. 이러한 시스템을 설계할 때에는 사용자 설정을 통한 커스텀화 능력을 중요하게 고려해야 한다. 렌더링 공정 제어의 경우에는 시스템 제어의 기준이 되는 목표 프레임률과 다각형 개수를 사용자가 직접 설정할 수 있어야 한다. 제어 시스템은 그러한 사용자 설정 목표 값들을 되먹임 정보와 비교하고 오차들을 다시 FLC에 입력한다.

FLC를 주어진 입력에 규칙 집합을 적용한 결과를 출력하는 하나의 블랙박스로 간주하는 것도 가능하다. 그러한 출력은 렌더링 공정에 입력되며, 그러면 렌더링 공정은 그것을 LOD 선택을 위한 제어 변수로 사용해서 렌더링 파이프라인에 보낼 다각형 부하를 조절한다.

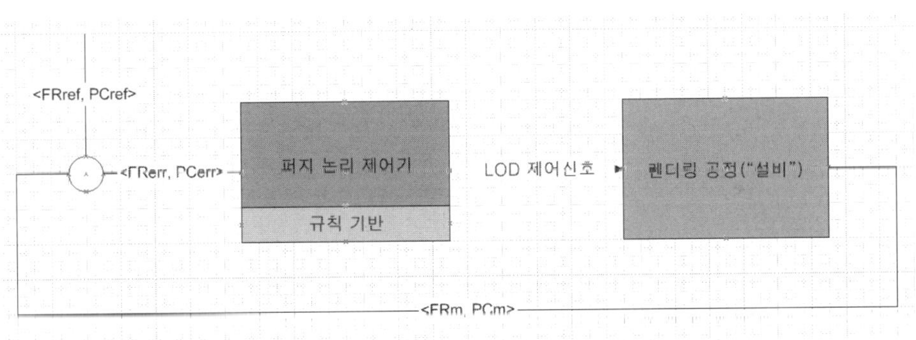

그림 3.9.3 퍼지 논리 제어기를 이용한 렌더링 공정

이 예에서 FLC가 렌더링 시스템의 기하 자료 부하를 제어하는 데 사용하는 주된 수단은 LOD이다. FLC 자체가 기하 복잡도 줄이기를 위한 알고리즘이나 발견법인 것은 아니다. FLC는 LOD 메커니즘을 통해서 기하 복잡도를 줄이고, 그럼으로써 궁극의 목표, 즉 전반적인 장면의 기하 자료 부하 조정을 이룩한다. [Luebke03]에는 다양한 LOD 기법들과 그것들을 실시간 그래픽 응용프로그램에 사용하는 방법과 관련된 여러 사항들이 아주 상세히 나와 있다. 여러 게임들에서 흔히 쓰이는 LOD 제어 기법들은 크게 이산 LOD 제어와 연속 LOD 제어로 나눌 수 있다. 이산(discrete) LOD 제어 방식은 동일한 3D 객체에

대해 다각형 수를 여러 개로 해서 모형들을 미리 만들어 두고 실행시점에서 적절한 것을 선택한다. 이 방법은 이해하기도 쉽고 구현도 간단하다. 그러나 인접한 수준의 모형들의 상대적 차이로 인해 LOD 수준을 전환할 때 시각적인 결함이 드러날 수 있기 때문에 3D 아티스트의 세심한 손길이 필요하다. 이력(hysteresis) 기반의 연속(continuous) LOD 방식은 시점 거리의 변화에 따라 다각형을 연속적으로 줄이거나 늘리는 형태로 LOD 전환 공정을 평준화해서 그런 문제를 해결한다. 연속 LOD 객체를 위한 다해상도 메시 알고리즘 역시 복잡한 객체의 기하 복잡도를 줄이는 방법인데, 다각형 개수가 아주 적을 때에도 결함을 거의 눈치 채지 못하게 할 수 있다.

이 글에서 서술하는 렌더링 시스템은 가상 세계의 3D 객체들에 대한 연속 LOD 선택 메커니즘을 사용한다. 제어 변수로 쓰이는 FLC의 출력은 하나의 LOD 계수이기도 하다. 3D 객체의 기하 구조나 다각형 개수는 거리 요인뿐만 아니라 이 LOD 계수에도 의존한다. 좀 더 설명하자면, 일반적으로 3D 객체의 다각형 개수 감소는 거리에 선형(1차)으로 비례한다. 그러나 FLC가 출력하는 LOD 계수를 계산에 포함시키면 다각형 개수가 지수적으로 감소되게 할 수 있다. 즉, 개발자는 LOD 제어 변수를 응용 프로그램의 요구사항에 맞게 적절히 사용함으로써 서로 다른 감소 패턴들을 손쉽게 만들어낼 수 있는 것이다. 다음이 그러한 점을 보여주는 코드이다.

```cpp
void setCLODFalloff(float fallOffMultiplier)
{
    // 장면의 각 메시 노드에 대해
    {
        // 카메라와 객체 사이의 거리를 계산한다.

        // 가까운 평면과의 거리들로 시점 거리 비율을 계산한다.
        float fRatio = (fDepth-fNear)/(fFar-fNear);

        // 비선형 감소 패턴이 필요한 경우
        fRatio = Mathf::Pow(fRatio,2.0f);

        int newIndexCount = (int)(MaxIndex * fRatio *
                        (1.25/fallOffMultiplier));
        CLODObject->SetIndexCount() = newIndexCount;

        // ...
    }
}
```

연속 LOD를 사용하면 3D 객체의 LOD 수준들을 매끄럽게 전환할 수 있으며, 따라서 실행시점에서 나타나는 시각적 결함을 줄일 수 있다. 이는 이 글의 도입부에서 이야기한 렌더링 시스템의 설계 목표 중 하나인 '이미지 품질 유지'에도 부합한다. 이 글에서 설명하는 렌더링 시스템은 한 오픈소스 그래픽 라이브러리로 만든 것이며, FLC는 Matlab®이 제공하는 FIS 라이브러리(C 언어)로 개발한 것이다.

■ 게임에 적용

게임에 사용할 FIS를 개발하려고 할 때 좋은 출발점이 될 수 있는 것들 중 하나는 MathWorks의 Fuzzy Logic Toolbox([Matlab1])이다. 이 글의 FIS를 게임에 직접 사용하는 경우 다음 두 가지 사항을 주의해야 한다.

- 이 글의 FIS는 다각형 개수와 프레임률 사이의 관계를 유지하는 규칙들을 포함하고 있다. 이 규칙들이 렌더링 부하의 제어에 적합하긴 하나, 다른 종류의 응용이나 하드웨어 구성에 따라서는 좀 더 최적화할 여지가 있다.
- 이 FIS를 이용한 초기 시험 결과를 얻은 후 만족할 만한 결과가 나올 때까지 규칙 집합을 계속 조율해 나가야 한다.

MathWorks는 Simulink® 환경을 통해서 퍼지 논리 응용프로그램의 프로토타입을 만들 수 있는 강력한 도구를 제공한다. Simulink로 "구축 블록"들을 만들고 그것들을 연결해서 하나의 시스템을 만드는 방식으로 손쉽게 퍼지 논리 응용프로그램을 만들어낼 수 있다. 간단한 Simulink 모형 파일로도 FLC가 제어하는 렌더링 공정이라는 개념을 잘 나타낼 수 있다. 또한, 카메라 이동(이블네인 사용자 이동에 의한)이라든가 게임 내의 새로운 개체 생성, 추가 같은 요인들에 의한 기하 자료 부하 조건의 변화를 다양한 신호 발생기들을 이용해서 미리 시험해 볼 수 있다. 신호 발생기들로 입력 변화를 흉내내는 방식 대신, "공장 설비"를 실제의 게임 응용프로그램으로 대체해서 FLC의 성능을 평가하는 것도 가능하다. Simulink의 S 함수 구조를 이용해서 게임 자체를 감싸는 래퍼(wrapper)를 만들면 된다.

또한, 바탕 하드웨어의 능력을 넘는 부하를 처리할 수 있는 FLC는 만들기가 불가능함을 알아두기 바란다. 개발자나 사용자가 설정한 목표 프레임률과 다각형 개수(그림 3.9.3의 FRref, PCref)는 플랫폼의 총 계산 능력의 한계 이내의 값들일 때에만 의미가 있다. 따라서, 사전 성능 측정을 통해 대상 하드웨어 플랫폼의 부하 처리 능력을 평가한 후 그 결과를 가지고 적절한 매개변수 값들을 설정할 필요가 있다.

가정들

이 글에서 소개하는 접근방식, 즉 퍼지 논리로 장면 복잡도를 관리하는 접근방식은 장면 복잡도가 거의 전적으로 기하 자료 부하로만 결정된다는 가정에 크게 의존한다. 그러나 실제 게임의 프레임률에는 네트워크, 인공지능, 오디오, 물리 계산 등도 영향을 미친다. 또한 셰이더를 이용한 법선 맵, 픽셀 당 셰이딩 같은 고급 렌더링 기법들 때문에 렌더링 처리 부하에 대한 다각형 개수나 표면 세밀도의 영향이 그리 크지 않을 수도 있다.

그러나 퍼지 논리 응용의 핵심 개념을 실행 시점 도중 게임 소프트웨어의 다양한 처리 공정들(그래픽 공정뿐만 아니라 비그래픽 공정들도)의 제어에 사용하는 것도 얼마든지 가능하다. 그러한 공정들의 정보를 FLC의 입력으로 제공하고 그 입력들의 다양한 조합을 출력으로 연견하는 새로운 규칙 집합들을 만들면 되는 것이다. 그러나 그러한 FLC가 효과적으로 작동하려면 적절한 전문 지식 또는 입력-출력 규칙들에 대한 세심한 공식화가 필요하다.

구현 고려사항들

연속 LOD 메커니즘이 기하 자료 부하의 좀 더 세밀한 제어 수단이 되긴 하지만, LOD를 계산하고 전환하는 데 필요한 처리 부하 자체가 프레임률 하락 요인이 될 수도 있음을 주의해야 한다. 따라서 LOD는 매 프레임마다가 아니라 한 프레임씩 걸러서 또는 일정 주기마다 계산하는 것이 바람직하다. 장면의 인접 프레임들에 응집성이 존재하며 그것을 이용해서 렌더링 효율을 높일 수 있다는 점도 LOD 계산 및 전환을 덜 자주 하는 것이 바람직한 이유가 된다. 반면, 매 프레임마다 LOD를 계산하고 전환하다 보면 보기 싫은 "깜박임 현상"이 나타날 수 있다. 부하가 큰 상황에서 LOD 전환 거리들이 시점 근처의 값들이 될 때 특히 그렇다.

연속 LOD를 일부 객체들에만 적용하는 것도 구현 시 고려해볼만한 사항이다. 연속 LOD 제어 기법의 한 가지 잘 알려진 약점은 3D 객체들을 렌더링 파이프라인으로 보내기 전에 정점 연결 정보를 생성해야 한다는 것이다. 이를 오프라인에서 수행할 수도 있으나, 게임 응용프로그램의 시험 또는 재시작 빈도가 잦으면 생산성이 떨어질 수 있다. 또한 연속

LOD 선택은 큰 계산 부담을 지우므로, 성능을 생각한다면 장면의 모든 객체를 연속 LOD 객체로 처리하는 것은 바람직하지 않다.

■ 시험 및 그 결과

필자들이 개발한 시험용 응용프로그램은 열린 지형에서 수많은 소(牛)들이 뛰어 다니는 3D 세계로 구성되는데, 소들의 40%가 연속 LOD 모형들을 사용하므로 전체 장면 기하 자료 중 FLC로 관리하는 부분의 비율은 40%가 된다. 물론 다른 응용프로그램이라면 장면 내용의 성격에 따라 이 비율을 적절히 조정해서 최적의 성능이 나오도록 해야 할 것이다. 예를 들어 전체적인 다각형 수는 동일하다고 하더라도 기하학적으로 복잡하고 큰, 수많은 다각형들로 이루어진 객체 하나를 FLC로 관리하는 것이 다각형 수가 적은 여러 개의 객체들을 FLC로 관리하는 것보다 더 유리하다. 후자의 경우, LOD 계산 및 전환에 따르는 추가 부담이 더 클 것이기 때문이다.

이 시험의 목적은 두 가지이다. 하나는 렌더링 시스템에 FLC를 적용했을 때 예상할 수 있는 성능 이득이 실제로 나타나는지 확인하는 것이고, 또 하나는 사용자가 설정한 목표 치에 대한 FLC 접근방식의 만족 정도를 기존의 이산 LOD 메커니즘만 사용한 경우와 비교하는 것이다. 이를 위해, 공통의 경로로 카메라를 움직이는 상황을 두 접근방식으로 각 각 실행해서 프레임률을 측정했다. 그림 3.9.4에 그 결과들이 나와 있다.

그림 3.9.4의 그래프들에서 보듯이, FLC가 적용된 렌더링 시스템의 전반적인 프레임률이 전통적인 DLOD 메커니즘을 사용한 렌더링 시스템의 전반적인 프레임률보다 25% 정도 높았다. 두 렌더링 시스템 모두, 시험 초기에는 시스템의 처리 능력을 넘는 대량의 기하 자료를 렌더링하려다 보니 과부하가 걸렸다. 그림 3.9.4 하단의 삼각형 개수 이득 그래프 는 두 시스템에서의 프레임 별 다각형 수 변화를 나타낸 것이다. 초기 과부하 기간에서 프레임률이 일시적으로 약 22Hz까지 떨어지긴 했지만, 그래도 FLC를 사용한 시스템이 기하 자료를 훨씬 더 많이 줄였음은 명백하다. 또한 다른 기간들에서도 장면 구성에 따라 큰 이득을 보였다. 그림 3.9.5는 시험용 프로그램의 스크린샷이다(원쇄 화보 6에도 나와 있다).

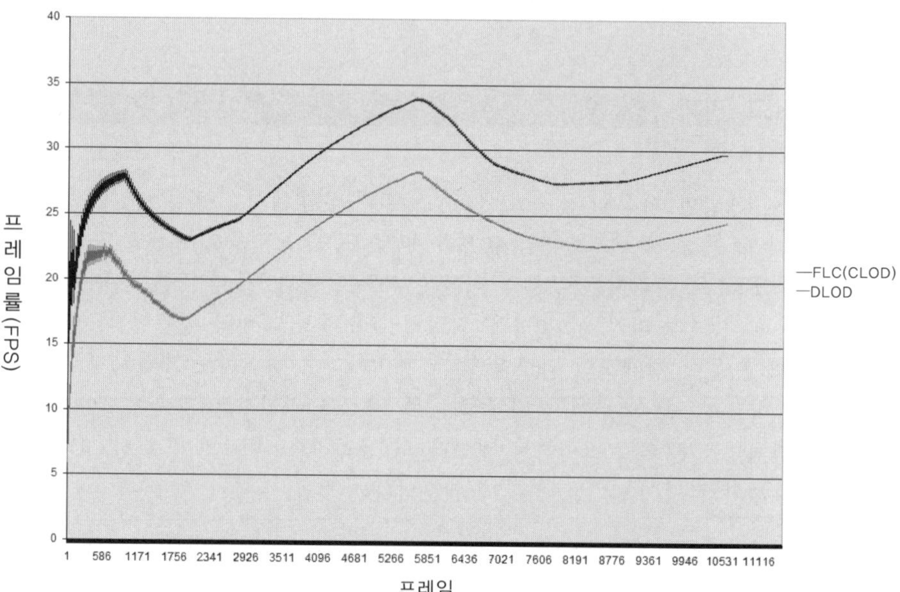

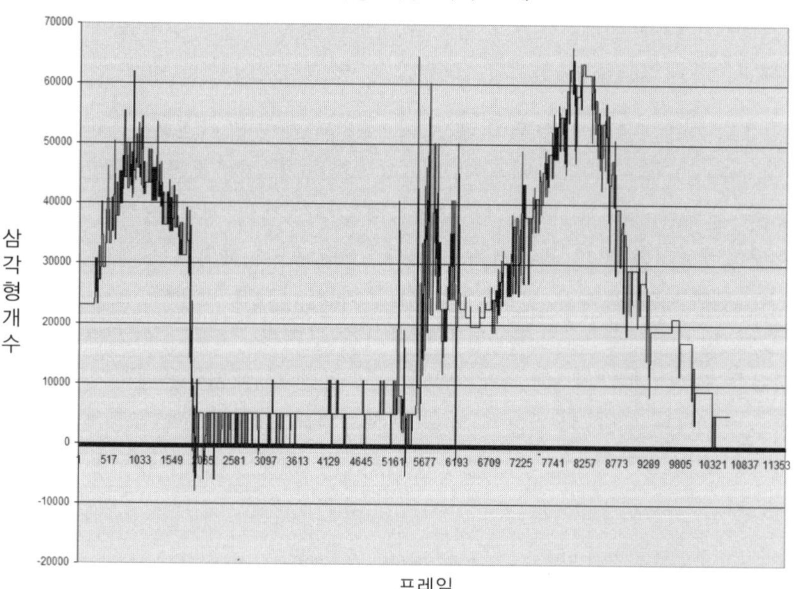

그림 3.9.4 두 렌더링 시스템의 성능 비교

그림 3.9.5 시험용 프로그램의 스크린샷.

결론

이 글은 장면 복잡도 관리에 퍼지 제어를 사용함으로써 장면의 전반적인 기하 자료 부하를 어느 정도는 세밀하게 제어할 수 있는 한 가지 방법을 소개했다. 이 글의 방법은 장면 전체의 부하를 다루는 좀 더 광범위한 기법이라는 점에서 LOD 알고리즘, 가시성 계산, 이미지 기반 기법 같은 기존의 최적화 방법들과는 목표가 다르다고 할 수 있다. LOD 제어뿐만 아니라 다른 최적화 기법들에도 퍼지 논리 제어기를 적용함으로써 게임이 요구하는 최적의 품질 대 성능 조합을 달성할 수 있는 소프트웨어 프레임워크를 만드는 것도 가능한 일이다.

게임 캐릭터의 의사결정에서나 전투 시나리오에서는 이미 인공지능 또는 퍼지 논리 같은 소프트 컴퓨팅 기법들이 널리 쓰이고 있지만, 실시간 렌더링 분야에서는 아직 그렇지 못하다. 이 글이 그러한 기법들의 새로운 용도를 발굴하는 데 도움이 되길 바란다.

감사의 글

이 작업은 DSOCL01144에 따라 DSO National Laboratories(싱가포르)가 후원했다.

■ 참고자료

[FIDE1] FIDE, *Fuzzy Inference Development Environment*. Aptronix. 웹 *http://www. aptronix.com/fide/whyfuzzy.htm*.

[Luebke03] Luebke, D. 외, *Level-of-Detail for 3D Graphics*. Morgan Kauffman.

[Matlab1] Fuzzy Logic Toolbox. Matlab. 웹 *http://www.mathworks.com/products/fuzzylogic*.

[Matlab2] Simulink. Matlab. 웹 *http://www.mathworks.com/products/simulink*.

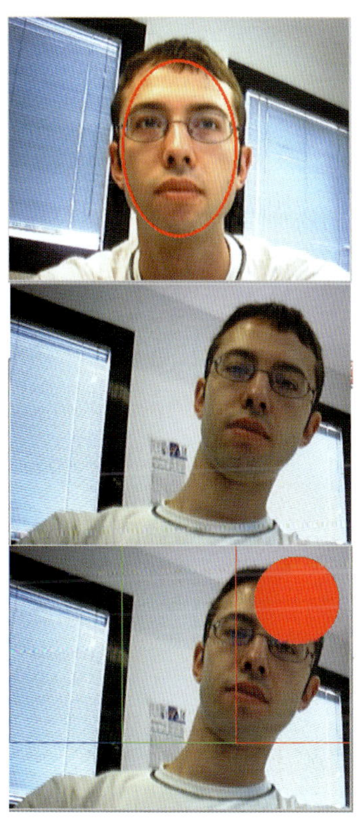

원색 화보 2 플레이어의 움직임에 의해 플레이어의 아바타가 왼쪽으로 몸을 기댄 모습. (글 1.3에서.)

원색 화보 3 플레이어의 움직임에 의해 플레이어의 아바타가 중앙으로 돌아온 모습. (글 1.3에서.)

원색 화보 4 전형적인 보트의 완벽한 부력. (글 2.5에서.)

원색 화보 5 물에 떠 있는 임의의 볼록 물체. (글 2.5에서.)

원색 화보 6 글 "3.9 장면 복잡도 관리에 퍼지 제어 사용하기"의 시험용 프로그램의 스크린샷.

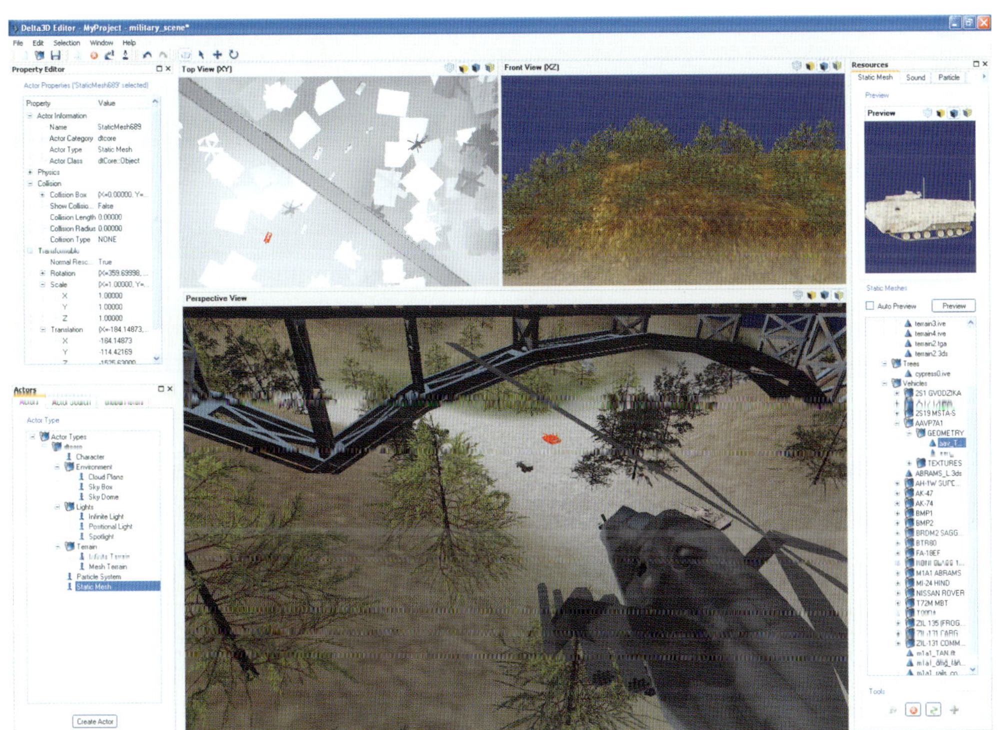

원색 화보 7 Delta3D 편집기로 활동 객체 속성 조작하기. (글 4.5에서.)

원색 화보 8 정점 셰이더에서 법선들을 계산한다. 가운데는 법선 맵이 적용된 모습이다. 와이어프레임 스크린샷에서 수직 '자락'들을 볼 수 있다. (글 5.5에서.)

원색 화보 9 사용자 입력에 의해 상호작용적으로 생성된 웅덩이 잔물결. 시뮬레이션을 GPU에서 수행했다. (글 5.6에서.)

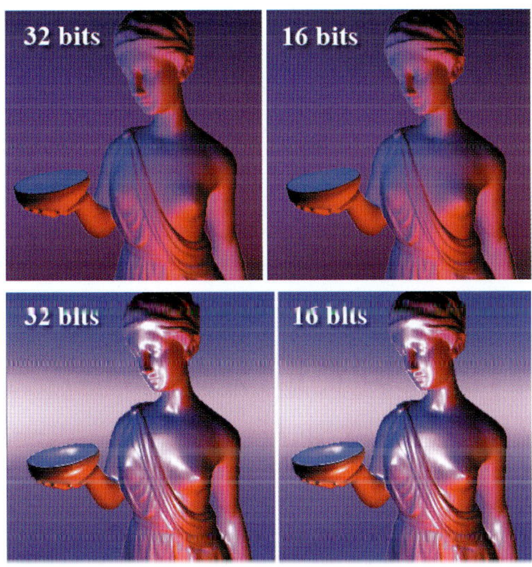

원색 화보 10 깊이 정밀도를 다르게 해서 장면을 렌더링한 결과들. (위) 분산광만 적용한 경우. (아래) 분산광과 반영광을 결합한 경우. (글 5.7에서.)

원색 화보 11 그림 5.8.1 겹선형 보간이 적용된 표준 텍스처에서는 도형이 흐려지는 단점이 생긴다(위, 64×64 텍스처). 이 글의 기법은 간단한 픽셀 셰이더와 전처리된 텍스처를 이용해서 뚜렷한 이미지를 만들어낸다(아래, 같은 크기의 텍스처). (글 5.8에서.)

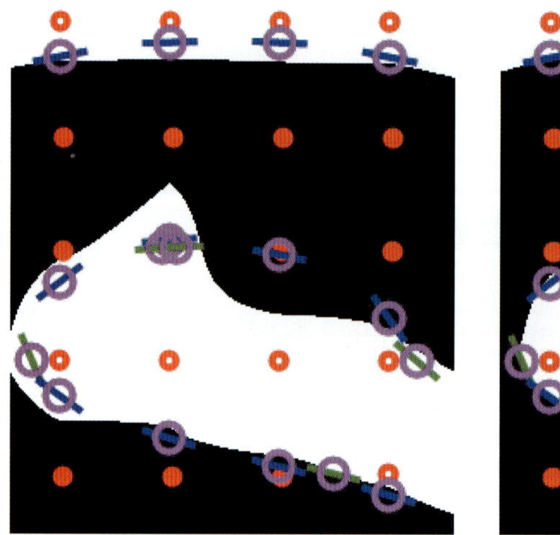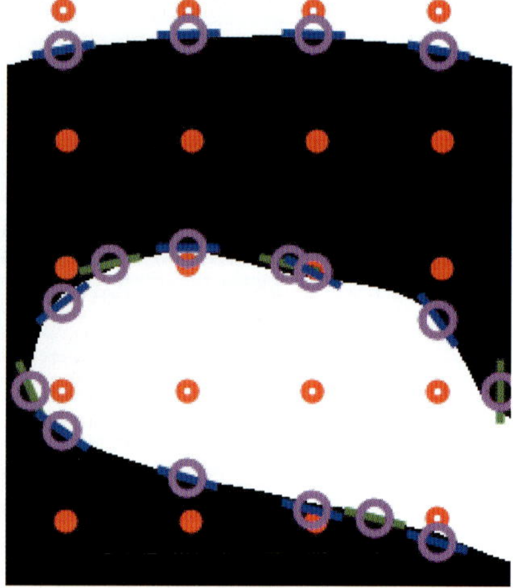

원색 화보 12 접선이 경계선과 거의 평행이라서 최적화가 힘든 임계 상황들을, 사용자가 위치와 각도 제약조건들을 직접 수정함으로써 해결할 수 있다(왼쪽 : 수정 전, 오른쪽 : 수정 후). 원은 교점 위치, 원을 가로지르는 선분은 각도에 해당한다. (글 5.8에서.)

원색 화보 13 다중색 이미지를 단순한 방식으로 결합하면 여러 색이
만나는 부분에서 눈에 띄는 오차가 드러난다(위, 특히 확대된 부분).
이 문제는 각 색의 이미지들을 순서대로 겹치면 해결된다(아래, 확대된
부분은 64×64 텍셀). (글 5.8에서.)

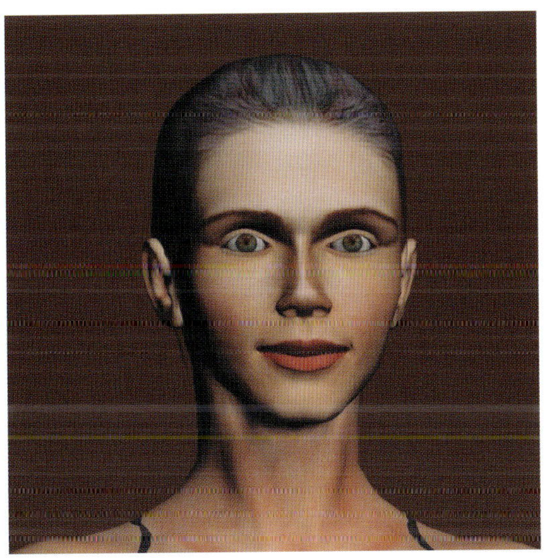

원색 화보 14 네트워크를 통해 스트리밍할 3D 정
보를 담고 있는 고해상도 안면 애니메이션 자료.
(글 7.1에서.)

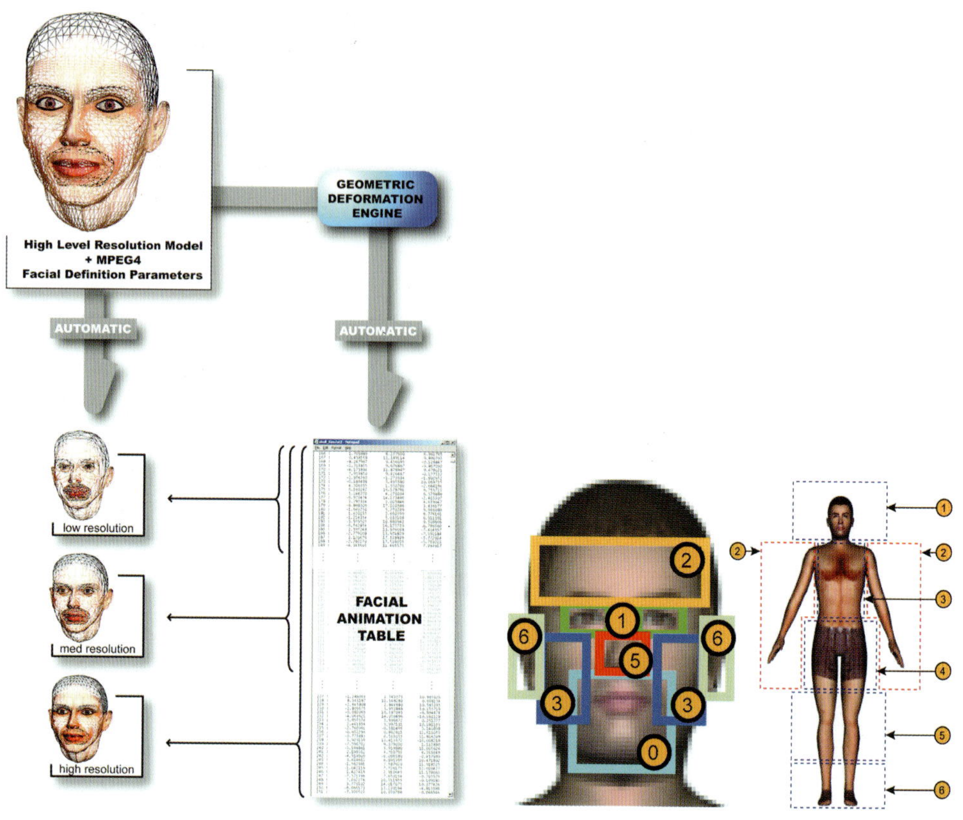

원색 화보 15 안면 애니메이션의 규모가변성(왼쪽)과 적응을 위한 안면 및 신체 관심 지역들 (오른쪽). (글 7.1에서.)

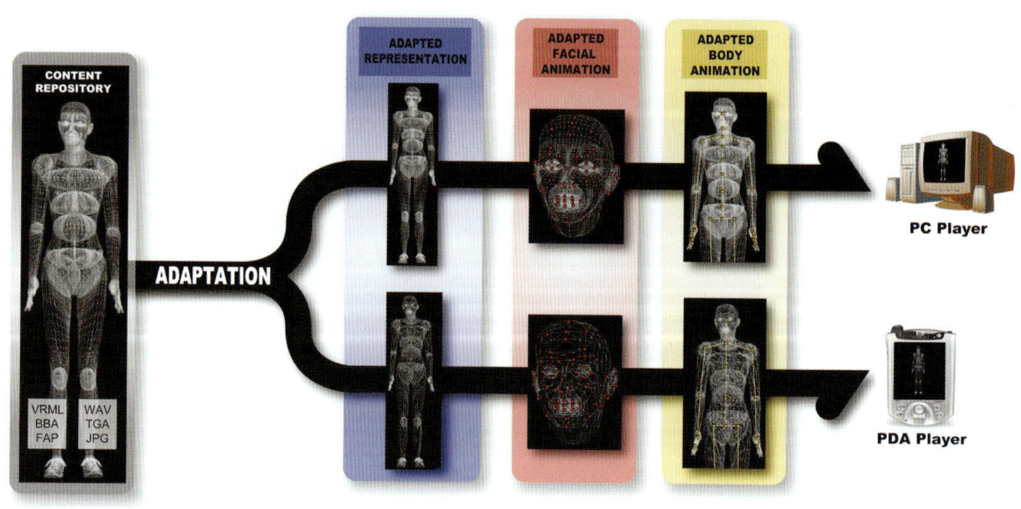

원색 화보 16 내용 데이터베이스에서 사용자로의 자료 흐름 적응. (글 7.1에서.)

SECTION

04

스크립팅 및
자료주도적 시스템

소 개

Graham Rhodes, Applied Research Associates, Incorporated
grhodes@gsrhodes.com

초창기 비디오 게임들은 단순하며 만들기도 쉬웠다. 초창기에는 전통적인 프로그래밍 언어 (C나 어셈블리 등)로 코드를 짤 줄 아는 사람, 즉 프로그래머 혼자서 게임 전체를 만드는 경우가 많았고, 그래픽이나 사운드라고 할 만한 것도 거의 없었다. 사실 당시의 플레이어들은 게임의 그래픽이나 사운드가 어느 정도이어야 좋다고 할 수 있는지에 대한 선입견을 가지고 있지 않았으며, 캐릭터 AI가 튜링 테스트를 통과하는지에 대해서도 신경 쓰지 않았다.

명확하게 정의된 규칙들을 가진 단순한 게임들은 하나의 닫힌 시스템에 지나지 않는다. 이는 예나 지금이나 마찬가지의 사실이다. 그러나 비디오 게임은 진화해 왔으며, 플레이어들도 발전했다. 요즘에는 복잡한 게임들이 많다. 하나의 게임을 여러 명의 프로그래머들이 수년 간 백만 줄 이상의 C++ 코드를 작성해서 만드는 경우도 드물지 않다. 이제는 게임의 그래픽, 사운드 자산과 게임 디자인의 상당 부분을 프로그래머가 아닌 사람들이 만들어낸다. 게임은 자료주도적인 제품이 되었다. 오늘날의 하드코어 게이머들은 사실적인 애니메이션을 기대한다. 그들은 장발적인 사건이 발생할 때 극적인 효과음이 재생되길 기대하며, AI가 제어하는 캐릭터들이 최대한 사실적으로 행동하길 기대한다. 복잡한 비디오 게임에는 수백, 수천의 게임 객체들과 캐릭터들을 위한 3D 모형, 텍스처, 애니메이션 자료들이 필요하며, 그래서 게임 내용을 담는 데 CD-ROM 여러 장이 필요한 경우도 많다. 현대의 게임 개발자들은 게임 엔진을 코딩하고 게임 플레이 기능들 및 행동들을 만들어내며 수많은 게임 객체들을 관리해야 할 뿐만 아니라, 그러한 일들을 프로그래머는 물론 아티스트의 입장도 고려해서 진행해야 한다. 이 때문에 게임 개발 공정이 예전에 비해 엄청나게 복잡해졌다.

요즘에는 프로그래미는 물론 프로그래미기 이닌 팀원들, 심지어는 플레이어들까지도 게임 만들기에 참어할 수 있도록 스크립팅 언어를 게임에 통합하는 것이 대세이다. 예를 들어 프로그래머는 통합된 스크립팅 언어를 이용해서 엔진의 기능에 접근하고 게임의 릴리스 빌드를 디버깅할 수 있다. 개발 도구나 소스 코드가 설치되지 않은 컴퓨터에서도 디버깅이 가능하다. 또한 프로그래머들은 AI 시스템을 위한 유한상태기계나 태스크 관리 시스템 등 게임의 일부 기능성을 빠르게 개발하는 데 스크립팅을 사용하기도 한다. 스크립팅 언어의 문법은 C++보다 훨씬 단순한 경우가 많으며, 그러한 단순함 덕분에 프로그래머가 C++ 코드를 작성하고 게임 프로그램을 다시 빌드할 때까지 기다리지 않고도 게임 디자이너가 게임을 직접 수정하는 것이 가능해진다. 같은 맥락에서, 아티스트들 역시 그러한 스크립팅 언어를 이용해서 애니메이션 트리거를 직접 구현하거나 게임 내 영화적 시퀀스를 구성할 수 있다. 3ds Max나 Maya 같은 디지털 내용 생성 도구를 위한 스크립트를 작성할 줄 아는 아티스트라면 게임에 통합된 스크립팅 언어도 쉽게 배울 수 있다. 게임 플레이어들 역시 게임 스크립트를 이용해서 자신만의 모드를 만들어낸다.

미리 만들어진 게임 엔진들만큼이나 미리 만들어진 스크립팅 언어도 많다. 개발사가 자신의 프로젝트에 사용할 스크립팅 언어를 직접 만드는 시대는 지나갔다. 이제는 검증된 여러 스크립팅 시스템들 중 프로젝트의 요구(성능, 게임 엔진 객체들의 손쉬운 반영, 다중 스레드 지원, 네트워킹 지원 등의 개발 편의성)에 맞는 것을 골라 쓸 수 있는 세상이 되었다.

간단히 말해서 이제는 다양하게 존재하는 스크립팅 시스템들 중에서 하나를 선택하고 게임 프로그램에 해가 되지 않는 한도에서 그러한 스크립팅 시스템의 기능들을 최대한 활용하는 문제가 중요해지게 되었다. 이러한 요구의 반영으로, 이번 섹션에는 스크립팅 시스템의 선택과 활용에 관한 여러 글들이 수록되었다.

첫째로, Diego Garcés의 글은 게임 개발 공동체에서 인기를 끌고 있는 몇 가지 스크립팅 언어들을 개괄하고, 도움이 되거나 문제가 될 수 있는 구체적인 기능들 몇 가지에 대한 조언을 제공한다. Waldemar Celes, Luiz Henrique de Figueiredo, Roberto Ierusalimschy의 두 글은 루아 활용에 대한 것이다. 첫 글은 C++ 객체를 루아에 바인딩하는 여러 가지 접근방식을 상세히 살펴본다. 둘째 글은 직관적인 목록 반복자에서 협동적 다중 태스킹 관리에 이르기까지 루아 코루틴의 여러 응용 방법들을 이야기한다. Sébastien Schertenleib는 수백 개의 동시적 과제들을 실시간으로 관리해야 하는 게임을 위한 협동적 다중 태스킹을 파이썬에서 마이크로스레드를 이용해 안정적으로 구현하는 방법을 설명한다.

스크립팅 시스템은 C++ 엔진이 자신을 스크립팅 시스템에 직관적이며 최적의 방식으로 노출하도록 작성되어 있을 때 가장 잘 작동한다. 요즘 게임들이 보이는 자료주도적 특성으로 인해, 이제는 게임 엔진이 내용의 성질을 자연스러운 방식으로 반영하는 문제가 중요해졌다. 게임의 아키텍처를 설계하는 일은 결코 간단하지가 않아서, 설계상의 잘못된 결정은 개발과 QA 비용의 커다란 증가와 제품 성능의 하락으로 이어질 수 있으며, 심지어는 그로 인해 프로젝트를 완수하지 못하게 될 수도 있다. 이번 섹션에는 자료주도적 아키텍처에 관한 글이 두 개 실려 있는데, 둘 다 게임 객체를 표현하는 나름의 접근방식과 스크립팅 시스템에 직관적으로 연결할 수 있는 엔진 아키텍처를 설명한다. Matthew Campbell과 Curtiss Murphy의 글은 게임 활동 객체의 속성들을 대리자 객체를 통해 노출함으로써 게임 엔진 객체들을 아티스트 도구들(레벨 편집기 등)이나 고수준 실행시점 하위시스템(메시지 전달 프레임워크 등)에 쉽게 통합할 수 있게 하는 프레임워크를 제시한다. Chris Stoy는 무계획적이고 임시방편적인 게임 엔진 설계 때문에 방만해질 수 있는 게임 객체 계통구조를 단순화하고 좀 더 나은 방식으로 조직화할 수 있는, 그리고 객체들을 실행시점에서 손쉽게 조합할 수 있는 게임 객체 구성요소 시스템을 제시한다.

요즘 개발사들이 게임을 개발하는 데 적용하는 공정들은 예전에 비해 훨씬 복잡하다. 그러나 아직도 부적절한 계획 수립, 일정 지연 문제를 겪거나 발행사의 요구사항 변화에 빠르게 대처하지 못하는 개발사들이 많은 것 같다. 잘 설계된 자료주도적 소프트웨어 프레임워크를 유연한 스크립팅 시스템과 결합함으로써 개발팀은 제품 개발 속도를 더욱 높일 수 있으며, 변화된 요구사항들에 맞춰 개발 방향을 좀 더 쉽게 변경할 수 있다. 다음 게임 프로젝트의 계획 수립 또는 사전 제작 단계에서 새로운 프레임워크를 만들거나 기존의 프레임워크를 개선할 때 이 섹션의 글들을 기억하기 바란다. 이 글들에 녹아 있는 지혜는 독자의 팀이 고품질의 제품을 성수기에 맞추어 인도할 수 있는 능력을 향상시켜 줄 것이다.

스크립팅 언어 개괄

Diego Garcés, FX Interactive
diegogarces@gmail.com

스크립팅 언어를 사용하는 이유

스크립팅 언어는 지난 몇 넌간 컴퓨터 게임과 비디오 게임 개빌에서 인기 있는 도구로 자리매김했다. 스크립팅 언어로는 예를 들어 애니메이션 시퀀스나 적 NPC의 행동, 플레이어의 지시에 대한 AI 팀원의 반응 등 게임 수행의 여러 측면들을 제어할 수 있다. 게임의 그런 부분들을 만들어내는 데에는 아티스트와 디자이너, 심지어는 플레이어의 역할도 매우 중요하다. 전문적인 프로그래밍 능력을 가지지 않은 사람들도 자신이 원하는 행동들을 수정하거나 만들어낼 수 있도록 만드는 것이 바로 스크립팅 언어이다.

스크립팅 언어는 또한 게임 개발 공동체에서 점점 더 인기를 끌고 있는 빠른 프로토타이핑도 가능하게 한다. 게임 개발 초기에 프로토타입을 먼저 만들어 봄으로써 게임플레이 문제점들을 미리 파악하거나 여러 가지 접근방식을 시험해볼 수 있다. 같은 맥락에서, 스크립팅은 지루한 재컴파일 없이 또는 게임을 다시 로딩하지 않고도 뭔가를 빠르게 변경해 보는 데 유용하다.

소개

게임에 사용할 수 있는 스크립팅 언어들은 많지만, 이 글에서 그 모두를 다루지는 않는다. 대신, 게임 개발에서 널리 쓰이는 언어 몇 개와 몇몇 유망한 언어만 이야기하기로 한다. 구체적으로는 다음과 같은 언어들을 소개한다.

- 파이썬(Python)
- 루아(Lua)
- GameMonkey
- AngelScript

루아([Lua05])와 파이썬([Python05])은 성공적인 상용 게임들에서 이미 쓰인 바 있다. 반면 GameMonkey([GameMonkey05])와 AngelScript([AngelScript05])는 최근 들어 게임 개발 공동체에서 관심을 끌고 있는 언어들이다.

스크립팅 언어들은 공통점과 차이점을 가진다. 스크립팅 언어를 선택할 때에는 다음과 같은 사항들을 고려해야 한다.

▶ **언어 코딩** : 언어적 특징과 코딩 편이성.
▶ **C/C++과의 통합** : 스크립팅 언어들은 대부분 C++로 된 핵심부를 확장하는 용도로 쓰인다. 따라서 핵심 엔진과 스크립트 사이의 자료 교환에 너무 많은 프로그래밍 작업이 필요해서는 안 되며, 프로젝트의 요구에 맞게 충분히 강력하고 효율적이어야 한다.
▶ **성능** : 게임에서 성능이 중요한 부분에는 스크립트가 쓰이지 않는다. 그렇긴 해도 메모리를 너무 많이 소비한다면 콘솔 플랫폼에서 문제가 될 수 있다. 또한, 특정 작업의 느린 수행도 게임의 프레임률을 떨어뜨릴 수 있다.
▶ **개발 지원** : 스크립팅 언어를 좀 더 쉽게 사용할 수 있는 추가적인 도구나 설비가 있다면 개발자의 생산성이 크게 향상된다. 좋은 디버깅, 프로파일링, 로깅 도구들의 유무에 따라 스크립팅 언어는 빠른 문제 해결 수단이 아니라 오히려 개발 일정을 늦추는 짐이 될 수도 있다.

언어 코딩

보편적인 특징

스크립팅 언어들은 설계의 목표들이 비슷한 만큼, 제공하는 기능과 특징도 비슷한 면이 많다.

스크립팅 언어는 해석되는 언어이다. 즉, CPU가 직접 실행할 수 있는 코드로 컴파일되는 것이 아니다. 스크립트 코드는 가상 기계(virtual machine)상에서 실행된다. 스크립팅 언어가 느린 것도 이 때문이다. 그러나 게임 실행 도중 스크립트를 변경해서 알고리즘이나 게임 매개변수를 조정할 수 있는 등의 추가적인 유연성 역시 이러한 특징에서 비롯된다.

실행 속도를 높이기 위해 스크립트 코드를 바이트 코드(스크립트의 중간적인 이진 형태)로 컴파일하기도 하나, 그래도 코드가 실제 CPU가 아닌 가상 기계상에서 실행된다는 점은 변하지 않는다.

스크립팅 언어는 고수준 언어이다. 메모리를 자동으로 관리해 주기 때문에 포인터나 접근 위반, 메모리 누수를 걱정할 필요가 없다. 또한, 목록이나 테이블 같은 고수준 자료구조들을 제공하므로 자료구조보다는 알고리즘 자체에 집중할 수 있다.

스크립팅 언어는 흐름 제어에서도 유연하다. 흐름 제어 및 반복(iteration) 측면에서 모든 스크립팅 언어는 비슷한 모습을 보이며, 특히 유연하고 사용하기 쉬운 흐름 제어와 반복 명령들(이를테면 목록이나 테이블의 모든 요소를 손쉽게 훑는 명령 등)을 제공한다.

보편적이지 않은 특징

설계 원리의 차이로 인해서 같은 문제에 대한 접근방식이 스크립팅 언어마다 다른 경우들이 있다. 파이썬 같은 복잡한 언어의 특징과 그 확장 기능들 전부를 살펴보는 것은 이 글의 범위를 넘는 일이므로, 게임과 관련해서 선택한 몇 가지 중요한 문제들에 대해 스크립트 언어들이 보이는 접근방식의 차이만 살펴보고 넘어가자.

형식 안전성, 인수 전달, 메모리 관리

AngelScript는 강한 형식 언어이다. AngelScript에서 변수와 매개변수는 형식이 고정된다. 즉, 다른 형식의 값은 담을 수 없다. 형식 점검은 스크립트를 바이트 코드로 컴파일할 때 수행된다. 표 4.1.1은 고정 형식 언어와 동적 형식들을 비교한 것이다.

AngelScript 이외의 언어들은 동적 형식 언어이다. 단순 변수 및 컨테이너가 서로 다른 형식의 값들을 저장할 수 있다. 심지어 변수에 함수를 저장하는 것도 가능하다. 이런 언어들에서는 함수가 일급(first-class) 값으로 취급된다. 이것은 학술적 AI 연구에 널리 쓰이는 Lisp 언어의 함수형 프로그래밍에 의해서 유명해진 특성이다.

표 4.1.1 고정 형식 언어 대 동적 형식 언어

파이썬	루아/GameMonkey	AngelScript
f = 3.1415	f = 3.1415;	float f = 3.1415;
f = True	f = true,	f = true; // 오류
f = "hello world"	f = "hello world";	

AngelScript에서는 변수를 사용하기 전에 반드시 선언 또는 정의해야 한다. 반면 파이썬, 루아, GameMonkey에서는 특별한 선언 없이 바로 변수를 사용할 수 있다. 루아에서는 특별한 언급이 없으면 변수는 기본적으로 전역 변수가 된다. 반면 파이썬과 GameMonkey에서는 특별한 언급이 없으면 변수가 지역 변수로 간주된다.

루아, 파이썬, GameMonkey의 함수들은 임의의 개수의 인수들을 받을 수 있으며 임의의 개수의 값들을 돌려줄 수 있다. 루아에서는 필요 없는 매개변수들을 폐기할 수 있으며, 값이 지정되지 않은 매개변수들에는 *nil*이라는 값(값이 없음을 뜻하는 특별한 값. 거짓을 뜻하는 부울 값으로도 쓰인다)이 배정된다. 표 4.1.2에 언어별 다중 인수 및 다중 반환값 예들이 나와 있다.

표 4.1.2 다중 인수 및 다중 반환값 용례

파이썬	루아
``def f(a,b,c = False):
if (c):
return a+b,a*b
else:
return a-b,a/b,a+b```	```function f(a,b,c)
if (c) then
return a+b,a*b;
else
return a-b,a/b,a+b;
end
end```

용례	용례
``d,e = f(2,4,True)
# 결과는 6,8```	```d,e = f(2,4,true)
-- 결과는 6,8```
``g,h,i = f(4,2)
# 결과는 2,2,6```	```g,h,i = f(4,2)
-- 결과는 2,2,6```
``g,h,i = f(4,2,True)
# 오류```	```g,h,i = f(4,2,true)
-- 결과는 2,2,nil```
``j,k = f(2,4,True,20,30)

오류``` | ```j,k = f(2,4,true,20,30)
-- 결과는 6,8``` |
| ```k = f(6,2)
결과는 4,3,8``` | ```k = f(6,2)
-- 결과는 4``` |
| ```k, l = f(4,2)
오류``` | ```k,l = f(6,2)
-- 결과는 4,3``` |
| ```k = f(b = 2,a = 6)
결과는 4,3,8``` | ```k = f(b = 2,a = 6)
-- 지원하지 않음``` |

이 언어들은 자동 메모리 관리 기능에 기초해서 몇 가지 종류의 동적 컨테이너들을 제공한다. 파이썬은 목록, 튜플, 집합, 사전 등 다양한 동적 자료구조들을 내장 형식으로 제공한다. 루아와 GameMonkey에서 동적 컨테이너와 객체를 구현하는 데 쓰이는 것은 테이블이다. 테이블로 맵, 배열, 트리 등 다양한 자료구조를 만들 수 있으며, 객체지향 프로그래밍의 클래스도 흉내낼 수 있다. AngelScript는 동적 배열을 내장 형식으로 제공한다. 표 4.1.3에 파이썬과 GameMonkey의 컨테이너 용례가 나와 있다.

표 4.1.3 튜플, 리스트, 테이블 용례

파이썬	GameMonkey

<pre>pot1 = HealPotion()
pot2 = HealPotion()
pot3 = ManaPotion()
weapon1 = Sword()
gold = 20.5
 	
bag = pot1, pot2, pot3
backpack = [weapon1, bag, gold]
# bag은 튜플이고 	
# backpack은 목록(list)이다.</pre> 	
	<pre>pot1 = HealPotion();
	pot2 = HealPotion();
	pot3 = ManaPotion();
	weapon1 = Sword();
	gold = 20.5;
	
	bag = {pot1, pot2, pot3};
	backpack = {weapon1, bag, gold};
	
	// bag과 backpack 모두 테이블이다.</pre>

상속과 객체지향 프로그래밍

스크립팅 언어는 게임의 일부분(심지어는 게임 전체)의 프로토타입을 빠르게 만들어내려 할 때 쓰이기도 한다. 요즘 대부분의 게임들은 객체들로 구성되므로, 스크립팅 언어가 객체지향 프로그래밍을 지원한다면 개발에 큰 도움이 될 수 있다. 이 글에서 설명하는 네 언어들 중 전통적인 개념의 OOP를 직접적으로 지원하는 언어는 파이썬뿐이다. 파이썬은 객체들을 간편하게 정의하고(단일 상속은 물론 다중 상속도 포함) 조작하는 구문을 제공한다. 표 4.1.4에 나와 있듯이, 루아와 GameMonkey에서는 테이블로 클래스를 흉내낸다. 이 언어들에서는 함수들이 일급 값이므로 함수를 테이블에 저장할 수 있으며, 그러한 함수를 객체의 '메서드'처럼 사용할 수 있다. 약간의 메타테이블 고급 기법(존재하지 않는 항목에 대한 접근 같은 일부 조건들을 위한 콜백 함수를 적절히 정의하는 등)을 이용하면 루아에서 상속도 가능하다. 확장 언어인 AngelScript는 C++ 클래스에 대한 접근 수단만 제공한다. 또한, 컨테이너와 함수들이 파생된 값들을 실제로 사용할 수 있으므로, 가상 함수 지원도 가능하다.

표 4.1.4 고유한 OOP 지원과 테이블 기반 OOP 지원

파이썬	루아

<pre>class Soldier:
    """Soldier base class"""
    def TakeDamage(self,iDamage):
        self.iHealth-=iDamage;
iHealth=200
    def Print(self):
        print "Soldier Health:"
        print self.iHealth
 	
class Sniper(Soldier):
    """Sniper derived class"""
    def Print(self):
        print "Sniper Health:"
        print self.iHealth</pre>
	<pre>Soldier={}
	S_mt={__index=Soldier}
	function Soldier:new()
	    return
	        setmetatable({iH=200},S_mt)
	end
	
	function Soldier:TakeDamage(iDamage)
	    self.iH = self.iH-iDamage
	end
	
	function Soldier:Print()
	 print("Soldier Health:",self.iH)
	end
	
	Sniper = {}
	Sn_base_mt={__index=Soldier}
	setmetatable(Sniper,Sn_base_mt)
	Sn_mt={__index=Sniper}
	function Sniper:new()
	    return
	        setmetatable(Soldier:new(),Sn_mt)
	end
	function Sniper:Print()
	    print("Sniper Health:",self.iH)
	end</pre>

언어별 특징 몇 가지

루아는 꼬리 호출(tail call)이라는 것을 지원한다. 이것은 새 함수 호출에 대해 기존 스택을 재사용함으로써 재귀 알고리즘의 호출 부담을 줄여주는 호출 메커니즘이다. 단, 호출이 현재 함수의 마지막 표현식일 때에만 꼬리 호출이 적용된다. 목록 4.1.1에 예가 나와 있다.

목록 4.1.1   루아 꼬리 호출의 예 --

```
function Hanoi(n, sA, sB, sC)
    if (n == 1) then
        print("Move disk from",sA,"to",sB)
    else
        Hanoi(n-1,sA,sC,sB)
        print("Move disk from",sA,"to",sB)
        return Hanoi(n-1,sC,sB,sA) -- 꼬리 호출: 스택을 재사용함.
    end
end
```

루아에서는 값에 적용되는 특정 연산들에 대해 메타테이블(metatable)의 콜백 함수('메타 메서드')가 호출된다. 원래는 테이블과 C 객체에 대해서만 메타테이블이 적용되었으나, 5.1부터는 모든 자료 형식마다 고유한 메타테이블이 배정되었다. 메타테이블의 주된 용도는 C++ 클래스와의 바인딩 및 루아 테이블을 이용한 객체 표현이지만, 그 외에도 용도는 얼마든지 많다.

GameMonkey는 AI 유한상태기계에서 널리 쓰이는 상태(state) 개념을 언어 차원에서 지원하며, 한 함수의 실행 도중 임의의 지점에서 실행을 멈추고 다른 함수로 넘어감으로써 상태 전이를 흉내내는 기능성도 언어 차원에서 지원한다.[1]

■ C/C++과의 통합

이번 절에서는 각 스크립팅 언어와 C++ 코드의 통합 방법을 개괄한다. 이러한 통합과 관련해서 살펴볼 측면들은 다음과 같다.

- 전역 변수 공유
- C++에서 스크립트 접근
- 스크립트에서 C++에 접근

전반적인 설명

파이썬

파이썬은 자료와 함수 연동을 위한 파이썬/C API를 제공한다. 이 API를 이용해서, C++에서 파이썬 값들을 생성하거나, 파이썬 함수를 호출하거나, 파이썬에서 호출할 C++ 콜백 함수를 등록할 수 있다. 표준 파이썬 코드를 C++과 묶는(바인딩) 것은 쉽지 않은 일로, 많은 코드가 필요할 뿐만 아니라 실수를 저지를 여지도 많다. 따라서 파이썬을 C나 C++ 기반 게임과 통합하는 작업을 자동화하는 시스템을 사용하는 것이 바람직하다. 시간과 자원이 충분하다면 그런 바인딩 시스템을 직접 만들 수도 있겠지만, 그렇지 않다면 Boost.Python이나 Swig 같은 기존 도구들을 사용하는 것도 좋다.

루아

루아와 C++의 정보 교환은 루아 런타임이 관리하는 가상 스택을 통해서 일어난다. 각 함

---

1) 역주 : 루아의 '코루틴(coroutine)'도 그러한 기능성을 제공한다.

수는 저마다 고유한 스택을 가진다. 즉, 루아 함수를 호출하는 C++ 함수가 호출되면 그 호출을 위한 새 스택이 만들어지는 것이다. 그런데 루아의 스택은 엄밀한 의미의 스택이 아니다. 좀 더 유연한 접근을 위해, 루아의 스택은 최상위 요소 이외의 요소들에도 색인을 통해 접근할 수 있게 한다. 0보다 큰 색인은 스택 최하단을 기준으로 한 요소의 위치를 의미하고 0보다 작은 색인은 스택 최상단을 기준으로 한 요소의 위치를 의미한다.

AngelScript

AngelScript는 C++의 호출 규약을 그대로 따른다(이는 AngelScript가 지닌 설계상의 목표들 중 하나이다). 이 때문에 특별한 '접착' 함수 없이도 스크립트와 C++ 코드를 통합할 수 있으며, 따라서 시간과 노력이 크게 절감된다.

GameMonkey

GameMonkey 역시 C++과의 쉬운 통합을 설계 목표 중 하나로 가지고 있다. GameMonkey는 객체지향 언어가 아니며, 테이블을 통해서 제한적으로만 객체지향 프로그래밍을 지원한다. 특히, 클래스 상속이나 다형성, 함수 중복적재는 지원하지 않는다. 그렇긴 해도 추가적인 프로그래밍 노력을 통해서 클래스를 지원하는 것이 가능하며, 복잡한 객체지향 프로그래밍이 필요하지 않다면 GameMonkey로도 원하는 바를 충분히 얻을 수 있다.

전역 변수 공유

루아, AngelScript, GameMonkey 모두, C++ 코드에서 스크립트가 정의하는 전역 변수에 자유롭게 접근할 수 있다. 루아와 GameMonkey의 경우에는 전역 변수들이 담긴 전역 테이블을 통해서 전역 변수에 접근할 수 있으며, AngelScript는 전역 변수를 가리키는 포인터를 돌려주는 API 함수들을 제공한다. 파이썬의 경우에는 C++에서 전역 상수들에 접근할 수 있다.

AngelScript는 C++에서 정의된 변수들을 스크립트가 접근할 수 있는 저장소에 손쉽게 등록하는 수단을 제공한다. 루아와 GameMonkey의 경우에는 C++에서 사용자 자료를 전역 테이블에 저장하고 스크립트 함수에서 전역 테이블에 접근함으로써 C++의 자료를 스크립트에서 사용할 수 있다.

C++ 코드에서 스크립트에 접근

스크립팅 언어는 핵심 C++ 엔진에 대한 확장 수단으로 쓰인다. 이는 C++에서 스크립트의 함수를 호출할 수 있어야 한다는 뜻이다. 스크립트 함수의 호출은 인수 전달, 함수 실행, 함수 반환값 조회라는 단계들로 구성된다.

파이썬의 경우에는 C++에서 모든 인수들을 파이썬 객체들로 변환하고 그 객체들을 한데 묶은 튜플 하나를 파이썬 함수에 넘겨주는 방법을 사용한다. 루아에서는 인수들을 스택에 저장하는 식으로 인수들을 전달한다. AngelScript와 GameMonkey는 각각 **asIScriptContext** 와 **gmCall**이라는 보조 클래스의 객체(생성 시 호출할 함수 이름을 지정한다)에 그 인수들을 저장해서 넘겨준다.

파이썬과 루아의 경우 특정한 API 함수를 통해서 스크립트 함수를 실행한다. AngelScript 와 GameMonkey는 앞에서 언급한 보조 클래스의 메서드를 이용해서 스크립트 함수를 실행한다.

스크립트 함수의 실행이 끝났다면 반환값(들)을 조회해야 한다. GameMonkey와 AngelScript 는 반환값이 최대 하나이며, 앞서의 보조 클래스들로 얻을 수 있다. 파이썬 함수 역시 하나의 값만 돌려줄 수 있으나(C++에서 호출하는 경우), 그것이 여러 개의 값들로 이루어진 튜플일 수 있다. 루아의 경우에는 함수가 스택에 쌓은 여러 개의 반환값들을 C++에서 가져오는 식으로 다중 반환값을 지원한다. 표 4.1.5에 이상의 호출-반환 방식들의 예가 나와 있다.

표 4.1.5 스크립트 함수 호출–반환 방법

파이썬	루아

<pre>d=PyModule_GetDict(module);
func=PyDict_GetItemString(d,
    "Attack");
arg=Py_BuildValue("si","Grunt",
    iDice);
res=PyObject_CallObject(func,
    arg);
PyArg_ParseTuple(res,"ff",
    &fDamageReceived,
    &fDamageInflicted);</pre>
	<pre>lua_pushstring(L,"Attack");
	lua_gettable(L,LUA_GLOBALSINDEX);
	lua_pushstring(L,"Grunt");
	lua_pushnumber(iDice);
	lua_call(L,2,2);
	fDamageInflicted=lua_tonumber(L,-1);
	lua_pop(L,1);
	fDamageReceived=lua_tonumber(L,-1);
	lua_pop(L,1);</pre>

GameMonkey	AngelScript

<pre>gmMachine m;
gmCall call;
call.BeginGlobalFunction(&m,
    "Attack"))
call.AddParamString("Grunt");
call.AddParamInt(iDice);
call.End();
call.GetReturnedFloat(fDmgRcvd)
// DamageInflicted는
// 얻을 수 없음.</pre>
	<pre>engine->CreateContext(&context);
	fID=engine->GetFunctionIDByDecl(
	    "module", "floatAttack(int,int)");
	context->Prepare(fID);
	context->SetArgDWord(0,GRNTID);
	context->SetArgDWord(1,iDice);
	context->Execute();
	fDamageReceived=
	    context->GetReturnFloat();
	// DamageInflicted는
	// 얻을 수 없음.</pre>

스크립트에서 C++에 접근

일반적으로 스크립팅 언어와 C++은 함수 호출 규약이 다르다. 이 때문에 스크립트에서 C++ 함수를 호출하려면 각 함수마다 대리(proxy) 함수 또는 접착제(glue) 함수가 필요하다. 표 4.1.6에 두 스크립팅 언어의 대리 함수의 예가 나와 있다. 단, AngelScript는 호출 규약이 C++과 동일하기 때문에 이러한 대리 함수가 필요하지 않다.

파이썬의 대리 함수는 매개변수들을 담은 파이썬 객체를 받고 반환값들을 담은 파이썬 객체를 돌려준다. 루아와 GameMonkey는 스크립팅 언어의 실행시점 모듈(가상 기계)을 나타내는 구조체의 포인터를 받는다(각각 Lua_State와 gmThread). 대리 함수는 이 포인터를 통해서 매개변수들을 조회하고 반환값들을 돌려준다(그 외에도 이 포인터를 통해서 할 수 있는 일들이 많다).

스크립팅 가상 기계 자체에 C++ 함수를 찾아내는 수단은 없다. 스크립트에서 C++ 함수를 호출하려면 C++ 함수의 진입점 및 스크립트 코드의 범위에서 그 함수를 지칭할 이름을 명시적으로 알려주어야 한다. 파이썬과 GameMonkey에서는 한 라이브러리 또는 모듈의 모든 함수의 정보(대리 함수의 이름과 주소)를 구조체 배열에 채우고 API 함수를 한 번 호출해서 대리 함수들을 모두 등록한다. 루아와 AngelScript에서는 각 함수를 중간 구조체 없이 개별적으로 등록한다.[2] 표 4.1.7이 이러한 두 가지 등록 방법을 비교한 것이다.

표 4.1.6 대리 함수의 예

파이썬	GameMonkey

```
PyObject* AttackP(PyObject* self,      int_cdecl AttackP(gmThread* th)
    PyObject* args)                    {
{                                          GM_CHECK_NUM_PARAMS(2);
    PyArg_ParseTuple(args,"si",            GM_CHECK_STRING_PARAM(szEnem,0);
        szEnemy,&iDice);                   GM_CHECK_INT_PARAM(iDice,1);
    Attack(szEnem,iDice,                   Attack(szEnemy,iDice,
        fDamageReceived,                       fDamageRec,
        fDamageInflicted);                     fDamageInf);
    return Py_BuildValue("ff",             th->PushFloat(fDamageRec);
        fDamageReceived,                   th->PushFloat(fDamageInf);
        fDamageInflicted);                 return GM_OK
}                                      }
```

---

2) 역주 : 루아에서도, 보조 API 라이브러리의 luaL_register 함수를 이용하면 파이썬이나 GameMonkey와 비슷한 방식으로 라이브러리의 모든 함수를 등록할 수 있다.

표 4.1.7 개별 함수 등록 대 구조체 기반 등록

루아	GameMonkey
```lua_register(L,"Attack", AttackP);lua_register(L,"Attack2", AttackP);```	```static gmFunctionEntry s_AttLib[]= {"Attack",AttackP}, {"Attack2",Attack2P}, ...};machine->RegisterLibrary(s_AttLib, sizeof(s_AttLib)/sizeof(s_AttLib[0]));```

다음으로, 클래스의 메서드들을 등록하는 방법을 보자. AngelScript에서는 C++ 클래스의 메서드들을 수정 없이 전역 함수와 마찬가지 방식으로 등록할 수 있다. 파이썬과 루아, GameMonkey는 클래스의 정적 메서드만 등록할 수 있다. 이는 정적 메서드만이 그 주소를 취할 수 있기 때문이다. 그렇다고 클래스 메서드들을 호출하지 못하는 것은 아니다. 추가적인 매개변수를 통해서 객체 인스턴스를 받고 그것으로 개별 메서드를 호출해주는 정적 메서드를 대리 함수로 등록하면 된다. 물론 이러한 이중 간접 때문에 속도가 조금 떨어지긴 한다.

AngelScript는 API 호출 하나로 클래스를 스크립트에 직접 노출할 수 있다. 파이썬, 루아, GameMonkey로도 클래스 자체를 노출할 수 있으나 좀 복잡한 코드가 필요하다. 따라서 미리 만들어진 바인딩 도구를 사용하는 것이 합리적이다.

바인딩 도구

앞에서 보았듯이 C/C++과 스크립팅 언어의 자료 교환은 꽤 복잡해질 수 있는데, 이 때문에 파이썬과 루아 공동체는 스크립팅 언어 통합을 돕는 자동화된 래퍼를 개발하게 되었다. GameMonkey에도 자동화된 바인딩 도구가 있지만, 아직 개발 초기 단계이다. '복사해 붙이기'에 의한 수많은 오류를 피하기 위해서는 C++과 스크립트가 안정적인 방식으로 함수와 자료를 연동할 수 있게 하는 바인딩 도구가 필요하다. 그런 바인딩 도구를 직접 만드는 것도 가능하지만, 미리 만들어진 것들을 사용하는 것도 나쁘지 않은 방법이다.

파이썬—Swig

Swig는 C 전처리기처럼 작동하는 도구이다. Swig는 개발자가 작성한 인터페이스 파일을 입력받아서 게임 컴파일 시 포함시켜야 하는 C++ 소스 파일과 파이썬 스크립트를 생성한다. 인터페이스 파일은 파이썬에 노출할 모든 C++ 구조물(함수, 클래스, 전역 변수 등)을 서술한다.

Swig는 C++ 클래스로부터 그림자 클래스를 자동으로 생성하는 메커니즘을 제공한다. 그림자 클래스(shadow class)는 해당 C++ 클래스처럼 행동하는 파이썬 클래스이다. 이를 이용하면 C++로 구현된 기능을 깔끔한 파이썬 코드를 통해서 사용할 수 있다. 그림자 클래스는 실제의 파이썬 클래스이므로, 그림자 클래스를 상속하는 새로운 파이썬 클래스를 정의하는 것도 가능하다.

C++의 가상 함수를 파이썬이 재정의할 수도 있는데, 이런 상황은 지정자(director)라는 것으로 해결할 수 있다. 지정자는 메서드 호출을 적절한 구현(C++이든 파이썬이든)으로 전달하는 중간 객체이다. 단, 지정자는 메모리와 CPU 시간을 상당히 많이 소비하므로, 파이썬이 C++ 메서드를 재정의하는 경우에만 사용하는 것이 좋다.

Swig는 중복적재된 함수들과 연산자들도 지원한다. 단, Swig가 구분하지 못하는 형식들(이를테면 **int**와 **short**)에 대한 중복적재는 지원하지 않는다.

인터페이스 파일에 좀 더 공을 들인다면 예외 전파를 지정하거나 C 함수가 돌려준 오류 값으로 예외를 생성하도록 하는 것도 가능하다. 표 4.1.8에 파이썬용 Swig 인터페이스 파일의 예가 나와 있다.

표 4.1.8 간단한 Swig 인터페이스 파일의 예

C++ 헤더 파일(soldier.h)	Swig 인터페이스 파일

<pre>class Soldier
{
public:
    void TakeDamage(int iDamage);
    void Print();
}</pre>
	<pre>%module Army
	%{
	#include "soldier.h"
	%}</pre>

파이썬—Boost.Python

Boost.Python은 메타프로그래밍 기법을 이용해서 C++ 코드 안에서 C++과 파이썬 바인딩을 명시할 수 있게 하는 라이브러리이다. 이 덕분에 개별적인 인터페이스 파일을 작성하고 전처리 단계를 수행할 필요가 없다.

Boost.Python은 파이썬으로 노출하고자 하는 C++ 클래스의 메서드들과 자료 멤버들을 간결하게 표현할 수 있는 수단들을 제공한다. 목록 4.1.2에 그러한 예가 나와 있다.

목록 4.1.2　Boost.Python으로 C++ 클래스를 노출하는 예 ------------------------------

```
#include <Boost.Python.hpp>
Boost.Python_MODULE(Army)
{
    class_<Soldier>("Soldier")
        .def("TakeDamage", &Soldier::TakeDamage)
        .def("Print", &Soldier::Print);
}
```

Boost.Python은 또한 매개변수가 있는 생성자들도 지원하며, 자료 멤버들을 속성 형태로 내보내는 수단도 제공한다. 파이썬의 관점에서 속성(property)은 하나의 공개 자료 멤버이나, 실제로는 내부적인 접근 함수들이 호출된다.

C++ 클래스들의 상속 관계를 표현하는 수단도 제공된다. 이를 통해서 파이썬 코드에서 C++ 클래스들의 상속 관계를 그대로 사용할 수 있다. 노출된 C++ 클래스를 기반 클래스로 삼아서 새 파이썬 클래스를 파생하는 것도 가능하지만, C++의 가상 함수를 파이썬에서 재정의해 호출하는 경우에는 해당 파이썬 함수를 호출해 주는 지정자 클래스를 작성해야 한다. *Pyste*라는 코드 생성기를 이용하면 그러한 작업을 단순화할 수 있다.

함수 중복적재들과 연산자 중복적재들도 보통의 함수와 동일한 방식으로 등록한다. 매개변수 구성이 다른 중복적재들을 각각 개별적으로 등록하면 된다.

C++에서 호출한 파이썬 코드가 수행되는 도중 발생한 예외는 자동으로 전파, 변환된다.

그 외에도 Boost.Python은 C++의 반복자를 파이썬 코드에서 파이썬 반복자처럼 사용한다거나 파이썬 반복자를 C++에서 C++ 반복자 형태로 사용할 수 있게 하는 등의 특별한 기능들을 제공한다. 또한 Boost.Python 라이브러리는 파이썬의 공통 형식들에 대한 파생 클래스들을 갖춘 객체 인터페이스도 제공한다. 그 인터페이스는 C++ 코드 안에서의 파이썬 자료 형식 사용을 캡슐화한다.

Lua—ToLua++

Swig와 비슷하게, ToLua++은 패키지 파일(기본적으로는 헤더 파일들의 목록)을 입력 받고 그에 대한 루아 바인딩 코드를 구현한 C++ 소스 파일을 생성한다. Swig와 다른 점이라면, 실제 헤더 파일에 몇 가지 특별한 주석을 추가하고 그 헤더를 패키지 파일에 명시하는 것으로 충분한 경우가 많다는 것이다.

ToLua++로 클래스들을 노출하는 것은 비교적 간단하다. 그냥 노출할 메서드들과 자료 멤버들이 나열된 깔끔한 C++ 클래스 정의만 있으면 된다. ToLua++이 생성한 C++ 헤더와 소스를 적절히 포함, 링크하기만 하면 그러한 클래스를 루아 클래스로 취급해서 허용된 모든 연산을 수행할 수 있다. 단일 상속과 다형성도 자동으로 지원된다. 단, 다중 상속의 경우에는 추가적인 기반 클래스들을 지정해야 해당 멤버들에 접근할 수 있다.

함수 중복적재와 연산자 중복적재도 지원하나, 연산자들이 반드시 클래스의 멤버들이어야 한다. 자유 함수 형태의 연산자는 지원하지 않는다.

Lua—LuaPlus

LuaPlus는 ToLua++과 성격이 다른 도구이다. 이것은 단지 C++ 통합을 위한 래퍼(wrapper)에 그치는 것이 아니라 루아 자체를 수정, 확장하기까지 한다(수정된 루아 배포판을 포함하고 있다). 따라서 최신 공식 루아 배포판을 사용하고자 한다면 LuaPlus는 그리 적합하지 않다.

LuaPlus가 완전한 C++ 익스포트 기능을 제공하는 것은 아니다. LuaPlus로는 C++ 함수와 클래스 메서드를 루아의 전역 변수로 등록할 수 있다. 또한 LuaPlus는 닫힘(closure) 함수나 함수자의 자동 생성도 지원한다. 그러나 언어 간 상속이나 함수 중복적재는 지원하지 않는다. 그리고 함수 배분(dispatching) 메커니즘이 ToLua++만큼 강력하진 않다.

LuaPlus는 C++에서 루아를 쉽게 사용할 수 있도록 해주는, 다른 바인딩 도구들은 제공하지 않는 몇 가지 추가적인 수단들을 갖추고 있다. 루아 상태를 캡슐화하는 **LuaState** 클래스와 루아의 객체들을 캡슐화하는 **LuaObject**가 그 예이다. **LuaState**는 C++에서 루아 가상 기계를 초기화하고, 스택에 대한 연산들을 수행하고, 전역 변수나 레지스트리에 접근하는 등의 작업을 좀 더 쉽게 수행할 수 있다. **LuaObject**는 스택에 의존하지 않고 루아의 값들을 조작할 수 있는 수단이다. 이것을 이용하면 C++ 코드에서 까다로운 루아 스택 조작 없이 루아 객체들을 아주 쉽게 다룰 수 있다.

성능 관련 특징들

메모리 관리

이 글에서 거론한 네 스크립팅 언어들은 모두 고수준 언어이며, 그런 만큼 자동적인 메모리 관리 기능을 제공한다. 이러한 스크립팅 언어에서는 구조체의 메모리 할당이라든지 사용 후 메모리 해제, 메모리 누수나 접근 위반 등의 문제들을 더 이상 신경 쓸 필요가 없다. 그래도 메모리는 스크립팅 언어의 선택에서 중요한 고려 사항이다. 예를 들어 스크립팅 언어가 메모리를 부적절한 순간에 해제하면 프레임률이 요동을 칠 수 있다. 또한, 스크립팅 언어가 메모리를 너무 많이 소비하거나 메모리 단편화가 심하면 게임의 실행 성능이 크게 떨어질 수 있다(특히 콘솔 플랫폼에서).

참조 집계식 자동 메모리 관리

참조 집계(reference counting) 방식에서는 각 객체마다 그 객체를 참조하는 다른 객체들의 개수를 관리한다. 객체의 참조 횟수가 0이 되었다는 것은 그 객체를 필요로 하는 다른 객체가 존재하지 않는다는 뜻이며, 따라서 그런 객체는 삭제해도 된다. 파이썬과 AngelScript가 참조 집계 방식으로 메모리를 관리하지만, 한편으로는 두 언어 모두 다음에서 이야기할 쓰레기 수거 알고리즘 역시 구현하고 있다.

참조 집계 방식에서는 순환 참조 때문에 객체가 해제되지 못하는 상황이 벌어질 수 있다. 그림 4.1.1이 그러한 예이다. 이 경우 탱크 객체를 참조하는 외부 객체가 하나도 없어도 탱크 객체는 해제되지 않는다. 포탑 객체가 참조하고 있기 때문이다. 그런데 포탑 객체는 병사 객체가 참조하며, 병사 객체는 탱크 객체 자체가 참조한다. 참조 관계가 하나의 고리를 이루는 것이다. 이 때문에, 고리 밖에서 세 객체들을 전혀 참조하지 않는다고 해도 세 객체들은 결코 해제되지 않는다. 스크립팅 언어의 자동 메모리 관리 메커니즘이 참조 집계 하나뿐일 때에는 스크립트 작성자가 이러한 순환 참조를 피하는 데 신경을 써야 한다. 다음 절에서 이야기할 쓰레기 수거 메커니즘이 있다면 이러한 순환 참조가 자동으로 깨진다.

메모리 블록의 해제는 비용이 큰 연산이다. 참조 집계의 한 가지 장점은 수많은 객체들이 한꺼번에 해제되느라 속도가 크게 느려지는 일 없이 객체들의 해제가 차츰 차츰 진행된다는 것이다. 객체의 참조 횟수가 0이 되면 객체가 해제되는데, 이 때 객체의 크기에 따라 해제에 어느 정도의 시간이 소비되긴 하지만, 일반적으로 게임이 눈에 띄게 느려질 정도는 아니다.

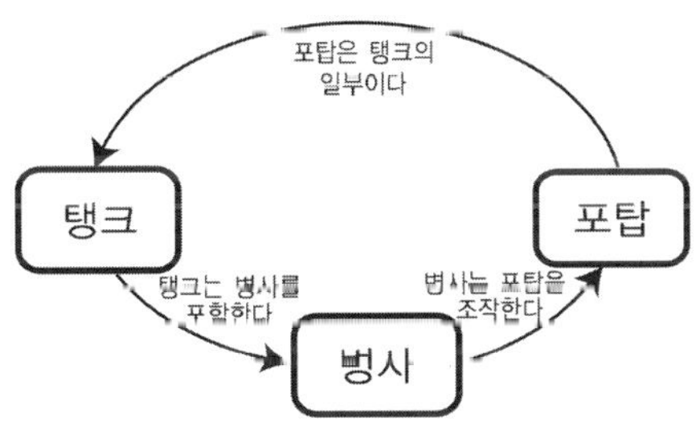

그림 4.1.1 순환 참조의 예.

쓰레기 수거

또 다른 자동 메모리 관리 메커니즘으로는 쓰레기 수거(garbage collection)를 들 수 있다. 참조 집계와 달리, 쓰레기 수거에서는 객체마다 참조 횟수를 따로 관리하는 대신 주기적으로 객체들의 계통구조를 훑으면서 더 이상 참조되지 않는 객체를 찾아낸다. 우선 최상위 요소들(즉, 스레드들과 전역 변수들)을 훑으면서 그것들이 참조하는 다른 객체들을 찾고, 그 객체들에 대해서도 동일한 작업을 수행한다. 이런 식으로 더 이상 새 객체가 발견되지 않을 때까지 객체들을 훑으면서 다른 객체가 참조하는 객체에 '표시'를 해둔다. 모두 다 훑은 후에는, 표시가 없는 객체들을 쓰레기로 간주해서 해제(수거)한다. 이러한 탐색 및 해제 공정을 흔히 **표시 후 일소(mark and sweep)**라고 부른다.

그림 4.1.2는 전형적인 전쟁 게임의 객체 계통구조를 단순화한 것이다. 세계는 탱크, 병사, 분대로 구성되며, 각각은 좀 더 작은 구성요소들(포탑, 이등병 등)로 분해된다. 이등병 객체의 삭제 여부를 판단한다고 하자. 이등병 객체를 분대 객체가 참조하므로, 쓰레기 수거기는 객체 계통구조를 훑는 과정에서 이등병 객체에 표시를 하게 되고, 따라서 사병 객체는 해제되지 않는다. 게임 플레이에 의해 사병이 죽었다고 하자. 그러면 게임은 분대 객체에서 해당 사병 객체에 대한 참조를 제거한다. 이제는 사병을 참조하는 객체가 하나도 없는 만큼, 다음 번 표시 후 일소 과정에서는 사병 객체가 표시되지 않으며, 따라서 메모리로부터 삭제된다.

한 번의 표시 후 일소 공정을 한꺼번에 수행하는 방식을 "전체 쓰레기 수거"라고 부른다. 그러한 전체 쓰레기 수거의 수행에는 상당한 시간이 걸린다. 바쁜 시스템이라면 더욱 그런데, 이것이 게임 같은 실시간 응용프로그램에서 쓰레기 수거식 언어를 사용하지 않는 대표적인 이유이다. 이 문제를 해결하기 위해 등장한 것이 점진적 쓰레기 수거(incremental garbage collection)이다. 점진적 쓰레기 수거는 표시 후 일소 공정을 여러 프레임들에 걸쳐서 수행한다. 덕분에 쓰레기 수거 작업에 의한 프레임률 하락이 최소화된다.

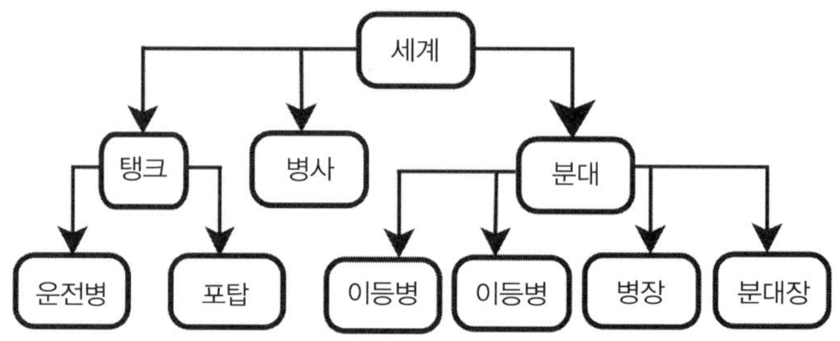

그림 4.1.2 객체 계통구조의 예. 세계 객체가 루트이다.

이전 절에서 이야기했듯이, 참조 집계만으로는 순환 참조 문제를 해결할 수 없다. 참조 고리 안의 모든 객체는 그 참조 횟수가 적어도 1이 되므로 객체들이 결코 해제되지 않기 때문이다. 이에 대한 한 가지 답이 쓰레기 수거이다. 파이썬과 AngelScript는 작은 쓰레기 수거 사이클을 통해서 순환 참조 고리 안의 객체들을 해제한다.

GameMonkey는 전체 쓰레기 수거와 점진적 쓰레기 수거를 모두 지원한다. 쓰레기 수거 호출 당 점검할 자식 객체들의 수를 사용자가 설정할 수 있으므로, 표시할 객체 계통구조가 커도 시스템이 오랫동안 멈추는 일을 피할 수 있다. 또한 쓰레기 수거기가 실행될 시점을 결정하는 메모리 사용량 한계들의 변경도 가능하다. 설정 가능한 한계에는 약한 한계와 강한 한계가 있는데, 메모리 사용량이 약한 한계를 넘기면 점진적 쓰레기 수거 공정이 시작되며, 강한 한계를 넘기면 전체 쓰레기 수거가 시작된다.

루아는 버전 5.1에서 와서야 점진적 쓰레기 수거를 지원하게 되었다. 루아에서 성능에 관련된 문제들 대부분이 전체 쓰레기 수거에서 비롯되었다는 점을 생각한다면 다소 늦은 감이 있다.

게임에 따라서는 점진적 쓰레기 수거로도 최저 프레임률 요구사항을 지키기 어려울 수 있다. GameMonkey와 루아는 쓰레기 수거의 실행 시점을 프로그래머가 직접 제어할 수 있는 수단을 제공한다. 그런 수단을 이용함으로써, 예를 들면 게임 로직을 갱신한 직후 즉시 쓰레기 수거를 수행해서 프레임 도중에 갱신이 멈추는 일을 피할 수 있다.

커스텀 메모리 관리자

PC에 비해 콘솔 플랫폼들은 메모리 용량이 제한적이다. 이 때문에, 메모리 단편화(시스템 메모리가 작은 조각들로 나뉘는 것)로 인한 성능 하락이 일어날 수 있으며, 충분한 크기의 연속적 메모리 블록이 없어서 메모리 할당이 실패할 수도 있다. 그래서 게임에서는 커스텀 메모리 관리자를 이용해 시스템 메모리를 직접 관리하는 경우가 많다. 그런데 게임에 쓰이는 스크립팅 엔진이 시스템에서 메모리를 직접 할당하게 되면 메모리 할당과 해제를 제대로 제어할 수 없으며, 그러면 단편화나 할당 실패에 의해 게임의 성능이나 실행에 문제가 생길 수 있다.

루아, GameMonkey, AngelScript에서는 객체의 메모리 할당 및 해제 시 호출될 콜백 함수를 등록할 수 있으며, 그러한 콜백 함수를 이용해서 스크립팅 실행 모듈과 커스텀 메모리 관리자를 통합할 수 있다. 파이썬의 경우에는 파이썬 구현 코드를 직접 수정해야 하지만, 오픈소스이고 문서화도 잘 되어 있으므로 아주 어려운 일은 아닐 것이다.

프로파일링

파이썬 표준 라이브러리에는 프로파일링(profiling)을 위한 모듈이 두 개 있다. *Profile* 모듈은 함수의 실행에 대한 자료를 수집하고자 할 때 유용하다. *Pstats* 모듈은 그러한 프로파일링 자료를 조사하는 데 유용한 수단들을 제공한다.

최신 버전의 파이썬에서는 *Profile* 모듈이 *Hotshot* 모듈로 대체되었다. *Hotshot*은 C로 구현되었기 때문에 프로파일링이 좀 더 매끄럽다. 그 외에도 살펴볼 만한 모듈로는 *Trace* 와 *Timeit*이 있는데, 이들은 각각 스크립트 전체의 수행을 추적하거나 좀 더 세밀한 단위의 시간을 측정하는 데 쓰인다. 또한 파이썬용 상용 프로파일러 몇 가지도 개발, 시험되고 있다.

루아와 AngelScript에서는 API가 제공하는 콜백 함수 메커니즘을 이용해서 함수나 코드 조각의 수행 시간을 측정할 수 있다. 또한 루아 코드의 프로파일링을 위한 *LuaProfiler*라는 패키지도 있는데, 이것을 이용하면 함수 호출 기록과 소비 시간을 손쉽게 얻을 수 있다.

■ 개발 지원 기능들

이번에는 스크립트를 사용하는 게임 개발자의 개발 편의성 및 생산성에 관련된 몇 가지 중요한 사항들을 살펴보겠다.

요즘 운영체제들과 CPU들은 대부분 다중 스레드 활용 수단을 제공한다. 그러나 안정적이고 최적화된 성능을 보이는 다중 스레드 응용프로그램을 만들기는 그리 쉽지 않다. 만약 스크립팅 언어에 다중 스레드 개발을 돕는 기능들이 갖추어져 있다면 개발자의 생산성이 크게 향상될 수 있다.

또한, 쓸 만한 디버거(그리고 프로파일러)의 유무가 언어 자체의 기능보다 더 중요할 수도 있다. 좋은 도구는 게임 프로젝트를 성공적으로 완수하는 데 아주 중요한 요인이 되지만, 항상 시간에 쫓기는 게임 개발자가 직접 적절한 도구를 만들어서 사용하기는 힘든 일이다. 따라서 스크립팅 언어 자체에 다중 스레딩이나 디버깅(전통적으로 이 둘은 개발 시간을 많이 잡아먹게 된다)을 돕는 기능이 내장되어 있다면 코딩에 필요한 시간을 크게 줄일 수 있다.

다중 스레딩

현재의 파이썬 표준 구현의 스레드 안전성은 완전하지 않다. 파이썬 구현은 GIL이라고 부르는 전역 자물쇠를 이용해서 공유 자원에 대한 접근을 제어한다. 이 전역 자물쇠를 통한 독점 접근은 전역 변수 접근이나 C 함수 호출 등 다양한 연산들에 적용된다.

파이썬과 루아 모두 다중 스레드 시스템을 흉내내는 수단들을 제공한다. 파이썬의 **생성기**(generator)와 루아의 **코루틴**(coroutine, 협동루틴)이 바로 그것이다. 이들을 이용하면 한 함수 실행 도중에 다른 함수로 제어권을 넘겨줄 수 있다. 그러나 그러한 흐름 제어를 운영체제가 통제하지는 않는다. GameMonkey도 비슷한 용도를 가진 고유의 협동적 스레드 개념을 지원한다. GameMonkey의 스레드 지원은 언어 설계 목표들 중 하나로 설정되었던 것으로, 그런 만큼 다른 언어보다 지원 정도가 높다. GameMonkey에서는 차단된 스레드가 특정 게임 사건이 발생했을 때 깨어나도록 설정하는 것이 가능하다.

루아의 경우 여러 스레드들이 각자 고유의 루아 상태를 가지고 스크립트를 실행할 수 있으며, 이를 통해서 게임의 여러 개체들이 하나의 루아 스크립트를 병렬적으로 실행하게 만드는 것이 가능하다. GameMonkey 역시 다중 스레드 실행을 지원한다(API 함수들이 스레드에 안전하기 때문이다). 그러나 스크립트의 컴파일 과정은 스레드에 안전하지 않으며(flex 기반이기 때문이다), 따라서 스크립트들을 미리 컴파일해두고 사용하거나 게임 엔진에서 스크립트 컴파일러에 대한 접근을 직렬화할 필요가 있다.

디버깅 수단

예선부터 디버깅은 스크립팅 언어들의 약점이었나. 스크립트의 오류를 찾는 것도 어렵고 시간도 많이 걸렸다. 게임에 스크립팅 언어가 널리 쓰이게 되면서, 좋은 디버깅 도구에 대한 요구 역시 더욱 커졌다.

피이썬의 경우, 디버깅에 도움이 되는 모듈들이 몇 가지 있다. 한 예가 *Logging* 패키지가 있다. 그리고 *Pdb* 모듈을 이용하면 중단점을 설정하고 코드를 단계별로 실행하거나 스택 프레임을 조사할 수 있다. 이 모듈이 제공하는 클래스를 확장해서 개발자의 필요에 따라 디버깅 기능성을 커스텀화하는 것도 가능하다.

또한 외부 디버거들도 있는데, 가장 유명한 것으로는 게임 개발사인 Humongous Entertainment™가 개발한 HAP이다. 다양한 기능을 갖춘 HAP는 파이썬 공동체에서(특히 게임 개발자들에게) 인기를 끌고 있다.

루아에서는 여러 보조 함수들을 이용해서 실행시점에서 스택에 대한 정보를 얻거나 활성
화되지 않은 함수의 지역 변수들에 접근할 수 있으며, "훅(hook)"이라고 부르는 콜백 메
커니즘을 이용해서 루아 함수가 호출, 반환되거나 함수 안의 새 줄이 실행될 때 특정한
코드가 실행되게 할 수 있다. 이런 수단들을 이용하면 간단한 작업을 수행하는 커스텀 디
버거를 별로 어렵지 않게 만들 수 있다(실제로 그러한 서드파티 루아 디버거들이 몇 개
존재한다). LuaPlus를 바인딩 인터페이스로 사용하는 경우에는 LuaPlus의 원격 디버거를
널리 쓰이는 Windows용 IDE의 애드인으로 사용할 수 있다.

GameMonkey는 스크립트 코드 안에 중단점을 설정하는 함수를 제공한다. 또한 특정 조
건이 참이 아니면 예외를 던지는 단언문을 GameMonkey 코드에 삽입하고, 던져진 예외
를 응용프로그램이 받아서 메시지를 출력하거나 적절한 처리를 수행하는 것도 가능하다.

GameMonkey는 특정 조건들(예외가 발생하거나, 쓰레기 수거가 시작되거나, 스레드가
생성되거나, 스레드가 파괴되는 등)에서 호출되는 콜백 함수 메커니즘도 제공한다. 그리
고 표준 배포판에 예제 디버거가 하나 포함되어 있다. 간단한 디버거이긴 하지만, 콜백
메커니즘 등을 이용해서 확장하는 것이 가능하다.

AngelScript 역시 콜백을 통한 디버깅을 지원한다. 각 문장이 실행될 때마다 콜백 함수가
호출되게 할 수 있으며, 그러한 콜백 함수를 이용해서 중단점을 흉내내는 등의 디버깅을
수행할 수 있다. 변수 값 조사도 조만간 지원될 예정이다.

최근 인기를 얻고 있는 디버깅 접근방식으로 단위 검사(unit testing)가 있다. 파이썬에는
*PyUnit*이라는 단위 검사 프레임워크가 있는데, 이것은 파이썬 표준 라이브러리의 일부이
다. 루아에는 루아 공동체가 만든 *Lunit*과 *Luaunit*이 있다. *Luaunit*은 *PyUnit* 프레임워크
를 본뜬 것이다.

결론

이 글에서는 게임 개발자가 게임 프로젝트에 사용할 스크립팅 언어를 선택할 때 고려해
야 할 사항들을 파이썬, 루아, GameMonkey, AngelScript를 예로 삼아 살펴보았다.

파이썬은 좀 더 범용적인 스크립팅 언어를 목표로 한 것인 반면, 루아와 GameMonkey,
AngelScript는 처음부터 확장 언어를 목표로 한 것이다. 이러한 차이 때문에, 언어가 제
공하는 특징들로 미루어 판단할 때에는 파이썬이 가장 완전하고 복잡한 언어처럼 보일

수 있지만, 기능성의 측면에서는 루아 및 GameMonkey와 파이썬이 크게 다르지 않다. 속도나 메모리 사용량에서 약점이 보이더라도 풍부한 특징들을 사용할 필요가 있는지의 여부는 프로젝트나 대상 플랫폼에 따라 결정해야 할 것이다.

GameMonkey와 AngelScript의 구문은 C++과 비슷하다. 따라서 의사코드 비슷한 구문이 좀 더 편할 수 있는 비프로그래머들이라면 코드가 다소 복잡하게 느껴질 수도 있다. 반면, C++에 익숙한 프로그래머라면 언어를 익히는 시간을 좀 더 단축할 수 있을 것이다. 복잡한 스크립트들은 주로 프로그래머들이 작성하거나 적어도 프로그래머의 도움을 필요로 할 것이고, 익숙한 언어와 문법이 많이 다르면 배우는 데 시간이 걸리거나 실수를 하게 될 여지가 많으므로(빡빡한 일정에서는 최대한 피해야 할 일이다), 누가 주로 스크립트를 작성하느냐에 따라서는 C++과의 유사성이 스크립팅 언어 선택에서 중요한 요인이 될 수 있다.

예전에는 적절한 도구들이 없어서 스크립트 프로그래밍이 어렵고 지루한 일이 되는 경우가 많았다. 그러나 지금은 상황이 다르다. 파이썬, 루아, GameMonkey에는 좋은 편집 도구와 디버깅, 로깅, 프로파일링 도구들이 존재한다. AngelScript에 대한 외부 도구들은 아직 많지 않다. 스크립팅 언어가 더욱 대중화됨에 따라 더 나은 도구들이 등장하게 될 것이며, 따라서 게임을 위한 스크립트 작성도 더욱 편해질 것이다.

▌▌ 참조문헌 ▌▌

[AngelScript05] Jönsson, Andreas, "AngelCode Scripting Library (AngelScript)." 2005. 웹 *http://www.angelcode.com/angelscript*.

[GameMonkey05] Riek, Matthew and Greg Douglas, "GameMonkey Script." 2005. 웹 *http://somedude.net/gamemonkey*.

[Lua05] Ierusalimschy, Roberto, Luiz Henrique de Figueiredo, and Waldemar Celes, "The Programming Language Lua." 2005. 웹 *http://www.lua.org*.

[Python05] van Rossum, Guido, "Python Programming Language." 2005. 웹 *http://www.*파이썬*.org*.

4.2

C/C++ 객체와 루아의 바인딩

Waldemar Celes, PUC-Rio

celes@inf.puc-rio.br

Luiz Henrique de Figueiredo, IMPA

lhf@impa.br

Roberto Ierusalimschy, PUC-Rio

roberto@inf.puc-rio.br

이제 게임에서 스크립팅 언어의 사용은 표준적인 관행이 되었다. 스크립팅 언어는 게임 개발에서 중요한 역할을 할 수 있으며, 자료 구조화라던가 사건 일정 관리, 검사, 디버깅 같은 과제들을 좀 더 편하게 만들어준다. 또한 전문 프로그래머가 아닌 아티스트나 디자이너가 고수준의 추상적 스크립팅 계층을 통해서 게임을 코딩하는 데에도 유용하다. 그러한 추상층의 일부를 사용자에게 노출함으로써 게이머가 게임을 직접 커스텀화할 수 있도록 하는 것도 가능하다.

프로그래머의 관점에서 스크립팅 언어를 게임에 내장할 때 중요한 것은, 스크립트에서 호스트 객체(주로는 C/C++ 객체)에 어떤 식으로 접근하게 하는가이다. 스크립팅 언어를 선택할 때 반드시 고려해야 할 사항은 두 가지인데, 하나는 내장(embedding)이 얼마나 쉬운가이고 또 하나는 바인딩(binding)이 얼마나 쉬운가이다. 내장의 용이함은 루아(Lua)가 스크립팅 언어로 성공할 수 있었던 요인 중 하나이다. 사실 루아이 원래 설계 목표 중 하나도 바로 내장의 용이함이었다. 그러나 루아 표준 배포판에는 바인딩을 자동으로 만들어주는 도구가 포함되어 있지 않다. 이는 루아의 또 다른 설계 목표가 "방침이 아니라 메커니즘(mechanism, not policy)"의 제공에 있었기 때문이다.

이로 인해, 호스트 객체를 루아와 바인딩하는 전략은 여러 가지가 존재한다. 각 전략은 저마다 다른 장단점을 보이며, 따라서 게임 개발자는 호스트의 어떤 기능성을 스크립팅 환경에 어떻게 노출할 것인지에 따라 가장 적합한 전략을 선택해야 한다. C/C++ 객체를 단순한 값으로 매핑하는 것으로 충분할 때도 있고, 실행시점 점검이 가능한 메커니즘을 직접 구현해야 할 때도 있으며, 호스트가 제공하는 서비스들을 루아에서 확장하는 것이 좋을 때노 있다. 또한, 루아가 호스트 객체의 수냉을 세어하게 할 섯인시의 문세도 반드시 고려해야 한다. 이 글에서는 루아의 API([Ierusalimschy03])를 이용해서 호스트 객체를 바인딩하는 다양한 전략들을 살펴본다.

바인딩 함수

간단한 C++ 클래스를 루아와 바인딩하는 예를 통해서 서로 다른 전략들의 구현을 설명해 보겠다. 목표는 루아에서 C++ 클래스에 접근하는 것, 좀 더 구체적으로는 호스트가 루아에 노출한 메서드들을 이용해 클래스의 서비스들을 루아 안에서 사용할 수 있게 하는 것이다. 이하의 내용을 C 코드나 좀 더 복잡한 클래스에 적용하는 것도 물론 가능하지만, 여기서는 논의의 진행이 복잡해지지 않도록 간단한 C++ 클래스를 예로 들어 설명한다. 다음은 이 예에서 사용할 클래스로, 가상의 게임의 영웅 캐릭터를 표현하며 루아에게 노출할 몇 가지 공개 메서드들을 가지고 있다.

```
class Hero {
public:
    Hero (const char* name);
    ~Hero ();
    const char* GetName ();
    void SetEnergy (double energy);
    double GetEnergy ();
};
```

클래스의 메서드들을 루아와 바인딩하기 위해서는 루아 API를 이용해서 바인딩 함수(binding function)라는 것을 작성해야 한다. 각 바인딩 함수는 루아 값 형태의 입력 매개변수들을 받아서 그것들을 해당 C/C++ 값들로 변환하고, 실제의 함수 또는 메서드를 호출하고, 그 결과 값들을 다시 루아 값들로 변환해서 루아에 돌려주어야 한다. 루아의 표준 배포판과 함께 제공되는 루아 API와 보조 라이브러리의 여러 편의용 함수들을 이용하면 루아 값을 C/C++ 값으로(그리고 그 반대로) 손쉽게 변환할 수 있다. 예를 들어 `luaL_checknumber` 함수는 입력 매개변수를 그에 해당하는 부동소수점 값(**double**)으로 변환한다. 주어진 매개변수가 루아의 수치 값에 해당하지 않으면 함수는 오류를 낸다. 반대로, `lua_pushnumber` 함수는 주어진 부동소수점 값을 그에 해당하는 루아 수치 값으로 변환해서 루아 스택 최상단에 넣는다. 그 외에도 여러 루아의 기본 형식들과 C/C++ 형식들 사이의 변환 함수들이 있다. 이러한 표준 루아 라이브러리 함수들을 그대로 사용할 수도 있겠지만, 이들을 이용해서 좀 더 편한 변환 수단들을 갖추는 것도 가능하다. 여기에서는 C++에 맞게 Binder라는 변환용 구체 클래스를 만들어 보기로 하자. 이 클래스는 루아와 호스트의 기본 형식들에 대한 변환 함수들을 캡슐화하며, 호스트의 사용자 정의 형식들을 루아에 바인딩하는 메서드도 제공한다. 또한 루아로 노출할 모듈(라이브러리)을 초기화하는 메서드도 제공한다.

```
class Binder {

public:
    // 생성자
    Binder (lua_State* L);

    // 모듈(라이브러리) 초기화 함수
    int init (const char* tname, const luaL_reg* flist);

    // 기본 형식들을 매핑하는 메서드들
    void pushnumber (double v);
    double checknumber (int index);
    void pushstring (const char* s);
    const char* checkstring (int index);
    ...
    // 호스트 사용자 정의 형식을 매핑하는 메서드들
    void pushusertype (void* udata, const char* tname);
    void* checkusertype (int index, const char* tname);

private:
    lua_State* L;
};
```

클래스 생성자는 객체들을 매핑할 루아 상태(Lua state)를 받는다. 모듈 초기화 함수의 첫 매개변수는 바인딩할 형식의 이름이자 라이브러리 이름이다. 이 이름은 루아에서 클래스 테이블을 나타내는 전역 변수의 이름이 된다. 둘째 매개변수는 바인딩 함수들의 목록을 가리키는 포인터이다. 기본 형식들을 매핑하는 메서드들은 그냥 표준 루아 라이브러리를 직접 호출하는 식으로 구현하면 된다. 예를 들어 다음은 수치 값 변환 메서드들을 구현하는 예이다.

```
void Binder::pushnumber (double v) {
    lua_pushnumber(L,v);
}

double Binder::checknumber (int index) {
    return luaL_checknumber(L,index);
}
```

사용자 정의 형식의 매핑을 위한 메서드들(pushusertype과 checkusertype)은 구현하기가 좀 더 어렵다. 이들의 구체적인 구현 방법은 바인딩 전략에 따라 달라진다. 또한, 각 전략마다 라이브러리 초기화 방법이 다르므로, 초기화 메서드 init의 구현도 달라져야 한다.

일단 바인더 클래스의 메서드들을 다 구현했다고 하면, 그것을 이용해서 바인딩 함수들을 작성하는 것은 어렵지 않다. 예를 들어 다음은 Hero 클래스의 생성자와 소멸자를 위한 바인딩 함수들이다.

```cpp
static int bnd_Create (lua_State* L) {
    LuaBinder binder(L);
    Hero* h = new Hero(binder.checkstring(L,1));
    binder.pushusertype(h,"Hero");
    return 1;
}
static int bnd_Destroy (lua_State* L)
{
    Binder binder(L);
    Hero* hero = (Hero*) binder.checkusertype(1,"Hero");
    delete hero;
    return 0;
}
```

비슷하게, GetEnergy 메서드와 SetEnergy 메서드에 대한 바인딩 함수들은 다음과 같이 구현할 수 있다.

```cpp
static int bnd_GetEnergy (lua_State* L) {
    Binder binder(L);
    Hero* hero = (Hero*)binder.checkusertype(1,"Hero");
    binder.pushnumber(hero->GetEnergy());
    return 1;
}

static int bnd_SetEnergy (lua_State* L) {
    Binder binder(L);
    Hero* hero = (Hero*)binder.checkusertype(1,"Hero");
    hero->SetEnergy(binder.checknumber(2));
    return 0;
}
```

바인더 클래스가 객체들의 바인딩 전략을 캡슐화하고 있음을 주목할 것. 호스트 객체들은 적절한 점검 및 스택 추가 메서드들을 통해서 매핑되며, 관련 형식 이름을 입력 매개변수로 받는다. 바인딩 함수들을 모두 작성했다면 다음과 같이 바인딩 라이브러리를 초기화할 수 있다.

```cpp
static const luaL_reg herolib[] = {
```

```
        {"Create", bnd_Create},
        {"Destroy", bnd_Destroy},
        {"GetName", bnd_GetName},
        {"GetEnergy", bnd_GetEnergy},
        {"SetEnergy", bnd_SetEnergy},
        {NULL, NULL}
    };
    int luaopen_hero (lua_State* L) {
        LuaBinder binder(L);
        binder.init("Hero",herolib);
        return 1;
    }
```

그럼 주요 바인딩 전략들을 차례로 살펴보자.

호스트 객체를 루아 값에 바인딩

C/C++ 객체를 루아에 바인딩하는 가장 간단한 전략은 C/C++ 객체의 주소를 루아의 경량 사용자자료(light userdata)로 매핑하는 것이다. 경량 사용자자료는 하나의 포인터(void*)에 해당하며, 루아는 그것을 보통의 값으로 취급한다. 스크립팅 환경에서는 객체의 값(포인터)을 얻거나, 객체들을 비교하거나(두 사용자자료의 C/C++에서의 주소가 동일하다면 그 둘은 동일한 것이다), 호스트에 객체를 다시 돌려줄 수 있다(루아로 매핑된 호스트 함수를 호출해서). 이러한 전략을 사용하는 경우에는 루아 표준 라이브러리에 이미 있는 함수들을 직접 호출하는 형태로 바인더 클래스의 해당 메서드들을 구현하면 된다.

```
    void Binder::init (const char* tname, const luaL_reg* flist) {
        luaL_register(L,tname,flist);
    }

    void Binder::pushusertype (void* udata, const char* tname) {
        lua_pushlightuserdata(L,udata);
    }

    void* Binder::checkusertype (int index, const char* tname) {
        void* udata = lua_touserdata(L,index);
        if (udata==0) luaL_typerror(L,index,tname);
        return udata;
    }
```

이러한 구현에서, 주어진 입력 매개변수가 유효한 객체에 해당하지 않으면 luaL_type-rror 함수는 오류를 발생한다.

이와 같은 전략으로 Hero 클래스를 매핑했다면, 루아에서 Hero 객체를 다음과 같이 사용할 수 있게 된다.

```
local h = Hero.Create("my hero")

local e = Hero.GetEnergy(h)
Hero.SetEnergy(h,e-1)
Hero.Destroy(h)
```

이처럼 호스트 객체를 단순한 루아 값으로 매핑하는 것의 장점은 크게 세 가지이다. 바로 단순함, 효율성, 적은 메모리 사용량이다. 위에서 보듯이 구현이 아주 간단하고, 루아와 호스트 프로그램 사이의 연동이 아주 효율적이며, 간접 접근이나 메모리 할당도 전혀 없다. 그러나 이렇게 단순한 전략은(적어도 위와 같은 구현은) 안전하지 않다. 모든 사용자 자료 값이 유효한 매개변수로 간주되므로, 유효하지 않은 객체가 전달되면 호스트 프로그램이 폭주할 수도 있다.

형식 점검 추가

루아 환경에서의 실수에 의한 호스트 프로그램의 폭주를 피하는 한 가지 방법은 간단한 실행시점 형식 점검 메커니즘을 추가하는 것이다. 물론 바인딩 코드에 형식 점검을 추가하면 성능이 감소하고 메모리 사용량이 커진다. 스크립트들을 게임 개발 도중에 모두 작성, 시험하는 경우라면 출시용 제품에서는 형식 점검 기능을 꺼버릴 수도 있다. 그러나 스크립팅 기능을 최종 사용자에게도 노출하는 경우라면 이러한 형식 점검 메커니즘을 반드시 실제 제품에도 포함시켜야 한다.

'값으로의 바인딩' 전략에 형식 점검 메커니즘을 추가하는 한 가지 방법은 루아로 매핑된 각 객체의 주소와 그에 해당하는 형식 이름을 연관시킨 테이블을 만들고 그것을 이용해서 객체의 형식을 점검하는 것이다. (이 글의 모든 전략에서, 서로 다른 두 호스트 객체의 주소가 같은 경우는 절대 없다고 가정한다.) 구체적으로, 이 형식 점검 테이블의 키는 경량 사용자자료이고 그에 해당하는 값은 형식 이름 문자열이다. 초기화 메서드에서 이 테이블을 생성하고(처음에는 빈 테이블로 시작한다) 다른 매핑 메서드들이 이 테이블에 접근할 수 있게 한다. 그런데 이 테이블은 보호가 필요하다. 루아 환경에서 이 테이블에 접근할 수 있게 해서는 안 된다. 만일 그런 일을 허용하면 루아 스크립트 때문에 호스트가 폭주할 수 있는 또 다른 여지가 생긴다. 테이블을 보호하는 한 가지 방법은, 그러한 쌍들을 루아의 레지스트리 테이블(registry table)에 저장하는 것이다. 레지스트리 테이블은 루아 API에서만 접근할 수 있는 전역 테이블이다. 그런데 레지스트리는 고유하며 전역적이므로, 매핑된 객체들을 레지스트리에 저장하면 다른 C 라이브러리들이 레지스트리를 다른 제어 메커니즘에 사용할 수가 없게 된다.

더 나은 방법은 바인딩 함수들만 형식 점검 테이블에 접근할 수 있게 하는 것이다. 루아 5.0까지는 테이블을 바인딩 함수에 하나의 **위쪽값**(upvalue)으로 전달하는 방법을 사용해야 했으나, 루아 5.1부터는 더 나은(그리고 더 효율적인) 접근방식이 존재한다. 바로, C 함수와 연관된 **환경 테이블**(environment table)을 사용하는 것이다. 형식 점검 테이블을 바인딩 함수들의 환경 변수로 설정해두면 바인딩 함수 안에서 테이블에 효율적으로 접근할 수 있다. 루아에 등록된 각 함수는 현재 함수에 연관된 환경 테이블을 상속받는다. 따라서 초기화 메서드에서 한 환경 테이블을 등록하면, 이후 등록되는 바인딩 함수들은 모두 동일한 환경 테이블과 연관된다.

다음은 이러한 형식 점검 방식에 맞게 구현한 바인더 클래스의 메서드들이다.

```
void Binder::init (const char* tname, const luaL_reg* flist) {
    lua_newtable(L); // 형식 점검용 테이블을 생성한다.
    lua_replace(L,LUA_ENVIRONINDEX); // 그 테이블을 환경 테이블로 설정한다.
    luaL_register(L,tname,flist); // 라이브러리 테이블을 생성한다.
}

void Binder::pushusertype (void* udata, const char* tname) {
    lua_pushlightuserdata(L,udata); // 스택에 주소를 넣는다.
    lua_pushvalue(L,-1);              // 주소를 복제한다
    lua_pushstring(L,tname);          // 형식 이름을 넣는다.
    lua_rawset(L,LUA_ENVIRONINDEX); // 환경테이블[주소] = 형식 이름
}

void* Binder::checkusertype (int index, const char* tname) {
    void* udata = lua_touserdata(L,index);
    if (udata==0 || !checktype(udata,tname))
        luaL_typerror(L,index,tname);
    return udata;
}
```

다음은 실제로 형식 점검을 수행하는 전용(private) 메서드이다.

```
int Binder::checktype (void* udata, const char* tname) {
    lua_pushlightuserdata(L,udata); // 스택에 주소를 넣는다
    lua_rawget(L,LUA_ENVIRONINDEX); // 환경 테이블에서 그 주소에
                                    // 해당하는 형식 이름을 얻는다
    const char* stored_tname = lua_tostring(L,-1);
    int result = stored_tname && strcmp(stored_tname,tname)==0;
    lua_pop(L,1);
    return result;
}
```

이렇게 해서 여전히 효율적이면서도 형식에 안전한 바인딩 전략을 구현해 보았다. 이 전략에서는 메모리 부담도 상당히 낮다. 그냥 바인딩된 객체 당 테이블 항목 하나만 소비될 뿐이다. 그러나 형식 점검 테이블이 계속 커지는 일을 방지하기 위해서는 객체가 파괴되면 해당 테이블 항목을 해제해 주어야 한다. 이를 위해, **bnd_Destroy** 함수에서 다음과 같은 전용 메서드를 호출하게 한다.

```
void Binder::releaseusertype (void* udata) {
    lua_pushlightuserdata(L,udata);
    lua_pushnil(L);
    lua_settable(L,LUA_ENVIRONINDEX);
}
```

■ 호스트 객체를 루아 객체에 바인딩

경량 사용자자료를 이용해서 호스트 객체를 바인딩하는 방식은 간단하고 효율적인 반면 쓰임새가 매우 제한적이다. 호스트 객체가 보통의 루아 값에 매핑되기 때문에 호스트 객체를 통상적인 루아 객체처럼 사용할 수가 없다. 객체지향적 구문을 통해서 메서드를 호출할 수도 없고, 루아가 호스트 객체의 수명을 관리하게 할 수도 없다(즉, 루아의 쓰레기 수거가 적용되지 않는다). 호스트 객체가 통상적인 루아 객체처럼 취급되게 만들면 객체지향적 구문을 사용할 수 있을 뿐만 아니라, 매핑된 호스트 객체가 더 이상 참조되지 않는 경우 루아가 자동으로 호스트 객체를 파괴하게 만들 수 있다. 이를 위해서는 경량 사용자자료 대신 완전 사용자자료(full userdate)를 이용해서 객체를 매핑하는 전략을 사용해야 한다. 루아 API는 **lua_newuserdata**라는 함수를 제공하는데, 이 함수는 메모리 블록을 할당하고 그것을 하나의 불투명 객체(루아의 *userdata* 형식)로서 루아에 매핑한다.

루아 안에서는 경량 사용자자료와 완전 사용자자료를 구분할 수 없다. 그러나 호스트에서

는 둘의 차이가 드러난다. 특히, 완전 사용자자료에 대해서는 메타테이블을 연관시킬 수 있으며, 따라서 객체의 특정 연산에 대한 행동을 지정할 수 있다. 각 객체 형식마다 서로 다른 메타테이블을 배정함으로써(또한, 같은 형식의 객체가 동일한 메타테이블을 공유하게 함으로써) 루아에서 호스트 객체를 최대한 자연스럽게 사용할 수 있게 된다.

형식 점검은 보조 라이브러리가 이미 제공하는 `luaL_newmetatable` 함수와 `luaL_checkudata.` 함수를 사용해서 수행할 수 있다. 각 메타테이블마다, 보조 라이브러리 함수를 이용해서 형식 이름을 그 메타테이블에 연관시키는 항목을 레지스트리 테이블에 추가하고, 이후에는 그 테이블을 이용해서 주어진 형식 이름에 해당하는 메타테이블에 접근하면 된다.

지금 예에서는, 바인딩할 객체의 주소를 담은 포인터 크기만큼의 완전 사용자자료를 생성하고, 그 사용자자료가 라이브러리 테이블을 상속하게 한다. (그냥 라이브러리 테이블을 해당 메타테이블의 `__index` 필드에 배정하면 된다.) 이러면 사용자자료에 대한 색인 접근이 일어날 때마다 해당 라이브러리 테이블이 접근되며, 결과적으로 루아에서 다음과 같은 객체지향적 구문을 통해 객체를 사용할 수 있게 된다.

```
local h = Hero.Create("my hero")

local e = h:GetEnergy()
h:SetEnergy(e-1)
```

또한 쓰레기 수거에 대한 메타 사건(메타테이블의 `__gc` 필드)을 이용해서 호스트 쪽의 해당 객체가 자동으로 파괴되게 만드는 것도 가능하다. 더 이상 참조되지 않는 사용자자료를 수거할 때 루아가 자동으로 해당 메타 사건을 발생시키므로, 스크립트에서 일일이 *Destroy* 메서드를 호출할 필요가 없다.

완전 사용자자료를 이용한 객체 바인딩 방법에서는 유일성 보장이라는 과제를 해결해야 한다. 같은 객체를 여러 번 루아에 매핑하는 경우가 생길 수 있는데, 매핑할 때마다 새로운 사용자자료가 생성되어서는 안 된다. 동일한 객체는 항상 동일한 사용자자료를 사용하게 해야 한다. 만일 같은 객체에 대해 다른 사용자자료를 사용하면 동일한 호스트 객체를 루아에서 서로 다른 객체들로 표현하게 되므로 일관성이 깨진다. 또한, 매번 동적으로 메모리를 할당해야 하므로 효율성도 나빠진다.

이러한 문제를 피하려면 루아에 매핑된 객체들 모두를 기억할 필요가 있다. 이 경우에도 바인딩 함수들에 연관된 환경 테이블이 해결책이다. 즉, 환경 테이블에 객체 주소(키)와 그에 해당하는 완전 사용자자료(값)를 저장하고, 객체 바인딩시 객체의 주소로 테이블을 참조해서 그 주소에 해당하는 완전 사용자자료가 존재하면 그것을 다시 사용하면 되는 것이다.

그런데 루아가 호스트 객체를 나타내는 사용자자료를 자동으로 수거할 수 있게 하려면 이 환경 테이블을 **약한 값**(weak value)들을 담는 테이블로 설정해야 한다. 이는 테이블이 값(이 경우 사용자자료)에 대해 **약한 참조**(weak reference)를 유지한다는 뜻이다. 보통의 테이블에서는 사용자 자료를 테이블 자체가 참조하고 있으므로 쓰레기 수거기가 사용자 자료를 절대로 수거하지 않는다. 반면 약한 값 테이블에서는 쓰레기 수거기가 테이블 자체의 참조(약한 참조)를 무시하므로 값이 수거된다.

이를 위해, 초기화 메서드에 객체의 파괴를 위한 바인딩 함수를 받는 매개변수를 추가한다. 초기화 메서드는 그 매개변수로 주어진 바인딩 함수를 쓰레기 수거 사건(__gc)에 배정한다.

```cpp
void Binder::init (const char* tname, const luaL_reg* flist,
        int (*destroy) (lua_State*)) {
    lua_newtable(L); // 유일성을 위한 테이블을 생성한다.
    lua_pushstring(L,"v");
    lua_setfield(L,-2,"__mode");        // 테이블을 약한 값 테이블로 설정한다.
    lua_pushvalue(L,-1);                // 테이블을 복제한다.
    lua_setmetatable(L,-2);             // 테이블 자신을 메타테이블로 설정한다.
    lua_replace(L,LUA_ENVIRONINDEX); // 테이블을 환경 테이블로 설정한다.
    luaL_register(L,tname,flist);       // 라이브러리(객체) 테이블을 생성한다.
    luaL_newmetatable(L,tname); // 객체들에 배정할 메타테이블을 생성한다.
    lua_pushvalue(L,-2);
    lua_setfield(L,-2,"__index");       // mt.__index = 라이브러리 테이블
    lua_pushcfunction(L,destroy);
    lua_setfield(L,-2,"__gc");          // mt.__gc = destroy
    lua_pop(L,1);                       // 메타테이블을 뽑는다
}
```

루아 스택에 사용자자료를 추가하는 **pushusertype** 메서드도 적절히 변경해야 한다. 우선, 객체가 이미 매핑되어 있는지 점검한다. 매핑되어 있지 않으면 새 사용자자료를 생성하고 객체의 주소를 키로 해서 환경 테이블에 추가한다. 객체가 루아에 이미 매핑되어 있다면 그냥 환경 테이블에 저장되어 있는 해당 사용자자료를 돌려주면 된다. 주어진 사용자자료의 형식을 점검하는 것은 간단하다. 루아 보조 라이브러리의 **luaL_checkudata** 함수를 사용하면 된다.

```
void Binder::pushusertype (void* udata, const char* tname) {
    lua_pushlightuserdata(L,udata);
    lua_rawget(L,LUA_ENVIRONINDEX);      // 환경 테이블의 사용자자료를 얻는다.
    if (lua_isnil(L,-1)) {
        void** ubox = (void**)lua_newuserdata(L,sizeof(void*));
        *ubox = udata;                    // 사용자자료에 주소를 저장한다.
        luaL_getmetatable(L,tname);       // 메타테이블을 얻는다.
        lua_setmetatable(L,-2);           // 사용자자료에 대한 메타테이블을 설정한다.
        lua_pushlightuserdata(L,udata);// 그 주소를 스택에 넣는다.
        lua_pushvalue(L,-2);              // 사용자 자료를 스택에 넣는다.
        lua_rawset(L,LUA_ENVIRONINDEX);// 환경테이블[주소] = 사용자자료
    }
}

void* Binder::checkusertype (int index, const char* tname) {
    void** udata = (void**)luaL_checkudata(L,index,tname);
    if (udata==0)
        luaL_typerror(L,index,tname);
    return *udata;
}
```

호스트 객체를 루아 객체로 바인딩하면 여러 가지 장점이 있다. 특히, 호스트 객체를 루아 안에서 루아의 다른 객체들과 동일한 방식으로 다룰 수 있다. 동일한 구문을 사용할 수 있으며 루아의 쓰레기 수거기가 메모리를 해제해 준다. 또한, 객체를 처음으로 매핑할 때에만 성능 저하(새 사용자자료의 생성에 의한)가 일어난다. 메모리 사용량도 크지 않다. 매핑된 객체 당 사용자자료 하나(포인터 하나를 담음)와 테이블 항목 하나(유일성을 위한 것) 뿐이다.

상속 추가

이번에는 상속을 지원하는 방법을 보자. 이를 위해, Hero 클래스가 Actor라는 기반 클래스를 상속한다고 하자. 또한, 메서드의 상속을 보여주기 위해 GetName 메서드를 Actor로 옮기도록 한다.

```
Class Actor {
public:
    Actor (const char* name);
    ~ Actor ();
    const char* GetName ();
```

```cpp
};

class Hero : public Actor {
    ...
};
```

목표는 루아 안에서 다음과 같은 코드가 작동하도록 이 두 클래스들을 적절히 루아에 바인딩하는 것이다.

```lua
local h = Hero.Create("my hero")
local n = h:GetName()
```

지금까지 이야기한 바인딩 코드를 그대로 사용한다면, **Hero** 클래스에는 **GetName** 메서드가 없으므로 **GetName** 호출 부분에서 오류가 나게 될 것이다. 이는 현재의 형식 점검 메커니즘이 클래스 계통구조(상속 관계)를 고려하지 않기 때문이다. 다행히, 바인딩 코드에 다형성과 상속 기능을 추가하는 것은 상당히 쉬운 일이다.

우선 초기화 메서드를 수정한다. 기반 클래스의 이름을 받는 매개변수(bname)를 추가하고, 기반 클래스의 메타테이블을 파생 클래스의 메타테이블에 저장한다(이를테면 _base 필드에 설정). 이 부분은 형식 점검 메커니즘에 필요한 것이다. 마지막으로, 라이브러리 테이블이 기반 라이브러리 테이블을 상속하게 한다. 즉, 이제는 객체가 자신의 라이브러리 테이블뿐만 아니라 기반 라이브러리 테이블도 상속하는 것이다. 초기화 메서드를 다음과 같이 수정하면 된다.

```cpp
    ...
    lua_pushcfunction(L,destroy);
    lua_setfield(L,-2,"__gc");          // mt.__gc = destroy
    if (bname) {
        luaL_getmetatable(L,bname);
        lua_setfield(L,-2,"_base");     // mt._base = 기반 메타테이블
    }
    lua_pop(L,1);                       // 메타테이블을 뽑는다.
    if (bname) {
        lua_getfield(L,LUA_GLOBALSINDEX,bname);
        lua_setfield(L,-2,"__index");   // libtable.__index = 기반 라이브러리 테이블
        lua_pushvalue(L,-1);            // 라이브러리 테이블을 복제한다.
        lua_setmetatable(L,-2);         // 자신을 메타테이블로 설정한다.
    }
}
```

다음으로 형식 점검 부분을 보자. 이제는 보조 라이브러리의 함수만으론 부족하다. 요청된 객체 메서드가 현재 클래스에 없다면 상속 관계를 따라 올라가면서 기반 클래스들에서 그 메서드를 찾아봐야 하기 때문이다. 다음이 새 형식 점검 멤버 함수로, 메타테이블의 _base 필드를 따라 올라가면서 주어진 메서드가 있는 기반 클래스를 찾는다.

```cpp
void* Binder::checkusertype (int index, const char* tname) {
    lua_getfield(L, LUA_REGISTRYINDEX, tname); // 형식 점검용 테이블에서
    lua_getmetatable(L,index);          // 형식에 연관된 메타테이블을 얻는다.
    while (lua_istable(L,-1)) {
        if (lua_rawequal(L,-1,-2)) {
            lua_pop(L,2);
            return *((void**)lua_touserdata(L,index));
        }
        lua_getfield(L,-1,"_base"); // mt._base를 얻는다.
        lua_replace(L,-2);     // 내제: mt = mt._base
    }
    luaL_typerror(L,index,tname);
    return NULL;
}
```

이러한 상속 지원 능력은 호스트 객체를 단순한 루아 값이 아니라 루아 객체로 바인딩하는 전략에서 얻을 수 있는 장점이다.

확장성 추가

여기서 한 걸음 더 나아가자. 루아가 강력한 스크립팅 언어인 이유는, 코드는 물론 자료의 조직화에 대해서도 사용하기 쉬우면서도 정교한 메커니즘을 제공하기 때문이다. 루아는 테이블이라고 부르는 유연하고 강력한 기초 자료구조를 제공한다. 테이블은 nil을 제외한 어떠한 값도 키로 사용할 수 있는 연관 배열이다. 이 테이블을 이용하면 여러 고급 자료구조들을 손쉽게 표현할 수 있다. 이러한 능력을 바인딩 시스템에도 추가한다면 개발에 큰 도움을 얻을 수 있다. 목표는, 스크립트 작성자가 호스트 객체들을 연관 배열처럼 취급할 수 있게 만드는 것이다. 그러면 객체에 새 특성을 추가하거나 기존 메서드를 재정의함으로써 객체의 행동을 확장 또는 변경할 수 있게 된다.

```lua
local h = Hero.Create("my hero")
h.myFactor = 2     -- 새로운 특성을 추가
h.GetEnergy =      -- GetEnergy 메서드를 재정의
    function (h)
```

```
    return Hero.GetEnergy(h) * h.myFactor
end
```

```
h:GetEnergy()    -- 재정의된 메서드를 호출
```

이러한 확장성을 위해서는 루아 테이블을 객체와 연관시키고 적절한 메타 사건들을 추가해야 한다. 구체적으로는, 라이브러리 테이블을(그리고 그 이전의 기반 라이브러리 테이블들을) 상속한 테이블을 객체와 연관시키고, 존재하지 않는 필드에 대한 접근이 일어나면 발생하는 __newindex 메타 사건에서는 요청된 필드를 그 연관 테이블에 추가하게 한다. 그리고 연관 테이블에서 필드를 찾는 __index 메타 사건을 등록해서, 추가된 필드들에 대한 접근이 가능하게 만든다. 루아 5.1에서는 그러한 연관 테이블(추가 필드들을 담는)을 사용자자료에 대한 환경 테이블로 설정할 수 있다. 원래 모든 새 사용자자료는 현재 C 함수의 환경 테이블을 물려받지만 필요하다면 새 테이블을 환경 테이블로 사용할 수 있는 것이다. 한 가지 요령으로, __newindex 사건이 처음 발생했을 때 사용자자료에 새로운 환경 테이블을 배정하면 스크립트가 실제로 확장 기능성을 사용할 때에만 새 테이블이 만들어진다. 다음은 지금까지 설명한 방식으로 __newindex 메타 사건을 구현한 예이다.

```c
static int newindex (lua_State* L) {
    lua_getfenv(L,1);                  // 환경 테이블을 얻는다.
    if (lua_equal(L,-1,LUA_ENVIRONINDEX)) {
        lua_newtable(L);               // 새 테이블을 만들고
        lua_pushvalue(L,-1);           // 복제한다.
        lua_setfenv(L,1);              // 사용자자료의 환경 테이블로 설정한다.
        lua_pushvalue(L,-1);           // 환경 테이블을 복제한다.
        lua_setmetatable(L,-2);    // 자신을 메타테이블로 설정한다.
        lua_getfield(L,LUA_ENVIRONINDEX,"__index"); // 라이브러리 테이블을 얻는다
        lua_setfield(L,-2,"__index"); // 환경테이블.__index = 라이브러리 테이블
    }
    lua_pushvalue(L,2);
    lua_pushvalue(L,3);
    lua_rawset(L,-3); // 키를 환경 테이블에 저장한다.
    return 0;
}
```

이러면 확장성이 생기는 반면, 성능은 떨어진다. 호스트의 메서드에 접근할 때 우선은 환경 테이블에서 해당 필드가 존재하는지 점검해야 하기 때문이다. __index 메타 사건을 라이브러리 테이블에 직접 매핑할 수는 없다. 반드시 다음과 같은 형태의 함수를 통해서 해당 환경 테이블에 접근해야 한다.

```
static int index (lua_State* L) {
    lua_getfenv(L,1);
    lua_pushvalue(L,2);
    lua_gettable(L,-2);      // 환경 테이블에 접근한다.
    return 1;
}
```

호스트 객체를 루아 테이블에 바인딩

필드 추가가 자주 일어나는 경우에는 호스트 객체를 루아 테이블에 직접 바인딩하는 것
이 더 간단하고 자연스러운 전략이다. 이런 전략에서는 객체마다 새 사용자자료(경량 또
는 완전)가 아니라 새 테이블을 생성한다. 그리고 호스트 객체의 주소를 담은 경량 사용
자자료를 미리 정해둔 이름(이를테면 _pointer 등)의 필드에 저장해 두고 그것을 호스트
객체 참조에 사용한다. 루아에서 테이블은 객체처럼 취급되므로, 앞에서 사용자자료에 대
해 이야기한 모든 것이 테이블에도 적용된다. 즉, 애초의 목표인 실행시점 필드 추가뿐만
아니라 객체지향적 구문이나 자동적인 쓰레기 수거 등도 저절로 지원되는 것이다. 유일성
을 보장해야 하는 것은 완전 사용자자료 전략에서와 마찬가지이며, 따라서 필요한 코드
역시 그 전략의 코드와 상당히 비슷하다. 사실 이 전략의 초기화 코드는 확장성 없는 완
전 사용자자료 전략의 초기화 코드와 정확히 동일하다. 즉, 이 전략에서는 __index와
__newindex 메타 사건들을 구현할 필요가 없다. 완전 사용자 자료 전략과 다른 부분은 객
체를 스택에 넣는 함수와 형식을 점검하는 함수, 좀 더 구체적으로는 객체 포인터 void*를
저장하고 조회하는 부분뿐이다.

```
void Binder::pushusertype (void* udata, const char* tname) {
    lua_pushlightuserdata(L,udata);
    lua_rawget(L,LUA_ENVIRONINDEX);      // 환경 테이블에서 객체를 얻는다.
    if (lua_isnil(L,-1)) {
        lua_newtable(L);                     // 객체로 사용할 테이블을 만든다.
        lua_pushlightuserdata(L,udata); // 주소를 넣는다.
        lua_setfield(L,-2,"_pointer");  // 객체테이블._pointer=주소
        luaL_getmetatable(L,tname);     // 메타 테이블을 얻는다.
        lua_setmetatable(L,-2);              // 객체테이블에 대한 메타테이블을 설정한다.
        lua_pushlightuserdata(L,udata); // 주소를 넣는다
        lua_pushvalue(L,-2);                 // 객체테이블을 넣는다.
        lua_rawset(L,LUA_ENVIRONINDEX); // 환경테이블[주소]=객체테이블
    }
```

```
        }

        void* Binder::checkusertype (int index, const char* tname) {
            lua_getfield(L, LUA_REGISTRYINDEX, tname); // 주어진 이름에 해당하는 형식의
            lua_getmetatable(L,index);                 // 메타 테이블을 얻는다.
            while (lua_istable(L,-1)) {
                if (lua_rawequal(L,-1,-2)) {
                    lua_pop(L,2);                      // 문자열과 메타테이블을 뽑는다.
                    lua_getfield(L,index,"_pointer"); // 주소를 얻는다.
                    void* udata = lua_touserdata(L,-1);
                    return udata;
                }
                lua_getfield(L,-1,"_base");   // 주어진 이름을 찾지 못했다면
                lua_replace(L,-2);            // 기반 메타테이블로 올라간다.
            }
            luaL_typerror(L,index,tname);
            return NULL;
        }
```

확장성 있는 완전 사용자자료 전략에 비한 이 전략의 유일한 단점은, 특성들을 추가하지 않는 경우 객체 바인딩에 더 많은 메모리가 필요하다는 것이다. (테이블의 메모리 사용량이 포인터 하나를 담는 사용자자료의 메모리 사용량보다 크다.)

결론

이 글에서는 호스트 객체를 루아와 바인딩하는 여러 가지 전략을 살펴보았다. 모든 경우에 최적인 전략은 존재하지 않으므로, 여러 가지 옵션들을 살펴보면서 주어진 프로젝트의 요구에 잘 맞는 것을 찾아야 한다. 루아는 메커니즘을 제공할 뿐, 어떤 특정한 방침을 강제하지는 않는다. 그렇긴 하지만, 바인딩 전략의 비교에서 보편적으로 유용한 고려 사항으로 적어도 세 가지는 꼽을 수 있는데, 그것은 바로 유연성, 효율성, 메모리 요구사항이다. 적절한 바인딩 전략을 평가하는 데 도움이 될까 해서, 이 글에서 언급한 전략들을 이세 가지 사항들과 관련지어 비교한 표들을 만들어 보았다.

첫째로, 표 4.2.1은 여러 전략들의 특징들을 요약한 것이다. 스크립트 환경에서 호스트 객체에 기본적으로 접근할 수 있다는 점은 모든 전략에서 동일하다. 그러나 안전한 접근은 형식 점검을 수행하는 전략에서만 가능하다. 객체지향적 구문과 상속 기능을 위해서는 호스트 객체를 루아 값이 아니라 루아 객체나 테이블에 바인딩하는 전략이 필요하다. 마지

막으로, 바인딩된 객체를 연관 배열로 사용하는 두 전략은 실행시점에서 객체를 확장할 수 있는 능력도 제공한다.

효율성과 관련해서는 각 전략에서 간단한 메서드들을 호출하는 데 걸린 시간을 측정해 보았다. 또한 마지막 두 전략이 지원하는 특성 추가 기능의 효율성도 비교해 보았다. 표에 나온 시간들을 결정적인 결과로 간주해서는 안 된다는 점을 강조하고 싶다. 이 결과들은 단지 힌트로만 받아들이기 바란다. 독자의 컴퓨터에서는 약간 다른 결과가 나올 수도 있다. 이 시험들은 실제 응용프로그램과는 분리해서 실행한 것으로, 실제 응용프로그램의 성능에 대한 영향은 고려하지 않았다. 바인딩 절차들(메서드 접근, 형식 점검, 매핑)에 소비된 시간들은 모두, 호스트 쪽에서 실제 메서드를 수행하는 데 소비된 시간에 비하면 무시할 수 있는 정도이다. 표 4.2.3은 표 4.2.2에 나온 코드를 실행해서 얻은 것으로, N은 1백만으로 설정했다.

마지막으로, 표 4.2.4는 각 전략의 메모리 사용량을 비교한 것이다. 이 표에서 U는 하나의 포인터를 저장하는 데 필요한 사용자자료(경량 또는 완전)의 메모리 사용량이고 T는 초기 빈 테이블의 메모리 사용량, E는 테이블 한 항목의 메모리 사용량이다.

표 4.2.1 이 글에서 제시한 바인딩 전략들이 제공하는 기능들

전략	접근	형식 점검	객체지향	확장성
경량 사용자자료	✓			
형식 점검 경량 사용자자료	✓	✓		
완전 사용자자료	✓	✓	✓	
확장성 사용자자료	✓	✓	✓	✓
테이블	✓	✓	✓	✓

표 4.2.2 여러 전략들의 효율성을 검사하는 데 쓰인 코드(N = 1,000,000)

메서드 호출		추가 특성 접근
객체를 값에 바인딩한 경우	**객체를 객체에 바인딩한 경우**	

```
for i = 1, N do             for i = 1, N do             for i = 1, N do
    Hero.SetEnergy(h,i)         h:SetEnergy(i)              h.myattrib = i
    if Hero.GetEnergy(h)~=i     if h:GetEnergy()~=i         if h.myattrib ~=i
    then                        then                        then
        error("failed")            error("failed")            error("failed")
    end                         end                         end
end                         end                         end
```

표 4.2.3 메서드 호출 및 특성 접근을 백만 회 반복하는 데 걸린 시간(초)

전략	시간	
	메서드 호출	특성 접근
경량 사용자 자료	0.52	해당 없음
형식 점검 경량 사용자 자료	0.77	해당 없음
완전 사용자 자료	0.97	해당 없음
확장성 사용자 자료	1.42	0.61
테이블	1.53	0.16

표 4.2.4 메모리 사용량 비교

전략	메모리 사용량	
	객체당	추가 특성당
경량 사용자자료	—	해당 없음
형식 점검 경량 사용자자료	E	해당 없음
완전 사용자자료	U + E	해당 없음
확장성 사용자자료	U + E	특성당 T + E
테이블	T + E	특성당 E

마지막으로 중요한 사항 한 가지 : 이 글의 전략들이 바인딩 전략의 전부는 아니다. 그 외에도 다른 전략들이 있을 수 있으며, 특히 클래스 계통구조에 대한 형식 점검 수행과 관련해서 더 나은 전략들을 고안하는 것이 가능할 것이다. 이 글의 주된 목표는 C/C++ 객체를 루아에 바인딩하는 데 필요한 기본 개념들을 제시하고 실질적인 바인딩에 유용한 몇 가지 전략들을 소개하는 것이었다. 이 글에 나온 전략들을 기초로 해서, 독자의 게임에 고유한 요구에 좀 더 잘 맞는 다른 전략들을 고안하고 시험해 보길 적극 권장한다. 부  록 CD-ROM에는 이 글에 나온 모든 전략에 대한 완전한 예제 코드가 수록되어 있다.

참조문헌

[Ierusalimschy03] R. Ierusalimschy, *Programming in Lua*. Lua.org, 2003. 웹 *www.lua.org*.

루아 코루틴을 이용한 고급 제어 메커니즘 구현

Luiz Henrique de Figueiredo, IMPA

lhf@visgraf.impa.br

Waldemar Celes, PUC–Rio

celes@inf.puc–rio.br

Roberto Ierusalimschy, PUC–Rio

roberto@inf.puc–rio.br

코루틴(coroutine, 협동루틴)은 게임 프로그래밍에 유용한 강력한 메커니즘이다. 코루틴은 자신만의 지역 실행 스택을 가지되 다른 코루틴들과 전역 환경을 공유하는 개별 실행 줄기를 나타낸다는 점에서 다중 스레드 시스템의 스레드와 비슷하다. 그러나 보통의 스레드는 운영체제가 관리하며 동시에(적어도 개념적으로는) 실행되는 반면, 루아의 코루틴은 보통의 함수들처럼 한 번에 하나만 실행된다. 보통의 함수와 다른 점은 코루틴의 실행을 임의의 시점에서 정지시켰다가 나중에 재개할 수 있다는 것이다. 즉, 코루틴을 이용하면 임계 영역 관리에 따른 비용과 부담 없이도 병렬 수행을 흉내낼 수 있으며, 이를 통해서 프로그램 구조를 아주 간단하게 만들 수 있다.

루아 프로그래밍 언어는 스택 기반 코루틴을 구현한다. 이는 함수 호출이 여러 번 중첩되었다고 해도 현재 호출 안에서 코루틴의 실행을 정지할 수 있다는 뜻이다. 루아 코루틴을 이용하면 필터, 반복자, 협동적 나중 네스팅 등의 고급 제어 흐름 메커니즘을 구현할 수 있다. 또한 게임 프로그래밍에서 아주 흔하게 요구되는 점진적 알고리즘 구현에도 매우 유용하다.

이 글에서는 루아 코루틴을 이용해서 게임에 유용한 몇 가지 고급 제어 메커니즘을 구현하는 방법을 설명하겠다. 주로는 C API에 의존하지 않고 루아 쪽에서 코루틴을 사용하는 데 중점을 둔다. 호스트 쪽에서 루아 코루틴을 관리하는 부분에 대해서는 [Harmon05]에 간단한 예가 나와 있으며, 루아 코루틴이 제공하는 기능들에 대한 상세한 설명은 [deMoura04]와 [Ierusalimschy03]에서 볼 수 있다.

루아 코루틴

루아에서 코루틴은 일급 값(first class value)이다. 이는 코루틴을 다른 종류의 값들과 동일하게 취급할 수 있다는 뜻이다. 즉 코루틴을 변수에 배정하거나, 함수 호출시 인수로 지정하거나, 테이블 항목의 키 또는 값으로 사용하는 등의 일이 가능하다. 루아에서 코루틴들을 조작하는 데 쓰이는 함수들은 **coroutine**이라는 모듈에 들어 있다. 새 코루틴을 생성할 때에는 **coroutine.create** 함수를 호출한다. 이 함수는 코루틴의 **주 함수**가 될 함수를 입력받고 새로 생성된 코루틴을 돌려준다.

임의의 시점에서 루아 코루틴은 *suspended*(정지됨) 상태이거나 *running*(실행 중) 상태이거나 *dead*(죽음) 상태이다(그림 4.3.1).[1] 새로 생성된 직후의 코루틴은 *suspended* 상태인데, 이는 코루틴이 실행되고 있지 않음을 뜻한다. 정지된 코루틴을 첫 인수로 해서 **coroutine.resume** 함수를 호출하면 그 코루틴의 실행이 시작(또는 재개)되고, 그러면 코루틴은 *running* 상태로 변한다. 실행중인 코루틴 안에서 **coroutine.yield** 함수를 호출하면 그 코루틴의 실행이 정지된다(단, 정지중인 C 호출이 없다고 할 때). 그러면 실행의 제어는 그 코루틴의 실행을 재개했던 함수로 돌아간다. 이후 **coroutine.resume**이 호출되면 정지된 코루틴은 마지막 **coroutine.yield.** 호출 직후의 지점에서 실행을 재개한다. 코루틴의 주 함수가 반환되면 코루틴은 *dead* 상태가 되며, 그 때부터는 코루틴의 실행을 재개할 수 없다. 이 경우 제어권은 원래의 호출자에게 돌아간다. 어떤 시점에서든 코루틴의 상태를 **coroutine.status** 함수로 알아낼 수 있다.

루아의 코루틴에서는 코루틴으로 제어권을 넘겨주는 함수와 코루틴에서 제어권을 넘겨주는 함수가 따로 있다(**resume**과 **yield**). 이런 방식을 **비대칭 코루틴**이라고 부르는데, 언뜻 보기에는 제약이 따르는 메커니즘 같지만, 실제로는 강력하며 사용하기도 쉽다. 예를 들어 루아 코루틴으로 대칭적 코루틴을 구현하는 것은 쉬운 일이다([deMoura04]).

루아는 코루틴과 그 호출자가 손쉽게 자료를 교환할 수 있는 수단도 제공한다. **yield** 함수에 넘겨주는 인수들은 모두 해당 **resume** 호출의 반환값들이 된다. 반대로, **resume**에 전달된 모든 인수는 가장 최근 **yield**의 반환값들이 된다. 특별한 경우로, 코루틴을 처음으로 실행하는 **resume** 호출에 전달된 인수들은 코루틴 주 함수의 인수들이 된다.

---

1) 역주 : **coroutine.status** 함수가 실제로 이런 문자열들을 돌려주므로, 계속해서 영문으로 표기하기로 하겠다.

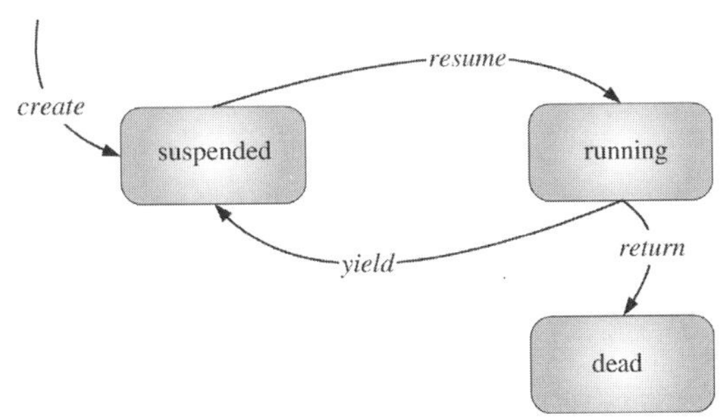

그림 4.3.1 루아 코루틴의 상태들.

필터

코루틴의 간단하면서두 중요한 용도 하나가 바로 필터 구현이다. 필터(filter)는 자료의 스트림을 처리한다. 즉, 입력 자료 순차열을 적절히 변환, 수정한 자료 순차열을 출력하는 소프트웨어 실행 단위를 필터라고 부른다.

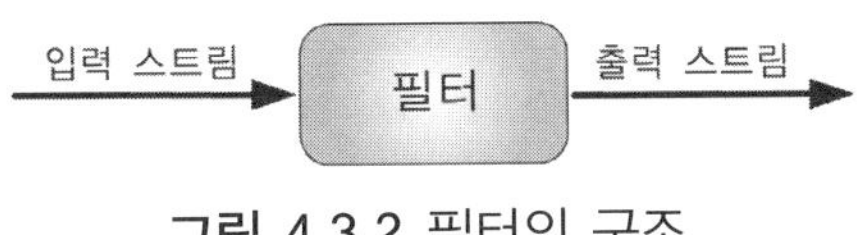

그림 4.3.2 필터의 구조.

개념적으로는 간단해 보이지만, 사실 필터는 고전적인 생산자-소비자 연결 문제의 일부에 해당한다. 생산자(producer)와 소비자(consumer)의 작업 속도가 다른 경우 이 문제는 생각보다 어려운 것이 될 수 있다. 그러한 속도 차이를 자연스럽게 관리하는 데 유용한 것이 바로 코루틴이다.

게임에서도 필터가 쓰인다. 이를테면 외부 사건을 게임 사건들로 변환하는 부분이 일종의 필터에 속한다. 각 게임 사건을 다음과 같은 루프를 이용해서 차례로 처리한다고 하자.

```lua
while true do
    local ev = GetNextEvent()
    ...    -- handle event
end
```

여기서 **GetNextEvent** 함수는 외부 사건을 게임 사건으로 매핑하는 작업을 담당한다. 외부 사건들과 게임 사건들이 일대일로 고유하게 대응된다면, 이러한 함수를 만드는 것은 별로 어려운 일이 아니다. 여러 개의 외부 사건들을 조합해서 하나의 게임 사건으로 만들어야 한다고 해도 그렇다. 함수 안에서 하나의 유효한 게임 사건이 만들어질 때까지 외부 사건들을 차례로 처리하면 된다.

그러나 하나의 외부 사건이 여러 개의 게임 사건들과 대응된다면 문제가 복잡해진다. **GetNextEvent** 함수가 한 번에 하나의 사건만 돌려줄 수 있기 때문이다. 그렇다고 각 게임 사건의 생성 방식을 일일이 고려해서 사건 처리 루프를 작성한다면 코드가 매우 복잡해진다. 이런 문제를 해결하고자 할 때 코루틴이 유용하다. 핵심은, 사건 생성 함수가 한 번에 하나의 값(하나의 게임 사건)을 돌려주되, 필요하다면 이미 생성된 다음 사건(들)도 돌려줄 수 있도록 함수의 내부 상태를 보존하는 것이다. 그러한 함수를 구현하는 데 딱 맞는 것이 바로 코루틴이다. 즉, 사건 변환 필터를 하나의 코루틴으로 만들면 된다. 다음은 (a) 하나의 외부 사건이 하나의 게임 사건에 대응하는 경우, (b) 두 개의 외부 사건들이 하나의 게임 사건에 대응하는 경우, (c) 하나의 외부 사건이 두 개의 게임 사건에 대응하는 경우를 처리하는 사건 필터의 예이다.

```
local EventFilter = function ()
    while true do
        local curr = GetExternalEvent()
        local kind = ClassifyEvent(curr)
        if kind == "one-to-one" then
            coroutine.yield(TranslateEvent(curr))
        elseif kind == "two-to-one" then
            local next = GetExternalEvent()
            coroutine.yield(CombineEvent(curr,next))
        elseif kind == "one-to-two" then
            local ev1, ev2 = SplitEvent(curr)
            coroutine.yield(ev1)
            coroutine.yield(ev2)
        else
            return nil
        end
    end
end

local GetNextEvent = coroutine.wrap(EventFilter)
```

이 예에서 보듯이, coroutine.wrap 함수를 이용해서 보통의 함수를 코루틴으로 만들 수 있다. coroutine.wrap 함수는 주어진 함수를 코루틴으로 만들고, 호출될 때마다 그 코루틴의 실행을 재개하는 래퍼 함수를 돌려준다. 이렇게 하면 보통의 함수를 호출하는 것과 정확히 동일한 방식으로 사건 처리 루프를 만들 수 있다.

반복자

반복자(iterator)의 구현 역시 게임 개발에서 자주 마주치는 문제이다. 이 문제도 코루틴으로 쉽게 해결할 수 있다. 반복자는 한 자료구조에 저장된 모든 요소를 차례로 운행(방문)하는 수단이다. 자료구조를 운행할 뿐만 아니라 각 요소를 클라이언트가 지정한 함수로 처리할 수 있게 하는 고수준 함수 형태의 반복자를 **참 반복자**(true iterator)라고 부르기로 하자. 루아이 함수는 일급 값이므로 참 반복자이 구현이 간단하다. 논이를 위해, 다음과 같은 간단한 문자열 배열을 생각해 보자.

```lua
local weapons = {"knife", "sword", "gun", "knife", ...}
```

다음은 이러한 배열을 운행하는 함수(즉, 배열 반복자)를 아주 간단하게 구현한 것이다. 이 함수는 주어진 배열을 훑으면서 각 원소마다 콜백 함수를 호출한다.

```lua
local iterator = function (array, cb)
    for i = 1, #array do
        cb(array[i])
    end
end
```

루아는 완전한 어휘적 범위(lexical scope)와 닫힘(closure), 익명 함수를 지원하므로, 이러한 반복자에 필요한 콜백 함수를 쉽게 작성할 수 있다. 예를 들어 다음은 주어진 자료구조에서 특정 원소의 개수를 세는 함수이다.

```lua
local count = function (container, elem)
    local n = 0
    iterator(container, function (value)
        if value==elem then
            n = n+1
        end
    end)
    return n
end
```

이런 반복자가 유효하고 쓸모는 있지만, 유연하지 않다는 것이 문제이다. 예를 들어 두 개의 자료구조를 동시에 훑지는 못한다(이를테면 두 자료구조의 요소들을 비교하거나 병합하는 등). 또한 코드 자체도 그리 자연스러운 모습이 아니다. 프로그래밍 언어들은 일단의 요소들을 훑는 데 사용할 수 있는 루프 구조를 제공한다. 그런 만큼, 임의의 자료구조를 반복하는 경우 언어가 제공하는 루프를 사용하는 것이 더 자연스럽고 유연한 방식이다. 이 때문에 C++이나 Java 같은 프로그래밍 언어에서 반복자는 자료구조의 "다음" 원소에 접근할 수 있게 하는 객체의 형태를 띤다. 루아에서는 그러한 반복자를 "호출할 때마다 다음 원소를 돌려주는 함수"의 형태로 표현한다. 다음은 그러한 반복자를 이용해서 원소 개수를 세는 예이다.

```
local count = function (container, elem)
    local n = 0
    local itr = elements_of(container)
    local value = itr()
    while value do
        if value == elem then
            n = n + 1
        end
        value = itr()
    end
    return n
end
```

여기서 `elements_of`는 반복자를 생성해서 돌려주는 함수로, 위의 예에서는 `itr`가 바로 그러한 반복자이다. 루아의 범용 `for` 루프를 이용하면 이 코드를 다음과 같이 좀 더 간결하게 작성할 수 있다(반복자 함수 호출은 루프 자체에 숨어 있다).

```
local count = function (container, elem)
    local n = 0
    for value in elements_of(container) do
        if value == elem then
            n = n + 1
        end
    end
    return n
end
```

`elements_of`를 구현하는 것도 쉽다. 위의 예라면 반복자는 호출될 때마다 배열의 다음 요소를 돌려줄 수 있어야 하며, 따라서 자신의 현재 상태를 저장해 두어야 한다. 루아에서 이러한 요구는 어휘적 범위를 가지는 닫힘(closure) 함수를 이용해서 해결할 수 있다.

```
local elements_of = function (array)
    local i=0
    return function () i = i+1 return array[i] end
end
```

지금까지의 예들은 모두 간단했다. 좀 더 어려운 문제는 복잡한 계통적 자료구조를 위한 반복자를 만드는 것이다. 그런 경우에는 반복자가 복합적인 상태들을 유지해야 하며, 어휘적 범위를 가진 닫힘 함수는 별 도움이 되지 않는다. 이번에도 해결책은 코루틴이다. 앞에서 말했듯이, 코루틴은 함수 호출들이 중첩된 상황에서도 정지, 재개할 수 있다. 재귀 호출 속에서도 당연히 가능하다. 그럼 **장면 그래프**(scene graph)를 이용해서 게임 세계를 표현하는 게임을 예로 삼아 계통적 자료구조의 반복에 코루틴을 사용하는 방법을 살펴보자. 루아에서 장면 그래프를 표현한다면 다음과 같은 복합적인 테이블 구조를 만드는 것이 자연스럽다.

```
myscene = Scene {
    name - "my scene",
    LightSource {
        position = {0.0,5.0,0.0},
        cutoff = 60,
    },
    Transform {
        translation = {1.0, 0.0, 0.0},
        rotation = {45, 0.0,0.0,1.0},
        Entity {
            geometry = Sphere{radius=1.0},
            appearance = Texture{image="myimage.tif"},
        },
        ...
    }
    ...
}
```

재귀 호출을 이용해서 그래프를 운행하는 함수를 작성하는 방법을 알고 있다면, 코루틴을 이용해서 그래프의 모든 노드(장면, 광원, 변환, 개체 등등)를 훑는 함수를 작성하는 것은 쉬운 일이다. 여기서 핵심은, 방문한 원소마다 콜백 함수를 호출하는 대신, 현재 요소를 돌려주면서 실행을 양보한다는(yield 호출) 것이다.

```
local function traverse (graph)
    coroutine.yield(graph)
    for i=1,#graph do
        traverse (graph[i])
    end
```

```
        return nil
    end
```

반복자 자체는 그냥 코루틴의 실행을 재개하는 함수이다.

```
    local nodes_of = function (graph)
        return coroutine.wrap(function () traverse(graph) end)
    end
```

이러한 반복자가 있으면 다음과 같이 언어 자체의 루프 구조(범용 **for**) 문)을 이용해서 그래프의 모든 노드를 처리할 수 있다.

```
    for n in nodes_of(myscene) do
        -- 노드 n을 처리한다.
        ...
    end
```

■ 태스크 스케줄러

코루틴은 태스크 스케줄러의 구현에도 잘 맞는다. 요점은 이렇다. 여러 개의 태스크들을 등록할 수 있으며 등록된 태스크들을 차례로 실행하는 함수를 제공하는 스케줄러를 만든다. 각 태스크는 하나의 코루틴 형태로, 약간의 계산을 수행한 후 실행을 양보한다. 코루틴은 비선점형 다중 스레딩에 해당하며, 따라서 각 태스크는 자신의 실행을 명시적으로 정지해야 한다. (비선점형 다중 스레딩의 장점은 동기화 오류가 발생하지 않는다는 것이다. 그냥 임계영역 밖에서 실행을 양보하는 것으로 충분하다.)

다음 코드는 루아 코루틴을 이용해서 태스크 스케줄러를 구현한 예이다. 스케줄러는 등록된 태스크들의 집합을 담는 객체이다. 각 태스크는 고유한 이름을 가진다.

```
    local scheduler = {
        tasks = {}
    }

    function scheduler:addtask (name, task)
        self.tasks[name] = coroutine.create(task)
    end
```

주 스케줄러 함수인 **loop**는 등록된 태스크들을 차례로 실행한다. 다음은 이 함수를 구현한 예이다. 각 태스크를 실행한 후에는 해당 태스크 코루틴이 *dead* 상태인지 점검하고,

그렇다면 스케줄러에서 해당 태스크를 제거한다.

```lua
function scheduler:loop ()
    repeat
        for name,co in pairs(self.tasks) do
            coroutine.resume(co)
            if coroutine.status(co) == "dead" then
                self.tasks[name] = nil
            end
        end
    until not next(self.tasks)
end
```

그런데 **pairs**가 요소들을 돌려주는 순서는 임의적이므로, 태스크들이 수행되는 순서는 정의되지 않음을 주의할 것. 태스크들이 특정한 순서로 수행되어야 한다면, 태스크들을 연관 배열이 아닌 보통의 배열(정수 색인 배열) 형태로 저장해야 한다.

loop 함수도 코루틴으로 구현할 수 있으며, 그런 경우 태스크들을 모두 실행한 후에 자신의 실행을 양보하는 형태가 된다. 그러면 한 스케줄러의 **loop** 함수를 다른 스케줄러의 태스크로 등록해서 계통적인 태스크 스케줄러를 만들어내는 것이 가능하다.

협동적 다중 태스킹

코루틴을 이용하면 좀 더 복잡한 제어 메커니즘을 만들어낼 수 있다. 한 예로, 협동적 다중 태스킹(cooperative multitasking)을 구현해보자. 루아 코루틴의 자료 교환 수단을 이용하면 두 태스크가 메시지를 주고받을 수 있다. 이러한 태스크 간 메시지 전달은 게임 프로그래밍에서 흔히 요구된다. 예를 들어 게임 내 '대화'는 두 게임 캐릭터의 메시지 전달로 모형화될 수 있다.

앞에서처럼 태스크는 코루틴 형태로 구현한다. 협동적 다중 태스킹을 위해서는 코루틴의 표준적인 세 상태들만으로 부족하므로, 상태들을 직접 정의해서 관리하기로 하자. 여기에서는 하나의 태스크가 *awake*(깨어남), *sleeping*(수면 중), *waiting*(대기 중), *dead*(죽음)이라는 네 가지 상태를 가질 수 있다고 하겠다(그림 4.3.3). 태스크의 실행은 분배기(dispatcher)라는 객체로 제어하기로 한다. 앞에서처럼 등록된 각 태스크는 고유한 이름을 가진다. 이 이름은 자료 전송 메커니즘에서 특정 태스크를 식별하는 용도로 쓰인다. 각 반복마다 분배기는 등록된 모든 태스크를 훑으면서 각 태스크를 상태에 따라 적절히 처

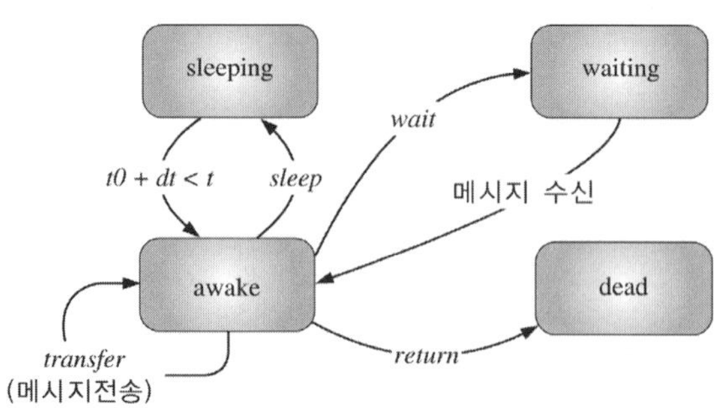

그림 4.3.3 협동적 다중 태스킹의 태스크 상태들.

리한다. 상태가 *awake*인 태스크는 실행하고, *sleeping*인 태스크는 깨울 것인지 판정해서
깨워야 한다면 상태를 *awake*로 바꾼 후 실행한다. *waiting*인 태스크는 무시하고 넘어간다.

각 태스크는 이전처럼 코루틴으로 구현하되, 표준 `yield` 함수 대신 분배기가 제공하는
다음과 같은 함수들을 이용해서 자신의 실행을 제어한다.

- `transfer (receiver, message)` : *receiver* 태스크에 메시지를 보낸다. 메시지를 보낸
  태스크 자신은 *awake* 상태를 유지한다.
- `sleep (dtime)` : `dtime`으로 지정된 시간동안 *sleeping* 상태를 유지한다. 즉, 분배기가
  일정 시간동안 자신을 무시하게 만든다.
- `wait ( )` : *waiting* 상태로 들어간다. 즉, 명시적으로 메시지를 받아서 깨어날 때까지
  분배기가 자신을 무시하게 만든다.

태스크의 주 함수가 반환되면 그 태스크는 *dead* 상태가 되며, 따라서 분배기의 태스크
목록에서 제거된다. *waiting* 상태인 태스크가 메시지를 받으면 깨어나서 *awake* 상태가
되며, 따라서 다음 번 주기에서 실행을 재개한다.

단일한 분배기를 만드는 대신, 필요하다면 여러 개의 분배기 객체들을 생성해서 사용할
수 있도록 하는 라이브러리의 구축에 대해서 살펴보도록 하자. 아래의 `Dispatcher` 테이
블은 그러한 분배기 클래스의 기능성을 제공하며, 생성된 각 `Dispatcher` 객체의 메타테
이블로도 쓰인다.

```
-- 분배기 "클래스" 역할을 하는 루아 테이블
Dispatcher = { }
Dispatcher.__index = Dispatcher
```

```lua
-- 새 Dispatcher 객체를 생성한다.
function Dispatcher.create ()
    local obj = {
        reftime = os.time(), -- 초기 시간을 설정한다.
        tasks = {}              -- 태스크 목록
    }
    setmetatable(obj,Dispatcher)
    return obj
end
```

Dispatcher에 새 태스크를 등록하는 메서드는 태스크 이름과 태스크의 주 함수를 받아서 태스크 목록에 추가한다. 내부적으로 각 태스크는 Dispatcher가 태스크 실행을 제어하는 데 필요한 모든 정보를 담는 하나의 테이블이다.

```lua
function Dispatcher:addtask (name, task)
    local t = {
        name = name,
        status = "awake",
        co = coroutine.create(task),
        wakeuptime = 0,
        sender = nil,
        message = nil,
    }
    self.tasks[name] = t
    self.active = t
    coroutine.resume(t.co,self)
end
```

이 메서드는 태스크를 추가할 뿐만 아니라 Dispatcher 개체 자신을 인수로 해서 태스크 주 함수를 한번 호출하기까지 한다. 이 첫 호출은 태스크가 적절한 초기화 작업을 수행할 기회를 제공한다. 이 경우 태스크는 필요한 초기화 작업만 실행한 후 즉시 실행 제어권을 Dispatcher에게 돌려주어야 한다(이번 절 끝 부분의 예제를 볼 것).

다음으로, 등록된 태스크들을 처리하는 loop 메서드를 보자. 이 메서드는 모든 태스크를 훑으면서 상태가 *awake*인 태스크들을 실행한다. *sleeping*인 태스크들은 깨워야 하는지 판단해서, 만약 그래야 한다면 상태를 *awake*로 변경하고 실행한다.

```lua
function Dispatcher:loop ()
    repeat
        self.currtime = os.difftime(os.time(),self.reftime)
        for name,task in pairs(self.tasks) do
            if task.status == "awake" then
                self:execute(task)
```

```
                elseif task.status == "sleeping" then
                    if task.wakeuptime <= self.currtime then
                        task.status = "awake"
                        self:execute(task)
                    end
                end
                task.sender = nil
                task.message = nil
            end
        until not next(self.tasks)
    end
```

loop 메서드는 execute 메서드를 이용해서 태스크를 실행한다. 이 메서드는 태스크에 연관된 코루틴의 실행을 재개하되, resume 함수에 메시지 전송자 이름과 메시지를 넘겨준다. 또한 태스크가 죽었는지 점검하고 죽었다면 분배기의 태스크 목록에서 태스크를 제거한다.

```
    function Dispatcher:execute (task)
        self.active = task
        local ok, errmsg =
            coroutine.resume(task.co,task.sender,task.message)
        if not ok then
            error (errmsg)
        end
        if coroutine.status(task.co) == "dead" then
            self.tasks[task.name] = nil
        end
    end
```

다음은 태스크가 자신의 실행을 정지하는 데 사용하는 메서드이다. 태스크는 메시지를 받을 다른 태스크의 이름과 메시지를 인수로 해서 이 메서드를 호출한다. 메서드는 그 메시지와 전송자(호출한 태스크)의 이름을 저장해둔다(이들은 이후 수신자 태스크의 실행 재개 시 resume 함수의 인수들로 쓰인다). 그리고 수신자의 상태가 *waiting*이면 *awake*로 변경한다.

```
    function Dispatcher:transfer (receiver, message)
        if receiver and self.tasks[receiver] then
            local task = self.active
            self.tasks[receiver].sender = task.name
            self.tasks[receiver].message = message
            if self.tasks[receiver].status == "waiting" then
                self.tasks[receiver].status = "awake"
            end
```

```
      end
      return coroutine.yield()
  end
```

태스크를 *sleeping* 상태로 바꾸는 **sleep** 메서드는 인수로 받은 수면 시간에 현재 시간을 더한 시간, 즉 태스크가 깨어날 시간을 계산해서 저장해둔다. 이후 **loop** 메서드는 그 시간을 이용해서 태스크를 깨울지 판정한다. **wait** 메서드는 그냥 상태를 *waiting*으로 변경한다.

```lua
function Dispatcher:sleep (dtime)
    local task = self.active
    task.wakeuptime = self.currtime + dtime
    task.status = "sleeping"
    return coroutine.yield()
end

function Dispatcher:wait ()
    local task = self.active
    task.status = "waiting"
    return coroutine.yield()
end
```

태스크들이 주고받는 메시지가 반드시 문자열이어야 하는 것은 아님을 주목할 것. 유효한 루아 값이라면 어떤 것이라도 메시지로 사용할 수 있다. 따라서 복합적인 자료(테이블이나 응용프로그램이 정의한 사용자자료 등)도 얼마든지 주고받을 수 있다.

이상의 코드에 기초한 협동적 다중 태스킹의 예로, 가상의 게임 캐릭터의 구현을 생각해 보자. 예제가 복잡해지지 않도록, 캐릭터가 수동적이며 외부의 요청이 있을 때에만 반응한다고 가정하겠다. 좀 더 구체적으로, 캐릭터는 "hi," "who," "advice," "sleep," "bye"라는 메시지들에 반응한다. 처음 세 메시지에 대해서는 캐릭터가 즉시 응답을 보낸다. "sleep" 메시지를 받으면 캐릭터가 10초간 *sleeping* 상태로 들어간다. 수면 도중의 캐릭터는 비활성 상태이며, 어떠한 메시지도 받지 않는다. "by" 메시지를 받은 캐릭터는 게임에서 퇴장한다. 그런 후에는 상태가 *dead*로 변해서 분배기의 태스크 목록으로부터 제거된다.

```lua
local character = function (dispatcher)
    local reply = {
        hi = "Hi",
        who = "I am a scripter",
        advice = "Try Lua",
    }
```

```
local sender, message = dispatcher:wait()
while message ~= "bye" do
    if message=="sleep" then
        io.write("(Zzz)\n")
        sender, message = dispatcher:sleep(10)
    else
        local answer = reply[message] or "Sorry?"
        sender,message = dispatcher:transfer(sender,answer)
    end
end
end
```

실제 게임이라면 좀 더 복잡한 상호작용에 맞게 캐릭터의 행동을 확장해야 할 것이다.

이 캐릭터의 행동을 시험해보기 위해, 플레이어의 역할을 하는 태스크를 태스크 목록에 추가해 보자. 이 태스크는 사용자가 콘솔 프롬프트에서 입력한 메시지를 캐릭터에 보내고, 캐릭터가 돌려준 응답을 콘솔에 출력한다.

```
local player = function (dispatcher)
    local sender, message = dispatcher:transfer()
    while true do
        if sender then
            io.write(sender,": ",message,"\n")
        end
        io.write("Player: ")
        local line = io.read()
        sender, message = dispatcher:transfer("Character",line)
        if line == "bye" then
            return
        end
    end
end
```

다음은 이들을 실제로 실행해보는 코드이다. 분배기를 만들고, 캐릭터와 플레이어 태스크들을 추가하고, 분배기 루프로 진입한다.

```
local d = Dispatcher.create()
d:addtask("Character",character)
d:addtask("Player",player)
d:loop()
```

ON THE CD 이 글의 모든 코드는 부록 CD-ROM에 수록되어 있다.

결론

이 글에서는 루아 코루틴을 이용해 몇 가지 고급 제어 메커니즘들을 만들어 보았다. 루아에 구현된 코루틴은 몇 가지 간단한 개념들에 기초한 것이지만 사용하기에 따라서는 강력한 프로그래밍 도구가 된다. 이 글에 나온 것 이외의 제어 패러다임들에도 루아 코루틴을 활용해보길 권한다. 또한 루아 코루틴은 점진적 시뮬레이션, 인공지능, 텍스트 처리 등좀 더 다양한 범위의 공통적인 문제들을 푸는 데에도 유용할 것이다.

참조문헌

[deMoura04] de Moura, A. L., N. Rodriguez, and R. Ierusalimschy, "Coroutines in Lua." *Journal of Universal Computer Science*, 10(7): pp. 910–925, 2004.

[Harmon05] M. Harmon, "Building Lua into Games." *Game Programming Gems 5*, Charles River Media: pp. 115-128, 2005. 번역서는 "루아를 게임에 통합", *Game Programming Gems 5*, 정보문화사, 2006.

[Ierusalimschy03] R. Ierusalimschy, *Programming in Lua.* Lua.org, 2003. 웹 *http://www.lua.org.* 번역서는 프로그래밍 루아, 권태인 옮김, 인사이트, 2007.

4.4 다중 스레드 환경에서 고수준 스크립트 실행 관리하기

Sébastien Schertenleib,
Swiss Federal Institute of Technology,
Virtual Reality Lab
sebastien.schertenleib@epfl.ch

차세대 게임 전용 하드웨어와 고사양 PC, 가정용 콘솔들은 다중 코어 아키텍처를 제공한다([Deloura05], [Intel05], [Microsoft05]). 다중 코어 환경에서 효율적인 코드의 개발은 복잡한 과제로, 이를 완전히 정복할 수 있는 개발자는 그리 많지 않을 것이다. 개발자들이 다중 코어 하드웨어에서 실행될 게임 시뮬레이션을 만들고 조작할 수 있게 하려면 좀 더 편리한 개발 환경을 제공하는 데 노력을 투자해야 한다. 특히, 게임 개발 시스템은 고수준 상호작용들을 위한 더 나은 추상층을 제공할 필요가 있다. 이를테면 행동 스크립트 등이 그러한 추상층에 해당한다.

이 글은 구성요소(component) 기반 아키텍처를 스크립팅 언어가 제공하는 다중 태스킹 수단들의 장점에 맞게 적용하는 방법을 설명한다. 특히, 이 글은 각 제어 흐름마다 개별 스레드를 사용할 때 생기는 성능 부담 및 제약들을 극복할 수 있는 마이크로스레드([Hoffert98])에 기초한 구현을 이야기한다.

구성요소 기반 소프트웨어와 스크립트 해석기

구성요소 기반 소프트웨어 설계는 시스템의 기능성을 상하 계통적 관계로 연결된 여러 계층들로 분할한다([Rene05]). 이러한 접근방식에서는 응용프로그램에 국한된 코드를 최상위 계층들에 격리함으로써 하위 계층들을 쉽게 재사용할 수 있다. 일반적으로 하위 계층들은 특정 플랫폼에 맞게 최적화된 저수준 라이브러리들이며, 상위 계층들은 시스템과의 통신에 쓰인다. 상위 계층과 시스템 사이의 통신은 독립적인 플러그인에 위임할 수 있다.

이러한 플러그인이 있으면 엔진의 기능성을 스크립팅 인터페이스에 좀 더 쉽게 노출할 수 있다. 이 아키텍처에서 스크립팅 언어 해석기(interpreter)는 C++ 객체를 스크립팅 언어 객체에 바인딩한다. 이에 의해 C++ 객체가 좀 더 안전한 스크립팅 언어 환경에 반영

되며, 그러면 프로그래머는 메모리 관리나 형식 점검 같은 C/C++ 차원의 걱정거리에서 벗어날 수 있고, 결과적으로 생산성이 높아져서 더 많은 개발 시간을 개념적인 착안을 시험하거나 실제 게임 플레이 코드를 완성하는 데 투여할 수 있게 된다.

다음 절들에서는 게임 시스템의 고유한 요구사항들을 만족하는 데 적합한 기능들로 스크립팅 언어의 표준적인 해석기를 확장하는 방법을 설명한다. 구체적으로는 파이썬(Python) 스크립팅 언어([Python05])에 기초한 구현을 제시하지만, 전반적인 개념 자체는 루아(Lua, [Lua05]) 같은 다른 스크립팅 언어들에도 얼마든지 적용할 수 있다.

코루틴과 마이크로스레드

개별 개체들로 채워진 가상 세계를 만들 때 내심 기대하는 이상적인 모습은 각 에이전트가 독립적으로 반응하게 되는 것이다. 이를 실현하기 위한 가장 직관적인 접근방식은 각 캐릭터마다 개별적인 제어 흐름을 부여하는 것으로, 프로그래밍의 관점에서 본다면 각 에이전트마다 개별 스레드를 할당하는 것에 해당하겠다. 그러나 이런 방법은 스레드 문맥 전환 부담과 메모리 사용량 부담 때문에 현실적으로 불가능하다. 최적의 성능을 위해서는 무거운 스레드들의 개수를 실제로 사용 가능한 코어들의 개수와 일치시켜야 한다. 게다가 다중 스레드 환경에서는 단일 스레드 환경에서보다 코드를 개발하고 디버깅하기가 훨씬 더 어렵다. 한 개발팀에서 다중 스레드 구성요소 기반 시스템의 개발에 필요한 지식 및 숙련도를 갖춘 팀원은 몇 명 되지 않을 것이다. 따라서 실행 시점 성능과 다중 태스킹 표현 수단을 유지하면서도 시스템을 고수준 추상을 통해서 조작할 수 있는 소프트웨어 아키텍처를 제공할 필요가 있다. 협동적 다중 태스킹을 좀 더 쉽게 개발할 수 있고 비전문가에게도 다중 스레딩 기능성을 제공하는, 게다가 경쟁 조건이나 기타 자료 동기화 충돌들의 디버깅이 어렵지 않은 아키텍처가 있다면 더 바랄 나위가 없을 것이다.

[Conway63]이 제안한 코루틴(coroutine, 또는 협동루틴)은 상당히 오래된 범용 제어 추상화 수단으로, 이를 통해서 프로그래머는 동시적 문맥에서의 제어 능력을 얻을 수 있다. 그러나 범용 언어 설계자들은 이런 강력한 동시적 제어 추상 수단을 무시해왔다. 파이썬, 루아, 펄 같은 스크립팅 언어들은 최근 들어 다중 스레딩 환경에 대한 대안으로 협동적 태스크 관리 수단을 도입했다([Schemenaur01], [Adya02]). 단순한 반복자(iterator) 또는 생성기(generator) 형태의 제한적인 코루틴을 마이크로스레드(microthread)라고 부른다. 마이크로스레드는 자신만의 전용 자료와 제어 스택을 가지되 전역 변수들을 다른 마이크로스레드와 공유하는 실행 단위이다. 그러나 운영체제 수준의 선점형 스레드와 달리, 협

동적 동시성 모형을 따르는 마이크로스레드에서는 실행을 명시적으로 다른 마이크로스레드에게 양보해야 한다.

파이썬 환경에서 마이크로스레드는 함수 본체에 **yield** 문이 있는 함수이다. 그러한 함수를 호출하면, 프로그램의 임의의 시점에서 마이크로스레드 제어 스택을 유지한 채로 실행을 재개할 수 있는 일급 객체가 반환된다([Schemenaur01]). 마이크로스레드에는 비싼 문맥 전환 비용이 따르지 않기 때문에, 한 번에 수 천 개가 실행되는 경우에도 성능이 크게 떨어지지 않는다([Tismer00]).

AI나 객체 갱신 코드에 마이크로스레드를 이용하면 객체의 상태 정보 상당 부분을 좀 더 자연스러운 장소들인 지역 변수들로 옮길 수 있으므로 코드가 아주 간단해진다([Carter01]). 마이크로스레드는 생성기(generator)를 구현하는 데에도 유용하며, 하나의 결과를 생성하고 호출자에게 실행 제어권을 돌려주는 함수를 작성하는 데에도 유용하다. 호출자는 나중에 그러한 함수의 실행을 새개할 수 있나. 그러면 함수는 이전에 실행을 양보한 시점에서, 그리고 이전의 지역 변수들이 그대로 유효한 상태에서 다시 실행을 새개한다. 마이크로스레드는 협동적 다중 태스킹에 기초를 둔 것이므로, 자료 동기화가 저절로 강제된다.

마이크로스레드 관리자

협동적 다중 태스킹을 위한 마이크로스레드의 사용을 단순화할 수 있도록, 마이크로스레드의 실행을 제어하는 마이크로스레드 관리자를 도입하기로 하자. 이 관리자는 각 마이크로스레드의 상태(실행 중, 정시됨, 종료됨 등)를 개별적으로 제어할 수 있다. 응용프로그램은 이 관리자를 통해서 마이크로스레드들의 상태를 필요에 따라 변경한다. 개발 도중 개발자는 임의의 스크립트를 실행 시점에서 중단할 수 있다. 이는 행동의 프로토타입을 만들고 시험해볼 때 유용하다.

그림 4.4.1에 간단한 시나리오가 나와 있다. 우선 마이크로스레드 id1이 제어권을 넘겨받아서, 이전에 실행을 양보한 지점에서부터 실행을 재개한다. *yield* 문에 도달하면 다시 제어권을 관리자에게 돌려준다. 마이크로스레드 id3의 경우에는 외부 사건에 의해 실행이 종료된다. 관리자는 이 정보를 마이크로스레드 id3에 보내고, 관련 변수들의 상태들을 모두 해제한다. 이 작업이 끝나면 마이크로스레드 id3은 마이크로스레드 관리자에게 메시지를 보내며, 그러면 관리자는 현재의 활성, 비활성 마이크로스레드 목록을 적절히 갱신한다. 이 예에서 마이크로스레드 id2는 비활성 상태이다.

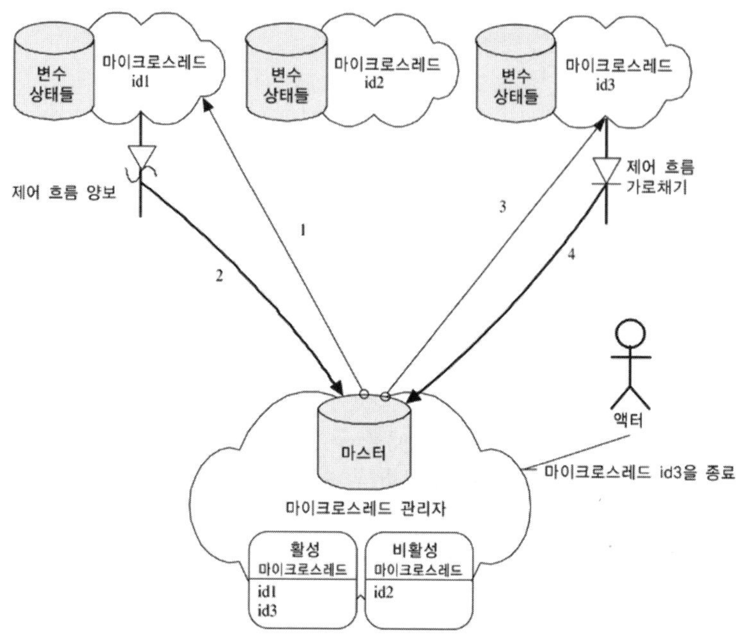

그림 4.4.1 마이크로스레드 실행 모형.

구현

마이크로스레드 관리자는 마이크로스레드들과 해당 상태들의 목록을 유지해야 한다. 또한 활성 마이크로스레드의 생성, 실행, 파괴도 처리해야 한다. 목록 4.4.3에 그러한 마이크로스레드 관리자의 구현 일부가 나와 있다.

목록 4.4.1   마이크로스레드 관리자의 구현 --

```python
#관리자 자체가 파이썬 생성기이다.
def pyMicroThreadManager():

    '''
    파이썬 마이크로스레드 관리자와 C++ 코드의 동기화를 위해
    매 반복마다 실행을 양보한다. C++ 코드가 .next() 문으로
    다음 반복을 실행한다.
    '''

    while 1:
      yield 0
      if (isMicroThreadManagerPaused()):
        # 이 관리자를 정지하고, 응용프로그램이 재개할 때까지 기다린다
```

```python
      yield 0
    elif (isMicroThreadManagerMustDie()):
      # 루프에서 벗어난다(마이크로스레드 생성기를 끝낸다)
      break
    else:
      # 죽은 마이크로스레드를 안전하게 제거한다.
      for i in range(len(g_pyMicroThreadToBeRemoveFromList)):
        removeMicrothread(g_pyMicroThreadToBeRemoveFromList[i])
      g_pyMicroThreadToBeRemoveFromList = []

      # 각 마이크로스레드 상태를 개별적으로 관리한다.
      for i in range(len(g_pyMicroThreadList)):
        g_pyCurrentMicroThreadInRun=i
        nameOfMicroThread=g_pyMicroThreadNameList[i]
        if (not isMicroThreadPaused(nameOfMicroThread)):
          # 스크립트에서 C++ 코드를 호출한다. 예외도 처리한다.
          try:
            # 이미 완료되었으면 예외를 던진다.
            yieldResult = g_pyMicroThreadList[i].next()
            if isMicroThreadMustDie(nameOfMicroThread)
              or yieldResult==1:
              pyEndOfMicroThread(nameOfMicroThread)
          except ValueError:
            print "Safely terminate the microthread"
            pyEndOfMicroThread(nameOfMicroThread)
    # 외부 사건에 의해 관리자가 종료되어야 하는지 점검한다
    yield pyEndOfMicroThreadManager()

# 우선 관리자를 생성한다.
g_pyMicroThreadManager=pyMicroThreadManager()

# 마이크로스레드들의 목록.
g_pyMicroThreadList=[]

# 위의 목록에 내응되는, 마이크로스레드 이름들의 목록.
g_pyMicroThreadNameList=[]

'''
죽은 마이크로스레드들의 목록. 마이크로스레드 관리자가
이들을 안전하게 제거한다.
'''
g_pyMicroThreadToBeRemoveFromList=[]

'''
마지막으로 호출된 마이크로스레드의 ID를 담는 변수.
```

C++에서 예외를 던졌을 때 안전하게 제거할 수 있으려면
이 마이크로스레드를 죽여야 한다.
```
...

g_pyCurrentMicroThreadInRun=-1
```

파이썬 내장

구성 모드들

스크립트를 본격적으로 활용하기 위해서는 핵심 엔진 API를 스크립팅 언어에 노출할 필요가 있다. 흔히 쓰이는 방식은 빠르게 실행되어야 하는 알고리즘을 C++로 작성하고 그것을 스크립트에서 제어하는 것이다. 게임마다 요구사항이 다르기 마련이므로, 스크립트를 실행하는 방식 역시 다를 필요가 있다. 이를 위해, 적어도 다음과 같은 여러 가지 구성 모드들을 제공할 필요가 있다.

차단 모드

이 모드(그림 4.4.2)에서 주 스레드는 스크립트 언어 해석기의 갱신이 끝날 때까지 기다린다. 해석기는 앞서의 마이크로스레드 관리자에 등록된 마이크로스레드들을 갱신, 실행한다. 마이크로스레드들은 마이크로스레드 관리자에게 자신의 상태를 통지한다. 파이썬 마이크로스레드 갱신 루프는 핵심 C++ 엔진과는 다른 빈도로 실행되며, 따라서 C++ 핵심부의 성능을 떨어뜨리지 않고도 복잡한 스크립트를 실행하는 것이 가능하다.

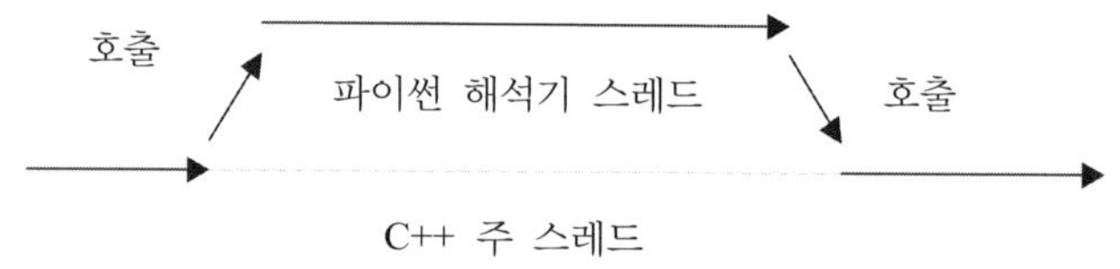

그림 4.4.2 경우 1, 차단 모드.

협동적 다중 태스킹 모드

이 모드(그림 4.4.3)에서 마이크로스레드들은 협동적 다중 태스킹을 통해서 스크립트들을 실행한다. 덕분에 마이크로스레드가 C++ 코드 경로보다 더 자주 갱신되는 일은 생기지 않는다. 따라서 스크립트가 필요 이상으로 앞서 나가거나 귀중한 시스템 자원을 너무 많이 소비하는 일이 방지된다. 일반적으로 이 모드가 게임에 사용하기에 가장 적합하다.

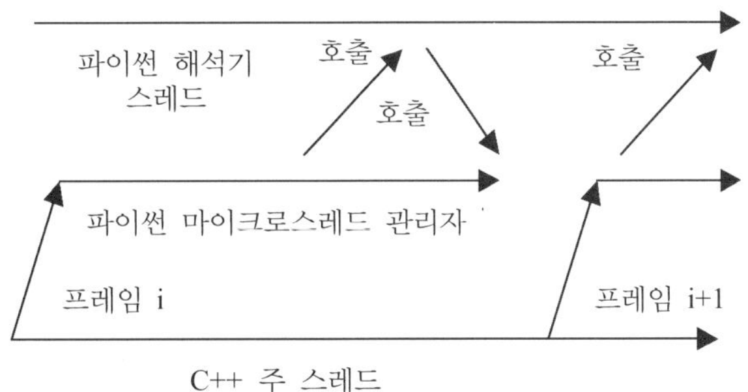

그림 4.4.3 경우 2, 협동적 다중 태스킹.

동시적 다중 태스킹 모드

이 모드(그림 4.4.4)에서 파이썬 마이크로스레드 관리자는 파이썬 해석기 스레드 안에서 생성된 개별 스레드에서 실행된다. C++ 코드 경로와 파이썬 코드 경로가 명확히 분리되므로, 일부 프레임들에서 스크립팅 작업량이 치솟았을 때 게임 전체의 프레임률이 크게 요동치는 일을 피할 수 있다.

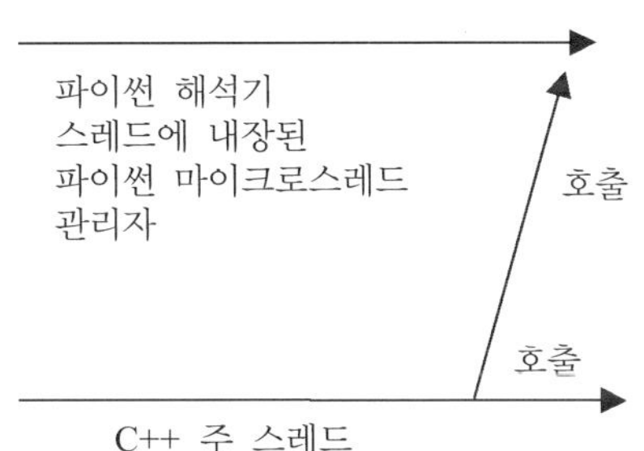

그림 4.4.4 경우 3, 동시적 다중 태스킹.

전용 키워드와 커스텀 전처리기

이 글에서 설명하는 시스템의 한 가지 목표는 개발자가 마이크로스레드를 좀 더 높은 수준의 추상을 통해서 사용할 수 있게 하는 것이다. 모든 변수/객체 생성과 관리를 시스템이 처리하면서도 그 구체적인 구현은 숨겨야 한다. 필자들은 스크립트 개발 공정이 원활할 수 있도록 커스텀 전처리기를 만들었는데, 이 전처리기의 목적은 시스템 전용 키워드를 포함한 간단한 스크립트를 표준적인 파이썬 마이크로스레드 코드로 변환하는 것이다. 해당 코드를 손으로 직접 짜다 보면 실수를 할 가능성이 많지만, 이처럼 전용 키워드와 자동화된 전처리 단계를 사용하면 그런 문제가 줄어든다. 또한, 마이크로스레드 관리자를 수정해도 때 수백 개의 스크립트들을 일일이 고칠 필요가 없다. 전처리기는 실행 시점에서 C++ 객체에 바인딩되는 파이선 객체 참조들도 생성한다. 이 덕분에 그런 객체들을 각 마이크로스레드 문맥마다 일일이 바인딩할 필요가 없다.

마이크로스레드 코드의 작성을 단순화하는 전용 키워드는 두 가지로, vhdYIELD와 vhdRETURN이다. vhdYIELD 키워드는 마이크로스레드 관리자에게 제어권을 양보하는 역할을 한다. 마이크로스레드가 실행을 양보하면 관리자는 목록의 다음 마이크로스레드로 넘어간다. 스크립트가 마이크로스레드로 작동하려면 적어도 하나의 vhdYIELD 문이 존재해야 한다. 길 찾기 등과 같이 계산이 오래 걸리거나 계산 시간을 예측할 수 없는 루틴의 경우, 코드의 핵심 지점마다 개발자가 이 키워드를 배치함으로써 루틴의 실행을 여러 프레임들로 분산할 수 있다. vhdRETURN 키워드는 현재의 마이크로스레드의 실행을 종료한다. 기본적으로, 모든 마이크로스레드의 마지막 줄은 이 vhdRETURN 문이어야 한다.

목록 4.4.2에 이 키워드들을 사용한 예가 나와 있다.

목록 4.4.2   기본 스크립트 --

```
B=0
while (true):
    B=B+1
    if (B==10):
        vhdRETURN
    vhdYIELD
```

이 스크립트는 총 10 프레임동안 실행되며, 매 프레임마다 vhdYIELD 문에 의해 실행 제어권이 마이크로스레드 관리자로 넘어간다. 그러면 관리자는 목록의 다음 마이크로스레드를 처리하게 된다. B가 10이 되면 vhdRETURN이 실행되며, 그러면 마이크로스레드 관리자는 이 마이크로스레드를 종료한다.

전용 키워드인 vhdYIELD와 vhdRETURN은 파이썬 언어의 일부가 아니므로 이 스크립트 자체를 표준 파이썬 해석기로 실행하지는 못하며, 따라서 앞서 언급한 커스텀 전처리기로 목록 4.4.2를 표준 파이썬 코드로 바꾸어야 한다. 목록 4.4.3은 전처리기가 생성한 파이썬 코드이다.

이러한 스크립트 변환은 개발 도중에만 필요한 것이므로 실행 성능에는 영향을 미치지 않는다. 프로그램을 배포, 실행할 때에는 이미 변환 및 컴파일이 끝난 파이썬 바이트 코드만 있으면 된다.

목록 4.4.3　　목록 4.4.2를 전처리해서 얻은, 파이썬 표준을 준수하는 스크립트 ----------

```python
# Microthread definition
def __PythonScript2123():
    '''
    try-except 블록을 이용해서, 스크립트에서 호출한
    C++ 메서드의 예외가 전파되지 않게 한다.
    또한 최종 사용자의 디버깅을 돕기 위해 트레이스백도 덤프한다.
    '''
    try:
        # 원래의 스크립트는 여기에서 시작한다.
        while (true):
            print B
            if B == 10:
                '''
                전처리기가 vhdRETURN을 다음의 파이썬 코드로 대체했다.
                '''
                yield pyEndOfMicroThread(
                    "__generatorObj__PythonScript2123")
            B = B + 1
            '''
            전처리기가 vhdYIELD를 다음의 파이썬 코드로 대체했다.
            '''
            yield 0
    except:
        traceback.print_exception(sys.exc_info()[0],sys.exc_info()[1],
            sys.exc_info())
        yield pyEndOfMicroThread("__generatorObj__PythonScript2123")
# 파이썬 생성기를 만든다.
__generatorObj__PythonScript2123=__PythonScript2123()

# 마이크로스레드를 등록한다.
g_pyMicroThreadList.append(__generatorObj__PythonScript2123)
g_pyMicroThreadNameList.append("__generatorObj__PythonScript2123")
```

필자들이 구현한 전처리기 시스템은 상당히 단순한 것이어서, 예를 들어 오랫동안 실행되는 메인 루프를 여러 프레임들로 나누어 준다거나 마이크로스레드를 명시적으로 종료하는 지점을 찾아 주는 등의 지능적인 처리는 하지 못한다.

저작 도구

개발 공정을 원활하게 만들려면 저작 도구가 필수적이다. 그림 4.4.5는 이를 위해 필자들이 만든 파이썬 콘솔 GUI인데, 텍스트 편집기 기능뿐만 아니라 게임 엔진과의 연동 기능도

제공한다. 이 도구는 각 마이크로스레드의 현재 상태를 알려주며, 편집기의 구문 강조 기능은 파이썬 표준 키워드들뿐만 아니라 게임 엔진 객체 식별자들까지도 강조해 표시한다.

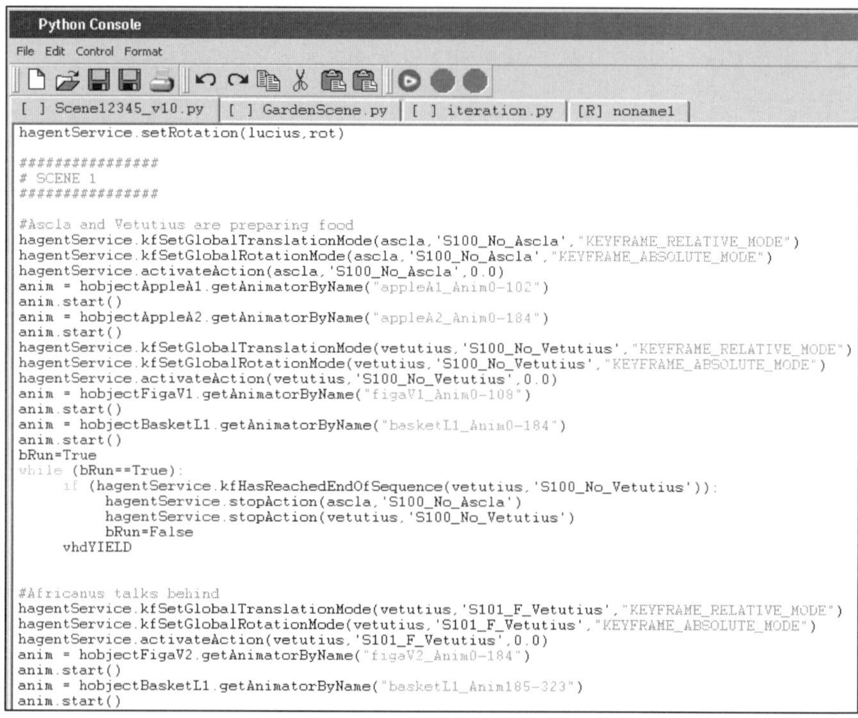

그림 4.4.5 파이썬 콘솔 GUI.

실험 및 결과

지금까지 설명한 마이크로스레드 관리자 구현을 필자들은 에이전트 시뮬레이션은 물론 구름 시뮬레이션과 입자 시스템에도 사용했다. 그러나, 당연한 말이겠지만 이 시스템이 완벽한 것은 아니다. 실제로 몇 가지 제약들이 존재하는데, 주로는 파이썬의 마이크로스레드 모형에서 기인한 것들이다. 예를 들어 실행 중인 마이크로스레드를 외부에서 강제로 중단할 수는 없다. 만약 그럴 필요가 있다면 따로 특별한 처리를 해주어야 한다. 부연하자면, 루아가 구현하는 코루틴은 그런 능력을 제공한다.

이 아키텍처의 규모가변성을 분석해보기 위해 군중 시뮬레이션에서의 사용 적합성을 가늠해 볼 수 있을만한 몇 가지 시험용 프로그램을 만들어 실행해 보았다. 한 시험용 프로그램은 800개의 에이전트들을 각각 하나의 마이크로스레드로 제어한다. 이 프로그램의 목적은 에이전트들의 행동적 문맥 객체들(각자 자신의 내부 로직을 하나의 마이크로스레드 안에 담고 있는)을 제어하는 것이었다. 개체 표현의 명백한 분리 덕분에 개체들의 행동을 개별 개체 수준에서 제어할 수 있었다. 즉, AI 엔진은 모든 활성 개체의 실행 일정을 실시간 제약 안에서 제어할 수 있으며, 또한 개체의 내부 로직을 개체의 현재 세밀도에 기초해서 변경할 수 있다. 또한 실행 흐름의 유연성도 커진다.

활성 개체와 가시 개체의 수가 다른 다양한 사례들로 시스템을 벤치마킹해보기도 했다. 실험에는 Pentium 4 Xeon 2.2GHz, 메모리 1GB, 그래픽 카드 nVIDIA Quadro Pro로 구성된 컴퓨터가 쓰였다. 그림 4.4.6은 시뮬레이션의 주요 구성요소들의 성능에 미친 영향을 나열한 것이다. 3D 렌더링 구성요소가 가장 비싼 작업이다. 애니메이션과 AI 갱신의 작업량은 활성 개체들의 개수와 연관이 있는 반면, 보이지 않는 개체의 애니메이션 갱신은 상수 시간 기반 함수이다(즉, 뼈대의 루트 방향과 위치만 수정됨).

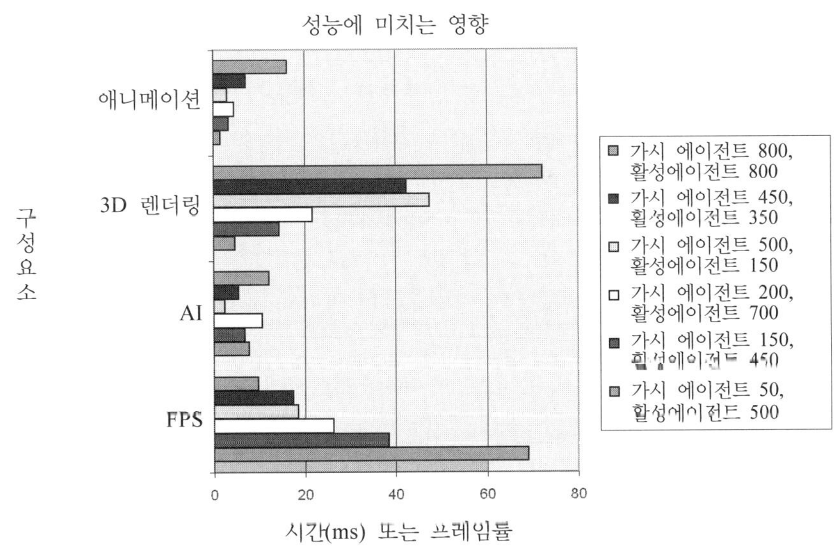

그림 4.4.6 성능에 미치는 영향.

결론

이 글은 기존의 구성요소 기반 게임 위에 얹을 수 있는 고수준 추상층 하나를 설명했다. 이 시스템의 목표는 비전문가라도 다중 태스킹 환경 안의 가상 세계를 제어할 수 있는 수단과 도구를 제공하는 것이다. 마이크로스레드를 이용해서 개체마다 개별적인 실행 단위를 부여함으로써 실시간 성능을 희생하지 않고도 가상 세계를 좀 더 직관적으로 표현할 수 있다.

필자들은 현재의 마이크로스레드 관리자 구현을 더 세밀한 마이크로스레드 관리 모형으로 확장함으로써 이 시스템의 유연성을 더욱 확대할 계획이며, 또한 시뮬레이션의 디버깅을 돕는 도구들도 더 많이 만들어낼 생각이다.

참조문헌

[Adya02] Adya, A. and J. Howell, "Cooperative Task Management without Manual Stack Management." *Proceedings of USENIX*, Annual Technical Conference, Monterrey, California, 2002.

[Carter01] Carter, S., "Managing AI with Micro-Threads." *Game Programming Gems 2*, Charles River Media: pp. 265–272, 2001. 번역서는 "게임 객체 AI를 위한 마이크로스레드," *Game Programming Gems 2*, 정보문화사, 2002.

[Conway63] Conway, D., "Design of a Separable Transition-Diagram Compiler." CACM, 1963.

[Deloura05] Deloura, M., "CELL: A New Platform for Digital Entertainment." GDC, 2005.

[Hoffert98] Hoffert, J. and K. Goldman, "Microthread: An Object for Behavioral Pattern for Managing Object Execution." Washington University, Distributed Programming Environments Group, 1998.

[Intel05] Intel, "Intel Multi-Core Processor Architecture Development Backgrounder." 2005.

[Lua05] Lua, "The Lua Programming Language." 2005. 웹 *http://www.lua.org*.

[Microsoft05] Microsoft, "Methods and system for general skinning via hardware accelerators." U.S. Patent Application, 2005.

[Python05] Python, "Python Programming Language." 2005. 웹 *http://www.python.org.*

[Rene05] Rene, B., "Component Based Object Management." *Game Programming Gems 5,* Charles River Media, 2005: pp. 25-37. 번역서는 "구성요소 기반 객체 관리", *Game Programming Gems 5,* 정보문화사, 2006.

[Schemenaur01] Schemenaur, N. and T. Peter, "Simple Generators." PEP, 2001.

[Tismer00] Tismer, C., "Continuations and Stackless Oython." *Proceedings of the 8th International Python Conference,* Arlington, VA, 2000.

4.5 비개입 대리자를 이용한 활동 객체 속성 노출

Matthew Campbell, Curtiss Murphy,
BMH Associates, Incorporated
campbell@bmh.com, murphy@bmh.com

어떤 게임 엔진이든, 어느 시점에서는 활동 객체(actor)의 속성들을 노출하는 문제에 부딪힌다. 아주 간단한 엔진이라도 언젠가는 게임 내 활동 객체의 내부 속성들을 외부 도구에 노출할 일이 생기게 된다. 예를 들러 레벨 디자이너가 게임 프로그래머의 도움 없이도 맵을 구축할 수 있으려면 활동 객체 속성들을 레벨 편집기에 노출해야 한다. 메시지 프레임워크가 범용 메시지들을 효과적으로 구축하고 네트워크 갱신들을 전송하는 데에도 활동 객체들의 속성이 필요하다. 상태 영속성을 위한 적재/저장 모듈 구현에도 속성들이 필요하다. 이렇듯 속성 노출의 필요성은 명백하지만, 그에 대한 구체적인 해법까지 항상 그런 것은 아니다. 특히, C++에서는 여러 가지 장단점을 가진 다양한 해법들이 존재한다.

이 글은 게임 활동 객체의 속성 노출을 위한 유연하면서도 느슨하게 결합된 아키텍처 하나를 설명한다. 또한 게임 활동 객체 클래스를 수정하지 않고도 속성 노출 문제를 해결하는 방법도 보여준다. 언어에 따라서는 자기 조사(introspection) 기능을 이용해서 속성들을 쉽게 노출할 수 있으나, C++에서는 활동 객체 자체를 수정하지 않고서는 속성을 노출하기가 힘들다. 그러나 활동 객체 코드를 수정하는 것이 항상 가능한 일은 아니다. 이 글은 기존 게임 객체들 위에 놓이는 한 계층을 통해서 게임 활동 객체의 속성들을 노출하는 비개입적인 해법 하나를 제시한다. 이 해법은 레벨 편집기나 게임 관리기는 물론 메시지 프레임워크의 제작에도 아주 적합하다.

활동 객체, 대리자, 속성의 정의

이 글에서 설명할 해법은 활동 객체와 그것을 감싸는 대리자(ActorProxy), 그리고 대리자를 통해 노출할 속성(ActorProperty)으로 구성된다. 그럼 이 세 구성요소의 일반적인 정의를 보자.

활동 객체

활동 객체는 게임 세계 안의 구별 가능한 객체이다. 이들은 게임 세계를 구성하며 게임의 상호작용 방식의 상당 부분을 결정한다. 예를 들자면 캐릭터뿐만 아니라 차량, 날씨 시스템, 입자 방출기, 트리거, 광원 등도 게임 활동 객체에 해당한다. 활동 객체는 고정된 나무처럼 간단한 것일 수도 있고, 사운드, 무기, AI를 갖춘 다관절 파괴가능 로봇처럼 복합적인 것일 수도 있다. 이 논의에서 활동 객체가 얼마나 복잡한가는 중요하지 않다. 중요한 문제는 활동 객체가 외부로 노출할 속성들을 가지고 있다는 것이다. 차량에는 최대 빠르기나 최대 피해치 같은 속성들이 있을 것이며, 날씨 객체에는 현재 시각, 계절, 구름 상태 같은 속성들이, 그리고 트리거에는 충돌 범위라던가 사건 이름 같은 속성들이 있을 것이다.

ActorProxy

ActorProxy는 활동 객체 클래스를 감싸는 간단한 자료 지향적 클래스이다. 이들은 간단하지만, 다음 두 가지 임무를 수행함으로써 이 아키텍처에서 아주 중요한 역할을 한다. 첫째로, 이 대리자 클래스는 레벨 편집기나 게임 관리자 같은 외부 단위가 접근, 조작할 수 있는 공통의 단일한 인터페이스를 제공한다. 둘째로, 대리자 클래스는 자신이 감싸는 활동 객체의 모든 것을 알고 있다. 특히 활동 객체의 속성들에 대한 정보를 가진다. 일단 이러한 클래스를 정의해 두면, 활동 객체가 쓰이는 장소는 그곳이 어디든 활동 객체 대신 이 클래스의 객체를 사용할 수 있다. 특히, 속성 노출의 관점에서 중요한 점은 고수준 도구들에서 활동 객체 자체 대신 이 대리자 객체를 사용할 수 있다는 것이다.

ActorProperty

ActorProperty는 활동 객체의 특정한 정보 하나를 나타내는 클래스로, 구체적으로는 노출하고자 하는 속성들을 나타내는 수단으로 쓰인다. 이들은 이를테면 편집기 GUI에 나타나는 값이나 네트워크 계층에서 주고받는 값을 대표한다. 그림 4.5.1에 나와 있듯이, ActorProperty는 속성의 설정 및 조회를 위한 Set/Get 메서드들과 문자열 변환을 위한 To/From 메서드들, 그리고 속성 이름, 설명, 이름표 등의 식별 정보로 구성된다.

시스템의 모든 속성마다 이러한 정보를 유지하려면 처리 부담이 좀 늘어날 수 있다. 그러나 한편으론 게임 활동 객체의 유연성과 수명, 유용함이 크게 증가한다는 이점도 얻게 된다. 특히 팀 전체가 이 점을 인식하고 속성들을 일관되게 사용한다면 더욱 그럴 수 있다. 이런 시나리오가 가능하다. 팀원들 중 하나가 깃발 뺏기(CTF) 맵의 깃발로 쓰기 위해 삼각함수에 따라 펄럭이는 깃발 객체를 만들었다. 그 객체 자체는 매우 폐쇄적이며 용도가 한 가지 뿐이다. 그러나 객체의 텍스처, 주기, 위상, 진폭 등을 속성들로 내보낸다면 코드를 전혀 수정하지 않고도 다른 팀원들이 그것을 퀘스트 NPC, 웨이포인트, 집 내부 장식, 인벤토리 객체 등으로 사용할 수 있게 된다.

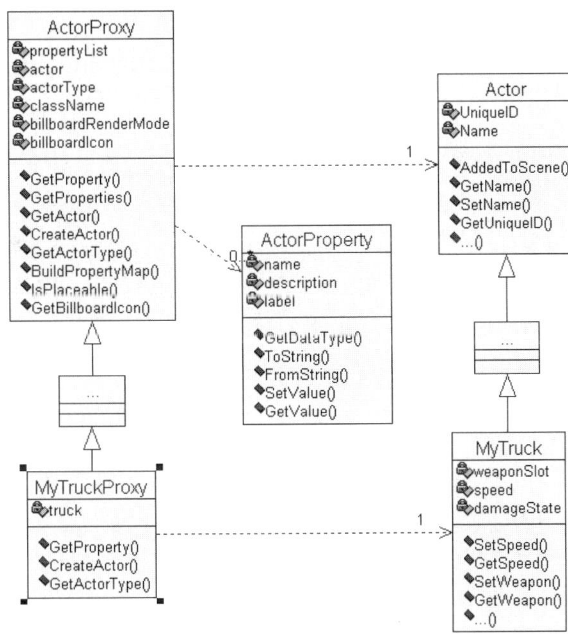

그림 4.5.1 ActorProxy 클래스 다이어그램.

비개입, 동적 아키텍처

그런데 활동 객체 대리자는 왜 필요한 것일까? 그냥 활동 객체 클래스 자체에 속성 노출 기능을 추가해도 되지 않을까? 이상적인 세상이라면 대리자를 따로 둘 필요가 없겠지만, 현실에서는 그러한 분리가 필요하다. 개발팀은 보통 여러 부서들로 나뉘며, 경우에 따라서는 서로 다른 장소에서 각자 개별적인 모듈을 개발하게 된다. 다른 말로 하면, 모든 게임 객체가 균일하게 속성을 지원하도록 만들기가 어려운 것이다. 활동 객체 대리자는 속성에 관련된 기능성에 대해 별다른 고려 없이 만들어진 객체들이 특별한 수정을 거치지 않고도 속성을 지원할 수 있기 위한 수단으로서 필요한 것이다.

이러한 아키텍처의 비개입적(non-intrusive) 성질은 기성 게임 엔진이나 구식 시스템을 이용해서 새 게임을 만들려고 할 때 특히나 유용하다. 여기서 '구식'이란 표현은 시대에 뒤떨어졌다는 의미라기보단 그냥 이미 만들어져 있는 코드를 뜻한다. 게임의 크기와 비용, 복잡도가 증가하면서 구식 모듈의 재사용도 더욱 중요해지고 있다. 구식 모듈들에 속성 지원을 추가하기 위해 최하위 수준의 모든 객체를 뜯어 고쳐야 한다면 기존 코드가 망가질 위험이 크다. 이 글이 제시하는 대안은 비개입적인 속성층을 도입하는 것이다. 이 계층은 기존 코드 위에 놓이므로, 바탕 코드를 전혀 건드리지 않고도 속성들을 추가하고 조작할 수 있다.

`ActorProperty`의 동적인 특성도 이 해법의 중요한 특징인데, 이 부분이 의미하는 바는 상속 기반 설계보다는 조합(또는 집합) 기반 설계를 선호하라는 주장과 비슷하다. 풀어서 이야기하면 이렇다. 컴파일 시점 의존적인 설계는 해당 소프트웨어 시스템의 수명과 유연성에 심각한 영향을 줄 수 있다. 상속은 실행시점에서는 변경할 수 없는 컴파일 시점 의존성을 야기한다. 반면 조합 기반 설계에서는 객체의 행동과 특성을 실행 시점에서 추가하거나 제거할 수 있다.

여러 측면에서 `ActorProxy`가 `ActorProperty`들의 집합이라는 점에서, 위의 이야기는 `ActorProperty`와 `ActorProxy`에 그대로 반영된다. 다음과 같은 예를 생각해보자. 하나의 정적 메시에 해당하는 활동 객체가 있다. 이 객체의 메시 자원 속성을 배정할 때에는 텍스처 속성들을 필요에 따라 추가하거나 제거할 수 있어야 한다. 그래야 필요한 텍스처 개수가 다른 메시들을 동일한 활동 객체로 표현할 수 있다. 정적인, 대리자가 없는 해법이라면 텍스처 자료를 가리키는 포인터들의 개수가 코드에 고정될 것이며, 그러면 위와 같은 요구는 만족하지 못한다. 그러나 이 글에서 제안하는 속성 시스템을 이용하면 실행시점에서 현재 적재된 정적 메시에 따라 텍스처 속성들을 추가하거나 제거하는 것이 가능하다.

활동 객체의 속성들

객체지향 설계는 최대한의 재사용성과 확장성을 제공해야 한다. 구성요소들은 간단하면서도 유연한 방식으로 서로 통신해야 한다. 그래야 시스템이 살아서 성장, 적응할 수 있다. 이를 위해서는 객체 자료에 대한 범용적인 접근 수단이 필요하다. 게임 엔진에 대한 범용적 자료 접근을 가능하게 하는 수단으로 도입된 것이 바로 `ActorProperty`이다. 이 클래스가 나타내는 객체 속성은 활동 객체로부터의, 그리고 활동 객체로의 자료 전파를 책임진다. 이번 절에서는 그런 `ActorProperty`를 구축하는 과정을 설명한다. 우선 가장 기초적인 구축 요소로부터 시작하자.

함수 객체

`ActorProperty`의 가장 중요한 특성은 "조회" 메서드(getter)와 "설정" 메서드(setter)이다. 아주 간단히 말해서 조회 메서드는 자료를 돌려주는 멤버 함수이고 설정 메서드는 자료를 배정하는 멤버 함수이다. 이 둘의 조합은 각 단위 자료 요소를 감싸는 데 필요한 모든 것을 정의한다. 문제는 이러한 메서드들을 일반적인 방식으로 노출하는 방법을 찾는 것이다. 이 문제의 해법으로 흔히 쓰이는 것에는 반영(reflection) 또는 자기조사(instrospection) 기능이 있지만, C++ 언어 자체는 그러한 기능을 제공하지 않는다. 한 가지 다른 방법은 C++의 함수 객체(function object)를 사용하는 것이다. 함수자(functor)라고도 하는 함수 객체는 C의 콜백 함수 포인터를 더욱 확장한 것이라고 생각하면 된다.

다음은 함수 객체의 사용법을 보여주는 C++ 코드이다. 함수 객체에 대한 좀 더 자세한 내용은 [Hickey94]를 보기 바란다. `MakeFunctor`와 `Functor0`의 구현 코드는 *http://www.delta3d.org*에 있다. 지금의 논의에서는 이들을 그냥 주석에 나온 대로 행동하는 일종의 블랙박스로 간주해도 무방하다.

```cpp
class MyClass {
public:
    void SayHi() { std::cout << "Hello!" << std::endl;
};

int main(int argc, char *argv[])
{
    MyClass test;
    Functor0 doHello = MakeFunctor(test,&MyClass::SayHi);

    //콘솔에 "Hello!"를 출력한다.
    doHello();

    return 0;
}
```

조회/설정 메서드들

그럼 함수 객체를 이용해서 `ActorProperty`의 조회 및 설성 기능성을 만들어 보자. 우선은 이 메서드들의 서명, 즉 반환값과 매개변수들을 결정하는 것이 필요하다. 조회 메서드는 속성의 값을 돌려주는 함수이므로 반환값이 있어야 하며, 매개변수는 필요 없다. 반면 설정 메서드는 속성의 값을 설정해야 하므로 설정할 값을 받는 매개변수가 필요하다. 이 메서드가 설정 성공 여부를 돌려주게 할 수도 있다. 그러나 간단한 메서드 서명을 위해서 반환값을 사용하는 대신 예외를 던지는 것으로 하겠다.

다음은 조회, 설정 메서드를 가진 기반 속성 클래스이다. 속성 클래스는 기본적으로 함수 객체들을 통해 작동하므로, 그것들을 담을 멤버들이 필요하다. 이 클래스는 또한 템플릿 활용법도 보여준다. 템플릿은 시스템의 서로 다른 자료 형식(정수, 부동소수점, 문자열 등 등)들을 일반적인 방식으로 취급하려 할 때 필요한 수단이다. 구체적으로 이 기반 속성 클래스는 SetType과 GetType이라는 두 가지 템플릿 매개변수를 사용한다. 파생 클래스는 GetPropertyType을 통해서, 그리고 SetType과 GetType을 적절히 정의함으로써 자신이 지원하는 자료 형식을 지정한다.

```cpp
template <class SetType, class GetType>
class GenericActorProperty : public ActorProperty {
public:

    GenericActorProperty (Functor1<SetType> &set,
        Functor0Ret<GetType> &get)
    {
        SetPropFunctor = set;
        GetPropFunctor = get;
    }

    //하위 클래스들이 특정한 자료 형식을 돌려주도록 구현해야 한다.
    virtual DataType &GetPropertyType() const = 0;

    //설정 함수 객체를 호출해서 이 속성의 값을 설정한다.
    virtual void SetValue(SetType value)
    {
        SetPropFunctor(value);
    }

    //조회 함수 객체를 호출해서 이 속성의 값을 얻는다.
    virtual GetType GetValue() const
    {
        return GetPropFunctor();
    }

private:
    Functor1<SetType> SetPropFunctor;
    Functor0Ret<GetType> GetPropFunctor;
};
```

속성 설계

이제 구체적인 속성 클래스를 만드는 방법으로 넘어가자. GenericActorProperty는 단지 하나의 기반 클래스일 뿐이다. 이 아키텍처는 단순한 정수나 부동소수점 형식에서부터 텍스처나 메시, 사운드 같은 복잡한 형식에 이르기까지 다양한 형식들을 지원해야 한다. 이를 위해서는 각 속성 형식마다 개별적인 구체 클래스(파생 클래스)를 만들어야 한다. 하나의 구체적인 속성 클래스는 하나의 형식만 지원한다. 그림 4.5.2에 몇 가지 구체 클래스들의 예가 나와 있다.

클래스 다이어그램에서 보듯이, 이 설계는 상당히 간단하다. ActorProperty는 중요한 메타 자료(이름, 설명, 이름표 등)를 담은 기반 클래스이다. 이 클래스는 속성과 문자열의 상호 변환을 위한 인터페이스도 제공하는데, 이는 속성들을 XML 파일에 저장하거나 불러 오는 등의 텍스트 파싱 작업에 유용하다. 그림에는 나와 있지 않지만, 필요하다면 ActorProperty가 네트워크 통신 등을 위한 이진 스트림 직렬화도 지원하게 할 수 있다.

구체적인 속성 클래스의 예로, 정수 속성을 위한 IntActorProperty 클래스와 그것을 시험해보는 예제 코드를 보자. 지금 논의와 큰 관련이 없는 ToString 메서드와 FromString

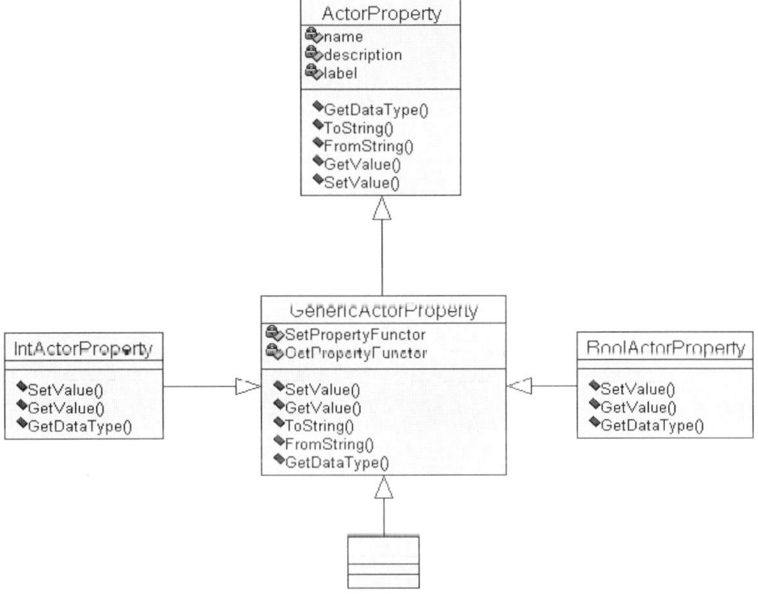

그림 4.5.2 ActorProperty 클래스 다이어그램.

메서드는 생략했다. 이 두 메서드는 그냥 정수를 문자열로 또는 문자열을 정수로 바꾸는 것일 뿐이므로 굳이 코드를 제시할 필요까진 없을 것이다.

```cpp
//정수 속성 클래스
class IntActorProperty : public GenericActorProperty<int,int> {
public:

    IntActorProperty(Functor1<int> set, Functor0Ret<int> get) :
        GenericActorProperty<int,int>(set,get) { }

    const DataType &GetDataType() const
    {
        return DataType::INT;
    }
}

///정수 속성을 시험하는 클래스
class MyClass {
public:

    MyClass(int initialValue) { myValue=initialValue; }
    void Setter(int newValue) { myValue=newValue; }
    int Getter() const { return myValue; }

private:
    int myValue;
};

int main(int argc, char *argv[])
{
    MyClass test(25);

    //정수 속성을 만드는 예. 실제 구현에서는 이것을
    //활동 객체 속성들을 관리하는 ActorProxy 객체에
    //저장해야 한다.
    IntegerActorProperty prop(MakeFunctor(test,&MyClass::Setter),
        MakeFunctorRet(test,&MyClass::Getter));

    //속성의 현재 값 25가 출력되어야 한다.
    std::cout << "Value = " << prop.GetValue() << std::endl;
    prop.SetValue(10);
    //이번에는 10이 출력되어야 한다.
    std::cout << "Value = " << prop.GetValue() << std::endl;

    return 0;
}
```

■ 활동 객체 대리자

그럼 `ActorProperty`들을 담는 `ActorProxy`에 대해 살펴보자. `ActorProxy`는 아주 간단하다. 이 대리자는 조회, 설정 메서드를 노출하는 속성들의 목록을 담는다. 또한 대리자는 자신이 감싸는 활동 객체에 대한 참조도 가진다. 이 덕분에 고수준 도구들은 실제 활동 객체 대신 `ActorProxy`를 사용해서 활동 객체를 조작할 수 있다. 결과적으로, `ActorProxy`는 객체 생성, 파일 입출력, 메시지 전달 등 다양한 작업에 대한 하나의 단일한 행동 계층을 제공한다.

`ActorProxy`가 제공하는 공통 인터페이스는 여러 가지 메서드들로 이루어지는데(그림 4.5.1 참고), 그 중 하나가 `BuildPropertyMap` 메서드이다. 각각의 구체적인 대리자 클래스는 이 메서드를 자신의 속성 목록에 맞게 구현해야 한다. 한 예로, 다음은 `BaseLightActorProxy`라는 구체적인 대리자에서 구현된 `BuildPropertyMap` 메서드의 일부이다.

```cpp
void BaseLightActorProxy::BuildPropertyMap()
{
    const std::string GROUPNAME = "Light";

    // 이 대리자가 감싸는 활동 객체를 얻는다.
    Light *light = dynamic_cast <Light *> (mActor.get());
    if (NULL == light)
        // .. 예외를 던진다.

    // Light 활동 객체의 간단한 부울 속성의 예
    AddProperty(new BooleanActorProperty("enable","Enabled",
      MakeFunctor(*light,&Light::SetEnabled),
      MakeFunctorRet(*light,& Light::GetEnabled),
      "Sets whether this light is enabled", GROUPNAME));

    // 정수 속성의 예. 활동 객체에는 이 속성에 대한 설정
    // 메서드가 없기 때문에, 대리자의 변환 메서드를
    // 설정 메서드로 등록한다. 같은 함수 객체를 서로 다른
    // 객체들에 사용할 수 있다는 유연성에 주목할 것.
    AddProperty(new IntActorProperty("LightNum","Light Number",
      MakeFunctor(*this,&BaseLightActorProxy::SetNumber),
      MakeFunctorRet(*light,& Light::GetNumber),
      "Sets the light number", GROUPNAME));

    // 열거형 속성의 예. 열거형 속성은 사용자가 목록에서
    // 한 값을 선택할 수 있게 하는 템플릿 기반 속성이다.
    AddProperty(new EnumActorProperty<LightModeEnum>(
```

```
        "Lighting Mode","Lighting Mode",
        MakeFunctor(*this,&BaseLightActorProxy::SetLightMode),
        MakeFunctorRet(*this,&BaseLightActorProxy::GetLightMode),
        "Sets the lighting mode", GROUPNAME));

    // 복합적인 자원 속성의 예. 텍스처 자원은 자원의 경로를
    // 대리자 자체에 저장한다. 대리자에 대해 설정 메서드가 호출되면
    // 대리자는 자원 경로를 변환하고, 자료를 적재하고,
    // 활동 객체의 실제 설정 메서드를 호출한다.
    AddProperty(new ResourceProperty(*this,
        DataType::TEXTURE, "BloomTex", "Bloom Texture",
        MakeFunctor(*this, &BaseLightActorProxy::SetBloomTexture),
        "Sets the bloom filter texture", GROUPNAME));
        …
    }
```

이 예제 코드에서 몇 가지 주목할 것들이 있다. 첫째로, 각 대리자는 자신의 속성들을 얼마든지 원하는 대로 제어할 수 있다. 이 덕분에, 이를테면 속성들에 그룹 이름(이 예의 경우 "Light")을 부여하는 것 등이 가능하다. 둘째로, 대리자는 단지 활동 객체를 감싸는 역할에만 그치지 않으며, 활동 객체 자체에 개입하지 않는 한, 어떤 일이라도 할 수 있다. 예를 들어 **Light** 객체 자체에는 조명 모드라는 것이 없다. 외부 세계에 의미 있는 속성과 행동을 만들어낼 수 있다면 활동 객체에 실제로 무엇이 있는지(그리고 없는지)는 중요하지 않은 것이다.

그림 4.5.3은 **BaseLightActorProxy**를 레벨 편집기에 노출시킨 모습이다. 코드에 나온 여러 가지 속성들을 확인할 수 있을 것이다.

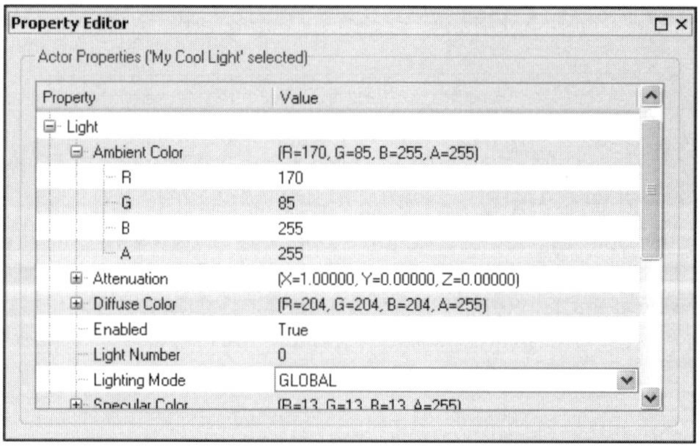

그림 4.5.3 Delta3D 편집기에 노출된 BaseLightActorProxy의 속성들.

■ 이론에서 실제로

이 아키텍처는 단지 이론이 아니라 아주 실질적이며 완전히 기능적인 시스템이다. 사실 이 아키텍처는 오픈소스 Delta3D 게임 엔진([BMH05])의 동적 활동 객체층(Dynamic Actor Layer)의 기초로 쓰였다. 원색 화보 7도 참고하기 바란다.

필자들은 기존 엔진을 위한 레벨 편집기를 만들어야 했다. 원래 우리는 기반 활동 객체 클래스를 만들고 거기에 직접 속성들을 집어넣으려 했으나, Delta3D는 이미 다양한 응용 프로그램들에서 쓰이고 있었기 때문에 새로운 기반 클래스를 도입한다면 핵심 엔진의 일관성을 유지할 수가 없었다. 핵심 엔진의 활동 객체들이 장면 그래프와 밀접하게 통합되어 있다는 점 역시 속성을 위한 기반 클래스 도입에서 걸림돌로 작용했다. 다행히 대리자 기반 해법으로 이러한 문제점들을 모두 해결할 수 있었으며, 엔진에 커다란 새 기능성도 추가할 수 있었다. 이러한 변화는 기존의 프로젝트들에 영향을 미치지 않았으며, 새 프로섹트들에서는 아주 유연한 도구를 사용할 수 있게 했다.

이 글에서는 대리자를 주로 속성 기능을 위해 사용했지만, 그 이외의 용도로도 ActorProxy를 활용하는 것이 가능하다. 실제로 Delta3D 엔진은 이 아키텍처를 다양한 용도로 사용한다. 예를 들어 레벨 편집기에는 모든 활동 객체에 대한 2D 빌보드 표현이 필요하다. 그러나 실제 활동 객체 클래스는 속성이라는 것을 알지 못하며, 레벨 편집기 역시 전혀 고려하지 않고 만든 것이다. 이 문제는 빌보드 표현 기능을 ActorProxy에 추가함으로써 해결할 수 있었다. 더 나아가서 우리는 원래의 ActorProxy 설계에 객체 메시지 교환 기능이나 로깅 기능은 물론 호출 가능한 메시지 처리 메서드도 추가했다. 바탕의 활동 객체를 전혀 수정하지 않고도 이런 새로운 기능성을 추가할 수 있었다는 점에 주목하기 바란다.

ActorProxy와 ActorProperty의 설계에서 비롯된 장점들은 그 외에도 또 있다. 대리자를 상호교환적이고 범용적으로 사용할 수 있다는 점에 기초해서 우리는 한 수준 높은 추상을, 구체적으로는 하나 이상의 활동 객체 대리자들을 하나의 라이브러리 형태로 노출할 수 있는 동적 활동 객체층을 만들어낼 수 있었다. 각 ActorProxy가 여러 속성들과 속성 형식들의 집합을 노출하는 것과 마찬가지로, 각 라이브러리는 일단의 활동 객체 대리자들과 활동 객체 유형들의 집합을 일반화된 방식으로 노출한다. 이런 방식에서는 원격 개발 팀이 활동 객체들의 라이브러리를 구축하고 그것을 동적으로 게임이나 편집기, 기타 도구들에 적재하는 것이 가능하다. 긱 라이브러리는 대리자 **수준**에서 각동하므로, 내부의 활동 객체들의 구체적인 형식은 문제가 되지 않는다. 이러한 착안을 더욱 발전시킨다면 현재의 프로그램의 요구에 따라(이를테면 클라이언트이냐 서버이냐에 따라) 서로 다른 라이브러리들을 동적으로 적재할 수 있게 할 수 있을 것이다. 활동 객체들은 **ActorProxy**를 통해서 균일하게 정의되므로, 기반 게임 로직은 그 차이를 결코 알지 못한다.

결론

이 글은 게임 객체 속성들의 노출 및 조작을 위한 단일한 계층을 만드는 방법에 대한 것으로, 세 가지 주요 개념인 활동 객체, 대리자, 속성을 설명하고, 활동 객체 속성들에 비개입적이고 동적으로 접근하는 것이 중요한 이유를 이야기한다. 설정과 조회를 위한 함수 객체들을 이용해서 **ActorProperty** 클래스를 만드는 방법과 그것을 이용해서 속성 클래스들의 계통구조를 만드는 방법도 설명하며, 마지막으로는 그러한 속성들로 이루어진, 그리고 게임 전반에서 활동 객체에 대한 균일한 접근 수단을 제공하는 **ActorProxy** 클래스를 만드는 방법도 이야기한다. 이 아키텍처의 구체적이고 실질적인 예를 보고 싶다면, 이 아키텍처의 완전한 구현을 포함하고 있는 오픈소스 Delta3D 프로젝트를 살펴보기 바란다(웹 사이트: *http://www.delta3d.org*).

참조문헌

[BMH05] BMH Associates, "The Dynamic Actor Layer." 2005년 7월. 웹 *http://www.delta3d.org.*

[Hickey94] Hickey, Rich, "Callbacks in C++ Using Template Functors." 1994. 웹 *http://www.tutok.sk/fastgl/callback.html.*

게임 객체 구성요소 시스템

Chris Stoy, Red Storm Entertainment

cstoy@nc.rr.com

게임 객체는 가상 게임 세계를 구성하는 기본 요소로, 시뮬레이션 안에 존재하는 사물의 표현 및 행동에 필요한 자료와 함수들을 제공한다. C++에서 게임 객체들을 만들 때 흔히 쓰이는 한 가지 접근방식은 기반 `Object` 클래스를 만들어 두고 그것을 상속한 특정한 파생 클래스에서 구체적인 기능성과 자료를 제공하는 것이다. 그런데 이러한 접근방식은 파생 클래스 수가 매우 많아지고(개별 객체 종류마다 파생 클래스를 만들어야 하기 때문에), 별로 관계가 없는 객체들에서도 기능성이 중복되며, 모든 게임 객체가 미리 정의된 객체 형식들 중 하나와 맞아야 한다는 등의 문제점들을 안고 있다. 이 글에서는 이런 문제점들을 위한 한 가지 해결책으로 **구성요소 기반 게임 객체 시스템**을 제시한다. 이 시스템에서는 구체적인 기능성과 자료를 제공하는 구성요소(component)들을 조합함으로써 객체를 정의한다. 또한 이 시스템은 실행시점에서 자료주도적인 방식으로 객체들을 조합하는 능력도 제공한다.

게임 객체

게임 객체는 게임 세계 안에 존재하는 기본 개체를 나타낸다. 가장 일반적인 수준에서 게임 객체는 객체의 위치와 방향을 나타내는 변환 행렬과 고유한 식별자, 객체의 기본 속성을 정의하는 상태 정보, 그리고 그러한 상태를 수정, 조회하는 메서드들로 구성된다. 게임 객체로 표현할 수 있는 개체들의 예로는 AI, 자동차, 나무, 건물, 무기 등이 있다. 간단히 말해서 게임 세계에 존재하는 모든 개별 개체는 게임 객체가 될 수 있다. 전통적인 계통 구조 기반 게임 객체 시스템의 문제는 게임이 복잡해짐에 따라 상태 자료의 양과 그 상태 자료에 접근하는 데 필요한 메서드의 수가 감당할 수 없을 정도로 증가한다는 것이다. 복잡도가 증가하면 코드를 파악하기가 힘들어지고, 그러면 기능성이 중복되거나 오류가 스며들 가능성이 커진다.

이 글에서 말하는 게임 객체 구성요소 시스템(Game Object Component System, GOCS)은 개체의 기능성을 게임 객체 자체에서 뽑아내어 아주 구체적인 기능성과 인터페이스를 제공하는 구성요소들로 옮김으로써 클래스 폭발과 혼동에 관련된 문제점들을 해결한다. 필요한 기능성을 괜히 어렵게 구현하는 것이 아닌가 하는 생각도 들 수 있겠으나, 이러한 시스템에서는 일관된 인터페이스를 통한 자료 접근이 강제되고 기능성이 좀 더 관리하기 쉬운 조각들로 격리되므로 장기적으로는 개발과 유지보수가 훨씬 쉬워지는 결과를 얻는다.

GOCS의 핵심은 게임 객체(GO)이다. 기반 게임 객체는 하나의 변환 행렬(즉, 세계 좌표에서의 위치와 방향), 고유한 식별자, 그리고 일단의 게임 객체 구성요소(Game Object Component, GOC)들로 구성된다(목록 4.6.1).

목록 4.6.1   게임 객체의 기본 정의 --

```cpp
typedef std::string go_id_type;

class GameObject
{
public:
    GameObject( const go_id_type& id );

    const Transform& getTransform() const { return mTransform; }
    void SetTransform( const Transform& xform )
    {
      mTransform = xform;
    }

    const go_id_type& getID() const { return mGOID; }
    void setID( const go_id_type& id } { mGOID = id; }

    GOComponent* getGOC( const goc_id_type& familyID );
    GOComponent* setGOC( GOComponent* newGOC );
    void clearGOCs();

private:

    Transform mTransform; // 이 객체의 지역-> 세계 변환 행렬
    go_id_type mGOID;      // 이 객체의 고유한 식별자

    typedef std::map<const GOComponent::goc_id_type, GOComponent*>
        component_table_t;

    component_table_t mComponents;    // 이 객체를 구성하는 구성요소들
};
```

이 기본 정의를 기반 클래스로 삼아서 개별 게임 객체 클래스를 만들고 그것을 장면 관리 시스템에 추가함으로써 세계를 구축한다. 그런데 그러한 게임 객체 클래스 자체는 구체적인 기능성을 가지지 않는다. 실질적인 기능들은 GOC들이 담당한다.

■ 기반 게임 객체 구성요소

기반 GOC는 모든 GOC가 갖추어야 하는 공통의 인터페이스를 제공한다. 이러한 공통의 인터페이스 덕분에 게임 객체는 일관된 방식으로 GOC들을 관리하고 조작할 수 있다. 각 GOC는 자신이 담당할 기능성에 관련된 구체적인 자료와 행동을 정의한다. GOC의 예로는 생명치, 시각적 표현, 물리 관리, 인벤토리, AI 기능 등이 있다. 목록 4.6.2는 기반 GOC 클래스의 정의이다.

목록 4.6.2 GOC 인터페이스 --

```cpp
class GOComponent
{
    // GOComponent 인터페이스
public:
    typedef std::string goc_id_type;

    GOComponent() : mOwnerGO(0) {}
    virtual ~GOComponent() = 0 {}

    virtual const goc_id_type& componentID() const = 0;
    virtual const goc_id_type& familyID() const = 0;

    virtual void update() {}

    void setOwnerGO( GameObject* go ) { mOwnerGO = go; }
    GameObject* getOwnerGO() const { return mOwnerGO; }

private:
    GameObject* mOwnerGO; // 이 구성요소기 속한
                          // 게임 객체
};
```

구성요소들은 구성요소이 일반저 기능성에 기초한 클래스 계통구조 형태로 조직한다. 이러한 계통구조로 묶인, 서로 연관된 구성요소들을 "패밀리"라고 부른다. 모든 구성요소는 구성요소 패밀리 기반 클래스를 상속한다. 그 기반 클래스는 해당 패밀리의 모든 구성요소가 공통으로 지원하는 인터페이스를 제공한다. 주어진 구성요소의 패밀리는

familyID()라는 메서드로 알아낼 수 있다. 이 패밀리 ID는 구성요소 패밀리의 인터페이스 클래스(해당 패밀리 계통구조의 루트 클래스)가 제공해야 한다. 서로 다른 패밀리가 동일한 패밀리 ID를 사용해서는 안 되는데, 이러한 유일성을 보장하는 한 방법은 패밀리 루트 클래스의 이름을 패밀리 ID로 사용하는 것이다.

한 예로, 다음은 게임 객체의 시각적 부분을 렌더링하는 데 쓰이는 구성요소 패밀리의 인터페이스 클래스이다.

```
class gocVisual : public GOComponent
{
    // GOComponent 인터페이스
public:
    virtual const goc_id_type& familyID() const
        { return goc_id_type("gocVisual"); }

    // gocVisual 인터페이스
public:
    virtual void render() const = 0;
};
```

이 클래스는 기반 클래스의 순수 가상 함수인 **familyID()**를 이 패밀리의 ID를 돌려주도록 재정의한다. 또한 이 패밀리에만 고유한 인터페이스도 정의한다. **render()** 메서드가 바로 그것으로, 이 메서드는 이 구성요소의 시각적 표현을 렌더링하는 데 쓰인다. **GOComponent**의 가상 함수 **update()**를 시각적 렌더링에 사용하면 되지 않겠느냐고 생각할 수도 있겠지만, **update()** 메서드는 구성요소의 상태를 갱신하기 위한 것이다. 예를 들어 인간 모형의 뼈대들의 위치를 갱신하는 작업과 뼈대들을 이용해서 인간 모형을 실제로 렌더링하는 작업은 분리할 필요가 있다.

구성요소 패밀리 인터페이스 클래스를 정의한 다음에는, 그 클래스를 상속하는 개별 구성요소 클래스를 만들어야 한다. 한 예로, **gocVisual** 패밀리에 속하며 객체를 하나의 구로 표현하는 **gocVisualSphere** 구성요소 클래스를 보자.

```
class gocVisualSphere : public gocVisual
{
    // GOComponent 인터페이스
public:
    virtual const goc_id_type& componentID() const
        { return goc_id_type("gocVisualSphere"); }

    // gocVisual 인터페이스
```

```
public:
    virtual void render() const;


    // gocVisualSphere 인터페이스
public:
    gocVisualSphere(float radius );

    const float getRadius() conse { return mRadius; }
    void setRadius( const float r ) { mRadius = r; }

private:
    float    mRadius;    // 구의 반지름
};
```

이 클래스는 **GOComponent**의 **componentID()** 메서드와 **gocVisual**의 **render()** 메서드를 구현한다. 이러한 구성요소 클래스들을 자체로 사용하는 것도 가능하나, 구성요소 시스템의 장점을 발휘하려면 게임 객체에서 이러한 구성요소들을 생성하고 관리하게 해야 한다.

■ 게임 객체의 구성요소 관리

게임 객체에서 구성요소들을 관리하는 데 쓰이는 인터페이스는 단순하다. 기본적으로는 구성요소들을 추가, 제거하거나 돌려주는 수단이 있어야 한다. 그러한 작업들을 효율적으로 수행하는 것은 까다로운 문제이나, 일단 지금은 성능은 잠시 미뤄두고 최대한 간단하게 구현해 보기로 하겠다.

GOC를 다룰 때 게임 객체가 반드시 지켜야 할 사항은, 한 게임 객체에 같은 패밀리의 GOC 인스턴스들이 여러 개 있어서는 안 된다는 것이다. 모든 GOC는 각자 특정한 기능성을 제공하므로, 한 게임 객체에 패밀리가 같은 GOC가 여러 개 있으려면 게임 객체가 (또는 고수준 코드는) GOC에 대해 필요 이상으로 많은 것을 알아야 한다. 예를 들어 한 게임 객체에 **gocVisualSphere**와 **gocVisualCube**라는 두 개의 **gocVisual** 구성요소들이 있다면, 렌더링 시 둘 중 어떤 것을 사용해야 하는지에 대한 추가적인 코드가 구성요소들 외부에 존재해야 한다. 하지만 그렇게 되면 너무 많은 정보가 노출되어서 코드 전반의 의존성이 증가한다. 이 경우 더 나은 해법은 다른 **gocVisual** 구성요소들을 담을 수 있고 **render()** 호출시 어떤 것을 사용할지 결정하는 능력을 가진 또 다른 구성요소(이를테면 **gocVisualContainer**)를 만들어 사용하는 것이다.

다시 구성요소 관리를 위한 인터페이스로 돌아가서, 인터페이스들은 다음 세 메서드로 구성된다.

```
GOComponent* getGOC( const goc_id_type& familyID );
GOComponent* setGOC( GOComponent* newGOC );
void clearGOCs();
```

getGOC() 메서드는 주어진 **familyID**에 해당하는 GOC를 가리키는 포인터를 돌려준다. 해당하는 GOC가 없으면 **NULL**을 돌려준다. setGOC() 메서드는 주어진 GOC를 이 게임 객체의 구성요소 목록에 추가한다. clearGOCs() 메서드는 이 게임 객체의 모든 GOC를 삭제한다. 메모리 누수를 피하기 위해서는 구성요소들의 소유권 관리에 신경을 써야 한다. 가장 손쉬운 방법은 **boost::shared_ptr** 같은 참조 집계식 똑똑한 포인터를 사용하는 것이나, 물론 선택은 독자의 프로젝트에 따라 달라질 것이다. 그럼 간단한 예를 보자. 목록 4.6.3은 **gocVisual** 패밀리의 구성요소들을 시각적 렌더링에 사용하는 게임 객체들을 생성하고 그것들을 렌더링하는 방법을 보여주는 코드이다.

목록 4.6.3   게임 객체와 구성요소의 생성 및 사용 --

```
void init()
{
    // 초기화를 수행한다.
    // 전역 변수 gSceneMgr가 장면 관리자 클래스의
    // 인스턴스라고 가정한다.
    gSceneMgr.clear();

    // 무작위하게 선택된 시각적 구성요소를 가진 게임 객체를 10개 만든다.
    for ( int ii = 0; ii < 10; ++ii )
    {
        GameObject* go = new GameObject( go_id_type( ii ) );
        go->setTransform( /*변환 행렬을 어느 정도 무작위하게 설정*/ );
        GOComponent* gvsis = 0;

        // 어떤 시각적 구성요소를 사용할 것인지는 무작위하게 결정한다.
        if ( rand()%2 )
        {
            gvis = new gocVisualSphere(5.0f);
        }
        else
        {
            gvis = new gocVisualCube();
        }

        go->setGOC( gvsphere );
```

```cpp
    }

    // 게임 객체를 장면 관리자에 추가한다.
    gSceneMgr.add( go );

    // 초기화를 끝내고 메인 루프를 시작한다.
}

void renderFunc()
{
    // 프레임워크가 이 함수를 호출해서 장면을 렌더링한다고 가정한다.

    // 장면의 모든 게임 객체를 훑으면서 각각을 렌더링한다.
    GameObject* go = gSceneMgr.beginIteration();
    while ( go )
    {
        // 게임 객체를 렌더링한다.
        GOComponent* goc = go->getGOC( goc_id_type("gocVisual") );
        gocVisual* gvis = static_cast<gocVisual*>(goc);
        if ( gvis )
        {
            // 이것이 gocVisual 패밀리의 어떤 구성요소인지는 알 필요가 없다.
            gvis->render();
        }
        go = gSceneMgr.nextIteration();
    }
}
```

구성요소들의 통신

기본적으로 GOC는 서로 독립적으로 작동하도록 설계되지만, 경우에 따라서는 한 게임
의 GOC들이 연동해야 할 필요가 있다. 예를 들어 gocAI 구성요소가 민첩를 결정하려
면 gocHealth 구성요소의 자료가 필요할 수도 있다. 구성요소가 통신을 위해 쓰이는 것
이 구성요소 기반 클래스가 정의하는 **mOwnerGO** 멤버이다. 이 멤버는 GOC 인스턴스가
속한 게임 객체, 즉 "소유자" 게임 객체를 나타낸다. 한 게임 객체에 구성요소가 추가될
때에는 이 **mOwnerGO** 멤버가 그 게임 객체로 설정되고, 구성요소가 제거되면 해제된다.
GOC는 언제라도 getOwnerGO() 메서드로 자신이 속한 게임 객체를 알아낼 수 있으며,
그것을 통해서 다른 GOC들에 접근할 수 있다. 그러나 이러한 능력을 남용해서는 안 되
다. 한 GOC가 다른 GOC를 참조할수록 구성요소들 사이의 결합도(coupling)가 증가하기

때문이다. 인터페이스의 요구를 잘 지키면서 꼭 필요한 경우에만 GOC들 사이의 통신을
사용한다면 큰 문제가 되지는 않을 것이다. 구성요소간 통신의 한 예로, 다음 함수에서는
gocAI 구성요소가 **gocHealth** 구성요소를 참조한다.

```cpp
#include "gocHealth.h"

gocAI::update()
{
    // 상처가 심하면 도망간다.
    GameObject* go = getOwnerGO();
    GOComponent* goc = go->getGOC( goc_id_type("gocHealth") );
    gocHealth* health = static_cast<gocHealth*>(goc);
    if ( health )
    {
        if ( health->isWounded() )
        {
            setBehavior( cFleeBehavior );
        }
    }
}
```

gocAI는 자신의 게임 객체에게 **gocHealth**에 대한 참조를 요청한다. 그 GOC가 실제로
존재하면 그것을 통해서 현재 생명치를 얻고 그에 기초해서 다음 행동을 결정한다.

▊ 게임 구성요소 템플릿

게임 객체들은 GOC들로 구성된다. 지금까지의 예제는 상당히 단순했다. 그러나 실제 게
임이라면 구성요소들이 상당히 많고 복잡할 것이며, 또 많은 양의 자료를 관리해야 할 수
있다. 예를 들어 앞서 언급한 **gocHealth** 구성요소의 정의는 다음과 같이 상당히 복잡할
수 있다.

목록 4.6.4　　gocHealth 구성요소의 정의 --

```cpp
class gocHealth : public GOComponent
{
    // GOComponent 인터페이스
public:
    virtual const goc_id_type& familyID() const
        { return goc_id_type("gocHealth"); }

    // gocHealth 인터페이스
```

```
public:
    typedef int health_value_t;
    enum bodyPart_e { head=0, torso, leftArm, rightArm,
                      leftLeg, rightLeg, cNumBodyParts };

    gocHealth();

    health_value_t getInitialHealthAt(const bodyPart_e part) const;
    void setInitialHealthAt(const bodyPart_e part,
                            const health_value_t hp);
    health_value_t getHealthAt(const bodyPart_e part) const;
    void setHealthAt(const bodyPart_e part, const health_value_t hp);

    bool isWounded() const;
    void reset();

private:
    health_value_t mCurrentHPs[cNumBodyParts];
    health_value_t mInitialHPs[cNumBodyParts];
};
```

gocHealth가 복잡한 만큼, 그것을 포함하는 게임 객체를 만드는 코드도 복잡해진다.

```
GameObject* go = new GameObject( go_id_type( "Human" ) );
go->setTransform( /*적절한 변환 행렬*/ );

// 인간형 캐릭터를 위한 시각 구성요소를 생성한다.
GOComponent* gcvis = new gocVisualHuman();
go->setGOC( gcvis );

// 생명치 구성요소를 만들고 초기화한다.
GOComponent* gchealth = new gocHealth();
gcHealth->setInitialHealthAt( gocHealth::head, 7 );
gcHealth->setInitialHealthAt( gocHealth::torso, 50 );
gcHealth->setInitialHealthAt( gocHealth::leftArm, 20 );
gcHealth->setInitialHealthAt( gocHealth::rightArm, 20 );
gcHealth->setInitialHealthAt( gocHealth::leftLeg, 30 );
gcHealth->setInitialHealthAt( gocHealth::rightLeg, 30 );
gcHealth->reset();
go->setGOC( gchealth );
```

실제 게임이라면 초기화해야 할 속성들이 훨씬 더 많을 것이고, 따라서 이보다도 훨씬 더 긴 코드가 필요할 것이다. 또한 실제 게임에서는 동일한 구성요소들을 가진 같은 종류의 게임 객체의 인스턴스들을 여러 개 만들어야 할 것이다(이를테면 한 종류의 AI 캐릭터를 여러 개 생성하는 등). 그러나 그런 것들을 일일이 초기화하기란 지루한 일이 아닐 수 없다. 또한 한 구성요소의 모든 인스턴스에 공통인 자료를 각 인스턴스마다 중복함으로써 메모리의 낭비도 커지게 된다. 예를 들어 **gocHealth**의 경우 **mInitialHPs**는 모든 인스턴스에서 공통이다.

이런 문제들에 대한 일반적인 해결책으로 **템플릿 패턴**이 있다. 그 패턴을 응용해서, 특정 종류의 구성요소의 초기화 방법을 정의하는 **게임 구성요소 템플릿(GCT)**이라는 것을 도입하기로 하자. GCT는 또한 공통의 자료를 담는 저장소 역할도 한다. 다음은 GCT 클래스들의 기반 클래스로 쓰이는 **GCTemplate** 클래스이다.

```cpp
class GCTemplate
{
public:
    GCTemplate() { }
    virtual ~GCTemplate() = 0 { };
    // GOC ID를 돌려주는 메서드이다. 구체적인 GCT 클래스에서
    // 적절히 재정의해야 한다.
    virtual const goc_id_type& componentID() const = 0;
    virtual const goc_id_type& familyID() const = 0;

    virtual GOComponent* makeComponent( GameObject* go ) = 0;

};
```

다음은 생명치 GOC를 초기화하는 방법과 관련 자료를 담은 템플릿이다.

```cpp
class gctHealth : public GCTemplate
{
    // GCTemplate 인터페이스
public:
    // 이 템플릿으로 생성할 수 있는 GOC의 ID를 돌려준다.
    virtual const goc_id_type& componentID() const
        { return goc_id_type("gocHealth"); }
    virtual const goc_id_type& familyID() const
        { return goc_id_type("gocHealth"); }

    virtual GOComponent* makeComponent()
    {
        gocHealth* goc = new gocHealth(this);
        goc->reset();
        return goc;
    }

    // gctHealth 인터페이스
public:
```

```
        typedef int health_value_t;
        enum bodyPart_e { head=0, torso, leftArm, rightArm,
                leftLeg, rightLeg, cNumBodyParts };

        health_value_t getInitialHealthAt(const bodyPart_e part) const;
        void setInitialHealthAt(const bodyPart_e part,
            const health_value_t hp);

    private:
        health_value_t mInitialHPs[cNumBodyParts];

    };
```

gctHealth::makeComponent() 메서드에서 gctHealth 템플릿을 인수로 받는 특별한
gocHealth 생성자를 호출한다는 점에 주목하자. 이 생성자는 gocHealth 구성요소에 쓰이
는 gctHealth 템플릿 인스턴스를 가리키는 포인터를 저장한다. gocHealth::reset() 메서
드는 그 gctHealth 인스턴스를 이용해서 초기 값들을 설정한다. 구성요소 인스턴스들이
공유하는 상수 자료들이 많다면 이러한 참조를 통해서 메모리를 크게 절약할 수 있다.

이런 템플릿들을 이용하면 게임 객체를 좀 더 간결하게 생성, 초기화할 수 있다. 다음은
이러한 템플릿들을 담고 있으며 createGOC()라는 메서드를 제공하는 관리자가 단일체
형태로 존재한다고 가정한 것이다.

```
        GameObject* go = new GameObject( go_id_type( "Human" ) );
        go->setTransform( /*적절한 변환 행렬*/ );

        // 인간형 캐릭터를 위한 시각 구성요소를 생성한다.
        GOComponent* gcvis = gTempltMgr->createGOC( "gocVisualHuman" );
        go->setGOC( gcvis );

        // 생명치 구성요소를 만들고 초기화한다.
        GOComponent* gchealth = gTempltMgr->createGOC( "gocHealth" );
        go->setGOC( gchealth );
```

게임 객체 템플릿

앞에서 게임 객체 템플릿을 이용해 게임 객체의 생성 및 초기화를 단수화하는 방법을 살
펴보았다. 이를 좀 더 확장해서, 게임 객체를 구성하는 구성요소들의 템플릿들을 저장하
며 그것들을 이용해서 게임 객체를 생성, 초기화하는 수단을 제공하는 또 다른 템플릿을
도입해보자. 다음이 그러한 게임 객체 템플릿 클래스이다.

```cpp
class GOTemplate
{
public:
    // GCT들을 담을 목록
    typedef std::list<GCTemplate*> gct_list_t;

    ~GOTemplate();

    // 자료 접근 메서드들
    void clear();

    const std::string& name() const { return m_name; }
    void setName( const std::string& name ) { m_name = name; }

    gct_list_t& components() { return m_components; }

    void addGCTemplate( const GCTemplate* gcTemplate );
    GCTemplate* getGCTemplate( const goc_id_type& id ) const;

protected:
    GOTemplate( const std::string& name );
    std::string m_name;        // 이 템플릿의 이름
    gct_list_t m_components;
};
```

이런 템플릿들을 관리하며 **createGO()**라는 팩토리 메서드를 제공하는 전역 관리자
GOTemplMgr를 만들어 둔다면, 한 게임 객체의 인스턴스를 만드는 과정이 다음처럼 아주
간단해진다.

```cpp
GameObject* go = gGOTemplMgr->createGO( "생성할 게임 객체의 템플릿 이름" );
go->setTransform( /*적절한 변환 행렬*/ );
```

자료주도적 게임 객체 생성

지금까지 이야기한 시스템의 동적인 게임 객체 조합 능력을 이용하면 프로그램 외부의
자료에 기초해서 실행 시점에서 객체 인스턴스를 생성하는 것이 가능하다. 외부 자료의
구체적인 형식은 게임 객체의 특성(사용하는 자원 등)에 따라 다를 수 있다. 다음은 XML
을 이용해서 게임 객체의 조합 방식을 정의한 예이다.

```xml
<?xml version="1.0"?>
<game_object_template name="Ped_Female ">
```

```
<components>
    <goc component="gocVisualHuman">
        <model name="Ped_Female"/>
        <scale value="1.1"/>
    </goc>
    <goc component="gocHealth">
        <hitpoints
            head="7"
            torso="50"
            leftArm="20"
            rightArm="20"
            leftLeg="30"
            rightLeg="30"/>
    </goc>
    <goc component="gocAIPedestrian"/>
</components>
</game_object_template>
```

게임 객체 템플릿 관리자에(그리고 관련 클래스들에) 이런 형태의 자료 파일을 해석하는 기능을 추가하는 일은 그리 어렵지 않을 것이다. 그런 기능을 갖추기만 한다면 프로그램 코드를 변경하지 않고도 게임 세계에 새로운 종류의 게임 객체를 추가하는 것이 가능해진다.

결론

이 글은 게임에 쓰이는 다양한 게임 객체들을 구성하는 구성요소의 기능성을 추상화하는 한 가지 수단을 제시했다. 이 글에서 제시한 시스템을 이용하면 실행 시점에서 다양한 구성요소 기능성들을 조합해서 새로운 종류의 게임 객체를 만들어낼 수 있다. 게임 객체 구성요소 템플릿들을 이용하면 새 GOC를 생성하는 과정을 단순화할 수 있으며, 메모리도 약간 절약할 수 있다. 또한 게임 객체 생성 과정 자체에 템플릿 패턴을 적용해서 게임 객체 생성을 더욱 단순화할 수도 있다. 더 나아가서, 적절한 파일 해석 기능을 추가한다면 게임 객체의 구성을 전적으로 자료 파일(XML 등)에서 정의할 수 있으며, 그러면 프로그램 코드를 전혀 수정하지 않고도 다양한 GOC들을 조합해서 새로운 종류의 게임 객체를 만들어낼 수 있다.

SECTION

05

그래픽

<h1 style="text-align:right">소 개</h1>

Paul Rowan, Rho, Incorporated
paul@rowandell.com

나는 게임 프로그래밍에 입문하고서야 전문가들이 일하는 방식을 접할 수 있었다. 당시 내게 주어진 일은 DOS용으로 만들어진 게임에 멋진 GUI 인터페이스를 추가하는 것이었는데, 게임의 내부로 들어가서 게임이 돌아가게 만드는 마법을 훔쳐보기에 딱 좋은 기회였다. 코드 조각들을 읽고 그 내용과 기능을 세심하게 해독하면서 "이게 다야?"라고 스스로에게 반문했던 적이 여러 번이었는데, 막상 들여다보면 명백하고, 직접적이며, 심지어 간단한 것들뿐이었기 때문이다. 지금 기억하기론, 마법이라고 생각했던 것들이 떼어 놓고 보면 거의 사소할 정도로 이해하기 쉽고 믿을 만한 조각들로 분해되어 버리는 느낌이었다. 그리고 깨달은 바는, 마법은 게임 전체에 녹아 있다는 것, 즉 복잡하며 활기찬 사물이 본래는 단순한 조각들의 총합이라는 사실이었다.

마술사들은 자신의 직업 비밀을 결코 누설하지 않는다는 규칙을 지킨다. 비밀을 공개하면 자신들의 공연에서 신비감이 사라져서, 마술이라는 것이 단지 시선 분산과 무대 뒤 속임수들의 단순한 조합임이 드러날 것이라고 생각하기 때문일 것이다. 그러나 나는 마술의 핵심이 능숙한 연기와 관객의 불신을 계획적으로 역이용하는 기술에 있지 숨겨진 속임수에 있는 것은 아니라고 생각한다. 그러한 비밀들을 공개하는 것이 마술사의 직업요리를 깨는 일이 되진 않는다. 오히려 신비감을 더 증가하는 효과가 날 수 있다. 마법은 오랜 연구, 전문적인 기술, 그리고 숙련된 연기가 어우러져 만들어지는 것이지, 속임수 자체에만 의한 것이 아니다.

이번 GPG 6의 그래픽 섹션에는 장면과 기하 전처리에 대한 글들에서 픽셀 당 조명과 HDR 렌더링 등이 고급 GPU 기법을 다루는 글들에 이르기까지 다양한 내용들이 수록되어 있다. 우선 기하와 관련해서는, 인간형 캐릭터를 위한 다양한 유휴 동작들을 단 몇 개의 기본적인 애니메이션들로 만들어내는 기법을 다루는 글이 있다. 지정된 행동을 수행하지 않는 동안에도 그럴듯한 모습이 나오도록 캐릭터를 애니메이션하는 것은 예전부터 중요한 과제인데, 이 글이 그 과제에 대한 확실한 해법을 제시한다. 장면 전처리에 관한 두 개의 글들 중 하나는, 최적의 분할 평면들을 선택하는 발견법을 적응적으로 조정함으로써 주어진 장면 기하구조로부터 좀 더 나은 경계상자 이진 트리를 만들어내는 방법을 제시한다. 또 한 글은 표준적인 경계상자 판정의 개선안으로, 경계상자를 하나의 축에 대해서만 회전시킨 준유향상자를 소개한다. 이를 통해서, 주어진 물체에 상당히 잘 들어맞는 경계상자를 좀 더 효율적으로 계산할 수 있다. 또한 이번 섹션에는 효율적인 GPU 처리를 위해 스키닝 대상 메시를 분할하는 과정을 최적화하는 기법을 다루는 글도 나온다.

최근의 좀 더 통합된 셰이더 모형과 고정밀도 프레임 버퍼에 기초해서 GPU를 좀 더 독창적으로 사용하는 접근방식들을 다룬 글들도 여럿 수록되었다. 하드웨어에 의존적이라는 측면이 있긴 하지만, 이 글들을 통해서 향후 몇 년간 GPU 기능이 더 향상된다고 해도 여전히 유효할 여러 독창적인 기법들을 발견할 수 있을 것이다. 최근 그래픽 카드들의 새로운 정점 텍스처 기능성을 활용하는 방법을 다룬 글도 두 개 포함되었다. CPU와 GPU의 적절한 작업 분산은 오랫동안 골치 거리가 되어 왔으나, 이제는 대부분의 작업을 GPU에 맡길 수 있게 되었다. 그리고, 통합된 픽셀 당 조명 엔진을 만들고자 하는 개발자들을 괴롭혀오던 골치 아픈 문제의 해결책을 상세히 다룬 글이 있다. 이 글은 많은 수의 광원들을 기하 구조를 한 번만 렌더링해서 처리하는 해법을 제시한다.

글자나 도형 등 가장자리가 뚜렷한 모습을 담은 이미지를 저해상도 텍스처에 저장할 때 가장자리가 흐려지는 문제를 아주 독창적으로 해결하는 글도 하나 수록되어 있다. 이 글은 저해상도 텍스처와, 글꼴 렌더러와 아주 비슷한 방식으로 작동하는 픽셀 셰이더를 이용해서 도로 표지판이나 게시판의 글자, 도형 등을 모든 축척에서 뚜렷하게 렌더링하는 방법을 설명한다. 또한 이번 섹션에는 동적인 하늘 렌더링을 위한 효율적인 접근방식을 제시하는 글과 HDR 렌더링 기법을 논의하는 글도 담겨 있다.

이번 섹션은 마술사의 비급의 한 부분에 해당한다. 이번 섹션의 글들은 마술사들이 사용하는 요령과 손재주들에 비견할 수 있다. 따로 떼어놓고 보면 마술사의 단순한 시선 분산 요령 정도로 느껴질지도 모르겠다. 즉, 환한 형광등 아래에서 살펴보고 나면 "뭐 이런 것이었군" 정도의 반응이 나올 수도 있을 것이다. 그러나 그러한 개별 요령들이 합쳐져서 관객의 호기심을 자극하고 손에 땀을 쥐게 하는 공연이 만들어진다. 개별 기법들은 단지 수단일 뿐, 마법이 펼쳐지려면 능숙한 활용이 필요하다.

5.1 상호작용 캐릭터를 위한 사실적인 유휴 동작 합성

Arjan Egges, Thomas Di Giacomo,
Nadia Magnenat-Thalmann
MIRALab, University of Geneva
egges@miralab.unige.ch,
thomas@miralab.unige.ch,
thalmann@miralab.unige.ch

게임 개발에서 자주 간과되지만 사실적인 캐릭터를 만들려면 꼭 필요한 캐릭터 움직임이 바로 유휴 동작(idle motion)이다. 자연에서는 자거나 죽은 것이 아닌 이상, 꼼짝 않고 있는 사람이나 동물을 찾아볼 수 없다. 그러나 게임에서는 특별한 행동 계획이 없는 캐릭터들(다른 캐릭터의 작업이 끝나기를 기다리는 등)에 대해 애니메이션이 아예 멈추어 버리는 경우가 많다. 이 글에서는 게임의 캐릭터 애니메이션 엔진이 자동으로 유휴 동작을 생성하도록 하는 아키텍처 하나를 제시한다. 미리 만들어진 소수의 애니메이션 시퀀스들을 이용해서 유휴 동작을 표현하는 기법들은 이미 존재하지만, 소수의 애니메이션 시퀀스들을 직접 사용하는 방법에서는 동작이 부자연스럽게 반복될 수 있다. 또한 기존 방법으로는 현재 애니메이션에서 유휴 동작으로 자연스럽게 전환하도록 만들기가 어렵다.

이 글의 애니메이션 엔진은 지수적 맵 표현을 이용해서 회전을 수행한다. 이 때 주성분분석(principal component analysis, PCA)이 적용되는데, PCA를 이용하면 애니메이션 공간의 차원을 크게 줄일 수 있으며, 따라서 애니메이션 자료를 좀 더 빠르게 전송할 수 있다. 이러한 특징은 온라인 게임에서 특히나 유용하다. 또한, 차원이 줄어들기 때문에 여러 관절들 사이의 외존 관계를 유지하면서도 서로 다른 동작을 아주 빠르게 생성할 수 있다. 그 결과, 항상 자연스러워 보이는 다양한 애니메이션이 만들어진다.

소개

실시간 응용프로그램에서나 비실시간 응용프로그램에서나, 인간형 캐릭터 모형의 시각적 품질은 계속해서 개선되고 있다. 그러나 그러한 모형을 사실적으로 제어하고 애니메이션하는 것은 여전히 어려운 과제이다. 캐릭터 애니메이션에서 반드시 해결해야 하는 문제는 서로 다른 애니메이션 시퀀스 사이의 빈틈을 메우는 것이다. 이를 해결하지 않으면 동작들 사이의 어색하게 얼어붙은 자세 때문에 전반적인 사실감이 떨어진다. 애니메이션 시퀀스 사이의 대기/유휴 상태 도중의 동작을 **유휴 동작**이라고 할 때, 유휴 동작은 크게 다음의 세 가지 범주로 나뉜다.

- **자세 바꾸기** : 가끔씩 한 정지 자세에서 다른 정지 자세로 바꾸는 행동이다. 예를 들면 서 있는 사람이 다른 발로 체중을 옮기거나, 앉은 사람이 꼰 다리를 바꾸는 등.
- **연속적이고 작은 자세 변동** : 숨을 쉬거나 평형을 유지하는 과정에서 사람은 끊임없이 몸을 조금씩 움직인다. 따라서 게임 캐릭터가 그런 동작을 보이지 않는다면 생동감이 크게 떨어진다.
- **기타 유휴 동작** : 위의 두 범주에 속하지 않는 동작들로, 주로는 캐릭터 자신과 상호작용하는 동작이다. 이를테면 얼굴이나 머리를 만진다거나 손을 주머니에 넣는 등.

사실적인 유휴 동작 시뮬레이션에 대한 연구 성과는 거의 전무한 형편이고, 있다고 해도 동작 생성기(잡음 함수에 기초한)를 서술한 [Perlin95] 정도를 꼽을 수 있을 뿐이다. 그러나 인간의 유휴 동작들은 모든 관절에 영향을 미치며, 따라서 잡음을 사용하는 것으로는 쉽게 해결되지 않는다. 개별 관절마다 무작위한 움직임을 생성하는 것 이외에는 모션 캡처로 만든 애니메이션 시퀀스들을 적절히 사용하는 방식이 흔히 쓰인다. 그러면 모든 관절에 영향을 주는 유휴 동작을 만들어낼 수 있다. 그러나 애니메이션 시퀀스들의 수가 제한적이므로 매우 반복적이며 유연성 없는 결과가 나오기 쉽다. 또한 서로 다른 애니메이션 시퀀스들 사이의 전이 문제도 제대로 해결하기 힘들다.

이 글에서 제시하는 방법은 애니메이션 시퀀스들의 데이터베이스를 이용해서 새로운 유휴 동작들을 생성한다. 필자들의 경우에는 모션 캡처로 얻은 애니메이션 시퀀스들을 사용했으나, 손으로 직접 만든 것들을 사용해도 무방하다. 기존 애니메이션 데이터베이스에서 새 애니메이션을 생성하는 기법들은 여러 가지가 있지만, 유휴 동작에 그런 기법이 쓰인 적은 별로 없다. Korvar 등이 제안한, 동작 그래프를 이용해서 동작 데이터베이스로부터 애니메이션을 생성하고 전이하는 방법([Kovar02])을 해당 논문에서 시연한 이동 동작 이외의 애니메이션 상황에도 적용하는 것이 가능하긴 하지만, 문제는 그런 방식이 고정적인 동작 데이터베이스를 사용하며 전처리 단계를 거친다는 데 있다. 우리가 필요로 하는 것은 모션 캡처이든 아니면 실시간 계산 방식이든 간에 상관없이 어떠한 애니메이션 방식에도 매끄럽게 적용할 수 있는 기법이다. 이 점이 중요한 이유는, 사실 유휴 동작은 애니메이터들이 주되게 만들어야 하는 동작이라기보다는 그런 주요 동작들 사이에 간편하게 채워 넣을 동작이기 때문이다.

따라서 AI나 스크립트 수준에서 유휴 동작 생성 기능성을 켜거나 끌 수 있어야 한다. [Li02]에는 하나의 동작을 선형 동적계를 이용해서 모형화한 텍스톤(texton)들로 분할하는 기법이 나온다. 그리고 [Kim03]에는 오디오 스트림을 분석해서 박자를 식별하고 그 박자에 맞는 율동적인 동작을 생성하는 방법이 나온다. 이러한 기법들은 디스코 댄싱 같은 율동적인 패턴들로 구성된 동작에나 잘 맞는다. 한편 [Pullen02]는 사용자가 일부 관절들을 움직이면 그에 기초해서 캐릭터의 전반적인 동작을 자동으로 생성하는 방식으로 키프레임 애니메이션 작성 과정을 돕는 기법을 제시한다. 이 경우 모션 캡처된 자료는 사용자가 움직이지 않은 관절들을 위한 동작을 합성하거나 사용자가 제어하는 관절들에 적용할 수 있는 텍스처(잡음과 비슷한 역할)를 추출하는 데 쓰인다.

이 글의 방법은 사용자의 개입을 최소화하려 하며, 특히 실시간 응용을 지향한다. 이와 비슷한 방법으로, [Lee02]에는 모션 캡처로 얻을 수 있는 예제 동작들에 기초한 동작 합성 방법이 나와 있다. 또한 주석이 달린 동작 데이터베이스에 기초한 동작 그래프를 정의하는 [Arikan02], [Arikan03]도 이 글의 기법과 관련되는 연구 성과이다.

■ 신체 애니메이션의 주성분

가상 캐릭터의 애니메이션 기법은 여러 가지가 있는데, 주로 쓰이는 것은 다음 두 가지이다.

- ▶ **키 프레임 방식** : 일단의 키 프레임들(애니메이터가 직접 만들 수도 있고 자동으로 생성할 수도 있다)을 만들어 두고, 두 키 프레임을 보간해서 애니메이션 프레임들을 만들어낸다. 이 방법으로 아주 유연한 애니메이션을 얻을 수 있으나, 아티스트가 공을 많이 들이지 않는 한 애니메이션의 사실감이 떨어진다.
- ▶ **미리 기록된 애니메이션** : 모션 캡처/추적 시스템을 이용해서 기록한 애니메이션을 재생한다. 애니메이션이 사실적이긴 하지만 유연성은 별로 높지 않다. 이 문제를 부분적이나마 극복하는 방법이 [Bruderlin95]에 나와 있다.

주성분 분석(PCA) 같은 방법을 이용하면 주어진 자료집합 안의 변수들의 의존성을 구할 수 있다. PCA의 결과는 부분적으로 의존적인 변수들의 집합을 독립성이 최대인 변수들의 집합으로 변환하는 하나의 행렬(일단의 고유벡터들로 이루어진)이다. 주성분 변수들은 자료집합에서 나타나는 횟수에 따라 정렬된다. 주성분의 값이 작다는 것은 해당 변수가 자료집합에 빈번하게 나타난다는 뜻이고, 반대로 주성분이 크다는 것은 해당 변수가 자료집합에 별로 나타나지 않는다는 뜻이다. 큰 주성분들, 즉 별로 나타나지 않는 변수들을 변수 집합에서 제거함으로써 변수 집합의 차원을 줄일 수 있다. 이 글의 초점이 인간형 모형의 애니메이션에 맞추어져 있고, 또 모형의 기하구조에 대한 의존성은 최소화하는 것이 바람직하므로, 주성분 분석을 정점들이 아니라 관절 뼈대에 대해 적용하기로 한다. 또한, 관절 뼈대는 H-Anim 표준([H-Anim05])에 명시된 인간형 뼈대 표준을 따르기로 한다.

주성분 분석을 수행하려면 자료 집합의 애니메이션 시퀀스의 각 프레임을 n차원 벡터로 변환해야 한다. 지금의 경우 하나의 자세/키 프레임은 25개의 관절 회전들(루트 관절도 포함)로 이루어진다. 회전행렬 값들에 직접 주성분 분석을 적용하면 바람직한 결과가 나오지 않는다. 이는 회전 공간이 비유클리드 기하학적 공간이기 때문이다. 이 문제는 (직교) 회전행렬을 "지수 맵(exponential map)"이라는 것으로 선형화한 후에 주성분 분석을 수행해서 해결할 수 있다. 회전의 지수 맵 표현은 직교 회전행렬에 행렬 로그(logarithm)를 적용해서 얻는다. 이러한 회전 표현을 이용하면 회전에 대해 선형 연산을 적용할 수 있으며, 따라서 동작 보간에 아주 유용하다([Alexa02], [Park97]). 회전행렬에 행렬 로그를 적용하면 치우친 대칭행렬이 나오며, 그 행렬을 하나의 벡터로 표현할 수 있다. 지금 예에서 하나의 자세는 관절 회전 25개와 하나의 전역 이동 행렬로 정의된다. 따라서 하나의 자세를 78차원(즉, 성분이 78개인) 벡터 하나로 표현할 수 있다.

회전을 이렇게 지수 맵 형태로 표현하면 조작하거나 보간하기가 쉬워진다. 그러나 정의역에 특이성들이 존재함을 주의해야 한다. [Grassia98]에 따르면, 하나의 지수 맵이 각 방향을 무한히 많은 점들(임의의 $aX+bY+cZ+d=0$에 대한, v축 기준 $2n\pi+\theta$ 회전과 $-v$축 기준 $2n\pi-\theta$ 회전에 해당하는)로 사상할 수 있다. 따라서 이러한 특이성들이 보간에 끼어들지 않도록 하는 수단을 갖추어야 한다. (이에 대한 좀 더 자세한 논의는 [Grassia98]을 보기 바란다.)

이러한 78차원 벡터에 대해 주성분 분석을 수행하면 하나의 78×78 주성분 행렬이 나온다. 다음은 여러 회전 사원수들과 전역 이동 벡터 하나로 구성된 하나의 자세를 그에 해당하는 주성분(PC) 벡터로 변환하는 함수이다.

```
void toPC(Posture* p, PCPosture* g) {

    // 주성분 행렬에 곱할 벡터.
    // PCSIZE = 78
    float* quatTransVector = new float[PCSIZE];

    // 전역 이동 값을 얻는다.
    translation root_trans;
    p->getTranslation(root, root_trans);
```

```
quatTransVector[0] = root_trans.x;
quatTransVector[1] = root_trans.y;
quatTransVector[2] = root_trans.z;

// 모든 관절을 얻는다. 여기서 PCJOINTS = 25이다.
// getRotation 메서드는 관절 회전의
// 지수 맵 표현을 계산한다.
for (int joint = 0; joint < PCJOINTS; joint++) {
    skewSymTp rot;
    p->getRotation(joint,rot);
    int location = joint*3 + 3;
    quatTransVector[location] = rot.a;
    quatTransVector[location+1] = rot.b;
    quatTransVector[location+2] = rot.c;
}

// 전치된 주성분 행렬과 quatTransVector를 곱한다.
for (int row=0; row<PCSIZE; row++) {
    float currPC = 0.0f;
    for (int column=0; column<PCSIZE; column++)
        currPC += globalpcmatrix_[column][row]
            * quatTransVector[column];
    g->setValue(row,currPC);
}

// 메모리를 비운다.
delete [] quatTransVector;
}
```

주성분 표현을 다시 사원수들로 변환하는 함수도 이와 비슷하다(부록 CD-ROM에 있음). 한 자세의 주성분 표현을 얻었다면, 주성분의 구조에서 기인한 차원 축약의 이점을 취할 수 있다.

지금의 경우 색인이 25보다 큰 성분들은 대부분 0이며, 따라서 제거해도 무방하다 성분들을 제거하면 처리해야 할 자료의 양이 크게 줄게 되고, 네트워크로 자료를 전송하는 경우라면 필요한 대역폭이 줄어든다. 물론 차원 축약 때문에 자세에 오차가 생길 수도 있는데, 차원 축약을 세부수준(LOD) 알고리즘에 직접 연결해서 장면에서 캐릭터와 카메라의 거리에 따라 차원 축약 정도를 결정히는 것도 좋은 방법일 수 있다.

자세 바꾸기

기록된 애니메이션 자료로 애니메이션 데이터베이스를 만들었다면, 필요에 따라 그 데이터베이스로부터 사실적인 새 애니메이션들을 자동으로 생성할 수 있으며, 그 애니메이션들을 실행시점에서 적절히 활성화, 비활성화해서 애니메이션 시퀀스 사이에 어색한 정지 자세가 나타나는 일을 방지할 수 있다. 그럼 캐릭터의 동작들에 자세 바꾸기 유휴 동작들을 추가하는 방법을 살펴보자. 사람이 서 있는 모습을 기록한 애니메이션 기초 자료들을 예로 들겠다.

애니메이션 기본 구조

서 있는 사람은 지루하거나 피곤해서 가끔씩 자세를 바꾸기 마련이다. 그러한 자세 변화 사이에서 특징적인 것이 휴식 자세(resting posture)이다. 휴식 자세들은 크게 왼발에 체중을 실은 자세, 오른발에 체중을 실은 자세, 두 발 모두에 체중을 실은 자세라는 세 가지 범주로 나눌 수 있다. 누군가가 서 있는 모습을 캡처한 자료가 주어지면, 이 세 휴식 자세들 각각 사이의 전이에 해당하는 애니메이션 조각들을 추출할 수 있다. 그러한 애니메이션 조각들을 모아서 자세 바꾸기(체중 옮기기) 유휴 동작 애니메이션들을 합성하는 데 사용할 데이터베이스를 만든다. 이러한 데이터베이스가 유용하려면 각 범주 전이마다 적어도 하나의 애니메이션이 있어야 한다. 물론 다양성을 위해서는 각 전이마다 여러 개의 애니메이션들이 있는 것이 바람직하다. 이러한 데이터베이스의 애니메이션 시퀀스들을 매끄럽게 전이되도록 적절히 혼합, 수정함으로써 새 애니메이션을 만들어낸다.

데이터베이스의 각 애니메이션 조각마다 하나의 시작 자세와 하나의 종지 자세가 존재한다. 이 조각들을 연결해서 애니메이션을 만들 때에는 한 조각의 종지 자세가 다음 조각의 시작 자세로 자연스럽게 전이되게 해야 한다. 이를 위해, 모든 가능한 시작, 종지 자세 전

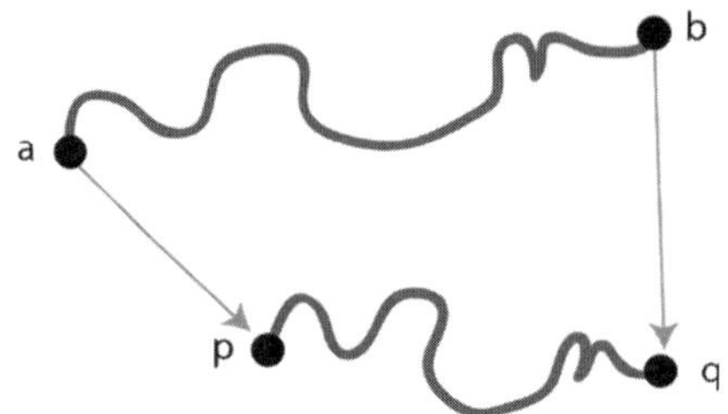

그림 5.1.1 애니메이션을 자세 (a, b)에서 자세 (p, q)로 적합시키는 과정을 단순화한 모습.

이들을 데이터베이스에 추가한다. 이러면 데이터베이스에 이미 들어 있는 애니메이션들에 애니메이션 **적합**(animation fitting)이라는 과정(그림 5.1.1 참고)을 적용함으로써 "새로운" 애니메이션을 만들어낼 수 있다. 이 기법으로 최대한 사실적인 결과를 얻으려면 데이터베이스의 애니메이션들 중 시작 자세 p와 종지 자세 q에 가장 잘 맞는 애니메이션을 찾아낼 수 있어야 한다. 좀 더 구체적으로는, 첫 프레임이 p에, 그리고 마지막 프레임이 q에 가장 가까운 애니메이션을 찾아야 하는 것이다. 자세를 주성분 값들의 벡터로 표현한다고 할 때, 두 자세의 차이("거리")라는 것을 두 주성분 벡터의 가중 유클리드 거리로 정의할 수 있다. 다음이 그러한 자세 거리를 계산하는 코드이다.

```cpp
float distance(PCPosture* p, PCPosture* q, int* weight) {
    float dist = 0.0f;
    for (int i=0; i<PCSIZE; i++) {
        float distComp = p->getValue(i) - q->getValue(i);
        dist += weight[i]*(distComp*distComp);
    }
    return dist;
}
```

가중치들을 적절히 설정함으로써 자료에 자주 나타나는 성분들이 덜 자주 나타나는 성분들보다 거리에 더 큰 영향을 미치게 만들 수 있다. 자세들의 거리를 추정하는 문제는 [Kovar02]도 다룬 바 있는데, 해당 논문에서는 뼈대에 의한 점 구름(point cloud)을 이용한다. 이 글의 방법에서는 색인(차원 첨자)이 작은 주성분의 가중치가 색인이 큰 주성분의 가중치보다 크도록 가중치들을 설정한다. 이러면 주어진 자세에 더 크게 관련되는 부분들이 거리 계산에 더 큰 영향을 미치게 된다.

가장 가까운 애니메이션을 찾았다면, 다음과 같은 코드를 이용해서 그 애니메이션의 첫 프레임과 끝 프레임을 주어진 시작 자세와 종지 자세에 적합시킨다.

```cpp
void KeyFrameBodyAnimation::fit(KeyFrame* newkf0, KeyFrame* newkf1) {
    PCPosture* newkf0_pc = newkf0->getPCPosture();
    PCPosture* newkf1_pc = newkf1->getPCPosture();

    PCPosture* oldkf0_pc = keyframes_->begin()->getPCPosture();
    PCPosture* oldkf1_pc = keyframes_->end()->getPCPosture();

    float* offset0 = new float[PCSIZE];
    float* offset1 = new float[PCSIZE];

    for (int u=0; u<PCSIZE;u++) {
        offset0[u] = newkf0_pc->getValue(u)-oldkf0_pc->getValue(u);
        offset1[u] = oldkf1_pc->getValue(u)-newkf1_pc->getValue(u);
```

```
        }

        int size = keyframes_->size();
        for (int f=0; f<size; f++) {
            PCPosture* currFrame = keyframes_->at(f)->getPCPosture();
            for (int x=0; x<PCSIZE; x++) {

                // 기존 주성분 값을 얻는다.
                float pcval = currFrame->getValue(x);

                // 오프셋을 적용한다.
                pcval += (offset0[x]*float(size-f)/float(size);
                pcval += (offset1[x]*float(f)/float(size);
                currFrame->setValue(x,pcval);
            }
        }
    }
```

애니메이션들에 대해 선형 연산들만 수행하므로, 이러한 기법으로 데이터베이스를 확장하는 데 많은 시간이 필요하지는 않다. 주성분들의 성질에 기초해서 일부 주성분들에만 적합 절차를 적용한다면 속도를 더욱 높일 수 있다. 단, 이러한 애니메이션 적합 기법은 변위량의 차이가 그리 크지 않은 애니메이션들에만 적용할 수 있음을 조심해야 한다. 다행히 유휴 동작 애니메이션들은 변위 차이가 크지 않다.

이동 오프셋 제거

데이터베이스의 애니메이션들은 이후 체중 옮기기 동작을 만드는 데 사용할 것이므로, 애니메이션들 사이의 상대 이동이 최소화되도록 자료를 정규화할 필요가 있다. 여기에서는

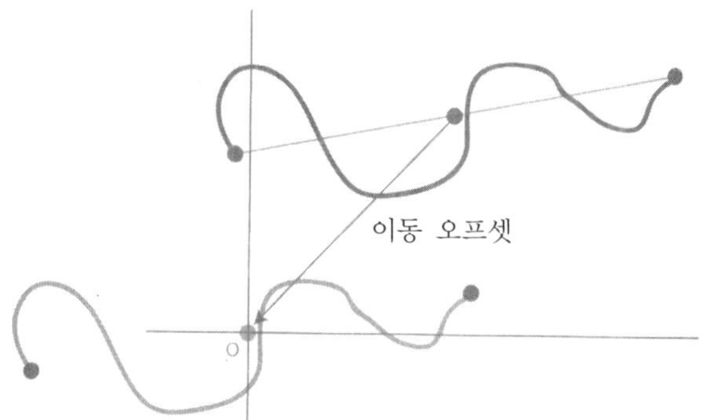

그림 5.1.2 애니메이션 시퀀스의 이동 오프셋(x,z 평면에서의)을 추정하는 방법.

애니메이션의 첫 프레임과 마지막 프레임의 평균값을 이용해서 원점 (0, 0, 0)을 기준으로 한 애니메이션 시퀀스의 이동 오프셋을 구한다(그림 5.1.2).

이 오프셋을 애니메이션에서 제거하려면 애니메이션 각 프레임의 루트 이동 변환에서 이 오프셋을 빼야 한다. 다음이 그러한 작업을 수행하는 코드이다.

```
void KeyFrameBodyAnimation::removeTransOffset() {
    // 오프셋을 계산한다.
    translation firstTrans, lastTrans, offsetTrans;
    keyframes_->begin()->getPosture()->getTrans (root,firstTrans);
    keyframes_->back()->getPosture()->getTrans (root,lastTrans);
    offsetTrans = -(firstTrans+lastTrans)/2.0f;

    // 각 프레임마다 오프셋을 적용한다.
    for (int i=0; i<keyframes_->size(); i++) {
        Posture* p = keyframes_->at(i)->getPosture();
        translation currTrans;
        p->getTranslation(root,currTrans);
        currTrans += offsetTrans;
        p->setTranslation(root,currTrans);
    }
}
```

이동 오프셋을 다른 방식으로 추정할 수도 있다. 예를 들어 애니메이션 동작 중 가장 중심에 놓이는 자세에 해당하는 키 프레임을 찾아서 사용하거나 시간상으로 자세 전이의 중간에 해당하는 키 프레임을 찾아서 사용할 수도 있다.

새 애니메이션 만들기

이렇게 해서 임의의 시작 자세와 종지 자세 사이의 전이 애니메이션들을 포함하는 확장된 데이터베이스가 만들어졌다고 하자. 이제 데이터베이스의 자세 전이 애니메이션 조각들을 이어서 새 애니메이션을 만들어낼 수 있다. 자세 전이 조각들 사이에 일정 시간 동안의 휴식 자세를 끼워 넣으면 된다. 그림 5.1.3은 이 시스템으로 만들어낸 애니메이션의 일부 자세들이다. 부록 CD-ROM에 시연 동영상이 있으니 참고하기 바란다.

이 예들에서는 서 있는 사람들의 애니메이션 데이터베이스에 대해 주성분 분석을 적용했는데, 다른 종류의 애니메이션들에도 이 글의 기법을 적용할 수 있다. 예를 들면 서 있는 사람의 체중 옮기기 뿐만 아니라 앉아 있는 사람이나 누워 있는 사람의 자세 바꾸기 등에도 적용하는 것이 가능하다. 그런 경우에는 자세들이 의자나 짐대 같은 부수적인 객제에 상대적이라는 점을 고려해야 하는데, 이런 문제는 앞에서 설명한 정규화 절차를 수행

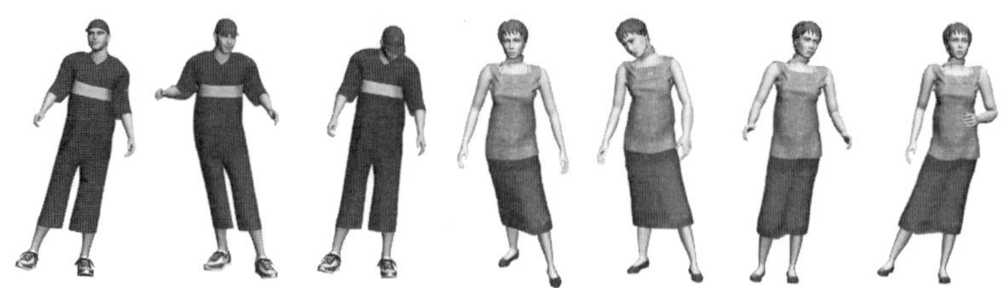

그림 5.1.3 유휴 동작 시스템으로 만든 애니메이션의 일부 자세들.

한 후에 유휴 동작을 공간 안의 사람 캐릭터 위치에 상대적인 위치에서 재생하는 것으로 어느 정도 해결할 수 있다.

연속적이고 작은 자세 변동

체중 옮기기 유휴 동작 외에, 작은 자세 변동 방식의 유휴 동작도 애니메이션의 사실감을 크게 높여준다. 사람은 숨쉬기나 미세한 근육 수축 등의 이유로 끊임없이 몸을 움직인다. 캐릭터가 그런 모습을 보이지 않으면 살아 있는 사람 같은 느낌을 주지 못할 것이다. 이런 작은 자세 변동들을 만들어낼 때에도 키 프레임의 주성분 표현이 유용하게 쓰인다. 변동들을 관절 매개변수들에 직접 적용하는 대신 주성분들에 적용함으로써, 자세들에 무작위한 변동들을 가해도 관절들 사이의 의존성이 유지된다. 또한, 주성분 분석에 의해 자료에서 독립성이 최대인 변수들을 얻게 됨을 기억하기 바란다. 덕분에 그 변수들을 개별적으로 취급해서 자세 변동들을 생성하는 것이 가능하다.

변동을 생성하는 한 가지 방법은 펄린 잡음 함수([Perlin85])를 (일부)주성분들에 적용하는 것이다. 그러나 이 글에서는 모션 캡처 자료의 곡선 형태에 기초해서 작은 변동들을 만들어내는 방법을 제시한다. 이 방법은 통계적 모형을 적용해서 실제 자료의 것과 비슷한(그러나 무작위한) 곡선을 생성한다. 이 접근방식은 또한 특정 사람에 고유한 기존의 경향성(특징적인 머리 흔들기 등)도 유지한다. 완전히 자동화할 수 있다는 것도 펄린 잡음에 비한 이 방법의 장점이다. 이 방법에서는 잡음의 주파수나 진폭 같은 것을 정의할 필요가 없다. 이 방법에서는 작은 변동들만 일어나고 체중 옮기기 등의 동작은 나타나지 않는 애니메이션 조각들을 분석해서 통계적 모형을 만들고, 그것을 다른 자세들에 적용해서 작은 변동들을 생성한다.

작은 변동들에 적합한 애니메이션 조각들을 선택했다면 변동들만 남고 기본자세들은 제거되도록 적절히 정규화한다. 변동들을 다른 체중 옮기기 자세들에 적용하려면 이러한 정

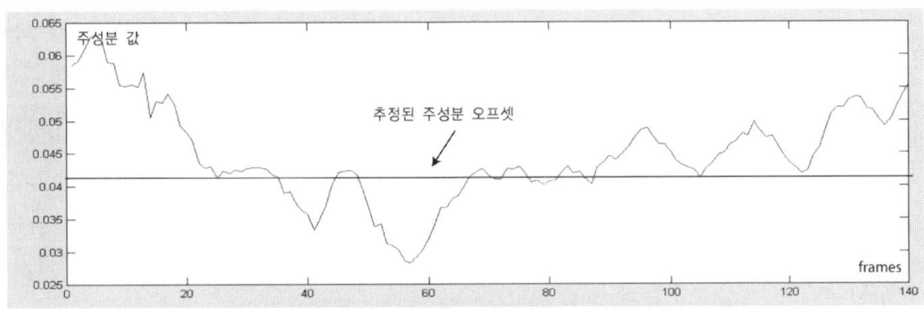

그림 5.1.4 한 애니메이션 조각의 주성분 값들과 오프셋.
오프셋은 주성분 값들의 평균으로, 이 경우 약 0.045이다.

규화가 꼭 필요하다. 애니메이션 조각을 정규화하는 방법은 간단하다. 애니메이션 주성분들의 평균을 구하고 그것을 각 키 프레임의 주성분 값들에서 빼면 된다(그림 5.1.4). 이러면 기본자세들은 사라지고 변동들만 남는다. 물론, 이 접근방식은 전반적으로 기본자세가 크게 변하지 않는 애니메이션 시퀀스에만 유효하다.

변동 예측

이제 모션 캡처 자료에 근거해서 변동들을 예측하는 방법을 살펴보자. 그림 5.1.4에 나온 애니메이션 조각 주성분 값들을 예로 들겠다. 주성분 곡선의 전반적인 형태를 유지하면서도 점들의 개수를 줄일 수 있도록, 주성분 값들을 극대, 극소값들의 집합으로 변환한다(그림 5.1.5). 각 점을 훑으면서 오차 e를 계산하고, 그것을 이용해서 해당 점이 극대 또는 극소인지 판정하면 된다. 그러한 집합을 만들었다면 이전의 극대/극솟값에 기초해서 다음 극대/극솟값을 예측할 수 있다(구체적인 방법은 잠시 후 설명한다).

절대 시간으로 된 자료를 상대 시간으로 다룰 수 있도록, 각 극대/극솟값을 이전 극대/극

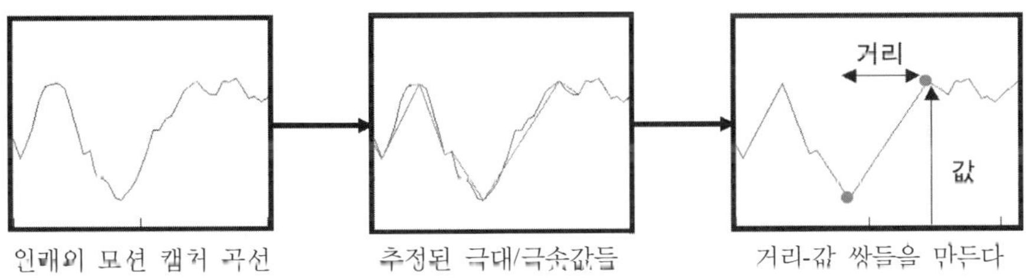

그림 5.1.5 작은 자세 변동들로 이루어진 기존 애니메이션을 분석해서
주성분들을 거리-값 쌍들로 변환한다.

솟값으로부터의 거리(밀리초 단위 시간)와 그에 해당하는 주성분의 값의 쌍으로 변환한다 (그림 5.1.5). 이 작업까지 마쳤다면, 다음으로 할 일은 주어진 거리-값 쌍에 기초해서 다음 번 거리-값 쌍을 예측하고 그것을 이용해서 새 애니메이션 시퀀스를 만들어내는 것이다.

이러한 시스템에 약간의 무작위성을 더하기 위해, 주어진 점들을 그대로 사용하는 대신 점 클러스터링(clustering) 알고리즘을 적용하기로 한다. 그런 것으론 최소신장트리(minimum spanning tree) 클러스터링 알고리즘([Jain99])이 있는데, 이 알고리즘을 거리-값 공간에 적용하면 인접한 거리-값 쌍들의 클러스터들이 만들어진다(그림 5.1.6). 모션 캡처 자료로부터 각 거리-값 쌍의 다음 쌍을 알아낼 수 있다. 이 정보를 이용해서 임의의 두 클러스터 사이의 전이 확률을 구해서 하나의 **확률 전이 행렬**을 만든다. 클러스터 간 전이가 항상 가능하도록 하려면 다른 클러스터로의 전이가 불가능한 클러스터가 없어질 때까지(즉, "막다른 골목"이 없어질 때까지) 클러스터들을 합쳐야 한다. 이제 다음과 같은 알고리즘을 이용해서 새 애니메이션을 만들어낸다.

1. 애니메이션 시퀀스의 시간 $t=0$에 중립 위치를 추가한다.
2. 점들의 클러스터들 중 하나를 무작위로 선택한다.
3. 그 클러스터의 한 점(즉 거리-값 쌍)을 무작위로 선택한다.
4. 그 점의 값(주성분)에 해당하는 키 프레임 하나를 애니메이션 시퀀스의 시간 $t+$거리 지점에 추가한다.
5. 현재 클러스터와 확률 전이 행렬을 이용해서 다음 클러스터를 선택한다.
6. 새로 선택된 클러스터의 한 점(거리-값 쌍)을 무작위로 선택한다.
7. 원하는 길이의 애니메이션 시퀀스가 만들어질 때까지 단계 4~6을 반복한다.

원래의 점들이 아니라 클러스터에서 무작위로 선택한 점들로 애니메이션을 만들기 때문에 변동들에 반복이 거의 없다. 그러나 애니메이션에 대한 주성분 값 곡선이 여전히 애초의 애니메이션 표본의 곡선과 아주 비슷한 형태이다. 변동 합성을 위해서는, 이 절에서 설명한 애니메이션 조각 생성 공정을 주성분 값들의 부분집합에 적용해서 각 주성분마다 개별적으로 변동들을 생성한다. 주성분들의 의존성이 상당히 작기 때문에 이렇게 해도 부자연스러운 결과가 나오지는 않는다. 이런 변동 합성의 최종 결과에는 반복이 아예 없거나 매우 적다. 이는 각 클러스터에서 점들을 무작위로 선택하고 주성분들을 개별적으로 처리하기 때문이다. 이처럼 주어진 곡선과 비슷한 곡선을 만들어서 동작을 합성하는 기법을 반드시 유휴 동작에만 적용할 수 있는 것은 아니다. 다소 무작위하면서도 어떤 특정한 패턴을 따르는 뭔가를 만들어내야 하는 상황이라면 이러한 기법을 사용할 수 있다. 이를테면 기존의 것과 비슷하지만 그래도 뭔가 다른 느낌을 주는 텍스처나 사운드를 만들어내는 경우 등이 그렇다.

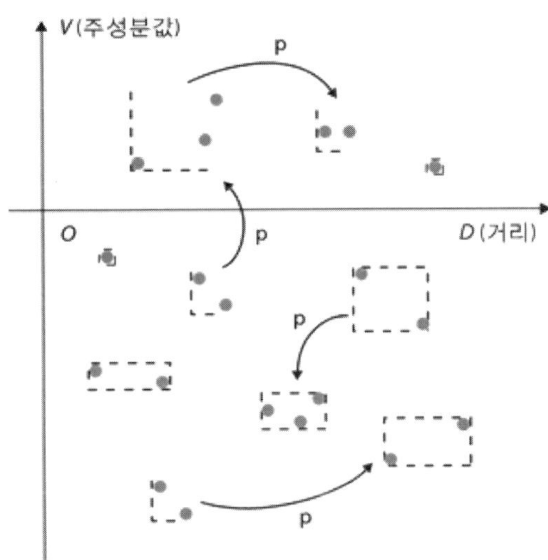

그림 5.1.6 모션 캡저 사료에서 거리-값 쌍들을 구하고, 최소신장드리 알고리즘을 이용헤서 클러스터들을 형성한다. 화살표는 한 클러스터에서 다른 클러스터로의 전이를, p는 그러한 전이의 확률을 나타낸다.

실시간 시스템과 통합

유휴 동작은 그 자체로 쓰이기보다는 다른 애니메이션들 사이사이에서 재생될 때 의미를 가진다. 따라서 기존 애니메이션(키프레임 제스처, 머리 움직임, 걷기 등등)과 유휴 애니메이션을 적절히 혼합할 수 있는 기반구조를 갖추어야 한다. 유휴 동작은 다른 애니메이션들에 상대적으로 혼합해야 한다. 그래야 캐릭터의 현재 위치나 방향과 무관하게 유휴 동작을 재생할 수 있다. 그런 식으로 모든 캐릭터에 유휴 동작 엔진을 연결시킨다면 하나의 장면에서 여러 캐릭터들이 각지 다른 유휴 동작을 보이게 할 수 있다. 유휴 동작을 다른 동작과 혼합하는 구체적인 방법에 대해서는 [Egges04a]와 [Egges04b]를 보기 바란다.

유휴 동작을 다른 애니메이션과 섞는 과정은 두 단계로 이루어진다(그림 5.1.7). 첫 단계에서는 자세 바꾸기(체중 옮기기 등) 동작을 다른 애니메이션과 가중 혼합한다. 이 혼합은 관절 수준에서 일어나며, 따라서 관절 마스크를 적절히 정의해서 애니메이션의 일부를 제이시키는 것도 가능하다. 이러한 마스크 적용이 중요한 이유는, 걷기나 달리기저럼 자세 바꾸기 동작과 혼합해서는 안 되는 애니메이션들이 있기 때문이나. 또한 마스크는 동작 중 바뀌지 말아야 하는 부분을 지정하는 용도로도 유용하다. 예를 들어 제스처 애니메

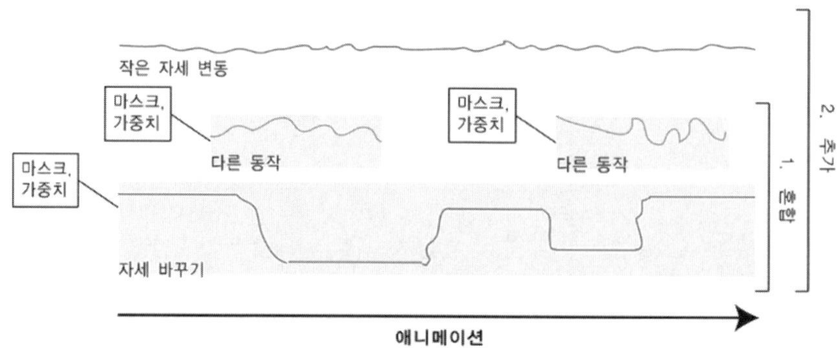

그림 5.1.7 유휴 동작을 실시간 애니메이션 프레임워크에 통합.

이션(공격, 도발, 실망 등등)의 팔의 움직임을 유휴 동작의 정적인 팔 자세와 혼합해서는 안 될 것이다. 만일 팔까지 혼합해버리면 다소 애매한 제스처가 나와 버린다.

자세 바꾸기 동작을 혼합한 후에는 작은 자세 변동들을 애니메이션에 추가한다. 작은 자세 변동들의 추가는 주성분 공간에서 일어난다. 애니메이션의 각 프레임마다, 앞에서 혼합한 애니메이션과 변동 애니메이션의 주성분 값들을 합해서 최종 애니메이션을 형성한다. 변동들은 원래 정적인 휴식 자세에 약간의 생동감을 주기 위한 것이므로, 기존 애니메이션에 변동들을 가한다고 해도 별로 눈에 거슬리지는 않는다.

결론

이 글에서 설명한 기법들을 이용하면 애니메이션과 자세들의 데이터베이스에 기초해서 사실적인, 그리고 데이터베이스의 애니메이션이나 자세들과도 잘 맞는 유휴 동작을 만들어내는 시스템을 구축할 수 있다. 시간이 많이 소비되는 계산들을 자료 분석 단계에서 미리 수행하므로, 표준적인 2GHz 데스크톱 PC에서도 실시간으로 애니메이션을 생성, 재생하는 것이 가능하다. 주성분 값들과 회전 행렬의 변환은 실행 시점에서 수행되나, 각 키 프레임마다 3×3 행렬(또는 사원수)에 로그/지수 함수와 행렬 곱셈을 한 번씩 수행하는 정도이므로 실시간 연산 시간 제약을 넘길 정도는 아니다.

참조문헌

[Alexa02] Alexa, M., "Linear combination of transformations." *SIGGRAPH 2002*, 2002: pp. 380–387.

[Arikan02] Arikan, O. 외, "Interactive motion generation from examples." *Proceedings of ACM SIGGRAPH 2002*, 2002.

[Arikan03] Arikan, O. 외, "Motion synthesis from annotations." *ACM Transactions on Graphics*, 22(3), pp. 392–401, 2003.

[Bruderlin95] Bruderlin, A. 외, "Motion signal processing." *Computer Graphics*, Vol. 29 (Annual Conference Series), 1995: pp. 97–104.

[Egges04a] Egges, A. 외, "Personalised Real-Time Idle Motion Synthesis." Pacific Graphics 2004, Seoul, Korea: pp. 121–130, October 2004.

[Egges04b] Egges, A. 외, "Example-based idle motion synthesis in a real-time application." *CAPTECH Workshop*, 2004: pp. 13–19.

[Grassia98] Grassia, F. S., "Practical parameterization of rotations using the exponential map." *Journal of Graphics Tools*, 3(3): 29–48, 1998.

[H-Anim05] H-ANIM Humanoid Animation Working Group, "Specification for a standard humanoid." August 2005. 웹 *http://www.h-anim.org/*.

[Jain99] Jain, A. K. 외, "Data clustering: a review." *ACM Computing Surveys*, 31(3): pp. 264–323, 1999.

[Kim03] Kim, T. H. 외, "Rhythmic-motion synthesis based on motion-beat analysis." *ACM Transactions on Graphics*, 22(3): pp. 392–401, 2003.

[Kovar02] Kovar, L. 외, "Motion graphs." *Proceedings of SIGGRAPH 2002*, 2002.

[Lee02] Lee, J. 외, "Interactive control of avatars animated with human motion data." *Proceedings of SIGGRAPH 2002*, July 2002.

[Li02] Li, Y. 외, "Motion texture: A two-level statistical model for character motion synthesis." *Proceedings of SIGGRAPH 2002*, 2002.

[Park97] Park, F. 외, "Smooth invariant interpolation of rotations." *ACM Transactions on Graphics*, 16(3): pp. 277–295, July 1997.

[Perlin85] Perlin, K., "An image synthesizer." *Proceedings of the 12th Annual Conference on Computer Graphics and Interactive Techniques*, ACM Press, 1985: pp. 287–296.

[Perlin95] Perlin, K., "Real time responsive animation with personality." *IEEE Transactions on Visualization and Computer Graphics*, 1(1), 1995.

[Pullen02] Pullen, K. 외, "Motion capture assisted animation: Texturing and synthesis." *Proceedings of SIGGRAPH 2002*, 2002.

5.2 적응형 이진 트리를 이용한 공간 분할

Martin Fleisz

공간 분할을 위한 기법들은 다양하며, 각자 나름의 장단점을 가지고 있다. 대부분의 경우 난점은 처리할 기하구조의 속성들에 따라 달라진다. 예를 들어 실내 장면에는 아주 효율적이나 광대한 실외 지형에 대해서는 거의 쓸모가 없는 기법들도 있다.

이에 대한 한 가지 대안으로서 Yann Lombard가 제시한 것이 적응형 이진 트리(adaptive binary tree, ABT)이다([Lombard02]). ABT는 다른 기법들과 달리 공간을 장면 기하구조에 기초해서 분할한다. ABT에서는 분할 부피를 동적으로 줄이거나 겹침으로써 분할 표면들의 개수를 줄일 수 있다. 분할 평면은 분할 표면들의 개수라던가 분할 평면의 공간상의 위치 같은 여러 가지 요인들을 고려하는 일정한 득점 체계를 이용해서 결정하는데, 이러한 특징 덕분에 ABT가 다양한 종류의 장면들에 잘 들어맞게 된다.

ABT 만들기

우선 트리의 루트 노드를 만든다. 장면 전체를 감싸는 축 정렬 경계상자(AABB)를 루트 노드로 두면 된다. 그런 다음에는 세 축 중 하나에 수직인 분할 평면을 택해서 그 상자를 둘로 나눈다. 이에 의해 두 개의 자식 노드가 만들어진다. 이러한 분할을 표면들의 수가 미리 정해 둔 상한에 도달할 때까지 재귀적으로 반복한다. 노드들은 모두 해당 공간을 감싸는 AABB들이며, 따라서 시야절두체 판정을 적용하기가 편하다.

이상의 설명에서 보듯이, ABT를 구축하는 전반적인 과정은 매우 간단하다. 어려운 부분은 노드를 최대한 효율적으로 분할하는 평면을 선택하는 지점이다. ABT에 대한 첫 논문에서 Lombard는 이 분할 평면 선택 공정을 여러 가지 기준들을 만족하는 해를 찾는 수학적 최적화 문제로 취급했다([Lombard02]). 그럼 어떤 기준들이 있는지 살펴보자.

공간의 국소화

기본적인 목표는 자식 경계상자들의 가장 긴 축 길이를 최소화하는 것이다. 다른 말로 하면, 현재 노드의 경계상자의 가장 긴 축을 잘라내는 평면을 택해야 한다. 다음이 그러한 평면을 선호하는 함수이다.

$$f_1(pos) = \max(x\_축\_분할,\ y\_축\_분할,\ z\_축\_분할). \tag{5.2.1}$$

자식 노드의 부피

분할에 의해 생긴 자식 노드의 경계상자들의 부피의 차이가 작아야 한다. 다음은 현재 노드를 최대한 비슷한 부피로 나누는 평면을 선호하는 함수이다.

$$f_2(pos) = abs(\ 자식1\_부피\ -\ 자식2\_부피). \tag{5.2.2}$$

표면 개수

표면 개수가 모든 말단 노드에 균등하게 분포되어야 한다.

$$f_3(pos) = abs(\ 자식1\_표면수\ -\ 자식2\_표면수). \tag{5.2.3}$$

분할 표면 개수

다음 함수는 평면의 표면 분할을 평가한다. 잘라내는 표면들이 적을수록 좋은 분할 평면이다.

$$f_4(pos) =\ 총\_분할\_표면\_개수. \tag{5.2.4}$$

이상의 모든 함수의 합이 최소인 분할 평면이 최적의 분할 평면이다. 그러한 평면을 찾는 것이 생각만큼 간단하지는 않다. 왜냐하면 함수 f_3과 f_4 둘 다 이산적인(discrete) 습성을 보이기 때문이다. 이는 이 함수들에 국소 최솟값이 많을 수 있다는 뜻이다(장면 기하의 위상구조에 따라서는). 그리고 각 기준들 중에는 더 중요한 것이 있을 것이므로, 각 함수마다 적절한 가중치를 배정할 필요가 있다. 다음은 이상의 모든 사항을 고려해서 만든, 주어진 한 평면이 얼마나 적합한 분할 평면인지를 평가하는 함수이다.

$$f(pos) = f_1(pos)\cdot\ w1 + f_2(pos)\cdot\ w2 + f_3(pos)w3 + f_4(pos)\cdot\ w4. \tag{5.2.5}$$

가중치들은 엔진의 요구사항에 따라 적절히 선택해야 한다. 예를 들어 장면에 이미 다각형들이 아주 많다면 표면 분할 때문에 다각형 수가 더 많아지는 일을 피할 필요가 있으며, 따라서 함수 f_4에 더 큰 가중치를 부여해야 한다.

분할 평면을 찾았다면 그 분할 평면을 이용해서 노드를 두 부분으로 나누면 된다. 함수 f_4에 큰 가중치를 부여한다고 해도 여전히 많은 표면들이 분할될 것이다. ABT는 이 문제를 그냥 노드의 경계상자를 키우는 것으로 해결한다. 이런 방식에 깔린 개념은, ABT의 한 노드가 반드시 공간의 정확한 영역을 나타낼 필요는 없으며, 단지 근사적인 영역을 표현하기만 하면 충분하다는 것이다([Lombard02]). 그러나 트리 계통구조의 효율성을 유지하려면 노드 경계상자들을 너무 키워서도 안 된다. Lombard는 확장 비율이 자식 상자의 부피 비율을 넘어서는 안 된다고 조언한다. 확장 비율을 5%~10% 정도로 잡으면 표면 분할의 90% 가까이가 제거될 것이다.

이렇게 해서 ABT의 구축이 끝났다. Lombard도 제안했듯이, 상황에 따라서는 ABT의 경계상자들을 좀 더 최적화해야 할 수도 있다. 그러나 그런 상황은 비교적 드물다. 어쨌든, 여기까지 마쳤다면 렌더링에 바로 사용할 수 있는 기하 자료 모두를 담은, 완벽하게 균형 잡힌 트리가 만들어진 것이다.

ABT 구현 세부사항

분할 평면 찾기

ABT에 깔린 개념들이 아주 쉽고 논리적인 것으로 느껴지겠지만, 실제의 구현은 생각보다 간단하지 않다. 짐작하겠지만, 가장 어려운 부분은 분할 평면(그림 5.2.1)을 결정하는 것이다. 분할 평면을 보다 잘 선택할수록 절두체 선별에 더욱 효과적인 트리가 만들어진다. 그림 분할 평면 선택 부분이 구현을 좀 더 자세히 살펴보자

앞에서 언급했듯이, 분할 평면의 방향은 항상 X, Y, Z축 중 하나와 수직이나. 하나의 평면은 법선 벡터 하나와 평면상의 한 점으로 정의된다. 검색 방법으로 들어가기 전에, 찾고자 하는 분할 평면에 대해 알고 있는 것들을 되짚어 보자. 우선, 분할 평면의 법선은 평면과 수직인 기본축이다. 둘째로, 분할 평면이 좌표계 기본축들 중 하나와 수직이므로, 분할 평면상이 한 점이 위치를 구성하는 세 성분들 중 둘은 임의로 선택할 수 있다. 필요한 것은 평면과 수직인 축의 성분뿐인데, 이 덕분에 평면 검색 함수를 구현하기가 간단해진다. 다음이 그러한 함수이다.

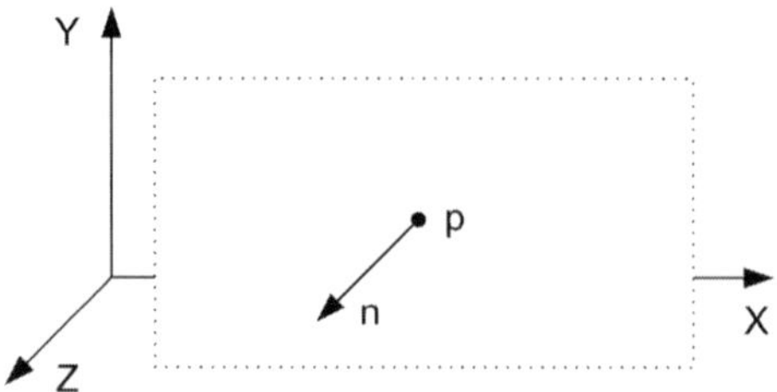

그림 5.2.1 분할 평면은 점 p와 법선 n으로 정의된다. 이 예에서 분할 평면은 z축에 수직이다.

```
Plane getBestSplitter(AABB curAABB, Surfaces *pSurfaceList,
    int iNumSurfaces)
{
    Plane bestPlane;
    float fBestPlaneScore = 1000000.0f;

    // 각 축마다 판정한다.
    for(int iCurAxis = 0; iCurAxis < 3; iCurAxis++)
    {
        // curPlane의 법선과 점을 모두
        // (0,0,0)으로 초기화한다.
        Plane curPlane;

        // 초기 평면의 법선(현재 축에 평행)
        curPlane.Normal.xyz[iCurAxis] = 1.0f;

        // 현재 축에 수직인 평면 몇 개를 시도해 본다.
        for(int i = 0; i < SAMPLES; i++)
        {
            // 빠진 성분을 설정해서 평면을 정의한다.
            curPlane.Point.xyz[iCurAxis] = getSample(i);

            // 평면의 점수를 계산한다.
            float fScore = getPlaneScore(curAABB, curPlane);

            // 이전의 최적 평면보다 나은지 점검, 갱신한다.
            if(fScore < fBestPlaneScore)
            {
                bestPlane = curPlane;
                fBestPlaneScore = fScore;
            }
        }
    }
    return bestPlane;
}
```

이 부분에 대한 좀 더 자세한 정보를 원한다면 부록 CD-ROM의 ABT 데모 소스 코드를 보기 바란다.

평면의 점수 계산

주어진 평면의 점수를 계산하는 수학 함수들은 이미 앞에서 살펴보았으나, 코드로 구현하기에는 다소 추상적인 면이 있다. 다음은 [Capbell03]에 나온 이 함수들의 좀 더 구체적인 정의로, 독자의 프로젝트에 맞게 함수들을 정의하는 데 참고가 될 수 있을 것이다. 함수의 값(점수)이 클수록 나쁜 선택임을 기억하기 바란다.

$$f_1 = 1 - Length(ThisAxis) / Length(LargestAxis). \tag{5.2.6}$$

함수 f_1은 현재 고려하는 축의 길이와 경계상자의 가장 긴 축 길이의 비율을 계산한다. 이 함수는 주어진 축과 가장 긴 축의 길이 차이가 작을수록 작은 값을 돌려준다. 주어진 축이 가장 긴 축이면 함수의 값은 0이 된다.

$$f_2 = 2 * fabs(0.5 - SplitPecent). \tag{5.2.7}$$

식 5.2.7에서 f_2의 *SplitPercent* 매개변수는 평면이 현재 노드 공간을 분할하는 지점의 비율로, 예를 들어 1/4 지점에서 분할하면 0.25, 중앙에서 분할하면 0.5 등이다([Campbell03]). 분할 평면과 현재 경계 상자 중심 간의 거리가 클수록 함수의 값이 커진다.

$$f_3 = fabs(NumFrontFaces - NumBackFaces) / NumFaces. \tag{5.2.8}$$

식 5.2.8에서 *NumFrontFaces*와 *NumBackFaces*는 각각 현재 노드의 표면들 중 분할 평면 앞쪽 표면 개수와 뒤쪽 표면 개수이고, *NumFaces*는 현재 노드의 표면들의 전체 개수이다. 이들의 차이가 클수록 f_3의 값이 커진다.

$$f_4 = NumSplitFaces / NumFaces \tag{5.2.9}$$

식 5.2.9의 매개변수들은 식 5.2.8과 동일하나. 이 함수는 현재 노드의 표면들 중 분할 평면에 의해 잘리는 것들의 비율을 돌려준다.

평면 선택 방식의 제어

주어진 평면의 최종적인 점수는 이러한 개별 점수 함수들의 가중합이다(식 5.2.5). 여기까지 왔다면 가중치들을 어떻게 배정할 것인지 결정해야 하는데, 어떤 표준적인 가중치들은 없다. 따라서 프로젝트의 요구에 맞게 직접 선택해야 한다. 기하 자료가 많다면 분할에 의해 표면들이 더 생기는 일을 방지하는 것이 중요할 것이고, 그런 경우라면 f_4에 대한 가중치를 다른 것들보다 크게 잡아야 할 것이다. 반면 다각형들이 균등하게 분포된 높이 맵 기반 지형을 분할할 때에는 분할 평면이 기존 표면들을 잘라내는 일이 거의 없을 것이므로 f_4가 별로 중요하지 않다. (분할 평면이 지형 기하와 완벽하게 정렬되지 않는다고 하더라도, 경계상자 확장을 이용해서 표면 분할을 피할 수 있다.) 이러한 정보에 기초해서 특정 함수의 가중치를 아주 낮게(또는 0으로) 설정하면 다른 함수들의 상대적인 중요도가 높아진다.

사실 이러한 가중치들은 사용자에게 중요한 기능을 제공한다. 이들 덕분에 개발자는 구현 코드를 전혀 고치지 않고도 트리 생성 방식을 완전히 제어할 수 있게 된다. 장면의 종류에 맞게 조율된 가중치들을 적용함으로써 최고의 성능을 내는 ABT를 얻을 수 있다.

"임계 표면"다루기

이런 식으로 구축한 ABT에서, 같은 재질을 사용하는 표면들이 여러 개의 말단 노드들에 조금씩 분산되어 있을 수도 있다. 그러한 작은 자료 집합들은 성능에 나쁜 영향을 미치므로 최대한 피해야 한다. [Lombard03]은 이러한 "임계 표면"들을 피하는 세 가지 방법을 제시한다.

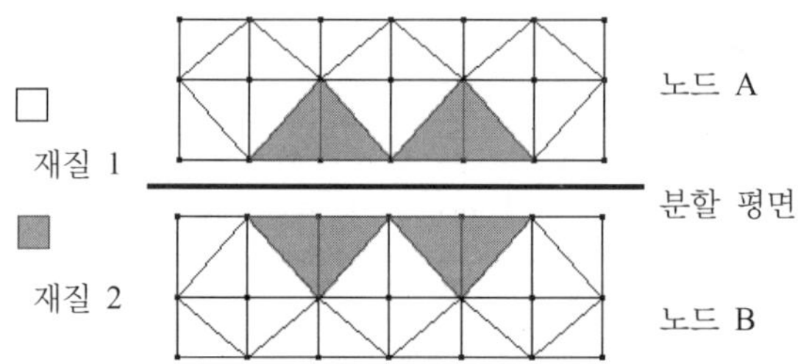

그림 5.2.2 한 노드를 두 자식들로 분할한 후의 임계 표면들(재질 1을 사용).

첫째로, 분할 평면 점수 공식에 재질 경계들을 고려하는 함수를 추가할 수도 있다. 그러나 Lombard도 언급했듯이, 엔진이 재질을 어떤 식으로 관리하느냐에 따라서는 이런 방법을 사용할 수 없을 수도 있다.

둘째는 임계 표면들을 병합하는 것이다. 즉, ABT의 말단 노드들을 훑으면서 임계 표면들을 식별하고, 같은 재질을 가진 표면들을 이미 담고 있는 근처의 다른 노드에 그것들을 추가한다. 그러나 이러면 그 다른 노드가 커져서 트리의 국소성이 나빠진다.

 첨언하자면, 이는 ABT 구축 과정 끝 부분에 언급했던 경계 상자 최적화가 필요한 경우이기도 하다.

셋째는 위의 둘과 전혀 다른 방식이다. 트리 구축 과정에서 임계 표면들을 발견했다면 그 것들을 "격리 목록"에 추가하고 말단 노드에서는 제거한다. 구축 과정을 마치고 나면 격리 목록에는 국소화하기 어려운, 장면 전반에 분산되어 있는 표면들이 모여 있게 된다. 이 표면들에 대해 또 다른 ABT 구축 과정을 실행한다. 그러면 원래의 ABT보다 훨씬 좁고 표면 수도 훨씬 적은 2차 ABT가 만들어진다. 이 2차 ABT에서는 노드의 경계상자가 훨씬 크며, 따라서 재질이 같은 표면들이 하나의 노드로 병합되어 있을 가능성이 높다. 이제는 렌더링 시 두 개의 트리를 훑어야 하지만, 렌더링 자료가 하드웨어에 좀 더 적합한 방식으로 구성되어 있기 때문에 전체적으로는 성능이 높아진다.

분할 평면 후보 선택

ABT 구축에서 가장 어려운 부분은 분할 평면 후보들을 찾는 것이다. 한 노드에서 선택 가능한 분할 평면의 수는 무한하므로, 이에 대한 현실적인 방법은 표본(후보) 몇 개를 뽑아서 점수를 판정하는 것이다. [Lombard03]에 나온 첫 ABT 구현은 신경망을 이용해서 후보들을 선택하지만, 이런 접근방식은 속도가 느리다(특히 자료집합이 클수록). 분할 평면 후보 선택은 ABT 구축 공정에서 중요한 부분이므로, 몇 가지 접근방식들을 좀 더 자세히 살펴보겠다.

선형 표본화

빠르고도 간단한 방법은 선형 표본화이다. 이름에서 알 수 있듯이, 이 방법은 현재 노드 공간의 긴 축을 일정한 간격으로(이를테면 10% 지점, 20% 지점 등등) 나누는 분할 평면들을 후보로 선택한다. 그러나 이 방법은 구현이 매우 쉬운 반면 ABT 구축에는 그리 적합하지 않다. 대부분의 노드들에는 "핫스팟", 즉 기하 자료들이 몰려 있는 작은 영역이 존재하는데, 이 방법에서는 그런 핫스팟들을 전혀 고려하지 않는다([Lombard03]).

연속적 근사

또 다른 방식으로는 연속적 근사(successive approximation)가 있다. 우선 세 기본축들 중 하나를 따라 공간을 절반으로 나누는 평면을 선택하고 그 점수를 계산한다. 그런 다음에는 그 평면으로 나누어진 두 공간을 각각 절반(원래 공간의 4분의 1)으로 나누는 두 평면을 후보로 선택해서 점수를 계산한다. 두 평면 중 점수가 더 큰 것을 택해서 동일한 과정을 수행한다. 이러한 과정을 일정한 횟수만큼 또는 두 자식 평면의 점수가 현재의 부모 평면의 것보다 작은 상황에 이를 때까지 재귀적으로 반복한다. 그림 5.2.3은 이러한 접근 방식의 처음 다섯 단계를 나타낸 것이다. 이진 검색과 비슷한 방식임을 알 수 있을 것이다.

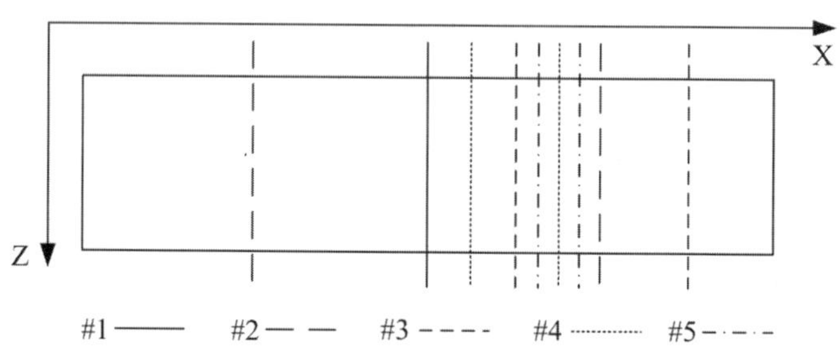

그림 5.2.3 자식 평면을 번갈아 선택하는 방식의 연속적 근사.

확률적 표본화

그냥 공간에서 무작위로 후보 평면들을 택하고 점수가 가장 큰 평면을 최종적인 분할 평면으로 선택할 수도 있다. 선형 표본화와 마찬가지로, 이 방법의 단점은 핫스팟을 고려하지 않는다는 것이다. 그러나 좋은 난수 발생기를 사용하고 표본 수를 크게 잡는다면 그러한 단점을 피할 수도 있다.

비균등 표본화

선형 표본화처럼 표본들을 균등하게 선택하는 방법의 단점을 극복하는 한 가지 방법으로, Mirko Teran-Ravniker는 사인 함수를 이용해서 표본들을 선택하는 방법을 제안한다 ([Teran-Ravniker04]). 이 방법은 공간 중앙 부분에서 더 많은 표본들을 선택하기 때문에 균등한 방식보다 더 나은 결과를 낸다.

모든 정점을 고려하는 접근방식

Lombard는 수학적으로 완벽한 해법을 찾아냈다. 앞의 점수 함수들을 자세히 살펴보면 함수들이 크게 두 종류로 나뉜다는 사실을 알 수 있다. 한 종류는 "공간 안의 위치"나 "자식 부피" 함수들(f_1과 f_2) 같은 통상적인 연속 선형 함수들이고, 또 한 종류는 "자식 표면 개수"나 "분할 표면 개수"(f_3과 f_4) 같은 이산적인 함수들이다. 삼각형 정점들을 주어진 기본축에 투영한 위치들에 대한 이 함수들의 그래프를 그려보면, 후자의 함수들은 정수 값이 일정한 기간 동안 유지되다가 갑자기 다른 정수로 뛰어 오르는 "계단형" 그래프가 된다. 그림 5.2.4는 일단의 삼각형들의 정점들을 X축에 투영한 그래프이고, 5.2.5는 계단형 함수 f_4의 그래프이다.

그림 5.2.5에서 보듯이 함수 f_4의 그래프에서 도약들은 무작위하지 않다. 도약 위치들은 항상 표면의 정점들을 현재 고려하는 축에 투영한 위치들과 일치한다. 이는 그러한 두 위치들 사이에서 분할 표면들의 개수가(따라서 f_4의 값이) 일정함을 의미한다. 따라서 두 위치들 사이의 선형 함수를 해석적으로 푼다면 국소 최솟값을 얻을 수 있으며, 이러한 연산을 다른 모든 정점에서도 수행한다면 최적의 전역 최솟값을 얻을 수 있다.

이러한 방법을 적용하면 완벽한 ABT가 나온다. 그러나 이 방법은 시간이 너무 오래 걸린다는 치명적인 단점을 가지고 있다. 장면의 정점 개수가 n이라고 할 때 최악의 경우 $3 \times (n-1)$개의 후보들을 고려해야 한나. 서로 나른 징짐들이 주이진 기본축의 동일힌 위치에 투영되는 경우가 많다면 후보들의 수가 줄어들 것이나. 또한, 가장 긴 축만 고려힌다면 후보들의 수를 더욱 줄일 수 있다. 이 경우 f_1이 항상 0이 된다는 점을 다른 가중치들의 배정에서 고려할 필요가 있다.

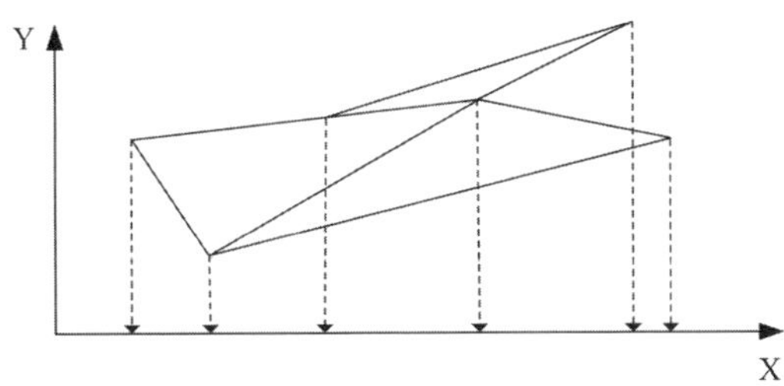

그림 5.2.4 일단의 삼각형들의 정점을 X축에 투영한 모습.

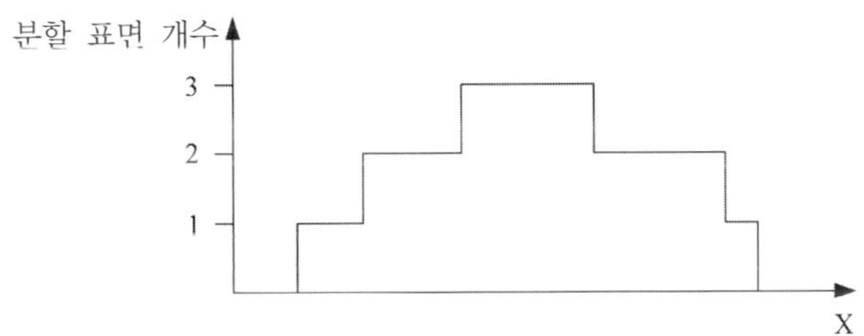

그림 5.2.5 그림 5.2.4의 위치들에 대한 계단형 함수 f_4의 그래프.

통계적 가중치를 이용한 다중 표본화

Andy Campbell이 고안한 아주 빠르면서도 결과가 좋은 한 가지 방법에서는, 우선 현재 기하 자료 집합의 중심점을 계산한다. 그런 다음 모든 정점으로 표준 편차를 구한다. 이제 중심점과의 거리가 그 표준 편차 이내인 평면 10개를 후보로 선택한다(균등한 간격으로든, 간격이 거리에 비례하게 해서이든).

이 방법의 장점은 모든 정점을 해석하는 방법에 비해 후보들의 수가 아주 적다는 것이다. 또한 다른 기법들과 결합해서 사용하는 것도 가능하다. 예를 들어 표준 편차 이내인 공간의 정점들에만 정점 해석 기반 방법을 적용한다면, 모든 정점을 해석하는 방법만큼이나 좋은 결과를 훨씬 더 빠르게 얻을 수 있다.

동적인 장면에 ABT를 적용

지금까지의 ABT는 정적인 기하구조를 렌더링하는 데 거의 완벽하다. 그러나 요즘 게임들에는 어느 정도의 동적인 성격이 요구된다. 이 때문에 게임 개발자들은 정적 기하구조와는 달리 각 프레임마다 위치가 변하는 동적인 객체들을 엔진에 포함시킨다. 약간의 수정을 가한다면 동적인 객체들에도 ABT를 사용할 수 있다([Lombard02]).

동적인 객체의 기하구조에 AABB가 배정되어 있으며, 객체가 움직임에 따라 그 AABB도 이동한다고 하자. 동적인 객체에 ABT를 사용한다고 할 때, 이제 해야 할 일은 단지 해당 경계상자들을 말단과 루트 사이의 모든 노드에 포함시키는 것뿐이다(그림 5.2.6).

객체가 이동함에 따라 해당 부모 노드의 경계상자가 커짐을 주목하기 바란다(그림의 점

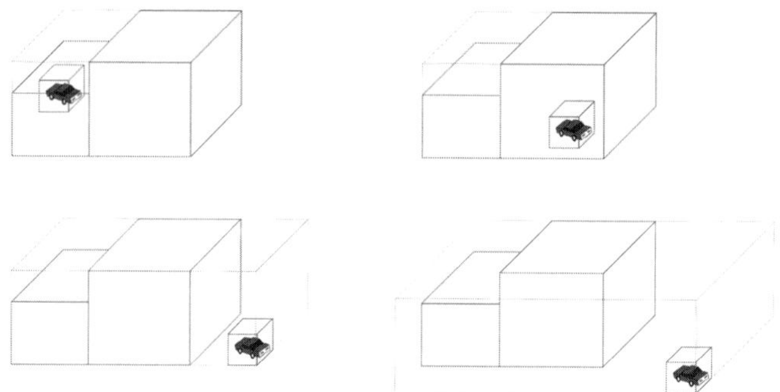

그림 5.2.6 ABT 안에서 이동하는 동적 객체.

선 부분). 이 방법의 문제점은 객체가 먼 거리를 이동함에 따라 ABT가 점점 퇴화된다는 데 있다. 그러면 ABT의 절두체 선별 효율성이 점점 줄어들어서 성능에 나쁜 영향을 미치게 된다. 이에 대한 한 가지 해결책으로 Lombard가 제안한 방법은 다음과 같다. 각 노드마다 노드의 현재 크기가 원래의 크기에 비해 얼마나 커졌는지를 나타내는 '퇴화 계수'(degeneracy factor)를 둔다. 만일 퇴화 계수가 일정 상한 이상이 되면 해당 가지 전체를 실행시점에서 다시 구축한다([Lombard02]).

객체에 따라 노드의 AABB를 키우는 대신, 객체를 충분히 담을 수 있는 크기의 상위 노드로 객체를 옮기는 방법도 있다. 이 방법의 문제는 객체가 트리 위쪽으로 빠르게 올라가기 때문에 트리가 무용지물이 된다는 것이다. 이는 공간적으로 가까이 있는 두 노드가 계통적인 트리 구조 안에서도 반드시 가까이 있는 것은 아니기 때문이다. 객체가 그런 두 노드의 경계에 걸치면 그 객체는 점점 상위 노드로 올라가서 결국에는 루트에 자리 잡게 되는데, 그러다보면 트리의 상부에 많은 객체들이 모여서 절두체 선별 효율이 크게 떨어진다([Lombard03]).

이렇게 해서 동적 객체들이 있는 장면에 ABT를 사용하는 몇 가지 접근방식을 살펴보았다. 그러나 이 부분에는 아직도 개선의 여지가 많다. 일반적으로는 동적인 객체들을 정적인 기하구조와 분리해서 독자적인 공간 분할 트리에 넣는 것이 바람직하다(트리를 하나 더 처리하고 관리해야 하는 부담이 있긴 하지만).

ABT를 이용한 장면 렌더링

ABT를 이용한 렌더링은 아주 간단하고 대단히 효율적이다. 루트 노드에서 시작해서, 두 자식 노드의 경계상자들이 시야절두체 안에 있는지 판정하고, 시야절두체에 있는 자식 노드들에 대해서는 동일한 과정을 적용한다. 이러한 과정을 두 자식 모두 시야절두체 밖에 있거나 말단 노드에 도달할 때까지 재귀적으로 반복한다. 말단에 도달한 경우에는 말단 노드에 담긴 기하 자료를 렌더링한다.

그런데 렌더링에는 단지 GPU에 렌더링 기초 자료를 전달하는 것 이외에도 상태 변경이 포함된다. 하나의 말단 노드에는 기하 자료뿐만 아니라 여러 개의 텍스처들과 정점/픽셀 세이더들도 들어 있을 텐데, 이러한 모든 상태 변경들에는 비싼 비용이 따르게 마련이다. 따라서 렌더링 성능을 위해서는 상태 변경을 최소화해야 한다 [Lombard02]에 이러한 상태 변경을 최소화해서 ABT의 렌더링 성능을 높이는 방법을 잘 보여주는 예가 나온다.

표 5.2.1은 ABT 구축에 의해 정렬된 일곱 개의 표면들과 해당 셰이더 ID들이다. 서로 다른 셰이더 ID들은 상태 변경을 유발한다.

표 5.2.2는 이 표면들을 말단 노드 및 셰이더 ID 별로 정리한 것이다.

통상적인 방식으로 이러한 트리를 운행하면서 각 노드를 렌더링하는 경우 필요한 상태 변경은 3회이다. 그러나 셰이더는 두 종류뿐이므로, 이상적으로는 상태 변경을 한 번만 수행해도 되어야 한다. 이를 위해, 트리를 운행하면서 각 노드를 즉시 렌더링하는 대신, 셰이더 ID를 기준으로 정렬된 렌더링 상태 목록을 만들어서 렌더링한다(표 5.2.3).

표 5.2.1 표면들과 해당 말단 노드 및 셰이더

표면 ID	말단 ID	셰이더 ID
1	123	0x12345678
2	123	0xABCDEF00
3	123	0xABCDEF00
4	123	0xABCDEF00
5	200	0x12345678
6	200	0x12345678
7	200	0xABCDEF00

표 5.2.2 말단 노드들과 그에 부착된 표면들

말단 ID	시작 표면	표면 개수	셰이더 ID
123	1	1	0x12345678
	2	3	0xABCDEF00
200	5	2	0x12345678
	7	1	0xABCDEF00

표 5.2.3 셰이더 ID 기준으로 정렬된 최종적인 렌더링 상태 목록

시작 표면	표면 개수	셰이더 ID
1	1	0x12345678
5	2	0x12345678
2	3	0xABCDEF00
7	1	0xABCDEF00

추가로, 목록에 정점 자료에 대한 참조를 저장한다면 효율성을 더욱 높일 수 있을 것이다. 다음은 최종적인 렌더링 상태 목록을 이용해서 ABT의 자료를 렌더링하는 방법을 보여주는 의사코드이다([Lombard02]).

```
for(렌더링 상태 목록의 각 항목 Entry에 대해)
{
    if(Entry->ShaderStateID != LastEntry->ShaderStateID)
    {
        SetNewState(Entry->ShaderStateID);
    }

    RenderVertexArray(Entry->VAPointer);
    LastEntry = Entry;
    Entry++;
}
```

서로 다른 재실들이 많이 쓰이는 장번이라면 API 호출 횟수 질약에 의한 성능 이득이 목록 정렬을 위한 비용을 상회할 것이다. 물론 이 방법을 적용하려면 표면의 세이딩 매개변수들을 손쉽게 비교할 수 있는 재질 관리 시스템을 갖추고 있어야 한다.

결론

ABT는 아주 효율적인 공간 분할 기법이다. ABT의 효율성은 트리 구축 과정의 적응적 습성에서 비롯된다. ABT는 한 노드를 두 개의 자식 노드로 분할하는 과정을 노드의 표면 개수가 일정한 수준에 도달할 때까지 재귀직으로 반복해서 만드는데, 한 노드의 공간을 둘로 나누는 평면을 선택할 때 다양한 요인들을 고려함으로써 좀 더 나은 트리를 얻을 수 있다. 분할 평면 후보들을 고르는 방법도 다양하다. 선형 표본화나 연속적 근사는 물론, 모두 정점을 고려하는 완벽한 방법도 존재한다. ABT로 동적인 객체들을 다루는 것역시 가능하다(몇 가지 문제점들을 해결해야 하지만). 처음에는 ABT의 구현이 다소 복잡해 보일 수 있지만, 실제로 해보면 그렇지 않음을 알 수 있을 것이다. 거의 모든 종류의 그래픽 엔진에서 ABT의 적용에 의한 렌더링 성능 향상을 얻을 수 있다.

감사의 글

이 글의 작성에 도움을 준 Anthony Whitaker와 Yann Lombard에 감사한다.

참조문헌

[Campbell03] Campbell, Andy, "ABT questions: construction and use." 2003년 6월 16일. 웹 *http://www.gamedev.net/community/forums/topic.asp?topic_id =163240.*

[Lombard02] Lombard, Yann, "ABT - What it is, and how to build them." 2002년 월 14일. 웹 *http://www.gamedev.net/community/ forums/viewreply.asp?ID=675554.*

[Lombard03] Lombard, Yann, "Answers to ABT questions." 2003년 6월 21일. 웹 *http://www.gamedev.net/community/forums/viewreply.asp?ID=961492.*

준 유향 경계상자를 이용한 개선된 객체 선별

Ben St. John, Siemens
ben.stjohn@siemens.com

객체 수준 선별(culling)은 객체의 모든 삼각형이나 정점을 조사하지 않고도 객체 전체가 카메라에서 보이는지의 여부를 판단하는 기법이다. 그러한 기능성은 복잡한 장면을 효율적으로 표시해야 하는 모든 그래픽 시스템에서 중요한 부분을 차지한다. 선별 시스템의 가치는 객체를 실제로 렌더링하는 비용에 비해 객체의 가시성 계산 비용이 적을수록 커진다. 이는 가시성 시스템을 설계하고 구현할 때 가시성 계산의 정확성과 복잡도 사이에서 적절한 절충선을 찾는 문제를 해결해야 한다는 뜻이다. 역사적으로 이 문제에 대한 답은 결과가 조금 부정확하더라도 가시성 판정을 아주 단순하게 유지하는 것이었다.

이 글은 객체를 감싸는 상자의 정확성을 개선하는 한 가지 기법을 소개한다. 객체 경계상자의 개선은 충돌 검출, 가시선 판정, 객체 선택, 차폐, 시야절두체 선별 판정 등 다양한 연산들에 도움이 된다. 이 글은 시야절두체 선별에 주된 초점을 두어서, 객체를 상당히 빈틈없이 감싸는 유향 경계상자(oriented bounding box)를 만들어내는 계통적 방법을 설명한다. 구체적으로, 이 글에서는 방향이 x축과 y축에 일치하며 z축에 관해서만 정렬된 '준'($準$, semi) 유향상자를 구축한다. 상자가 한 축에 관해서만 회전되므로 유향상자를 계산하는 작업이 대단히 간단해지며, 그러면서도 (많은 경우) 선별 품질이 아주 떨어지지는 않는다.

개요

이 방법의 핵심은 x축과 y축에 대해서는 "정확"하나 z축에 대해서는 그냥 축에 정렬된 (axis-aligned) 경계상자를 구하는 것이다. 시야절두체와의 교차 판정을 실제로 수행할 때에는 그러한 경계상자를 보통의 유향 경계상자처럼 취급하므로, 엄격한 축 정렬 경계상자 방법에서 장면 안에서 객체가 자유로이 회전함에 따라 경계상자의 부피가 증가하는 현상은 거의 생기지 않는다. 이 글에서는 기본적으로 객체를 z축에 관해서만 회전해서 그러한 경계상자를 구할 수 있다고 가정한다.

그런데 이런 속편한 가정이 어느 정도나 문제가 될 수 있을까? 일반적으로는 별로 문제가 되지 않는다. 지구의 물체들은 대부분 중력의 영향을 받기 때문에 수직 성분이 상당히 안정적이다. 따라서 지면에 대해 수직인 경계상자들이 물체에 상당히 잘 들어맞는다. 경계상자 축들을 자유롭게 선택할 수 있다고 해도, 그림 5.3.1처럼 세로로 심하게 기울어진 물체에서만 이득이 생길 뿐이다. 그리고 우주 공간이 배경인 게임이라 하더라도 아티스트들은 아마 특정 방향을 기준으로 물체들을 만들어 배치할 것이다. 이 글의 방법은 경계구와 결합되므로, 최악의 경우 다소 덜 최적화된 경계상자가 만들어 진다고 해도, 그것은 오직 z 방향으로만 덜 최적일 뿐이다.

또한, 객체가 어느 정도는 원점을 중심으로 한다는 가정도 두기로 한다. 실제로 그런 경우가 많다. 이러한 가정은 공식들을 간단하게 만드는 데 도움이 된다. 이 글 끝에서도 언급하겠지만, 필요하다면 이 가정을 보정하는 것 역시 가능하므로, 이러한 가정이 별로 해가 되진 않는다.

그림 5.3.1 x-y 평면으로의 투영에 의해 나쁜 경계상자가 만들어지는 경우.

█ 전통적인 기법들

문헌들에 나온 객체의 유향 경계상자 생성 기법들을 보면 크게 두 가지 접근방식이 쓰임을 알 수 있다. 하나는 통계학에서 비롯된 **공분산 행렬**(covariance matrix)을 이용하는 것이다([VanVerth04]). 이 기법에서는 자료의 분산이 가장 큰 축이나 가장 작은 축을 사용한다. 2차원 점들의 집합에 대한 공분산 행렬은 다음과 같이 주어진다.

$$\text{cov} = \begin{bmatrix} S_{xx} & S_{xy} \\ S_{xy} & S_{yy} \end{bmatrix} \tag{5.3.1}$$

$$S_{yy} = \sum_{pts} (p_y{}^2 - \bar{p}_y) \tag{5.3.2}$$

여기서 $\bar{p}_y$는 점들의 평균 y 값이다. 객체가 원점을 중심으로 한다는 가정 하에서 이 값을 0으로 둘 수 있으며, 그러면 공분산 행렬의 성분들이 다음과 같이 간단해진다.

$$S_{xx} = \sum_{pts} p_x{}^2, \; S_{yy} = \sum_{pts} p_y{}^2, \; S_{xy} = \sum_{pts} p_x{}^* p_y. \tag{5.3.3}$$

유향 경계상자 생성의 또 다른 접근방식은 물리학에서 비롯된 것으로, 객체의 **주축**(principal axis)을 계산해서 상자를 결정한다. 주축을 객체의 자연스러운 회전축이라고 생각하면 된다. 좀 더 정확하게 표현하자면, 주축은 객체의 관성 모멘트가 최소가 되는 회전축이다. 관성 모멘트 텐서는 식 5.3.4로 정의된다. 이것은 질량 곱하기 회전축으로부터의 거리의 제곱을 적분한 것으로, 물체의 질량과 비슷하지만 보통의 질량이 아닌 회전에 관한 질량이라고 생각하면 된다.

$$\mathbf{I} = \begin{bmatrix} S_{yy} & -S_{xy} \\ -S_{xy} & S_{xx} \end{bmatrix} \tag{5.3.4}$$

우변의 성분들은 공분산 행렬의 것들과 같되, 각 점에서 질량에 곱해진다는 점이 다르다. 간단한 경우 각 점의 질량은 모두 동일하며 인자이므로 그냥 1로 두고 무시해도 된다. 나중에 이런 단순화의 문제와 그것을 개선하는 방법을 따로 이야기하겠다.

두 접근방식 모두 목표는 행렬을 **대각화**(diagonalization)하는 것이다. 다시 말하면, 대각 성분이 아닌 성분들(S_{xy})이 모두 0이 되게 하는 방향을 찾는 것이다. 그러한 방향을 하나의 회전행렬로 표현하고 그것으로 세계의 x축과 y축을 회전하면 x축과 y축이 객체의 주축과 일치하게 된다. 물리적 기법과 통계적 기법 모두, 대각화를 이용해서 축들 중 하나로부터의 거리를 최소화 또는 최대화한다.

2차원에 대한 효율적인 해법

2차원의 경우에는 물리적 기법과 통계적 기법 모두 동일한 계산으로 이어진다. 한 기법의 행렬은 다른 기법의 행렬의 역행렬을 비례한 것이며, 그런 만큼 한 기법의 해는 다른 기법의 해이기도 하다. 이제부터는 수학적인 내용(주로는 선형대수)이 좀 나오는데, 수학이 싫은 독자라면 식 5.3.9와 5.3.10만 확인하고 넘어가도 좋다. 그 둘은 물체에 잘 맞도록 상자를 회전하는 데 필요한 회전행렬의 성분들을 구하는 공식이다. 그럼 수식들을 이끌어내는 과정을 살펴보자.

두 접근방식 모두, 하나의 대칭 행렬을 대각화한다. 선형대수의 한 정리에 따르면, 행렬이 대칭이고 대각 성분들의 부호가 양이면 그 행렬을 대각화하는 것이 반드시 가능하다. 지금 경우 대각화할 행렬은 식 5.3.1 또는 5.3.4인데, 두 경우 모두 대칭 행렬이고 대각 성분들은 제곱들의 합이므로 양수이다. 따라서 대각화가 가능하다.

행렬을 대각화한다는 것은 식 5.3.5의 행렬 방정식을 푸는 것에 해당한다.

$$\mathbf{I} = \mathbf{RDR}^{-1} = \mathbf{RDR}^{\mathrm{T}}, \tag{5.3.5}$$

여기서 $\mathbf{I}$는 식 5.3.4의 관성 텐서이고 $\mathbf{R}$은 회전 행렬, $\mathbf{D}$는 하나의 대각 행렬이다. 미지수 $\mathbf{R}$은 2차원 회전을 의미하므로 다음과 같이 표현할 수 있다.

$$\mathbf{R} = \begin{bmatrix} c & -s \\ s & c \end{bmatrix}, \text{ 여기서 } c = \cos\theta, \ s = \sin\theta. \tag{5.3.6}$$

일반적으로 회전행렬은 **직교행렬**이므로, 그 역행렬은 그냥 전치행렬이다. 이상의 행렬들로 식 5.3.5를 전개하면 다음과 같은 수식이 나온다.

$$\begin{bmatrix} c & -s \\ s & c \end{bmatrix} \begin{bmatrix} D_x & 0 \\ 0 & D_y \end{bmatrix} \begin{bmatrix} c & s \\ -s & c \end{bmatrix} = \begin{bmatrix} S_{yy} & -S_{xy} \\ -S_{xy} & S_{xx} \end{bmatrix}. \tag{5.3.7}$$

성분 별로 좀 더 전개해서 정리하다보면 다음과 같은 답을 얻을 수 있다.

$$\theta = \frac{1}{2} tan^{-1}\left(\frac{2S_{xy}}{S_{xx} - S_{yy}} \right). \tag{5.3.8}$$

3차원의 경우에는 3×3 행렬의 고유벡터(eigenvector)들에 대한 해를 구해야 한다. 먼저 3차 방정식을 푼 후 고유벡터들에 대한 해를 구해야 하는데, 둘 다 상당히 복잡하고 비용이 비싼 수학 연산들이 필요하다([Eberly02]). 게다가 2차원에서는 공분산 행렬과 관성 텐서의 관계가 간단했지만, 3차원에서는 다소 복잡하다.

그런데 실제로 필요한 것은 각도 자체가 아니라 최종적인 회전 행렬이다. θ을 계산한 다음에 다시 그것에 대해 삼각 함수들을 적용해서 회전 행렬을 구하는 것보다는, 다음과 같이 식 5.3.7을 2θ에 대해 정리하고 반각 공식을 이용해서 회전 행렬의 성분들을 직접 구하는 것이 더 효율적이다.

$$\cos 2\theta = \frac{S_{xx} - S_{yy}}{D_y - D_x} = \frac{S_{xx} - S_{yy}}{\sqrt{(S_{xx} - S_{yy})^2 + 4S_{xy}^2}}, \tag{5.3.9}$$

$$\cos\theta = \sqrt{\frac{1 + \cos 2\theta}{2}} , \sin\theta = \sqrt{\frac{1 - \cos 2\theta}{2}} . \tag{5.3.10}$$

결론적으로, 2차원 단순화 덕분에 단 세 번의 제곱근 계산으로 해를 구할 수 있게 되었나. 세곱근 계산은 심지어 하드웨어 부동소수점 연산을 지원하지 않는 시스템에서도 비교적 싼 연산에 해당한다.

한 가지 더 : 이 해는 세계 좌표계의 x축과 y축을 객체의 주축들로 변환하는 회전행렬에 해당한다. 객체의 점들을 제대로 회전하려면, 즉 점들을 다시 x축과 y축으로 되돌리려면 이 행렬의 역행렬(전치행렬)로 점들을 변환해야 한다. 그럼 이해를 돕기 위한 예를 하나 보자.

예

식사각형을 약간 회전하고, 모습이 조금 복잡해 보이도록 한 모서리를 약간 깎아낸 형태의 상자에 지금까지의 기법을 적용한다고 하자. 표 5.3.1에 관련 수치들이 나와 있다.

경계원이 상당히 크다는 점에 주목하자. 정확한 경계상자보다 면적이 세 배 이상이다. 축 성별 경계상자(AABB) 역시 그쯔다는 지다고 해도 경계상자에 비하면 상당히 큰 편이다. 계산된 경계상자의 경우 그 둘보다는 훨씬 낫다고 할 수 있지만, 정확한 경계상자에 비해 11%나 크다는 점은 다소 불만스럽다. 이는 계산된 회전각이 딱 30도가 아니라 31.5도이기 때문인데, 이 오차는 어디에서 비롯된 것일까?

표 5.3.1 30° 회전 후 한 모서리를 깎아낸 상자

원래의 점들	회전된 점들
(4.0, 0.7)	(3.11, 2.61)
(3.0, 1.0)	(2.10, 2.37)
(−4.0, 1.0)	(−3.96, −1.13)
(−4.0, −1.0)	(−2.96, −2.87)
(4.9, −1.0)	(3.96, 1.13)
정확한 경계상자의 면적	16.00
경계원의 반지름	4.12
경계원의 면적	53.41
AABB의 면적	43.40
회전각(θ)	31.5°
계산된 경계상자의 면적	17.75

전통적 기법의 개선

오차의 원인은 두 가지이다. 하나는 어쩔 수 없으나 알고 보면 별로 중요하지 않은 것이고 또 하나는 우리가 개선할 수 있는 것이다. 전자는, 우리가 실제로 풀고자 하는 것과는 다른 문제를 풀었다는 것이다. 우리가 원래 원했던 것은 주어진 점들을 최대한 밀착해서 감싸는 경계입체를 찾는 것이었으나, 실제로 푼 것은 공분산 행렬 또는 관성 모멘트 텐서에 관한 방정식이다. 두 기법 모두, 객체의 모든 점이 **어떤 조건**을 만족하게 되는 회전을 찾는다. 그런데 그 '어떤 조건'이 우리가 원하는 최소의 경계상자와 정확히 일치하는 것은 아니다. 예를 들어 대다수의 점들이 축 근처에 놓이고 점 하나만 훨씬 먼 위치에 놓이게 되는 회전행렬도 여전히 유효한 해이며(총합이 최소화된다는 점에서), 그런 회전행렬이 나타내는 경계상자라면 최소의 경계상자가 아닐 것이 분명하다. 이러한 사실이 심각한 결함으로 느껴질 수도 있겠지만, 이 글에서 최종적으로 제시하는 기법에서는 이 결함의 영향이 별로 크지 않다.

더 중요한 것은 두 번째 원인으로, 이것을 교정한다면 더 나은 결과를 더 빠르게 얻을 수 있게 된다. 또한 이 원인을 바로잡으면 첫 번째 결함에 의한 오차를 거의 제거할 수 있다. 두 번째 오차 원인은 모형의 모든 점을 모두 평등하게 취급한다는 것이다. 사실 우리가

원하는 것은 경계상자일 뿐이므로, 모형 내부의 점들은 쓸모가 없을 뿐더러 괜히 오차만 가중시키는 정보가 된다. 따라서 이런 점들을 아예 고려하지 않으면 더 나은 결과를 더 빠르게 얻을 수 있다.

또한, 여러 개의 점들이 x-y 평면에서 (거의)같은 장소에 있는 상황 역시 결과에 나쁜 영향을 미친다. 그런 점들은 필요 이상으로 답에 큰 영향을 주기 때문이다. 최대의 x 값이나 y 값을 정하는 데에는 점 하나면 충분하다. 근처의 또 다른 점들은 그 점들을 축에 더 가깝게 옮기게 하는, 그래서 진짜 최대값들에 기여하는 점들을 멀리 보내게 하는 나쁜 회전행렬이 만들어지게 할 뿐이다.

이 문제는 어떻게 해결해야 할까? 3차원의 경우, Haines와 Akenine-Möller가 쓴 [Moeller02]에는 Gottschalk의 방법([Gottschalk99])을 이용해서 객체의 볼록 덮개(convex hull)를 얻고 그 볼록 덮개의 각 표면에 표면 면적의 중점에 따른 가중치를 적용해서 좀 더 정확한 경계상자를 얻는 방법이 나온다. 그러면 결과적으로 얇은 벽들로 이루어진, 속이 빈 입제 도형의 관성 모멘트를 구할 수 있으며, 따라서 좀 더 나은 경계상자가 만들어진다. 또한 여러 개의 점들이 서로 가까이 있어서 생기는 오차도 제거된다. 이는 점들이 가까울수록 그 점들이 속한 삼각형 표면이 작아지기 때문이다. 단점은, 계산 비용이 크다는 것이다. 볼록 덮개를 구하는 것만 해도 $O(n \log n)$ 연산이며, 그 점들로 표면들을 구축하고 실제 계산들을 수행하는 과정의 복잡도까지 더해지면 상당히 비싼 연산이 되고 만다.

여기서 x-y 평면으로의 투영만 고려한다는 우리의 단순화 가정이 빛을 발한다. 이러한 단순화 덕분에 표면들을 다루는 대신 경계점들을 연결하는 선의 길이만 고려하는 것이 가능해지며, 점들의 순서도 명확해진다. 예를 들어 그냥 경계를 시계방향으로 따라가면서 점들을 처리하면 그만이다. 물론 먼저 볼록 덮개를 구해야 하는 것에는 변함이 없는데, 이 문제는 볼록 덮개를 단순하게 근사해서 해결하기로 한다.

볼록 덮개는 모든 가능한 축에 대해 최대, 최소인 점들의 집합이라 할 수 있다. 다른 말로 하면, 볼록 덮개의 각 점은 중심에서 한 특정한 방향으로 가장 멀리 있는 점이다. 그러한 방향들의 수를 제한한다면 정확도를 크게 희생하지 않고도 볼록 덮개를 구하는 비용을 크게 줄일 수 있다. 정확도 오차의 상한을 알 수 있으므로, 경계상자를 그만큼 키워서 모든 점이 포함되도록 만들 수 있다.

단순화된 볼록 덮개

그럼 볼록 덮개를 구하는 구체적인 방법을 보자. 네 개의 축, 즉 여덟 개의 방향만 고려하기로 한다. 따라서 볼록 덮개는 여덟 개의 점들로 이루어진다. 네 개의 축은 x축과 y

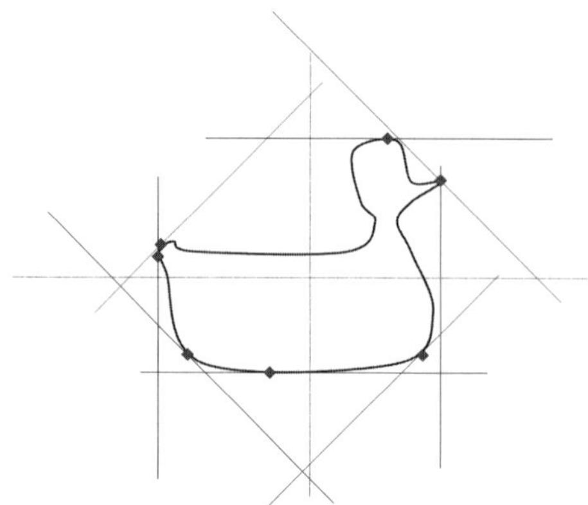

그림 5.3.2 오리 모형을 감싸는 단순화된 볼록 덮개

축, 그리고 $x+y=0$과 $x-y=0$으로 결정되는 두 축이다. 각 축마다 $+$, $-$ 방향으로 원점에서 가장 먼 두 점을 택하면 된다(그림 5.3.2).

계산은 아주 간단하다.

```
for(각 점에 대해)
    x = p.x
    y = p.y
    z = p.z
    r2 = x*x + y*y + z*z
    if (r2 > rMax)
        rMax = r2
    for(x, y, z, x+y, x-y에 대해)
        if ([x] > [xMax])
            점의 색인을 기록하고 [xMax]를 갱신한다.
```

이 경우 최대 오차는 $(1-\cos 22.5)/\cos 22.5$로, 이는 약 8%에 해당한다. 이 덮개가 점들을 모두 포함하게 하려면 x와 y 경계를 모두 이 비율로 증가해야 한다. 그러면 덮개의 면적 (부피)은 약 16% 증가한다. 필요하다면 점들을 모두 경계상자의 방향으로 변환하고 정확한 최대, 최솟값들을 구할 수도 있다. 그러나 그 경우 추가 비용에 비한 이득이 그리 크지는 않을 것이다.

축들을 더 늘리면 오차가 더 줄어든다. 예를 들어 $x \pm 2y$ 형태의 두 축과 $2x \pm y$ 형태의 두 축을 추가한다면 오차는 $(1-\cos 11.25)/\cos 11.25$가 되는데, 이는 약 2% 정도이므로 상당히 정확한 볼록 덮개가 만들어진다. 그러나 이런 축 추가의 비용에 비한 이득은 그리 크지 않을 수 있다.

문헌들을 보면 이런 형태의 경계상자를 k-폴리토프(k-polytope) 또는 k-*DOP*(Discrete Oriented Polytope, 이산 유향 폴리토프)라고 부르는데, 여기서 k는 계산된 최대최소 점들의 수(지금 경우는 8)이다. 일반적으로는 근사된 경계점들 대신 정확한 경계 평면들이 쓰이지만, 경계점들이 더 다루기 간단할 뿐만 아니라 저장 공간도 덜 사용한다. 이 기법에는 여러 가지 장점들이 있다. 첫째로, 볼록 덮개(아주 정확한 것은 아니시만)를 구하는 연산의 복잡도가 $O(n)$이다. 둘째로, 필요한 연산(대문자 O 표기법의 '상수'에 해당하는 것)이 아주 간단하다. 그냥 비교와 덧셈만으로 구성되어 있으며, 그런 연산들은 부동소수점 산술을 지원하지 않는 하드웨어에서도 비용이 아주 저렴하다. 셋째로, 이후의 좀 더 복잡한 계산들에서 점 여덟 개(또는 그 미만)만 고려하면 된다. 마지막으로, 점들의 순서를 임의로 정할 수 있으므로 가중치를 위한 선분 계산이 상당히 간단하다.

전반적인 공정

그럼 전반적인 공정을 정리해 보자. 모든 계산에서, 점들의 중심이 원점 근처에 있다고 가정한다.

첫 단계로, 각 점마다 원점과의 거리(실제로는 거리 제곱)를 계산하고 점을 각 축(x, y, z, $x+y$, $x-y$)에 투영한다. 투영된 값들 중 최대, 최소를 기록한다. 이러면 여덟 개의 덮개 점들이 나온다.

이제 그 여덟(또는 그 미만) x-y 덮개 점들로 관성 텐서 행렬을 만들되, 선분 길이를 각 점의 가중치 계산에 사용한다. 구체적으로 말하자면, 각 점의 가중치는 인접한 이전 점과의 거리와 다음 점과의 거리의 합이다. 이를 위해서는 제곱근 연산이 필요하다.

이제 관성 텐서를 대각화해서 회전행렬을 구하고, 그것으로 여덟 덮개 점들을 변환한다. 그 결과를 이용해서 각 기본축 방향의 최대 길이들을 구한다. 이 길이들은 "반길이"(half-length)라고 부르는데, 여기에서는 각각 h_a, h_b, h_z으로 표기하겠다. 다음으로, x-y 벡터들의 길이를 8%(이전에 계산했던 오차 한계)만큼 늘린다. 늘리기 전의 길이들도 이후에 쓰이므로 따로 보존해 두면 불필요한 계산 반복을 피할 수 있다.

이상의 방법을 원래의 문제(30도 회전된 모서리 깎인 상자)에 적용하면 실제 회전각과 아주 가까운 29.7°가 나오고, 경계상자의 면적 역시 정확한 면적과 아주 가까운 16.33이 된다. 약간의 오차는 점들이 원점을 중심으로 한다는 가정에서 비롯된 것이다(상자의 한 모서리를 깊이 벤 부분에서는 이 가정이 맞지 않는다).

이렇게 해서 나온 결과는 상당히 만족스럽다. 물체를 잘 감싸는 경계상자를 얻었을 뿐만 아니라, 계산 복잡도가 $O(n)$이고, 상수 비용도 상당히 낮다. 삼각함수들을 전혀 사용하지 않고 제곱근 몇 번으로 계산을 마칠 수 있었다. 그럼 이러한 경계상자를 이용해서 객체의 가시성을 판정하는 방법을 살펴보자.

■ 경계상자를 이용한 절두체 선별

우선 이러한 유향 상자를 경계상자로 사용하는 것에 과연 그럴만한 가치가 있는지부터 결정해야 한다. 만일 객체가 구라면 당연히 경계상자가 경계구보다 클 것이다. 이런 경우는 쉽게 결정할 수 있다. 경계구 판정은 아주 간단하므로, 어떤 경우에든 경계구 판정을 먼저 수행한 후 좀 더 비싼 경계상자 판정을 필요 여부에 따라 하면 된다.

경계상자가 실제로 객체에 잘 맞는지를 판정하는 한 가지 방법은 경계구와 경계상자의 부피를 비교하는 것이다. 식 5.3.11이 참이라면 경계구가 더 나은 경계입체인 것이다.

$$\frac{4}{3}\pi r^3 \le 8h_a\,h_b\,h_z \tag{5.3.11}$$

메모리에 여유가 있다면 이러한 판정을 미리 수행해서 결과를 적절히 저장해 두어도 좋을 것이다. 또한, 가장 짧은 변의 길이가 **최소 구**에 해당한다는 점도 활용할 수 있다. 객체의 중심과 시야절두체의 거리가 이 길이보다 작다면 객체는 시야절두체와 교차하는 것이다. 그런 경우라면 경계상자 교차 판정을 수행하는 것은 시간 낭비다.

상자와 시야절두체의 교차 판정을 위해서는 우선 상자를 객체의 방향, 위치, 크기에 맞게 변환해야 한다(즉 회전, 이동, 비례). 반길이 벡터들(하나의 z 벡터와 두 개의 x-y 벡터들)의 특정한 형태를 이용해서 이러한 변환을 더 최적화하는 것도 가능하나, 꼭 그럴 필요까지는 없을 수도 있다. 변환을 마치면 카메라 공간의 세 벡터 $h_a{}'$, $h_b{}'$, $h_z{}'$이 생긴다. 이제 이들 각각을 시야절두체 평면 법선 $\mathbf{n}_{fi}$에 투영한다. 그러면 평면과의 거리가 나온다. 평면에 가장 가까운 상자 모서리(꼭짓점)의 거리는 다음과 같이 구할 수 있다.

$$d_{\text{nearest}} = d_{\text{center}} - (\,|\,h_a{}' \cdot \mathbf{n}_f\,| + |\,h_b{}' \cdot \mathbf{n}_f\,| + |\,h_z{}' \cdot \mathbf{n}_f\,|\,). \tag{5.3.12}$$

이 거리가 0보다 작다면 상자의 일부가 시야절두체와 교차하는 것이다(사실 모서리들에서 이 판정은 약간 비관적이다). 대부분의 경우에는, 그리고 객체가 시야절두체 **바깥**에 있는지를 판정하는 경우에는 항상, 시야절두체의 여섯 평면들 중 객체의 중심과 가까운 세 평면만 고려해도 된다([Moeller02]). 그 세 평면 중 하나는 가까운 z 평면 아니면 먼 z 평면이므로 전체적인 계산이 상당히 저렴하다.

다음은 이상의 경계상자-시야절두체 교차 판정을 의사코드로 표현한 것이다. 일반적으로 객체가 시야절두체의 **바깥**에 있음을 알게 되면 판정을 완료해도 된다. 그러나 시야절두체와 교차할 가능성이 조금이라도 있다면 좀 더 정확한 판정들을 적용해야 한다.

```
// 구 대 구 판정을 먼저 수행할 수도 있으나, 일단은 무시한다.
// 객체는 카메라 공간 기준이다.
for (zNear, zFar, 그리고 좌/우 및 상/하 평면 쌍들에 대해)
    d = 평면과의 부호 있는 거리
    if (d > radius) // 구가 바깥에 있음
        return EOutside;
    if (d > innerRadius) // 경계상자와의 판정이 필요함
        평면 색인과 거리를 기록해 둔다

if (BoxSmallerThanSphere() && (기록된 평면 색인들이 0이 아니면))
    반길이 벡터들을 카메라 공간으로 변환한다
    for (절두체이 각 평면에 대해)
        if (평면 색인이 0이 아니면)
            dA = dot(n,hA) * lenA
            dB = dot(n,hB) * lenB
            dZ = dot(n,hZ) * lenZ
            dCorner = fabs(dA) + fabs(dB) + fabs(dZ)
            if (distanceToPlane > dCorner)
                return EOutside

    return EIntersecting
```

가까운 절단 평면과 먼 절단 평면은 아주 간단하고 다른 평면들은 대칭적이며 시야절두체가 모든 개체에 대해 동일하다는 점을 이용하면 이 루틴을 좀 더 최적화하는 것이 가능하다.

추가 개선 방안들

이상으로 상당히 정확한 경계상자를 빠르게 구축하는 방법과 그것을 이용해서 절두체 선별을 수행하는 방법을 이야기했다. 그럼 이 방법의 몇 가지 개선 방안들을 살펴보자.

중심 오프셋 벡터

객체의 원점이 그 무게중심과 동떨어져 있다면 **중심 오프셋 벡터**의 도입을 고려해볼 필요가 있다. 중심 오프셋 벡터는 원점과 무게중심 사이의 오프셋(객체 지역 좌표계에서의)이

다. 중심 오프셋을 계산해서 선별용 자료구조에 저장해 두고 교차 판정 시 간단하게 적용하면 된다. 그러나 그로 인해 절두체 선별 계산 비용이 늘어나게 되므로, 비용 대 이득을 신중히 고려해서 도입 여부를 결정해야 할 것이다.

객체가 시야절두체에 완전히 포함되는지 판정

객체가 시야절두체에 완전히 포함되는 경우에서 추가적인 최적화의 여지가 생긴다. 그런 경우에는 비용이 상당한 개별 삼각형의 절단 판정을 생략할 수 있다. 단, 완전 포함 여부를 판정하려면 시야절두체 알고리즘이 더욱 복잡해진다. 객체가 시야절두체의 **모든** 평면의 안쪽에 있는지를 판정해야 하므로 객체가 시야절두체 바깥에 있는지를 판정할 때보다 계산이 복잡하다. 그러나 개별 판정들이 상당히 비슷할 뿐만 아니라, 이전에 언급한 점진적 판정 방식(즉, 구 대 구를 먼저 판정하고, 내부 구를 판정하고, 유향 상자를 판정하는 등)도 적용할 수 있다.

다른 평면들로 투영

이 글에서 x-y 평면을 선택한 것은 상당히 임의적인 일이었다. 모형들의 자연스러운 방향이 지면과 수직이 아니라면 그 방향을 기준 방향으로 사용해도 된다. 또는 가능한 평면들(x-z 평면, y-z 평면 등) 각각으로 점들을 투영해 보고 가장 나은 결과를 내는 평면을 선택하는 자동화 과정을 도입할 수도 있다. 이를 위한 한 가지 지침은, 회전이 더 나은 경계상자를 낼 것인지는 대칭 성분들(이 경우 S_{xy})에 의해 크게 영향을 받는다는 것이다. 이런 정보를 이용하면 모든 가능한 평면을 일일이 시험할 필요가 없다.

그 외의 선별 성능 향상 기법들

객체가 시야절두체 바깥에 있는지를 판정할 때, [Assarsson99]에 나온 방법처럼 객체와 교차한 평면의 색인을 기록해 두고 이후 객체를 판정할 때 그 평면부터 판정을 수행함으로써 속도를 높일 수 있는데, 해당 논문에서는 이를 **평면 응집성**(plane coherency) 최적화라고 부른다. 이는 연속된 프레임들에서 객체와 교차하는 평면이 동일할 가능성이 크다는 사실을 이용한 것이다. 물론 이런 기법의 실제 이득이 비용보다 더 큰지는 프로파일링을 통해서 파악해 봐야 할 것이다.

결론

이 글에서는 객체의 경계상자를 효율적으로 계산하는 방법과 그러한 경계상자와 카메라 시야절두체의 교차 판정을 효율적으로 수행하는 방법을 설명했다. 이 글에서 말하는 경계상자는 x-y 평면 위에서 z 축에 관해서만 회전한다. 이러한 경계상자는 객체의 근사된 볼록 덮개의 주 관성축들을 구해서 만든다. 계산 복잡도는 $O(n)$이며, 상수 부분의 비용도 작다(삼각 함수를 전혀 사용하지 않는다). 또한 객체의 (근사된)볼록 덮개만 사용하므로, 불규칙한 형태의 객체에 대해서도 상당히 안정적이다.

이 글의 후반부에서는 객체의 점진적인 가시성 판정 방법을 살펴보았다. 우선 경계구를 이용해서 기본적인 판정을 수행하고, 필요하다면(교차 가능성이 있다면) 경계상자에 대한 판정을 수행한다. 이러한 방법을 이용하면 경계입체들을 손으로 직접 만드는 과정 없이도 잠재적인 가시 객체들의 집합을 빠르게 결정할 수 있다.

이런 개선된 경계상자들을 시야절두체 선별뿐만 아니라 충돌 검출, 반직선 교자, 자폐 선별 등의 속도를 높이는 데에도 활용할 수 있다.

참조문헌

[Assarsson99] Assarsson, Ulf, Tomas Möller, "Optimized View Frustum Culling Algorithms." Technical Report 99-3, Department of Computer Engineering, Chalmers University of Technology. 웹 *http://www.ce.chalmers.se/~uffe/vfc.pdf*.

[Eberly02] Eberly, David, "Eigensystems for 3x3 Symmetric Matrices." 웹 *http://www.geometrictools.com/Documentation.html*.

[Gottschalk99] Gottschalk, Stefan, "Collision Queries using Oriented Bounding Boxes." Ph.D. Thesis, Department of Computer Science, University of North Carolina at Chapel Hill, 1999.

[Moeller02] Akenine-Möller, Tomas, Eric Haines, *Real-Time Rendering*, 2nd Ed. A K Peters, 2002.

[VanVerth04] Van Verth, Jim, "Using the Covariance Matrix for Better-Fitting Bounding Objects." *Game Programming Gems 4*, Charles River Media, 2004. 번역서는 "공분산 행렬을 이용해서 좀 더 잘 들어맞는 경계입체 만들기," *Game Programming Gems 4*, 정보문화사, 2005.

최적의 렌더링을 위한 스킨 분할

Dominic Filion
dfilion@hotmail.com

소개

요즘 3D 엔진치고 메시 스키닝 기능을 지원하지 않는 것은 찾아보기 힘들다. 실시간 전략(RTS) 게임 등 일부 장르의 경우에는 화면에서 움직이는 객체들 대부분이 스키닝된 메시이다. 그런 만큼, 스키닝 과정의 최적화는 게임 전체의 성능 향상에서 아주 중요한 부분을 차지한다. 요즘은 정점 처리 부하 전체를 GPU에게 맡기는 것이 대세인데, 메시 스키닝도 예외는 아니다. 그러나 스키닝 공정이 그리 간단한 것만은 아니다.

그럼 스키닝 공정을 간략히 개괄해보자. 스키닝 대상 메시의 각 정점 자료에는 그 정점에 영향을 주는 뼈대들의 색인과 그 가중치들이 있다. 각 뼈대 색인은 유한한 크기의 뼈대 팔레트(palette)에 들어 있는 뼈대 행렬들 중 하나를 가리킨다. 정점에 대한 뼈대 행렬들에 각각 해당 가중치를 적용하고 모두 결합한 최종적인 변환 행렬로 정점을 변환하는 과정을 메시의 모든 정점에 대해 수행하는 것이 바로 스키닝이다.

이러한 스키닝을 GPU에서 수행할 때의 가장 큰 문제는 뼈대 팔레트의 크기가 제한되어 있다는 것이다. 정점 셰이더 2.0에 오면서 벡터 레지스터 개수가 96에서 256으로 늘어났지만, 그런 레지스터들은 조명 매개변수나 재질 정보, 안개 설정 등 다른 용도로도 사용되어야 한다. 하나의 뼈대 행렬은 4×4 행렬인데, 마지막 열은 항상 $[0\ 0\ 0\ 1]^{\mathrm{T}}$이므로 생략할 수 있다. 마지막 열을 생략한 4×3 행렬을 전치하면 3×4 행렬이 되며, 이는 벡터 세 개에 해당한다. 즉 뼈대 하나 낭 벡터 세 개가 필요한 것이다. 두영 행렬과 재질 색성은 거의 항상 필요하고 두 개의 전방향 광원들에 대한 정보(광원당 색상과 위치)도 있어야 하므로, 적어도 9개의 레지스터들은 따로 확보해 두어야 한다. 결론적으로, 뼈대 팔레트의 뼈대 개수는 정점 셰이더 버전 1.1의 경우에 최대 29개, 버전 2.0에서는 최대 82개 정도이다. 스키닝 이외의 용도(이를테면 추가 조명 등)로 레지스터들이 더 요구된다면 뼈대 팔레트의 최대 크기는 더욱 줄어든다.

한 캐릭터의 최대 뼈대 개수를 그렇게 작은 수로 제한하면 바람직하지 않은 결과가 생길 수 있으며, 이 때문에 어떤 형태이든 메시 분할이 필요해진다. 즉, 뼈대들이 많은 메시를 뼈대 팔레트 최대 크기 이하의 뼈대들을 사용하는 여러 부분들로 나눔으로써 뼈대 팔레트 크기 한계를 극복하자는 것이다. 개발 생산성을 위해서는 이러한 분할을 아티스트가 직접 맡아 하는 것보다 컴퓨터가 자동으로 처리하는 것이 훨씬 더 낫다.

한 캐릭터의 뼈대 전체 개수가 뼈대 팔레트 크기를 넘지 않는다고 해도 메시 분할이 유용한 경우가 있다. 이는 GPU 파이프라인들에서 한 정점에 영향을 미치는 뼈대들의 개수가 0에서 4까지 가변적이라는 점에서 비롯된다. 가중치 4 정점 셰이더를 이용하되 가중치 0을 현재 쓰이지 않는 추가 가중치 슬롯에 배정하는 방법도 있으나, 그러면 기여도가 없는 가중치들을 처리하느라 GPU 사이클이 낭비되므로 최적의 해법이 못된다. 좀 더 최적의 방법은, 메시를 동일한 개수의 가중치들을 사용하는 부분들로 나누고, 가중치가 각각 1, 2, 3, 4인 경우에 특화된 개별적인 정점 셰이더들을 각 부분의 가중치 개수에 맞게 적용하는 것이다.

이러한 메시 분할이 실제로 속도를 높여주는지는 렌더링에 쓰이는 그래픽 파이프라인의 특성에 따라 다를 수 있음을 주의할 것. 예를 들어 DirectX의 경우에는 정점 셰이더 전환에 일정한 비용이 따른다(API의 새 버전이 나올 때마다 그 비용이 줄어드는 경향이 있긴 하지만). 또한, PlayStation®2(PS2) 같은 경우에는 셰이더 종류가 바뀔 때마다 새로운 VU(Vector Unit) 마이크로코드를 업로드하거나 활성화해야 한다. 따라서 다각형 수가 많지 않은 메시라면 메시 분할에 의한 속도 개선이 없을 수도 있다. 세부도가 높고 각 뼈대가 상당히 많은 수의 정점들에 영향을 미치는 복잡한 메시일수록 뼈대 팔레트 분할과 뼈대 가중치 분할에 의한 속도 개선이 클 것이다.

이상의 논의로 볼 때, 바람직한 메시 분할 방법은 메시를 우선 각 정점에 영향을 주는 뼈대들의 개수에 따라 분할하고, 그런 다음에는 하나의 뼈대 팔레트에 들어갈 수 있는 뼈대들의 개수에 따라 분할하는 것이다. 이 글은 그러한 분할 방법에 적합한 발견법들을 살펴보고 메시 분할 알고리즘의 실제 구현을 제시하는 데 초점을 둔다.

분할의 개요

대부분의 그래픽 파이프라인들에서 메시 분할은 다양한 요인들에 의존하므로, 여기서 메시 분할의 일반적인 개념을 간단히 개괄하고 넘어가는 것이 좋겠다. 이 글에서는 스키닝 한계에 기초한 메시 분할에 초점을 두나, 그 외에도 다음과 같은 다양한 조건들에 따라 메시를 분할할 수 있다.

- 최적의 정점 또는 삼각형 개수에 따라 메시를 분할한다.
- 3D 편집 도구에서 서로 다른 재질이나 텍스처가 배정된 부분들을 분할한다.
- 정적 조명 사전 계산에서 서로 다른 광원이 적용되는 부분들을 분할한다.
- 물체가 미리 정의된 물리적 파괴 경로를 따라 여러 조각들로 깨져서 날아가는 경우, 그 조각별로 메시를 분할한다.

이 글에서는 메시를 항상 삼각형 변들을 따라 가른다. 즉, 기존 메시 삼각형들을 각각 다른 부분들로 나누는 것일 뿐, 분할 공정에서 새 삼각형을 추가하거나 기존 삼각형을 제거 또는 변경하는 일은 없다.

분할 공정은 간단하게 말하자면 메시의 가 삼각형을 여러 **톤**(bucket)들 중 하나에 배정하는 것이다. 이 통들에 담긴 삼각형들은 메시의 각 부분을 이루며, 각각 고유한 색인과 정점 버퍼를 배정받는다. 그림 5.4.1에 간단한 메시 분할 결과와 해당 정점, 색인 버퍼가 나와 있다.

메시를 분할하면 일부 삼각형들이 중복되므로 메모리가 더 소비된다. 또한 두 뼈대 팔레트가 공유하는 정점들의 경우 같은 뼈대를 팔레트마다 다른 뼈대 색인으로 지칭하므로, 일부 정점들 역시 중복되어야 한다.

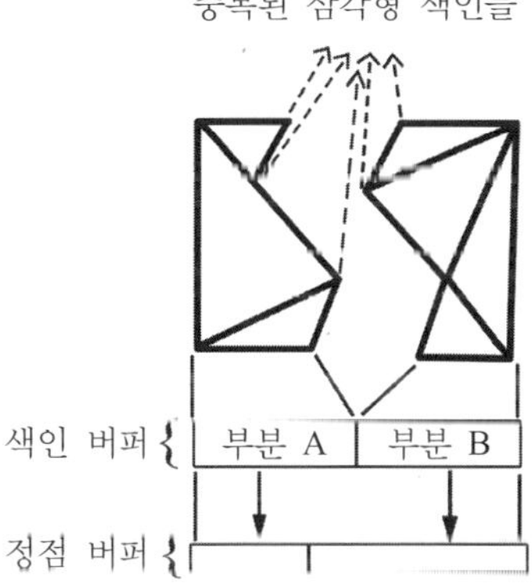

그림 5.4.1 간단한 메시 분할 결과와 해당 자료구조.

분할 공정의 핵심은 주어진 삼각형을 배정할 통을 선택하는 것이다. 다음은 삼각형이 들어갈 통을 나타내는 **CTriBucketInfo** 구조체이다.

목록 5.4.1   CTriBucketInfo 구조체 ---

```
struct CTriBucketInfo
{
    CBonePalette*    pBonePalette;
    int              WeightCount;
};
```

이 구조체는 한 삼각형이 어떤 통에 속하는지를 아는 데 필요한 모든 정보를 제공한다. 두 삼각형의 **CTriBucketInfo** 구조체가 동일하면(그리고 오직 그럴 때에만) 두 삼각형은 같은 통에 속하는 것이다.

메시 분할 알고리즘의 초기화 단계에서는 메시의 삼각형 개수만큼의 **CTriBucketInfo** 구조체들을 담는 배열을 할당한다. 그런 다음 모든 삼각형을 훑으면서 각 삼각형이 속할 통을 적절히 결정하고, 그에 따라 해당 **CTriBucketInfo** 구조체를 채운다. 그럼 삼각형이 속할 통을 결정하는 발견법(heuristics)들을 몇 가지 살펴보자.

가중치 기반 발견법

각 삼각형에 영향을 주는 가중치 개수에 따라 메시를 분할하는 것은 상당히 간단하다.

알고리즘 5.4.1 가중치 분할 발견법 --

```
각 삼각형에 대해
    삼각형 가중치 개수를 0으로 초기화한다
    삼각형의 세 정점 각각에 대해
        정점 가중치 개수를 0으로 초기화한다
        각 정점의 네 가중치 각각에 대해
            정점 가중치가 0이 아니면
                정점 가중치 개수를 1 증가한다
        만일 정점 가중치 개수 > 삼각형 가중치 개수이면
            삼각형 가중치 개수를 정점 가중치 개수로 갱신한다
    이후의 과정을 위해 삼각형 가중치 개수를 CTriBucketInfo 구조체에 저장한다
```

알고리즘 5.4.1은 상당히 간단하다. 각 삼각형마다 스킨 가중치 개수가 가장 큰 정점을 찾고, 그 가중치 개수를 그 삼각형의 **CTriBucketInfo** 구조체에 저장하는 것일 뿐이다.

뼈대 팔레트 발견법

뼈대 팔레트 분할 발견법은 좀 더 복잡해서 어느 정도는 상세한 분석을 필요로 한다. 복잡한 메시를 둘이나 셋, 넷, 또는 그 이상의 뼈대 팔레트들로 분할한다고 할 때, 메시의 부분들을 나누는 방법은 여러 가지이다. 한 메시 분할 방식이 다른 것보다 왜, 그리고 어떤 경우에 더 최적인지를 파악하기란 쉬운 일이 아니다. 이 부분을 제대로 이해하려면 분할 발견법이 왜 중요한지 좀 더 상세하게 이해할 필요가 있다.

스키닝 대상 메시를 잘못 분할하면 필요 이상으로 많은 분할 부분들이 생겨난다. 메시를 제대로 분석하지 않으면 뼈대 팔레트 두 개에 딱 맞을 메시를 팔레트 세 개나 네 개로 분할할 수 있다. 메시 분할 부분이 많을수록 일괄 렌더링 회수나 색인·정점 버퍼의 중복이 늘어나게 되며, 따라서 전반적인 렌더링 성능이 떨어진다.

이상적인 상황이라면 하나의 뼈대가 하나의 뼈대 팔레트에만 속해야 할 것이다. 그러나 현실적으로는 그렇지 않은 경우가 대부분이다. 그림 5.4.2에 나온, 게임 캐릭터의 전형적인 팔 골격이 좋은 예이다.

팔의 위팔(상박)과 팔뚝(하박)의 정점들은 각각 상박 뼈대와 하박 뼈대에만 영향을 받는다. 이를 생각한다면 상박 뼈대와 하박 뼈대를 각자 다른 뼈대 팔레트에만 배정할 수 있다. 그러나 팔꿈치 정점들을 변환하기 위해서는 상박 뼈대와 하박 뼈대가 **모두** 필요하다. 따라서 두 뼈대가 같은 뼈대 팔레트에 있어야 한다. 더 내려가서, 하박-손목-손에서도 마찬가지 일이 벌어진다.

즉, 어떤 뼈대를 한 팔레트에 배정했다고 해서 그 뼈대를 더 이상 고려하지 않아도 되는 것은 아니다. 그 뼈대가 다른 뼈대와 겹칠 수도 있으며, 다른 뼈대의 뼈대 팔레트가 이미 꽉 차서 그 뼈대를 추가하지 못할 수도 있다.

분할 알고리즘 루프의 각 반복에서는 현재 뼈대 팔레트에 어떤 뼈대를 추가할 것인지 결

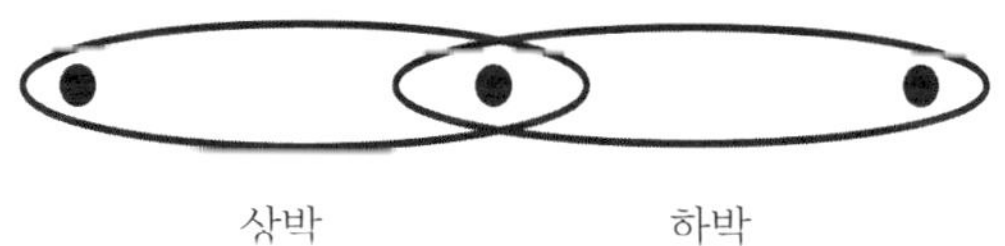

그림 5.4.2 간단한 팔 골격.

정해야 한다. 한 뼈대를 한 뼈대 팔레트에 추가했다면 그 뼈대를 다른 팔레트에 추가하는 일은 최대한 피해야 한다. 같은 뼈대가 여러 팔레트들에 속할수록 분할의 효율이 떨어진다. 그러나 앞의 예에서 보았듯이 하나의 골격에서 인접한 뼈대들은 같은 팔레트에 속하기 마련이므로, 뼈대 팔레트 중복은 피할 수 없는 일이다. 한 골격의 뼈대들 모두를 하나의 팔레트에 담을 순 없으므로 어디에선가는 골격을 끊어야 하고, 또 그 부분의 뼈대를 다른 팔레트에도 추가해야 한다.

뼈대들이 이어지는 부분 근처의 정점들은 적어도 두 개의 뼈대들에 영향을 받는다. 특정한 한 정점에 영향을 주는 뼈대들의 집합을 **영향력 집합**(influence set)이라고 부르기로 하자. 대부분의 그래픽 시스템에서 한 정점에 영향을 주는 뼈대들의 개수는 최대 4이다. 즉, 영향력 집합의 최대 크기는 4이다.

한 뼈대에 관련된 모든 영향력 집합을 나열한다고 하자. 예를 들어 하박 뼈대의 경우 {하박 뼈대}, {하박 뼈대, 상박 뼈대}, {하박 뼈대, 손 뼈대} 세 가지를 영향력 집합으로 꼽을 수 있다. 일반화하자면, 한 뼈대의 영향권이 인접 뼈대의 영향권과 겹치는 부분마다 새로운 영향력 집합이 존재한다. 메시에 영향을 줄 수 있는 이런 잠재적인 영향력 집합들을 **뼈대 조합**이라고 부르기로 하겠다. 하박의 경우 뼈대 조합의 수는 3이다.

뼈대 팔레트를 구축할 때에는 메시의 가능한 뼈대 조합들 각각이 적어도 하나의 뼈대 팔레트에 나타나게 해야 한다. 하박 뼈대의 경우 상박과 하박을 포함하는 팔레트가 적어도 하나는 있어야 하며, 하박과 손을 포함하는 팔레트가 적어도 하나(앞의 것과 동일한 것일 수도 있다) 존재해야 한다. 인접한 두 뼈대를 담은 팔레트가 없으면 두 뼈대가 겹치는 부분을 렌더링할 수 없다(따라서 두 뼈대를 담는 새로운 팔레트를 만들어야 한다).

이러한 이유로, 팔레트 구축 과정에서 한 뼈대를 이후의 처리 대상에서 제외시키려면, 그 뼈대뿐만 아니라 그 뼈대가 포함된 모든 뼈대 조합에 있는 다른 뼈대들도 현재 팔레트에 추가해야 한다. 다른 말로 하면, 주어진 뼈대를 담은 모든 뼈대 조합들이 동일한 뼈대 팔레트에 존재하게 해야 하는 것이다. 그럼 한 뼈대를 최대한 일찍 제외시킬 수 있는 발견법 하나를 살펴보자.

이 발견법의 핵심은 뼈대 조합의 수가 **가장 작은** 뼈대부터 뼈대 팔레트에 추가한다는 것이다. 바꾸어 말하자면, 뼈대 팔레트에 추가할 다른 뼈대들의 개수가 최소인 뼈대를 먼저 선택한다.

이러한 발견법을 이용하면 대체로 뼈대 분할이 **안쪽으로** 진행된다. 이를테면 손가락 같은 바깥쪽 신체 부분이 먼저 팔레트에 추가되고, 팔이 그 다음에, 마지막으로 몸통이 추가된다. 손가락에 비해 몸통이 더 많은 뼈대들(머리, 팔, 다리 등등)과 겹친다는 점을 생각한다면 이를 이해할 수 있을 것이다. 인간형 캐릭터의 경우에는 명시적으로 손, 발로부터 시작해서 계통구조를 따라 몸통으로 들어가면서 분할을 진행해도 같은 결과를 얻을 수 있겠지만, 이러한 뼈대 조합 개수 기반 방법에는 골격의 특정한 위상구조에 대한 정보에 의존하지 않는다는 장점이 있다.

그럼 뼈대 조합 개수에 기초한 발견법을 정리해 보자.

1. 메시의 모든 뼈대 조합을 계산한다.
2. 뼈대 조합이 가장 적은 뼈대를 찾는다.
3. 그 뼈대를 팔레트에 추가한다.
4. 그 뼈대와 같은 조합에 있는 뼈대들을 최대한 많이 그 뼈대의 팔레트에 추가한다.
5. 그 뼈대의 팔레트에 완전히 포함된 조합들을 모두 제거한다.
6. 2에서 4까지의 단계를 뼈내 조합이 남지 않을 때까지(메시의 모든 뼈대 조합이 적어도 하나의 팔레트에 추가될 때까지) 반복한다.

■ 발견법 세부

이제 앞에서 이야기한 발견법의 구현 예를 보자. 지금까지는 발견법에 깔린 이론을 중심으로 했다면, 이제부터의 논의는 구체적인 코드에 좀 더 가깝다.

한 팔레트에 포함시킬 최적의 뼈대 후보를 찾으려면 우선 모든 가능한 뼈대 조합을 찾아야 한다. 그래야 뼈대 조합의 수가 가장 작은 뼈대를 찾을 수 있다. 앞에 나온 예에서 하박 뼈대의 뼈대 조합은 3이었다. 즉, 하박 뼈대 주변 정점들은 하박 뼈대에만 영향을 받는 정점들, 상박 뼈대와 하박 뼈대 모두에 영향을 받는 정점들, 하박 뼈대와 손 뼈대 모두에 영향을 받는 정점들로 나눌 수 있다. 그림 5.4.3에서 보듯이, 한 뼈대가 삼각형의 정점 1, 2에 쓰이며 다른 뼈대가 그 삼각형의 정점 3에 쓰인다면, 그 다른 뼈대 역시 같은 뼈대 팔레트에 포함되어야 한다. 그래야 하나의 삼각형을 온전하게 렌더링할 수 있다.

뼈대 조합들을 모두 파악하려면 우선 각 삼각형에 쓰이는 뼈대들을 기록해야 한다. 각 삼각형은 정점 세 개로 이루어지므로 삼각형 당 최대 12개의 뼈대들이 기록될 수 있다. 이러한 뼈대 색인들(최대 12개)을 기록한 것이 하나의 고유한 뼈대 조합이다. 알고리즘 5.4.2는 이러한 뼈대 조합 기록을 수행하는 과정을 의사코드로 나타낸 것이다.

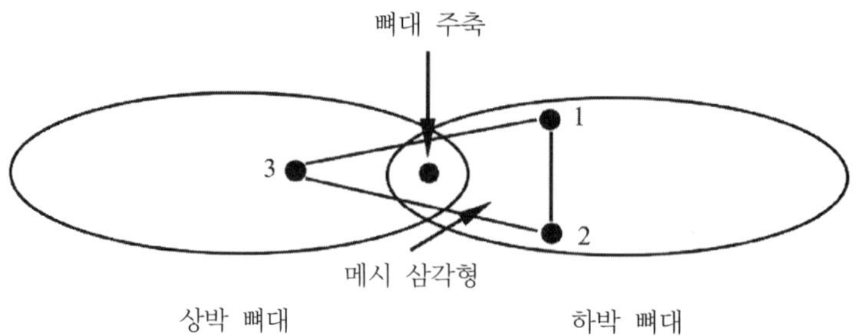

그림 5.4.3 하나의 삼각형을 공유하는 뼈대들.

<hr>

알고리즘 5.4.2 발견법 초기 설정 과정 --

```
// 초기 설정 과정에 필요한 기본 자료구조들
Const DWORD MAX_BONES = 256; // 최대 뼈대 개수
struct BoneCombination
{
    DWORD BoneIndices[12];
};
BoneCombination AllBoneCombinations[TriangleCount];
set<BoneCombination> BoneCombinationSet;
bool BonesUsed[MAX_BONES];
```

각 삼각형에 대해
    BonesUsed 배열의 모든 원소를 0으로 초기화한다
    AllBoneCombinations 배열의 모든 원소를 특별한 값인 FREE_SLOT로 초기화한다

    삼각형의 세 정점 각각에 대해
        정점 뼈대 색인들과 가중치들을 얻는다
        네 정점 가중치 각각에 대해
            가중치가 0이 아니면
                가중치에 해당하는 뼈대 색인이 쓰이고 있음을
                BonesUsed 배열에 기록한다

BonesUsed 배열의 각 항목에 대해
    만일 항목이 참이면(즉, 해당 뼈대가 쓰이고 있으면)
        AllBoneCombinations 배열의 현재 삼각형에 해당하는
        BoneCombination 구조체의 첫 번째 빈 슬롯에
        현재 뼈대 색인을 저장한다
        현재 삼각형에 해당하는 BoneCombination 구조체를
        BoneCombinationSet에 추가한다

알고리즘을 좀 더 설명해보겠다. 알고리즘의 바깥 루프는 메시의 모든 삼각형을 훑는다. 첫 내부 루프에서는 현재 삼각형에 쓰이는 모든 뼈대를 기록해 둔다. 둘째 루프에서는 삼각형에 쓰이는 뼈대들을 뼈대 조합을 의미하는 BoneCombination 구조체에 차례로 추가한다. 삼각형에 쓰이는 뼈대들을 찾는 과정과 그 뼈대들을 뼈대 조합에 추가하는 과정을 두 개의 루프로 분리한 것은 뼈대 조합 구조체에서 뼈대 색인들이 색인 번호 순으로 정렬되도록 하기 위해서이다. 이렇게 하면 뼈대 조합 집합에서 동일한 두 뼈대 조합(즉, 동일한 뼈대들로 이루어진 조합들)의 중복을 쉽게 제거할 수 있다. 이 구현에서 뼈대 조합 집합은 C++에서 STL set인데, set의 특성 덕분에 동일한 뼈대 조합을 여러 번 추가해도 집합에는 하나의 뼈대 조합만 남는다.

뼈대 조합들을 모두 식별했다면 각 뼈대가 속한 뼈대 조합의 개수를 구할 수 있다. 알고리즘 5.4.3이 그러한 과정을 나타낸 것이다.

알고리즘 5.4.3　뼈대 조합 개수 세기 --

```
// 뼈대가 속한 뼈대 조합 개수를 담을 배열
int BoneCombinationCount[MAX_BONES];

BoneCombinationCount 배열의 원소들을 모두 0으로 초기화한다
BoneCombinationSet의 각 BoneCombination에 대해
    BoneCombinationSet의 열 두 뼈대 색인들 각각에 대해
        현재 뼈대 색인에 해당하는 BoneCombinationCount 항목을 1 증가한다
        값이 FREE_SLOT인 항목은 무시한다
```

모든 조합을 훑으면서 해당 개수를 세는 간단한 루프이다. 각 뼈대의 뼈대 조합 개수를 담은 배열이 만들어졌으므로, 이제 뼈대 소합이 가장 작은 뼈내를 찾고 그것을 현재 뼈대 팔레트에 추가할 수 있다. 알고리즘 5.4.4가 그러한 과정을 나타낸 의사코드이다.

알고리즘 5.4.4　최적의 뼈대 후보 찾기 ---

```
int BonesInPalette = 0;
bool AddedBones[MAX_BONES];

각 뼈대 팔레트에 대해
    AddedBones 배열의 모든 항목을 0으로 초기화한다
    BonesInPalette가 뼈대 팔레트의 최대 뼈대 개수보다 작은 동안 반복:
        BoneCombinationCount의 모든 항목을 훑으면서 0보다 큰 최솟값을
        찾고 그 값과 해당 배열 색인을 기록해 둔다.

        만일 BoneCombinationCount의 모든 항목이 0이면
            결론에 도달한 것이므로 알고리즘을 끝낸다
```

뼈대를 현재 팔레트에 추가한다(알고리즘 5.4.5)

현재 팔레트를 완성한다(알고리즘 5.4.7)

간단한 알고리즘으로 따로 설명하지는 않겠다.

뼈대 후보들을 찾았다면, 조합이 같은 뼈대들을 모두 뼈대 팔레트에 추가한다. 뼈대 조합들을 모두 훑으면서 현재 뼈대가 속한 뼈대 조합을 찾고, 그 조합의 뼈대들을 모두 팔레트에 추가하면 된다(알고리즘 5.4.5).

알고리즘 5.4.5 뼈대 추가 --

```
// 뼈대 팔레트들을 담을 컨테이너
list<DWORD>         BonePalette;


뼈대에 대한 AddedBones 배열의 항목이 참이 아니면(즉, 뼈대가 아직 추가되지 않았다면)
    뼈대를 BonePalette에 추가한다
    AddedBones 배열의 해당 항목을 참으로 설정한다
    BonesInPalette를 1 증가한다


BoneCombinationSet의 각 BoneCombination에 대해
    만일 현재 뼈대 색인이 BoneCombination의 열두 슬롯들 중 하나에 배정되
    어 있으면
        BoneCombination의 열 두 슬롯 각각에 대해
            만일 슬롯의 뼈대 색인에 해당하는 AddedBones 배열의 항목이 참
            이 아니면
                뼈대를 BonePalette에 추가한다
                AddedBones 배열의 해당 항목을 참으로 설정한다
                BonesInPalette를 1 증가한다
                만일 BonesInPalette가 뼈대 팔레트 최대 크기와 같으면
                    현재 루프에서 벗어난다
```

여기까지 마친 다음에는 다시 모든 뼈대 조합을 훑으면서 뼈대 팔레트에 완전히 포함되어 있는 뼈대 조합을 모두 제거한다. 이러면 궁극적으로 모든 뼈대 조합이 하나의 팔레트에 나타나게 된다.

알고리즘 5.4.6 처리된 조합들을 제거 --

```
// 각 뼈대 조합과 그것이 속한 뼈대 팔레트의 쌍을 담는 맵
map< BoneCombination, BonePalette*> CombinationsMap;


BoneCombinationSet의 각 BoneCombination에 대해
```

> 만일 BoneCombination의 모든 뼈대 색인의 AddedBones 항목들이
> 참이면(단, FREE_SLOT들은 무시해야 함)
>> BoneCombination의 각 슬롯에 대해
>>> 슬롯의 뼈대 색인에 해당하는 BoneCombinationCount를 감소한다
>> 현재 BoneCombination과 현재 팔레트 색인의 쌍을 CombinationsMap
>> 에 추가한다
>
> 현재 BoneCombination을 BoneCombinationSet에서 제거한다

하나의 뼈대 팔레트가 완성되었으면(뼈대들이 다 찼거나 더 처리할 뼈대가 없어서), 이후 뼈대 색인들을 다시 매핑하는 데 필요한 정보를 저장해야 한다. 많은 수의 뼈대들을 더 적은 수의 팔레트들로 줄이는 것이므로, 메시 정점이 참조하는 전역 뼈대 색인들을 그 정점에 쓰이는 지역 뼈대 팔레트의 뼈대 색인들로 다시 매핑할 필요가 있다. 알고리즘 5.4.7 이 그러한 정보 저장 과정이다.

알고리즘 5.4.7 뼈대 팔레트 완성 --

```
// 완성된 뼈대 팔레트의 정보를 담는 구조체
struct BonePalette
{
    int* BoneIndices;
    int* GlobalBoneIndexToPaletteBoneIndex;
}
```

> 필요한 색인 개수에 맞게 뼈대 팔레트 구조체의 메모리를 할당한다
> 뼈대 색인들을 저장한다
> 정점 버퍼의 뼈대 색인들의 재매핑을 위해, 팔레트화되기 이전의 골격 자료에
>> 있는 원래의 뼈대 색인을 서상한나
> BonePalette를 전역 팔레트 목록에 추가한다

또한, 현재 조합과 현재 팔레트 색인의 쌍을 STL **map**에 추가해 둔다. 이 맵은 각 뼈대가 사용하는 팔레트를 찾는 데 쓰인다

GlobalBoneIndexToPaletteBoneIndex 배열은 팔레트에 있는 각 전역 뼈대 색인에 대한 지역 뼈대 색인을 담는다. 이후 새 뼈대 팔레트를 위한 정점 버퍼를 구축할 때 이 배열을 이용해서 뼈대 색인들을 재매핑한다.

각 뼈대 조합을 뼈대 팔레트에 배정했다면, 그러한 정보를 이용해서 삼각형들을 그것이 속한 뼈대 팔레트에 따라 서로 다른 삼각형 통들로 분류할 수 있다. 각 삼각형마나 해낭 CTriBucketInfo 구조체의 pBonePalette 항목에 삼각형이 속한 팔레트를 설정한다. 모든 CTriBucketInfo 구조체를 채웠다면, 삼각형 색인들을 해당 CTriBucketInfo에 따라 정렬하

고 개별 삼각형 일괄 처리 정보를 각 삼각형 통에 저장하는 식으로 메시의 색인 버퍼의 재조직화하는 것은 간단한 일이다. 정점 버퍼도 다시 만들어야 한다. 둘 이상의 뼈대 팔레트들을 공유하는 정점들은 서로 다른 뼈대 팔레트에 있는 동일한 뼈대를 서로 다른 지역 뼈대 색인들을 이용해서 지칭하고 있기 때문이다. 그런 정점들은 중복해서 저장해야 한다. 색인 버퍼와 정점 버퍼의 구조는 그래픽 시스템에 따라, 그리고 응용프로그램의 요구에 따라 크게 달라질 것이므로 재구축 방법을 구체적으로 이야기하기가 힘들다. 대략적인 과정은 알고리즘 5.4.8에 나와 있다.

알고리즘 5.4.8 색인 버퍼와 정점 버퍼 재구축 --

각 삼각형에 대해
    개별 색인 버퍼와 삼각형의 **CTriBucketInfo** 구조체를 연관시킨
    맵을 이용해서 삼각형을 적절한 색인 버퍼에 추가한다
    삼각형 정점들을 정점 버퍼에 추가한다(역시 맵을 이용해서)

결론

이 글에서 제시한 발견법을 이용하면 뼈대들을 지역적으로 조직화하고 전체 뼈대 팔레트 개수를 최소화할 수 있으며, 이를 통해서 스키닝 대상 메시를 좀 더 효율적으로 분할할 수 있다. 이 방법은 얼마든지 복잡한 골격에 대해서도 작동한다. 즉, 골격에 대한 사전 지식에 의존하지 않는다. 구현도 충분히 빨라서, 익스포트 시점에서 실행해도 자산 제작 파이프라인이 눈에 띄게 늦어지는 일은 없다.

5.5 GPU 지형 렌더링

Harald Vistnes
harald@vistnes.org

대부분의 지형 렌더링 알고리즘들에서 그 주된 목적은 주어진 높이 필드로부터 시각적 충실도가 높은 하나의 삼각형 메시를 만들어내는 것이다. 삼각형 개수가 너무 많지 않으면서도 시각적인 충실도를 높게 유지하려면 시야 독립적인 세부수준(view-dependent LOD) 제어가 필요하다. 시야 독립적 LOD 방식에서는 카메라가 움직임에 따라 동적으로 삼각형 메시를 갱신해야 한다. 각 갱신에서는 높이 필드에서 고도를 참조해 새 정점 위치들을 계산해야 하는데, 그러한 갱신 작업을 매 프레임마다 수행해야 할 수도 있다. 이러한 프레임 당 정점 갱신에는 상당한 CPU 시간이 소비된다. 만일 높이 필드를 CPU가 아니라 GPU에서 참조할 수 있다면 정점 위치 계산을 정점 셰이더에서 수행할 수 있으며, 따라서 프레임마다 정점 버퍼를 갱신할 필요가 없어진다.

이 글은 구현하기 쉬운 GPU 지형 렌더링 알고리즘 하나를 제시한다. GPU 지형 렌더링의 초석은 셰이더 모형 3.0의 정점 텍스처 조회 능력에 있다. 이 글이 제시하는 알고리즘은 각각 세 개의 부동소수점 값만으로 이루어진 정점들을 담은 작은 정점 버퍼를 이용하기 때문에 메모리 요구량이 상당히 작다. 높이 필드를 정점 텍스처에 저장하는 덕분에 정점의 높이를 정점 셰이더 안에서 조회할 수 있으며, 따라서 보통은 CPU에서 수행하는 프레임당 정점 버퍼 갱신을 GPU에서 수행할 수 있게 된다.

<h2>   기본적인 알고리즘   </h2>

이 글이 제시하는 알고리즘을 간략하게 개괄하자면 다음과 같다. 지형은 여러 개의 블록들로 나뉘며, 각 블록은 고정된 개수의 삼각형들을 담는다. 블록의 정점들은 $(2^k+1) \times (2^k+1)$ 크기의 정규 격자 형태로 조직화된다. 이 격자의 한 정점은 높이필드의 $(2^n+1) \times$

(2^n+1)개의 정점들 중 하나에 대응된다. 3D 렌더링 파이프라인에는 모든 블록이 그냥 평평한 사각형 형태로 제출된다. 그러면 정점 셰이더가 높이 필드 정점 텍스처로부터 고도를 가져와서 정점 위치를 변경한다. 정점 위치들을 CPU가 아니라 정점 셰이더에서 계산하므로, 그리고 모든 블록이 동일한 개수의 정점들로 이루어져 있으므로, 하나의 정점 버퍼를 모든 블록에 사용할 수 있다. 색인 버퍼 역시 하나만 있으면 된다. 색인들을 적절히 조직화하면 블록 전체를 하나의 긴 삼각형 띠로 렌더링할 수 있다.

하나의 정점 버퍼와 색인 버퍼로 서로 다른 블록들을 렌더링하기 위해 변경해야 하는 균일 (uniform) 셰이더 매개변수는 단 두 개이다. 이러한 방식 덕분에 블록 당 하나의 정점 버퍼를 사용하는 경우보다 메모리가 절감되며, 절감의 정도는 블록의 크기가 클수록 커진다.

각 블록마다 설정해야 하는 균일 매개변수들은 비례 계수들의 쌍과 이동 편향치(오프셋)들의 쌍이다. 이들은 주어진 블록의 면적과 지형에서의 위치를 지정하는 데 쓰인다.

그림 5.5.1은 33×33 높이 필드 하나와 비례 계수 및 편향치들이 다른 두 5×5 블록을 나타낸 것이다. 높이 필드의 특정한 요소는 두 매개변수 u와 v에 의해 결정된다. 여기서 $0 \leq u \leq 1$이고 $0 \leq v \leq 1$이다. 마찬가지로, 블록의 한 정점의 수평 위치는 두 매개변수 s와 t에 의해 결정되며, 여기서 $0 \leq s \leq 1$이고 $0 \leq t \leq 1$이다. 주어진 블록의 비례 계수와 편향

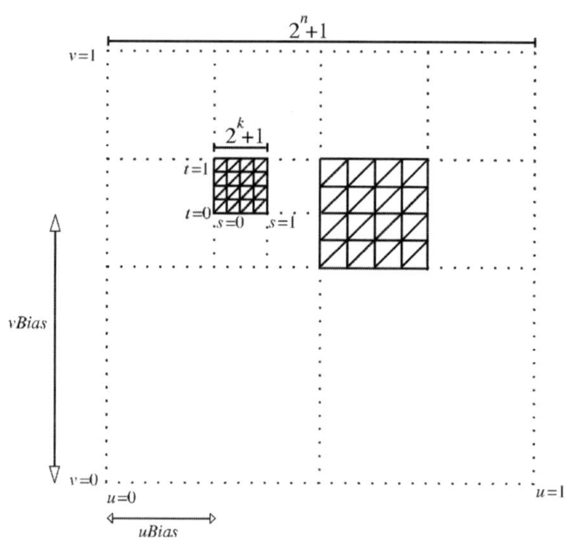

그림 5.5.1 지형을 덮는 두 블록. 비례 계수와 편향치만 있으면 한 블록을 지형의 특정 영역에 사상할 수 있다. 블록 정점들과 높이 필드 요소들 사이의 대응 관계에 주목할 것.

치는 $\{s,t\}\Rightarrow\{u,v\}$ 사상을 나타낸다. 이 사상으로 얻은 $\{u,v\}$ 쌍으로 높이 필드 텍스처의 표본을 추출한다. 그 표본이 정점의 고도 h인데, 여기서 $0 \le h \le 1$이다.

세 값 쌍 $\{u,h,v\}$는 국소 공간에서의 정점 위치에 해당한다.[1] 정점의 위치와 텍스처 좌표 모두 $\{s,t\}$ 좌표를 이용해서 계산하므로, 정점 버퍼에서 s를 정점의 x 성분에, t를 z 성분에 저장한다. 텍스처 좌표는 계산으로 구할 수 있으므로 정점 버퍼에는 위치 자료만 저장하면 되며, 따라서 정점 당 부동소수점 값 세 개만 저장한다.

다음 코드는 이러한 정점 위치 변환을 수행하는 최소한의 정점 셰이더로, HLSL로 작성된 것이다. uScale, vScale, uBias, vBias, heightfield, matWorldViewProj는 균일 매개변수들이다. 입력 위치의 y 성분이 전혀 쓰이지 않음을 주목할 것. 나중에 이러한 사실을 활용하는 방법이 나온다.

```
float4 VS(float3 pos : POSITION) : POSITION
{
    float s = pos.x;
    float t = pos.z;
    float u = s * uScale + uBias;
    float v = t * vScale + vBias;
    float4 tex = float4(u, v, 0.0f, 0.0f);
    float h = tex2Dlod(heightfield, tex).x;
    pos = float3(u, h, v);
    float4 posO = mul(float4(pos,1.0f), matWorldViewProj);
    return posO;
}
```

블록 하나가 지형 전체를 덮는 경우에는 비례 계수들이 1.0이어야 한다. 지형의 4분의 1을 덮는 블록의 비례 계수들은 0.5이다. 그림 5.5.1의 경우 큰 블록의 비례 계수들은 0.25이고 작은 블록의 것들은 0.125이다. 큰 블록의 편향 매개변수들은 둘 다 0.5이나, 작은 블록의 경우 uBias는 0.25이고 vBias는 0.625이다.

세부수준 제어

블록의 두 비례 계수를 절반으로 줄이면 블록이 덮는 면적은 4분의 1로 줄어든다. 이는 한 블록의 비례 계수들을 반감해서 네 개의 보다 작은 블록들을 민들 수 있음을 의미한

---

[1] 이를 세계 공간의 좌표로 변환하려면 비균일 비례 행렬을 이용해서 수직 길이와 수평 길이의 적절한 비율을 얻어야 한다.

다. 지형 전체를 덮는 하나의 블록에서 시작해서 한 블록을 네 개의 자식 블록들로 분할하는 과정을 블록들이 높이 필드의 해상도에 일치할 때까지 재귀적으로 반복해 나가면 블록들이 사분트리(quadtree) 형태로 조직화된다.

짐작했겠지만, 이러한 사분트리를 지형의 세부수준(level of detail, LOD) 제어에 사용한다. 즉, 각 블록마다 그대로 렌더링할 것인지 아니면 더 작은 네 개의 블록들로 나눌 것인지를 평가하고, 후자의 경우이면 네 블록에 대해 동일한 과정을 재귀적으로 반복하는 것이다. 적절한 판정 방식과 적절한 블록 크기를 사용한다면 품질을 크게 떨어뜨리지 않고도 렌더링될 삼각형들의 전체 개수를 줄일 수 있다.

이 글에서는 먼 블록이 가까운 블록보다 더 큰 면적을 덮게 하는 간단한 거리 기반 평가 방법을 사용한다. 이러한 평가 방법을 적용하면 카메라에 가까운 부분일수록 더 세밀한 모습을 보이게 된다. 이 방법 대신 블록에 대한 최대 화면 공간 정점 오차를 사용한다면 카메라와의 거리뿐만 지형의 거친 정도까지 고려하게 되므로 더 나은 결과를 얻을 수 있다. [Ulrich02]에 쓰인 방법을 적용하면 그런 방식도 어렵지 않게 구현할 수 있을 것이다.

거리 기반 평가 기준은 다음과 같다.

$$\frac{l}{d} < C$$

이 부등식이 참이 아니면 블록을 바로 렌더링하고, 참이면 블록을 네 개의 작은 블록들로 나누어서 재귀적 과정을 진행한다. l은 블록 중심과 카메라 사이의 거리이고 d는 세계 공간에서의 한 블록 삼각형의 크기이다(그림 5.5.2).

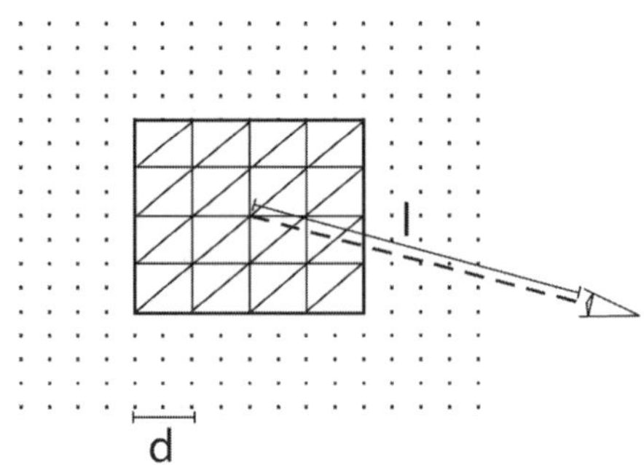

그림 5.5.2 카메라와 블록 중심 사이의 거리와 세계 공간에서의
삼각형 크기에 기초해서 세부수준을 결정한다.

이러한 거리 기반 방식은 [Röttger98]에서 착안한 것이다. C는 설정 가능한 상수로, 이 값을 적절히 설정함으로써 지형의 품질을 조정할 수 있다. C를 크게 잡으면 블록들이 더 잘게 나누어지므로 더 많은 삼각형을 렌더링하게 된다. CD-ROM의 데모 프로그램은 이 값을 쉽게 변경해 볼 수 있는 슬라이더 컨트롤을 제공한다.

목록 5.5.1은 이러한 세부수준을 적용해서 지형을 렌더링하는 방법을 보여주는 코드이다. 세계 행렬은 세계 공간에서의 거리를 얻는 데 쓰인다. 여기서 세계 행렬은 하나의 비례 행렬이라고 간주한다. Render는 재귀적으로 호출되는데, 첫 호출에서 매개변수 fMinU와 fMinV는 0.0이고 fMaxU, fMaxV, fScale의 초기값은 1.0이다. iLevel은 사분트리의 깊이이다.

목록 5.5.1

```cpp
void Render(float fMinU, float fMinV,
    float fMaxU, float fMaxV,
    int iLevel, float fScale)
{
    float fHalfU = (fMinU + fMaxU) * 0.5f;
    float fHalfV = (fMinV + fMaxV) * 0.5f;
    float d = (fMaxU-fMinU)*m_matWorld._11/(m_iBlockSize-1.0f);

    D3DXVECTOR3 c(fHalfU*m_matWorld._11,0,fHalfV*m_matWorld._33);
    D3DXVECTOR3 v = c - g_Camera.GetPos();
    float l = D3DXVec3Length(&v);

    float f = l / d;

    if (f > m_fLOD || iLevel < 1) {
        Draw(fMinU, fMinV, fMaxU, fMaxV, iLevel);
    } else {
        Render(fMinU, fMinV, fHalfU, fHalfV, iLevel-1, fScale/2);
        Render(fHalfU, fMinV, fMaxU, fHalfV, iLevel-1, fScale/2);
        Render(fMinU, fHalfV, fHalfU, fMaxV, iLevel-1, fScale/2);
        Render(fHalfU, fHalfV, fMaxU, fMaxV, iLevel-1, fScale/2);
    }
}
```

카메라가 이동하면서 블록 세부수준이 급하게 변할 때 소위 파핑(popping)이라고 알려진 문제가 발생한다. 이러한 파핑은 서로 다른 세부수준 사이에서 정점 높이들을 모핑함으로써 피할 수 있다. 즉, 각 세부수준마다 정점 텍스처를 조회해서 두 개의 높이를 구하고 모핑 매개변수에 기초해서 둘을 선형 보간한 값을 최종적인 정점 높이로 사용하는 것이다.

이렇게 해서 세부수준 제어 메커니즘까지 이야기했다. 마지막으로 블록 크기를 살펴보자.

API 렌더링 호출을 줄이려면 최대한 많은 삼각형들을 한 번에 제출해야 하며, 따라서 블록이 너무 작아서는 안 된다. 그러나 세부수준의 다양함을 위해서는 블록이 너무 큰 것도 좋지 않다. 블록이 너무 크면 같은 크기의 삼각형들이 너무 넓은 면적을 덮게 되고, 그러면 LOD 상수에 따라서는 삼각형들이 너무 성기거나 너무 조밀해질 수 있다. 또한, 블록이 작을수록 사분트리 운행 도중의 시야절두체 선별에서 더 많은 블록들이 제외된다. 시험용 프로그램을 돌려본 결과, 렌더링 API 호출 횟수와 삼각형 크기 가변성의 적절한 균형점에 해당하는 블록 크기는 17×17과 33×33이었다.

■ 틈 메우기

세부수준이 다르면 블록들의 경계에 틈(crack)이 생길 수 있는데, 이는 모든 지형 LOD 알고리즘에서 반드시 해결해야 할 문제이다. 지형의 이런 끔찍한 구멍을 피하는 방법은 여러 가지가 있는데, 이 글에서는 블록 가장자리에 수직으로 덮개를 늘어뜨린다는 간단하고도 우아한 접근방식을 사용하기로 한다. [Ulrich02]에 나온 알고리즘 역시 이 접근방식을 사용한다. 그림 5.5.3에서 보듯이, 각 블록의 가장자리를 수직으로 확장한다. 이것을 블록의 가장자리 "자락(skirt)"이라고 부르기로 하자. 세부수준이 다른 두 블록이 인접하는 부분의 틈을 이 자락 기하구조로 메운다. 수직 자락 때문에 조명에 문제가 생기거나 텍스처가 늘어날 수도 있지만, 일반적으로 틈을 메우는 기하구조가 아주 작기 때문에 그리 눈에 띄지 않는다.

이러한 가장자리 자락을 기존 알고리즘을 수정하지 않고도 처리할 수 있다. 정점 버퍼를

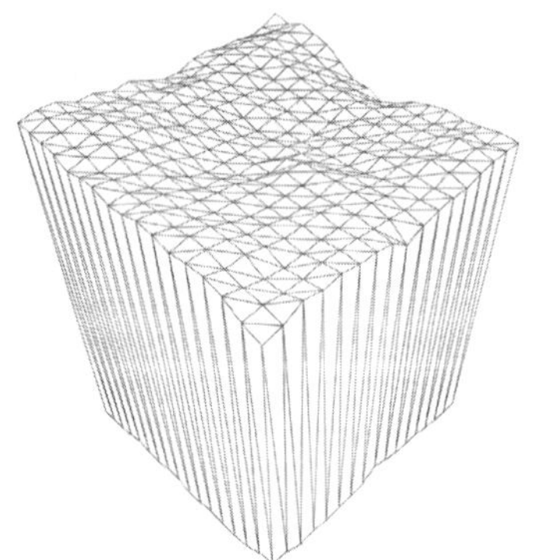

그림 5.5.3 각 블록의 가장자리를 수직으로 늘려서 자락을 만든다.

따로 두는 대신, 가장자리 자락의 정점들을 기존의 정점 버퍼의 끝에 추가한다. 그런 정점들을 **자락 정점**이라고 부르기로 하겠다. 즉, 이제는 정점 버퍼에 지형 정점들과 함께 자락 정점들이 들어 있게 된 것이다. 하나의 블록 전체를 색인 버퍼를 이용해서 하나의 긴 삼각형 띠로 취급할 수 있도록 자락 정점들을 적절히 배치하는 것은 얼마든지 가능하다.

한 가지 해결해야 할 문제는 정점 셰이더에서 자락 정점과 지형 정점을 구분하는 것이다. 이를 위해, 기존의 정점 셰이더에서는 사용하지 않았던 정점 위치의 y 성분을 활용하기로 하자. 정점 버퍼를 초기화할 때 지형 정점의 y 성분은 1.0으로, 자락 정점의 y 성분은 -1.0으로 설정한다. 그리고 정점 셰이더에서

```
pos = float3(u, h, v);
```

를

```
pos = float3(u, h*pos.y, v);
```

로 고친다. 이러면 자락 정점의 높이는 자동으로 음수가 된다. 자락 정점의 수평 위치는 해당 지형 가장자리 정점의 것과 동일하다. 자락 정점들을 특별하게 취급할 필요는 없다. 그냥 가장자리를 따라 삼각형들을 더 그려주는 것일 뿐이다.

이 요령은 높이필드에 음의 고도가 없다는 가정을 깔고 있다. 해수면 아래의 지형을 나타낼 때에는 음의 고도가 쓰이기도 한다. 이 문제는 어떠한 지형 정점도 음의 고도를 가지지 않도록 오프셋을 적용하는 것으로(간단히 말하면 해수면 높이를 조정해서) 쉽게 해결할 수 있다.

시야절두체 선별

사분트리 운행 도중 블록이 시야절두체에 포함되는지를 판정함으로써 불필요한 재귀를 줄일 수 있다. 블록이 시야절두체를 완전히 벗어나 있다면 더 이상의 재귀는 필요하지 않다. 이 판정은 목록 5.5.1의 Render() 함수의 시작 부분에서 수행하면 된다.

이러한 판정에 사용하기 가장 쉬운 경계입체는 축정렬 경계상자(axis-aligned bounding box, AABB)이다. 한 블록의 AABB의 지역 공간 수평 크기들은 그냥 블록의 최대, 최소 u와 v로 간단히 구할 수 있다. 그러나 수직 크기를 위한 최대, 최소 고도들은 그리 쉽지 않다. 가장 정확한 방법은 초기화 도중 사분트리의 모든 블록의 최대, 최소 고도들을 게산해 두는 것이다. 부록 CD-ROM에 수록된 데모 프로그램에서는 그냥 지형 전체의 최대, 최소 높이를 모든 AABB에 동일하게 사용한다. 이러면 개별 블록의 경계상자가 실제

보다 훨씬 높아서 시야절두체에 속하지 않는 일부 블록들이 제외되지 않는 결과가 생긴다. 실제 구현이라면 좀 더 정확한 해법을 사용해야 할 것이다.

법선 계산

지형에 동적 조명이나 환경 매핑을 적용하려면 지형의 법선들을 구해야 한다. [Shankel02]에 나와 있듯이, 법선 계산을 네 번의 높이 필드 참조와 두 번의 뺄셈만으로 구하도록 크게 최적화하는 것이 가능하다. 이 방법을 정점 셰이더에서 구현한다면, 현재 정점의 고도뿐만 아니라 현재 정점의 네 이웃 정점들의 고도들을 정점 텍스처에서 가져와야 한다. 그런데 현재의 하드웨어에서 정점 텍스처 참조는 상당히 비싼 작업에 속하기 때문에 지금당장은 그리 효율적인 방법이 아닐 수 있다. 그러나 이후의 하드웨어들에서는 정점 텍스처 조회가 더욱 최적화될 것이므로, 시간이 지나면 저절로 해결될 문제인 셈이다.

한 정점과 이웃의 네 정점들이 그림 5.5.4와 같다고 할 때, 가운데 정점의 법선은 다음과 같다([Shankel02]).

$$N = \{(w-e), 2d, (s-n)\}$$

여기서 d는 두 정점 사이의 거리로, 단위는 고도와 동일하다.

이 접근방식의 한 가지 단점은 법선이 세부수준에 의존적이라는 것이다. 이 때문에, 카메라가 움직여서 세부수준이 변할 때 조명이 눈에 띄게 바뀔 수 있다.

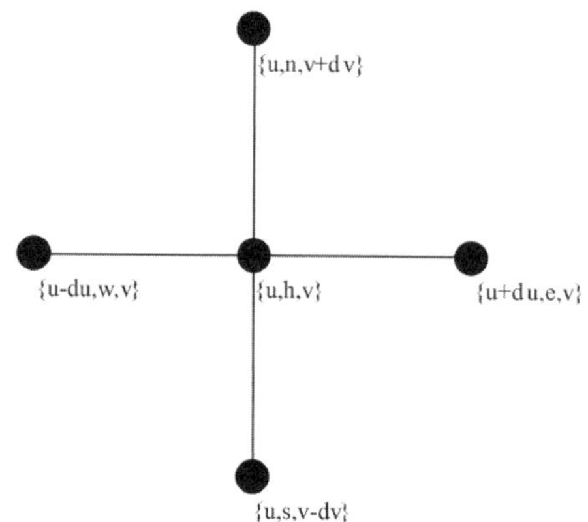

그림 5.5.4 정점의 네 이웃 정점들의 고도만으로 정점 법선을 계산할 수 있다.

이 문제를 해결하는 한 가지 방법은 전처리 단계에서 지형 전체의 모든 정점 법선을 계산해 하나의 법선 맵에 저장해 두고, 픽셀 셰이더에서 그 법선 맵을 참조해 조명을 적용하는 것이다. 그러면 조명이 바탕의 삼각화와는 독립적으로 적용된다. 이 방법을 사용하는 경우, 정점 셰이더에서 매번 비싼 정점 텍스처 조회를 이용해서 법선을 구할 필요가 없으므로, 속도가 훨씬 빠르며 지형의 조명 품질도 좋다. 단점이라면, 지형의 크기에 따라서는 법선 맵이 텍스처 메모리를 상당히 많이 잡아먹을 수 있다는 것이다.

부록 CD-ROM의 데모 프로그램은 정점 셰이더 법선 계산 방법과 법선 맵 방법을 모두 구현하고 있다. 실행 도중 F5 키를 누르면 법선 계산 방법이 바뀐다. 원색 화보 8만 봐도 두 방법의 차이를 알 수 있을 것이다. 위쪽 스크린샷은 법선들을 정점 셰이더에서 계산하는 경우이고 중간 것은 픽셀 셰이더에서 법선 맵을 참조하는 경우이다. 위쪽 스크린샷을 잘 보면 세부수준이 다른 블록들 사이에서 조명의 차이가 드러난 부분을 찾을 수 있다.

충돌 방지

멋진 지형만으로는 재미있는 게임이 만들어지지 않는다. 따라서 지형 위로 여러 나무나 건물, 차, 적 NPC 등을 올려놓을 필요가 있다. 그리고 카메라가 지형을 뚫고 들어가서 삼각형 뒷면이 드러나는 일이 생겨서도 안 된다. 그런 일이 생기지 않으려면 지형과 카메라 또는 객체와의 충돌 판정이 반드시 필요하며, 이를 위해서는 지형의 임의의 수평 위치에서 해당 높이를 알아낼 수 있어야 한다.

흔히 쓰이는 방법은 CPU에서 높이 필드를 참조해서 주어진 위치 주변의 네 지형 정점들의 높이를 얻고 그것을 겹선형 보간하는 것이다. 그런데 이 글의 방법에서는 높이 필드가 그래픽 카드의 메모리에 적재되어 있으므로 이러한 계산을 CPU에서 수행할 수가 없다.

한 가지 해결책은 높이 필드의 복사본을 시스템 메모리에 두는 것인데, 이런 방식에는 메모리가 소비된다는 단점이 따른다. 다행히, 그런 복사본이 필요 없는 방법이 있다. 핵심은 높이 필드 조회의 결과를 텍스처로 렌더링하는 것이다. 카메라와 지형 충돌 판정의 경우 1×1 텍스처를 렌더링 대상으로 두고, 위치의 좌표만 담은 정점 하나로 된 동적 정점 버퍼를 만든다. 높이 필드 조회를 수행할 때에는 원하는 위치 $\{u, v\}$을 그 정점 버퍼의 유일한 정점의 x, z에 설정하고, 앞의 텍스처를 렌더링 대상으로 설정하고, 정점 버퍼를 하나의 점 목록으로 렌더링한다. 정점 셰이더에서는 그 위치의 x, z 성분을 텍스처 좌표로 지정해서 픽셀 셰이더에게 넘겨준다. 픽셀 셰이더에서는 그 좌표로 높이 필드의 해당 픽셀을 추출해서 그 필드의 색을 돌려준다. 그러면 그 색이 렌더링 대상 텍스처의 유일한 픽셀에 입혀진다. 그 색의 값이 바로 해당 위치의 지형 높이이다.

 부록 CD-ROM의 데모에서는 이 방법을 이용해서 카메라가 지형 아래로 뚫고 들어가는 일을 방지한다. 이러한 높이 필드 조회는 매 프레임마다 수행된다.

이러한 접근방식을 위치 하나(이를테면 카메라 위치)를 위한 1×1 높이 조회에만 사용할 수 있는 것은 아니다. 필요하다면 더 큰 렌더링 대상 텍스처와 더 많은 정점들로 된 정점 벡터를 이용해서 한 번의 호출로 여러 개의 위치들을 참조할 수도 있다. 이를테면 지형의 여러 객체들의 고도를 동시에 조회하는 경우 등이 그에 해당한다. 하드웨어 필터링을 이용한다면 전통적인 CPU 지형 조회보다 더 빠를 수도 있다(심지어는 지형 렌더링 알고리즘을 CPU에서 수행하는 전통적인 방법에서도).

구현상의 문제들

정점 텍스처를 사용하는 방법을 여기서 자세히 이야기하지는 않겠다. 이에 대해서는 [Gerasimov05]나 DirectX 문서화([D3DX05])를 참고하기 바란다. 부록 CD-ROM의 데모 프로그램은 DirectX 9.0을 사용하지만, OpenGL 역시 정점 텍스처를 지원하므로 이 글의 기법을 얼마든지 적용할 수 있다. 여기에서는 DirectX 9.0만 이야기하겠다.

높이 필드를 텍스처에 저장하는 것의 한 가지 결점은, 높이 필드의 크기가 그래픽 하드웨어의 최대 텍스처 크기에 제한된다는 것이다. 요즘의 전형적인 그래픽 하드웨어에서는 최대 텍스처 크기가 4096×4096이다. 따라서 16000×16000 같은 아주 큰 지형은 직접 지원할 수가 없으며, 따라서 지형을 여러 개의 텍스처들로 나누고 필요에 따라 적재하는 등의 추가적인 메커니즘이 요구된다. 그러나 전형적인 게임에서 쓰이는 맵이라면 4096×4096 정도로도 충분할 것이다.

그래픽 하드웨어들의 정점 텍스처 지원은 아직 초기 단계에 머물고 있다. 특히, 정점 텍스처로 사용할 수 있는 텍스처 형식에 제한이 많다. 예를 들어 NVIDIA GeForce 6800에서는 D3DFMT_R32F 형식과 D3DFMT_A32B32G32R32F 형식의 텍스처만 정점 텍스처로 사용할 수 있다. 데모 프로그램은 D3DFMT_R32F를 사용한다. 이 형식에서 각 픽셀은 32비트 부동소수점 수인데, 높이 필드들은 대체로 각 높이에 8비트나 16비트 정수만을 사용한다. 즉, 정점 텍스처는 높이 필드가 요구하는 정확도보다 더 많은 메모리를 소비하는 것이다. 차세대 하드웨어들은 좀 더 다양한 정점 텍스처 형식들을 지원하게 될 것이다.

GeForce 6800에서 정점 텍스처로 사용할 수 있는 텍스처 형식들은 근접 이웃 필터링만을 지원한다. 겹선형 필터링이나 삼선형 필터링을 사용하려면 정점 셰이더에서 직접 구현해야 하는데, 이를 위해서는 더 많은 정점 텍스처 조회가 필요하며, 따라서 성능에 악영향을 미칠 수 있다.

이처럼 정점 텍스처 지원이 제한적이므로, 정점 텍스처를 지원하지 않는 하드웨어를 위한 대체 구현을 마련할 필요가 있다. 그런 경우 전통적인 지형 렌더링 알고리즘 하나를 완전히 따로 구현할 수도 있으나, 노력을 조금 줄일 수 있는 해결책은 각 블록마다 하나의 정점 버퍼를 사용하고 고도를 CPU에서 채우는 것이다. 그러면 이 글에서 제시한 기법들 중 정점 텍스처 조회를 제외한 것들을 대부분 활용할 수 있다.

결과

부록 CD-ROM에는 이 글의 GPU 지형 렌더링 알고리즘을 구현한 데모 프로그램과 그 코드가 수록되어 있다. 그 프로그램은 실행 시점에서 D3DFMT_R32F DDS 형식의 텍스처를 읽어서 2049×2049 크기의 높이 필드를 만든다. 그리고 그 높이 필드로 법선 맵을 생성해서 부호 있는 D3DFMT_V8U8 형식 텍스처에 저장한다. 법선의 y 성분은 무시된다. 대신, 픽셀 셰이더에서 x 성분과 z 성분을 이용해서 직접 계산한다.

데모 프로그램은 실행 시점에서 블록 크기와 법선 계산 방법을 변경하는 기능도 제공한다.

표 5.5.1과 5.5.2는 두 법선 계산 방법에서의, 몇 가지 블록 크기들에 대한 성능 측정 결과이다.

표 5.5.1 블록 크기에 따른 측정 결과(법선 맵을 사용하는 경우)

	9 × 9	17 × 17	33 × 33	65 × 65
초 당 프레임:	43	85	78	89
초 당 삼각형:	35M	70M	73M	78M

표 5.5.2 블록 크기에 따른 성능(정점 셰이더에서 법선을 계산하는 경우)

	9 × 9	17 × 17	33 × 33	65 × 65
초 당 프레임:	43	54	37	40
초 당 삼각형:	35M	45M	34M	34M

이 결과는 NVIDIA GeForce 6800 GO 그래픽 카드가 장착된 노트북에서 데모 프로그램을 창 모드로 실행해 얻은 것이다. LOD 상수로는 기본값을 사용했다. 결과에서 보듯이, 블록이 9×9일 때에는 성능이 상당히 나쁜데, 이는 렌더링 호출이 너무 많기 때문일 것이다. 프레임률은 65×65가 가장 좋으나, 삼각형 수도 제일 많다. 이는 같은 크기의 삼각형들이 너무 큰 면적을 덮기 때문에 절두체 선별 효율이 떨어지기 때문일 것이다. 법선 맵을 사용하는 경우, 렌더링 호출 횟수와 블록 면적의 균형이 가장 좋은 크기는 17×17이다.

표 5.5.1과 5.5.2를 비교해보면 법선 맵을 사용할 때의 성능이 정점 셰이더에서 법선을 계산할 때의 것보다 약 두 배 정도 좋음을 알 수 있다. 또한 원색 화보 8에서 보듯이 법선 맵을 사용할 때가 시각적 품질도 좋으므로, 둘 중 어느 것이 더 좋은 방법인지는 명백하다.

결론

이 글에서는 GPU에서 지형을 렌더링하는, 구현하기 쉬운 알고리즘 하나를 제시했다. 이 알고리즘의 핵심은 높이 필드를 하나의 정점 텍스처에 저장하고 지형 전체에 대해 작은 정점 버퍼 하나를 재사용한다는 것이다. 이 덕분에 CPU 계산량과 메모리 소비가 모두 줄어들며, 따라서 물리나 AI 같이 좀 더 중요한 과제에 더 많은 자원을 투여할 수 있게 된다. 이 알고리즘의 속도는 다른 지형 알고리즘에 필적한다. 셰이더 모형 3.0이 그래픽 하드웨어의 표준이 됨에 따라, GPU 지형 렌더링 알고리즘들이 오늘날 게임들에서 흔히 쓰이는 몇몇 지형 렌더링 알고리즘들을 밀어내게 될 것이다.

참조문헌

[D3DX05] Microsoft DirectX Developer Center, DirectX C++ documentation. 웹 *http://msdn.microsoft.com/directx/*.

[Gerasimov05] Gerasimov, Phillip 외, "Shader Model 3.0—Using Vertex Textures." NVIDIA whitepaper, 2005. 웹 *http://developer.nvidia.com/ object/using_vertex_textures.html*.

[Röttger98] Röttger, S. 외, "Real-time Generation of Continuous Levels of Detail for Height Fields." *Proceedings of WSCG '98*, 1998: pp. 315-322.

[Shankel02] Shankel, Jason, "Fast Heightfield Normal Calculation." *Game Programming Gems 3*, Charles River Media, 2002. 번역서는 "빠른 높이필드 법선 계산," *Game Programming Gems 3*, 정보문화사, 2003.

[Ulrich02] Ulrich, Thatcher, "Rendering Massive Terrains using Chunked Level of Detail Control." 2002년 4월. 웹 *http://cvs.sourceforge.net/viewcvs.py/*checkout*/tu-testbed/ tu-testbed/docs/sig-notes.pdf?rev=HEAD*.

Frank Luna
frank@moon-labs.com

얕은 3차원 유체를 사인파들의 합으로 근사해서 렌더링하는 기법들은 여러 가지가 있다. 이를테면 [Vlachos02]나 [Finch04]에 나온 것들을 예로 들 수 있는데, 이러한 기법들은 정적인 기하자료를 정점 셰이더에서 변형할 뿐, 캐릭터나 주변 환경과 유체의 상호작용 (캐릭터의 움직임에 의해 물결이 생기는 경우 등)은 지원하지 않는다. 상호작용적인 유체 시뮬레이션을 위한 한 가지 접근방식은 CPU에서 물리 계산을 수행하고 동적 정점 버퍼를 이용해서 기하자료를 갱신하는 것이다. [Lengyel02]에 그와 같은 접근방식이 나와 있다. 그러나 물리 계산을 CPU에서 수행하고 시뮬레이션이 갱신될 때마다 새 기하자료를 비디오 카드에 전송해야 하는 탓에 성능이 떨어진다는 문제를 안게 된다.

다행히 요즘에는 정점 셰이더 3.0 대응 그래픽 하드웨어, 특히 정점 텍스처 조회 기능 덕분에 GPU 상에서 유체의 렌더링뿐만 아니라 동역학 계산까지도 범용 계산 기법들을 이용해서 수행하는 것이 가능하다. 따라서 응용프로그램은 동적 정점 버퍼 갱신을 피할 수 있으며, 또 GPU의 강력한 산술 연산 능력으로 인해 더 많은 계산을 수행할 수 있다. 결과적으로 CPU 시간을 다른 일들에 더 많이 투여할 수 있게 된다. 이 글은 DirectX 9.0c를 이용해서 물기와 렌더링 모듈을 GPU에서 수행하는 동적인 유체 시스템의 구현 방법을 상세히 논의한다. 그림 5.6.1과 원색 화보 9는 부록 CD-ROM에 있는 데모 프로그램의 스크린샷으로, 잔물결들은 GPU에서 갱신한 것이다.

그림 5.6.1 사용자 입력에 의해 상호작용적으로 생성된 웅덩이 잔물결.
시뮬레이션을 GPU에서 수행했다.

수학적 배경

그럼 시뮬레이션 구현에 필요한 몇 가지 수학적 사실들을 짚고 넘어가자. 이 글의 주제는
수학에 관한 것이 아니므로 세부적인 내용은 빼고 간략하게만 이야기하겠다.

2차원 파동 방정식

다음의 편미분방정식은 감쇠력(damping force)이 $-bv$인 2차원 파동의 운동을 서술한다.

$$\frac{\partial^2 h}{\partial t^2}(x,\ z,\ t) = c^2\left(\frac{\partial^2 h}{\partial x^2}(x, z, t) + \frac{\partial^2 h}{\partial z^2}\right) - \mu\frac{\partial h}{\partial t}(x, z, t). \tag{5.6.1}$$

이 방정식은 다음과 같은 가정들을 깔고 있다.

1. 유체의 질량 밀도가 균일하며 변하지 않는다.

2. 유체의 표면장력이 균일하고 변하지 않는다(물결의 운동 도중에도).

3. 유체의 표면은 완벽하게 유동적이다(즉, 구부러짐에 대한 저항이 없다). 특히, 장력의 방향이 항상 표면의 접선 방향이다.

4. 유체 표면이 기우는 각도들이 $\tan\theta = \sin\theta$가 성립할 정도로 작다.

즉, 이 모형은 물결이 별로 크지 않은 유체(이를테면 웅덩이, 못, 비교적 잔잔한 호수 등)를 시뮬레이션하는 데 적합하다. 이러한 편미분방정식을 유도하는 과정이 궁금하다면 [Kreyszig62]를 보기 바란다(감쇠력은 고려하지 않음).

매개변수 c와 μ를 변경함으로써 물결의 외형을 제어할 수 있다. 이들은 각각 물결의 속도와 감쇠에 해당한다. 단, 이 매개변수의 값들이 안정성 조건(잠시 후의 "안정성" 절 참고)을 만족해야 한다는 점은 주의해야 한다.

명시적인 유한차분 해법

식 5.6.1의 해는 주어진 시간에서 표면 각 점의 높이에 해당하는 $y = h(x, y, t)$ 형태의 함수이다(즉, 유체의 파동은 종파이다). 식 5.6.1의 근사해를 얻기 위해 하나의 정사각형 정의역을 가정하고 그 위에 격자를 얹는다. 격자의 점들은 유체 표면을 나타내는 삼각형 메시의 정점들에 해당한다. 목표는 이 정점들의 x, z 성분들을 매개변수로 해서 방정식 해를 평가해 정점의 높이(즉, y 성분)를 얻는 것이다. 이를 위해, 편미분을 다음과 같은 유한차분 공식들로 근사한다.

$$\frac{\partial^2 h}{\partial t^2}(x_i\, z_j, t_k) \approx \frac{h_{ij}^{k+1} - 2h_{ij}^k + h_{ij}^{k-1}}{(\Delta t)^2}, \tag{5.6.2}$$

$$\frac{\partial^2 h}{\partial x^2}(x_i, z_j, t_k) \approx \frac{h_{i+1,j}^k - 2h_{i,j}^k + h_{i-1,j}^k}{(\Delta x)^2}, \tag{5.6.3}$$

$$\frac{\partial^2 h}{\partial z^2}(x_i, z_j, t_k) \approx \frac{h_{i,j+1}^k - 2h_{i,j}^k + h_{i,j-1}^k}{(\Delta z)^2}, \tag{5.6.4}$$

$$\frac{\partial h}{\partial t}(x_i, z_j, t_k) \approx \frac{h_{i,j}^{k+1} - h_{i,j}^{k-1}}{2(\Delta t)}. \tag{5.6.5}$$

여기서 $h_{i,j}^k = h(x_i, z_j, t_k)$이다. 식들을 더욱 단순하게 하기 위해 $\Delta x = \Delta z$라고 가정한다. 식 5.6.2, 5.6.3, 5.6.4와 5.6.5를 식 5.6.1에 대입하고 $h_{i,j}^{k+1}$에 대해 정리하면 다음과 같은 양함수 공식이 나온다.

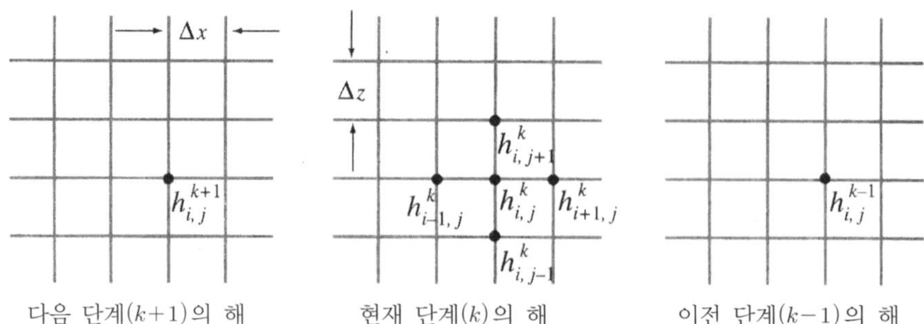

그림 5.6.2 시간 단계 t_{k+1}에서의 해는 시간 단계 t_k와 t_{k-1}의 해들에 의존한다.

$$h_{i,j}^{k+1} = k_1 h_{i,j}^{k-1} + k_2 h_{i,j}^{k} + k_3\left[h_{i+1,j}^{k} + h_{i-1,j}^{k} + h_{i,j+1}^{k} + h_{i,j-1}^{k}\right], \tag{5.6.6}$$

여기서

$$k_1 = \frac{\mu(\Delta t) - 2}{\mu(\Delta t) + 2}, \quad k_2 = \frac{4 - 8 \times c^2 \dfrac{(\Delta t)^2}{(\Delta x)^2}}{2 + \mu(\Delta t)}, \quad k_3 = \frac{2c^2(\Delta t)^2}{(\Delta x)^2(\mu(\Delta t) + 2)}.$$

이는 다음 시간 단계 $k+1$에서의 ij번째 격자점에 대한 해 함수 $h(x, z, t)$를 이미 알고 있는 값들, 즉 이전 두 시간 단계들에서의 해들로 평가할 수 있다는 뜻이다. 그림 5.6.2는 $k+1$에서의 ij번째 격자점의 해가 이전 두 시간 단계들에서의 해들에 의존함을 보여주는 그림이다. 즉, Δt 시간이 지난 후 식 5.6.6을 각 격자점에 적용하면 시간 단계 t_{k+1}에서 의 새 높이가 나온다. 식 5.6.6은 각 격자점의 이전 두 해들에 의존하므로, 격자 배열 두 개를 더 두어서 t_k과 t_{k-1}에서의 격자 해들을 기억해 두어야 한다.

이러한 방식을 사용하려면 최초의 두 시간 단계에서의 해들이 필요한데, 완전히 잔잔한 수면에서 시작하는 경우라면 두 배열 모두 0으로 초기화해두면 된다. 또는 미리 만들어 둔 높이 맵에서 불러오거나 사인파들을 합해서 초기화할 수도 있다.

식 5.6.2, 5.6.3, 5.6.4, 5.6.5의 유한차분 공식들을 유도하는 과정이 [Burden01]에 나온다 (오차 정보도 있음). 또한 [Lengyel02]에서는 이해하기 쉬운 기하학적 유도 과정을 볼 수 있으며, 오차 정보는 없다.

안정성

식 5.6.2의 양함수 공식이 항상 안정적인 것은 아니다. [Lengyel02]에 따르면, 안정성을 위해서는 파동 속도 c와 시간 단계 Δt가 다음의 부등식을 만족해야 한다.

$$0 < c < \frac{\Delta x}{2(\Delta t)} \sqrt{\mu(\Delta t) + 2} \ \ \text{그리고} \ \ 0 < \Delta t < \frac{\mu + \sqrt{\mu^2 + 32\dfrac{c^2}{(\Delta x)^2}}}{8\dfrac{c^2}{(\Delta x)^2}}.$$

접선 벡터와 법선 벡터

법선 매핑을 위해서는 유체 메시의 각 정점마다 접선 기저를 구해야 한다. 함수 $h(x,z,t)$ 는 유체 표면의 임의의 점 (x,z,t)의 높이이다. 따라서 그 점의 접선의 x 방향 기울기와 z 방향 기울기는 각각 편미분

$$\frac{\partial h}{\partial x}(x,z,t) \text{와} \ \ \frac{\partial h}{\partial z}(x,z,t)$$

이다. 이로부터 x 방향 접선 벡터 $\mathbf{v}$와 z 방향 접선 벡터 $\mathbf{u}$를 구할 수 있다.

$$\mathbf{v} = \left(1, \frac{\partial h}{\partial x}(x,z,t), 0\right), \tag{5.6.7}$$

$$\mathbf{u} = \left(0, \frac{\partial h}{\partial z}(x,z,t), 1\right). \tag{5.6.8}$$

그림 5.6.3을 보면 쉽게 이해할 수 있을 것이다.

식 5.6.3에서 $\mathbf{u}$와 $\mathbf{v}$가 단위 벡터가 아님을 주목할 것. 접선 벡터들을 구했다면, 간단한 외적으로 법선 벡터를 구할 수 있다.

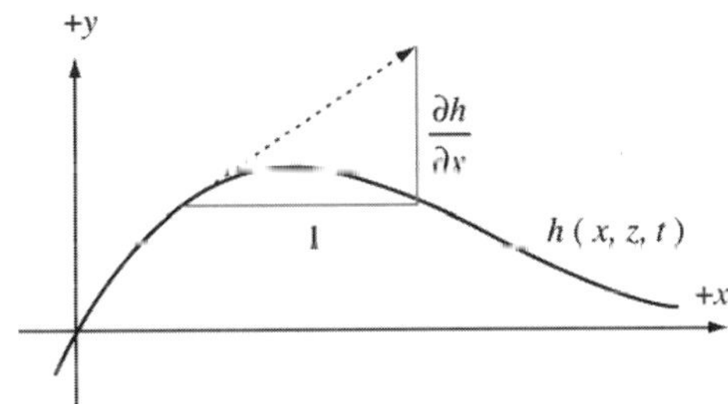

그림 5.6.3 곡선의 한 점의 접선 기울기를 편미분들로 구할 수 있다. 기울기를 "수평 이동에 의한 수직 상승 전도"라고 생각한다면, 이는 수평으로 한 단위 움직여서 $\partial h/\partial x$만큼 올라가는 것에 해당한다. z 방향의 접선 벡터에도 이러한 비유를 적용할 수 있다.

$$n = (u \times v) / \| u \times v \|$$

이 글에서는 왼손 좌표계를 사용한다.

식 5.6.7과 5.6.8의 편미분들을 다음과 같은 유한차분 공식들로 근사할 수도 있다.

$$\frac{\partial h}{\partial x}(x_i, z_j, t_k) \approx \frac{h_{i+1,j}^k - h_{i-1,j}^k}{2(\Delta x)}, \tag{5.6.9}$$

$$\frac{\partial h}{\partial z}(x_i, z_j, t_k) \approx \frac{h_{i,j+1}^k - h_{i,j-1}^k}{2(\Delta z)}. \tag{5.6.10}$$

GPU 구현

격자를 나타내는 텍스처

GPU에서 CPU의 배열에 해당하는 것은 텍스처이다. 배열 쓰기에 해당하는 것은 '텍스처로 렌더링' 기능을 이용해서 텍스처를 갱신하는 것이고, 배열 읽기에 해당하는 것은 픽셀 셰이더에서 표본(텍셀)을 추출하는 것이다. 같은 텍스처를 동시에 쓰고(렌더링) 읽는(추출) 것의 결과는 정의되지 않음을 주의할 것([Harris04]).

식 5.6.6의 유한차분 방식을 구현하려면 세 개의 격자, 즉 다음 시간 단계의 해들을 담는 격자와 현재 시간 단계의 해들을 담는 격자, 이전 시간 단계의 해들을 담는 격자가 필요하다. 따라서 세 개의 부동소수점 렌더링 대상 텍스처들이 필요하다.

```
DrawableTex2D* mPrevStepMap;
DrawableTex2D* mCurrStepMap;
DrawableTex2D* mNextStepMap;
```

격자의 각 요소는 하나의 높이 값만을 담으므로 D3DFMT_R16F 같은 1차원 요소 형식을 사용해도 된다. 그러나 현재의 하드웨어(GeForce 6800 GT)는 D3DFMT_R16F 텍스처로의 렌더링을 지원하지 않는다. 다음의 대안은 D3DFMT_R32F이나, 현재의 하드웨어는 이 형식에 대해 알파 혼합(즉, D3DUSAGE_QUERY_POSTPIXELSHADER_BLENDING)을 지원하지 않는다. 파동을 교란시키려면 알파 혼합이 필요하다. 결과적으론 D3DFMT_A16B16G16R16F를 사용해야 하는데, 이 경우 적색 채널에만 높이 값을 저장하고 녹, 청, 알파 채널은 사용하지 않으므로 용량 낭비가 심하지만, 현재로서는 어쩔 수 없다.

GPU에서 시뮬레이션 수행

$\triangle t$단위 시간이 지나갈 때마다 시뮬레이션을 갱신하고 격자의 각 점의 높이를 계산해야 한다. 우리의 목표는 이를 전적으로 GPU에서 수행하는 것이다. 즉, GPU를 색상 정보 출력에 사용하는 것이 아니라, 격자 높이 값들의 갱신이라는 범용적인 계산에 사용하는 것이다.

이전 두 시간 단계 t_{k-1}과 t_k에서의 격자 mPrevStepMap과 mCurrStepMap이 주어지면 그것들을 이용해서 다음 시간 단계 t_{k+1}에서의 해를 담은 격자 높이들을 계산해야 한다(그리고 mNextStepMap에 저장해야 한다). CPU에서라면 격자의 각 요소를 훑으면서 식 5.6.6을 적용하면 된다. 이를 GPU에서 수행하려면 어떻게 해야 할까? 핵심은 픽셀 셰이더가 렌더링 대상에 그려진 각 픽셀마다 수행된다는 점에 있다. 즉, 픽셀 셰이더는 루프의 본문에 해당한다:

> *각 픽셀 P_{ij}마다:*
>
> > *P_{ij}에 대해 픽셀 셰이더를 수행*

다음은 이러한 점에 기초한, GPU에서 격자를 갱신하는 과정이다.

1. mNextStepMap을 렌더링 대상으로 설정한다.
2. mPrevStepMap과 mCurrStepMap을 픽셀 셰이더에서 조회할 수 있도록 적절히 텍스처 효과 매개변수들로 설정한다. (즉, 이들은 다음 시간 단계 해 계산의 입력이 된다.)
3. 투영 창 전체를 직접 덮는 하나의 사각형을 그린다. 이러면 렌더링 대상의 모든 픽셀에 대해 픽셀 셰이더가 수행된다.
4. 픽셀 셰이더에서 식 5.6.6을 적용한다.
5. 갱신이 끝났다. 다음 갱신을 위해, 렌더링 대상들을 다음과 같이 순환시킨다.

```
DrawableTex2D* temp = mPrevStepMap;
    mPrevStepMap = mCurrStepMap;
    mCurrStepMap = mNextStepMap;
    mNextStepMap = temp;
```

그럼 실제 정점, 픽셀 셰이더 구현을 보자.

```
// 텍스처 공간 [0, 1] 단위들의 텍셀 크기
uniform extern float gTexelSize;

// 식 5.6.6에서 미리 계산해 둔 상수들
uniform extern float gK1;
uniform extern float gK2;
```

```
uniform extern float gK3;

// 이전 두 단계의 격자 해들
uniform extern texture gPrevStepTex;
uniform extern texture gCurrStepTex;

sampler gPrevStepSmplr = sampler_state
{
    Texture = <gPrevStepTex>;
    [...]
};

sampler gCurrStepSmplr = sampler_state
{
    Texture = <gCurrStepTex>;
    [...]
};

void PhysicsVS(float3 posH : POSITION0,
    out float4 oPosH : POSITION0,
    out float2 oUV : TEXCOORD0)
{
    // 정점들은 이미 투영 공간으로 변환되어 있다.
    oPosH = float4(posH, 1.0f);

    // [-1, 1] 범위의 투영 공간 좌표(+y가 위쪽)를
    // [0, 1] 범위의 텍스처 공간 좌표(+y가 아래)로 변환한다.
    oUV = float2(posH.x, posH.y) * float2(0.5, -0.5) + 0.5;
}

float4 PhysicsPS(float2 uv : TEXCOORD0) : COLOR
{
    // 가장자리 위치이면 높이를 0으로 설정한다
    if(uv.x < 0.001f || uv.x > 0.985f ||
        uv.y < 0.001f || uv.y > 0.985f)
        return float4(0.0f, 0.0f, 0.0f, 0.0f);
    else
    {
        // 이전, 현재 시간 단계의 격자점들을 추출한다.
        float c0 = tex2D(gPrevStepSmplr, uv).r;
        float c1 = tex2D(gCurrStepSmplr, uv).r;
        float t = tex2D(gCurrStepSmplr,
            float2(uv.x, uv.y - gTexelSize)).r;
        float b = tex2D(gCurrStepSmplr,
            float2(uv.x, uv.y + gTexelSize)).r;
        float l = tex2D(gCurrStepSmplr,
```

```
                float2(uv.x - gTexelSize, uv.y)).r;
        float r = tex2D(gCurrStepSmplr,
                float2(uv.x + gTexelSize, uv.y)).r;

        // 현재 격자점의 다음 단계 해를
        // 출력한다(식 5.6.6).
        return float4(gK1*c0 + gK2*c1 + gK3*(t+b+l+r),
            0.0f, 0.0f, 0.0f);
        }
    }
```

PhysicsPS가 픽셀 셰이더이다. 우선, 현재 위치가 격자의 가장자리이면 색(수면 높이)을
0으로 설정한다(이후 "장벽 맵" 절에서 다른 방식을 논의한다). 텍스처 맵 바깥의 위치들
을 추출하는 경우가 문제가 될 수 있는데, 이에 대한 해결책은 여러 가지이다. 예를 들면
텍스처가 순환되게(wrap) 설정할 수도 있고 그냥 값을 가장자리 값들로 한정할(clamp)
수도 있다. 이제 격자의 상, 하, 좌, 우 인접 위치들에서 텍셀들을 추출한다. `gTexelSize`
매개변수는 현재 위치와 인접 위치 사이의 오프셋(그림 5.6.2 참고)으로, 구체적으로는 1
나누기 텍스처 한 변 길이이다. 텍스처가 정사각형이 아니라면 수직, 수평 방향마다 다른
오프셋을 사용해야 한다(즉, 1 나누기 텍스처 너비와 1 나누기 텍스처 높이).

GPU에서 접선과 법선 계산

격자를 갱신한 후에는 새 정점 높이에 따라 새 접선 벡터를 계산해야 한다. 이를 위해서
는 접선 벡터 자료를 담을 또 다른 격자 자료구조를 마련해야 한다.

```
    DrawableTex2D* mTangentMap;
```

여기서 주목할 것은, 접선 벡터는 편미분들(즉, 식 5.6.7과 5.6.8의 y 성분들)만 있으면 언
제라도 다시 구할 수 있다는 것이다. 또한 접선 벡터 텍스처에는 혼합을 적용할 필요가
없다. 따라서 `D3DFMT_G16R16F` 형식의 텍스처를 사용할 수 있다. 그러한 텍스처의 각
텍셀마다,

1. 적색 성분에는 $\partial h/\partial x$를,
2. 녹색 성분에는 $\partial h/\partial z$를

저장한다. 픽셀 셰이더에서는 (갱신된) 격자의 각 요소마다 식 5.6.9와 5.6.10을 적용하고
그 결과를 `mTangentMap`에 기록한다(`mTangentMap`을 렌더링 대상으로 두어서). 다음이 그
러한 작업을 수행하는 픽셀 셰이더이다(정점 셰이더는 `PhysicsVS`에서처럼 그냥 사각형
하나를 렌더링하는 것이므로 따로 이야기하지 않겠다).

```
// 지역 공간에서의 단계 크기
// (식 5.6.9와 5.6.10에 쓰임).
uniform extern float gStepSizeL;

// 접선 정보를 계산할 정점 높이
uniform extern texture gCurrStepTex;

sampler gCurrStepSmplr = sampler_state
{
    Texture = <gCurrStepTex>;
    [...]
};

    float4 CalcTangentsPS(float2 uv : TEXCOORD0) : COLOR
    {
    // 가장자리를 0으로.

    if(uv.x < 0.001f || uv.x > 0.985f ||
        uv.y < 0.001f || uv.y > 0.985f)
        return float4(0.0f, 0.0f, 0.0f, 0.0f);
    else
    {
        float t = tex2D(gCurrStepSmplr,
            float2(uv.x, uv.y - gTexelSize)).r;
        float b = tex2D(gCurrStepSmplr,
            float2(uv.x, uv.y + gTexelSize)).r;
        float l = tex2D(gCurrStepSmplr,
            float2(uv.x - gTexelSize, uv.y)).r;
        float r = tex2D(gCurrStepSmplr,
            float2(uv.x + gTexelSize, uv.y)).r;

        // 식 5.6.9와 5.6.10을 적용한다.
        float xtanY = (r - l) / (2*gStepSizeL);
        float ztanY = (t - b) / (2*gStepSizeL);

        return float4(xtanY, ztanY, 0.0f, 0.0f);
    }
}
```

GPU에서 텍스처 복사

렌더링 대상 텍스처에 16비트 부동소수점 형식을 사용한다는 점을 기억할 것이다. 그런
데 정점 텍스처 조회 기능을 지원하는 현재의 하드웨어들(GeForce 6800 GT 등)은
D3DFMT_R32F나 D3DFMT_A32B32G32R32F 같은 32비트 부동소수점 렌더링 대상들에

대해서만 정점 텍스처 조회를 지원한다. 따라서 변위 매핑을 수행하려면 먼저 현재의 격자 자료(높이들과 접선 편미분들)를 D3DFMT_A32B32G32R32F 형식의 텍스처로 복사해야 한다. 채널 별 구성은 다음과 같다.

1. 적색 채널에는 정점 높이를 저장한다.
2. 녹색 채널에는 $\partial h/\partial x$를 저장한다.
3. 적색 채널에는 $\partial h/\partial z$를 저장한다.
4. 알파 채널은 사용하지 않는다.

다음이 그러한 복사를 수행하는 픽셀 셰이더이다(이번에도 정점 셰이더는 그냥 PhysicsVS 처럼 사각형을 그리는 것일 뿐이다).

```
// 복사할 원본 자료
uniform extern texture gHeightMap;
uniform extern texture gTangentMap;

sampler gHeightSmplr = sampler_state
{
    Texture = <gHeightMap>;
    [...]
};

sampler gTangentSmplr = sampler_state
{
    Texture = <gTangentMap>;
    [...]
};

float4 CopyTexPS(float2 uv : TEXCOORD0) : COLOR
{
    // (r1, 0, 0, 0) + (r2, g, 0, 0) = (r1, r2, g, 0).
    float height = tex2D(gHeightSmplr, uv).r;
    float2 tangents = tex2D(gTangentSmplr, uv).rg;
    return float4(height, tangents, 1.0f);
}
```

복사 대상은 다음과 같은 D3DFMT_A32B32G32R32F 형식의 렌더링 대상 텍스처이다.

```
DrawableTex2D* mVertexDataMap;
```

변위 매핑

지금까지의 과정을 정리해보자. 우선, GPU에서는 텍스처가 배열 역할을 한다. 배열에 자료를 기록하는 것은 텍스처에 픽셀들을 렌더링하는 것이고, 배열에서 자료를 읽는 것은 텍스처에서 텍셀을 추출하는 것이다. 둘째로, 매 시간 단계마다(즉, $\triangle t$) 단위 시간이 지날 때마다) 파동 방정식의 해를 계산하고, 다음 갱신을 위해 해들을 순환시킨다. 즉, 현재 해는 이전 해가 되고, 다음 해는 현재 해가 된다. 다음번 갱신에서는 원래의 이전 해(더 이상 필요 없는)에 해당하는 텍스처에 새 값을 기록한다. 셋째로, 접선 벡터 구축에 필요한 자료(즉, y 성분을 위한 편미분들)를 계산한다. 넷째로, 16비트 부동소수점 형식 텍스처로는 정점 텍스처 조회가 불가능하므로 정점 높이 자료와 접선 벡터 자료를 32비트 부동소수점 형식의 텍스처 하나에 복사한다.

이렇게 했다면 지금은 정점 높이와 접선 벡터에 필요한 자료가 **mVertexDataMap** 텍스처에 들어 있는 상태이다. 마지막으로 할 일은 또 다른 정점 셰이더에서 이러한 자료를 이용해 정점의 높이를 변경하고 접선 기저를 구축하는 것이다. 다음이 그러한 정점 셰이더이다. 이 셰이더는 **mVertexDataMap**을 텍스처 효과 매개변수로 설정하고, 정점 셰이더 안에서 내장 함수 **tex2Dlod**를 호출해서 그 텍스처를 조회한다. 이 때 w 성분을 0으로 지정하는데, 이는 최상위 밉맵 LOD에 접근하기 위한 것이다(어차피 밉맵은 한 수준뿐이다). 그런 다음에는 RGB 성분들에서 자료를 추출한다.

```
OutVS GPUFluidRenderingVS(float3 posL : POSITION0,
    float2 uv : TEXCOORD0)
{
    OutVS outVS = (OutVS)0;
    // 높이 맵에서 변위 자료를 추출한다.
    float4 data = tex2Dlod(gDispSmplr, float4(uv, 0.0f, 0.0f));

    // 적색 성분에 높이가 들어 있다.
    posL.y = data.r;
    outVS.posH = mul(float4(posL, 1.0f), gWVP);

    // 접선 벡터와 법선 벡터를 만든다.
    float3 xtan = normalize(float3(1.0f, data.g, 0.0f));
    float3 ztan = normalize(float3(0.0f, data.b, 1.0f));
    float3 normalL = normalize(cross(ztan, xtan));

    ... 그 외의 정점 셰이더 작업을 수행한다 ...

}
```

입력 텍스처에 기초해서 정점의 위치를 변경하는 것을 변위 매핑(displacement mapping)이라고 부르는데, 이를 가능하게 하는 것이 바로 정점 텍스처 조회 기능이다. 예전 하드웨어에서는 정점 셰이더에서 텍스처를 추출하는 것 자체가 불가능했다.

■ 유체와 상호작용

GPU에서 물결 교란하기

지금까지 만든 시스템은 최초의 두 시간 단계의 해들을 임의로 지정해 두고 식 5.6.6을 이용해서 이후의 해들을 계산한다. 그러나 우리의 진짜 목표는 실행시점에서 GPU로 유체를 교란하는 것이다. 예를 들어 분수라면 물방울이 떨어짐에 따라 동적으로 잔물결이 일어나야 할 것이며, 호수라면 보트가 지나가거나 게임 캐릭터가 건너갈 때 물결이 일어야 한다.

식 5.6.6은 매 시간 단계마다 새로운 문제를 푸는 것이라 할 수 있다. 즉, 이전의 단 두 시간 단계의 해들에 기초해서 새 해를 계산할 뿐, 그보다 더 이전의 해들은 고려하지 않는다. 이는 그냥 두 이전 해들을 적절히 조작(즉, 교란에 영향을 받는 정점 높이들을 변경)하는 것만으로 새로운 교란을 추가할 수 있다는 뜻이다. 그러면 이후의 단계들에서는 유체가 새로운 교란을 반영해서 갱신된다. 이전 해들을 조작할 때에는 특정 영역에 완전히 새로운 해들을 덮어 쓰는 것이 아니라 기존 값에 대해 일정한 오프셋을 더하거나 빼줘야 한다. 또한 교란 영역 주변의 격자점들에는 좀 더 작은 오프셋들을 적용해야 너무 급격한 변화가 생기는 일을 막을 수 있다.

CPU 기반 해법이라면 이와 같은 조작이 어렵지 않겠지만, 지금은 격자들이 비디오 메모리의 텍스처에 들어 있는 상황이다. 따라서 격자들을 변경하려면 텍스처로의 렌더링이 필요하다. 이전 두 해들을 담은 텍스처들을 렌더링 대상으로 설정하고, 교란시킬 격자점들에 해당히는 픽셀들만 덮는 크기의 투영 창에다 삼각형(또는, 원하는 교란 형태에 따라서는 원이나 사각형 등)들을 그린다. 그런데 이 삼각형들을 투영 창에 직접 렌더링하는 것이므로 z 성분과는 무관하며, 따라서 z 성분에 높이 변위 오프셋을 저장하는 것이 가능하다. 다음이 그러한 작업을 수행하는 정점, 픽셀 셰이더들이다.

```
void DisturbVS(float3 posH : POSITION0,
    out float4 oPosH : POSITION0,
    out float oHeight : TEXCOORD0)
{
    // 정점들은 이미 투영 공간으로 변환되어 있다.
    oPosH = float4(posH.x, posH.y, 0.0f, 1.0f);
    oHeight = posH.z;
}

float4 DisturbPS(float height : TEXCOORD0) : COLOR
{
```

```
        return float4(height, 0.0f, 0.0f, 1.0f);
    }
```

새 값을 완전히 덮어 쓰는 것이 아니라 이전 값들에 새 값을 누적시키기 위해, 알파 혼합을 활성화하고 원본과 대상 혼합 플래그 모두 One으로 설정한다.

```
    // f = src * srcBlend + dest + destBlend
    // = src * 1 + dest * 1
    // = src + dest (즉, 높이를 누적한다)
    AlphaBlendEnable = true;
    SrcBlend = One;
    DestBlend = One;
```

"격자를 나타내는 텍스처" 절에서도 이야기했듯이, 바로 이 알파 혼합 때문에 D3DFMT_R32F 대신 D3DFMT_A16B16G16R16F를 사용해야 한다.

장벽 맵

현재의 구현은 격자 가장자리의 높이를 무조건 0으로 했는데, 그러면 가장자리에 도달한 물결이 마치 벽에 부딪힌 것처럼 반사된다. 다른 방식도 가능하다. 예를 들어 유체가 완전한 정사각형이 아니라 부정형의 웅덩이일 수도 있으며, 그러면 물결이 웅덩이 가장자리에 도달할 때 자연스러운 반사가 일어나야 할 것이다. 또는 유체 중간에 작은 섬이 있을 수도 있다. 그런 경우에도 섬 가장자리에서 물결이 반사되어야 할 것이다. 더 나아가서 교각이나 물에 떠 있는 보트 역시 경계 역할을 해야 할 수도 있다.

이를 처리하는 한 가지 방법으로, [Tessendorf04]는 장애물이 존재하는 격자 지점들을 지정하는 장벽 맵(barrier map)을 제안한다. 이 방식의 핵심은 각 격자점마다 [0, 1] 범위의 가중치를 부여하되 장벽에 해당하는 점에는 가중치 0을 부여한다는 것이다. 또한, 자연스러운 물결 감쇠를 위해 장벽 주변의 비 장벽 점들에는 점차 큰 가중치들을 부여한다. 움직이는 보트 등 위치가 변하는 장벽이라면 그에 따라 가중치들을 실시간으로 갱신하면 된다.

■ 더 읽을거리

[Tessendorf04]는 선형화된 베르누이Bernoulli 편미분방정식에서 유도한 양함수 공식을 사용하는 한 가지 방법을 제시한다. 이 방법 역시 이 글에서 논의한 것과 동일한 접근방식

을 이용해서 GPU로 구현할 수 있다. 한편 [Zelsnack04]는 이 글에서 제시한 것과 동일한 2차원 파동 방정식을 사용하되, 유한차분법 대신 수치적 베를레Verlet 적분법으로 해를 구한다.

이 글에서 사용한 양함수 공식이 항상 안정적인 것은 아니다. 절대적으로 안정한 방법도 존재하지만(이를테면 Crank-Nicholson 방안 등), 해를 구하려면 각 시간 단계에서 연립방정식을 풀어야 하는 경우가 많다. [Krüger05]에 GPU에서 연립방정식을 풀기 위한 프레임워크가 나오는데, 그런 프레임워크를 이용한다면 음함수식 방안을 GPU에서 구현하는 것이 가능하다.

정적인 바다의 그럴듯한 파도를 나타내고자 한다면 파도 높이들을 담은 높이 맵을 스크롤하고 정점 텍스처 조회 기능을 이용해서 변위 매핑을 수행하는 방식이 유용할 것이다([Kryachko05] 참고). 그 기법을 이 글에서 설명한 동적인 교란 추가 기법과 결합한다면 좀 더 일반화된 파도 시뮬레이션 시스템을 만들 수 있을 것이다.

일반적으로 물 렌더링 기법들은 프레넬 항(Fresnel term)으로 반사맵과 굴절맵을 결합해서 반사와 굴절을 표현한다. 이 때 법선 맵을 스크롤해서 텍스처 추출 위치를 교란시킨다([Vlachos02], [Pelzer04], [Sousa05]에 세부적인 구현 방법이 나온다). 초면(caustics, 수면 아래 표면에 빛이 집중되어 나타나는 모습)은 초면 맵을 스크롤하거나 아니면 [Guardado04]와 [Ernst05]에 나온 것 같은 좀 더 정교한 방법으로 구현할 수 있다.

마지막으로, 바다 수면 렌더링 방법을 훌륭하게 개괄한 논문으로는 [Tessendorf02]가 있다.

결론

이 글은 상호작용적인 유체 시뮬레이션을 전적으로 GPU에서 구현하는 방법을 소개했다. 전형적인 CPU 구현에 비한 GPU 구현의 장점은 기본적으로 두 가지이다. 하나는 CPU 부담이 줄어든다는 것이고([Blythe05]에 나와 있듯이, 게임의 성능은 기본적으로 CPU에 제한적이다), 또 하나는 시스템 메모리에서 비디오 메모리로의 자료 전송이 필요 없다는 것이다. 후자는 격자가 큰 경우에 특히나 중요하다. 보통 크기(이를테면 256×256)라고 해도, 위치 자료, 텍스처 자료, 법선 및 접선 벡터들을 담는 정점 격자를 전송하는 데에는 상당한 비용이 든다. 유체 시뮬레이션 이외의 과제들(이를테면 입자 시스템)을 CPU에서 GPU로 옮기고자 할 때에도 이 글의 기법들을 참고할 수 있을 것이다.

■ **참조문헌**

[Blythe05] Blythe, David, "DirectX: The Next Step." Meltdown 2005 Presentation, 2005.

[Burden01] Burden, Richard L. and J. Douglas Faires, *Numerical Analysis*, 7th Ed. Brooks/Cole, 2001.

[Ernst05] Ernst, Manfred, Tomas Akenine-Moller, Henrik Wann Jensen, "Interactive Rendering of Caustics using Interpolated Warped Volumes." *Graphics Interface*, 2005. 웹 *http://graphics.ucsd.edu/~henrik/papers /interactive_caustics/*.

[Finch04] Finch, Mark, "Effective Water Simulation from Physical Models." *GPU Gems: Programming Techniques, Tips, and Tricks for Real-Time Graphics*, Addison-Wesley, 2004.

[Guardado04] Guardado, Juan, Daniel Sánchez-Crespo, "Rendering Water Caustics." *GPU Gems: Programming Techniques, Tips, and Tricks for Real-Time Graphics*, Addison-Wesley, 2004.

[Harris04] Harris, Mark J., "Fast Fluid Dynamics Simulation on the GPU." *GPU Gems: Programming Techniques, Tips, and Tricks for Real-Time Graphics*, Addison-Wesley, 2004.

[Kreyszig62] Kreyszig, Erwin, *Advanced Engineering Mathematics*. John Wiley and Sons, 1962.

[Krüger05] Krüger, Jens, Rüdiger Westermann. "A GPU Framework for Solving Systems of Linear Equations." *GPU Gems 2: Programming Techniques for High-Performance Graphics and General Purpose Computation*, Addison-Wesley, 2005.

[Kryachko05] Kryachko, Yuri, "Using Vertex Texture Displacement for Realistic Water Rendering." *GPU Gems 2: Programming Techniques for High-Performance Graphics and General Purpose Computation*, Addison-Wesley, 2005.

[Lengyel02] Lengyel, Eric, *Mathematics for 3D Game Programming and Computer Graphics*. Charles River Media, 2002. 번역서는 3D 게임 프로그래밍 및 컴퓨터 그래픽을 위한 수학, 정보문화사, 2002.

[Pelzer04] Pelzer, Kurt, "Advanced Water Effects." *ShaderX2: Shader Programming Tips & Tricks with DirectX 9*, Wordware Publishing, 2004.

[Sousa05] Sousa, Tiago, "Generic Refraction Simulation." *GPU Gems 2: Programming Techniques for High-Performance Graphics and General Purpose Computation*, Addison-Wesley, 2005.

[Tessendorf02] Tessendorf, Jerry, "Simulating Ocean Water." Simulating Nature, SIGGRAPH Course Notes, 2002. 웹 *http://users.adelphia.net/~tessendorf/docs/ coursenotes2002.pdf.*

[Tessendorf04] Tessendorf, Jerry, "Interactive Water Surfaces." *Game Programming Gems 4*, Charles River Media, 2004. 번역서는 "상호작용적인 수면," *Game Programming Gems 4*, 정보문화사, 2005.

[Vlachos02] Vlachos, Alex, John Isidoro, Chris Oat, "Rippling Reflective and Refractive Water." *Direct3D ShaderX: Vertex and Pixel Shader Tips and Tricks*, Wordware Publishing, 2002. 번역서는 "반사와 굴절이 적용된 잔물결 ", *Direct3D ShaderX 정점 & 픽셀 셰이더 팁과 트릭, 정보문화사, 2003.

[Zelsnack04] Zelsnack, Jeremy, "Vertex Texture Fetch Water." 2004. 웹 *http:// download.developer.nvidia.com/developer/SDK/Individual_Samples/DEMOS/ Direct3D9/src /VertexTextureFetchWater/docs/VertexTextureFetchWater.pdf.*

Frank Puig Placeres, University of
Informatic Sciences, Cuba
fpuig@fpuig.cjb.net

5.7 빠른 픽셀 당 다중 광원 조명

그래픽 하드웨어가 발전하면서 크게 개선된 요소 중 하나가 바로 조명(照明, lighting)이다. 몇 년 전만해도 조명맵과 정점 당 조명 객체 몇 개로 구현된 정적 조명만을 사용하는 게임들이 많았지만, 이제는 대부분의 광원이 동적인, 완전한 픽셀 당 조명 방식이 당연시되고 있다.

동적인 광원들을 다루는 조명 기법들에서는 빛이 비추는 물체들을 여러 패스들로 나누어서 렌더링하되 각 패스마다 셰이더 프로그램을 이용해서 몇몇 광원들의 영향을 계산하는 접근방식이 사용될 때가 많다. 이러한 접근방식의 경우 다중 패스에 의한 추가 비용도 문제이지만, 보다 큰 단점은 모든 가능한 조명 조합마다 복잡한 셰이더들을 작성해야 한다는 것이다(이를테면 주변광만을 위한 셰이더, 주변광과 점적광(spot light)을 위한 셰이더 등등).

게다가 요즘에는 그래픽 재질들에도 가파른 시차 매핑이나 다층 텍스처 좌표 애니메이션 등과 같은 복잡한 효과가 요구된다. 이들을 여러 개 조합한 것들이 쓰일 수도 있는데, 그러면 패스 개수는 더욱 늘어나게 된다. 이러한 재질들을 서술하려면 많은 수의 셰이더 명령들이 필요하다. 하드웨어 능력이 증가해서 더욱 복잡한 효과들이 쓰일수록 필요한 명령 개수도 많아진다. 다양한 조명, 그림자 모형들의 여러 조합들을 처리하기 위한 코드가 추가됨에 따라, 셰이더는 그래픽 하드웨어가 허용하는 것 이상으로 복잡해진다.

이 글은 표준적인 지연 조명 접근방식을 개선해서 하드웨어 렌더링 대상뿐만 아니라 복잡한 장면 표현에 필요한 셰이더의 수도 줄일 수 있는, 그러면서도 시점 깊이나 시선 흐리기, 안개 같은 후처리 효과의 위력이 증가될 수 있도록 하는 방법을 제시한다.

지연 조명 접근방식

전통적인 조명 기법들에서는 물체의 기하를 제출하는 그 즉시 조명의 영향을 적용하는 접근방식을 사용한다. 한 물체에 영향을 주는 광원들이 많은 경우에는 렌더링 공정을 여러 패스들로 나눌 필요가 있다. 각 패스마다 물체의 기하구조를 그래픽 파이프라인에 제출하고, 일단의 광원들의 기여도를 계산한다. 그러한 패스들의 결과를 단편 버퍼(fragment buffer)로 결합하면 조명의 최종적인 효과가 완성된다.

물체의 기하구조를 여러 번 제출하지 않고도 많은 수의 광원들을 다룰 수 있는 한 가지 방법이 바로 지연 렌더링(遲延-, deferred rendering)이다. 그림 5.7.1에 나와 있듯이, 지연 렌더링을 이용하면 광원들의 개수나 복잡도와는 무관하게 장면을 단 두 패스만으로 처리할 수 있다. 첫 패스에서는 화면 픽셀의 색상이 아니라 픽셀 당 표면 특성들(법선, 반영도, 백열 계수, 차폐항 등)을 단편 버퍼에 저장한다.

이 버퍼는 둘째 패스에서 텍스처로 쓰인다. 둘째 패스에서는 각 광원마다 그 텍스처의 텍셀들과 화면 픽셀들이 일대일로 대응되게 하는 하나의 평평한 사각형을 렌더링한다. 단편 프로그램(픽셀 셰이더)은 각 화면 픽셀의 버퍼에서 추출한 표면 특성들과 광원의 위치, 색 등의 매개변수들을 이용해서 조명 공식을 평가하고 그 값을 단편 버퍼에 합쳐서 최종적인 장면을 만들어낸다.

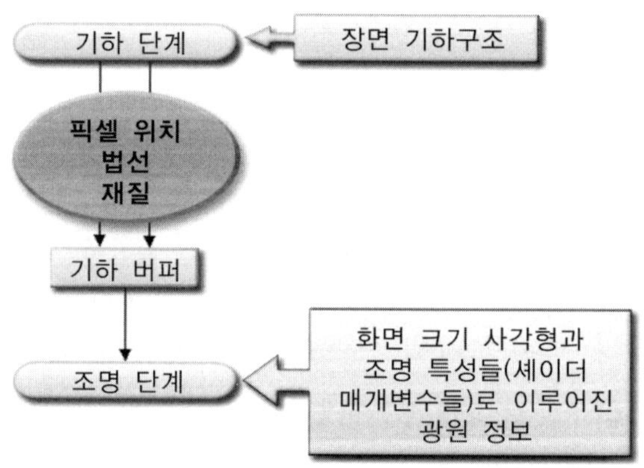

그림 5.7.1 지연 조명 파이프라인.

고급 하드웨어에서 지연 셰이딩 구현

앞에서 설명했듯이, 전통적인 지연 셰이딩 구현은 크게 두 단계, 즉 기하 단계와 조명 단계로 나뉜다. 이 두 단계는 기하 버퍼(geometry buffer, G-Buffer)를 이용해서 정보를 주고받는다. 아주 단순화된 지연 렌더링 구현이 부록 CD-ROM의 예제에 포함되어 있다 ("First Example" 또는 "Multiple Render Targets Deferred Shading" 항목을 찾아 볼 것).

기하 버퍼

지연 렌더링 시스템을 만들 때에는 우선 픽셀 당 조명 공식 계산에 필요한 매개변수들을 결정하는 것이 중요하다. 첫 예제는 점광원과 분산 성분만을 보여주므로, 필요한 것은 픽셀의 위치와 법선뿐이다. 조명 공식에서 반영광이나 기타 고급 조명 효과를 고려한다면 반영 지수(specular power)나 배열 계수(glow factor) 같은 다른 매개변수들도 저장할 필요가 있다.

필요한 매개변수들을 결정했다면, 다음으로는 기하 버퍼를 구축한다. 이 버퍼는 각 화면 픽셀의 상세한 정보를 담는 곳이다. 일반적으로는 렌더링 대상 텍스처를 기하 버퍼로 사용한다. 기하 단계의 픽셀 셰이더는 선택된 매개변수들을 이 기하 버퍼에 저장한다.

중급이나 고급 하드웨어의 경우에는 위치와 법선 벡터를 부동소수점 텍스처에 저장할 수 있다. 그러나 단 하나의 텍스처에 저장하기에는 값들이 너무 많은 경우가 일반적이며, 그렇다면 값들을 여러 텍스처들에 분산시켜야 한다. 그래픽 하드웨어가 다중 렌더링 대상(multiple render targets, MRT)을 지원한다면 필요한 모든 매개변수들을 단 하나의 패스로 저장할 수 있으나, 그렇지 않다면 여러 패스들이 필요하다. 그림 5.7.2는 부록 CD-ROM에 수록된 첫 예제에서 픽셀 값들을 두 개의 부동소수점 텍스처에 저장하는 방식을 나타낸 것이다.

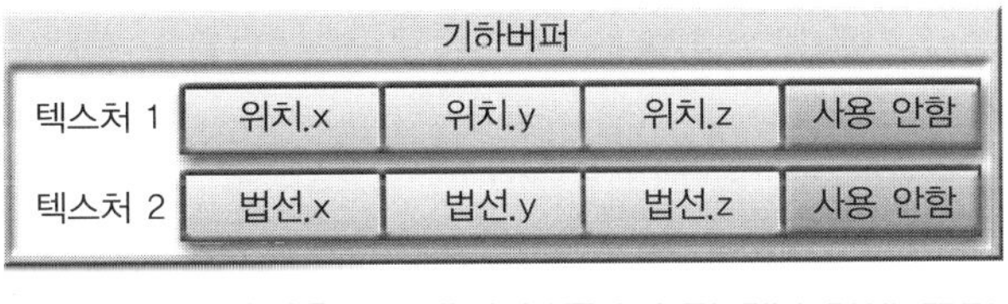

기하버퍼			
텍스처 1	위치.x	위치.y	위치.z	사용 안함
텍스처 2	법선.x	법선.y	법선.z	사용 안함

그림 5.7.2 위치와 법선을 두 개의 부동소수점 텍스처에 꾸려 넣는다.

기하 단계

기하 단계에서는 기하 버퍼를 렌더링 대상으로 두고 장면 전체를 파이프라인에 제출한다. 이 단계의 셰이더들은 다음 단계에 필요한 픽셀의 모든 기하, 표면 특성들을 기하 버퍼에 기록한다. 첫 예제에서는 이 단계가 간단하다. 픽셀의 세계 위치와 법선을 픽셀 셰이더로 보내면, 픽셀 셰이더는 그것들을 출력 색상 정보로 꾸려서 기하 버퍼에 저장한다. 첫 예제에서 기하 버퍼는 그림 5.7.2와 같은 두 개의 텍스처로 구성된다.

```
PS_OUTPUT ps_main( PS_INPUT Input )
{
    PS_OUTPUT o;

    o.Color0.xyz = Input.WorldPos;
    o.Color1.xyz = normalize( Input.WorldNormal );

    o.Color0.w = 0; // 이 예제에서는 이 두 값들을 사용하지 않는다.
    o.Color1.w = 0; // 필요하다면 이들을 반영 지수나
                    // 차폐항으로 사용할 수 있다.
    return o;
}
```

필요하다면 스키닝이나 변위 매핑 같이 장면 기하를 변형하는 효과들도 이 단계에서 처리할 수 있다.

조명 단계

조명 단계는 지연 셰이딩에서 가장 중요한 단계이다. 이 단계에서는 조명뿐만 아니라 그림자나 시점 깊이 같은 추가적인 효과들도 적용할 수 있지만, 일단 지금은 조명에 대해서만 생각하기로 하자.

기하 단계에서 모든 매개변수를 기하 버퍼 텍스처에 저장했는데, 그 텍스처가 이 단계의 셰이더 프로그램들의 입력 매개변수가 된다. 이 조명 단계에서는 각 광원마다 조명 공식을 화면의 모든 픽셀에 적용한다. 이를 위해 화면 전체를 덮는 사각형을 하나 그리고 그 사각형의 각 픽셀에 대해 셰이더 프로그램을 실행한다.

```
float3 LightPos;
float InvSqrLightRange;
float4 DiffuseLightColor;

float4 ps_main( float2 texCoord : TEXCOORD0 ) : COLOR
{
```

```
        // 기하 버퍼에서 화면 픽셀 위치와 법선을
        // 추출한다.

        float3 Normal = tex2D(Texture_Normals, texCoord);
        float3 PixelPos = tex2D(Texture_Pos, texCoord);

        // 빛의 감쇠량과 방향을 계산한다.

        float3 LightDir = (LightPos - PixelPos) * InvSqrLightRange;
        float Attenuation = saturate(1-dot(LightDir, LightDir));
        LightDir = normalize(LightDir);

        // 조명 공식
        float DiffuseInfluence = dot(LightDir, Normal)*Attenuation;
        return DiffuseLightColor * DiffuseInfluence;
    }
```

각 광원마다 사각형을 렌더링하고 각 광원의 조명 영향을 계산한 후에는 그 결과들을 모두 프레임버퍼로 혼합한다. 그러면 화면은 픽셀 당 조명이 적용된 완성된 장면을 담게 된다. 지연 셰이딩에서 어떠한 추가 부담 없이 여러 가지 조명 모형들을 조합해 사용할 수 있다는 점도 주목하기 바란다. 조명 모형마다 개별적인 픽셀 셰이더(점적광용 셰이더, 반영 주변광용 셰이더 등등)를 작성한 다음, 화면 크기 사각형들을 렌더링할 때 각각 적절한 픽셀 셰이더를 적용하면 된다.

기본적인 저장소 최적화

아직도 다중 렌더링 대상을 지원하지 않는 하드웨어들이 쓰이고 있다. 따라서 다중 렌더링 대상을 지원하지 않는 시스템을 위한 대안도 마련해 두어야 한다. 즉, 기하 단계를 여러 패스로 나누어서 수행하되 기 패스마다 다른 매개변수들을 기하 버퍼에 저장하는 방식의 해법을 갖추어야 한다. 기하 단계를 여러 번으로 나누어서 수행하려면 장면 기하구조를 여러 번 렌더링해야 하는데, 플레이어들이 차세대 게임에서 기대하는 고다각형 장면들에서는 이러한 반복 렌더링 때문에 성능이 떨어질 수밖에 없다. 다행히, 매개변수들을 하나의 텍스처에 교묘하게 압축해 넣는다면 그러한 다중 패스 접근방식을 피하는 것이 가능하다.

일반적으로 기하 버퍼에는 다음과 같은 매개변수들을 저장해야 한다.

- 법선
- 위치
- 재질 특성들(발광, 반영 지수 등)

법선 압축

픽셀 법선 매개변수는 3차원 벡터이므로 적어도 법선 당 세 개의 값을 기하 버퍼에 저장해야 한다. 그러나 단위 길이 벡터이어야 한다는 법선에 대한 제약을 이용하면 세 값 중두 값만 저장하고 나머지 한 값은 나중에 다음과 같은 공식으로 구할 수 있다.

$$z = \pm \sqrt{1 - x^2 - y^2}$$

문제는 이 공식이 하나가 아니라 두 개의 값(부호가 반대인)을 알려준다는 데 있다. 따라서 z의 원래의 부호를 결정할 수 있어야 한다. 다행히 원래의 부호를 저장해 두지 않고도 이를 해결하는 방법이 있다. 지금까지의 예에서는 조명 공식을 세계 공간 벡터들을 이용해서 평가했는데, 그 벡터들을 시야 공간으로 옮기면 몇 가지 유용한 특성들이 생겨난다. 예를 들어 화면 픽셀들이 모두 앞면 다각형들에서 비롯된 것이라면 픽셀 법선들의 부호는 모두 같다. 화면 픽셀들 일부가 뒷면 다각형에 속하고 양면 조명이 필요한 경우라고 해도, 기하 단계에서 해당 법선들이 마치 앞면 다각형에 속하는 것처럼 취급해서 저장하는 것이 가능하다.

법선을 두 개의 값으로 압축하면 저장 공간이 줄어들지만, 대신 나머지 한 값을 복원하기 위해 셰이더 명령들을 더 소비해야 한다. 다행히, 약간의 메모리를 사용해서 그러한 복원 계산을 피하는 방법이 있다. 법선의 x, y 성분은 범위가 [- 1, 1]이지만 기하 버퍼에는 [0, 1] 범위로 변환해서 저장하는 것이 유용하며, 경우에 따라서는 꼭 필요할 수도 있다 (이에 대해서는 잠시 후에 이야기한다). 범위를 그렇게 바꾸면, 각 픽셀의 정규화된 법선을 담은 텍스처를 만들어 두고 픽셀의 x, y를 텍스처 좌표 u, v로 사용해서 해당 법선을 추출하는 것이 가능해진다.

결론적으로, 기하 버퍼에서 [0, 1] 범위의 x 성분과 y 성분을 얻어 그것으로 법선 텍스처를 참조함으로써, 셰이더에서 제곱근 계산 없이 단 한 번의 텍스처 조회만으로 정규화된 법선 벡터를 얻을 수 있다. 이러면 최대 다섯 개의 셰이더 산술 명령을 절약할 수 있다. 부록 CD-ROM의 임의의 크기의 텍스처를 생성하는 코드("Compute Normal Texture"를 볼 것)와 두 번째 지연 텍스처 예제를 참고하기 바란다.

위치 압축

픽셀 위치도 3차원 벡터이긴 하지만, 법선 벡터와는 달리 단위 길이 벡터가 아니다. 따라서 앞에서처럼 피타고라스의 법칙을 이용해서 성분 하나를 생략할 수는 없다. 다행히, 기하 버퍼에 위치를 저장할 때 필요한 성분들의 개수를 줄이는 또 다른 방법이 있다.

픽셀의 화면 좌표가 주어지면, 시점에서 그 위치로의 반직선 벡터를 구할 수 있다. 시점과 픽셀의 거리를 알고 있다면, 정규화된 반직선 벡터에 그 거리를 곱한 것이 바로 픽셀의 원래 위치이다(그림 5.7.3). 조명 단계에서 카메라 위치로부터 화면 픽셀로의 반직선을 계산할 수 있으므로, 기하 버퍼에는 시점에서 픽셀까지의 거리만 저장하면 된다. 기하 단계에서 그 거리를 계산하는 것은 간단하다. 그냥 시야 공간 위치를 담은 벡터의 길이를 구하면 된다. 그러나 조명 단계에서 시점-화면 위치 반직선을 구하는 것은 다소 복잡하다.

조명 단계의 픽셀 셰이더는 기하 버퍼에 담긴 픽셀의 텍스처 좌표들을 입력받는다. 그 텍스처 좌표들을 [0, 1] 범위의 텍스처 공간에서 [-1, 1] 범위의 정규화된 화면 공간으로 변환하면 원래의 투영된 픽셀 위치를 유도할 수 있다.

반직선의 x, y 성분에는 그냥 정규화된 화면 공간의 x, y 좌표를 배정하면 된다. 그러나 z 성분은 계산이 좀 더 필요하다. 원근 투영행렬을 정의할 때에는 시야각(FOV)이 쓰인다. 그림 5.7.3에 나와 있듯이, 그 각도의 탄젠트를 이용하면 화면의 절반이 단위 길이인 지점까지의 거리를 구할 수 있다. 그 거리가 바로 반직선 벡터의 z 성분이다.

마지막으로, 화면이 항상 정사각형인 것은 아니므로 종횡비를 고려해야 한다. 이를 위해 필요한 일은 반직선의 x 성분에 투영행렬을 정의하는 데 쓰인 종횡비를 곱하는 것뿐이다. 결론적으로, 다음은 조명 단계의 정점 셰이더와 픽셀 셰이더에 시점-화면 반직선을 구축하는 코드이다.

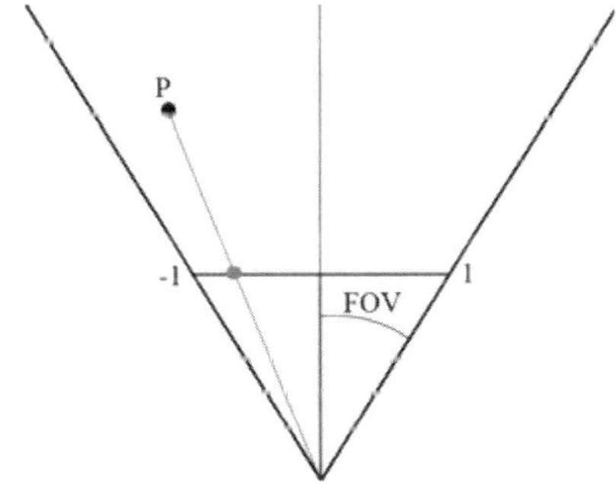

그림 5.7.3 거리만으로 픽셀 위치를 복원할 수 있다.

기하 단계 정점 셰이더:

```
o.EyeRay = float3(inPos.x * ViewAspect, inPos.y, TanFOV);
o.Depth   = length( ViewSpacePosition );
```

조명 단계 픽셀 셰이더:

```
float3 PixelPos = normalize(Input.EyeRay) * Depth;
```

위치 압축 절차의 예가 부록 CD-ROM의 두 번째 예제에 수록되어 있다.

재질 압축

"재질 특성(material attributes)"은 표면의 성질들을 정의하는 일단의 값들을 뜻한다. 이를테면 발광색, 반영지수, 백열 계수 등이 그 예가 되는데, 이러한 특성들을 모두 기하 버퍼에 저장한다면 상당량의 저장 공간이 소비된다. 조명 공식에 쓰이지 않는 것들을 제외함으로써 저장 공간을 줄일 수도 있으나, 저장 공간을 더욱 절약하기 위해 일부러 조명 공식을 단순화할 수는 없는 노릇이므로(조명 품질이 떨어진다) 이러한 방법으로는 한계가 있다.

그런데 재질 특성들을 좀 더 조사해보면 대부분의 특성들은 픽셀마다가 아니라 표면마다 다를 뿐임을 알 수 있다. 재질들의 개수가 유한하다고 할 때, 특성들을 조직화하는 또 다른 방법은 재질별 특성들 모두를 하나의 배열에 담아서 재질 팔레트로 사용하는 것이다. 조명 단계 픽셀 셰이더에서는 재질 팔레트에서 현재의 재질을 위한 특성들을 팔레트에서 추출한다. 이러면 기하 버퍼에는 현재 재질의 재질 팔레트 색인만 저장할 수 있다.

지연 렌더링 시스템에서, 그러한 재질 팔레트를 조명 단계 셰이더에 넘겨주는 방법은 허용되는 재질 개수에 따라 두 가지로 나뉜다. 재질 팔레트가 셰이더 상수 레지스터에 저장할 수 있을 정도의 크기라면, 조명 단계 픽셀 셰이더가 색인화된 조회를 통해서 해당 재질에 접근할 수 있는 방식으로 렌더링 시스템이 재질 배열을 채우는 것이 가능하다. 반면 재질 팔레트가 셰이더 가용 상수 레지스터를 넘는 크기라면, 재질 특성들을 하나의 보조 텍스처에 저장한다. 이 때 텍스처의 세로 줄마다 서로 다른 재질 특성들을 저장하도록 한다. 조명 셰이더에서는 텍스처 조회를 이용해서 해당 재질의 특성들을 가져온다. 게임의 한 레벨 도중 표면의 재질 개수나 특성들 중 어떠한 것도 변하지 않는다면 그러한 재질 텍스처를 실시간으로 생성할 필요가 없다. 그냥 레벨 적재 도중에 한 번 만들어두면 된다.

■ 셰이더 최적화와 하드웨어 한계 ■

이러한 방식으로 값들의 개수를 줄인다면 기하 버퍼를 하나의 텍스처에 담을 수 있다. 그러나 부동소수점 텍스처를 지원하지 않는 하드웨어들도 있으므로, 게임이 좀 더 많은 하드웨어를 지원할 수 있으려면 각 매개변수에 필요한 정밀도를 세심하게 고려해야 한다. 그럼 저장할 비트 수를 줄이는 몇 가지 방법을 살펴보자.

법선 벡터의 x, y 성분은 8비트 정수로 나타내도 정밀도가 크게 훼손되지 않는다. 장면에 따라서는 5비트나 6비트로 줄여도 별 차이가 나지 않는다. 그러나 일반적으로 쓰이는 것은 범프맵이나 법선맵 텍스처의 정밀도와도 일치하는 8비트이다.

위치 벡터를 시점에서 픽셀로의 거리에 해당하는 하나의 값으로 부호화할 수 있음은 앞에서 이미 이야기했다. 그 거리(깊이) 값의 정밀도는 장면 품질에 큰 영향을 미치므로 함부로 줄일 수 없다. 그러나 사용자가 옵션에서 그래픽 품질을 중이나 하로 선택한 경우 24비트나 16비트 정밀도를 사용하게 하는 것은 생각해 볼 수 있는 일이다. 그림 5.7.4(그리고 원색 화보 10a와 10b)는 깊이 정밀도에 따른 품질 차이를 보여준다.

부록 CD-ROM의 세 번째 지연 렌더링 예제는 기하 버퍼를 널리 지원되는 A8R8B8G8 텍스처 한 장에 저장한다(픽셀 깊이를 16비트로, 그리고 법선의 각 성분을 8비트로 해서). 서로 다른 재질들을 위한 재질 팔레트 기법이 필요하다면 법선 성분들을 6비트나 7비트로 낮추고 남는 비트들에 재질 팔레트 색인을 저장하면 된다. 그러면 4에서 15개의 서로 다른 재질들을 기하 버퍼로 지정할 수 있다.

이런 식으로 중, 하급 하드웨어에서도 지연 렌더링을 사용할 수 있게 만들었다면, 조명 적용 자체를 최대한 빠르게 만드는 문제 역시 신경을 써야 할 것이다. 기본적으로 최적화

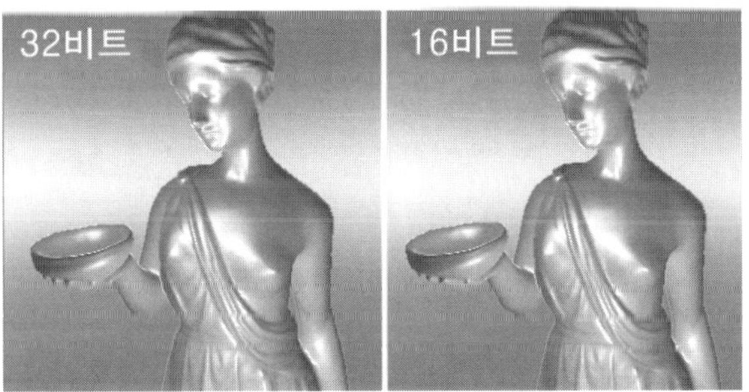

그림 5.7.4 한 장면을 서로 다른 깊이 정밀도로 렌더링한 모습.

할 것은 셰이더 코드이다. 흔히 쓰이는 조명 셰이더 속도 최적화 방법을 간단히 살펴보자. 우선, 미리 계산된 감쇠 계수들이 담긴 1D 텍스처를 이용해서 감쇠항 계산을 간단한 텍스처 조회로 대체할 수 있다. 또한, 일부 하드웨어에서는 추가적인 정밀도가 필요 없는 경우 완전한 부동소수점의 절반에 해당하는 자료 형식을 사용함으로써 셰이더 성능을 높일 수 있다(부록 CD-ROM의 마지막 예제 참고). 명령들의 순서를 재배치하거나 명령들 일부를 재조직화해서 컴파일러가 더 빠른 셰이더 프로그램을 만들어내게 하는 것도 가능하다. 정리하자면, 흔히 쓰이는 셰이더 최적화 기법들은 대부분 지연 셰이딩에 적용할 수 있다.

고수준 지연 셰이딩 최적화

지연 셰이딩 프레임워크의 각 단계에 쓰이는 셰이더들을 최적화하는 것만으로도 지원 하드웨어 범위를 늘리고 시스템 전체의 성능을 향상시킬 수 있다. 더 나아가서, 전체적인 공정 자체를 좀 더 최적화하는 방법도 생각해 볼 수 있다. 지금까지 설명한 방식에서는 각 광원마다 사각형을 그려서 조명 단계를 수행하는데, 이 부분이 채움 비율(fill-rate) 상의 병목이 될 수 있다.

이를 해결하는 한 가지 방법은 렌더링 시스템과 조명 단계 셰이더들 사이에 조명 관리자를 두어서 조명 적용 과정을 좀 더 최적화하는 것이다. 그림 5.7.5에 그러한 구조가 나와 있다. 조명 관리자의 작업은 집합화 단계와 개별 단계로 구성된다.

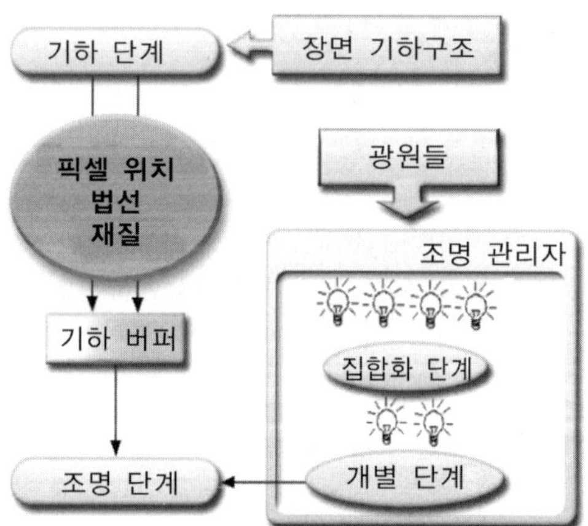

그림 5.7.5 고수준 관리자가 도입된 지연 셰이딩 파이프라인.

집합화 단계

첫 단계인 집합화 단계에서 조명 관리자의 임무는 처리할 광원들을 줄이는 것이다. 이를 위해서 모든 광원에 대해 일반적인 최적화를 수행한다. 우선, 광원을 감싸는 경계상자들에 대해 시야절두체 선별을 적용하는 등의 기법을 이용해서, 카메라 가시 범위 바깥이거나 장면 기하에 의해서 가려진 광원들을 찾아 제외시킨다. 이러면 가시적인 화면에 실제로 영향을 줄 수 있는 광원들만 남게 된다. 그런데 가시적인 광원이라도 그 기여가 눈에 띄지 않을 정도로 작을 수 있다. 성능을 위해 품질과 정밀도를 조금 희생할 수 있는 경우라면, 단 몇 개의 픽셀에만 영향을 미치는 광원들은 제외시킬 수 있다. 또한, 같은 종류의 광원들이 화면 공간 상에서 서로 아주 가까이 있으며 거의 같은 영역에 영향을 주는 경우라면 그것들을 하나의 좀 더 크고 강한 광원으로 합칠 수 있다. 물론 이 때 오차가 크게 나지 않도록 세심한 주의를 기울여야 할 것이다. 그런 광원들이 카메라에서 멀리 떨어질수록 오차가 줄어든다.

이런 최적회들을 적용한다면 실제로 처리해야 할 광원들을 크게 줄일 수 있는데, 그래도 성능이 만족할만한 수준에 도달하지 않는다면 장면의 각 영역마다 영향을 미치는 광원들을 최대 8에서 10개로 한정하는 등의 좀 더 강한 제약을 둘 수도 있다. 그래도 부족하다면 크기나 밝기, 또는 화면과의 거리를 기준으로 점수를 매기고 점수가 높은 광원들만 사용하는 방법도 생각해볼 수 있다.

개별 단계

집합화 단계를 거치고 나면 실제로 적용할 광원들이 결정된 상태가 된다. 개별 단계에서는 그러한 광원 각각의 처리 비용을 최적화한다. 이를 위해, 장면을 만들 때 광원들을 전역 광원과 지역 광원으로 분류해 둔다.

전역 광원은 장면 전체에 영향을 주는 광원이다. 전역 광원은 처리 비용이 아주 비싼 축에 속한다. 화면의 모든 픽셀을 처리해야 하며 집합화 단계의 고수준 최적화에서 잘 발휘되지 않기 때문이다. 전역 광원은 화면 크기의 사각형을 그리고 적절한 셰이더들을 적용해서 구현한다. 반면 지역 광원은 특정 위치에서 일정 영역에만 빛을 기여하기 때문에, 대부분의 경우 화면의 모든 픽셀에 영향을 미치지는 않는다. 따라서 좀 더 최적화할 여지가 있다.

예를 들어 광원 경계입체를 감싸는 영역에 대해 가위 판정(scissors test)을 적용함으로써 가위 사각형 바깥의 픽셀들을 일찍 폐기할 수도 있다. 심지어는 화면 크기 사각형 대신 경계입체 자체를 렌더링에 사용할 수도 있다. 동적 분기를 지원하는 하드웨어라면, 빛이 구(sphere) 형태인 경우 광원 중심과 먼 픽셀들을 동적 분기를 이용해서 제외시킬 수 있

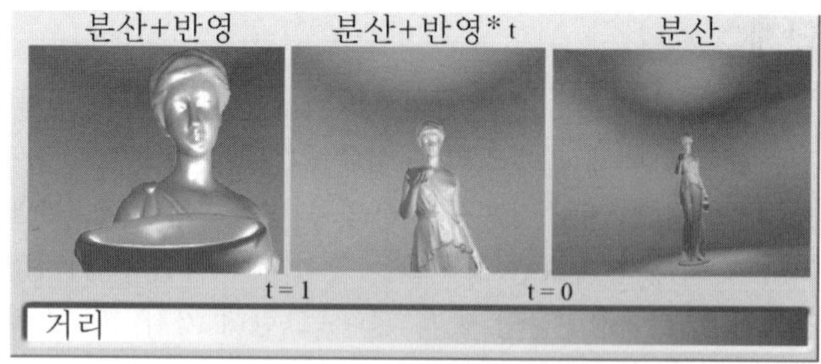

그림 5.7.6 조명 세부수준 제어의 예.

으며, 다른 형태라면 경계 입체를 이용해서 마찬가지로 처리할 수 있다. [ATI05]에는 동적 분기를 지원하지 않는 하드웨어에서 스텐실 판정을 이용해 동적 분기를 흉내내는 방법이 나온다.

조명 LOD 역시 개별 단계에서 구현할 수 있는 기법이다. 카메라에서 아주 멀리 있는 빛은 낮은 품질로 적용하고 가까이 있는 빛은 높은 품질로 적용함으로써 전체적인 품질을 크게 떨어뜨리지 않고서도 성능을 높일 수 있다. 그림 5.6.7은 세 가지(그림에 나오지 않은 "조명 없음" 수준까지 치면 총 네 가지) 조명 세부수준들을 나타낸 것이다. 둘째 세부수준에서는 t라는 계수를 곱한다. 첫 수준은 t가 1, 셋째 수준은 t가 0이며, t를 1에서 0 사이에서 변화시킴으로써 첫 수준과 셋째 수준 사이를 매끄럽게 전이할 수 있다. 즉, 반영 항의 영향은 둘째 수준의 시작에서는 명확히 나타나지만 셋째 수준에 가까이 감에 따라 점차 줄어든다. 이런 점진적인 변경을 적용하면 세부수준이 변할 때 조명이 눈에 띄게 달라지는 현상을 피할 수 있다.

■ 이미지 공간 후처리 효과의 확장

지금까지 지연 셰이딩과 지연 조명을 같은 의미로 사용했지만, 사실 셰이딩이 조명만으로 이루어진 것은 아니다. 셰이딩에는 이미지 공간 후처리 효과도 포함된다. 특히 지연 셰이딩에서는 기하 버퍼에 담긴 기하 정보를 이용해서 좀 더 강력한 후처리 효과를 구현할 수 있다.

기하 버퍼에서 각 화면 픽셀의 깊이를 알아낼 수 있으므로, 픽셀 당 안개나 입체 안개 같은 효과를 추가하는 것은 아주 쉬운 일이다. 사실 안개는 전역 조명과 다를 바 없다. 픽셀에 빛을 더하는 대신, 픽셀의 깊이에 따라 미리 정의된 색으로 색을 죽이면 된다. 보통의 렌더링 파이프라인에서는 구현하기가 까다로운 전방 그림자 매핑이나 피사계 심도(depth of field)도 지연 셰이딩 파이프라인에서는 상당히 쉽게 구현할 수 있다.

개별 후처리 효과의 간단한 구현보다도 더욱 매력적인 장점은, 그런 효과들을 추가, 혼합하는 일 역시 별로 어렵지 않다는 것이다. 열 아지랑이 왜곡 같은 또 다른 효과를 렌더링 파이프라인에 추가한다고 해도 또 다른 기하 렌더링 패스들을 도입할 필요가 없다. 그냥 기하 버퍼를 이용해서 효과를 구현하는 적절한 셰이더를 작성하고, 그것을 새로운 광원으로 취급해서 시스템에 추가하면 된다. 더 나아가서, 그러한 효과를 장면의 특정 영역에만 적용하고 싶다면 그것을 해당 영역에 대한 지역 광원으로 지정하면 된다.

이처럼 지연 셰이딩을 이용하면 이미지 공간 후처리 효과의 구현이 쉬워지며, 추가적인 기하 처리 없이도 하나의 장면에 여러 개의 효과들을 적용할 수 있게 된다. 빛과 그림자, 색조가 실감나게 적용된, 실제 사진 같은 장면을 그려 내려면 상당히 많은 후처리 효과들이 필요하다. 여러 개의 효과들을 좀 더 빠르고 간단하게 구현할 수 있는 방법 중 하나가 바로 지연 셰이딩이다.

결론

지금까지 살펴보았듯이, 지연 셰이딩을 이용하면 객체 당 광원 개수나 조명 조합들을 크게 신경 쓰지 않고도 광원들이 많이 쓰이는 장면을 렌더링할 수 있다. 또한 지연 셰이딩을 이용하면 장면에 사실감을 더하기 위한 여러 후처리 기법들을 추가적인 장면 처리 부담 없이도 조명과 결합할 수 있다.

그래픽에 대한 기대치가 높은 차세대 게임들에는 장면의 모든 표면에 많은 수의 광원들이 적용되며 조명과 효과를 위해 아주 복삽한 셰이너들이 쓰이게 될 텐데, 그럴수록 이 지연 셰이딩 기법의 가치 역시 커지게 될 것이다. 현재로서는, 장면 자체를 아주 복잡하게 만들지 않고서도 게이머들의 기대에 부응하는 시각적 품질을 달성할 수 있는 것은 지연 셰이딩 시스템뿐이다. 장면의 사실감에 대한 기대가 아주 높더라도, 지연 셰이딩을 이용하면 충분히 감당할 수 있다.

참조문헌

[ATI05] ATI, "Dynamic branching using stencil test." ATI Software Developer's Kit, 2005년 6월.

도로 표지를 뚜렷하게 렌더링하기

Jörn Loviscach, Hochschule Bremen,
University of Applied Sciences
jlovisca@informatik.hs-bremen.de

표준적인 텍스처링은 선명한 특징을 가진 이미지를 제대로 처리하지 못한다. 예를 들어 카메라가 도로 표지판에 가까워지면 그림이나 글자가 흐릿하게 나타나게 된다. 도로상의 표지(좌회전 표시 등)나 게시판의 글자, 명패 등에서도 이와 비슷한 현상을 볼 수 있다. 그러나 특별히 전처리된 텍스처에 간단한 픽셀 셰이더를 적용한다면 벡터 그래픽에 필적하는 이미지 품질을 얻는 것이 가능하다. 이 글이 제시하는 기법의 핵심은 표준 텍스처에 문턱값(threshold)을 적용함으로써 이진 이미지를 생성한다는 것이다. 이러한 기법으로, 텍스트 레이블(흑, 백)이나 금연 표시(흑, 적, 백), 도로 표지(흰색과 투명) 등에 적은 수의 색상들로 된 이미지에 해당하는 텍스처를 만들어낼 수 있다.

표준 텍스처가 카메라에 가까이 있을 때 흐릿하게 나타나는 것은 비트맵 이미지 자체의 한계 때문이다. 텍스처 이미지의 해상도가 아무리 높다고 해도, 텍스처가 확대되다 보면 언젠가는 개별 픽셀(즉 텍셀)들이 드러나게 된다. 그림 5.8.1과 원색 화보 11에 그러한 현상이 나타나 있다. 그래픽 하드웨어들이 흔히 적용하는 겹선형 보간에 의해 픽셀 계단현상이 줄어들긴 하지만, 대신 글자의 외곽선 같이 무한히 뚜렷해야 하는 가장자리 특징들이 흐려지는 결함이 생긴다.

텍스처가 순수한 흑색과 순수한 백색만으로 이루어져 있다면, 픽셀 셰이더를 이용해서 겹선형 보간된 텍스처에 문턱값을 적용하는 간단한 방법으로 이 문제를 해결할 수 있다(적어도 이론상으로는). 좀 더 구체적으로는, 조회된 텍셀의 회색조가 중간 회색보다 어두우면 그것을 순수한 흑색으로 만들고, 숫가 회색보다 밝으면 순수한 백색으로 만든다. 그리면 회색 픽셀들은 사라지고 검은 영역과 흰 영역 사이의 뚜렷한 경계가 만들어진다.

그러나 그러면 다시 계단현상이 생기게 되고, 카메라와의 거리가 멀어지면 흰 바탕에 검은 픽셀들이(또는 검은 바탕에 흰 픽셀들이) 점점이 박힌 듯한 모습의 소위 "소금과 후추" 현상이 나타난다. 그림 5.8.2에 그러한 예가 나와 있다.

다행히 텍스처 크기를 키우거나 픽셀 당 텍스처 수를 더 늘리지 않고도, 또한 픽셀 셰이더를 아주 복잡하게 작성하지 않고도 이런 문제점들을 극복하는 것이 가능하다([Loviscach05]). 이 글에서 제시하는 기법도 그런 방법들 중 하나이나, 기존 방법들에 비해 계산이 더 간단하다는 장점이 있다. 예를 들어 [Ramanarayanan04], [Sen04], [Tarini05], [Tumblin04]는 날카로운 특징들을 가진 원색 텍스처를 사용하기 때문에 계산 비용이 훨씬 크다.

그림 5.8.1 겹선형 보간이 적용된 표준 텍스처에서는 도형이 흐려지는 현상이 생긴다(위, 64×64 텍스처). 이 글의 기법은 간단한 픽셀 셰이더와 전처리된 텍스처를 이용해서 뚜렷한 이미지를 만들어낸다(아래, 같은 크기의 텍스처).

그림 5.8.2 표준 텍스처(왼쪽 위)에 단순한 문턱값 기법을 사용하면 계단 현상(오른쪽 위 그림 내부의 O자, 8배 확대한 것임)이나 진동(왼쪽 아래)이 나타나며, 거리가 멀어지면 소위 '소금과 후추' 현상도 나타난다(오른쪽 아래).

반면 [Loviscach04]와 [Loop05]의 방법들은 3차 곡선으로 감싸인 도형을 비교적 효율적인 픽셀 셰이더를 이용해서 생성한다. 그러나 그 두 방법 모두 경계 곡선에 따라 삼각형들을 배치해야 하는데, 복잡한 도형이라면 수백에서 수천 개에 이르는 삼각형들이 필요할 수도 있다. 따라서 기하자료보다는 텍스처가 더 효율적인 오늘날의 소비자 수준 그래픽 카드에는 잘 맞지 않는다.

문턱값이 적용된 텍스처의 안티앨리어싱

확대와 축소 모두에서 텍스처 적용 결과의 고품질을 보장하려면 특별한 수단을 갖추어야 한다. 확대(화면 픽셀이 텍셀보다 작은 경우)에서는 계단현상을 제거해야 하며, 축소(화면 픽셀이 텍셀보다 큰 경우)에서는 소금과 후추 현상, 즉 완전히 검거나 완전히 흰 픽셀들이 생기는 현상이 나타나지 않도록 텍스처를 더 성기고 흐릿한 버전으로 줄여야 한다.

매끄러운 문턱값 적용

엄격한 문턱값 적용에서는 완전히 검은 픽셀과 완전히 흰 픽셀 사이의 회색조 픽셀들이 사라지므로 계단현상이 두드러진다. 이에 대한 한 가지 간단한 해결책은 엄격한 문턱값 적용을 폐기하고, 대신 대비(contrast)를 증폭하는 것이다. 즉, 겹선형 보간으로 추출한 회색조 텍셀들에 대해 다음과 같은 엄격한 문턱값 적용을 수행하는 대신,

```
float c = 0.0;
if(t > 0.5)
    c = 1.0;
```

다음과 같이 대비를 향상시킨다.

```
float c = clamp(0.5 + a*(t-0.5), 0.0, 1.0);
```

여기서 a는 증폭률이다. 이것을 1로 하면 입력 값이 그대로 나오게 되고 무한대로 근접시키면 엄격한 문턱값 적용에서와 동일한 결과를 얻게 된다. 일반적으로는 그래픽 하드웨어 자체에서 색상들의 최대, 최소를 한정하게 되므로, `clamp` 연산은 생략할 수 있다.

a의 값은 도형 테두리의 뚜렷한 정도를 제어한다(클수록 뚜렷하다). 목표는 계단 현상을 최대한 없애면서도 테두리가 충분히 뚜렷해 보이는 값을 a에 설정하는 것이다. 몇 가지 실험 결과, 화면 공간에서 검은색에서 흰색으로의 선이 영역의 너비가 한 픽셀의 1/3일 때 흐릿함과 뚜렷함의 균형이 제일 좋았다. 따라서 a를 설정할 때에는 현재의 비례(확대, 축소)와 무관하게 항상 전이 너비가 1/3픽셀이 되게 하는 값을 선택해야 한다.

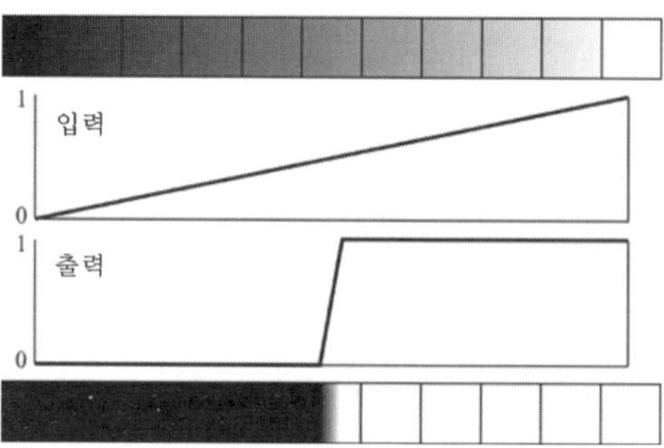

그림 5.8.3 10픽셀의 화면 공간 거리를 1/3픽셀 전이 영역으로 변환하려면 증폭률을 30으로 설정해야 한다.

완전히 검은 텍셀 바로 옆에 완전히 흰 텍셀이 붙어 있다고 하자. 시점이 텍스처에 가까우면 텍스처가 확대되며, 그러면 두 텍셀이 화면상의 여러 픽셀들에 매핑된다. 예를 들어 그 두 텍셀이 화면 상의 픽셀 10개에 매핑된다고 할 때, a가 1이라면 검은색에서 흰색으로의 전이가 10개의 픽셀들 전체에 걸쳐서 일어난다(그림 5.8.3의 위). 이러면 계단현상이 없어지는 반면, 가장자리 역시 흐려지고 만다. 좀 더 나은 방식은 4⅚개의 픽셀들은 검은색, ⅓개의 픽셀들은 중간의 회색조 전이 영역, 그리고 4⅚개의 픽셀들은 흰색이 되게 하는 것이다. 이를 위해, a를 10×3으로 설정한다. 그러면 29/60 픽셀 이후 t는 $3 \times s$ 가 되며, 그때부터 회색조 값이 흰색을 향해 점차 증가한다. 일반화하자면, 한 텍셀의 화면 공간 크기를 s라 할 때 a를 $3 \times s$로 설정해야 한다.

텍셀 크기

색상을 정확히 비례하려면 인접한 두 텍셀 사이의 화면 공간 거리를 실행시점에서 구해야 한다. 다행히, 그런 용도로 사용할 수 있는 특별한 픽셀 셰이더 명령들이 있다. HLSL의 경우 ddx와 ddy가 바로 그것인데, 이들은 주어진 인수의 화면 공간 x, y에 대한 (편)미분계수를 돌려준다. 이들로 두 텍셀 사이의 화면 공간 거리를 구하려면 범위가 1×1이 아니라 너비×높이인 uvScaled라는 추가적인 텍스처 좌표쌍을 가진 객체를 사용해야 한다. 아니면, 표준적인 텍스처 좌표 uv를 이용해서 uv*float2(높이, 너비) 형태로 구할 수도 있다(단, 이 방법에서는 2차원 벡터 곱셈 하나가 더 소비된다).

두 2차원 벡터 ddx(uvScaled)와 ddy(uvScaled)는 텍스처 공간의 한 화면 공간 픽셀에 해당하는 타원 영역을 결정한다(단위는 텍셀). 시야가 비스듬하거나 텍스처 좌표들이 변형된 경우 이 영역은 길쭉한 타원 형태가 되며, 그러면 단축 방향보다 장축 방향으로 더 많은 텍셀들이 걸치게 된다(그림 5.8.4).

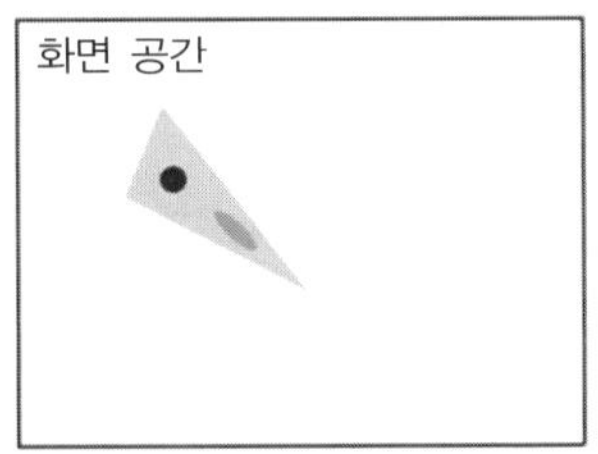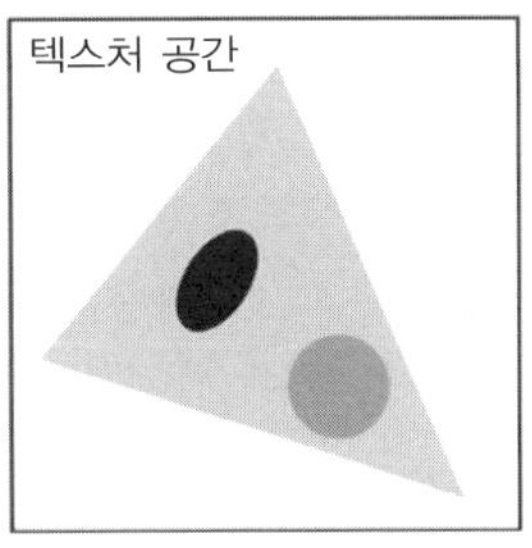

그림 5.8.4 화면 공간의 원형 픽셀 영역은 텍스처 공간에서 타원이 된다
(반대로 텍스처 공간의 타원은 화면 공간의 원이 된다).

증폭률 a를 계산하려면 텍셀당 픽셀 수를 알아야 한다. 즉, 한 텍셀이 화면 공간에서 차지하는 면적을 알아야 한다. 그림 5.8.4의 중간 회색조 원과 타원에서 보듯이 이들은 서로 역관계이므로, 하나를 알면 다른 것을 구할 수 있다. 간결함을 위해 ddx(uvScaled)의 두 성분을 e와 f라고 칭하고 ddy(uvScaled)의 것들을 g와 h라고 칭하자. 그러면, x-y화면 좌표들의 지역 변화를 비례된 텍스처 좌표들로 변환하는 행렬을 다음과 같이 표기할 수 있다.

$$\begin{pmatrix} e & g \\ f & h \end{pmatrix}$$

하나의 텍셀을 uvScaled 텍스처 공간에서 지름이 1/2인 원으로 근사할 수 있으며, 그에 해당하는 화면 공간 영역은 하나의 타원으로 근사할 수 있다. 이 타원은 그 중심인 $(\triangle x, \triangle y)$에서의 거리가 다음을 만족하는 모든 점으로 구성된다.

$$\left| \begin{pmatrix} e & g \\ f & h \end{pmatrix} \begin{pmatrix} \triangle x \\ \triangle y \end{pmatrix} \right| \leq \frac{1}{2}.$$

이를 다음과 같이 표현할 수 있다.

$$\begin{pmatrix} \triangle x \\ \triangle y \end{pmatrix} \cdot \begin{pmatrix} e & g \\ f & h \end{pmatrix}^{\mathrm{T}} \begin{pmatrix} e & g \\ f & h \end{pmatrix} \begin{pmatrix} \triangle x \\ \triangle y \end{pmatrix} \leq \frac{1}{4}. \tag{5.8.1}$$

타원의 형태는 다음 행렬의 고웃값들로 결정된다.

$$\begin{pmatrix} e & g \\ f & h \end{pmatrix}^{\mathrm{T}} \begin{pmatrix} e & g \\ f & h \end{pmatrix} - \begin{pmatrix} e^2+f^2 & eg+fh \\ eg+fh & g^2+h^2 \end{pmatrix}$$

정리해서 두 계수를 얻는다.

$$\lambda_{1,2} = \frac{1}{2}(e^2 + f^2 + g^2 + h^2) \pm \sqrt{\frac{1}{4}(e^2 + f^2 + g^2 + h^2)^2 - e^2 h^2 - f^2 g^2 + 2efgh} \quad (5.8.2)$$

x-y 화면 공간에서, 두 주축 중 하나를 따라 나아가는 벡터에 해당 λ를 곱한다. 타원의 중심에서 한 주축을 따라 가장자리 쪽으로 나아가는 그러한 벡터를 **v**라고 하자. 그러면 그 길이 $|\mathbf{v}|$은 타원의 주 반지름 또는 부 반지름과 같다. 이제 식 5.8.1을 다음과 같이 쓸 수 있다.

$$\lambda_{1,2}|\mathbf{v}|^2 = \frac{1}{4}.$$

정리하면:

$$|\mathbf{v}| = \frac{1}{2\sqrt{\lambda_{1,2}}}.$$

즉, 타원의 부 반지름과 주 반지름은 각각

$$\frac{1}{\sqrt{\lambda_1}} \text{과} \frac{1}{\sqrt{\lambda_2}}$$

의 절반이다.

식 5.8.2에서 λ_1은 제곱근 항의 부호가 +일 때에, λ_2는 제곱근 항의 부호가 -일 때에 해당한다. 부호만 반대이므로 그 항을 제거할 수 있으며, 이를 통해서 텍셀 크기의 간단한 근사 공식을 구할 수 있다.

$$s = \frac{\sqrt{2}}{\sqrt{e^2 + f^2 + g^2 + h^2}}.$$

이 계산은 4차원 벡터를 이용해서 빠르게 계산할 수 있다. 결론적으로 다음과 같은 코드가 나온다.

```
float s = 1.4/length(float4(ddx(uvScaled), ddy(uvScaled)));
```

그러나 산술 평균을 사용하고 싶거나 항상 주 반지름만 사용하고 싶다면(뚜렷함을 더 강조하기 위해) 식 5.8.2의 제곱근 항을 실제로 계산해야 하므로 비용이 더 커진다.

밉매핑 지원

텍스처와 카메라의 거리가 멀다면 텍셀들이 대부분 회색조로 나타나게 해야 한다(표준적인 밉매핑에서처럼). 앞에서와 같은 대비 강조 방식, 즉

```
float c = clamp(0.5 + a*(t-0.5), 0.0, 1.0)
```

을 이용한 방식을 유지하고 싶다면, a를 1.0으로 두고 밉맵이 적용된 텍스처에서 추출한 t로 이 공식을 적용하면 된다(a가 1.0이면 입력 텍셀이 그대로 쓰인다).

핵심은, 화면 공간 텍셀들이 픽셀들보다 충분히 작다면 a를 1.0으로 둔다는 것이다. 이를 공식으로 표현하면 다음과 같다. 텍셀 크기 s는 앞에서와 같이 계산했다고 가정한다.

```
a = max(1.0, 3.0*s);
```

텍셀의 크기가 한 픽셀의 1/3 이하이면 a가 1.0이 되어서 앞에서 말한 표준적인 밉맵 방식과 같아진다. 그림 5.8.5는 s와 a의 관계를 나타낸 것이다.

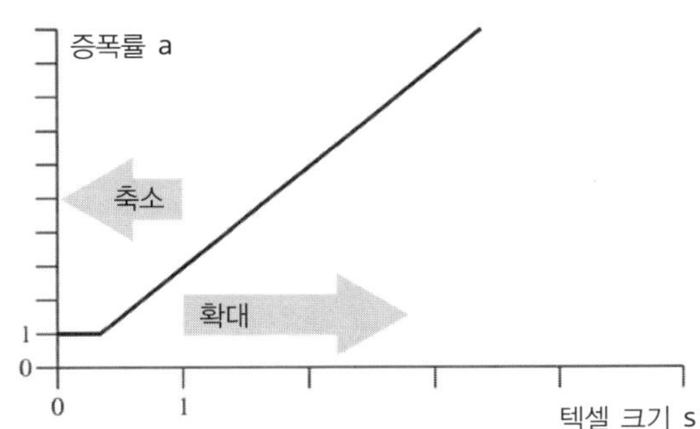

그림 5.8.5 확대 시 증폭률은 텍셀 크기의 세 배이다.
강한 축소의 경우 텍스처의 원래 값이 그대로 쓰인다.

다음은 지금까지의 논의를 기초로 만든 픽셀 셰이더이다(약간의 최적화가 가해졌음).

```
half4 t = tex2D(mySampler, IN.uv);
float2 ef = ddx(IN.uvScaled);
float2 gh = ddy(IN.uvScaled);
half sInv = length(float4(ef, gh));
half a = max(1.0, (3*1.4)/sInv);
half c = 0.5 + a*(t.r-0.5);
OUT.color = half4(c, c, c, 1.0);
return OUT;
```

이것을 컴파일하면 11개의 명령들이 된다(픽셀 셰이더 어셈블리 버전 ps_2_x의 경우).

확대시의 문턱값 적용과 축소시의 표준 밉매핑 사이의 전이를 깔끔하게 나타내려면 증폭률을 제어하는 것만으로는 부족하다. 전이 영역에서 a는 1.0의 몇 배 정도이며, 따라서 텍스처의 중간 수준 회색조들이 아주 많이 바뀌지는 않는다. 이 때문에 검은색과 흰색 사이에서 눈에 거슬리는 회색 찌꺼기들이 생겨나게 된다(그림 5.8.6).

밉맵의 가장 세밀한 수준에서 중간 회색조들을 없앤다면 이러한 문제를 극복할 수 있다. 실험에 의하면, 8비트 회색조의 총 256단계 중 가운데의 32단계(즉, 0에서 255중 112에서 143)만 없애면 된다. 다음 절에서, 밉맵 수준 0에 대해 그와 같은 최적화를 수행하는 방법을 이야기하겠다.

그림 5.8.6 저장된 텍스처(왼쪽)에 중간 수준 회색에 가까운 회색 값들이 들어 있다면, 1.0에 가까운 a로 대비를 강조한 후의 이미지에 회색 윤곽이나 구멍이 나타난다(오른쪽).

문턱값 적용을 위한 텍스처 최적화

텍스처의 원본을 그래픽 저작 도구에서 벡터 그래픽으로 만든다고 해도, 텍스처 자체는 비트맵 이미지이다. 벡터 이미지를 비트맵으로 변환하다 보면 도형의 외곽선에 움푹 패거나 돌출된 부분들이 생기게 되는데, 그런 부분들은 문턱값 적용 시 시각적 결함을 만들어 낸다. 그러나 비트맵 텍스처 이미지를 적절히 조작한다면, 그러한 특성을 오히려 이득이 되는 방식으로 활용할 수 있다.

기하

겹선형 보간된 텍스처에 문턱값을 적용하면 여러 직선 선분들, 즉 다중선(polyline)으로 감싸인 듯한 형태가 나타나게 된다(그림 5.8.7의 위). 이는 선형 연산에서 비롯되는 피할 수 없는 현상으로, 삼각형 격자에서 볼 수 있을 뿐, 표준 텍스처 매핑에 쓰이는 사각형 격자의 경우에는 해당되지 않는다.

삼각형에 대한 겹선형 보간 공식은 다음과 같다.

$$(1-u-v)a+ub+vc.$$

여기서 a, b, c는 삼각형 세 꼭짓점의 텍셀 값들이고 u, v, $(1-u-v)$는 삼각형의 무게중심 좌표들이다. 반면 사각형에 대한 겹선형 보간 공식은 다음과 같다.

$$(1-u)(1-v)a+u(1-v)b+uvc+(1-u)vd.$$

여기서 a, b, c, d는 사각형 네 정점의 텍셀 값들이나. 이 공식은 다음과 같이 징리힐 수 있다.

$$a+u(-a+b)+v(-a+d)+uv(a-b+c-d).$$

이 공식에는 곱 uv가 나온다. 따라서 이 공식은 비선형 표현이다.

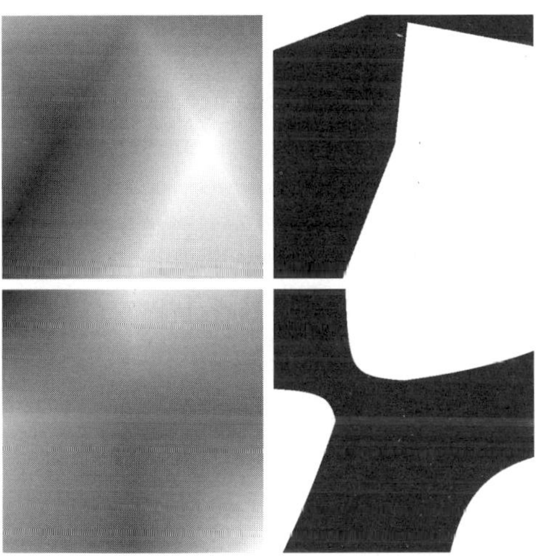

그림 5.8.7 삼각형 격자에서 겹선형 보간 기반 문턱값 적용에 의해 다중선으로 감싸인 도형이 나타난다(오른쪽 위). 반면 사각형 격자에서는 외곽선이 유리 곡선이다(아래).

문턱값이 적용된 텍스처의 외곽선은 점 (u,v)들을 통과하는 곡선이며, 그 점들에서 앞의 보간 공식은 1/2이 된다. 이 곡선으로부터 u에 대한 v의 유리(rational) 의존 관계를 구할 수 있다.

$$v = \frac{\frac{1}{2} - a - u(-a+b)}{(-a+d) + u(a-b+c-d)}. \tag{5.8.3}$$

(단, 분모가 0이어서는 안 된다.)

필요한 정보를 기하구조에서 정확하게 추출하는 것이 가능하다. 외곽선이 값이 b인 텍셀 및 c인 텍셀 사이의 경계선과 교차한다고 하자. 이는 둘 중 하나가 1/2보다 작고 다른 것은 1/2보다 크다는 뜻이다. 외곽선과 경계선이 교차하는 점 (u,v)는 다음과 같이 주어진다.

$$u = 1, \; v = \frac{b - \frac{1}{2}}{b-c}.$$

식 5.8.3을 u에 대해 미분하면 외곽선과 경계선이 교차하는 각도를 계산할 수 있다. 그 도함수는 곡선의 접선 각도(수평 방향 기준)에 해당한다. $u=1$에서의 도함수의 값은 다음과 같이 주어진다.

$$\frac{ac - bd - \frac{1}{2}(a-b+c-d)}{(b-c)^2} = \frac{\left(a - \frac{1}{2}\right)\left(c - \frac{1}{2}\right) - \left(b - \frac{1}{2}\right)\left(d - \frac{1}{2}\right)}{(b-c)^2}.$$

다른 경계선과의 교차에 대해서도 이와 비슷한 공식을 유도할 수 있다.

최적화

외곽선들이 유리 곡선이므로, 그에 대한 제어가 쉽지 않다. 여기에 필요한 매개변수는 두 종류인데, 첫째는 외곽선과 텍셀 격자 경계선의 교점들의 위치들이고 둘째는 그 교점들에서의 외곽선 곡선 방향들이다. 두 종류 모두, 앞에서 이야기한 것처럼 텍스처에서 쉽게 계산할 수 있다. 비교를 위해서는 원래의 벡터 그래픽에서의 해당 매개변수들이 필요한데, 그러한 자료는 표준적인 이미지 처리 기법들을 원래의 벡터 그래픽의 고해상도 비트맵 버전에 적용해서 얻으면 된다.

목표는 원래의 이미지의 위치와 각도 자료 모두가 문턱값 적용 이후 제대로 재현되도록 텍스처를 만드는 것이다. 외곽선들의 세부사항은 확대 시에만 필요하므로, 밉맵 수준 0

(가장 세밀한 수준)에 대해서만 최적화를 적용하고 더 높은(즉, 덜 세밀한) 밉맵 수준들은 그냥 통상의 상자 필터링으로 채우면 된다.

모든 위치와 각도 제약을 만족하는 텍스처를 만들 수 없는 예외적인 경우는 별로 많지 않다. 외곽선이 텍셀 격자의 내부 경계선 n개와 교차한다면, 위치 조건과 각도 조건도 각 각 n개이다. 결과에 영향을 미치는, 조정 가능한 변수들은 인접 텍셀들 사이의 회색조 값들이다. 외곽선에 급격하게 구부러진 부분이 없다면 그런 텍셀들의 개수는 약 $2n$개이다 (그림 5.8.8). 급격하게 구부러진 부분이 있는 경우에는 그 개수가 $2n$개보다 조금 적어진다. 결과적으로, 모든 회색 값들이 약 1/2배가 된다면 문턱값이 적용된 이미지가 변하지 않으므로 가변성이 한 수준 낮아진다.

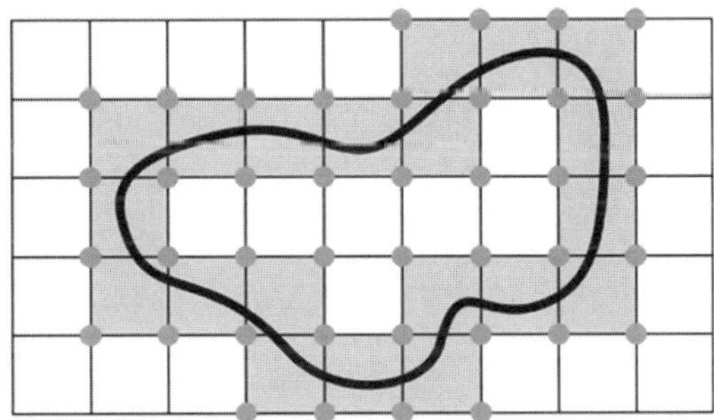

그림 5.8.8 일반적으로, n개의 경계선들과 교차하는 외곽선에는 약 2n개의 텍셀들이 영향을 미친다. 이 예에서 n=20이고 영향을 주는 텍셀들은 40개이다.

그림 5.8.9 최적화 공정은 모퉁이 근처에 복잡한 패턴의 회색조 텍셀들을 추가한다. 이에 의해, 문턱값이 적용된 이미지의 모퉁이늘이 날카로워진다(위: 최적화되지 않은 텍스처와 문턱값 적용 결과, 아래: 최적화된 텍스처와 문턱값 적용 결과). 텍셀들의 크기가 아주 크다는 점을 주목할 것.

이러한 수치들은, 많은 경우 위치와 각도 제약들을 완전하게 만족할 수는 없음을 의미한다. 따라서 적절한 오차 측정 결과에 기초해서 일정한 최적화 공정(다음 절에서 이야기한다)을 적용할 필요가 있다. 처리할 것은 외곽선에 인접한 텍셀들뿐이므로, 최적화에 많은 시간이 걸리지는 않는다. 대부분의 텍셀들은 순수한 검은 색 또는 순수한 흰 색으로 남는다.

잠시 후 이야기할 최적화 공정은 특히 외곽선의 모퉁이 부분을 더 날카롭게 만든다. 그림 5.8.9에서 보듯이, 이 최적화는 텍셀들의 영향을 상쇄함으로써 모퉁이를 자동으로 처리한다.

오차 보정

조건이 두 가지이므로 보정할 오차도 두 가지이다. 즉, 원래 벡터 이미지에서와 비트맵 텍스처에서의, 외곽선과 텍셀 격자 경계선 교점의 위치 차이 및 접선 각도 차이를 보정해야 한다.

실험을 해 보면 두 보정 모두 외곽선에서 눈에 띄는 결함을 만들어낸다(그림 5.8.10). 위치 오차만 보정한 경우에는 의도된 모든 교점이 정확히 맞아떨어지는 한편, 그 사이에 현저한 지그재그 패턴이 드러났다. 각도 오차만 보정한 경우, 부드러운 곡선은 아주 잘 재현되었지만 서체의 형태가 불룩해지고 세로줄 너비도 불규칙했다.

따라서 자연스러운 결론은 둘을 결합하는 것이다. 서체 같은 도형의 경우에는 일반적으로는 각도의 정확성이 우선시되나 각도가 텍셀 격자 경계와 수직에 가까울수록 위치의 정밀도가 더 영향을 미치게 만드는 것이 좋다. 그러면 상당히 매끄러우면서도 글자의 수평, 수직선을 충실하게 재현하는 외곽선이 만들어진다(그림 5.8.10 하단).

다음은 교점 당 오차 보정 누적치를 계산하는 공식을 코드로 표현한 것이다.

그림 5.8.10 위치만 측정하거나(왼쪽 위) 각도만 측정하면(오른쪽 위) 눈에 띄는 오차가 생긴다. 둘을 결합하면(아래) 대부분의 오차가 사라진다.

```
double r = Math.Min(1.0, Math.Abs(angleOriginal));
return r*angleDistance2 + (1.0-r)*positionDistance2;
```

여기서 `angleOriginal`은 원래 벡터 이미지에서의 교점 접선 각도이고(단위는 라디안) `angleDistance2`는 교점에서의 원래 각도, 실제 각도, 외향 각도들 사이의 차이 제곱들의 합이다. `positionDistance2`는 교점의 원래 위치와 실제 위치의 차이의 제곱이다.

최적화 도구

CD-ROM에는 텍스처 최적화 도구(그림 5.8.11)와 그 소스 코드가 수록되어 있다. 수록된 도구는 문턱값 적용에 최적화된 텍스처를 생성하고 그것을 dds(DirectDraw® Surface) 형식의 파일로 저장한다. 또한 픽셀 셰이더를 이용한 3D 미리보기 기능도 제공한다. 이 도구는 C#과 HLSL로 작성된 .NET 1.1/Managed DirectX 9.0c 기반 프로그램이다.

기본적인 사용 방법은, 텍스처 이미지를 담은 고해상도 비트맵 파일을 불러오고, 결과의 조밀도를 선택하고(Process 메뉴의 Downsampling 비율 옵션들), 최적화 결과를 .dds 파일에 저장하는 것이다. 또한, 위치 정밀도 우선 정도 또는 각도 정밀도 우선 정도를 조정하거나, 각도가 텍셀 격자 경계와 수직에 가까울 때 각도 기반 보정에 위치 오차 항을 결

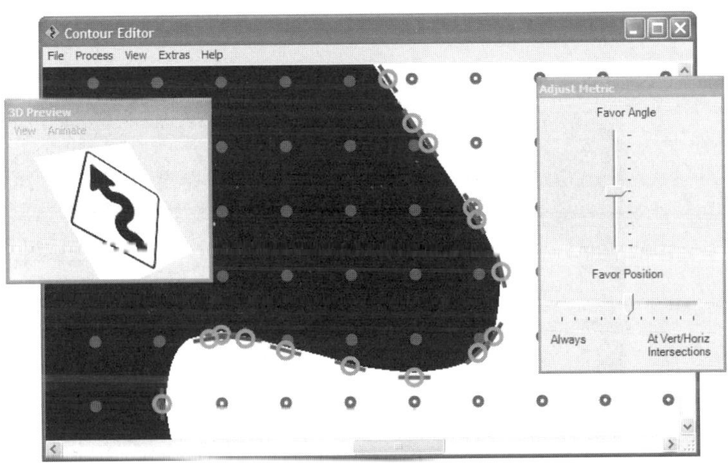

그림 5.8.11 부록 CD-ROM에 수록된 텍스처 최적화 도구. 이것을 이용하면 대화식으로 오차들을 보정하거나 위치, 각도 제약을 수정할 수 있다. 이들은 비트맵으로부터 자동으로 추출된다.

합하게 하는 등으로 오차 보정 방식을 변경할 수 있다. 더 나아가서, 마우스를 이용해 개별 경계선을 선택하고 화살표 키와 PgUp/PgDn 키로 위치와 각도 제약을 조정하는 것 역시 가능하다.

외곽선과 텍셀 격자 경계선의 교점의 접선이 경계선과 거의 평행일 때, 또는 교점들이 몰려 있을 때 제약 조정이 큰 도움이 된다. 예를 들면 교점들을 이동하고 각도를 회전함으로써 외곽선의 진동(지그재그)을 줄일 수 있다. 최적화는 배경 스레드에서 진행되므로 제약을 수정하면 실시간으로 그 결과가 미리보기 창에 나타난다. 현재 버전은 결과 텍스처의 회색조 값을 직접 수정하는 기능을 제공하지 않는다. 경계 곡선의 유리수 성질 때문에, 그런 실시간 텍셀 조정 기능을 추가하는 것이 그리 간단하지가 않다. 그림 5.8.12와 원색 화보 12에 위치, 각도 제약조건 수정의 효과가 나와 있다.

최적화 공정은 편집과는 병렬적으로 실행된다. 도구는 외곽선 근처의 한 텍셀을 무작위로 선택해서 주변 오차들을 측정, 보정하고 그에 따라 텍셀의 회색조를 ± 5만큼(전체는 256단계) 변경한다(단, 이전에 이야기했던 것처럼 112에서 143까지의 단계는 피한다). 이러한 변경에 의해 오차가 줄어든다면 새 값을 텍스처에 기록한다. 줄어들지 않는다면 낮은 확률로만 새 값을 기록한다. 이런 과정을 반복하다보면 오차가 빠르게 0에 접근한다. 이처럼 반복적이고 약간의 무작위성이 도입된 방법은 오차 보정이 극소점(국소 최소점)에 빠지는 일을 줄여준다. 이는 모의정련(simulated annealing, [Wikipedia05])의 한 변형(온도 감소를 뺀)이라 할 수 있다.

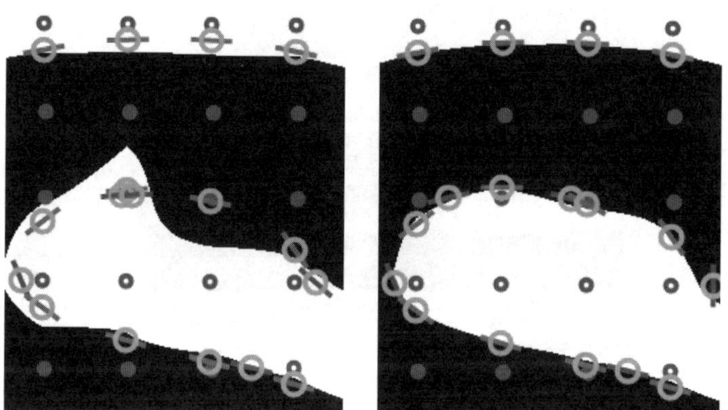

그림 5.8.12 접선이 경계선과 거의 평행이라서 최적화가 힘든 임계 상황들을, 사용자가 위치와 각도 제약조건들을 직접 수정함으로써 해결할 수 있다(왼쪽: 수정 전, 오른쪽: 수정 후). 원은 교점 위치, 원을 가로지르는 선분은 각도에 해당한다.

그림 5.8.13 다중색 이미지를 단순한 방식으로 결합하면 여러 색이 만나는 부분에서 눈에 띄는 오차가 드러난다(위, 특히 확대된 부분). 이 문제는 각 색의 이미지들을 순서대로 겹치는 것으로 해결할 수 있다(아래, 확대된 부분은 64×64 텍셀).

마지막으로, 이 최적화 도구는 "다중색 결합" 기능을 제공한다(Extra 메뉴의 Multicolor 메뉴). 이 기능은 둘 또는 네 개의 .dds 파일을 하나의 텍스처로 결합하는 것으로, 다중색 이미지를 담은 텍스처를 만들기 위한 것이다. 부록 CD-ROM에 그런 텍스처를 사용하는 예제 .fx 파일이 수록되어 있다. 예를 들어 금연 표지를 위해 검은색 층과 빨간색 층을 결합한다고 하자. 간단하게 다음과 같은 식으로 할 수도 있다.

```
OUT.color = float4(black*red, black, black, 1.0);
```

그러나 이러면 그림 5.8.13 및 원색 화보 13 상단처럼 눈에 띄는 결함이 생겨난다. 검은 담배와 빨간 대각선이 딱 맞아떨어지지 않음을 주목하기 바란다. 이런 결함을 극복하는 한 가지 방법은 검은 담배를 중산이 칠한 명태가 아니니 원선한 정베로 그려 두고, 픽셀 셰이더에서 다음처럼 빨간색이 검은 색을 덮어 쓰게 하는 것이다

```
OUT.color = float4(1.0-(1.0-black)*red, black*red, black*red, 1.0);
```

이러면 완전한 검은색 담배 위로 빨간 대각선이 깔끔하게 덮여진다.

픽셀 셰이더에서 문턱값 적용 시 `float` 대신 `float4`를 병렬적으로 계산하는 것이 가능한데, 이는 픽셀 셰이더에서 하나의 이미지 층 처리와 네 개의 층 처리 사이에 비용 차이가 나지 않음을 뜻한다. 그러나 `black*red` 같은 표현식 때문에, 대비 강조 이후 픽셀 셰이더에

서 명시적으로 색상 값을 유효 범위로 한정해야 한다. 이 부분에 관해서는 부록 CD-ROM 의 예제 파일들을 참고하기 바란다.

문턱값 적용을 위해 최적화된 텍스처를 표준적인 텍스처와 결합하는 데에도 다중색 결합 기능을 사용할 수 있다. 예를 들어 그림 5.8.14는 문턱값이 적용된 텍스처를 다른 텍스처 에 대한 스텐실로 사용해서 도로 위에 표지가 찍힌 모습을 만들어낸 것이다.

그림 5.8.14 문턱값이 적용된 텍스처를 표준 텍스처의 스텐실로 사용할 수도 있다(크기: 128×128 텍셀).

결론 및 전망

현실에서 도로 표지판과 도로 위 표지는 가장자리가 명확한 서체와 도형을 사용한다. 이 글에서는 64×64에서 256×256 텍셀 크기의 텍스처들을 이용해 그러한 모습을 재현하는 문턱값 적용 기법을 소개했다. 이 기법은 텍스처 축소와 확대 모두에 대해 잘 작동한다. 아무리 확대해도 가장자리의 뚜렷함이 사라지지 않는다. 픽셀 셰이더 코드가 대단히 짧고 텍스처 조회를 한 번만 사용하므로 렌더링 속도 저하도 무시할만한 수준이다. 덕분에, 이 기법을 최근 그래픽 카드들에서 실행하는 경우 채움 비율이 초 당 약 10억 픽셀에 달한다.

그러나 이 방법은 하나의 텍셀에 두 개의 외곽선 곡선이 있는 경우는 해결하지 못한다. 따라서 세리프(글자 획 끝 부분의 구부러진 장식부)가 있는 서체나 날카롭게 꺾어진 부분 이 포함된 복잡한 도형을 제대로 나타내려면 훨씬 더 높은 해상도의 텍스처가 필요하다. 그러나 사용자가 위치 및 각도 제약들을 적절히 조정한다면 한 텍셀보다 작은 크기의 특 징이라도 재현이 가능하다.

깊이 맵 그림자 같은 다른 조명 및 그림자 효과를 문턱값 적용 텍스처와 결합하는 방법은 굳이 설명할 필요가 없을 것이다. 문턱값 적용 기법에 깔린 개념을 확장해서 좀 더 새로운 효과를 얻는 것도 가능하다. 예를 들어 3차원 텍스처를 이용해서 외곽선이 애니메이션되게 할 수도 있으며, 완전한 원색 텍스처를 지원하도록 기법을 확장하는 것 역시 생각해 볼만 하다. 한 가지 방법은 부드러운 그라디언트만으로 표현된 이미지 하나와 날카로운 가장자리의 이미지를 결합한 텍스처를 사용하는 것이다. 전자의 텍스처는 낮은 해상도로 직접 저장하면 될 것이고, 후자는 문턱값에 맞게 최적화할 필요가 있다.

참조문헌

[Loop05] Loop, Charles, Jim Blinn, "Resolution Independent Curve Rendering Using Programmable Graphics Hardware." *ACM Transactions on Graphics*, Vol. 4, No. 3 (SIGGRAPH 2005): pp. 1000–1009.

[Loviscach04] Loviscach, Jörn, "Paving Roads with Pixel Shaders." WSCG 2004 Full Papers: pp. 39–46.

[Loviscach05] Loviscach, Jörn, "Efficient Magnification of Bi-Level Textures." SIGGRAPH 2005 Sketch.

[Ramanarayanan04] Ramanarayanan, Ganesh 외, "Feature-Based Textures." Eurographics Workshop on Rendering 2004: pp. 265–274.

[Sen04] Pradeep, Sen, "Silhouette Maps for Improved Texture Magnification." ACM SIGGRAPH/Eurographics Conference on Graphics Hardware 2004: pp. 65–73.

[Tarini05] Tarini, Marco, Paolo Cignoni, "Pinchmaps: Textures with Customizable Discontinuities." *Computer Graphics Forum*, Vol. 24, No. 3 (Eurographics 2005), pp. 557–568

[Tumblin04] Tumblin, Jack, Prason Choudhury, "Bixels: Picture Samples with Sharp Embedded Boundaries." Eurographics Workshop on Rendering 2004: pp. 186–196.

[Wikipedia05] Wikipedia contributors, "Simulated Annealing." Wikipedia: The Free Encyclopedia, 2005년 8월 12일 참조. 웹 *http://en.wikipedia.org/wiki/Simulated_annealing*.

게임을 위한 실용적인
하늘 렌더링

5.9

Aurelio Reis, Raven Software
AurelioReis@gmail.com

렌더링 비용이 비싼 야외 환경을 채용하는 게임들이 많아짐에 따라, 매 장면마다 하늘이 매우 많은 가시 영역을 차지하면서 등장하는 경우도 늘게 되었다. 하늘 렌더링 기법의 계산 비용이 아주 비싸다는 사실을 생각해 보면 효율적인 하늘 렌더링 접근방식의 중요성을 실감할 수 있을 것이다. 이 글에서는 다양한 하늘 구현들에 적용할 수 있는 똑똑한 일반적/구체적 최적화 기법들 몇 가지를 살펴본다. 이 최적화 기법들을 이용하면 고해상도에서 하늘이 화면 전체를 차지하는 경우에도 일정한 프레임률을 유지할 수 있다.

현황과 목표

동적인 하늘 렌더링 접근방식들의 기본적인 내용은 [Nishita00], [Preetham99], [Jensen01]에서 읽어보기 바란다. 현재 제시된 방법들은 대부분 상당히 복잡한데, 이는 그 방법들이 실세계의 물리적 현상을 흉내내려 한다는 것과 관련되어 있다. 수많은 대기(大氣) 관련 매개변수들을 고려해서 하늘을 흉내낸다는 것은 분명히 쉬운 일이 아니며, 이 때문에 얼마 전까지만 해도 엄밀한 시뮬레이션 기법들은 오프라인 렌더링에서나 가능했다. 그러나 하드웨어의 그래픽 가속 능력이 증가함에 따라 그런 기법들을 게임에서도 사용할 수 있게 되었다.

몇 년 전만 해도, 상호작용적 프레임률을 유지하면서 하늘을 표현하고자 할 때 가장 흔히 쓰이는 기법은 [Terragen] 같은 오프라인 렌더러를 이용해서 미리 렌더링한 하늘 모습을 담은 텍스처를 하늘 상자에 입히는 것이었다. 동적인 하늘 렌더링은 고급 비행 시뮬레이션에나 쓰였지 게임에서는 고려 대상이 아니었다. 그러나 MMOG(대규모 다중플레이어 온라인 게임)나 *Grand Theft Auto 3* 등 낮과 밤이 주기적으로 바뀌는 게임들이 등장하면서, 자연 환경의 사실감을 높이는 문제가 크게 대두되었다. 시각적 품질과 성능 사이에서 적절한 균형점을 찾는 일은 언제나 어려운 문제였으며, 주로는 시각적 품질이 희생을 당했다.

최근의 그래픽 하드웨어에서 가능한 것과 게임에 꼭 필요한 것 사이에는 아직도 큰 간극이 존재한다. 대부분의 하늘 렌더링 데모들은 하늘 렌더링 기법 자체에 중점을 두고 아주 멋진 모습의 하늘을 보여준다. 그러나 실제 게임을 고려한 관점에서는 그런 기법들이 생각만큼 유용하지 않다. 예를 들어 [ATI Atmosphere 데모]는 인상적인 대기 산란 효과를 보여주지만, 주목해야 할 것은 그 장면이 완전히 상호작용적이지는 않다는 점이다. 이런 기법들은 많은 수의 셰이더 명령들을 사용하기 때문에, 상호작용적인 장면과의 결합이 어렵거나 불가능하다.

하늘 렌더링 기법을 보여주는 데모들 대부분은 하늘에 초점이 맞춰져 있으며, 장면 자체는 게임에 필요한 수준보다 훨씬 단순하다. 실제 게임의 장면은 여러 상호작용적 3D 객체들로 채워져 있는데, 그런 객체들은 모두 일정한 CPU, GPU 능력을 소비한다. 실제 게임에서는 3D 캐릭터의 스키닝을 처리하거나 프레임 버퍼에 대해 여러 혼합 연산을 수행해야 하며, 장면의 삼각형 개수나 픽셀당 연산도 많다.

이 글이 새로운 또는 더 나은 하늘 모형화 기법을 제시하게 되는 것은 아니다. 이 글에서는 기존 기법들을 프로젝트의 요구에 맞게 더 나은 방식으로 조합하는 방법들을 설명한다. 이 글은 하늘 렌더링의 기술적/이론적 세부사항들을 살펴보고, 실제 게임 구현의 성능을 떨어뜨리는 병목들을 파악하고, 그것들을 극복하는 방법을 제시한다. 이 글에서 제시하는 최적화들은 실제의 상용 게임에 아주 잘 맞을 뿐만 아니라 구현하기도 쉽다. 주로는 하늘의 색과 구름의 효율적인 렌더링을 최적화하는 방법들을 이야기하되, 천체가 방출하는 빛의 끊임없는 변화를 위한 효율적인 조명 기법도 간단하게나마 언급한다. 정리하자면, 이 글의 목표는 시각적으로 그럴듯한 결과를 낼 뿐만 아니라 게임 엔진과 통합했을 때 프레임률을 크게 떨어뜨리지 않을 정도로 효율이 좋은 하늘 렌더링 기법을 제시하는 것이다.

▌ 하늘의 구성

그럼 동적인 하늘을 구성하는 요소들을 살펴보고 이후의 내용에서 사용할 용어들도 정리하고 넘어가자. 우선 하늘 자체, 즉 하늘의 색상들로 채워진 배경이 필요하다. 여기에서는

3차원 반구 형태의 '돔(dome)' 입체로 하늘을 렌더링한다고 하겠다. 하늘을 표현하려면 그 입체 표면상의 이산적인 점들에서의 하늘 색상을 정점 당 기법 또는 픽셀 당 기법을 이용해 계산해야 한다.

주어진 점의 하늘 색상을 결정하는 방법은 크게 통계적 접근(즉, 관찰 및 재현된 자료를 이용)과 해석적 접근(물리 기반)으로 나뉜다. 정교한 해석적 모형에서는 이를테면 해당 점에 대해 Mie, Rayleigh 산란을 실제로 계산하고, 오존과 복사의 기여도 계산할 것이다. 그러나 대부분의 구현들에서는 기여가 가장 큰 요인들만 고려하는 단순화된 공식을 사용한다. 일반적으로 Mie, Rayleigh 산란이 그러한 요인들에 해당한다. 대기 조건의 역학은 문서화가 잘 되어 있으며, 앞 절에서 언급했듯이 그것을 그래픽으로 나타내는 방법도 충분히 밝혀져 있다. 이 글에서 제시하는 기법들 역시 몇 가지 문헌들에 기초한다(그 문헌들도 다른 저자들에서 영감을 받은 것들이다).

하늘 색상 렌더링에 대해서는 [Spoerl04]에 나온 최적화 방법을 사용한다. 그 최적화 방법은 [Nishita00]에 나온 공식들을 하늘 색상 알고리즘만 고려해서 단순화한 것이나. 그 알고리즘에서는 Rayleigh와 Mie 산란항들만을 계산하며(그것도 단순화된 형태로), 실제 광학적 깊이 대신 현재 표본 지점의 높이에 기초한 비례 계수를 사용한다. [Nielsen03] 역시 그와 같은 단순화를 제시하고 있으며, 더 나아가 광학적 깊이를 동적으로 변경함으로써 시점 고도에 따라 대기가 어둡게 보이는 현상을 흉내내는 방법도 이야기한다. 하늘에서 관찰자 위치에 상대적인 태양 위치를 찾는 알고리즘으로는 [Jensen01]에 나온 것을 사용한다. 특정한 시간(하루 중 시간)에서의 정확한 태양 색을 유도하는 공식으로는 [Preetham99]에 나온 것을 사용한다.

하늘을 구성하는 또 다른 주요 요소는 구름이다. 고품질 구름 렌더링에 대한 연구는 많이 이루어졌지만, 실시간으로 사용할 수 있을 만큼 빠른 알고리즘은 그리 많지 않다. [Dube05]는 다양한 깊이에서 구름이 흡수하는 빛의 양을 픽셀 셰이더 안에서 일종의 광선 추적을 수행함으로써 계산하는 인상적인 구현을 제시한다. 이 방법의 유일한 한계는 명시적인 태양광 방향을 지정할 수 없다는 것이다. [Reis05]는 [McGuire05]의 성과에 기초해서, 앞의 것과 비슷하되 빛의 방향을 고려하는 구현을 제시했다. 효율이 중요하다면 전통적인 하늘 평면 스크롤링 방법도 생각할 수 있다. 이 방법에서는 평면에 텍스처를 입히되 텍스처 좌표들을 스크롤해서 구름의 움직임을 흉내낸다. 그 텍스처를 지면에 투영함으로써 구름 그림자를 흉내내는 것도 가능하다.

마지막으로, 해와 달 역시 중요한 요소인데, 움직이는 해와 달을 흉내내는 가장 간단한 방법은 투영 텍스처 행렬을 이용해서 해나 달 이미지를 하늘 입체(이 글의 경우 돔) 기하

구조에 투영하는 것이다. 그러한 투영 텍스처 행렬을 계산하려면 비용도 꽤 들고, 하루의 특정 시간들에 대한 결과들을 캐싱해 두는 데 상당한 메모리가 소비될 수도 있다(표본율에 따라서는). 이에 대한 최적화 방법 한 가지는 해와 달이 그려진 입방체 맵을 하루의 시간에 따라 회전시키는 것이다. 그러나 셰이더에서 입방체 맵을 회전하려면 꽤 많은 명령들이 필요하므로, 해와 달을 효율적으로 그리는 방법은 찾기가 힘들다고 할 수 있다.

■ 병목들

하늘 렌더링 기법들은 다양한 성능 관련 문제들을 노출한다. 하늘 렌더링 계산을 전적으로 또는 부분적으로라도 CPU에서 수행하는 경우 다양한 CPU 관련 병목들을 해결해야 한다. 전적으로 GPU에서 계산을 수행하는 기법들에는 CPU의 경우와는 완전히 다른 종류의 성능 병목들이 존재한다.

차세대 게임들이 픽셀 셰이더를 적극 사용할 것임은 확실하므로, 대부분의 기법들은 픽셀 채움 속도에 제한을 받게 될 가능성이 크다. 장면의 정점 개수는 장면을 구성하는 삼각형들의 수와 조직화 방식(이를테면 삼각형 목록 또는 삼각형 띠 등)에 따라 달라진다. 화면의 전체 픽셀 수는 상수이지만(화면 해상도에 비례할 뿐이다), 한 픽셀이 여러 번 겹쳐 그려질 수도 있으므로 화면상의 물리적 픽셀 하나에 대해 픽셀 셰이더가 수행되는 횟수는 가변적이다. 하나의 메시를 비디오 카드에 제출하면 그 정점들이 화면에 투영되고, 투영된 정점들이 형성하는 영역에 픽셀들이 채워진다. 보이지 않는 픽셀들을 비교적 지능적으로 제외하는 능력이 비디오 카드에 갖춰져 있긴 하지만, 모든 픽셀에 대해 가시성을 판정해야 한다는 사실만으로도 성능 상의 하락이 발생한다. 그려지지 않는 픽셀도 성능에 영향을 미친다. 그리고 가시 여부와 무관하게 항상 고려되는 픽셀들도 존재한다(혼합 연산 때문에). 따라서 셰이더를 최적화는 것이 중요하다. 셰이더의 비용과 복잡도를 줄이는 유용한 기법들로는 깊이에 따른 이른 픽셀 제외(사전 z 패스를 이용한)라던가 텍스처 조회(이는 상당히 빠를 수 있다)를 이용한 명령 개수 줄이기 등이 있다.

그럼 하늘 구현의 실질적인 병목 지점을 살펴보자. 하늘 상자를 이용하는 "구식" 기법에서 가장 중요한 고려사항은 해상도였다. 해상도가 512×512인 입방체 맵을 사용한다고 하자. 하늘 렌더링에 512×512 이상의 텍셀들이 쓰일지 이하의 텍셀들이 쓰일지는 하늘과의 거리나 화면에 나타나는 하늘 부분의 크기에 따라, 또한 사용하는 텍스처 필터링 방법에 따라 달라진다. 채울 픽셀들이 더 많은 고해상도 설정에서는 많은 수의 텍스처 표본들에 의한 채움 속도 문제로 성능이 떨어질 수 있다.

정점 기반 하늘 대 픽셀 기반 하늘

픽셀마다 많은 수의 계산을 수행하는 방식에서는 이러한 채움 속도 문제 때문에 성능이 아주 나빠질 수 있다. 극단적인 해결책은 계산을 정점마다 수행하고 픽셀 셰이더에서는 텍스처만 추출해 적용하는 것이다. 그러나 그러면 또 다른 문제가 생겨난다. 적어도 겹선형 필터링을 사용한다고 하자. 모든 삼각형에 대해 색상 값들이 삼각형 표면을 따라 보간되는데, 저다각형 메시의 경우 낮은 표본율 때문에 색이 아주 매끄럽게 전이되지 않을 수 있으며, 그러면 하늘에서 색상의 경계가 눈에 띄는 현상이 나타날 수 있다.

결국 선택은 두 가지이다. 저다각형 메시를 사용하되 픽셀당 계산을 통해서 품질을 높일 수도 있고, 반대로 정점 당 계산을 수행하되 고다각형 메시를 이용해서 결함을 최소화할 수도 있다. 무엇을 선택할 것인지는 성능 상의 구체적인 병목이 정점 계산 부분에 있느냐 픽셀 채움 부분에 있느냐에 따라 달라질 것이다. 그러나 간결함을 위해, 이 글에서 일반화된 공식들을 이야기할 때에는 정점 셰이더 버전을 기준으로 삼도록 하겠다. 두 방법의 장단점은 구체적인 하드웨어 구성에 따라 달라지므로, 실제 게임에서는 두 방법을 모두 구현하고 게임 설치 시 하드웨어를 검출해서 적절한 것이 선택되도록 하되 사용자가 둘 중 하나를 선택할 수 있는 옵션도 제공하는 것이 좋다. 단, 사용자에게는 정점/픽셀, 고다각형/저다각형 등의 개별 선택사항들이 너무 복잡하게 느껴질 수 있으므로, "하늘 세부수준" 같은 슬라이더 옵션 하나를 제시하는 형태가 바람직할 것이다.

미리 계산해 둔 상수들과 참조 테이블을 어떤 방식으로 셰이더에 넘겨줄 것인지도 고민해야 한다. 부록 **CD-ROM**의 데모에서, 셰이더가 지평선 근처 대기의 강렬한 색이나 사용자의 고도가 높아짐에 따라 하늘이 어두워지는 현상을 흉내낼 때 요구되는 유사 광학적 깊이를 미리 계산하는 방법을 볼 수 있다. (이 데모는 아주 간단하게만 구현된 것이라서 유사 광학적 깊이에 대한 고도 변경을 실제로 계산하지는 않는다. 이에 대해서는 [Nielsen03]을 참고할 것. 그러나 그러한 계산을 효과적으로 흉내내는 방법은 배울 수 있다.)

광학적 깊이는 추가적인 텍스처 좌표 균일(uniform) 매개변수를 통해서 셰이더에 전달해야 한다. 다음은 이를 위한 돔 정점 버퍼의 정점 형식 선언이다.

```
const D3DVERTEXELEMENT9 g_DomeVertexDecl[] =
{
    { 0, 0, D3DDECLTYPE_FLOAT3, D3DDECLMETHOD_DEFAULT,
      D3DDECLUSAGE_POSITION, 0 },
    { 0, 12, D3DDECLTYPE_FLOAT3, D3DDECLMETHOD_DEFAULT,
```

```
                D3DDECLUSAGE_NORMAL, 0 },
        { 0, 24, D3DDECLTYPE_FLOAT3, D3DDECLMETHOD_DEFAULT,
            D3DDECLUSAGE_TANGENT, 0 },
        { 0, 36, D3DDECLTYPE_FLOAT3, D3DDECLMETHOD_DEFAULT,
            D3DDECLUSAGE_BINORMAL, 0 },
        { 0, 48, D3DDECLTYPE_FLOAT2, D3DDECLMETHOD_DEFAULT,
            D3DDECLUSAGE_TEXCOORD, 0 },
        { 0, 56, D3DDECLTYPE_FLOAT1, D3DDECLMETHOD_DEFAULT,
            D3DDECLUSAGE_TEXCOORD, 1 },
        D3DDECL_END()
    };
```

정점 형식에 또 다른 요소들을 추가할 때에는 정점 스트림을 통해서 지정하는 방식이 더
나을 수 있으나, 여기에서는 그냥 추가적인 용도(usage) 색인을 사용하기로 했다. 다음은
모형 정점 버퍼에 값들을 채워 넣는 방법을 보여주는 예이다.

```
// 돔 모형을 위한 상수들을 모두 미리 계산해 둔다.
const float fInv = 1.0f / 5.0f;
for ( int i = 0; i < 3; i++ )
{
    DomeVertex *pVertices;
    g_DomeModels[ i ].LockVertices( (void **) &pVertices );

    int iNumVerts = g_DomeModels[ i ].GetNumVerts();
    for ( int j = 0; j < iNumVerts; j++, ++pVertices )
    {
        pVertices->fOpticalDepth
            = 1.7f - powf( fabs( pVertices->vNormal.y ), fInv );
    }

    g_DomeModels[ i ].UnlockVertices();
}
```

그리고 셰이더를 위해, 정점 입력 구조체에 광학적 깊이를 위한 입력 매개변수를 둔다.

```
float OpticalDepth : TEXCOORD1;
```

입력된 광학적 깊이를 정점 셰이더에서 사용할 수도 있고, 텍스처 좌표 형태로 픽셀 셰이
더에게 넘겨주어서 픽셀 당 보간이 일어나게 할 수도 있다. 여기에 중요한 최적화 여지가
존재한다. 정점 셰이더에서 정점 위치를 이용해 이 값을 계산하는 대신 정점 위치를 픽셀
셰이더에게 넘겨주고 거기서 이 값을 계산하면 훨씬 더 매끄러운 값들을 얻을 수 있다.
이유는 명백하다. 정점 프로그램에서 텍스처 좌표를 통해 픽셀 셰이더로 전달되는 값은
그래픽 하드웨어의 보간을 거친다. 픽셀 당 조명을 위해 빛 벡터나 시선 벡터를 넘겨줄

때 반드시 그 벡터를 재정규화해야 하는 것도 바로 이 때문이다. 정점 별로 취급되는 자료를 다룰 때에는 항상 이 사실을 고려해야 한다. 이러한 최적화를 이용하면, 저다각형 메시(다각형이 100개 이하)와 정점 당 계산(정점 셰이더에서의) 조합을 제외한 조합들에서는 하늘을 제대로 나타내기에 충분한 범위의 값들을 얻을 수 있다.

이렇게 해서 몇 가지 최적화 방안들을 짚어보았다. 그런데 궁극의 최적화는 아예 계산을 하지 않는 것이다. 앞서의 연산들은 매 프레임마다 반복해서 수행된다. 한 프레임의 결과를 캐싱해서 몇 프레임들에 대해 재사용한다면 속도를 더욱 높일 수 있다. 문제는 장면이 끊임없이 변한다는 것이다. 따라서 가장 직접적인 방법은 3D 장면을 하나의 텍스처에 갈무리하고 그것을 장면에 사실적인 방식으로 투영하는 것이다. 그럼 그 방법을 자세히 살펴보자.

■ 입방체 하늘 맵의 도입

입방체 하늘 맵(cubic sky map)은 말 그대로 하늘을 나타내는 입방체 맵이다. 특정한 프레임에서 하늘 돔을 입방체 맵의 여섯 면들에 렌더링함으로써 현재의 하늘 상태를 갈무리하고, 그것을 이후 여러 프레임들에 재사용한다. 물론 입방체 맵 텍스처를 생성하는 데 어느 정도의 픽셀 채움 비용이 들긴 하지만, 매 프레임마다 모든 픽셀 당 연산 또는 정점 당 연산을 수행하는 것에 비하면 이득이라 할 수 있다. 돔을 입방체 맵에 렌더링했다면, 이후부터는 다음과 같은 간단한 "넘겨주기(pass-through)" 정점 셰이더를 이용해서 입방체 맵을 간단한 상자에 입힐 수 있다.

```
VS_OUTPUT_CUBEPASSTHROUGH RenderCubeMapPassthroughVP(VS_INPUT IN)
{
    VS_OUTPUT_CUBEPASSTHROUGH OUT;

    // 위치를 객체 공간에서 동차 투영 공간으로 변환한다.
    OUT.Position = mul( IN.Position, g_mWorldViewProjection );

    // 시선 벡터를 넘겨준다.
    OUT.TexCoord0 = g_vLocalEyePos - IN.Position;

    return OUT;
}
```

픽셀 셰이더 역시 아주 간단하다.

```
PS_OUTPUT RenderCubeMapPassthruPS( VS_OUTPUT_CUBEPASSTHROUGH IN )
```

```
{
    PS_OUTPUT OUT;

    // 주어진 벡터를 그대로 사용해서 텍셀을 추출한다.
    // (정규화는 입방체 맵에 의해 암묵적으로 수행된다.)
    OUT.Color = texCUBE( CubeMapSampler, IN.TexCoord0 );

    return OUT;
}
```

정점 셰이더는 그냥 시선 벡터(즉, 관찰자의 시점 위치에서 정점 위치로의 벡터)를 계산해서 넘겨줄 뿐이다(이 때문에 "넘겨주기" 셰이더라고 불렀다). 픽셀 셰이더에는 다각형 표면에 따라 보간된 벡터가 입력된다. 픽셀 셰이더는 그것을 그대로 사용해서 해당 방향의 입방체 맵 표면의 텍셀을 추출한다. 입방체 맵 자체가 벡터들을 정규화하므로 셰이더에서 시선 벡터를 정규화할 필요가 없다.

입방체 맵의 해상도를 보자면, 512면 시각적 결함이 거의 드러나지 않으며 256에서 128도 그리 나쁘지 않으므로 사용자의 하드웨어 구성에 따라 적절한 값을 선택하면 될 것이다. 64부터는 품질이 상당히 나빠진다. 하늘 색상 그라디언트에 경계선과 시각적 결함이 나타나는데, 특히 돔 경계에서 그런 현상이 두드러진다(그러나 대부분의 장면에서는 돔 경계 부근이 장면 구성물에 의해 가려질 것이므로 크게 문제가 되진 않을 것이다). 해상도가 512를 넘게 되면 비용이 너무 커지므로, 아주 고사양의 게임이 아니라면 256 근처의 값이 적당할 것이다.

입방체 맵을 만들려면 입방체의 각 면에 대해 돔을 렌더링해야 하므로 비용이 많이 든다(물론 지면 쪽은 생략할 수 있으나, 그렇다고 비용이 크게 줄지는 않는다). 따라서 입방체 맵을 너무 자주 갱신하면 캐싱에 의한 이득이 상쇄될 수 있다. 적절한 갱신 주기는 게임이 '하루 중 시간' 효과를 어떻게 구현하느냐에 따라 달라야 한다. 기본적인 규칙은, 해나 달의 영향이 눈에 띄게 변할 때마다 입방체 맵을 갱신해야 한다는 것이다.

시간에 따른 갱신

실제 시간 대 게임 내 시간의 비율로 흔히 쓰이는 것은 1초 대 1분이다. 즉, 현실의 1초는 게임의 1분이고, 현실의 1분은 게임의 한 시간, 현실의 24분은 게임의 하루이다. 다음으로 결정할 것은 하늘의 변화 주기(게임 내 시간)이다. 일반적으로 30분마다 하늘이 변한다고 하면 되겠지만, 새벽이나 해질녘을 고려한다면 15분마다로 하는 게 안전할 것이다. 이 비율을 따른다고 할 때, 입방체 하늘 맵은 현실의 시간으로 친다면 15초마다 한 번씩 갱신하면 된다. 그런데 입방체 맵의 모든 면을 한 프레임에서 갱신하면 순간적으로 프레임률이 크게 떨어질 수 있다. 따라서 면들의 렌더링을 분산시킬 필요가 있다.

방법은 두 가지인데, 하나는 15초마다 한 번씩 입방체 맵을 갱신하되 면들을 여러 프레임에 걸쳐서 렌더링하는 것이고, 또 하나는 각 면 자체를 일정 주기로 차례로 갱신하는 것이다. 비용 분산도를 높이려면 후자를 선택하는 것이 더 바람직하다. 후자의 경우, 입방체 맵 전체 갱신 주기가 15초이고 갱신할 면이 다섯 개이므로 면들을 3초 간격으로 차례로 갱신하면 된다. 이러면 입방체 맵 갱신 부담이 아주 잘 분산된다. 그런데 아직도 문제가 하나 있다. 각 면 갱신 사이의 3초는 게임 내 시간 3분에 해당하는데, 하루 중 하늘의 변화가 심한 시간대에서는 이러한 기간 차이 때문에 갱신 전 면과 갱신 후 면이 크게 달라 보일 수 있다. 이를 해결하는 유일한 방법은 한 입방체 맵을 갱신하는 도중에 다른 입방체 맵으로 하늘 상자를 그리고 다음 갱신에서는 둘의 역할을 바꾸는 식의 일종의 교체 사슬(swap chain) 기법을 적용하는 것이다. 이러면 갱신된 입방체 면들에서 하늘 색상이 어색하게 전이되는 현상을 피할 수 있다.

■ 데모 소개

부록 CD-ROM에는 지금까지 이야기한 여러 방법들과 기법들을 보여주는 데모 프로그램과 그 소스 코드가 수록되어 있다. 코드는 문서화가 아주 잘 되어 있으며, 흐름을 따라가는 것도 그리 어렵지 않다. 이 글의 주제와 큰 상관은 없지만, 데모는 좀 더 그럴듯한 지면을 위해서 지형 렌더링에 법선 맵을 적용한다.

지형의 높이 맵은 World Machine Basic(*http://www.world-machine.com*)으로 만든 것이고 저, 고다각형 메시들과 분사 텍스처는 T2 Terrain Texture Generator(*http://www.toymaker.info/html/texgen.html*)로 만든 것이다. 그리고 법선 맵은 NVidia Melody로 만들었다. (법선 매핑에 익숙지 않은 독자라면 Melody 홈페이지 *http://developer.nvidia.com/object/melody_home.html*를 참고하기 바란다.) 데모는 정점 당 기법이나 픽셀 당 기법 사용 시 생길 수 있는 앨리어싱 결함을 피하기 위해 세 개의 하늘 돔을 사용한다. 전적으로 정점에 기반을 둔 구현을 사용하는 경우에는 돔 가장자리의 정점 개수가 꼭대기의 정점 개수보다 지수적으로 큰 돔 모형을 사용하는 것이 좋다. 돔 꼭대기 근처에서는 색이 변화가 크지 않지만, 가장자리에서는 새벽이나 해질녘에 색의 대비가 크다. 정점들이 많으면 그런 부분을 제대로 나타내거나 앞서 설명한 유사 광학적 깊이에 도움이 된다.

데모 소스 코드에서 주되게 살펴볼 것은 **CSceneView** 클래스의 작동 방식과 메인 뷰를 생성하고 입방체 맵 렌더링 뷰를 그것에 부착하는 방식이다. 장면 뷰 시스템은 기본적으로 하나의 메인 뷰로 구성되지만, 여러 개의 자식 뷰들을 메인 뷰에 임의의 순서로 또는 계통적으로 부착하는 것도 가능하다(단, 부착할 수 있는 자식들의 개수에는 한계가 있다). 각 뷰마다 렌더링 방식을 결정하는 여러 개의 매개변수들이 존재한다. 매개변수들로는 시야 변환 행렬이나 투영 행렬 같은 값들뿐만 아니라 뷰를 어디에 그릴 것인지를 나타내는 뷰 렌더링 대상 값도 있는데, 이 매개변수 덕분에 개별 자식 뷰들은 물론 메인 뷰 자체를 임의의 개수의 텍스처에 렌더링하는 것이 가능하다. 그러한 능력을 이를테면 평면 물 반사나 입방체 맵 반사, (직교) GUI 뷰에 사용할 수 있으며, 심지어는 장면 전체에 대한 후처리 효과에도 사용할 수 있다.

하루 중 시간이 변함에 따라 해나 달의 위치와 색도 변하는데, 데모는 그러한 천체에 의한 전역 조명만을 고려한다. 지형의 조명은 기본적으로 픽셀 당 퐁(Phong) 셰이딩이며, 셰이딩된 픽셀의 색에 근거해서 근사된 주변광 항도 적용된다. 이미 생성된 입방체 하늘 맵을 주변광 항의 기준 색상으로 사용하는 것도 재미있을 것이다. 예를 들어 해질녘에는 하늘에 다양한 색들이 나타나는데, 지형 중 빛을 받지 않는 부분은 전역적으로 정의된 주변광 색 대신 해당 방향의 하늘에서 비롯된 희미한 색을 취하게 될 것이다. 그러나 이를 실제로 재현하려면 실행시점에서 여러 지점의 색을 추출해 평균을 내거나, 입방체 맵을 시스템 메모리로 내려 받아서 CPU 상에서 회선 필터링을 적용해야 하므로 비용이 상당할 수 있다(특히 후자의 비용은 상당히 크다).

세계 공간에서 입방체 맵을 추출하는 것 자체의 비용도 적지 않으므로, 이러한 기법은 그냥 고급(즉, 게임에는 실용적이지 않을) 하늘 렌더링 기법의 하나로만 생각하기 바란다. 한편, 교묘한 발견법적 근사법을 이용한다면 하루 중 시간에 따라 주변광 값을 변경하는 것이 가능하다. 그러면 해가 가장 높을 때에도 장면이 너무 밝지 않도록, 그리고 한밤중에도 장면이 너무 어둡지 않도록 조명의 기여를 "정규화"하는 데 도움이 된다. 또한 일정한 상수 조명 항을 이용해서 의사 범프맵 조명을 계산한다면, 저다각형 모형에 법선 매핑을 사용할 때의 증가된 세부수준을 유지하는 데 도움이 된다.

안개는 장면의 모든 물체에 대해 간단한 감쇠 모형을 적용해서 구현한다. [Sun05]에 나온 단일한 산란 모형도 고려해봤지만, 안개는 그 자체만으로도 이미 상당한 비용을 요구하므로 사용하지 않기로 했다. 데모는 다양한 그래픽 옵션들을 제공하는데, 안개 밀도 값도 그 중 하나이다. 적절한 성능을 유지하면서도 대기 현상의 시각적 사실감을 증가할 수 있는 새로운 방법들의 모색에 이 데모와 소스 코드가 도움이 되었으면 좋겠다.

■ 기타 개선 사항

마지막으로 언급할 것은 HDR(high dynamic range) 렌더링이다. 실세계의 장면은 명암 폭이 매우 크다. [Reinhard02]에 따르면 절대 범위가 약 10의 10승 수준이며, 그림자와 하이라이트 사이의 명암 범위는 10의 4승 수준이다. 사실적인 야외 환경을 위해서는 이러한 명암 범위를 충실하게 재현하는 것이 중요하다. 특히 장면의 아주 밝은 부분(낮의 태양, 밤의 달 등)에 섬광(glare) 같은 후처리 효과를 적용하려는 경우에는 더욱 그렇다. 부동소수점 버퍼를 이용한(더 나아가서는 부동소수점 입방체 맵을 이용한) 톤 매핑(tone-mapping)은 효과가 좋은 대신 비용이 비싸므로 주의해야 한다. 장면 전체에 표준적인 백열 효과(glow)나 세기 대역 섬광(intensity-ranged glare)을 입히면(이를테면 알파 채널에 저장해서) 중요한 세부가 바래거나 흐려질 수 있지만, 그래도 장기적으로는 더 나은 성능을 얻을 수 있다. 또한, 장면의 모든 물체를 나타낼 수 있도록 표준화된 대역을 선택하는 것이 중요하다. 낮의 야외에서 태양보다 더 밝은 물체는 있을 수 없으나, 실내로 들어가면 값들이 매핑되는 방식이 크게 변하므로 세기가 강한 빛을 적용할 때 세심한 주의를 기울여야 한다.

데모를 게임 환경과 최대한 비슷하게 만들기 위해 애는 썼지만, 실제로 게임을 만들지 않고서는 게임의 모든 요소를 표현하기 힘들다. 그리고 다들 알겠지만 실제로 게임을 만드는 것은 상당히 힘든 일이다. 실용적인 것도 좋지만, 장기적으로 볼 때에는 끊임없이 변하는 환경에 사실감과 생명력을 불어넣으려면 성능이 받쳐 주어야 한다는 사실을 외면할 순 없다. 좀 더 몰입감 있고 사실적인 환경을 위해서는 하드웨어를 최대한 활용할 수 있도록 그래픽 파이프라인과 기법들의 균형점을 찾아야 한다. 이 글에서 주로 다룬 내용은 고수준 과제들이 성능에 미지는 영향으로, 성능에 악영향을 미치는 세밀한 사항들은 언급되지 않았다. 더 나은 모습의 하늘이 게임의 품질을 크게 높여줄 것은 분명한 일이므로, 다른 추가적인 기능들보다 하늘 렌더링의 최적화에 우선적으로 시간과 비용을 투자한다고 해서 손해를 입게 되는 일은 생기지 않을 것이다.

■ 결론

이 글에서는 하늘 렌더링의 기본 사항들을 소개하고 그래픽 파이프라인과 하늘 렌더링 기법들에서 성능에 나쁜 영향을 미치는 요인들을 지적했다. 그에 기초해서 하늘 렌더링 구현의 성능을 높이는 데 도움이 되는 몇 가지 실용적이고도 일반직인 최적화 방법들과 구체적인 요령들을 이야기했으며, 또한 그것들을 실제로 구현한 데모 프로그램도 소개했다.

이 글에서는 시각적 품질보다 성능을 우선시했으나, 좀 더 사실적이고 동적인 하늘을 표현하는 것이 현재와 차세대 게임들에서 중요한 목표들 중 하나임은 분명하다. 필자는 적절한 최적화를 적용한다면 현재의 하드웨어에서도 그러한 목표를 달성할 수 있다고 믿는다. 이 글을 읽어 주어서 고맙다. 이 글이 재미있었기를, 그리고 앞으로 독자의 하늘 렌더링 구현을 개선하는 데 도움이 될 수 있길 바란다.

참조문헌

[ATI Atmosphere 데모] 웹 *http://www.ati.com/developer/demos/r8000.html.*

[Dube05] Dube, Jean-Francois, "Realistic Cloud Rendering on Modern GPUs." *Game Programming Gems 5,* Kim Pallister 엮음, Charles River Media, 2005. 번역서는 "최근 GPU 상에서의 사실적인 구름 렌더링", *Game Programming Gems 5,* 정보문화사, 2006.

Intel® Vtune™. 웹 *http://www.intel.com/cd/software/products/asmo-na/eng/vtune/index.htm.*

[Jensen01] Jensen, Henrik Wann. 외, "A Physically-Based Nightsky Model." 웹 *http://graphics.stanford.edu/~henrik/papers/nightsky/.*

[McGuire05] McGuire, Morgan, Max McGuire, "Steep Parallax Mapping." 웹 *http://graphics.cs.brown.edu/games/SteepParallax/.*

[Nielsen03] Nielsen, Ralf Stokholm, "Real Time Rendering of Atmospheric Scattering Effects for Flight Simulators." 웹 *http://www2.imm.dtu.dk/pubdb/views/publication_ details.php?id=2554.*

[Nishita00] Nishita, Tomoyuki. 외 "Display Method of the Sky Color Taking into Account Multiple Scattering." 웹 *http://nis-lab.is.s.u-tokyo.ac.jp/~nis/abs_cgi.html.*

[Preetham99] Preetham, A. J., Peter Shirley, Brian Smits, "Practical Analytic Model for Daylight." 웹 *http://www.cs.utah.edu/vissim/papers/sunsky/.*

[Reinhard02] Reinhard, Erik. 외, "Photographic Tone Reproduction for Digital Images." 웹 *http://www.cs.utah.edu/~reinhard/cdrom/.*

[Reis05] Reis, Aurelio, Clouds-rendering 데모. 웹 *http://www.codefortress.com/ modules.php?name=Downloads&d_op=getit&lid=10.*

[Spoerl04] Spoerl, Marco, Kurt Perlzer, "Advanced Sky Dome Rendering." *ShaderX2,* Wolfgang F. Engel, Ed. Wordware Publishing, 2004.

[Sun05] Sun, Bo. 외, "A Practical Analytic Single Scattering Model for Real Time Rendering." Proceedings of SIGGRAPH 2005. 웹 *http://www1.cs.columbia.edu/~bosun/sig05.htm.*

[Terragen] Terragen™ , Scenery Generator. 웹 *http://www.planetside.co.uk/terragen/.*

5.10

OpenGL 프레임 버퍼 객체를 이용한 HDR 렌더링

Allen Sherrod, Ultimate Game Programming
ProgrammingAce@UltimateGameProgramming.com

요즘 게임 그래픽에서는 후처리에 기초한 수많은 효과들을 실시간으로 나타내는 경우가 많다. 그래픽이 좀 더 복잡해짐에 따라 그러한 효과를 나타내는 데 필요한 코드와 하드웨어 연산도 복잡해진다. 장면에 추가하는 효과가 늘어나면 화면 밖 렌더링 횟수와 처리량도 많아질 수밖에 없다. 이 글의 목적은 OpenGL에 최근 추가된 프레임 버퍼 객체를 이용해서 화면 밖 렌더링을 빠르고 효율적으로 수행하는 새로운 방법을 하나 제시하는 것이다. 부록 CD-ROM에는 OpenGL 프레임 버퍼 객체의 사용법을 보여주는 HDR 후처리 효과 데모 프로그램이 수록되어 있다.

프레임 버퍼 객체

OpenGL에서 화면 밖(off-screen) 표면에 장면을 렌더링하는 방법은 여러 가지가 있다. 각 방법마다 나름의 장단점을 가지므로, 프로젝트의 요구에 잘 맞는 것을 신중하게 선택해야 한다. 화면 밖 렌더링 방법의 선택에서 중요한 요인 두 가지는 메모리 소비량과 성능이다.

화면 밖 렌더링의 첫 번째 방법은 OpenGL 함수 `glReadPixels()`와 `glTexImage*D()`를 이용하는 것이다. 그러나 이 방법은 아주 느리기 때문에 게임 엔진에서 사용하기에는 효율적이지 못하며, 따라서 적어도 장면을 표면이나 텍스처에 렌더링하는 방법이 필요하다. `glCopyTexSubImage2D()`를 사용하면 `glReadPixels()`보다 훨씬 빠르긴 한데, 그래도 후처리 효과를 수행하기에 적합한 수준의 성능은 얻을 수 없다. 세 번째 방법은 픽셀 버퍼 또는 p-버퍼라고 부르는 것을 이용하는 것이다. 픽셀 비퍼는 앞의 두 방법보다 빠를 뿐만 아니라, 원래의 화면과는 크기(해상도)나 픽셀 형식이 다른 화면 밖 표면을 만들어낼 수 있다는 이점도 제공한다. 게다가 OpenGL 상태를 많이 변경할 필요도 없다. 단점은 메모리 소비가 많고 문맥 전환이 비싸며 코드 관리가 어렵고 다른 운영체제로의 이식이 복잡하다는 것이다.

코드 관리와 이식성에 대한 단점들은 픽셀 버퍼를 감싸는 클래스를 만들어서 어느 정도 해결할 수 있다. 대상 플랫폼 별로 픽셀 버퍼를 생성, 관리, 해제하는 구체적인 코드를 담은 클래스들을 만들어 둔다면, 객체지향 프로그래밍에 익숙한 프로그래머라면 누구라도 즉시 픽셀 버퍼를 사용하는 것이 가능할 것이다. 문제는 그런 클래스들을 만드는 일이 간단하지만은 않다는 것이다.

이처럼, 픽셀 버퍼는 빠르긴 하지만 간과할 수 없는 단점들을 가지고 있다. 픽셀 버퍼만큼이나 빠르면서도 그런 단점들이 없는 수단이 있다면 좋을 텐데, 실제로 그런 것이 있다. 바로 OpenGL 프레임 버퍼 객체(frame buffer object, FBO)이다. 다른 수단들에 비한 FBO의 장점은 다음과 같다.

- FBO로 렌더링한 결과를 직접 텍스처로 사용할 수 있다.
- 단일한 렌더링 문맥을 요구하므로 문맥 전환이 빠르다.
- 객체들이 텍스처와 버퍼를 공유하기 때문에 메모리 사용량이 작다.
- FBO는 모든 하드웨어에서 작동한다(적절한 드라이버만 깔려 있다면) .
- 설정과 해제가 쉽다.
- 특별한 변경 없이도 코드를 다른 운영체제로 이식할 수 있다.

OpenGL FBO는 `EXT_framebuffer_object` 확장을 사용한다. 이 확장은 프레임 버퍼와 렌더 버퍼라는 두 가지 새로운 객체를 도입한다. 프레임 버퍼는 색상 버퍼, 스텐실 버퍼, 깊이 버퍼로 이루어진 집합체인 반면, 렌더 버퍼는 렌더링 결과를 담은 하나의 2D 이미지이다. 프레임 버퍼를 바인딩하면 모든 단편(fragment) 연산이 그 프레임 버퍼에 속한 버퍼들에 대해 수행된다(바인딩 버퍼를 풀거나, 다른 프레임 버퍼를 바인딩하기 전까지는). 프레임 버퍼는 렌더 버퍼 없이도 만들 수 있으나, 렌더 버퍼를 만들려면 반드시 프레임 버퍼가 있어야 한다. 이 점을 기억해 두기 바란다.

화면 밖 렌더링 방법으로는 여러 가지가 있으나, 이식성, 사용 편이성, 성능 면에서 FBO를 능가하는 것은 없다. NVidia 카드들은 드라이버 버전이 77.72 이상이면 FBO를 지원한다. ATI는 Catalyst 8.5에서부터 FBO를 지원한다. 이 글은 독자가 최신 드라이버로 업데이트했다고 가정한다.

■ FBO 설정

FBO를 사용하는 코드를 작성, 실행하려면 그래픽 카드/드라이버가 **EXT_framebuffer_object** 확장을 지원해야 하며, Windows 운영체제에서 필수 함수들에 대한 함수 포인터들을 얻기 위해서는 glext.h의 최신 버전이 필요하다.

버퍼 객체들을 생성, 사용, 파괴하는 과정은 텍스처와 셰이더 객체를 생성, 사용, 파괴할 때와 상당히 비슷하다. 목록 5.10.1에 필수적인 OpenGL 함수들이 나와 있다. 매개변수 n 은 생성 또는 삭제할 객체들의 개수이고, **framebuffers**는 객체 ID(또는 객체 ID들)을 저장할 부호 없는 정수 변수(또는 배열)이다. **target**에는 **GL_FRAMEBUFFER_EXT**를 지정한다.

목록 5.10.1 프레임 버퍼의 생성, 사용, 삭제를 위한 함수들 ----------------------------

```
void GenFramebuffersEXT(sizei n, uint *framebuffers);
void DeleteFramebuffersEXT(sizei n, const uint *framebuffers);
void BindFramebufferEXT(enum target, uint framebuffer);
bool IsFramebufferEXT(uint framebuffer);
```

GenFramebuffersEXT() 함수와 DeleteFramebuffersEXT() 함수는 프레임 버퍼 객체(들)의 생성과 파괴를 위한 것으로, 사용법은 glGenTextures(), glDeleteTextures() 함수와 비슷하다. FBO를 바인딩할 때에는 BindFramebufferEXT()를 사용한다. 이 함수를 호출한 후부터는 모든 연산이 그 객체에 부착된 이미지들에 대해 수행된다. 바인딩을 풀 때에는 이 함수의 둘째 매개변수에 0이나 **NULL**을 지정한다. 그러면 OpenGL은 현재의 프레임 버퍼 객체로의 렌더링을 중단하고 기본 버퍼에 렌더링을 수행한다. IsFramebufferEXT()는 해당 객체가 유효한 프레임 버퍼 객체인지의 여부를 돌려준다.

프레임 버퍼 객체에 텍스처들을 부착할 때에는 다음 함수를 사용한다.

```
void FramebufferTexture2DEXT(enum target, enum attachment,
                             enum textarget, uint texture, int level);
```

이 함수를 호출할 때,

- target에는 GL_FRAMEBUFFER_EXT를,
- attachment에는 GL_COLOR_ATTACHMENT0_EXT ... GL_COLOR_ATTACHMENTn_EXT, GL_DEPTH_ATTACHMENT_EXT, GL_STENCIL_ATTACHMENT_EXT 중 하나를,
- textarget에는 GL_TEXTURE_2D, GL_TEXTURE_RECTANGLE, GL_TEXTURE_CUBE_MAP_

POSITIVE_X, GL_TEXTURE_CUBE_MAP_NEGATIVE_X 중 하나를

- texture에는 부착할 텍스처(glGenTextures()로 생성한 것)를,
- level에는 부착할 텍스처의 밉맵 수준을 지정한다.

프레임 버퍼 객체의 상태는 enum CheckFramebufferStatusEXT(enum target) 함수로 조회한다. 이 함수는 프레임 버퍼를 생성한 후에만 호출할 수 있다. 이 함수의 반환값은 다음 중 하나이다.

- GL_FRAMEBUFFER_COMPLETE
- GL_FRAMEBUFFER_INCOMPLETE_ATTACHMENT
- GL_FRAMEBUFFER_INCOMPLETE_MISSING_ATTACHMENT
- GL_FRAMEBUFFER_INCOMPLETE_DUPLICATE_ATTACHMENT
- GL_FRAMEBUFFER_INCOMPLETE_DIMENSIONS_EXT
- GL_FRAMEBUFFER_INCOMPLETE_FORMATS_EXT
- GL_FRAMEBUFFER_INCOMPLETE_DRAW_BUFFER_EXT
- GL_FRAMEBUFFER_INCOMPLETE_READ_BUFFER_EXT
- GL_FRAMEBUFFER_UNSUPPORTED
- GL_FRAMEBUFFER_STATUS_ERROR

다음으로 렌더 버퍼 함수들을 보자. 목록 5.10.2가 렌더 버퍼 API로, 프레임 버퍼 API와 비슷함을 알 수 있다. 이 함수들에서

- n은 생성 또는 삭제할 객체들의 개수,
- renderbuffers는 부호 없는 정수 또는 부호 없는 정수들의 배열
- target은 반드시 GL_RENDERBUFFER_EXT,
- internalformat은 보통의 텍스처 형식들 중 하나(GL_RGB, GL_RGBA 등),
- width와 height는 버퍼의 너비와 높이,
- pname은 GL_RENDERBUFFER_WIDTH_EXT, GL_RENDERBUFFER_HEIGHT_EXT, GL_RENDERBUFFER_
  INTERNAL_FORMAT_EXT 중 하나이며,
- params는 출력 매개변수로, 설정되는 값은 pname에 따라 다르다.
  pname이 GL_RENDERBUFFER_WIDTH_EXT이면 params에는 버퍼의 너비(가로 크기)가 설정된다. pname이 GL_RENDERBUFFER_HEIGHT_EXT이면 params에는 버퍼의 높이(세로 크기)가 설정된다.

목록 5.10.2   렌더 버퍼 API 함수들 --

```
•void GenRenderbuffersEXT(sizei n, uint *renderbuffers);
•void DeleteRenderbuffersEXT(sizei n, const uint *renderbuffers);
•void BindRenderbufferEXT(enum target, uint renderbuffers);
•boolean IsRenderbufferEXT(uint renderbuffer);
•void RenderbufferStorageEXT(enum target, enum internalformat, sizei width, sizei
   height);
•void GetRenderbufferParameterivEXT(enum target, enum pname, int *params);
```

GenRenderbuffersEXT()와 DeleteRenderbuffersEXT()는 렌더 버퍼 객체를 생성, 삭제하는 데 쓰인다. BindRenderbufferEXT()는 렌더 버퍼를 바인딩하는 데 쓰이는 것으로, glBindTexture()로 텍스처 객체를 바인딩하는 것과 비슷하다. IsRenderbufferEXT() 함수는 주어진 객체 ID가 유효한 렌더 버퍼 객체에 해당하는지의 여부를 돌려준다. RenderbufferStorageEXT() 함수는 렌더 버퍼의 형식과 크기를 정의하는 데 쓰인다. 렌더 버퍼의 형식과 크기를 알아낼 때에는 GetRenderbufferParameterivEXT()를 사용한다. 예를 들어 렌더 버퍼의 너비를 알고 싶다면 GL_RENDERBUFFER_WIDTH_EXT를 인수로 해서 GetRenderbufferParameterivEXT()를 호출하면 된다.

다음으로, 렌더 버퍼를 프레임 버퍼에 부착하는 방법을 살펴보자. 이 때 사용하는 함수는

```
void FramebufferRenderbufferEXT(enum target, enum attachment,
                enum renderbuffertarget, uint renderbuffer)
```

로, 여기서

- target은 반드시 GL_FRAMEBUFFER_EXT,
- attachment는 GL_COLOR_ATTACHMENT0_EXT ... GL_COLOR_ATTACHMENTn_EXT 중 하나,
- renderbuffertarget은 반드시 GL_RENDERBUFFER_EXT,
- renderbuffer는 현재 바인딩된 프레임 버퍼에 부착할 렌더 버퍼 객체의 ID이다.

한 대상에 부착된 모든 텍스처 이미지에 대해 밉맵들을 생성하는 것도 가능하다. void GenerateMipmapEXT(enum target) 함수가 바로 그러한 일을 한다. 호출시 target 매개변수에는 GL_FRAMEBUFFER_EXT나 GL_RENDERBUFFER_EXT를 지정해야 한다.

■ FBO를 이용한 HDR 렌더링

그럼 간단한 HDR 렌더링 응용프로그램을 이용해서 OpenGL FBO의 사용법을 살펴보자. 컴퓨터 그래픽에서, 화면에 표시되는 장면들의 휘도 값은 0.0에서 1.0으로, 이는 아주 낮은 동적 범위에 해당한다. 현실의 휘도 범위는 사람의 눈이 인식할 수 있는 것보다 훨씬 큰데, 일반적으로 사진이나 컴퓨터 그래픽은 그런 인식 범위 밖 값들을 재현하지 못한다.

비디오 게임과 기타 그래픽 응용프로그램에서 장면을 렌더링할 때 각 색 성분에 사용할 수 있는 비트수는 제한되어 있다. 비트수가 작을수록 값들의 정밀도가 낮아진다. 이전 세대 그래픽 하드웨어들은 색상 값들을 각 성분 당 제한된 개수의 비트들로 된 정수 형식으로만 취급했다. 그러나 요즘 하드웨어에 이르러서는 성분 별 비트수가 늘어나면서 정밀도가 높아졌으며, 게다가 부동소수점 버퍼를 제공하므로 더 큰 범위의 값들도 저장할 수 있다. 덕분에 컴퓨터 그래픽에서 보다 큰 동적 범위의 휘도 값들을 표현하는 것이 가능해졌다.

HDR 렌더링의 기본적인 방법은, 장면을 하나의 부동소수점 버퍼(정수 버퍼에 비해 더 큰 범위의 값들을 담을 수 있다)에 렌더링하고 그것에 대해 다양한 후처리 효과들을 적용함으로써 현실의 동적 범위에 좀 더 가까운 모습을 만들어내는 것이다. 예를 들면 섬광(flare) 효과나 블룸 효과를 적용해서 장면의 사실감과 세부수준을 높일 수도 있다. 이러한 후처리 효과들은 장면이 렌더링된 버퍼를 텍스처로 사용해서 적절한 셰이더와 함께 화면 전체 크기 사각형을 그리는 방식으로 수행한다. 이러한 방법을 이용하면 생각할 수 있는 거의 모든 효과를 실시간으로 적용할 수 있다.

원하는 효과를 얻으려면 여러 개의 렌더링 패스들이 필요할 수 있다. 예를 들어 블룸 효과를 위해서는 장면의 밝은 부분 주변에 후광을 표현해야 하며, 이를 위해서는 다음과 같은 여러 단계들을 거쳐야 한다. 첫째로, 장면을 부동소수점 버퍼에 렌더링한다. 둘째로, 그 버퍼를 텍스처로 사용하는 화면 전체 크기 사각형을 크기가 원래 버퍼의 6분의 1인 또 다른 버퍼에 렌더링한다(다운샘플링). 셋째로, 다운샘플링된 장면에 수직, 수평 흐리기(blur) 필터를 적용한다. 끝으로, 첫 렌더링과 마지막(흐려진) 렌더링의 결과를 톤 매핑으로 결합해서 화면에 표시한다.

이상의 과정에는 다섯 번의 패스가 필요하다. 섬광이나 피사계 심도 효과 등의 다른 효과들을 추가한다면 패스 수는 더욱 늘어난다.

장면에 효과들을 다 추가했다면 그것을 화면에 표시해야 한다. 그런데 장면은 동적 범위가 큰 값들을 담고 있으며, 그러한 값들을 컴퓨터 모니터나 TV 화면으로 표시하려면 톤 매핑(tone-mapping) 과정을 거쳐야 한다. 현재의 디스플레이 하드웨어는 HDR 형식의 자료를 기대하지 않으므로, 톤 매핑을 수행하지 않으면 노출이 과한 모습이 나타난다.

몇 가지 요령과 단순화 기법을 적용한다면 구형 하드웨어에서 정수 버퍼를 이용해서 HDR 렌더링을 수행하는 것도 가능하다. 그러나 정밀도 손실은 피할 수 없으며 경우에 따라서는 성능이 아주 나쁠 수도 있다. 정밀도 손실은 화질 하락으로 이어진다. 정수 버퍼로 HDR을 수행하는 한 가지 방법은 부동소수점 복사휘도(radiance) 값들을 적절히 변환해서 정수 RGBE8 형식의 버퍼에 담는 것이다. RGBE8 형식에서 적(R), 녹(G), 청(B) 성분은 각각 8비트이다. 역시 8비트인 E는 공통의 지수(exponent)로, 응용프로그램에서 이 지수를 이용해 각 성분의 부동소수점 값을 복원한다. 정밀도 손실이 있긴 하지만, 화질이 크게 떨어지지는 않는다.

앞의 설명해서 짐작했겠지만, HDR 렌더링을 수행하려면 프레임마다 화면 밖 렌더링을 여러 번 수행해야 한다. HDR 장면의 품질을 높일수록 더 낳은 처리가 필요해진다. 피사계 심도 같은 비 HDR 효과들도 추가한다면 화면 밖 렌더링 패스늘이 더욱 늘어나세 된다. 물론 어떤 경우라도 속도보다 중요한 것은 없는 만큼, 최신 렌더링 기법들의 장점을 취할 수 있으려면 성능을 최대한 끌어올릴 필요가 있다. 메모리 소비량 역시 중요한 고려 사항이 된다. FBO는 속도와 메모리 요구량 모두에서 최선의 선택이다. 또한 픽셀 버퍼나 이 글에서 언급한 다른 기법들과 달리, FBO는 Nvidia의 SLI(Scalable Link Interface) 기반 다중 GPU 구성과도 잘 맞는다. 이러한 장점들 때문에, 필자는 화면 밖 렌더링을 활용하는 시스템을 구현하는 수단으로 FBO를 강력히 추천한다.

부록 CD-ROM에 수록된 기본적인 HDR 데모는 장면을 화면 밖 부동소수점 버퍼에 렌더링하고 그 결과에 톤 매핑을 적용해서 화면에 표시한다. 렌더링하는 장면은 "빛 탐침(light probe)"이라고 부르는 HDR 이미지를 텍스처로 사용하는 3차원 상자 하나로 구성된다. 빛 탐침 이미지는 장면 정보(입방체 맵이나 구면 맵 등)를 동적 범위가 큰 값들을 이용해서 저장한 이미지이다. HDR 입방체/구면 맵으로 변환알 여러 이미시늘이 마련되었다면, HDR Shop이라는 노구를 이용해서 빛 딤침 HDR 이미지를 만들어낼 수 있다. HDR 이미지는 3D 장면에 대해 아주 사실적이고 화질 좋은 반사 매핑을 수행할 때에도 도움이 된다(물론 그런 효과를 위해서 HDR 이미지가 꼭 필요한 것은 아니다).

장면을 부동소수점 버퍼에 렌더링한 후에는 톤 매핑을 적용한다. 톤 매핑은 큰 범위의 값들을 작은 범위의 값들로 사상함으로써 화면에 과잉 노출이 나타나지 않게 힌다. 데모기 사용하는 톤 매핑은 아주 간단하다. 그냥 색상 값에 노출 수준을 곱하는 것일 뿐이다. 노출 수준은 메인 프로그램에서 동적으로 변경할 수 있다.

데모 프로그램은 OpenGL 고수준 셰이딩 언어로 작성된 정점 셰이더와 픽셀 셰이더를 사용한다. 실행 도중 U 키와 D 키로 노출 수준을 변경하면서 차이를 살펴볼 수 있다. Esc 키를 누르면 프로그램이 종료된다.

결론

OpenGL 프레임 버퍼 확장은 OpenGL 그래픽 API에 아주 유용한 기능성을 추가한다. 여러 가지 요인들을 고려해 볼 때, FBO는 응용프로그램에 대해 어떠한 피해도 입히지 않으면서 개발과 구현에 실질적인 도움을 준다고 할 수 있다. 부록 CD-ROM에는 GLUT 창에서 OpenGL FBO를 이용해 HDR 렌더링을 수행하는 데모가 수록되어 있다. 데모는 운영 체제가 Windows XP이고 그래픽 카드가 GeForce 6800 GT인 컴퓨터에서 시험된 것이다.

명심할 사항들

OpenGL FBO를 사용할 때 명심해야 할 사항들이 몇 가지 있다.

- 매 프레임마다 프레임 버퍼 객체를 생성, 파괴하면 성능과 효율이 크게 떨어진다.
- 렌더링 대상으로 사용할 텍스처의 내용을 `glTexCopy()`나 `glCopyTexImage()` 함수로 수정하지 말 것.
- 프레임 버퍼 객체를 이용하면 다중 렌더링 대상들을 빠르게 전환할 수 있다.
- 하나의 프레임 버퍼 객체에 여러 개의 텍스처들을 부착할 수도 있고, 렌더링할 텍스처마다 개별적인 프레임 버퍼 객체를 사용할 수도 있다. 프레임 버퍼 객체를 사용하기 위해 렌더 버퍼를 만들 필요는 없으나, 렌더 버퍼를 사용하려면 프레임 버퍼가 필요하다.

추가 정보

OpenGL 프레임 버퍼 객체를 더 공부하고 싶다면 Simon Green (NVidia Corporation)의 프리젠테이션을 보기 바란다(*http://download.nvidia.com/developer/presentations/2005/ GDC/OpenGL_Day/OpenGL_FrameBuffer_Object.pdf.*). 그리고 NVidia SDK 9.5에는 간단하고도 직접적인 방식으로 OpenGL FBO를 사용하는 데모가 수록되어 있다.

NVidia SDK에는 또한 SLI에 대한 데모 프로그램과 백서 "SLI Best Practices"가 포함되어 있으며, *http://download.developer.nvidia.com/developer/SDK/Individual_Samples/ DEMOS/Direct3D9/src/slibestpract/docs/slibestpract.pdf*에서 직접 그 백서를 내려 받을

수도 있다.

Paul Debevec의 웹 사이트 *http://www.debevec.org*에서 여러 빛 탐침 HDR 이미지들을 내려 받을 수 있다. HDR Shop이라는 응용프로그램(*http://www.ict.usc.edu/graphics/HDRShop*)을 이용해서 HDR 이미지를 직접 생성하는 것도 가능하다.

HDR 렌더링에 대한 좀 더 자세한 정보를 볼 수 있는 책으로는 Wolfgang Engel의 *Programming Vertex and Pixel Shaders*(Charles River Media, 2004)를 추천한다.

더 읽을거리

Green, Simon, "The OpenGL Frame Buffer Object Extension." 2005년 8월 8일. 웹 *http://download.nvidia.com/developer/presentations/2005/GDC/OpenGL_Day/OpenGL_FrameBuffer_Object.pdf*.

Young, Paul, "SLI Best Practices." 2005년 8월 25일. 웹 *http://download.developer.nvidia.com/developer/SDK/Individual_Samples/DEMOS/Direct3D9/src/slibestpract/docs/slibestpract.pdf*.

SECTION

06

오디오

소 개

Alexander Brandon, Midway Home Entertainment
abrandon@midway.com

오디오 프로그래밍 분야는 지난 3년 동안에만 열 배 이상으로 성장했다. 점 음원 하나로 그냥 "소리를 재생하는 것"은 그래픽으로 치면 간단한 다각형에 저해상도 텍스처를 입히는 것에 해당한다. 사실적인 물리 기술이 등장하고 대량의 자산, 자원 관리가 요구되며 소비자들의 기대치가 높아짐에 따라, 전 세계의 주요 발행사/개발사들은 그러한 새로운 도전 과제들을 해결할 수 있는 전업 오디오 프로그래머들을 채용하고 있다. 이번 섹션에는 새로운 방법론으로 이어지는 간단한 개념의 서술에서부터 완전히 새롭고 진보적인 착안의 제시에 이르기까지 다양한 글들이 수록되어 있다. 이 글들 모두, 독자의 게임 오디오 엔진을 한 수준 끌어 올리는 데 보탬이 될 것이다.

수록된 글들에서는 "실시간"이라는 구절이 자주 등장한다. 대부분의 게임들에서 그래픽 렌더링은 항상 실시간으로 수행되지만(텍스처 갱신을 제외할 때), 음을 실시간으로 생성하는 게임은 별로 없다. 하지만 오디오 시스템을 그래픽 렌더링뿐만 아니라 AI 및 물리와도 연동해야 한다는 요구가 높아지고 있는 만큼, 차세대 오디오 엔진들은 실시간 합성과 생성을 좀 더 적극적으로 고려하게 될 것이다.

Marq Singer의 "변형 가능 메시에서 실시간으로 소리 내기"는 누구도 생각마지 못했을 만한 착안 하나를 제시한다. 이 글은 게임에 특화된 사운드 합성으로의 커다란 도약이라고 할 수 있다. 두 차가 충돌할 때 나는 소리를 사실적으로, 게다가 실시간에서 합성할 수 있다는 것은 정말 멋진 일이 아닐 수 없다. 게임 개발 파이프라인의 빡빡한 일정과 예산 때문에 변형 가능 메시가 널리 쓰이지 못하고 있는 것이 현실이지만, 전통적인 물리 시뮬레이션 이상의 사실적인 시뮬레이션을 Havok® 같은 엔진들을 이용해서 구현해야 하는 차세대 게임들에서는 변형 가능 메시가 당연한 것으로 간주될 것이다. Havok과 마찬가지로, 처음에는 누구도 실시간 사운드 합성을 고려하지 않았다. Marq가 제시한 기법은 오디오 프로그래밍 무기고에 즐거이 추가할만한 훌륭한 기법이다. 독자의 다음 게임에서 실제로 이를 구현한다면 독자는 게임 오디오 분야의 새 장을 여는 인물이 될 수 있을 것이다. 물리적 사운드 시스템을 갖춘 게임은 아직까지 몇 되지 않는다.

Frank Luchs의 "실시간 효과음을 위한 가벼운 음 합성기"는 게임 내 실시간 음 합성을 다룬다. 실시간 음 합성이 새로운 개념인 것은 아니다. 오래전부터 SoundMAX®(아날로그 장치들)는 최고의 게임 내 합성 엔진으로 간주되어 왔다. 그러나 Frank의 예제 코드는 차세대 게임들에 사용할 수 있을 정도로 훌륭하다. 실시간 효과 생성은 그래픽 엔진의 품질을 증명하는 요소가 되는데, 이는 사운드에서도 중요한 문제에 해당한다. Frank의 기법을 이용하면 물이나 귀뚜라미 소리 같은 배경음뿐만 아니라 발소리, 천둥소리, 불 소리 같이 흔히 쓰이는 소리들도 실시간으로 합성할 수 있다. 메모리 효율도 좋다. Xbox 360™ 같은 콘솔에서 단 24MB만 사용할 수 있는 상황에서도 이 기법을 적용하는 것이 가능하다.

James Boer의 "실시간 버스 믹싱" 역시 '실시간'의 주제를 이어나간다. 영화 수준의 사운드 품질을 목표로 하는 차세대 게임들에서는 영화의 최종 처리 과정에서 쓰이는 것과 같은 도구들을 오디오 엔지니어들에게 제공할 필요가 있다. James Boer의 글은 게임 오디오 엔지니어들에게 그러한 도구들을 제공하기 위한 여러 가지 훌륭한 기법들을 제시한다. 그런 도구들이 상용 패키지로 만들어져서 출시될 수도 있을 것이다.

Dominic Filion의 "잠재 가청 집합"은 렌더링 엔진의 은면 제거 기법을 오디오 분야에 적용한 것이다. 잠재 가청 집합은 일종의 "필요에 따른 적재(load-on-demand)" 기능성을 구현하는 수단으로, 이를 이용하면 플레이어의 청각 인식 범위에 속하지 않는 음원들을 제외시킴으로써 소중한 메모리와 처리 시간을 절약할 수 있다. 더 나아가서, 1인칭 게임들의 필수 요소가 되고 있는 음의 차폐, 차단 효과에 잠재 가청 집합을 활용하는 것도 가능하다.

Half-Life® 2에서 기차가 플레이어를 지나쳐 갈 때의 멋진 도플러 효과를 기억하는지? 그런 효과를 직접 구현해 보고 싶었던 독자라면 Julien Hamaide의 "저렴한 도플러 효과"를 아주 반길 것이다. 이 글은 상세한 코드와 수학 공식들, 그리고 사례들로 채워져 있다. 아마도 GPG 시리즈의 오디오 프로그래밍 글들 중 가장 상세한 글이라 할 수 있을 것이다. 간단히 말해서 도플러 효과를 직접 구현하는 데 필요한 모든 것이 들어 있으니, 주저 말고 시도해 보기 바란다.

Robert Sparks의 "실시간 DSP 효과 흉내내기"는 DSP 효과를 직접 지원하지 않는 하드웨어에서 손쉽게 DSP 효과를 흉내내는 방법을 설명한다. 다채널 파일을 사용하기 때문에 느린 DVD에서 스트리밍을 하더라도 음이 끊기는 현상이 적다. 게다가, DSP 효과를 오프라인에서 적용한 결과만 실행 시점에서 사용하는 것이므로, 적절한 장비만 있다면 어떠한 효과도 가능하다. 이제 녹음실에 굴러다니는 이펙트 처리기들을 활용할 때가 되었다.

6.1

변형 가능 메시에서 실시간으로 소리 내기

Marq Singer, Red Storm Entertainment

marqs@redstorm.com

이 글에서는 고형(속이 찬) 물체의 변형에 기초해서 사실적인 소리를 만들어내는 한 가지 기법을 살펴본다. 이 글에서 다루는 고형 물체의 모형은 변형(deformation)이나 파열 (fracture)을 시뮬레이션하는 데 쓰이는 것과 같은 방식으로 만들어진 것이다. 오프라인에서 "양상 해석(modal analysis)"이라고 하는 기법을 모형 메시에 적용하면 이산적인 진동 양상(진동의 한 상태)들이 나온다. 실행 시점에서는 모형에 힘을 가해서 이동과 내부 변형이 일어나게 한다. 충돌 힘들을 미리 계산된 주파수 양상들에 투영해서 그 양상들 각각을 해당 기여도에 따라 비례하고 모두 합하면 그 결과는 복소파(complex wave)가 된다. 시뮬레이션 도중 이러한 계산을 수행하고 그 결과로 얻은 파형을 음파로 변환해서 오디오 렌더러에 보내면, 모형에 가해진 게임 내 힘들에 대응하는 아주 사실적인 소리를 만들어낼 수 있다.

GPG 4 돌아보기

*Game Programming Gems 4*의 [O'Brien04]는 복잡한 고형의 실시간 변형에 양상 해석 기법을 적용하는 방법을 설명했는데, 이번 절에서는 그 글의 일부 기법들을 돌이켜 본다. 그 글에 나온 방법들로 만들어낸 자료를 약간 더 조작하면 변형의 진동 양상들을 결합해서 복소파를 만들어낼 수 있다. 그것을 사운드 렌더러에 보냄으로써 상당히 강렬하고 사실적인 효과음을 재생하는 것이 가능하다. 이미 수행한 변형 계산들 이외의 추가 부담은 거의 없다.

컴퓨터 게임에 쓰이는 다른 여러 방법들과 마찬가지로, 이 글에서 제시하는 방법은 기존의 기법들을 독창적인 방식으로 결합한 것이다. 시뮬레이션에 쓰이는 모형은, 껍데기만 있는 메시를 여러 개의 사면체들로 분할해서 속을 채운 형태이다. 그러한 사면체들에 대해, 연체 시뮬레이션에 쓰이는 것과 비슷한 방식으로 일단의 구속 조건들을 계산한다. 이러한 기법들을 조합해서 물체의 동적인 파열을 구현하는 방법이 이미 여러 문헌들에 나와 있다. 사면체 메시들의 사용 및 계산에 대한 상세한 설명은 [O'Brien99]를 보기 바란다.

이 글에는 물체의 상태들을 미리 결정하기 위한 양상 해석 및 양상 합성에 대한 논의가 많이 나온다. 이전 성과들에서는 양상 기법들과 미리 계산된 양상들을 동적으로 변형되나 깨지지는 않는 물체들에 적용했다. 예를 들어 *Game Programming Gems 4*의 한 예제는 그러한 기법을 이용해서 고무 오리(필자는 "도도"라고 불렀다)를 상당히 사실적으로 시뮬레이션한다. 물체가 깨지거나 파열되지 않는다는 제약을 두면 몇 가지 단순화가 가능해진다. 이런 식으로 모형화된 물체는 힘들이 가해진 후 일정 시간이 지나면 결국에는 일종의 안정 상태에 도달한다. 파열이 발생하지 않는다면 메시를 더 분할할 필요가 없다. 만일 물체가 여러 조각들로 깨진다면 각 조각마다 더 많은 계산을 수행해야 하며, 오프라인에서 계산해둔 자료를 더 이상 적용할 수 없게 된다. 또한, 물체가 원래의 형태로 되돌아온다는 가정 하에서는, 그러한 안정 상태에 도달하는 과정 도중 움직일 수 있는 부분 조각들의 수를 유한하게 한정할 수 있다. 이하의 내용에서는 그러한 부분 조각들을 "양상(mode)"들이라고 부른다. 이 양상들이 바로 최종적인 소리에 해당하는 파형을 생성하는 데 기초가 된다.

개요

간단하게 전반적인 공정을 이야기해보겠다. 시뮬레이션하는 물체의 진동 양상들을 오프라인에서 미리 계산해 둔다. 실행 시점에서는 각 양상에 힘을 가해서 해당 메시 점들이 진동하게 한다. 그러한 진동 양상들의 조합을 해석하고 선별한다. 목표는 들을 수 있는 소리를 만들어내는 것이므로, 인간의 가청주파수 대역(20-20,000Hz) 바깥의 진동 양상들은 모두 폐기한다. 또한, 시뮬레이션에 적합한 범위 바깥의 힘들도 폐기한다. 예를 들어 풍경(風磬)을 시뮬레이션하는 경우, 수류탄의 폭발력은 고려하지 않아도 된다. 충돌 해소에 관련된 물체의 운동은 개별적인 강체 시뮬레이션으로 처리한다. 시뮬레이션 대상 물체가 다른 무언가와 충돌하면 충돌 지점과 교차하는 양상들을 추출한다. 충돌에 의해 생긴 진동들의 진폭들과 주파수들을 합쳐서 하나의 복소파를 만들어내고, 그것을 오디오 렌더러에 보내서 소리를 재생한다.

양상해석의 간단한 개요

*Game Programming Gems 5*와 이 글 끝의 참조문헌에 나열된 글들에서 양상 분해 및 양상 시뮬레이션 공정을 자세히 다루고 있으므로, 여기에서 그 내용을 다시 반복할 필요는 없을 것이다. 그렇지만 비선형계를 독립적인 진동자들의 행렬로 변환하는 방법만큼은 어느 정도 짚고 넘어갈 필요가 있다. 다음 부분은 완전함을 위한 부분적인 개요일 뿐이다.

이 글에서 제시하는 시뮬레이션의 변형 단계에서 양상 분해가 수행된다. 양상 분해에서는 주어진 물리계(이 경우 변형 가능 물체)를 선형화해서 이산적인 양상들로 분해한다. 그런 다음에는 양상 합성 과정을 수행한다. 양상 합성에서는 분해된 양상들 중 시뮬레이션에 관련이 있는 것들을 가중치에 근거해서 결합한다.

주어진 물리계를 유한요소법 같은 기법으로 이산화(discretization)한 결과를 다음과 같은 일반적인 형태로 서술할 수 있다.

$$K(d) + C(d,\dot{d}) + M(\ddot{d}) = f. \tag{6.1.1}$$

여기서 d는 시뮬레이션의 형상(configuration)을 서술하는 매개변수들(이를테면 노드 위치들)의 벡터이다. 기호 위의 점(들)은 각각 시간에 대한 1차, 2차 미분을 뜻한다. K는 d를 입력 받고 탄성력을 돌려주는 비선형 함수이다. 용수철-질량 시스템의 경우 K는 모든 노드에 가해진 힘들을 계산한다. C는 속도들을 입력 받고 감쇠력을 돌려주는 비선형 함수이고, f는 계에 가해지는 외부 힘들(이를테면 충돌이나 사용자 입력 등에 의한)의 벡터이다. M은 가속도($\ddot{d}$)들을 받고 그것들을 생성하는 데 필요한 힘들을 돌려주는 함수이다. 뉴턴의 제2운동법칙 $f = ma$를 떠올리기 바란다.

식 6.1.1은 일반적으로 비선형이나, 변위들이 비교적 작다고 가정한다면 계의 안정 형상을 다음과 같이 선형화할 수 있다.

$$Kd + C\dot{d} + M\ddot{d} = f \tag{6.1.2}$$

여기서 K, C, M은 각각 계의 경직도(뻣뻣한 정도), 감쇠, 질량 행렬들이다.

다음 단계는 식 6.1.2를 대각화하는 것이다. "롤리 감쇠(Raleigh Dampening)"라는 기법을 이용하면, 어떤 α_1과 α_2에 대해 C를 다음과 같이 질량 행렬과 경직도 행렬의 1차 결합으로 표현할 수 있다.

$$C = \alpha_1 K + \alpha_2 M. \tag{6.1.3}$$

[O'Brien02]는 이것이 유일한 감쇠 기법은 아니며 다른 기법들을 적용하는 것도 가능함을 지적한다. 그러나 이러한 롤리 감쇠는 상대적으로 쉽고 간단하다는 장점이 있다.

식 6.1.3을 식 6.1.2의 C에 대입하고 적절히 정리하면 다음과 같은 공식이 나온다.

$$K(d+\alpha_1 \dot{d}) + M(\alpha_2 \dot{d} + \ddot{d}) = f. \tag{6.1.4}$$

M은 대칭이자 양의 정부호 행렬이다. Cholesky 분해를 이용하면 M을 $M = LL^T$으로 분해할 수 있다. 식 6.1.4의 양변에 L^{-1}을 곱하고 $y = L^T d$를 도입해서 M을 y로 표현하면 다음이 나온다.

$$L^{-1}KL^{-T}(y+\alpha_1 \dot{y}) + (\alpha_2 \dot{y} + \ddot{y}) = L^{-1}f. \tag{6.1.5}$$

행렬 $L^{-1}KL^{-T}$를 $L^{-1}KL^{-T} = V \Lambda V^T$로 더욱 분해하자. 여기서 V는 열들이 $L^{-1}KL^{-T}$의 고유벡터들인 직교 행렬이고 V^T는 그 고윳값들의 대각 행렬이다. 식을 더욱 단순화하기 위해 $z + V^T y$를 도입한다. 이상의 항들을 식 6.1.5에 대입해서 정리하면 다음을 얻을 수 있다.

$$\Lambda(z+\alpha_1 \dot{z}) + (\alpha_2 \dot{z} + \ddot{z}) = VL^{-1}f. \tag{6.1.6}$$

이를 z에 대해 정리하면:

$$\Lambda z + (\alpha_1 \Lambda + \alpha_2 I)\dot{z} + \ddot{z} = g, \tag{6.1.7}$$

여기서 $g = V^T L^{-1}f$이다.

과정이 좀 복잡했지만, 최종 결과는 상당히 간단하다. 선형화된 식 6.1.4가 일단의 분리된 진동자들을 담은 대각행렬로 변환되었다. 식 6.1.7이 나타내는 계의 i번째 행은 다음과 같은 스칼라 2차 미분방정식이다.

$$\lambda_i z_i + (\alpha_1 \lambda_i + \alpha_2)\dot{z}_i + \ddot{z}_i = g_i. \tag{6.1.8}$$

여기서 λ_i는 행렬 Λ의 i번째 성분이다. 식 6.1.8을 푸는 방법은 여러 가지인데, 여기에서는 다음과 같은 해석적 해를 사용한다.

$$z_i = c_1 e^{t\omega_i^+} + c_2 e^{t\omega_i^-}. \tag{6.1.9}$$

여기서 c_1과 c_2는 임의의 복소수 상수들이고 ω는 다음과 같이 정의되는 복소 주파수이다.

$$\omega_i^{\pm} = \frac{-(\alpha_1\lambda_i + \alpha_2) \pm \sqrt{(\alpha_1\lambda_i + \alpha_2)^2 - 4\lambda_i}}{2}. \tag{6.1.10}$$

ω의 허수부의 절댓값은 해당 양상의 주파수(단위는 초 당 라디안)이고, 실수부는 양상의 감쇠율이다.

$L^{-\mathrm{T}}V$의 열들은 물체의 진동 양상들이다. 개별 양상들은 서로 간섭하지 않는다. 이 덕분에 계를 서로 독립적인 진동자들로 분리할 수 있다. 각 양상의 고윳값은 양상의 탄성 경직도와 질량의 비율이며, 이는 양상의 자연 주파수(고유 진동수)의 제곱이다.

변형 방법들과 K, C, M 행렬들의 선택에 대한 좀 더 자세한 논의는 [O'Brien02]를 보기 바란다.

■ 음 생성에 관련된 요구사항들

이제 소리를 만들어내는 데 필요한 요인들을 살펴본 후 계산 비용을 고려해서 적절한 것들을 선택해보자.

모든 사운드 시뮬레이션은 인간의 가청주파수 범위에 한정된다. 인간이 들을 수 있는 소리의 주파수는 20Hz에서 약 20,000Hz까지이다. 이런 제한된 범위는 성능 향상에 도움이 된다(이 범위 밖의 양상들을 제외할 수 있으므로). 또한 이는 시뮬레이션의 갱신 간격을 이 대역의 상한 주파수에 적합한 값(즉, 약 10^{-5}초)으로 설정해야 함을 뜻한다. 그러나 그러면 그 간격이 상당히 작아서 대부분의 실시간 시스템에서 갱신이 너무 이산적일 수 있다. 더 큰 시간 간격을 사용하는 경우에도 어느 정도 괜찮은 음을 얻을 수 있지만, 고주파 성분들이 빠져서 뭉툭하고 흐릿한 느낌의 소리가 될 가능성이 있다.

이 글의 기법은 변형을 모형화하는 과정에서 얻은 신봉들을 활용한다. 현실의 물체에서 나는 소리는 대부분 탄성 변형에 의한 진동에서 비롯된 것이다. 그러한 소리를 시뮬레이션하려면 물체의 내부 변형을 재현하는 기법들(이를테면 양상 합성)을 적용해야 한다. 강체 시뮬레이션이나 관성을 고려하지 않는 기법들은 이런 종류의 시뮬레이션에 적합하지 않다. 그렇다고 강체 엔진이 필요하지 않다는 것은 아니다. 이런 종류의 시뮬레이션들은 대부분 물체의 운동과 충돌 해소에 일정한 고전적 물리 엔진을 사용한다. 이러한 접근방식의 한 가지 장점은 모형 전체에 대한 강체 계산들이 변형에 쓰이는 입자 계산들에 영향을 받지 않는다는 것이다.

물체의 동적 변형을 지원하는 물리 엔진을 이미 사용하고 있다면 추가 비용을 거의 들이지 않고도 소리를 만들어낼 수 있다. 동적 변형을 위한 기법들로 구한 양상들 자체가 이산적인 진동 상태들이며, 그것들을 가산적으로 결합해서 복소파를 만들어낼 수 있다. 그러한 파형을 음파로 변환하는 데에는 비용이 별로 들지 않는다. 여기에서는 물체의 진동만 모형화할 뿐, 그 진동이 공기로 전달되거나 다른 물체에 반사되는 것은 고려하지 않는다. 이는 생성된 음이 기본적으로 무지향(omnidirectional)이라는 뜻이다. 좀 더 사실적인 음을 위해 기존의 오디오 기법들을 추가할 수도 있지만(이를테면 음의 감소나 반사 등), 그만큼 비용도 증가한다.

변형에서 소리로

물체의 양상들도 오프라인에서 계산해 두었고 물체에 힘들을 적용하는 데 사용할 강체 시뮬레이션 메커니즘도 갖추었다면 이제 오디오 시뮬레이션 수행에 필요한 요소들이 모두 준비된 상태이다. 오디오 시뮬레이션 단계에서는 충돌이 발생할 때까지는 변형 가능 물체를 강체로 취급한다(한 물체의 변형 가능 모형과 강체 모형을 따로 둘 수도 있다).

시뮬레이션 대상 객체들 각각에 대해, 앞 절에서 이야기한 양상 분해 관련 행렬들을 미리 계산해둔다. 계산으로 얻은 물체의 진동 양상들(즉 $L^{-T}V$의 열들)이 실시간 합성에 쓰인다.

앞에서 이야기했듯이, 식 6.1.10으로 구한 복소 주파수의 허수부의 절댓값이 양상의 주파수(진동수)이다. $L^{-T}V$의 열들에서, $|\text{Im}|(\omega^i)$이 20~20,000Hz(3.18~ 3,180라디안/초) 이내인 양상들만 남기고 다른 것들은 모두 폐기한다. 이 단계에서 많은 수의 양상들이 폐기되는데, 그래도 상당히 많은 양상들이 남는다. 이들 중 일부(처음 800개 미만)로도 괜찮은 음질을 얻을 수 있다.

실시간 강체 시뮬레이션을 통상의 방식대로 수행한다. 충돌이 발생하면 해당 힘들을 이전 단계에서 얻어 추린 양상들에 투영하고, 식 6.1.9를 이용해서 충돌 반응을 계산한다.

표면 진동은 한 물체의 진동을 다른 매체(공기 등)로 전파할 때 꼭 필요한 요소이다. 양상들을, 그것이 물체의 표면을 왜곡하는 정도에 따라 비례하고, 비례된 결과들을 모두 합한다. 이 합을 그대로 오디오 렌더러에 보낼 수도 있으며, 혹은 추가적인 입체 음향 처리를 수행한 후에 보낼 수도 있다.

식 6.1.9의 c_1과 c_2가 임의의 복소 상수들이라고 했다. 이들의 구체적인 값을 알아야 투영된 힘에 대한 양상의 반응을 계산할 수 있다. 이들은 다음과 같이 주어진다.

$$c_1 = \frac{2\Delta t g_i}{\omega_i^+ - \omega_i^-} \tag{6.1.11}$$

$$c_2 = \frac{2\Delta t g_i}{\omega_i^- - \omega_i^+} \tag{6.1.12}$$

여기서 Δt은 힘이 적용되는 기간이고 t는 충격이 적용되는 순간의 시간이다. 이들을 식 6.1.9에 대입하고 정리해서 다음을 얻는다.

$$z_i = \frac{2\Delta t g_i}{|\operatorname{Im}(\omega_i)|} e^{t\operatorname{Re}(\omega_i)} \sin\left(t|\operatorname{Im}(\omega_i)|\right). \tag{6.1.13}$$

이것이 식 6.1.8에 나온 방정식의 구체적인 해의 공식이다. 그런데 이 공식을 시뮬레이션의 매 갱신 주기마다 계산한다면 그 비용이 대단할 것이다. 다행히, 항등식 $e^{w(t+s)} = e^{wt}e^{ws}$을 이용하면 이전 간격의 값에 복소수 곱셈 한번을 적용해서 새 값을 구할 수 있다.

여기까지 왔다면, 이제 할 일은 합산된 주파수들을 적절히 오디오 렌더러에 보내는 것뿐이다(필요하다면 추가적인 처리도 수행한 후). 이상의 과정에서는 소리 합성이 변형의 부산물인 셈이었지만, 소리 합성을 주된 목표로 삼는 것도 물론 가능하다. 모형화 대상 물체가 비교적 단단하다면 아마도 상당히 높은 주파수의 소리가 발생할 것이고, 그러한 주파수를 만들어내는 진동이라면 물체를 눈에 띄게 변형할 정도는 아닐 가능성이 크다. 따라서 렌더링 단계를 건너뛰고 소리만 얻을 수도 있다. 더 나아가서, 이 글의 기법을 순전히 소리 만들기에만 사용하는 것도 얼마든지 생각해 볼 수 있는 일이다.

결론

이 글에서 이야기한 소리 생성 기법은 상당히 우아하다. 동적인 변형을 처리하는 시뮬레이션 시스템이 이미 갖추어져 있다면 아주 적은 추가 비용으로도 물체의 진동에 의한 소리를 만들어낼 수 있다. 방법이 간단할 뿐만 아니라 양상들을 오프라인에서 미리 계산해 둘 수 있기 때문에 계산량을 많이 줄일 수도 있다. 그러나 어느 정도는 계산이 필요하므로 저사양 하드웨어라면 힘에 부칠 수도 있다. 새 콘솔과 PC들에서 다중 코어 프로세서 도입 경향이 계속 이어진다면 수학적인 제약들이 점점 사라질 것이고, 따라서 몇 년 후에

634 Section 6 오디오

는 이 글의 기법과 기타 관련 기법들(동적인 파열 등)이 게임들에서 흔히 쓰이게 될 가능
성도 아주 높다.

■ 더 읽을거리

Hauser, K., C. Shen, J. F. O'Brien, "Interactive Deformations Using Modal Analysis With Constraints." *Graphics Interface 2003*(June), Halifax, Nova Scotia: pp. 247-256.

O'Brien, J. F., J. K. Hodgins, "Animating Fracture." *Communications of the ACM*, 43(7): pp. 68-75, 2000년 7월.

O'Brien, J., J. Hodgins, J., "Synthesizing Sounds from Physically Based Motion." *Proceedings of SIGGRAPH 2001,* Los Angeles, California, August 12-17. ACM Press, New York, 1999: pp. 529-536.

Pentland, A., J. Williams, J., "Good vibrations: Modal dynamics for graphics and animation," 1989. *Proceedings of SIGGRAPH 89*, Computer Graphics Proceedings Annual Conference Series: pp. 215-222.

■ 참조문헌

[O'Brien/Hodgins99] O'Brien, J. F., J. K. Hodgins, "Graphical modeling and animation of brittle fracture." *Proceedings of SIGGRAPH 99*, Computer Graphics Proceedings Annual Conference Series: pp. 137-146.

[O'Brien02] O'Brien, J. F., C. Chen, C. M. Gatchalian, "Synthesizing Sounds from Rigid-Body Simulations." *Proceedings of SIGGRAPH 2002,* Los Angeles, California, August 12-17. ACM Press, New York, 1999: pp. 529-536.

[O'Brien04] O'Brien, James F., "Modal Analysis for Fast, Stable Deformation." *Game Programming Gems 4*, Charles River Media, 2004. 번역서는 "빠르고 안정적인 변형을 위한 모달 분석," *Game Programming Gems 4*, 정보문화사, 2005.

6.2 실시간 효과음을 위한 가벼운 음 합성기

Frank Luchs, Visiomedia, Ltd.
gameprogramminggems@visiomedia.com

이 글에서는 상호작용적인 응용프로그램에서 장면 음향의 배경음 부분을 효과적으로 렌더링하는 방법을 제시한다. 일반적으로 음향 환경은 많은 수의 발음체들로 구성되는데, 그러한 발음체들을 모두 일일이 시뮬레이션하려면 계산 부담이 상당히 커진다. 따라서 좀 더 경제적인 모형을 구축할 필요가 있다. 목표는 자연과 인공물들에서 들리는 대부분의 소리들을 포괄하는 하나의 단일한 스테레오 발음체를 구축하는 것이다. 이 글의 초점은 추상적인 해법의 제시가 아니라 귀뚜라미 소리나 새 소리 같은 몇 가지 자연음들을 흉내내는 데 맞추어져 있다.

우선 그러한 음 합성 엔진의 구조를 소개한 후, 합성 방법을 개괄하고 그것이 전통적인 접근방식들과 어떻게 다른지를 설명한다. 마지막으로는 실세계의 예들을 합성하는 문제에 대해 자세히 살펴본다. 이 글에서 제시하는 엔진은 미리 준비된 완전히 다른 음 시퀀스들을 실시간으로 전환함으로써 음향의 다양성을 제공하는 능력을 갖추고 있으며, 음을 상호작용적으로 수정하거나 플레이어의 위치 및 방향에 따라 음이 달라지게 하는 데 사용할 수 있는 다양한 매개변수들도 제공한다.

배경음 엔진

이 글에서 소개하는 엔진은 PortAudio 라이브러리([Bencina05])를 확장한 버전에 기초한 것이다. 구체적으로는, 합성 방법들을 PortAudio 라이브러리의 음 처리 단위들로 취급할 수 있도록 PortAudio의 버퍼 처리를 조금 확장해서 사용한다. 오디오 필터로는 Freeverb 소스 코드([Wakefield00])를 사용한다. 엔진은 서로 다른 부분들을 전환할 수 있는 음 조직 시퀀서(grain sequencer)와 편리한 시퀀스 생성 및 필터 시스템을 갖추고 있다. 글을 통해서, CPU 부담이 낮은 효율적인 모형의 구축 비결이 그러한 음 조직 시퀀서를 사전에 계산하는 것임을 보게 될 것이다.

■ 음 합성

배경음을 나타내는 음파들을 계산할 때에는 주기적인 요소와 무작위한 요소를 구분해야한다. 이 글이 사용하는 접근방식은 무작위 잡음 발생기와 결정론적 유사 사인파 발생기에 대한 정보를 담은 음 조직(grain)의 시퀀싱에 기초한 합성이다.

각 음 조직은 다음과 같은 속성들을 가진다.

- 주파수
- 기간
- 음량(volume)
- 잡음 음량
- 엔빌로프(envelope)
- 부분음들(partials)

효율성을 위해, 발생기는 부동소수점 위상자(phasor) 대신 정수 누산기를 사용한다. 표본(sample)들의 기간을 이용해서 위상 증가치를 미리 계산하고 그것을 음 조직에 저장한다. 버퍼 루프는 매 반복마다 위상에 그 증가치를 더한다. (단, 위상이 $2^{32} = 4,294,967,296$을 넘으면 다시 0부터 시작하게 한다.) 누적된 위상을 색인으로 사용해서 사인표에서 표본을 추출한다.

단순한 사인파들을 조합하는 것으로도 다양한 음들을 만들어낼 수 있으나, 더욱 다양한음을 얻을 수 있도록 음 조직에 부분음(고유한 높이와 음량을 가진)을 최대 세 개까지 추가할 수 있게 했다. 음 조직들의 사슬을 재생할 때, 시스템은 개별 배음들의 높이와 음량을 보간한다. 이러한 부분음들을 이용하면 좀 더 날카로운 소리(주로 저주파 대역에 필요한)는 물론 무미건조한 금속음이나 포먼트(formant)[1]도 표현할 수 있다. 예를 들어 "아"발음에는 800Hz, 1150Hz, 2900Hz, 3900Hz에 포먼트가 존재한다. 정수배 사인파들을 더하면 조성이 있는(어울리는) 음이 만들어지고, 정수배가 아닌 사인파들을 더하면 불협화음이 만들어진다.

---

1) 역주 : 공명에 의해 특정 주파수대가 강조되는 것을 뜻한다.

복잡한 주파수 변조나 비브라토, 경과음(glide, 글리산도) 효과 등은 원하는 음 높이 정보를 가진 트랙들을 미리 준비해서 구현할 수 있다. 이 글에서 말하는 엔진의 음 조직은 표본수가 가변적이나, 기본은 107개이다. 표본률이 44100Hz라고 할 때, 이는 3.33밀리초의 해상도에 해당한다. 사람은 음의 반복을 쉽게 감지하나, 이 정도의 해상도라면 청취자가 음의 계단 현상을 인식하지는 못할 것이다. 한편, 수 초 이상 지속되는 요소들을 만들어 내는 것도 가능하다. 이는 정적인 음에 더욱 효과적이다.

그림 6.2.1은 음 합성 시스템의 개요를 나타낸 것이다. 전통적인 음 조직 기반 합성과 달리, 이 시스템은 겹침(overlapping)이나 구간 적용(windowing)을 사용하지 않는다. 또한 한 시점에서 하나의 음 조직만을 사용한다. 음 조직 경계에서 결함이 생기지 않도록, 항상 정수배의 위상에서만 음 조직을 전환한다. 이러면 깔끔한 조화 배음을 합성하기가 쉽다.

전체적인 음량 외에, 각 음 조직은 다양한 단극 정규 곡선 값들을 담은 참조표에 대한 색인을 가지는데, 이는 주로 긴 조직에서 한 구역을 각각 진폭이 다른 작은 소삭들로 나누지 않고도 매끄러운 엔빌로프를 표현하는 데 쓰인다. 대부분의 경우에는 한 사인 함수나 지수 함수의 4분의 1 부분들을 사용한다. 지수 함수의 곡선은 음향학적 계의 자연스러운 감쇠 패턴에 잘 맞기 때문에 흔히 쓰인다. 일단의 음 조직들을 하나의 엔빌로프로 처리할 수 있도록 하나의 비례 계수를 두고 그룹의 각 조직마다 구역을 설정할 수 있게 한다. 예를 들어 네 개의 음 조직들로 이루어진 그룹이라면 비례 계수는 4이고 구역 색인들은 0, 1, 2, 3이 되는 식이다. 자신만의 엔빌로프를 사용하는 하나의 조직이라면 비례 계수는 1, 구역 색인은 0이다.

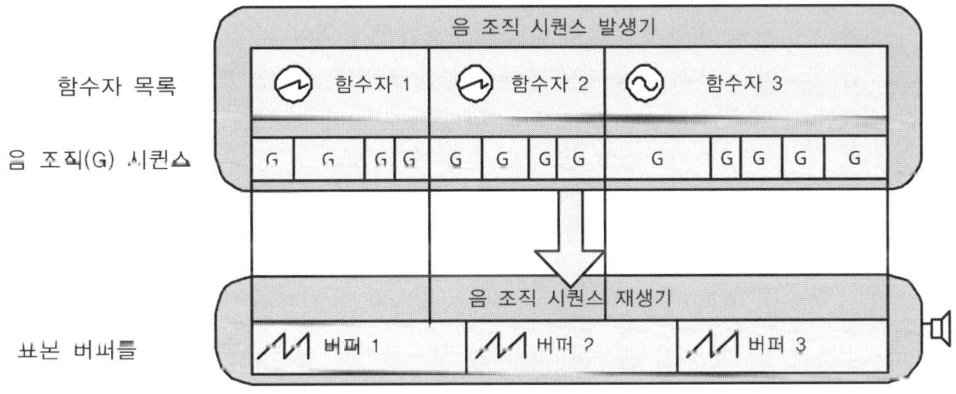

그림 6.2.1 음 합성 시스템의 개요.

이 방법이 빠른 이유는 동시에 여러 개의 음 발생기들을 사용하는 대신 전경 사건들에 집중하기 때문이다. 작은 음 조직들을 사용하는 덕분에 완전히 다른 음으로 빠르게 전환할 수 있다. 이 기법은 음향심리학에서 말하는 마스킹 효과에 기초해서 청취자에게 들리지 않을 부분음들을 제거함으로써 계산 시간을 크게 절감한다.

이러한 효과의 좋은 예가 데모의 ThunderLightningRain 패치이다(*http://www.visiomedia.com* 에서 내려 받을 수 있다). 별로 특별할 것이 없는 것처럼 느껴지겠지만, 세 가지 트랙을 미리 혼합한 결과를 재생하는 것이 아니라 하나의 발진기만으로 천둥, 번개, 비 요소들을 빠르게 전환함으로써 그런 효과음을 내는 것임을 주목하기 바란다.

필터와 약간의 리버브를 이용하면 음들이 층층이 겹친 느낌을 줄 수 있다. 음을 미리 계산해 두고 이후 재사용함으로써 불필요하며 자원을 많이 소비하는 표본 계산 공정을 피할 수 있다. 프로세서에 큰 부담을 주지 않고서도 엄청난 수의 음 텍스처들을 합성할 수 있다. 대부분의 계산은 트랙들을 생성할 때 수행된다. 즉, 이 발생기는 표본 재생 시스템만큼이나 효율적이면서도 유연성은 더 크다. 다른 방법들로는, 특히 여러 층의 정적 음 표본들을 사용하는 방식으로는 이 정도의 규모가변성을 얻기가 아주 힘들다.

실제 사례

귀뚜라미 소리

이 합성 시스템의 능력을 잘 보여주는 예가 귀뚜라미 소리이다. 귀뚜라미 소리는 이해하기 쉬우면서도 자연의 소리 대부분에 공통인 몇 가지 특성들을 가지고 있기 때문이다. 그러한 특성들 중 하나가 무작위 값들의 프랙탈적 출현이다. 준 반복 음들의 그럴듯한 시퀀스를 만들어 내려면 서로 다른 층들에서 음 높이와 진폭을 변화시켜야 한다. 이 글의 엔진에는 음 조직 속성들을 변경할 수 있는 다섯 개의 계층들이 있는데, 바로 시퀀스, 엔빌로프, 음 조직, 주기(cycle), 표본이 그에 해당한다.

실제 귀뚜라미 소리를 녹음한 자료를 분석해보면 그것이 짧고 명확한 4200Hz 삼중 음조(triple tone)임을 알 수 있다. 삼중 음조 안의 펄스들의 간격은 40ms이며, 삼중 음조들 사이의 무음은 240ms동안 지속된다. 하나의 펄스의 재생 대 중단 기간은 16ms 대 24ms이다.

이러한 수치들을 이용해서 귀뚜라미 소리를 합성해 보았는데, 첫 시도에서 얻은 것은 싸구려 자명종 비슷한 소리였지만, 손을 좀 보니 그럴듯한 소리를 만들어낼 수 있었다. 가장 중요한 조정은 삼중 음조들 사이의 간격을 160ms에서 320ms로 늘린 것이다. 또한,

삼중 음조들마다 음량이 다르고 한 삼중 음조 안의 펄스들 역시 음량이 무작위하다는 점을 파악한 후에는 음량도 더욱 조정했다.

귀뚜라미 소리 펄스 음 조직의 진폭은 사인파의 4분의 1 형태의 두 엔빌로프로 형성했다. 타격(attack) 단계에는 사인파의 처음 4분의 1을 사용했으며, 감쇠(decay) 단계에는 4분의 3 부분(음수)을 0~1 범위로 정규화한 것을 사용했다. 합성된 소리가 원래의 소리에 비해 너무 명료한 탓에, 10% 음량의 잡음 조직을 추가해서 각 주기마다 진폭을 약간 변화시켜야 했다. 그렇게 하면 소리에 전반적인 잡음이 추가된다. 잡음의 양은 음 조직 별로 조정할 수 있다.

이렇게 하니 소리가 훨씬 좋아지긴 했는데, 그래도 뭔가 빠진 것이 있었다. 사실 가장 중요한 사실을 간과했던 것이다. 합성음에서는 삼중 음조들 사이가 완전한 묵음이지만, 원래의 소리에서는 그 부분들에 배경 잡음이 존재한다. 최고조가 240Hz인 연분홍 잡음을 추가하니 결과가 확실히 개선되었나.

간격들 사이의 무작위한 지점들에 낮은 음량으로 삼중 음조들을 배치하고 원래의 삼중 음조들의 무작위 수준을 증가한다면 풀밭에서 여러 귀뚜라미들이 우는 소리를 흉내낼 수 있다. 이때에도 마스킹 효과가 적용된다. 또한 각 음 조직마다 좌우 음량비를 무작위하게 설정하면 귀뚜라미 여러 마리가 풀밭 전체에 흩어져서 우는 소리를 얻을 수 있다.

새 울음소리

새 울음소리는 매혹적인 음향 현상이다. 새의 지저귐은 음향풍경의 중요하고도 독특한 일부라 할 수 있다. 새 울음소리 합성의 기본 원리는 귀뚜라미 소리 합성에서와 동일하나, 소리의 선율과 리듬이 좀 더 다채롭기 때문에 합성 과정이 다소 복잡하다. 새 울음소리에서는 음조들이 약간씩 겹쳐지게 되며, 일부 지저귐의 시작 부분에서는 빠른 경과음도 필요하다.

이 예는 길이기 330ms인 주된 지저귐 소리 150가지로 구성된 시퀀스를 생성한다, 주된 펄스의 길이는 110ms이며 주파수들의 범위는 2800Hz에서 5600Hz이다. 시퀀스에는 길이가 110±50ms인 이중 펄스들과 3×50인 3중 펄스들도 포함된다. 전형적인 단일 펄스는 타격 단계가 15ms이고 감쇠 단계가 95ms이다. 타격 단계에서는 주파수가 7000Hz에서 4300Hz로 빠르세 떨어진나. 단, 모든 펄스에 이런 경괴음 효과를 적용하는 것은 아니다.

다음은 주요 펄스 15개의 주파수들이다.

1. 4331
2. 3340 - 4062
3. 3337 - 4071
4. 4290
5. 3399 - 3916
6. 4311
7. 5544 - 3989
8. 4371 - 4154
9. 5620 - 4007
10. 3707
11. 2910 - 3776
12. 4252
13. 5272 - 4044 - 3899
14. 3707 - 3899
15. 2767 - 3899

경과음은 길이가 15ms인 아주 작은 음 조직 8개를 이용한다. 이 음 조직들이 아주 작기 때문에 요소들의 엔빌로프는 활성화하지 않는다. 대신 음 조직들에 걸쳐서 페이드인을 적용한다. 즉, 7000Hz에서 시작해서 4331Hz에 도달할 때까지 각 음 조직마다 주파수를 점차 낮춘다. 감쇠 단계는 지수 곡선을 사용하며, 90ms동안 일정한 주파수를 유지한다. 새 울음소리 고유의 특징은 한 지저귐의 주파수를 빠르게 변경해서 나타내게 된다. 지저귐의 겹친 이중 펄스들을 빠르게 전환함으로써 자연에서 여러 마리의 새들이 함께 우는 환경을 흉내낸다. 전경 요소가 지배적인 동안에는 소리가 끊긴다는 느낌을 받지 않을 것이다.

결론

이 글에서 소개한 합성 방법을 이용하면 대단히 다양한 주변 배경음들을 만들어낼 수 있다. 물소리나 거품 소리, 비나 천둥 또는 번개 같은 기상 효과는 물론 화산 폭발이나 마그마, 불이 내는 소리도 가능하다. 이러한 음 조직들의 시퀀싱에 기초한 배경 소프트웨어 음 합성기로는 Saccara([Saccara05])가 있다. 이 합성기는 바람과 물 효과음을 전문으로 한다.

우리의 관심사는 과학적으로 정확한 소리가 아니라 듣기에 그럴듯한 소리이지만, 이 방법으로 만들어낸 소리는 실제로도 상당히 사실적이다. 아주 조밀하면서도 개별 요소가 들릴 정도로 동적인 좀 더 복잡한 소리는 더욱 사실적이다. 겹치지 않는 음 조직들의 시퀀스를 이용하면 표본들을 사람이 직접 선택하고, 편집하고, 합성하는 등의 복잡하고 긴 시간의 공정을 제거할 수 있다. 이 글의 기법은 복잡한 음향적 장면을 상호작용적인 속도로 시뮬레이션하는 것을 가능하게 한다.

데모

필자의 웹사이트(*http://www.visiomedia.com*)에서 이 글의 기법을 이용해 구현한 데모 프로그램과 그 소스 코드를 내려 받을 수 있다. 데모는 IntroSequence, TheCave, Flowing, Glass, RandomPartials, Magma, Footsteps, HowlingWind, Crickets, Chiff-Chaff, ThunderAndLightning 등 다양한 배경음 시나리오에 대한 비반복 시퀀스들을 제공한다.

참조문헌

[Bencina05] Bencina, Ross, Phil Burk, PortAudio, 2005. 웹 *http://www.portaudio.com*.
[Saccara05] Saccara, 2005. 웹 *http://www.visiomedia.com*.
[Wakefield00] Wakefield, Jezar, Freeverb, 2000. 웹 *http://ccrma.stanford.edu/~nando/clm/freeverb/*.

<table>
<tr><td>6.3</td><td><h1>실시간 버스 믹싱</h1></td></tr>
</table>

James Boer, ArenaNet
author@boarslair.com

일반적으로, 프로그래머가 오디오 시스템 안에서 음량(volume)을 제어하는 코드를 짜는 일은 그리 흔하지 않다. 그리고 대부분의 프로그래머들은 그러한 코드 작성을 비교적 간단한 과제로 여길 것이다. 그러나 오디오 내용 개발자가 생산성 향상을 위해 좀 더 복잡한 음량 제어 수단들을 요구하기 시작하면, 이런 과제를 위해 상세하고 통합된 메커니즘을 갖추는 것이 얼마나 큰 도움이 되는 일인지를 절감하게 될 것이다. 좀 더 유연한 접근 방식을 사용한다면, 기본적인 시스템을 갖추고 나서 한참이 지난 후에도 새로운 음량 관련 기능들을 엔진에 손쉽게 추가할 수 있다. 이 글에서는 간단한 "버스 사슬" 메커니즘을 이용해서 음량 제어를 완전하게 커스텀화할 수 있는 볼륨 제어 메커니즘을 오디오 라이브러리 안에서 구현하는 기본적인 기법에 대해 논의한다.

생각보다 중요한 과제

오디오 라이브러리는 디지털 파형 자료가 다양한 제어기와 효과, 믹싱 과정을 거치게 되는 파이프라인을 구성한다. 디지털 파형의 종착지는 DAC(digital-to-analog converter)이다. DAC는 디지털화된 파형 자료에 담긴 신호들을 실제 물리적 파형으로 변환, 증폭해서 스피커로 보낸다. 이러한 가상의 파이프라인의 입력과 최종 출력 사이에는 어떤 방식으로든 음량을 조정할만한 지점들이 여럿 존재한다. 그럼 그 지점들을 살펴보자.

- 음원 당 음량 제어를 지원하는 오디오 시스템들이 많이 있는데, 그런 시스템에서는 사운드 디자이너가 파형 자체를 편집하지 않고도 음량을 조정할 수 있다.
- 음원 당 ADSR(Attack Decay Sustain Release) 엔빌로프 제어가 필요할 수도 있다.
- 음들을 여러 범주로 나누고(효과음, 대화, 음악 등등) 각 범주의 음들을 하나의 그룹으

로 취급해서 음량을 제어한다.

- 개별 그룹들의 관계에 따라 자동화된 음량 제어를 적용한다. 예를 들어 음성 대화가 재생되는 동안에는 음악을 줄였다가 대화가 끝나면 다시 원래대로 되돌리는 것 등이 해당된다.
- 주음량(master volume), 즉 스피커로 나가는 최종적인 소리의 음량을 단일한 방식으로 (이를테면 하나의 함수로) 제어할 수 있어야 하는 경우도 많다.
- 자동화된 주음량 제어 기능(현재 재생되는 모든 소리에 작동하는 페이더 등)이 있다면 그러한 기능을 위한 음량 제어기도 필요하다.

기본적인 오디오 렌더링 파이프라인에도 음량 제어 지점이 여섯 개나 된다는 점에 놀라는 독자도 있을 것이다. 그런데 단순한 개수 이상의, 좀 더 근본적인 문제는 게임마다 음량 제어 지점들의 배치에 대한 요구사항이 다를 수 있다는 것이다.

예를 들어, 오디오 채널들을 논리적인 그룹으로 묶는다고 하자. 격투 게임이라면 필요한 것은 음악 그룹과 효과음 그룹뿐이겠지만, 스포츠 게임이라면 중계석, 관중, 배경음, 게임 내 효과음, 음악 등의 그룹들이 필요하다. 음악을 주제로 한 게임들이라면 훨씬 더 많은 음량 버스들을 사용해서 좀 더 정교한 제어기를 갖추어야 할 것이다.

"그냥, 필요한 만큼의 음량 제어 지점들을 포함하는 버스들을 하드코딩하면 되지 않을까?"라고 물을 수도 있겠다. 실제로, 이 문제를 해결하고자 하는 오디오 라이브러리들 중 많은 것들이 그런 방법을 사용한다. 그런 라이브러리들은 관련된 오디오 채널들(음악, 효과음, 대화 등)을 "그룹"이나 "카테고리" 등의 단위로 묶어서 취급할 수 있는 API를 제공한다. 그와 더불어 "마스터" 음량 제어기를 제공하는 경우도 많다. 그러나 오디오 라이브러리가 기본으로 제공하는 고정된 버스 구성과는 다른 구성이 게임에 필요할 때에는 마땅한 해결책이 없다.

예를 들어 하나의 "그룹"에 대해 서로 다른 제어기들을 적용하거나 여러 그룹에 하나의 제어기를 적용해야 하는 경우도 있다. 앞에서 잠깐 언급한 "대화" 그룹이 바로 그러한 예에 속한다. 중요한 대화가 진행되는 동안에는, 대화 이외의 채널들의 음량을 약간 낮추었다가 대화가 끝나면 그 채널들의 음량을 다시 복원하는 형태가 바람직하다. 그러나 표준적인 오디오 음량 시스템으로는 이러한 기능을 구현하기가 어렵다. 많은 경우, 그러한 기능을 구현하려면 상당히 복잡한 코드를 작성해야 하며, 오디오 라이브러리 수준에서 적지 않은 수정이 필요할 수도 있다.

음량 제어를 하드코딩하는 것이 나쁜 이유는 게임 개발의 다른 분야에서 하드코딩이 나쁜 이유와 다를 것이 없다. 단 하나의 게임이라도, 긴 개발 주기 동안 요구사항이 어떻게 변할지는 예측하기가 불가능하다. 불특정 다수의 게임들을 대상으로 하는 오디오 라이브 러리라면 더 말할 것도 없다. 다행히, 유연하며 거의 무한으로 커스텀화할 수 있는 음량 제어 시스템의 제작에 아주 많은 노력이 드는 것은 아니다. 그럼 그러한 시스템 하나를 살펴보자.

■ 음량 버스 사슬의 구현

고정된 그룹들과 버스들로 구성된 하드코딩 볼륨 제어가 범용적인 오디오 라이브러리에 적합하지 않다는 점은 명백해졌을 것이다. 그렇다면 좋은 대안은 어떤 모습이어야 할까?

기본적인 답은 상당히 간단하다. 그러한 대안에서 각 음량 제어기는 작은 객체이며, 그런 객체들이 모여서 전체적인 음량 제어 사슬을 형성한다. 음량 제어기들은 원본 오디오 자료가 최종 믹싱 버퍼에 도달하기까지 거치는 오디오 파이프라인의 구성과 동일한 방식으로 연결된다. 한 음량 제어 버스(노드)에 대해 임의의 개수의 고유한 자식 버스들을 생성, 연결할 수 있는데, 이에 의해 일종의 트리 구조가 만들어진다. 단, 전형적인 트리와 달리 이 트리는 항상 말단에서 루트 쪽으로 운행되며, 부모 버스는 자신의 자식들을 전혀 알지 못한다. 그림 6.3.1에 몇 가지 음량 제어 버스들로 구성된 트리가 나와 있다.

각 음량 버스는 자신보다 파이프라인의 끝 쪽(트리로 치면 아래쪽)에 있는 버스 하나로만 연결된다. 이러한 조직화 방식 덕분에, 개별 음원들에 대한 개별 음량 제어 객체들뿐만 아니라 그림 6.3.1의 "음악", "효과음", "대화" 같은 서로 다른 "음량 버스 그룹"도 만들 어낼 수 있다. 이러한 그룹들의 기본 음량을 게임 옵션 화면에서 사용자가 설정할 수 있 게 하는 경우도 많다.

그림 6.3.1의 "비(非)대화 페이더" 버스는 하드코딩 방식에 비한 이 버스 사슬 방식의 유 연성을 잘 보여준다. 음악과 효과음이라는 비대화 그룹들을 이 버스에 연결함으로써, 대 화가 진행되는 도중에 대화 이외의 소리를 자동으로 줄이는 기능을 손쉽게 구현할 수 있 다. 필요하다면, 다른 채널들에 영향을 주지 않는 "배경 잡담 대화" 같은 그룹을 추가할 수도 있다. 그 외에도, 게임의 요구에 따라 얼마든지 다양한 방식으로 트리를 구성할 수 있다.

현재 재생 중인 버퍼의 최종 음량은 이런 음량 제어 객체들의 트리 전체를 운행하면서 간단하게 계산할 수 있다. 여기서 중요한 것은 각 제어 객제마다 실제로 오디오 시스템의 음량을 조정하는 것이 아니라, 단지 음량들을 더하고 빼서 최종적인 음량만을 계산한

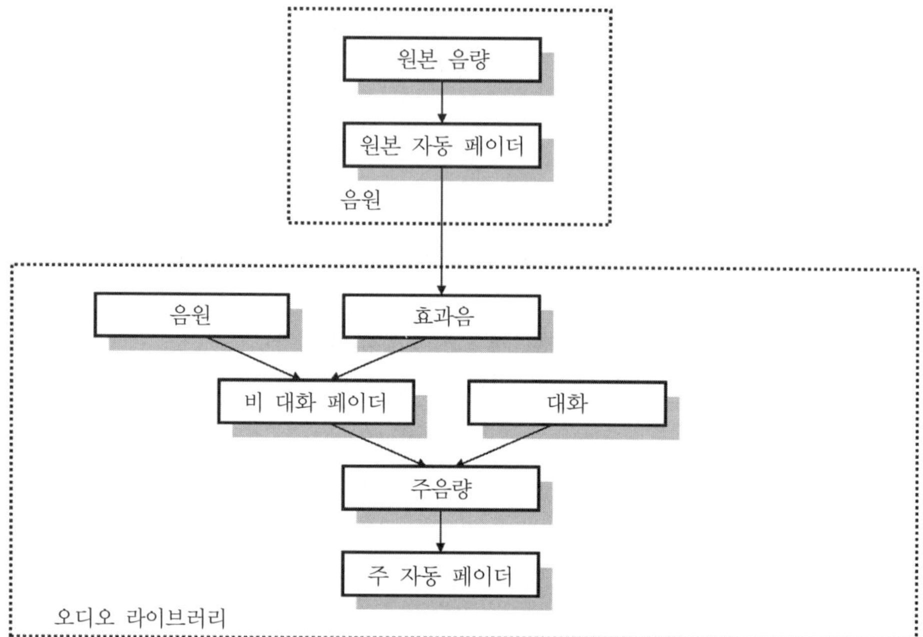

그림 6.3.1 전형적인 게임의 음량 버스들.

다는 점이다. 이 덕분에, 실제로 음량을 제어할 수 있는 지점이 채널 당 하나 뿐인 여러 오디오 API들(DirectSound나 OpenAL 등)에서도 이와 같은 음량 제어 시스템을 구현할 수 있다.

이러한 음량 버스들을 구현하고 사용하는 방식에 어떤 정답이 있는 것은 아니고, 주어진 상황에 가장 잘 맞는 방식을 택하면 된다. 한 예로, 일단의 버스들이 오디오 라이브러리의 핵심부 안에서 관리되며 버스마다 고유한 ID(문자열이나 정수 값 등)가 부여되는 상황을 생각해보자. 그런 경우, 개별 음원을 제어하는 버스를 만들 때 그 버스의 ID 값을 개별 음원의 생성 매개변수로 지정한다. 그러면 새로 생성된 음량 버스 자체를 오디오 시스템이 관리하는 특정 음량 버스에 부착할 수 있다.

음량 버스를 구현하는 코드는 상당히 간단하다. 최소의 구성이라면, 음량 버스 클래스(또는 구조체)는 음량을 담는 변수와 그 클래스(또는 구조체) 형식의 포인터 하나만으로 구성된다. 그 포인터는 트리의 자식 노드에서 부모 노드로의 연결을 나타낸다(전통적인 트리와는 방향이 반대이다). 목록 6.3.1이 그러한 음량 버스 클래스의 예이다.

목록 6.3.1　--

```cpp
class VolumeBuss
{
public:
    VolumeBuss()
    {
        m_Volume = 0.0f;
        m_DownstreamBuss = NULL;
    }
    void SetDownstreamBuss(VolumeBuss * buss)
    {
        m_DownstreamBuss = buss;
    }
    void SetVolume(float volume)
    {
        m_Volume = volume;
    }
    float GetVolume() const
    {
        float vol = m_Volume;
        if(m_DownstreamBuss)
            vol *= m_DownstreamBuss->GetVolume();
        return vol;
    }
private:
    float m_Volume;
    VolumeBuss * m_DownstreamBuss;
};
```

이 예에서 보듯이, 가장 간단한 형태의 음량 버스는 단지 하나의 음량 값과 다른 버스와
의 연결 정보로만 구성된다.

음량의 표현과 결합

주어진 사슬의 여러 음량 제어 객체들의 최종 결과를 계산하는 방법을 이야기하려면 우
선 디지털 세계에서 음량 제어의 성질을 짚고 넘어갈 필요가 있다. 대부분의 최근 하드웨
어들과 API들에서 음량 계산은 감산적인 공정으로 이루어진다. 일반적으로 원본 파형의
초기 음량은 신호 대 잡음비가 좋게 나오도록(또는, 경우에 따라서는 서로의 농석 범위가
좋도록) 설정된다. 프로그램 안에서는 그러한 초기 음량을 줄일 수반 있나. 즉, 원래의 파
형을 증폭하는 것은 일반적으로 불가능하다. 체감 음량의 축소는 로그 축척을 따른다. 데

시벨(decibel, dB)이라는 단위가 바로 그러한 성질을 반영한 음량 표현 단위이다. 한편, 음량을 그냥 원래 음량과 축소된 음량의 비율(0에서 1까지의 부동소수점 값)로 표현하기도 한다.

어떤 단위를 사용하든, 두 음량 값을 결합하는 방법은 간단하다. 비율의 경우에는 두 값을 곱하면 되고, 로그 축척의 데시벨 값들은 더하면 된다. 예를 들어 두 음량 제어 객체의 데시벨이 각각 -3dB과 -4dB이면 최종적인 음량은 -7dB이다.

효율성 관련 사항

오디오 믹싱을 CPU 자체에서 소프트웨어 방식으로 수행하는 경우에는 매 갱신마다 음량을 변경하는 것이 상당히 비효율적일 수 있음을 주의해야 한다. 비효율성을 피하는 한 가지 방법은, 음량 버스 사슬에서 계산한 최종 음량을 보존해 두고, 이전과 비교해서 달라진 경우에만 실제로 음량을 변경하는 것이다. 이러면 활성 사운드 버퍼의 음량을 쓸데없이 변경할 필요가 없다.

다소 복잡한 방식으로 느껴질 수도 있겠지만, 별로 어렵진 않다. 목록 6.3.2는 이러한 방식을 의사코드로 나타낸 것이다.

목록 6.3.2

```
// 주기적인 갱신 함수 안에서
NewVolume = VolumeBuss.GetVolume();
if (NewVolume != CachedVolume)
{
    SoundBuffer.SetVolume(NewVolume);
    CachedVolume = NewVolume;
}
```

아니면 이러한 판정을 오디오 버스 클래스 자체에서 수행하게 만들 수도 있다.

기타 개선안들

이 시스템의 가장 실용적인 용도 하나는 이 시스템을 페이드인/아웃과 엔빌로프 제어 시스템을 위한 전용 음량 버스들에 사용하는 것이다. 그런 자동화된 공정을 음량 버스 클래스 자체에 집어넣는 것도 좋은 방법일 수 있다. 그렇게 하면 사슬의 임의의 노드를 자동적인 페이드인/아웃 효과를 만들어내는 메커니즘으로 지정할 수 있다. 심지어, 완전한 ADSR 엔빌로프([Boer04]) 같은 좀 더 정교한 제어를 위한 노드를 추가하는 것도 가능하다. 그러한 수단들을 갖추었다면, 예를 들어 모든 소리를 페이드아웃시키는 작업을 다음과 같은 C++ 코드 한 줄로 지정할 수 있게 된다.

```cpp
// 2초 동안 모든 소리를 페이드아웃한다.
AudioManager::getVolumeBuss(ID_MASTER)->fadeout(2.0);
```

결론

오디오 라이브러리의 음량 제어라고 하면 상당히 사소한 기능처럼 들릴 수도 있겠지만, 이를 대충 설계하고 말면 게임 오디오 설계에 불필요한 제약과 생략이 가해지는 결과가 빚어질 수 있다. 오디오 라이브러리에 이 글의 기본석인 음랑 세어 버스 사슬을 도입힌다면, 향후 새로운 설계 과제가 주어진다고 해도 오디오 라이브러리의 구현을 크세 뜯어 고칠 필요가 없다.

이 글을 통해서, 음량 제어 같은 간단한 구성요소라도 설계에 공을 들이면 큰 이득을 얻을 수 있음을 깨달을 수 있었을 것이다. 초기에 시스템의 유연성을 높이는 데 조금만 투자한다면 나중에 설계를 뒤엎고 코드를 재작성하느라 낭비하는 시간을 크게 줄일 수 있다.

참조문헌

[Boer04] Boer, James, "Dynamic Variables and Audio Programming." *Game Programming Gems 4*, Charles River Media, 2004. 번역서는 "동적 변수와 음향 프로그래밍," *Game Programming Gems 4*, 성모문화사, 2005.

6.4 잠재 가청 집합

Dominic Filion
dfilion@hotmail.com

아무도 없는 숲에서 나무 하나가 쓰러졌다면, 그 소리가 날 것인가?

최근 몇 년간 EAX와 5.1 서라운드 사운드를 지원하는 콘솔들이 등장하면서, 게임 오디오 분야는 좀 더 정련된 사운드 체험을 제공한다는 목표에 한 걸음 더 다가설 수 있게 되었다. 그러나 음향 환경에 대한 알고리즘들의 다양함이나 복잡함은 시각적 효과를 위한 알고리즘들에 비하면 여전히 미미한 수준에 머물고 있다. 다행히, 그래픽을 위한 알고리즘들 중에는 오디오에도 적용할 수 있는 것들이 많다.

그래픽에서 거의 필수적으로 쓰이는 기법 중 하나인 은면 제거(가려진 면)는 장면의 물체들에 대해 다양한 알고리즘을 적용해서 실제로 관찰자가 보게 될 가능성이 아주 없는 것들은 제외시키는 절차를 말한다. 오늘날의 그래픽 분야에서 은면 제거는 대부분 최적화의 문제일 뿐이다. 응용프로그램에서 은면 제거를 엉망으로 수행하거나 아예 수행하지 않는다고 해도 비디오 카드의 z 버퍼링에 의해 자동적으로 은면 제거가 일어나기 때문이다. 그래픽의 은면 제거는 오디오 분야에서 은음(가려진 음) 제거에 해당한다. 은음 제거를 적용함으로써 수백 개의 음원들이 동시에 재생되는 음향 환경을 사실적으로 모형화할 수 있다. 그러한 은음 제거를 위해서는 플레이어의 위치에서 실제로 들리는 소리늘을 가려내는 알고리즘이 필요하다.

PVS의 기초

그럼 그래픽 분야에서 가장 흔히 쓰이는 은면 제거 알고리즘인 잠재 기시 집합(potentially visible set, PVS)을 개괄하고, 그것을 오디오 분야에 어떻게 적용할 것인지 살펴보자.

게임 레벨이 임의의 개수의 구역(또는 영역)들로 분할되어 있다고 할 때, 각 영역마다 그 영역의 임의의 위치에서 **보일만한** 다른 영역들을 미리(오프라인에서 또는 레벨 적재 과정에서) 계산해 두는데, 그러한 영역들의 집합이 바로 잠재 가시 집합이다. 렌더링 시점에서는 플레이어가 현재 있는 영역을 찾아낸 후, 그 영역의 PVS에 속하지 않는 영역들은 더 이상 처리하지 않는다. 이러한 개념을 오디오 분야에 적용한 것이 바로 잠재 가청 집합(potentially audible set, PAS)이다. 이에 대해서는 잠시 후에 좀 더 자세히 이야기하겠다.

본질적으로 PVS는 물체들의 가시성을 낙관적으로 추정한 것이다. 플레이어가 한 영역의 어느 지점에서 어느 방향을 보고 있느냐에 따라서는 그 영역의 PVS에 속한 영역들 중 실제로는 보이지 않는 영역들도 얼마든지 있을 수 있다(그림 6.4.1 참고). 이 때문에 **잠재**라는 말이 붙은 것이다.

PVS를 구성하는 영역들은 일반적으로 볼록 형태이다. 영역이 볼록꼴이어야 한다는 제한을 두면, 한 영역 안에서는 그 영역 안의 모든 것을 볼 수 있다고 가정할 수 있으므로 PVS 사전 계산 알고리즘이 아주 간단해진다.

PVS를 구성하는 영역들을 디자이너가 손으로 직접 정의할 수도 있으나, 보통은 BSP(binary space partitioning, 이진 공간 분할) 같은 알고리즘을 이용해서 레벨을 자동으로 볼록 영역들로 분할하게 된다.

PVS의 중요한 단점 하나도 짚고 넘어가자. PVS는 정적인 또는 준정적인 환경에 적합하다. 문이 열리거나 벽이 무너져서 시야가 확보되는 정도의 가변성은 처리하는 것이 가능하지만, 커다란 차폐물들이 계속해서 움직이는 환경에는 PVS가(따라서 PAS)가 그리 적합하지 않다.

PAS의 기초

PVS에는 음향 환경에 적용할만한 것들이 많이 있다. 그림 6.4.1은 같은 환경에서 빛과 소리가 상당히 비슷한 방식으로 행동함을 보여준다.

환경 안에서 빛은 눈에 직접 닿을 수도 있고 벽에 반사되어서 닿을 수도 있다. 후자는 반사나 주변광 조명 같은 효과를 낸다. 또한 빛은 유리 같은 일부 매체들을 통과할 수도 있다(그림 6.4.1의 '창'에 해당). 매체에 따라서는 빛의 색조가 바뀌기도 한다(빛의 주파수 전이에 의해).

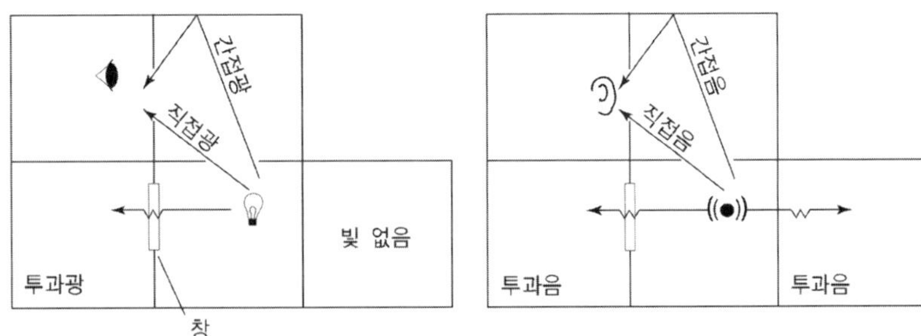

그림 6.4.1 빛의 행동과 소리의 행동의 유사성.

이런 특징들은 소리에도 해당된다. 소리는 귀에 직접 닿을 수도 있고 벽에 반사되어 닿을 수도 있다. 후자에 의해 반향음 같은 효과가 만들어진다. 소리도 여러 매체들을 투과(통과)한다. 사실, 소리가 빛보다 훨씬 다양한 매체들을 투과한다. 그러한 매체는 저주파 필터 역할을 한다. 이런 여러 음향 효과들의 속성과 습성은 매우 다양하므로, 직접음, 간접음, 투과음이라는 세 가지 범주로 일반화해서 살펴보기로 하자.

직접음 경로

발음체와 청취자 사이에 직접적인 경로가 존재하는 소리는 음색이 거의 변하지 않고 귀에 도달한다. 단, 거리가 멀다면 고주파 성분들을 감소시키는 효과가 적용될 수도 있다. 음원과 청취자 사이에 직접 경로가 존재하는지를 알아내려면 둘을 잇는 반직선이 다른 물체와 교차하는지를 판정해야 한다.

반직선을 음향 기하구조의 모든 다각형과 비교하는 방법은 대단히 비효율적이다. 직접음 경로 PAS를 이용한다면 청취자와의 직접 경로가 존재하지 않는 음원들을 좀 더 빠르게 제거할 수 있다. BSP를 이용해서 음향 기하구조를 볼록 영역들로 분할하고, 각 영역마다 그 영역으로부터의 직접 경로가 존재할 가능성이 있는 다른 영역들을 찾는다. 그러한 영역들의 집합이 바로 직접음 PAS이다. 음향 렌더링 시점에서는, 현재 청취자가 있는 영역의 PAS에 속한 영역들의 음원들에 대해서만 직접 경로 판정을 수행하면 된다.

소리의 경우에는 환경이 좀 덜 정확한 형태이여도 무방하므로, 음향 환경에 대해서는 실제 레벨 기하구조를 단순화한 버전을 사용해서 효율을 높일 수 있다. 상변 분할 단계에서, 음원이 존재하는 방들과 영역들을 감싸는 기본축 방향 평면들만 고려해서 BSP를 수행해도 된다.

그러면 음향 환경을 나타내는 일단의 입방체들의 집합이 만들어지게 된다. 환경의 세부적인 특징들이 조금 소실되긴 하지만, 그래도 음향 환경의 재현에서 플레이어가 알아챌 수 있을만한 차이는 생기지 않는다. 입방체보다 좀 더 복잡한 형태들을 사용한다면 가려진 음들을 보다 정교하게 제외시킬 수 있겠지만 대신 계산 비용이 늘어나게 되며, "정확한" 해를 얻고자 할 때보다 오히려 성능이 떨어질 가능성이 있다.

BSP는 음향 기하구조를 절반으로 나누는 과정을 재귀적으로 반복한다. 우선 레벨 기하구조 전체를 감싸는 전역 경계상자를 만들고, 그것을 음향 기하구조 다각형들의 평면에 따라 절반으로 나눈다. 그런 다음에는 그 평면의 앞, 뒤 중 어디에 위치하느냐에 따라 다각형들을 분류한다. 이런 식으로 영역과 다각형들을 절반으로 나누었다면, 두 절반 각각을 같은 방식으로 나눈다. 이러한 과정을 각 영역 안에서 나눌 다각형이 더 이상 남지 않게 될 때까지(즉, 영역의 경계를 형성하는 다각형들만 남을 때까지) 재귀적으로 반복한다. 여기서 BPS의 세부적인 사항을 자세히 이야기할 필요는 없을 것이다. 그러나 이 글의 내용을 제대로 이해하려면 BSP의 기초를 확실히 파악하고 있어야 하므로, 필요하다면 [BSP01] 같은 참고자료를 꼭 읽어보기 바란다.

BSP 절차를 수행하고 나면 음향 환경의 다각형들을 분할하는 평면들의 트리가 만들어진다. 이 BSP 트리에서, 음향 환경을 표현하는 개별 볼록 영역을 추출할 수 있다. 음향 환경을 위한 BSP를 구축할 때에는 항상 기본축 방향의 평면들만 분할 평면으로 사용하므로, BSP 영역들은 모두 각 면이 직사각형인 입방체 형태이다. 입방체들의 크기는 각각 다를 수 있다.

각 BSP 영역마다 그 영역이 비어 있는지 속이 차 있는지를 판정한다. 이러한 정보는 PAS를 계산할 때 유용하게 쓰인다. 트리의 모든 전면 BSP 말단 노드는 빈 영역이고, 반대로 모든 후면 BSP 말단 노드는 고형(solid, 속이 찬) 영역이다.

BSP에서 분할 평면의 방향은 그것이 나타내는 다각형의 법선 방향을 따른다. 따라서 한 BSP 분할 평면 뒤에 있는 영역은 고형 공간이라고 가정해도 안전하다. 단, 이는 음향 장면 기하구조가 어떠한 틈도 없이 연결되어 있으며 완전히 닫혀 있는 경우에 해당한다.

각 영역의 고형 여부를 판정해서 저장해 두었다면, 다음으로 할 일은 **포털**(portal)을 찾는 것이다. 포털은 두 영역 사이의 열린 통로를 정의하는 다각형이다. BSP 트리가 완성되었다면 포털을 찾는 것은 간단한 문제이다. 영역들의 모든 다각형을 훑으면서 빈 영역 사이의 다각형들을 찾으면 된다. 그런 다각형들이 해당 영역의 포털이다. 반대로, 빈 영역과 고형 영역을 연결하는 다각형들은 벽 표면으로 간주할 수 있다.

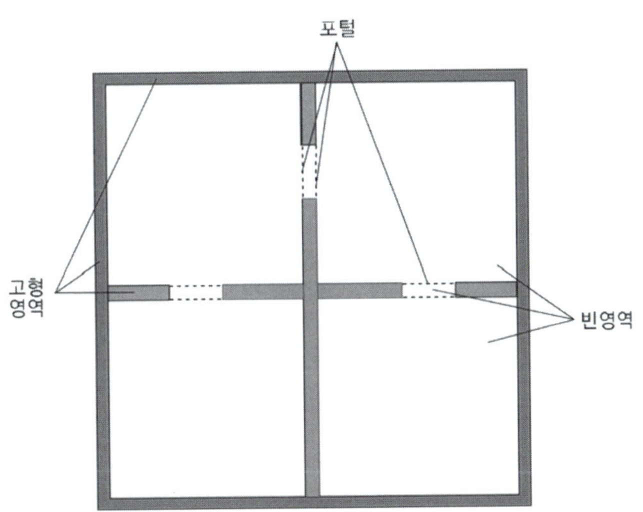

그림 6.4.2 고형 영역들과 빈 영역들, 포털들로 이루어진 음향 장면.

서로 다른 영역들을 연결하는 포털들을 모두 구했다면(그림 6.4.2), 이제 실제로 PAS를 계산할 수 있다.

그림 6.4.3과 같은 장면을 예로 들겠다. 영역 A의 음원이 내는 소리는 영역 A의 포털들을 지나서 다른 영역들에 도달한다. 즉, 영역 A의 포털을 통해 "볼" 수 있는 영역들은 영역 A의 음원과 직접 경로로 연결될 수 있다. 그럼 잠재 가청 집합을 관장하는 규칙들을 정의해 보자. 영역 A에서 나는 소리를 들을 수 있는 장소들은 다음과 같다.

- 영역 A 자신의 내부
- 두 수준까지의 포털 연결 영역들, 즉 영역 A의 포털로 직접 연결된 영역들과 그 영역들의 포털들로 연결된 영역들.
- 영역 A의 각 포털에 대해, 그 포털을 통해서 '보이는' 다른 모든 영역 즉, 영역 A의 한 포털과 영역 A에 연결된 영역의 한 포털이 정의하는 절두체 안에 포함되는 다른 영역들, 그리고 그 영역들에 대해 같은 과정을 재귀적으로 반복해서 찾은 다른 영역들.

첫 조건은 자명하다. 음원이 있는 영역 안에서는 당연히 직접 경로로 그 소리를 들을 수 있다. 둘째 조건 역시 그리 어렵지 않다. 영역 A 바로 옆의 영역 B나 그 B 바로 옆의 영역 C에서 직접 경로가 존재할 가능성이 있다. 그런데 우리의 최종 목표는 들릴만한 영역이 아니라 들릴 가능성이 없는 영역들을 찾아서 제외시키는 것임을 기억하기 바란다. 어떤 영역을 제외시키려면 위의 세 경우 모두에 해당하지 않아야 한다.

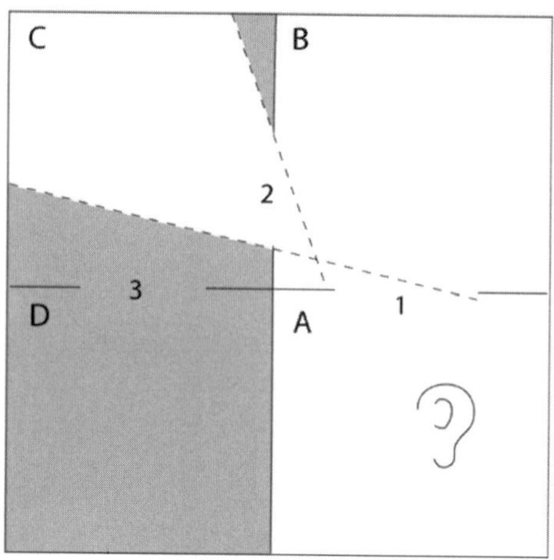

그림 6.4.3 영역 A의 직접 경로

셋째 조건에 대해서는 설명도 좀 필요할 것이며, 사실 계산하기도 가장 어렵다. 그림 6.4.3 에서 점선은 영역 A의 직접음 절두체로, 포털 1과 포털 2에 의해 결정된 것이다. 구체적 으로는, 포털 1의 좌변과 포털 2의 우변을 지나는 평면과 포털 1의 우변과 포털 2의 좌변 을 지나는 평면이 절두체의 좌, 우 평면을 결정한다. 상, 하 평면 역시 비슷한 방식으로 구 할 수 있다. 이러한 절두체는 플레이어가 영역 A 안에서 포털 1과 2를 통해 볼 수 있는 최 대 범위를 정의한다. 영역 A에서 영역 C의 한 점으로 직선을 긋는다고 할 때, C의 점이 이 절두체 영역에 포함되어 있지 않다면 벽을 통과하지 않고서는 직선을 그을 수가 없다.

그림 6.4.3을 보면 포털 3이 이 절두체에 포함되지 않음을 알 수 있다. 즉, 영역 D는 조 건 1과 2뿐만 아니라 3도 만족하지 않으며, 따라서 영역 A에 대한 잠재 가청 집합에서 제외해도 안전하다.

셋째 조건은 재귀적인데, 이는 한 포털이 다른 포털을 부분적으로 가리는 경우도 고려하 기 위한 것이다. 그림 6.4.4가 그러한 예로, 복도를 따라 여러 포털들이 겹치는 상황을 나 타낸다.

포털 2는 작은 영역만 직접 보거나 들을 수 있는 일종의 쪽문이다. 이 포털에 의해 절두 체가 작아져서, 포털 3을 통해 볼 수 있는 영역이 줄어든다. (포털 1과 포털 3만 있었다 면 왼쪽으로 훨씬 더 넓은 부분이 보였을 것이다.) 따라서 포털 3의 절두체가 작아진다. (이 경우 포털 2와 포털 3의 절두체들은 왼쪽 경계가 동일하다.) 포털 4는 그 절두체 바 깥에 있으므로, 포털 4 너머의 지역은 포털 1 너머의 지역에서 보일 가능성이 없다.

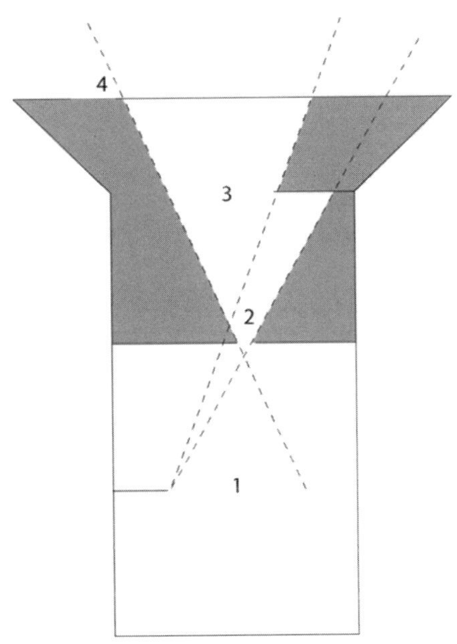

그림 6.4.4 여러 포털들이 겹쳐진 가청 영역.

이러한 영역들을 구하려면 포털들을 거치면서 차츰 절두체들을 잘라내야 한다. 목록 6.4.1에 이상의 방식으로 PAS를 구축하는 과정을 보여주는 의사코드가 나와 있다.

목록 6.4.1　PAS를 구축하는 의사코드 --

```
for ( DWORD i = 0; i < regionCount; i++ )
{
    CRegion* pRegionA = regions[i];
    for ( DWORD j = 0; j < pRegionA->GetPortalCount(); j++ )
    {
        CPortal* pPortal = pRegionA->GetPortal( j );
        pPortal->BeingTested( true );
        CRegion* pRegionB = pPortal->GetOtherSideRegion();
        pRegionA->AddToPAS( pRegionB );

        for ( DWORD k = 0; k < pRegionB->GetPortalCount(); k++)
        {
            CPortal* pPortal2 = pRegionB->GetPortal( k );
            CRegion* pRegionC = pPortal2->GetOtherSideRegion();
            pPortal->BeingTested( true );
            pRegionA->AddToPAS( pRegionC );

            TestRecursivePortals( pPortal, pPortal2 );
```

```cpp
                pPortal->BeingTested( false );
            }

            pPortal->BeingTested( false );
        }
    }

    void TestRecursivePortals( CPortal* pPortal, CPortal* pPortal2 )
    {
        CRegion* pRegionA = pPortal->GetThisSideRegion();
        CRegion* pRegionC = pPortal2->GetOtherSideRegion();
        CFrustum* pFrustum = FormFrustum( pPortal, pPortal2 );

        for ( DWORD i = 0; i < pRegionC->GetPortalCount(); i++ )
        {
            CPortal* pPortal3 = pRegionC->GetPortal( i );
            if ( pPortal3->IsBeingTested() )
                continue;
            pPortal3->BeingTested( true );
            // ClipPortal 멤버 함수는 포털 절단에 의해 다각형이 완전히
            // 제외되면 거짓을, 그렇지 않으면 참을 돌려준다.
            CPortal* pClippedPortal;
            if ( pFrustum->ClipPortal( pPortal3, pClippedPortal ) )
            {
                CRegion* pRegionD = pPortal3->GetOtherSideRegion();
                pRegionA->AddToPAS( pRegionD );

                TestRecursivePortals( pPortal, pClippedPortal );
            }
            pPortal3->BeingTested( false );
        }
    }
```

이 알고리즘을 적용하고 나면, 각 영역마다 그 영역과의 직접 음 경로가 존재할 가능성이 있는 영역들의 집합들이 만들어진다. 이제 실행시점에서 직접 음 경로들을 실제로 판정할 때에는 청취자가 있는 영역의 PAS에 속하지 않는 영역들을 안심하고 제외할 수 있다. 이 상이 PAS 알고리즘의 기본이다. 그럼 이를 좀 더 확장해서 다양한 효과를 내는 방법들을 살펴보자.

문과 창을 위한 동적 PAS

PAS 자료는 기본적으로 오프라인이나 레벨 적재 시점에서 미리 계산해 두게 되지만, 그

렇다고 게임 실행 도중 PAS가 변하지 말아야 하는 것은 아니다. 예를 들어 문이나 창이 열리거나 닫히면 그에 따라 음 전달 경로가 열리거나 닫혀야 한다.

이러한 변화를 처리하는 간단한 방법은 문이 열렸을 때와 닫혔을 때의 PAS 자료를 따로 준비해 두고 실행 시점에서 문의 상태에 따라 둘 중 하나를 사용하는 것이다. 그런데 두 경우를 위해 PAS 전체를 다시 계산하는 것은 비효율적이다. 좀 더 효율적인 방법은, 일 단 문이 닫힌 상황의 PAS를 계산해 둔 다음, 문이 열린 상황의 PAS는 그 문으로 보이는 부분만 다시 계산해서 얻는 것이다.

이런 과정을 거치면 전체 레벨에 대해 두 종류의 PAS 자료(문이 열린 상황과 닫힌 상황) 가 만들어진다. 그런데 두 PAS 자료는 아주 비슷할 것이며(대부분의 영역은 특정 문의 개폐 여부에 영향을 받지 않을 것이므로), 따라서 둘 중 한 상황에 대해서는 그 차이만 저장함으로써 저장 공간을 절약할 수 있다. 이를테면 열린 상황에 대해서는 레벨 전체의 PAS 자료를 저장해 두고 닫힌 상황에 대해서는 문이 닫혀서 더 이상 들리지 않게 되는 영역들에 대한 정보만 저장해 두는 식이다. 실행시점에서는 문이 열려 있으면 전체 PAS 를 사용하고, 닫혀 있으면 그에 해당하는 영역들을 바로 제외시키면 된다.

■ 확장된 PAS: 음의 투과

앞의 PAS는 소리가 음원에서 청취자로 직접 전달되는 경로만을 고려한 것이다. 그런데 소리는 고체를 통과해서 지나가기도 한다. 그런 현상을 음의 **투과**(transmission)라고 부른 다. 투과된 음은 원래의 음보다 둔탁한(또는 흐릿한) 느낌을 준다. 이러한 현상은 소리에 주파수 대역 필터를 적용해서 흉내낼 수 있다.

투과음 효과를 흉내내려면 우선 한 영역의 소리가 투과되는 다른 영역들을 찾아야 하는 데, PAS를 생성하는 데 쓰이는 분할 영역들과 포털들을 그러한 과제에 적용할 수 있다. 각 영역마다 다른 빈 영역으로의 포털들을 식별해서 저장해 두는 것과 마찬가지 방식으 로, 각 영역마다 다른 영역으로의 '벽', 즉, 빈 영역과 고형 영역을 연결하는 고형 포털을 식별, 저장해 둔다.

음을 재생할 때에는 음원이 있는 영역의 벽들을 통해서 소리를 다른 영역으로 투과시킨 다. 그러한 과정을 소리가 감쇠해서 소멸될 때까지 재귀적으로 반복한다. 목록 6.4.2가 그 러한 과정을 나타낸 의사코드이다.

목록 6.4.2 소리의 투과를 수행하는 의사코드 --------------------------------------

```
bool PropagateTransmittedSound( CRegion* pSrcRegion )
{
    if ( pRegion->PlayerIsInPAS() )
        return true;     // 직접 경로 - 투과할 필요가 없음.
    for ( DWORD i = 0; i < pSrcRegion->GetSolidPortalCount();
        i++ )
    {
        CPortal* pSolidPortal =
            pSrcRegion->GetSolidPortal( i );
        CRegion* pRegion =
            pSolidPortal->GetOtherSideRegion();
        MuffleSound(
            pSolidPortal->GetMufflingCoefficients() );

        if ( pRegion->PlayerIsInPAS() )
        {
            PlayMuffledSound();
            return true;
        }

        if ( pRegion->DistanceFromSource() <
            pSound->GetMaxDistance() &&
            PropagateTransmittedSound( pRegion ) )
                return true;

        UnMuffleSound( pPortal->GetMufflingCoefficients() );
    }
    return false;
}
```

투과에 의해 소리가 흐려지는 정도는 벽의 재질마다 다를 수 있다. 위의 코드는
GetMufflingCoefficients() 멤버 함수가 해당 벽의 재질에 따른 적절한 변조 계수를 돌려
준다고 가정한 것이다. 재질에 따른 계수들을 미리 계산해 둔다면 이러한 처리를 효율적
으로 수행할 수 있을 것이다.

확장된 PAS: 반사

마지막으로, 이 글의 내용들 중 물리적으로 가장 복잡한 음향 현상인 반사(reflection)를
살펴보도록 하자. 반향(reverb), 메아리 같은 효과들이 소리의 반사 때문에 생긴다. 외부
와 확실히 차단된 실내 환경에서는 소리가 복도를 따라 쉽게 울려 퍼진다. 그런 환경에서

는 소리가 모든 방향으로 복도들을 따라 전파된다고 가정함으로써 계산을 단순화할 수 있다.

이러한 현상은 음을 둘러싼 영역들에 대해 "홍수 채우기(flood-filling)" 알고리즘을, 소리가 청취자에 닿을 때까지 또는 소리가 일정 수준으로 감쇠할 때까지 적용해서 흉내낼 수 있다. 이를 통해 음이 복도들을 따라 반사되는 근사 최단 경로를 구할 수 있으며, 반사된 소리의 음량은 그 최단 경로와 청취자 사이의 거리를 이용해서 근사할 수 있다.

반사된 음을 적절한 곳에 배치하는 문제도 신경을 써야 한다. 음이 복도를 따라 반사되어 나가다 모퉁이를 돌았다면, 그 음을 청취자와 가장 가까운 포털에서(음원의 원래 위치가 아니라) 그때까지 감쇠된 음량으로 재생해야 한다. 이에 대한 코드가 목록 6.4.3에 나와 있다. 이 코드는 새로운 소리의 재생이 시작되거나 플레이어가 다른 영역으로 이동한 경우에만 실행하면 된다. 다행히 그런 경우들은 그리 자주 발생하지 않는다. 플레이어의 영역이 바뀌지 않으면 PropagateReflectedSound 함수는 여러 프레임동안 동일한 결과를 낸다.

목록 6.4.3　　소리의 반사를 위한 의사 코드 --

```
Void FindShortestDistanceReflectedSound( CRegion* pSrcRegion )
{
    CPortal* pClosestPortal = NULL;
    float fShortestDistance = FLT_MAX;
    if ( PropagateReflectedSound( pSrcRegion, NULL, 0.0f,
        fShortestDistance, pClosestPortal ) )
    {
        PlayReflectedSound(pClosestPortal, fShortestDistance );
    }
}

bool PropagateReflectedSound( CRegion* pSrcRegion,
                             CPortal* pSrcPortal,
                             float fCurrentDistance,
                             float& fShortestDistance,
                             CPortal*& pClosestPortal )
{
    if ( pSrcRegion->PlayerIsInRoom() )
        return true;
    if (fCurrentDistance < fShortestDistance )
    {
        fShortestDistance = fCurrentDistance;
        pClosestPortal = pSrcPortal;
```

```
    }
    if ( fCurrentDistance > pSound->GetMaxDistance() )
        return false;
    for ( DWORD i = 0; i < pSrcRegion->GetPortalCount(); i++ )
    {
        CPortal* pPortal = pSrcRegion->GetPortal( i );
        CRegion* pRegion = pPortal->GetOtherSideRegion();

        if ( !pSrcPortal )
        {
            if ( PropagateReflectedSound(pRegion, pPortal, fCurrentDistance
                + pSrcPortal->DistTo(pSound->GetPosition() ) ) )
                return true;
        }
        else
        {
            if ( PropagateReflectedSound(pRegion, pPortal,
                fCurrentDistance +
                pSrcPortal->DistTo( pPortal ) ) )
                return true;
        }
    }
}
```

결론

이 글에서 설명한 시스템은 임의의 복잡한 장면 안에서 재생되는 소리에 차폐, 투과, 반향 등의 효과들을 적용할 때 필요한 완결적인 환경을 제공한다. 컴퓨터 그래픽에 쓰이는 PVS를 오디오 분야에 적용한 PAS를 이용하면 주어진 음향 환경 안에서 청취자가 직접 들을 수 있는 음들을 빠르게 찾아낼 수 있다. PAS와 그것을 위한 BSP 구조를 적절히 확장해서 음의 투과나 반사 같은 효과들도 처리할 수 있다. 청취자에게 들리지 않을 소리들을 빠르게 제외시키는 PAS 시스템의 능력 덕분에, 수백 개의 음들이 동시에 재생되는 복잡한 음향 환경도 효율적으로 재현하는 것이 가능하다.

참조문헌

[BSP01] BSP Trees FAQ. 웹 *http://www.faqs.org/faqs/graphics/bsptree-faq.*

6.5

저렴한 도플러 효과

Julien Hamaide, Elsewhere Entertainment
julien.hamaide@gmail.com

3D 그래픽 렌더링 엔진들의 품질은 실사적인(實寫-) 수준에 접근하고 있다. 그러나 게임의 다른 분야들은 그렇지 못하다. 이 글은 게임 오디오의 사실성을 증가하는 한 수단으로, 음원이 움직여서 생기는 독특한 현상인 도플러 효과를 흉내내는 방법을 설명한다. 기본적으로는 실행 시점에서 음원이 낸 소리와 청취자가 듣는 소리를 동적으로 수정하는 방식이지만, 오프라인에서도 이를 사용하는 것이 가능하다(이를테면 동영상에 효과를 추가하는 등). 이글의 기법은 빠르고 손쉽게 구현할 수 있다.

도플러 효과

도플러 효과(Doppler effect)는 음원이 방출한 소리가 음원과 청취자의 상대적인 운동 경로 사이에 놓일 때 소리의 주파수가 다르게 느껴지는 현상을 가리킨다. 이러한 현상은 지각된(perceived) 파장의 변화에 의해 일어난다. 그림 6.5.1에 움직이는 음원의 파동들이 나와 있다. 청취자와 음원이 가까워지면 지각된 파장이 작아진다. 그러면 청취자는 실제보다 높은 소리를 듣게 된다. 도플러 효과는 예를 들어 구급차가 사이렌을 울리면서 지나갈 때 느낄 수 있다. 앰뷸런스가 지나쳐서 벌어지면 파동이 청취자에게 도달하기까지의 거리가 길어져서 청취자는 더 긴 파장을 지각하게 되고, 그 결과 높이(pitch)가 더 낮은 소리를 듣게 된다.

그럼 이러한 도플러 효과를 계산하는 데 필요한 수식들을 살펴보자. 그림 6.5.2에서 음원은 v_s의 속력으로 청취자에게 다가온다. 음원이 내는 소리의 주파수는 f_0, 파장은 λ_0, 주기는 T_0이다. 음원이 낸 소리의 첫 파면(wave front, 파동의 마루)의 속력 v는 약 340m/s

이다. 도플러 계산에서 속력은 움직이는 물체의 속도를 음원과 청취자를 잇는 축에 투영한 것이다. T_0초 후에 음원은 또 다른 파면을 방출한다. 이 때 첫 파면은 $v*T_0 = \lambda_0$만큼 이동한 상태이다. 그러나 음원 자체가 V_s*T_0의 거리를 이동했기 때문에 청취자는 다른 파장을 지각하게 된다. 지각된 파장을 구하는 공식은 다음과 같다.

$$\lambda' = v*T_0 - V_i*T_0 = (v - V_s)*T_0. \tag{6.5.1}$$

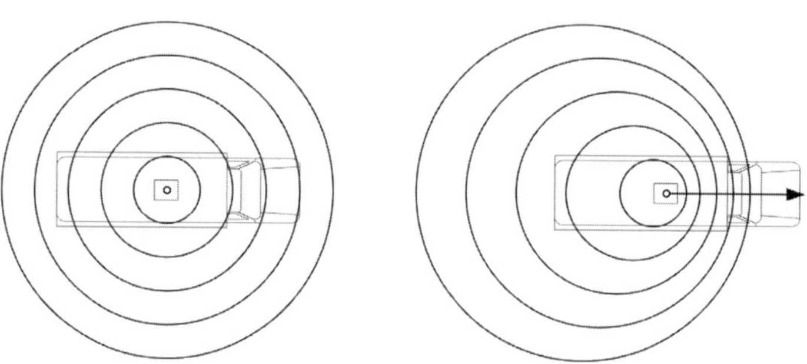

그림 6.5.1 움직이는 음원의 음파 전파.

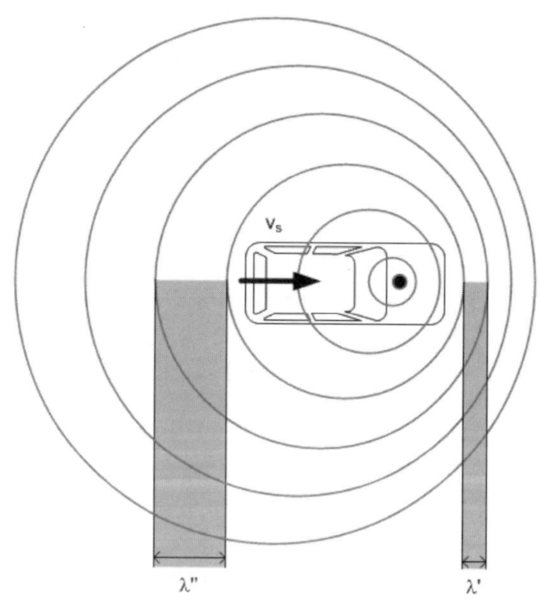

그림 6.5.2 지각된 주파수 계산.

관례상, 음원과 청취자가 가까워지면 속도 값의 부호는 양이고, 멀어지면 음이다.

λ'을 v로 나누고 적절히 정리해서 식 6.5.2와 6.5.3을 얻을 수 있다.

$$T' = T_0 \frac{v - V_s}{v} \qquad (6.5.2)$$

$$f' = f_0 \frac{v}{v - V_s}. \qquad (6.5.3)$$

청취자도 움직이는 경우에는 식 6.5.2와 6.5.3을 다음과 같이 표현할 수 있다. V_s는 음원의 속력이고 V_o는 청취자의 속력이다.

$$f' = \frac{v + V_o}{v - V_s} f_0 \qquad (6.5.4)$$

$$T' - \frac{v - V_s}{v + V_o} T_0. \qquad (6.5.5)$$

실용적인 관점에서 보자면 도플러 효과는 음 재생 속도의 증가 또는 감소에 해당한다. 이를테면 레코드 턴테이블을 빨리 돌릴 때 소리가 높게 느껴지고, 느리게 돌리면 낮게 느껴지는 것에 비유할 수 있다. 이 글에서 말하는 도플러 효과의 시뮬레이션 역시 바로 그러한 방식으로 구현된다.

예제

수식들의 실제 적용 방법을 간단한 예를 통해 좀 더 살펴보도록 하자. 그림 6.5.3과 같은 상황을 가정한다. 그림에 나와 있듯이, 움직이는 것은 음원뿐이다. 식 6.5.4와 6.5.5에 쓰이는 속력은 음원과 청취자를 잇는 직선에 음원 속도를 투영한 것의 길이이다. 이 예에서

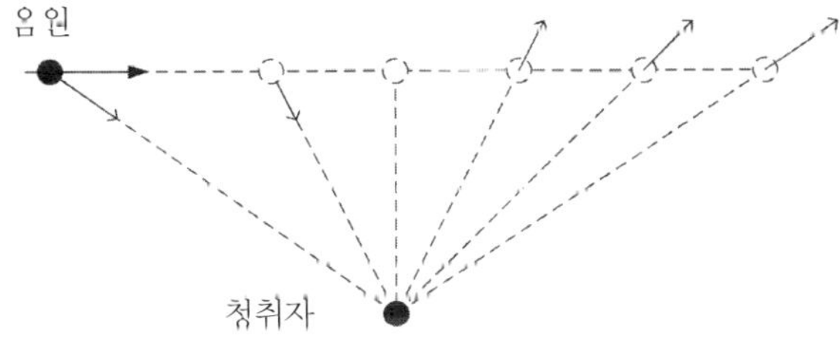

그림 6.5.3 음원만 움직일 때의 도플러 효과.

는 음원만 움직이므로, 그 속력이 음원과 청취자 사이의 거리의 변화량과 동일하다. 이 예에서는 거리로 속력을 계산할 때 속력의 해석적 표현을 더 쉽게 구할 수 있지만, 실제 응용에서는 속도 벡터를 축에 투영한 것을 사용하는 쪽이 더 나을 것이다.

이 예에서, 음원의 위치 P_s와 청취자의 위치 P_o는 식 6.5.6과 6.5.7로 주어진다.

$$P_s = (10 \cdot t, 1, 0) \tag{6.5.6}$$

$$P_o = (0, 0, 0). \tag{6.5.7}$$

둘의 거리는 다음과 같이 계산할 수 있다.

$$D = \sqrt{(10 \cdot t)^2 + 1}. \tag{6.5.8}$$

이 거리의 시간에 따른 변화량, 즉 시간에 대한 미분이 바로 식 6.5.4와 6.5.5에 사용할 속력 값이다. 식 6.5.9에 그러한 도함수를 구하는 공식이 나와 있다. 미분에 음의 부호가 붙어 있음을 주목하기 바란다. 실제로는 거리 D가 감소하면 미분 값이 음이 되지만, 음원과 청취자가 다가가면 속력이 양이라는 규칙 때문에 부호를 바꾼 것이다.

$$V_{s/o} = -\frac{dD}{dt} = \frac{100 \cdot t}{\sqrt{(10 \cdot t)^2 + 1}}. \tag{6.5.9}$$

ON THE CD 그림 6.4.5는 시간에 따른 음원의 속력(a)과 주파수 비율(b)을 나타낸 것이다. 부록 CD-ROM에는 이러한 도플러 효과를 들려주는 WAV 파일들이 수록되어 있다.

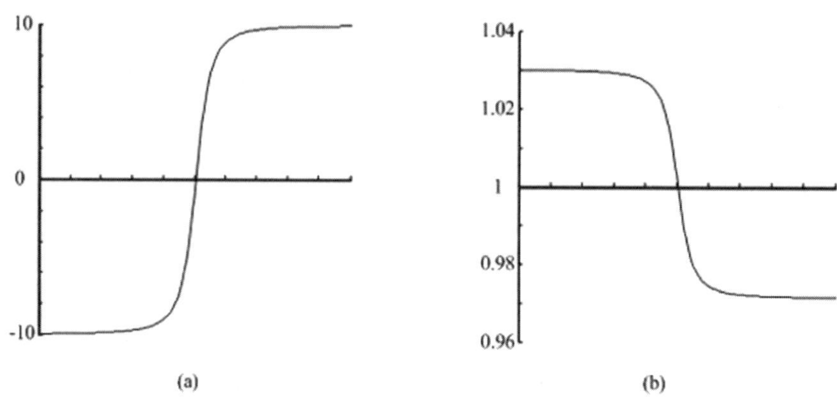

(a)   (b)

그림 6.5.4 (a) 상대 속력. (b) 주파수 비율

█ 도플러 효과의 구현

디지털 음은 실제 소리를 일정한 시간 간격으로 표본화한 이진 값들의 배열로 표현된다. 표본화의 간격 또는 주기를 T_s라고 표기하겠다. 이것의 역수가 표본율 또는 표본 주파수이다. 표본율은 F_s로 표기하겠다. 흔히 쓰이는 표본 주파수로는 44.1 kHz나 22.05 kHz가 있다. 도플러 효과를 적용하려면 음원이 발생하는 신호(표본)들의 재현 속도를 조정해야 한다. 이는 시간에 따른 파면 간격의 확대와 축소에 해당한다. 그러나 지각 신호, 즉 실제로 청취자에게 들려줄 신호는 원래의 표본 주파수대로 표본화해야 한다. 표본들의 배열에서, 특정 표본과 그것이 재생되는 시간 사이에는 식 6.5.10과 같은 간단한 관계가 성립한다. 여기서 i는 배열의 색인으로, 반드시 정수이어야 한다.

$$t = i \cdot T_s. \tag{6.5.10}$$

앞에서 말했듯이, 도플러 효과를 내려면 시간에 따른 확대와 축소에 맞게 주파수를 변경해야 한다. 식 6.5.5는 비율 T'/T_0이 오직 v(소리의 속력)와 V_s, V_o에만 의존함을 말해 준다. 즉, 주파수 비율과 주기 비율은 신호 자체와는 무관하다.

이제 식 6.5.4를 이용해서 시간을 간단히 수정함으로써 주파수를 변경할 수 있다. 식 6.5.11이 그러한 변조를 수행하는 데 쓰이는 공식이다. 원래의 신호와 지각된 신호의 표본화 주파수가 동일하다면, 그리고 두 신호의 T_s가 동일하다면, 식 6.5.10에서 t를 i로 대체할 수 있다는 사실을 활용해서 식을 단순화한 것이다.

$$t_{\text{src}} = R \cdot t_{\text{dst}} \equiv i_{\text{src}} = R \cdot i_{\text{dst}}, \text{ 여기서 } R = \frac{v + V_o}{v - V_s}. \tag{6.5.11}$$

아래 첨자가 src인 t와 i는 원래의(음원이 방출한) 신호의 시간과 색인이고 dst인 것들은 지각된 신호의 신호와 색인이다. 결과적으로, 지각된 신호와 원래의 신호의 관계를 식 6.5.12로 표현할 수 있다.

$$S_{\text{dst}}(i_{\text{dst}}) = S_{\text{src}}(i_{\text{src}}) = S_{\text{src}}(i_{\text{dat}} \cdot R) \tag{6.5.12}$$

그런데 i_{dst}는 정수이나 R은 아니다. 따라서 $i_{\text{dst}} \cdot R$도 정수가 아니다. 이 문제를 해결하기 위해서는 보간을 사용해야 하는데, 잠시 후에 간단하면서도 결과 역시 나쁘지 않은 보간 방법을 이야기하겠다.

이상의 알고리즘을 코드로 나타내면 다음과 같다.

```
void apply_doppler( int * src_signal, int *dst_signal,
    float ratio, int frame_sample_count )
{
    for( int i=0; i< frame_sample_count; i++)
    {
        dst_signal[i] = src_signal[i*ratio];
    }
}
```

앞에서 언급했듯이 i*ratio가 반드시 정수인 것은 아니다. 그럼 이 문제를 살펴보자.

선형 보간

그림 6.5.5a는 원래의 신호를 나타낸 것으로, 곡선 위의 점들은 표본화된 값들이다. 표본 배열에 정수 색인으로 접근해서 얻을 수 있는 것은 이 값들뿐이다.

두 점 사이에 있는, 즉 정수가 아닌 색인에 해당하는 값을 알아내려면 그 색인 앞, 뒤의 정수 색인에 해당하는 두 값을 원하는 지점과 정수 색인 지점 사이의 거리에 비례해서 보간해야 한다. 다음이 그러한 코드이다.

```
int interpolate( int* source_array, float wished_index )
{
    int index = (int) floor( wished_index );
    float delta = wished_index - index;

    return (int) ( source_array[index] * ( 1.0f - delta )
        + source_array[index+1] * ( delta ) );
}
```

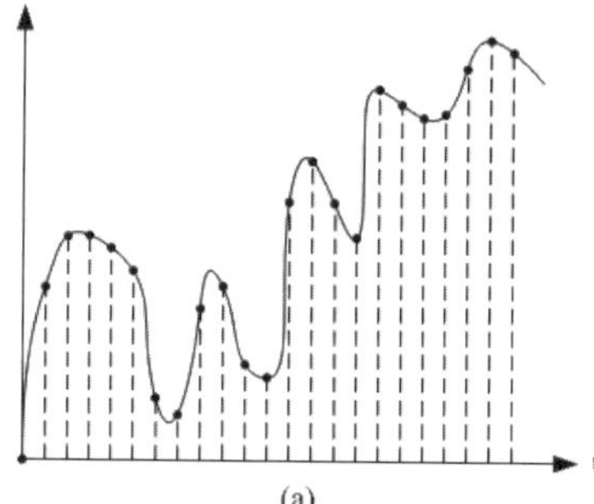
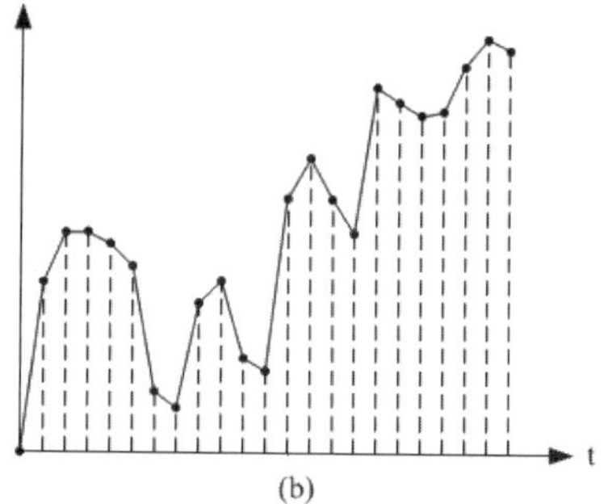

그림 6.5.5 표본화된 신호(a)와 선형 보간(b).

이제 앞의 도플러 효과 코드 중

```
dst_signal[i] = src_signal[ i*ratio];
```

를 다음과 같이 변경한다.

```
dst_signal[i] = interpolate( src_signal, i*ratio );
```

비율 R을 이용한 색인 계산의 최적화

식 6.5.11에 나와 있듯이, i_{dst}는 i_{src}와 R로 계산한다. 이 공식을 그대로 사용한다면 각 표본마다 곱셈을 수행해야 하지만, 다행히 곱셈을 덧셈으로 대체하는 방법이 있다. 도플러 효과 알고리즘의 루프에서 표본 색인 i_{dst}는 1씩 증가하며, 따라서 식 6.5.13처럼 매 단계마다 그냥 R을 i_{src}에 더하면 된다.

$$(i+1)_{src} = R \cdot (i+1)_{dst} = R \cdot (i_{dst}+1) = R \cdot i_{dst} + R = i_{src} + R \tag{6.5.13}$$

다음은 이를 이용해서 코드를 최적화한 것이다.

```
void apply_doppler( int * src_signal, int *dst_signal,
    float ratio, int frame_sample_count )
{
    float isrc;
    for( int i=0, isrc=i; i< frame_sample_count; i++, isrc +=
        ratio)
    {
        dst_signal[i] = interpolate( src_signal, isrc );
    }
}
```

가변 속력

음원과 청취자의 상대 속력이 일정한 경우도 있으나, 그보다는 상대 속력이 변하는 경우가 더 많다. 앞에서 살펴본 예의 경우, 음원의 상대 속력은 그림 6.5.4a처럼 변한다. 따라서 식 6.5.11의 비율 R도 계속 변한다. 각 표본마다 매번 비율을 다시 계산한다면 최상의 결과를 얻을 수 있겠지만, 대신 매번 나눗셈을 수행해야 하므로 CPU 부담이 너무 커지고 만다.

다행히 보간을 이용해서 비율 계산 비용을 줄일 수 있다. 그림 6.5.4b와 같은 비율 곡선을 여러 개의 선분들로 근사해서 각 지점의 값들을 저장해 두고, 각 프레임에서는 현재 시간에 해당하는 선분의 시작점과 끝점을 얻어 그것을 선형 보간해서 비율을 구하면 된다. 프레임 길이가 아주 짧기 때문에, 오차는 청취자가 그 차이를 거의 느낄 수 없을 정도로 작다. 그림 6.5.6이 그림 6.5.4b의 곡선을 조각별로 근사한 모습인데, 근사점들이 잘 드러나도록 프레임 길이를 실제보다 늘인 것이다. 프레임 길이가 일정하지 않은 것은 실제로 게임 엔진에서 프레임 간격이 일정하지 않은 경우가 많다는 점을 반영하기 위한 것이다.

다음은 이러한 비율 변화를 고려한 코드이다.

```
void apply_doppler( int * src_signal, int *dst_signal, float ratio_start,
                    float ratio_end, int frame_sample_count )
{
    float isrc;
    float delta_ratio = ( ratio_end - ratio_start )/(sample_count-1);
    float ratio = ratio_start;

    for( int i=0, isrc=i; i< frame_sample_count;
        i++, isrc += ratio)
    {
        dst_signal[i] = interpolate( src_signal, isrc );
        ratio += delta_ratio;
    }
}
```

ON THE CD 완전한 소스 코드가 부록 CD-ROM에 수록되어 있다.

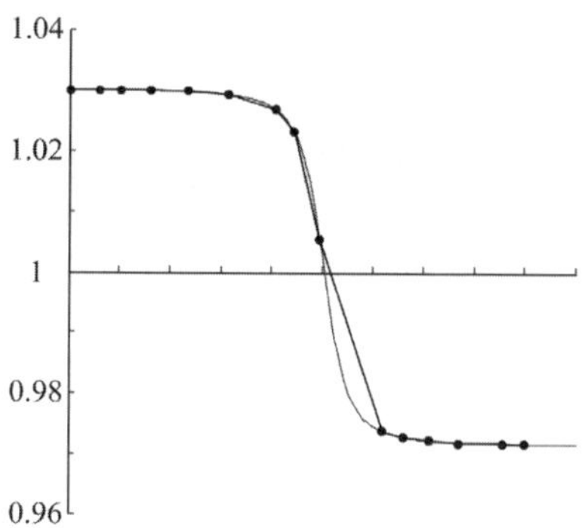

그림 6.5.6 주파수 비율을 조각 별로 근사한 결과.

주파수 변조의 정밀도를 높이고 싶다면 함수 호출 당 점들의 개수(frame_ sample_count)를 줄여보시길. 오프라인 처리의 경우에는 새 표본마다 식 6.5.11을 적용해서 최상의 결과를 얻을 수 있다.

앨리어싱

청각 신호의 변환에 의해 청각적인 결함이 생길 수도 있다. 이 부분에도 표본화 이론이 적용된다. 확장이나 변형에 의해 주파수 공간도 변하게 된다. 음의 재생을 가속하면 고주파 대역이 늘어난다. 그림 6.5.7은 한 음의 주파수들(실선)과 그것을 가속한 후의 주파수들(점선)을 나타낸 것이다. 신호를 느리게 재생할 때에는 주파수 대역이 줄어든다.

이에 의해 신호의 앨리어싱(aliasing) 문제가 발생한다. Nyquist의 이론에 따르면, 신호에 해당 표본화 주파수의 절반보다 큰 주파수 대역이 존재하면 신호에 비정상적인 음(잡음)이 추가된다. 이러한 앨리어싱의 실질적인 예와 수학적 배경을 [Wiki05]에서 볼 수 있다.

도플러 효과를 위해 신호를 더 높은 값들로 가속하면 주파수들이 Nyquist 한계를 넘어가서 앨리어싱이 발생할 수 있다. 따라서 앨리어싱을 피하려면 비율을 일정한 최대값으로 제한할 필요가 있다.

그러나 현실적인 관점에서 보자면, 음원이 상당히 빠른 속력인 100m/s(360km/h)로 움직인다고 해도 R은 1.0에서 크게 벗어나지 않는다(식 6.5.14). 음의 스펙트럼에 Nyquist 한계에 가까운 대역이 존재하지 않는다면 앨리어싱 문제는 결코 발생하지 않는다.

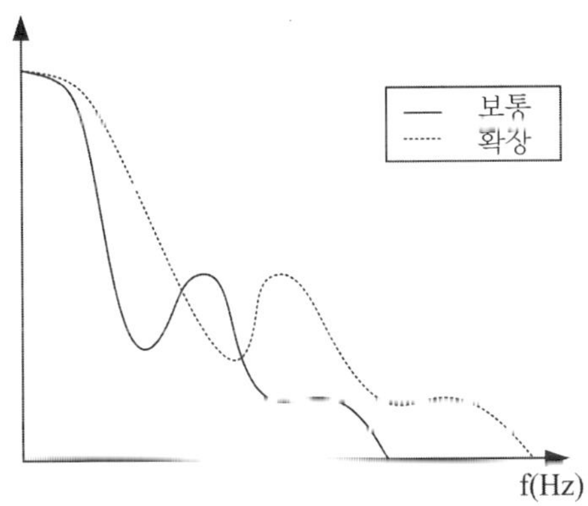

그림 6.5.7 주파수 대역의 확장.

$$R = \frac{v + V_o}{v - V_s} = \frac{340 + 0}{340 - 100} \approx 1.4$$

$$R = \frac{v + V_o}{v - V_s} = \frac{340 + 0}{340 + 100} \approx 0.8 \tag{6.5.14}$$

구현

CD-ROM에 수록된 예제 구현은 게임 엔진의 실제 조건을 충실히 반영하려고 노력한 것이다. 이 예제는 기본적으로 신호를 프레임 당 40ms로 처리한다(이는 초 당 25프레임에 해당한다). 그러나 가변 프레임 방식의 엔진을 흉내내기 위해 각 프레임의 기간을 약간 무작위로 변동시킨다. 독자의 게임에 바로 사용할 수 있도록, 본문의 `apply_doppler`를 클래스 형태로 캡슐화해 두었다.

결론

도플러 효과는 음원이 청취자에게 다가가거나 멀어질 때 청취자가 지각하는 소리가 달라지게 만드는 물리적 현상이다. 이 현상은 항상 존재하나, 사람은 상대 속력이 빠를 때에만 인식한다. 이 글은 그러한 효과를 간단하고도 효율적으로 흉내내는 한 가지 방법을 제시한다. 이 글의 기법을 이용하면 낮은 비용으로도 오디오 환경의 사실감을 높일 수 있다. 또한 오프라인에서 효과음을 생성하는 데에도 사용할 수 있다. 한 번 써 보시길!

자료

[Wiki05] Wikipedia, "Aliasing." 2004년 12월. 웹 *http://en.wikipedia.org/wiki/Aliasing.*

6.6

실시간 DSP 효과 흉내내기

Robert Sparks, Radical Entertainment
sparks.robert@gmail.com

방안의 라디오에서 음악이 흘러나오는 비디오 게임의 한 장면이 있다고 하자. 플레이어가 그 방 안에 있다면 라디오 소리가 명확히 들릴 것이다. 그러나 플레이어가 방 밖으로 나가는 경우에는 라디오 소리의 음량이 줄어들고 음색이 둔탁해지는 효과를 표현해야 한다. 음의 "차폐(occlusion)"에 의한 이러한 음량, 음색의 변화는 동적, 실시간 DSP 효과들 중 하나에 속한다. 차세대 콘솔들은 이러한 효과를 직접 지원한다. 그러나 동적 실시간 DSP 효과를 지원하지 않는 하드웨어를 대상으로 하는 게임을 만들 때에는 이런 효과를 소프트웨어에서 흉내내야 한다.

이 글에서는 임의의 플랫폼에서 임의의 DSP 효과를 흉내내는, 구현하기가 간단하면서도 대단히 강력한 기법 하나를 소개한다.

개요

동적 실시간 효과를 가짜로 흉내낼 때의 핵심은 대부분의 작업을 오프라인에서(게임 자산을 작성할 때) 수행해 두는 것이다. 보통의 경우에는 단일 채널 사운드 파일들을 만들게 되지만, 이 경우에는 여러 채널들을 담을 수 있도록 특별히 고안된 사운드 파일을 작성한다. 이러한 다채널 파일의 한 채널에는 가공되지 않은 원래의 소리가 들어 있다. 그 외의 모든 채널은 원래 소리를 적절히 변조한 결과를 담는다. 라디오의 예라면, 한 채널에는 가공되지 않은 라디오 소리를 저장하고, 또 한 채널에는 벽을 통해 들려오는 라디오 소리를, 또 다른 채널에는 라디오를 물속에서 든 것 같은 소리를 담을 수 있을 것이다.

실제 게임에서는 다채널 사운드 파일의 각 채널을 해당 발음체의 위치에 위치적 사운드 (positional sound) 음원으로서 배치한다. 여러 채널들을 물리적으로 동일한 위치에 배치하므로, 해당 발음체가 내는 소리는 그 채널들 모두가 결합된 결과이다. 그러나 각 채널마다 주 음량을 따로 설정할 수 있기 때문에, 상황에 따라서는 채널의 음량을 조정함으로써 특정 채널의 소리를 강조할 수도 있다. 그 결과, 하드웨어로 DSP 효과를 적용했을 때와 대단히 비슷한 소리를 얻는 것이 가능하다.

■ 사례: 방 안의 라디오 음악 소리

이해를 돕기 위해, 앞에서 언급한 라디오의 예를 좀 더 살펴보자. 이 예와 관련된 소스 코드 및 WAV 파일들이 부록 CD-ROM에 수록되어 있으니 설명과 함께 참고하면 좋을 것이다.

흉내내고자 하는 시나리오는 이런 것이다. 게임의 한 방 안에 라디오가 배치되어 있으며 그 라디오에서는 음악이 흘러나온다(그림 6.6.1). 처음에는 청취자(플레이어)가 그 방 안에 있다. 이때에는 음악 소리가 크고 또렷하다. 그러나 플레이어가 방에서 나가면 즉시 라디오 소리가 작고 흐릿해져야 한다.

이러한 시나리오를 구현하려면 두 개의 채널로 된 사운드 파일을 만들어야 한다. 한 채널에는 방 안에서 들리는, 필터링되지 않은 소리를 담고, 또 다른 채널에는 방 밖에서 들리는 필터링된 소리를 담는다(그림 6.6.2).

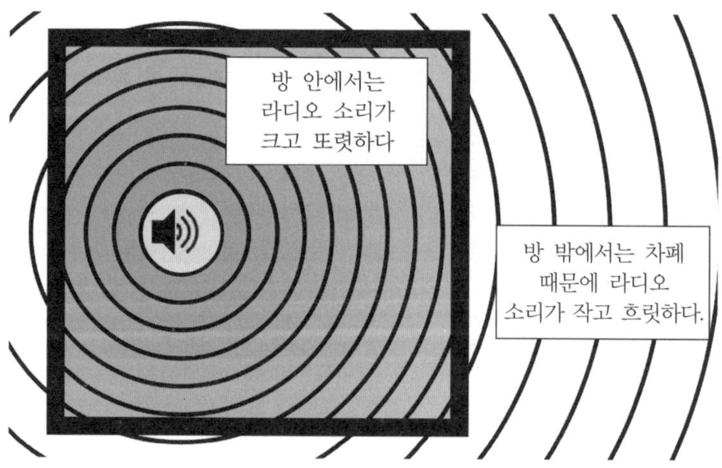

그림 6.6.1 방 안의 라디오 소리는 방 안에서는 또렷하나 방 박에서는 차단되어 들린다.

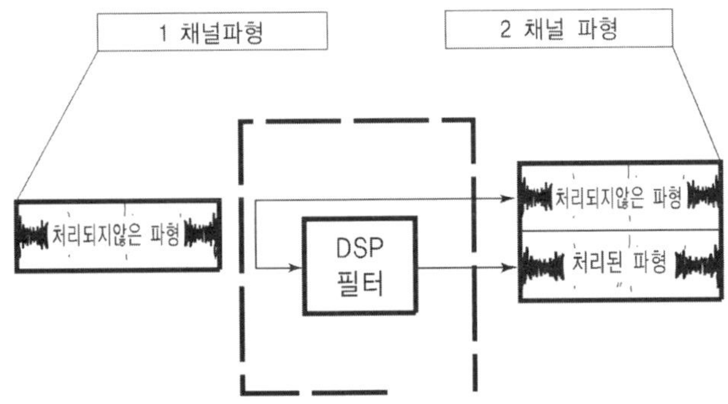

그림 6.6.2 다채널 사운드 파일 준비.

게임에서 다채널 라디오 소리 파일을 재생할 때에는, 채널들을 라디오가 있는 곳에 위치적 음원으로서 배치하고 동시에 재생하되 청취자의 위치에 따라 각 채널의 음량을 적절히 설정한다. 처음에는 청취자가 방 안에 있으므로(그림 6.6.3의 L1) 처리되지 않은 채널의 음량을 올리고 처리된 채널의 음량을 완전히 줄인다. 그러면 처리되지 않은 채널만 들리므로 라디오 소리가 크고 또렷하다.

청취자가 방을 나가면 처리되지 않은 채널의 음량을 줄이고 처리된 채널의 음량을 올려서 처리된 채널만 들리게 한다(그림 6.6.3의 L2). 이에 의해, 라디오 소리가 벽에 차폐되어서 뭉툭해지는 효과가 생긴다.

이 예에서는 한 채널에서 다른 채널로의 교차 페이딩(cross fading)을 일정 시간동안 점진적으로 수행함으로써 대단히 그럴듯한 효과를 얻을 수 있다. 음량 제어 방식에 대해서는 잠시 후에 좀 더 이야기하겠다.

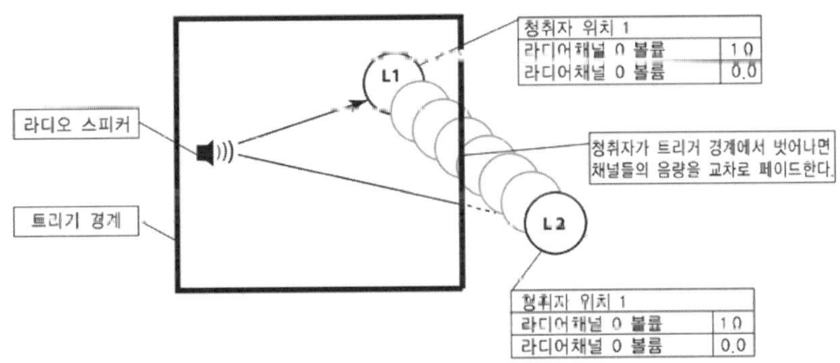

그림 6.6.3 채널 음량들을 조절해서 차폐 필터링을 흉내낸다.

■ 상수 효력 음량 곡선

다채널 파일의 채널 음량들을 조정할 때에는 한 소리가 아예 다른 소리로 교체된다는 느낌 없이 파일의 전체적인 소리가 자연스럽게 변하도록 해야 한다. 그러려면 모든 채널의 총 효력(power)이 항상 한 채널만을 최대 음량으로 재생했을 때의 효력과 같아야 한다 (그림 6.6.4). 부록 CD-ROM에 수록된 구현은 항상 채널들의 총 효력을 일정하게 유지한다.

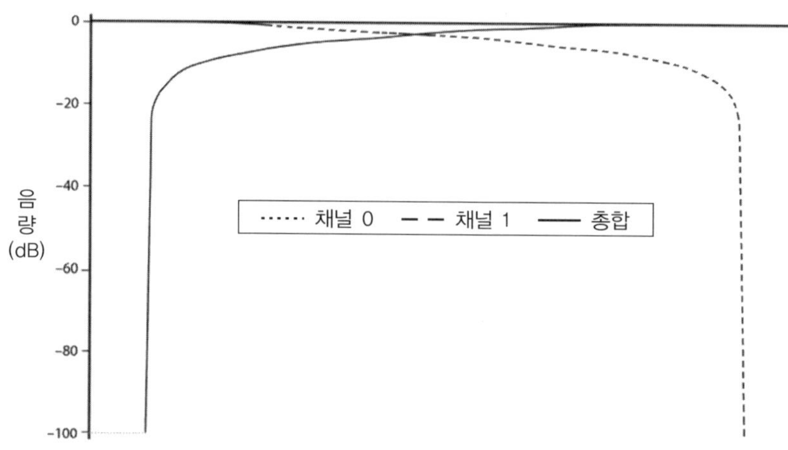

그림 6.6.4 두 채널 음량들이 일정한 총 효력을 유지한다.

■ 고급 채널 음량 제어

앞의 간단한 예에서는 청취자가 트리거 경계를 벗어날 때부터 고정된 속도로 채널 음량들을 교차 페이드시키는 방법을 사용했다. 그러한 방법은 청취자가 한 환경에서 다른 환경으로 잘 정의된 경계를 넘어갈 때에 잘 맞는다.

좀 더 그럴듯한 효과가 필요하다면 음량의 교차 페이딩 방식을 좀 더 세밀하게 제어해야 한다. 예를 들면 청취자의 이동 속력에 비례해서 교차 페이딩을 진행할 수도 있다.

더 나아가서, 청취자의 위치 이외의 요인으로 채널 음량들을 제어할 수도 있다. 예를 들어 플레이어 캐릭터가 큰 부상을 입은 경우 주변 소리가 희미하게 들리게 하는 것도 재미있을 것이다.

다채널 파일과 DirectSound

이 글의 기법을 DirectSound로 구현하려면 다채널 파일을 위치적 음으로서 재생하는 기능을 DirectSound가 직접적으로 지원하지는 않는다는 문제를 해결해야 한다. 부록 CD-ROM의 예제 코드에 그러한 기능성을 제공하는 DirectSound 래퍼 클래스들이 수록되어 있으니 참고하기 바란다.

비용과 이득

이 기법의 주된 장점은 어떠한 하드웨어에서도 원하는 DSP 효과를 흉내낼 수 있다는 것이다. 어떤 방법을 사용하든 원하는 효과가 적용된 음원 자료만 준비하면 된다. 예를 들어 채널들을 직접 녹음할 수도 있다. 라디오의 예라면, 방 안과 방 밖에 따로 마이크를 두고 라디오 소리를 녹음하면 된다.

이 기법을 하나의 다채널 파일 대신 여러 개의 단일 채널 파일들을 이용해서 구현할 수도 있다. 그러나 다채널 파일은 긴 소리를 추가적인 디스크 탐색 없이 디스크에서 스트리밍할 수 있다는 이점을 제공한다.

이 기법에 따르는 비용은 한 소리의 여러 버전들을 메모리에 담아 두고 동시에 재생해야 한다는 점에서 비롯된다. 따라서 보통의 경우보다 메모리와 하드웨어 성부(voice)들이 좀 더 빨리 소모된다. 그래서 게임의 모든 음원에 대해 항상 이러한 기법을 적용하는 것이 불가능할 수도 있다. 이 기법으로 가장 큰 비용 대비 이득을 얻는 방법은 중요한 효과음 몇 가지에 대해서 극적인 DSP 효과를 적용하는 형태일 것이다.

결론

이 글의 기법을 이용하면 어떠한 대상 하드웨어서도 임의의 DSP 효과를 흉내낼 수 있다. 이를 통해서, 다른 방법으로는 구현할 수 없을만한 다채로운 음향 환경을 만들어낼 수 있을 것이다.

■ 감사의 글

이 글의 작성에 도움이 된 Bill Gates, Corinna Hagel, Borut Pfeifer에 감사한다. 그리고 풍부한 사운드 프로그래밍 지식을 제공한 Tim Hinds에게도 감사한다.

SECTION

07

네트워크 및 다중 플레이어

Scott Jacobs, Virtual Heroes
scott@escherichia.net

네트워킹/다중 플레이어 전문가들의 걱정거리는 예나 지금이나 다름이 없어 보인다. 조금만 더 기다리면 대역폭이 너너한 세상이 올 것 같지만, 시가이 지나도 그런 일은 생기지 않는다. 새로운 그래픽이나 시뮬레이션 기법이 등장하면 그에 따라 더 많은 자료가 요구되고, 게임을 휴대전화 같은 플랫폼들로 이식하면 가용 대역폭이나 CPU 처리 능력에 대한 예상들을 뒤엎어야 한다. Thomas Di Giacomo들의 글은 3D 애니메이션 자료를 가용 대역폭과 능력에 맞게 적응시킴으로써 필요 이상으로 품질을 훼손하지 않고도 대역폭과 처리량을 줄이는 방법을 제시한다.

게임 네트워킹 전문가들은 대규모 다중플레이어 온라인 게임들에 큰 관심을 두고 있다. 이 분야의 주된 관심사는 전반적인 설계의 복잡도를 다루는 문제에서 비트 몇 개를 최대한 활용하는 문제에 이르기까지 그 규모가 다양하다. Viknashvaran Narayanasamy 외의 글은 거시적 문제에 해당하는 것으로, 게임에서 복잡한 행동이 창발되게 하는, 복잡계 개념들에 기초한 고수준 MMOG 게임 아키텍처를 설명한다. 반면, MMO 게임들에 적합한, 시스템 전체에서 고유한 게임 객체 식별자 생성 방법을 설명하는 김용하의 글에는 비트들을 과내한 활용만다는 미시지 규모의 기법이 포함되어 있다.

이전 글들의 가치를 폄하하지 않으면서 선혀 새로운 시각을 제공하는 글도 수록되었다. Peter Smith의 글은 아키텍처나 비트 활용 차원의 문제를 떠나서 게임 개발의 초기 조사 단계를 좀 더 빠르게 진행할 수 있는 흥미로운 접근방식을 제시한다. 그의 글은 시스템 아키텍처나 비트 활용 등 여러 복잡한 문제들이 이미 해결되어 있는 기존의 확장성 MMO 시스템인 Linden Lab이 세컨드 라이프(Second Life®)를 MMOG의 프로토타입 개발 환경으로 활용하는 방법에 대해 설명한다.

MMOG의 설계, 아키텍처, 프로토타이핑 등에 노력을 쏟아 붓는다고 해도, 플레이어들을 연결할 수 없다면 그 노력은 무용지물이 된다. NAT를 극복하는 방안은 *Game Programming Gems 5*의 Jon Watte의 글이 이미 다룬 바 있으나, 그 글의 기법은 UDP 프로토콜만을 고려한 것이었다. 이번 섹션에 실린 Larry Shi와 Ying Sha의 글은 현재 쓰이는 소비자용 NAT 기기들 대다수에 적용할 수 있는, NAT를 뚫는 동급간 TCP 연결 기법을 설명한다.

이번 섹션의 글들은 게임 개발 전문가들이 마주치는 다양한 문제점들을 다룬다. 선임 프로그래머이든, 디자이너이든, 아니면 네트워크 소프트웨어 엔지니어이든, 이 섹션의 글들에서 새로운 착안과 영감을 얻을 수 있을 것이며, 어쩌면 지금 만들고 있는 게임에 바로 써먹을만한 것을 찾아낼 수 있을 지도 모른다.

3D 캐릭터 애니메이션 자료
스트림의 동적 적응

김형석, *Thomas Di Giacomo,*
Stephane Garchery,
Nadia Magnenat–Thalmann,
MIRALab, C.U.I.; University of Geneva
kim@miralab.unige.ch,
thomas@miralab.unige.ch,
stephane@miralab.unige.ch,
thalmann@miralab.unige.ch

Chris Joslin,
School of Information Technology,
Carleton University, Ottawa
cjoslin@connect.carleton.ca

소개

온라인 게임들이 등장한 것은 이미 오래 전의 일이지만, 최근 네트워크 대역폭이 늘어나면서 그 인기는 폭발적으로 증가했다. 게임의 규모는 동시 접속자가 수십에서 수백, 심지어는 수천을 넘길 정도이다. 또한 게임에 쓰이는 3D 자료의 덩치도 커졌다. 덩치 큰 3D 자료를 네트워크를 통해 주고 받는 데에는 한계가 따르기 때문에, 대부분의 게임들은 3D 자료를 동적으로 전달하는 대신 플레이어의 컴퓨터에 미리 저장해 두는 방법을 사용한다. 그러나 이러한 방식은 3D 내용(콘텐트)의 핵심 속성인 상호작용성에 제약을 가한다. 동영상과 오디오의 네트워크 전송량을 줄이는 가장 기본적인 방법은 압축인데, 이는 3D 자료에 대해서도 마찬가지로 해당되는 이야기이다(물론 대체로 3D 자료가 동영상이나 오디오보다는 덩치가 작긴 하지만).

이 글은 MPEG 압축 알고리즘을 3D 자료에 적용하는 것을 기초로 해서, 상호작용 캐릭터를 위한 규모가변적 자료를 만드는 방법과 전송할 메시 및 애니메이션 자료를 시간의 흐름에 따라 적절히(가용 대역폭, 클라이언트가 지원하는 다각형 개수, 장면에서 캐릭터의 중요도 등의 구체적인 문맥에 기초해서) 동적으로 줄이는 방법을 논의한다. 이런 방법은 요구되는 시각적 품질을 유지하면서 자료의 크기를 줄이려는 경우뿐만 아니라, 더 많은 캐릭터들의 렌더링을 위해 또는 PDA 같은 저사양 장치에서 실시간 렌더링이 가능하도록 렌더링 복잡도를 제어하려는 경우에 유용하다.

배경 및 관련 방법들

이 글의 기법을 전반적으로 개괄하자면 다음과 같다. 우선, 기하와 애니메이션 자료를 적응적인(adaptive) 방식으로 표현하는 다해상도 방법들을 이용해서 규모가변적인(scalable) 자료를 준비한다. 그러한 자료에 대해 적응 및 의사결정 메커니즘을 적용해서, 주어진 문맥에 따라 동적으로 적절한 해상도를 선택한다. 그럼 기하와 애니메이션을 다해상도 형태로 표현하는 몇 가지 접근방식들과 부호화(encoding)된 자료 적응에 관한 기존 성과들(특히, 스트림 적응에 초점을 둔 활동들이 많은 MPEG 압축에 관련된 것들)을 살펴보자.

지역 컴퓨터 그래픽 LOD

컴퓨터 그래픽 학술 문헌들을 살펴보면 기하의 세부수준(level of detail, LOD)에 대한 인상적인 논문들을 발견할 수 있다. 예를 들어 [Hoppe96]은 카메라와의 거리 같은 특정한 기준에 따라 다각형 메시를 정련 또는 단순화하는 방법을 설명한다. 그러한 메시를 이용하면 렌더링 과정의 계산량을 절약하거나 특정한 시간 제약조건을 만족할 수 있다. [Garland97]은 3D 객체의 표면들을 제곱 오차에 기초해서 단순화하는 방법을 제안한다. 캐릭터에 좀 더 특화된 기하 접근방식들을 다루는 논문들도 있다. 예를 들어 [Fei99]는 가상의 인간 신체 메시를 위한 LOD를 다루며, [Seo00]은 가상의 인간 안면 메시를 위한 LOD를 다룬다. 다른 물체들과 달리, 캐릭터에서는 관절에서의(안면 애니메이션의 경우에는 제어점 근처의) 다각형 개수를 일정하게 유지해야 좋은 애니메이션 품질을 유지할 수 있다. 다수의 캐릭터들에 대한 실시간 렌더링을 단순화하는 또 다른 접근방식으로는 3D 물체를 2D로 변환하는 것이 있는데, [Tecchia02]의 임포스터 기법이 그러한 예이다.

부호화된 매체의 적응

3D 자료는 지역(플레이어)에 저장되는 경우가 많지만, 네트워크 게임에 좀 더 적합한 해법은 스트림 기반 전달 방식이며, 따라서 자료 압축이 게임 시스템의 한 핵심 요소가 된다. 여기서 압축 알고리즘들을 세세하게 이야기하지는 않겠다. 다만, 이 글에서는 구현 편의와 자료의 상호 운용을 위해, 관련 도구들이 이미 존재하며 파일 형식들이 알려져 있는 표준화된 압축 기법들을 사용하기로 한다. 3D 자료에 관련된 표준들은 여러 가지가 있다

(VRML, X3D, U3D 등). MPEG는 원래 동영상과 오디오를 위해 고안된 것이나, 이제는 3D 그래픽도 커다란 주목을 받게 되었다. 현재 BiFS(Binary Format for Scenes)가 MPEG 핵심 명세에 포함되어 있으며(MPEG-4에 대한 상세한 사항은 [Walsh02]를 보라), SNHC(Synthetic and Natural Hybrid Coding) 그룹의 노력으로 애니메이션 프레임워크 확장(AFX) 하나가 표준에 정의되어 있다. 이 확장은 뼈대 기반 애니메이션을 규정한다 ([Preda04] 참고). 한편, 안면 애니메이션은 MPEG-4 시스템 명세들에 포함되어 있다. 정리하자면, 이 글에서 MPEG를 기초로 삼은 이유는 다음과 같다: MPEG-4의 압축되지 않은 3D 표현은 VRML과 대략 비슷하며, MPEG는 완결적인 매체 프레임워크와 효과적인 압축 방안들을 제공하며, MPEG-7과 MPEG-21은 매체 객체에 대한 의미론(semantics)을 허용하며, 또한 매체의 적응 같은 처리 메커니즘들도 제공한다.

3D 그래픽의 전달에는 비트스트림 적응(bitstream adaptation)이 가장 적합하다. 비트스트림 적응은 다중 장치에 대한 단일 내용 전달이라든가 특정 문맥(네트워크 대역폭이나 클라이언트 처리 능력 등)에 따른 내용 복잡도 및 크기 가변 등 다양한 가능성을 제공하기 때문이다. 비트스트림 적응에는 비트스트림 수정을 위한 규모가변적 부호화 자료에 대한 서술이 필요하다. 이러한 서술에 흔히 쓰이는 것은 [Amielh02]에 상세히 나와 있는 gBSDL(generic Bitstream Description Language)이다. 이런 적응은 오디오([Aggarwal01]) 와 동영상([Kim03]) 등 다양한 종류의 매체들에 적용할 수 있다. 제공되는 내용의 품질이나 적응의 정확도를 보장할 수 있도록 각 매체의 특성에 따라 최적의 적응 방식을 명시하는 것이 가능하다. 규모가변적 3D 그래픽에 대해서도 그러한 방향으로의 연구가 시작되었는데, 그 성과로는 이를테면 [Van Raemdonck02]와 [Di Giacomo04]가 있다.

규모가변적 3D 자료 만들기

3D 자료의 비트스트림 적용을 위해서는 3D 자료를 규모가변적인 형태로 표현하고 압축해야 한다. 그럼 규모가변적 기하 및 애니메이션 자료를 만드는 방법에 대해 살펴보자.

메시의 규모가변적 표현

여기에서는 클러스터 방식의 계통적 모형을 이용한 적응 방법을 사용한다. 이 방법의 핵심은 모든 자료를 클러스터들로 분할하되, 단지 클러스터들의 집합을 선택하는 것만으로도 특정 복잡도의 자료를 얻을 수 있도록 하는 것이나. 복잡한 메시를 $M_n(V_n, F_n)$이라고 표기하자. 여기서 V_n은 그 메시의 정점들의 집합이고 F_n은 표면(face)들의 집합이다. 이러한 메시를 차례로 단순화해서, 단순화된 메시들의 순차열 $M_{n-1},...,M_1,M_0$을 얻는다.

이런 단순화된 메시 순차열의 다해상도 모형은 정점 집합 V와 표면 집합 M을 담고 있거나, 적어도 그러한 것들을 생성할 수 있다. 아래의 식들에서 "$+$"는 합집합을, "$-$"는 교집합을 의미한다.

$$V = \sum_{i=0}^{n} V_i, \quad M = \sum_{i=0}^{n} M_i. \tag{7.1.1}$$

V와 M은 일단의 클러스터들로 분할할 수 있다. 클러스터는 두 종류이다. 하나는 수준 i의 메시를 수준 $i-1$의 메시로 단순화할 때 수준 i의 메시에서 제거되는 정점들과 면들의 집합으로, $C(i)$라고 표기한다. 또 다른 종류는 단순화에 의해 새로 만들어진 정점들과 면들의 집합으로, $N(i)$라고 표기한다. 따라서 수준 i 메시는 다음과 같이 정의된다.

$$M_i = M_0 + (\sum_{j=1}^{i} C(j) - \sum_{j=1}^{i} N(j)). \tag{7.1.2}$$

단순화 연산자로는 부분제거(decimation), 영역 병합, 부분분할 등 여러 가지가 있는데, 여기에서는 반변(half-edge) 축약 연산자(그림 7.1.1)와 제곱 오차 계량([Garland97] 참고)을 사용한다.

한 변 (v_r, v_s)에 변 축약 연산자를 적용하면 그 변은 하나의 정점 v_s으로 줄어든다. 예를 들어 그림 7.1.1에서는 변 축약에 의해 면 f_1, f_2가 사라지며 f_3, f_4가 $f_3{}'$, $f_4{}'$으로 변한다. 이에 대한 클러스터들은 다음과 같다.

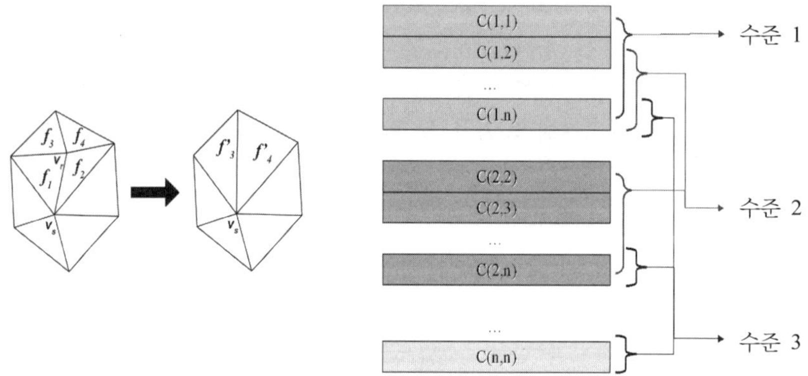

그림 7.1.1 변 축약(왼쪽)과 클러스터 구조(오른쪽).

$$C(i) = (f_1, f_2, f_3, f_4) \tag{7.1.3}$$

$$N(i) = (f_3', f_4'). \tag{7.1.4}$$

식 7.1.2를 평가하려면 합집합과 교집합이라는 비교적 복잡한 연산들이 필요하다. 그런데 단순화 방식 때문에, $N(i)$은 항상 M_0, $C(1)$, ..., $C(i-1)$의 합집합의 부분집합이다. 이러한 성질을 이용해서 클러스터 $C(i)$을, $j > i$에 대해 $N(j)$에 속하는 $C(i,j)$들과 어떠한 $N(j)$에도 속하지 않는 $C(i,i)$로 더욱 분할할 수 있다. 이는 M_0에 대해서도 마찬가지이다 (그런 경우 $M_0 = C(0)$이다). 이제 수준 i 메시를, 간단한 집합 선택만으로 평가할 수 있는 다음과 같은 공식으로 표현할 수 있다.

$$M_i = \sum_{k=0}^{i} \left(C(k,k) + \sum_{j=i+1}^{n} C(k,j) \right). \tag{7.1.5}$$

마지막으로 할 일은 직응 과정에서 선택들의 수를 줄이기 위한 순서 재배치이다. 정점 자료의 정렬은 비교적 간단하다. 변 축약 연산자 (v_t, v_s)에 의해, 모든 $C(i)$마다 $C(i,i)$의 정점 v_i들이 각각 하나씩만 존재함이 보장된다. $C(i,i)$의 정점들을 i의 오름차순으로 정렬하면, 수준 i의 정점 자료를 하나의 연속적인 자료 블록 $v_0, v_1, ..., v_i$로 선택할 수 있다. 색인화된 표면 집합의 경우에는 각 $C(i)$을 $C(i,j)$와 함께 j의 오름차순으로 정렬한다. 즉, 수준 i에 대한 하나의 적응은 많아야 $3i+1$회의 선택들로, 또는 많아야 $2n$회의 선택들로 이루어진다(여기서 n은 레벨 개수).

지금까지 이야기한 공정은 정점 위치와 표면 정보만을 사용한다. 그런데 메시에는 법선, 색상, 테스처 좌표 등 다른 속성들도 포함된다. 이러한 속성들은 본질적으로 정점에 속하므로, 정점 위치에 사용한 것과 비슷한 공정을 그런 속성들에도 적용할 수 있다. 단, 두 가지 예외적인 경우들이 있다. 1) 한 속성 값을 둘 이상의 정점들이 사용하는 경우와 2) 하나의 정점이 같은 속성에 대해 둘 이상의 값들을 사용하는 경우이다. 두 경우 모두, 한 정점/표면 쌍에서 한 속성 값으로의 고유한 사상이 존재한다. 클러스터 $C(i)$의 표면/정점들에 대한 속성들에는 (v_i, f_j)로부터의 사상이 존재한다(여기서 $v_i \in C(i)$). 만일 속성 p가 둘 이상의 정점에 속한다면, 예를 들어 $(v_i, f_1) \rightarrow p$이고 $(v_j, f_2) \rightarrow p$이면, p를 $j < i$인 $C(j)$ 클러스터에 배정한다. 이를 정렬하면, p는 속성 값이 p인 정점이 하나라도 있는 동안에는 활성 상태를 유지한다. 이러한 과정을 거치면 각 수준 i마다 유효한 클러스터들의 집합이 손재하게 된다.

그림 7.1.1의 오른쪽은 이러한 클러스터링 개념을 나타낸 것이다. 각 클러스터마다 정점들과 정점 속성들(정점 법선, 색상, 텍스처 좌표 등)의 집합이 있다. 또한 각 클러스터에

는 색인화된 표면들, 법선 표면들, 색상 표면들, 텍스처 표면들의 집합이 있다. 그리고 각 클러스터를 개별적인 재질들과 텍스처들을 가진 하위구역들로 구성할 수도 있다. 각 수준은 이러한 클러스터들을 적절히 선택함으로써 결정된다.

실제 응용에서는 가능한 세부수준들을 모두 생성할 필요가 없는 경우가 많다. 다각형 몇 개만이 다를 뿐인 세부수준들은 성능이나 품질에서 두드러진 차이를 보이지 못할 것이기 때문이다. 지금까지 제시한 표현 방법을 이용해서, 모형화 시스템에서 모형과 응용프로그램에 필요한 임의의 수준들을 조합한다. 그렇게 해서 만들어진 규모가변적 기하 표현을 MPEG 압축 기법들을 이용해서 부호화한다.

규모가변적 애니메이션 자료 만들기

이번에는 부호화와 적응을 위해 안면 애니메이션과 신체 애니메이션을 규모가변적인 형태로 표현하는 방법을 살펴보자.

이 글에서는 MPEG-4 안면 애니메이션 매개변수(Facial Animation Parameter, FAP)들을 이용해서 안면 애니메이션 엔진을 구동한다고 가정한다. 이 매개변수들로 얻을 수 있는 것은 안면의 특징점들의 변위에 관한 정보(이를테면 애니메이션 시 안면 형태의 변형을 위한)뿐이다. 이웃 정점들의 변위에 관한 정보는 전혀 제공되지 않는다. FAP 정보로부터 각 변위를 구할 수 있다. 즉, FAP 세기(intensity)에 따라 어떤 정점이 어떤 방향으로 영향을 받는지를 알아낼 수 있다.

FAP 정보를 이용해서 안면을 애니메이션하는 방법은 기본적으로 두 가지로 나뉜다. 하나는 FAP 제어점들을 선분별로 선형 보간하는 것이다. 이 기법의 경우 애니메이션 도중의 계산량은 작은 반면, 모형화 과정은 상당히 복잡하다. 디자이너가 안면의 모든 특징점의 영향력 범위를 지정해야 하고, 게다가 그러한 작업이 각 모형마다, 그리고 각 세부수준마다 수행되어야 한다.

또 하나는 기하 변형 알고리즘을 이용해서 FAP의 영향력을 계산하는 것이다(좀 더 자세한 사항은 [Magnenat-Thalmann04]의 제6장을 볼 것). 이 방법에서는 영향을 받는 정점들을 안면 정의 매개변수(Facial Definition Parameter, FDP)들에 기초해서 자동으로 처리한다. 이러한 정보만으로도, 안면 애니메이션 엔진이 실행 시점에서 안면 모형을 애니메이션하는 데 필요한 정보, 즉 FAP 점들의 영향력을 나타내는 안면 애니메이션 테이블(Facial Animation Table, FAT)을 단 몇 초 만에 생성할 수 있다. FAT는 고해상도 모형을 기준으로 해서 만들어진다. 모형의 정점들은 FDP와 영향력들을 기준으로 정렬되므로, 각 모형에 대한 고수준 FAT로부터 해당 FAT 정보를 손쉽게 추출할 수 있다. 클라이언트에게는 전역 FAT 테이블 전체가 아니라 해당 FAT 정보만 전송하면 된다.

안면을 미리 여러 영역들로 나누어 두고, 각 영역마다 서로 다른 세부수준들을 부여할 수 있다. 원색 화보 14에 고해상도 안면 애니메이션의 예가 나와 있다. 그림 7.1.2와 원색 화보 15에서 보듯이, 안면의 여러 영역들에서 메시 세부수준이 다르게 지정되어 있다. 이와 관련된 개념인 분절 수준(level of articulation, LOA) 값들과 그 응용(이를테면 네트워크 게임에서의)을 잠시 후에 좀 더 자세히 이야기하겠다.

그림 7.1.2에서 보듯이, 안면 메시는 여러 개의 관심 지역(interest zone)들로 분할되어 있다. 이러한 분할을 반영해서, FAP들을 변형의 영향 범위에 따라 여러 그룹들로 묶는다. 각 지역마다 서로 다른 복잡도 수준들도 정의한다. 이러한 지역 분할은 기본적으로 MPEG-4

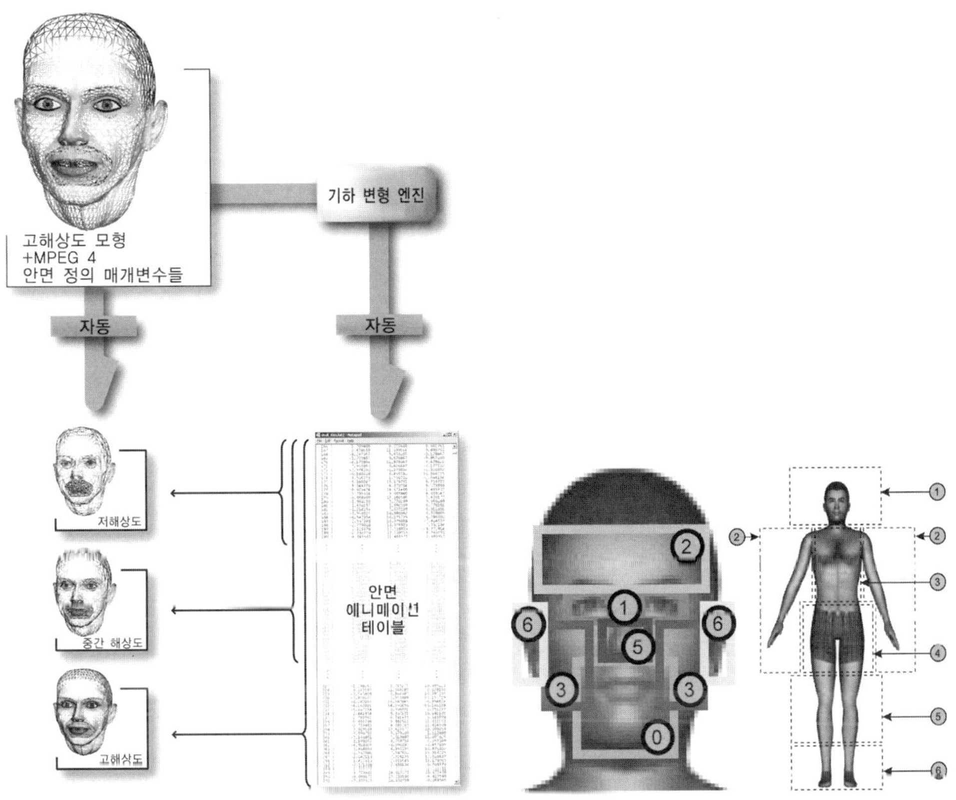

그림 7.1.2 안면 애니메이션의 규모가변성(왼쪽)과 적응을 위한 안면 및
신체 관심 지역들(오른쪽).

FAP 그룹들에 대응되지만, 그림에 나온 예에서는 혀와 내부/외부 입술들을 함께 묶었다. 이유는, 이들의 변위가 상당히 밀접하게 연결되어 있기 때문이다. 표 7.1.1에 이러한 관심 지역들이 나와 있다.

LOA가 머리의 회전 값에는 영향을 미치지 않음을 주의하기 바란다. 필요하다면 특정 지역의 복잡도를 더 늘리거나 줄일 수도 있다. 예를 들어 게임의 한 장면을 음성 대사에 동기화하는 경우, 입술 부근에서는 보다 정밀한 애니메이션을 수행해야 하겠지만 얼굴의 다른 영역들에 대해서는 세밀함이 좀 떨어져도 괜찮다. 따라서 안구, 눈썹, 코, 귀 지역들의 복잡도 수준은 아주 낮게 지정하고, 볼(뺨) 부근의 지역들은 중간 수준으로, 그리고 턱 부근 지역은 아주 높게 지정할 수 있다.

안면 애니메이션의 복잡도를 몇 가지 수준으로 분류할 것인지는 원하는 복잡도나 게임 문맥에 따른 FAP 영향에 기초해서 결정해야 한다. 이 예에서는 네 가지 수준으로 분류한다(표 7.1.2). 이는 얼굴 아래 신체의 계통구조와도 대응된다. 복잡도 수준을 줄이기 위해 취할 수 있는 접근방식은 두 가지이다. 하나는 관련된 FAP 값들을 한데 묶는 것이고(윗입술 값들을 모두 합해서 하나의 값으로 만드는 등), 또 하나는 인접 안면 특징들에 이미 영향을 받은 특징점들을 제거하는 것이다.

이런 식으로 적용된 FAP 값들의 스트림을 사용하는 방법 역시 두 가지이다. 하나는 스트림을 해독하고, 분절 수준 규칙들에 따라 FAP 값들을 모두 재구축하는 것이다. 이 경우 압축은 비트스트림에만 적용된다. 또 하나는 변형 절차까지도 단순화하는 것이다. MPEG-4

표 7.1.1 안면 기초 지역들 : 이 지역들을 적절히 조합해서 전역 지역을 도출할 수 있다. 예를 들어 기초 지역 2+3으로 "눈 부위"를, 1+4+5로 "하관"을 조합할 수 있다. 물론 모든 지역을 합하면 얼굴 전체가 된다.

기초 지역	관절 개수	설명
1	31	하악(아래턱, 뺨, 입술, 혀)
2	12	안구(좌, 우 눈알과 눈꺼풀)
3	8	눈썹
4	4	볼(좌, 우)
5	3	머리 회전
6	4	코
7	4	귀(좌, 우)

표 7.1.2 안면 애니메이션을 위한, 미리 정의된 분절 수준 프로파일들

분절 수준	FAP 개수	설명
아주 낮음	14	중요하지 않은 FAP들과 완전한 대칭성을 포기
낮음	26	대칭성 없음, 중간 수준 FAP들을 한데 묶음
중간	44	동등한 FAP 값들을 둘씩 묶음
높음	68	모든 FAP 값을 사용

안면 애니메이션 엔진에서는 기본적으로 각 FAP 값마다 변형을 계산해서 그 결과들을 묶는다. 각 복잡도 수준마다 변형 영역을 명시적으로 지정해서, 적응된 FAP 스트림을 변형 엔진이 직접 사용하게 만든다면 계산량을 줄일 수 있다. 이러한 재그룹화 작업을 전처리 단계에서 자동으로 수행하고 그 결과를 모형과 함께 전송하는 것이 가능하다.

신체 애니메이션의 경우에도 MPEG를 이용해서 애니메이션 자료를 압축할 수 있나. 이 경우 애니메이션 자료를 MPEG의 뼈대 기반 애니메이션(Bone-Based Animation, BBA) 형식으로 표현한다. BBA는 다양한 뼈대 계통구조를 지원하나, 여기에서는 H-Anim 1.1 표준을 따르는 계통구조를 사용한다고 가정한다(이는 골격 기반 애니메이션을 위한 구체적인 관절들과 뼈대들을 정의하는 것에 해당한다).

골격 기반 신체 애니메이션은 계통적인 구조의 뼈대들과 관절들로 수행된다. 이 경우 복잡도 수준이 골격 계통구조의 깊이에 대응되므로 복잡도 제어가 쉽다.

표 7.1.3은 적응에 필요한 LOA들을 H-Anim 명세에 기초해서 정의한 것이다. 낮은 수준에는 어깨와 엉덩이가 포함되며, 이에 의해 그 수준에서도 최소한의 움직임이 가능해진다. 중간 수준의 척추 역시 1차적인 H-Anim에 정의된 것보다 더 단순화된 것이다.

인간형 캐릭터 애니메이션의 적응 세부 수준을 선택할 때 이러한 목삽노 수준들이 기본적인 선택 요인으로 쓰인다. 예를 늘어 운농상의 관중에 해당하는 캐릭더리면 분절 수준이 높을 필요가 없다. 그런 캐릭터에는 아주 낮은 LOA로도 충분하다. 반면 말하고 움직이는, 그리고 플레이어의 주목을 받는 캐릭터라면 LOA가 중간 이상이어야 한다. 한 캐릭터의 LOA 조절로 인해 성능이나 용량이 크게 변하지는 않겠지만, 군중 전체의 애니메이션을 수행하기나 클라이언트 및 네트위크 능력에 따라 애니메이셔을 석응시키는 경우에는 이러한 기능이 효율적인 제어 수단이 된다

표 7.1.3 신체 애니메이션을 위한, 미리 정의된 분절 수준 프로파일들

분절 수준	FAP 개수	설명
아주 낮음	5	어깨, 엉덩이, 루트 관절
낮음	10	아주 낮은 관절들과 목, 팔꿈치, 무릎 관절
중간	35	낮은 관절들, 그리고 하나의 관절로 병합된 손가락, 발가락, 척추 관절들
높음	88	계통구조 전체(모든 관절)

표 7.1.4 신체 기초 지역들 : 이 지역들을 적절히 조합해서 전역 지역을 도출할 수 있다. 예를 들어 기초 지역 1+2+3+4로 "상체"를, 1+2+3으로 "얼굴–어깨"를 만들 수 있다. 물론 모든 지역을 합하면 몸 전체가 된다.

기초 지역	관절 개수	설명
1	2	얼굴만
2	49	팔(좌, 우)
3	25	몸통
4	4	골반
5	4	다리(좌, 우)
6	4	발(좌, 우)

관심 지역들을 정의하는 주된 목적은, 사용자나 게임 엔진이 가장 관심 있는 부분(표 7.1.4 참고)을 선택할 수 있게 하는 것이다. 예를 들어 캐릭터에게 조리법을 설명하는 스크립트가 주어졌는데, 사용자가 관심을 두고 있는 것은 요리에 대한 설명이지 실제 요리 동작은 아니라고 하자. 그런 경우 애니메이션을 상체에, 또는 안면과 어깨에만 적응시킬 수 있다. 또 다른 예로, 도시 지도에서 극장이나 공원 등의 여러 장소들을 짚어 가며 관광 가이드를 하는 캐릭터라면 사용자의 시선은 캐릭터의 팔과 손으로 모아지게 될 것이다. 그림 7.1.2에 나온 여섯 개의 저수준 관심 지역들을 조합해서 여러 고수준 지역들을 만들 수 있다.

문맥에 기초한 적응적 전달

이렇게 해서 캐릭터의 기하와 애니메이션에 대한 규모가변적 자료를 만드는 방법에 대해 살펴보았다. 그림 7.1.3과 원색 화보 16은 이러한 규모가변적 내용의 구체적인 용법 하나를 나타낸 것이다. 그럼 적응 공정 자체를 살펴보자.

스트림 적응은 전달할 비트스트림을 여러 가지 방법으로 수정하는 절차들로 이루어진다. 그림 7.1.4는 가장 높은 해상도의 내용을 담은 비트스트림을 네트워크나 클라이언트의 제약조건에 맞게 줄이는 방법을 나타낸 것이다.

MPEG-21의 적응 규칙들은 부호화된 자료를 서술하는 데 쓰이는 XML 스키마(구체적으로는 gBDSL)에 기초한 XML 파일로 지정된다. 압축된 기하 또는 애니메이션을 출력하는 인코더 역시, 부호화된 스트림을 서술하는 gBSD 파일을 생성한다. 부록 CD-ROM에 2프레임 신체 애니메이션에 대한 예제가 하나 수록되어 있다. 적응 엔진은 그러한 XML 파일에 적절한 XSL 스타일시트(역시 부록 CD-ROM에 들어 있다)를 적용해서 비트스트림을 변환한다. XSL 스타일시트는 적응 엔진이 넘겨준 일단의 매개변수들에 기초해서 스트림을 적응하는 방법을 정의한 것이다. 적응 엔진이 넘겨주는 매개변수들은 해당 적응을 위한 문맥을 정의한다. 네트워크 대역폭, 플레이어 프레임률 등이 그러한 매개변수의 예이다. 비트스트림 적응을 위한 정보와 방법들은 이전 절들에서 정의한 규모가변성을 지

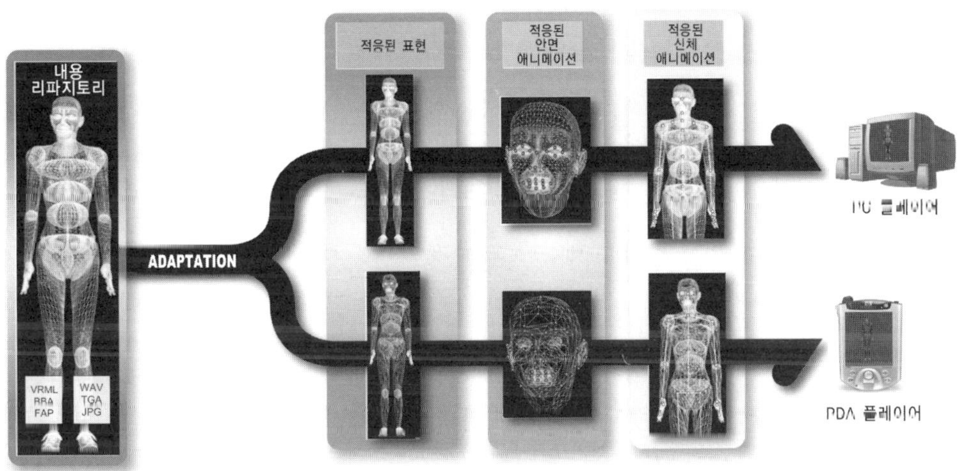

그림 7.1.3 내용 데이터베이스에서 사용자로의 자료 흐름 적응

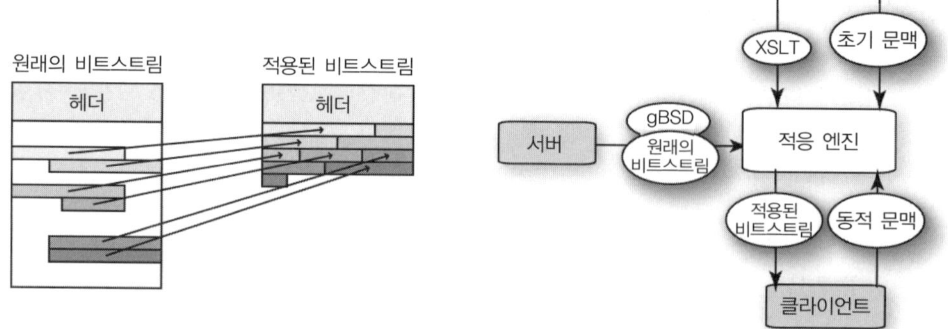

그림 7.1.4 비트스트림 적응 규칙(왼쪽)과 네트워크 아키텍처(오른쪽). 적응 엔진이 서버의 일부일 수도 있으며, 개별적인 적응 엔진들을 두어서 적응 과정을 분산시킬 수도 있다.

켜야 한다. 이는 그러한 규모가변적 특징들을 고려할 수 있도록 해당 XML 스키마가 저수준에서 정의되어 있기 때문이다.

원래의 MPEG FPA, BBA 코덱들의 규모가변성이 아주 좋은 것은 아니다. 부호화 매개변수들의 그룹화는 앞에서 논의한 지역들에 대해서는 적합한 반면, LOA에는 그렇지 못하다. 이 때문에, LOA를 통한 적응을 수행하려면 상당히 저수준에서 스키마를 직접 작성해야 한다.

적응 문맥으로 사용할 요인들

적응 문맥을 결정하는 데 사용할 요인들에 어떤 특별한 제한이 있는 것은 아니다. 원하는 것은 어떤 것도 사용할 수 있다. 여기에서는 클라이언트의 능력(특히 렌더링 성능), 네트워크 대역폭, 그리고 사용자 또는 장면의 선호도 설정을 문맥 결정 요인으로 사용하겠다.

메시와 애니메이션의 적응 대상이 되는 문맥들도 다양하다. 이 때 중요한 것은 메시와 애니메이션을 모든 문맥이 만족되도록 적응시키는 것이다. 네트워크 문맥의 경우에는 대역폭을 측정해서 가용 네트워크 용량을 결정해야 할 것이다. 사용자의 선호도나 실시간 제약들은 대개 LOD를 명시적으로 선택하는 식으로 결정된다(물론 응용프로그램이 명시적 LOD 선택을 허용하는 경우). 클라이언트 능력은 가장 복잡하며, 다양한 요인들에 의존한다. 이 경우에는 클라이언트 장치(컴퓨터나 콘솔)를 벤치마킹해서, 규모가변적 내용의 수준들 중 클라이언트의 능력에 맞는 것을 찾아야 할 것이다.

그럼 내용을 어떤 복잡도 수준에 적응시킬 것인지를 근사적으로 파악하는 데 사용할 수 있는 절차 하나를 보자. 우선, 표준적인 시험용 장치에서 해상도가 가장 높은 내용을 실행한다. 시험용 장치에서 내용을 해독, 렌더링할 때의 기대 프레임률(이를테면 25FPS 이상)을 F_N이라고 하자. 통상의 시험조건(동시에 실행되는 응용프로그램들을 최소한으로 줄인) 하에서 실제로 테스트 장비를 벤치마킹한다. 가장 적절한 벤치마킹(가능하다면 여러 개)을 실행해서 값 B_N을 얻는다. 마지막으로, 실행시점 이전에 또는 초기화 공정 도중에 대상 장치를 벤치마킹해서 값 B_T를 얻는다. B_N과 B_T는 같은 종류의 값들이어야 한다(상응하는 특정 벤치마크 점수이든, 해당 요소들에 대한 가중합이든). 이제 이들을 이용해서, 대상 장치에서의 프레임률이 F_T가 되게 하는 적응 비율 R_A를 구한다(이 비율과 최근접 근사를 이용해서 다각형 개수를 직접 줄일 수도 있다). 어떠한 경우이든, 그 비율은 대상 컴퓨터의 여분의 능력과 잠재적인 한계를 고려해서 결정해야 한다. 이 글에서는 식 7.1.6의 공식을 이용해서 메시와 애니메이션의 적응(축약) 비율을 계산한다.

$$R_A = \frac{R_N}{F_T} \times \frac{B_T}{B_N} \times C_R.\qquad(7.1.6)$$

R_A가 1.0보다 작다면 적응이 필요한 것이다. 1.0 이상인 경우들에서는 메시와 애니메이션 표현들을 변경할 필요가 없다. 식 7.1.6에서 C_R은 추가적인 계수로, 특정 내용을 처리할 때 어느 정도의 계산 능력을 소비할 것인지 명시적으로 지정하는 데 사용한다. 그럴 필요가 없다면 그냥 1.0으로 두면 된다. 이 추가 계수는 한 장치에서 여러 내용들(이를테면 그래픽 애니메이션과 오디오 스트림)을 동시에 해독, 렌더링하는 경우에 유용하다. 이를 이용하면 둘 이상의 내용들을 같은 컴퓨터에서 처리하는 경우에도 비율을 적절히 계산할 수 있다. 추가 계수 C_R을 각 디지털 아이템에 내한 가중치로 사용힐 수도 있다. 그런 경우 모든 C_R의 합은 1.0이어야 한다. 이러한 방법은 a) 한 컴퓨터 안에서 여러 성능 요인들(예를 들면 CPU 종류나 주파수 등. 이들을 파악하려면 하드웨어 아키텍처에 대한 지시이 필요하다)을 고려하지 않고도, 그리고 b) 공정을 단순한 선형 근사로 축소하지 않고도 적응을 가능하게 한다는 점에서 상당히 효과적이다.

네트워크 능력에 따른 적응 비율은 가용 대역폭 C_B와 부호화된 파일 크기 F_S, 그리고 사용자가 기다려 줄 것이라고 예상하는 또는 개발자가 적당하다고 생각하는 내려 받기 시간 T(메시의 경우—메시는 동적으로 전송되지 않으므로)에 의해 결정된다. 식 7.1.7이 그러한 비율 공식이나.

$$\frac{C_B}{F_S} \times T = R_A.\qquad(7.1.7)$$

R_A는 원래의 파일과 적응된 파일의 비율에 해당한다. 그리고 이 크기에 기여하는 주된 요소가 메시 크기이므로(부호화 공정의 균형이 잘 잡혀 있다고 할 때), 이 비율을 스트림의 크기 감소율로 간주할 수 있다. F_S, C_B는 물론 T의 값도 쉽게 얻을 수 있으므로 이 비율 R_A 역시 손쉽게 구할 수 있다.

마지막으로, 기하 자료에 대한 적응 공정에 필요한 메모리는 처리할 클러스터들을 담는 공간과 적응된 메시 자료를 담는 공간뿐이다. 그리고 클라이언트가 세부수준이 더 낮은 일단의 클러스터들을 생성하고 렌더링 도중에 동적으로 적응시키는 방식의 "클라이언트 쪽 적응"도 가능한데, 이는 전통적인 LOD 시스템의 작동 방식과 매우 비슷하다.

결론

필자들의 실험 결과, 전반적인 성능은 약 30% 향상되고 자료 크기는 25%에서 40% 정도 줄었다. 네트워크 응용프로그램이나 온라인 게임에서는 언제나 비트율(bit rate)이 중요하다. 따라서 전송될 3D 자료의 크기를 반드시 고려하고 제어해서, 가능하다면 줄일 필요가 있다. 그러한 일을 가능하게 하는 방법 하나가 적응이다. 적응은 압축 기법과는 다른 수준에서 작동하므로, 적응과 압축을 결합해 더 나은 결과를 얻는 것도 가능하다.

스트림 적응은 비트율을 개선하는 것뿐만 아니라 렌더링 복잡도를 클라이언트의 능력과 현재 렌더링되는 장면의 요구사항에 따라 지능적으로 관리하는 데에도 유용하다(특히 3D 게임의 경우에서).

참조문헌

[Aggarwal01] Aggarwal, Ashish 외, "Compander Domain Approach to Scalable AAC." *110th Audio Engineering Society Convention*, 2001.

[Amielh02] Amielh, Myriam 외, "Bitstream Syntax Description Language: Application of XML-Schema to Multimedia Content Adaptation." International World Wide Web Conference (WWW 2002).

[Di Giacomo04] Di Giacomo, Thomas 외, "Adaptation of Virtual Human Animation and Representation for MPEG." *Elsevier Computer & Graphics,* 2004, Vol. 28, No. 4: pp. 65-74.

[Fei99] Fei, Guangzheng 외, "A Real-Time Generation Algorithm of Progressive Mesh with Multiple Properties." ACM Symposium on Virtual Reality Software and Technology, 1999: pp. 178–179.

[Garland97] Garland, Michael 외, "Surface Simplification Using Quadric Error Metrics." SIGGRAPH 1997: pp. 209–216.

[Hoppe96] Hoppe, Hugues, "Progressive Meshes." SIGGRAPH 1996: pp. 99–108.

[Kim03] Kim, Jae-Gon 외, "Content-Adaptive Utility Based Video Adaptation." IEEE International Conference on Multimedia & Expo (ICME 2003): pp. 85–94.

[Magnenat-Thalmann04] Magnenat-Thalmann, Nadia 외, *Handbook of Virtual Human*, John Wiley & Sons, 2004.

[Preda04] Preda, Marius 외, "Virtual Character within MPEG-4 Animation Framework eXtension." IEEE Transactions on Circuits and Systems for Video Technology, 2004, Vol. 14, No. 7: pp. 975–988.

[Seo00] Seo, Hyewon 외, "LoD Management on Animating Face Models." IEEE Virtual Reality 2000: pp. 161–168.

[Tecchia02] Tecchia, Franco 외, "Image-Based Crowd Rendering." IEEE Computer Graphics & Applications, 2002: pp. 36–43.

[Van Raemdonck02] Van Raemdonck, Wolfgang 외, "Content-Adaptive Utility Based Video Adaptation." IEEE International Conference on Multimedia & Expo (ICME 2002): pp. 369–372.

[Walsh02] Walsh, Aaron 외, *The MPEG-4 Jump-Start.* Prentice Hall PTR, 2002.

7.2 대규모 다중플레이어 게임을 위한 복잡계 기반 고수준 아키텍처

Viknashvaran Narayanasamy,
Kok-Wai Wong, Chun Che Fung,
Murdoch University
viknash@hobbiz.com, k.wong@ieee.org,
lanceccfung@ieee.org

재미있는 MMP(Massively Multiplayer, 대규모 다중 플레이어) 게임에 필요한 복잡도 수준은 플레이어들의 기대 수준 증가에 지수적으로 비례해서 증가하고 있다. 이런 엄청난 복잡도 증기는 수천외 플레이어어들이 온라인에서 동시에 게임을 즐길 수 있는 MMP 게임들의 특성에서 주로 기인한다. 이 때문에, 미리 정의된 행동들에 기초를 둔 현재의 게임 아키텍처들을 MMP 게임에 맞게 확장하기가 쉽지 않다. 이 글에서는 복잡계의 창발적 성질에 기초해서 MMP 게임의 결정론적 행동을 최소화하는 게임 아키텍처 하나를 소개한다. 이 글에서 소개하는 게임 아키텍처는 다양한 종류의 에이전트들, 자기조직화, 대량의 상호작용, 되먹임, 게임 객체 내의 창발성에 의존하는 상향식 설계 접근방식을 이용해서 차세대 MMP 게임들에 적합한 규모가변성을 가진 다층 아키텍처(mutitier architecture)를 설계하고자 시도한 결과이다.

전체 아키텍처가 방대할 뿐만 아니라 다른 게임 아키텍처들에서도 볼 수 있는 공통의 요소들이 많기 때문에, 이 글에서는 아키텍처 전체를 설명하는 대신 이 아키텍처만의 고유한 특징들에 집중해서, 그리고 MMP 게임들의 다양성을 고려해서, 아키텍처의 고수준 추상을 소프트웨어 공학의 용어와 개념들을 이용해 설명한다.

복잡계와 창발성

복잡계(complex system)는 수많은 상호작용 요소들이 크기와 깊기가 다른 여러 구조들로 조지화된 고도구조 시스템이다. 그러한 구조들은 하나의 규칙으로는 설명할 수 없는, 또는 한 수준의 설명으로는 단순화할 수 없는 방식으로 변화해 나긴다([Kirschbaum98]). 복잡계는 원래 자연과 생물학에서 기생, 공생, 번식, 유전, 분열, 적자생존 등의 조합적 문제들을 연구하기 위해 고안된 것이다([Odell02]). 복잡계라고 부를 수 있는 계의 주된 특징으로는 구조들의 자기조직화, 비선형적 관계, 질서/혼돈 동역학, 창발(創發, emergence)적 속성 등이 있다([Kirschbaum98]). 또한 [Wikipedia05]는 되먹임 루프, 개방된 환경, 불확정한 경계 등도 복잡계의 속성으로 제시한다.

MMP 게임들은 복잡계의 산업적 응용에서 볼 수 있는 여러 성질과 습성을 가지고 있다. 이는 수천의 인간 및 AI 기반 NPC들로 채워진 고도의 상호작용적 환경, 방대한 영속적 세계, 비결정론적 개수의 게임 상태들, 사회경제적, 인종적, 문화적 배경이 다른 수많은 인간 플레이어들의 예측할 수 없는 다중 입력 등이 요인으로 작용한 때문일 수 있다.

이 글에서 제시하는 복잡계에 기초한 게임 아키텍처를 이용하면 최근 몇 년간은 불가능했던 MMP 게임의 바람직한 특징들을 좀 더 쉽게 게임에 도입할 수 있다. 이 아키텍처는 창발적 행동을 드러내는, 진정으로 무한한 세계의 창조를 돕는다. 아키텍처의 고유하고 창발적인 성질들 덕분에, 원래의 게임 설계에서는 의도하지 않았던 행동들이 게임의 실행 도중에 스스로 발생한다. 이러한 창발적 행동들은 차세대 MMP 게임들의 중요한 요인인 게임의 예측불가능성과 무작위성을 한층 높여준다.

다층 아키텍처

복잡계 기반 다층 아키텍처는 환경층, 객체층, 에이전트층, 감독층이라는 네 개의 고유한 층들로 이루어진다. 전통적인 다층 아키텍처에서는 층들의 결합도(coupling)를 줄이기 위해 층들 사이에 직교성(orthogonality)을 부여한다. 이 아키텍처에서도 환경층과 다른 층들 사이에는 직교성이 존재한다. 그러나 객체층, 에이전트층, 감독층은 모두 서로 연동해서 작동하는데, 이는 상호작용성과 게임 객체 내부의 창발을 가능하게 하기 위한 것이다.

객체층은 구성요소 계층과 합성 계층으로 이루어진다. 창발은 객체의 구성요소 계층에서 시작해서, 구성요소 객체들의 상호작용과 집합화를 통해 위쪽 층들로 전파된다. 에이전트 층은 게임에서 고수준 기능들을 가진 모든 게임 객체를 대표한다. 인간 플레이어와 NPC 는 물론, 어느 정도의 인공 지능을 보이는 객체라면 모두 이 에이전트층에 포함된다. 마지막 층인 감독층(overseer tier)은 이 아키텍처에서 가장 중요한 층으로, 게임 환경의 모든 게임 객체에 크든 작든 영향을 미치는 방침들을 결정하고 에이전트들을 통해서 그것을 실현하는 일종의 다중 인공 게임 관리자 역할을 한다.

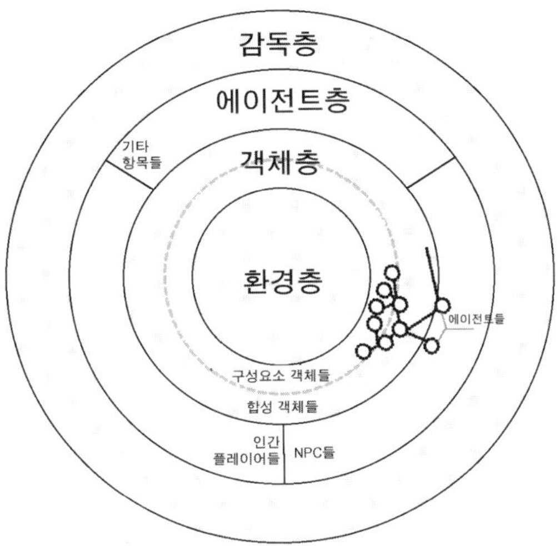

그림 7.2.1 다층 아키텍처

환경층

게임 환경은 시뮬레이션되는 가상 게임 세계의 전역 속성들을 정의한다. 그리고 환경층은
바로 그 전역 속성들로 이루어진다. 또한 게임 엔진의 구현도 환경층에 속한다. 환경층의
게임 엔진은 시뮬레이션 엔진, 그래픽 엔진, 오디오 엔진, 물리 엔진, AI 엔진 등의 분야
별 엔진들과 입력 처리부, 자원 추상 계층, 하드웨어 추상 계층으로 구성된다. 다른 게임
아키텍처와의 차이라면 다른 층들에서는 이 층의 게임 엔진 자원들과 게임 자료 자원들
에 직접 접근하지 못한다는 것인데, 이는 MMP 게임의 객체들("객체층" 절 참고)이 게임
이 실행되는 클라이언트 컴퓨터에 대한 구체적인 지식 없이도 실행될 수 있도록 하기 위
한 것이다. 또한 이러한 접근 차단은 게임을 여러 플랫폼들(콘솔, PC, 웹, 모바일 등)에서
구현하는 데에도 도움이 된다(각 플랫폼에 대해 환경층만 변경하면 되므로). 클라이언트
컴퓨터는 게임 환경 중 클라이언트에서 보이는 부분에 해당하는 객체들만 내려 받아서
그 객체들의 상태를 서버와 동기화한다. 클라이언트의 환경층은 MMP 게임의 작동 도중
게임 자료(레벨, 그래픽 등)를 새로 받거나 갱신할 때에만 서버의 환경층과 통신한다. 그
림 7.2.2에 이러한 클라이언트/서버 아키텍처의 작동 방식이 나와 있다.

다른 층들의 게임 객체들은 오직 사건 처리부(event handler)나 AI 엔진, 자원 추상 계층
을 통해서만 환경층과 상호작용할 수 있다(그림 7.2.3). *AI* 엔진은 여러 감독들("감독층"
절 참고)을 이용해서 클라이언트 고유 환경의 능력과 한계들을 정의하는 일단의 필수 규
칙들을 구현한다. 또한 AI 엔진은 게임 내 경제, 물리, 환경적 경계 등을 위한 일단의 필

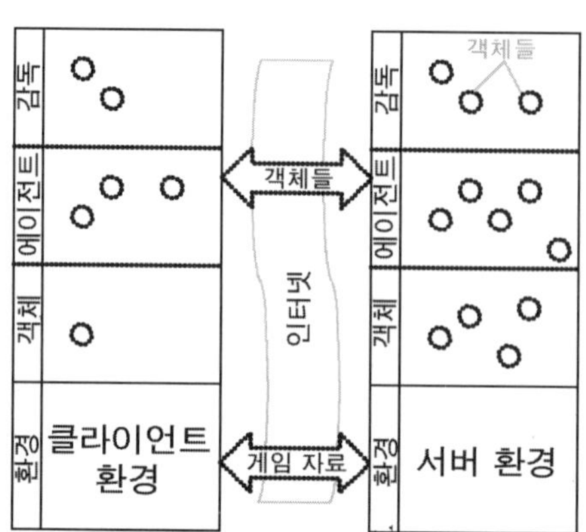

그림 7.2.2 클라이언트/서버 MMP 게임 아키텍처.

수 게임 규칙들도 구현한다. **입력 처리부**는 사용자의 입력을 받아 해당 사건들을 발생함으로써 게임 엔진이 입력을 처리하게 만든다.

전통적인 게임 아키텍처와 달리, 이 아키텍처에서는 **물리 엔진**이 하드웨어와 연관된 다른 엔진들과 동일한 기능적 수준에 배치된다. 이는 물리 계산을 전용 PPU(Physics Processing Units)에 맡기는([Ageia05]) 요즘의 경향을 고려한 것이다. 그래픽 엔진, 오디오 엔진, 게임 자료 모듈의 기능은 통상의 게임 아키텍처들에서와 별 차이 없으므로 자세한 기능 요소들에 대한 설명은 생략하겠다. **사건 처리부**는 시뮬레이션 엔진과 연동해서, 객체 및 사용자 사건들을 시뮬레이션이 엔진이 사용하는 사건들로 변환한다. 또한 사건 처리부는 등록된 사건이 발생하면 그것을 해당 객체들에 통지하는 역할도 수행한다.

시뮬레이션 엔진은 간단히 말하면 게임 루프이다. 여기에서는 이산 사건 시뮬레이션(discrete event simulation, DES) 모형([Garcia 04])을 이용한다. 원래 DES 모형은 객체들의 수가 많아서 사건들의 수행 순서를 알 수 없고 예측도 할 수 없는 복잡계의 시뮬레이션을 위해 고안된 것이다. 대부분의 게임들이 사용하는, 주기적 점검과 순차적인 사건 수행에 의존하는 연속 시뮬레이션 모형으로는 그러한 복잡계의 인과관계를 보존할 수 없다. DES 기반 시뮬레이션에서는 사건이 발생한 순간들에서 시뮬레이션 공정이 진행되므로 사건들의 시간순 수행이 보장된다. 이러한 사건의 즉시 수행은 시뮬레이션 사건들에 대한 시스템 반응의 민감도를 높이는 효과도 낸다.

그림 7.2.4에서 보듯이, 그래픽 공정과 시뮬레이션 공정은 동시에 수행된다. 따라서 그래픽 렌더링 속도와 시뮬레이션 속도가 독립적일 수 있는데, 이는 병렬성을 지원하는 최신

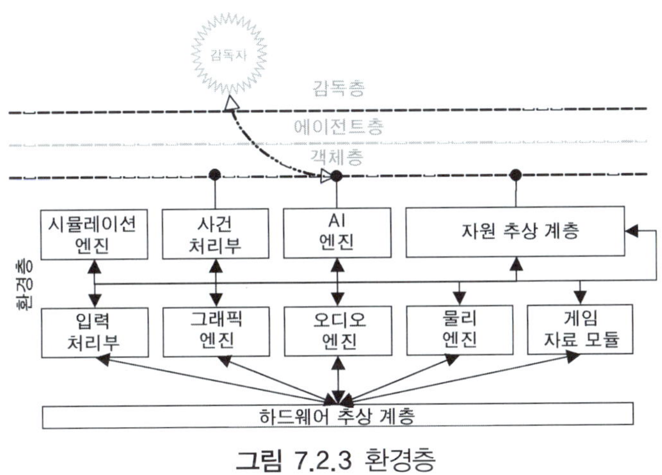

그림 7.2.3 환경층

게임용 하드웨어의 CPU들에서 실현 가능한 특성이나.

사용자나 프로그램에 의해서 발생된 사건들은 일단 대기열에 들어가서 처리를 기다린다. 시스템은 대기열에 사건이 하나도 없으면 수면(sleeping) 모드로 들어갔다가 새 사건이 들어오면 깨어난다. 끊임없이 갱신되어야 하는 동적 시뮬레이션(계속해서 걸어 다니는 NPC 등)은 시스템 클록을 이용해서 사건들을 주기적으로 발생시킴으로써 구현하게 된다. 이때 사건 주기는 다른 시뮬레이션 공정들이나 렌더링 시스템과는 무관하게 설정할 수 있다. 대기열을 적절히 조작함으로써 시뮬레이션 공정의 수행 순서를 제어하거나 사건들에 우선순위를 적용할 수 있다.

자원 할당 및 제공은 자원 추상 계층(resource abstraction layer, RAL)이 수행한다. 게임 실행 도중, 여러 객체들이 동일한 또는 서로 다른 과제들을 위해 같은 자원을 동시에 요구하는 일이 발생할 수 있다. 게임에서의 자료 할당과 우선순위 적용은 특히나 까다롭다. 게임에는 실시간 처리가 요구되는 자원들(이를테면 그래픽이나 네트워킹 관련 자원)이 있기 때문이다. 공평한 자원 할당을 보장하려면, 자원 추상 계층에 구현된 간단한 규칙 기반 알고리즘으로는 충분하지 않다. 창발적인 게임 객체들이 계속 추가되면서 이 계층의 규칙들의 수가 폭발적으로 증가할 것이기 때문이다. 이러한 자원 경쟁 문제의 해결을 위해, 분산 에이전트 알고리즘을 협동적 할당 에이전트들과 함께 사용한다([Seow02]).

여기에 쓰이는 분산 에이전트 알고리즘은 [Seow03]의 다중 에이전트 배정(Multi-Agent Assignment, MA^3) 알고리즘에 기초한 것이나. 이 알고리즘에서 각 게임 객체는 필요한 자원에 대한 지역화된 지식만을 처리하며, BDI(Belief, Desire, Intention. [Geiss99]) 추론

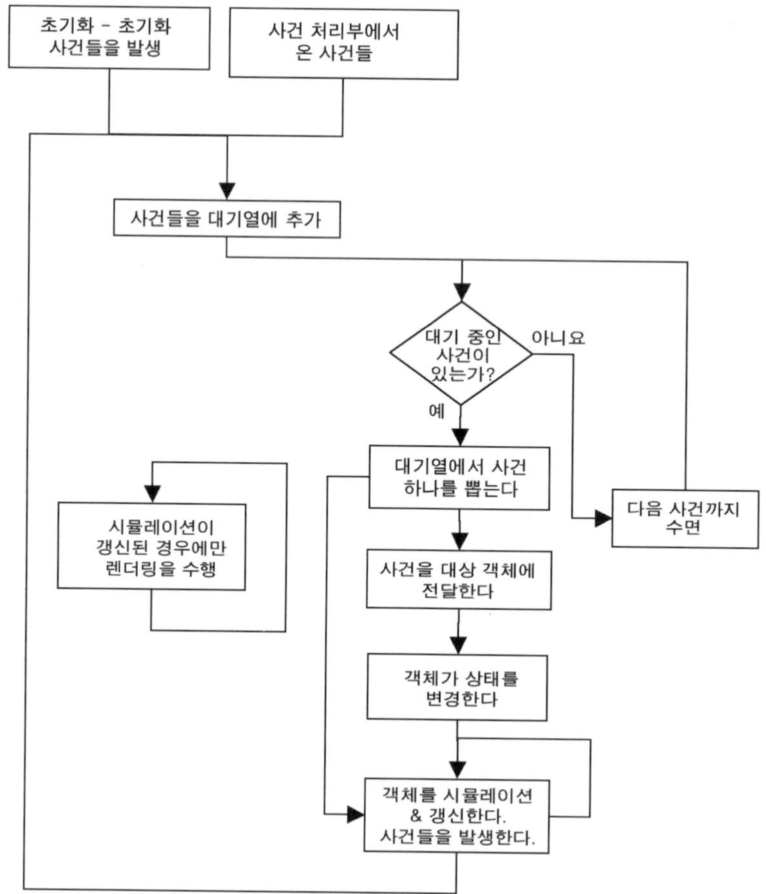

그림 7.2.4 이산 사건 기반 시뮬레이션 엔진.

을 수행해서 자원 교환 의도를 공표한다. 그러면 해당 자원에 대한 중재 에이전트가 그러한 의도에 대해 중재를 수행하고 그에 따라 자원을 적절히 배정한다(그림 7.2.5). MA^3 알고리즘은 발견법적 선택 공정을 통해 최적에 가까운 발견법을 선택함으로써 긴 중재 과정의 속도를 높인다는 점에서 이러한 처리에 아주 적합하다. 또한 그 알고리즘은 게임 객체들의 병렬적인 작동도 지원한다(협동적인 자원 협상을 수행하는 도중에 자원들을 조회하고 분산·탈집중적 에이전트 추론을 적용하는 등).

게임 객체들은 모든 에이전트가 받아들일 수 있는 합의를 상호작용적으로 이끌어내는 방식으로 협상을 협동적으로 수행한다. 이를 위해, 중재 에이전트의 주재 하에서 각 게임

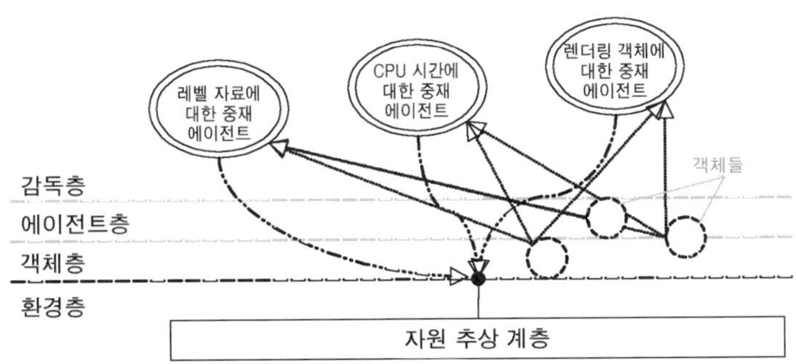

그림 7.2.5 중재 에이전트들이 MA^{3}을 이용해서 협동적인 자원 배정을 수행한다.

객체는 제기된 자원 교환 제안들에 따라 서로 다른 자원들을 선택, 재선택한다. 자원 교환 제안이 저절로 만족되는 횟수를 최대화한다는 공통의 목표를 달성하기 위해 게임 객체들이 각각 노력하는 과정에서 **자기조직화**가 일어난다.

객체층

객체층은 구성요소 계층(component layer)과 합성 계층(composite layer)으로 구성된다. 이 절에서는 객체들로 객체를 구축하고, 합성 객체를 만들고, 결국에는 창발적 행동을 보이는 지능적 에이전트 객체를 형성한다는 상향식 접근방식의 코딩을 통해서 게임 객체에 창발성을 부여하는 방법을 살펴본다.

게임 구현에 관여하는 복잡성은 게임 객체들의 복잡한 구조와 그 구조들 사이의 상호관계에서 비롯된 결과라고 할 수 있다([Wilkinson93]). 연산 및 특성들의 개수가 다른 여러 게임 객체들을 설계하고 그것들로 여러 종류의 관계들을 표현하는 전통적인 아키텍처를 사용하는 경우, MMP 게임에 **창발성**을 도입하려고 하면 게임의 복잡도가 빠르게 증가하게 된다. 이에 대처하기 위해, 이 글의 아키텍처는 소프트웨어 공학에서 이야기하는 합성 설계 패턴을 이용해서 게임 객체들을 구현한다. 그러면 게임 객체들(그리고 그 객체들의 집합 구조들)을 동일한 방식으로 취급할 수 있다.

설계 패턴(design pattern)은 설계와 아키텍처의 성공적인 재사용을 가능하게 하는, 증명된 소프트웨어 공학 도구이다. 합성(composite) 설계 패턴을 비롯한 주요 설계 패턴들은 [Gamma94]에 잘 설명되어 있다. 이 글에서는 UML(Unified Modeling Language) 클래스 다이어그램을 이용해서 합성 객체의 특성들, 연산들, 제약들의 구조와 합성 객체늘의 관계를 표현한다. UML 클래스 다이어그램에 대한 좋은 참고서로는 [Booch98]이 있다.

게임 객체들 중에는 여러 구성요소들을 조합해서 좀 더 높은 수준의 구조를 형성한 결과로 볼 수 있는 것들이 많다. 그런 객체들을 객체지향 프로그래밍에서는 "합성 객체"라고 부른다([Rumbaugh94]). 구성요소들의 정적인 상호연결과 행동적 상호작용, 그리고 합성 객체들에 주어지는 전역적인 제약들은 복잡계의, 그리고 이 글에서 말하는 복잡계 기반 MMP 아키텍처의 짜임새와 아주 비슷하다([Ramazani94]). 그림 7.2.6은 이 아키텍처에서 게임 객체를 합성 객체로서 구현하는 방법을 나타낸 것이다. 합성 게임 객체들은 재귀적인 계통 구조로 조직화되는데, 이 덕분에 모든 게임 객체와 단일한 방식으로 상호작용할 수 있다. 그림 7.2.7은 더 간단한 구성요소 객체들로 구성된 고수준 구조들을 나타낸 것이다.

합성 객체는 게임 객체들과 그 의미론적 관계들을 조직화된 방식으로 구조화하는 방법을 제공한다. 효과적인 창발성 실현을 위해서는, 이러한 구조에서 특성, 연산, 관계들이 위로, 즉 간단한 구성요소 객체들에서 좀 더 복잡한 합성 객체들로 전파되는 방식을 파악할 필요가 있다.

특성(attribute)들과 연산(operation)들이 상부로 전파되는 방식은 일정하지 않다. 예를 들어 물리적 중량이 모든 객체에 공통인 특성이라고 할 때, 한 합성 객체의 중량은 그 구성요소들의 중량들을 모두 합산한 것이어야 할 것이다. 그러나 램프가 있는 방의 주변광을 계산하는 경우라면(이 경우 방이 합성 객체, 램프는 방의 구성요소), 방이 램프로부터 주변광 조명 조건들을 그대로 물려받아야 한다. 특성, 연산, 관계들이 구성요소 객체들로부터 전파되는 방식을 구분하기 위해서는, 그리고 복잡한 환경에서도 이러한 전파를 손쉽게 처리할 수 있는 프레임워크를 제공하기 위해서는, 특성들과 연산들, 관계들을 본질적 속성, 집합적 속성, 창발적 속성에 따라 분류할 필요가 있다([Ramazani94]).

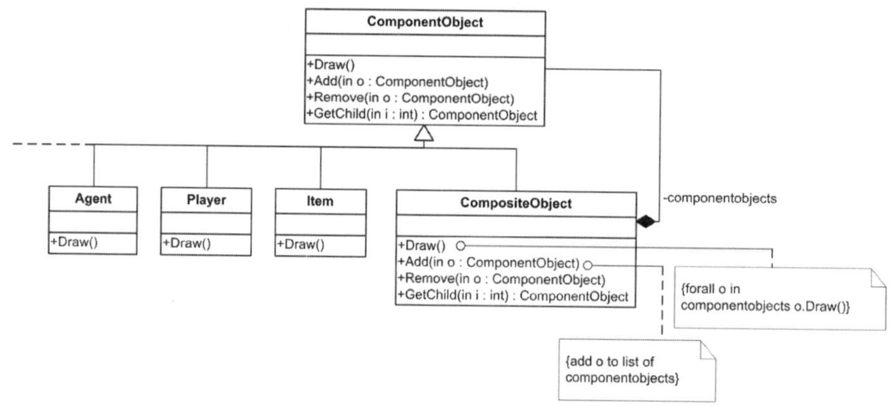

그림 7.2.6 MMP 아키텍처의 한 합성 객체.

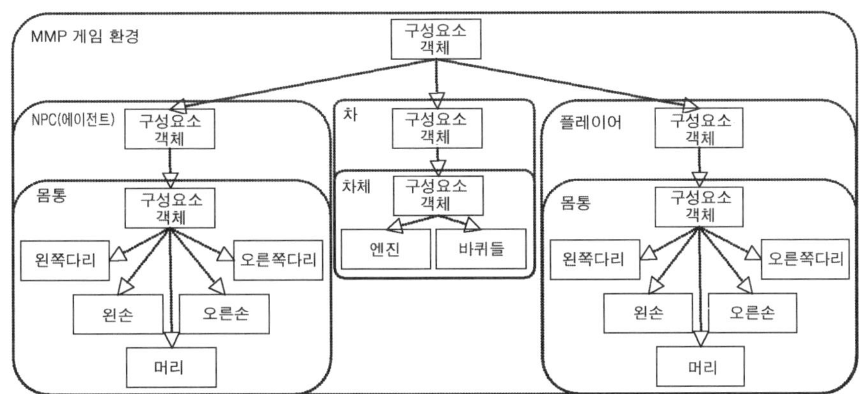

그림 7.2.7 다른 구성요소 게임 객체들로 조합한 합성 게임 객체들의 고수준 구조.

이 아키텍처에서 게임 객체의 **본질적 특성**(inherent attribute)은 합성 게임 객체 자체에서 직접 접근했을 때 논리적인 의미를 가지는 특성을 가리킨다. 그림 7.2.8에서, 차의 색상에 해당하는 본질적 특성은 비슷한 본질적 특성들의 풀에서 선택된다. 이 예에서 차 게임 객체의 색상은 차체(chassis)의 색상에서 도출된다. 즉, 차의 색상은 합성 객체의 구성요소인 **Chassis**의 **GetColor()** 연산으로 얻는다. 합성 차 객체의 **GetColor()** 연산은 구성요소 객체들 중 하나가 정의하는 연산을 그대로 사용한다. 이러한 연산을 해당 합성 객체의 **본질적 연산**이라고 부른다. 또한, 이처럼 합성 객체의 구성요소들 중 일부만(이 경우 차체만) 관여하는 관계를 **본질적 관계**라고 부른다. 본질적 관계는 구현하기가 아주 간단하며, 그래서인지 게임 구현에서는 이런 본질적 관계들을 흔히 볼 수 있다. 그러나 본질적 관계는 구성요소들 각각이 고수준 구조(이 경우 차)의 최종적인 구조에 기여하지 못하게 만든다. 고수준 구조들의 창발적 성질들을 쉽게 예측할 수 있게 된다는 점에서, 본질적 관계는 MMP 아키텍처에서 별 가치가 없다.

반면, **집합 관계**(aggregate relationship)는 관계의 제약들이 모든 구성요소 객체에 영향을 미친다는 점에서 MMP 게임 아키텍처에 보다 적합하다. 그림 7.2.8에 나온 **집합 특성 Weight**와 집합 연산 **GetWeight()**가 그러한 점을 잘 보여준다. **집합 연산 GetWeight()**는 합성 차 객체의 구성요소들의 **Weight** 특성들을 합산하기 위해 새로 도입된 것이다. 새 집합 특성 **Weight** 역시 마찬가지 이유로 도입되었다. 구성요소들의 집합 특성들이 바뀌면 합성 객체의 집합 특성도 바뀌어야 한다. 한편, 합성 객체의 집합 특성들에 가해진 변화가 그 구성요소들로 전파될 수도 있다. 새로운 집합 관계는 구성요소 객체들이 합성 객체와 연관될 때에만 창발한다는(이 예의 경우 차의 중량은 바퀴나 차체, 엔진 등이 부착

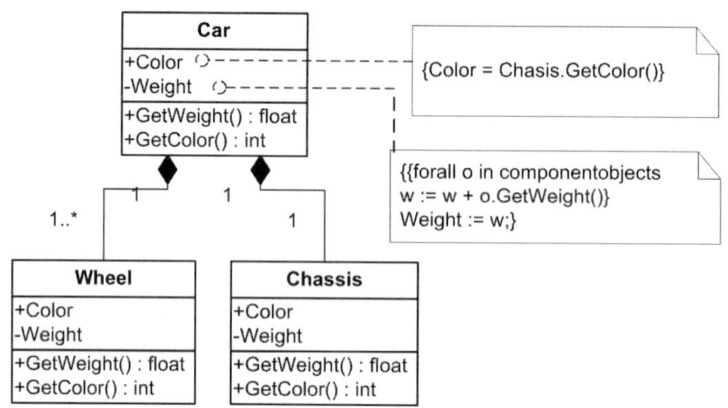

그림 7.2.8 본질적 속성들과 집합 속성들을 가진 합성 차 객체.

되는 경우에만 존재한다) 점을 이해하는 것이 중요하다. 이러한 집합 관계는 복잡계 기반 MMP 게임 아키텍처에 아주 유용하다. 그러나, 집합 관계에서 구성요소 객체들의 기존 속성들의 집합화에 의해 새로운 행동이 창발하긴 하지만, 구성요소 객체들 안에서 새 속성들이 창발하지는 않는다.

그림 7.2.9는 합성 객체 **Car**에 새 **Engine** 구성요소 객체가 도입된 모습이다. 엔진 때문에 **Speed**와 **Direction**이라는 새로운 **창발적 특성**(emergent attribute)들과 그에 따른 **창발적 관계**가 생겼다. 이런 창발적 관계를 나타내는 연산(이 경우 **move()**)을 **창발적 연산**이라고 부른다. 창발적 특성은 합성 객체를 단순히 그 부품들의 조합이 아닌 하나의 전체로서 특징짓는 구체적인 속성을 나타낸다는 점에서 고유하다. 반면, 창발적 연산은 구성요소 객체들에 의존하지 않는 새로운 연산을 도입한다는 점에서 고유하다. 예를 들어 차는 엔진, 차체, 바퀴 등의 주요 부품들이 갖추어져 있을 때에만 움직일 수 있다.

창발적 관계들은 게임 객체들의 상향식 생성을 지원함으로써 복잡계 기반 MMP 아키텍처의 구현을 돕는다. 클라이언트 객체가 창발적 속성을 가진 합성 객체들하고만 상호작용할 수 있다는 점에서, 창발적 관계들은 합성 객체들을 이루는 구성요소들의 캡슐화를 가능하게 한다. 또한 개발자가 합성 객체를 마치 개별 객체처럼 다룰 수 있게 하므로 개발에 관련된 복잡도를 낮출 수 있다.

이러한 아키텍처에서 한 가지 해결해야 할 난제는 게임플레이 도중에 창발적 속성들의 기능적 유효성을 유지하는 것인데, 그러려면 구성요소와 합성 객체 사이의 창발적 관계의 기능적 의미를 보장해야 한다. 그림 7.2.10에서 보듯이, 그러한 보장은 창발적 관계들의 테이블을 이용해서 손쉽게 실현할 수 있다. 예를 들어 차가 벽에 부딪혀서 엔진이 고장난

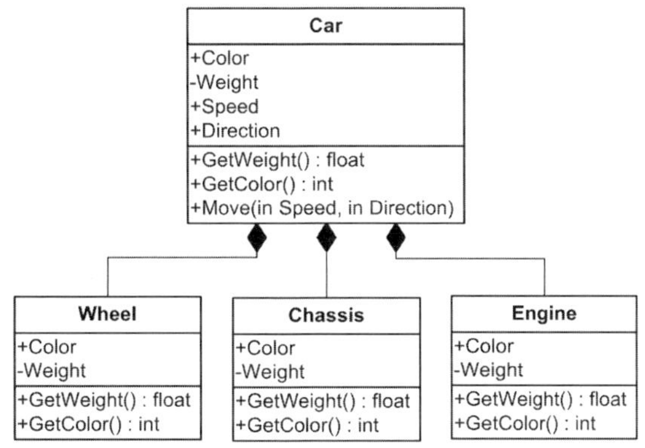

그림 7.2.9 창발적 속성들을 가진 합성 차 객체.

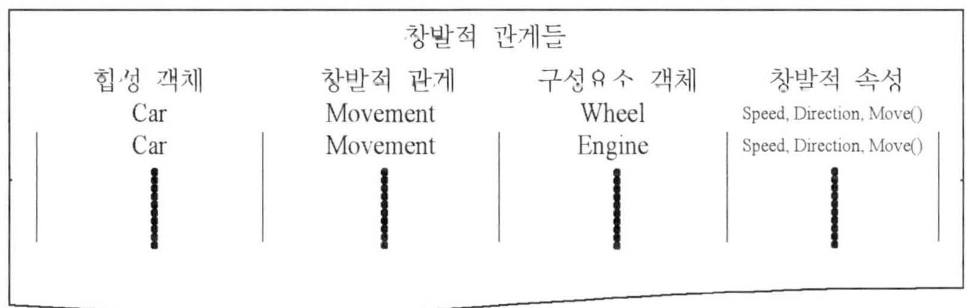

그림 7.2.10 창발적 관계 테이블

경우에는 해당 관계를 비활성화한다. 그러면 창발적 특성 Speed, Direction과 창발적 연산 Move()에 대한 접근이 거부된다. 이러한 창발적 관계 테이블에 관찰자(observer) 설계 패턴을 결합해서 각 구성요소마다 하나의 관찰자 객체를 둘 수도 있다. 관찰자 객체는 객체들 사이의 일대다(一對多) 관계를 관리하다가 관찰 대상 구성요소에서 뭔가가 변하면 그 변경 사항을 관련 합성 객체들에 통지하게 된다([Gamma94]).

에이전트층

MMP 아키텍처에서 에이전트층은 NPC와 인간 플레이어 등 일정 수준의 인공지능을 가진 모든 게임 객체를 포괄한다. 각 에이전트 객체는 에이전트의 특성들과 에이전트에 관련된 게임 엔진 루틴들을 담은 조그만 게임 엔진을 내장한다(그림 7.2.11). 개념적으로 볼 때, 각 에이전트는 자신만의 게임 자료를 자기 자신에 저장한다(물론 실제 구현에서는 메모리 관리의 효율을 위해 게임 자료와 기타 자원들을 중앙 저장소에 저장, 풀링할 수도

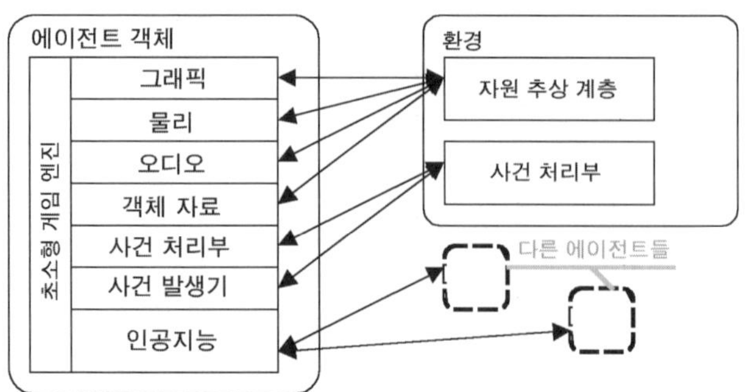

그림 7.2.11 에이전트의 구성요소들.

있다). 에이전트들은 초기에 중재 에이전트들을 통해서 자원 배정을 협상하게 된다. 자원들이 할당되고 나면 에이전트들은 자원 추상 계층과 직접 연동해서 할당된 자원들에 접근한다. 여기서 말하는 자원에는 에이전트 객체 안의 커스텀 게임 루프나 연산들을 실행하기 위한 프로세스 또는 스레드도 포함된다. 에이전트 객체 안의 사건 처리부는 환경층의 사건 처리부가 에이전트 객체에 전달한 사건들을 처리한다. 마찬가지로, 갱신이나 기타 연산들을 위해 에이전트 객체 안의 사건 발생기에서 사건들을 발생할 수도 있다. 그러한 사건들에 의해 시뮬레이션 엔진이나 기타 엔진들이 적절한 처리를 수행하게 된다.

에이전트 객체 안의 AI 엔진은 다른 엔진들과 연동해서 의사결정 공정을 수행한다("되먹임 기반 의사결정 시스템" 절 참고). 에이전트층은 플랫폼에 독립적이어야 한다. 그래야 MMP 게임 체험의 향상을 위해 아키텍처를 복잡계에서 나타나는 고수준 개념들로 확장하기가 쉬워진다.

감독층

대부분의 복잡계에 쓰이는 탈집중적 제어 접근방식을 이 아키텍처에서도 볼 수 있다. 가상 게임 환경의 게임 객체들을 방침에 기초해서 제어할 수 있도록, 다른 에이전트의 행동에 영향을 주는 수단을 갖춘 에이전트들을 도입한다. 그러한 에이전트를 **감독자**(overseer)라고 부른다. 시스템의 비정상적 행동을 유발하는 게임 환경의 창발적 속성들을 억제하기 위한 방침들의 집행에서 주된 역할을 하는 것이 바로 이 감독자들이다. 단, 그러한 방침들이 너무 강한 탓에 시스템의 창발성이 아예 죽어버리는 지경까지 이르러서는 안 된다는 점도 주의해야 한다.

감독자들을 여러 개 둠으로써, 여러 종류의 방침 결정자들이 만들어낸 방침들로 다양한 종류의 플레이어 집단들에 영향을 미칠 수 있다. 플레이어들을 분류하는 기준은 여러 가지이다. 문화적 차이에 기초해서 플레이어들을 여러 그룹으로 나눈 다음 각 그룹마다 해당 그룹의 문화적 가치를 충실하게 반영하는 감독자들을 둘 수도 있고, 연령대 별로 나누어서 어린 플레이어들이 특정한 내용에 접근하지 못하게 할 수도 있다. 감독자들로 에이전트들의 행동에 크고 작은 영향을 줌으로써, 다수의 개별 방침 결정자들이 에이전트들의 행동에 영향을 미칠 수 있으며 복잡계 환경의 다대다 관계들을 유지할 수 있다.

그림 7.2.12에서 볼 수 있듯이, 다른 게임 객체에 대한 감독자의 영향력은 공간적 거리가 증가함에 따라 줄어든다. 감독자 1의 게임 방침들은 NPC E에 큰 영향을 미치는 반면, 감독자 2의 방침들이 미치는 영향은 부분적인 것에 그친다. NPC F에 대해 두 감독자가 미치는 영향도 모두 부분적이다. NPC D는 감독자 2의 방침에만 영향을 받는다. 이를 위한 공간 분할 방식은 게임에 따라 다를 수 있다.

예를 들어 MMORTS에서 김독자 1이 군대 A를 제어하고 감독자 2가 군대 B를 제어한다고 하자. 두 감독사 모두, 사신이 제어하는 군대에 공통의 방침들을 구현한다. 그 두 군대가 교전을 벌인다고 하면, 각 병사(에이전트)가 다른 병사를 물리칠 확률을 결정하는 작전 유효 거리를 공간을 분할하는 기준으로 삼을 수 있다. 감독자들의 물리적 거리가 점차 줄어들면(즉, 군대들이 서로에게 접근하면), 각 감독자는 에이전트들로 하여금 상대편 군대를 물리치도록 시도한다.

또 다른 예로, 게임 내 경제 정책들의 구현에 감독자를 사용할 수도 있다. 그림 7.2.12의 경우 플레이어 B에 대한 감독자 1의 영향력은 60%~80%인 반면 감독자 2의 영향력은 25%~75%이므로, 감독자 2보다 감독자 1이 플레이어 B의 경제 모형을 더 강하게 지배한다.

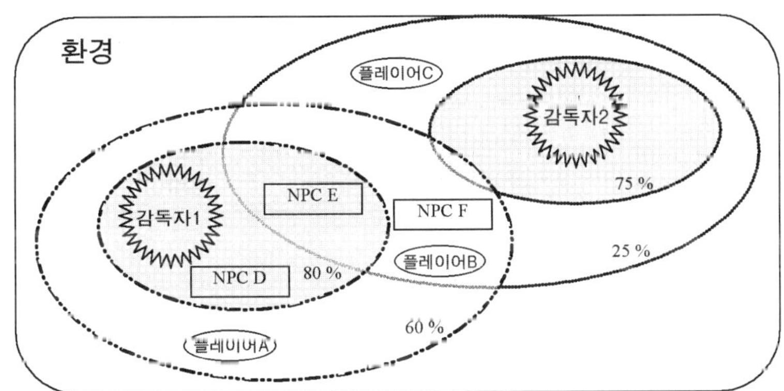

그림 7.2.12 감독자들은 방침 기반 제어를 통해서 에이전트의 행동에 영향을 미친다.

그 외의 게임 규칙들도 이러한 감독자 방침들로 구현할 수 있다. 이를테면 페어플레이를 권장하거나, 플레이어들의 충돌을 방지하거나, 비정상적 행동을 추적하거나, 속임수(치팅)를 감지하는 등에도 방침 기반 제어를 적용하는 것이 가능하다.

되먹임 기반 의사결정 시스템

되먹임 기반 의사결정 시스템(feedback-based decision-making system)은 에이전트와 감독자 안의 AI 엔진의 일부이다. 대부분의 게임들은 게임 내 에이전트들이 오직 현재(결정을 내릴 시점)의 게임 상태만을 기반으로 해서 의사결정을 수행하는 형태의 제한적인 의사결정 시스템을 사용한다. 그런 경직된 시스템에서는 게임 객체들이 고정된 게임 규칙들에만 영향을 받기 때문에 게임 객체들의 진화나 창발성을 기대할 수 없다. 이런 규칙기반 패러다임을 극복할 수 있는 방법들은 여러 가지가 제안되어 있으며, 기계 학습([Alexander02])이나 신경망([Manslow02])을 이용해서 시스템에 일정 정도의 무작위성을 도입한 사례들도 있다. 그러한 기법들을 이 글의 아키텍처에 쓰이는 되먹임 모형과 함께 사용하면 시스템의 창발적 행동을 향상할 수 있다. 그림 7.2.13에 나온 되먹임 기반 에이전트 간 상호작용 모형에서는 에이전트의 AI 엔진과 그 행동의 되먹임은 물론, 다른 에이전트들의 행동들(이 역시 또 다른 에이전트들의 행동에서 영향을 받는다)도 에이전트의 의사결정에 영향을 준다. 이런 연쇄적 영향력 전파에 의해, 환경에 **교차항 귀납 특징**(cross-term inducing feature, [LeBlanc00])이 도입된다.

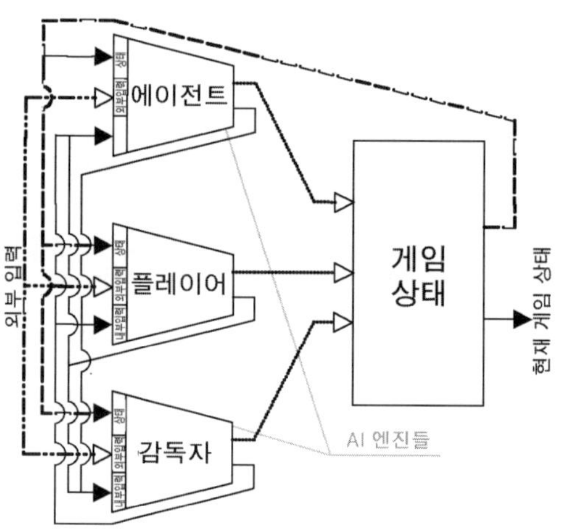

그림 7.2.13 되먹임 기반 의사결정 모형.

게임 상태는 가상 세계의 모든 특성의 상태로 이루어진다. 에이전트는 게임 세계의 현재 상태, 의사결정 공정을 유발한 외부 입력들, 그리고 다른 에이전트들이 수행한 비슷한 행동들에 대한 반응들을 파악해서 의사결정을 수행한다. 의사결정 공정에 다른 여러 이종 에이전트들이 서로 상호작용함에 따라, 그들이 내리는 의사결정의 예측불가능성이 증가한다.

인간 플레이어도 아키텍처의 에이전트들처럼 자신의 행동에 대한 게임의 반응과 다른 에이전트들의 행동만을 고려해서 결정을 내린다고 가정하는 경우도 있으나, 실제로는 그렇지 않다. 인간 플레이어는 자신의 결정에 현실 세계의 경험도 고려해 넣기 때문이다. 인간의 반응들 역시 시스템에 되먹임되므로, 그리고 그 반응에는 현실 세계의 요인들이 내포되므로, 가상 게임 환경 안에서 자연스러운 무작위성이 형성된다. 감독자들 역시 되먹임 모형의 일부이다. 의사결정 과정에서 감독자들의 주된 역할은 바람직한 에이전트 행동들만 시간에 따라 다른 에이전트들로 전파되게 하는 것이다. 그림 7.2.13에 나온 되먹임 기반 의사결정 모형을 실제로 구현하는 방법은 여러 가지이다. MMP 아키텍처에서 쓰이는 구현 방법들이 [Norlig00]과 [Rogova03]에 제시되어 있으나, 이들은 상당히 복잡할 뿐만 아니라 이 글의 범위를 넘는 것들이다. 그보다 훨씬 간단한 방법이 [Evans02]에 나와 있다. 이 방법은 BDI 추론([Geiss99])과 인지 모형(되먹임과 입력들의 가중 평균에 기초한)을 이용해서 효과적인 의사결정을 수행한다.

결론

플레이어에게 새롭고도 흥미로운 도전과 행동, 내용을 제공하는 대규모 다중플레이어 게임을 개발한다는 것은 쉬운 일이 아니다. 이 글에서 제시한 아키텍처는 차세대 MMP 게임에서 대단히 중요한 창발적 속성들 및 행동들이 나타나는 온라인 게임의 개발에 그 토대로서 사용될 수 있다.

참조문헌

[Ageia05] Ageia, "A White Paper: Physics, Gameplay and the Physics Processing Unit." 2005년 3월, 웹 *http://www.ageia.com/pdf/wp_2005_3_physics_ gameplay.pdf.*

[Alexander02] Alexander, Thor, "GoCap: Game Observation Capture." *AI Programming Wisdom*, Charles River Media, 2002.

[Booch98] Booch, Grady, *The Unified Modeling Language User Guide.* Addison Wesley,

1998.

[Evans02] Evans, Richard, "Varieties of Learning." *AI Programming Wisdom*, Charles River Media, 2002.

[Gamma94] Gamma, Erich 외, *Design Patterns.* Addison-Wesley Longman, 1994.

[Garcia04] Garcia, Inmaculada, Ramon Molla, and Toni Barella, "GDESK: Game Discrete Event Simulation Kernel." *Proceedings of the 12th International Conference in Central Europe on Computer Graphics, Visualization and Computer Vision 2004 (WSCG 2004).* 웹 *http://wscg.zcu.cz/wscg2004/Papers_2004_Full/E67.pdf.*

[Geiss99] Geiss, W., *Multiagent System: A Modern Approach to Distributed Artificial Intelligence.* The MIT Press, 1999.

[Kirschbaum98] Kirschbaum, David, "Introduction to Complex Systems." 1998년 10월. 웹 *http://www.calresco.org/intro.htm.*

[LeBlanc00] LeBlanc, Marc, "Formal Design Tools - Emergent Complexity & Emergent Narrative." *Proceedings of the Game Developer's Conference* (GDC 2000).

[Manslow02] Manslow, John, "Imitating Random Variables in Behavior Using a Neural Network." *AI Programming Wisdom*, Charles River Media, 2002.

[Norlig00] Norling, E., L. Sonenberg, and R. Ronnquitst, R., "Enhancing Multi-Agent Based Simulation with Human-Like Decision Making Strategies." *Proceedings of Second International Workshop on Multi-Agent-Based Simulation 2000*, Boston. 웹 *http://citeseer.ist.psu.edu/norling00enhancing.html.*

[Odell02] Odell, James, "Agents and Complex Systems." *Journal of Object Technology*, Vol. 1, No. 2: pp. 35–45, 2002년 7월. 웹 *http://www.jot.fm/issues/issue_2002_07/column3.*

[Ramazani94] Ramazani, Dunia, "Contribution of Object-Oriented Methodologies to the Specification of Complex Systems." *IEEE Engineering of Complex Computer Systems* (ECCS 1995): pp. 183–186.

[Rogova03] Rogova, G., C. Lollett, and P. Scott, "Utility-Based Sequential Decision-Making In Evidential Cooperative Multi-Agent Systems." *Proceedings of the Sixth International Conference of Information Fusion*, 2003.

[Rumbaugh94] Rumbaugh, J., "Building boxes: Composite Objects." *JOOP*, Vol. 7, No. 7: pp. 12–22, 1994년 11월.

[Seow02] Seow, Kiam Tian, Khee Yin How, "Collaborative Assignment: A Multiagent Negotiation Approach Using BDI Concepts." *Proceedings of the First International Conference on Autonomous Agents and Multiagent Systems: Part 1* (ICAA 2002):

pp. 256–263.

[Seow03] Seow, Kiam Tian, Kok-Wai Wong, "Collaborative Assignment: Using Arbitrated Self-Optimal Initializations for Faster Negotiation." *Proceedings of the International Conference on Computational Intelligence, Robotics and Autonomous Systems* (CIRAS'03), 2003.

[Wikipedia05] Wikipedia, "Complex system." 2005년 7월 20일. 웹 *http://en.wikipedia.org/wiki/Complex_system*.

[Wilkinson93] Wilkinson, M., P. Byers, "The Engineering of Complex Systems," *IEEE Computing & Control Engineering Journal,* 1993년 8월: pp. 187–189.

게임 객체를 위한 전역 고유 식별자 생성

김용하, 넥슨
ysoyax@gmail.com

네트워크 너머에 있는 게임 객체들을 동기화하려면 게임 객체들을 구별, 인식하기 위한 식별자(ID)가 필요하다. 엄청난 수의 사용자들을 감당하기 위한 다중 서버 시스템 ([Svarovsky02])에서는 매 분마다 수십, 수백만 개의 게임 객체를 생성, 파괴해야 할 수 있으며, 그들 중 일부를 데이터베이스에 저장하거나 데이터베이스에 담긴 것들과 동기화하기도 해야 한다. 그리고 이는 게임 서버들 사이의 게임 객체 동기화를 어렵게 만드는 요인으로 작용한다.

이런 문제 때문에, 온라인 게임의 게임 객체 시스템에 GUID(Globally Unique Identifier, 전역 고유 식별자) 생성 기능을 반드시 갖출 필요가 있다. GUID에 객체의 종류나 객체의 생성 시간 등과 같은 유용한 정보를 포함시킨다면 객체를 고유하게 식별하는 것 이외에 객체를 추적하고 관리하는 용도로도 GUID를 효과적으로 활용할 수 있다. 이 글에서는 ID 서버와 객체 팩토리에서 안전하고 효율적으로 사용할 수 있는 64비트 GUID들을 생성하는 한 가지 방법을 제시한다.

게임 객체 GUID의 요구사항

우선 게임 객체 GUID가 갖추어야 할 사항들과 그것들을 만족하는 방법들에 대해 살펴보자.

충분한 GUID 공간

온라인 게임이든 독립형 게임이든, 게임 객체를 가리키는 포인터이 값 자체를 게임 객체의 식별과 관리를 위한 ID로 사용하는 경우가 많다. 대부분의 플랫폼들에서는 포인터 값의 형식으로 32비트 부호 없는 정수 자료형식이 쓰인다. 따라서 포인터 값을 ID로 사용하면 약 40억 개의 객체들을 구별할 수 있다. 일반적으로 독립형 게임에서라면 이 정도로도 충분할 수 있다. 독립형 게임의 실행 도중 40억 개 이상의 객체들을 생성하는 경우는 거의 없기 때문이다. 32비트를 16비트 워드 두 개로 나누어서 상위 16비트로는 객체의 종류를 구분하고 하위 16비트에는 실제 객체 인스턴스의 ID를 담는 방법을 사용하는 경우도 있다. 그러나 온라인 게임에서는, 특히 가상 세계의 영속성을 유지해야 하는 MMORPG에서는, 40억이라는 GUID 공간도 그리 충분하지 않다. 극단적인 경우라면 GUID가 필요한 객체들을 매 초마다 10,000개씩 만들어야 할 수도 있으며, 그러면 단 5일 이내에 40억 개의 ID들이 모두 소진된다.

1996년의 바람의 나라(*The Kingdom of the Winds*, 최초의 MMORPG)를 필두로, 넥슨은 수많은 고유한 객체 식별자들을 필요로 하는 여러 게임들을 출시한 바 있다. 그 게임들 중 일부는 32비트 ID를 사용했는데, 짧게는 석 달, 길게는 3년 만에 32비트 공간이 모두 소진되었다. 64비트 ID를 사용한 게임들 중에서도 비트들을 제대로 활용하지 못한 일부의 경우에는 64비트 공간이 모두 소진되고 말았다. 서비스 도중 ID 시스템의 가용 ID가 바닥나면 ID 발급 메서드들을 변경하고 과거에 발급된 모든 ID를 대체해야 했는데, 이는 정말로 괴로운 일이 아닐 수 없다. 그러한 경험으로부터, 적어도 10년은 사용할 수 있는 안정적인 공간을 마련해야 한다는 교훈을 얻을 수 있었다.

효율성

복합적인 시간 값이나 MAC 주소로 128비트 GUID를 생성하는 방법은 이미 널리 알려져 있다([ITU-T X.667]). 그런데 ID 하나에 16바이트나 사용하면 처리 시간이나 영속적 저장 공간, 네트워크 대역폭의 비용 등이 많이 먹힌다. 또한 기존의 128비트 GUID 생성 방법들은 초 당 10,000개의 객체들을 생산해야 할 수도 있는 객체 팩토리들에서 사용하기엔 너무 복잡하다. 게임 객체 ID를 위해서는, 좀 더 감당하기 쉬운 크기의 자료 형식과 보다 간단한 생성 방법이 필요하다.

전역적 고유성

온라인 게임에서 게임 객체들은 여러 시스템들 사이에서 이동하며 동기화된다. 따라서 ID가 지역적으로만(ID을 생성한 시스템 안에서만) 고유하다면 시스템들 사이의 동기화 과정에서 ID 충돌을 피할 수 없다. 서로 다른 게임 객체가 같은 ID를 가지고 있으면 시스템의 여러 부분들이 엉뚱한 객체 속성들을 사용하게 되거나 심지어는 완전히 다른 객체 형식들을 사용하게 될 수 있다. 여기서 진짜 문제는, 그러한 오류가 일어나면 그 원인을 찾기가 매우 힘들며, 고치기는 더욱 힘들다는 것이다.

정리하자면, 좋은 GUID 시스템에 필요한 요구사항들은 다음과 같다.

- 과거와 미래의 ID들의 고유성(유일성)을 보장해야 한다.
- 서로 다른 객체 팩토리들이 생성한 ID들의 고유성을 보장해야 한다.
- 여러 데이터베이스들이나 시스템들에서 ID들을 동기화하는 경우, 그러한 데이터베이스들 사이에서 ID의 고유성을 보장해야 하며, 한 ID가 항상 동일한 게임 객체를 지칭하게 해야 한다.

객체에 대한 정보

ID기 지칭하는 게임 객체에 대한 정보를 ID 자체에 포함시키면 그렇지 않은 경우에 비해 어러 가지 이득을 얻을 수 있다. 예를 들어, 게임 시스템은 일반적으로 오류나 진단 정보에 게임 객체의 ID만 기록할 뿐, 객체 자체에 대한 추가적인 정보는 포함하지 않는다. ID에 의미론적 정보를 포함시키면 오류 진단 시 그러한 기록을 좀 더 유용하게 활용할 수 있다. 또한 ID에 포함된 객체 정보는 최근 유행하는 데이터 마이닝의 활용에도 도움이 된다(이를테면 아이템 인기도를 비롯한, 사용자의 영향에 의해서 영속적 세계에 발생한 창발적 속성들의 집계 등). ID에 담을 수 있는 정보로는 객체를 생성한 팩토리, 생성 시간, 객체의 종류 등이 있다.

GUID 생성

그런 위의 요구사항들을 모두 만족하는 64비트 GUID를 생성하는 방법에 대해 살펴보자. 그림 7.3.1에 나와 있듯이, 하나의 64비트 GUID는 개별적인 공정으로 생성된 두 개의 32비트 조각들로 구성된다. 상위 32비트는 32비트 시간 꼬리표로, 이것은 "ID 서버"라고 부르는 하나의 전역 시스템이 객체 팩토리의 요구에 따라 생성한다. 하위 32비트는 객체의 일련번호로, 각 객체 팩토리가 생성한다. 객체 팩토리는 ID 서버가 발급한 시간 꼬리표와 사신이 생성한 일련번호를 연결해서 하나이 64비트 GUID를 생성한다.

전역적인 고유함을 보장하는 시간 꼬리표와 지역적인 고유함을 보상하는 일런번호가 힙쳐져서 최종적인 전역 고유 식별자가 만들어진다. 시간 꼬리표의 생성은 ID 서버가 전담

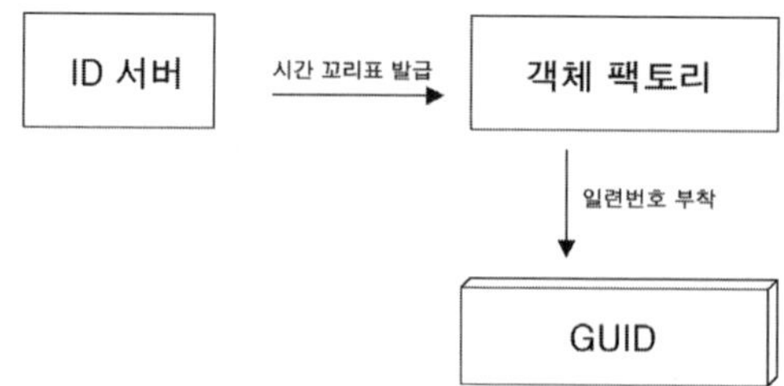

그림 7.3.1 GUID 생성. 전역 ID 서버는 시간 꼬리표를 생성해서 객체 팩토리에 제공한다. 객체 팩토리는 일련번호를 생성하고 시간 꼬리표와 결합해서 최종적인 64비트 GUID를 만든다.

하며 일련번호의 생성은 객체 팩토리가 전담하므로, 구조가 간단하고 역할이 명확하며 ID 생성의 관리가 효율적이다.

시간 꼬리표 생성

그림 7.3.2에 나와 있듯이, 시간 꼬리표는 20비트의 타임스탬프와 12비트의 청크 번호로 구성된다. 타임스탬프는 2005년 1월 1일 자정에 0x00001로 시작해서 10분마다 1씩 증가한 값이다. 따라서 약 20년간 사용할 수 있다.

$$0x\underline{TTTTT}\underline{CCC}$$
20비트　12비트　　T: 타임스탬프　C: 청크 번호

그림 7.3.2 시간 꼬리표의 구성.

게임이 20년 이상 서비스될 것으로 예상한다면 타임스탬프의 해상도를 낮추면 된다. 예를 들어 타임스탬프를 20분마다 증가한다면 약 40년 동안 사용할 수 있다. 청크 번호는 타임스탬프가 같은 시간 꼬리표의 누적 개수에 해당한다. 이것은 객체 팩토리가 ID 서버에게 시간 꼬리표를 요청할 때마다 증가한다. 타임스탬프가 증가하면 청크 번호는 0x000으로 초기화된다.

이상의 방법을 이용하면 20년 간 매 10분마다 4,096개의 고유한 시간 꼬리표들을 생성할 수 있다. 시간 꼬리표들은 전역적으로 고유해야 하므로, 시간 꼬리표를 발급하는 ID 서버는 단 하나만 있어야 한다. 현실적인 이유로 ID 서버를 하나만 둘 수 없는 경우 한 가지 해결책은 청크 번호의 비트 몇 개를 각 ID 서버의 고유한 식별자를 담는 용도로 사용하는 것이다.

일련번호 생성

각 객체 팩토리가 발급하는 32비트 일련번호는 객체의 형식 또는 종류를 담는 8비트, 예외 처리나 향후 용도를 위해 예비된 8비트, 그리고 인스턴스 번호를 담는 16비트로 구성된다(그림 7.3.3). 객체 종류 8비트 덕분에 GUID만 보고도 그것이 지칭하는 객체의 종류를 알 수 있다. 게임 객체 클래스마다 개별적인 객체 종류 값을 부여할 필요는 없다. MMORPG에서 가장 자주 생성되며 가장 문제가 많은 게임 객체는 아이템이므로, 모든 아이템을 하나의 클래스로 관리한다고 하더라도 아이템의 구체적인 종류에 따라 객체 종류 값들을 좀 더 세분화하는 것이 도움이 될 것이다. 예비 비트들은 예외 상황을 처리하거나 향후의 요구사항에 대처하기 위한 것이다. 그런 처리가 필요하지 않다면 객체의 종류나 인스턴스 번호의 비트들을 더 늘려도 된다.

$$0 \mathrm{x\,OORRIIII}$$
8비트　8비트　16비트

O: 객체 종류
R: 예비용
I: 인스턴스 번호

그림 7.3.3 일련번호 생성. C들은 객체의 종류이고 R들은 예비용,
I들은 인스턴스 번호이다(16진수로 표기되었음).

인스턴스 번호는 시간 꼬리표의 청크 번호처럼 일련번호가 발급될 때마다 증가한다. 객체 팩토리가 ID 서버에서 새 시간 꼬리표를 받으면 인스턴스 번호가 0으로 초기화된다. 각 게임 객체 종류마다 개별적인 인스턴스 번호들을 부여한다고 할 때, 객체 팩토리는 한 시간 꼬리표에 대해 $n \times 65536$개의 일련번호들을 생성할 수 있다(n은 객체 종류 개수).

예외 처리

GUID에 관련된 요구사항들을 제대로 예측, 처리하지 못한다면 신규 GUID 시스템에서 다양한 문제점들(번호 넘침, 보안 구멍 등)이 발생할 수 있다. 그럼 그러한 문제점들과 그 해결책을 간단히 살펴보자.

클라이언트 객체 팩토리에서 사용할 임시 ID 생성

게임 플레이어의 클라이언트 프로그램에, 게임 객체들을 복제(동기화), 제어하기 위한 객체 팩토리들을 따로 둘 수도 있다. 보안상의 문제 때문에, 클라이언트의 객체 팩토리는 전역 상태에 영향을 미칠 수 있는 새로운 게임 객체를 생성하지 못하게(따라서 그러한 객

체를 위한 GUID를 요청하지는 못하게) 하는 것이 일반적이다. 그러나 다른 프로세스들과는 동기화되지 않는 임시 게임 객체들을 생성해야 하는 경우도 생길 수 있다. 예를 들면 UI를 관리하거나, 게임 객체가 지역 사건들에 반응하게 하는 경우 등이 그에 해당한다. 보안상의 문제를 피하면서도 그러한 요구를 만족하는 한 가지 방법은 동기화가 필요한 객체와는 다른 형태의 ID를 그런 성격의 객체들에 부여하는 것이다. 이를테면 임시 게임 객체들에 대해서는 시간 꼬리표의 시간 스탬프를 0x00000으로 설정하고, 일련번호의 객체 종류 값도 동기화가 필요한 전역 객체와는 다른 방식으로 부여하는 식이다.

청크 번호 넘침

청크 번호가 0xFFF에 도달하면 청크 번호 넘침(overflow)이 발생한다. 객체 팩토리가 인스턴스 번호들을 너무 빨리 소진하거나 너무 많은 객체 팩토리들이 ID 서버에게 시간 꼬리표를 요청할 때 그러한 일이 발생할 수 있다. 중요한 것은 이러한 예외 상황이 아예 생기지 않도록 하는 것이며, 따라서 될 수 있으면 ID 서버에 접근하는 객체 팩토리의 수를 제한할 필요가 있다. 예를 들어 보통의 사용자의 클라이언트 객체 팩토리가 ID 서버에 직접 접근하는 일이 생겨서는 안 된다. ID가 제공한 시간 꼬리표들을 사용하는 객체 팩토리들의 개수는 100 이하로 유지되어야 할 수도 있다.

이러한 조치들을 취해도 가끔씩은 청크 번호가 넘칠 수 있다. 그런 경우에는 타임스탬프의 값을 증가하고 청크 번호를 초기화하면 된다. 물론 적당히 시간이 지나서 타임스탬프 값이 이미 증가되었다면 다시 증가할 필요가 없다.

인스턴스 번호 넘침

객체 팩토리는 주어진 시간 꼬리표에 일련번호를 결합할 뿐이므로, 인스턴스 번호가 최대치에 도달하면 더 이상의 GUID들을 생성할 수 없다. 그런 일이 생겼을 때에는 ID 서버에게 새 시간 꼬리표를 요청하는 것이 정석인데, 그러한 요청이 즉시 만족되지는 않을 수 있다. 즉시 GUID를 생성하려면 예비 비트들을 이용해서 인스턴스 번호의 넘침을 허용하는 수밖에 없다. 이러한 인스턴스 번호 넘침을 미연에 방지하는 한 가지 방법은, 객체 팩토리들에서 인스턴스 번호가 특정 값(이를테면 0x8000)을 넘어가면 ID 서버에게서 다음 시간 꼬리표를 미리 확보하는 것이다.

결론

ID 생성 자체는 별로 어렵지 않지만, 서비스 운영 도중 시스템을 뜯어고쳐야 하는 사태를 겪지 않도록 ID 발급 시스템을 설계하는 일은 다소 까다로울 수 있다. 이 글에 담긴, 넥슨이 시행착오를 겪으면서 얻은 교훈들이 독자에게도 도움이 되었길 바란다.

참조문헌

[ITU-T-X.667] ISO/IEC 9834-8:2004 Information Technology, "Procedures for the operation of OSI Registration Authorities: Generation and Registration of Universally Unique Identifiers (UUIDs) and their use as ASN.1 Object Identifier Components." ITU-T Rec. X.667, 2004.

[Svarovsky02] Svarovsky, Jan, "Minimizing Latency in Real-Time Strategy Games." *Game Programming Gems 3*, Charles River Media, 2002. 번역서는 "실시간 전략 게임에서의 지연 최소화," *Game Programming Gems 3*, 정보문화사, 2003.

<table><tr><td>**7.4**</td><td># MMOG의 프로토타이핑: 세컨드라이프를
이용한 게임 개념 프로토타입 작성</td></tr></table>

Peter Smith, University of Central Florida

peter@smithpa.com

소개

대규모 다중플레이어 온라인 게임(Massively Multiplayer Online Game, MMOG)들이 등장한 이후로, 평균적인 게임의 크기와 복잡도는 점점 더 증가하고 있다. 이는 플레이어들이 그러한 게임의 가상 세계 안에서 더욱 멋지고 몰입적인 체험을 원하기 때문일 것이다. MMOG들에는 비교적 새로운 가입 기반 서비스(subscription-based service) 모형이 많이 쓰이는데, 그런 경우 게임을 계속해서 개선하고 혁신하려면 자금이 끊임없이 투입되어야 한다. 그러나 현실은 그렇지 않다. MMOG들은 개발과 유지보수의 비용이 크기로 악명이 높으며, 그래서 발행사들은 MMOG 프로젝트에 돈을 투자하는 데 점점 더 신중을 기하고 있다. 이 때문에 MMOG 기반도 없고 자금노 충분하시 않은 개발사가 MMOG 징르에 대한 자신의 새롭고 혁신적인 접근방식을 시험해 보기란 정말 어려운 일이 아닐 수 없다. 이에 대한 한 가지 해결책은 다른 회사들의 기존 기술을 활용하는 것이다. 이 글에서는 Linden Labs의 MMOG 환경인 세커드라이프(Second Life)를 이용해서 새로운 MMOG 프로토타입(prototype, 원형)을 만들고 시험하는 방법을 설명한다.

세컨드라이프를 사용하는 이유

본길꺽으로 세컨드라이프는 하나이 MMOG 합경이다 세컨드라이프는 "린데 달러(Linden Dollar)"라는 화폐 단위를 이용해서 자신의 내부 경제를 운용하며, 린넨 날러를 통해서 다른 대부분의 MMOG에서는 볼 수 없는 독특한 체험을 플레이어들에게 제공한

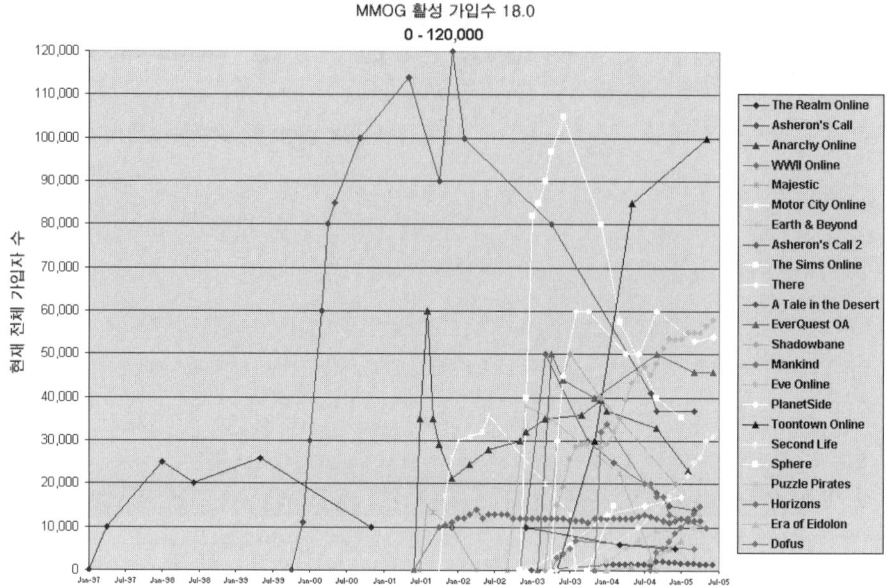

그림 7.4.1 MMOG 유효 가입수([Woodcock05]).

다. 보다 상용화된 다른 MMOG들 속에서 세컨드라이프를 차별화하는 주된 특징 하나는, 게임 세계가 이용자 제작 콘텐츠(UCC)에 의존한다는 것이다. 이를 위해 Linden Labs는 게임 내의 이용자 제작 콘텐츠에 대한 지적재산권(IP)을 해당 제작자가 소유할 수 있게 했는데([Ondrejka04a]), 이는 게임 개발 공동체에서 유래가 없던 일이다. 대부분의 회사 들은 이용자들이 자신의 소프트웨어로 만든 모드(mod)들에 대한 권한까지도 유지하려 한 다. Linden Labs의 그러한 차별화된 전략 덕분에 세컨드라이프는 계속해서 새로운 게임 이 등장하는 MMOG 시장에서도 꾸준한 성장률을 보일 수 있었다. 2005년 8월 세컨드라 이프의 가입 이용자 수는 40,000에 도달했다([SecondLife05b]). 그림 7.4.1은 세컨드라이 프가 MMOG 시장에서 차지하는 위치를 잘 보여준다.

세컨드라이프는 심지어 이용자들의 아이템 판매, 구매, 양도에 대해 아무런 제약도 가하 지 않는다. 덕분에 다른 여러 유명 MMOG들에서 볼 수 있는 것보다 훨씬 더 일관적인 경제 시스템이 만들어졌다. 이 글을 쓰는 현재, Gaming Open Market([GOM05])에서 1,000 린덴 달러의 가치는 4 달러(US)이다. *www.gamingopenmarket.com.*에서 환율 등 좀 더 자세한 정보를 볼 수 있다. 이러한 특징은 이용자들을 아주 독특한 "백일몽"의 세 계로 이끌어서, 세컨드라이프는 이제 어떤 일이 생길지 모르는 곳이 되었다. 물론 이용자 제작 콘텐츠를 위한 수단을 제공하는 MMOG가 세컨드라이프 뿐인 것은 아니다.

그 외의 대안들

세컨드라이프 이외에, MMOG 프로토타입용으로 사용할 수 있는 서비스로는 *There*와 *Active Worlds*가 있다. 2003년에 서비스를 시작한 *There*(*www.there.com*)는 세컨드라이프와 여러 가지 비슷한 장점들을 제공한다. *There.com*에서 이용자는 자신만의 콘텐트를 만들 수 있다. 단점은 콘텐트가 적용되려면 승인 절차를 거쳐야 한다는 것인데, 이 때문에 귀중한 개발 시간이 낭비된다. 이러한 제약은 부적절한 콘텐트가 게임 세계에 도입되는 일을 방지하기 위한 것이다. 세컨드라이프에는 그러한 제약이 없다. 이러한 승인 절차 때문에, *There.com*은 세컨드라이프보다 *The Sims*에 가까운 느낌을 준다([Book05]).

Active Worlds(*www.activeworlds.com*)는 대부분의 MMOG들보다 긴 역사를 가지고 있다. 1997년에 시작된 *Active Worlds*은 학계에서 상당한 기반을 닦은 게임으로, 인기의 주된 요인은 전용 서버를 임대해서 자신만의 세계를 만들 수 있다는 것이다. 물론 그러한 서비스를 위한 가격 정책은 다른 전용 서버 서비스들과 비슷하다. 이 서비스를 이용하면 승인된 이용자들만 접근할 수 있는 자신만의 세계를 만들 수 있다. 이는 세컨드라이프에는 없는 수준의 프라이버시를 얻을 수 있다는 장점으로서 기능하는 한편, 대중에 의한 게임 내 테스팅 기회가 사라진다는 점에서는 단점으로 작용할 수도 있다. 베타테스트를 시작하는 데에는 가상 세계의 이용자 수가 중요하다([Book05]).

MMOG 프로토타이핑에 사용할만한 서비스들을 평가할 때 보다 최신의 정보를 얻을 수 있는 곳들 중 하나는 Virtual Worlds Review(*www.virtualworldreview. com*)이다. 약간만 조사해 본다면, 다양한 범위의 강력한 기능들로나 이용자 수로나 최선의 선택은 세컨드라이프가 됨을 알 수 있을 것이다.

세컨드 라이프의 특징

세컨드라이프는 야심찬 MMOG 개발자를 위한 훌륭한 도구가 될 수 있는 인상적인 특징들을 많이 가지고 있다. 세컨드라이프의 핵심부는 끝없이 확장 가능한 실시간 스트리밍 3D 세계이다. 그러한 세계의 바탕에는 독점적인 그리드 기반 네트워크 기술이 깔려 있다. 이것이 개발자에게 의미하는 바는, 플레이어가 세계를 이동할 때 로딩이나 중단 없이 한 서버에서 다른 서버로 매끄럽게 넘어갈 수 있다는 것이다. 이 덕분에 방대한 환경이 가능해진다. 그림 7.4.2에서 보듯이, 세컨드라이프의 한 구역은 여러 개의 사각형들로 나뉘어져 있다. 하나의 사각형은 하나의 개별 지역(region)이다. 각 지역은 실제 세계의 65,536 평방미터(256×256)에 해당하며, 하나의 서버 CPU가 둘 또는 네 개의 지역들을 처리한다. 전체 세계 지도의 지역 개수를 세어보면 세컨드라이프가 지리적으로나 기술적으로나 얼마나 방대한지를 실감할 수 있을 것이다([Ondrejka04b]).

세컨드라이프의 아바타(플레이어 캐릭터)는 무한히 커스텀화할 수 있다. 플레이어 아바타의 형태를 수정하는 간단한 도구들이 제공되며, 커스텀 의복이나 애니메이션을 추가하는 것도 가능하다. 더 나아가, Poser™나 Photoshop 같은 유명 개발 도구에서 애니메이션과 의복을 만들어 도입하는 것도 가능하다. 플레이어 캐릭터의 커스텀화 뿐만 아니라 캐릭터가 상호작용할 문체(오브젝트라고 부른다)들을 직접 만들고 수정할 수도 있다. 클라이언트 프로그램 자체에도 사용하기 쉬운 제작 도구가 포함되어 있으며, 필요하다면 전문적인 모델링 패키지로 만든 모형을 불러올 수도 있다([SecondLife04]).

세컨드라이프의 모든 것은 그 모습뿐만 아니라 행동까지도 제작자 마음대로 설정하는 것이 가능하다. C++ 프로그래밍 언어와 대체로 비슷한 구조의 강력한 스크립팅 언어인 Linden Scripting Language(LSL, [Brashears03])를 이용함으로써, 개발자는 커스텀화 가능한 캐릭터들과 물체들에 복잡한 행동을 부여할 수 있다. 간단한 자세구(pose ball)에서 탈 것에 이르기까지, 상상할 수 있는 모든 것에 스크립트를 적용할 수 있다. 세컨드라이프가 갖춘 가장 강력한 특징은 Havok 물리 엔진과의 통합일 것이다. 독립형 미들웨어인

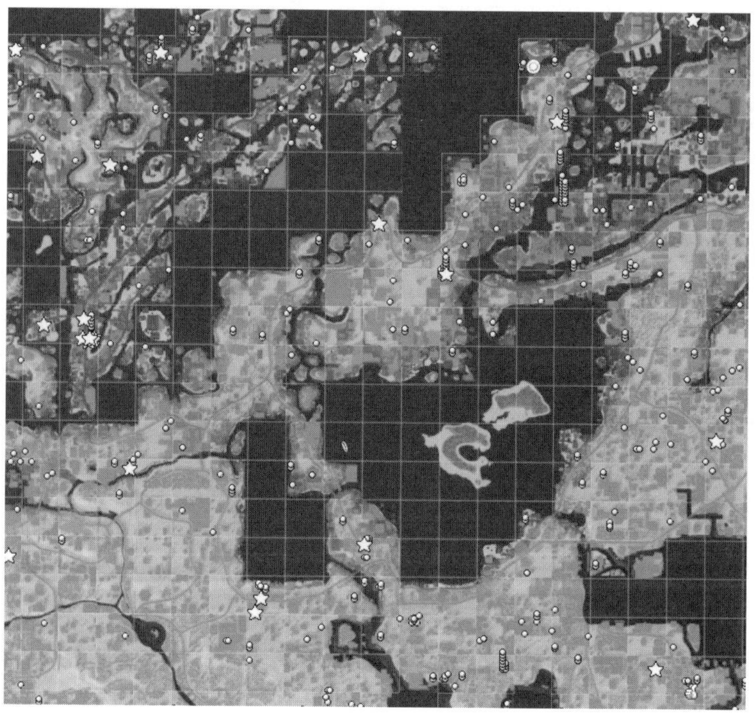

그림 7.4.2 사람들과 사건 장소들을 보여주는 세컨드라이프 세계 지도의 한 부분.

Havok은 *Half-Life 2*나 *Full Spectrum Warrior* 같은 유명 게임들에서 대단히 정확한 물리 시뮬레이션을 구현하는 데 쓰인 바 있다([Havok05]). 개발팀이 자비로 이런 기술에 접근하려면 상당한 비용을 지불해야 한다. Havok에 대한 좀 더 자세한 사항은 *www.havok.com*을 참고하길 바란다.

세컨드라이프 시작하기

세컨드라이프를 시작하는 것이 좀 어렵게 느껴지는 독자도 있을 것이다. 처음에 해야 할 일은 *www.SecondLife.com*(또는 *kr.SecondLife.com*)으로 가서 계정을 만들고 클라이언트 프로그램을 내려 받는 것이다. 클라이언트를 이용해서 게임 세계에 처음 접속하면 사용법을 알려주는 튜토리얼이 나타난다. 그런데 이 튜토리얼에서 배울 수 있는, 세컨드라이프를 이용한 프로토타입 개발과 관련된 사항은 별로 많지 않다. 이용자 콘텐트와 마찬가지로, 세컨드라이프에서는 이용자 학습 역시 가상 세계 주민들에게 맡긴다. 다행히, 세컨드라이프에는 이런 과제에 적극적으로 힘을 쏟는 헌신적이고 열정적인 이용자 공동체가 존

그림 7.4.3 Learning Center 앞에 서 있는 필자.

재한다. 신규 이용자가 게임에 익숙해질 수 있도록 도움을 주는 여러 자료들이 동영상, 텍스트, 온라인 강의, 멘토 프로그램 등 다양한 형식으로 제공되기 때문에, 자신에게 가장 적합한 것을 택해서 좀 더 빠르게 학습할 수 있다.

처음에는 세컨드라이프의 전반적인 사항을 잘 알려주는 초보자 가이드([SecondLife04])로 시작하는 것이 좋다. 초보자 가이드를 뗀 다음에는 위키를 참고하거나 가상 세계 안의 한 장소인 Learning Center(그림 7.4.3)의 강의를 들을 수도 있다. 두 옵션 모두 이용자 커뮤니티가 적극적으로 지원한다. 이러한 자료들 외에도, 세컨드라이프 공동체에는 초보자들을 돕는 데 주저하지 않는 많은 사람들이 있다. 가상 세계 안에서 사람들에게 말을 걸어 질문을 하면 많은 정보를 얻을 수 있을 것이다.

세컨드라이프의 설계 고려사항들

게임을 설계할 때에는 개발 플랫폼의 강점과 제약을 반드시 고려해야 한다. 멋진 게임 개념이라도 플랫폼에 따라서는 구현하기가 적합하지 않을 수도 있기 때문이다. 그럼 대상 플랫폼으로서의 세컨드라이프의 강점들과 제약들을 살펴보자.

강점

세컨드라이프는 모든 종류의 3D 게임에 사용할 수 있는 독특한 개발 환경이다. 세컨드라이프는 운이 좌우하는 간단한 게임에서부터 복잡한 롤플레잉게임에 이르기까지 거의 모든 장르에 대응한다. 세컨드라이프의 주된 강점으로는 환경의 대규모 이용자 지원 능력, 물리 시뮬레이션, 플레이어 수에 따른 규모가변성, 내장된 경제 모형 등을 들 수 있다.

세컨드라이프 내 게임들 중 성공한 게임들은 대부분 카지노 스타일의 게임들, FPS 스타일의 게임들, 그리고 퍼즐 게임들이다. 세컨드라이프는 최초의 몇몇 대규모 다중플레이어 캐주얼 게임들을 시장에 제공했는데, 이런 게임들의 사회적(사교적) 측면들은 세컨드라이프가 플레이어들을 끌어들이는 가장 큰 요인이기도 하다. 원한다면 낚시로 소일하며 시간을 보낼 수도 있다(그림 7.4.4).

Havok 엔진에 기초한 세컨드라이프의 물리 시뮬레이션은 사실적인 차량, 총기, 장난감 표현 및 조작을 가능하게 한다. 대포로 사람을 날려 보내기나 자동차 주행에서 *Unreal*의 세컨드라이프 버전에 이르기까지, 세컨드라이프의 물리 시뮬레이션을 이용하면 다양한 사건들을 실감나게 표현할 수 있다. 세컨드라이프에는 플레이어가 스카이다이빙을 할 수

그림 7.4.4 세컨드라이프에서는 낚시도 독특한 체험이 될 수 있다. (Linden Research, Inc.의
서비스인 Second Life(www.secondlife.com)의 한 스크린샷)

있는 곳도 있다. 스카이다이빙은 물리 시뮬레이션에 크게 의존하는, 놀랄 만큼 재미있는
가상 체험이다.

게임이 임의의 크기의 이용자 그룹들을 지원할 수 있다는 규모가변성도 중요한 강점으로
작용한다. 10,000명의 사람들이 같은 게임을 즐기게 하고 싶다면, 그 게임을 서로 다른 영
역들에서 실행하면 된다. 개발비용에 영향을 주지 않고도 모든 물체를 복사, 재사용할 수
있다.

제약

지금까지의 내용들만 놓고 본다면 세컨드라이프가 MMOG 프로토타이핑에 대한 완벽한
해법이 될 것 같지만, 사실 세컨드라이프에도 나름의 제약이 존재한다. 다른 대부분의 온
라인 환경들과 마찬가지로, 세컨드라이프에서도 지연(lag)이 문제가 된다. 플레이어가 맵
의 새 영역에 진입힐 때 화면에서 긴물들이 툭툭 튀어나오는 현상도 흔히 볼 수 있고, 어
떨 때에는 사람들이 나체로 나타났다가 잠시 후에야 옷이 완전히 입혀지기도 한다. 비슷
하게, 벽의 이미지들이 처음에는 흐릿하게 나타났다가 시간이 좀 지나야 뚜렷해지기도 한

그림 7.4.5 세컨드라이프에서도 지연이 게임 개발자들에게 큰 골칫거리이다. (Linden Research, Inc.의 서비스인 Second Life(www.secondlife.com)의 한 스크린샷)

다. 지연은 설계 시 반드시 고려해야 하는 필요악이다. 지연을 제대로 처리하지 못하면 그림 7.4.5와 같은 심각한 배치 불일치가 발생한다. 빠른 갱신, 대량의 물리 루틴, 복잡한 스크립트, 많은 수의 물체들을 요구하는 게임은 상당한 지연을 유발할 수 있다 ([SecondLife05a]).

지연을 극복하도록 게임을 설계하는 것은 어렵긴 해도 불가능한 일이 아니다. 세컨드라이프는 이를 상당히 잘 처리하기 때문에, 일반적으로 지연으로 인해 사용자에게 피해가 돌아가는 일은 생기지 않는다. 사실, 시간에 따라 기본 구성요소가 한 번에 하나씩 나타나는 형태로 건물들이 튀어 나오는 모습은 오히려 전반적인 환경의 "백일몽"적인 분위기를 강화하는 효과를 내기도 한다. LSL 위키([SecondLife05a])에서 지연을 관리하는 다양한 방법들을 찾을 수 있다.

프로토타입 개발

세컨드라이프에서 프로토타입을 만들 때에는 간단한 물체들로 시작해서 차츰차츰 전체 게임을 구축해 나가는 방식이 가장 적합하다. 하나의 게임을 임의의 개수의 스크립트들과 기본 물체들, 그리고 텍스처들로 구성할 수 있다. 한 예로, 간단한 장난감인 무한대 공 (infinity ball. 비슷한 등록상표를 가진 한 유명 장난감과는 무관하다)을 만드는 과정을 살펴보자. 그림 7.4.6에 무한대 공을 만드는 장면이 나와 있다.

그림 7.4.6 "무한대 공"만들기. 게임 세계 안에서 개발의 모든 부분에 접근할 수 있게 하는 UI가 제공된다. (Linden Research, Inc.의 서비스인 Second Life(www.secondlife.com)의 한 스크린샷)

세컨드라이프 기반 프로토타입 개발의 주된 장점은, 모든 것을 게임 세계 안에서(즉, 게임 클라이언트 안에서) 만들고 볼 수 있다는 것이다. 그림 7.4.6은 텍스처, 기하구조, 파일, 스크립트를 위한 창들이 열려 있는 모습이다. Ctrl+Alt+Shift+D를 누르면 디버그 메뉴가 활성화된다. 디버그 메뉴에서 오류 메시지 창을 열 수 있다. 또한 디버그 메뉴를 이용해서 지형을 끌 수도 있는데, 이는 사라진 기하 자료를 찾는 데 유용하다. 그 외에, 바람 등의 환경 변수들을 점검하는 것노 가능하나.

다음은 무한대 공을 만드는 과정이다.

- 우선, 오브젝트 제작이 허용되는 장소로 이동해야 한다. 공공의 샌드박스 구역(여러 곳에 있다)으로 이동하거나, 자금이 허용된다면 이를 위한 토지를 구입할 수도 있다.
- 지형을 오른쪽 클릭하고, 팝업 메뉴에서 "만늘기"를 선택한나. 그러면 만들 수 있는 일단의 기본 도형들(입방제에서 나무에 이르기까지 다양하다)이 니디난다.
- "구"를 선택한다. 그러면 커서가 마법지팡이 모양으로 변한다.

- 지형을 클릭하면 그 위치에 구가 만들어진다. 이것이 무한대 공이다.
- 이제 무한대 공에 텍스처를 입힌다. 파일 메뉴에서 "이미지 업로드..."를 선택한다.

- 부록 CD-ROM에서 Infinity_Ball_Texture.tga 파일을 찾아 선택한다.
- 보기 메뉴에서 "인벤토리"를 선택한다.
- 텍스처 폴더에서 "Infinity_Ball_Texture"를 끌어다 공에 놓는다. 그러면 공에 텍스처가 입혀진다.
- 이제 "만들기" 창에서 이동 도구를 이용해 공의 위치를 적절히 조정한다.
- 다시 인벤토리 창으로 가서 "만들기"를 선택하고 "새 스크립트"를 선택한다.
- 그러면 인벤토리 창의 스크립트 폴더에 "New Script"라는 기본 스크립트가 생성된다.
- 그 "New Script"를 오른쪽 클릭하고 이름을 "Infinity Ball Script"로 바꾼다.
- "Infinity Ball Script"를 더블클릭하면 스크립트 편집 창이 뜬다.
- 스크립트 편집 창에 다음 코드를 붙여 넣는다.

```
float max = 8.0;
default
{
    // 플레이어가 오브젝트를 건드리면 이 코드가 실행된다.
    touch_start(integer total_number)
    {
        float choice;
        integer result;
        // llFrand는 난수를 하나 생성한다.
        choice = llFrand(max);
        // float를 integer로 형변환해서
        // 소수부를 제거한다.
        result = (integer)choice;

        if(result == 0) llSay(0, "Yes, of course");
        else if(result == 1) llSay(0, "Can not predict now");
        else if(result == 2) llSay(0, "Signs point to yes");
        else if(result == 3) llSay(0, "Not looking good");
        else if(result == 4) llSay(0, "You can count on it");
        else if(result == 5) llSay(0, "It is certain");
        else if(result == 6) llSay(0, "No");
        else if(result == 7) llSay(0, "YES");
    }
}
```

- 마지막으로, 인벤토리 창의 "Infinity Ball Script"를 지형 위의 무한대 공에 끌어다 놓는다.

이 스크립트는 플레이어가 공을 건드리면 여덟 가지 응답 중 하나를 무작위로 선택해서 보여주는 역할을 한다. 간단한 예지만, 세컨드라이프에서 대화식 물체를 만드는 기본적인 과정을 배우기에는 충분하다. 좀 더 연습을 한다면 어떤 것이라도 만들 수 있을 것이다.

■ 성공 사례

세컨드라이프 게이밍 공동체에서 아마도 가장 큰 성공작으로 꼽을 수 있는 것은 Tringo 일 것이다. Tringo는 빙고 게임과 테트리스(Tetris®)의 놀라운 혼합이다. 이 게임은 세컨 드라이프 외부의 실제 상용 게임에 라이선싱될 정도로 성공했다. 서른 살의 오스트리아 프로그래머 Nathan Keir가 대학의 크리스마스 휴가 기간 도중 설계한 Tringo가 그토록 큰 성공을 거두리라고는 아무도 예상하지 못했다. Donnerwood Media는 모바일 및 인터 넷 게임으로 Tringo를 출시할 예정이다([Grimes05]).[1]

그림 7.4.7 Tringo 게임을 즐기는 필자의 모습. (Linden Research, Inc.의 서비스인 Second Life(www.secondlife.com)의 한 스크린샷)

---

1) 역주 : 인터넷 버전은 *http://www.meez.com/profile.dm?uname=tringo.dm*에서 무료로(단, 회원 가입 필 요) 서비스 중이다.

Tringo는 세컨드라이프 환경의 강점과 약점을 완벽하게 활용한 예이다. 게임에 참여한 플레이어는 빙고 카드와 비슷하되 테트리스에 나오는 것들 같은 조각들로 덮여 있는 점수 카드를 받는다. 게임은 일정한 주기로 조각 이름을 호명하며, 그러면 플레이어는 자신의 카드에 그 조각을 채운다(조각을 회전하지는 못한다). 가장 먼저 카드 전체를 완성한 플레이어가 승자가 된다. 이 게임은 긴딘하면서도 중독성이 있어서 다른 플레이어와 친교를 쌓는 수단으로도 인기를 끌고 있다([Grimes05]).

결론

Tringo의 사례는 게임 플랫폼으로서의 세컨드라이프의 잠재력을 잘 보여주는 예이다. 세컨드라이프는 아직도 개발 초기 단계라 할 수 있으며, Tringo 같은 성공 사례는 세컨드라이프로 이룰 수 있는 것들의 일부일 뿐이다. 수백만 달러 규모의 대작 게임이 세컨드라이프 안에서 설계될 수도 있고, 세컨드라이프의 세계 안에서 또 다른 캐주얼 게임이 흥행에 성공할 수도 있다. 뭔가 새로운 개념을 세컨드라이프 안에서 거의 무한한 자원들을 이용해 실험해 봄으로써 MMOG 역사에서 또 다른 대작을 만들어 낸다면, 독자는 말 그대로 '제2의 인생'을 살게 될 것이다.

참조문헌

[Book05] Book, Betsy, "Virtual Worlds Review." 2005년 8월 15일. 웹 *http://www .virtualworldsreview.com.*

[Brashears03] Brashears, Aaron 외, "Linden Scripting Language Guide." 2003. 웹 *https://secondlife.com/download/guides/LSLGuide.pdf.*

[GOM05] Gaming Open Market, "Gaming Open Market Homepage." 2005년 8월 15일. 웹 *http://www.gamingopenmarket.com/.*

[Grimes05] Grimes, Ann, "Tetris Meets Bingo." *The Wall Street Journal*, 2006년 3월 3일: p. B3.

[Havok05] Havok.com, "Havok: Dynamic Gameplay." 2005년 8월 15일. 웹 *http://www. havok.com.*

[Ondrejka04a] Ondrejka, Cory, "Aviators, Moguls, Fashionistas and Barons: Economics and Ownership in Second Life." 2004년 9월 23일. 웹 *http://www.gamasutra.com/*

resource_guide/20040920/ondrejka_01.shtml.

[Ondrejka04b] Ondrejka, Cory, "A Piece of Place: Modeling the Digital on the Real in *Second Life.*" 2004년 6월 7일. 웹 *http://papers.ssrn.com/sol3/papers.cfm?abstract_id=555883.*

[SecondLife04] "Second Life Starter Guide." 2004년 6월. 웹 *https://secondlife.com/download/guides/starter_guide.pdf.*

[SecondLife05a] *Second Life* Community, "LSL Wiki: Home Page." 2005년 8월 15일. 웹 *http://secondlife.com/badgeo/wakka.php?wakka=HomePage.*

[SecondLife05b] Linden Labs, Incorporated, "Second Life Home Page." 2005년 8월 15일. 웹 *http://www.secondlife.com.* (한국어 사이트는 *http://kr.secondlife.com*)

[Woodcock05] Woodcock, Bruce Sterling, "MMOG Active Subscriptions 0-150,000." 2005년 8월 15일. 웹 *http://www.mmogchart.com/.*

7.5

NAT 구멍 뚫기와 신뢰성 있는 동급간 게이밍 TCP 연결

Larry Shi
ai_shaying@hotmail.com

이 글에서는 가정용 공유기나 ISP 라우터의 네트워크 주소 변환(network address translation, NAT)을 거치는 컴퓨터들 사이에 동급간(peer-to-peer, P2P. 또는 동위간) 네트워크 세션을 만드는 유용한 기법 하나를 설명한다. 여러 클라이언트-서버 아키텍처 기반 온라인 게임에서도 이 기법을 활용할 수 있다. 상호작용중인 클라이언트들이 동급간 채널을 통해 이를테면 음성이나 텍스트 대화, 실시간 동영상을 주고받게 함으로써 서버의 부담을 가중하지 않고도 게임플레이 체험을 향상시킬 수 있다. 이 글은 NAT가 동급간 연결에 어떤 식으로 영향을 미치는지를 이야기하고, NAT 기기 뒤에 있는 컴퓨터들 사이의 안정적인 연결을 만드는 요령을 설명한다. 또한 게임 개발자가 게임에 그대로 사용할 수 있는 소스코드도 제공한다. 이러한 기법으로 연결의 신뢰성을 높임으로써, 게임이 더 재미있어질 뿐만 아니라 좀 더 많은 게이머들이 게임을 즐길 수 있게 될 것이다.

문제점

게임 응용프로그램들이 비싼 서버 대역폭을 소비하는 일 없이 동급간 모드로 연설되게 하려면 어떤 방법을 쓰든 결국에는 NAT라는 벽을 만나게 된다. 가정용 공유기들이나 ISP(인터넷 서비스 제공업체)들은 NAT를 거쳐서 집의 컴퓨터를 인터넷에 연결한다. NAT 덕분에, ISP들은 개별 고객마다 고정된 정적 IP 주소를 할당할 필요가 없다. ISP들은 자신이 실제로 소유하고 있는 IP 주소들보다 훨씬 더 많은 고객들을 지원하기 위해 NAT를 사용한다. 또한 NAT는 가정의 사용자가 개별적인 사설 네트워크 주소 공간을 이용하는, 외부 세계로부터 네트워크의 주소가 숨겨진 자신만의 홈 네트워크를 꾸밀 수 있게 한다. 이 모든 것의 핵심은 NAT의 동적인 주소 및 포트 번호 변환에 있다. NAT는 개별 네트워크 연결 또는 세션을 지역 IP 주소, 지역 포트 번호, 원격 IP 주소, 원격 포트 번호라는 네 값들의 쌍으로 고유하게 식별한다. NAT 기기가 홈 네트워크와 외부 네트워크(ISP의 네트워크 또는 인터넷 자체)를 연결하는 방법은 대략 이렇다. NAT 기기는 자신을 거쳐서 나가는 외향 연결마다 자신의 포트 공간에서 포트를 하나씩 할당한다. 이후 각 연결의 외향 패킷마다, 출발점 IP 주소를 NAT 기기의 IP 주소로 대체하고, 출발점 포트를 할당된 외부 포트 번호로 대체한다.

NAT 기기 역할을 하는 가정용 공유기 하나와 여러 대의 컴퓨터 및 네트워크 대응 기기들로 구성된 전형적인 홈 네트워크가 그림 7.5.1에 나와 있다. NAT 기기는 ISP로부터 전역 접근 가능 IP 주소(그림의 경우 172.168.5.23)를 배정받는다. NAT 기기 뒤에는 지역 IP 주소 공간 10.0.1.x를 사용하는 사설 네트워크가 있다. 사설 IP 10.0.1.3이 배정된 컴퓨터가 전역 IP(공인 IP)가 23.34.1.2이고 포트 번호가 1234인 어떤 서비스에 연결된다고 하자. NAT 기기는 연결 요청(TCP의 SYN 패킷)을 가로채고는, NAT 프로토콜에 따라 그 연결에 대한 새 포트 번호를 하나(5462라고 하자) 할당한다. 그런 다음에는 외향 패킷의 출발점 IP 주소(사설 IP 주소)를 NAT 기기 자신의 공인 IP로 대체하고, 출발점 포트 번호를 새로 할당된 포트 번호 5465로 대체한다. NAT 기기는 네 값 쌍 (10.0.1.3, 31420, 172.168.5.23, 5462)를 통해서 이 연결 및 이 연결을 유지하는 데 필요한 변환 항목을 고유하게 식별한다. 그림 7.5.1에 나와 있듯이, NAT 기기는 출발점 주소가 10.0.1.3:31420인 모든 외향 패킷의 출발점 주소를 172.168.5.23:5462로 대체한다. 또한 목적지(대상) 주소가 172.168.5.23:5462인 모든 내향(들어오는) 패킷의 목적지 주소를

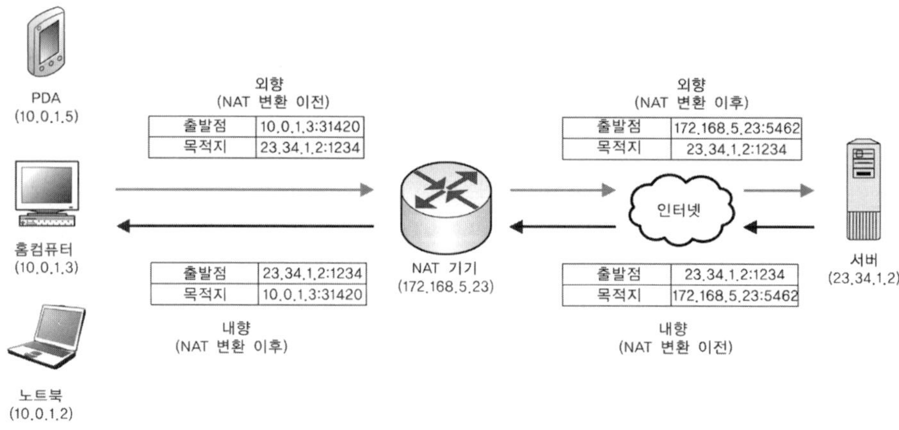

그림 7.5.1 NAT 기기의 작동 방식.

10.0.1.3:31420으로 대체한다. 이러한 변환 과정에 의해, NAT 기기 뒤에 있는 10.0.1.3 컴퓨터가 NAT 기기 바깥 세계의 특정 서비스와 통신하게 된다.

온라인 게임의 입장에서 보자면, NAT는 외향 연결(내부 네트워크에서 비롯된 연결)만 새로 만들 수 있다는 심각한 문제를 야기한다. NAT 기기는 내향 연결 요청, 즉 외부 네트워크에서 들어오는 연결 요청들 중 변환 네 값 쌍이 기록된 적이 없는 것들을 모두 폐기한다. 이처럼 폐기된 요청들을 "요청된 적이 없는 연결 시도"라고 부른다. 이 문제는 다르게 이야기하면, NAT 기기 뒤에 있는 컴퓨터를 다른 NAT 기기 뒤의 컴퓨터와 연결할 수 없다는 것이다. 순수한 클라이언트-서버 기반 게임에서는 일반적으로 서버가 NAT를 사용하지 않고 전역 공인 IP 주소를 사용하므로 이런 문제가 생기지 않는다.

현재의 해법들

파일 공유나 VoIP 채팅, 온라인 게임 등 동급간 응용프로그램들의 인기가 높아짐에 따라, NAT로 인한 연결 제약의 극복이 중요한 문제로 대두되었다. 다행히, 최근 들어 여러 해법들과 요령들이 소개되었는데, 그 중 하나가 각각의 NAT 기기 뒤에 있는 두 컴퓨터들 사이의 동급간 연결을 확립하는 한 가지 기법인 "구멍 뚫기(hole-punching)"이다. 구멍 뚫기 기법은 UDP 연결([Guha05])과 TCP 연결([Biggadike05], [Eppinger05], [Ford05]) 모두에 사용할 수 있다. 구멍 뚫기에서는 양쪽의 컴퓨터들이 각각 상대의 사설(내부) 주소와 공인(외부, 변환된 이후의 것) 주소를 이용해서 연결을 시도한다. 이에 의해 NAT 기기들에 해낭 변환 항목(네 값 쌍)들이 생성되며(이것이 비로 '구멍이 뚫리는' 것이다), 그 결과 NAT 기기는 다른 쪽에서 비롯된 내향 연결을 받아들이게 된다. 이처럼 구멍 뚫기는 간단하면서도 응용프로그램에 대해 투명하고, 대부분의 잘 만들어진 상용 NAT 기기들에서 아주 안정적이며 신뢰성 있게 작동한다.

TCP 구멍 뚫기의 구현 방법은 여러 가지이다. NATBLASTER 논문([Biggadike05])은 하나의 출발점 IP 스푸핑 서버와 일련번호 조정 요령을 이용해서 두 NAT 기기 뒤 컴퓨터들 사이의 TCP 연결을 수립하는 TCP 구멍 뚫기 접근방식을 서술한다. [Eppinger05]는 보통의 소켓 프로그래밍과 일련의 잘 조율된 사건들을 이용해서 두 NAT 기기 뒤 컴퓨터들을 연결하는 방법을 제시한다. 좀 더 최근의 논문인 [Ford05]는 특별한 소켓 옵션인 SO_REUSEADDR와 SO_REUSEPORT를 이용하는 방법을 보여순다. 이 글에서 실명하는 TCP 구멍 뚫기는 [Ford05]를 기초로 한 것이다. 이하의 내용을 이해하려면 TCP/IP 네트워킹과 NAT 작동 원리, 소켓 프로그래밍에 대해 어느 정도는 익숙해야 한다.

■ 접근방식

그림 7.5.2와 같은 구성을 예로 들어보자. 일반적인 상황을 충실히 나타낼 수 있도록, 클라이언트 컴퓨터들인 노드 A와 노드 B 둘 다 각자의 NAT 기기 뒤에 있다고 가정한다. 노드 A의 NAT 기기를 NA, 노드 B의 NAT 기기를 NB라고 표기하겠다. 노드 A는 사설 홈 네트워크 10.0.1.*x*에 속하며, 내부 IP 주소는 10.0.1.5이다. 노드 B 역시 자신의 사설 네트워크 192.168.0.*x*에 속하며 내부 IP 주소는 192.168.0.10이다. NA의 공인 IP 주소(외부에서 접근 가능한 주소)는 172.168.5.23이고 NB의 공인 IP 주소는 155.55.80.5이다. 목표는 NAT 구멍 뚫기를 이용해서 노드 A와 노드 B를 TCP로 연결하고 온라인 게임 자료를 주고받게 하는 것이다.

그림 7.5.2에 나와 있듯이, 여기서 말하는 구멍 뚫기 방법은 하나의 연결 중개 서버(C라고 하자)를 이용해서 A와 B 사이의 연결을 돕는다. C는 반드시 공인 IP 주소를 사용해야 하며, 클라이언트들은 C의 공인 IP 주소는 물론 중개 서비스 진입점에 해당하는 포트 번

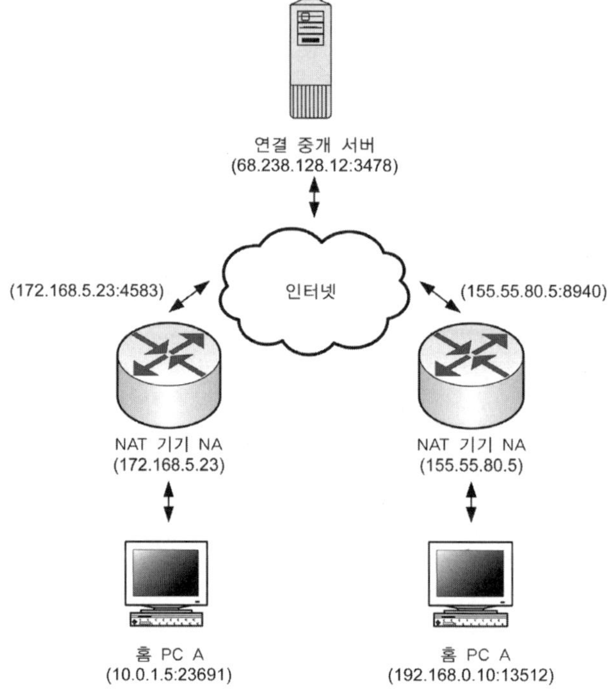

그림 7.5.2 두 클라이언트 컴퓨터와 하나의 연결 서버로 이루어진 구성 예.

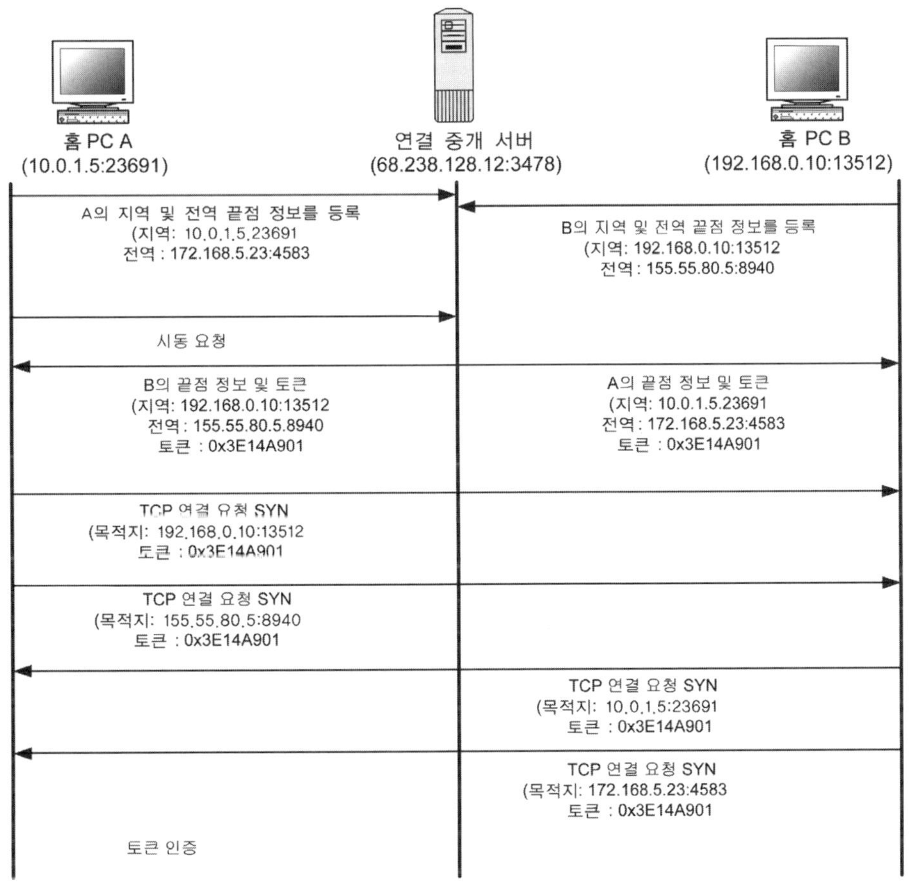

그림 7.5.3 구멍 뚫기 절차. 크게는 1) 끝점 등록 단계, 2) 시동 단계, 3) 연결 단계, 4) 인증 단계로 구성된다.

호도 알고 있어야 한다. 이러한 구성에서, 동성식인 소켓 프로그래밍을 이용해 구멍 뚫기를 수행하는 질차의 된게들이 그림 7.5.3에 나와 있다. 그림 7.5.3은 C의 공인 IP 주소가 68.238.128.12이고 중개 서비스 포트 번호가 3478이라고 가정한 것이다.

NAT 기기가 NAT 기기 바깥의 특정 원본 주소로부터 NAT 기기 뒤의 특정 클라이언트 컴퓨터로의 내향 연결 시도를 받아들일 수 있으려면, 클라이언트가 먼저 NAT 기기의 끝점(end-point, 송난) 변환 테이블에 해딩 변환 항목을 만들어야 한다. 이 변환 항목은 내부 IP 주소와 포트 번호를 외부 IP 주소와 쓰이지 않은 NAT 기기 포트 번호에 연관시킨다. 이러한 변환 항목이 만들어지도록, 클라이언트는 이후 받아들이고자 하는 내향 패킷의 출발점 공인 주소와 포트 번호가 목적지의 주소와 포트 번호로 설정된 선점형 외향 패킷을 전송한다.

앞에서 설명했듯이, NAT 기기는 특정한 네트워크 연결 또는 세션을 지역 주소, 지역 포트 번호, 원격 주소, 원격 포트 번호라는 네 개의 값들로 이루어진 네 값 쌍(quadraple)으로 고유하게 식별한다. 외향 연결 시도가 있을 때마다, NAT 기기는 그 요청 패킷의 네 값 쌍을 기록해 둔다. 이후, 기록된 연결 또는 세션 네 값 쌍들 중 하나와 일치하는 내향 패킷이 들어오면 그 패킷의 목적지 주소 및 포트 번호를 NAT 기기 뒤의 사설 네트워크의 해당 사설 주소 및 포트로 대체해서 해당 내부 목적지에 전달한다. 선점형 외향 패킷(preemptive outbound packet)은 NAT 기기 안에 새로운 연결 또는 세션 네 값 쌍 레코드를 생성하며, 이후 그에 해당하는 연결 시도가 들어오면 NAT 기기는 그것을 이미 활성화된 연결의 일부로 간주해서 연결을 승인한다. 이상이 구멍 뚫기의 기본적인 절차이다. 그럼 이 절차의 주요 단계들을 차례로 살펴보자.

끝점 등록 단계

끝점 등록 단계에서 두 클라이언트 컴퓨터는 각자 연결 중개 서버(connection broker server)에 TCP로 연결해서 자신의 내부 주소/포트 번호 쌍과 외부 공인 주소/포트 번호 쌍을 서버에 등록한다. 각 클라이언트는 소켓 API 함수인 **getsockname()**을 이용해서 자신의 지역 IP 주소(32비트)와 포트 번호(16비트)를 얻는다. 그런 다음에는 그 IP 주소와 일정한(상대방 다른 클라이언트도 알고 있는) 4바이트(32비트) 상수를 비트 단위 XOR로 결합해서 IP 주소를 변조한다. 이러한 IP 주소 변조는 고지식한 NAT 기기가 패킷 적재 자료(payload)에 담긴 IP 주소까지 무턱대고 변환하는 일을 방지하기 위한 것이다. 그런 후에는 준비된 자료를 담는 패킷을 만들고, 중개 서버에 연결해서 그 패킷을 보낸다. 다음이 이상의 과정을 수행하는 코드이다.

```c
typedef struct {
    unsigned long port;
    unsigned char address[4];
} local_end_point_info_t;

local_end_point_info_t payload;
unsigned char magic[4] = { 0xde, 0xad, 0xbe, 0xef };
struct sockaddr_in sin;
int server_tcp_conn_sock;

// server_tcp_conn_sock을 할당, 바인딩한다.
int sinlen = sizeof(sin);
```

```
getsockname(server_tcp_conn_sock,(struct sockaddr*)&sin, &sinlen);
payload.port = sin.sin_port;
// NAT 기기가 패킷 적재 자료에 담긴 IP 주소를 치환하지 않도록
// IP 주소의 각 바이트를 XOR로 변조한다.
payload.address[0] = BYTE0(sin.sin_addr) ^ magic[0];
payload.address[1] = BYTE1(sin.sin_addr) ^ magic[1];
payload.address[2] = BYTE2(sin.sin_addr) ^ magic[2];
payload.address[3] = BYTE3(sin.sin_addr) ^ magic[3];
```

일단 중개 서버가 클라이언트의 연결을 받아들였다면, 중개 서버는 해당 패킷 자체에서 그 클라이언트의 공인 IP 주소와 포트 번호(이들은 하나 이상의 NAT 변환들을 거친 후일 수 있다)를 알아낼 수 있으며, 패킷에 적재된 자료에서 클라이언트의 사설 IP 주소와 내부 포트 번호를 알 수 있다. 다음이 그러한 과정을 수행하는 코드이다.

```
typedef struct {
    unsigned long local_port;
    unsigned char local_address[4];
    unsigned long remote_port;
    unsigned char remote_address[4];
} end_point_info_t;

end_point_info_t      end_point;
struct sockaddr_in    sin;
socklen_t             sinlen;
int                   server_sock;
local_end_point_info_t payload;
//...
sinlen = sizeof(sin);
accept(server_sock, (struct sockaddr*)&sin, &sinlen);
end_point.remote_port = sin.port;
end_point.remote_address[0] = BYTE0(sin.sin_addr);
//...
point_point.remote_address[3] = BYTE3(sin.sin_addr);
GetPayload(server_sock, payload, sizeof(end_point_info_t));
end_point.local_port = payload.port;
end_point.local_address[0] = payload.address[0] ^ magic[0];
//...
end_point.local_address[3] = payload.address[3] ^ magic[3];
```

두 클라이언트 모두 자신의 지역, 원격 주소들을 중개 서버에 등록했다면(반드시 동시에 등록할 필요는 없다) 시동(startup) 단계로 넘어간다.

시동 단계

노드 A가 노드 B와 동급간으로 연결하고자 한다고 하자. 시동 단계에서 A는 중개 서버 C에게 B와 연결하고 싶다는 요청을 보낸다. 그 요청을 받은 C는 B의 끝점 정보(즉, C가 알아낸 공인 주소 및 포트 번호와 B가 보고한 지역 주소 및 포트 번호)를 A에게 알려준다. 마찬가지로 B에게는 A의 끝점 정보를 알려준다. 이 때 중개 서버는 고유한 토큰(일련번호일 수도 있고 타임스탬프나 난수일 수도 있다)을 하나 만들어서 다른 정보와 함께 A와 B 모두에게 전해준다. 이후 A와 B가 상대의 연결 요청을 인증할 때 이 토큰을 사용한다. 드물긴 하지만, 어떤 형태이든 인증 절차를 두지 않으면 엉뚱한 연결 요청에 의해 잘못된 연결이 만들어질 수 있다. 또한 서로 다른 NAT 뒤에 있는 두 끝점들이 같은 사설 IP 주소를 사용하는 경우에도 연결이 잘못될 수 있다.

좀 더 안정적이고 신뢰성 있는 연결을 위해서는 토큰 자체에도 디지털 서명을 적용하는 것이 바람직하다. 한 가지 간단한 해법은 다음과 같은 방식으로 공개키/비밀키 인증 기법을 이용해서 토큰에 서명을 하는 것이다: 연결 중개 서버는 하나의 공개키/비밀키 쌍을 계산하고 자신의 공개키를 A, B를 포함한 모든 클라이언트에 알려준다. A의 시동 요청에 응답할 때 중개 서버는 자신의 비밀키로 서명된 메시지 하나를 함께 돌려준다. 예를 들어 중개 서버가 "172.168.5.23에 있는 클라이언트 (A)가 155.55.80.5에 있는 클라이언트 (B)에 연결하겠다고 요청했으며, 그에 대한 응답으로 68.238.128.12에 있는 서버는 A와 B 모두에게 토큰 0x3E14A901을 발급하였음"이라는 의미의 메시지를 만든다고 하자. 서버는 SHA-1 같은 해싱 알고리즘을 이용해서 그 메시지의 해시 다이제스트를 계산하고, 자신의 비밀키를 이용해서 그 해시에 서명을 한다. 그런 다음에는 그 메시지와 서명된 해시를 클라이언트 A와 B에 보낸다. 클라이언트는 서버가 사용한 것과 동일한 해싱 알고리즘을 적용해서 메시지의 해시를 구하고, 서버가 보낸 서명된 해시를 서버의 공개키를 이용해서 해독한다. 두 해시가 동일하면 메시지가 유효한 것이다.

연결 단계

A와 B 둘 다 서버한테서 상대방의 끝점 정보를 받았다면 연결 단계로 넘어간다. 우선 클라이언트들은 서버가 보낸 메시지에서 토큰을 추출한다. 앞에서 말한 것과 같은 적절한 인증 절차를 거쳤다면 두 클라이언트 모두 정확한, 그리고 동일한 토큰을 가지게 된다. 지금 예에서는 A, B 모두 32비트 값 0x3E14A901을 얻는다.

다음으로, A가 TCP 소켓을 하나 생성하고, C에 연결하는 데 사용하는 것과 동일한 포트 번호에서 연결을 기다린다. 또한 TCP 소켓 두 개를 더 열어서 C와의 연결에서와 동일한 포트 번호에 바인딩하고, 각각 B의 사설 지역 끝점(192.168.0.10:13532)과 공인 끝점

(155.55.80.5:8940)에 연결을 시도한다. B도 마찬가지 작업을 수행한다. 즉, C에 연결하는 데 사용한 포트 번호에서 TCP 연결을 기다리고, A의 공인 및 사설 끝점들에 대한 TCP 연결을 시도한다. 공인 끝점뿐만 아니라 사설 끝점에도 연결을 시도하는 것은, A와 B가 같은 NAT 뒤에 있는 경우를 위한 것이다. 그런 경우 NAT 기기가 외향 연결 요청을 인식하지 못할 수 있으며, 실제로 사설 네트워크로의 재 라우팅을 요구할 수 있다.

A와 B의 연결 요청들에는 인증을 위해 C가 보낸 토큰이 들어 있다. 노드 A와 B 모두, 상대방으로의 연결 시도와 상대방으로부터의 연결 대기를 동시에 진행한다. 둘 중 하나라도 연결이 되면(다음 절의 "인증 단계" 참고) 이 연결 단계가 끝난다. 이 단계가 실패할 수도 있다. 예를 들어 상대방이 연결 시도를 포기할 수도 있으며, 상대방이 연결을 더 이상 기다리지 않을 수도 있다. 그러나 A와 B를 잇는 경로상의 NAT 기기들이 모두 제대로 만들어진 것들이라면, 몇 번의 TCP 연결 시도 후에 A와 B가 연결될 것이다.

이상의 기법이 작동하려면 여러 개의 TCP 소켓들을 동일한 지역 포트 번호에 바인딩해야 한다. 또한 같은 포트 번호를 동시에 내향 TCP 연결 요청을 기다리는 용도와 외향 TCP 연결 요청을 보내는 용도로 사용할 수 있어야 한다. 이것이 흔히 쓰이는 TCP 소켓 프로그래밍 방식인 것은 아니나, 대부분의 운영체제의 소켓 API는 이러한 연산들을 모두 지원한다. 이는 프로토콜, 지역 IP, 지역 포트, 원격 IP, 원격 포트 중 하나라도 다르다면 다른 소켓으로 간주되기 때문이다. 즉, 목적지 IP 주소와 포트가 다른 여러 TCP 소켓들을 같은 지역 포트에 바인딩하는 것은 얼마든지 가능하다.

TCP 소켓들이 동일한 포트 번호를 공유하게 하려면 TCP 소켓들에 **SO_REUSEADDR**나 **SO_REUSEPORT** 옵션을 설정해야 한다. 소켓 옵션은 소켓 API 함수 setsockopt()로 설정할 수 있다. 소켓 옵션들을 설정한 후에는 소켓 API의 bind() 함수를 호출해서 소켓들을 같은 포트 번호에 바인딩하면 된다. 소켓 옵션들을 제대로 설정하지 않고 여러 소켓들을 같은 포트 번호에 바인딩하려고 들면 bind() 함수가 바인딩에 실패해서 "주소가 이미 쓰이고 있다"라는 뜻의 오류를 돌려준다.

인증 단계

클라이언트가 원래 의도한 상대방이 아닌 엉뚱한 또는 악의적인 클라이언트의 연결 요청을 받아들이는 오류를 피하기 위해서는 연결 요청을 인증할 필요가 있다. A와 B 모두 중개 서버 C가 보내준 고유한 토큰을 가지고 있다. 연결 요청을 받으면 클라이언트는 그 토큰 값을 이용해서 해당 요청이 유효한지 점검한다. 즉, 연결 요청에 남긴 토큰이 중개 서버가 보내준 것과 동일할 때에만 연결을 승인한다.

응용

이 기법의 가장 직접적인 응용 분야는 당연히 P2P 게임들이다. P2P 게임들 중에는 소수의 플레이어 PC들이 서로 직접 TCP로 연결되어서 진행되는 캐주얼 게임들이 많은데, 이 기법을 석용한다면 더 많은 이용자들이 게임에 접근할 수 있을 것이고, 고객 지원 부담도 크게 줄어들 것이다. 클라이언트-서버 기반 게임에서도 이 기법이 유용하게 쓰일 수 있다. 클라이언트-서버 기반 게임이라고 해도, 서버와의 동기화가 필요하지 않은 실시간 정보는 클라이언트들이 직접 주고받게 함으로써 서버의 부담을 줄일 수 있기 때문이다. 이를테면 음성 대화, 실시간 비디오(웹캠 영상 등), 대화 텍스트 등을 동급간 연결을 통해서 주고받게 할 수 있을 것이다. 동급간 연결을 사용하지 않는다면 그러한 정보를 서버가 일일이 각 클라이언트에게 전달해야 하므로 서버의 값비싼 자원이 낭비된다.

한계

이 글에서 제시한 기법은 원뿔형 NAT(cone NAT, [Rosenberg03]) 부류에 속하는 모든 NAT 기기를 지원한다. 원뿔형 NAT 기기가 주어진 외향 패킷의 내부 사설 IP/포트 번호 쌍을 외부 공인 IP/포트 번호 쌍으로 변환한 결과는 항상 동일하다(목적지 주소와 포트 번호에 무관하게). 반면, 소위 대칭형 NAT(symmetric NAT) 기기들은 그러한 일관성을 보장하지 않는다.

이해를 돕기 위해, 그림 7.5.2의 예를 다시 보자. 클라이언트 A의 내부 IP 주소는 10.0.1.5이고, 해당 NAT 기기 NA의 공인 IP 주소는 172.168.5.23이다. 클라이언트 B의 내부 IP 주소는 192.168.0.10이고, 해당 NAT 기기 NB의 공인 IP 주소는 155.55.80.5이다. A가 B에 연결한다고 하자. 우선 A가 중개 서버 C(68.238.128.12)의 서비스(포트 번호 3478)에 연결해서 B에 대한 연결을 요청한다. A의 소켓이 지역 포트 번호 23691에 바인딩되었다고 하자. A의 외향 패킷을 받은 NA는 그에 대해 자신의 빈 포트 번호 4583을 할당하고, 변환 항목 하나를 자신의 NAT 테이블에 추가한다. NA가 원뿔형 NAT 기기라면, NA는 이후 출발점 IP 주소가 10.0.1.5이고 포트 번호가 23691인 모든 외향 패킷의 출발점 주소 및 포트 번호를 항상(목적지와는 무관하게) 172.168.5.23과 4583으로 변환한다. 반면 NA가 대칭형 NAT 기기라면, NA는 목적지 주소가 다른 외향 요청에 대해 새로운 포트 번호를 배정한다. 따라서, A가 클라이언트 B에 보내는 연결 요청에 배정된 포트 번호는 그 전에 중개 서버 C에 연결할 때 배정된 포트 번호와는 다른 것이 된다. 결과적으로 클라이언트 B는 중개 서버 C가 알려준 것과는 포트 번호가 다른 연결 요청을 받게 되며, 따라서 연결이 이루어지지 않는다.

이 글의 기법이 작동하려면 NA와 NB 모두 원뿔형 NAT 기기이어야 한다. 다행히, 대부분의 상용 NAT 기기들이 원뿔형 NAT 호환 기종임을 보여주는 다양한 연구 결과들도 있고([Ford05]), 인기 있는 P2P 프로그램들의 지원 문제 때문에 ISP들과 NAT 기기 제조사들에서 대칭형 NAT가 점차 사라지는 추세이기도 하다.

결론

이 글에서는 각자 NAT 뒤에서 게임을 실행하는 PC들을 구멍 뚫기 기법을 이용해 TCP로 연결하는 기법 하나를 설명했다. 이 글의 기법은 동급간 게임들의 연결성을 향상시킬 수 있다. 또한 서버 기반 게임의 경우에는 이 글의 기법을 이용해 추가적인 동급간 연결 통로를 도입함으로써 좀 더 다채로운 온라인 게임플레이 체험을 게이머들에게 제공할 수 있다.

참조문헌

[Biggadike05] Biggadike, A., D. Ferullo, G. Wilson, A. Perrig. "NATBLASTER: Establishing TCP Connections Between Hosts Behind NATs." ACM SIGCOMM Asia Workshop, Beijing, China, 2005년 4월.

[Eppinger05] J. Eppinger, "TCP Connections for P2P Apps. A Software Approach to Solving the NAT Problem." *Technical Report CMU-ISRI-05-104*, Carnegie Mellon University, 2005년 1월.

[Ford05] Ford, B., P. Srisuresh, D. Kegel, "Peer-to-Peer Communication Across Network Address Translator." *Usenix Annual Report,* 2005년 2월.

[Guha05] Guha, S., P. Francis, "Simple Traversal of UDP Through NATs and TCP too (STUNT)." 2005. 웹 *http://nutss.gforge.cis.cornell.edu/.*

[Rosenberg 03] Rosenberg, J., J. Weinberger, C. Huitema, R. Mahy, "RFC 3489 - STUN - Simple Traversal of User Datagram Protocol (UDP) Through Network Address Translators (NATs)." 2003. 웹 *http://www.faqs.org/rfcs/rfc3489.html.*

부록 CD에 대해

Game Programming Gems 6 CD-ROM

이 CD에는 본문에 언급된 소스 코드와, 본문이 설명하는 기법들을 보여주는 데모 프로그램들이 수록되어 있다. 소스 코드는 버그가 없도록, 그리고 잘 컴파일될 수 있도록 많은 노력을 기울인 것이다. 오류 및 갱신 정보는 웹 사이트 *http://www.gameprogramminggems.com/* 에서 찾을 수 있다.

내용

- **코드** : 소스 코드와 데모는 섹션 제목, 글 제목, 저자 이름으로 구성된 디렉터리 계통 구조 안에 저장되어 있다. 각 디렉터리에는 본문에 언급된 소스 코드가 포함되어 있으며, 일부 디렉터리에는 저자가 제공한 완전한 데모 프로그램도 포함되어 있다. Windows 데모는 Microsoft Visual C++ 6.0(프로젝트 파일 확장자는 .dsw) 또는 Microsoft Visual C++ 7.0(프로젝트 파일 확장자는 .sln)으로 컴파일할 수 있다.
- **이미지** : 본문의 그림들과 원색 화보의 원본 이미지들이 **Figures** 디렉터리에 들어 있니.
- **GLUT** : Windows용 GLUT v3.7.6 배포본이 **GLUT** 디렉터리에 들어 있다. Windows용 GLUT에 대한 좀 더 자세한 사항은 Nate Robins의 웹 사이트 *http://www.xmission.com/~nate/glut.html*을 참고하기 바란다.
- **GLEW** : Windows 및 Linux 용 GLEW v1.3.3 배포판이 **GLEW** 디렉터리에 들어 있다. 좀 더 자세한 사항은 *http://glew.sourceforge.net/*을 참고하기 바란다.
- **DirectX** : 독자의 개발 대상 플랫폼이 Windows라면 아마 DirectX API를 사용할 것이다. 독자의 편의를 위해, **DirectX** 디렉터리에 DirectX SDK v9.0c를 포함시켜 두었다.

■ 시스템 요구사항

▶ Windows : Intel Pentium시리즈, AMD Athlon 또는 그 이후의 프로세서 권장. Windows XP (64MB RAM) 또는 Windows 2000 (128MB RAM) 또는 그 이후 필수. 일부 예제 프로그램은 3D 그래픽 카드가 필요함. 일부 동영상들은 DivX 코덱(*www.divx.com*)이 있어야 재생할 수 있음. DirectX 9와 GLUT 3.7 또는 그 이상 필수, 경우에 따라서는 GLEW v1.3.3도 필요함.

▶ Linux : Intel Pentium 시리즈, AMD Athlon 또는 그 이후의 프로세서 권장. Linux 커널 2.4.x 또는 그 이후 필수. 64MB RAM 권장. 일부 예제 프로그램은 3D 그래픽 카드가 필요함. 일부 동영상들은 DivX 코덱(*www.divx.com*)이 있어야 재생할 수 있음. XFree86 4.0, GLUT 3.7, GLEW v1.3.3, OpenGL 드라이버, glibc 2.1 또는 그 이후 필수. 3D 하드웨어 지원 대신 Mesa를 사용할 수도 있음.

찾아보기

[숫자]

1인칭 시점 카메라, GPG1: 480
1차 연립방정식, 177
1차원 비트 배열, GPG1: 154
2 다양체, GPG4: 523
2-blade, GPG5: 281
2/2.5/3세대 무선망, GPG3: 668
2차 감쇠, GPG2: 562
2차원 스프라이트, GPG1: 650
2차원 콩속직 녹칭 텍스처 어드레싱, GPG2: 611
2차원 파동 방정식, 548, GPG1: 259
   중심차분 근사, GPG1: 259
32비트 Windows 주소 공간, GPG4: 173
3DS Max, GPG4: 276
   노드 다루기, GPG2: 209
   메시 데이터, GPG2: 211
   뼈대 구조 얻기, GPG2: 212
   뼈대 애니메이션 데이터, GPG2: 214
   수정자 스택, GPG2: 211
   익스포트 플러그인, GPG2: 206
   피지크 수정자, GPG2: 212
3목 게임, GPG1: 333
3인칭 시점, GPG4: 417
3차 B 스플라인, GPG4: 270
3차원 오디오, GPG3: 691, cf. EAX, OpenAL
3차원 유사퍼텐셜, GPG5: 387
4방향 다중 표본 추축, GPG2: 611
4분트리 ⇨ 사분트리
4원수 ⇨ 사원수
4차 맥클로린 급수 근사, GPG5: 350
4차원
   벡터 외적, 174
   초구면, GPG1: 283
64비트
   배정도 부동소수점, GPG4: 102
   플랫폼, GPG4: 102
   GUID, 719
8분트리 ⇨ 팔분트리

[ㄱ]

가감속 경사, GPG5: 551
가교 패턴, GPG2: 629
가까운 평면, GPG4: 244
가로채기 과제, GPG5: 443
가리기, GPG2: 583
가벼운 사용자 자료 ⇨ 경량 사용자자료
가벼운 생성자, GPG2: 52
가변 길이 계산, GPG3: 634
가변 길이 인수 목록, GPG3: 196
가변 프레임 간격, GPG4: 96
가산적인 범위 축소, GPG3: 246
가상 강제 성분, GPG5: 521
가상 시간, GPG3: 61
가상 카메라 충돌 모형, GPG4: 424
가상 트랙볼, GPG1: 295
가상 함수, GPG2: 54
   테이블, GPG4: 110, 120, GPG5: 220
가설과 증명, GPG4: 69
가속, GPG4: 175
   가속/감속 곡선, GPG5: 313
   가속도, GPG4: 279, GPG5: 569
   보간, GPG1: 209
   페달, GPG4: 330
가수, 147, GPG2: 236, GPG4: 251
가시성, 73, cf. 제외, 시선, PVS
   가시점, GPG1: 345
   가시점 길찾기, GPG2: 407
   객체 공간 대 화면 공간, GPG3: 430
   결합된 가시성 맵, GPG2: 366
   구 절두체 판정, GPG5: 134
   구 트리, GPG2: 486
   그래프, GPG2: 419
   레벨 생성, GPG5: 676
   레이더, GPG5: 130
   맵, GPG2: 363
   비표준 시야 절두체, GPG5: 361
   사전 계산 대 실시간 계산, GPG3: 430
   시야 절두체 제외, GPG3: 429
   신층 내 근사, GPG3: 430
   알고리슴들, GPG3: 430
   우선순위 기반 계층직 투영, GPG3: 429
   절두체 AABB 판정, GPG5: 140
   절두체 선별 516, GPG5: 128
   점 기준 대 영역 기준, GPG3: 430
   점 절두체 판정, GPG5: 131
   판정, GPG1: 392
   평면 절두체, GPG5: 129
   표면 분할의 가시성 제외, GPG3: 460
   cPLP, PLP, GPG3: 429
가압식 연체, GPG5: 521
가양성, GPG2: 198
가역 유리 사상, GPG2: 297
가여저인 변 제거 목록, GPG1: 585
가위곱 ⇨ 외적
가입 기반 서비스, 725
가장자리 맵, GPG5: 652
가정, GPG4: 73
가중치
   가중치 변경, GPG3: 467
   메시 분할, 524
   발견적 방법, GPG1: 338
   보간법, GPG1: 206
   A* 알고리즘, GPG1: 348
가지 노드, GPG4: 124
가청주파수, 631
각도 퍼텐셜장, GPG5: 388
각뿔대 ⇨ 시야 설누체
각속도, GPG1: 218, GPG4: 342
각운동량, GPG1: 220, GPG4: 342
각항력계수, 217
간섭, GPG4: 73
간접층, GPG4: 71
삼복사, 710
감독층, 710
감마 램프, GPG4: 608
감산 합성, GPG3: 733
감속, GPG4: 175
   보간, GPG1: 205
감쇠, 629, GPG2: 258, GPG4: 341
   2차 감쇠, GPG2: 562
   감쇠율, GPG4: 420
   과도감쇠, GPG4: 406
   과소감쇠, GPG4: 406
   국소 감쇠 계수, GPG1: 262
   롤리 감쇠, 629, GPG4: 403

맵, GPG1: 679
용수철, GPG4: 177, 419
용수철 감쇠 운동, GPG1: 250
음, GPG3: 697, GPG4: 752
임계 감쇠, GPG4: 420
임계 감쇠 용수철, GPG4: 175
지수 감쇠, GPG4: 176
진동, GPG4: 808
평균, GPG5: 843
평탄화, 평활화, GPG4: 175
함수, GPG1: 679
감쇠력, 548
감시 서비스, GPG5: 699
감시자, GPG2: 634
감지기, 277, 297
강성, 228
강수, GPG5: 592
강수 속도, GPG5: 594
강체, 632, GPG1: 215, GPG4: 339, cf.
동역학
가상 강체 성분, GPG5: 521
뉴튼-오일러 방정식, GPG1: 224
부력, 205
운동 방정식, GPG1: 215
유체와 상호작용, 227
회전, GPG1: 218
RigidAccumulator 클래스, GPG4:
344
RigidBody 클래스, GPG4: 344
강한 접촉 구속조건, GPG4: 359
강한 참조, GPG4: 137
강한 혼합 함수, GPG2: 191
강화 학습, 329
개구리 뛰기 적분기, 231, GPG4: 341
개념 검증 데모, GPG3: 72
개발 공정, GPG3: 72
개념 검증 데모, GPG3: 72
디버그 빌드, GPG4: 75
릴리스 빌드, GPG4: 75
빌드 시스템, GPG4: 107
빌드 전용 컴퓨터, GPG4: 109
이식 단계, GPG3: 73
제작 단계, GPG3: 72
출시 단계, GPG3: 73
테스트 단계, GPG3: 72
통합 단계, GPG3: 72
편집기, GPG3: 72
표시기, GPG3: 72
개방 공간의 부분집합, GPG3: 399
개체, GPG4: 145
개체 관리, GPG4: 145
개체 메시지, GPG4: 148
개체 팩토리, GPG2: 109
C에서의 개체 구현, GPG4: 150
객체, cf. 객체 지향, 게임 객체

객체 공간 대 화면 공간, GPG3: 430
객체 관리자, GPG5: 92
게임 객체, 459
관리 시스템, GPG4: 183
관리자, GPG4: 186
구성요소 기반 객체 관리, GPG5: 83
데이터베이스, GPG4: 183
메모리 관리자, GPG1: 115
미리 할당, GPG2: 53
범용 객체, GPG2: 91
범용적인 객체 인터페이스, GPG2: 96
생성과 소멸, GPG2: 49
속성, GPG4: 196
속성 클래스, GPG2: 96
저장, GPG4: 201
저장 가능 객체, GPG4: 202
저장고, GPG2: 92
제외, GPG1: 537
지리 격자, 47
직렬화, 195, GPG3: 625
컨테이너, GPG4: 188
팩토리, 721
합성 객체, 706
행동 패턴, GPG3: 74
객체 지향, 381, GPG1: 44
객체의 수명, GPG3: 75
게임 설계, GPG3: 136
내포, GPG1: 49
다중 상속, GPG3: 128
방법론, GPG3: 135
방침 기반 설계, GPG3: 193
상속, GPG1: 49
상속의 남용, GPG4: 184
설계, GPG3: 74
소유권, GPG3: 75
일반화된 영역 시스템의 설계, GPG3:
345
접근 권한, GPG3: 75
조합 대 상속, GPG3: 74
층화, GPG1: 49
코드의 재사용, GPG1: 44
클래스 계통 구조, GPG1: 49
프로그래밍, GPG3: 135
하향 형변환, GPG3: 128
PIMPL, GPG3: 195
UML, GPG3: 135
객체층, 705
갱신
갱신 루프, GPG2: 337, GPG4: 344
게임 세계의 갱신, GPG2: 135
영향력분포도, GPG2: 380
오디오 프레임, GPG2: 670
움직임 감지, GPG2: 224
임포스터, GPG2: 606
쿼드트리, GPG2: 496

거리
거리 기반 제외, GPG3: 621
거리 문턱값 접근 방식, GPG1: 552
거리-시간 함수, GPG5: 312
계산, GPG1: 527
모형, GPG4: 752
빛 감쇠, GPG3: 559
해밍 거리, GPG1: 439
거시적 무한대, GPG1: 196
거울, GPG5: 361
거품정렬, GPG5: 647
건물
생성, GPG1: 618
파괴 효과, GPG5: 562
검례, 94, 101
검사, 93, cf. CppUnit
개발 공정, GPG3: 72
검례, 94, 101
검사 주도적 개발(TDD), 95
기능 검사, 93
단위 검사, 93
라이브러리 설계와 유지, GPG4: 112
버그 보고, GPG4: 68
블랙박스 검사, 93
설비, 93
예외 검사, 101
유스케이스, GPG4: 112
자동화된 기능 검사, 93
자동화된 테스팅, GPG4: 690
픽스처, 96
화이트박스 검사, 93
Luaunit, 396
Lunit, 396
PyUnit, 396
UI 테스트, GPG3: 170
검색
가시성 맵, GPG2: 367
검색 공간의 단순화, GPG1: 363
검색 속도, GPG1: 347
계획 검색, GPG5: 419
발견법적 검색 계획수립, GPG5: 420
섭동 검색, GPG2: 452
시선, GPG2: 362
열린 목표 검색, GPG5: 381
쿼드트리, GPG2: 496
트리 수준의 결정, GPG2: 498
페이징 검색 공간, GPG5: 152
Google 검색 엔진, 81
LOS, GPG2: 362
게임
바람의 나라, 718
세컨드라이프, 725
체스, GPG4: 231
콘웨이의 생명 게임, GPG3: 270
테트리스, 735

Active Worlds, 727
BattleZone, GPG5: 755
Blade II, GPG3: 258
Command & Conquer Renegade, GPG3: 214
Empire Earth, GPG3: 356, GPG4: 592
Empires: Dawn of the Modern World, GPG5: 559, 565
F.A.K.K. 2, GPG4: 761
F.E.A.R., GPG5: 425
Grand Theft Auto 3, 597
Half Life 2, GPG5: 496
Jak and Daxter:The Precursor, GPG3: 383
Legacy, GPG3: 383
MechAssault II, GPG4: 50
Microsoft Flight Simulator 2004: A Century of Flight, GPG5: 200, 598
NetStorm:Island At War, GPG3: 581
NeverWinter Nights, GPG4: 440
SimCity, GPG3: 188
Star Trek Voyager: Elite Force, GPG4: 761
Star Trek: Armada, GPG4: 457
Start Wars: Obi-Wan, GPG4: 457
StarTopia, GPG3: 589
The Kingdom of the Winds, 718
The Sims, GPG3: 190
The Sims Online, GPG4: 690
There.com, 727
Tringo, 735
Unreal Tournament, 282, 289, 306
Warcraft III, GPG5: 756
게임 개념 프로토타입, 725
게임 개체 팩토리, GPG2: 102
게임 객체, 459
　구성요소, 460
　템플릿, 469
　GUID, 717
게임 구성요소 템플릿, 468
게임 내 감시자, GPG5: 721
게임 독립적 프레임워크, GPG3: 73
게임 동영상 작성, GPG2: 167
게임 디자인, GPG3: 136
게임 루프, GPG4: 96
게임 배포 매체, GPG1: 195
게임 변수 변경, GPG4: 79
게임 상대 찾기, GPG5: 757
게임 상태
　백업, GPG5: 701
　보안, GPG3: 611
　복원, GPG5: 702
　StateManager 클래스, GPG5: 166

게임 서버 종류, GPG4: 690
게임 세계 갱신, GPG2: 135
게임 이벤트, GPG3: 59, *cf.* 사건
게임 입력 ⇨ 입력
게임 저장, GPG3: 119
게임 트리, GPG1: 333
　네가맥스 알고리즘, GPG1: 335
　미니맥스 알고리즘, GPG1: 334
　수평선 효과, GPG1: 338
　알파-베타 가지치기, GPG1: 336
　킬러 휴리스틱, GPG1: 338
게임 프레임워크, GPG3: 71
게임 환경, 701
게임플레이
　기록/재생, GPG2: 166, GPG4: 80
　보조, GPG4: 431
　환경 메시지, GPG4: 158
격자
　경계 처리, GPG4: 384
　유체 시뮬레이션, 223
　정사각형 격자, GPG1: 344
　지리 격자, 47
견인 알고리즘, GPG3: 322
결정론적 혼돈, 196, 203
결함이 있는 전술적 경로, GPG3: 374
결합된 가시성 맵, GPG2: 366
결합법칙, GPG5: 282, 287
겹삼차 베지에 패치, GPG3: 425
겹선형, 겹이차
　공명 필터, GPG3: 703
　보간, 587, GPG1: 265
　필터, GPG2: 575
경계 변, GPG2: 545
경계 위반, GPG2: 122
경계 조건, GPG5: 321, 856
경계 지역, GPG5: 708
경계구, 516
경계상자, 516, GPG1: 503
경계입체, 516, GPG1: 566, *cf.* 축 정렬 경계상자
　경계구, 516, GPG1: 502, GPG2: 485
　겹계사각, GPG1: 503
　공분산 행렬, GPG4: 283
　유향 경계상자, 507, GPG4: 642
　준 유향 경계상자, 507
　k-폴리토프, 515
경고 수준, GPG4: 81
경량 사용자자료, 403, GPG5: 189
경로 비용, GPG4: 445
경로 이동, *cf.* 길찾기
　견인 알고리즘, GPG3: 322
　날개와 날개, GPG4: 488
　네비게이션 메시, GPG5: 379
　동적인 장애물, GPG3: 383
　방향 근사, GPG3: 404

사선, GPG3: 371
시선, GPG3: 371
시선과 사선 판정, GPG3: 377
영역 네비게이션, GPG3: 313
오류 내구적 AI, GPG3: 396
유효한 위치 찾기, GPG3: 401
적의 이동, GPG3: 375
조타 행동, GPG3: 397
카메라 이동, GPG4: 428
캐릭터 되돌리기, GPG3: 401
캐릭터 충돌, GPG3: 402
경쟁, GPG4: 681
경쟁 조건, GPG5: 804
경직도, 629
경첩관절, GPG4: 359
계단, GPG5: 672
계단 함수, GPG1: 301
　계단 활성화 함수, GPG1: 434
　다항식 근사, GPG1: 246
　불연속성, GPG1: 246
　신경망, GPG1: 434
계단현상, 579
계산 유체동역학, 221
계승, 190, GPG1: 61
　정밀도, 203
계약에 의한 설계, GPG4: 689
계층 시스템, GPG3: 78
계층화된 충돌, GPG3: 402
계통적
　길찾기, GPG1: 357, GPG2: 333, GPG3: 379
　애니메이션, GPG4: 636
　장면 조직화, GPG5: 138
　퍼지 감지기, 297
　후면 제외 기법, GPG3: 457
계획 검색, GPG5: 419
계획수립, GPG5: 409
　문제영역, GPG5: 411
고갈 실패, GPG5: 804
고급 메시지, GPG4: 158
고급 텍스처 기능을 이용한 선화, GPG2: 550
고급 텍스처 마스킹, GPG4: 391
고대역통과 필터, GPG3: 704
고도, GPG4: 418
　고노각, GPG2: 280
　고도맵, GPG3: 498
고물파, GPG4: 383
고순위 모드 제거, GPG3: 580
고유
　개체, 194
　메모리 관리자, GPG2: 53
　식별자, 81, 719, GPG3: 103, 590
　진동수, 631
고유값, GPG4: 287

고유공간, GPG4: 287
고유벡터, 510, GPG1: 222, GPG4: 287
고유분해, GPG4: 403
고정 프레임 간격, GPG4: 96
고정소수점, GPG1: 175, GPG2: 239,
　　GPG4: 334
고해상도 타이머, GPG2: 128
고형 공간, 66
곡면
　　근사 알고리즘, GPG3: 506
　　마찰 다루기, GPG3: 296
　　법선 맵을 이용한 곡면 흉내내기,
　　　GPG3: 505
곡선, GPG4: 269
　　3차 B 스플라인, GPG4: 270
　　겹삼차 베지에 패치, GPG3: 425
　　곡선 경로, GPG2: 287
　　관성을 이용한 곡선 평활화, GPG5:
　　　573
　　닫힌 고리, GPG5: 308
　　매개변수 곡선, GPG5: 311, 572
　　베지에 곡선, GPG1: 354, GPG4: 269
　　사원수 보간, GPG1: 284
　　사전처방식 물리, GPG5: 543
　　상수 효력 음량 곡선, 676
　　생성, GPG5: 320
　　자연 3차 스플라인, GPG4: 270
　　정규화된 에르미트 곡선, GPG5: 315
　　조각별 에르미트 곡선, GPG5: 311,
　　　316
　　조각별 자연 에르미트 스플라인,
　　　GPG5: 320
　　최소 구부러짐 곡선, GPG5: 303
　　카메라 제어, GPG5: 572
　　C1 연속, GPG5: 306
　　NURBS, GPG4: 270
　　S 곡선, GPG4: 176
곤충 규모, GPG5: 612
골격, GPG4: 623, cf. 뼈대, 뼈대
　애니메이션
　　구속조건, GPG3: 479
　　구조, GPG3: 463
　　하위공간 변형, GPG4: 621
공간 분할
　　객체의 분할, GPG1: 567
　　경계 입방체, GPG1: 560
　　느슨한 옥트리, GPG1: 565
　　사분트리, GPG4: 662
　　옥트리, GPG1: 558
　　적응형 이진 트리, 493
　　쿼드트리, GPG1: 566
　　BSP 트리, GPG4: 789
공간 이동 경로, GPG2: 292
공간화, GPG4: 752
공격

슬롯, 266
　　트리, GPG5: 789
공기역학, GPG3: 275, GPG5: 481
　　기본도형, GPG5: 484
공명, GPG3: 706
　　겹이차 필터, GPG3: 703
　　공명체, GPG3: 712
　　필터, GPG3: 240
공변 벡터, GPG5: 362
공분산, GPG4: 283
　　행렬, 509, GPG4: 283
공유
　　메모리, GPG5: 701
　　TCP 소켓 포트, 747
공정한 플레이, GPG3: 609
과대채도, GPG4: 601
과대평가
　　속도 최적화, GPG1: 369
　　A* 알고리즘, GPG1: 347
과도한
　　감쇠, GPG4: 406
　　단순화, GPG2: 285
　　지역화, GPG3: 165
과부하, GPG4: 686
과소감쇠, GPG4: 406
과제, GPG5: 436
　　관리, GPG5: 440
　　그룹화, GPG5: 442
　　분해, GPG5: 437
　　의존성, GPG5: 441
과제 수행 일정 관리자, 350
관리 서비스, GPG5: 700
관리자 패턴, GPG4: 344
관문 ⇨ 포털
관성, 314, GPG5: 569
　　곱, GPG1: 222
　　모멘트, GPG1: 222
　　텐서, GPG1: 222, GPG4: 293
관절, GPG4: 352
　　경첩관절, GPG4: 359
　　구상관절, GPG4: 357
　　다관절 형체, GPG5: 535
　　캐릭터 충돌, GPG4: 642
　　혼합, GPG4: 622
관찰, GPG3: 303
관찰자 패턴, 709, GPG5: 711
광반, GPG5: 638, cf. 렌즈 플레어
광선, GPG3: 493
광역 무선망, GPG3: 668
광원, GPG1: 710, cf. 조명, 점 광원
　　동적 광원, 565
　　좌표계, GPG1: 713
　　평행광원, GPG4: 533
광택성 사전 필터링, GPG1: 726
광학적 깊이, 601

교란, GPG5: 626
교점, GPG2: 254
교집합, GPG5: 174, 293
교차 삽입 데이터, GPG1: 462
교차 페이딩, 675
교차, 교차 판정, GPG1: 393, GPG2:
　　262
　　경계 상자, GPG1: 503
　　경계구, GPG1: 502, GPG2: 485
　　구, GPG4: 648
　　다해상도 맵, GPG1: 516
　　동적인 구 대 삼각형, GPG4: 423
　　동차 좌표, 165
　　삼각형-삼각형, GPG1: 505
　　선-평면, 172, 175
　　선분-평면, GPG1: 506
　　세 평면, 171
　　옥트리, GPG1: 560
　　원통-절두체, GPG1: 491
　　유향 경계상자, GPG4: 645
　　절두체 컬링, GPG1: 541
　　축 분리 정리, GPG4: 645
　　쿼드 트리, GPG1: 566
교차항 귀납 특징, 712
교착, GPG5: 804
교체 파일, GPG4: 168
교환, 196
교환법칙, GPG5: 282
구, 구면
　　구 대 평면, GPG2: 260
　　구 발음체, GPG5: 831
　　구 트리, GPG2: 486, GPG5: 118,
　　　121
　　구면 베셀 함수, GPG4: 810
　　구면 보간, GPG4: 626
　　구면 사각형 근사, GPG5: 346
　　구면 선형 보간, GPG2: 296, GPG3:
　　　476, GPG1: 282, GPG4: 626,
　　　GPG5: 329
　　구면 입방 보간, GPG1: 284
　　구면 트리, GPG3: 621
　　구면좌표, GPG4: 418
　　매핑, GPG1: 690
　　절두체 판정, GPG5: 134
　　BSP에 활용, GPG5: 118
구독 채널, GPG4: 690
구동기, 277
구로 셰이딩, 182, GPG1: 657
구름, 599, GPG5: 585
　　구름량, 운량, GPG5: 587
　　그림자, GPG3: 522
　　동적 구름, GPG5: 585
　　밀도필드, GPG5: 589
　　절차적 구름, GPG2: 572
　　조명, GPG5: 589

텍스처, GPG3: 530
특징, GPG2: 572
FBM, GPG2: 321
구멍 뚫기, 741
구문 분석기, GPG3: 487
구문 오류, GPG2: 125
구배, 222, GPG5: 394
구부리는 이웃, GPG5: 509
구부리는 힘, GPG5: 513
구분자, GPG5: 76
구상관절, GPG4: 357
구성, GPG4: 402
구성요소, 433, GPG5: 83, 86, 251
  게임 객체, 460
  게임 구성요소 템플릿, 468
  계층, 705
  데이터베이스, GPG5: 92
  소유권 관리, 464
  스크립팅 언어 활용, 433
  인터페이스, GPG5: 260
  컴파일러의 구성 요소, GPG3: 485
  클래스, GPG5: 94
  통신, 465
  COM, Component Object Model, GPG5: 262
구속 야코비 행렬, GPG4: 353
구속조건, GPG3: 264, GPG4: 348
구의 직선 일소, GPG4: 423
구조, GPG4: 603, 732, cf. 설계
  게임 프레임웍, GPG3: 71
  계층 시스템, GPG3: 78
  로직층, GPG3: 79
  메시지 기반 게임 루프, GPG4: 154
  상태-사건 시스템, GPG4: 675
  소프트웨어 모듈식 오디오 처리 시스템, GPG3: 732
  시뮬레이션 아키텍처, GPG3: 593
  클라이언트/서버 시뮬레이션층 관리 구조, GPG3: 603
  투표 기반 아키텍처, GPG4: 467
  포섭 아키텍처, GPG4: 469
  프레임 기반 내봉에 산정 기반 저동, GPG3: 74
  프로그래밍 프레임웍, GPG3: 71
구조체 필드 순서, GPG4: 110
구조화된 예외 처리, GPG2: 343
구축적 고형체 기하, CSG, GPG5: 169
구현 추가, GPG2: 73
구형 관절 혼합, GPG4: 622
국소
  감쇠 계수, GPG1: 262
  공간, GPG1: 477, GPG4: 263
  국소-전역 변환 행렬, GPG1: 477
  애니메이션 수정자, GPG3: 477
  평균, GPG5: 628

군대, GPG3: 345
군엽, GPG5: 599
군중 행동, 256, cf. 무리 짓기
굴절, GPG1: 739, GPG5: 650
  굴절률, GPG1: 740
  어항 효과, GPG2: 506
  유체, 561
  입방체, GPG5: 651
귀곡성, GPG3: 707
귀납 학습, GPG5: 429
귀뚜라미 소리, 638
규모, GPG4: 685
규모가변성, 262, GPG2: 581
  게임 이벤트 관리, GPG3: 66
  고유한 텍스처 시스템, GPG3: 548
  멀티플레이어 서버, GPG3: 609
  서버의 설계, GPG3: 612
  일정 관리, GPG3: 66
  DirectPlay와 MMORPG, GPG3: 659
  MMP 게임, GPG4: 699
규치 하습, GPG3: 306
그래프, GPG5: 216
  정도 복잡성, 200
  계획수립, GPG5: 421
  생성, GPG5: 671
그래픽 파이프라인, GPG2: 584
그룹 기반 음 관리, GPG5: 819
그룹화, GPG3: 659
그림자, GPG1: 709
  구름 그림자, GPG3: 522
  그림자 맵, GPG1: 712, GPG4: 531
  그림자 서비스, GPG5: 699
  그림자 입체, GPG1: 710, GPG4: 523, GPG3: 445
  그림자 타원, GPG3: 519
  기차 구조의 영역 분할, GPG2: 528
  깊이 버퍼, GPG2: 591
  닫힌 메시, GPG4: 523
  데칼 그림자 텍스처 투영, GPG3: 524
  뒷마개, GPG4: 524
  앞마개, GPG4: 524
  앞면 스텐실 파정, GPG4: 529
  열린 변, GPG4: 524
  우선순위 버퍼 그림자, GPG2: 591
  원근 그림자 맵, GPG4: 531
  윤곽 변, GPG4: 524
  캐릭터 렌더링, GPG2: 530
  캐릭터 자신에 대한 그림자, GPG2: 528
  텍스처로 렌더링, GPG2: 529
  무빙 그림자 매핑, GPG1: 712
  프런트 캡, GPG3: 443
  Weiler-Atherton 알고리즘, GPG3: 445
극법, GPG3: 256

극소 회전, GPG1: 219
극적 긴장, GPG4: 432
근단면, GPG1: 538
근사, GPG5: 331
  4차 맥클로린 급수 근사, GPG5: 350
  구면 사각형 근사, GPG5: 346
  빠른 사원수 보간, GPG5: 326
  직접적인 slerp 근사, GPG5: 338
  체비셰프 근사법, GPG5: 340
  최소최대 수치 근사, GPG5: 349
  행렬, GPG5: 339
  tan x의 근사, GPG5: 360
근접
  문자열 부합, 82
  비율, 83
  판정, 47
  K근접 이웃망, 329
글꼴, GPG3: 156
  안티앨리어싱, 581
금지어, 금칙어, GPG5: 716
  사전, GPG5: 717
급수, GPG3: 240
  4차 맥클로린 급수 근사, GPG5: 350
  라그랑주 급수, GPG1: 228
  유한 테일러 급수, GPG1: 239
  테일러 급수, GPG1: 235, GPG5: 333, 349, GPG3: 248
기계 학습, GPG3: 303
기능 검사, 93
기대값, GPG4: 461
기대성과, 251
기동 무력화, GPG4: 318
기밀성, GPG3: 639
기본 할당자 객체, GPG3: 113
기본주파수, GPG5: 850
기생 항력, GPG5: 490
기수 2 로그, 157, GPG3: 225
기억, GPG1: 431, GPG2: 633
  단기 기억, 327, GPG1: 436
  반복적 자기연상 기억, GPG1: 450
  장기 기억, GPG1: 436
기울기, 222, GPG5: 394
기저, GPG5: 283
  재정규화, GPG4: 262
기순 차세, GPG3: 262
기준 평면, GPG1: 703
기준점, GPG4: 352
기지 건설 AI, GPG4: 475
기하 버퍼, 567
기하곱, GPG5: 284, 292
기하대수, GPG5: 279
  선형대수, GPG5: 288
기호 테이블, GPG3: 489
길찾기, GPG5: 452, cf. A*, 경로 이동, 가상의 장애물, GPG3: 379

가시점 길찾기, GPG2: 407
개방 공간의 부분집합, GPG3: 399
결함이 있는 전술적 경로, GPG3: 374
경로 비용, GPG4: 445
경로의 전술적 개선, GPG3: 372
계층화된 충돌, GPG3: 402
계통적 길찾기, GPG1: 357, GPG2:
    333, GPG3: 379
네비게이션 메시, GPG3: 383, GPG5:
    379
다각형 환경, GPG2: 409
동적인 지형, GPG3: 324
모듈, GPG3: 402
반올림 오차, GPG3: 231
사각형 영역, GPG3: 319
싱크 칸, GPG4: 446
안전한 경로, GPG2: 406
웨이포인트, GPG2: 406, GPG3: 314
위험 비용, GPG3: 371
윤곽 영역, GPG2: 419
윤곽점, GPG2: 417
장애물 원, GPG3: 391
장애물 처리, GPG3: 395
전술적 길찾기, GPG3: 369
정적 장애물, GPG3: 383
지리적 장소의 전술적 속성, GPG3:
    376
최단 경로, GPG3: 370
최소볼록집합, GPG3: 399
충돌 모형, GPG3: 396
충돌 모형, GPG3: 396
충돌 시스템과의 관계, GPG3: 395
충돌 시스템과의 관계, GPG3: 395
카메라 이동, GPG4: 428
타일 맵, GPG3: 319
확률론적 지도, GPG4: 444
확률표, GPG4: 446
김용하, 717, xxv
김형석, 683, xxv
깊은 복사, GPG4: 130
깊이
    버퍼, GPG1: 470, GPG4: 544
    복잡도, GPG1: 732
    우선순위 버퍼와 깊이 버퍼, GPG2:
        594
    인식, GPG5: 661
    정밀도, GPG5: 620
    정점 투영 깊이, GPG1: 469
깐깐한
    집합, GPG1: 416
    평면 문제, GPG1: 569
꼬리 호출, 382
끄는 곡선, GPG4: 480
끌개, 310, GPG4: 479
끌림, GPG4: 393

끌어오기 전송, GPG5: 814
끝점 등록 단계, 744

[ㄴ]

나머지 연산, GPG3: 226
나무, GPG5: 612
나뭇잎 시뮬레이션, GPG5: 503
나비 기법, GPG3: 453
나비에-스토크스 방정식, 221, GPG5:
    484
나사못 구속조건, GPG4: 357
낙하산 하강, GPG5: 565
난류, GPG5: 626, 627
난수, GPG2: 170, GPG4: 73
    강한 혼합 함수, GPG2: 191
    나머지 연산, GPG3: 226
    나쁜 분포, GPG3: 226
    난수 풀, GPG5: 777
    난수열, GPG1: 197
    디버깅, GPG4: 73
    메르센느 트위스터, GPG4: 233
    무작위적 수치, GPG2: 191
    무한한 우주 알고리즘, GPG1: 200
    생성기, 발생기, GPG1: 612, GPG2:
        168, GPG4: 107, 233
    선형 합동적 난수 생성기, GPG1: 160
    순정난수, GPG2: 190
    실시간 지형 생성, GPG1: 611
    안전한 난수 시스템, GPG5: 775
    암호화, GPG2: 190
    예측 가능, GPG1: 197, GPG2: 170
    음향 합성, GPG3: 721
    의사난수, GPG1: 198, GPG2: 170,
        GPG4: 233, GPG3: 536
    이름 짓기, GPG1: 627
    일차합동 알고리즘, GPG3: 722
    잡음, GPG4: 236
    절차적 텍스처, GPG3: 536
    정수 난수, GPG3: 226
    종자값, 시드, GPG2: 170, 197,
        GPG5: 778
    차분 복소 비선형 함수, GPG2: 192
    패킷 보안, GPG1: 160
    품질, GPG2: 195
    rand(), GPG2: 170
    srand(), GPG5: 775
난이도, GPG4: 434
    모형, GPG4: 437
날개, GPG5: 489
    변, GPG3: 455
날씨 다운로드, GPG4: 680
날씬한 물체, GPG5: 492
내부 전송 대기열, GPG3: 657
내부 컴파일러 오류, GPG4: 77
내용 다운로드, GPG4: 679

내장, 399, GPG1: 49
    명령, 8
    임베디드 시스템, GPG1: 172
내적, 167, GPG5: 285, 292
내포, GPG1: 49
널 객체, GPG4: 141
네가맥스 알고리즘, GPG1: 335
네비게이션 메시, GPG1: 383, GPG3:
    383
네이비어 방정식, GPG5: 521
네이비어-스톡스 방정식, 221, GPG5:
    484
네트워크, cf. 서버, 클라이언트/서버,
    패킷, DirectPlay, TCP, UDP, NAT
    내부 전송 대기열, GPG3: 657
    내용 다운로드, GPG4: 679
    네트워크 모니터링 및 시뮬레이션
        도구, GPG3: 651
    네트워크 주소 변환, NAT, GPG5:
        741
    단계 잠금, GPG3: 584
    대규모 다중 플레이어 게임, GPG3:
        593, GPG5: 695
    대기실, GPG4: 675
    대역폭, GPG4: 726
    데이터베이스 영속화, GPG3: 614
    동기화 깨짐, GPG3: 591
    디버깅, GPG3: 590
    라우터, GPG5: 745
    래더, GPG4: 681
    로비, GPG4: 675
    멀티플레이어 서버, GPG3: 609
    모니터링, GPG3: 652
    반영, 속성 시스템, GPG5: 116
    방화벽, GPG5: 741
    부담의 분산, GPG3: 617
    비동기 입출력, GPG4: 691
    상대 찾기, GPG4: 676
    세션 기반 게임, GPG4: 675
    소켓, GPG5: 743
    스크립팅, GPG3: 100
    실시간 전략 네트워크 프로토콜,
        GPG3: 583
    영속성, GPG5: 116
    온라인 토너먼트, GPG4: 681
    원격 프로시저 호출, RPC, GPG5:
        727
    위치 선정, GPG3: 617
    이벤트 패킷 무효화, GPG3: 592
    이식성, GPG3: 612
    인증, GPG4: 677
    자료구조, GPG4: 719
    전송 대기열, GPG3: 658
    중첩 I/O, GPG3: 613
    직렬화, GPG3: 635

채움, GPG3: 643
추측항법, GPG4: 731
파일 I/O, GPG3: 614
파일 전송 프로토콜, FTP, GPG5: 750
패킷, GPG5: 766
포트 전달, GPG5: 754
프런트엔드 프로세스, GPG3: 617
프로세스간 상호작용, GPG3: 619
프록시 서버, GPG3: 672
함수 바인딩, GPG3: 100
합병, GPG3: 658
호스트 대역폭 시뮬레이션, GPG3: 654
호스트 바꾸기, GPG3: 588
ACK 메시지, GPG3: 658
Battle.net, GPG5: 756
BSD 소켓, GPG3: 612
DirectPlay, GPG5: 737
FPS 네트워크 계층, GPG3: 657
HTTP, GPG3: 671
IOCP, 완료 포트, GPG3: 613, GPG4: 691, GPG5: 714
IP 주소, IPv4, IPv6, GPG5: 742
NAT 뚫기, 739
P2P, 동위간 통신, 프로토콜, GPG3: 584, GPG5: 741
poll(), GPG3: 612
POSIX2, GPG3: 612
select(), GPG3: 612
Winsock, GPG3: 612
Xbox Live, GPG5: 756
네트워크 주소 변환 ⇨ NAT
네트웍 ⇨ 네트워크
노드 기반 BSP, 58
노느 서버, GPG5: 708
노름, GPG5: 293
노출 시간, GPG3: 373
논리 결합, GPG5: 414
논리 연산 신경망, GPG1: 439
논리층, 341
높낮이 노벤트, GPG5: 482, 491
높이, GPG3: 717, GPG5: 820, 850
높이맵, 높이 필드, 542, GPG3: 419, 498, GPG2: 479, GPG4: 655
법선, GPG3: 421
눈, 눈송이, GPG5: 592
눈의 가변적인 민감도, GPG4: 602
뉴로드, GPG1: 429
뉴턴
　뉴튼-오일러 강체 운동 방정식, GPG1: 224
　운동법칙, 221
　제2법칙, GPG5: 569
느린 도달/느린 출발, GPG5: 317

느슨한 옥트리, GPG1: 565
늘리는 이웃, GPG5: 509
늘리는 힘, GPG5: 511

[ㄷ]

다각형
　면적, 208
　무게중심, 209
　클래스, GPG3: 348
　환경, GPG2: 409
다관절 형체, GPG5: 535
다면체
　무게중심, 211
　부피, 210
　잠긴 부피, 214
다운믹싱, GPG3: 682
다운샘플링, 616
다원수, GPG1: 272
다이아몬드 사각형, GPG1: 635
다중
　다중 바이트 문자집합, GPG3: 160
　다중 스레드 ⇨ 스레드
　다중벡터, GPG5: 281, 293
　다중색 결합, 593
　다중서버, GPG4: 729
　다중선, 587
　렌더링 대상, 567
　반환값, 380
　빌보드, GPG3: 499
　상속, GPG2: 73, GPG3: 128
　수준 스킵 스트립, GPG2: 467
　스크립트, GPG5: 192
　시간 관리, GPG4: 731
　시작 노드, GPG5: 459
　에이전트 계획수립, GPG5: 415
　에이전트 배정, 703
　연결, GPG5: 772
　옥타브, GPG2: 574
　음원, GPG3: 691
　인수, 380
　종료 노드, GPG5: 461
　메시처리, GPG2: 557, GPG4: 553, 588
　프랙탈, GPG2: 320
　플랫폼 이식, GPG4: 105
　후처리 입체, GPG5: 664
　GPU, 617
다중 워드 비교 및 교환(NCAS), 7
다중 정밀도 산술, 203
다중 프로세서 시스템, 21
다중 플레이어, cf. 네트워크, 서버
다채널 오디오, GPG4: 754
다채널 파일, 677
다층
　복잡계 기반 아키텍처, 700

신경망, GPG1: 435
질량-용수철 물리, GPG4: 389
퍼셉트론, GPG4: 503
AI 엔진, 346
다항식
　계수, GPG1: 228
　근사, GPG1: 227, GPG3: 248
　라그랑주 다항식, GPG3: 258
　차수, GPG1: 228
　최소최대, GPG3: 249
　텍스처 맵, GPG3: 520
　특성 다항식, GPG4: 287
다해상도 맵, GPG1: 518
단계 잠금, GPG3: 584
단계별 할당, GPG4: 688
단기 기억, 327, GPG1: 436
단면, GPG4: 391
단면 질량, GPG4: 392
단발성 음, GPG5: 824
단서 수집, GPG4: 69
단순성, GPG3: 614
단순화 연산자, 686
단어 분석기, GPG5: 74
단언, 단언문, GPG1: 164, cf. assert, GPG4: 89, 110, GPG3: 86
　CppUnit, 109
단위 검사, 93, 396
단위 행렬, GPG1: 66
단위와 표시 형식, GPG3: 158
단일
　단일 바이트 문자집합, GPG3: 159
　명령 다중 데이터, GPG1: 263
　발동, GPG3: 364
　청취자, GPG3: 691
　화자 음성 인식, GPG5: 849
단일체, GPG3: 104, GPG2: 116, GPG5: 229
　게임 기록 모듈, GPG5: 217
　상태 패턴, GPG4: 710
　수명 주기, GPG1: 80
　오디오 엔진, GPG4: 781
　전역 객체, GPG1: 79
　텍스처 맵 관리자, GPG1: 78
　팩토리 단일체, GPG5: 255
　핸들 기반 사원 관리자, GPG1: 122
　menuManager 클래스, GPG5: 268
　OpenCV 활용, 33
　Qualities 메커니즘, GPG4: 702
단정도
　부동소수점, GPG2: 236, GPG4: 102
　일반 행렬-행렬 곱, GPG4: 501
단조 진하, GPG5: 856
단조선, GPG5: 424
단층
　변형, GPG1: 628

프랙탈, GPG2: 315
단편 버퍼, 566
단편화, GPG1: 144, GPG2: 54
닫힌
  고리, GPG5: 308
  메시, GPG4: 523
  목록, GPG1: 341
단힘, 422
대각화, GPG4: 286
대규모
  다중 플레이어 게임(MMPG), GPG3:
    593, GPG4: 699, GPG5: 695
  다중 플레이어 온라인 게임(MMOG),
    GPG5: 695
  다중 플레이어 온라인 롤플레잉
    게임(MMORPG), GPG3: 659,
    GPG4: 729
  유지, GPG5: 696
대기 없는 알고리즘, 5
대기실, GPG4: 675
대기열, 12, GPG1: 99, cf. 우선순위
    대기열
  내부 전송 대기열, GPG3: 657
  명령, GPG2: 355
  수신 패킷, GPG5: 770
  신뢰성 패킷, GPG5: 771
  웨이포인트, GPG2: 356
  STL, GPG1: 99
대단원, GPG4: 432
대등, GPG3: 112
대류, GPG3: 280
대륙, GPG3: 342
대리, GPG2: 632
  객체, GPG5: 711
  서버, GPG5: 706
대리자, 447
대사, GPG4: 777
대수, GPG5: 281
대수적 수량화, GPG2: 248
대역 제한 잡음, GPG2: 575
대역통과 필터, GPG3: 708
대역폭, cf. 네트워크, 무선
  줄이기, GPG3: 635
  증가, GPG3: 648
  한계, GPG3: 673
대용량 저장장치, 123
대원호, GPG5: 329
대척 사원수, GPG4: 627
대칭적 다중 프로세싱, 5
대칭형 NAT, 748
대화, GPG4: 678
더미 데이터, GPG1: 162
덤 포인터, GPG3: 102
덤불, GPG5: 599, 612
데드 레커닝, GPG3: 673

데시벨, 648
데이터 ⇨ 자료
데이터 주도적 설계 ⇨ 자료 주도적 설계
데이터베이스, GPG4: 183
  구성요소 데이터베이스, GPG5: 92
  사례 데이터베이스, GPG5: 855
  애니메이션, 478
  영속화, GPG3: 614
데카르트 좌표, 165
데칼, GPG2: 516, GPG3: 524
데크, GPG1: 92
도구
  네트워크 모니터링 및 시뮬레이션
    도구, GPG3: 651
  디버깅 도구, GPG4: 79
  문맥 감지 HUD, GPG5: 65
  바인딩 코드 생성 도구, GPG3: 95
  반영, 속성 시스템 활용, GPG5: 116
  보코더, GPG3: 711
  상태 기계의 시각적 설계, GPG5: 243
  인간-도구 공동 진화, GPG3: 182
  자동적인 함수 바인딩 도구, GPG3:
    95
  파서, GPG3: 98
  편집기의 버그, GPG5: 62
  헤드업 편집, GPG5: 66
  A Star Explorer, GPG3: 380
  ArgoUML, GPG3: 144
  Bison, GPG3: 154
  Cygwin 패키지, GPG3: 95
  EAGLE, GPG3: 697, GPG4: 793
  EAX-Manager, GPG3: 697
  flex, GPG3: 154
  FuSM 상태전이도 작성, 353
  gzip, GPG3: 673
  Lex, GPG3: 96
  make, GPG4: 107
  NetTool, GPG3: 651
  Photoshop, GPG3: 546
  Rational Rose, GPG3: 143
  Sphinx MMOS 시스템, GPG3: 734
  Swig, 383, 387, GPG3: 97
  Terragen, GPG3: 523
  Together ControlCenter, GPG3: 143
  xdsConvert, GPG4: 221
  xdsMakeSchema, GPG4: 217
  Yacc, GPG3: 96, 151
도전, GPG4: 433
도플러 효과, 663, GPG3: 727, GPG4:
    749
동급간 프로토콜, GPG3: 584
동기 RPC, GPG5: 739
동기 기반 정적 조명, GPG1: 661
동기화, GPG2: 169
  난수 시스템, GPG5: 776

동기화 깨짐, GPG3: 576
디버깅, GPG3: 590
립싱크 시스템, GPG4: 759
클라이언트와 서버의 동기화, GPG4:
    713
동등, GPG3: 104
동시 접속자, GPG5: 696
동시적 다중 태스킹 모드, 439
동역학, GPG1: 219, cf. 강체, 연체, 힘
  가속도, GPG5: 569
  각속도, GPG4: 342
  각운동량, GPG4: 342
  강체 운동 방정식, GPG1: 215
  강한 접촉 구속조건, GPG4: 359
  계산 유체동역학, 221
  관성, GPG5: 569
  구속 야코비 행렬, GPG4: 353
  나사못 구속조건, GPG4: 357
  뉴턴의 운동법칙, 221
  뉴튼-오일러 강체 운동 방정식,
    GPG1: 224
  물체 쌓기, GPG4: 359
  밧줄-도르래 구속조건, GPG4: 356
  비침투 구속조건, GPG4: 363
  선형 상보 문제, GPG4: 359
  오차, GPG4: 361
  용수철 감쇠 운동, GPG1: 250
  운동 마찰, GPG3: 285
  운동 방정식, GPG4: 352
  운동량 보전 법칙, GPG1: 219
  이동 규칙, GPG4: 358
  접점, GPG4: 363
  접촉, GPG4: 363
  질량, GPG5: 569
  토크, GPG4: 352
  헝겊인형, GPG4: 357
  힘, GPG4: 352, GPG5: 569
동위간 통신, P2P, GPG3: 584, GPG5:
    741
동작, GPG3: 137
동적
  감마 보정 알고리즘, GPG4: 606
  객체 수명, GPG3: 75
  광원, 565
  구름, GPG5: 585
  대역, GPG4: 599
  맵, GPG5: 469
  메모리 할당, GPG4: 115, 165,
    GPG5: 198
  배열 성장, GPG4: 168
  변수, GPG4: 765
  시간 왜곡, GPG5: 855
  영역, GPG3: 343
  장애물, GPG3: 383
  조명 매핑, GPG2: 561

지형, GPG3: 324
텍스처, GPG3: 547
팩토리 로딩, GPG5: 256
프로그래밍, GPG4: 443
형 정보, GPG2: 87
동차 교점, 169
동차 절단 공간, GPG5: 364
동차 좌표, 165
되감기, GPG5: 552
되먹임, GPG1: 450
　요청 피드백, GPG3: 577
　의사결정 시스템, 712
　제어기 피드백 루프, GPG5: 536
　지연망, GPG5: 836
　행렬, GPG5: 840
두 선의 교점, 169, 180, GPG5: 298
두 점을 지나는 선, 170
둥근 비균일 스플라인, GPG4: 272
뒷단 서비스, GPG5: 697
뒷마개, GPG4: 524
드리프트, GPG4: 332
등 짚고 넘기, 231, GPG4: 341
등고면, GPG5: 390
등고선 그래프, GPG5: 388
등척성 엔진, GPG3: 497
디노멀, GPG3: 133
디버깅
　가설과 증명, GPG4: 69
　간섭, GPG4: 73
　개발 및 디버깅 메시지, GPG4: 161
　게임 변수 변경, GPG4: 79
　경계 위반, GPG2: 122
　공정, GPG4: 67
　교정, GPG4: 71
　난수, GPG4: 73, GPG5: 781
　내부 검파일리 오류, GPG4: 77
　네트워크 게임, GPG3: 590
　단서 수집, GPG4: 69
　도구, GPG4: 79
　디버그 빌드, GPG4: 75
　릴리스 빌드, GPG4: 75
　방지, GPG4: 81
　보고, GPG4: 68
　분할 정복, GPG4: 70
　스크립팅 언어, 394
　스택 추적, GPG3: 208
　실시간 디버깅, GPG3: 202
　오류 지적, GPG4: 69
　원격 디버깅, 137, GPG5: 213
　원인, GPG4: 69
　위험한 문자들, GPG3: 168
　임베디드 시스템, GPG1: 172
　자료 표시, GPG5: 213
　재동기화, GPG4: 77
　재부팅, 재빌드, 재설치, 재시도,

GPG4: 77
재현, GPG4: 68
저널링, GPG3: 201
조정, GPG2: 181
중단점, GPG4: 70
추적, GPG4: 85
컴파일러의 경고 수준, GPG4: 81
테스터, GPG4: 68
트위커, GPG2: 181
포인터, GPG4: 70
플래그, GPG3: 194
하나 모자라는 오류, GPG3: 168,
　GPG4: 74
하드웨어, GPG4: 79
호출 스택, GPG3: 209, GPG4: 87
assert, 단언문, GPG1: 164, GPG4:
　82
new와 delete 연산자들을 중복,
　GPG2: 120
RPC, GPG5: 739
Stats 시스템, GPG1: 171
STL map, GPG2: 185
디스크 교체 파일, GPG4: 115
디지털
　신호 처리, GPG2: 647
　오디오 처리 파이프라인, GPG2: 649
　지문, 115
　카메라, 31
　필터, GPG3: 703
딜레이, GPG2: 644
떠있는 물체, GPG1: 264
떨림 표본화, GPG4: 515
똑똑한 포인터, 464, GPG3: 101, GPG2:
　351, GPG4: 137
띠 과녁, GPG4: 313

[ㄹ]

라그랑주
　격자 기반 유체 시뮬레이션, 223
　급수, GPG1: 228
　다항식, GPG3: 258
　정리, GPG1: 241
　훈련 최적화 이론, 327
과우버, GPG5: 745
라이브러리, cf. DirectX, OpenGL
　라이브러리의 기본적인 구조, GPG4:
　105
　alut 라이브러리, GPG4: 752
　DirectScene 엔진, GPG4: 805
　EAX, GPG4: 789
　GMP 라이브러리, 203
　IOCP, GPG4: 691
　Java AIO API, GPG4: 692
　LuaBind, 348
　NIO, GPG4: 692

ODE, GPG4: 811
Ogg Vorbis, GPG4: 778
OpenAL, GPG4: 745
OpenCV, 32
PocketGL, GPG4: 395
PortAudio, 635
Qualities API, GPG4: 703
SphinxMM, GPG4: 805
XDS Lite 라이브러리, GPG4: 219
ZoomFX, GPG4: 801
라플라스
　결정론, GPG2: 165
　연산자, GPG5: 627
라플라스 연산자, 222
람베르트 지형 표면, GPG3: 516
랑제방 모형, GPG5: 628
래더, GPG4: 681
래스터화, GPG1: 729
랙, GPG1: 160
랜체스터
　선형 법칙, GPG5: 400
　소모 모형, GPG5: 396
　전량 판정 무형, 338
　제곱 법칙, GPG5: 398
레메즈 알고리즘, GPG5: 354
레벤슈타인 거리 공식, 82
레벨, GPG5: 667
　계단, GPG5: 672
　기하구조, GPG5: 670
　레벨 설계, GPG5: 668
　절차적 레벨 생성, GPG5: 667
　편집기, 457
레이놀드 수, GPG5: 485
레이더, GPG5: 130
레이어링, GPG1: 49
레이저빔, GPG5: 831
레지스터, GPG5: 231
렉서, GPG3: 146
렉심, GPG5: 74
렌더 버퍼 API, 614
렌더링 파이프라인, GPG4: 261
렌즈 플레어, GPG1: 645
　가리기, GPG2: 583
　또 다른 접근 방법, GPG2: 589
　방사상 광반, GPG5: 638
　보석, GPG5: 655
　텍스처 마스킹, GPG2: 583
로그, 로깅, GPG4: 80
　기수 2 로그, GPG3: 225
　난수 풀 시스템, GPG5: 781
　로그 클래스, GPG3: 196
　로깅 시스템, GPG4: 85
　메모리 관리자, GPG4: 81
　메모리 할당자, GPG4: 80
　반영, 속성 시스템, GPG5: 116

버그 추적, GPG4: 85
버퍼 방침, GPG3: 197
실시간 원격 디버그 메시지 기록,
    GPG5: 213
이벤트 로깅, GPG4: 86
전송 방침, GPG3: 198
플래그 방침, GPG3: 196
호출 스택, GPG4: 87
로그인 서버, GPG5: 707
로봇, 277
    감지기, 277, 297
    구동기, 277
    반응성, 312
    성격, 313
    아키텍처, 277
    유한상태기계, 289
    음성, GPG3: 716
    일관성, 312
    퍼지 감지기, 289
    포섭 아키텍처, 278
    GameBots 패키지, 291
    Quake II, 278
로비, GPG4: 675
로우 패스 필터, GPG2: 642
로직, GPG1: 37
로직층, GPG3: 79
로켓 엔진, GPG3: 726
롤, GPG1: 404
롤리 감쇠, 629, GPG4: 403
루아, 380, GPG3: 97, GPG5: 181
    가벼운 사용자 자료, light user data,
        GPG5: 189
    가상 스택, 384
    꼬리 호출, 382
    다중 반환값, 380
    다중 스크립트, GPG5: 192
    단위 검사, 396
    닫힘, 422
    마이크로스레드, 345
    메모리 관리, 393
    메타테이블, 383, 407
    반복자, 421
    사용자자료, 403, 406
    상속, 381
    상태, GPG5: 183
    상태, 401, GPG5: 183
    상태 기계의 시각적 설계, GPG5: 245
    스레드, GPG5: 192
    스크립트 객체, GPG5: 194
    약한 참조, 408
    양보, GPG5: 192
    자료 주도적 설계, 345
    전역 변수, 380, 384
    점진적 쓰레기 수거, 393
    접착제 루틴, GPG5: 184

지역 변수, 380
청크, GPG5: 183
코루틴, 395, 417, GPG5: 191
테이블, 345, 413
프로파일링, 394
환경 테이블, 405
API, 400
coroutine 모듈, 418
FSM, 347
lua_call, GPG5: 190
lua_dofile, lua_dostring,
    luaL_loadfile,
    lua_pushlightuserdata,
    luaL_loadfile, GPG5: 188, 189
lua_newthread, GPG5: 192
lua_resume, GPG5: 192
lua_State, GPG5: 185
lua_yield, GPG5: 192
LuaBind 라이브러리, 348
luabind::object, 349
LUAMANAGER 클래스, GPG5:
    193
LuaPlus, 390
LuaProfiler, 394
LUASCRIPT 클래스, GPG5: 194
ToLua++, 389
tolua++, GPG5: 245
루프 분할, 22
룽게-쿠타, GPG1: 247
룽게-쿠타-펠베르크 법, GPG5: 515
리니지, GPG3: 156
리더 보드, GPG4: 681
리샘플링, GPG2: 645, GPG3: 682
리스트, GPG1: 89
리틀 엔디안, GPG3: 628
리플레이 공격, GPG3: 640
릴리스 빌드, GPG4: 75
립싱크 시스템, GPG4: 759
링잉, GPG3: 707
링크, 306, GPG3: 598

[ㅁ]

마르코프 목록, GPG1: 622
마법의 수, GPG4: 82
마스킹, 638, GPG3: 682
마스터 볼륨, GPG2: 631
마우스, GPG3: 177
마을, GPG3: 343
마이크로스레드, 345, 434, GPG3: 68,
    GPG2: 337
    갱신 루프, GPG2: 337
    비본질적인 복잡성, GPG2: 338
    파이썬, 435
    AI 관리, GPG2: 346
    OutputDebugString(), GPG2: 344

마찰
    계수, GPG3: 287
    곡면, GPG3: 296
    운동 마찰, GPG3: 285
    운동 마찰과 정지 마찰 사이의 전이,
        GPG3: 289
    정지 마찰, GPG3: 285
    정지 마찰 계수, GPG3: 287
    정지 마찰과 운동 마찰 사이의 전이,
        GPG3: 293
    차량 물리, GPG4: 329
    쿨롱 마찰 모형, GPG3: 285
    포화, GPG3: 288
만남, GPG5: 293
만족도, GPG5: 422
말단 노드, 64, GPG4: 124
말단형 BSP, 64, GPG5: 176
망목, 망점, GPG4: 577
맞물린 타일들, GPG2: 476
매개변수 곡선, GPG5: 311
매그너스 효과, GPG5: 488
매끄러운
    경로, GPG1: 354
    도달/출발, GPG5: 321
    문턱값 적용, 581
    비균일 스플라인, GPG4: 275
    조명 변화, GPG1: 535
매체의 지역화, GPG3: 165
매크로, GPG1: 305, GPG2: 175, *cf.*
    C/C++
    단언문, GPG4: 110
    단점들, GPG2: 62
    단정, GPG3: 210
    무한 루프, GPG3: 88
    문자열화 연산자, GPG2: 65
    배열 원소 개수, GPG3: 87
    상태기계, GPG3: 90
    열거형-문자열 변환, GPG3: 84
    의사언어, GPG2: 65
    인터페이스 매크로, GPG3: 93
    컴파일 시점 assert, GPG3: 87
    컴파일 시점 상수, GPG3: 85
    클래스 인터페이스의 단순화,
        GPG3: 91
    assert, GPG3: 86, GPG4: 89
    COUNTER__, GPG3: 89
    CPPUNIT_ASSERT, 96
    CPPUNIT_ASSERT, 103
    CPPUNIT_ASSERT_MESSAGE,
        109
    CPPUNIT_ASSERT_THROW, 101
    CPPUNIT_TEST, 96
    CPPUNIT_TEST_SUITE, 96
    CPPUNIT_TEST_SUITE_END, 96
    __DATE__, GPG3: 87

DECLARE_PROPERTIES, GPG4: 197

DEPRECATE, GPG2: 116

__FILE__, GPG3: 87

FN, GPG4: 89

IMPLEMENT_PROPERTIES, GPG4: 198

IMPLEMENT_ROOT_RTTI_PROP, GPG4: 198

IMPLEMENT_RTTI_PROP, GPG4: 198

__LINE__, GPG3: 87

__LINE_Var, GPG3: 88

PROFILE, GPG3: 214

REGISTER_PROP, GPG4: 198

SAVEALLOC, GPG3: 122

SAVEBASE, GPG3: 122

SAVEDATA, GPG3: 121

__TIME__, GPG3: 87

while_limit, GPG3: 88

매핑, cf. 맵, 법선 맵, 범프 매핑, 테스처
구 매핑, GPG1: 690
굴절, GPG1: 739
밉맵, GPG1: 257
반사, GPG1: 736
반사 매핑, GPG1: 690
범프 매핑, GPG1: 694
유리 효과, GPG1: 729
환경 매핑, GPG1: 267

맵, cf. 법선 맵, 매핑, 입방체 맵, 텍스처, STL
가시성 맵, GPG2: 363
감쇠 맵, GPG1: 679
고도맵, GPG3: 498
광택 맵, GPG3: 563
그림자 맵, GPG1: 712
높이 맵, GPG2: 479, GPG3: 498
다항식 텍스처 맵, GPG3: 520
섭동맵, GPG4: 617
자원 관리, GPG4: 140
장벽 맵, 560
조명 맵, GPG1: 679
h.h^k 매핑, GPG3: 556
n.h/h.h 맵, GPG3: 553

맹글링, GPG1: 102

먼 위치, GPG4: 257

먼 평면, GPG4: 244

멀티플레이어, cf. 네트워크, 서버

메뉴, cf. UI
관리자, GPG5: 269
궤적, GPG5: 269
스택, GPG5: 269
시스템, GPG5: 264
파이 메뉴, GPG3: 181
팩토리, GPG5: 270

menuControl 클래스, GPG5: 267

menuManager 클래스, GPG5: 268

menuScreen 클래스, GPG5: 265

메르센느 트위스터, GPG4: 233, 235

메모리
32 비트 Windows 주소 공간, GPG4: 173
공유 메모리, GPG5: 701
관리자, GPG2: 119 GPG2: 53, GPG4: 116
관리자, 16, 107
교체 파일, GPG4: 168
누수, GPG2: 119
단편화, 16, 137
단편화, GPG1: 144, GPG2: 54, GPG4: 115, , 115, GPG5: 199
동적 메모리, GPG4: 165
동적 할당, GPG5: 198
디스크 교체 파일, GPG4: 115
루아, 393
메모리 경계 정렬, GPG4: 120
메모리 효율적 BSP 트리, GPG5: 608
모션 캡치 메모리 절약, GPG4: 633
비활성 공간, GPG4: 169
빈 블럭 연결 목록, GPG2: 54
수준, GPG5: 231
스크립팅 언어, 390
신뢰성 패킷, GPG5: 772
쓰레기 수거, 392
아키텍처, GPG5: 232
일반 트리 컨테이너 메모리 할당, GPG4: 132
자동 메모리 관리, 381
자원 관리, GPG1: 130
자유목록, GPG4: 116
주소 공간 관리식 동적 배열, GPG4: 170
참조 집계식 관리, 391
캐시 무관 알고리즘, GPG5: 231
캐시 인식 알고리즘, GPG5: 231
커미팅, GPG4: 168
커스텀 메모리 관리자, 393
파이썬, 393
페이지, GPG4: 167
프레임 기반 메모리, GPG1: 144
플랫폼 독립적인 메모리 관리사, GPG4: 107
할당 전략, GPG3: 115
할당 추적, GPG4: 81
할당 패턴, GPG1: 142
A*의 속도 최적화, GPG1: 371
Freezable 클래스, GPG5: 224
FreezeMgr 클래스, GPG5: 221
FreezePtr 클래스, GPG5: 222
new와 delete 연산자, GPG2: 54

STL의 메모리 사용, GPG2: 59
VirtualAlloc, GPG4: 171
VirtualFree, GPG4: 173
Win32 주소 공간, GPG4: 167

메시
가중치 기반 메시 분할, 524
규모가변적 표현, 685
네비게이션 메시, GPG5: 379
데칼, GPG2: 519
렌더링 최적화, 522
메시 데이터, GPG2: 211
메시 안의 불연속성, GPG2: 545
메시 최적화, GPG4: 564
변 축약, GPG4: 566
정점 제거, GPG4: 565
해상도, GPG2: 461
ROAM, GPG2: 476
T 접합부, GPG4: 563
VIPM, GPG2: 459

메시 스키닝, 521

메시지, GPG1: 300, GPG5: 88, 766
개체 메시지, GPG4: 156
게임플레이와 환경 메시지, GPG4: 158
고급 메시지, GPG4: 158
구성요소 기반 객체 관리, GPG5: 97
메시지 기반 게임 루프, GPG4: 154
메시지 디스패치, 분배, GPG3: 614, GPG4: 154
메시지 루프, GPG3: 64
보장된 메시지 전달, GPG3: 179
시스템 메시지, GPG5: 766
신뢰성 있는 메시징, GPG5: 767
심박, GPG5: 767
암호화, GPG5: 738
압축, GPG5: 738
우선순위, GPG3: 673, 673
직렬화, GPG3: 614
클래스 메시지, GPG4: 155
토큰화, GPG3: 673, 673
펌프, GPG2: 135
확인, GPG5: 767
확인 메시지, GPG5: 771
ACK 메시지, GPG3: 658
CppUnit, 109

메아리, 660, GPG4: 788

메인 루프, GPG4: 344

메타자료, GPG5: 99

메타테이블, 383, 407

멤버 템플릿, GPG4: 185

면
법선, GPG3: 419
정점 색인, GPG1: 466

명도, GPG4: 600

명령, GPG2: 633

대기열, GPG2: 355
명령 패턴, GPG2: 139
스트림, GPG4: 690
융합, GPG4: 468
명시적
  오일러 해법, GPG1: 248
  유한차분 해법, 549
  적분기, GPG4: 340
명제, GPG5: 411
  명제논리, GPG5: 411
모델 공간, GPG1: 477
모듈식 오디오 처리 시스템, GPG3: 731
모드 ⇨ 양상
모멘트, GPG5: 482, 491
모션 블러, GPG5: 594
모션 캡처, GPG4: 633
모의정련, 592
모터, GPG4: 360
모형, GPG5: 69
목록 상자, GPG5: 215
목표, 290, 291
  단기적 목표, 281
  목표 지향적 행동, 305
  에이전트, 291
  장기적 목표, 281
  행동 모듈, 282
  확장 행동망, 289, 306
  Unreal Tournament, 282
목표 지향적 행동, 305
몰입, GPG4: 433
몰입감, 246
무게중심, 209
  다각형, 209
  다면체, 211
  사면체, 211
  삼각형, 209
  중심 오프셋 벡터, 517
무결성, GPG3: 639
무결성 점검 값, GPG3: 643
무기 효력 모형, 334
무력화 알고리즘, GPG4: 313
무리 짓기, GPG1: 401, GPG2: 423,
    GPG4: 482
  Locust AI 엔진, 256
무선, cf. 네트워크
  2.5세대, GPG3: 668
  2세대, GPG3: 668
  3세대, GPG3: 668
  광역 무선망, GPG3: 668
  무선 게임, GPG3: 667
  무선 기기의 한계, GPG3: 667
  미들릿, GPG3: 669
  CDMA, GPG3: 668
  CLDC, GPG3: 669
  GPRS, GPG3: 668

GSM, GPG3: 668
J2ME, GPG3: 669
Java 2 Micro Edition, GPG3: 669
MIDlet, GPG3: 669
TDMA, GPG3: 668
무작위 표본화, GPG4: 515
무작위성, GPG5: 645, GPG2: 191,
    GPG4: 73
  한계, GPG4: 443
무잠금
  대기열, 12
  스택, 8
  알고리즘, 5
  자유목록, 16
무지개 입방체, GPG5: 654
무한
  루프, GPG3: 88
  무한한 우주 알고리즘, GPG1: 200
  미분 가능 함수, GPG1: 237
  임펄스 응답 필터, GPG3: 703
  직선, GPG5: 829
  투영 행렬, GPG5: 367
무한대, 149
  거시적 무한대, GPG1: 196
  공, 732
  미시적 무한대, GPG1: 196 GPG1:
    200
  부동소수점, 149
문맥, GPG4: 747, GPG5: 716
  문맥 감지 HUD, GPG5: 65
  음향, GPG4: 747
  자유 문법, GPG3: 151
  DirectPlay, GPG3: 662
문자열
  문자열화 연산자, GPG2: 65
  열거형-문자열 변환, GPG3: 84
  장치 지정, GPG4: 748
  최근접 부합 알고리즘, 82
  하드코딩, GPG3: 164
  ID 조회, 81
문자집합, GPG3: 159
  다중 바이트 문자집합, GPG3: 160
  단일 바이트 문자집합, GPG3: 159
  이중 바이트 문자집합, GPG3: 160
문턱값
  문턱 함수, GPG4: 580
  신경망, GPG1: 434
  안티앨리어싱, 581
  LOD, GPG1: 551
문화 중립적인 게임 디자인, GPG3: 163
물, GPG3: 276, GPG4: 493, cf. 유체
  격자의 경계 처리, GPG4: 384
  고물파, GPG4: 383
  굴절 매핑, GPG1: 739
  물결 반사, 560

바다, GPG4: 375, GPG5: 499
베셀 함수, GPG4: 379
빠른 푸리에 변환, GPG4: 375
선형화된 베르누이 방정식, GPG4:
    376
수면, GPG4: 375
수면 시뮬레이션, GPG1: 259
수면 파동 운동 방정식, GPG4: 376
수직 미분계수 연산자, GPG4: 377
순환 파동, GPG4: 383
에돌이, GPG4: 377
질량 보존 연산자, GPG4: 376
파동 전파, GPG4: 379
파원, GPG4: 382
표면장력, GPG4: 385
항적, GPG4: 383
iWave 알고리즘, GPG5: 496
물러나기, GPG2: 257
물리, GPG4: 388, cf. 동역학, 마찰,
    역기구학, 용수철
  개구리 뛰기 적분기, GPG4: 341
  갱신 비율, GPG3: 282
  고품질 조명, GPG3: 515
  공기역학, GPG5: 481
  명시적 적분기, GPG4: 340
  물리계 이산화, 629
  물체 쌓기, GPG4: 359
  벌레프 적분, GPG4: 340, 390
  사전처방식 물리, GPG5: 542
  서버 물리역학층, GPG3: 604
  선형화된 베르누이 방정식, GPG4:
    376
  세부수준, LOD, GPG4: 388
  세포자동자 시뮬레이션, GPG3: 274
  속도 기반 벌레프 적분기, GPG4: 341
  수직 미분계수 연산자, GPG4: 377
  실시간 음 합성 제어, GPG4: 805
  암묵적 적분기, GPG4: 340
  애니메이션, GPG4: 388
  양상, GPG4: 399
  엔진, GPG4: 348
  질량 보존 연산자, GPG4: 376
  카메라 충돌, GPG4: 425
  할리우드식 물리, GPG5: 559
  헝겊인형, GPG5: 534
  혼성 시뮬레이션, GPG4: 409
  Havok 물리 엔진, 728
물체 쌓기, GPG4: 359
뮤텍스, 270, GPG5: 803
미니맥스 알고리즘, GPG1: 334
미들릿, GPG3: 669
미리 컴파일된 헤더, GPG4: 111
미분 방정식, GPG4: 405
미세 충돌, GPG4: 346
미세면, GPG3: 564

셰이딩, NDF, GPG3: 564
미시적 무한대, GPG1: 196 GPG1: 200
믹싱 엔진, GPG2: 651
민코프스키 합, GPG2: 409
밀개, GPG4: 479
밀도, GPG1: 216
밀도필드, GPG5: 589
밀어 넣기 전송, GPG5: 813
밉매핑, 585, GPG1: 257

[ㅂ]

바다, GPG5: 499, GPG4: 375, *cf.* 물,
　유체
바람 축, GPG5: 482
바람소리, GPG3: 707
바람의 나라, 718
바이어스된 지수, GPG2: 236
바이트 순서, GPG3: 628
바이트 엔디안, GPG4: 109
바인딩, 399
　도구, 387
　바인딩 코드 생성, GPG3: 95
바커스-나우어 표기법, 형식, GPG5: 79
반 엠데 보아스 배치, GPG5: 232
반각 공식, 511
반교환법칙, GPG5: 282
반길이, 515
반변 벡터, GPG5: 362
반복자, 421, GPG1: 84, GPG4: 129,
　GPG3: 631
반복적 심화, GPG1: 337
반복적 자기연상 기억, GPG1: 450
반사, 660, GPG1: 736, GPG2: 256,
　GPG5: 290
　계수, GPG3: 714
　매핑, GPG1: 690
　반사성, GPG1: 729
　보석 렌더링, GPG5: 650
　액체 효과, GPG1: 739
　유리 효과, GPG1: 736
　유체, 561
반뼝, GPG5: 99
　계수, GPG3: 563
　속성 시스템, GPG5: 116
　조명, GPG3: 553,
　지수, GPG3: 563
반올림 오차, GPG3: 229
반응, GPG2: 257, GPG3: 362
　매핑, GPG1: 431
　반응 진행 변수, GPG5: 630
　반응성, GPG1: 360, GPG4: 730
　반응층, GPG1: 435
　충돌 반응, GPG3: 403
반응성, 312
반지의 제왕, GPG5: 542

반쪽변, GPG3: 454
반향, 660, GPG3: 707, GPG5: 836
발견법
　검색 계획수립, GPG5: 420
　발견적 방법, GPG1: 338
　A* 미학적 최적화, GPG1: 352
　A* 알고리즘 최적화, GPG1: 368
발사체, GPG2: 277
발성 모형, GPG5: 849
발음체, GPG5: 827
　구, GPG5: 831
　무한 직선, GPG5: 829
　상자, GPG5: 833
　선, GPG5: 829
　선분, GPG5: 830
　점, GPG5: 828
발진기, GPG3: 712
밧줄-도르래 구속조건, GPG4: 356
방사상 광반, GPG5: 638
방위, GPG1: 404, GPG4: 418
반침, GPG3: 193, GPG5: 200
방침 기반 설계, GPG3: 194, GPG5: 198
방향
　근사, GPG3: 404
　보간, GPG2: 295
　사원수, GPG4: 261
　시선 방향 벡터, GPG3: 494, GPG4:
　　243
방향장, GPG5: 394
방화벽, GPG5: 741
배경음, GPG4: 755
배분법칙, GPG5: 287
배열, GPG4: 165
　1차원 비트 배열, GPG1: 154
　동적 성장, GPG4: 168
　베터, GPG1: 86
　블룸 필터, GPG2: 199
　연관 배열, 411
　원소 개수, GPG3: 87
　컴파일된 정점 배열, GPG1: 464
배음, GPG3: 733
베쳐, GPG2: 106
배정도 부동소수점, GPG4: 102
배제 지역, 267
배타적 논리합, GPG1: 161, GPG4: 233
배현직, GPG5: 723
백병전, GPG5: 397
백열 내핵, GPG5: 640
백열 효과, 607
백잡음, GPG2: 316, GPG3: 707
머리진 찡짐, GPG2: 461
버서, GPG5: 288
버선 부여, GPG5: 258
버퍼
　그림자 깊이 버퍼, GPG2: 591

단편 버퍼, 566
버퍼 모드, GPG3: 177
버퍼 방침, GPG3: 197
버퍼링 시스템, GPG3: 206
오디오 버퍼, GPG3: 692
우선순위 버퍼, GPG2: 594
ID 버퍼, GPG4: 545
벌레프 ⇨ 베를레
벌점 힘 방법, 227
범용적인 객체 인터페이스, GPG2: 96
범위, GPG3: 236
　가산적인 범위 축소, GPG3: 246
　범위 축소, GPG3: 245
　수열, 192
　한정, 155
범프 매핑, GPG1: 694, GPG3: 505
　동적인 텍스처 혼합, GPG3: 548
　범프 환경 맵 명령, GPG3: 502
　분산 조명 조정, GPG4: 574
　접선 공간 범프 매핑, GPG1: 697
　텍스처 공간 범프 매핑, GPG1: 699
　Dot3 범프 매핑, GPG2: 565
　NDF 셰이딩, GPG3: 567
　texbem 명령, GPG3: 502
법 조명, GPG4: 599
법선
　높이필드 법선, GPG3: 421
　면 법선, GPG3: 419
　분포 함수, GPG3: 565
　빠른 패치 법선, GPG3: 425
　뼈대 변형에서의 법선 재정규화,
　　GPG3: 471
　뼈대 변형의 법선 활용, GPG3: 469
　압축, 570
　애니메이션 가중치 배정, GPG3: 469
　임의의 메시의 법선, GPG3: 419
　정점 법선, GPG3: 419
　정점 법선 공식의 단순화, GPG3: 421
　제어점의 법선, GPG3: 426
　조명과 면 법선, GPG4: 571
　조명과 정점 법선, GPG4: 571
　지형~ 540
　픽셀 낱 맵선, GPG4: 574
법선 맵, GPG4: 574
　곡면, GPG3: 505
　교란된 법선 계산 방법, GPG3: 507
　법선 분포 함수, GPG3: 565
　지형 렌더링, 541, 605
　최근점 방법, GPG3: 507
　텍스처 공간으로 변환, GPG3: 509
　투사, GPG3: 507
　Dot3 법선 맵 텍스처, GPG3: 548
베를레 적분, 231, GPG4: 340, 390
베셀 함수, GPG4: 379
　구면 베셀 함수, GPG4: 810

베이스망, GPG2: 393
베지에(베지어) 곡선, GPG1: 354, 425,
   GPG4: 269, cf. 곡선
벡터, cf. 법선, 접선
   4차원 벡터 외적, 174
   고유벡터, 510, GPG1: 222, GPG4:
      287
   공변 벡터, GPG5: 362
   그래픽, 579
   기울기 연산자, 222
   기하대수, GPG5: 279
   내적, 167
   다중벡터, GPG5: 281, 293
   반변 벡터, GPG5: 362
   배열, GPG1: 86
   벡터 공간, GPG5: 281
   보안, 초기화 벡터, GPG3: 642
   분수 연산, GPG3: 234
   삼중벡터, GPG5: 282
   상향 벡터, GPG4: 243
   시선 방향, GPG3: 494, GPG4: 243
   외적, 167
   음향 벡터, GPG5: 854
   이중벡터, GPG5: 281
   접선, 551, 555
   정규화, GPG1: 164
   중간벡터, GPG3: 553
   중심 오프셋 벡터, 517
   지지 벡터 기계, 321
   카메라, GPG1: 474
   평면 법선, 185
   평면 충돌, GPG2: 252
   k 벡터, GPG5: 283
   STL, GPG1: 86
벼랑 물체, GPG5: 485
벽 건설 알고리즘, GPG4: 491
변
   변 기반 선화, GPG2: 546
   선택 함수, GPG1: 581
   제거, GPG1: 578, GPG2: 461
   축약, 686, GPG2: 461, GPG4: 566
변경된 삼각형, GPG2: 461
변동 예측, 487
변수
   게임 변수 변경, GPG4: 79
   동적 변수, GPG4: 765
   반응 진행 변수, GPG5: 630
   언어적 변수, GPG1: 421
   이름, GPG4: 82
   전역 변수, 380, 384
   지역 변수, 380
   초기화, GPG4: 82
   public 멤버 변수, GPG4: 106
변위 매핑, 557
변조기, GPG3: 733

변형, GPG4: 387, cf. 연체
   골격 하위공간, GPG4: 621
   단층, GPG1: 628
   법선 재정규화, GPG3: 471
   변형 가능 메시, 627
   부피 변형 계층, GPG4: 391
   뼈대 메시, GPG2: 215, GPG3: 463
   연주 속도, GPG5: 519
   캐시 친화적인 뼈대 변형, GPG3: 469
변형 가능 메시, 627
변화 전파 모형, GPG5: 501
변환
   국소-전역 변환 행렬, GPG1: 477
   네트워크 주소 변환, NAT, GPG5:
      741, 741
   법선을 텍스처 공간으로 변환, GPG3:
      509
   빌보드 행렬, GPG3: 493
   빠른 푸리에 변환, GPG4: 375
   뼈대 애니메이션 변환 행렬, GPG3:
      470
   사원수-행렬 변환, GPG1: 275,
      GPG5: 328
   세계 변환, GPG4: 255
   세계-카메라 변환 행렬, GPG1: 474
   열거형-문자열 변환, GPG3: 84, 84
   원근 이후 공간, GPG4: 531
   카메라-세계 변환 행렬, GPG3: 493
   투영 변환, GPG4: 245
   평면 변환, GPG4: 239
   핸들-포인터 변환, GPG3: 103, 103
   행렬, GPG3: 509
   행렬-사원수 변환, GPG1: 277
   float/int 변환, GPG2: 237
   z변환, GPG5: 843
병렬, 병렬성
   가상 기계, PVM, GPG5: 435
   구역, 25
   상태기계, GPG4: 709
   자료 병렬성, 25
   처리, GPG1: 263
   함수 병렬성, 25
   AI, GPG5: 435
병목 지점, GPG3: 344
병진 이동, GPG1: 218
보간, GPG2: 645, cf. 선형 보간
   가속, GPG4: 175
   가속과 감속 보간, GPG1: 209
   가역 유리 사상, GPG2: 297
   감속, GPG4: 175
   감속 보간, GPG1: 205
   겹선형 보간, GPG1: 265
   겹선형 보간 공식, 587
   공간 이동 경로, GPG2: 292
   구면 보간, GPG4: 626

구면 선형 보간, GPG1: 282, GPG4:
   626, GPG5: 329
구면 입방 보간, GPG1: 284
구면선형보간, GPG2: 296
근사를 이용한 빠른 사원수 보간,
   GPG5: 326
기하대수 SLERP, GPG5: 291
도플러 효과, 668
리샘플링, GPG2: 645
방향 보간, GPG2: 295
분산 조명, GPG4: 574
사원수 보간, GPG1: 281
사원수 회전 보간, GPG5: 329
선형 보간, GPG1: 208
수면 시뮬레이션, GPG1: 265
에르미트 보간, GPG4: 272, 394
위치 보간, GPG2: 293
자연 삼차 스플라인, GPG2: 293
조명값의 보간, GPG1: 672
지수 맵, 480
직접적인 slerp 근사, GPG5: 338
카메라 컷, GPG2: 292
코사인 보간 함수, GPG2: 318
행렬 slerp법, GPG5: 341
lerp, GPG1: 208
RDC, GPG2: 302
slerp, GPG1: 283
squad, GPG1: 284
보관소, 7
보석 렌더링, GPG5: 649
보수적 시간 관리, GPG4: 733
보스전, GPG5: 405
보안, 117
   게임 상태 정보, GPG3: 611
   기밀성, GPG3: 639
   네트워크 패킷, GPG5: 747
   리플레이 공격, GPG3: 640
   무결성, GPG3: 639
   무결성 점검 값, GPG3: 643
   보안 대상, GPG5: 793
   보안 매개변수 색인, GPG3: 642
   보안 소켓, GPG3: 639
   보안 연결, GPG3: 640
   보안 정책, GPG5: 783, 790
   보안 패킷 형식, GPG3: 642
   보안 협상, GPG3: 640
   보호 프로파일, GPG5: 793
   비공개를 통한 보안, 118
   위협 모형, GPG5: 783, 786
   인증, GPG3: 639
   인터넷 보안 프로토콜, GPG3: 639
   채움, GPG3: 643
   초기화 벡터, GPG3: 642
   커르크호프스의 법칙, 117
   클라이언트 유효성, GPG3: 611

패킷 유효성, GPG3: 645
패킷 형식, GPG3: 641
페이로드, GPG3: 643
평가 대상, GPG5: 793
해시 기반의 메시지 인증 코드, GPG3: 643
AES, GPG3: 639
CryptoAPI, GPG3: 647
DES, GPG3: 639
HMAC, GPG3: 643
ICV, GPG3: 643
IPSec, GPG3: 639
보이드, GPG1: 401
보장된 메시지 전달, GPG3: 179
보지 않고 선택하기, GPG3: 182
보코더, GPG3: 711
보편 덮개, GPG4: 626
보호 프로파일, GPG5: 793
보호막, GPG5: 832
복사, GPG3: 280
복사도, GPG3: 517
복사속, GPG3: 516
복사조도, GPG3: 516
복사휘도, GPG3: 515, /, 617
복사휘도 계산, GPG3: 517
생성자, GPG2: 53
복소수, GPG1: 272, GPG5: 289
복잡계, 699
다층 아키텍처, 700
본질적 특성, 707
볼록
다각형, GPG1: 345
덮개, 513, GPG3: 344, 349
말단형 BSP, 64
영역, 66
PVS 생성, 70
봇 ⇨ 로봇
부담 분산, GPG3: 617
부동소수점, 145
0으로 나누기 예외, GPG3: 132
32비트 형식, 146
64 비트 배정도, GPG4: 102, 255
가수, GPG2: 236, GPG4: 251
고정소수점, GPG2: 239
기수 2 로그, 157
단정도, GPG2: 236, GPG4: 102
대수적 수량화, GPG2: 248
디노멀 예외, GPG3: 133
무한대, 149
바이어스된 지수, GPG2: 236
반올림 오차, GPG3: 229
배정도, GPG4: 102
범위 한정, 155
부정확한 결과 예외, GPG3: 132
부호 비트, 147, 154, GPG2: 236

부호 판정, 153, GPG2: 241
비교, 159, GPG2: 241
비정상 수, 149
비트 접근, 152
뼈대 계통구조의 오차 누적, GPG3: 457
사인과 코사인, GPG2: 243
선형적 수량화, GPG2: 247
신호하는 NaN(SNaN), 149
압축된 가수, 147
언더플로 예외, GPG3: 132
역정규화된 수, 149
예외, 149, GPG3: 131
오류, GPG3: 131
오른쪽 자리이동의 부호 보전 여부, 153
오버플로 예외, GPG3: 132
유효수, GPG2: 236
유효하지 않은 예외, GPG3: 132
입도, GPG4: 251
절대값, GPG2: 243
정규화된 수, 147
정밀도, GPG3: 232, GPG4: 102
정수 변환, 156, GPG2: 237
제곱근, 158, GPG2: 245
제한, GPG2: 241
조용한 NaN(QNaN), 149
지수, 157
최적화, GPG3: 251
치우친 지수, 147
텍스처, GPG5: 662
표기법, GPG1: 245
함수, GPG2: 247
허용 오차, 159
_EM_DENORMAL, GPG3: 133
_EM_INEXACT, GPG3: 132
_EM_INVALID, GPG3: 132
_EM_OVERFLOW, GPG3: 132
_EM_UNDERFLOW, GPG3: 132
_EM_ZERODIVIDE, GPG3: 132
IDirect3DDevice8::Reset(), GPG3: 132
IEEE 754, 146
IEEE 표준, GPG2: 236, GPG4: 251, 255
NaN, 149
부동소수점 버퍼, 573
렌더링 대상 텍스처, 552
복사휘도, 617
블룸 효과, 616
톤 매핑, 607, 616
부동, GPG3: 104
부력, 206, GPG1: 264, GPG5: 564
강체, 205
토크, 207

부분 지연, GPG5: 845
부조 텍스처, GPG3: 500
부침 운동, 207
부피, 210
계산, GPG5: 527
변형 계층, GPG4: 391
부하 균등화, GPG5: 444
부호, 147
면적, 208
보전, 153
비트, 147, 154, GPG2: 236
사면체 부피, 210
판정, 153, GPG2: 241
분류, GPG1: 445
분리, GPG1: 401
분산, GPG4: 283
계수, GPG3: 563
서비스 접근방식, GPG5: 695
조명, GPG4: 599
추론, GPG4: 467
함수, GPG3: 564
분산 에이전트 알고리즘, 703
분절 수준, 689
분할, cf. 공간 분할
나비 기법, GPG3: 453
날개 있는 변, GPG3: 455
반쪽변, GPG3: 454
분할 기법의 구현, GPG3: 459
사전 계산을 통한 최적화, GPG3: 458
수정된 나비, GPG3: 453
표면 분할 기법들, GPG3: 451
Loop 분할, GPG3: 452
OpenMP 루프 분할, 22
분할 정복, GPG4: 70
과제 분해, GPG5: 437
자료 분해, GPG5: 437
함수 분해, GPG5: 437
분할 평면, 59
분홍잡음, GPG2: 316
불, GPG3: 280, GPG5: 625
교란, GPG5: 626
난류, GPG5: 626, 627
산화제, GPG5: 626
소화 지수, GPG5: 632
연소, GPG5: 625
진역 소화, GPG5: 632
확산성 불, GPG5: 626
불덩이, GPG5: 641
불러오기 객체, GPG4: 203
불안정성, GPG1: 263
불연속성, cf. 함수, 근사
마찰, GPG3: 292
불연속적 함수, GPG1: 246
삼각 함수 근사, GPG1: 245
접선공간, GPG3: 510

뷰 독립적인 점진적 메싱 ⇨ VIPM
뷰 의존적인 점진적 메싱, GPG1: 580,
　　GPG2: 465
블랙박스 검사, 93
블러링, GPG2: 611, GPG4: 617
블록 편향 매개변수, 535
블룸 필터, GPG2: 197
　　가양성, GPG2: 198
　　농도, GPG2: 199
　　배열, GPG2: 199
　　위상, GPG2: 199
　　조율, GPG2: 200
　　키, GPG2: 199
　　해시 함수, GPG2: 199
블룸 효과, 616
블린-퐁 모형, GPG3: 563
비, GPG5: 592
　　빗방울, GPG5: 592
　　빗소리, GPG3: 725
비가환적, GPG1: 218
비개입 아키텍처, 449
비결정론, GPG4: 685
비공개를 통한 보안, 118
비교 및 교환, 6
비교 및 교환 2, 6
비교 및 교환 N, 7
비교기, GPG3: 725
비균등 표본화, 500
비균일 스플라인, GPG4: 269
비단조성, GPG5: 425
비동기 입출력, GPG4: 691
비동차 연립방정식, 169
비디오 표준, GPG3: 162
비례 미분 제어기, GPG5: 535
비보장-순차 방식 메시지 전송, GPG3:
　　657
비본질적인 복잡성, GPG2: 338
비속어, GPG5: 716
비실사 렌더링, GPG2: 551, GPG4: 577
비열용량, GPG3: 279
비용, GPG1: 346
　　가중치, GPG1: 352
비유선형체, GPG5: 485
비정상 수, 149
비침투 구속조건, GPG4: 363
비탭 알고리즘, 83
비트
　　단위 연산, GPG1: 154
　　마스크, GPG3: 226
　　배열, GPG1: 154
　　부동소수점 부호 비트, 147, 154,
　　　　GPG2: 236
　　블리팅, GPG2: 151
　　비트필드, GPG5: 822
　　패킹, GPG4: 719

float 비트 접근, 152
PVS 공식, 75
비트맵 이미지, 579
비트스트림 적응, 685
비행 시간, GPG2: 283
비행기 양력, 항력, GPG5: 493
비활성 공간, GPG4: 169
빅 엔디안, GPG3: 628
빈 블럭 연결 목록, GPG2: 54
빌드
　　구성, GPG4: 108
　　시스템, GPG4: 107
　　유출, 115
　　전용 컴퓨터, GPG4: 109
빌보드, GPG5: 614
　　깊이라는 환상, GPG3: 498
　　다중 빌보드, GPG3: 499
　　사각형, GPG2: 602
　　행렬, GPG3: 493
빔, GPG4: 562
　　트리, GPG5: 176
빛, GPG3: 515, cf. 조명, 광원
빛 탐침, 617
빠른 도달/빠른 출발, GPG5: 317
빠른 제곱근 계산, 158
빠른 퇴출, GPG5: 697
빠른 푸리에 변환, GPG1: 260, GPG2:
　　644, GPG4: 375
빠른정렬, 25
뻣뻣함 행렬, GPG4: 403
뼈대, GPG1: 602, GPG4: 623, cf. 뼈대
　　애니메이션
　　구조 얻기, GPG2: 212
　　노드, GPG2: 212
　　메시 변형, GPG2: 215
　　변위, GPG4: 623
　　애니메이션 데이터, GPG2: 214
　　영향력, GPG2: 212
　　조합, 529
　　캐릭터 충돌 검출, GPG4: 642
　　팔레트 분할, 525
뼈대 애니메이션, cf. 뼈대, 스키닝,
　　애니메이션
　　계통구조, GPG3: 456
　　계통적 애니메이션, GPG4: 636
　　골격 하위공간 변형, GPG4: 621
　　관절 혼합, GPG4: 625
　　구형 관절 혼합, GPG4: 622
　　끌림, GPG4: 393
　　단면 질량, GPG4: 392
　　메시 스키닝, 521
　　변형, GPG3: 463
　　부피 변형 계층, GPG4: 391
　　뼈대 우선 방법, GPG3: 469
　　뼈대 팔레트 분할, 521

사원수 회전, GPG3: 470
인간형 뼈대, 480
정점 혼합 스키닝, GPG4: 621
척추 계층, GPG4: 390
하드웨어 스키닝, GPG4: 621
행렬 팔레트 스키닝, GPG4: 621
H-Anim 명세, 691
H-Anim 표준, 480
MPEG BBA 형식, 691

[ㅅ]

사각형
　　과녁, GPG4: 315
　　구면 사각형 근사, GPG5: 346
　　다이아몬드 사각형, GPG1: 635
　　빌보드, GPG2: 602
　　영역, GPG3: 319
　　정사각형 격자, GPG1: 344
사건, cf. 일정 관리
　　게임 사건 매핑, 419
　　게임 이벤트, GPG3: 59
　　관리자, GPG3: 60
　　로깅, GPG4: 86
　　시뮬레이션 시간, GPG3: 61
　　실시간 이벤트 및 시뮬레이션, GPG3:
　　　　59
　　이벤트 주도적, GPG1: 300, 328
　　이벤트 패킷 무효화, GPG3: 592
　　작업, GPG3: 60
　　잠금, GPG3: 576
　　정렬된 목록, GPG3: 63
　　프레임 이벤트, GPG3: 62
　　훅, 134
사람 규모, GPG5: 612
사례 일치, GPG5: 855
사면체
　　무게중심, 211
　　부피, 210
사분트리, GPG2: 489, GPG4: 662
　　지리 격자, 48
　　지형 세부수준, 536
　　충돌 검출, GPG1: 566
　　A* 알고리즘, GPG1: 344
사선, 267, GPG3: 371
사용자
　　문맥, DirectPlay, GPG3: 662
　　인터페이스 ⇨ UI
　　절단면, GPG2: 509
사운드 ⇨ 음향, 오디오 프로그래밍,
　　음성, 음향 합성, 효과음
사원수, GPG4: 626
　　각도 이등분, GPG5: 344
　　구면 선형 보간, GPG3: 476
　　극법, GPG3: 256
　　근사를 이용한 빠른 보간, GPG5: 326

기하대수, GPG5: 289
단위 사원수, GPG5: 327
대원호, GPG5: 329
라그랑쥬 다항식, GPG3: 258
멱함수, GPG1: 281
보간, GPG1: 281
뼈대 애니메이션, GPG3: 470
사원수-행렬 변환, GPG1: 275, GPG5: 328
사전처방식 물리, GPG5: 549
선택적 부정, GPG2: 296
수치적 불안정성, GPG1: 292
수평 유지 문제, GPG1: 270
수학적 기반, GPG1: 272
스플라인 보간, GPG2: 297
압축, GPG3: 255, GPG4: 637
야코비 전치법, GPG4: 301
오일러 각도, GPG1: 270
요와 피치, GPG3: 256
최소삼법, GPG3: 256
기메리 제이, GPG1: 189
켤레 사원수, GPG1: 273, GPG5: 327
하드웨어 스키닝, GPG4: 621
행렬-사원수 변환, GPG1: 277
회전, GPG3: 262, GPG2: 295, GPG5: 327
사원수 각도 이등분, GPG5: 344
사이클 카운터, GPG2: 250
사인, GPG1: 230, cf. 삼각 함수, GPG3: 240
사인파, GPG3: 723
참조 테이블, GPG3: 241
사전, GPG3: 595, GPG5: 717
사전 강조 필터, GPG5: 852
사전 계산 대 실시간 계산, GPG3: 430
사진처방식 물리, GPG5: 542, 559
산란, GPG1: 725
산탄 사격, GPG4: 316
산화제, GPG5: 626
삼각 노름 연산자, 309
삼각 함수
아크시 근사, GPG1: 227
사원수, GPG1: 271
사인, GPG1: 230, GPG3: 240
사인, 코사인 참조 테이블, GPG3: 241
코사인, GPG1: 230, GPG2: 243, GPG3: 240
코사인 보간 함수, GPG2: 318
템플릿 메타프로그래밍, GPG1: 62
삼각형
내부 판정~ GPG1: 509
무게중심, 209
삼각형 대 삼각형 충돌 검출, GPG1: 505

절단, 213
평면화, GPG1: 508
삼각형 띠, GPG1: 465, GPG3: 437
군엽 렌더링, GPG5: 601
렌더링, GPG3: 443
생성 알고리즘, GPG3: 438
연결, GPG3: 442
지형 렌더링, 539
활용, GPG3: 437
삼각형 부채, GPG1: 465
삼대각, 삼중대각 계, GPG4: 277, GPG5: 307
삼중날, 삼중벡터, GPG5: 282
상대 오차, GPG3: 239
상대 찾기, GPG4: 676
상대 풍속, GPG5: 482
상속, 381, GPG2: 89, GPG3: 329, GPG1: 41, GPG5: 83
남용, GPG4: 184
루아, 409
상수 효력 음량 곡서, 676
상수적인 수행 시간, GPG1: 61
상사 빌음제, GPG5: 833
상태, GPG4: 710, GPG5: 159
게임 상태 백업, 복원, GPG5: 701, 702
루아 상태, GPG5: 183
상태 객체 관리, GPG5: 165
상태 관리, 관리자, GPG4: 712, GPG5: 167, 245
상태 인터페이스 클래스, GPG5: 163
상태 클래스, GPG5: 162
상태 패턴, GPG4: 459
상태-사건 시스템, GPG4: 675
타일 상태, GPG5: 149
StateManager 클래스, GPG5: 166
상태기계, 유한상태기계, GPG1: 319, GPG5: 160, GPG3: 329
게임 객체들과 통합, GPG3: 331
대규모 스택 기반 상태기계, GPG5: 159
마이크로스레드, GPG2: 346
매크로 언어, GPG3: 90
메시지 전달 구조, GPG1: 307
병렬 상태기계, GPG4: 709
상속, GPG3: 329
상태 다이어그램, GPG3: 143
상태 변화 기록, GPG1: 313
상태 스택, GPG5: 164
상태 전이 함수, GPG1: 319, GPG3: 330
상태기계 팩토리, GPG5: 248
상태기계의 교제, GPG1: 314
시각적 설계, GPG5: 243
의사결정 트리, GPG4: 458

전구의 예, GPG3: 330
토큰화, GPG5: 74
퍼지 상태기계, GPG2: 431
함수 중복, GPG3: 329
함수 포인터, GPG3: 332
효용 기반 아키텍처, GPG4: 459
CFSM 기반 클래스, GPG3: 335
FuSM, GPG2: 431
GameMonkey, 383
switch 구현, GPG3: 331
UML, GPG3: 143
상향 벡터, GPG4: 243
상향 형변형, GPG2: 91
상호 배제, 뮤텍스, GPG5: 803
상호의존성, GPG1: 53
상호작용적
음악, GPG2: 674, GPG4: 775
이야기, GPG4: 435
새 울음소리, 639
색 번짐 무지개, GPG3: 558
색유리 효과, GPG1: 737
색인, 189, GPG5: 144
새조 변경, GPG4: 586
생명 게임, GPG2: 621
생산, GPG5: 449
생산자, 419
생성, GPG2: 50, cf. 지형 생성
건물, GPG1: 618
곡선, GPG5: 320
그래프, GPG5: 671
그림자, GPG1: 709
난수, GPG1: 160, 612, GPG2: 168, GPG4: 107, 233
레벨 생성, GPG5: 676
바인딩 코드, GPG3: 95
복사 생성자, GPG2: 53
볼록덮개, GPG3: 349
삼각형 띠, GPG3: 438
생성규칙, GPG3: 99
생성자, GPG2: 52, GPG3: 109
위치 지정식 new, GPG3: 111, GPG4: 121, GPG5: 209, 219
음양, GPG3: 733
의존성, GPG2: 389
지형, GPG1: 611
텍스처, GPG3: 547
포털 자동 생성, 67
GUID, 720
PVS, 70
생성기, 395, 435
샤위 문 효과, GPG4: 578
새년 정리, GPG5: 850
서버, cf. 네트워크 프로그래밍
감시 서비스, GPG5: 699
게임 서버 종류, GPG4: 690

게임 시뮬레이션층, GPG3: 594
과부하, GPG4: 686
관리 서비스, GPG5: 700
노드 서버, GPG5: 708
다중서버, GPG4: 729
대리 서버, GPG5: 706
동시 접속자, GPG5: 696
뒷단 서비스, GPG5: 697
로그인 서버, GPG5: 707
분산 서비스 접근방식, GPG5: 695
서버 당 클라이언트 수, GPG4: 683
서버 대 서버 상호작용의 제외,
　　GPG3: 622
서버 물리역학층, GPG3: 604
서버 소개자, GPG5: 759
서버쪽 시뮬레이션 객체, GPG3: 600
설계, GPG3: 614
앞단 서비스, GPG5: 696
요청-응답 서버, GPG4: 690
원격 제어기, GPG5: 705
증설, GPG5: 697
클라이언트 인증, GPG5: 707
하드웨어 교체, GPG5: 700
서비스 공급자 계층, GPG3: 655
서비스 버전 제어, GPG5: 700
서술논리, GPG5: 411
서포트 벡터, 324
선 발음체, GPG5: 829
선-평면 교점, 175
선-평면 교차, 172
선별, GPG5: 128, GPG4: 347, cf.
　　가시성
객체 수준, 507
거리 기반, GPG3: 621
시야 절두체, GPG3: 429, GPG5: 128
오클루젼 컬링, GPG1: 537
우선순위 기반 계층적 투영, GPG3:
　　429
자기 그림자, GPG4: 571
지평선, GPG4: 655
차폐, GPG3: 429, GPG4: 655
표면 분할의 가시성 제외, GPG3: 460
후면, GPG3: 429
cPLP, GPG3: 429
PLP, GPG3: 429
PLP와 cPLP의 성능, GPG3: 433
선분, GPG5: 830
발음체, GPG5: 830
선분-선분 교차, GPG2: 262
선분-평면 교차, GPG1: 506
유한 선분, GPG2: 271
선속도, GPG4: 352
선택 속도, GPG3: 183
선택적 무시, 202
선택적 부정, GPG2: 296

선항력계수, 217
선행 관계, 283, 306
선행 모듈, 310
선형
난수 생성기, GPG1: 160
독립, GPG5: 292
분류자, 321
상보 문제, GPG4: 359
수량화, GPG2: 247
예측 코딩, GPG3: 712, GPG5: 852
종속, GPG5: 292
표본화, 499
활성화 함수, GPG1: 434
선형 구속 탄성 용수철, GPG4: 391
선형 보간, lerp, GPG1: 208, cf. 보간
사원수 보간, GPG1: 282
키프레임 애니메이션, GPG1: 589
프레임율 독립적 보간, GPG1: 208
slerp, 구면 선형 보간, GPG1: 283
선형적 프로그래밍
다중 스레딩, GPG2: 136
메시지 펌프, GPG2: 135
손실된 표면, GPG2: 139
Alt-Tab 문제, GPG2: 137
선형화, GPG4: 402
베르누이 방정식, GPG4: 376
베르누이 편미분방정식, 560
포텐셜 흐름, GPG5: 487
선화, GPG2: 544
설계, cf. 구조, 설계 패턴, 인터페이스,
　　자료 주도적 설계
간접층, GPG4: 107
강한 참조, GPG4: 137
객체 조합 대 상속, GPG3: 74
게임 프레임웍의 설계, GPG3: 73
계약에 의한 설계, GPG4: 689
규모가변적인 서버의 설계, GPG3:
　　612
널 객체, GPG4: 141
똑똑한 포인터, GPG4: 137
라이브러리의 기본적인 구조, GPG4:
　　105
메시지 기반 게임 루프, GPG4: 154
방침 기반 설계, GPG5: 198
서버 설계, GPG3: 614
속성, GPG4: 196
순환 의존성, GPG4: 106
시청각층, GPG3: 78
약한 참조, GPG4: 137
어휘 분석, GPG4: 146
연산 순서, GPG3: 75
인터페이스와 구현 분리, GPG4: 105
자원 포인터 소지자, GPG4: 139
재사용, GPG4: 162
직렬화 추상 인터페이스 클래스,

GPG3: 626
추상화, GPG4: 162
커스텀 RTTI 속성 객체 스트리밍,
　　GPG4: 193
핸들-포인터 연관 간접층, GPG4: 137
switch 문의 문제, GPG3: 615
설계 패턴, GPG1: 50, cf. 단일체, 팩토리
가교, GPG2: 629
감시자, GPG2: 634
객체 행동 패턴, GPG3: 74
게임 개체 팩토리, GPG2: 102
관리자, GPG4: 344
관찰자, 709, GPG5: 711
기억, GPG2: 633
널 객체, GPG4: 141
단일체, GPG2: 116, GPG3: 104,
　　GPG1: 50, GPG4: 702, GPG5:
　　217, 255, 268
대리, GPG2: 632
멀티플레이어 게임, GPG3: 593
명령, GPG2: 139, 633
상태, GPG1: 55, GPG4: 459, GPG3:
　　596
스파게티 코드, GPG2: 634
안티패턴, GPG2: 107
오디오 설계 패턴들, GPG2: 629
자동목록, GPG3: 125
잘라 붙이기 프로그래밍, GPG2: 107
장식자, GPG2: 632
전략, GPG2: 111, GPG3: 193
조합, GPG2: 631
중재자, GPG3: 74
추상 팩토리, GPG2: 69
커다란 진흙덩이, GPG2: 634
클래스 팩토리, GPG4: 106
클래스 행동 패턴, GPG3: 74
템플릿, 468
템플릿 메서드, GPG2: 106
팩토리, 721, GPG1: 56, GPG5: 252,
　　270, GPG3: 601, 634
팩토리 메서드, GPG2: 109
팩토리 함수, GPG5: 102
퍼사드, GPG1: 53 GPG2: 630
프록시, GPG3: 600
플라이급 객체, GPG2: 103
합성, 705
Private Implementation, GPG3: 195
Qualities, GPG4: 706
섭동, GPG4: 617
검색, GPG2: 452
섭동맵, GPG4: 617
성격, 313, 313
성냥갑 컨테이너, GPG3: 350
성능, cf. 최적화
먼 위치, GPG4: 266

사이클 카운터, GPG2: 250
참조 국소성, GPG4: 115
측정, GPG2: 249
캐시 실패, GPG4: 116
프로파일링, GPG2: 128
A*, GPG5: 465
성부, GPG2: 665, GPG3: 692
성상 방침, GPG5: 207
성장가능 푸아송 원반 블러링, GPG4: 618
성장가능 푸아송 원반 표본화, GPG4: 617
세계
관리자, GPG5: 713
변환, GPG4: 255
서술, 345
세그먼트, 세그먼트 공간, GPG4: 256
세기 대역 섬광, 607
세부 수준, LOD
거리 문턱값 접근 방식, GPG1: 552
과제 분류 차별화, 352
렌더링, GPG1: 550
맞물린 타일들, GPG2: 476
물리, GPG4: 388
물리 엔진, GPG4: 348
세부 수준 AI, GPG2: 332
수면 시뮬레이션, GPG1: 268
시야 독립적 제어, 533
애니메이션 자료 스트리밍, 684
연속 LOD 제어, 363
이력 문턱값 적용, GPG1: 553
이산 LOD 제어, 363
세션 기반 게임, GPG4: 675
세컨드라이프, 725
세포, GPG3: 270
세포 자동자, GPG3: 269, 274
세피아 색조, GPG4: 595
셰이더 ⇨ 정점 셰이더, 픽셀 셰이더,
 HLSL
셰이더 최적화, 573
셰이딩 모형, GPG3: 563
소나 신호, GPG3: 724
소널사, GPG1: 49, GPG3: 109
소벨 필터, GPG2: 565
소비자, 419
소속도, 298
소용돌이 유도 항력, GPG5: 490
소유권, GPG3: 75
소켓, GPG5: 743
보안 소켓, GPG3: 639
BSD 소켓, GPG3: 612
TCP 소켓 포트 공유, 747
소프트웨어 모듈식 오디오 처리 시스템,
 GPG3: 732
소화 지수, GPG5: 632

속도, GPG4: 279
구속조건, GPG4: 352
벌레프 적분기, GPG4: 341
속삭임, GPG3: 717
속성, 447, GPG5: 101, GPG4: 196
반영, 속성 시스템, GPG5: 116
속성 객체, GPG5: 107
속성 능복, GPG5: 112
추상 속성 계층, GPG5: 108
클래스, GPG2: 96
클래스 멤버 속성 계층, GPG5: 109
형식, GPG5: 111
활동 객체, 447
ActorProperty 클래스, 453
EAX 속성 집합, GPG4: 794
손실된 표면, GPG2: 139
수면 ⇨ 물
수면 파동 운동 방정식, GPG4: 376
수반 공식, 186
수반 행렬, 186
수상 돌기, GPG1: 430
수순 정렬 방법, GPG1: 337
수신 개체, GPG1: 710
수신 패킷 대기열, GPG5: 770
수열, 189
수위표, GPG4: 762
수의 법칙, 331
수정된 나비, GPG3: 453
수정자 스택, GPG2: 211
수준별 운행, GPG4: 124
수중 음파탐지기, GPG3: 724
수직
동기, GPG4: 96
미분계수 연산자, GPG4: 377
시야각, GPG4: 245
인터레이스된 텍스처, GPG3: 502
수직적 작업 통합, GPG3: 76
수치적 베를레 적분, 561
수치적 불안정성, GPG1: 292
수치적 안정성, 215, GPG1: 247
수평
시야각, GPG4: 245
유시 분체, GPG1: 270
수평선 효과, GPG1: 338
수평적 작업 통합, GPG3: 76
수풀 때리기, GPG4: 322
수학의 비이성적 효과, GPG4: 227
수행가능성, 282, 306
숙련도, GPG4: 434
순기구학, GPG3: 261
순서 없는 트리, GPG4: 125
순서도, GPG5: 244
순수 가상 함수, GPG2: 67
순열, 195
순정난수, GPG2: 190

순차 색인, 189
순차 접근 파일, 128
순차열, GPG4: 130
순찰, GPG2: 357
순환
삼대각 계, GPG5: 308
의존성, GPG4: 106
좌표 하강, GPG3: 262, GPG4: 306
파동, GPG4: 383
흐름, GPG5: 487
술어, 술어논리, GPG5: 411
숨겨진 층, GPG1: 435
숲, GPG3: 343
슈투름-루이빌 미분 방정식, GPG5: 347
스넬의 법칙, GPG2: 506
스레드, 21
경쟁 조건, GPG5: 804
교착, GPG5: 804
다중 스레드 페이징, GPG5: 157
다중 스레딩, 395, GPG3: 68
루아 코루틴, 417
마이크로스레드, GPG3: 68
뮤텍스, GPG5: 803
벤치마킹, GPG5: 807
상호 배제, GPG5: 803
선형적 프로그래밍, GPG2: 136
스레드 안전, GPG4: 92, GPG5: 803
스레드 팀, 25
스레딩 풀, GPG5: 444
우선순위 실패, GPG5: 804
음향 프로그래밍, GPG5: 801
의사결정 트리, GPG5: 427
일정 관리, GPG3: 68
잠금, GPG5: 803
재진입, GPG5: 803
재진입 콜백, GPG3: 660
하위스레드, GPG3: 68
DirectPlay의 다중 스레딩, GPG3: 660
DirectPlay의 스레드 풀 크기, GPG3: 661
HyperThreading, GPG5: 433, 801
OpenMP, GPG5: 430
Qualities 패턴, GPG4: 700
스스로 수정하는 코드, GPG2: 149
스칼라 형식, GPG4: 109
스캐너, GPG3: 146
스케줄 ⇨ 일정 관리
스케줄러 엔진, GPG3: 64
스크린샷, GPG2: 511, GPG4: 511
스크립트 개체, GPG5: 194
스그립팅, 377, ⇨ 루아, 파이썬
로직, GPG1: 40
반영, 속성 시스템, GPG5: 114
스크립트 관리 프레임웍, GPG5: 193

스크립팅 엔진, GPG1: 101
오디오 스크립팅 시스템, GPG4: 773
전역 변수, 380, 384
조건 분기 방식, GPG1: 39
지역 변수, 380
카메라 제어, GPG1: 483
커스텀 데이터 파일, GPG3: 145
텍스처 생성, GPG3: 547
트리거 시스템 대 스크립팅 언어,
　GPG3: 366
하드 코딩 대 스크립팅, GPG3: 142
함수-바인딩, GPG1: 101
AI, GPG3: 99
AI 지시자, GPG3: 99
AngelScript, 379
GameMonkey, 380
Linden Scripting Language(LSL),
　728
Swig, GPG3: 97
Tck/TK, GPG3: 97
UML 활용, GPG3: 142
스키닝, 521, GPG1: 596, cf. 뼈대
　애니메이션
알고리즘, GPG3: 464
정점 혼합 스키닝, GPG4: 621
척추 계층, GPG4: 390
하드웨어 스키닝, GPG4: 621
행렬 팔레트 스키닝, GPG4: 621
스키드, GPG4: 811
스킵 스트립, GPG2: 465
스택, GPG1: 145
대규모 스택 기반 상태기계, GPG5:
　159
마이크로스레드, GPG2: 341
머리 버전 번호, 11
무잠금 스택, 8
상태 스택, GPG5: 164
썽킹, GPG2: 144
와인딩, GPG2: 141
임시적 반환, GPG2: 141
추적 정보, GPG3: 208
코루틴, 417
프레임, GPG2: 343
함수 호출과 반환 방식, GPG2: 142
STL list, GPG3: 107
스팁, GPG5: 730
스테라디안, GPG3: 516
스트리밍, GPG2: 660
끌어오기 전송, GPG5: 814
밀어 넣기 전송, GPG5: 813
실시간 자료 스트리밍, GPG5: 813
애니메이션 자료 스트리밍, 683
스트림, GPG1: 462, GPG4: 213
스티칭, GPG1: 602
스파게티 코드, GPG2: 634

스파이크, GPG4: 99
스프라이트, GPG5: 613
그리기, GPG1: 652
특수 효과, GPG1: 654
확대/축소, GPG1: 650
회전, GPG1: 650
스플라인, cf. 곡선
거리-시간 함수, GPG5: 315
둥근 비균일 스플라인, GPG4: 272
매끄러운 비균일 스플라인, GPG4:
　275
보간, GPG1: 285, GPG2: 297
비균일 스플라인, GPG4: 269
시간 지정 비균일 스플라인, GPG4:
　277
에르미트 스플라인, GPG5: 303
최적화, GPG4: 280, 280
캐트멀-롬 스플라인, GPG1: 354,
　486, GPG4: 269, GPG5: 547
코차네크-바텔 스플라인, GPG4: 269
B-스플라인, GPG1: 483
스피커
배치, GPG4: 756
출력 구성, GPG3: 692
슬라이딩 윈도우 VIPM, GPG2: 470
시간, GPG4: 95
가변 프레임 간격, GPG4: 96
가상 시간, GPG3: 61
게임 루프, GPG4: 96
고정 프레임 간격, GPG4: 96
노출 시간, 길찾기, GPG3: 373
다중시간 관리, GPG4: 731
동기화, GPG3: 580
명시적인 시간 측정, GPG3: 213
반응성, GPG4: 730
보수적 시간 관리, GPG4: 733
수직 동기, GPG4: 96
스파이크, GPG4: 99
시간 예산, GPG3: 67
시간원, GPG4: 97
시뮬레이션 시간, GPG3: 61
이벤트 잠금을 위한 시간 동기화,
　GPG3: 580
일정 관리, GPG3: 67
클럭, GPG3: 62, 580, GPG4: 95,
　730
타이머, GPG4: 97
틱, GPG4: 102
해상도, GPG3: 59
GUID 생성, 720
MMORPG, GPG4: 729
Windows 타이머, GPG3: 65
시간 지정 비균일 스플라인, GPG4: 277
시간표, GPG3: 137
시냅스, GPG1: 430

시동 단계, 746
시드, GPG1: 197
시뮬레이션, GPG4: 593
가상 시간, GPG3: 61
객체, GPG3: 597
공기, GPG3: 275
네트워크 모니터링 및 시뮬레이션
　도구, GPG3: 651
대류, GPG3: 280
동역학 갱신 비율, GPG3: 282
물, GPG3: 276, GPG4: 375
바다, GPG5: 496
복사, GPG3: 280
불, GPG3: 280
서버 물리역학층, GPG3: 604
서버의 게임 시뮬레이션층, GPG3:
　594
세포 자동자, GPG3: 269
수면, GPG5: 496
시간, GPG3: 61
실시간 이벤트 및 시뮬레이션, GPG3:
　59
열, GPG3: 278, GPG4: 611
유체, 221
이벤트, GPG3: 595
이산 사건 시뮬레이션, 702
일정 관리, GPG3: 67
전도, GPG3: 279
콘웨이의 생명 게임, GPG3: 270
클라이언트/서버 시뮬레이션층 관리
　구조, GPG3: 603
통일된 게임 세계 시뮬레이션, GPG3:
　618
풀 시뮬레이션, GPG5: 500
호스트 대역폭 시뮬레이션, GPG3:
　654
GPU 시뮬레이션 수행, 553
TCP 시뮬레이션, GPG3: 653
UDP 시뮬레이션, GPG3: 653
시선, GPG2: 362, GPG3: 371
방향 벡터, GPG3: 494, GPG4: 243
타일 기반, GPG2: 362
판정, 47, 73, GPG3: 377
LOS 판형, GPG2: 364
시스템 메시지, GPG5: 766
시야, GPG1: 492, cf. 카메라
시야각, 571, GPG5: 131, 576,
　GPG4: 245
탄젠트, GPG5: 133
행렬, GPG1: 474
시야 절두체, 시야 각뿔대, GPG1: 492,
　cf. 카메라, GPG4: 239, GPG5: 361
경계상자 교차 판정, 516
선별, 제외, 516, GPG1: 538, GPG5:
　128, GPG3: 457

시야 행렬, GPG1: 474
여덟 꼭지점, GPG5: 136
정보 추출, GPG4: 242
지형, 539
평면, GPG5: 365
PVS 기반 선별, 76
시차, GPG5: 595
시청각층, GPG3: 78
시퀀스, GPG2: 665, GPG3: 136
　다이어그램, GPG3: 137
시퀀싱, GPG2: 660
식별자 역할, GPG2: 183
신경 세포, GPG1: 429
신경망, GPG2: 447
　기억, GPG1: 431
　논리 연산 신경망, GPG1: 439
　뉴로드, GPG1: 429
　다층 신경망, GPG1: 435
　다층 퍼셉트론, GPG4: 503
　반응 매핑, GPG1: 431
　수상 돌기, GPG1: 430
　시냅스, GPG1: 430
　신경 세포, GPG1: 429
　전달 함수, GPG1: 432
　축색 돌기, GPG1: 430
　프로그래밍 가능한 GPU 활용,
　　GPG4: 501
　피드포워드 망, GPG4: 503
　해밍 거리, GPG1: 439
　행동적 제어, GPG1: 431
　헵 신경망, GPG1: 448
　헵 학습 알고리즘, GPG1: 448
　홉필드 신경망, GPG1: 450
　환경 인식과 분류, GPG1: 431
　활성화 함수, GPG1: 432
　McCulloch-Pitts 뉴로드, GPG1: 439
신뢰성
　메시징, GPG5: 767
　패킷 대기열, GPG5: 771
　패킷 소실, GPG5: 769
신장도 함수, GPG5: 513
신중 대 근사, GPG3: 430
신경힘, 314
신호 분산, GPG5: 854
신호 조각, GPG5: 852
신호하는 NaN, 149
실수, GPG5: 281
실수 비율, GPG3: 183
실시간
　그림자 생성, GPG1: 709
　디버깅, GPG3: 202
　디코딩, GPG3: 687
　버스 믹싱, 643
　연체 시뮬레이션, GPG5: 519
　음 합성 제어, GPG4: 805

이벤트 및 시뮬레이션, GPG3: 59
조명, GPG1: 670
프로파일러, GPG1: 179
DSP 효과, 673
Ogg Vorbis 디코딩, GPG3: 684
실시간 전략, GPG3: 341
　건물 파괴 효과, GPG5: 562
　군대, GPG3: 345
　기지 건설 AI, GPG4: 475
　네트워크 지연, GPG3: 575
　네트워크 프로토콜, GPG3: 583
　명령 대기열, GPG2: 355
　벽 건설 알고리즘, GPG4: 491
　병렬 가상 기계, GPG5: 448
　순찰, GPG2: 357
　영향력 분포도, GPG4: 476
　영향력분포도, GPG2: 371
　웨이포인트, GPG2: 356
　유닛 잔상 효과, GPG2: 369
　전운, GPG2: 362
실행시점
　수신기, 135
　정보, 355
　형식 정보, RTTI, GPG5: 101, 225,
　　GPG2: 57, GPG4: 185
심박 메시지, GPG5: 767
싱크 칸, GPG4: 446
쌍대 원리, 168
쌍대, 쌍대성, GPG5: 286, 293
썽킹, GPG2: 144
쏠림 비율, GPG2: 508
쐐기곱, GPG5: 281
쓰레기 수거, 392, 408
쓰임새 ⇨ 유스케이스
쓸 때 복사, GPG4: 138
아르키메데스의 원리, 206
아세테이트, GPG5: 66
아이소메트릭 엔진, GPG3: 497
아지랑이, GPG4: 611
악기, GPG2: 665
안개, 606
안전한 경로, GPG2: 406
안찡싱, 550, GPG1: 436
안티앨리어싱, 581, GPG4: 513
안티패턴, GPG2: 107
알고리즘, GPG1: 84, cf. 자료구조,
　　GPG3: 96
　가시성 알고리즘, GPG3: 430
　계획수립, GPG5: 409
　데칼, GPG2: 516
　동적 배열 성장, GPG4: 168
　동적 프로그래밍, GPG4: 447
　레메즈, GPG5: 354
　무력화, GPG4: 313
　벽 건설, GPG4: 491

병목 지점 찾기, GPG3: 353
볼록덮개 생성, GPG3: 349
분산 에이전트, 703
블룸 필터, GPG2: 198
비탭, 83
삼각형 띠 생성, GPG3: 438
선분들 사이의 교차 판정, GPG2: 262
선형 예측 코딩, GPG3: 712
수준별 운행, GPG4: 124
순정난수의 생성, GPG2: 192
순환적 좌표 하강, GPG3: 262,
　　GPG4: 306
스키닝, GPG3: 464
앞으로 이동 해시 테이블 연쇄
　　메커니즘, GPG3: 96
우선순위 기반 계층적 투영, GPG3:
　　429
의사결정 트리 질의, GPG5: 427
일차합동, GPG3: 722
입방체 맵 클러스터링, GPG4: 370
자기 조정 스플레이 트리, GPG3: 96
재귀 함수, GPG4: 126
전위 운행, GPG4: 124
접촉 클러스터링, GPG4: 369
최근접 문자열 부합, 82
캐시 무관, GPG5: 231
캐시 인식, GPG5: 231
캐시 친화적인 삼각형 띠 생성,
　　GPG3: 443
코움스 방법, GPG2: 438
클러스터링, 488
탐욕, GPG4: 491, GPG5: 452
포탈 참조 테이블 계산, GPG3: 388
행동 선택, 309
후위 운행, GPG4: 124
Baeza-Yates-Gonnet, 83
cPLP, GPG3: 429
D*, GPG5: 470
FCF, GPG4: 694
Goertzels, GPG3: 242
Graham, GPG3: 349
ID3, GPG5: 428
iWave, GPG5: 496
K 평균 클러스터링, GPG4: 370
LPC, GPG3: 714
MD5 메시지 다이제스트, GPG2: 199
n제곱 비례 문제, 51
PLP, GPG3: 429
RDC, GPG2: 303
Schur, GPG3: 715
shift-or, 83
SP.PT, GPG4: 694
Weiler Atherton, GPG3: 445

[ㅇ]

알파-베타 가지치기, GPG1: 336
암묵적 링크 대 명시적 링크, GPG2: 81
암묵적 오일러 해법, GPG1: 249
암묵적 적분기, GPG4: 340
암호화, GPG1: 158, GPG2: 190, GPG5: 738, GPG3: 610
압축
　메시지 압축, GPG5: 738
　부동소수점 가수, 147
　사원수, GPG3: 255, GPG4: 637
　압축불가 수열, 191
　오디오, GPG3: 681
　음성, GPG3: 711
　해제, GPG4: 638
　Ogg Vorbis, GPG3: 685
앞단 서비스, GPG5: 696
앞마개, 프런트 캡, GPG3: 445, GPG4: 524
앞으로 이동 해시 테이블 연쇄 메커니즘, GPG3: 96
애니메이션, GPG5: 586, GPG2: 214, cf. 뼈대 애니메이션, 스키닝, 역기구학
　3ds Max, GPG2: 206
　가중치 변경, GPG3: 467
　경로 이동, GPG3: 322
　골격 구조, GPG3: 262
　골격의 구속조건, GPG3: 479
　국소 수정자, GPG3: 477
　기준 자세, GPG3: 262
　데이터베이스, 478
　매끄러운 전이, GPG3: 475
　방향 근사, GPG3: 404
　법선을 이용한 영향의 점진적 감소, GPG3: 469
　변환 행렬, GPG3: 470
　사실적인 캐릭터 움직임, GPG3: 473
　순기구학, GPG3: 261
　순환적 좌표 하강, GPG3: 262, GPG4: 306
　스티칭, GPG1: 602
　스플라인 기반 제어, GPG5: 311
　안면 애니메이션, 688
　역기구학, GPG3: 261
　유휴 동작, 477
　이동 및 회전 오프셋, GPG3: 474
　이동 수정자, GPG3: 479
　임의의 목표로의 이동, GPG3: 478
　임포스터, GPG2: 606
　작용자, GPG3: 261
　적합, 483
　전이, 482, GPG3: 480
　절차적 텍스처, GPG2: 610
　점진적 메시, GPG1: 577
　제스처, 489
　충돌 반응, GPG3: 403

키프레임, GPG1: 589
트위닝 수정자, GPG3: 473
표면 분할, GPG3: 451
휴식 자세, 482
H-Anim 표준, 480
LOD, GPG1: 550
Super Mario 64, GPG2: 539
애니메이션 시퀀스, 196
앨리어싱, 671, GPG2: 595
야외 환경, 597
야코비 전치법, GPG4: 295
야코비 행렬, GPG4: 403
약한 값, 408
약한 참조, 408, GPG4: 137
얇은 날개 이론, GPG5: 489
양력, GPG5: 482, 487
　계수, GPG5: 483
　비행기, GPG5: 493
양면 스텐실 판정, GPG4: 529
양방향 반사율 분산 함수, GPG1: 725
양보, GPG5: 192
양상, GPG4: 400
　분해, 629, GPG4: 401
　시뮬레이션, GPG4: 399
　주파수, 632
　진동, 628
　해석, 627, GPG4: 399
양자화 오차, GPG1: 227
어셈블리, GPG4: 79
어휘, 어휘 분석, GPG3: 139, 146, GPG5: 74
어휘소, GPG5: 74
억제, GPG1: 433
언덕, GPG3: 342
언마샬링, GPG5: 732
언맹글링, GPG1: 102
언어, GPG3: 486
언어적 변수, GPG1: 421
엄폐
　위치, GPG5: 382
　집단 엄폐 행동, GPG5: 384
　판정, GPG5: 380
에돌이, GPG3: 697, GPG4: 377
에르미트
　보간, GPG1: 592, GPG4: 272, 394
　스플라인, GPG5: 303
에이전트층, 709
엔빌로프, 637, 643, GPG4: 767
　발생기, GPG3: 733
엔진 제어, GPG2: 631
역, GPG5: 288
역 NAT, GPG5: 752
역 추측항법, 54
역공학, GPG1: 162
역기구학, GPG3: 261, GPG4: 295, cf.

애니메이션
　골격의 구속조건, GPG3: 479
　구속조건, GPG3: 264, GPG4: 348
　기준 자세, GPG3: 262
　순환적 좌표 하강, GPG3: 262, GPG4: 306
　야코비 전치법, GPG4: 295
　작용자, GPG3: 261, GPG4: 296
　조작자, GPG4: 296
　회전, GPG3: 262
역전치행렬, GPG4: 241
역정규화된 수, 149
역직렬화, GPG5: 732
역탄도, GPG2: 277
역필터, GPG3: 714
역할, GPG3: 136
역행렬, 186
연결 과제, GPG5: 443
연결 단계, 746
연결된 적재/조건부 저장, 6
연결성 그래프, GPG5: 453
연관 배열, 411
연기, GPG5: 642
연기 팽창, GPG5: 642
연립방정식, 169, 177
연산 순서, GPG3: 75
연산자, GPG5: 414
연소, GPG5: 625
연속 LOD 제어, 363
연속 곡사, GPG4: 317
연속적 근사, 499
연속적인 세부수준을 지원하는 삼각형 띠, GPG3: 443
연주 속도, GPG2: 671
　가압식 연체, GPG5: 521
　실시간 연체 시뮬레이션, GPG5: 519
　옷감 시뮬레이션, GPG5: 507
　자유형식 변형, GPG5: 519
연체, cf. 변형
　가압식 연체, GPG5: 521
　소리 합성, 627
　시뮬레이션, GPG5: 519
　용수철, GPG5: 520
열, GPG3: 278
　기하구조, GPG4: 613
　세기 상수, GPG2: 227
　아지랑이, GPG4: 611, GPG5: 660
　텍스처, GPG4: 615
열거형
　문자열 변환, GPG3: 84
　상수, GPG3: 84
열린 목록, GPG1: 341, GPG2: 416
　최적화, GPG1: 374
열린 목표 검색, GPG5: 381
열린 변, GPG4: 524

영속성, GPG5: 701
영속적 형 정보, GPG2: 92
영속화, GPG3: 598, GPG4: 366
영역, GPG3: 342
　네비게이션, GPG3: 313
　영역 시스템 설계, GPG3: 345
영향력, GPG3: 353
　뼈대 조합, 526
영향력 분포도, GPG4: 476
　3D 환경, GPG2: 381
　병렬 AI, GPG5: 438
　연속적인 갱신, GPG2: 334
　영향력의 전파, GPG2: 377
　자료구조, GPG2: 374
　적합도, GPG2: 375
　전선, GPG2: 371
　취약성, GPG2: 375
　투표 아키텍처, GPG4: 476
예외, GPG2: 351, GPG3: 132
　검사, 101
　안전성, GPG4: 131
예외 처리
　0으로 나누기, GPG3. 132
　디노멀, GPG3: 133
　릴리즈 버전에서의 예외 처리, GPG3:
　　133
　부동소수점, GPG3: 131
　부정확한 결과, GPG3: 132
　언더플로, GPG3: 132
　예외 안전성, GPG4: 131
　오버플로, GPG3: 132
　유효하지 않은 예외, GPG3: 132
　제어 레지스터, GPG3: 133
　활성화, 비활성화, GPG3: 132
　_EM_DENORMAL, GPG3: 133
　_EM_INEXACT, GPG3: 132
　_EM_INVALID, GPG3: 132
　_EM_OVERFLOW, GPG3: 132
　_EM_UNDERFLOW, GPG3: 132
　_EM_ZERODIVIDE, GPG3: 132
　IDirect3DDevice8::Reset(), GPG3:
　　132
　Windows 시스템 함수들, GPG3: 132
예측, GPG5: 574
　계약, GPG4: 731
　예측-수정 Heun 적분, GPG5: 527
　트리, 252
예측가능성
　난수 발생기, GPG2: 168
　동기화, GPG2: 169
　라플라스의 결정론, GPG2: 165
　무작위성, GPG2. 191
　예측 가능한 난수, GPG1. 195
오디오 ⇨ 오디오 프로그래밍, 음향,
　음성, 음향 합성, 효과음

스크립팅 시스템, GPG4: 773
오디오 시스템, GPG2: 647
인터페이스 설계, GPG2: 629
태그 데이터베이스, GPG4: 778
파이프라인, GPG2: 647
패치, GPG4: 807
프레임, GPG2: 670
오디오 프로그래밍, *cf.* 음성, 음악, 음향,
　음향 합성, 효과음
　거리 모형, GPG4: 752
　공간화, GPG4: 752
　그룹 기반 음 관리, GPG5: 819
　다중 스레딩, GPG5: 801
　동기화, GPG4: 759
　디지털 오디오 처리 파이프라인,
　　GPG2: 649
　마스터 볼륨, GPG2: 631
　믹싱 엔진, GPG2: 651
　사운드 식별자, GPG2: 629
　사운드 인스턴스, GPG2: 632
　스트리밍, GPG2: 660, GPG5: 813
　시퀀싱, GPG2: 660
　엔진 제이, GPG2. 631
　오디오 패치, GPG4: 807
　음성 재사용, GPG2: 637
　음원 스트리밍, GPG4: 750
　음향 엔진 요구사항, GPG4: 789
　재생 일시정지, 재개, 중단, GPG5:
　　820, 821
　저수준 사운드 API, GPG2: 684
　주변음 제어, GPG2: 631
　창발적 행동, GPG2: 334
　페이드 아웃, GPG2: 639
　alut 라이브러리, GPG4: 752
　DC 오프셋, GPG2: 639
　DirectSound, 677, GPG5: 824
　DirectSound 3D, GPG3: 691
　DSP, GPG2: 647
　EAX, GPG4: 753
　FMOD, GPG5: 824, 837
　IASIG I3DL2 호환 거리 모형,
　　GPG4: 752
　Miles Sound System, GPG5: 824
　Ogg Vorbis, GPG4: 778
　OpenAL, GPG3: 691, GPG4: 745,
　　GPG5: 824
　OpenAL 확장, GPG4: 752
　PortAudio, GPG3: 709
　Sphinx MMOS 시스템, GPG3: 734
　ZoomFX, GPG4: 801
오려, GPG3: 353
오류, GPG3. 131
　검출, GPG5. 737
　내구적 AI, GPG3: 396
　지적, GPG4: 69

오른쪽 투영, GPG5: 286
오버슈팅, GPG5: 573
오스왈드 신장 효율, GPG5: 490
오일러
　가압 연체 모형, GPG5: 527
　각도, GPG1: 270, GPG3: 264
　뉴튼-오일러 강체 운동 방정식,
　　GPG1: 224
　명시적 해법, GPG1: 248
　복소수 항등식, GPG1: 281
　사원수, GPG1: 293
　수치적 불안정성, GPG1: 292
　암묵적 해법, GPG1: 249
　유체 시뮬레이션, 222
　적분, GPG4: 301
　카메라 제어, GPG1: 480
　해법, GPG1: 224
　회전, GPG5: 296
오차, GPG1: 251, *cf.* 예외 처리,
　부동소수점, GPG3: 457
　동역학 위치 오차 보정, GPG4: 361
　부동소수점 비교, 159
　상대 오차, GPG3: 239
　외곽선 보정, 590
　절대 오차, GPG3: 239
　지평선 선별, GPG4: 658
　최대 오차, GPG3: 244
　최소최대 근사, GPG5: 356
　최소화된 최대 오차, GPG3: 249
　측정 방법, GPG3: 239
오클루젼 컬링, GPG1: 537
오타, 81
오프라인 사전, GPG5: 719
오프셋, GPG4: 257
옥타브, GPG2: 317
　합성, GPG5: 586
옥트리 ⇨ 팔분트리
온라인 사전, GPG5: 719
온라인 토너먼트, GPG4: 681
옴니 광, GPG1: 659
옷감, GPG5: 507
완료 포트, GPG3: 613, GPG4: 691,
　GPG5: 714
완전 사용자자료, 406
왜곡, GPG4: 612, GPG5: 855
외계인 음성, GPG3: 716
외곽선, 588, *cf.* 윤곽
　오차 보정, 590
　카툰 렌더링, GPG2: 544
외교, GPG5: 448
외부 포트 게시용, GPG5: 761
외삽, GPG5. 574
외적, 167, GPG5. 281, 292
　1차 연립방정식, 177
　4차원 벡터들의 외적, 174

왼쪽 투영, GPG5: 286
요, GPG1: 404, GPG3: 256
요청 피드백, GPG3: 577
요청-응답 서버, GPG4: 690
용수철, GPG4: 419
　가압식 연체, GPG5: 525
　감쇠, 629,, GPG1: 250,, GPG4: 419
　경직도, 629
　다층 질량-용수철 물리, GPG4: 389
　롤리 감쇠, 629
　선형 구속 탄성 용수철, GPG4: 391
　속도 기반 벌레프 적분, GPG4: 342
　연체, GPG5: 520
　옷감 시뮬레이션, GPG5: 507
　용수철 효과, GPG1: 487
　질량-용수철 모형, GPG4: 403,
　　GPG5: 507
　후크의 법칙, GPG4: 390
우선순위, GPG2: 349
　계층적 투영, GPG3: 429
　그림자, GPG2: 591
　버퍼, GPG2: 594
　실패, GPG5: 804
　우선순위화된 과제, 350
우선순위 대기열, GPG3: 602
　A* 속도 최적화, GPG1: 374
　STL, GPG1: 99
운동 방정식
　강체, GPG1: 215, GPG4: 352
　뉴튼-오일러 강체, GPG1: 224
　수면 파동, GPG4: 376
운동 시차, GPG5: 617
　뉴턴 제2법칙, GPG5: 569
운량, GPG3: 530, GPG5: 587
울림통, GPG3: 712
움직임 감지, GPG2: 224
워터마크, 116
원격
　디버깅, 137
　제어기, GPG5: 705
　프로시저 호출(RPC), GPG1: 101,
　　GPG5: 727
원경, GPG2: 522
원근
　그림자 맵, GPG4: 531
　이후 공간, GPG4: 531
　투영, GPG1: 717
원기둥, 원통, GPG1: 491
원단면, GPG1: 538
원뿔, GPG5: 595
　NAT, 748
원형 과녁, GPG4: 314
웨이포인트, GPG3: 314, GPG2: 356,
　GPG5: 463, 543, cf. 길찾기, 경로
　이동

대기열, GPG2: 356
속성, GPG2: 400
카메라 이동, GPG4: 428
웹 카메라, 31, GPG2: 220
　갈무리, 34
　데이터, GPG2: 223
　캡쳐, GPG2: 220
위짓, GPG5: 599
　묶음, GPG5: 601
위치
　보간, GPG2: 293
　선정 문제, GPG3: 617
　압축, 571
　위치 지정식 new, GPG3: 111,
　　GPG4: 121, GPG5: 209, 219
　위치 지정식 생성, 소멸, GPG3: 111
위치 지정식 new, 17
위험, GPG5: 786
　비용, GPG3: 371
　위험한 문자들, GPG3: 168
위험 모형, GPG5: 783, 786
유니코드, GPG3: 156, 161
유닛
　소멸 속도, GPG5: 397
　잔상 효과, GPG2: 369
　집단 이동, GPG1: 361
유물 RPC 시스템, GPG5: 727
유사스칼라, GPG5: 284
유사탄성 행동, GPG5: 511
유선형 물체, GPG5: 489
유스케이스, GPG3: 136
　테스트, GPG4: 112
유지된 정점, GPG2: 461
유체, cf. 물
　2차원 파동 방정식, 548
　강체와 상호작용, 227
　계산 유체동역학, 221
　공기역학, GPG5: 481
　굴절, 561
　렌더링, 238
　반사, 560, 561
　빠르기, GPG5: 483
　상호작용, 559
　선형화된 베르누이 편미분방정식,
　　560
　속성, GPG5: 484
　아르키메데스의 원리, 206
　오일러식 시뮬레이션, 222
　입자 기반 유체 시뮬레이션, 221
　잔물결, 559
　장벽 맵, 560
　초면, 561
　파동 속도, 550
　평준화된 입자 유체동역학, 221
　표면장력, 549

GPU 유체 렌더링, 547
GPU에서 렌더링, 547
유체 시뮬레이션, 221
유출 억제, 115
유클리드 최소신장 트리, GPG5: 628
유한
　선분, GPG2: 271
　유한체적법, GPG5: 519
　임펄스 응답 필터, GPG3: 704
　테일러 급수, GPG1: 239
유한상태기계 ⇨ 상태기계
유향 경계상자, 507, GPG4: 642
유향 트리, GPG4: 125
유효 반지름, GPG1: 491
유효성 점검, GPG3: 104
유효수, GPG2: 236
유효한 위치 찾기, GPG3: 401
유휴 동작, 477
윤곽
　번, GPG4: 524
　영역, GPG2: 419
　점, GPG2: 417
융합, GPG3: 414
은면 제거, 651
은화, 116
음 조직, 636
음 합성 엔진, 635
음량, 643, GPG3: 717, GPG5: 820, 827
　교차 페이딩, 675
　데시벨, 648
　버스 사슬, 645
　상수 효력 음량 곡선, 676
　제어 지점, 644
　페이드인/아웃, 648
음성, GPG5: 849, cf. 음향, 음향 합성,
　효과음
　난수, 실황 중계, GPG5: 777
　대사, GPG2: 633, GPG4: 777
　로봇, GPG3: 716
　변조, GPG3: 711
　속삭임, GPG3: 717
　압축, GPG3: 711
　외계인 음성, GPG3: 716
　음성 모형, GPG3: 712
　음소, GPG4: 759
　재사용, GPG2: 637
　컷씬, GPG4: 777
　토킹 박스, GPG3: 716
　통신, DirectPlay, GPG3: 664
　화자 훈련, GPG5: 857
　DirectPlayVoice, GPG3: 665
　DirectPlay를 이용한 음성 통신,
　　GPG3: 664
음성 인식
　사례 데이터베이스, GPG5: 855

파이프라인, GPG5: 851
음악
　　상호작용적 음악, GPG2: 674, GPG4: 775
　　성부, GPG2: 665
　　시퀀스, GPG2: 665
　　악기, GPG2: 665
　　음악 시퀀서, GPG2: 660
　　컴퓨터 음악, GPG2: 661
　　트랙, GPG2: 665
음원과 청취자의 상대 속력, 669
음함수 선, 180
음향
　　3차원 오디오, GPG3: 691
　　가청주파수, 631
　　감쇠, GPG3: 697, GPG4: 752
　　고유 진동수, 631
　　공간화, GPG4: 776
　　공명, 공명체, GPG3: 706, 712
　　기본주파수, GPG5: 850
　　높이, GPG3: 733, 717, GPG4: 749, GPG5: 820, 850
　　다운믹싱, GPG3: 682
　　다중 음원, GPG3: 691
　　다채널 오디오, GPG4: 754
　　단일 청취자, GPG3: 691
　　도플러 효과, 663
　　되먹임 지연망, GPG5: 836
　　리샘플링, GPG3: 682
　　메아리, 660
　　문맥, GPG4: 747
　　반사, 660
　　반향, 660, GPG5: 836
　　발음체, GPG5: 827
　　배경음, GPG4: 755
　　버퍼, GPG3: 692
　　선 발음체, GPG5: 829
　　성부, GPG3: 692
　　스피커 배치, GPG4: 756
　　스피커 출력 구성, GPG3: 692
　　실시간 버스 믹싱, 643
　　에빌로프 발생기, GPG3: 733
　　엔진 요구사항, GPG4: 789
　　울림통, GPG3: 712
　　음량, GPG3: 717, 733, GPG5: 820, 827
　　음색, GPG3: 733, 733, 808, GPG4: 808,
　　음소, GPG4: 759
　　음원, GPG4: 746, GPG5: 826
　　음원 특성, GPG4: 749
　　음향 벡터, GPG5: 854
　　음향인지학적 압축, GPG3: 681
　　잔여 신호, GPG3: 714
　　잔향, GPG5: 836

잠재 스펙트럼 패턴, GPG4: 808
잠재적 가청 집합, GPG4: 791
재질, GPG4: 809
점 발음체, GPG5: 828
차단, GPG3: 697, GPG4: 792
차단 주파수, GPG3: 706
차폐, 673
청각의 절대 임계치, GPG3: 682
청취자, GPG3: 691, GPG4: 746
크기, GPG3: 717, 733, GPG5: 820, 827
투과음, 659
특성, GPG4: 747
파면, 663
포먼트, 636
표본 주파수, 667
표본 지연, GPG3: 704
ADPCM, GPG3: 683
LCA, GPG3: 722
LPC, GPG3: 712
PAS, GPG4: 791
PCM, GPG3: 682, GPG4: 746
PortAudio 라이브러리, 635
음향 합성, cf. 음량, 효과음
　　감산 합성, GPG3: 733
　　감쇠, GPG3: 697
　　공명, GPG3: 706
　　귀곡성, GPG3: 707
　　난수 사용, GPG3: 721
　　로켓 엔진 소리, GPG3: 726
　　링잉, GPG3: 707
　　마스킹, GPG3: 682
　　마스킹 효과, 638
　　바람소리, GPG3: 707
　　반사 계수, GPG3: 714
　　반향, GPG3: 707
　　발진기, GPG3: 712
　　배음, GPG3: 733
　　백잡음, GPG2: 316, GPG3: 707
　　변조기, GPG3: 733
　　변형 가능 메시, 627
　　보코더, GPG3: 711
　　비교기, GPG3: 725
　　빗소리, GPG3: 725
　　사인파, GPG3: 723
　　소나 신호, GPG3: 724
　　수중 음파탐지기, GPG3: 724
　　실시간 버스 믹싱, 643
　　에돌이, GPG3: 697
　　엔빌로프, 637, 643, GPG4: 767
　　음 채실, GPG4: 809
　　음 합성 엔신, 635
　　잠수함 소리, GPG3: 739
　　잡음, GPG4: 808
　　저주파 발진기, GPG3: 733

절차적 음 생성, GPG3: 733
증폭기, GPG3: 733
특성 진동수 스펙트럼, GPG4: 809
합성 모형, GPG4: 808
헬리콥터 소리, GPG3: 738
확률론적 합성, GPG3: 721
회절, GPG3: 697
FM 변조, GPG3: 733
Sphinx 패치 파일, GPG3: 735
응집, 응집성, GPG1: 401, GPG5: 85
의사결정 트리, 247, GPG5: 427, GPG2: 353, GPG4: 458
의사난수 ⇨ 난수
의사언어, GPG2: 65
의사정적 신호, GPG5: 852
의존성
　　과제, GPG5: 441
　　그래프, GPG2: 389
　　생성, GPG2: 389
　　순환 의존성, GPG4: 106
　　지원, GPG2: 390
의존적 텍스처 참조, GPG2: 578
이극, GPG1: 444
이동, cf. 경로 이동
　　규칙, GPG4: 358
　　수정자, GPG3: 479
　　회전 오프셋, GPG3: 474
이력 문턱값 적용, GPG1: 552
이름 맹글링 기능, GPG1: 112
이름 짓기, GPG1: 621
이름공간, GPG4: 106
이미지 압축, GPG1: 257
이벤트 ⇨ 사건
이산
　　사건 시뮬레이션, 702
　　유향 폴리투프, 515
　　LOD 제어, 363
이상기체, GPG5: 522
이식 단계, GPG3: 73
이식성, GPG3: 548
이용자 제작 콘텐츠(UCC), 726
이유, GPG5: 293
이음매 없는 세계, GPG5: 704
이중
　　덮개, GPG4: 626
　　비교 및 교환, 7
　　이중 바이트 문자집합, GPG3: 160
　　이중 코어 Xeon 프로세서, 23
이중날, GPG5: 281
이중벡터, GPG5: 281
이진 공간 분할, / BSP
이신 파일, GPG4: 110
익닝 시스템, GPG4: 677
익스포트, 내보내기
　　클래스, GPG2: 107

테이블, GPG1: 112
    플러그인, GPG2: 206
익현, GPG5: 483
인간 요소, GPG4: 686
인간-도구 공동 진화, GPG3: 182
인간형 뼈대, 480
인공지능, cf. 경로 이동, 길찾기,
    상태기계, 신경망, 영향력 분포도,
    지형, 학습, 행동, A*
    게임 트리, GPG1: 333
    규칙 기반, 247
    마이크로스레드, GPG2: 346
    모형 기반 접근방식, 252
    무리 짓기, GPG1: 401, GPG2: 423,
      GPG4: 482
    병렬 AI, GPG5: 435
    병렬 가상 기계, GPG5: 435
    분산 추론, GPG4: 467
    성격, 313
    엔진, GPG1: 299
    예측 트리, 252
    의사결정 트리, 247, GPG2: 353,
      GPG4: 458
    이벤트 주도적 행동, GPG2: 328
    자료 주도적 엔진, 341
    자원 배정 트리, GPG2: 384
    전략적 의사결정, GPG2: 387
    전략적 추정, GPG2: 392
    전략적 판단, GPG2: 384
    지형 분석, GPG2: 396
    창발적 행동, GPG2: 424
    최적화, GPG2: 328
    투표 기반 아키텍처, GPG4: 467
    퍼지 이론, GPG1: 416
    포섭 아키텍처, GPG4: 469
    포식자, GPG2: 424
    플레이어의 개성, GPG2: 393
    협동의 집중화, GPG2: 330
    확장 행동망, 282, 289, 305
    효용 이론, GPG4: 464
    BDI 추론, 703
인라인 함수, GPG2: 55
인수분해
    다항식 근사, GPG1: 229
    파형요소, GPG1: 253
인스턴스 번호, 721
인증, GPG3: 639, GPG4: 677
    TCP 구멍 뚫기, 747
인지 선형 예측, GPG5: 853
인터넷 보안 프로토콜, GPG3: 639
인터페이스, GPG4: 105, GPG5: 86
    버전, GPG5: 258
    범용적인 객체 인터페이스, GPG2: 96
    인터페이스 매크로, GPG3: 93
    인터페이스와 구현 분리, GPG4: 105

정의 언어, GPG5: 731
포인터, GPG5: 88
일관성, 312, 314, GPG4: 729
일괄 할당, GPG4: 688
일급 값, 418
일련번호, 721
일반적 페이저, GPG5: 142
일반화된 고유문제, GPG4: 403
일반화된 컨테이너, GPG4: 124
일소, GPG5: 844
일시정지, GPG5: 820
일정 관리
    가상 시간, GPG3: 61
    과제 수행 일정 관리자, 350
    메시지 루프, GPG3: 64
    스케줄, GPG3: 59
    스케줄러 엔진, GPG3: 64
    시간 해상도, GPG3: 59
    시뮬레이션 시간, GPG3: 61
    우선순위 대기열, GPG3: 602
    일정 관리, GPG3: 59
    작업, GPG3: 60
    정렬된 목록, GPG3: 63
    행동의 일정 관리, GPG3: 604
    ITask 플러그인 인터페이스, GPG3:
      64
    Windows 타이머, GPG3: 65
일차합동 알고리즘, GPG3: 722
임계 감쇠, GPG4: 420
    용수철, GPG4: 175디드 시스템,
      GPG1: 172
임계 표면, 498
임시 ID 생성, 721
임시 레지스터 집합, GPG3: 489
임시적 반환, GPG2: 141
임의의 메시의 법선, GPG3: 419
임포스터, 684, GPG5: 612, 616, 621,
    GPG2: 599
입 모양, GPG4: 761
입도, GPG4: 251, GPG5: 439
입력, GPG1: 319
    가상 키보드, GPG3: 158
    버퍼 모드, GPG3: 177
    보지 않고 선택하기, GPG3: 182
    선택 속도와 실수 비율, GPG3: 183
    시뮬레이션, GPG4: 330
    실시간 입력, GPG3: 173
    입력 방법 편집기, GPG3: 157
    입력 시스템, GPG2: 171, GPG3: 177
    입력층, GPG1: 434
    즉석 모드, GPG3: 177
    커서 이동, GPG3: 170
    활성화, GPG1: 433
    OS 입력 함수, GPG2: 171
입력 기록 및 재생

게임 동영상 작성, GPG2: 167
게임플레이 기록/재생, GPG4: 80
게임플레이의 재생, GPG2: 166
멀티플레이어 구현, GPG2: 168
버그의 재현, GPG2: 165
예측가능, GPG2: 168
입력 기록의 유용성, GPG2: 165
즉석 리플레이와 난수, GPG5: 781
최적화의 측정, GPG2: 167
OS 입력 함수, GPG2: 171
입력 장치, GPG4: 107
    마우스, GPG3: 177
    웹 카메라, 31
    조이스틱, GPG3: 177
    키보드, GPG3: 162, 177
입방체 맵, GPG2: 525
    분산 조명, GPG3: 532
    입방체 맵 클러스터링, GPG4: 370
    정규화 입방체 맵, GPG3: 553
    하늘 맵, 603
    DirectX8에서 입방체 맵 렌더링,
      GPG3: 528
입자, GPG1: 216
    유체 시뮬레이션, 221
    입자상 물질, GPG1: 744
    퇴적, GPG1: 638
    폭풍, GPG5: 492
    OpenMP 병렬 처리, 21
입체각, GPG3: 516
입체적 후처리, GPG5: 660
잉크선, GPG2: 544
잎 노드, GPG4: 124

[ㅈ]

자기 그림자, GPG4: 546
자기 조정 스플레이 트리, GPG3: 96
자동 메모리 관리, 381
자동목록, GPG3: 125
자동적인 함수 바인딩 도구, GPG3: 95
자동차
    가속, GPG4: 327, 330
    거리 계산, GPG1: 527
    드리프트, GPG4: 332
    마찰, GPG4: 329
    모터, GPG4: 360
    물리 시뮬레이션, GPG4: 333
    밀개와 끌개 활용, GPG4: 488
    소리, GPG3: 737
    시뮬레이션, GPG4: 333, GPG5: 568
    장애물 회피 조언자, GPG4: 471
    제동, GPG4: 327, 330
    조타, GPG4: 327
    주행 비율, GPG1: 531
    주행 훈련, GPG3: 305
    지형, GPG4: 333

차량 규모, GPG5: 613
추력, GPG4: 327
카메라 시뮬레이션, GPG5: 568
자동화
　검사, GPG4: 690
　기능 검사, 93
　포털 생성, 67
　함수 바인딩 도구, GPG3: 95
자락, 538
자료, *cf.* 자료주도적 설계, 자료구조
　로드, GPG1: 139
　병렬성, 25
　분해, GPG5: 437
　스트림 정의, GPG4: 213
　압축, GPG4: 633
　압축, 128
　저장, GPG1: 140
　전처리, GPG1: 139
　전처리, 128
　증폭, GPG5: 583
　채널, GPG4: 634
　형식과 확장, GPG3: 121
자료 주도적 설계, 351, GPG1: 37,
　GPG3: 359
　게임 객체 생성, 470
　데이터 생성 도구, GPG1: 42
　로직, GPG1: 37
　루아 활용, GPG5: 181
　상속, GPG1: 41
　상태 기계의 시각적 설계, GPG5: 248
　스크립트, GPG1: 39
　중복, GPG1: 41
　텍스트 파일, GPG1: 37
　하드 코딩, GPG1: 38
　AI 엔진, 341
자료구조, GPG2: 374, *cf.* BSP, STL,
　알고리즘, 트리
　구 트리, GPG5: 118
　구면 트리, GPG3: 621
　네트워크 자료구조, GPG4: 719
　반 엠데 보아스 배치, GPG5: 232
　반쪽변, GPG3: 154
　배열, GPG4: 165
　비트 패킹, GPG4: 719
　사전, GPG3: 595
　성냥갑 컨테이너, GPG3: 350
　순서 없는 트리, GPG4: 125
　스택 기반의 STL list, GPG3: 107
　우선순위 대기열, GPG3: 602
　유클리드 최소신장 트리, GPG5: 628
　일반화된 컨테이너, GPG4: 124
　사지 소성 스플레이 트리, GPG3: 96
　사냥목록, GPG3: 125
　적응형 이진 트리(ABT), GPG5: 233
　주소 공간 관리식 동적 배열, GPG4:
　170
지향 트리, GPG4: 125
캐시 응집성, GPG5: 232
클러스터 맵, GPG3: 309
트리, GPG4: 123
해시 테이블, GPG3: 595
BSP 트리, GPG2: 489, GPG4: 789
k-d 트리, GPG2: 489
자료층, 341
자산, *cf.* 자원
　변환기, 133
　재연결, 135
　즉석적재, 131
자세 제어기, GPG5: 535
자식 팩토리, GPG5: 255
자연 3차 스플라인, GPG2: 293, GPG4:
　270
자원, *cf.* 자산, 자원 관리
　기대 사용량, 308
　모션 캡처, GPG4: 633
　뮤음 파일, 123
　배정 트리, GPG2: 384
　수명, GPG4: 135
　의존성 그래프, GPG2: 389
　자료 압축, GPG4: 633
　자료 채널, GPG4: 634
　적재 속도, 123
　접근 기반 파일 재배치, 125
　추상 계층, 703
　파일, GPG2: 159
　파일 순서 최적화, 125
　포인터 소지자, GPG4: 139
　확장 행동망, 306
자원 관리
　객체 메모리 관리자, GPG1: 115
　단계별 할당, GPG4: 688
　단일체, GPG1: 122
　데이터베이스, GPG1: 115
　메모리 관리, GPG1: 116
　약한 참조, GPG4: 135
　일괄 할당, GPG4: 688
　지원 관리자, GPG1: 133, GPG4: 140
　풀링, GPG4: 688
　프레임 기반 메모리, GPG1: 144
　할당, GPG4: 687
　핸들 기반 자원 관리자, GPG1: 115
자원 문턱값, 309
자원 핸들, 136
자유목록, 16, GPG5: 198, GPG4: 116
자유형식 변형, GPG5: 519
사율 NPC, 261
작업 ⇨ 일정 관리, 사건
작봉자, GPG3: 261, GPG4: 296
작전 치명도 지수, 332, 334
잔물결, 559
잔여 신호, GPG3: 714
잔향, GPG4: 788, GPG5: 836
잘라 붙이기 프로그래밍, GPG2: 107
잠금, GPG5: 803, *cf.* 무잠금
잠수함 소리, GPG3: 739
잠재 가시 집합 ⇨ PVS
잠재 가청 집합 ⇨ PAS
잠재 능력, 333
잠재 스펙트럼 패턴, GPG4: 808
잡음, *cf.* 난수, 음향 합성, 텍스처
　다중 옥타브, GPG2: 574
　대역 제한 잡음, GPG2: 575
　메르센느 트위스터, GPG4: 236
　백잡음, GPG2: 316, GPG3: 707
　분홍잡음, GPG2: 316
　실시간 음향 합성, GPG4: 808
　애니메이션 자세 변동, 486
　옥타브 합성, GPG5: 586
　잡음 옥타브, GPG5: 586
　잡음 옥타브 애니메이션, GPG2: 575
　잡음 텍스처, GPG5: 586
　적잡음, GPG3: 722
　절차적 텍스처, GPG3: 536
　펄린 잡음, 486, GPG3: 530, GPG5:
　586
　평준화, GPG2: 319
　프랙탈 브라운 운동, GPG2: 316
장기 기억, GPG1: 436
장면
　그래프, 423
　렌더링, GPG2: 525
　복잡도 관리, 359
장벽 맵, 560
장소의 전술적 가치, GPG2: 399
장식자, GPG2: 632
장애물, GPG1: 710, GPG3: 383
　마스크, GPG4: 382
　원, GPG3: 391
　회피 조언자, GPG4: 471
장치, GPG4: 746
　지정 문자열, GPG4: 748
재개, GPG5: 820
재귀 함수, GPG4: 126
재귀적 차원 클러스터링, GPG2: 302
재귀적 하강 파싱, GPG5: 81
재동기화, GPG4: 77
재부팅, GPG4: 77
재빌드, GPG4: 77
재사용, GPG4: 162
재삼각화, GPG3: 415
재생 속도, GPG5: 820
재생 중단, GPG5: 821
재설치, GPG4: 77
재시도, GPG4: 77
재유희성, 재유희 가능성, GPG4: 431,

679
재전송 타이머, GPG5: 770
재정규화, GPG4: 259, GPG5: 342
재진입, GPG5: 803
　콜백, GPG3: 660
재질
　압축, 572
　특성, 572
저널링 서비스, GPG3: 202
저대역통과 필터, GPG3: 697
저수준 사운드 API, GPG2: 684
저수준 이동, 256
저장, cf. 직렬화
　객체 저장, GPG4: 201
　데이터 형식과 확장, GPG3: 121
　불러오기 객체, GPG4: 203
　저장 가능 객체, GPG4: 202
　저장 매체, GPG1: 196
　파일 호환성, GPG4: 204
　포인터와 핸들, GPG3: 120
　SAVEALLOC 매크로, GPG3: 122
　SAVEBASE 매크로, GPG3: 122
　SAVEDATA 매크로, GPG3: 121
　SAVEMGR 클래스, GPG3: 120
　SAVEOBJ 클래스, GPG3: 121
저주파 발진기, GPG3: 733
적응 비율, 695
적응성, GPG1: 436
적응형 이진 트리(ABT), 493
　렌더링, 503
　캐시 무관, GPG5: 233
적잡음, GPG3: 722
적절성 조건, 282, 307
적중
　판정, GPG4: 160
　확률, GPG4: 314
적합도, 적합성, 278, GPG2: 375
전달 함수, GPG1: 432
전도, GPG3: 279
전략 패턴, GPG2: 111
전략적 분석
　의사 결정, GPG5: 387
　추정, GPG2: 392
　판단, GPG2: 384
전면 무력화, GPG4: 318
전선, GPG2: 371
전송 대기열, GPG3: 658
전송 방침, GPG3: 198
전술적 길찾기, GPG3: 369
전술적 분석
　영향력분포도, GPG2: 371
　웨이포인트 속성, GPG2: 400
　장소의 전술적 가치, GPG2: 399
　조율, GPG2: 403
　A* 비용 함수, GPG3: 371

전역 객체, GPG1: 79, GPG4: 92
전역 고유 식별자, 717
전역 변수, 380, 384
전역 소화, GPG5: 632
전역-카메라 변환 행렬, GPG1: 474
전운, GPG2: 362
전위 운행, GPG4: 124
전이, GPG1: 319
전제조건, 293, GPG5: 414
전증가, GPG2: 51
전진 계획수립, GPG5: 420
전처리, cf. 매크로
　구문 오류, GPG2: 125
　변 기반 기법, GPG2: 546
　스크립팅언어, 439
　전처리기, GPG3: 96
　카메라 이동 경로, GPG2: 296
　카툰 셰이딩, GPG2: 554
　헤더 파일, GPG2: 176
　#include 순서, GPG2: 125
전통적인 퍼지 논리 규칙들, GPG2: 439
전투
　결과 예측, GPG5: 396
　능력, 332
　등급, GPG5: 407
　무기 효력 모형, 334
　시스템, GPG5: 396
　작전 치명도 지수, 332, 334
　잠재 능력, 333
　화력 세기, 332
　효력, 332
절단 공간, GPG4: 239, GPG5: 362
절단 평면, GPG4: 568
절대 오차, GPG3: 239
절댓값, GPG2: 243
절두체 ⇨ 시야 절두체
절정, GPG4: 432
절차적
　구름, GPG2: 572
　레벨 생성, GPG5: 667
　음 생성, GPG3: 733
절차적 텍스처, cf. 텍스처
　구름, GPG2: 572
　블러링, GPG2: 611
　애니메이션, GPG2: 610
　용도, GPG3: 537
　잡음, GPG2: 573
　장점, GPG3: 538
　종속적 텍스처 어드레싱, GPG2: 619
　종속적 텍스처 읽기, GPG2: 610
　프랙탈 합, GPG2: 576
점 광원, GPG1: 682
　거리 기반 감쇠, GPG3: 559
점 기준 대 영역 기준, GPG3: 430
점 발음체, GPG5: 828

점 클러스터링, 488
점-절두체 판정, GPG5: 131
점곱 ⇨ 내적
점과 선의 상대적 위치, GPG3: 234
점진적 메시, cf. VIPM
　가역적인 변 제거 목록, GPG1: 585
　변 선택 함수, GPG1: 581
　변 제거, GPG1: 578
　정점 분리, GPG1: 578
　ROAM, GPG1: 581
점진적 쓰레기 수거, 392
점진적 정렬, GPG5: 647
점프, GPG5: 562
접근 권한, GPG3: 75
접근 기반 파일 재배치, 125
접근자, GPG5: 101
접두어, GPG4: 106
접선 공간
　기저, GPG3: 509
　범프 매핑, GPG1: 697
　불연속성, GPG3: 510
접선 벡터, 551, 555
접점, GPG4: 363
접착제 루틴, GPG5: 184
접촉, GPG4: 363
　영속화, GPG4: 366
　오차, GPG4: 366
　클러스터링, GPG4: 365
　해싱, GPG4: 373
정규 표현식, GPG3: 97
정규직교기저, GPG5: 283,, GPG1: 215
정규화, GPG1: 243
　에르미트 곡선, GPG5: 315
　입방체 맵, GPG3: 553
　장치 좌표계, GPG5: 364
　정규화된 수, 147
정량 판정 모형, 331
정렬, GPG1: 401
　목록, GPG3: 63
정밀도, 203, GPG4: 102
　문제, GPG4: 566
　오차, GPG4: 252
정사각형 격자, GPG1: 344
정수
　범위 조정, GPG3: 236
　정수 난수, GPG3: 226
　큰 정수 다루기, GPG3: 237
정수 버퍼 HDR 렌더링, 617
정의역, GPG1: 229
정적
　그림자, GPG4: 561
　영역, GPG3: 342
　장애물, GPG3: 383
　조명, GPG1: 657
정점

누적 버퍼, GPG3: 456
법선, GPG3: 419
분리, GPG1: 578, GPG2: 461
융합, GPG3: 414
정점 우선 방법, GPG3: 470
정점 혼합 스키닝, GPG4: 621
제거, GPG4: 565
조명, GPG1: 672
지정, GPG1: 459
캐시 응집성, GPG2: 460
투영 깊이, GPG1: 469
프런트 캡 정점 제거, GPG3: 447
하늘 렌더링, 601
정점 셰이더, cf. 픽셀 셰이더, HLSL
광반 빌보드, GPG5: 656
구름 렌더링, GPG3: 531
구름 매핑 예제, GPG3: 522
군엽 렌더링, GPG5: 605
그림자 입체, GPG4: 524
다중 깊이 버퍼 판정, GPG5: 662
사원수 가중 혼합, GPG4: 628
사원수-행렬 변환, GPG4: 630
선화, GPG2: 548
임포스터 렌더링, GPG5: 621
입방체 맵 렌더링, GPG3: 529
조합식 셰이더, GPG5: 679
지형 렌더링, 535
카툰 렌더링, GPG2: 557, GPG3: 485
컴파일러, GPG3: 483
파이프라인 구축, GPG5: 687
정점 텍스처
높이 필드, 542
조회, 558
정합, GPG4: 205
제곱 오차 계량, 686
제곱근, GPG2: 245
빠른 부동소수점 계산, 158
역수, 158
제동, GPG4: 327
제로섬 게임, GPG1: 333
제스처 애니메이션, 489
셰이더 매개변수, 308
제어기
비례 미분 제어기, GPG5: 535
원격 제어기, GPG5: 705
이득 조율, GPG5: 538
자세 제어기, GPG5: 535
퍼지 논리, 363
피드백 루프, GPG5: 536
제어점, GPG1: 385
법선, GPG3: 426
제외 ⇨ 선별
제작 단계, GPG3: 72
조각별 에르미트 곡선, GPG5: 311, 316
조각별 자연 에르미트 스플라인, GPG5:

320
조건, GPG3: 360
조건 평가, GPG3: 363
조건부 컴파일, GPG4: 111
조건부 픽셀 선별, GPG5: 663
조명, 565, cf. 반사, 복사, 픽셀 기반, 맵,
　매핑
2차 감쇠, GPG2: 562
감마 램프, GPG4: 608
감쇠, GPG1: 679
곡면 흉내내기, GPG3: 505
과대채도, GPG4: 601
관리자, 574
광원, 광원 좌표계, GPG1: 710
광택 맵, GPG3: 563
구름, GPG3: 522, GPG5: 589
굴절, GPG1: 739
그림자, GPG1: 709
눈의 가변적인 민감도, GPG4: 602
동영상 기반 지형 조명, GPG3: 524
동적 감마 보정 알고리즘, GPG4: 606
동적 광원, 565
동적 대역, GPG4: 599
동적 조명 매핑, GPG2: 561
동적인 지형 조명, GPG3: 512
매끄러운 조명 변화, GPG1: 535
면 법선, GPG4: 571
명도, GPG4: 600
물리학에 기반한 고품질의 조명,
　GPG3: 515
미세면, GPG3: 564
미세면 기반 셰이딩, NDF, GPG3:
　564
반사, GPG1: 736
반사 매핑, GPG1: 690
반영 계수, GPG3: 563
반영 지수, GPG3: 563
범프 매핑, GPG3: 505
법 조명, GPG4: 599
보간된 분산 조명, GPG4: 574
부조 텍스처, GPG3: 500
분산 계수, GPG3: 563
분산 조명, GPG4: 599
분산 조명을 입방체 맵으로 인코딩,
　GPG3: 532
분포 함수, GPG3: 564
블린-퐁 모형, GPG3: 563
빛, GPG3: 515
빛을 입방체 맵으로 인코딩, GPG3:
　532
빛의 산란, GPG5: 589
산란, GPG1: 725
색 번짐 무지개, GPG3: 558
셰이딩 모형, GPG3: 563
실시간 조명, GPG1: 670

임포스터, GPG2: 606
입방체 맵, GPG2: 568, GPG3: 527,
　528
점 광원, GPG1: 682, GPG3: 559
점적광, GPG3: 560
정적 조명, GPG1: 657
정점 법선, GPG4: 571
조명 맵, GPG1: 679
종속적 텍스처 읽기, GPG3: 556
주변광, GPG1: 658
중간벡터, GPG3: 553
지연 셰이딩, 566
지평선 매핑, GPG3: 518
지향광, GPG1: 705, GPG3: 560
지형 조명, 606
참조 테이블로서의 텍스처, GPG3:
　553
투과 조명항, GPG5: 650
픽셀 당 다중 광원, 565
픽셀 당 퐁 셰이딩, 606
픽셀 혼합, GPG1: 729
하늘빛 분산, GPG3: 521
햇빛, GPG3: 518
휘도, GPG4: 600
휘도 텍스처, GPG4: 607
Dot3 범프 매핑, GPG2: 565
h.h^k 매핑, GPG3: 556
NDF 셰이딩, GPG3: 565
조브리스트 테이블, 해시, GPG4: 231
조언자, GPG4: 468
조용한 NaN, 149
조율, GPG2: 200
조이스틱, GPG3: 177
조작자, GPG3: 206, GPG4: 296
조타, GPG4: 327
조타 행동, GPG1: 401, GPG2: 423,
　GPG4: 479, GPG3: 397
중재자, GPG4: 470
조합, GPG2: 631
셰이더, GPG5: 679
수열, 198
폭발, GPG2: 437, GPG5: 680
종속적 텍스처
어드레싱, GPG2: 619
읽기, GPG2: 610, GPG3: 556
종자값, GPG2: 170, GPG5: 778
종횡비, GPG1: 492
좌사영, GPG5: 286
주관성 모멘트, GPG1: 222
주름각 변, GPG2: 545
수면광, GPG1: 658
수변음 제어, GPG2: 631
주성분 분석, 477, 479
주성분 행렬, 480
주소 공간, GPG5: 746

주소 공간 관리식 동적 배열, GPG4: 170
주축, 509, GPG1: 222
주파수 거르기, GPG4: 788
주행 비율, GPG1: 531
준 유향 경계상자, 507
줄바꿈 문제, GPG3: 156
줌, GPG5: 576
중간 단계의 제거, GPG2: 497
중단점, GPG4: 70
중력, 206, GPG5: 514
중복
    값들의 생략, GPG2: 493
    객체 제거, 194
    작업 제거, GPG2: 329
중심 오프셋 벡터, 517
중심 주파수, GPG3: 708
중앙집중적 접근방식, 262
중재자, GPG3: 74, GPG4: 468
중점 높이 이동, GPG1: 633
중첩된 I/O, GPG3: 613
즉석 리플레이, GPG5: 781
즉석 모드, GPG3: 177
증폭기, GPG3: 733
지각 범위, GPG1: 405
지각된 파장, 664
지리 격자, 47
지리적 장소의 전술적 속성, GPG3: 376
지문, 115
지수, 157
    감쇠, GPG4: 176
    맵, 480
    활성화 함수, GPG1: 434
지역 변수, 380
지역화
    게임 시스템, GPG3: 169
    게임 엔진, GPG3: 176
    과도한 지역화, GPG3: 165
    단위와 표시 형식, GPG3: 158
    매체의 지역화, GPG3: 165
    문화 중립적인 게임 디자인, GPG3: 163
    사용자 인터페이스, GPG3: 176
    위험한 문자들, GPG3: 168
    유니코드, GPG3: 161
    줄바꿈 문제, GPG3: 156
    테스팅, GPG3: 167
    UI 디자인, GPG3: 163
    UI 테스트, GPG3: 170
지연, cf. 네트워크
    고순위 모드 제거, GPG3: 580
    데드 레커닝, GPG3: 673
    동기화 깨짐, GPG3: 576
    렌더링, 566
    메시지, GPG1: 309
    무선 게임의 경우, GPG3: 672

무선 통신망, GPG3: 668
보장된 메시지 전달, GPG3: 179
세컨드라이프, 731
셰이딩, 566
시간 동기화, GPG3: 580
실시간 전략 게임, GPG3: 575
요청 피드백, GPG3: 577
이벤트 잠금, GPG3: 576
지연 감추기, GPG3: 588
클럭 동기화, GPG3: 580, GPG4: 730
표본 지연, 오디오, GPG3: 704
프레임 잠금, GPG3: 575
호스트 대역폭 시뮬레이션, GPG3: 654
    UI의 역할, GPG3: 179
지연선, GPG5: 838
지원 의존성, GPG2: 390
지지 벡터 기계, 321, 324
지평선
    근사, GPG4: 659
    매핑, GPG3: 518
    선별, GPG4: 655
지향 트리, GPG4: 125
지향광, GPG1: 705, GPG3: 560
지형, cf. 지형 생성
    구름, GPG3: 522
    군대, GPG3: 345
    네비게이션 메시, GPG3: 383
    높이필드, GPG4: 655
    다각형 클래스, GPG3: 348
    대륙, GPG3: 342
    동영상 기반 조명, GPG3: 524
    동적 영역, GPG3: 343
    동적인 조명, GPG3: 515
    람베르트 지형 표면, GPG3: 516
    렌더링, 533
    마을, GPG3: 343
    맞물린 타일들, GPG2: 476
    법선 계산, 540
    병목 지점, GPG3: 344
    볼록덮개, GPG3: 344
    분석, GPG3: 341
    분석을 위한 지형의 표현, GPG2: 396
    성냥갑 컨테이너, GPG3: 350
    세부수준 제어, 536
    숲, GPG3: 343
    시야 절두체 선별, 539
    실시간 전략 게임, GPG3: 341
    언덕, GPG3: 342
    영역, GPG3: 342
    영향력, GPG2: 378, GPG3: 353
    오라, GPG3: 353
    웨이포인트, GPG2: 397
    정적 영역, GPG3: 342
    지평선 근사, GPG4: 659

지평선 매핑, GPG3: 518
지평선 선별, GPG4: 655
짐승 떼, GPG3: 345
차량 물리 시뮬레이션, GPG4: 333
축 정렬 경계상자, 539
충돌 판정, 541
타일 기법, GPG2: 477
틈 메우기, 538
해안, GPG3: 342
햇빛, GPG3: 518
A*, GPG3: 356
BSP, 77
FBM, GPG2: 321
GPU 지형 렌더링, 533
MatchboxListHeader 클래스, GPG3: 351
지형 생성
    건물 생성, GPG1: 618
    다이아몬드 사각형, GPG1: 635
    단층 변형, GPG1: 628
    무한한 우주 알고리즘, GPG1: 200
    실시간 지형 생성, GPG1: 611
    입자 퇴적, GPG1: 638
    중점 높이 이동, GPG1: 633
    프랙탈을 이용한 지형 생성, GPG2: 314
직교, GPG1: 438, GPG5: 202, 292
직교 좌표, 165
직렬화, GPG3: 625, GPG5: 226
    반영, 속성 시스템, GPG5: 116
    언마샬링, GPG5: 732
    역직렬화, GPG5: 732
    직렬화 시스템, GPG3: 628
    추상 인터페이스, GPG3: 626
    함수 매개변수, GPG5: 730
    DirectPlay의 콜백 직렬화, GPG3: 663
    FreezeMgr 클래스, GPG5: 229
    RPC, GPG5: 730
    struct/memcpy(), GPG3: 626
직접음, GPG4: 788, /, 653
진단 메시지, 109
진동, 217
진동 양상, 628
진정한 개방 공간, GPG3: 399
진폭, GPG2: 317, GPG4: 762
질량, GPG5: 569
    보존 연산자, GPG4: 376
    분율, GPG5: 630
    중심, GPG1: 216
    질량-용수철 시스템, GPG4: 403
질량 행렬, 629
질의, GPG5: 453
질점, GPG5: 507
짐승 떼, GPG3: 345

집단 엄폐 행동, GPG5: 384
집합 관계, 707
짝/홀 효과, GPG3: 183
짝함수, GPG1: 234
찢는 이웃, GPG5: 509
찢는 힘, GPG5: 511

[ㅊ]

차단
   음향, 673, GPG3: 697
   주파수, GPG3: 706
   주파수 거르기, GPG4: 788
차단 모드, 438
차량 ⇨ 자동차
차분 복소 비선형 함수, GPG2: 192
차집합, GPG5: 175
차폐
   선별, 제외, GPG1: 537, GPG4: 655, GPG3: 429
   지평선, GPG4: 655
참 만복사, 421
참조
   국소성, GPG4: 115
   집계, GPG5: 257, GPG4: 136, /, 391
   테이블, GPG2: 243
창발, 700, GPG4: 463
   관계, 708
   특성, 708
   행동, GPG2: 334
채색, GPG2: 544
채움, GPG3: 643
   길이, GPG3: 643
처리 요소, GPG5: 436
척추 계층, GPG4: 390
천적, GPG1: 409
철사 바꾸기, 202
청각의 절대 임계치, GPG3: 682
청취자, GPG3: 691, GPG4: 746
청크 번호, 720
체비셰프 근사법, GPG5: 340
체비셰프 등진동 정리, GPG5: 353
체스, GPG1: 333, GPG4: 231
체크섬, GPG1: 159
초기 섬핑, GPG5: 637
초기 속도, GPG2: 282
초기 조건, GPG4: 408
초기치 문제, GPG1: 247
초기화 목록, GPG2: 50
초기화 벡터, GPG3: 642
초면, 561, GPG1: 744
초목, GPG5: 599
촛 경로 비용, GPG1: 341
최근점 방법, GPG3: 507
최근접 문자열 부합 알고리즘, 82
최단 경로, GPG2: 416, GPG3: 386

최대
   높이, GPG2: 283
   오차, GPG3: 244
   주파수, GPG5: 574
   투영 깊이, GPG5: 366
   평활화 속력, GPG4: 180
최대최대 기준, GPG4: 464
최대최소 기준, GPG4: 464
최소
   구부러짐 곡선, GPG5: 303
   볼록집합, GPG3: 399
최소삼법, GPG3: 256
최소신장 트리, 488, GPG5: 628
최소제곱
   근사, GPG5: 304
   선, GPG4: 661
   평면, GPG4: 663
최소최대
   근사, GPG5: 352
   다항식, GPG3: 249
최소화된 최대 오차, GPG3: 249
최적화, GPG2: 328
   가벼운 생성자, GPG2: 52
   가시점 길찾기, GPG2: 415
   객체 제외, GPG3: 620
   객체의 생성과 소멸, GPG2: 49
   거리 기반 제외, GPG3: 621
   게임 입력의 기록 및 재생, GPG2: 167
   겹이차 필터, GPG3: 705
   계통적인 후면 제외, GPG3: 457
   계획수립 최적화, GPG5: 424
   과도한 단순화, GPG2: 285
   구면 트리, GPG3: 621
   그림자 입체, GPG3: 447
   다중 스레드 페이징, GPG5: 157
   대수적 수량화, GPG2: 248
   동적 구름, GPG5: 590
   라그랑주 훈련 최적화 이론, 327
   메시 렌더링, 522
   메시 최적화, GPG4: 564
   부동수수점, GPG2: 237, 247, 251
   분할, 사전 계산, GPG3: 458
   비트 배열, GPG1: 154
   뼈대 변형, GPG3: 469
   뼈대 애니메이션 데이터, GPG3: 470
   삼각형 띠 생성 알고리즘, GPG3: 442
   서버 대 서버 상호작용의 제외, GPG3: 622
   서버의 부담 분산, GPG3: 617
   선형적 수량화, GPG2: 247
   세이니, 373
   수면 시뮬레이션, GPG5: 499
   시야 절두체 제외, GPG3: 457
   의사결정 트리, GPG5: 427

자원 파일 순서, 125
전증가, GPG2: 51
정수 범위, GPG3: 237
정점 캐시 응집성, GPG2: 460
제곱근에 대한 대수적 최적화, GPG2: 245
중간 단계의 제거, GPG2: 497
중복된 값들의 생략, GPG2: 493
지형 분석, GPG3: 345
참조 테이블, GPG2: 243
초기화 목록, GPG2: 50
추가적인 최적화, GPG2: 64
측정, GPG2: 167
캐시 적중률, GPG2: 57
캐시 친화적인 뼈대 변형, GPG3: 469
캐시 친화적인 삼각형 띠, GPG3: 443
캐싱, GPG2: 53
코드 크기, GPG2: 56
클러스터링, GPG3: 457
템플릿 메타프로그래밍, GPG1: 59
패킷 최적화, GPG3: 672
페이지 실패, GPG2: 64
평면 응집성, 518
표면 분할, GPG3: 457
프로파일링, GPG1: 171
A* 최적화, GPG1: 352, 363
AI 최적화, GPG2: 328
BSP 최적화, GPG5: 122
OpenGL 정점 지정 최적화, GPG1: 459
STL set, vector, GPG2: 58
추력, GPG4: 327
추상 구문 트리, GPG3: 489
추상 속성 계층, GPG5: 108
추상 인터페이스, GPG2: 67
   구현의 추가, GPG2: 73
   다중 상속, GPG2: 73
   단점, GPG2: 74
   순수 가상 함수, GPG2: 67
   장점, GPG2: 68
   추상 팩토리, GPG2: 69
   행동들의 집합, GPG2: 70
추상 팩토리, GPG2: 69
추상화, GPG4: 162
추적 카메라, GPG4: 417
추정, GPG1: 347
추측항법, GPG4: 731
축 분리 정리, GPG4: 645
축 정렬 경계상자, GPG2: 489, GPG5: 140
   관절 캐릭터 충돌, GPG4: 642
   시야 절두체 선별, 539
   음의 차단, GPG3: 697
   적응형 이진 트리 구축, 493
   절두체 선별, GPG5: 140

접촉 줄이기, GPG4: 371
축-각 관점, GPG5: 290
축색 돌기, GPG1: 430
축약곱, GPG5: 285
축척율, GPG2: 507
출력층, GPG1: 435
출시 단계, GPG3: 73
출시 전 빌드, 115
충격, GPG4: 346
충돌, *cf.* 충돌 검출
　가상 카메라 충돌 모형, GPG4: 424
　감쇠, GPG2: 258
　감지기, GPG3: 307
　계층화된 충돌, GPG3: 402
　기하구조, 도형, GPG4: 422, /,
　　GPG2: 413
　길찾기 모듈, GPG3: 402
　길찾기와 충돌, GPG3: 395
　모형, GPG2: 408
　물러나기, GPG2: 257
　물리적 카메라 충돌, GPG4: 425
　미세 충돌, GPG4: 346
　민코프스키 평면 집합 총합, GPG2:
　　409
　민코프스키 합, GPG2: 409
　반사, GPG2: 256
　반올림 오차, GPG3: 231
　반응, GPG2: 257
　벡터 분수, GPG3: 233
　순서를 이용한 횡단 방법, GPG3: 235
　음원 차단, GPG3: 700
　장애물 원, GPG3: 391
　접촉 영속화, GPG4: 366
　접촉 오차, GPG4: 366
　접촉 클러스터링, GPG4: 365
　접촉 클러스터링 알고리즘, GPG4:
　　369
　지형, 541
　처리, GPG4: 160
　충격, GPG4: 346
　충돌음 합성, GPG4: 811
　해소, GPG4: 345
　확장 행동망, 283, 306, 312
충돌 검출, GPG2: 252, *cf.* 교차 판정
　교점, GPG2: 254
　구의 직선 일소, GPG4: 423
　레벨 생성, GPG5: 676
　벌레프 기반 물리 엔진, GPG4: 345
　유한한 선분, GPG2: 271
　재귀적 차원 클러스터링, GPG2: 302
　접촉 줄이기, GPG4: 363
　중복 작업의 제거, GPG2: 329
　축 정렬 경계상자, GPG2: 489
　충돌 평면에 대한 고도, GPG2: 252
　평행선, GPG2: 270

AABB, GPG2: 489
OpenMP, 24
충돌음, GPG4: 811
취약성, GPG2: 375
측정, GPG2: 249
층화, GPG1: 49
치역, GPG1: 229
치우친 지수, 147
치팅, 246
칠판, 272
침식 작용, GPG1: 631
칩 다중 프로세싱, 5
카메라, GPG2: 522, *cf.* 가시성, 시야
　절두체
　1인칭, GPG1: 480
　3인칭, GPG1: 489, GPG4: 417
　가까운 평면, GPG4: 244
　가상 카메라 충돌 모형, GPG4: 424
　가상 트랙볼, GPG1: 295
　경로, GPG5: 572
　곡선 경로, GPG2: 287
　렌즈 플레어, GPG1: 645
　먼 평면, GPG4: 244
　미리 준비된 경로, GPG1: 483
　벡터 카메라, GPG1: 474
　상향 벡터, GPG4: 243
　수직, 수평 시야각, GPG4: 245
　시선 방향 벡터, GPG4: 243
　시야, GPG1: 492
　시야 절두체, GPG1: 492,, GPG4:
　　242
　시야 행렬, GPG1: 474
　시야각, GPG4: 245, GPG5: 576
　오버슈팅, GPG5: 573
　웹 카메라, 31, GPG2: 220
　위치, GPG4: 244
　이동 경로, GPG2: 296
　인간의 제어, GPG5: 572
　임포스터, GPG2: 607
　줌, GPG5: 576
　차량 시뮬레이션, GPG5: 568
　추적 카메라, GPG4: 417
　카메라 구, GPG4: 423
　카메라-세계 변환 행렬, GPG3: 493
　컷, GPG2: 292
　텍스트 파일, GPG1: 38
　평행 수송 프레임, GPG2: 287
　하늘 상자, GPG2: 522
　회전, GPG2: 534
Camera 클래스, GPG5: 577
DirectSound, GPG4: 784
OpenGL 카메라, GPG5: 575
Super Mario 64, GPG2: 532

[ㅋ]

카운터, GPG3: 365
카툰 렌더링
　경계 변, GPG2: 545
　고급 텍스처 기능을 이용한 선화,
　　GPG2: 550
　다중 텍스처링, GPG2: 557
　변 기반 선화, GPG2: 546
　선화, GPG2: 544
　외곽선 변 검출, GPG2: 544
　잉크선, GPG2: 544
　정점 셰이더, GPG2: 548, 557,
　　GPG3: 485
　주름각 변, GPG2: 545
　채색, GPG2: 544
　카툰 셰이딩, GPG2: 553
칼데라 만들기, GPG1: 640
캐릭터, GPG2: 537
　렌더링, GPG2: 530
　애니메이션, GPG2: 206
　자기 대한 그림자, GPG2: 528
　파일, GPG5: 78
캐시, 캐싱, GPG2: 53
　병렬 가상 기계, GPG5: 443
　뼈대 변형, GPG3: 469
　삼각형 띠, GPG3: 443
　서버 성능 향상, GPG4: 694
　응집성, GPG5: 232
　적중 실패, GPG4: 116, GPG5: 232
　적중률, GPG2: 57
　캐시 라인, GPG5: 232
　캐시 무관, 캐시 인식 알고리즘,
　　GPG5: 231
　프로세서 친화도, GPG5: 443
　플러싱 수준, GPG4: 77
캐트멀-롬 스플라인, GPG1: 356, GPG4:
　　269, , 269, GPG3: 486
커다란 진흙덩이, GPG2: 634
커르크호프스의 법칙, 117
커브볼, GPG5: 493
커스텀
　데이터 파일, GPG3: 145
　빌드, GPG5: 735
　전처리기, 439
　할당자, GPG3: 107
　RTTI 속성 객체 스트리밍, GPG4:
　　193
커플링, GPG1: 53
컨테이너, GPG3: 108
컬링 ⇨ 제외
컴파일 시점 assert, GPG3: 87
컴파일 시점 상수, GPG3: 85
컴파일된 정점 배열, GPG1: 464
컴파일러
　경고 수준, GPG4: 81
　디버깅, GPG4: 79

리틀 엔디안, GPG3: 628
바이트 순서, GPG3: 628
부동소수점 예외, GPG3: 132
빅 엔디안, GPG3: 628
빌드 구성, GPG4: 108
이름 맹글링, GPG1: 102
컴파일러의 구성 요소, GPG3: 485
크래스 플랫폼 프로그래밍, GPG3: 629
템플릿 메타프로그래밍, GPG1: 65
호출 규약, GPG1: 107
BSP 컴파일러, 57
IDL 컴파일러, GPG5: 733
iterator_traits 지원 문제, GPG3: 632
Visual Studio.NET, GPG5: 735
컴퓨터 시각, 31
컷씬, GPG4: 777
켑스트럼 계, GPG5: 853
켤레 사원수, GPG1: 273
코드, GPG3: 643
　바인딩, 399, GPG3: 95
　생성, GPG3: 490, GPG5: 243
　스스로 수정하는 코드, GPG2: 149
　스파게티 코드, GPG2: 634
　재사용, GPG1: 44
　중복, GPG1: 41
　크기, GPG2: 56
　포괄도, GPG4: 83
코딩 스타일, GPG1: 45
코루틴, 395, 417, 434, GPG5: 191
코사인, GPG1: 230, GPG2: 243, GPG3: 240
코사인 보간 함수, GPG2: 318
코움스 방법, GPG2: 438
코차네크-바텔 스플라인, GPG4: 269
콘솔 시스템, GPG1: 171
콜백, GPG4: 346
　스레드 재진입, GPG3: 660
　DirectPlay, GPG3: 663
쿠타-조브코프스키 이론, GPG5: 487
쿨롱 마찰 모형, GPG3: 285
쿼드트리 ⇨ 사분트리
쿼터니언 ⇨ 사원수
쿼버뷰 엔진, GPG3: 497
퀵정렬, GPG5: 646
큐 ⇨ 대기열
크레이머 법칙, 178, GPG4: 244
큰 정수, GPG3: 237
클라이언트/서버, GPG3: 594
　동기화, GPG4: 713
　시뮬레이션층 관리 구조, GPG3: 603
　클라이언트 네트워크 주소, GPG3: 611
　클라이언트 유효성 점검, GPG3: 611
　클라이언트 인증, GPG5: 707

클래스
　내보내기, GPG2: 76
　다각형 클래스, GPG3: 348
　다이어그램, GPG3: 139
　메시지, GPG4: 155
　목록, GPG4: 152
　속성 클래스, GPG2: 96
　익스포트된 클래스, GPG2: 107
　저장 및 복원, GPG5: 224
　클래스 팩토리 패턴, GPG4: 106
　클래스 행동 패턴, GPG3: 74
　프록시 클래스, GPG1: 155
　형식 식별 시스템, GPG5: 251
　ActionRule, ActionRuleSet, GPG3: 306
　ActionState, GPG3: 304, 596
　ActorProxy, GPG3: 600
　AlgFrustum, GPG4: 248
　Audio, AudioManager, AudioTag, GPG4: 781, 783
　BaseSimulation, GPG3: 603
　BitPackCodec, GPG4: 720
　CAddressSpaceArrayManager, GPG4: 170
　Camera, GPG4: 784, GPG5: 577
　CArrayManager, GPG4: 166
　CExtraProp, GPG4: 197
　CFSM 기반, GPG3: 335
　CharacterStateMgr, GPG4: 712
　ChaseCamera, GPG4: 420
　ClientSimulation, GPG3: 603
　Component, GPG5: 258
　Connection, GPG3: 670
　ControlState, GPG3: 596
　CPersistent, GPG4: 197
　CProfileIterator, CProfileManager, CProfileNode, GPG3: 217, 220
　CRTTI, GPG4: 194
　CState, CStateTemplate, GPG3: 334
　DerivativeCompact, GPG5: 346
　Destroyer, GPG4: 189
　DynamicState, GPG4: 344
　DynamicVar, GPG4: 765
　EnvelopeVar, GPG4: 768
　Factory, GPG5: 252
　Freezable, GPG5: 224
　FreezeMgr, FreezePtr, GPG5: 221, 222
　IAudioListener, GPG4: 783
　InterfaceID, GPG5: 258
　Journaling, GPG3: 205
　LookupManager, GPG3: 602
　MatchboxListHeader, GPG3: 351
　menuControl, menuManager, menuScreen, GPG5: 265

ObjectContainer, ObjectManager, GPG4: 186
OggVorbisFile, GPG4: 784
Packable, GPG4: 723
PEAux, GPG4: 344
Performer, GPG3: 599
PhysicsEngine, GPG4: 344
ReferenceCount, GPG5: 257
ResourcePtr, GPG4: 138
ResPtrHolder, GPG4: 139
RigidAccumulator, GPG4: 344
RigidBody, GPG4: 344
SAVEMGR, SAVEOBJ, GPG3: 120, 121
ScheduleManager, GPG3: 602
Serializable, Serializer, GPG3: 626, 627
ServerSimulation, GPG3: 603
SimulationObject, SimulationState, GPG3: 596, 597
SlerpDirect, GPG5: 338
SlerpMatrix, SlerpRenormal, SlerpSimpleRenormal, GPG5: 341, 343
SOBFactory, SOBManager, GPG3: 601
Swicth, SwitchBox, GPG3: 203
Systems_t, GPG3: 76
TaskSys_t, GPG3: 77
TAutolists, GPG3: 127
TFreeList, GPG4: 117
TypeID, GPG5: 251
U2DMatchboxContainer, GPG3: 350
UserControlState, GPG3: 597
Version, GPG5: 259
VglFrustum, GPG4: 247
WaveFile, GPG4: 783
WorldObject, GPG4: 784
클래스 계통 구조
　내포, GPG1: 49
　상속, GPG1: 49
　층화, GPG1: 49
클래스 멤버 속성 계층, GPG5: 109
클러스터, 686
　맵, GPG3: 309
　알고리즘, 488
클록, 클럭, GPG3: 62, GPG4: 95, *cf.* 시간
　동기화, GPG3: 580, GPG4: 730
키보드 입력, GPG3: 162
킬러 휴리스틱, GPG1: 338

[ㄱ]

타격각, GPG5: 490
타이머, GPG4: 97

타일, GPG5: 148
  맞물린 타일들, GPG2: 476
  상태, GPG5: 149
  타일 기반 시선 처리, GPG2: 362
  타일 맵, GPG3: 319
탄도, GPG2: 277
  고도각, GPG2: 280
  발사체, GPG2: 277
  비행 시간, GPG2: 283
  역탄도, GPG2: 277
  초기 속도, GPG2: 282
  최대 높이, GPG2: 283
  탄도, GPG2: 277
  MLP의 활용, GPG2: 447
탄젠트 함수, GPG1: 245
탄착점, GPG4: 313
탐욕 알고리즘, 탐욕법, GPG4: 491,
  GPG5: 452
탐지 범위, 53
태스크 스케줄러, 424
탭 페이지, GPG5: 216
테스트, 테스팅 ⇨ 검사
테이블
  사인, 코사인 참조 테이블, GPG3:
   241
  색 번짐 무지개, GPG3: 558
  시선, 사선 판정, GPG3: 377
  전술적 길찾기, GPG3: 377
  포탈 이동, GPG3: 385
  포탈 참조 테이블 계산, GPG3: 388
  픽셀 당 조명 계산 참조 테이블,
   GPG3: 553
  h.h^k 맵 참조 테이블, GPG3: 556
  n.h/h.h 맵 참조 테이블, GPG3: 553
테일러 급수, GPG1: 235, GPG5: 333,
  349, GPG3: 248
테크트리, 200
테트리스, 735
텍셀 크기, 582
텍스처, *cf.* 범프 매핑, 맵, 매핑, 절차적
  텍스처, 종속적 텍스처
  2차원 스프라이트 효과, GPG1: 651
  고유한 텍스처 시스템의 규모가변성,
   GPG3: 548
  관리자, GPG1: 78
  구름 텍스처, GPG3: 530
  그림자 텍스처 투영, GPG3: 524
  다중 텍스처링, GPG2: 557, GPG4:
   553
  동적인 텍스처, GPG3: 547
  마스킹, GPG2: 586, GPG4: 588
  매개변수, 절차적 텍스처, GPG3: 536
  밉매핑, 585
  반복, GPG1: 721
  범프 맵, 동적인 텍스처 혼합, GPG3:

   548
법선 분포 함수, GPG3: 565
법선을 텍스처 공간으로 변환, GPG3:
  509
부동소수점 렌더링 대상, 552
부동소수점 텍스처, GPG5: 662
부조 텍스처, GPG3: 500
색 번짐 무지개, GPG3: 558
세포 자동자, GPG3: 536
소벨 필터, GPG2: 565
수직으로 인터레이스된 텍스처,
  GPG3: 502
안티앨리어싱, 581
열 텍스처, GPG4: 615
워핑, GPG3: 500
웹캠 데이터, GPG2: 223
유틸리티 라이브러리, GPG1: 751
의존적 텍스처 참조, GPG2: 578
임포스터링, GPG2: 599
잡음, GPG3: 536
좌표, GPG1: 653
카툰 렌더링, GPG2: 553
캐싱, GPG3: 544
클램핑, GPG1: 721
텍셀 크기, 582
텍스처 공간 범프 매핑, GPG1: 699
텍스처로 렌더링, 552
펄린 잡음, GPG3: 530, GPG5: 586
프랙탈 브라운 운동, GPG3: 530
픽셀 셰이더를 이용한 고급 텍스처
  마스킹, GPG4: 591
하늘 상자, GPG2: 526
하드웨어 가속 텍스처 계산, GPG3:
  540
합성 모형, GPG3: 544
휘도 텍스처, GPG4: 607
D3DFMT_A16B16G16R16F, 552
D3DFMT_A32B32G32R32F, 542
D3DFMT_R16F, 552
D3DFMT_R32F, 542, 552
glTexSubImage2D(), GPG2: 228
GPU에서 복사, 556
NDF 텍스처 생성, GPG3: 566
텍스트, *cf.* 지역화, 입력, 텍스트 파서
  다중 바이트 문자집합, GPG3: 160
  단위와 표시 형식, GPG3: 158
  단일 바이트 문자집합, GPG3: 159
  문자집합, GPG3: 159
  위험한 문자들, GPG3: 168
  유니코드, GPG3: 156
  이중 바이트 문자집합, GPG3: 160
  입력 방법 편집기, GPG3: 157
  정렬 규칙, GPG3: 157
  줄바꿈 문제, GPG3: 156
  지역화, GPG3: 164

커서 이동, GPG3: 170
텍스트 배치, GPG3: 163
편집, GPG3: 170
하드코딩된 문자열, GPG3: 164
ANSI, GPG3: 156
API 함수들, GPG3: 161
DBCS, GPG3: 160
MBCS, GPG3: 157
SBCS, GPG3: 159
Shift-JIS 인코딩, GPG3: 160
UI 디자인과 텍스트 배치, GPG3:
  163
텍스트 파서, GPG2: 174, *cf.* 파서
텍스트 파일, GPG1: 37
템플릿, GPG2: 60, GPG5: 103, 228, *cf.*
  C/C++, STL, 템플릿
  메타프로그래밍
  객체 직렬화, GPG3: 625
  게임 객체, 469
  게임 구성요소, 468
  메시지 디스패치, GPG3: 615
  메타 프로그래밍 기법, GPG3: 615
  멤버 템플릿, GPG4: 185
  반영 기능 구현, GPG5: 99
  방침 기반 설계, GPG5: 202
  설계 패턴, 468, GPG2: 106
  자유목록 템플릿, GPG4: 117
  특수화, GPG5: 112
템플릿 메타프로그래밍, GPG1: 59
  계승, GPG1: 61
  삼각함수, GPG1: 62
  상수적인 수행 시간, GPG1: 61
  컴파일러, GPG1: 65
  템플릿 함수, GPG1: 60
  피보나치 수열, GPG1: 59
  행렬의 곱, GPG1: 68
  행렬의 전치, GPG1: 68
  행렬의 초기화, GPG1: 67
토크, GPG1: 220, GPG4: 352, GPG5:
  482, 536
토큰, GPG3: 146, GPG5: 74
  추출, GPG3: 97
  토큰화, GPG5: 74
토킹 박스, GPG3: 716
톤 매핑, 607, 616
통계, GPG1: 171
통계적 다중 표본화, 502
통합 단계, GPG3: 72
퇴화 계수, 503
투과 조명항, GPG5: 650
투과음, 659
투명, GPG1: 729
투영
  그림자 매핑, GPG1: 712
  기하대수 직교투영, GPG5: 292

데칼 그림자 텍스처 투영, GPG3: 524
오른쪽 투영, GPG5: 286
왼쪽 투영, 좌사영, GPG5: 286
우선순위 기반 계층적 투영, GPG3: 429
원근 이후 공간, GPG4: 531
원근 투영, GPG1: 717
정점의 투영 깊이, GPG1: 469
카메라 정보 추출, GPG4: 245
행렬, GPG5: 363
Direct3D 원근 투영 행렬, GPG5: 372
OpenGL 원근 투영 행렬, GPG5: 368
투표 공간, GPG4: 474
투표 기반 아키텍처, GPG4: 467
트랙, GPG2: 665
트레이트, GPG3: 193
트리, GPG4: 123
공격 트리, GPG5: 789
구 트리, GPG3: 621, GPG5: 118
노드, GPG4: 124
빔 트리, GPG5: 176
수준, GPG2: 498
순서 없는 트리, GPG4: 125
예측 트리, 252
유클리드 최소신장 트리, GPG5: 628
유향 트리, GPG4: 125
의사결정 트리, GPG5: 427, GPG2: 353, GPG4: 458
자기 조정 스플레이 트리, GPG3: 96
자원 배정 트리, GPG2: 384
최소신장 트리, 488
추상 구문 트리, GPG3: 489
프로파일 트리, GPG3: 214, cf. 사분트리, 팔분트리, 게임 트리, 구 트리, 적응형 이진 트리
k-d 트리, GPG2: 489
트리거 시스템, 268, GPG3: 359
스크립팅 언어, GPG3: 366
트위커, GPG2: 181
특성, GPG4: 747
나상시, GPG4: 287
방정식, GPG4: 287
긴동수 스펙트럼, GPG4: 809
표현식, 190
특수직교군, GPG4: 624
특징 추출, GPG5: 851
틈 메우기, 538
틱, GPG4: 102
팀 색상, GPG4: 585

[ㅍ]

파동
2차원 파동 방정식, 548, GPG1: 259
속도, 550
수면 파동 운동 방정식, GPG4: 376
순환 파동, GPG4: 383
전파, GPG4: 379
파면, 663
파서, 파싱, GPG3: 98, GPG5: 51, 717
단어 분석기, GPG5: 74
단점들, GPG2: 174
렉심, GPG5: 74
매크로, GPG2: 175
바커스-나우어 표기법, GPG5: 79
바커스-나우어 형식, GPG5: 79
생성기, GPG3: 146
어휘 분석기, GPG5: 74
어휘소, GPG5: 74
장점들, GPG2: 174
재귀적 하강 파싱, GPG5: 81
토큰, GPG5: 74
토큰화, GPG5: 74
파싱 시스템, GPG2: 177
ANTLR, GPG5: 733
Backus Naur Form, BNF, GPG5: 79
Yacc, GPG5: 74
파원, GPG4: 382
파이 메뉴, GPG3: 181
파이썬, 345, 380, GPG3: 143
내장, 438
다중 반환값, 380
상속, 381
쓰레기 수거, 392
전역 변수, 380, 384
지역 변수, 380
코루틴, 434
프로파일링, 394
Boost.Python, 383, 388
C API, 383
Swig, 387, GPG3: 97
파이프라인
구축, GPG5: 687
그래픽, GPG2: 261, 584
오디오, GPG2: 649
음성 인식, GPG5: 851
플러그인, GPG5: 684
파일
감시기, 134
관리, GPG2: 159
단편화, 127
메모리 캐싱, 128
연산 추상화, GPG4: 107
전송 프로토콜, GPG5: 750
호환성, GPG4: 204
I/O, GPG3: 614
파편, GPG4: 321, GPG5: 643
파형요소, GPG1: 253
판단 경계선, GPG1: 445
팔분트리
개요, GPG1: 558
구축, GPG1: 560
느슨한 옥트리, GPG1: 565
세포 자동자, GPG3: 273
응용, GPG1: 563
지리 격자, 48
쿼드트리, GPG1: 566
패치 법선, GPG3: 425
패킷, GPG1: 158
네트워크 주소 변환, NAT, GPG5: 741
보안, GPG5: 747
보안 패킷 형식, GPG3: 642
선형 합동적 난수 생성기, GPG1: 160
손실, GPG3: 590
수신 패킷 대기열, GPG5: 770
신뢰성 패킷, GPG5: 766
신뢰성 패킷 대기열, GPG5: 771
신뢰성 패킷의 소실, GPG5: 769
유효성 점검, GPG3: 645
채움, GPG3: 643
최적화, GPG3: 672
패킷 리플레이, GPG1: 159
패킷 변조, GPG1: 159
패킷 식별자, GPG5: 769
페이로드, GPG1: 159
헤더, GPG1: 159
형식, GPG3: 641
패턴 ⇨ 설계 패턴
팩토리, cf. 설계 패턴
추상 팩토리, GPG2: 69
팩토리 메서드 패턴, GPG2: 109
팩토리 클래스, GPG5: 252
팩토리 패턴, GPG1: 56, GPG3: 601
팩토리 함수, GPG5: 102
Factory 클래스, GPG5: 252
SOBFactory 클래스, GPG3: 601
퍼사드 패턴, GPG1: 53, GPG2: 630
퍼지, GPG2: 431
감지기, 289
계통적 퍼지 감지기, 297
깐깐한 집합, GPG1: 416
논리, 360
논리, GPG1: 416, GPG2: 431
논리 제어기, 363
랜드스케이핑, GPG1: 611
렌더링 공정 제어, 360
명제, 298
상태기계, 346, GPG2: 431
소속도, 298
전통적인 퍼지 논리 규칙들, GPG2: 439
세어, GPG1: 421
제어, 360
조합의 폭발적 증가, GPG2: 437

집합, GPG1: 417
추론 시스템, 360
코옵스 방법, GPG2: 440
행동 모듈, 300
확률, GPG2: 432
Fuzzy Logic Toolbox, 365
Simulink, 365
퍼텐셜
　3차원 유사퍼텐셜, GPG5: 387
　각도 퍼텐셜장, GPG5: 388
　소용돌이, GPG5: 492
　장, GPG4: 469
　함수 평가, GPG5: 391
펄린 잡음, GPG3: 530, GPG5: 586
페이드인/아웃, 648, GPG2: 639
페이로드, GPG1: 159, GPG3: 643
페이지 실패, GPG2: 64
페이징, GPG5: 142
편집 상자, GPG5: 215
편집 횟수, 82
편집기, GPG3: 72
평균화 필터, GPG3: 704
평면, GPG5: 362
　가까운 평면, GPG4: 244
　구 대 평면 교차, GPG2: 260
　기준 평면, GPG1: 703
　깐깐한 평면 문제, GPG1: 569
　마스킹, GPG5: 138
　먼 평면, GPG4: 244
　민코프스키 평면 집합 총합, GPG2:
　　409
　밀개와 끌개, GPG4: 486
　법선, 172
　벡터와 평면 교차, GPG2: 252
　삼각형 평면화, GPG1: 508
　선분-평면 교차, GPG1: 506
　세 점에 의한 정의, 171
　세 평면 교점, 171
　시야 절두체 평면, GPG5: 365
　응집성, GPG5: 139
　응집성 최적화, 518
　적응형 이진 트리 구축, 494
　절단 평면, GPG4: 568
　최소제곱평면, GPG4: 663
　평면 방정식, GPG4: 240
　평면 변환, GPG4: 239
　평면 절두체, GPG5: 129
　BSP 분할, 59
평범한 VIPM, GPG2: 462
평준화, 평탄화, 평활화, GPG5: 321,
　　GPG2: 319, GPG4: 175
　계수, GPG4: 179
　시간, GPG4: 179
　입자 유체동역학, 221, 225
평탄도, GPG3: 295

평행 수송 프레임, GPG2: 287
평행 평면, GPG5: 292
평행광원, GPG4: 533
평행선, GPG2: 270
폐기 메커니즘, GPG2: 115
포격전, GPG5: 402
포먼트, 636
포물선 항극, GPG5: 490
포섭 아키텍처, 278, GPG4: 469
포식자, GPG1: 409, GPG2: 424
포인터, GPG1: 116
　게임 저장, GPG3: 120
　고유한 식별자, GPG3: 103
　구조화된 예외 처리, GPG2: 343
　덤 포인터, GPG3: 102
　디버깅, GPG4: 70
　똑똑한 포인터, GPG2: 351, GPG3:
　　101
　스택 프레임, GPG2: 343
　식별자 역할, GPG2: 183
　약한 참조, GPG4: 135
　역포인터, D*, GPG5: 472
　유한상태기계, GPG3: 329
　유효성 점검, GPG3: 104
　저장과 복원, GPG5: 219
　직렬화와 역참조, GPG3: 634
　함수 포인터, GPG2: 100, GPG3: 329
　핸들, GPG3: 101, 120
　핸들-포인터 참조 테이블, GPG3: 120
　C 포인터, GPG4: 137
　NULL 포인터 점검, GPG4: 141
　SEH, GPG2: 343
　this 포인터, GPG2: 112
포킹, GPG4: 700
포털(포탈), 654, GPG5: 361, 676
　네티게이션 메시, GPG3: 385
　렌더링, GPG5: 676
　이동, GPG3: 385
　자동 생성 알고리즘, 67
　참조 테이블 계산, GPG3: 388
　PVS 생성, 70
포텐셜 ⇨ 퍼텐셜
폭발, GPG5: 832
　반응, GPG5: 563
　조합, GPG2: 437, GPG5: 680
　효과, GPG5: 563
　효과음, GPG5: 832
폰 노이만-모르겐슈테른 효용 이론,
　　GPG4: 464
폴링, GPG1: 300
표 ⇨ 테이블
표면 분할 ⇨ 분할
표면 진동, 632
표면장력, 549, GPG4: 385
표본

주파수, 667
지연, GPG3: 704
추출, GPG3: 213
표본율, 667
표시 후 일소, 392
표시기, GPG3: 72
표준 대기, GPG5: 484
표준 시야 절두체, GPG5: 363
표준 템플릿 라이브러리 ⇨ STL
표준편차, GPG4: 284
푸리에 변환, GPG4: 516
푸아송 원반 표본화, GPG4: 516
풀 시뮬레이션, GPG5: 500
풀링, GPG4: 688
프랙탈
　다중 프랙탈, GPG2: 320
　단층 프랙탈, GPG2: 315
　옥타브, GPG2: 317
　잡음 기반 음 합성, GPG4: 809
　진폭, GPG2: 317
　프랙탈 브라운 운동, FBM, GPG2:
　　316
　프랙탈 지형 생성, GPG1: 628
　플라즈마 프랙탈, GPG2: 315
프런트 캡, 앞마개, GPG3: 445
프런트엔드 프로세스, GPG3: 617
프레넬 항, GPG1: 724, GPG5: 654
프레넷 프레임, GPG2: 289
프레임
　메모리 시스템, GPG1: 144
　버퍼, GPG1: 729
　분석, GPG2: 130
　응집성, GPG4: 424
　이벤트, GPG3: 62
　작동, GPG3: 74
　잠금, GPG3: 575
　프레넷 프레임, GPG2: 289
　OpenGL 프레임 버퍼 객체, 612, 612
프로그래밍 프레임웍, GPG3: 71
프로세서 친화도, GPG5: 443
프로세스, GPG5: 803
　상호작용, GPG3: 619
　통신, GPG5: 442
프로토콜 ⇨ 패킷, TCP, UDP
　계층, GPG3: 655
　실시간 전략 네트워크, GPG3: 583
　FTP, GPG5: 750
　IPSec, GPG3: 639
　NTP, GPG3: 580
　P2P, GPG3: 584, GPG5: 741
프로파일링, GPG1: 178
　고해상도 타이머, GPG2: 128
　루아, 394
　요구사항들, GPG2: 131
　파이썬, 394

표본 추출, GPG3: 213
프레임 기반 분석, GPG2: 130
프로파일 트리, GPG3: 214
프로파일링 모듈, GPG2: 128
프로파일링 전략, GPG3: 213
Intel Graphics Performance Toolkit, GPG2: 129
Intel VTune, GPG2: 129
LuaProfiler, 394
Metrowerks Analysis Tools, GPG2: 129
RPC, GPG5: 739
프록시, GPG5: 730
　서버, GPG3: 672
　클래스, GPG1: 155
플라이급 객체, GPG2: 103
플라즈마 프랙탈, GPG2: 315
플래그, GPG3: 365
플래그 방침, GPG3: 196
플랫폼 독립적 프레임웍, GPG3: 73
플랫폼 의존적 프레임웍, GPG3: 73
플레이어
　개성, GPG2: 393
　뮤텍스, 270
　신고, GPG5: 730
플렌징, GPG4: 775
플로킹 ⇨ 무리 짓기
피드백 ⇨ 되먹임
피드포워드 망, GPG4: 503
피보나치 수열, GPG1: 59
피부색, 36
피지크 수정자, GPG2: 212
피치, GPG1: 404, GPG3: 256
픽셀 기반 하늘, 601
픽셀 단위 절단, GPG5: 663
픽셀 당 조명, GPG2: 561
　반영 지수, GPG3: 555
　법선, GPG4: 574
　블러링, GPG4: 617
　섭동, GPG4: 617
　스포트라이트, GPG2: 569
　샤는 렌더링, 602
픽셀 당 퐁 셰이딩, 606
픽셀 변위, GPG5: 660
픽셀 셰이더, cf. 정점 셰이더, HLSL
　결합된 그림자 버퍼, GPG4: 557
　고급 텍스처 마스킹, GPG4: 591
　광반, GPG5: 657
　구름 매핑 예제, GPG3: 522
　단정도 일반 행렬-행렬 곱, GPG4: 501
　미세면 기반 셰이딩, GPG3: 564
　범프 환경 맵, GPG3: 502
　색 번짐 무지개, GPG3: 558
　유체 렌더링, 553

임포스터 렌더링, GPG5: 621
입방체 맵 렌더링, GPG3: 529
점적광 및 지향광 조명, GPG3: 561
조합식 셰이더, GPG5: 679
텍스처 안티 앨리어싱, 585
파이프라인 구축, GPG5: 687
픽셀 단위 절단, GPG5: 663
픽셀 당 블러링, GPG4: 617
픽셀 당 섭동, GPG4: 617
h.h^k 맵, GPG3: 556
n.h/h.h 매핑, GPG3: 554
NDF를 통한 범프 매핑, GPG3: 567
texbem 명령, GPG3: 502
texkill, GPG5: 663
픽셀 혼합, GPG1: 729
픽스드-업 프레임, GPG2: 290
필자
　김용하, xxv, 717
　김형석, xxv, 683
　배현직, GPG5: 723
　Aaron Nicholls, GPG2: 277, GPG3: 155
　Adam Lake, xxxiii, 3, GPG3: 483, GPG2: 553, GPG4: 641
　Adam Martin, GPG4: 683, GPG5: 60, 783
　Adam Moravanszky, GPG4: 363
　Alex Vlachos, GPG1: 739, GPG2: 292, 506, 511, 528, GPG4: 509, GPG3: 445
　Alexander Brandon, 623, xxvii
　Allen Pouratian, GPG3: 95
　Allen Sherrod, xlii, 611
　Anders Hast, xxxii, 177, GPG5: 303
　Andre LaMothe, GPG1: 429
　Andrew Kirmse, GPG1: 154, 158, GPG2: 49, GPG4: 57, GPG3: 573
　Andy Thomason, GPG5: 326
　Anis Ahmad, GPG1: 724
　Arjan Egges, xxix, 477
　Armand Prieditis, xxxix, 245
　Arnau Ramisa, xxxix, 31
　Aurelio Reis, xl, 597, GPG5: 74
　Barnabas Aszodi, GPG5: 568
　Ben Board, GPG3: 125
　Ben St. John, xlv, 507
　Bert Freudenberg, GPG4: 577
　Bill Budge, GPG4: 123
　Bjarne Rene, GPG5: 83
　Blake Madden, xxxvi, 93
　Borut Pfeifer, GPG4: 431, GPG5: 379
　Brian Hawkins, GPG3: 101
　Brian Schwab, xlii, 243

Bruce Dawson, GPG2: 165, 337
Bruno Sousa, GPG2: 159
Bryan Stout, GPG1: 340
Bryon Hapgood, GPG2: 141, 149
Byon Garrabrant, GPG3: 213
Carl Dougan, GPG2: 287
Carl S. Marshall, GPG3: 437, GPG2: 544, GPG4: 641
Carsten Dachsbacher, GPG4: 531
Charles Cafrelli, GPG2: 96
Charles E. Hughes, GPG5: 625
Charles Farris, GPG3: 329
Charles Nicholson, xxxvii
Chris Corry, GPG4: 65
Chris Joslin, xxxiii, 683
Chris Lomont, xxxiv, 145, GPG5: 279
Chris Maughan, GPG2: 583
Chris Oat, GPG3: 553, GPG4: 571
Chris Stoy, xlv, 459
Christian Schuler, GPG5: 836
Christopher Christensen, GPG3: 383
Christopher Tremblay, GPG5: 349
Chuck DeSylva, GPG5: 427
Chun Che Fung, xxx, 699
Curtiss Murphy, xxxvii, 447
D. Sim Dietrich Jr., GPG1: 679, 694, GPG2: 591
Dan Ginsburg, GPG1: 558, GPG2: 561
Daniel Higgins, GPG3: 341, GPG5: 542
Dante Treglia II, GPG1: 480
Dave Gosselin, GPG2: 528, 561
Dave McCoy, GPG4: 599
David Etherton, GPG4: 105
David Fox, GPG3: 667
David L. Koenig, xxxiii, 123
David Paull, GPG1: 474
Diego Garcés, xxxi, 261
Dominic Filion, xxx, 521, 651, GPG5: 660, 679
Don Hopkins, GPG3: 181
Don Stoner, GPG4: 313
Drew Card, GPG3: 445
Eddie Edwards, GPG1: 227, GPG4: 743, GPG3: 711
Enric Marti, xxxvi, 31
Enric Vergara, xlvi, 31
Eric Dybsand, GPG1: 319, GPG2: 431
Eric Lengyel, GPG1: 469, 491, GPG2: 516, GPG3: 277, 361, GPG3: 413
Eric Robert, GPG3: 201

Erin Catto, xxvii, 205
Evan Hart, GPG2: 511
Ewert Bengtsson, GPG5: 303
Finnegan Southey, GPG5: 409
Francois Dominic Laramee, GPG2: 102
Frank Luchs, xxxv, 635, GPG3: 731, GPG4: 805
Frank Luna, 547
Frank Puig Placeres, xxxviii, 565, GPG5: 128
Frederic My, GPG4: 193
Gabor Nagy, GPG1: 709, 729
Gabor Szijarto, GPG5: 612
Gabriel Rohweder, GPG3: 655
Gabriyel Wong, xlvi, 359
Garin Hiebert, GPG3: 691
George Drettakis, GPG4: 531
Glenn Fiedler, GPG4: 655
Graham Rhodes, xl, 373, GPG2: 262, GPG4: 311
Greg Hjelstrom, GPG3: 213
Greg James, GPG2: 610
Greg Seegert, GPG3: 173, GPG4: 585
Greg Snook, GPG1: 382, GPG2: 476, GPG3: 497
Guy W. Lecky-Thompson, GPG1: 195, 611
Harald Vistnes, 533
Herb Marselas, GPG1: 459, 589, GPG2: 76, 81
Hugo Pinto, xxxviii, 277, 289, 305
Ian Lewis, GPG2: 642, 684
Ignacio Incera Cruz, GPG5: 142
Jack Moffitt, GPG3: 681
Jake Simpson, GPG4: 759
James Boer, xxvi, 81, 643, GPG2: 174, GPG1: 44, 83, 130, GPG4: 85, 765, GPG5: 159
James F. O'Brien, GPG4: 399
James M. Van Verth, GPG5: 311
Jamie Cheng, GPG5: 409
Jan Kautz, GPG3: 563
Jan Svarovsky, GPG1: 269, 333, 516, 577, GPG3: 583
Jason Beardsley, GPG3: 625
Jason L. Mitchell, GPG1: 739, GPG2: 528, GPG5: 583
Jason Shankel, GPG1: 275, 281, 628, 633, 638, GPG2: 522, GPG3: 419
Jason Weber, GPG3: 261
Javier F. Otaegui, GPG2: 135
Jean-Francois Dube, GPG5: 585

Jeff Evertt, GPG2: 128
Jeff Lander, GPG3: 409
Jerry Tessendorf, GPG4: 375
Jesse Laeuchli, GPG2: 314
Jialiang Wang, 359
Jim Greer, GPG3: 575
Jim Hejl, GPG4: 621
Jim Van Verth, xlv, 143, GPG4: 283
Joe Valenzuela, GPG4: 745
John Bolton, GPG5: 396
John Hancock, GPG4: 457
John Isidoro, GPG3: 553
John M. Olsen, GPG1: 139, 171, 205, GPG2: 252, GPG4: 479
John Manslow, GPG2: 447
John W. Ratcliff, GPG2: 485
Jon Watte, GPG5: 741
Jonathan Blow, GPG4: 227
Jonathan Stone, GPG4: 417
Jorge Freitas, GPG1: 670
Juan M. Cordero, GPG5: 507
Julien Hamaide, xxxi, 321, 663, GPG5: 849
Justin Quimby, GPG4: 699
Justin Randall, GPG3: 609
Jörn Loviscach, xxxv
Karen Pivazyan, GPG4: 443
Keith Weiner, GPG2: 647
Kenneth L. Hurley, GPG3: 527
Kenny Mitchell, GPG3: 515
Kevin Kaiser, GPG1: 502
Kim Pallister, GPG2: 572, GPG5: 29
Kok-Wai Wong, xlvi, 699
Kurt Pelzer, GPG4: 543
Larry Shi, xlii, 739, GPG4: 729
Lasse Staff Jensen, GPG2: 181
Loic Le Chevalier, GPG1: 253
Luis Otavio Álvares, xxvi, 277, 289, 305
Luiz Henrique de Figueiredo, xxix, 399, 417
Maic Masuch, GPG4: 577
Marc Stamminger, GPG4: 531
Marcin Pancewicz, GPG4: 327
Marco Sporel, GPG4: 295
Marco Tombesi, GPG2: 206, GPG5: 469
Mario Grimani, GPG4: 491, GPG5: 452
Mark DeLoura, xiii, GPG5: 799, GPG4: 52
Mark Fischer, GPG2: 197
Mark T. Price, GPG4: 211
Mark Zarb-Adami, GPG3: 255
Markus Breyer, GPG5: 387

Marq Singer, xliii, 627
Martin Brownlow, GPG3: 119, GPG5: 599, 766
Martin Fleisz, xxx, 493
Marwan Y. Ansari, GPG4: 595
Mason McCuskey, GPG1: 416, 650
Matt Pritchard, GPG2: 362, 496, GPG4: 165
Matthew Campbell, xxvii, 447
Matthew Harmon, GPG4: 145, GPG5: 181, 818
Matthew Titelbaum, GPG5: 452
Michael Dougherty, GPG4: 599
Michael Harvey, GPG3: 59
Michael Mandel, GPG5: 534
Michael Ramsey, xl, 331, GPG5: 435
Michael Zarozinski, GPG2: 437
Miguel Gomez, GPG1: 215, 247, 259, GPG2: 489, GPG3: 285
Mike Dickheiser, xvii, GPG5: 479
Mike Ducker, GPG3: 313
Mike Milliger, GPG3: 535
Mukesh Dalal, 245
Nadia Magnenat-Thalmann, xxxvi, 477, GPG4: 387
Natalya Tatarchuk, GPG4: 183
Nathan d'Obrenan, GPG2: 220
Nathan Mefford, GPG5: 198
Naty Hoffman, GPG3: 515
Neeharika Adabala, GPG5: 625
Nick Porcino, GPG4: 339
Niniane Wang, GPG5: 592
Noel Llopis, xxxiv, 131, GPG2: 114 GPG2: 67, GPG4: 95
Octavian Marius Chincisan, xxviii, 57
Oliver Heim, GPG4: 641
Oscar Blasco, GPG3: 505
Palem GopalaKrishna, 189
Patrick Duquette, GPG5: 213, 704
Patrick Meehan, GPG5: 219
Paul Bragiel, GPG4: 327
Paul Glinker, GPG4: 115
Paul Kelly, GPG3: 145
Paul Rowan, xli, 475
Paul Tozour, GPG2: 371, 384
Pete Isensee, xxxii, 21, GPG2: 190, GPG3: 107, GPG1: 59, GPG4: 673
Peter Dalton, GPG2: 119 GPG2: 62
Peter Freese, GPG4: 251
Peter Smith, xliv, 725
Phil Burk, GPG3: 721
Pierre Terdiman, GPG4: 363

Rishi Ramraj, GPG5: 496
Robert Sparks, xliv, 673
Roberto Ierusalimschy, xxxii, 399, 417
Robin Green, GPG3: 239
Robin Hunicke, GPG5: 377
Roger Smith, xliv, 47, GPG4: 313
Russ Smith, GPG4: 351
Ryan Woodland, GPG1: 602, 686
Sami Hamlaoui, GPG5: 826
Scott Bilas, GPG1: 78, 101, 115
Scott Jacobs, xxxii, 681
Scott Patterson, GPG2: 629, 660, 674, GPG3: 71
Scott Velasquez, GPG4: 787
Scott Wakeling, GPG2: 87
Sebastien Schertenleib, GPG5: 231
Shawn Shoemaker, GPG5: 559
Shea Street, GPG5: 695
Shekhar Dhupelia, GPG4: 675, GPG5. 693, 716, 775
Simon Carter, GPG2: 346
Stan Melax, GPG1: 292
Stephane Garchery, xxxi, 683
Stephen White, GPG3: 383
Steve Rabin, xxxix, 115, GPG2: 302, 328, 355, 532, GPG3: 83, GPG1: 37, 164, 178, 299, 352, 363, GPG4: 67, GPG5: 637
Steven Ranck, GPG1: 144, 527, 657
Steven Woodcock, GPG1: 401, GPG2: 423, GPG3: 301
Sylvain Boisse, GPG5: 660
Szabolcs Czuczor, GPG5: 568
Sébastien Schertenleib, xli, 341, 433
Søren Hannibal, GPG3: 131, GPG4: 633
Takashi Amada, xxvi
Tao Zhang, GPG4: 729
Thatcher Ulrich, GPG1: 565
Thomas Demachy, GPG3: 135
Thomas Di Giacomo, xxix, 477, 683, GPG4: 387
Thomas Engel, GPG2: 637
Thomas Lowe, GPG4: 175
Thomas Rolfes, GPG4: 501
Thomas Strothotte, GPG4: 577
Thomas Young, GPG2: 407, 415, GPG3: 229
Thor Alexander, GPG3: 303
Thorsten Scheuermann, GPG5: 649
Tim Round, GPG1: 537
Timothy Roden, GPG5: 667
TJ Wagner, GPG4: 50
Toby Jones, xxxiii, 5, GPG4: 231

Tom Forsyth, GPG2: 459, 599, GPG3: 269
Tony Barrera, GPG5: 303
Torgeir Hagland, GPG1: 596
Vaclav Skala, xliii, 165
Viknashvaran Narayanasamy, xxxvii, 699
Waldemar Celes, xxviii, 399, 417, GPG4: 239
Warrick Buchanan, GPG4: 523, GPG5: 251
Wendy Jones, GPG5: 264
William E. Damon III, GPG5: 59
William Leeson, GPG3: 451
William van der Sterren, GPG2: 396, GPG3: 369
Yossarian King, GPG1: 550, 645, 703, GPG2: 235
Zachary Booth Simpson, GPG3: 575
필터, 419, cf. 오디오, 음향 합성
 겹선형, 겹이차 필터, GPG2: 575, GPG3: 705
 계수 계산, GPG3: 707
 고대역통과 필터, 하이 패스 필터, GPG2: 642, GPG3: 704
 공명 필터, GPG3: 703
 대역통과 필터, GPG3: 708
 디지털 필터, GPG3: 703, 713
 무한 임펄스 응답 필터, GPG3: 703
 반사 계수, GPG3: 714
 병렬 연결, GPG3: 708
 블룸 필터, GPG2: 197
 비교기, GPG3: 725
 사전 강조 필터, GPG5: 852
 소벨 필터, GPG2: 565
 역필터, GPG3: 714
 유한 임펄스 응답 필터, GPG3: 704
 저대역통과 필터, 로우 패스 필터, GPG2: 642, GPG3: 704
 주파수 거르기, GPG4: 788
 중심 주파수, GPG3: 708
 직렬 연결, GPG3: 708
 차단 주파수, GPG3: 706
 카메라 제어, GPG5: 573
 평균화 필터, GPG3: 704
 필터 뱅크, GPG3: 708
 해밍 윈도우, GPG5: 852
 FIR 필터, GPG3: 704
 Photoshop Digimarc 필터, 119
 Sobel filter, GPG2: 565
하상 신기루, GPG4: 611
하나 모자라는 오류, GPG4: 74
하늘, 597, GPG5: 585, cf. 하늘 상자
 구름, 599
 동적인 하늘, 598

 입방체 하늘 맵, 603
 정점 기반, 601
 픽셀 기반, 601
 하늘 색렌더링, 599
 하늘빛 분산, GPG3: 521
 해와 달, 599
 Mie, Rayleigh 산란, 599
하늘 상자, GPG2: 522
 입방체 환경 매핑, GPG2: 525
 장면 렌더링, GPG2: 525
 카메라, GPG2: 522
 크기, GPG2: 524
 해상도, GPG2: 522
하드 드라이브 캐싱, 127
하드 코딩, GPG1: 38
 문자열, GPG3: 164
 스크립팅, GPG3: 142
하드웨어, GPG2: 611, cf. 정점 셰이더, 픽셀 셰이더, HLSL
 2D 종속적 녹청 텍스처 어드레싱, GPG2: 611
 4 방향 다중 표본 추출, GPG2: 611
 그래픽 파이프라인, GPG2: 584
 디버깅을 위한 지식, GPG4: 79
 바이트 엔디안, GPG4: 109
 생명 게임, GPG2: 621
 서버 교체, GPG5: 700
 텍스처로의 렌더링, GPG2: 580
 하드웨어 렌더링, GPG1: 743
 하드웨어 스키닝, GPG4: 621
 AGP 버스, GPG2: 585
 GameCube, GPG4: 521
 PocketPC, GPG4: 395
 Xbox, GPG4: 167
하르 파형요소, GPG1: 257
하우스홀더 바사, GPG5: 841
하우스홀더법, GPG4: 289
하위스레드, GPG3: 68
하위픽셀, GPG4: 513
하이 패스 필터, GPG2: 642
하중, GPG5: 482
하향 형변형, GPG2: 91, GPG3: 128
학습
 강화 학습, 329
 관찰에 의한 AI 캐릭터 훈련, GPG3: 303
 귀납 학습, GPG5: 429
 규칙, GPG3: 306
 기계 학습, GPG3: 303
 단기 기억 모형, 327
 등각, GPG3: 306
 동적 프로그래밍, GPG4: 455
 타그닝구 최적화 이론, 327
 분산 추론 투표 아키텍처, GPG4: 476
 인공 신경망, GPG4: 503

자동차 주행 훈련, GPG3: 305
지지 벡터 기계, 321
클러스터 맵, GPG3: 309
학습 분류자, 321
헵 학습 알고리즘, GPG1: 448
훈련 카운터, GPG3: 310
GoCap, GPG3: 303
K근접 이웃망, 329
한국, GPG3: 155
할당 방침, GPG5: 204
할리우드식 물리, GPG5: 559
함수, *cf.* C/C++, 계단 함수, 근사, 삼각
   함수
   가상 함수, 순수 가상 함수, GPG2:
     67, GPG5: 220
   내보내기, 익스포트, GPG1: 112,
     GPG2: 76
   미분 가능, GPG1: 237
   바인딩, GPG1: 101, GPG3: 95
   병렬성, 25
   분해, GPG5: 437
   불연속, GPG1: 246
   비용, GPG1: 459
   속성, GPG4: 206
   원형 추출, GPG3: 96
   인라인 함수, GPG2: 55
   재귀 함수, GPG4: 126
   중복 적재, GPG3: 329
   직렬화, RPC, GPG5: 730
   함수 객체, 451
   함수 포인터, GPG2: 111, GPG3: 332
   호출 부담, GPG2: 64
   호출, 반환, 386, GPG1: 109, GPG2:
     64, 142
함수 객체, 함수자, 451
합병, GPG3: 658
합성, GPG1: 49, GPG2: 631, GPG5: 86
   객체, 706
   계층, 705
   모형, GPG3: 544, GPG4: 808
   설계 패턴, 705
합집합, GPG5: 169
항력, 205, 217, GPG5: 482, 485
   계수, GPG5: 483
   기생 항력, GPG5: 490
   비행기, GPG5: 493
   소용돌이 유도 항력, GPG5: 490
   토크, 217
항적, GPG4: 383
해밍 거리, GPG1: 439
해밍 윈도우, GPG5: 852
해상도, GPG2: 461, GPG4: 511
해석적 해, GPG1: 247
해시, 194
   메시지 인증, GPG3: 643

범위 수열, 194
접촉 해싱, GPG4: 373
조브리스트 테이블, 해시, GPG4: 231
충돌, GPG4: 233
테이블, GPG1: 373, GPG3: 595
함수, GPG2: 199
해안 고리, GPG3: 342
해안 타일, GPG3: 342
해와 달, 599
해외 시장, GPG3: 155
해저드 포인터, 12
핵 가중 합, 226
핵 함수, 226, 326
핵심 계층, GPG3: 655
핸들, GPG1: 117
   게임 저장, GPG3: 120
   관리자, GPG1: 136
   똑똑한 포인터, GPG3: 101
   생성과 소멸, GPG3: 104
   자원 관리, GPG1: 119
   핸들-포인터 연관, GPG3: 120,
     GPG4: 137
햇빛, GPG3: 518
행동, GPG2: 347
   군중 행동, 256
   끌개, 310
   동시 행동 조합, 313
   모듈, 279, 290, 306
   목표 달성, 292
   무리 짓기, 플로킹, GPG1: 401,
     GPG2: 423, GPG4: 482
   배정, GPG2: 106
   선택 알고리즘, 309
   연쇄, 312
   요청, GPG3: 604
   우선순위, GPG2: 349
   일정 관리, GPG3: 604
   제어, GPG1: 431
   조타 행동, GPG1: 401, GPG2: 423,
     GPG4: 479, GPG3: 397
   집합, GPG2: 70
   창발적인 행동, 700, GPG2: 334
   클래스 계통구조, GPG2: 105
   행동 단위에 기반한 시스템, GPG2:
     347
   확장 행동망, 282, 289, 305
   FuSM, GPG2: 433
   NPC 제어, 264
행동망, 305, *cf.* 확장 행동망
행렬, 166
   고유값, GPG1: 222
   곱, GPG1: 68
   공분산, GPG4: 283
   공분산 행렬, 509
   국소-전역 변환, GPG1: 477

근사, GPG5: 339
단위, GPG1: 66
단정도 일반 행렬-행렬 곱, GPG4:
   501
대각합, GPG1: 278, GPG4: 286
대각화, 509
되먹임, GPG5: 840
라이브러리, GPG1: 749
무한 투영, GPG5: 367
빌보드, GPG3: 493
뻣뻣함, GPG4: 403
뼈대 애니메이션 변환, GPG3: 470
사원수 변환, GPG1: 275, GPG4:
   628, GPG5: 328
삼대각 계, GPG5: 307
수반 행렬, 186
순환 삼대각 계, GPG5: 308
시야, GPG1: 474
야코비, GPG4: 353, 403
에르미트 보간, GPG4: 272
역전치행렬, GPG4: 241
역행렬, 186
연립방정식의 해, 169
전치, GPG1: 68
질량 행렬, 629
초기화, GPG1: 67
카메라 변환, GPG1: 474, GPG3: 493
템플릿 메타프로그래밍, GPG1: 59
투영, GPG4: 246, GPG5: 363
하우스홀더법, GPG4: 289
행렬 팔레트 스키닝, GPG4: 621
행렬식, 166
회전, GPG1: 274
Direct3D 원근 투영 행렬, GPG5:
   372
OpenGL 원근 투영 행렬, GPG5: 368
slerp, GPG5: 341
행위자, GPG3: 136
허용 지역, 271
헝가리식 표기법, GPG1: 45
헝겊인형, GPG4: 348, GPG5: 534
헤더, GPG1: 159, 176
헤드업 디스플레이, HUD, GPG5: 64
헬리콥터 소리, GPG3: 738
헵 신경망, 학습 알고리즘, GPG1: 448
협동, *cf.* 협력
   공격 슬롯, 266
   배제 지역, 267
   자율 NPC, 262
   작업, GPG3: 136
   집중화, GPG2: 330
   칠판, 272
   트리거 시스템, 268
   플레이어 뮤텍스, 270
   플레이어 수색, 272

허용 지역, 271
NPC 의사소통, 269
UML 다이어그램, GPG3: 136
협동루틴 ⇨ 코루틴
협동적 다중 태스킹, 425, 438
협력, GPG3: 136
UML 다이어그램, GPG3: 138
형광등, GPG5: 831
형상, GPG4: 402
형식
식별 시스템, GPG5: 251
실행시점 형식 정보, RTTI, GPG5: 101, 225, GPG2: 57, GPG4: 185
안전성, 379, GPG3: 636
점검, 404
정의, GPG3: 109
호너 형식, GPG5: 349
호스트
대역폭 시뮬레이션, GPG3: 654
바꾸기, GPG3: 588
클라이언트, GPG5: 766
호출 규약, GPG1: 107
호출 스택, GPG3: 209, GPG4: 87
혼선, GPG1: 437
혼성 시뮬레이션, GPG4: 409
혼합 모드 VIPM, GPG2: 468
혼합 모드 스킵 스트립, GPG2: 470
홀함수, GPG1: 234
홉필드 신경망, GPG1: 450
화력
무력화, GPG4: 318
세기, 332
화면 밖 렌더링, 611
화면 흔들기, GPG5: 645
화이트박스 검사, 93
화학적 전개 모형, GPG5: 628
확대/축소, GPG1: 487
확대율, GPG1: 552
확률, GPG2: 432
표본화, 500
확률론적 라그랑주 모형, GPG5: 626
확률론적 지도, GPG4: 444
확률론적 합성, GPG3: 721
확률표, GPG4: 446
확산성 불, GPG5: 626
확인 메시지, GPG5: 767, 771
확장 RTTI, GPG4: 193
확장 행동망, 282, 305
확장성, 411
확장성 마크업 언어 ⇨ XML
환경 매핑
반사 효과, GPG1: 724
수면 시뮬레이션, GPG1: 267
환경 음향, GPG4: 787
환경 인식과 분류, GPG1: 431

환경 테이블, 405
환경층, 701
활동 객체, 447
활성화
문턱값, 314
에너지, 306
예외 처리, GPG3: 132
입력, GPG1: 433
함수, GPG1: 432, 434
회선, GPG2: 534
회오리바람, GPG5: 554
회전, GPG3: 262
강체 운동, GPG1: 218
고정소수점 체계, GPG1: 231
극소 회전, GPG1: 219
기하대수 사원수 회전, GPG5: 289
비유선형체, GPG5: 487
사원수, GPG3: 470, GPG5: 327, 329
사전처방식 물리, GPG5: 553
스프라이트, GPG1: 650
역기구학, GPG3: 262
오일러 법칙, GPG5: 296
카메라, GPG2: 534
표현, GPG2: 295
행렬, 511, GPG1: 269
회전자, GPG5: 290
회절, GPG3: 697
회피, GPG1: 402
횡단, GPG3: 235
효과
굴절, GPG2: 506
마스킹, 638
망점처리, GPG4: 577
메아리, GPG4: 788
미키 마우스, GPG2: 646
방사상 광반, GPG5: 638
백열 내핵, GPG5: 640
불덩이, GPG5: 641
블룸, 616
색 번짐 무지개, GPG3: 558
색유리, GPG1: 737
사위 문, GPG4: 578
세피아 색조, GPG4: 595
수평선, GPG1: 338
술어논리, GPG5: 414
스키드, GPG4: 811
실시간 DSP, 673
연기, GPG5: 642
열 아지랑이, GPG4: 611, GPG5: 660
용수철, GPG1: 487
유닛 진싱, GPG2: 369
유리, GPG1: 729
싹/올, GPG3: 183
초기 섬광, GPG5: 637
파편, GPG5: 643

플렌징, GPG4: 775
화면 흔들기, GPG5: 645
회오리바람, GPG5: 554
흐리기 필터, 616
효과음
귀곡성, GPG3: 707
귀뚜라미 소리, 638
단발성 음, GPG5: 824
도플러 전이 효과, GPG4: 749, / & GPG3: 727
레이저빔, GPG5: 831
로켓 엔진 소리, GPG3: 726
바람소리, GPG3: 707
빗소리, GPG3: 725
새 울음소리, 639
소나 신호, GPG3: 724
잠수함 소리, GPG3: 739
차량 소리, GPG3: 737
충돌음, GPG4: 811
폭발, GPG5: 832
헬리콥터 소리, GPG3: 738
형광등, GPG5: 831
휘파람 소리, GPG3: 716
효용
아키텍처, GPG4: 459
이론, GPG4: 464
함수, GPG4: 464
후면
제외, GPG3: 429
처리, GPG1: 478
후위 운행, GPG4: 124
후증가, GPG2: 51
후진 계획수립, GPG5: 420
후처리
세피아 색조, GPG4: 595
열 아지랑이, GPG4: 611, GPG5: 660
이미지 공간 후처리 효과, 576
입체, GPG5: 660
후크의 법칙, GPG4: 390
후행 모듈, 310
훈련, 327
카운터, GPG3: 310
휘도, GPG4: 600
텍스처, GPG4: 607
휘파람 소리, GPG3: 716
휴리스틱 ⇨ 발견법
휴식 자세, 482
흐름도, GPG5: 244
흐리기 필터, 616
흡입장, GPG5: 394
흠뻑, GPG1: 433
히스토그램, 33
계산, 37
힘, GPG1: 219, *cf.* 동역학, GPG4: 352, GPG5: 569

감쇠력, 548
벌점 힘, 227
부력, 206
중력, 206
한계, GPG4: 359
항력, 205
힙, GPG1: 145
0으로 나누기, GPG3: 132

[A]

A*, GPG5: 452, *cf.* 길찾기, 경로 이동
　가시점, GPG1: 345
　가장 싼 추정 비용, GPG1: 341
　가중치, GPG1: 348
　검색 공간의 단순화, GPG1: 363
　검색 속도, GPG1: 347
　과대평가, GPG1: 347
　다중 시작/종료 노드, GPG5: 459
　무작위성에 의한 한계, GPG4: 443
　미학적 최적화, GPG1: 352
　비용 함수, GPG3: 370
　상태의 표현, GPG1: 343
　약점, GPG1: 348
　전술적 A*, GPG3: 371
　조준 정보, GPG3: 373
　지형 분석, GPG3: 356
　총 경로 비용, GPG1: 341
　쿼드트리, GPG1: 344
　특징, GPG1: 343
　휴리스틱 함수, GPG3: 370
　A Star Explorer, GPG3: 380
　D*, 동적 A*, GPG5: 469
AABB ⇨ 축 정렬 경계상자
Aaron Nicholls, GPG2: 277, GPG3: 155
ABA 문제, 11
absolute threshold of hearing, GPG3: 682
abstract ⇨ 추상
ABT(adaptive binary tree) ⇨ 적응형 이진 트리
accessor, GPG5: 101
ACK 메시지, GPG3: 658
acknowledgement, GPG5: 767
acoustic vector, GPG5: 854
action ⇨ 동작, 행동
ActionRule 클래스, GPG3: 306
ActionRuleSet 클래스, GPG3: 306
ActionState 클래스
　기계 학습, GPG3: 304
　시뮬레이션 객체, GPG3: 596
activation function, GPG1: 432
Active Worlds, 727
actor ⇨ 행위자, 행동 객체
Actor 클래스

기계 학습, GPG3: 304
시뮬레이션 객체, GPG3: 600
ActorProxy 클래스, 455, GPG3: 600
actuator, 277
Adam Lake, xxxiii, 3, GPG3: 483, GPG2: 553, GPG4: 641
Adam Martin, GPG4: 683, GPG5: 60, 783
Adam Moravanszky, GPG4: 363
adaptive binary tree, ABT ⇨ 적응형 이진 트리
additive range reduction, GPG3: 246
adjoint formula, 186
ADPCM, GPG3: 683
advisor, GPG4: 468
aerodynamic ⇨ 공기역학
AES, GPG3: 639
aggregate relationship, 707
AGP 버스, GPG2: 585
AI ⇨ 인공지능
AIControlState 클래스
　기계 학습, GPG3: 305
　시뮬레이션 객체, GPG3: 597
AIO, GPG4: 691
Alex Vlachos, GPG1: 739, GPG2: 292, 506, 511, 528, GPG4: 509, GPG3: 445
Alexander Brandon, xxvii, 623
AlgFrustum 클래스, GPG4: 248
aliasing ⇨ 앨리어싱
alignment, GPG1: 401
Allen Pouratian, GPG3: 95
Allen Sherrod, xlii, 611
allocate 함수, GPG3: 110
allocator ⇨ 메모리, STL 할당자
allowed zone, 271
alpha-beta pruning, GPG1: 336
Alt-Tab 문제, GPG2: 137
altitude, GPG4: 418
alut 라이브러리, GPG4: 752
ambient light, GPG1: 658
ambient sound, GPG4: 755
amplification, GPG5: 583
amplifier, GPG3: 733
anagram, 202
and(), GPG5: 775
Anders Hast, xxxii, 177, GPG5: 303
Andre LaMothe, GPG1: 429
Andrew Kirmse, GPG1: 154, 158, GPG2: 49, GPG4: 57, GPG3: 573
Andy Thomason, GPG5: 326
AngelScript, 379
angular momentum, GPG1: 220, GPG4: 342
angular velocity, GPG1: 218, GPG4:

342
animation fitting, 483
Anis Ahmad, GPG1: 724
ANSI, GPG3: 156
anti-aliasing, GPG4: 513
anti-pattern, GPG2: 107
ANTLR, GPG5: 733
approximation ⇨ 근사
ARB_DEPTH_TEXTURE 확장, GPG4: 540
ARB_SHADOW 확장, GPG4: 540
ARB_SHADOW_AMBIENT 확장, GPG4: 540
arbiter, GPG4: 468
Archimedes' principle, 206
ArgoUML, GPG3: 144
Arjan Egges, xxix, 477
Armand Prieditis, xxxix, 245
Arnau Ramisa, xxxix, 31
Artificial Intelligence ⇨ 인공지능
ASE, GPG3: 380
aspect ratio, GPG1: 492
assert, GPG1: 164, *cf.* 단언, GPG4: 89, GPG3: 86
　스택 정보, GPG1: 169
　커스텀 assert, GPG1: 167
assertion ⇨ 단언
asset hotloading, 131
AST, GPG3: 489
asynchronous I/O, GPG4: 691
atexit() 함수, GPG2: 124
attack slot, 266
Attact Tree, GPG5: 789
attenuation ⇨ 감쇠
attraction curve, GPG4: 480
attractor, 310, GPG4: 479
attribute ⇨ 특성
audio ⇨ 오디오
Audio 클래스, GPG4: 782
AudioManager 클래스, GPG4: 781
AudioTag 클래스, GPG4: 783
aura, GPG3: 353
Aurelio Reis, xl, 597, GPG5: 74
authentication, GPG3: 639
averaging filter, GPG3: 704
AVLayer_t 인터페이스, GPG3: 78
avoidance, GPG1: 402
axis-aligned bounding box, AABB ⇨ 축 정렬 경계상자
axis-angle view, GPG5: 290
azimuth, GPG4: 418

[B]

B-스플라인 곡선, GPG1: 483
back cap, GPG4: 524

back facing, GPG1: 478
backend, GPG5: 697
backpointer, GPG5: 472
Backus-Naur Form, BNF, GPG5: 79
backward planning, GPG5: 420
Baeza-Yates-Gonnet 알고리즘, 83
ball-and-socket joint, GPG4: 357
bandwidth ⇨ 대역폭
Barnabas Aszodi, GPG5: 568
barrier map, 560
BaseSimulation 클래스, GPG3: 603
Battle.net, GPG5: 756
Battlefield 1, GPG5: 942, 942
Battleship, GPG5: 402
BattleZone, GPG5: 755
Bayes network, GPG2: 393
BBA(Bone-Based Animation), 691
BDI 추론, 703
beam, GPG3: 493, GPG4: 562
Beam Tree, GPG5: 176
behavior ⇨ 행동
behavior network, 305
Ben Board, GPG3: 125
Ben St. John, xlv, 507
Bert Freudenberg, GPG4: 577
Bessel function, GPG4: 379
Bezier curve ⇨ 베지에 곡선
biased exponent, 147, GPG2: 236
big-endian, GPG3: 628
Bill Budge, GPG4: 123
billboard ⇨ 빌보드
binary space partition ⇨ BSP
binding, 399
binned vertex, GPG2: 461
bipolar, GPG1: 444
Bison, GPG3: 154
bit ⇨ 비트
bitap algorithm, 83
bitmask(), GPG3: 226
BitPackCodec 클래스, GPG4: 720
bitstream adaptation, 685
bivector, GPG5: 281
Bjarne Rene, GPG5: 83
blackboard, 272
Blake Madden, xxxvi, 93
Blinn-Phong model, GPG3: 563
bluff body, GPG5: 485
blur, 616
blurring, GPG4: 617
BNF, Backus-Naur Form, GPG5: 79
boid, GPG1: 401
bone ⇨ 뼈대
Bone-Based Animation, BBA, 691
Boost.Python, 383
border zone, GPG5: 708

Borut Pfeifer, GPG4: 431, GPG5: 379
bound violation, GPG2: 122
boundary edge, GPG2: 545
bounding box ⇨ 경계상자
bounding obejct ⇨ 경계입체
bounding sphere ⇨ 경계구
BRDF, GPG1: 725
Brian Hawkins, GPG3: 101
Brian Schwab, xlii, 243
Bridge, GPG2: 629
brightness, GPG4: 600
Bruce Dawson, GPG2: 165, 337
Bruno Sousa, GPG2: 159
Bryan Stout, GPG1: 340
Bryon Hapgood, GPG2: 141, 149
BSD 소켓, GPG3: 612
BSP, 57, GPG5: 118
　고형 공간, 66
　구 트리, GPG5: 118
　구축, GPG5: 119
　고엽 렌더링, GPG5: 606
　노드 기반, 58
　말단 BSP, GPG5: 176
　말단형, 64
　메모리 효율적 BSP 트리, GPG5: 608
　볼록 말단형, 64
　볼록 영역, 66
　분할 평면, 59
　지형 BSP, 77
　최적화, GPG5: 122
　컴파일러, 57
　트리, GPG2: 489, GPG4: 789
　CSG 연산, GPG5: 169
　PVS 구축, 652
bubblesort, GPG5: 647
buffered mode, GPG3: 177
bump mapping ⇨ 범프 매핑
buoyancy ⇨ 부력
Byon Garrabrant, GPG3: 213
C/C++, cf. 매크로, 컴파일러, 템플릿,
　STL
　가변 길이 인수 목록, GPG3: 196
　가상 함수 테이블 포인터, GPG5: 220
　가상 함수, 테이블, 포인터, GPG2:
　　54, GPG4: 110, 120
　객체 지향적 프로그래밍, GPG1: 44
　게임 상태 클래스, GPG5: 162
　고급 기능들, GPG2: 60
　구조체 필드 순서, GPG4: 110
　내장 자료형 크기, GPG3: 627
　다중 상속, GPG3: 128
　단언문, GPG4: 110
　대등, 동등, GPG3: 112
　동적 변수, GPG4: 765
　동적 형 정보, GPG2: 87

똑똑한 포인터, GPG3: 101
메모리 경계 정렬, GPG4: 120
메타 프로그래밍 기법, GPG3: 615
멤버 템플릿, GPG4: 185
미리 컴파일된 헤더, GPG4: 111
반영 기능, GPG5: 99
방침, GPG3: 193
방침 기반 설계, GPG5: 198
배열 원소 개수, GPG3: 87
상속, GPG2: 89
상향 형변형, GPG2: 91
생성자, GPG1: 48
소멸자, GPG1: 49, GPG3: 109
속성, GPG4: 196
실행시점 형식 정보, GPG5: 101,
　225, GPG2: 57, GPG4: 185
영속적 형 정보, GPG2: 92
예외, 예외 안전성, GPG2: 351,
　GPG4: 131
위치 지정 new, GPG3: 111, GPG4:
　121
위치 지정식 new, GPG5: 209, 219
이름 맹글링, GPG1: 112
이름공간, GPG4: 106
인라인 함수, GPG2: 55
일반화된 컨테이너, GPG4: 124
자유목록, GPG5: 198
전증가, GPG2: 51
접두어, GPG4: 106
조건부 컴파일, GPG4: 111
추상 인터페이스, GPG2: 67
커스텀 RTTI, GPG5: 101
코딩 스타일, GPG1: 45
템플릿, GPG2: 60
폐기 메커니즘, GPG2: 115
하향 형변형, GPG2: 91, GPG3: 128
함수 중복적재, GPG3: 329
함수 포인터, GPG2: 111, GPG3: 332
함수 호출, GPG1: 109, GPG2: 64
헝가리식 표기법, GPG1: 45
형식 안정성, GPG3: 636
후증가, GPG2: 51
assert, GPG1: 164
atexit() 함수, GPG2: 124
C 포인터, GPG4: 137
C에서 개체 구현, GPG4: 150
DTI, GPG2: 87
dynamic_cast 연산자, GPG4: 185
__forceinline 키워드, GPG2: 66
__inline 키워드, GPG2: 66
memcpy(), GPG3: 625
operator<<, GPG3: 196
PIMPL, GPG3: 193
public 멤버 변수, GPG4: 106
RTTI, GPG2: 57, GPG4: 185, 193

string, GPG2: 60
switch 문, GPG3: 615, GPG4: 186
typeid 연산자, GPG4: 185
typeinfo 구조체, GPG4: 185

[C]

C1 연속, GPG5: 306
cache ⇨ 캐시
CAddressSpaceArrayManager 클래스,
    GPG4: 170
camera ⇨ 카메라
Camera 클래스, GPG4: 784, GPG5: 577
Carl Dougan, GPG2: 287
Carl S. Marshall, GPG3: 437, GPG2:
    544, GPG4: 641
CArrayManager 클래스, GPG4: 166
Carsten Dachsbacher, GPG4: 531
CAS, 11
CAS(Compare and Swap), 6
CAS2(Compare and Swap 2), 6
Cascading Style Sheets, GPG4: 92
CASN(Compare and Swap N)~ 7
Catmull-Rom spline ⇨ 캐트멀-롬
    스플라인
caustics, 561, GPG1: 744
__cdecl, GPG1: 107
CDMA, CDMA 2000, GPG3: 668
cellular automata, GPG3: 269, 274
center frequency, GPG3: 708
centroid ⇨ 무게중심
cepstrum, GPG5: 853
CExtraProp 클래스, GPG4: 197
CFSM 기반 클래스, GPG3: 335
Cg, GPG5: 619, cf. HLSL
character ⇨ 캐릭터
characteristic ⇨ 특성
CharacterStateMgr 클래스, GPG4: 712
Charles Cafrelli, GPG2: 96
Charles E. Hughes, GPG5: 625
Charles Farris, GPG3: 329
Charles Nicholson, xxxvii
chase camera, GPG4: 417
ChaseCamera 클래스, GPG4: 420
chatting, GPG4: 678
Chebyshev, GPG5: 340
Chebyshev Equioscillation Theorem,
    GPG5: 353
checksum, GPG1: 159
Chip Multiprocessing, CMP, 5
choke point, GPG3: 344
Cholesky 분해, 630
Chris Corry, GPG4: 65
Chris Joslin, xxxiii
Chris Lomont, xxxiv, 145, GPG5: 279
Chris Maughan, GPG2: 583

Chris Oat, GPG3: 553, GPG4: 571
Chris Stoy, xlv, 459
Christian Schuler, GPG5: 836
Christopher Christensen, GPG3: 383
Christopher Tremblay, GPG5: 349
Chuck DeSylva, GPG5: 427
Chun Che Fung, xxx, 699
circulation flow, GPG5: 487
clamping, 155, GPG1: 721, GPG2: 241
classification, GPG1: 445
CLDC, GPG3: 669
ClientSimulation 클래스, GPG3: 603
climax, GPG4: 432
clock ⇨ 클록
Closed list, GPG1: 341
closest-string matching, 82
closure, 422
cloud ⇨ 구름
clustering, GPG4: 365
CMP(Chip Multiprocessing), 5
cmpxchg, 8
cmpxchg8b, 8
coalescnece, GPG3: 658
CObjectManager 클래스, GPG5: 92
code ⇨ 코드
Code Division Multiple Access, GPG3:
    668
cohesion, GPG1: 401
collaboration ⇨ 협동, 협력
collision ⇨ 충돌, 충돌 검출
color-shift iridescence, GPG3: 558
COM, Component Object Model,
    GPG5: 262
combat ⇨ 전투
combinational sequence, 198
combined visibility map, GPG2: 366
Combs Method, GPG2: 438
command ⇨ 명령
Command & Conquer Renegade,
    GPG3: 214
committing, GPG4: 168
Common Criteria, GPG5: 793
Communication, GPG3: 668
comparator, GPG3: 725
Compare and Swap 2, CAS2, 6
Compare and Swap N, CASN, 7
Compare and Swap, CAS, 6
competence, 278
compiled vertex arrays, GPG1: 464
compiler ⇨ 컴파일러
completion port, GPG3: 613, GPG4:
    691
complex system, 699
component ⇨ 구성요소
component layer, 705

Component 클래스, GPG5: 258
composite, composition ⇨ 합성
computational fluid dynamics, CFD,
    221
computer-vision, 31
concept-proof demo, GPG3: 72
conduction, GPG3: 279
cone NAT, 748
confidentiality, GPG3: 639
configuration, GPG4: 402
Connected, Limited Device
    Configuration, GPG3: 669
Connection 클래스, GPG3: 670
connectivity graph, GPG5: 453
constraint, GPG3: 264, GPG4: 352
constraint Jacobian, GPG4: 353
constructive solid geometry, CSG,
    GPG5: 169
consumer, 419
contact point, GPG4: 363
container, GPG1: 83
content download, GPG4: 679
context ⇨ 문맥
contraction product, GPG5: 285
contravariant, GPG5: 362
ControlState 클래스, GPG3: 596
convection, GPG3: 280
convex ⇨ 볼록
convolution, GPG2: 643, GPG4: 375
Conway's Game of Life, GPG3: 270
cooperative multitasking, 425
coordination ⇨ 협동
copy-on-write, GPG4: 138
core layer, GPG3: 655
coroutine ⇨ 코루틴
coroutine 모듈, 418
cost ⇨ 비용
__COUNTER__, GPG3: 89
coupling, GPG1: 53
covariance ⇨ 공분산
covariant, GPG5: 362
CPersistent 클래스, GPG4: 197
cPLP, GPG3: 429
CppUnit, 95
    검례, 101
    검사 실행, 97
    검사 픽스처, 96
    단언문, 109
    예외 검사, 101
    진단 메시지, 109
CppUnit::TestFixture, 104
CppUnit::TextTestRunner, 97
CppUnit::XmlOutputter, 97
CPPUNIT_ ASSERT_THROW
    매크로, 101

CPPUNIT_ASSERT 매크로, 103
CPPUNIT_ASSERT 매크로, 96
CPPUNIT_ASSERT_ MESSAGE
　매크로, 109
CPPUNIT_TEST 매크로, 96
CPPUNIT_TEST_SUITE 매크로, 96
CPPUNIT_TEST_SUITE_END
　매크로, 96
setupUp, 108
tearDown, 108
XML 파일 출력, 97
CProfileIterator 클래스, GPG3: 220
CProfileManager 클래스, GPG3: 217
CProfileNode 클래스, GPG3: 219
crack, 538
Cramer's rule, GPG4: 244
crease angle edge, GPG2: 545
Creative Labs, GPG4: 753
crisp set, GPG1: 416
critically damped ⇨ 임계 감쇠
cross fading, 675
cross product ⇨ 외적
cross section, GPG4: 391
cross-term inducing feature, 712
crosstalk, GPG1: 437
CRTTI 클래스, GPG4: 194
CryptoAPI, GPG3: 647
CSG, GPG5: 169
CSS, GPG4: 92
CState 클래스, GPG3: 334
CStateTemplate 클래스, GPG3: 334
CSupportsRTTI 클래스, GPG5: 103
cube map ⇨ 입방체 맵
Cubic B-spline, GPG4: 270
cubic sky map, 603
culling ⇨ 선별
Curtiss Murphy, xxxvii, 447
cut-scene, GPG4: 777
cutoff frequency, GPG3: 706
cyclic ⇨ 순환
Cygwin 패키지, GPG3: 95
cylinder, GPG1: 491

[D]

D* 알고리즘, GPG5: 470
D. Sim Dietrich Jr., GPG1: 679, 694,
　GPG2: 591
D3DFMT_A16B16G16R16F, 552
D3DFMT_R16F, 552
D3DFMT_R32F, 552
D3DX Fragment Linker, GPG5: 681
DAC(digital to analog converter), 643
damped, damping ⇨ 감쇠
Dan Ginsburg, GPG1: 558, GPG2: 561
Daniel Higgins, GPG3: 341, GPG5: 542

Dante Treglia II, GPG1: 480
data ⇨ 자료
Data Stream Definition(DSD), GPG4:
　213
data-driven ⇨ 자료주도적 설계
__DATE__, GPG3: 87
Dave Gosselin, GPG2: 528, 561
Dave McCoy, GPG4: 599
David Etherton, GPG4: 105
David Fox, GPG3: 667
David L. Koenig, xxxiii, 123
David Paull, GPG1: 474
DBCS, GPG3: 160
DC 오프셋, GPG2: 639
DCAS(Double Compare and Swap), 7
dead reckoning, GPG3: 673, GPG4:
　731
deadlock, GPG5: 804
deallocate 함수, GPG3: 110
decal, GPG2: 516
decaying average, GPG5: 843
decibel, dB, 648
decision boundary, GPG1: 445
decision tree, 247, GPG5: 427, GPG2:
　353, GPG4: 458
DECLARE_PROPERTIES 매크로,
　GPG4: 197
deferred rendering, 566
#define ⇨ 매크로
deformation ⇨ 변형
DefWindowProc, GPG4: 152
degeneracy factor, 503
delay ⇨ 딜레이, 지연
delimiter, GPG5: 76
Delta3D 게임 엔진, 457
Denormal Exception, GPG3: 133
denormalized number, 149
denouement, GPG4: 432
density field, GPG5: 589
dependency ⇨ 의존성
dependent texture read, GPG3: 564
DEPRECATE 매크로, GPG2: 116
depth ⇨ 깊이
deque, GPG1: 92
DerivativeCompact 클래스, GPG5: 346
DES, GPG3: 639
deserialization, GPG5: 732
design ⇨ 설계
design pattern ⇨ 설계 패턴
design-by-contract, GPG4: 689
desirability, GPG2: 375
Destroyer 클래스, GPG4: 189
determinant, 166
device ⇨ 장치
diagonalization, 509, GPG4: 286

dictionary, GPG3: 595, GPG5: 717
Diego Garcés, xxxi, 261
diffraction, GPG3: 697
diffuse ⇨ 분산
digital signal processing ⇨ DSP
direct path sound, GPG4: 788
Direct3D, cf. 픽셀 셰이더, 정점 셰이더,
　HLSL
부동소수점 예외, GPG3: 132
원근 투영 행렬, GPG5: 372
입방체 맵 렌더링, GPG3: 528
D3DFMT_A16B16G16R16F, 552
D3DFMT_A32B32G32R32F, 542
D3DFMT_R16F, 552
D3DFMT_R32F, 542, 552
D3DX Fragment Linker, GPG5: 681
h.h^k 매핑 픽셀 셰이더, GPG3: 556
DirectInput
버퍼 모드, GPG3: 177
조이스틱, GPG3: 177
즉석 모드, GPG3: 177
키보드, GPG3: 177
directional light, GPG1: 705
DirectPlay
그룹화, GPG3: 659
비보장-순차 방식 메시지 전송,
　GPG3: 657
서비스 공급자 계층, GPG3: 655
프로토콜 계층, GPG3: 655
핵심 계층, GPG3: 655
DirectPlayClient, GPG3: 664
DirectPlayPeer, GPG3: 664
DirectPlayVoice, GPG3: 664
DPNID, DirectPlay, GPG3: 659
RPCDuel 예제, GPG5: 737
DirectScene 엔진, GPG4: 805
DirectSound, 677, GPG5: 837, GPG4:
　784
3D 오디오, GPG3: 691
그룹별 사운드 관리, GPG5: 824
EAX 연동, GPG4: 793
DirectX, cf. Direct3D, DirectInput,
　DirectPlay, DirectSound
DLL, GPG2: 83
discrete event simulation, DES, 702
Discrete Oriented Polytope, 515
discretization, 629
dispatcher, GPG4: 154
displacement mapping, 558
distance ⇨ 거리
distant scenery, GPG2: 522
distortion, GPG4: 612, GPG5: 855
distributed ⇨ 분산
divide and conquer ⇨ 분할 정복
division ⇨ 분할

Division by Zero Exception, GPG3: 132
DLL
　클래스 내보내기, GPG2: 76
　DirectX DLL, GPG2: 83
　DLL 지옥, GPG2: 81
　DLL 팩토리, GPG5: 256
　OS 고유 함수들, GPG2: 84
dnotify, 134
domain, GPG1: 229
Dominic Filion, xxx, 521, 651, GPG5:
　99, 660, 679
Don Hopkins, GPG3: 181
Don Stoner, GPG4: 313
Doom, GPG5: 753
DOP, 515
Doppler effect, 663, GPG4: 749
dot product ⇨ 내적
Dot3, GPG2: 565
　법선 맵 텍스처, GPG3: 548
double, GPG4: 102, *cf.* 부동소수점,
　이중
Double Compare and Swap, DCAS, 7
double cover, GPG4: 626
double-byte character set, DBCS,
　GPG3: 160
double-ended queue, GPG1: 92
down-casting, GPG2: 91
DPNID, GPG3: 659
drag, GPG4: 393, GPG5: 482
drag force ⇨ 항력
drag polar, GPG5: 490
dramatic tension, GPG4: 432
Drew Card, GPG3: 445
DSD(Data Stream Definition), GPG4:
　213
DSP
　딜레이, GPG2: 644
　미키 마우스 효과, GPG2: 646
　보간, GPG2: 645
　빠른 퓨리에 변환, GPG2: 644
　오디오 처리 파이프라인, GPG2: 647
　필터링, GPG2: 642
　회선, GPG2: 643
　Convolution, GPG2: 643
　delay, GPG2: 644
　DSP 함수, GPG2: 649
　interpolation, GPG2: 645
DTI, GPG2: 87
dual, duality, GPG5: 286, 293
dumb pointer, GPG3: 102
dynamic ⇨ 동적
dynamic_cast 연산자, GPG4: 185
DynamicState 클래스, GPG4: 344
DynamicVar 클래스, GPG4: 765

[E]

EAGLE, GPG3: 697, GPG4: 793
ease-in, ease-out, GPG4: 175
EAX
　속성, GPG4: 753
　속성 집합, GPG4: 794
　음원 속성, GPG4: 797
　재질 프리셋, GPG4: 800
　청취자, GPG4: 796
　청취자 속성, GPG4: 795
　환경 프리셋, GPG4: 796
　DirectSound 연동, GPG4: 793
　EAX-Manager, GPG3: 697
　environmental preset, GPG4: 796
　Unified 인터페이스, GPG4: 799
echo, GPG4: 788
Eddie Edwards, GPG1: 227, GPG4:
　743, GPG3: 711
edge ⇨ 변
EditBox, GPG5: 215
effect ⇨ 효과
effective radius, GPG1: 491
effector, GPG3: 261, GPG4: 296
eigenspace, GPG4: 287
eigenvalue, GPG1: 222, GPG4: 287
eigenvector, 510, GPG1: 222, GPG4:
　287
elevation map, GPG3: 498
Elite, GPG1: 195
_EM_DENORMAL, GPG3: 133
_EM_INEXACT, GPG3: 132
_EM_INVALID, GPG3: 132
_EM_OVERFLOW, GPG3: 132
_EM_UNDERFLOW, GPG3: 132
_EM_ZERODIVIDE, GPG3: 132
embedding ⇨ 내장
emergence ⇨ 창발
Empire Earth, GPG3: 356, GPG4: 592
Empires: Dawn of the Modern World,
　GPG5: 559, 565
EMST, GPG5: 629
endian, GPG4: 109
Enric Martí, xxxvi, 31
Enric Vergara, xlvi, 31
entity ⇨ 개체
envelope ⇨ 엔빌로프
EnvelopeVar 클래스, GPG4: 768
environment mapping ⇨ 환경 매핑
environment table, 405
environmental audio, GPG4: 787
Environmental Audio Extensions, EAX
　⇨ EAX
Environmental Audio Graphical
　Librarian Editor, GPG4: 790
equal, equality, GPG3: 104, 112

equivalent, GPG3: 112
Eric Dybsand, GPG1: 319, GPG2: 431
Eric Lengyel, GPG1: 469, 491, GPG2:
　516, GPG5: 277, 361, GPG3: 413
Eric Robert, GPG3: 201
Erin Catto, xxvii, 205
estimate, GPG1: 347
Euclidian minimum spanning tree,
　EMST, GPG5: 629
Euler ⇨ 오일러
Evan Hart, GPG2: 511
event ⇨ 사건
Ewert Bengtsson, GPG5: 303
exception ⇨ 예외, 예외 처리
excitatory, GPG1: 433
exclusion zone, 267
exclusive OR, GPG1: 161
executability, 282, 306
expected outcome, 251
expected value, GPG4: 461
exponential map, 480
EXT_framebuffer_object 확장, 612
extended behavior network, EBN, 282,
　305
eXtensible Data Stream ⇨ XDS
eXtensible Markup Language ⇨ XML
extinction index, GPG5: 632
extrapolation, GPG5: 574
eye vector, GPG3: 494

[F]

F.A.K.K. 2, GPG4: 761
F.E.A.R., GPG5: 425
facade, GPG1: 53, GPG2: 630
Facial Animation Parameter, FAP, 688
Facial Animation Table, FAT, 688
Facial Definition Parameter, FDP, 688
factorial ⇨ 계승
factoring ⇨ 인수분해
factory ⇨ 팩토리
Factory 클래스, GPG5: 252
false positive, GPG2: 198
far position, GPG4: 257
Fast Fourier Transform, FFT, GPG1:
　260, GPG2: 644, GPG4: 375
fastest connection first, GPG4: 694
fault formation, GPG1: 628
FBM, GPG2: 316, GPG3: 530
FCF, GPG4: 694
FDN, GPG5: 836
feature extraction, GPG5: 851
feed-forward network, GPG4: 503
feedback ⇨ 되먹임
FFT(Fast Fourier Transform), GPG1:
　260, GPG2: 644, GPG4: 375

Fibonacci sequence, GPG1: 59
field of view ⇨ 시야
figure mode, GPG3: 262
__FILE__, GPG3: 87
filter, 419
filter bank, GPG3: 708
fingerprint, 116
finite impulse response filter, GPG3: 704
finite state machine, FSM ⇨ 상태기계
finite volume method, GPG5: 519
Finnegan Southey, GPG5: 409
FIR 필터, GPG3: 704
fireball, GPG5: 641
first class value, 418
Fitts의 법칙, GPG3: 181
flanging, GPG4: 775
flex, GPG3: 154
float, floating point ⇨ 부동소수점
flocking, 256, GPG1: 401, GPG2: 423, GPG4: 482
flow, GPG4: 433
flow chart, GPG5: 244
FM 변조, GPG3: 733
FMOD, GPG5: 824, 834, 837
FN 매크로, GPG4: 89
foliage, GPG5: 599
force ⇨ 힘
__forceinline 키워드, GPG2: 66
forking, GPG4: 700
formant, 636
forward kinematics, GPG3: 261
forward planning, GPG5: 420
Fourier transform, GPG4: 516
FOV ⇨ 시야
FPS 네트워크 계층, GPG3: 657
fractal ⇨ 프렉탈
fractal brownian motion, FBM, GPG2: 316, GPG3: 530
fractional delay, GPG5: 845
fragment buffer, 566
fragmentation, GPG1: 144
frame ⇨ 프레임
frame buffer object, FBO, 612
FramePlayer_t, GPG3: 78
Francois Dominic Laramee, GPG2: 102
Frank Luchs, xxxv, 635, GPG3: 731, GPG4: 805
Frank Luna, 547
Frank Puig Placeres, xxxviii, 565, GPG5: 128
Frederic My, GPG4: 193
free form deformaton, GPG5: 519
freelist, GPG4: 116, GPG5: 198
FreeList 클래스 205, GPG5: 128, 205

Freezable 클래스, GPG5: 224, 228
FreezeMgr 클래스, GPG5: 221, 229
FreezePtr 클래스, GPG5: 222, 228
frequency filtering, GPG4: 788
Fresnel term, GPG1: 724
friction ⇨ 마찰
front cap, GPG3: 445, GPG4: 524
front line, GPG2: 371
frontend, GPG5: 696
frustum ⇨ 시야 절두체
FSM ⇨ 상태기계
  규칙의 표현, 248
  다층 AI 엔진, 346
  루아 테이블, 347
  퍼지 상태기계, 346
  행동 모듈, 300
  확장 행동망, 289
FTP, 파일 전송 프로토콜, GPG5: 750
full userdate, 406
function ⇨ 함수
functional decomposition, GPG5: 437
functional testing, 93
functor, 451
fundamental frequency, GPG5: 850
FuSM(fuzzy state machine), 346, GPG2: 431
fuzzy ⇨ 퍼지

[G]

Gabor Nagy, GPG1: 709, 729
Gabor Szijarto, GPG5: 612
Gabriel Rohweder, GPG3: 655
Gabriyel Wong, xlvi, 359
game object ⇨ 게임 객체
game tree ⇨ 게임 트리
GameBots 패키지, 291
GameCube, GPG4: 521
GameMonkey, 380
garbage collection, 392
Garin Hiebert, GPG3: 691
gBDSL, 693
GeForce 6800 GT, 618
General Packet Radio Services, GPG3: 668
generalized eigenproblem, GPG4: 403
generator, 395, 435, GPG1: 160
generic pager, GPG5: 142
genuine random number, GPG2: 190
geographic grid, 47
geometric algebra, GPG5: 279
geometric product, GPG5: 284
geometry buffer, G-Buffer, 567
George Drettakis, GPG4: 531
GetDeviceState(), GPG3: 177
Getic 3D, 57

GetKeyboardState(), GPG3: 177
GetOverlappedResult 함수, 134
GetProcAddress, GPG2: 82
gimbal lock, GPG1: 270
GL_texture_env_combine_ARB 확장, GPG4: 580
Glenn Fiedler, GPG4: 655
glInterleavedArrays 함수, GPG1: 461
Global System for Mobile, GPG3: 668
gloss map, GPG3: 563
glossy prefiltering, GPG1: 726
glow, 607
glTexSubImage2D(), GPG2: 228
gluLookAt, GPG5: 576
gluPerspective, GPG5: 576
GLUT, 618
GLX_SGIX_PBUFFER 확장, GPG4: 540
GMP 라이브러리, 203
GNU make, GPG4: 108
GoCap, GPG3: 303
Goertzels 알고리즘, GPG3: 242
Gouraud shading, 182, GPG1: 657
GPGBoneNode::CalcBoneLinks(), GPG3: 465
GPGCharacter::KineBone(), GPG3: 265
GPGSkin::ComputeDeformedVerticesPacked(), GPG3: 470
GPindex 클래스, GPG5: 144
GPRS, GPG3: 668
GPtile 클래스, GPG5: 148
GPU, cf. 정점 셰이더, 픽셀 셰이더, HLSL
  유체 렌더링, 547
  지형 렌더링, 533
  컴파일러, GPG5: 679
  텍스처 복사, 556
GPwindow 클래스, GPG5: 154
GPworld 클래스, GPG5: 152
gradient, GPG5: 394
Graham Rhodes, xl, 373, GPG5: 481, GPG2: 262, GPG4: 311
Graham의 알고리즘, GPG3: 349
grain, 636
Grand Theft Auto 3, 597
granularity, GPG4: 251, GPG5: 439
great circle, GPG5: 329
greedy algorithm, GPG4: 491, GPG5: 452
Greg Hjelstrom, GPG3: 213
Greg James, GPG2: 610
Greg Seegert, GPG3: 173, GPG4: 585
Greg Snook, GPG1: 382, GPG2: 476, GPG3: 497
ground-plane, GPG1: 703

grouping, GPG3: 659
Growable Poisson Disc smapling,
　　GPG4: 617
GSM, GPG3: 668
guaranteed message delivery, GPG3:
　　179
GUID(Globally Unique Identifier), 717
Guy W. Lecky-Thompson, GPG1: 195,
　　611
gzip, GPG3: 673

[H]

H-Anim, 480, 691
h.h^k 맵, GPG3: 556
Half Life 2, GPG5: 496
half-edge, GPG3: 454
half-length, 515
halftoning, GPG4: 577
Halo, GPG4: 777
hamming distance, GPG1: 439
Hamming's Window, GPG5: 852
handle ⇨ 핸들
HAP, 395
Harald Vistnes, 533
hard contact, GPG4: 359
hard-coding ⇨ 하드 코딩
Harr wavelet, GPG1: 257
hash ⇨ 해시
Havok 물리 엔진, 728
hazard pointer, 12
HDR
　　정수 버퍼, 617
　　하늘 렌더링, 607
　　OpenGL 프레임 버퍼 객체, 616
heads-up display, HUD, GPG5: 64
heap, GPG1: 145
heartbeat, GPG5: 767
heat ⇨ 열
Hebbian neural net, GPG1: 449
height ⇨ 높이
Herb Marselas, GPG1: 459, 589, GPG2:
　　76, 81
Hermite ⇨ 에르미트
heuristics ⇨ 발견법
hidden layer, GPG1: 435
hierarchical ⇨ 계통적
high dynamic range ⇨ HDR
high-order mode ellimination, GPG3:
　　580
high-pass filter, GPG3: 704
hinge joint, GPG4: 359
histogram, 33
hit test, GPG4: 160
HLSL, cf. 정점 셰이더, 픽셀 셰이더
　　4차원 벡터 외적, 174

구름, GPG5: 588
구름 밀도필드 추적, GPG5: 589
군엽 렌더링, GPG5: 605
보석 반사항, GPG5: 654
분산 조명 조정, GPG4: 574
선-평면 교점, 175
성장가능 푸아송 원반 블러링, GPG4:
　　618
세피아 색조 변환, GPG4: 597
셰이더 변종 생성, GPG5: 682
열 아지랑이 효과, GPG4: 619
지형 렌더링, 535
텍셀 크기, 582
투과 조명항, GPG5: 653
HMAC, GPG3: 643
hole-punching, 741, cf. NAT
homogeneous clip space, GPG5: 364
homogeneous coordinates, 165
Hooke's law, GPG4: 390
horizon ⇨ 지평선
horizon mapping, GPG3: 518
Horner form, GPG5: 349
householder method, GPG4: 289
householder reflection, GPG5: 841
HSV 색공간, 38
HTML(HyperText Markup Language),
　　GPG4: 87, 91
HTTP(HyperText Transfer Protocol),
　　GPG3: 671
Hugo Pinto, xxxviii, 277, 289, 305
Hungarian notation, GPG1: 45
hypercomplex number, GPG1: 272
hypersphere, GPG1: 283
HyperText Markup Language, HTML,
　　GPG4: 87, 91
HyperText Transfer Protocol, HTTP,
　　GPG3: 671
HyperThreading, GPG5: 433, 801, 806
hysteresis thresholding, GPG1: 552

[I]

I/O Completion Port, GPG3: 613,
　　GPG4: 691, GPG5: 714
Ian Lewis, GPG2: 642, 684
Ian Parberry, GPG5: 667
IASIG I3DL2 호환 거리 모형, GPG4:
　　752
IAudioListener 클래스, GPG4: 783
IComponent 클래스, GPG5: 90
ICV, GPG3: 643
ID 기반 그림자 버퍼 기법, GPG4: 543
ID 버퍼, GPG4: 545
ID3 알고리즘, GPG5: 428
ideal gas, GPG5: 522
identity matrix, GPG1: 66

IDirect3DDevice8::Reset(), GPG3: 132
IDL, GPG5: 731
　　컴파일러, GPG5: 733
idle motion, 477
IEEE 부동소수점, GPG2: 236, GPG4:
　　251
　　배정도 64비트, GPG4: 255
　　IEEE 754 예외 값, 149
Ignacio Incera Cruz, GPG5: 142
IME(input method editor), GPG3: 157
immediate mode, GPG3: 177
impact, GPG4: 811
IMPLEMENT_PROPERTIES 매크로,
　　GPG4: 198
IMPLEMENT_ROOT_RTTI_PROP
　　매크로, GPG4: 198
IMPLEMENT_RTTI_PROP 매크로,
　　GPG4: 198
implicit line, 180
imposter, GPG5: 612, 616
#include 순서, GPG2: 125
incremental garbage collection, 392
inductive learning, GPG5: 429
inequality, GPG3: 104
inertia tensor, GPG4: 340
inferior mirage, GPG4: 611
　　infinite, infinity~ ⇨ 무한, 무한대
influence ⇨ 영향력
influence map ⇨ 영향력 분포도
inherent attribute, 707
inhibitory, GPG1: 433
initialization vector, GPG3: 642
inking, GPG2: 544
__inline 키워드, GPG2: 66
inner product, 167, GPG5: 285, 292
inotify, 134
input ⇨ 입력
input method editor, IME, GPG3: 157
int-float 변환, 156
integrity, GPG3: 639
integrity check value, GPG3: 643
Intel Graphics Performance Toolkit,
　　GPG2: 129
Intel VTune, GPG2: 129
intensity-ranged glare, 607
interdependency, GPG1: 53
interface ⇨ 인터페이스
InterfaceID 클래스, GPG5: 258
_InterlockedCompareExchange(), 8
InterlockedCompareExchange(), 8
internal compiler error, GPG4: 77
Internet Protocol Security, GPG3: 639
Internet Protocol version 4, IPv4,
　　GPG5: 742
interpolation ⇨ 보간, 선형 보간

interprocess communication, GPG5: 442
intrinsic instruction, 8
introducer, GPG5: 759
Invalid Exception, GPG3: 132
inverse kinematics, kinetics ⇨ 역기구학
IOCP, GPG3: 613, GPG4: 691, GPG5: 714
IP 주소, IPv4, IPv6, GPG5: 742
IPC, GPG5: 442
IPP(Integrated Performance Primitives), 32
IPSec, GPG3: 639
irradiance, GPG3: 516
isometric engine, GPG3: 497
ITask 플러그인 인터페이스, GPG3: 64
iterated deepning, GPG1: 337
iterative autoassociative memory, GPG1: 450
iterator, 421, GPG1: 84, GPG4: 129, GPG3: 631
IV, GPG3: 642
iWave, GPG4: 375, GPG5: 496

[J]

J2ME, GPG3: 669
Jack Moffitt, GPG3: 681
Jacobian transpose method, GPG4: 295
Jak and Daxter: The Precursor Legacy, GPG3: 383
Jake Simpson, GPG4: 759
James Boer, xxvi, 81, 643, GPG2: 174, GPG1: 44, 83, 130, GPG4: 85, 765, GPG5: 159, 801
James F. O'Brien, GPG4: 399
James M. Van Verth, GPG5: 311
Jamie Cheng,, GPG5: 409
Jan Kautz, GPG3: 563
Jan Svarovsky, GPG1: 269, 333, 516, 577, GPG3: 583
Jason Beardsley, GPG3: 625
Jason L. Mitchell, GPG1: 739, GPG2: 528, GPG5: 583
Jason Shankel, GPG1: 275, 281, 628, 633, 638, GPG2: 522, GPG3: 419
Jason Weber, GPG3: 261
Java 2 Micro Edition, GPG3: 669
Java AIO API, GPG4: 692
Javier F. Otaegui, GPG2: 135
Jean-Francois Dube, GPG5: 585
Jeff Evertt, GPG2: 128
Jeff Lander, GPG3: 409
Jerry Tessendorf, GPG4: 375
Jesse Laeuchli, GPG2: 314
Jialiang Wang, 359
Jim Greer, GPG3: 575

Jim Hejl, GPG4: 621
Jim Van Verth, xlv, 143, GPG4: 283
jittering, GPG4: 515
Joe Valenzuela, GPG4: 745
John Bolton, GPG5: 396
John Hancock, GPG4: 457
John Isidoro, GPG3: 553
John M. Olsen, GPG1: 139, 171, 205, GPG2: 252, GPG4: 479
John Manslow, GPG2: 447
John W. Ratcliff, GPG2: 485
join, GPG5: 293
joint ⇨ 관절
Jon Watte, GPG5: 741
Jonathan Blow, GPG4: 227
Jonathan Stone, GPG4: 417
Jorge Freitas, GPG1: 670
Journal 인터페이스, GPG3: 206
journaling service, GPG3: 202
Journaling 클래스, GPG3: 205
JPEG 압축, GPG3: 711
Juan M. Cordero, GPG5: 507
Julien Hamaide, xxxi, 321, 663, GPG5: 849
Justin Quimby, GPG4: 699
Justin Randall, GPG3: 609
Jörn Loviscach, xxxv

[K]

k 벡터, GPG5: 283
k 중날, k-blade, GPG5: 283
K 평균 클러스터링, GPG4: 370
k-d 트리, GPG2: 489
K-nearest neighbors, KNN, 329
k-폴리토프, 515
Karen Pivazyan, GPG4: 443
Keith Weiner, GPG2: 647
Kenneth L. Hurley, GPG3: 527
Kenny Mitchell, GPG3: 515
kept vertex, GPG2: 461
Kerckhoffs' law, 117
kernel function, 326
kernel-weighted sum, 226
Kevin Kaiser, GPG1: 502
Kim Pallister, GPG2: 572, GPG5: 29
Kochanek-Bartels spline, GPG4: 269
Kok-Wai Wong, xlvi, 699
Kurt Pelzer, GPG4: 543
K근접 이웃망, 329

[L]

ladder, GPG4: 681
lag ⇨ 지연
Lagrange series, GPG1: 228
Lanchester ⇨ 랜체스터

Lanchester model, 338
Langevin model, GPG5: 628
Laplace ⇨ 라플라스
Laplacian operator, 222
Larry Shi, xlii, 739, GPG4: 729
Lasse Staff Jensen, GPG2: 181
latency ⇨ 지연
latent spectral pattern, GPG4: 808
Law of Numbers, 331
layering, GPG1: 49
LCA, GPG3: 722
LCP, GPG4: 359
leader board, GPG4: 681
leaf BSP, 64, GPG5: 176
leaf node, 64
leap-frog, 231, GPG4: 341
learning classifier, 321
least square ⇨ 최소제곱
left projection, GPG5: 286
lens flare ⇨ 렌즈 플레어
lerp ⇨ 선형 보간
level of articulation, LOA, 689
level of detail, LOD ⇨ 세부 수준
level-order traversal, GPG4: 124
Levenshtein distance formula, 82
Lex, GPG3: 96
lexeme, GPG5: 74
lexer, GPG3: 146
lexical analyzer, GPG3: 146, GPG5: 74
lift, GPG5: 482
light flare, GPG5: 655
light probe, 617
light userdata, 403, GPG5: 189
lighting ⇨ 조명
Linden Scripting Language(LSL), 728
line of fire, GPG3: 371, /, 267
line of sight ⇨ LOS
line-swept-sphere, GPG4: 423
__LINE__, GPG3: 87
__LINE_Var, GPG3: 88
linear ⇨ 선형
linearization ⇨ 선형화
linguistic variable, GPG1: 421
list, GPG1: 89
ListBox, GPG5: 215
listener, GPG3: 691, GPG4: 746
little-endian, GPG3: 628
LL/SC(Load Linked/Store Conditional), 6, 11
LOA(level of articulation), 689
LoadLibrary, GPG2: 82
lobby, GPG4: 675
local ⇨ 국소
location service, GPG3: 618
lock, GPG5: 803

lock-free ⇨ 무잠금
lockstep, GPG3: 584
locomotion, 256
Locust AI 엔진, 245
LOD ⇨ 세부 수준
LOF, GPG3: 371
log2ge(), GPG3: 225
log2le(), GPG3: 225
logarithms, GPG3: 225
Logging 패키지, 395
LogicLayer_t, GPG3: 78
Loic Le Chevalier, GPG1: 253
long-term memory, GPG1: 436
look-ahead tree, 252
LookupManager 클래스, GPG3: 602
Loop 분할, GPG3: 452
LOS, GPG3: 371
　　타일 기반, GPG2: 362
　　LOS 판형, GPG2: 364
loudness ⇨ 음량
low-frequency oscillator, GPG3: 733
low-pass filter, GPG3: 697
LPC, GPG3: 712, GPG5: 852
LTM, GPG1: 436
Lua ⇨ 루아
LuaBind 라이브러리, 348
luabind::object, 349
LuaPlus, 390
LuaProfiler, 394
Luaunit, 396
Luis Otavio Álvares, xxvi, 277, 289,
　　305
Luiz Henrique de Figueiredo, xxix, 399,
　　417
Lulejian 모형, GPG4: 324
luminance, GPG4: 600
Lunit, 396
lwarx, 7

[M]

Maciej Matyka, GPG5: 519
macro-infinite, GPG1: 196
maginfication factor, GPG1: 552
Magnus Effect, GPG5: 488
Maic Masuch, GPG4: 577
make, makefile, GPG4: 107
manipulator, GPG3: 206, GPG4: 296
mantissa, 147, GPG2: 236, GPG4: 251
map ⇨ 맵
Maple, GPG5: 331
Marc Stamminger, GPG4: 531
Marcin Pancewicz, GPG4: 327
Marco Sporel, GPG4: 295
Marco Tombesi, GPG2: 206, GPG5:
　　469

Mario Grimani, GPG4: 491, GPG5: 452
mark and sweep, 392
Mark DeLoura, xiii, GPG5: 799, GPG4:
　　52
Mark Fischer, GPG2: 197
Mark T. Price, GPG4: 211
Mark Zarb-Adami, GPG3: 255
Markus Breyer, GPG5: 387
Marq Singer, xliii, 627
marshalling, GPG5: 730
Martin Brownlow, GPG3: 119, GPG5:
　　599, 766
Martin Fleisz, xxx, 493
Marwan Y. Ansari, GPG4: 595
masking, GPG3: 682
Mason McCuskey, GPG1: 416, 650
mass ⇨ 질량
massively multiplayer game, MMPG,
　　GPG3: 593, GPG4: 699
massively multiplayer online game,
　　MMOG, GPG5: 695
massively multiplayer online
　　role-playing game, MMORPG,
　　GPG3: 659, GPG4: 729
match-making, GPG4: 676
MatchboxListHeader 클래스, GPG3:
　　351
matching, GPG4: 205
material attributes, 572
material preset, GPG4: 800
matrix palette skinning, GPG4: 621
Matt Pritchard, GPG2: 362, 496, GPG4:
　　165
Matthew Campbell, xxvii, 447
Matthew Harmon, GPG4: 145, GPG5:
　　181, 818
Matthew Titelbaum, GPG5: 452
maximax, GPG4: 464
maximin, GPG4: 464
maximum ⇨ 최대
Maya, GPG4: 621
MBCS(multi-byte character set), GPG3:
　　160
MCAS(Multiword Compare and Swap),
　　7
McCulloch-Pitts 뉴로드, GPG1: 439
MD5 메시지 다이제스트 알고리즘,
　　GPG1: 159, GPG2: 199
MechAssault II, GPG4: 50
mediator, GPG3: 74
meet, GPG5: 293
membership, 298
memcpy(), GPG3: 625
memento, GPG2: 633
memory ⇨ 메모리

menu ⇨ 메뉴
menuControl 클래스, GPG5: 267
menuManager 클래스, GPG5: 268
menuScreen 클래스, GPG5: 265
Mersenne Twister, GPG4: 233
message pump, GPG2: 135
metadata, GPG5: 99
metatable, 383
Metrowerks Analysis Tools, GPG2: 129
Michael Dougherty, GPG4: 599
Michael Harvey, GPG3: 59
Michael Mandel, GPG5: 534
Michael Ramsey, xl, 331, GPG5: 435
Michael Zarozinski, GPG2: 437
micro-infinite, GPG1: 196
microfacet, GPG3: 564
Microsoft Flight Simulator 2004: A
　　Century of Flight, GPG5: 200, 598
microthread ⇨ 마이크로스레드
MIDI(Musical Instrument Digital
　　Interface), GPG2: 662
MIDlet, GPG3: 669
MIDP(Mobile Information Device
　　Profile), GPG3: 669
　　PNG 이미지, GPG3: 674
Mie, Rayleigh 산란, 599
Miguel Gomez, GPG1: 215, 247, 259,
　　GPG2: 489, GPG3: 285
Mike Dickheiser, xvii, GPG5: 479
Mike Ducker, GPG3: 313
Mike Milliger, GPG3: 535
Miles Sound System, GPG5: 824
Min-Max 알고리즘, GPG1: 334
minimal bending curve, GPG5: 303
minimax ⇨ 미니맥스, 최소최대
minimum spanning tree, 488, GPG4:
　　499
mipmap, GPG1: 257
mixed-mode VIPM, GPG2: 468
MLP(multilayer perceptron), GPG2:
　　447
MMOG 프로토타입, 725
MMOG(massively multiplayer online
　　game), GPG5: 695
MMORPG(massively multiplayer online
　　role-playing game), GPG3: 659,
　　GPG4: 729
MMPG(massively multiplayer game),
　　GPG3: 593, GPG4: 699
Mobile Information Device Profile,
　　MIDP, GPG3: 669
modal, mode ⇨ 양상
Model, GPG5: 69
Model, View, Controller(MVC), GPG5:
　　69

model-based, 252
modulator, GPG3: 733
modulus lighting, GPG4: 599
momemt, GPG1: 222
monotonic evolution, GPG5: 856
monotonicity, GPG5: 424
motif-based static lighting, GPG1: 661
motion ⇨ 운동
MPEG, 685
Mukesh Dalal, 245
Multi-Agent Assignment, MA3, 703
multi-byte character set, MBCS, GPG3: 157
multilayer perceptron, MLP, GPG2: 447, GPG4: 503
multiple render targets, MRT, 567
multitime management, GPG4: 731
multivector, GPG5: 281
Multiword Compare and Swap, MCAS, 7
Musical Instrument Digital Interface, MIDI, GPG2: 662
mutex, 270, GPG5: 803
mutliserver, GPG4: 729

[N]

n.h/h.h 맵, GPG3: 553
Nadia Magnenat-Thalmann, xxxvi, 477, GPG4: 387
NaN, 149
NAT, 739
　대칭형 NAT, 748
　역 NAT, GPG5: 752
　원뿔형 NAT, 748
　TCP, 741
　UDP, GPG5: 741
Natalya Tatarchuk, GPG4: 183
Nathan d'Obrenan, GPG2: 220
Nathan Mefford, GPG5: 198
natural cubic splines, GPG4: 270
Naty Hoffman, GPG3: 515
NDF
　셰이딩, GPG3: 565
　NDF 텍스처의 생성, GPG3: 566
Neeharika Adabala, GPG5: 625
NetStorm: Island At War, GPG3: 581
NetTool, GPG3: 651
network ⇨ 네트워크
network address translation ⇨ NAT
Network Time Protocol, NTP, GPG3: 580
neural network ⇨ 신경망
neurode, GPG1: 429
neuron, GPG1: 429
NeverWinter Nights, GPG4: 440

new와 delete 연산자, GPG2: 54
Nick Porcino, GPG4: 339
Niniane Wang, GPG5: 592
NIO, GPG4: 692
Noel Llopis, xxxiv, 131, GPG2: 67, 114, GPG4: 95
noise ⇨ 잡음
non-commutative, GPG1: 218
nondeterminism, GPG4: 685
nonmonotonicity, GPG5: 425
nonpenetration constraint, GPG4: 363
nonphotorealistic rendering, GPG2: 551
nonuniform spline, GPG4: 269
norm, GPG5: 293
normal ⇨ 법선
normalization, normalized ⇨ 정규화
NPC, cf. 로봇
　구조, 264
　의사소통, 269
　자율, 261
　세어, 264
NPR, GPG2: 551
NTP, GPG3: 580
NTSC, GPG3: 162
null object, GPG4: 141
NULL 포인터 점검, GPG4: 141
NURBS, GPG4: 270
NV_DEPTH_CLAMP 확장, GPG4: 539
NVIDIA
　GeForce 6800, 542
　Melody, 605
　NvLink, GPG5: 681
　SLI, 617
Nyquist 이론, 한계, 671
Nyquist 조건, GPG5: 574
n제곱 비례 문제, 51

[O]

OBB(oriented bounding box), 507, GPG4: 642
object ⇨ 객체
object-oriented ⇨ 객체 지향
ObjectContainer 클래스, GPG4: 188
ObjectManager 클래스, GPG4: 186
observer, 709, GPG5: 711, GPG2: 634
obstruction ⇨ 차단
occlusion ⇨ 차폐
Octavian Chincisan, GPG5: 169
Octavian Marius Chincisan, xxviii, 57
octree ⇨ 팔분트리
odd function, GPG1: 234
ODE, GPG4: 811
off-by-one error, GPG3: 168, GPG4: 74
Ogg Vorbis
　인코딩, GPG3: 688

　장점, GPG3: 683
　캐시로 디코딩, GPG3: 684
　파일을 디코딩, GPG3: 686
　OggVorbisFile 클래스, GPG4: 784
Oliver Heim, GPG4: 641
omni light, GPG1: 659
one-shot sound, GPG5: 824
OOP ⇨ 객체 지향적 프로그래밍
open list ⇨ 열린 목록
OpenAL, GPG3: 691, GPG4: 745, GPG5: 824
　확장, GPG4: 752
OpenCV 라이브러리, 32
OpenGL
　개발사 고유의 확장, GPG1: 465
　동차 절단 공간, GPG5: 364
　렌더 버퍼 API, 614
　시야 절두체 평면, GPG5: 365
　원근 투영 행렬, GPG5: 368
　이미디어트 모드, GPG1: 459
　정점 지정 최적화, GPG1: 459
　투영 행렬, GPG5: 363
　프레임 버퍼 객체, 611
　ARB_DEPTH_TEXTURE 확장, GPG4: 540
　ARB_SHADOW 확장, GPG4: 540
　ARB_SHADOW_AMBIENT 확장, GPG4: 540
　EXT_framebuffer_object 확장, 612
　GL_texture_env_combine_ARB 확장, GPG4: 580
　glInterleavedArrays 함수, GPG1: 461
　gluLookAt, GPG5: 576
　gluPerspective, GPG5: 576
　GLX_SGIX_PBUFFER 확장, GPG4: 540
　NV_DEPTH_CLAMP 확장, GPG4: 539
　OpenAL에 대한 영향, GPG4: 745
　OpenGL 카메라, GPG5: 575
　WGL_ARB_PBUFFER 확장, GPG4: 540
　WGL_ARB_RENDER_TEXTURE 확장, GPG4: 541
　WGL_NV_RENDER_DEPTH_TEXTURE 확장, GPG4: 541
　Z 버퍼, GPG1: 730
OpenMP, 21, GPG5: 430
　지시자, GPG5: 434
operational lethality index, OLI, 332
operator<<, GPG3: 196
order n-squared problem, 31
orientation, GPG1: 404
oriented bounding box, OBB, 507,

GPG4: 642
oriented tree, GPG4: 125
orthogonal, GPG1: 438, GPG5: 202, 292
orthonormal basis, GPG1: 215
Oscar Blasco, GPG3: 505
oscillator, GPG3: 712
Oswald span efficiency, GPG5: 490
out-of-sync, GPG3: 576, GPG5: 776
outer product, 167, GPG5: 281
OutputDebugString, GPG5: 213
OutputDebugString(), GPG2: 344
over-saturation, GPG4: 601
overdamped, GPG4: 406
Overflow Exception, GPG3: 132
overhead, GPG1: 459
overload, GPG4: 686
overseer, 710
overshooting, GPG5: 573
oxidizer, GPG5: 626
[P]

P2P, peer-to-peer, GPG5: 741
pace, GPG4: 431
Packable 클래스, GPG4: 723
　packed ⇨ 압축
packweight 구조체, GPG3: 470
padding, GPG3: 643
paging, GPG5: 142
painting, GPG2: 544
PAL/SECAM, GPG3: 162
Palem GopalaKrishna, 189
parallax, GPG5: 595
parallel transport frame, GPG2: 287
parallel, parallelism ⇨ 병렬
parasite drag, GPG5: 490
parser, parsing ⇨ 텍스트 파서
particle ⇨ 입자
particulate matter, GPG1: 744
PAS(potentially audible set), 652, GPG4: 791
　구축, 657
　동적 PAS, 658
　직접음 경로, 653
pathfinding, GPG5: 452
Patrick Duquette, GPG5: 213, 704
Patrick Meehan, GPG5: 219
Paul Bragiel, GPG4: 327
Paul Glinker, GPG4: 115
Paul Kelly, GPG3: 145
Paul Rowan, xli, 475
Paul Tozour, GPG2: 371, 384, GPG4: 415
payload, GPG1: 159, GPG3: 643
PCM, GPG4: 746
　표본, GPG3: 682

PD, GPG5: 535
Pdb 모듈, 395
PEAux 클래스, GPG4: 344
peer-to-peer, P2P, GPG3: 584, GPG5: 741
penalty force method, 227
per-pixel lighting ⇨ 픽셀 당 조명
perception range, GPG1: 405
Perceptual Linear Prediction, GPG5: 853
Performer 클래스, GPG3: 599
Perlin noise, GPG3: 530, GPG5: 586
permutation, 195
perspective ⇨ 원근
perturbation ⇨ 섭동
Pete Isensee, xxxii, 21, GPG2: 190, GPG3: 107, GPG1: 59, GPG4: 673
Peter Dalton, GPG2: 62, 119
Peter Freese, GPG4: 251
Peter Smith, xliv, 725
Phil Burk, GPG3: 721
phoneme, GPG4: 759
Phong, 606
Photoshop
　표준 혼합 방법, GPG3: 546
　Digimarc 필터, 119
PhysicsEngine 클래스, GPG4: 344
piece Hermite curve, GPG5: 316
Pierre Terdiman, GPG4: 363
PIMPL, GPG3: 195
pitch, GPG1: 404, GPG5: 820, 850, GPG4: 749, GPG3: 717
pitching moment, GPG5: 482
pixel shader ⇨ 픽셀 셰이더
placement new, 17, GPG3: 111, GPG4: 121, GPG5: 209, 219
planning ⇨ 계획수립
plasma fractal, GPG2: 315
plasticity, GPG1: 436
playback rate, GPG5: 820
Playstation2, GPG4: 400
PLP, GPG3: 429, GPG5: 853
PM ⇨ 점진적 메시, VIPM
PNG 이미지, GPG3: 674
PocketGL, GPG4: 395
PocketPC, GPG4: 395
point curve, GPG4: 276
point of reference, GPG4: 352
point of visibility, GPG1: 345
Poisson disc sampling, GPG4: 516
policy, GPG3: 193, GPG5: 200
poll(), GPG3: 612
polling, GPG1: 300
polyline, 587
polynomial ⇨ 다항식

POR, GPG4: 352
port forwarding, GPG5: 754
portability, GPG3: 548
portal ⇨ 포털
PortAudio, 635, GPG3: 709
pose controller, GPG5: 535
POSIX2, GPG3: 612
post-order traversal, GPG4: 124
post-perspective space, GPG4: 531
post-processing ⇨ 후처리
potential ⇨ 퍼텐셜
potentially audible set ⇨ PAS
potentially visible set ⇨ PVS
power function, GPG1: 281
power potential, 333
power potential ratio, PPR, 336
PowerPC, 7
#pragma omp, 22
pre-order traversal, GPG4: 124
pre-release build, 115
precipitation, GPG5: 592
precompiled header, GPG4: 111
precondition, GPG5: 414
predicate, GPG5: 413
predicate logic, GPG5: 411
predictable random number, GPG1: 197
predictive contract, GPG4: 731
prescripted physics, GPG5: 542
pressurized soft body, GPG5: 521
__PRETTY_FUNCTION__, GPG3: 210
principal axis, 509, GPG1: 222
principal component analysis, PCA, 477
principal moment of inertia, GPG1: 222
principle of duality, 168
prioritized-layered projection, GPG3: 429
priority ⇨ 우선순위
priority queue ⇨ 우선순위 대기열
Private Implementation 설계 패턴, GPG3: 195
process ⇨ 프로세스
processor affinity, GPG5: 443
producer, 419
PROFILE, GPG3: 214
profiling ⇨ 프로파일링
progressive mesh ⇨ 점진적 메시, VIPM
projectile, GPG2: 277
projective shadow mapping, GPG1: 712
property ⇨ 속성
proportional derivative, GPG5: 535
proposition ⇨ 명제
Protection Profiles, GPG5: 793
protocol layer, GPG3: 655
proxy, GPG5: 730
pseudo potential, GPG5: 387

pseudorandom number ⇨ 난수
pseudoscalar, GPG5: 284
pseudostationary, GPG5: 852
PSM, GPG4: 709
psychoacoustic compression, GPG3: 681
public 멤버 변수, GPG4: 106
PVM, GPG5: 435
PVS, GPG4: 791
　　렌더링, 74
　　비트 단위 공식, 75
　　생성, 70
　　압축, 75
　　잠재 가청 집합, 651
PVS 구축, 652
PVS 렌더링, 76
Python ⇨ 파이썬
PyUnit, 396

[Q]

QNaN(quiet NaN), 149
quadtre ⇨ 사분트리
Quake II, 278
Quake III Arena, 256
Quake 엔진, 75
Qualities, GPG4: 700
　　패턴, GPG4: 700
　　API, GPG4: 703
quantified judgement model, QJM, 331
quantization error, GPG1: 227
quasi-elastic behavior, GPG5: 511
quaternion ⇨ 사원수
query, GPG5: 453
queue ⇨ 대기열
quick out, GPG5: 697
Quicksort, 25

[R]

race condition, GPG5: 804
radar, GPG5: 130
radiance, 617
radiant flux, GPG3: 516
radiation, GPG3: 280
radiosity, GPG3: 517
ragdoll, GPG5: 534
Raleigh damping, 629, GPG4: 403
rand(), GPG2: 170
random number ⇨ 난수
Randomal64, GPG5: 780
range ⇨ 범위
Rational Rose, GPG3. 143
RDC 알고리즘, GPG2: 303
ReadDirectoryChangesW 함수, 134
real number, GPG5: 281, cf. 부동소수점
Real-time Optimally Adapting Meshes,

ROAM, GPG1: 581, GPG2: 476
rebind 구조체, GPG3: 111
Recursive Descent Parsing, GPG5: 81
Recursive Dimensional Clustering, GPG2: 302
red noise, GPG3: 722
reentrant ⇨ 재진입
reference ⇨ 참조
reference pose, GPG3: 262
ReferenceCount 클래스, GPG5: 257
reflection ⇨ 반사
refraction ⇨ 굴절
REGISTER_PROP 매크로, GPG4: 198
reinforcement learning, 329
relevance condition, 282, 307
Remez, GPG5: 354
remote controller, GPG5: 705
Remote Procedure Calls, GPG5: 727
replayability, GPG4: 431
repulsor, GPG4: 479
rescnd timer, GPG5: 770
reservation, 7
residual, GPG3: 714
resonance ⇨ 공명
resonator, GPG3: 712
resource ⇨ 자원, 자원 관리
ResourcePtr 클래스, GPG4: 138
response ⇨ 반응
ResPtrHolder 클래스, GPG4: 139
resting posture, 482
reverb, reverberation, 660, GPG3: 707, GPG4: 788, GPG5: 836
reverse, GPG4: 722
reverse dead-reckoning, 54
reverse NAT, GPG5: 752
Reynold's Number, GPG5: 485
RGB, GPG4: 595
rigid body ⇨ 강체
RigidAccumulator 클래스, GPG4: 344
RigidBody 클래스, GPG4: 344
rigidity, 228
ringing, GPG3: 707
Rishi Ramraj, GPG5: 496
risk, GPG5: 786
RNS, GPG4: 272
ROAM, GPG1: 581, GPG2: 476
Robert Sparks, xliv, 673
Roberto Ierusalimschy, xxxii, 399, 417
Robin Green, GPG3: 239
Robin Hunicke, GPG5: 377
Robin's Effect, GPG5: 488
RoboCup, 282
Roger Smith, xliv, 47, GPG4: 313
role, GPG3: 136
roll, GPG1: 404

rotation ⇨ 회전
rotor, GPG5: 290
rounded nonuniform spline, GPG4: 272
RPC, 원격 프로시저 호출, GPG1: 101, GPG5: 727
　　서버, GPG5: 728
　　클라이언트, GPG5: 728
　　RPCDuel 예제, GPG5: 736
RTS ⇨ 실시간 전략
RTTI, 실행시점 형식 정보, GPG5: 101, 225, GPG2: 57, GPG4: 185
　　매크로, GPG4: 195
Ruby: The Double Cross, GPG5: 649
Runge-Kutta, GPG1: 247
Runtime Type Identification ⇨ RTTI
Runtime Type Information ⇨ RTTI
Russ Smith, GPG4: 351
Ryan Woodland, GPG1: 602, 686

[S]

S 곡선, GPG4: 176
Sami Hamlaoui, GPG5: 826
sample, sampling ⇨ 표본
SAT, GPG5: 422
satisfiability, GPG5: 422
SAVEALLOC 매크로, GPG3: 122
SAVEBASE 매크로, GPG3: 122
SAVEDATA 매크로, GPG3: 121
SAVEMGR 클래스, GPG3: 120
SAVEOBJ 클래스, GPG3: 121
SBCS(single-byte character set), GPG3: 159
scalability ⇨ 규모가변성
Scalable Link Interface, 617
scale, GPG4: 685
scanner, GPG3: 146
scene graph, 423
schedule(dynamic), 24
ScheduleManager 클래스, GPG3: 602
Schur의 알고리즘, GPG3: 715
Scott Bilas, GPG1: 101, 115 GPG1: 78
Scott Jacobs, xxxii, 681, GPG5: 243
Scott Patterson, GPG2: 629, 660, 674, GPG3: 71
Scott Velasquez, GPG4: 787
Scott Wakeling, GPG2: 87
script, scripting ⇨ 스크립팅
seamless world, GPG5: 704
Sebastien Schertenleib, GPG5: 231
Second Life, 725
SecureBuffer, GPG3: 646
security ⇨ 보안
SecurityAssociation, GPG3: 646
seed, GPG1: 197
SEH, GPG2: 343

select(), GPG3: 612

selective ignorance, 202

selective negation, GPG2: 296

self-adjusting splay tree, GPG3: 96

self-modifying code, GPG2: 149

sensor, 277, 297

separating axis theorem, GPG4: 645

Separation, GPG1: 401

sepia tone, GPG4: 595

sequence, 189, GPG3: 136

sequence indexing, 189

Serializable 클래스, GPG3: 627

serialization ⇨ 직렬화

Serializer 클래스, GPG3: 626

ServerSimulation 클래스, GPG3: 603

service provider layer, GPG3: 655

session-based game, GPG4: 675

shader ⇨ 정점 셰이더, 픽셀 셰이더

shadow ⇨ 그림자

Shannon's theorem, GPG5: 850

Shawn Shoemaker, GPG5: 559

Shea Street, GPG5: 695

shear factor, GPG2: 508

Shekhar Dhupelia, GPG4: 675, GPG5: 693, 716, 775

Sherman-Morrison, GPG5: 308

Shift-JIS 인코딩, GPG3: 160

shift-or 알고리즘, 83

shifting rule, GPG4: 358

short-term memory, GPG1: 436

shortest remaining processing time, GPG4: 694

shower-door, GPG4: 578

sign ⇨ 부호

signaling NaN, 149

signed area, 208

significand, GPG2: 236

silhouette edge, GPG4: 524

SimCity, GPG3: 188

SIMD(single-instruction multiple-data), GPG1: 263, GPG5: 338, 358

Simon Carter, GPG2: 346

Simple Network Time Protocol, SNTP, GPG3: 580

SimpleTest, GPG5: 736

simulated annealing, 592

simulation ⇨ 시뮬레이션

SimulationObject 클래스, GPG3: 597

SimulationState 클래스, GPG3: 596

Simulink, 365

single precision, GPG2: 236

single-byte character set, SBCS, GPG3: 159

single-instruction multiple-data, SIMD, GPG1: 263, GPG5: 338, 358

single-precision geneal matrix-matrix product, GPG4: 501

singleton ⇨ 단일체

sink cell, GPG4: 446

skeletal-subspace deformation, GPG4: 621

skid, GPG4: 811

skinning ⇨ 스키닝, 뼈대 애니메이션

Skip Strips, GPG2: 465

skirt, 538

sky ⇨ 하늘

skybox ⇨ 하늘 상자

slack space, GPG4: 169

slender body, GPG5: 492

SLERP, GPG1: 283, GPG4: 626

SlerpDirect 클래스, GPG5: 338

SlerpMatrix 클래스, GPG5: 341

SlerpRenormal 클래스, GPG5: 343

SlerpSimpleRenormal 클래스, GPG5: 342

sliding window VIPM, GPG2: 470

smallest three, GPG3: 256

smart pointer, GPG3: 101, GPG2: 351, GPG4: 137

smooth ⇨ 매끄러운

smooth nonuniform spline, SNS, GPG4: 275

smoothed particle hydrodynamics, 221

smoothed particle hydrodynamics, SPH, 226

smoothing ⇨ 평준화

SMP(Symmetric Multiprocessing), 5

SNaN(signaling NaN), 149

Snell의 법칙, GPG1: 740

SNS(smooth nonuniform spline), GPG4: 275

SNTP(Simple Network Time Protocol), GPG3: 580

Sobel filter, GPG2: 565

SOBFactory 클래스, GPG3: 601

SOBManager 클래스, GPG3: 601

soft body ⇨ 연체

Soft Body 3.0, GPG5: 532

solid angle, GPG3: 516

sonar, GPG3: 724

South Korea, GPG3: 155

special orthogonal group, GPG4: 624

specific heat capacity, GPG3: 279

specular ⇨ 반영

speech ⇨ 음성

SPH(smoothed particle hydrodynamics), 226

sphere, spherical ⇨ 구, 구면

Sphinx MMOS 시스템, GPG3: 734

패치 파일, GPG3: 735

SphinxMM, GPG4: 805

SPI(security parameter index), GPG3: 642

spike, GPG4: 99

spline ⇨ 스플라인

squad, GPG1: 284, GPG5: 346

square root ⇨ 제곱근

srand(), GPG5: 775

SRPT, GPG4: 694

stability, GPG1: 436

stack ⇨ 스택

StackAlloc, GPG3: 108

Stan Melax, GPG1: 292

Standard Atmosphere, GPG5: 484

standard deviation, GPG4: 284

Standard Template Library ⇨ STL

Star Trek Voyager: Elite Force, GPG4: 761

Star Trek: Armada, GPG4: 457

Start Wars: Obi-Wan, GPG4: 457

StarTopia, GPG3: 589

starvation failure, GPG5: 804

state, GPG5: 159, 상태

state machine ⇨ 상태기계

StateManager 클래스, GPG5: 166

__stdcall, GPG1: 107

steering ⇨ 조타

step function ⇨ 계단 함수

Stephane Garchery, xxxi, 683

Stephen White, GPG3: 383

steradian, GPG3: 516

stern wave, GPG4: 383

Steve Rabin, xxxix, 115, GPG2: 302, 328, 355, 532, GPG3: 83, GPG1: 37, 164, 178, 299, 352, 363, GPG4: 511, GPG5: 637

Steven Ranck, GPG1: 144, 527, 657

Steven Woodcock, GPG1: 401, GPG2: 423, GPG3: 301

stiffness matrix, GPG4: 403

STL, GPG2: 57, GPG4: 124

대기열, GPG1: 99

데크, GPG1: 92

리스트, GPG1: 89

맵, GPG1: 94

메모리 사용, GPG2: 59

반복자, GPG1: 84, GPG4: 129, GPG3: 631

방침, GPG3: 193

배열, GPG1: 86

벡터, GPG1: 86

비트 배열, GPG1: 154

순차열, GPG4: 130

스택 기반의 STL list, GPG3: 107

우선 순위 대기열, GPG1: 99

일반화된 컨테이너, GPG4: 124
자원 관리자, GPG1: 136
조작자, GPG3: 206
직렬화 지원, GPG3: 631
컨테이너, GPG1: 83, GPG3: 108
템플릿, GPG1: 81
트레이트, GPG3: 193
iterator_traits 지원 문제, GPG3: 632
list, GPG3: 116
map, 531, GPG5: 271, 686, GPG2: 185
rebind 구조체, GPG3: 111
reverse, GPG4: 722
set, 529, GPG2: 58
splice 함수, GPG3: 116
STLport, GPG5: 199
string, GPG2: 60
stringstream, GPG3: 197
vector, GPG2: 58
STL 할당자, 17
기본 할당사, GPG3. 199
커스텀 할당자, GPG3: 107
형식 정의, GPG3: 109
allocate 함수, GPG3: 110
deallocate 함수, GPG3: 110
StackAlloc, GPG3: 108
STM, GPG1: 436
stochastic ⇨ 확률
Strategy pattern, GPG2: 111
string ⇨ 문자열
stringstream, GPG3: 197
STRIPS 계획수립 언어, GPG5: 412
strong mixing function, GPG2: 191
struct/memcpy() 직렬화 방법, GPG3: 626
structured exception handling, SEH, GPG2: 343
stub, GPG5: 730
Sturm-Louiville, GPG5: 347
stwcx, 7
subnormal number, 149
subscription-based service, 725
subsumption architecture, 278, GPG4: 469
subthread, GPG3: 68
subtractive synthesis, GPG3: 733
successive approximation, 499
Super Mario 64, GPG2: 532
support vector machine, SVM, 321
swap, 196
swap file, GPG4: 115
sweeping, GPG5: 844
Swicth 클래스, GPG3: 203
Swig, 383, 387, GPG3: 97
switch 문, GPG4: 186

SwitchBox 클래스, GPG3: 203
Sylvain Boisse, GPG5: 660
Symmetric Multiprocessing, SMP, 5
symmetric NAT, 748
synapse, GPG1: 430
Systems_t 클래스, GPG3: 76
Szabolcs Czuczor, GPG5: 568
Sébastien Schertenleib, xli, 341, 433
Søren Hannibal, GPG3: 131, GPG4: 633

[T]

T 접합부(T-junction), GPG3: 414, GPG4: 563
T2 Terrain Texture Generator, 605
table ⇨ 테이블
TabPage, GPG5: 216
tail call, 382
Takashi Amada, xxvi, 221
talking box, GPG3: 716
Talyor series, GPG3: 349
tan x의 근사, GPG5: 360
tangent space ⇨ 접선 공간
Tao Zhang, GPG4: 729
Target of Evaluation, GPG5: 793
task, GPG3: 60, GPG5: 436
TaskSys_t 클래스, GPG3: 77
TAutolists 클래스, GPG3: 127
Taylor series, GPG1: 228, GPG5: 333, GPG3: 248
Tck/TK, GPG3: 97
TCP, GPG5: 743
구멍 뚫기, 741
네트워크 주소 변환, NAT, GPG5: 741
소켓 포트 공유, 747
시뮬레이션, GPG3: 653
이벤트 잠금, GPG3: 579
지연, GPG3: 579
NAT, 741
TDD(test-driven development), 95
TDMA, GPG3: 668
template ⇨ 템플릿
Terragen, GPG3: 523
terrain ⇨ 지형
test, testing ⇨ 검사
test-driven development, TDD, 95
Tetris, 735
texbem 명령, GPG3: 502
texkill, GPG5: 663
texture ⇨ 텍스처
TFreeList 클래스, GPG4: 117
Thatcher Ulrich, GPG1: 565
The Kingdom of the Winds, 718
The Sims, GPG3: 190

The Sims Online, GPG4: 690
theoretical lethality index, TLI, 334
There.com, 727
thin wing theory, GPG5: 489
this 포인터, GPG2: 112
Thomas Demachy, GPG3: 135
Thomas Di Giacomo, xxix, 477, 683, GPG4: 387
Thomas Engel, GPG2: 637
Thomas Lowe, GPG4: 175
Thomas Rolfes, GPG4: 501
Thomas Strothotte, GPG4: 577
Thomas Young, GPG2: 407, 415, GPG3: 229
Thor Alexander, GPG3: 303
Thorsten Scheuermann, GPG5: 649
thread ⇨ 스레드
thread team, 25
Threat Model, GPG5: 783
threshold ⇨ 문턱값
thinking, GPG2: 144
tick, GPG4: 102
Tim Round, GPG1: 537
timber, timbre, GPG3: 733, GPG4: 808
time ⇨ 시간
Time Division Multiple Access, GPG3: 668
__TIME__, GPG3: 87
timed nonuniform spline, GPG4: 277
timeline, GPG3: 137
Timothy Roden, GPG5: 667
tinting, GPG4: 586
TJ Wagner, GPG4: 50
TNS, GPG4: 277
Toby Jones, xxxiii, 5, GPG4: 231
Together ControlCenter, GPG3: 143
token ⇨ 토큰
tolua++, 389, GPG5: 245
Tom Forsyth, GPG2: 459, 599, GPG3: 269
tone-mapping, 607, 617
Tony Barrera, GPG5: 303
Torgeir Hagland, GPG1: 596
torque, GPG1: 220, GPG5: 482
trace, GPG1: 278
TrainingControlState, GPG3: 305
trait, GPG3: 193
trajectory, GPG2: 277
transfer function, GPG1: 432
translation, GPG1: 218
transmission, 659
transposition, GPG1. 68
triangle ⇨ 삼각형
triangle fan ⇨ 삼각형 부채
triangle strip ⇨ 삼각형 띠

tridiagonal, GPG4: 277, GPG5: 307
trigger system ⇨ 트리거 시스템
Tringo, 735
trivector, GPG5: 282
true unobstructed space, GPG3: 399
turbulent, GPG5: 626
tweaking, GPG2: 181
tweening, GPG3: 473
two-manifold, GPG4: 523
type ⇨ 형식
typeid 연산자, GPG4: 185
TypeID 클래스, GPG5: 251
typeinfo 구조체, GPG4: 185

[U]

U2DMatchboxContainer 클래스, GPG3: 350
UDP, GPG5: 446, 743
　네트워크 주소 변환, NAT, GPG5: 741
　시뮬레이션, GPG3: 653
　패킷 다이어그램, GPG5: 745
　FPS 네트워크 계층, GPG3: 657
　UDP의 비신뢰성, GPG3: 579
UI
　네트워크 지연, GPG3: 179
　메뉴 시스템, GPG5: 264
　메시지 기반 시스템, GPG4: 146
　보지 않고 선택하기, GPG3: 182
　선택 속도와 실수 비율, GPG3: 183
　설계의 진화, GPG3: 181
　속성, RTTI 시스템, GPG4: 207
　짝/홀 효과, GPG3: 183
　타이머, GPG4: 98
　파이 메뉴, GPG3: 181
　평활화, GPG4: 175
　필수 UI 요소들, GPG3: 174
　UI 디자인, GPG3: 163
　XML, GPG3: 174
UML, GPG3: 135
　동작, / /
　상태 기계의 시각적 설계, GPG5: 243
　상태 다이어그램, GPG3: 143
　상태기계, GPG3: 143
　서버 설계, GPG4: 695
　서버 프로세스간 상호작용, GPG3: 619
　시간표, GPG3: 137
　시뮬레이션 아키텍처, GPG3: 593
　시퀀스, GPG3: 136
　시퀀스 다이어그램, GPG3: 137
　어휘, GPG3: 139
　역할, GPG3: 136
　유스 케이스, GPG3: 136
　자원 시스템, GPG4: 137

　클래스 다이어그램, GPG3: 139
　파이썬, GPG3: 143
　행위자, GPG3: 136
　협동 작업, GPG3: 136
　협력, GPG3: 136
　ArgoUML, GPG3: 144
　Rational Rose, GPG3: 143
　Together ControlCenter, GPG3: 143
　UMLPad, GPG5: 245
underdamped, GPG4: 406
Underflow Exception, GPG3: 132
Unicode ⇨ 유니코드
unit testing, 93, 396
universal covering, GPG4: 626
Universal Modeling Language ⇨ UML
unordered tree, GPG4: 125
Unreal Tournament, 282, 289, 306
Unreasonable Effectiveness of Mathematics, GPG4: 228
up-casting, GPG2: 91
use-case ⇨ 유스케이스
UserControlState 클래스, GPG3: 597
utility, GPG4: 459
UV 매핑, GPG3: 495

[V]

Vaclav Skala, xliii, 165
van Emde Boas layout, GPG5: 232
vanilla VIPM, GPG2: 462
variance, GPG4: 283, GPG5: 854
VDPM, GPG2: 465
vector ⇨ 벡터
Verlet ⇨ 베를레
Version 클래스, GPG5: 259
versor, GPG5: 288
vertex ⇨ 정점
vertex shader ⇨ 정점 셰이더
VglFrustum 클래스, GPG4: 247
view frustum ⇨ 시야 절두체
view-dependent LOD, 533
View-Dependent Progressive Meshing, VDPM, GPG2: 465
Viknashvaran Narayanasamy, xxxvii, 699
VIPM(View-Independent Progressive Meshing)
　다중 수준 스킵 스트립, GPG2: 467
　버려진 정점, GPG2: 461
　변 제거, GPG2: 461
　변경된 삼각형, GPG2: 461
　뷰 독립적인 점진적 메싱, GPG2: 459
　뷰 의존적인 점진적 메싱, GPG2: 465
　비교, GPG2: 459
　스킵 스트립, GPG2: 465
　슬라이딩 윈도우 VIPM, GPG2: 470

　유지된 정점, GPG2: 461
　정점 분리, GPG2: 461
　평범한 VIPM, GPG2: 462
　혼합 모드 VIPM, GPG2: 468
　혼합 모드 스킵 스트립, GPG2: 470
　Skip Strips, GPG2: 465
　VDPM, GPG2: 465
virtual function ⇨ 가상 함수
virtual rigid component, GPG5: 521
virtual time, GPG3: 61
VirtualAlloc, GPG4: 171
VirtualFree, GPG4: 173
Visual Studio.NET, GPG5: 735
VisualSys_t 인터페이스, GPG3: 77
vocoder, GPG3: 711
voice ⇨ 음성
volume ⇨ 음량
volumetric post-processing, GPG5: 660
von Neumann-Morgenstern utility theory, GPG4: 464
vortex induced drag, GPG5: 490
voting-based architecture, GPG4: 467
vtable, GPG4: 110
vulnerability, GPG2: 375

[W]

wait-free algorithm, 5
Waldemar Celes, xxviii, 399, 417, GPG4: 239
Warcraft III, GPG5: 756
Warrick Buchanan, GPG4: 523, GPG5: 251
watchdog service, GPG5: 699
water ⇨ 물
watermark, 116, GPG4: 762
.wav 파일, GPG4: 783
wave front, 663
WaveFile 클래스, GPG4: 783
wavelet, GPG1: 253
weak reference, 408, GPG4: 137
weak value, 408
Web camera, 31, GPG2: 220
wedge product, GPG5: 281
weight ⇨ 가중치
Weiler-Atherton 알고리즘, GPG3: 445
welding, GPG3: 414
Wendy Jones, GPG5: 264
WGL_ARB_PBUFFER 확장, GPG4: 540
WGL_ARB_RENDER_TEXTURE 확장, GPG4: 541
WGL_NV_RENDER_DEPTH_TEXTURE 확장, GPG4: 541
while_limit 매크로, GPG3: 88
white noise, GPG3: 707

widget, GPG5: 599
William E. Damon III, GPG5: 59
William Leeson, GPG3: 451
William van der Sterren, GPG2: 396,
　GPG3: 369
wind axis, GPG5: 482
Windows
　가상 메모리, GPG4: 167
　부동소수점 예외, GPG3: 132
　완성 포트, GPG3: 613
　주소 공간, GPG4: 167
　Alt-Tab 문제, GPG2: 137
　DLL 함수, GPG2: 84
　Win32 이미지 파일, GPG1: 112
　Windows 타이머, GPG3: 65
　Winsock, GPG3: 612
winged-edge, GPG3: 455
Winsock, GPG3: 612, *cf.* 소켓
　구현 결함, GPG5: 762
World Machine Basic, 605
WorldObject 클래스, GPG4: 784

[X]

x86, 8
Xbox, GPG3: 550, GPG4: 167
　360, 23
　Live, GPG5: 756
XDS, GPG4: 211
　스트림, GPG4: 213
　툴킷, GPG4: 215
　XDS Lite 라이브러리, GPG4: 219
　XDS_PROCESSNODE 함수, GPG4:
　219
　xdsConvert 도구, GPG4: 221
　xdsMakeSchema 도구, GPG4: 217
Xerces, GPG5: 717
XML, GPG3: 174, GPG4: 201, *cf.* XDS
　게임 객체 조합, 470
　금지어 사전, GPG5: 717
　오디오 태그 데이터베이스, GPG4:
　778
　자료 스트림 정의, GPG4: 213
　파이 메뉴, GPG3: 186
　CppUnit 출력, 97
　Data Stream Definition, DSD,
　GPG4: 213
　eXtensible Data Stream, GPG4: 211
　gBDSL, 693
　Xerces, GPG5: 717
　XML 스키마, GPG4: 213
XOR, GPG1: 161, GPG4: 233

[Y]

Yacc, GPG3: 96, GPG5: 74
yaw, GPG1: 404

yielding, GPG5: 192
YIQ, GPG4: 595
Yossarian King, GPG1: 550, 645, 703,
　GPG2: 235

[Z]

Z 버퍼
　그림자, GPG1: 707
　유리 효과, GPG1: 729
z 변환, GPG5: 843
Zachary Booth Simpson, GPG3: 575
zero-sum game, GPG1: 333
Zobrist hash, GPG4: 231
ZoomFX, GPG4: 801